W0256971

H.-D. Barke • G. Harsch

Chemiedidaktik Heute

Springer-Verlag Berlin Heidelberg GmbH

H.-D. Barke • G. Harsch

Chemiedidaktik Heute

Lernprozesse in Theorie und Praxis

Mit 236 Abbildungen
und 19 Farbtafeln, davon 12 3D

Springer

Prof. Dr. Hans-Dieter Barke
Westfälische Wilhelms-Universität Münster
FB 12, Institut für Didaktik der Chemie
Fliednerstraße 21
48149 Münster
e-mail: barke@uni-muenster.de

Prof. Dr. Günther Harsch
Westfälische Wilhelms-Universität Münster
FB 12, Institut für Didaktik der Chemie
Fliednerstraße 21
48149 Münster
e-mail: harsch@uni-muenster.de

ISBN 978-3-642-62596-1

Die Deutsche Bibliothek - CIP-Einheitsaufnahme
Barke, Hans-Dieter:
Chemiedidaktik heute : Lernprozesse in Theorie und Praxis / Hans-Dieter Barke ; Günther Harsch. - Berlin ; Heidelberg ; New York ; Barcelona ; Hongkong ; London ; Mailand ; Paris ; Singapur ; Tokio : Springer, 2001
ISBN 978-3-642-62596-1 ISBN 978-3-642-56621-9 (eBook)
DOI 10.1007/978-3-642-56621-9

http://www.springer.de

Originally published by Springer-Verlag Berlin Heidelberg New York in 2001

Softcover reprint of the hardcover 1st edition 2001

Einbandgestaltung: design & production, Heidelberg
Satz: D.A.S.-Büro, Zülpich
Gedruckt auf säurefreiem Papier SPIN: 11315407 52/3111 M - 5 4 3 2 1

Vorwort

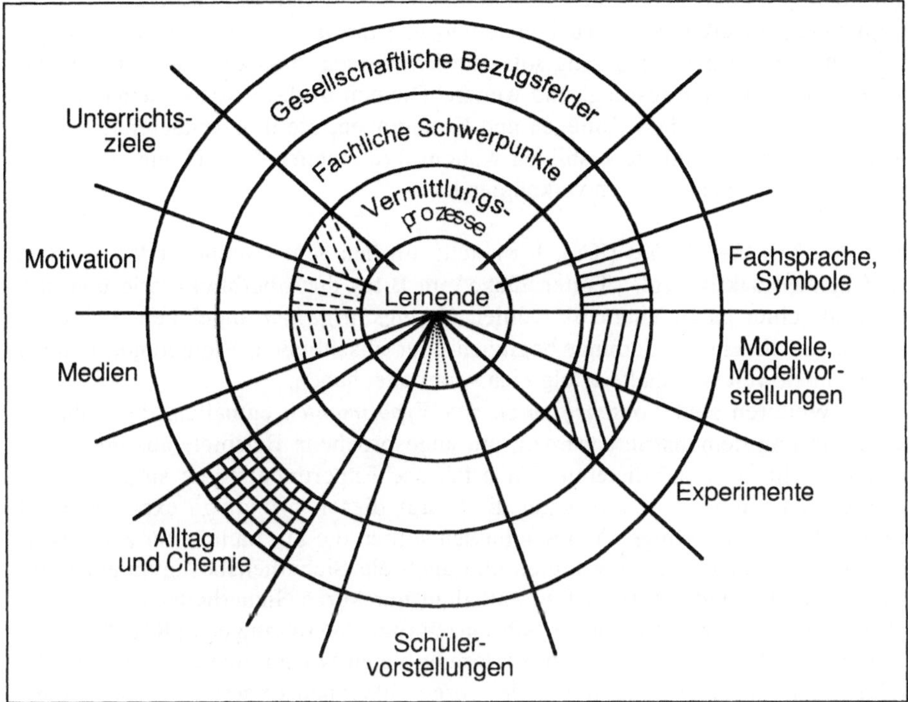

„Endlich mal eine Vorlesung, für die sich das Aufstehen lohnt!" – „Anschauliche Darstellungen gespickt mit einer großen Menge praxisnaher Anwendungsbeispiele für die Schulchemie!" – „Die Didaktik wird hier didaktisch gut aufbereitet" – „Endlich mal ein Didaktik-Seminar, wo man was gelernt hat" – „Es war gut, dass gleich in der ersten Sitzung ein klares Konzept über den weiteren Verlauf geboten wurde (Tortenschema)".

Solche und ähnliche Äußerungen von Lehramtsstudierenden sind dem studentischen AStA-Heft zur Evaluation der Lehre im Fachbereich Chemie und Pharmazie der Universität Münster zu entnehmen – sie haben uns ermutigt, das vorliegende Buch zu schreiben. Es baut auf langjährigen Erfahrungen im Chemieunterricht und in der universitären Vermittlung chemiedidaktischer Inhalte auf und bietet Lehramtsstudierenden und Studienreferendaren der Chemie ein breites Überblickswissen in wichtigen Bereichen der Schulchemie an. Wir hoffen, dass auch viele Chemielehrerinnen und Lehrer an Schulen, sowie Kolleginnen und Kollegen anderer Universitäten und Hochschulen diesen Überblick akzeptieren und verwenden können.

Es ist nicht einfach, Inhalte der Chemiedidaktik übersichtlich anzuordnen: Themen wie *Unterrichtsziele, Schülervorstellungen, Motivation, Medien, Experimente, Modelle, Fachsprache und Symbole* oder *Chemie im Alltag* sind vielfältig miteinander verflochten und bauen nicht linear aufeinander auf. In unseren Vorlesungen und Seminaren hat sich als Organisationsstruktur ein *Tortenschema* (vgl. Bild) bewährt. Zu jeder Thematik werden Fragen und Probleme auf bestimmten Reflexionsebenen diskutiert: *Lernende, fachliche Schwerpunkte, Vermittlungsprozesse, gesellschaftliche Bezugsfelder*. Die gemäß dem Tortenschema zu den einzelnen Themen ausgeführten fachdidaktischen Analysen, Reflexionen und Empfehlungen weisen immer auch viele *Beispiele aus der Unterrichtspraxis* auf.

Mit dieser Art der Gliederung soll deutlich werden, dass keine bestimmte Reihenfolge der Themen festliegt und weitere Themen in das Tortenschema passen. So ist gewährleistet, dass Kollegen und Kolleginnen, die ihre Studierenden ebenfalls auf dieser Grundlage ausbilden wollen, ihre eigenen Vorstellungen mit den hier vorgeschlagenen Inhalten verknüpfen können.

Der *erste Teil des Buches* (Kap. 1–8) stellt mit den acht grundlegenden Themen zur Chemiedidaktik (vgl. „Tortenstücke" im Bild) die Überblicksvorlesung dar. Am Ende einer jeden Thematik werden *Übungsaufgaben* angeboten: Lehrende können mit ihnen das Seminar beginnen oder abschließen, Studierende können prüfen, inwieweit sie Inhalte erfolgreich verarbeitet haben.

Des Weiteren sind *Vorschriften zu den Experimenten* enthalten, die während der Vorlesung demonstriert werden, um angesprochene Beispiele aus dem Chemieunterricht zu konkretisieren. Für erfahrene Experimentatoren sind die Vorschriften ausreichend und es kann direkt auf dieser Grundlage experimentiert werden. Leser mit geringen Vorkenntnissen sollten die Spezialliteratur zur experimentellen Schulchemie konsultieren und auch die Sicherheitsbestimmungen studieren – vorliegende Vorschriften enthalten nur kurze Sicherheits- und Entsorgungshinweise für problematische Substanzen (vgl. Ausführungen in Kap. 5).

In einem *Begleitpraktikum* zur Vorlesung bieten wir unseren Studierenden die Möglichkeit an, einen großen Teil der vorgeschlagenen Experimente auch selbst durchzuführen. Da sie die Versuche in der Vorlesung kennen gelernt haben, sind sie erfahrungsgemäß in der Lage, sie selbstständig umzusetzen und Variationen auszuprobieren.

Im *zweiten Teil des Buches* (Kap. 9–18) sollen zehn *Seminarthemen* die Inhalte der Vorlesung vertiefen und ergänzen: Die Zuordnung der Seminarthemen zu den acht Grundfragen ist der tabellarischen Übersicht am Ende des Kapitels 8 zu entnehmen. Es werden sehr unterschiedliche Themen vorgeschlagen: *Schülervorstellungen* zum Teilchenkonzept, *Raumvorstellung* und Training dieser Fähigkeit mit Hilfe von Kugelpackungen und Stereobildern („Rot-Grün-Brille" liegt bei), *Simulationsspiele* zur Veranschaulichung statistischer Modelle, sowie ausgewählte Beispiele aus der *Geschichte der Chemie*. Diese Themen können je nach Schwerpunkten der Dozentinnen und Dozenten oder nach Wünschen der Studierenden in beliebiger Reihenfolge bearbeitet werden. Es ist auch möglich und wünschenswert, diese Themen durch Referate der Studierenden und begleitende Diskussionen erarbeiten zu lassen.

Das Tortenschema haben wir der *„Denkschrift zur Lehrerbildung für den Chemieunterricht in den Alterstufen der Zehn- bis Fünfzehnjährigen"* entnommen, die von Hans-Dieter Barke, Dietmar Bitterling, Altfried Gramm, Hans Otto Hammer, Renate Hermanns, Raimund Leibold, Helmut Lindemann und Heinz Wambach Anfang der achtziger Jahre erarbeitet wurde. Auf die Vorarbeiten dieser Kollegin und der genannten Kollegen bauen wir gern auf – und sagen vielen Dank. Ebenso herzlich danken wir der Gesellschaft Deutscher Chemiker (GDCh), die diese Denkschrift im Jahre 1983 herausgegeben und allen Interessierten kostenlos zur Verfügung gestellt hat: Auf diesem Wege sind vielen Lesern der GDCh-Denkschrift die Grundgedanken des Tortenschemas bereits vertraut.

Wir danken auch Dr. Angelika Schulz für die vorzügliche redaktionelle Betreuung und Heidi Zimmermann für die sorgfältige Bearbeitung der Grafiken sowie Privatdozentin Dr. Rebekka Heimann und Lehrerin Hilde Wirbs für die Durchsicht der Manuskripte und für zahlreiche wertvolle Hinweise. Falls Sie als Leser uns Ihre Verbesserungsvorschläge, Kritik oder Ergänzung zusenden, würden wir sie sehr gern bei der Neubearbeitung des Buches berücksichtigen. Des Weiteren möchten wir anregen, dass möglichst viele Kolleginnen und Kollegen eigene „Tortenstücke" oder vertiefende Kapitel zur Chemiedidaktik verfassen. Bei hinreichender Resonanz könnten diese in einem zweiten Band veröffentlicht werden, um die Chemiedidaktik nach und nach in ihrer ganzen Breite und Tiefe zu repräsentieren.

Wir wünschen Muße und Spaß bei der Lektüre von „Chemiedidaktik heute" und „Lernprozessen in Theorie und Praxis". Reflexionen dieser Lernprozesse werden allerdings weitere Fragen an die Chemiedidaktik in Theorie und Praxis aufwerfen – das Gebäude der Chemiedidaktik wird niemals vollständig und endgültig sein!

Münster im Jahre 2001 — Hans-Dieter Barke, Günther Harsch

Korrespondenzadresse: Prof. Dr. Hans-Dieter Barke, Prof. Dr. Günther Harsch
Westfälische Wilhelms-Universität Münster,
FB 12, Institut für Didaktik der Chemie
Fliednerstr. 21, 48149 Münster

Inhaltsverzeichnis

Einführung in das „Tortenschema" zur Chemiedidaktik

Der russische Pädagoge Itelson [1] stellte einmal fest:

„Wenn die Ingenieure beim Brückenbau, die Ärzte bei der Behandlung der Menschen und die Juristen bei der Urteilsfällung eine solche Neigung zu oberflächlichen Begründungen zeigen würden, wie sie uns zuweilen in der Pädagogik begegnen, so wären längst alle Brücken eingestürzt, die Patienten gestorben und die Unschuldigen gehenkt".

Über dieses Zitat wird man zunächst genüsslich schmunzeln, dann aber zugeben, dass die Gründlichkeit von Pädagogen bei Vorbereitung und Argumentation für ihr Tätigkeitsfeld meist nicht in dem Maße gegeben ist, wie in den Tätigkeitsfeldern anderer Berufe: Die negative Auswirkung von Fehlern im Beruf des Pädagogen tritt nicht so offensichtlich zutage, wie die von Fehlern im Berufsfeld eines Ingenieurs, eines Arztes oder eines Juristen.

Die Professionalität von Lehramtstudierenden bzw. von Lehrern und Lehrerinnen zugunsten eines guten Unterrichts kann gesteigert werden, wenn in angemessenem Umfang Grundlagen in der Pädagogik, in der Didaktik und in der Fachdidaktik vermittelt werden. Diesbezügliche Definitionen sollen am Anfang stehen, ehe spezifische Aspekte der Chemiedidaktik hinzutreten. Dabei muss deutlich sein: Es kann nicht *die* Didaktik oder *die* Fachdidaktik geben! Die entsprechende Diskussion erfolgt unter jeweils spezifischer Sicht, und jeder Lehrende hat sie in seiner Zeit und in seinem Umfeld immer wieder neu und für sich selbst zu führen.

Pädagogik. Dieser Begriff leitet sich von „Pädagoge" (gr.: Kinder- oder Knabenführer) ab und ist eine Sammelbezeichnung für unterschiedliche philosophische und psychologische Disziplinen, deren gemeinsamer Gegenstand das soziale Handeln ist. Roth [2] charakterisiert die Pädagogik mit folgenden Bereichen:

„Sie betreffen

1. den Bereich der erziehungswissenschaftlichen Forschung (und konkretisieren sich in deren Methodologie und ihren Praktiken),
2. den Bereich der Schule (in ihren historischen und aktuellen Bezügen),
3. den Bereich des Unterrichts (in seiner vielfältigen Bedingtheit als komplexer Wirkungszusammenhang) und
4. den Bereich der Berufspädagogik (in ihrer vielfältigen Ausprägung und gesellschaftspolitischen Bedeutung)" [2].

Didaktik. Die griechischen Philosophieschulen des Altertums schufen diesen Begriff: Er lässt sich ableiten aus „didaskein" (gr.: lehren, beweisen) oder aus „didaktos" (gr.: lehrhaft). Diese Begriffe besaßen einen weit über Lehre und Schule hinausgehenden Wirkungsbereich – erst im 17. Jahrhundert bezieht sich Comenius mehr und mehr auf die Unterrichtssituation und legt in seiner „Didactica Magna" von 1657 *didaktische Prinzipien* wie Lebensnähe, Aktualität und Anschaulichkeit zugrunde. Er versteht unter Didaktik die begründete Auswahl von Inhalten für die Lehrkunst (docendi artificium). Heute diskutiert man *didaktische Modelle* wie bildungstheoretische [3], lerntheoretische [4], informationstheoretische [5] oder kritisch-kommunikative Didaktik [6]. Eine zusammenfassende Übersicht vermitteln Blankertz [7] und Ruprecht [8].

Aschersleben [9] definiert ganz allgemein: „*Didaktik* ist das Insgesamt an Lernhilfen, die der Schüler sich selbst oder die ihm der Lehrer gibt. Die Lernhilfen beziehen sich sowohl auf die Auswahl von Unterrichtsgegenständen als auch auf die Methoden des Lernens. Dabei ist *Unterricht* die didaktische Situation, in der sich Lernen vollzieht, und *Schule* ist die ihr entsprechende Institution. Der Unterricht als didaktische Situation schließt alles ein, was sie ausmacht: die Beteiligten, Lehrer und Schüler, Lerngegenstände, Medien, Arbeitsmaterialien, und so fort".

Man ist geneigt, Didaktik und Methodik voneinander abzugrenzen, indem man der Didaktik die Frage nach den Inhalten, dem „Was", zuordnet und der Methodik die Frage nach der Vermittlung von Inhalten, nach dem „Wie". Die Interdependenz dieser Fragen [4] und die Aufgabe der Didaktik, auch Fragen nach dem „Warum" (Begründungsfrage) und dem „Wozu" (Zielfrage) zu beantworten, hat allerdings dazu geführt, die Gesamtheit dieser Fragen unter den Begriff Didaktik zu subsummieren. Zwei entsprechende Definitionen seien zitiert:

„Die Didaktik kümmert sich um die Frage,
- wer
- was
- wann
- mit wem
- wo
- wie
- womit
- warum und
- wozu

lernen soll." [10]

„Es ergeben sich folgende Fragestellungen:
- Mit welchen Zielen sollen
- welche Inhalte unter
- welchen Voraussetzungen und
- welchen Bedingungen auf
- welcher Stufe mit
- welchen Methoden in
- welcher Zeit mit
- welchem Erfolg von
- wem gelehrt bzw. von
- wem gelernt werden?" [11]

Der Begriff der *allgemeinen Didaktik* wird verständlicher, wenn man *spezielle Didaktiken* aufzählt und Verknüpfungen herstellt:

- die *schulformspezifischen* Didaktiken: Grundschul-, Hauptschul-, Realschul-, Gymnasial- oder Gesamtschuldidaktik,
- die *schulstufenspezifischen* Didaktiken: Didaktik der Primarstufe, der Orientierungsstufe, der Sekundarstufe I und Sekundarstufe II,
- die *schulfachspezifischen* Didaktiken oder *Fachdidaktiken*: alle Schulfächer oder auch Schulfächergruppen (Bereichsdidaktiken),
- die *berufsbildenden* Didaktiken: Fächer der Berufsschule und Fachoberschulen, Didaktik für das Berufsschuljahr, etc.

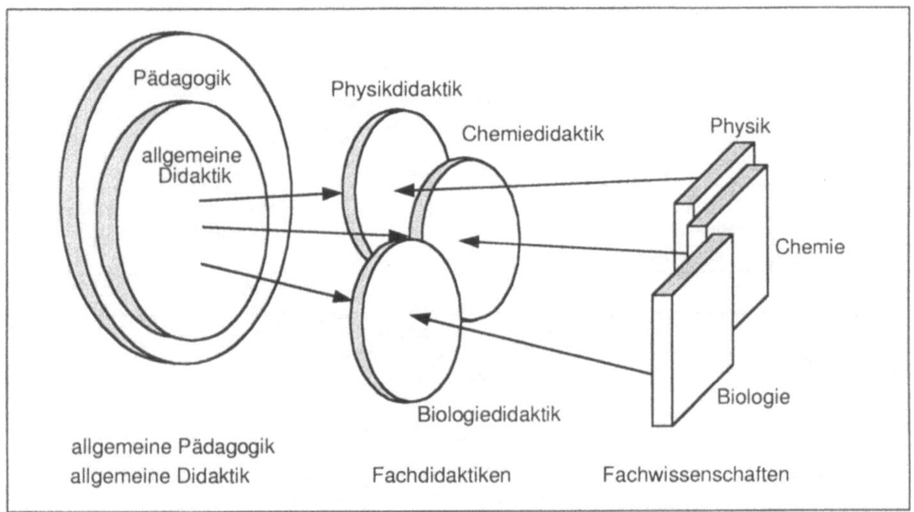

Abb. 1: Fachdidaktiken als selbständige Brückenfächer zwischen den Bezugswissenschaften Pädagogik/Didaktik und Fachwissenschaften [12]

Fachdidaktik. Das zusammengesetzte Wort mag auf den ersten Blick vortäuschen, dass eine Fachdidaktik additiv zusammengesetzt sei aus den Elementen des entsprechenden Fachs und denen der Didaktik. Ein zweiter Blick macht klar, dass eine direkte Vereinigungsmenge keinen Sinn macht und es schwierig ist, alle entsprechenden Inhalte zu überblicken.

Fachdidaktik bezieht sich allerdings auf Inhalte der Fachwissenschaft einerseits und auf Inhalte der allgemeinen Didaktik andererseits: es sind die *Bezugswissenschaften*. Fachdidaktik als die eigentliche *Berufswissenschaft* der Lehrer und Lehrerinnen ist eine selbstständige interdisziplinäre Wissenschaft mit eigenen Zielen, Aufgaben und Methoden, die Inhalte der Bezugswissenschaften reflektiert und auf die Fragestellungen der Fachdidaktik anwendet. Abbildung 1 veranschaulicht die Fachdidaktiken als selbständige Brückenfächer zwischen Pädagogik und allgemeiner Didaktik auf der einen Seite und den Fachwissenschaften auf der anderen Seite [12]. Abbildung 2 zeigt die Verknüpfung erziehungswissenschaftlicher, fachwissenschaftlicher und fachdidaktischer Anteile in der Ausbildung von Lehramtsstudierenden in der 1. Phase der Ausbildung und die selbständige Reflexion in der 2. Phase bzw. im eigenen Unterricht [13].

Chemiedidaktik. Um an einem Beispiel die Verflechtung erziehungswissenschaftlicher, didaktischer und fachwissenschaftlicher Aspekte deutlich zu machen und die Argumentation in der Chemiedidaktik exemplarisch zu veranschaulichen, sei ein interessantes Experiment zugrunde gelegt, auf verschiedenen fachdidaktischen Wegen durchgeführt und alternativ ausgewertet.

Beispiel „Eisenwolle am Waagebalken". Entzündet man einen Bausch grau glänzender Eisenwolle, der auf einer Seite des Waagebalkens befestigt und austariert worden ist, so beobachtet man eine rote Glutfront, die sich durch das Eisen be-

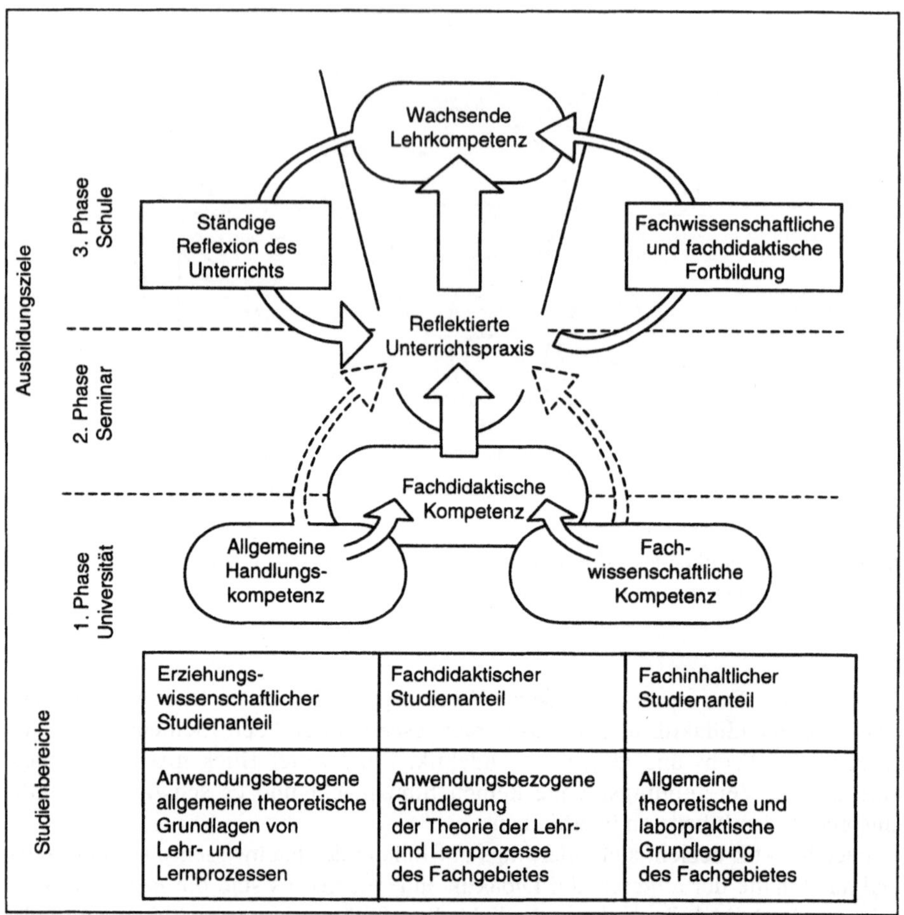

Abb. 2: Verknüpfung von erziehungswissenschaftlichen, fachwissenschaftlichen und fachdidaktischen Anteilen auf dem beruflichen Werdegang von Lehramtsstudierenden [13]

wegt. Danach senkt sich diese Seite des Waagebalkens und ein schwarzfarbenes Produkt bleibt zurück. Dieser Schulversuch kann nun sowohl in Form verschiedener Alternativen durchgeführt als auch ganz verschieden ausgewertet werden – je nach pädagogischer Zielsetzung durch die Lehrperson, je nach Fähigkeiten und Fertigkeiten auf der Seite der Schüler und Schülerinnen. Einige Wege sind in Abbildung 3 skizziert.

Auf dem *Weg 1* wird der Versuch wie beschrieben durchgeführt und von Lernenden beobachtet. Zur Auswertung hat der Lehrer bereits zu entscheiden: Gibt er das Reaktionssymbol in Worten an oder führt er einfache Element- und Verbindungssymbole ein? Wählt er für die Angabe des Energieumsatzes „exotherm“ oder „$\Delta H < 0$“ ? Zeigt oder zeichnet er Strukturmodelle für die Umgruppierung von Fe- und O-Atomen? Oder lässt er sie gar von den Schülern bauen? Formuliert er auf der Grundlage solcher Strukturvorstellungen ein Reaktionssymbol als verkürztes Modell? Diese Fragen zur Auswertung stellen sich ebenfalls auf den Wegen 2, 3, 4 und 5.

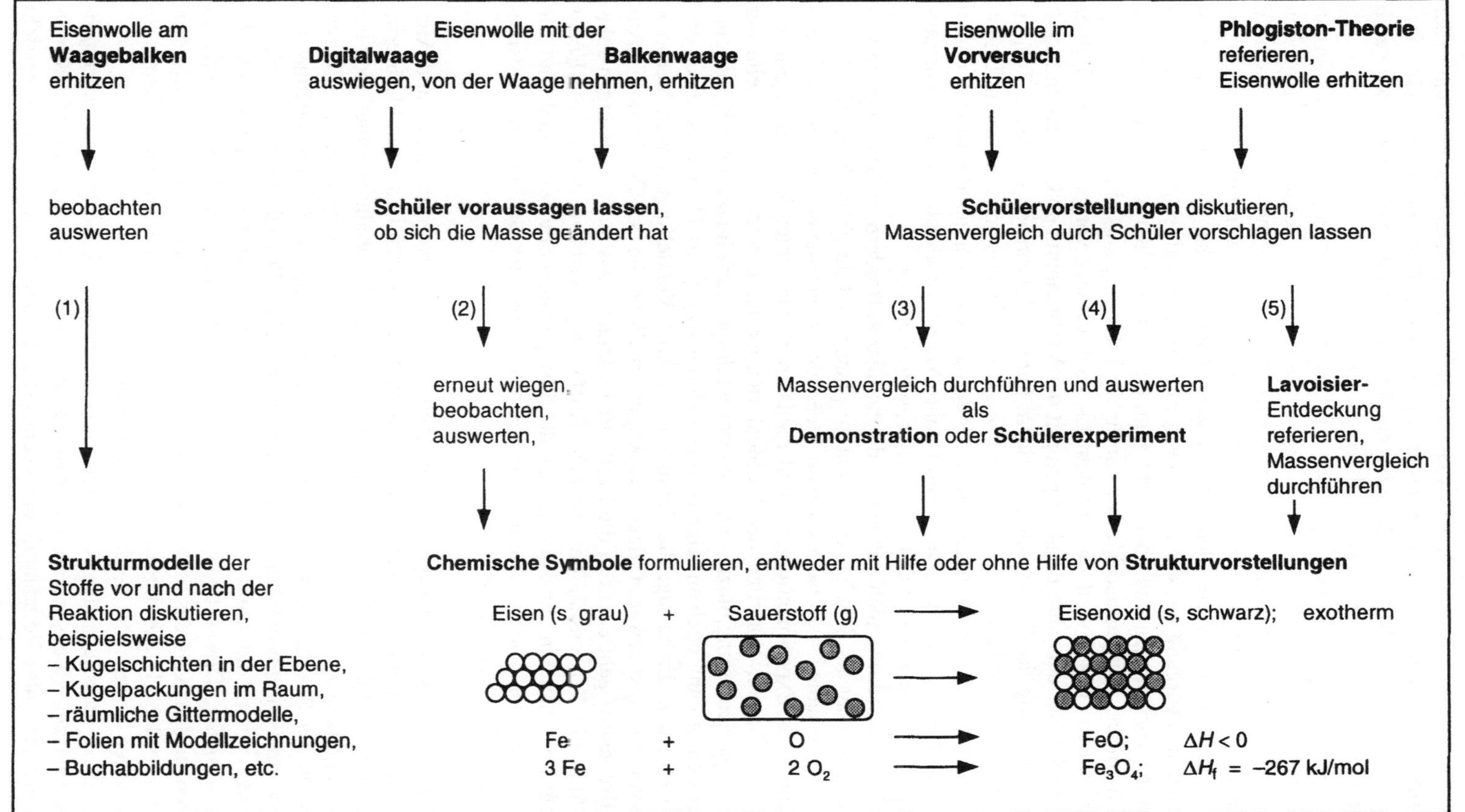

Abb. 3: Chemiedidaktische Alternativen am Beispiel von Durchführung und Auswertung des Experiments „Eisenwolle am Waagebalken“

Ein anderer *Weg 2* sieht die Auswaage des Eisenwollebausches vor – entweder mit Hilfe einer Digitalwaage oder einer Balkenwaage. Nach dem Entzünden fordert der Lehrer allerdings die Schüler zu der Vorhersage auf, ob das schwarze Produkt leichter, schwerer oder gleichschwer ist.

Er lässt sie somit eigene Hypothesen aufstellen und Lösungen entwickeln, an denen sie selbst beteiligt sind. Dieses problemorientierte Vorgehen hat den großen lernpsychologischen Vorteil, dass das Experiment zur eigenen Problemlösehilfe des Schülers wird und damit die Motivation viel größer geworden ist, über Lösungen nachzudenken. Viele Schüler bringen ursprüngliche Vorstellungen vom Verbrennungsvorgang aus der Lebenswelt mit, werden wahrscheinlich ein Leichterwerden voraussagen und überrascht sein, dass das Produkt schwerer ist als der Bausch vorher: Neugier und Motivation für die Erklärung entstehen!

Auf einem *Weg 3* wird die Problematik noch offener vorgestellt. Der Lehrer lässt die Schüler über ihre Erfahrungen mit der Verbrennung diskutieren und stellt die Verbrennung der Eisenwolle mit einem kurzen Vorversuch in diesen Zusammenhang. Die Schüler äußern – je nach Fähigkeit und Gewohnheit in ihrem Unterricht – ihre Vorstellungen dazu und schlagen ggf. von sich aus die Untersuchung des Massenvergleichs vor. Der Lehrer führt Massenvergleiche als Demonstrationsexperimente durch und wertet sie wie beschrieben aus.

Er kann allerdings auch auf *Weg 4* die Schüler auffordern, selbständig ein solches Experiment als Schülerexperiment zu planen und durchzuführen. Die Schülergruppen erhalten – je nach eigenen Ideen und experimentellen Fertigkeiten – verschiedenes Experimentiergerät und realisieren unterschiedliche Lösungen des Problems. Zu den Vorteilen der Problemorientierung kommen die Vorteile der Handlungsorientierung hinzu – ein weiteres wichtiges fachdidaktisches Kriterium.

Der Lehrer kann noch auf einem ganz anderen *Weg 5* das Thema historisch orientiert eröffnen. Er befragt die Schüler nach ihren Vorstellungen vom Verbrennungsvorgang und erwartet, dass das Argument durch die Schüler kommt: „Aus dem Brennstoff geht etwas in die Luft". Er berichtet, dass auch vor einigen Jahrhunderten die Wissenschaftler dieselbe Auffassung vertraten und dieses Etwas „Phlogiston" nannten. Er kann selbst die Phlogistontheorie von Stahl und die Widerlegung der Theorie durch Lavoisier referieren oder Schülern die entsprechenden Referate vorschlagen.

Fazit. Entscheidungen bezüglich dieser großen Zahl von Experimentier- und Auswertungsalternativen eines einzigen Sachverhalts sind durch Lehrer und Lehrerinnen leichter zu fällen und zu begründen, wenn diese oder ähnliche Situationen aus der fachdidaktischen Ausbildung her bekannt sind. Gerade im Chemie-Anfangsunterricht der Sekundarstufe I sind fachdidaktische Entscheidungen in Hülle und Fülle zu treffen, um optimale Lernerfolge zu erzielen: Deshalb beziehen sich die folgenden chemiedidaktischen Reflexionen auf den *grundlegenden Unterricht des Fachs Chemie*. Dieser Unterricht beginnt je nach Bundesland an öffentlichen Schulen in den Klassenstufen 7, 8 oder 9 und endet meistens mit den Klassenstufen 10 oder 11, ehe danach Grund- oder Leistungskurse im Fach Chemie zu spezifischen Themen der Sekundarstufe II einsetzen.

Für diese grundlegenden Reflexionen wird eine gründliche *fachwissenschaftliche Ausbildung* vorausgesetzt, die soweit erfolgt sein muss, dass vertiefte Kenntnisse und ein gutes Verständnis der wichtigsten Inhalte für den Chemieunterricht der Sekundarstufe I vorhanden sind. Eine mögliche Auflistung solcher fachwissenschaftlichen Inhalte enthält die Publikation der Gesellschaft Deutscher Chemiker (GDCh): „Denkschrift zur Lehrerbildung für den Chemieunterricht in den Altersstufen der Zehn- bis Fünfzehnjährigen“ [15].

Dieselbe Denkschrift [15] schlägt auch einen Weg der *chemiedidaktischen Ausbildung* vor: „Die den Zielen einer fachdidaktischen Ausbildung von Chemielehrerinnen und Chemielehrern zugeordneten Inhalte sind so mannigfaltig, dass sie auch bei einem günstigen Anteil der Fachdidaktik am Gesamtstudienvolumen nicht alle in angemessenem Umfang zu behandeln sind. Aus diesem Grunde wird eine Auswahl wichtiger Themenbereiche durchgeführt, die jeweils vornehmlich einem von vier Schwerpunktgebieten zugeordnet sind: den Lernenden, den Vermittlungsprozessen, fachlichen Schwerpunkten und gesellschaftlichen Bezugsfeldern“. Diese entsprechenden *vier Reflexionsebenen* finden sich in der Abbildung 4 in Form der konzentrischen Kreise wieder.

Damit bietet sich an, jeden Themenbereich in die genannten vier Abschnitte zu gliedern: „Steht im Mittelpunkt jeder fachdidaktischen Überlegung der *Lernende*, so spannt sich der Bogen zu den *gesellschaftlichen Bezugsfeldern*, die auf den Lernenden als Individuum und als Glied einer Gemeinschaft einwirken. Die *fachlichen Schwerpunkte* der Inhalte werden durch *Vermittlungsprozesse* dem Lernenden nahe gebracht. Angesichts der engen Verflechtungen fachdidaktischer Fragestellungen und inhaltlicher Bezüge untereinander sind für jeden einzelnen Themenbereich Lernende, Vermittlungsformen, fachliche Schwerpunkte und gesellschaftliche Bezugsfelder nicht starr zugeordnet. Vielmehr sind die Ausschnitte innerhalb der konzentrischen Kreise weitgehend gegeneinander austauschbar, so dass durch die mögliche wechselweise Zuordnung der Inhalte die konzentrischen Ringe auch als „rotierende Ringe“ verstanden werden können“ [15].

Das *Tortenschema* der Abbildung 4 stellt exemplarisch *acht Themenbereiche* dar, die zur besonderen chemiedidaktischen Reflexion geeignet sind: die klassischen Themen wie *Experimente, Modelle und Modellvorstellungen, Fachsprache*

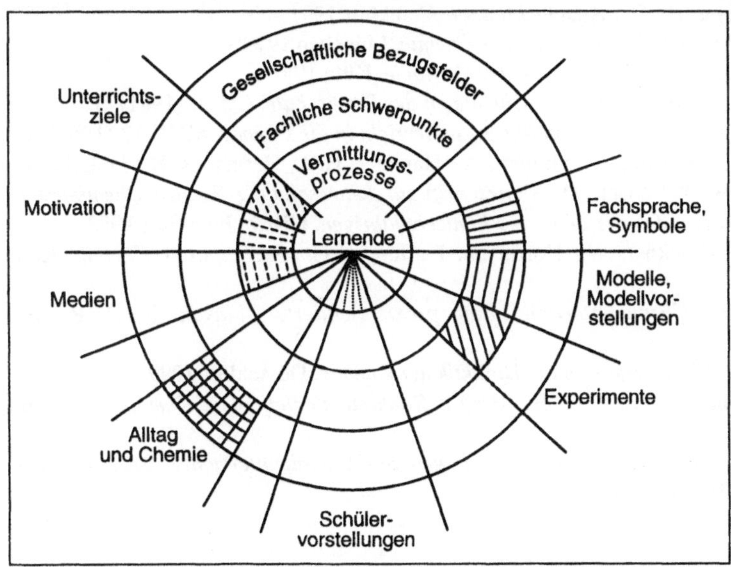

Abb. 4: Auswahl von Reflexionsebenen und Themen in Form eines Tortenschemas [15]

und Symbole, die durch die Schraffur in besonderem Maße der Ebene „Fachliche Schwerpunkte" zugeordnet sind. Moderne Felder der Fachdidaktik sind *Schülervorstellungen* (der Ebene „Lernende" zugeordnet) und *Alltag und Chemie* (der Ebene „Gesellschaftliche Bezugfelder" zugeordnet). Die zu „Vermittlungsprozessen" passenden Reflexionsthemen sind schließlich *Unterrichtsziele, Motivation* und *Medien*, die für jedes Schulfach relevant sind.

Das Schema enthält bewusst leere Segmente ohne eine Themenbezeichnung: Sie sollen deutlich machen, dass es viele weitere Themen zur chemiedidaktischen Reflexion gibt, die in das Schema aufgenommen werden können, z. B. Lehrpläne, Leistungsmessung, Lehrerrolle, Curriculumentwicklung, Unterrichtsforschung, Geschichte des Chemieunterrichts, um nur einige Möglichkeiten zu nennen. Auf Grund dieser konzeptionellen Offenheit ist auch eine gute Kombinierbarkeit mit anderen Standardwerken der Chemiedidaktik [16–20] möglich und sinnvoll.

Die Thematik Schülervorstellungen soll am Anfang stehen, weil es ursprüngliche Vorstellungen der Schüler und Schülerinnen zu Stoffen und Reaktionen gibt, die aus ihren Alltags- und Lebenserfahrungen resultieren und bereits lange vorhanden sind, ehe ihr Chemieunterricht einsetzt.

Literatur

[1] Itelson, L.: *Mathematische und kybernetische Methoden in der Pädagogik.* Berlin 1967
[2] Roth, L.: *Handlexikon zur Erziehungswissenschaft.* München 1976
[3] Klafki, W.: *Didaktische Analyse als Kern der Unterrichtsvorbereitung.* Hannover 1969
[4] Heimann, P., Otto, G., Schulz, W.: *Unterricht – Analyse und Planung.* Hannover 1970
[5] Cube, F.: *Kybernetische Grundlagen des Lernens und Lehrens.* Stuttgart 1968
[6] Winkel, R.: *Die kritisch-kommunikative Didaktik.* West. Päd. Beitr. 1 (1980), 202
[7] Blankertz, B.: *Theorien und Modelle der Didaktik.* München 1973
[8] Ruprecht, H.: *Modelle grundlegender didaktischer Theorien.* Hannover 1972
[9] Aschersleben, K.: *Didaktik.* Stuttgart 1983
[10] Jank, W., Meyer, H.: *Didaktische Modelle.* Frankfurt 1991
[11] Vossen, H.: *Kompendium Didaktik der Chemie.* München 1979
[12] Riedel, W., Trommer, G.: *Didaktik der Ökologie.* Köln 1981
[13] Hammer, H.O.: *Fachdidaktik der Chemie an der Hochschule.* CU 12 (1981), 5
[14] Scheible, A.: *Gedanken zum Einführungsunterricht in die Chemie.* MNU 19 (1966), 1
[15] Barke, H.-D., Bitterling, D., Gramm, A., Hammer, H.O., Hermanns, R., Leibold, R., Lindemann, H., Wambach, H.: *Denkschrift zur Lehrerbildung für den Chemieunterricht in den Altersstufen der Zehn- bis Fünfzehnjährigen.* GDCh, Frankfurt 1983
[16] Becker, H.J., Glöckner, W., Hoffmann, F., Jüngel, G.: *Fachdidaktik Chemie.* Köln 1992
[17] Christen, H.R.: *Chemieunterricht. Eine praxisorientierte Didaktik.* Basel, Boston, Berlin 1990
[18] Lindemann, H.: *Einführung in die Didaktik der Chemie.* Düsseldorf 1999
[19] Pfeifer, P., Häusler, K., Lutz, B. (Hrsg.): *Konkrete Fachdidaktik Chemie.* München 1992
[20] Schmidt, H.J.: *Fachdidaktische Grundlagen des Chemieunterrichts.* Braunschweig/Wiesbaden 1981 (Vieweg)

1 Schülervorstellungen

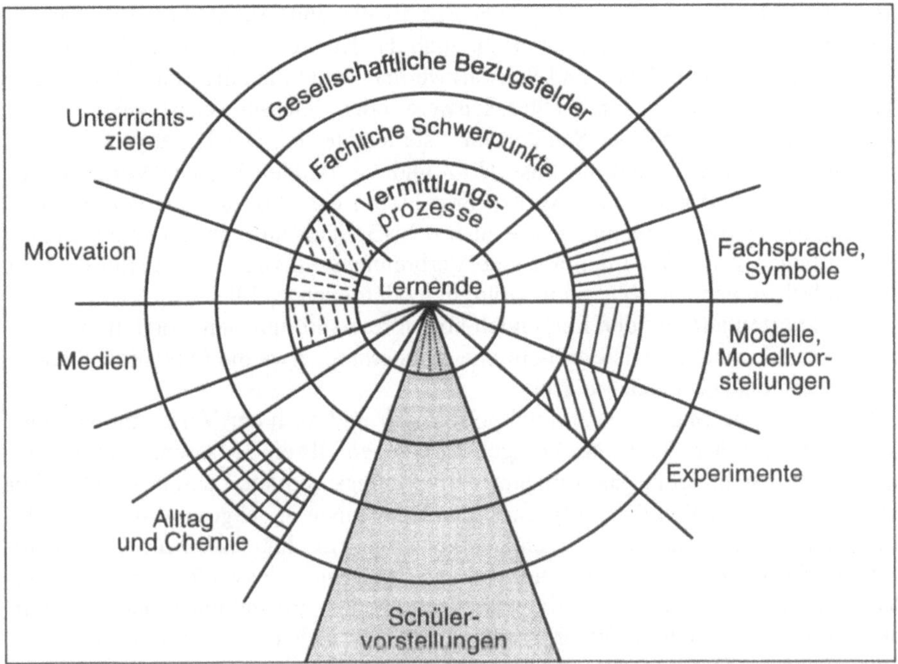

„Die Säure hat das Magnesium aufgefressen" – so lauten oftmals spontane Äußerungen zu den Phänomenen der Metall-Säure-Reaktionen. Den Jugendlichen ist dafür kein Vorwurf zu machen, solange in der Alltagssprache das „Zerfressen des Metalls" durch Säure oder durch Rost eine übliche Sprechweise darstellt. Solche Schülervorstellungen sollten den Lehrern und Lehrerinnen bekannt sein, um auf diese im Unterricht eingehen zu können.

Bei Unterrichtsplanungen ging man vor einigen Jahrzehnten davon aus, dass Schüler keine Vorstellungen oder Kenntnisse hätten und eine gute Unterrichtsvorbereitung lediglich entscheiden müsse, in welcher Reihenfolge welche neuen Begriffe mit welchen didaktischen Hilfsmitteln einzuführen seien. Fachdidaktische Erhebungen zeigten allerdings, dass zum einen die Lernenden zu vielen Themen ihre eigenen Vorstellungen mit in den Unterricht bringen und dass zum anderen diese Vorstellungen nicht mit den heutigen wissenschaftlichen Vorstellungen übereinstimmen. Eine erste Grundfrage der Chemiedidaktik lautet aus diesem Grunde, zu welchen Sachverhalten welche Vorstellungen vorliegen und welche Erfahrungen es zur Korrektur dieser Vorstellungen gibt. Sie werden oftmals *„falsche" Vorstellungen* genannt – ohne zu berücksichtigen, dass die Schüler durchaus richtig beobachtet und für sich selbst eine eigene Vorstellungswelt geschaffen haben. Deshalb sind diese Vorstellungen besser zu bezeichnen als

- Alltagsvorstellungen oder lebensweltliche Vorstellungen,
- ursprüngliche oder vorwissenschaftliche Vorstellungen,
- Schülervorverständnis oder Präkonzepte,
- Misconcepts oder Misconceptions.

Eisenwolle-Beispiel. Ein Beispiel mag diese Auffassung untermauern. Wiegt man einen Bausch der hellgrau glänzenden Eisenwolle und erhitzt ihn in der nichtleuchtenden Flamme des Brenners (vgl. auch das Kapitel „Einführung"), so beobachtet man ein Durchglühen und Schwarzwerden. Fragt man die Schüler, ob diese schwarzfarbene Stoffportion leichter, schwerer oder gleichschwer ist wie zuvor, so vermutet eine Mehrzahl der Schüler, dass sie leichter ist. Der Hintergrund dieser Vermutung ist die Erfahrung, dass Holz und Grillkohlen bei der Verbrennung verschwinden und nur wenig Asche übrig bleibt, dass Spiritus gar vollkommen und rückstandsfrei verbrennt. Diese über 12–15 Jahre lang gesammelten Erfahrungen liegen vor und werden auf jede Verbrennung übertragen: Sie sind deshalb nicht falsch zu nennen, sondern ursprünglich oder lebensweltlich.

Es ist vorteilhaft, mit den Lernenden über ihre ursprünglichen Vorstellungen zu sprechen, ehe man die wissenschaftliche Vorstellung, etwa die Oxidationstheorie, – möglichst experimentell – einführt.

Man prüft die Masse einer Metallportion vor und nach der Verbrennung, stellt im Versuch mit der „Kerze am Waagebalken" ebenfalls eine Massenzunahme fest, wenn die unsichtbaren, gasförmigen Verbrennungsprodukte chemisch gebunden werden, findet schließlich aufgrund von Reaktionen in abgeschlossenen Luftvolumina die Ursache der Massenzunahme (vgl. Abschn. 1.2). Eine Diskussion auf der Grundlage dieser experimentellen Erfahrungen lässt die ursprünglichen Vorstellungen aufweichen und die wissenschaftlichen Vorstellungen nachhaltig in den Vordergrund treten. Dieser Lernprozess kann sicher nicht in einer einzigen Unterrichtsstunde vollzogen werden, sondern ist durch fortgesetzten problemorientierten Unterricht zum Verbrennungsvorgang auszubauen.

Schülervorstellungen zur Verbrennung weisen erstaunlicherweise Elemente der historischen Phlogistontheorie aus: Offenbar gibt es *Parallelen zwischen Schülervorstellungen* und dem Verlauf *historischer Erkenntnisprozesse* in der Fachwissenschaft. Es macht also Sinn, die Entwicklung historischer Theorien, die im Laufe der Jahrhunderte tiefgreifende Veränderungen erfahren haben, zu studieren und zu untersuchen, welche Parallelen im Denken der Schüler vorliegen. Solche Theorien beziehen sich etwa auf

- Urstofftheorien der griechischen Philosophieschulen im Altertum,
- Umwandlungskonzepte der Alchemisten,
- die Phlogistontheorie bzw. Wärmestofftheorien,
- den „Horror vacui" und die Entwicklung zur Erkenntnis des Luftdrucks,
- Theorien zur Atomistik bzw. zur Struktur der Materie u.a.

Da diesbezügliche Reflexionen fachwissenschaftlich-historischer Art sind, sollen sie im Folgenden unter „Fachliche Schwerpunkte" vorgestellt werden. Daraufhin sind empirische Erfahrungen zu Vorstellungen der Schüler und Schülerinnen unter der Rubrik „Lernende" zu referieren und mit den historischen Theorien zu vergleichen. Unter „Vermittlungsprozesse" sollen Empfehlungen zum Unterricht reflektiert werden, unter „Gesellschaftliche Bezugsfelder" schließlich Einflüsse der Alltagssprache und der Werbung in den Medien auf den Chemieunterricht.

1.1 Fachliche Schwerpunkte – Theorien aus der Geschichte der Naturwissenschaften

Die griechischen Philosophen des Altertums haben viele Sachverhalte des menschlichen Lebens gründlich durchdacht und für viele Bereiche anerkannte Theorien geschaffen: Unsere heutigen Kulturen und Grundwerte beruhen großenteils auf der griechischen Philosophie.

Urstofftheorien. Es erhob sich etwa für die griechischen Naturphilosophen die Frage nach dem Urstoff: Woraus besteht die Welt? Welches ist „der Urgrund, der Urstoff, die Ursubstanz, das Element? Ebenso wichtig war der zweite Grundgedanke, daß diese Grundsubstanz von ewiger Existenz sei, daß weder etwas (aus dem Nichts) entstehe noch (in das Nichts) vergehe, daß nur die Erscheinungsformen wechselten. Damit war die Aufmerksamkeit auf folgende Probleme gelenkt:

1. auf die Materialität der Welt,
2. auf die Unerschaff- und Unzerstörbarkeit der Materie,
3. auf die Umwandlungsfähigkeit der Materie *bei Wahrung der Ursubstanz*" [1].

„Aristoteles lehrte als erster die kategorische Trennung von Ding und Eigenschaft. Diese Unterscheidung des Dinges als ‚*Träger*' *von Eigenschaften* einerseits und diesen ‚Eigenschaften' selbst andererseits war den griechischen Philosophen vor Aristoteles noch keineswegs bewußt. Von dieser Erkenntnis ausgehend, gelangte Aristoteles zu der These, dass Entwicklung und Wandel, Werden und Vergehen nichts anderes sei als der Übergang von einer bestimmten Weise zu sein, in eine andere Seinsweise" [2].

Umwandlungskonzepte der Alchemisten. Das Zeitalter der Alchemie erstreckt sich etwa vom 4. bis zum 16. Jahrhundert, die Araber waren an der Entwicklung der Alchemie besonders beteiligt. Für sie war der Begriff Alchemie nur ein anderes Wort für die Chemie, gebildet aus dem arabischen „al" und dem griechischen „chyma": Metallguss. Dieser Begriff zeigt die große Bedeutung der Metalle für die Menschen und ihren Wunsch, unedle Metalle in Gold zu verwandeln.

Bereits viele Schriften der Araber „enthalten Anweisungen zur künstlichen Goldgewinnung mit Hilfe des ‚Ferments der Fermente', des ‚Elixiers der Elixiere'. Dabei ist die richtige Mischung der vier Elemente notwendig, und der ‚Geist' (das erhitzte, flüchtige Quecksilber) muß in die ‚Körper' (Blei, Kupfer, usw.) eindringen. Das geheimnisvolle ‚Elixier' selbst kommt nur zustande durch die richtige Vereinigung der vier Elemente, des Körpers (Metall) und Geistes (Quecksilber), des Männlichen und des Weiblichen. Es assimiliert die ‚Leiber' und färbt sie (deshalb auch ,Tinctur' genannt), indem es sie in Gold verwandelt, und zwar bis zur tausendfachen Menge" [3].

Sogar der Gelehrte Albertus „glaubt an die Möglichkeit der künstlichen Golddarstellung, doch sagt er, daß er keinen Alchemisten gefunden habe, dem die Metallumwandlung völlig gelungen sei" [3].

„Auch an ,praktischen' und ,augenfälligen' Beweisen hat es in der Alchemie bis ins 18. Jahrhundert hinein nicht gefehlt. Es wurden Münzen gezeigt, die aus alchemistischem Gold geprägt sein sollten, oder Nägel, deren eine Hälfte aus Eisen, deren andere aus in Gold verwandeltem Eisen bestehen sollte. Selbst Gerichtsurteile wurden zugunsten alchemistischer Operationen gefällt, und nicht zuletzt haben auch geschickte Betrüger dafür gesorgt, daß durch ihre ,gelungenen Transmutationen' der Glaube an die Möglichkeit der Metallverwandlung immer wieder neu belebt wurde" [1].

Immerhin ist noch einmal 1923 die Wissenschaft in Aufregung geraten,

„als von einem Berliner Hochschul-Professor mitgeteilt wurde, es sei ihm gelungen, Quecksilber durch Behandlung mit elektrischen Strömen in Gold umzuwandeln. Die Richtigkeit des Befundes wurde zunächst nicht nur von verschiedenen Seiten bestätigt, sondern es meldeten sich auch mehrere ,Forscher' (selbst aus Japan), die dasselbe schon früher gefunden haben wollten. Bei einer gründlichen experimentellen Nachprüfung stellte sich erst nach zwei Jahren heraus, daß die geringen Spuren Gold aus den Elektroden stammten. Damit ist wohl der ,Goldtraum', der über ein Jahrtausend lang immer wieder phantastische Köpfe in seinen Bann geschlagen hat, endgültig ausgeträumt" [3].

Die Phlogistontheorie. Bei Verbrennungen ist immer schon beobachtet worden, dass der Brennstoff, etwa Kohle oder Schwefel, „verschwindet". Georg Ernst Stahl veröffentlichte 1697 seine Interpretation dieser Beobachtungen und führte den Begriff Phlogiston (gr.: Phlox, die Flamme) ein:

„Er ging von der Verbrennung des Schwefels aus und glaubte, daß die durch die Verbrennung entstandene schweflige Säure ein seines brennbaren Prinzips beraubter Schwefel sei" [4].

„Stahl behauptete, daß das Phlogiston in allen brennbaren und verkalkbaren Stoffen enthalten wäre. Die Verbrennung war danach ein Vorgang, bei dem das Phlogiston den Körper verließ. Die Luft spielte insofern eine Rolle, als sie nötig war, um das Phlogiston aufzunehmen. Von dort gelangte das Phlogiston in Blätter und Hölzer und konnte mittels Reduktion (Erhitzen von Metallkalk auf einem Stück Holzkohle) einem Körper zurückgegeben werden. Oxydation und Reduktion waren nunmehr als einander bedingende Vorgänge erkannt. Den Beweis brachte das Experiment: Das Verkalken (Oxydieren) eines Metalls durch Erhitzen und die Reduktion durch Kohle" [1]:

Metall → Metallkalk + Phlogiston,

Metallkalk + Kohle (Phlogiston) → Metall.

Allerdings musste Stahl das reine Metall als *Verbindung* von Metall und Phlogiston auffassen, und den Metallkalk – also das heutige Metalloxid – als *Element.* Zum anderen sprachen Experimente mit der Waage gegen seine Theorie.

„Der Zunahme des Gewichts verkalkter Metalle maß er nur geringe Bedeutung bei; schließlich suchte er dieses Problem mit der Annahme eines ,negativen Gewichts' des Phlogistons abzutun. Die Chemiker waren höchst einseitig auf die qualitativen Erscheinungen orientiert, und gerade für die Erklärung und Systematisierung qualitativer Umsetzungen erwies sich die Phlogistontheorie als hervorragendes geistiges Instrument" [1].

„Die Anschauungsweise der Phlogistiker wird verständlicher, wenn man sie nicht vom Standpunkt der stofflichen Vorgänge aus betrachtet, sondern vom Standpunkt der *Energetik* aus. Beim Verbrennen sieht man nicht nur die Flamme entweichen, es wird auch *Wärme* entwickelt. Diese sich den Sinnen unmittelbar kundgebende Tatsache wird bei einer rein stofflichen Deutung der Vorgänge nicht berücksichtigt. Setzt man an Stelle von Phlogiston die Energie, so wird man dem physikalisch-chemischen Vorgange in gewisser Weise gerecht" [3].

Bis zur Entdeckung durch Lavoisier wurde Sauerstoff auch als „Feuerstoff" (Empedokles), „Phlogiston" (Stahl) und „Feuerluft" (Scheele) bezeichnet. „Ein Rest dieser Begriffe blieb als ‚*Wärmestoff*' noch einige Jahrzehnte in Gebrauch, bis die Ursache der Wärme in der Bewegung von kleinsten Teilchen erkannt wurde" [1]. Lavoisier klärte durch seine Messungen am Beispiel der Synthese und Zerlegung von Quecksilberoxid diesen Sachverhalt auf, fand *Erhaltungssätze* und definierte die *Oxidationstheorie*.

„Horror vacui" und der Luftdruck. Experimente mit Pipetten und Weinheber machten bereits die Naturphilosophen im Altertum darauf aufmerksam, dass es auf der Erde keine luftfreien Räume gibt, dass sobald ein Stoff einen Raum verlässt, ihn ein anderer Stoff einnimmt. In diesem Zusammenhang ist von Canonicus eine Formulierung bekannt geworden, die besagt, „daß die Natur einen horror vacui, eine Abscheu vor dem Vakuum hat" [5].

Auch Galilei kannte dieses Phänomen und wusste von Brunnenbauern, dass es nicht möglich ist, Wasser aus einer Tiefe von über 10 m nach oben zu pumpen. Dieses Maß hielt er für die äußerste Kraft, mit der die Natur ein Vakuum verhindern könne und erfand 1643 ein Gedankenexperiment, um diese Kraft, die „resistenza del vacuo" [5], zu messen (vgl. (a) in Abb. 1.1): Der durchbohrte Zylinder sollte Wasser enthalten, an den beweglichen Kolben eine große Masse angehängt werden, bis sich im Zylinder ein leerer Raum bildete. Man weiß nicht, „ob dieser Versuch nur auf dem Papier beschrieben wird oder ob er wirklich ausgeführt worden ist" [5].

Diese Apparatur inspirierte seinen Schüler Torricelli dahingehend, an die Stelle des schwer zu realisierenden dichten Kolbens das flüssige Quecksilber zu nehmen, das spezifisch schwer ist und kolbenartig in einem Glasrohr gleitet (vgl. (b) in Abb.1.1). Mit diesem erstmals 1643 beschriebenen Versuch [5] konnte er den normalen Luftdruck von 760 mm Quecksilbersäule und die Existenz eines materiefreien Raumes über dieser Säule nachweisen (vgl. V.1.1).

Pascal führte 1647 durch das Experiment „du vide dans le vide" (vgl. (c) in Abb.1.1) den endgültigen Nachweis, dass eine Torricelli-Apparatur im Torricellischen Vakuum keinen Gasdruck anzeigt und es keinen besonderen „Äther" im freien Raum über der Quecksilbersäule gibt [5]. Weitere Experimente in verschiedenen Höhen über dem Meeresspiegel machten deutlich, dass der Luftdruck jeweils die Quecksilbersäule in der Waage hält und somit diese Apparatur ein Messgerät für den Luftdruck ist: erste Quecksilber-Barometer wurden gebaut.

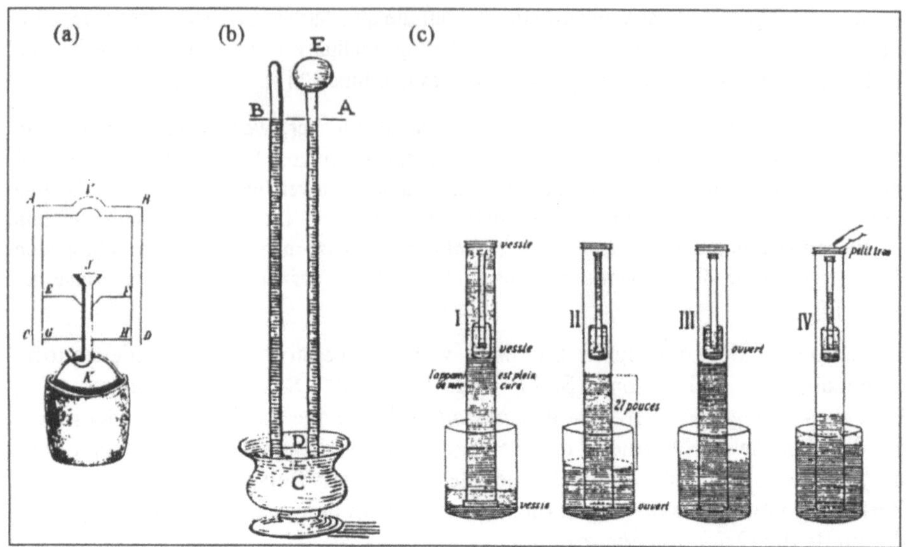

Abb. 1.1: Historische Experimente zur Überwindung der Vorstellung vom „Horror vacui" [5]

Guericke entwickelte aufgrund dieser Kenntnisse leistungsfähige Luftpumpen und demonstrierte den Luftdruck durch die spektakulären Experimente mit den „Magdeburger Halbkugeln": Zusammengesetzte Halbkugeln wurden nahezu luftleer gepumpt, acht Pferde auf der einen Seite und acht Pferde auf der anderen Seite angespannt und angetrieben – nur unter Aufbietung aller Kräfte vermochten die Pferde, die Halbkugeln auseinander zu reißen (vgl. Abb. 9.4).

Theorien zur Atomistik und zur Struktur der Materie. Auch diese Theorien haben ihren Ursprung in Interpretationen der griechischen Philosophieschulen. Es gab prinzipiell zwei Richtungen des Denkens: Eine Gruppe um Demokrit und Leukipp war überzeugt davon, dass eine wiederholte Teilung einer Materieportion ein Ende hat und Materie aus nicht weiter teilbaren Teilchen aufgebaut ist, den Atomen (gr.: atomos, unteilbar). Diese Vorstellung ging von Teilchen und leerem Raum um sie herum aus und wird heute auch *Diskontinuumshypothese* genannt. Aristoteles und andere Philosophen behaupteten, dass die wiederholte Teilung von Körpern zu keinem Ende führt. Insbesondere die gedankliche Unmöglichkeit des leeren Raumes, der einzelne Teilchen voneinander trennen musste – der „Horror vacui" – überzeugte sie vom kontinuierlichen Aufbau der Materie: Seitdem diskutiert man die *Kontinuumshypothese*. Durch den großen Einfluss der aristotelischen Denkschule wurde sie überall gelehrt und damit die Demokritsche Diskontinuumshypothese für nahezu zwei Jahrtausende unterdrückt.

Nachdem mit Torricelli-Experimenten der „Horror vacui" in makroskopischer Hinsicht überwunden worden war und das Vakuum denkbar wurde, übertrug Gassendi diese Erkenntnisse auf die Existenz des Vakuums in submikroskopischer Hinsicht, setzte sich über die aristotelischen Auffassungen hinweg und griff 1649 die Idee des Demokrit wieder auf: „*Die Atome und der leere Raum* sind die einzigen Prinzipien der Natur, neben den ersteren, als dem absolut Vollen, und dem absolut Leeren ist überhaupt nichts Drittes denkbar" [6]. Nach einer 2000-jährigen Unterbrechung konnten die Wissenschaftler nun die Diskontinuumshypothese zugrunde legen und über den Aufbau der Materie aus kleinsten Teilchen nachdenken. In Kapitel 9 wird die spannende Geschichte der Überwindung des „Horror vacui" und die Auferstehung der Diskontinuumshypothese referiert und auf diesbezügliche Planungen von Unterricht übertragen.

1.2 Lernende – Empirische Hinweise auf Schülervorstellungen

Schüler und Schülerinnen des Anfangsunterrichts im Fach Chemie sind in ihrer geistigen Entwicklung überwiegend dem Stadium konkreter Denkoperationen nach Piaget zuzuordnen, sie sind in ihren Vorstellungen überwiegend auf das konkrete Objekt fixiert. Das hat zur Folge, dass sie Phänomene *konkret-bildhaft* und in *magisch-animistischer Sprechweise* umschreiben. Folgende Beispiele sind aus der Erfahrung bekannt:

- das Holz *will* nicht brennen, die Flamme *will* ausgehen, die Flamme *verzehrt* die Kerze, Stoffe reagieren *gerne* miteinander.
- Stoffe *greifen an*, Säuren *fressen* unedle Metalle, Rost *zerfrisst* Eisen, etc.

Die Deutungen der Schüler und Schülerinnen entsprechen oftmals einfachen *Analogien*, Ursachen werden *personifiziert* oder einem Zweck gleich gesetzt:

- Natrium reagiert mit Wasser „wie bei einer Brausetablette",
- wenn sich Kupfersulfat löst, ist das „wie das Verlaufen von Rotkohlbrühe in Wasser",
- das Getreide wächst auf Feldern, *damit* Menschen sich ernähren können,
- das Holz brennt, *damit* man sich wärmen kann, etc.

Insbesondere zeigen sich im Denken von Schülern und Schülerinnen Parallelen zum historischen Verlauf von Erkenntnisprozessen im Fach Chemie. Aus dem Grund sollen die in Abschnitt 1.1 angeführten Konzepte aus der Geschichte der Naturwissenschaften aufgegriffen und mit empirisch beobachteten Beispielen in Aussagen unserer Schüler heute verglichen werden.

Stoffe als Eigenschaftsträger. In den Vorstellungen der Schüler entstehen bei chemischen Reaktionen nicht konsequent neue Stoffe, sondern „es" werden neue Eigenschaften angenommen:

- Kupferdächer werden grün, Silber wird schwarz, eine Lösung wird tiefblau u.a.

Es scheint – ebenso wie für die Philosophen des Altertums – einen Urstoff oder einen Eigenschaftsträger zu geben, der irgendwie erhalten bleibt und lediglich sein äußeres Erscheinungsbild immer wieder ändert. Den Schülern sollte deshalb bewusst gemacht werden, dass sich etwa

- die grüne Schicht des Kupferdaches entfernen lässt: die Substanz Kupfercarbonat,
- die schwarze Schicht als ein anderer Stoff erweist als Silber: die Substanz Silbersulfid,
- die Lösung umfärbt, weil sich darin ein neuer Stoff gebildet hat.

Man kann im Experiment aus schwarzem Silbersulfid oder aus schwarzem Kupferoxid das Metall auch zurückgewinnen (V1.2) und zeigen, dass man wiederum durch eine Reaktion mit Sauerstoff oder Schwefel die schwarzen Oxide oder Sulfide erhält, dass die Reaktionen reversibel sind. Allerdings führt das zur Frage, was denn in den Verbindungen erhalten bleibt und wieder hervorgebracht werden kann. Die Antwort ist schwierig und erst auf der Ebene bestimmter Modellvorstellungen zu formulieren: Die Rümpfe von Metall- und Nichtmetall-Atomen bleiben bei den Reaktionen erhalten. Auch die Frage, wie sich rotes Kupferoxid (Cu_2O) von schwarzem Kupferoxid (CuO) unterscheidet, ist erst mit dem Atombegriff nach Dalton zu beantworten. Diese Diskussion wird im Kapitel 6 erneut aufgegriffen.

Das *Mischen und Entmischen* spielt bei der Interpretation von Stoffumwandlungen durch die Schüler und Schülerinnen ebenfalls eine große Rolle:

- Kupfersulfid *enthält* Kupfer und Schwefel,
- Wasser *besteht* aus Wasserstoff und Sauerstoff,
- ein Kohlenwasserstoff *ist aus* Kohlenstoff und Wasserstoff *aufgebaut.*

Diese Formulierungen suggerieren geradezu ein Mischungskonzept, wie es auch von griechischen Philosophen diskutiert worden ist. Diesbezüglich ist den Lernenden ganz deutlich die *heterogene* Mischung zweier Stoffe zu demonstrieren, etwa die von Kupferspänen und Schwefelpulver. Sie ist zu vergleichen mit dem *homogenen* Kupfersulfid. Die Formulierung „Kupfersulfid ist eine Verbindung aus den Elementen", oder „Wasserstoff und Sauerstoff liegen chemisch gebunden in Wasser vor" sind den oben genannten vorzuziehen. Auf der Ebene der Modellvorstellungen kann man eher davon sprechen, dass Wasser-Moleküle aus Wasserstoff-Atomen und Sauerstoff-Atomen „bestehen" oder diese Atomarten „enthalten".

Erhaltungskonzept. Schüler und Schülerinnen kennen meist nicht die Wünsche der Alchemisten, Metalle wie Quecksilber und Blei in Gold umzuwandeln, sie registrieren allerdings das „grüne Kupferdach", also das durch einen langen Zeitraum „umgewandelte Kupfer" – diesbezüglich liegt also eher ein Umwandlungskonzept als ein Erhaltungskonzept vor. In anderer Hinsicht lässt sich bei Lernenden ein *Vernichtungskonzept* feststellen – verursacht durch eigene Beobachtungen und vertraute Formulierungen in der Alltagssprache:

- Kerzen, Spiritus oder Benzin „ver"-brennen vollständig, Kohle „ver"-glüht, Holz „ver"-kohlt,
- Pflanzen „ver"-modern, Tierkadaver „ver"-wesen, Nahrung wird „ver"-daut,
- Wasser „ver"-dunstet, Gestein „ver"-wittert, Sandsteinfiguren „zer"-fallen,
- Kesselstein wird „auf"-gelöst, Metalle werden „zer"-setzt,
- Fettflecken werden „ent"-fernt, Rückstände werden „ver"-nichtet etc.

Diese Formulierungen sind mit den Schülern zu reflektieren, insbesondere ist durch *Experimente* zu veranschaulichen, dass keine „Vernichtung" von Materie stattfindet. So kann das Verdunsten von Aceton zwar durch den Einsatz einer empfindlichen Waage anschaulich werden, es ist allerdings ebenfalls zu zeigen, dass sich dabei ein großes Volumen an Acetondampf bildet (V1.3). Zum Zersetzen von Metallen in Wasser ist das sich bildende Gas und die nach Verdampfen des Wassers verbleibende Portion eines neuen Stoffes zu demonstrieren (V1.4), das Entfernen von Flecken ist durch Lösen von Fett in Benzin zu interpretieren (V1.5).

Auch hinsichtlich der *Energie* liegt kein Erhaltungskonzept bei Schülern und Schülerinnen vor, ihre Vorstellungen sind in der Alltagssprache begründet:

- Energie wird „ver"-braucht, Strom*ver*brauch, Kraftstoff*ver*brauch,
- Batterien sind „leer", der Akku ist „leer" und muss aufgeladen werden,
- „man hat keine Energie mehr, Schokolade bringt verbrauchte Energie zurück".

Es ist bei der Beobachtung von Energieumsätzen deutlich zu machen, dass in allen Fällen die Umwandlung von einer Energieform in eine andere Energieform vorliegt: So wird elektrische Energie in Wärmeenergie umgewandelt (Tauchsieder), in mechanische (Elektromotor) oder in Lichtenergie (Glühlampe). Die *chemische Energie* ist von allen Energiearten am wenigsten anschaulich: Für eine diesbezügliche Anschauung ist jede exotherme bzw. endotherme Reaktion damit zu deuten, dass die chemische Energie der Reaktionsprodukte kleiner bzw. größer wird. Erst dann ist der exotherme Umsatz von Kraftstoffen im Automotor zu verstehen und der Kraftstoffumsatz richtig zu deuten, erst mit Kenntnis der chemischen Energie sind Vorgänge in Batterie und Akku nachzuvollziehen.

Vorstellungen vom Verbrennungsprozess. Sowohl Vorstellungen vom Eigenschaftsträger („Kupfer wird beim Erhitzen in der Flamme schwarz") als auch solche vom Vernichtungskonzept („Holz wird verbrannt") beziehen sich auf ursprüngliche Vorstellungen von der Verbrennung. Das jahrelange Beobachten der für Jugendliche immer wieder faszinierenden Flammen von Brennstoffen wie Papier, Holz und Grillkohlen oder Spiritus und Benzin führt zu den Aussagen, dass bei der Verbrennung *etwas* in die Luft abgegeben werde, dass *etwas* verloren ginge und wenig *Asche* übrig bliebe. Dieses „Etwas" kann damit interpretiert werden, was Stahl mit „Phlogiston" bezeichnet hat. Eine Schülergruppe wurde gefragt, was denn mit den Teilchen des Magnesiums bei der Verbrennung an der Luft geschieht. Viele Schüler argumentierten damit, dass ein Teil der Magnesium-Teilchen in die Luft geht und ein anderer Teil der Teilchen als weiße Asche übrig bleibt [7]. Aussage und stimmige Zeichnung eines Schülers seien exemplarisch in Abb. 1.2 wiedergegeben. Abb. 1.3 unterstreicht, dass auch andere Fachdidaktiker [8] ähnliche Schülervorstellungen festgestellt haben.

Auch ältere Schüler, die bereits mehrere Jahre Unterricht im Fach Chemie erhalten haben, können sich oftmals nicht von der Vernichtungsvorstellung trennen. So berichtet Pfundt [9] von dem Schüler der Klassenstufe 10, der behauptete: „Der Formel nach müsste aus CO_2 ja Kohlenstoff gewinnbar sein, aber es ist natürlich unmöglich, aus einem farblosen Gas einen schwarzen Feststoff gewinnen zu können".

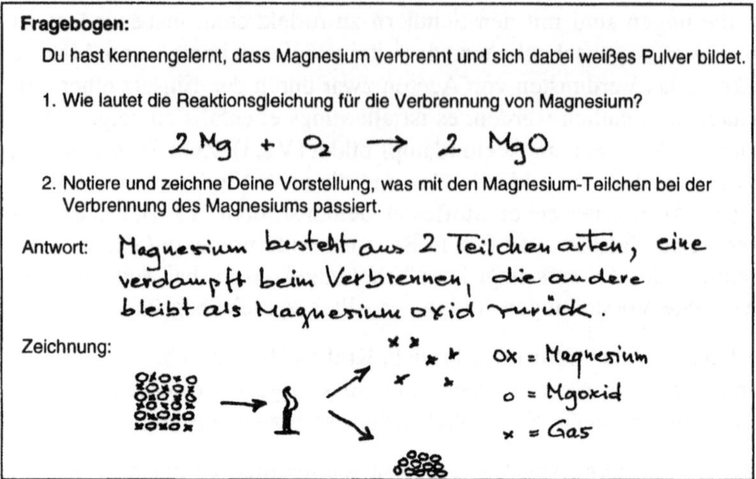

Fragebogen:

Du hast kennengelernt, dass Magnesium verbrennt und sich dabei weißes Pulver bildet.

1. Wie lautet die Reaktionsgleichung für die Verbrennung von Magnesium?

$2\,Mg + O_2 \rightarrow 2\,MgO$

2. Notiere und zeichne Deine Vorstellung, was mit den Magnesium-Teilchen bei der Verbrennung des Magnesiums passiert.

Antwort: Magnesium besteht aus 2 Teilchenarten, eine verdampft beim Verbrennen, die andere bleibt als Magnesiumoxid zurück.

Zeichnung:

Abb. 1.2: Vorstellungen eines Schülers der Klassenstufe 9 zur Verbrennung [7]

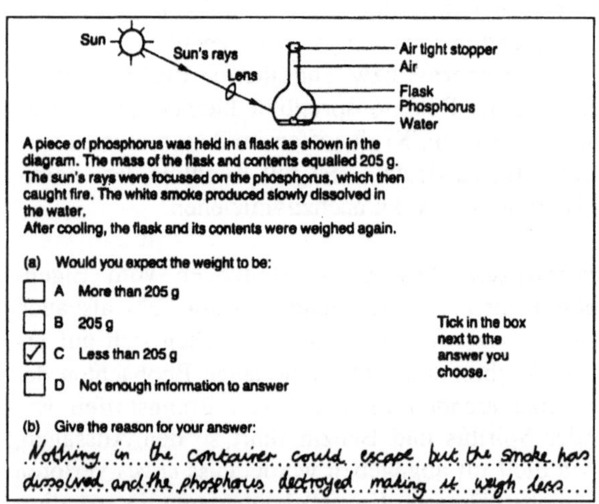

A piece of phosphorus was held in a flask as shown in the diagram. The mass of the flask and contents equalled 205 g. The sun's rays were focussed on the phosphorus, which then caught fire. The white smoke produced slowly dissolved in the water.
After cooling, the flask and its contents were weighed again.

(a) Would you expect the weight to be:

- ☐ A More than 205 g
- ☐ B 205 g
- ☑ C Less than 205 g
- ☐ D Not enough information to answer

Tick in the box next to the answer you choose.

(b) Give the reason for your answer:

Nothing in the container could escape but the smoke has dissolved and the phosphorus destroyed making it weigh less...

A small amount of iron wool was placed on pan P, and weights were added to pan Q to balance the scales.

The iron wool was then removed and heated in air.

It formed a black powder which was carefully collected and returned to pan P.

What do you expect to happen to pan P?

Explain the reason for you answer.

I expect pan p was lighter because by heating it certain things were being burnt away and so making it lighter....

Abb. 1.3: Aussagen von Jugendlichen zur Verbrennung von Eisenwolle und Phosphor [8]

Die ursprünglichen Vorstellungen sind mit den Jugendlichen in jedem Fall zu diskutieren, die Aufmerksamkeit ist auf zwei wichtige Fakten zu lenken: auf den Umsatz der Luft oder eines Teils der Luft und auf das Entstehen farbloser Gase bei vielen Verbrennungsreaktionen. Experimentell kann zum einen gezeigt werden, dass bei der Verbrennung die Masse zunimmt, wenn eine offene Apparatur verwendet wird: Eisenwolle wird am Waagebalken schwerer, die Masse des Verbrennungsprodukts von Magnesium ist größer als die des Magnesiums vorher (V1.6). Um diesen Effekt auch bei Reaktionen zu zeigen, die keine festen Verbrennungsprodukte liefern, ist eine Kerze am Waagebalken so zu entzünden, dass die gasförmigen Verbrennungsprodukte chemisch absorbiert und mitgewogen werden (V1.7). Aus dem farblosen Kohlenstoffdioxid-Gas ist schwarzer Kohlenstoff zu gewinnen, indem die Reaktion von Kohlenstoffdioxid mit brennendem Magnesium gezeigt wird (V1.8).

Luft und andere Gase. Viele Experten vergangener Jahrhunderte erfassten weder die Luft als Substanz noch unterschieden sie andere farblose Gase von der Luft. Ähnlich schwierig ist es auch für Jugendliche heute. Da die Luft uns ständig scheinbar schwerelos umgibt und warme Luft bekanntermaßen sogar nach oben steigt, hat die Luft in der Vorstellung von Kindern keine *Masse* und wird damit nicht als Substanz angesehen. So konnte Münch [10] in einer empirischen Erhebung zeigen, dass etwa die Hälfte der Jugendlichen zwischen 10 und 16 Jahren glaubt, dass ein – vor ihnen mit einer üblichen Luftpumpe aufgepumpter – prall gefüllter Fußball leichter sei als derselbe Ball, den man nur wenig aufgepumpt hat.

Die Masse einer bestimmten Luftportion und damit die Dichte der Luft ist den Schülern schnell und überzeugend zu demonstrieren: Wird eine Glaskugel mit der Wasserstrahlpumpe evakuiert, mit einer Analysenwaage genau gewogen und nach Einfüllen von 100 mL Luft aus dem Kolbenprober nochmals gewogen, so können sie die Masse von 0,13 g ablesen (V1.9). Werden auf demselben Weg die *Dichten* weiterer Gase bestimmt, so sind durch die Messwerte Luft und andere Gase voneinander abzugrenzen. Es können auch bekannte Gase wie Sauerstoff, Stickstoff, Wasserstoff und Kohlenstoffdioxid experimentell vorgestellt und durch die Probe mit dem brennenden oder glimmenden Holzspan unterschieden werden (V1.10). Schließlich kann man den *Sauerstoffgehalt der Luft* von etwa 20 Vol% zeigen, indem in geschlossenen Apparaturen die Reaktion von Eisenwolle oder Phosphor zu jeweils einem festen Oxid demonstriert wird (V1.11).

Hinsichtlich der Gase stammen viele falsche Vorstellungen aus der *Alltagssprache.* So erhält Weerda [11] folgende Aussagen von Schülern und Schülerinnen:

- frische Luft ist „gute" Luft; Luft ohne Sauerstoff ist „schlecht",
- Kamine brauchen „Zuluft" und „Abluft", Autos geben „Abgase" an die Luft ab,
- farblose Gase sind „Luft" oder luftähnlich, Wasser verdunstet „zu Luft",
- Gase sind brennbar, sind zum Kochen und Heizen da,
- Gase sind gefährlich, sind explosiv, sind giftig,
- Gase sind „flüssig", in Feuerzeugen befindet sich „Flüssiggas".

Zum letzten Aspekt lässt sich zur Klärung des Begriffes *„Flüssiggas"* folgendes Experiment durchführen. In eine Gasverflüssigungspumpe wird durch Verdrängen der Luft Butangas gefüllt, dieses wird durch einen Kolben unter starken Druck versetzt: Ein großer Tropfen flüssigen Butans bildet sich in Anwesenheit von gasförmigem Butan (V1.12). Es ist zu klären, dass in Feuerzeugen und Campinggaskartuschen flüssiges und gasförmiges Butan nebeneinander vorliegen.

Aufbau der Materie. Es ist möglich, die Diskussion der Naturphilosophen von vor zweitausend Jahren aufzunehmen: Kommt man bei der wiederholten Zerteilung einer Stoffprobe zu einem Ende und zu kleinsten Teilchen oder nicht? Da Schüler und Schülerinnen keine eigenen Erfahrungen mit kleinsten Teilchen der Materie haben, liegt die Kontinuumshypothese näher. Auf die Frage etwa, ob sich ein Schüler kleinste Wasser-Teilchen vorstellen könne, antwortete dieser spontan: „Nein, man kann doch einen Tropfen Wasser beliebig breit verschmieren".

Wenn die Jugendlichen in einer Diskussion auch den Teilchenbegriff akzeptieren, so ergeben sich trotzdem Schwierigkeiten in den Vorstellungen: Das Teilchenkonzept wird nicht konsistent angewendet. Pfundt [12] zeigte das Lösen eines blauen Kupfersulfatkristalls in Wasser und befragte Schüler nach ihren Vorstellungen. Sie unterschied dabei vorgegebene Antworten nicht nur hinsichtlich eines Kontinuums- oder Diskontinuumskonzepts, sondern auch bezüglich der Möglichkeit, dass Teilchen sich etwa beim Löseprozess erst bilden (vgl. Abb. 1.4) oder beim Kristallisieren vorhandene Teilchen aus der Lösung wieder zu einem kontinuierlichen Stoff zusammen treten, gewissermaßen „verschmelzen". In diesem Zusammenhang nannte Pfundt sie *„nicht vorgebildete Teilchen":* Sie können entstehen oder wieder verschwinden. Im anderen Fall gibt es für immer existente *„vorgebildete Teilchen"*.

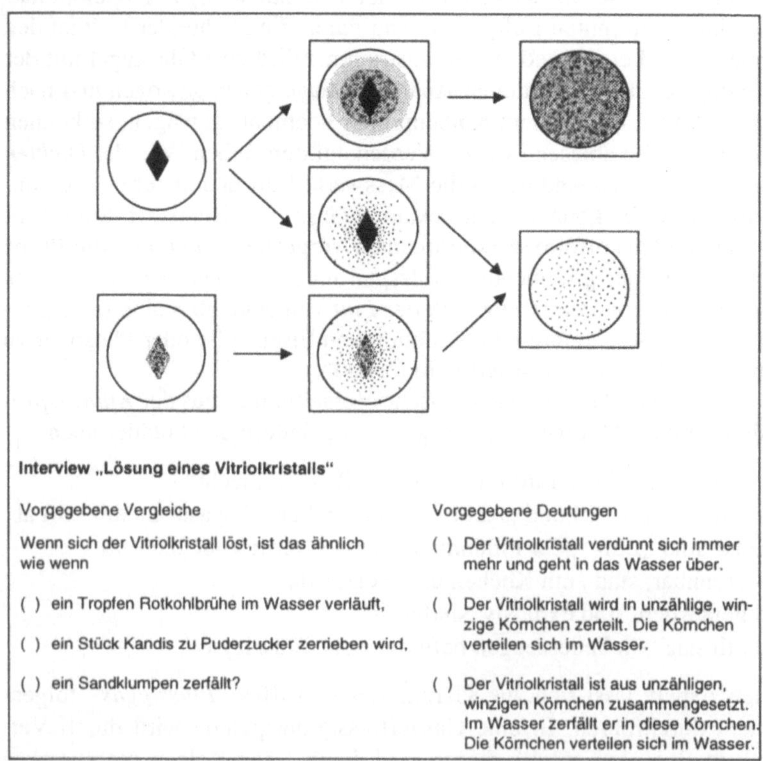

Interview „Lösung eines Vitriolkristalls"

Vorgegebene Vergleiche

Wenn sich der Vitriolkristall löst, ist das ähnlich wie wenn

( ) ein Tropfen Rotkohlbrühe im Wasser verläuft,

( ) ein Stück Kandis zu Puderzucker zerrieben wird,

( ) ein Sandklumpen zerfällt?

Vorgegebene Deutungen

( ) Der Vitriolkristall verdünnt sich immer mehr und geht in das Wasser über.

( ) Der Vitriolkristall wird in unzählige, winzige Körnchen zerteilt. Die Körnchen verteilen sich im Wasser.

( ) Der Vitriolkristall ist aus unzähligen, winzigen Körnchen zusammengesetzt. Im Wasser zerfällt er in diese Körnchen. Die Körnchen verteilen sich im Wasser.

Abb. 1.4: Fragebogen zum Teilchenkonzept von Schülern für den Lösevorgang [12]

Die Befragungen ergaben, dass Jugendliche der Klassenstufen 7, 8 und 9 überwiegend Antworten zur Kontinuumshypothese wählten und „nicht vorgebildete Teilchen“ für möglich hielten. Nur wenige Schüler und Schülerinnen kreuzten Vorstellungen zu vorgebildeten Teilchen an und argumentierten konsequent mit dem Teilchenkonzept bei vorgegebenen Fragen zu Aggregatzustandsänderungen, Lösungs- und Kristallisationsvorgängen. Für die erfolgreiche Vermittlung ist mit der Teilchenvorstellung im Unterricht konsequent zu arbeiten, sie ist an möglichst vielen Beispielen zu vertiefen.

Bei Modellzeichnungen zum Aufbau der Stoffe stellte Pfundt ebenfalls fest, dass Schüler Quadrate als Modelle für Teilchen den üblichen Kreisen vorziehen. Bei der Frage nach dem Grund waren die Antworten, dass die Modelle „passen müßten, daß sie sich lückenlos aneinanderfügen lassen“ [12]. Bei aneinander gezeichneten Kreisen würden sich wohl Hohlräume bilden, die es aus der Sicht der Schüler nicht geben dürfte: Der *„Horror vacui“* in den Vorstellungen der Lernenden sorgte dementsprechend für eine Präferenz der Quadrate gegenüber den Kreisen als Modelle für kleinste Teilchen.

Auch Novick und Nussbaum [13] haben Befragungen zum Teilchenverständnis durchgeführt und bezüglich der Gase festgestellt, dass die Mehrzahl von Jugendlichen oder Studenten in den USA die Vorstellung besitzen, zwischen den Teilchen der Gase befände sich Luft oder andere Materie. Daraufhin wurden Untersuchungen durchgeführt, inwieweit der „Horror vacui“ bezüglich der Räume zwischen Teilchen eines Gases vorliegt [14]. Es wurde etwa mit Butan ein Experiment durchgeführt (V1.12), die Modellzeichnung dazu erbeten und nach Zwischenräumen zwischen den Butan-Teilchen gefragt (vgl. Abb. 1.5).

Das Ergebnis der Befragung in den Klassenstufen 9, 10 und 11 zeigte, dass fast alle Probanden die Modellzeichnung richtig wiedergaben, aber in der Tat nur etwa 50 % aller Probanden die Alternativen „nichts“ oder „leer“ ankreuzten. Das heißt, dass die andere Hälfte der Probanden von Vorstellungen ausgeht, die Zwischenräume zwischen den Butan-Teilchen seien mit Butan, mit Luft oder mit anderer Materie gefüllt: Diese Jugendlichen unterliegen dem „Horror vacui“!

Insbesondere die Begründungen für die Antworten belegen das:

„Der Raum zwischen den Teilchen kann nicht leer sein bzw. ist nicht nichts vorhanden“, „ich kann mir nicht vorstellen, daß dort nichts ist“, „wenn keine Luft vorhanden wäre, müßte dort ein Vakuum sein, und das kann ich mir nicht vorstellen“, „irgendwas muß ja vorhanden sein, es gibt keinen Ort, wo überhaupt nichts ist“, „der Raum kann ja nicht einfach nichts enthalten“, „irgendwas muß doch da sein“ [14].

Es ist bei der Vermittlung des Teilchenmodells also neben der Einführung der kleinsten Teilchen selbst auch der materiefreie Raum zwischen den Teilchen zu diskutieren: *Kapitel 9* zeigt diese Diskussion auf und schlägt diesbezüglichen Unterricht vor. Um diesen Zusammenhang wirklich verstehen und den Aufbau der Materie dreidimensional begreifen zu können, sollten die Jugendlichen über ein ausreichendes *Raumvorstellungsvermögen* verfügen. Untersuchungen mit Hilfe eines Raumvorstellungstests haben ergeben, dass ab der Klassenstufe 8 diese Fähigkeit bei den meisten Schülern und Schülerinnen vorliegt. Das Raumvorstellungsvermögen wird als Faktor der Intelligenz in Kapitel 10 diskutiert, ebenfalls werden Raumvorstellungstests und Testergebnisse vorgestellt.

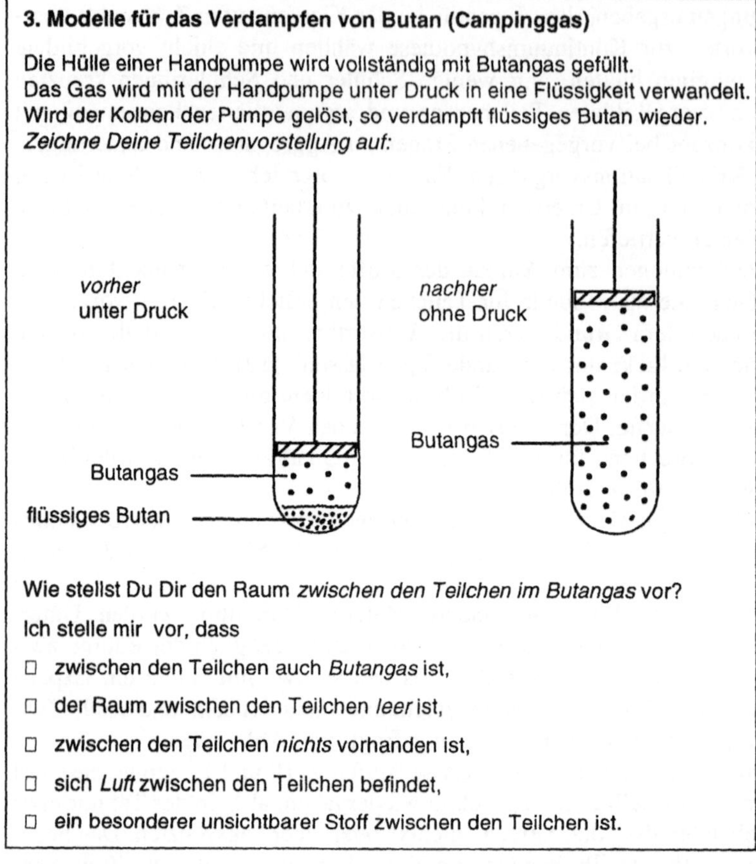

3. Modelle für das Verdampfen von Butan (Campinggas)

Die Hülle einer Handpumpe wird vollständig mit Butangas gefüllt.
Das Gas wird mit der Handpumpe unter Druck in eine Flüssigkeit verwandelt.
Wird der Kolben der Pumpe gelöst, so verdampft flüssiges Butan wieder.
Zeichne Deine Teilchenvorstellung auf:

Wie stellst Du Dir den Raum *zwischen den Teilchen im Butangas* vor?

Ich stelle mir vor, dass

- □ zwischen den Teilchen auch *Butangas* ist,
- □ der Raum zwischen den Teilchen *leer* ist,
- □ zwischen den Teilchen *nichts* vorhanden ist,
- □ sich *Luft* zwischen den Teilchen befindet,
- □ ein besonderer unsichtbarer Stoff zwischen den Teilchen ist.

Abb. 1.5: Ausschnitt aus einem Fragebogen zum „Horror vacui" beim Teilchenkonzept für Gase (Teilchenvorstellung eines Schülers bereits eingezeichnet) [14]

1.3 Vermittlungsprozesse – Berücksichtigung der Schülervorstellungen

„Aller Unterricht hat bei der Erfahrung der Kinder anzufangen" (Dewey).

„Alle neuen Erfahrungen, die die Schüler im Unterricht machen, werden mit Hilfe bereits vorhandener Vorstellungen organisiert" (Ausubel).

„Ohne ausdrückliches Abbauen falscher Vorstellungen werden keine tragfähigen neuen Vorstellungen erworben" (Piaget, Inhelder).

„Der Unterricht muß nicht lediglich von Unkenntnis zu Kenntnis leiten, er muß vielmehr auch vorhandene Kenntnis durch andersartige Kenntnis ersetzen" (Pfundt).

„Der Chemieunterricht muß eine tragende Brücke von den ursprünglichen Vorstellungen der Schüler zu den heute gültigen Vorstellungen schlagen" (Pfundt).

Diese Aussagen machen eindrucksvoll deutlich, dass Lehrer und Lehrerinnen ihre Schüler keineswegs mit „unbeschriebenen Blättern" vergleichen dürfen, die „nur zu füllen sind". Ein Unterricht, der vorhandene Vorstellungen nicht berücksichtigt, führt erfahrungsgemäß dazu, dass Schüler dem Unterricht nur folgen, bis der nächste Test geschrieben ist, die neuen Vorstellungen dann nach und nach vergessen und zu ihren alten, über lange Zeit erworbenen Vorstellungen zurückkehren.

Heute sind sich Fachdidaktiker und Lehrer darüber einig, dass man die Vorstellungen der Schüler kennen oder zu einer Thematik ermitteln muss, ehe „die Brücke von den ursprünglichen Vorstellungen zu den wissenschaftlichen Vorstellungen" erfolgreich geschlagen werden kann. Wichtiges Ziel des Vermittlungsprozesses ist es deshalb, dem Schüler in Unterrichtsgesprächen seine eigenen Widersprüche aufzuzeigen oder bei der fachwissenschaftlichen Deutung neuer Inhalte die Widersprüche seiner Vorstellungswelt zu wissenschaftlichen Deutungen bewusst zu machen und ihn zu motivieren, diese Widersprüche überwinden zu wollen. Erst wenn die Schüler erkannt haben, dass sie mit ihren eigenen Erklärungen nicht weiter kommen, sind sie bereit, den Unterricht des Lehrers nachzuvollziehen und damit neue Denkstrukturen aufzubauen.

Für den *Vermittlungsprozess* ist es deshalb wichtig, dass im Zusammenhang mit dem Entwicklungsstand der Schüler reflektiert wird über

- vorhandene Widersprüche innerhalb eigener Erklärungen der Schüler und Schülerinnen,
- Widersprüche zwischen Präkonzepten und wissenschaftlichen Vorstellungen,
- Widersprüche zwischen Präkonzepten und Erklärungen experimenteller Phänomene,
- Möglichkeiten zum Abbau ursprünglicher Schülervorstellungen,
- Möglichkeiten zum Aufbau tragfähiger und fachgerechter Beschreibungen.

Insbesondere ist zu berücksichtigen, dass entsprechend der *konstruktivistischen Theorien* ein Wechsel von ursprünglichen zu wissenschaftlichen Vorstellungen nur möglich ist, wenn

- jedes Individuum Gelegenheit erhält, eigene Lernstrukturen individuell aufzubauen,
- dazu Aktivität und Eigentätigkeit jedes Lernenden zu gewährleisten ist,
- ein „Conceptual Growth" stattfindet (entsprechend der Assimilation nach Piaget), oder
- ein „Conceptual Change" (entsprechend der Akkodomation nach Piaget) [15].

Der bisherige Text hat ursprüngliche Deutungen der Schüler und Widersprüche zu einigen Themen referiert und auch Vorschläge angeboten, auf welchen Wegen ein *Konzeptwechsel* stattfinden kann. Für andere, noch nicht genannte Sachverhalte können ebenfalls Präkonzepte von Bedeutung sein – sie sind dann im eigenen Unterricht empirisch zu erheben.

1.4 Gesellschaftliche Bezugsfelder – Schülervorstellungen und Umgangssprache

Man muss sich klar darüber sein, dass neu erworbene Konzepte nicht für alle Zeit tragfähig sind und bald nach dem Unterricht wieder empfindlich beeinträchtigt werden können: Lebensweltliche Vorstellungen, die über viele Jahre erworben wurden, sind tiefer verwurzelt als neuartige Konzepte, die in einigen Unterrichtswochen oder gar nur Stunden aufgenommen werden.

Es gilt also zum einen, die neuartigen Vorstellungen wiederholt in Unterrichtssituationen anzuwenden und zu vertiefen, um ihre feste *Verwurzelung* bei den Lernenden zu erreichen.

Zum anderen muss den Lehrern klar sein, dass Gespräche mit Freunden und Verwandten hinsichtlich naturwissenschaftlicher Themen die Schüler mit ihren noch nicht verwurzelten neu erworbenen Vorstellungen verunsichern können. Die *Umgangs- und Alltagssprache* bleibt diesen neuen Vorstellungen gegenüber entgegengerichtet, die Schüler müssen sich nach wie vor mit den Aussagen auseinandersetzen, wie etwa „Flecken werden entfernt", „Strom wird verbraucht". Man müsste erreichen, dass Schüler mit der Reflexion umgangssprachlicher Ausdrücke beginnen und Verwandten und Freunden diese Reflexion im Gespräch anbieten – dann würden diese Schüler eine Kompetenz erwerben, die ebenfalls die allseits gewünschte Kritikfähigkeit sehr fördert. Eine solche Kompetenz könnte dann einen positiven Einfluss auf die Gesellschaft ausüben, indem naturwissenschaftliche Sachverhalte von Jugendlichen angemessen beschrieben und verständlich weitergegeben werden.

Schließlich seien *Einflüsse der Medien* auf die neu erworbenen Vorstellungen der Schüler diskutiert. Zum einen sind es Werbespots in Rundfunk und Fernsehen, die zu naturwissenschaftlichen Phänomenen sehr diffuse Vorstellungen vermitteln können. Zum anderen bringen sachliche Verbraucherberatungen meist sehr positive Aspekte hervor und unterstützen neu erworbene Vorstellungen in der gewünschten Richtung. Diesbezüglich hat Becker „Verbraucherfragen im RIAS-Telefonstudio" zum Gegenstand fachdidaktischer Reflexion gemacht [16].

Literatur

[1] Strube, W.: *Der historische Weg der Chemie.* Leipzig 1976 (VEB Grundstoffindustrie)
[2] Reuber, R., u.a.: *Chemikon – Chemie in Übersichten.* Frankfurt 1972 (Umschau)
[3] Lockemann, G.: *Geschichte der Chemie.* Berlin 1950 (de Gruyter)
[4] Bugge, G.: *Das Buch der Großen Chemiker.* Band 1. Weinheim 1955 (Verlag Chemie)
[5] Dijksterhuis, F. J.: *Die Mechanisierung des Weltbildes.* Berlin 1956 (Springer)
[6] Lasswitz, K.: *Geschichte der Atomistik.* Bände 1 und 2. Hamburg 1890 (Voss)
[7] Barke, H.-D.: *Strukturorientierter Chemieunterricht und Teilchenverknüpfungsregeln.* Chem.Sch. 42 (1995), 49
[8] Driver, R.: *Children's Ideas In Science.* Philadelphia 1985 (Open University Press)
[9] Pfundt, H.: *Ursprüngliche Vorstellungen der Schüler für chemische Vorgänge.* MNU 28 (1975), 157
[10] Münch, R., u.a.: *Luft und Gewicht.* NiU-P/C 30 (1982), 429

[11] Weerda, J.: *Zur Entwicklung des Gasbegriffs beim Kinde.* NiU-P/C 29 (1981), 90
[12] Pfundt, H.: *Das Atom – Letztes Teilungsstück oder Erster Aufbaustein.* Chimdid 7 (1981), 75
[13] Novick, S., Nussbaum, J.: *Pupils' Understanding of the Particulate Nature of Matter.* Sc.Ed. 65 (1981), 187
[14] Barke, H.-D.: *„Irgendwas muß doch da sein" – der Horror vacui in den Schülervorstellungen vom Aufbau der Gase.* GDCh-Mitteilungsblatt Nr. 10, Frankfurt 1987
[15] Duit, R.: *Lernen als Konzeptwechsel im naturwissenschaftlichen Unterricht.* In: Lernen in den Naturwissenschaften. Kiel 1996 (IPN)
[16] Becker, H.-J.: *Verbraucherfragen im RIAS-Telefonstudio: Gegenstand fachdidaktischer Forschung?* Chimdid. 14 (1988), 69

Übungsaufgaben zu „1 Schülervorstellungen"

A1.1 Die in manchen Themenbereichen unangemessenen Vorstellungen bei Schülerinnen und Schülern („Misconceptions") sind oft auch Vorstellungen von Wissenschaftlern vergangener Jahrhunderte. Geben Sie drei Themenbereiche an und erläutern Sie jeweils sachliche Grundlagen. Zeigen Sie Parallelen von historischen Vorstellungen und heutigen Präkonzepten auf.

A1.2 Bei der Erklärung von Naturvorgängen oder Laborphänomenen argumentieren Kinder und Jugendliche oftmals „magisch-animistisch". Nennen Sie drei Beispiele für solche Aussagen. Erläutern Sie diesbezügliche sachliche Grundlagen und schlagen Sie korrigierte, kindgemäße Formulierungen vor.

A1.3 Chemische Verbindungen werden vielfach damit beschrieben, dass sie bestimmte Elemente „enthalten" oder dass sie aus bestimmten Elementen „bestehen", etwa: „Wasser besteht aus Wasserstoff und Sauerstoff". Welche fachlichen und fachdidaktischen Probleme verbergen sich hinter solchen Aussagen? Schlagen Sie Formulierungen vor, die sachlich angemessener sind.

A1.4 In der fachdidaktischen Diskussion zum Aufbau der Materie argumentiert man mit Begriffen wie Kontinuum und Diskontinuum, vorgebildeten und nicht vorgebildeten Teilchen oder mit dem „Horror vacui". Erläutern Sie diese Diskussion. Welchen Unterricht, welche Experimente und Modelle schlagen Sie zu diesen Sachverhalten vor?

A1.5 Das Experiment ist ein sehr überzeugendes Instrument, um Misconceptions bewusst zu machen und Schüler zu motivieren, sie zugunsten zutreffender Vorstellungen abzubauen. Schildern Sie an drei Zusammenhängen dieses experimentelle Vorgehen und skizzieren Sie den Abbau unangemessener Vorstellungen.

Experimente zu „1 Schülervorstellungen"

V1.1 Torricelli-Versuch zur Existenz des Vakuums

Problem: Wie für die Wissenschaftler vergangener Jahrhunderte ist auch für die Schüler von heute der Luftdruck nicht spürbar und anschaulich, auch dann nicht, wenn die Wettermeldungen jeden Tag den aktuellen Luftdruck in Millibar oder Hektopascal angeben. Der historische Versuch von Torricelli ist in dieser Frage eine gute Möglichkeit, die Balance von 15 km Luftsäule und etwa 760 mm Quecksilbersäule anschaulich zu machen. Ein Quecksilberbarometer ist auf der Grundlage dieses Experiments dann für die Schüler und Schülerinnen verständlich.

Material: Quecksilberwanne, kleine Kristallisierschale, an einer Seite zugeschmolzenes 90 cm langes Glasrohr, Pipette, kleiner Trichter (muss in Glasrohröffnung passen), Zollstock, Quecksilberbesteck; Quecksilber (T).

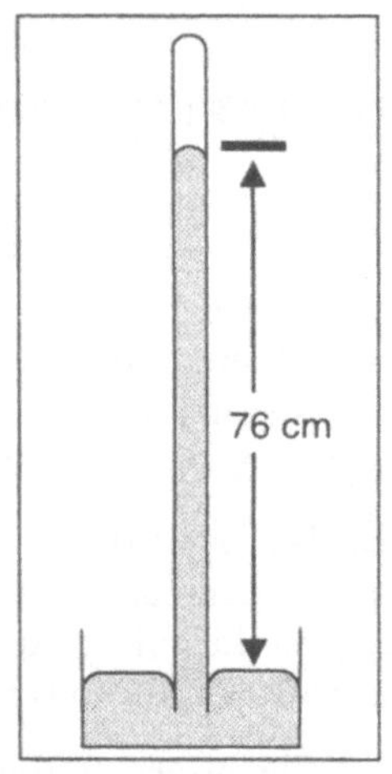

Durchführung: Die in der Sicherheitswanne stehende Kristallisierschale wird 2 cm hoch mit Quecksilber gefüllt. Mit Hilfe des Trichters und der Pipette wird das Glasrohr - in der Wanne stehend - mit Quecksilber vollständig gefüllt, mit dem Zeigefinger verschlossen und unter Quecksilber in der Kristallisierschale geöffnet. Die Höhe der Metallsäule wird mit dem Zollstock gemessen. Das Rohr wird schräg gestellt und wieder aufgerichtet.

Beobachtung: Die Quecksilbersäule fällt – je nach aktuellem Luftdruck – auf eine Höhe zwischen 750 mm und 770 mm zurück. Beim Schräghalten des Glasrohrs wird das Glasrohr wieder vollkommen ausgefüllt, beim Senkrechthalten fällt die Quecksilbersäule auf den gemessenen Wert zurück.

Entsorgung: Das Quecksilber wird in die Vorratsflasche zurückgegeben. Falls ein Teil des Metalls sich in der Sicherheitswanne befindet, wird er mit der Quecksilberzange aufgenommen. Das Glasrohr wird fest mit einem Stopfen verschlossen und für weitere Experimente in der Sammlung aufbewahrt.

V1.2 Reaktion von Kupferoxid mit Wasserstoff

Problem: Dieser Versuch soll exemplarisch zeigen, dass aus schwarzem Kupferoxid mit Hilfe von Wasserstoff das rotbraun-glänzende Kupfer wieder zu gewinnen ist. Es ist möglich, an diesem Beispiel die Diskussion „Eigenschaftsträger" versus „neue Stoffe" zu führen. Es kann ebenfalls die gleichzeitige Oxidation und Reduktion anschaulich und die Redoxreaktion im Sinne der Sauerstoff-Übertragung eingeführt werden: Es muss nur deutlich sein, dass freier Sauerstoff in keiner Weise auftritt.

Material: Verbrennungsrohr mit Stopfen und Ableitungsrohr, Porzellanschiffchen, Reagenzglas; schwarzes Kupferoxid (Xn) (Drahtform), Wasserstoff (F^{+}), Kobaltchlorid-Papier.

Durchführung: Durch das Verbrennungsrohr, in dem sich ein mit Kupferoxid gefülltes Porzellanschiffchen befindet, leitet man Wasserstoff. Nach negativem Ausfall der Knallgasprobe entzündet man den Wasserstoff an dem Ableitungsrohr und erhitzt das Kupferoxid mit einem Brenner. Sobald die Reaktion einsetzt, erkennbar an der Bildung von metallischem Kupfer, kann man den Brenner entfernen. Nach erfolgter Umsetzung lässt man das Reaktionsrohr im Wasserstoffstrom erkalten und unterbricht erst dann die Wasserstoffzufuhr.

Beobachtung: Unter Aufglühen entsteht rotbraunes Kupfer, im Ableitungsrohr sind deutlich Tröpfchen zu sehen, die mit Kobaltchlorid-Papier als Wasser identifiziert werden können.

Entsorgung: Das Kupfer kann für weitere Experimente verwendet werden oder es wird im Luftstrom oxidiert, um das Oxid für dasselbe Experiment wieder zu verwenden.

V1.3 Massenänderung bei der Verdunstung von Aceton

Problem: Das Verdunsten wird von Schülern oftmals als „Verschwinden“ der Substanz gedeutet. Um zu zeigen, dass die Substanz vom flüssigen Aggregatzustand in den gasförmigen Zustand übergeht, soll auf einer Waage das Verdunsten und mit einem Kolbenprober die Bildung des Dampfes verfolgt werden.

Material: Analysenwaage mit Display, Uhrglas, Erlenmeyerkolben mit Glasperlen und durchbohrtem Stopfen, Kolbenprober; Aceton (F) oder Ether (F^{+}).

Durchführung: Das Uhrglas wird mit einigen Tropfen Aceton oder Ether versehen, auf die Waagschale gestellt und die Waagenanzeige beobachtet. Einige Tropfen der leichtflüchtigen Substanz werden in den Erlenmeyerkolben gegeben, der Kolbenprober angeschlossen, der Erlenmeyerkolben geschüttelt.

Beobachtung: Die Waagenanzeige zeigt kleiner werdende Massen an, bis die Flüssigkeit verdampft ist. Der Kolbenprober füllt sich nach und nach, bis das Gasvolumen schließlich konstant bleibt.

V1.4 Lösen von Metallen und Nachweis des Rückstandes

Problem: Die beliebte Reaktion von Natrium mit Wasser verführt die Schüler zur Aussage, das Natrium sei „verschwunden“. Zum einen kann während der Reaktion Gas- und Schlierenbildung oder die Farbreaktion mit Phenolphthalein gezeigt werden, zum anderen der Rückstand des Reaktionsproduktes nach Verdampfen des Wassers aus der Lösung erhalten werden.

Material: Große Glaswanne, Netzlöffel, Standzylinder mit Deckglas, Reagenzgläser, Becherglas, Pinzette, Messer, Filterpapier; Natrium (F/C), Lithium (F/C), Phenolphthalein-Lösung in Ethanol (F) und Universalindikator-Lösung (F).

Durchführung: Die Glaswanne wird zur Hälfte mit Wasser gefüllt und auf den Tageslichtprojektor gestellt. Ein Stückchen Natrium wird auf die Wasseroberfläche gebracht, der Weg der Natriumkugel genau beobachtet. Das Experiment wird einige Mal wiederholt.

Ein weiteres Metallstückchen wird mit dem Netzlöffel unter die Wasseroberfläche gedrückt und beobachtet. Der Standzylinder wird mit Wasser gefüllt, unter Wasser geöffnet und mit der Pinzette ein Stück Lithium hineingegeben (dieser Versuch darf nicht mit Natrium durchgeführt werden). Der Standzylinder wird aufgerichtet, das entstandene Gas entzündet.

Die Lösung aus der Wanne wird im Reagenzglas jeweils mit den Indikatorlösungen geprüft, das Wasser aus einem Teil der Lösung im Becherglas abgedampft.

Beobachtung: Bei der Reaktion sind in der Projektion deutlich Schlieren zu sehen, das dabei auftretende Zisch-Geräusch und die Gasbildung sind zu beobachten. Das gebildete Gas brennt an der Luft, dabei ist kurzzeitig eine rot gefärbte Flamme zu sehen. Die angegebenen Indikatoren werden durch die Lösung rot bzw. blau gefärbt. Im Becherglas bleibt eine feste, weiße Substanz zurück.

Entsorgung: Die Lösungen sind so verdünnt, dass sie ins Abwasser gegeben werden können. Reste von Natrium oder Lithium sind mit Ethanol umzusetzen.

V1.5 Vergleich von Benzin und einer Lösung von Fett in Benzin

Problem: Beim „Entfernen" von Fettflecken aus der Kleidung „verschwindet" in der Schülervorstellung das Fett: „Es ist weg". Um das Fleckentfernen auf den Löseprozess von Fett in Benzin zurückzuführen, soll deutlich gemacht werden, dass das Lösemittel rückstandsfrei verdampft, aber beim Verdampfen einer Fettlösung ein Fettfleck zurückbleibt.

Material: Leichtbenzin (F/Xn/N), Lösung von Olivenöl in Leichtbenzin, Filterpapier.

Durchführung: Einige Tropfen Benzin werden auf ein Filterpapier gegeben, einige Tropfen Fettlösung zur gleichen Zeit auf ein zweites Filterpapier. Beide Papiere werden beobachtet.

Beobachtung: Der Fleck des reinen Lösungsmittels wird immer kleiner und ist schließlich nicht mehr zu sehen; der Fleck der Fettlösung wird ebenfalls kleiner, es bleibt aber deutlich ein Fettfleck zurück.

V1.6 Verbrennung von Metallen auf der Waage

Problem: Aufgrund seiner Alltagserfahrungen glaubt der Schüler beim Verbrennen von Spiritus, Papier oder Kerzen an einen „Masseverlust" bzw. an das „Leichter-werden" der verbrennenden Stoffe. Um zunächst am Beispiel von Metall-Verbrennungen zu demonstrieren, dass durch den gebundenen Sauerstoffanteil in den festen Metalloxiden sogar eine Massenzunahme stattfindet, werden entsprechende Versuche an der Waage durchgeführt. Im nächsten Experiment (V1.7) wird unter dieser Fragestellung die Verbrennung von Kerzen untersucht.

Material: Balkenwaage, Digitalwaage, Porzellantiegel mit Deckel; Eisenwolle, Magnesiumband (F).

Durchführung: Die auf der einen Seite einer austarierten Balkenwaage hängende Eisenwolle wird entzündet; gegebenenfalls bläst man leicht gegen die Eisenwolle, um die Reaktion zu beschleunigen und das Glühen besser zu sehen.

Im Porzellantiegel wird eine Rolle von etwa 10 cm Magnesiumband genau gewogen. Der Tiegel wird mit der rauschenden Brennerflamme stark erhitzt und das Magnesium entzündet, während der Reaktion wird der Tiegel abgedeckt. Der erkaltete Tiegel wird nochmals gewogen.

Beobachtung: Der Waagebalken mit der rotglühenden Eisenwolle senkt sich nach unten. Aus dem Magnesium bildet sich unter hellem Aufglühen ein weißes Verbrennungsprodukt. Die Waage zeigt nachher eine größere Masse an als vor der Verbrennung. Beim Zerteilen des Produkts wird auch eine grüne Substanz sichtbar (Magnesiumnitrid).

V1.7 Brennende Kerze auf der Waage

Problem: Die Massenzunahme bei der Verbrennung von Metallen und das Entstehen fester Metalloxide verstehen die Schüler, werden aber einwenden, dass das für Spiritus, Papier oder Kerzen nicht gelten kann. Um die Schüler auch für diese Fälle zu überzeugen, soll eine Kerze am Waagbalken verbrennen, nur müssen Kohlenstoffdioxid und Wasserdampf als nicht sichtbare gasförmige Verbrennungsprodukte gebunden werden: durch Natronkalk, einem Gemisch aus Natriumhydroxid und Calciumoxid. In der Vorrichtung dafür (siehe Bild) werden die Verbrennungsgase absorbiert: deren Masse ist durch den gebundenen Sauerstoffanteil größer als die des Kerzenmaterials vorher.

Material: Kerze, Balkenwaage, Glaszylinder mit Natronkalk (C) (es kann auch Natriumhydroxid (C) verwendet werden)

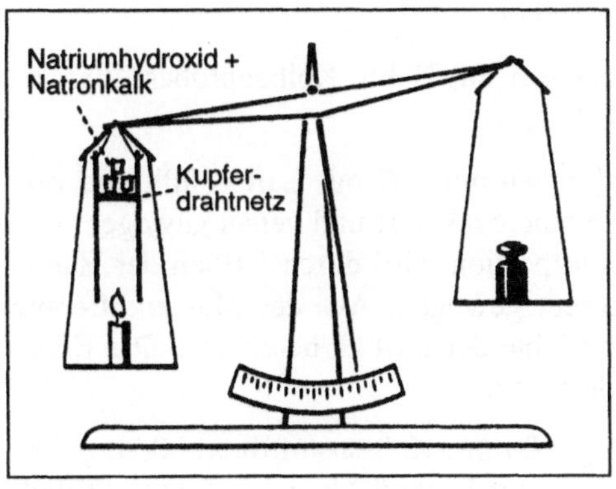

Durchführung: Der obere Teil des Glaszylinders wird so locker mit Natronkalk gefüllt, dass entstehende Gase durch die Natronkalkstücke hindurchströmen können. Die Waage wird austariert und die Kerze entzündet. Kommt es im Glaszylinder zur Rauchentwicklung (zu dichte Packung des Absorptionsmittels!), muss der Versuch mit weniger Natronkalk wiederholt werden.

Beobachtung: Die Waagschale mit der brennenden Kerze neigt sich nach unten.

V1.8 Reaktion von Kohlenstoffdioxid mit Magnesium

Problem: Die Schüler akzeptieren zunächst, dass aus Metalloxiden die entsprechenden Metalle wiederzugewinnen sind. Allerdings können sie sich meist nicht vorstellen, dass aus dem farblosen Gas Kohlenstoffdioxid der Kohlenstoff als schwarzer Feststoff zu entbinden ist. Um sie davon zu überzeugen, wird die Reaktion des Kohlenstoffdioxids mit brennendem Magnesium durchgeführt.

Material: Standzylinder mit Deckglas, Tiegelzange; Magnesiumband (F), Kohlenstoffdioxid, Sand.

Durchführung: In den Standzylinder wird zum Schutz des Zylinderbodens wenig Sand gegeben. Er wird durch Verdrängen der Luft mit Kohlenstoffdioxid gefüllt und abgedeckt. Ein etwa 10 cm langes Band von Magnesium ist mit Hilfe einer Tiegelzange zu entzünden und tief in den Zylinder zu tauchen.

Beobachtung: Die Flamme erlischt nicht, sondern brennt knatternd weiter. An der Innenseite des Zylinders sind schwarze Punkte zu beobachten, die sich beim Abwischen mit einem Finger als Ruß erweisen.

V1.9 Dichte von Luft und Kohlenstoffdioxid

Problem: Schülern ist die Existenz der Lufthülle unserer Erde sicher bekannt, in viel geringerem Maße identifizieren sie jedoch die Luft als einen raumerfüllenden Stoff oder als ein Stoffgemisch mit einer charakteristischen und messbaren Dichte als Stoffeigenschaft. Diese Dichte soll bestimmt und mit der eines anderen Gases vergleichen werden. Die Dichte der Luft kann ebenfalls in den Zusammenhang mit dem Luftdruck (vgl. V1.1) diskutiert werden.

Material: Analysenwaage, 200-mL-Glaskugel mit Hahn, Kolbenprober, Wasserstrahlpumpe, Schlauch; Kohlenstoffdioxid.

Durchführung: Der Kolbenprober wird genau mit 100 mL Luft gefüllt und verschlossen. Die Glaskugel wird mit der Pumpe evakuiert und genau gewogen. Der Kolbenprober wird angeschlossen, die Luftportion wird durch Öffnen der Hähne in die Glaskugel überführt. Sie wird erneut gewogen. Aus der Massendifferenz und dem vorgegebenen Volumen ist die Dichte der Luft zu berechnen. Das Experiment ist mit Kohlenstoffdioxid zu wiederholen.

Beoachtung: 100 mL Luft wiegen 0,13 g, 100 mL Kohlenstoffdioxid 0,20 g. Die Dichten errechnen sich zu 1,3 g/L (Tabellenwert 1,29 g/L) bzw. zu 2,0 g/L (Tabellenwert 1,97 g/L).

Hinweis: Das Experiment kann auch mit Hilfe einer leeren Kunststoffflasche (Aquadest-Flasche) mit Stopfen und Hahn durchgeführt werden: Die Flasche wird genau gewogen, die Portion von 100 mL Gas mit dem Kolbenprober hineingepumpt und die Flasche erneut gewogen.

V1.10 Eigenschaften von Wasserstoff und anderen farblosen Gasen

Problem: Schüler identifizieren farblose Gase meist unkritisch mit der Luft. Es sind aus diesem Grund einige farblose Gase und entsprechende Nachweisreaktionen vorzustellen, die deutlich die Unterschiede in den Eigenschaften verschiedener Gase hervorheben. Da insbesondere die Eigenschaften des Wasserstoffs für Schüler neu sind, sollen diese detailliert demonstriert werden.

Material: 5 Standzylinder mit Deckglas, Holzspan, Luftballon, Verbrennungslöffel, Glasrohr, Becherglas, leere Konservenbüchse mit konzentrischem Loch von etwa 1 mm Durchmesser; Wasserstoff (F^+), Sauerstoff (O), Stickstoff, Kohlenstoffdioxid, Methan (F^+), Kalkwasser (Xi).

Durchführung: Die Gase werden durch Luftverdrängung in die Zylinder gefüllt, abgedeckt und gekennzeichnet. In alle Zylinder wird zunächst ein brennender Holzspan getaucht, danach ein nur noch glimmender Holzspan. Zur Unterscheidung von Stickstoff und Kohlenstoffdioxid werden beide Zylinder mit Kalkwasser versetzt und geschüttelt.

Beobachtung: Wasserstoff entzündet sich mit einem Knall und brennt mit farbloser Flamme. In Sauerstoff brennt der Span sehr hell und ein glimmender Span entzündet sich (Glimmspanprobe). In Stickstoff und Kohlenstoffdioxid gehen sowohl Flamme als auch Glimmspan aus, in Kohlenstoffdioxid fällt aus dem farblosen Kalkwasser ein weißer Stoff milchig aus (Kalkwasserprobe). Methan wird entzündet und brennt ruhig mit gelber Flamme.

Durchführung weiterer Wasserstoff-Experimente:

a) Ein Luftballon wird mit Wasserstoff gefüllt, er wird am Mundstück zugebunden und losgelassen.

b) Eine Kerze, die am Verbrennungslöffel befestigt ist, wird dem Luftballon genähert, bis die Reaktion einsetzt (Vorsicht, Knall).

c) Aus der Stahlflasche strömender Wasserstoff wird an einem Glasrohr entzündet, eine kleine Flamme eingestellt und ein trockenes Becherglas darüber gehalten.

d) In einen umgekehrt aufgehängten Standzylinder wird durch Luftverdrängung Wasserstoff gefüllt, eine brennende Kerze eingeführt, die an einem Verbrennungslöffel befestigt ist (Bild). Die Kerze wird langsam herausgezogen und wieder hineingeführt.

e) Ein Standzylinder wird mit Wasserstoff gefüllt (Öffnung nach unten!) und auf einen gleich großen Standzylinder gesetzt, der Luft enthält. Beide Gase werden durch Drehen gemischt. Mit Deckgläsern werden die Zylinder voneinander getrennt und die Gasgemische mit dem brennenden Holzspan geprüft (Knall!).

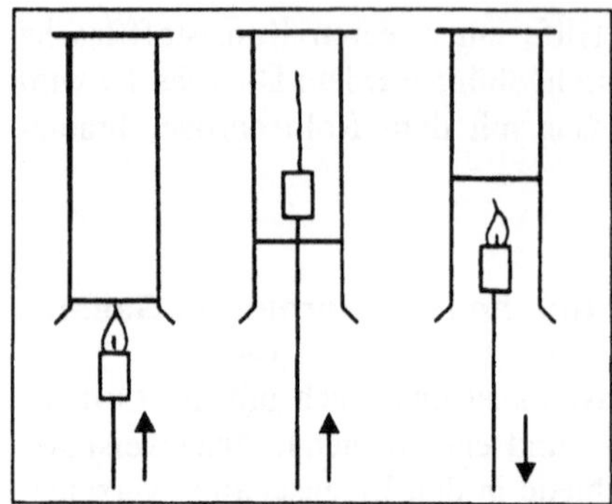

f) Die Blechbüchse wird mit der Öffnung nach unten aufgestellt und von unten durch Luftverdrängung mit Wasserstoff gefüllt. Das Gas ist an dem Loch im Deckel der Dose zu entzünden: Vorsicht, lauter Knall nach etwa 20 s.

Beobachtung: a) Der Luftballon steigt nach oben, b) der Ballon verbrennt unter lautem Knall, c) der reine Wasserstoff verbrennt ganz ruhig, das Becherglas beschlägt, d) die Kerze geht im Zylinder aus, entzündet sich aber jeweils erneut, wenn sie herausgezogen wird, e) das Gemisch von Wasserstoff und Luft verbrennt sehr schnell unter lautem Knall (Knallgas!), f) der Wasserstoff verbrennt zunächst vollkommen ruhig (man kann ein Papier zur Kontrolle über das Loch halten: Es entzündet sich), nach etwa 20 s ist ein leises Sirren zu hören und kurz danach ein sehr heftiger Knall (Zuschauer darauf unbedingt hinweisen!).

V1.11 Zusammensetzung der Luft

Problem: Die Schüler benutzen aus der Alltagssprache die Begriffe „gute Luft" und „verbrauchte Luft", stellen sich dabei aber nicht den Sauerstoffgehalt der Luft vor. Es ist deshalb schon aus diesem Grund wichtig, Experimente zur Zusammensetzung der Luft durchzuführen. Zur Frage, warum man entweder ein Metall oder Phosphor verwendet, ist zu erläutern, dass in diesen Fällen ein Feststoff entsteht, der den Sauerstoff der Luft bindet und ihn somit aus dem Luftvolumen entzieht. Beim Einsatz etwa von Kohlenstoff entstünde Kohlenstoffdioxid – also ein Gas in derselben Menge, die dem Sauerstoffvolumen entspricht.

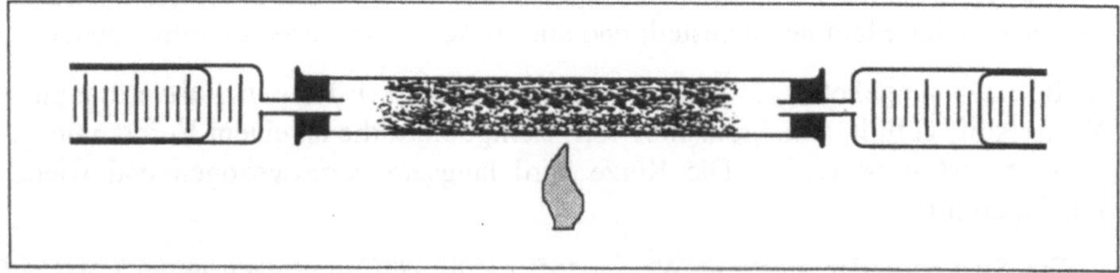

Material: Zwei 100-mL-Kolbenprober, Verbrennungsrohr, Glaswanne, kleiner Standzylinder mit Deckglas, Holzspan, Glasglocke, Verbrennungslöffel mit Stopfen, Zollstock; Phosphor (rot) (F), Eisenwolle.

Durchführung: a) Eine Verbrennungsapparatur wird aufgebaut (siehe Bild). Die eingeschlossene Luftportion von 100 mL wird mehrmals über die erhitzte Eisenwolle geschoben und das Volumen des erkalteten Restgases bestimmt. Das Restgas wird im kleinen Zylinder pneumatisch aufgefangen und mit einem brennenden Holzspan geprüft. b) Eine Glasglocke mit Tubus befindet sich im Sperrwasser der Glaswanne (Bild). Eine Spatelspitze Phosphor wird in den Verbrennungslöffel gegeben und entzündet, der Verbrennungslöffel in die Glasglocke eingeführt und diese mit dem Stopfen des Verbrennungslöffels verschlossen. Der Anstieg des Flüssigkeitsspiegels in der Glasglocke wird beobachtet, der verbleibende Anteil an Restgas abgeschätzt (Zollstock).

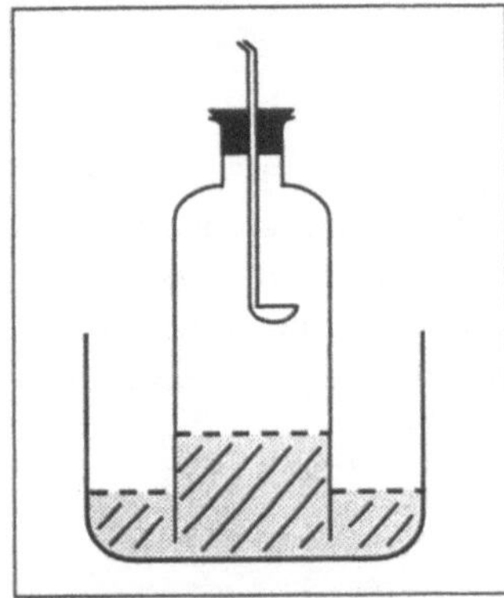

Beobachtung: a) Die Eisenwolle glüht auf und wird zu einem schwarzen Produkt, das Gasvolumen verringert sich auf 80 mL, dieses Restgas erstickt einen brennenden Holzspan. b) Der Phosphor brennt einige Zeit weiter unter Bildung eines weißen Rauches, die Flamme erlischt, der Wasserspiegel in der Glasglocke steigt an, das Volumen des Restgases beträgt etwa 80 Vol% vom Anfangsvolumen.

V1.12 Kondensation von Butangas unter Druck

Problem: Schüler kennen Butan-Feuerzeuge und den Begriff „Flüssiggas“. Vielleicht haben sie bei einem durchsichtigen Feuerzeug einmal die flüssige Butanphase und die darüber befindliche gasförmige Butanphase beobachtet: Trotz solcher Beobachtungen bleibt der Begriff „Flüssiggas“ meist in der Vorstellung bestehen und soll durch folgendes Experiment reflektiert werden. Das Experiment zeigt zusätzlich die stofflichen Eigenschaften des Gases Butan: Es kann durch Druck kondensiert und damit zur sichtbaren Flüssigkeit mit spezifischer Siedetemperatur werden.

Material: Gasverflüssigungspumpe, Schlauch; Butan (F^+) (Campinggaskartusche).

Durchführung: Die Pumpe wird geöffnet und durch Luftverdrängung vollständig mit Butan aus der Kartusche gefüllt (Schlauch benutzen). Der Kolben wird aufgesetzt, mit kräftigem Druck in die Hülse gepresst und arretiert. Die Arretierung wird wieder gelöst und der Kolben beobachtet. Dieser Vorgang kann beliebig oft wiederholt werden.

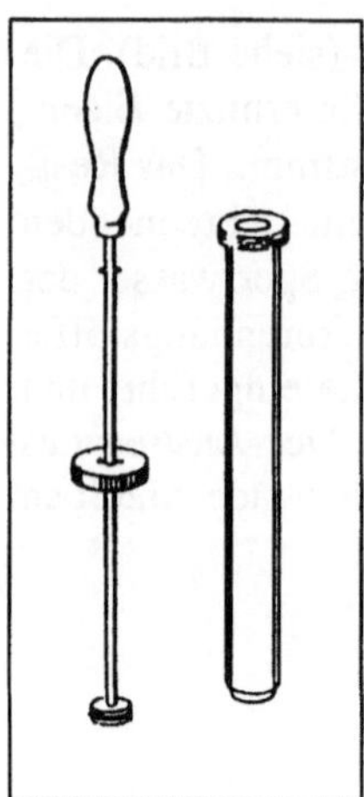

Beobachtung: Beim Zusammendrücken des Gases bildet sich ein großer Tropfen Flüssigkeit, das Gasvolumen beträgt nur noch etwa ein Zehntel. Wird die Arretierung gelöst, so bewegt sich der Kolben aus der Hülse heraus, der Flüssigkeitstropfen verschwindet unter starker Abkühlung vollkommen, dasselbe Gasvolumen wie zuvor ist festzustellen.

2 Motivation

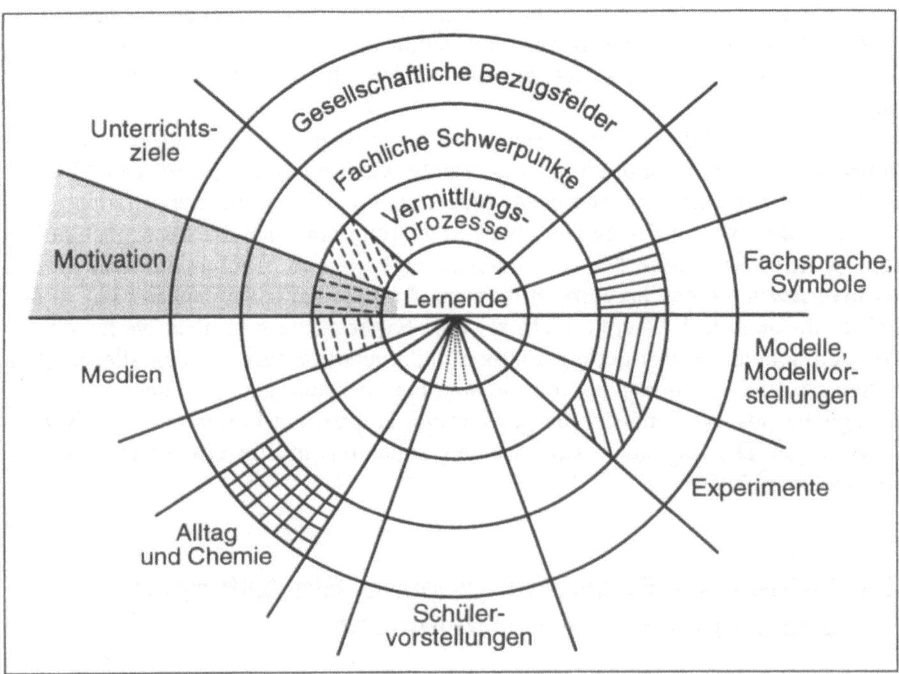

„Rechnet bitte zum Test am nächsten Dienstag alle Aufgaben noch einmal durch, wer sie nicht kann, muss mit einer Fünf rechnen". „Janna hat als Einzige richtige Hausaufgaben abgeliefert, ich werde eine Eins ins Notizbuch eintragen". „Stephan – wenn du nicht bis zum Ende der Woche alle fehlenden Protokolle nachlieferst, rufe ich deine Eltern an".

Solche und ähnliche Äußerungen hören die Jugendlichen in der Schule recht häufig. Insbesondere die große Bedeutung der Noten für Schülerleistungen in der Gesellschaft veranlassen oftmals Lehrer und Lehrerinnen, mit der Vergabe schlechter Noten zu drohen und damit die Schüler und Schülerinnen zu disziplinieren.

Manche Lehrer und Eltern glauben, sie könnten mit diesem Notendruck auch motivieren und sehen darin den einzigen Weg, um ihre Schützlinge „zum Lernen zu bringen". Sie sehen nicht, dass die Schüler auf der Grundlage dieser kurz anhaltenden *extrinsischen Motivation* nur bis zum nächsten Test, bis zur Belohnung durch Lehrer oder Eltern, bis zum Erreichen des Klassenziels mitarbeiten, um danach alles zu vergessen: Ein gewünschtes, langfristiges Lernen findet nicht statt!

Eine wichtige Aufgabe des Lehrers ist es, sich andere Maßnahmen zu überlegen, die die Schüler zum Lernen anregen und sie nicht einfach nur zwingen. Zur

Vorbereitung von Unterricht sind deshalb der Kreativität von Lehrern und Lehrerinnen keine Grenzen gesetzt, um Schüler über einen längeren Zeitraum sachbezogen zu motivieren, um eine *intrinsische Motivation* zu erzeugen. Die Grundfrage jeder Fachdidaktik lautet diesbezüglich, welche Möglichkeiten es gibt, intrinsisch zu motivieren und nachhaltiges Interesse am Fach zu wecken.

Es ist gerade in den naturwissenschaftlichen Fächern relativ einfach, durch Natur- oder Labor-Phänome zu motivieren und *Neugier* bzw. *Interesse* bei Schülern und Schülerinnen zu entfachen. Führt das kurzfristige Interesse an einzelnen Zusammenhängen gar zu einem länger andauernden Interesse für das Schulfach, leitet man also den Lernenden vom „situationalen zum persönlichen Interesse" [1], so erreicht man die sachbezogene Motivation über lange Zeiträume und hat es nicht nötig, mit Lob und Tadel, mit guten oder schlechten Noten extrinsisch zu motivieren.

Interesse entfaltet sich zugunsten einer kognitiven Auseinandersetzung allerdings leichter, wenn sie durch positiv erlebte Affekte begleitet wird: Der Mensch ist bestrebt, „Konsistenz zwischen Affektion und Kognition herzustellen" [2]. Spricht man also bei der gewünschten Erzeugung einer langfristigen Motivation auch positive *Emotionen* der Lernenden an, so wird man über das Interesse hinaus positive *Einstellungen* hervorrufen können. In diesem Zusammenhang hat es der Lehrer im Schulfach Chemie nicht schwer: Experimente und noch weitergehend von den Schülern selbst durchgeführte Schülerversuche rufen in den allermeisten Fällen positive Emotionen hervor und sind hervorragend geeignet, über eine diesbezügliche positive Emotion die gewünschte langfristige intrinsische Motivation zu erzeugen. Die folgenden Ausführungen sollen das im Einzelnen und an vielen Beispielen erläutern.

2.1 Lernende – Entwicklungsstand, Einstellungen und ursprüngliche Vorstellungen

Die diesbezügliche Grundfrage der Chemiedidaktik besteht zunächst darin, die Bedingungen zu reflektieren, die beachtet werden müssen, um die gewünschte intrinsische Motivation aufzubauen:

- Stand der geistigen Entwicklung der Lernenden,
- vorliegende Einstellungen zur Chemie bzw. zum Chemieunterricht,
- ursprüngliche Vorstellungen zu Natur- oder Laborphänomenen.

Entwicklungsstand. Nach der Theorie von Piaget [3] befinden sich Lernende der Sekundarstufe I hinsichtlich ihrer kognitiven Fähigkeiten im Stadium konkreter oder formaler Denkoperationen (vgl. auch Abschn. 3.2). Die diesbezüglich anzunehmenden Altersgrenzen können erheblich schwanken: So wurde beispielsweise festgestellt, dass nur 25 % der 16-jährigen Schüler und Schülerinnen der Klassenstufe 10 das Stadium formaler Denkoperationen erreichen [3].

Maßnahmen zur Motivierung müssen sich nach solchen Entwicklungsstadien richten. Dementsprechend sind für Jugendliche der konkret operationalen Denkstufe die Einzelphänomene vorzuziehen. Es kann etwa die Konstanz der Schmelztemperatur einer Eis-Wasser-Mischung untersucht (vgl. V2.1) oder die Absenkung der Siedetemperatur des Wassers mit fallendem Druck (vgl. V2.2) motivierend eingesetzt und ausgewertet werden. Nach Demonstration dieser Einzelphänomene mögen die Schüler eher motiviert sein, etwa über die Abhängigkeit der Siedetemperatur vom Druck zu diskutieren als nach einem bloßen Hinweis auf die Dampfdruckkurve des Wassers. Diese Kurve könnte für Schüler auf der Stufe der formalen Denkoperationen motivierend genug sein, um über diesen Sachverhalt nachzudenken. Aber auch für diese Gruppe von Lernenden ist das Demonstrationsexperiment zur Anschauung zusätzlich motivierend und wichtig.

Einstellungen. Eine Motivierung kann nur sinnvoll stattfinden, wenn eine neutrale oder gar positive Einstellung zu dem entsprechenden Schulfach oder hinsichtlich des zu lernenden Sachverhalts vorhanden ist. Bei negativer Einstellung wären die Jugendlichen nicht ohne weiteres bereit, sich dem gewünschten Sachverhalt zuzuwenden oder darüber nachzudenken.

Zur empirischen Erhebung von Einstellungen haben Heilbronner und Wyss [5] zu Beginn der achtziger Jahre vielen Schweizer Jugendlichen im Alter von 11–15 Jahren die Aufgabe gestellt, „ihr Bild von der Chemie" zu malen. Die Bilder zeigten rauchende Industrieschornsteine, verseuchte Flüsse, Behälter giftiger Chemikalien mit Totenkopfsymbolen, durch Tierversuche verendende Tiere. Die Autoren [5] stellten durch die Dominanz dieser Bilder eine äußerst negative Einstellung zur Chemie und gar eine Bedrohung durch die Chemie fest (vgl. auch Kap. 8).

Barke und Hilbing [6] prüften dieses Ergebnis für das Ende der neunziger Jahre an Jugendlichen derselben Altersgruppe aus Nordrhein-Westfalen und Brandenburg, ließen ebenfalls Einstellungen von Jugendlichen durch zu malende Bilder ausdrücken und hinterfragten diese Bilder durch einen Fragebogen. Die Auswertung zeigt, dass bei etwa 75 % der Bilder mindestens ein Motiv zu finden ist, das eine eher positive Einstellung zur Chemie darstellt (vgl. auch Kap. 8).

Insofern haben sich die Einstellungen gegenüber den siebziger und achtziger Jahren verbessert. Allerdings ist immer wieder durch Gespräche mit Jugendlichen zu prüfen, inwieweit sich Einstellungen ändern und Maßnahmen zur Motivation zu überdenken sind.

Die Einstellungen der Jugendlichen sind ebenfalls durch *schöne und attraktive Experimente* positiv zu beeinflussen, auch wenn diese nicht immer zur Auswertung im Unterricht herangezogen werden können. Aus diesem Grund wird empfohlen, die Schüler von Zeit zu Zeit mit einem Showexperiment zu überraschen, oder sie es selbst durchführen zu lassen. So sind beispielsweise Farbbilder sehr motivierend, die Jugendliche in Schülerexperimenten durch Fällung aus verschiedenen zusammengegebenen Lösungen auf Filterpapier entstehen lassen können. Die Herstellung solcher ästhetisch ansprechenden „Runge-Bilder" wird in Kapitel 11 beschrieben.

Spektakuläre Experimente allein reichen allerdings nicht aus, um Schüler dauerhaft zu motivieren: Die schönsten Effekte verpuffen rasch und werden in unserer mediengesättigten Welt durch Reizüberflutung und Gewöhnung allzu rasch entwertet. Es ist deshalb erforderlich, durch einfache, aber untereinander *vernetzte Experimente* Zusammenhänge erfahrbar zu machen, die von den Schülern selbst entdeckt werden können. Hierauf wird im Kapitel 12 im Zusammenhang mit dem Phänomenologisch-Integrativen Netzwerk-Konzept (PIN-Konzept) vertieft eingegangen.

Ursprüngliche Schülervorstellungen. Wie in Kapitel 1 ausgeführt, bevorzugen Jugendliche für viele Sachverhalte eigene Erklärungen, die sich nicht mit wissenschaftlichen Vorstellungen von heute decken: Stoffveränderung, Erhaltungssatz, Energieumsatz, Gasbegriff, Verbrennung, u.a. Es wurde darauf hingewiesen, dass es für ein gutes Verständnis der Sachverhalte günstig ist, die ursprünglichen Vorstellungen aufzugreifen und in die Erarbeitung der wissenschaftlichen Vorstellungen mit einzubeziehen (vgl. Kap. 1).

Dieses Vorgehen im Unterricht ist gerade für den Aufbau sachbezogener Motivation vorteilhaft: Durch den *kognitiven Konflikt* zwischen bestehender, eigener ursprünglicher Vorstellung und den experimentell demonstrierten Phänomenen, die der Lehrer bezüglich der wissenschaftlichen Fakten vorstellt, können Neugier und Interesse entstehen. Die Schüler erkennen auf diesem Weg das Problem als für sich selbst bedeutsam an und sind motiviert, die Lösung für dieses Problem zu finden. Eine Reihe experimenteller Beispiele soll das konkretisieren.

2.2 Vermittlungsprozesse – Möglichkeiten zum Aufbau sachbezogener Motivation

Motivation ist nicht zu verstehen als einmaliger Akt, der zu Beginn einer Unterrichtsstunde stattfindet: Vielfach versuchen Lehrer, ihren Schülern ein Problem schmackhaft zu machen, indem sie zunächst auf Erfahrungen der Schüler zurückgreifen, dann aber diesen Rückgriff ausschließlich als Vehikel benutzen, um für die Schüler nicht einsichtige Inhalte zu vermitteln. So mag der Lehrer fragen, was denn die Schüler über das Rosten eines Eisennagels wissen, um nach einigen Minuten den Zusammenhang von elektrochemischen Standardpotentialen und Lokalelementen zur Korrosion von Metallen zu behandeln. Ein solches Vorgehen wird bald von den Schülern durchschaut und abgelehnt, es wirkt einem Versuch zur Motivation geradezu contraproduktiv entgegen.

Erfolgreiche *Motivation* gründet sich auf andere Maßnahmen:

1. Chemieunterricht für Lernende nachvollziehbar gestalten,
2. Einstieg und genetisches Lernen nach Wagenschein realisieren,
3. durchgehende Bezüge zu Alltag und Lebenswelt der Jugendlichen herstellen,
4. kognitive Konflikte in den Vorstellungen der Jugendlichen erzeugen und produktiv nutzen,
5. auffallende experimentelle Effekte (Showexperimente) vorführen,
6. handelnden Umgang mit Experimentier- oder Modellbaumaterial ermöglichen.

Nachvollziehbarer Unterricht. Hinsichtlich des Schulfachs Chemie hört man sehr oft das Argument, „man habe die Chemie nicht verstanden, das Arbeiten mit Formeln und Reaktionsgleichungen sei unverständlich, das Berechnen von Stoffumsätzen sei undurchschaubar gewesen".

Solange Schüler und Schülerinnen das Vorgehen des Lehrers nicht nachvollziehen können und damit den Unterricht nicht verstehen, wird keinerlei Motivation zur weiteren Mitarbeit aufgebaut: Lernende arbeiten dann nur noch mit, um den nächsten Test zu überstehen oder durch Auswendiglernen der Merksätze noch ausreichende Leistungen zur Chemiezensur nachzuweisen.

Um eine langfristige Motivation zu erreichen, ist es dementsprechend erstes und wichtigstes Gebot, einen durch Schüler und Schülerinnen nachvollziehbaren Weg im Unterricht zu gehen: Sie sollen das Gefühl haben, durch den Unterricht einen chemischen Sachverhalt zu verstehen, also erfolgreich zu lernen. Sie sind dadurch motiviert, für das Fach Chemie weiterhin gerne zu arbeiten. Die nachfolgenden Kapitel zu Experimenten, Modellen und Symbolen werden konkrete Hilfen anbieten, eine verstehbare, also nachvollziehbare Einführung in die Chemie zu konzipieren.

Einstieg nach Wagenschein. Beim Lesen der Schriften von Wagenschein [7] spürt man, in welch ungewöhnlich motivierender Weise eine gestellte Frage als Einstieg benutzt wird, um lange anhaltend zum Nachdenken – zum Lernen – anzuregen. Ein Einstieg soll „nicht zu komplex und nicht zu wenig komplex" in das Problem eindringen, die gedankliche Arbeit soll „exemplarisch" gestaltet werden, zu „Elementen hinunter führen und zu den komplizierten Fragen hinauf" [7].

Ein Beispiel aus der Schulphysik mag das mit Wagenschein's eigenen Worten erläutern:

„Ein von mir oft erprobter Einstieg in die Mechanik ist die harmlos aussehende Frage: Wohin fällt ein Stein, der aus dem Fenster eines hohen Turmes gehalten und dann losgelassen wird? Sie erscheint anfangs trivial. Sie verwirrt sich aber sofort in einer höchst fesselnden Weise, wenn einem allmählich die Erdkrümmung und die – angebliche – Erdrotation einfallen und wenn man dann zunächst ein Zurückbleiben nach Westen für selbstverständlich hält, dann an der Erdrotation zweifelt, dann die mitrotierende Luft verantwortlich macht für das Mitgehen des Steines. Aber warum geht sie mit? Warum ist nicht ständiger Ostwind? Analoge Erfahrungen im Eisenbahnwagen, im offenen und im geschlossenen, fallen ein ... Diese Fragen können stundenlange erbitterte Diskussionen auslösen. Sie enden mit der Entdeckung des Beharrungsgesetzes und schließlich – und das ist nun eine Sensation – mit der Ostabweichung. Zum Schluss glauben die Schüler wirklich, dass die Erde sich dreht. Ich habe dieses Thema 1946 in Abiturientenkursen für heimgekehrte junge Soldaten und ebenso als ein Thema von wochenlangem Atem mit Obersekundanern erprobt. Man kann die ganze Mechanik damit aufbrechen und dann in sie eintreten" [7].

Diese *exemplarische* (d.h. an konkreten Erfahrungen ansetzende), *sokratische* (d.h. durch ein ständiges Frage-Antwort-Spiel in Gang gehaltene) oder *genetische* (also psychologisch schrittweise aufeinander aufbauende, entwickelnde) Art und Weise, das angeblich Selbstverständliche zu hinterfragen, anzuzweifeln, die Verwirrung der Schüler zu begünstigen und dadurch eine produktive Spannung zu erzeugen, kennzeichnet den Ansatz von Wagenschein. Dabei will er nicht nur Erkenntnisse motivierend vermitteln, sondern auch den Weg der Erkenntnisgewinnung:

„Es sind zwei ganz verschiedene Unterrichts-Stile: ob der Lehrer dem Schüler nur beweisen will, daß es so ist wie es ist, oder: ob er ihn zugleich erfahren lassen will, wie der Mensch, die Menschheit, auf so etwas kommen konnte und mußte. Nur die zweite, die genetische Art hat mit dem, im strengen Sinne verstandenen, exemplarischen Lehren zu tun" [7].

Es darf allerdings nicht unterschätzt werden, dass diese Unterrichtsmethode hohe Anforderungen an Lehrer und Schüler stellt.

Bezüge zu Alltag und Lebenswelt. Üblicher Chemieunterricht – vor allem an den Gymnasien – realisiert meistens eine begriffliche Struktur: Diese Begriffsorientierung bringen Lehrer aus ihrer Vorlesung an der Universität mit und legen entsprechend diesen Erfahrungen die fertige Fachsystematik auch ihrem Chemieunterricht zugrunde. Die Jugendlichen, die pflichtgemäß in die Schule kommen und vielleicht daran denken, etwas aus ihrem Alltag zu erfahren, erkennen auf dem begriffsorientierten Weg keinen oder wenig Bezug zu ihrer Lebenswelt. Sie sind gezwungen, ziemlich formal das neue Fach zu lernen, um die gewünschten guten Zensuren zu erhalten: Eine Motivation auf diesem Weg wäre nahezu extrinsisch.

Um die erforderliche begriffliche Struktur auch intrinsisch motiviert zu vermitteln, ist es für den Chemieunterricht hilfreich, Alltag und Lebenswelt der Schüler zu integrieren: Es sollten zu den üblichen Substanzen des Labors auch Substanzen und Reaktionen aus Küche, Badezimmer, Garten und Garage hinzukommen, bezüglich der Lebenswelt aus Schule, Hobby, Reise oder Sport. Das Kapitel 8 „Chemie und Alltag" bietet diesbezüglich viele experimentelle Beispiele an, stellt Alltagsbezüge zur Motivation am Anfang einer Unterrichtseinheit her oder an dessen Ende zur Vertiefung und Wiederholung. Viele Schulbücher, z. B. „Chemie heute" [8], bieten Exkurse zu Fragen des Alltags und der Umwelt an, die begleitend zu klassischen Unterrichtsthemen im Unterricht aufgegriffen oder von den Schülern und Schülerinnen zuhause studiert werden können.

Bei manchen Themen besteht die Möglichkeit, den Unterricht zwar begriffsorientiert zu belassen, aber durchgehend mit Stoffen aus dem Alltag zu bestreiten – in solchen Fällen sind die Voraussetzungen für einen motivierenden Chemieunterricht optimal. Wanjek [9] konnte bei einer wissenschaftlichen Begleitung der Unterrichtseinheit „Säuren und Laugen" zeigen, dass Lebensmittel und Reinigungssubstanzen als Säuren und Laugen das Interesse an der Chemie und somit die Motivation steigern. Insbesondere Mädchen, die in einem Fragebogen vor dieser Einheit viel weniger Interesse an der Chemie äußerten als die Jungen, steigerten ihr Interesse nach diesem Unterricht auf das Niveau der Jungen [9].

Nicht immer wird es allerdings möglich sein, Alltagsstoffe und Bezüge zur Lebenswelt so stark in den Vordergrund zu rücken, dass eine tragfähige Sachstruktur aus ihnen allein heraus entwickelt werden kann. Das ist auch keineswegs nötig. Harsch und Heimann [10] zeigen im Rahmen des PIN-Konzepts an vielen Beispielen, wie sich Alltagsbezüge motivationssteigernd in eine genetisch wachsende Fachsystematik integrieren lassen: Nachweis von grundlegenden organischen Stoffen in Lebensmitteln und Haushaltsprodukten, Zusammenhänge zwischen Reagenzglassynthesen und biochemischen Stoffwechselprozessen, Modellexperimente zum Verständnis des chemischen Recyclings unter Einschluss von Stoff- und Energiebilanzen.

Erzeugung kognitiver Konflikte. Die klassische Möglichkeit der intrinsischen Motivation nennt Piaget „Äquilibrierungsvorgang durch Erzeugung eines kognitiven Konflikts", als „fruchtbaren Moment durch Erschütterung von Selbstverständlichkeiten" beschreibt sie Copei, die „originale Begegnung durch einen anomalen Ausgangspunkt" heißt sie nach Roth.

Lind [11] formuliert denselben Zusammenhang mit der *Inkongruenztheorie*: Der Unterschied zwischen einem wahrgenommenen Reiz und dem vom Individuum erwarteten Reiz wird als Inkongruenz bezeichnet. Diese Inkongruenz kann

Ursache für sachmotiviertes Verhalten sein, denn Schüler sind bestrebt, die so erlebte Anomalie zu beseitigen, also die Kluft zwischen Erwartung und tatsächlicher Beobachtung zu schließen.

In der diesbezüglichen Unterrichtsvorbereitung muss die Lehrperson

- das Vorwissen oder die Vorstellungen der Schüler kennen oder richtig einschätzen,
- das zu präsentierende Ereignis so auswählen, dass es zur Schülererwartung inkongruent ist,
- den Präsentationsmodus der Anomalie bestimmen,
- Typ und Stärke der Inkongruenz festlegen [11].

Im Chemieunterricht ist es nun möglich, Inkongruenzen durch Beobachtungen bestimmter Naturphänomene oder Laborexperimente zu erzeugen und damit die Schüler in besonderem Maße zu motivieren. Es ist der Kreativität jeder Lehrperson überlassen, für eine Thematik passende Phänomene oder Experimente auszuwählen – einige Beispiele seien skizziert.

Schmelztemperatur von Eis. Schüler äußern ihre Vorstellung, dass jedes Erhitzen einer Substanz zu einer gewissen Temperaturerhöhung führt. Sie erhitzen ein Gemisch aus Eis und Wasser, rühren dabei mit dem Thermometer gut um und lesen die Temperatur laufend ab (vgl. V2.1). Die Beobachtung, dass die Temperatur trotz Erhitzens bei 0°C verbleibt, erwarten sie nicht und sind motiviert, darüber – mit der Hilfe des Lehrers – nachzudenken.

Siedetemperaturen von Wasser. Schüler kennen meistens den Wert 100°C als die Siedetemperatur von Wasser, achten aber nicht darauf, dass dieser Wert immer nur für den Normaldruck gilt. Um diese wichtige Bedingung deutlich zu machen, können zwei Inkongruenzen erzeugt werden. Man erzählt entweder die Geschichte von Gipfelstürmern, die beim Kochen von Wasser in 5000 Meter Höhe eine Siedetemperatur von 92°C feststellen, oder man macht ein entsprechendes Experiment, das die Abhängigkeit der Siedetemperatur vom Druck zeigt: man legt den „Präsentationsmodus der Anomalie, Typ oder Stärke der Inkongruenz“ fest. Dies ist ebenfalls bezüglich des experimentellen Vorgehens möglich: Der Zusammenhang zwischen Druck und Siedetemperatur kann durch den direkten Anschluss der Wasserstrahlpumpe an eine Siedeapparatur für Wasser demonstriert werden, oder man führt in einer geschlossenen, mit Wasserdampf gefüllten Apparatur etwas komplexer das „Kochen durch Abkühlen“ vor – eine noch weitergehende Inkongruenz tritt für die Schüler auf (vgl. V2.2).

Löslichkeit von Kohlenstoffdioxid. Schüler kennen das sprudelnde Auftreten von „Kohlensäure“ beim Lösen einer Brausetablette in Wasser und haben die Vorstellung, dass jeweils ein bestimmtes Gasvolumen pro Tablette erzeugt wird. Man löst in einem pneumatisch in der Wasserwanne stehenden Messzylinder eine Brausetablette und beobachtet ein Gasvolumen von ca. 70 mL (vgl. V2.3). An dieser Stelle lässt man die Schüler voraussagen, welches Gasvolumen die zweite Tablette ergeben wird und sie sagen wohl: „dasselbe Volumen“. Die zweite Tablette entwickelt allerdings fast 200 mL Kohlenstoffdioxid – die Erwartung der Schüler tritt nicht ein, sie beginnen nachzudenken, um die auftretende Anomalie zu beseitigen.

Verbrennung. Der bereits im Kap. 1 beschriebene Versuch zur „Eisenwolle am Waagebalken" (V1.6) zeigt klassisch einen kognitiven Konflikt der Jugendlichen, die in ihrer Erfahrung immer das „Leichterwerden" von Substanzen bei der Verbrennung beobachtet haben. Man wiegt einen Eisenwollebausch, glüht ihn durch und fordert die Schüler zur Vorhersage auf: „Ist der Bausch schwerer geworden, leichter geworden, oder gleich schwer wie zuvor"? Die Erwartung „leichter" wird nach Durchführung der zweiten Messung nicht erfüllt, man stellt das Gegenteil fest: der Bausch wird „schwerer". Die Schüler sind nun hoch motiviert, diese Inkongruenz zu beseitigen.

Löschen von Bränden. Das Löschen von Bränden mit Wasser ist den Schülern gut bekannt. Auf die Frage, wie etwa brennendes Fett einer Friteuse oder brennende Metallspäne in einer Metallwerkstatt gelöscht werden, wird die Antwort der meisten Schüler aufgrund ihrer Erfahrungen selbstverständlich sein: „mit Wasser". Bei der tatsächlichen Durchführung (V2.4) sind die Schüler über die sehr heftigen Stichflammen sehr erstaunt: Das haben sie nicht erwartet und überlegen sich hoch motiviert sachlich angemessene Antworten.

Auffallende experimentelle Effekte. „Keine Motivation ohne Emotion" heißt verkürzt die bereits beschriebene Erkenntnis, dass sich Interessen und Einstellungen mit positiven Emotionen optimal entwickeln. Gerade in den Naturwissenschaften lassen sich durch experimentelle Effekte solche positiven Emotionen leicht auslösen und zu allen Zeiten fanden Veranstaltungen statt, auf denen Showexperimente gezeigt wurden. Auch die Liebigschen Abendvorlesungen in der zweiten Hälfte des letzten Jahrhunderts gehören dazu, sie wurden oftmals sogar vom Königspaar besucht.

Ein Ereignis zeigt exemplarisch, welche Emotionen solche Experimente gar bei einer Königin auszulösen vermögen: Sie war so überrascht von dem schönen, blauen Blitz der Stickstoffmonoxid-Schwefelkohlenstoff-Reaktion (V2.5), dass sie ihn noch einmal sehen wollte. Sie forderte Liebig zur Wiederholung des Experiments auf, allerdings explodierte der Glaskolben aufgrund eines Fehlers des Assistenten und sowohl das Königspaar als auch Liebig wurden verwundet [12].

Unsere Schüler wollen ebenfalls schöne Experimente meist mehrfach sehen, sodass deren (sichere!) Wiederholung für den Unterricht immer auch mitgeplant werden sollte.

Bezüglich dieser Effekte gibt es zwei unterschiedliche Konzepte. Zum einen werden die bekannten *Showexperimente* wie die oben erwähnte Stickstoffmonoxid-Schwefelkohlenstoff-Reaktion als schöne Versuche empfunden, allerdings wird keinerlei Auswertung zugrunde gelegt: Die Experimente dienen nicht zur sachbezogenen Motivation, sondern stellen eher eine Art der extrinsischen Motivation dar. Zu „Weihnachtsvorlesungen" sind sie sehr geeignet und werden in vielen Experimentierbüchern vorgestellt, etwa in Form der „Jahrmarktschemie" bei Krätz [12] oder als „Chemische Kabinettstücke" bei Roesky [13]. Auch unsere Schüler und Schülerinnen sehen effektvolle Experimente sehr gern und empfinden sie geradezu als schöne Erlebnisse.

Aus diesem Grund wird in Kapitel 11 die Herstellung der Runge-Bilder vorgeschlagen.

Zum anderen können Showexperimente auch sachbezogen eingesetzt werden. Da es sich etwa bei der Herstellung von Runge-Bildern um die Fällung oder Komplexbildung aus wässrigen Lösungen handelt, lassen sie sich als *sachbezogen motivierende Effekte* ansehen, die Neugier und Interesse auslösen und zu einer Diskussion bzw. Erklärung motivieren.

Ein weiteres Beispiel verdeutlicht das: Soll etwa in den Sachverhalt „Dichte unterschiedlicher Stoffe" eingeführt werden, so können übliche Wägungen und Volumenmessungen an Metallproben durchgeführt und ausgewertet und die Metalle anhand der Dichtetabelle identifiziert werden. Dieser Weg ist wichtig, wenn begriffsorientiert direkt entsprechende Lernziele erreicht oder durch Schülerexperimente die Fertigkeiten zum Experimentieren geübt werden sollen.

Zur besser motivierenden Einführung in die Dichte-Thematik kann auch ein Effekt gezeigt werden, den die Schüler wahrscheinlich nicht kennen. Eine Dose „Coca Cola" und „Cola light" gleicher Größe (330 mL) werden in Eiswasser gegeben: erstere geht unter, die zweite schwimmt (V2.6). Wird mit diesem Effekt die kleine Geschichte erzählt, dass man auf der letzten Party immer tief ins kalte Wasser langen musste, wenn jemand „Coca Cola" wünschte, während „Cola light" einfach von der Wasseroberfläche zu nehmen war, dann werden die Schüler noch weitergehend motiviert, über diesen Effekt nachzudenken: Er löst nicht nur eine sachbezogene Motivation aus, sondern stellt ebenfalls einen Alltagsbezug her. Die Diskussion über die Zuckergehalte beider Cola-Sorten kann die verschiedenen Dichten schließlich erklären.

Drei weitere Effekte seien aufgeführt, die eine sachbezogene Motivation auslösen können: Das Experiment „Eis sprengt eine Flasche" (V2.7) ist ein Versuch, der die Anomalie des Wassers zeigen und zur Diskussion der Struktur von Eis führen kann. „Schwarzer Kohlenstoff aus weißem Zucker" (V2.8) mag die Thematik Zucker und Zusammensetzung der Kohlenhydrate einleiten, der erstaunliche Effekt „Strom aus der Zitrone" (V2.9) motiviert zur Diskussion der Spannungsreihe der Metalle. Ähnlich effektvolle Experimente lassen sich für ziemlich jede Problematik finden – der Kreativität der Lehrer sind keine Grenzen gesetzt!

Handelnder Umgang mit Experimentier- oder Modellbaumaterial. Vor allem für Kinder, aber auch noch für Jugendliche ist es immer interessant, wenn sie in der Schule nicht still auf ihren Stühlen sitzen müssen, sondern sich bewegen, etwa laufen oder manuell etwas tun können: Motivation im *psychomotorischen Bereich.* Aus diesem Grund haben selbst durchgeführte Schülerexperimente ihre große Bedeutung. Die Schüler sind nicht nur motiviert, durch abwechslungsreiches Bewegen und eigenes Tun etwas zu lernen, sondern sie verstehen und behalten die Chemie auf handlungsorientiertem Weg weit besser als durch eine vom Lehrer durchgeführte Demonstration oder gar ohne jedes Experiment. Die Diskussion von Schülerexperimenten in Planung und Durchführung findet exemplarisch in Kapitel 5 „Experimente" statt. Werden Schülerexperimente nicht vereinzelt angeboten, sondern vernetzt, so stützen sie sich wechselseitig hinsichtlich Aussagekraft und Motivationsfunktion. Hierauf wird im Kapitel 12 „Organische Chemie nach dem PIN-Konzept" näher eingegangen.

Auch der *Bau von Strukturmodellen*, etwa von Kugelpackungen oder Raumgittern für Kristallstrukturen und von Molekülmodellen für den Aufbau von Molekülen, wird von Schülern als wohltuend empfunden: Die Motivation bezüglich der

Psychomotorik kann genutzt werden, um ihnen fachlich die Strukturen verschiedener Substanzen anschaulich zu machen. Wenn von solchen Strukturmodellen ausgehend die Formeln der entsprechenden Substanzen deutlich werden, dann fördert in diesem Fall die psychomotorische Motivation sogar das Verständnis der chemischen Symbolsprache. Diesbezügliche Beispiele sind dem Kapitel 6 „Modelle, Modellvorstellungen" oder dem Kapitel 13 „Strukturorientierter Chemieunterricht" zu entnehmen. Auch die Betrachtung von Stereobildern, die im Kapitel 14 vorgestellt werden, ermöglicht psychomotorische Aktivitäten: Die virtuellen Raumbilder können mit einem Bleistift abgetastet werden, so dass der optische Eindruck wirkungsvoll haptisch unterstützt wird.

Fertigen Schüler und Schülerinnen in einem handlungsorientierten Unterricht sogar bestimmte *Produkte* an, die sie mit nach Haus nehmen können, dann ist der Motivierungseffekt besonders stark. Werden die Schüler beim Thema „Säuren" beispielsweise aufgefordert, ein Messingschild für ihre Haustür mit ihrem Namen zu versehen und es mit nach Haus zu nehmen, so sind sie sehr stark motiviert, dieses Schild herzustellen. Sie bestreichen die Messingplatte mit Wachs, schreiben ihren Namen sorgfältig in die Wachsfläche und ätzen die freien Metallstellen mit Salpetersäure (V2.10). Ein solches Schild zeigen sie gern der Familie und Freunden und können allen genau erklären, wie man so etwas macht: Die Motivation reicht über den Unterricht weit hinaus.

Dasselbe gilt für den Bau von Strukturmodellen. Fordert man die Schüler auf, eine Kugelpackung als Modell für die Natriumchlorid-Struktur zu bauen (M2.1) und dieses etwa als Briefbeschwerer für den eigenen Schreibtisch mitzunehmen, so werden sie die Kugelpackung nicht nur sorgfältig bauen, sondern Freunden und Bekannten die entsprechende Struktur auch erklären – in solchen Fällen reicht die Motivation in den privaten Bereich von Schülern und Familien hinein. Selbst Lehrerinnen und Lehrer, die unsere Fortbildungskurse „Strukturmodelle und Chemieverständnis" besuchen, geben zu, dass die treibende Motivation für den Besuch des Kurses das Angebot ist, die gebauten Modelle für ihren Unterricht mitnehmen zu können!

2.3 Fachliche Schwerpunkte – experimentelle Fertigkeiten

Die Reflexion auf der Ebene „Vermittlungsprozesse" hat die Möglichkeiten aufgezeigt, Schüler auf experimentellem Weg sowohl intrinsisch motivieren zu können, als auch extrinsische Aspekte – etwa Showexperimente – zum Zuge kommen zu lassen. In beiden Kategorien werden effektvolle Experimente vorgeschlagen und damit oftmals *gefährliche Versuche*: Sogar einem Experimentator vom Schlage Liebigs sind solche Fehler in Abendvorlesungen unterlaufen, die für das bayerische Königspaar und ihn selbst hätten zur Katastrophe führen können [12].

Experimentatoren müssen deshalb *gute experimentelle Fähigkeiten und Fertigkeiten* besitzen, um etwa schnelle Verbrennungen (vgl. V2.4) oder Explosionserscheinungen (vgl. V2.5) gefahrlos vorführen zu können. In einem Experimentalpraktikum zu Schulversuchen sind diese Fähigkeiten von Studierenden nachzuweisen, möglichst in Form von Experimentalvorträgen.

Auch bereits im Unterricht arbeitende Lehrer sollten neue spektakuläre Experimente ausprobieren, ehe sie gefahrlos für den Experimentator selbst und für die Zuschauer vorgeführt werden. Erst nach Beseitigung der Gefährdungspotenziale kann man vor die Schulklasse treten und unter Berücksichtigung aller Hilfsmittel (Schutzbrillen, Schutzscheibe, Abzug, Splitterkorb) gefährliche Erscheinungen vorführen. Um eine ganze „Weihnachtsvorlesung" unverletzt zu überstehen, gehört eine lange Erfahrung des Experimentierens vor Schulklassen. Schließlich sind die einschlägigen Vorschriften hinsichtlich der *Gefahrstoffverordnung* zu beachten (vgl. Kap. 5).

Um viele Möglichkeiten der Motivation auszuschöpfen, ist neben der experimentellen Sicherheit auch die *fachwissenschaftlich fundierte Grundausbildung* erforderlich. Man will nicht nur spontane Schüleräußerungen fachlich richtig einschätzen können, um ggf. einen passenden kognitiven Konflikt zur Motivation zu erzeugen, sondern möchte flexibel sein und in vielen Unterrichtssituationen motivierende Gedanken äußern oder motivierende Experimente durchführen. Der junge Lehrer wird zunächst nur an geplanten Stellen des Unterrichts ein vorher ausprobiertes Motivationsexperiment demonstrieren – erst erfahrene Lehrer vermögen einer spontan geäußerten falschen Schülervorstellung mit einem Experiment gegenüber zu treten oder zu einer spontanen Diskussion mit einem Versuch bezüglich des strittigen Sachverhalts zu motivieren.

2.4 Gesellschaftliche Bezugsfelder – Motivation durch Alltagssprache und Medien

Formulierungen der Alltagssprache verdecken oftmals den sachlich zutreffenden Zusammenhang, ergeben andererseits allerdings motivierende Anlässe, über diese Sachverhalte nachzudenken.

So sagt man in der Alltagssprache beispielsweise: „das Kupferdach wird grün" – und verleitet zu der Vorstellung, Kupfer könne einmal rotbraun und ein andermal grün erscheinen. Geht man von dem Wissen über spezifische Eigenschaften aus, die bestimmte Substanzen auszeichnen, so ist festzustellen, dass nur eine der Farben für Kupfer spezifisch sein kann. Auf diesem Weg ist der kognitive Konflikt oder die Inkongruenz hergestellt und Lernende mögen motiviert sein, über den „Wechsel der Kupferfarbe" nachzudenken. Das Ergebnis der Reflexion sollte die Feststellung sein, dass die grüne Substanz eine Verbindung des Kupfers – etwa basisches Kupfercarbonat – darstellt und eine Schicht auf dem Metall bildet. Eine experimentelle Überprüfung dieser Vermutung kann sich anschließen und die Inkongruenz beseitigen.

Auch die Medien liefern – meistens unbeabsichtigt – Aussagen, die zu motivierenden Diskussionen führen können. Kommentiert etwa ein Journalist einen Fabrikbrand mit den Worten: „Bei dem Brand sind keine Chemikalien beteiligt gewesen" (Beispiel aus dem amerikanischen Fernsehen, der Journalist meinte mit dem Wort „Chemikalie" vielleicht Gefahrstoffe), so können Schüler ihr Wissen einbringen und je nach Kenntnis korrigieren, dass alle Brennstoffe auch immer Chemikalien sind und dass ebenfalls der beteiligte Sauerstoff der Luft eine am Brand beteiligte Chemikalie ist. Die Inkongruenz zwischen der Aussage des Journalisten und des eigenen Wissens kann motivierend sein, den Fehler aufzudecken und als junger Schüler einem gestandenen Reporter des Fernsehens einen fehlerhaften Bericht nachzuweisen.

Haupt [14] hat eine Sammlung von Zeitungsausschnitten zu vielen Themen der Chemie zusammengetragen. Viele Artikel weisen spektakuläre Überschriften auf, die „die Chemie" geheimnisvoll oder gefährlich erscheinen lassen (vgl. (a) in Abb. 2.1). Lehrer und Schüler mögen motiviert sein, entsprechende Texte genau zu lesen und zu interpretieren.

Eine Auswahl von Zeitungsartikeln fehlerhafter journalistischer Recherche (vgl. (b) in Abb. 2.1) nimmt Haupt zum Anlass, um auf ihrer Grundlage Aufgaben für die Schüler zu formulieren und sie zu motivieren, die Fehler zu finden und korrigierte Formulierungen vorzuschlagen [15].

Ein Wasch-Wunder blieb geheim – weil es Chemie ist

Dabei ist das neue Mittel von Hoechst nicht nur sparsamer, sondern bedeutend umweltfreundlicher als frühere

(a)

Dünnsäure steckt Fischen noch immer in den Gräten

Untersuchung: Krankheitsbefall im ehemaligen Verklappungsgebiet ist leicht erhöht

Weltweit einmaliges Vorhaben

Sprit fürs Auto aus der Luft

Strom soll aus der Pflanze kommen

Duderstadt plant bundesweit erstes Pilotprojekt mit Biomasse

Natrium explodierte

Unfall bei Degussa – Ein Arbeiter verletzt

Amerikaner drehen Hahn für Trinkwasser zu

Zuviel Chemie im kostbaren Naß

(b)

2 Feuerlöscher: 1 x mit Pulver, 1 x mit Sauerstoff gef. Dunstabzugshaube 150 cm lang, kpl. neuw.
☎ ████ 14–18 Uhr.

Gift brannte auf Autobahn

dpa Lausanne. Die Autobahn Lausanne-Genf mußte am Montag mehrere Stunden in beiden Richtungen gesperrt werden, nachdem sich der Inhalt mehrerer Fässer mit Salzsäure und Schwefelsäure auf die Fahrbahn ergossen hatte und in Brand geraten war. Ein Lastwagen, der die Fässer transportierte, war wegen eines geplatzten Reifens umgekippt.

27 Verletzte bei Chlorgasunfall

hi Ganderkesee. Nach einem Arbeitsunfall in einem Galvanisierungsbetrieb in Ganderkesee (Landkreis Oldenburg) wurden gestern mittag durch austretendes Chlorgas 27 Personen verletzt. Wie die Polizei mitteilte, geschah der Unfall beim Abfüllen eines Tanks. Aus bisher ungeklärter Ursache gelangte dabei Salzsäure in den Behälter, der zu einem Teil mit Natronlauge gefüllt war. Durch die Reaktion beider Stoffe entstand die Chlorgaswolke. Am Unfallort selbst wurden zwei Arbeiter verletzt, einer davon schwer. Auf dem Gelände eines benachbarten Betriebes atmeten 25 Beschäftigte das Gas ein, sie mußten wegen Verätzungen der Atemwege ins Krankenhaus eingeliefert werden. Während des Giftgasalarms wurde die Bevölkerung über Rundfunk und Lautsprecher dazu aufgerufen, in den Häusern zu bleiben. Gegen 15 Uhr konnte die Absperrung des Unfallortes aufgehoben werden.

Verpestet „Bleifrei" die Luft?

dpa. Bonn/Frankfurt. Bleifreies Benzin enthält nach Darstellung des Öko-Testmagazins (Oktober-Ausgabe) zur Zeit durchschnittlich doppelt soviel krebserregendes Benzol und zweieinhalbmal soviel Toluol wie verbleiter Kraftstoff. Benzol werde im Motor nicht verbrannt, sondern durch den Auspuff weitgehend an die Atemluft abgegeben. Ferner werde der benzolähnliche Stoff Toluol beim Verbrennen in Benzol umgewandelt, so daß sich die Benzolwerte in der Atemluft stark erhöhten, wenn bleifreies Benzin ohne Katalysator gefahren werde.

Das Bundesinnenministerium hat die Darstellung des Öko-Testmagazins als falsch zurückgewiesen.

Abb. 2.1: Mit Journalistenfehlern behaftete Zeitungsartikel zur Motivation im Unterricht [14, 15]

Literatur

[1] Prenzel, M., Krapp, A.: *Interessen, Lernen und Leistung*. Münster 1992 (Aschendorff).
[2] Schiefele, U.: *Einstellung, Selbstkonsistenz und Verhalten*. Göttingen 1990 (Hogreve).
[3] Gräber, W., Stork, H.: *Die Entwicklungspsychologie Jean Piagets als Mahnerin und Helferin im naturwissenschaftlichen Unterricht*. MNU 37 (1984), 257.
[4] Duit, R.: *Lernen als Konzeptwechsel im naturwissenschaftlichen Unterricht*. In: Lernen in den Naturwissenschaften. Kiel 1996 (IPN).
[5] Heilbronner, E., Wyss, E.: *Bild einer Wissenschaft: Chemie*. ChiuZ 17 (1983), 69.
[6] Barke, H.-D., Hilbing, C.H.: *Image von Chemie und Chemieunterrichts*. ChiuZ 34 (2000), 16.
[7] Wagenschein, M.: *Die Pädagogische Dimension der Physik*. Braunschweig 1971 (Westermann).
[8] Jäckel, M., Risch, K.H.: *Chemie heute*. Hannover 1994 (Schroedel).
[9] Wanjek, J., Barke, H.-D.: *Einfluß eines alltagsorientierten Chemieunterrichts auf die Entwicklung von Interessen und Einstellungen*. In: Behrendt, H.: Zur Didaktik der Chemie und Physik. Kiel 1998 (Leuchtturm).
[10] Harsch, G., Heimann, R.: *Didaktik der Organischen Chemie nach dem PIN-Konzept. Vom Ordnen der Phänomene zum vernetzten Denken*. Braunschweig 1998 (Vieweg).
[11] Lind, G.: *Sachbezogene Motivation*. Weinheim 1975 (Beltz).
[12] Krätz, O.: *Historische chemische Versuche*. Köln 1997 (Aulis).
[13] Roesky, H.W., Möckel, K.: *Chemische Kabinettstücke*. Weinheim 1994 (VCH).
[14] Haupt, P.: *Die Chemie im Spiegel einer Tageszeitung*. Bände 1–4. Oldenburg 1985–1997.
[15] Haupt, P.: *Da schmunzelt der Chemiker*! NiU-Chemie 11 (2000), 92.

Übungsaufgaben zu „2 Motivation“

A2.1 Geben Sie Beispiele für extrinsische Motivation und intrinsische Motivation an und diskutieren Sie die Unterschiede beider Motivationsarten. Auf welchen Wegen ist im Chemieunterricht eine intrinsische Motivation zu erreichen? Schildern Sie drei Unterrichtssituationen und entsprechende Beispiele zur Motivation.

A2.2 Ursprüngliche Schülervorstellungen eignen sich besonders, Inkongruenzen und Anomalien und damit eine motivierende, sachbezogene Diskussion im Unterricht zu eröffnen. Erläutern Sie diesen Zusammenhang an drei selbst gewählten Beispielen und verdeutlichen Sie die Inkongruenz.

A2.3 Durch auffallende experimentelle Effekte lassen sich Schüler leicht zum aufmerksamen Zuschauen motivieren. Erläutern Sie an Experimenten Ihrer Wahl, inwieweit lediglich eine extrinsische Motivation vorliegt und in welchen Fällen eine sachbezogene Motivation herzustellen ist.

A2.4 Der Einstieg in ein neues Unterrichtsthema sollte motivierend sein. Wählen Sie übliche Schulbuchthemen aus und zeigen Sie jeweils einen Einstieg auf, der a) durch Anknüpfen an das Vorwissen der Schüler, b) durch eine Inkongruenz, c) durch einen Alltagsbezug, d) durch Selbsttätigkeit der Schüler besonders motivierend ist.

A2.5 Die Alltagssprache enthält Redewendungen, die sachlich nicht immer einwandfrei sind und gerade deshalb zum Nachdenken und zum Korrigieren motivieren. Erläutern Sie das an drei Beispielen Ihrer Wahl und schlagen Sie korrekte Formulierungen zu den Sachverhalten vor.

Experimente zu „2 Motivation"

V2.1 Konstante Schmelztemperaturen

Problem: Schüler und Schülerinnen beobachten in ihrem Alltag, dass das Erhitzen einer Substanz zu dessen Temperaturerhöhung führt. Schmilzt ein Reinstoff allerdings während des Erhitzens, so bleibt die Temperatur solange konstant, bis die Substanz vollständig geschmolzen ist: Während des Schmelzens wird zugeführte Energie zur Zerstörung des Kristallgitters der festen Substanz benötigt (Schmelzwärme). Diesen Zusammenhang sollen die Schüler mit folgenden Experimenten erkennen.

Material: Thermometer (Thermofühler und Digitalanzeige), Dreibein und Drahtnetz, Reagenz- und Bechergläser, Holzklammer; Eis, Naphthalin (N) oder Stearinsäure.

Durchführung: Im Becherglas wird Eis erhitzt, nach gutem Rühren mit dem Thermometer die Temperatur abgelesen. Ein Reagenzglas wird zu einem Viertel mit Naphthalin gefüllt, in der Brennerflamme vorsichtig geschmolzen, die Schmelze mit dem Thermometer gerührt und beobachtet (Vorsicht: Beim Eintauchen des Thermometers darf die ablesbare Maximaltemperatur nicht überschritten werden! Thermometerbruch!). Die Temperatur wird alle 30 s notiert, bis die Substanz vollkommen erstarrt ist.

Beobachtung: Solange das Eis schmilzt, bleibt die Temperatur konstant bei 0°C. Solange ein Gemisch aus Naphthalinschmelze und festem Naphthalin vorliegt, bleibt die Temperatur konstant bei 80°C.

Das Naphthalin riecht stark nach Mottenkugeln (tatsächlich enthalten Mottenkugeln diese Substanz).

Entsorgung: Die Reagenzgläser mit festem Naphthalin werden mit Stopfen verschlossen und in der Sammlung bis zum nächsten Experiment aufbewahrt.

V2.2 Siedetemperaturen des Wassers

Problem: Die Schüler kennen oftmals nur die verkürzte Formulierung „Wasser siedet bei 100°C". Um den Druckzusammenhang herzustellen, können durch Anschluss einer Pumpe bei erniedrigten Drucken Siedetemperaturen ermittelt und Zusammenhänge von Siedetemperatur und Druck formuliert werden.

Es gibt auch die Möglichkeit, die Luft im Siedekolben durch Wasserdampf zu ersetzen, ihn durch Abkühlen zu kondensieren und bei dem entsprechenden Unterdruck die absinkenden Siedetemperaturen zu messen: Für den Schüler ergibt sich die motivierende Inkongruenz, dass nicht wie üblich durch Erhitzen, sondern durch „Abkühlen“ das Kochen von Wasser erreicht wird.

Material: Rundkolben mit Seitenrohr und Hahn, Stopfen mit Thermometer (Thermofühler), Wasserstrahlpumpe, Stativ, Siedesteinchen.

Durchführung: a) Der Rundkolben wird zu einem Viertel mit Wasser gefüllt, das Wasser wird zum Sieden gebracht (Siedesteine) und die Siedetemperatur bestimmt. Die Wasserstrahlpumpe wird angeschlossen, die Siedetemperatur wird während der Luftabsaugung erneut gemessen (Vorsicht Vakuum, Schutzbrille!).

b) Das Wasser im Kolben wird eine Minute lang zum Sieden erhitzt, bis die Luft aus dem Kolben vollständig durch Wasserdampf ersetzt worden ist (Bild). Der Hahn wird geschlossen. Der Kolben ist um 180° zu drehen, ein nasses Tuch darauf zu legen und das Thermometer abzulesen. Der Vorgang wird einige Male wiederholt, schließlich der Kolben aufgerichtet und vorsichtig der Hahn geöffnet (Vorsicht Vakuum, Schutzbrille!).

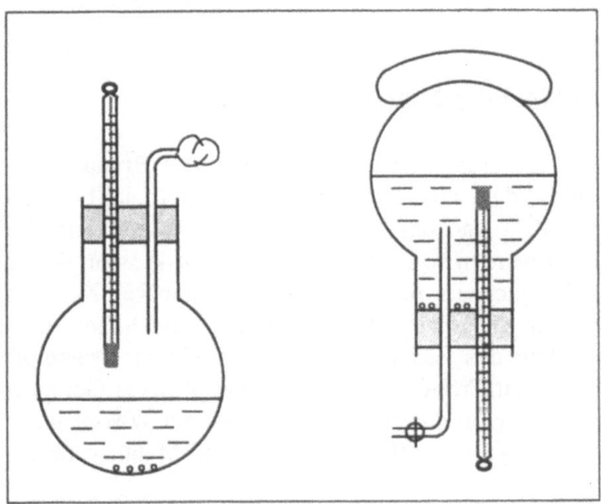

Beobachtung: Das Thermometer zeigt unter verringertem Druck Siedetemperaturen unter 100°C an. Beim Kühlen des entlüfteten, umgedrehten Kolbens fängt das Wasser jeweils erneut an zu sieden, Temperaturen bis zu 70°C und darunter lassen sich messen. Schließlich dringt pfeifend Luft in den Kolben.

V2.3 Verschiedene Gasvolumina gleicher Brausetabletten

Problem: Schüler wissen, dass in Mineralwasser Kohlenstoffdioxidgas („Kohlensäure“) gelöst vorliegt und kennen das Gas, wenn es in Form kleiner Gasbläschen beim Lösen von Brausetabletten in Wasser frei wird. Beim pneumatischen Auffangen des Gases durch Lösen einer Brausetablette übersehen sie aber trotzdem, dass nur ein Teil des frei werdenden Gases in dem Zylinder auftritt, der andere Teil sich bis zur Sättigung im Wasser löst. Wird zusätzlich eine zweite, gleiche Tablette in Anwesenheit dieser gesättigten Lösung gelöst, tritt ein weitaus größeres Gasvolumen auf. Diese Inkongruenz zu den Vorstellungen der Schüler motiviert sie, über die Beobachtungen nachzudenken und selbständig die Phänomene der Löslichkeit von Gasen in Wasser und der gesättigten Lösung zu finden.

Material: Messzylinder (250 mL) und passender Stopfen, Glaswanne; Brausetabletten (Typ „Carbonat/Citronensäure").

Durchführung: Der Messzylinder wird vollständig mit Wasser gefüllt und mit Hilfe des Stopfens pneumatisch in die halb mit Wasser gefüllte Glaswanne gestellt. Unter die Zylinderöffnung wird eine Tablette gebracht und das entwickelte Gasvolumen markiert. Eine zweite Tablette wird hineingegeben, dieses Volumen ebenfalls festgehalten.

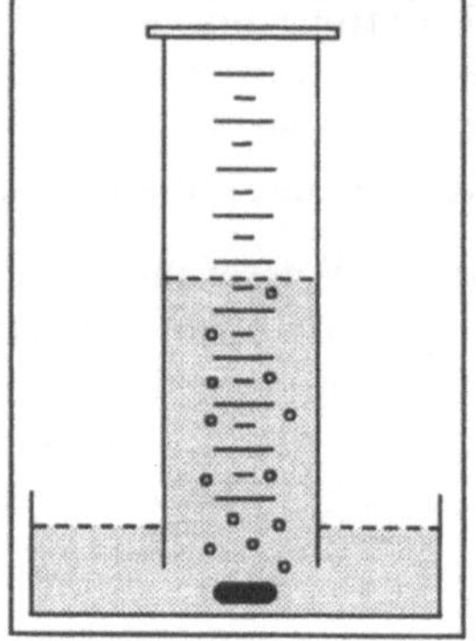

Beobachtung: Das Gasvolumen beträgt im ersten Fall etwa 70 mL, im zweiten Fall 70 mL + 130 mL, also insgesamt 200 mL (auftretende Volumina der Tablettentypen sind vorher zu testen).

V2.4 Löschen von Fett- und Metallbränden

Problem: Durch entsprechende Erfahrungen ist das Löschen von Bränden mit Wasser so sehr Alltagsvorstellung, dass man auch bei Fett- oder Metallbränden selbstverständlich zu Wasser greift – und damit schlimme Unfälle riskiert! Die Experimente können demonstriert werden sowohl zwecks einer Diskussion dieser Sicherheitsaspekte als auch zur Möglichkeit, für Schüler einen kognitiven Konflikt zu schaffen und ihn lösen zu lassen: Sie sollen erkennen, dass das bei hoher Temperatur (ca. 300°C) entzündete Fett das Löschwasser augenblicklich verdampft und mit dem Dampf mitgerissene Fett-Tröpfchen in Luft ein explosives Gemisch bilden. Im Fall des Metallbrandes reagiert das brennende Metall mit Wasser unter Bildung von Metallhydroxiden und Wasserstoff: Wasserstoff und Metall verbrennen mit heller Stichflamme.

Material: Dreibein mit Drahtnetz; Teelicht, Magnesiumspäne (F), Spritzflasche mit Wasser.

Durchführung: Der Docht eines Teelichts wird abgeschnitten, das Paraffin im Aluminiumbehälter sehr stark erhitzt, bis sich der durch Zersetzung entstehende Qualm entzünden lässt. Ein Wasserstrahl wird gezielt auf das ohne Docht brennende Paraffin geleitet (Vorsicht Stichflamme, Schutzbrille).

Ein Kegel Magnesiumspäne wird auf dem Drahtnetz entzündet und das Aufglühen für 10–20 Sekunden beobachtet. In die Glut wird der Wasserstrahl gehalten (Vorsicht Stichflamme, Schutzbrille).

Beobachtung: Über dem brennenden Fett entsteht eine bis zu einem Meter hohe, gelbe Stichflamme. Das glühende Magnesium bildet eine hohe, weiß gleißende Stichflamme.

V2.5 Blauer Blitz von Schwefelkohlenstoff in Stickoxid

Problem: Ein historisches Showexperiment soll zeigen, dass mit effektvollen Experimenten meist große Emotionen verknüpft sind: Sogar die bayerische Königin wünschte sich den „schönen blauen Blitz" zum zweiten Mal und Liebig wollte die Reaktion nochmals durchführen. Dabei verwendete er allerdings Schwefelkohlenstoff und Sauerstoff in einer bauchigen Flasche und löste eine Explosion des Glasgefäßes aus. In Standzylindern mit parallelen Glaswänden sind diese Reaktionen gefahrlos durchzuführen.

Material: Standzylinder mit Deckglas, großes Reagenzglas mit Ableitungsrohr, pneumatische Wanne, Glasspritze (5 mL), Butangasbrenner (F^+); Ammoniumnitrat (O), Kohlenstoffdisulfid (F/T), Sauerstoff (O).

Durchführung: In der Vorbereitung wird im Reagenzglas Ammoniumnitrat durch vorsichtiges Erhitzen zersetzt, das dabei entstehende farblose Distickstoffoxidgas pneumatisch in den Standzylinder eingefüllt (Schutzbrille, Abzug!). Die Glasspritze ist mit 2 mL Kohlenstoffdisulfid zu füllen und in den Standzylinder zu entleeren, der Zylinder mit dem Deckglas abzudecken (Abzug). Nach dem Entfernen des Deckglases ist das Gemisch mit der Flamme des Butangasbrenners zu entzünden. Der Versuch wird mit Sauerstoff und Kohlenstoffdisulfid wiederholt.

Beobachtung: Ein hellblauer Blitz erscheint, das an einen bellenden Hund erinnernde Geräusch ist wahrzunehmen (der Versuch wird deshalb auch gern „Bellender Hund" genannt). Im zweiten Experiment ist ein weißer Blitz zu sehen, der durch einen harten Knall begleitet wird.

V2.6 Cola-light ist „leichter" als Coca-Cola

Problem: Der Dichte-Begriff kann durch einen Effekt in den Unterricht eingeführt werden, der die meisten Schüler überrascht und deshalb zur Erklärung des Effekts herausfordert: Eine Dose Coca-Cola sinkt in Eiswasser unter, die Dose Cola-light schwimmt. Sie werden den hohen Zuckergehalt der Coca-Cola-Lösung diskutieren und auf das „höhere Gewicht", auf die höhere Dichte kommen und folgern, dass zuckerfreie Cola-light-Lösung wohl eine kleinere Dichte besitzt. Im Übrigen meint der Cola-Hersteller mit dem Zusatz „light" nicht die geringere Dichte, sondern den geringeren Nährstoffgehalt gegenüber normaler Cola.

Material: Großer Standzylinder, Waage, Aräometer; Dose „Coca-Cola", Dose „Cola-light", Eiswasser.

Durchführung: Der Standzylinder wird zu drei Vierteln mit Eiswasser gefüllt, die Getränkedosen in der angegebenen Reihenfolge hineingegeben. Die Dosen werden gewogen. Die Dichten der Cola-Lösungen werden durch Wiegen bestimmter Volumina oder mit Hilfe des Aräometers bestimmt.

Beobachtung: Die Coca-Cola-Dose geht unter, die Cola-light-Dose schwimmt oben. Die Cola-Dose wiegt etwa 20 g mehr als die Light-Dose. Die Dichte von Coca-Cola-Lösung ist größer als 1,00 g/L.

Hinweis: Die Herstellungstechnik der Dosen bedingt jeweils einen Lufteinschluss in der Dose. Dieser Einschluss kann unterschiedlich sein, und es kann deshalb vorkommen, dass auch die Light-Dose untergeht.

V2.7 Eis sprengt eine Flasche

Problem: Ein anderes Dichte-Phänomen ist die Dichte-Anomalie des Wassers: Eis nimmt ein größeres Volumen ein als Wasser derselben Stoffportion. Das auf Wasser schwimmende Eis ist uns allen sehr vertraut und wir denken nicht darüber nach, dass im Normalfall der Feststoff in seiner Schmelze untergeht, also etwa eine Kerze im flüssigen Wachs oder ein Metallgegenstand in der Schmelze des Metalls versinkt.

Um die Anomalie deutlich zu machen, kann ein Behälter randvoll mit Wasser gefüllt, verschlossen und unter den Gefrierpunkt abgekühlt werden: Der Behälter wird durch das größere Eisvolumen gesprengt.

Material: Kleine Glasflasche mit Schraubverschluss, Thermometer (–20 bis 100°C); Eiswasser, Eis-Kochsalz-Kältemischung.

Durchführung: Die Kältemischung wird hergestellt, die deutlich unter dem Gefrierpunkt liegende Temperatur mit dem Thermometer demonstriert. Die Flasche wird randvoll mit Eiswasser gefüllt, fest verschlossen in die Kältemischung getaucht und nach einigen Minuten wieder herausgenommen.

Beobachtung: Das Wasser gefriert zu Eis, die Flasche zerplatzt.

V2.8 Schwarzer Kohlenstoff aus weißem Zucker

Problem: Ein höchst erstaunliches Phänomen für Schüler jeder Alters- oder Klassenstufe ist die Reaktion von weißem Zucker und farbloser Schwefelsäure zu schwarzem Kohlenstoff: Es lässt sich zeigen, dass Zucker eine Kohlenstoff-Verbindung ist. Ausgehend vom Zucker könnte somit motivierend in die Chemie der Kohlenstoff-Verbindungen bzw. in die Organische Chemie eingeführt werden.

Material: Becherglas (250 mL), Glasstab; Haushaltszucker, konzentrierte Schwefelsäure (C), Wasser.

Durchführung: In das Becherglas wird etwa 3 cm hoch Zucker gegeben und mit wenig Wasser zu einem Brei vermischt. Man überschichtet etwa 3 cm hoch mit Schwefelsäure, verrührt kurz mit dem Glasstab, stellt das Becherglas auf eine hitzebeständige Unterlage oder auf den Fliesentisch und wartet ab.

Beobachtung: Ein kräftiges Zischen und Aufblähen des Gemischs verrät eine Reaktion, dabei erhitzt es sich sehr stark. Es bildet sich eine schwarze, poröse Substanz in Form einer Wurst, die bis zu 20 cm lang werden kann. Ein süßlicher Zersetzungsgeruch macht sich bemerkbar.

Entsorgung: Die schwarze Substanz, die mit konzentrierter Schwefelsäure behaftet ist, wird vorsichtig in Papier gewickelt und in das Gefäß für feste Abfälle entsorgt. Das Becherglas wird mit viel Wasser gespült und gereinigt.

V2.9 Strom aus der Zitrone

Problem: Um sachbezogen für Elektrochemie oder die Spannungsreihe der Metalle zu motivieren, lassen sich zwei verschiedene Metallstreifen in eine Salzlösung eintauchen und mit einem Spannungsmesser elektrische Spannungen bis zu zwei Volt zwischen ihnen feststellen. Man überzeugt sich ebenfalls, dass bei gleichen Metallen keine Spannung zu messen ist. Noch motivierender ist es, eine Zitrone zu verwenden: Der Saft der Zitrone ist als Elektrolytlösung geeignet, dieselben Phänomene zu erzeugen.

Material: Becherglas, Spannungsmesser, 2-V-Elektromotor, Kabelschnüre und Krokodilklemmen; Natriumchlorid-Lösung, Blechstreifen von Kupfer, Zink und Magnesiumband (F), Zitrone.

Durchführung: Das Becherglas wird zur Hälfte mit der Salzlösung gefüllt. Zwei verschiedene Metallstreifen werden mit Krokodilklemmen und Kabelschnüre versehen und über die Kabel mit dem Spannungsmesser verbunden. Die Metallstreifen werden in die Lösung eingetaucht, Spannungen gemessen. Das Experiment wird mit anderen Metall-Kombinationen und auch mit gleichen Metallen wiederholt. Der Elektromotor wird jeweils angeschlossen.
Die Metallstreifen führt man auch in die Zitrone ein und wiederholt die Versuche (ggf. Trennwände in der Zitrone vorher mit einem Messer zerstören).

Beobachtung: Zwischen Kupfer und Zink bzw. Kupfer und Magnesium sind Spannungen von etwa 1,5 V festzustellen, der Elektromotor arbeitet. Zwischen Zink und Magnesium sind wesentlich kleinere Spannungswerte, zwischen gleichen Metallen Spannungen um den Wert 0 V abzulesen, der Motor arbeitet nicht.

Hinweis: Der Saft der Zitrone ist eine zu schwache Elektrolytlösung, um die Stromdichte für das Laufen des Elektromotors zu erreichen. Es gelingt, wenn zwei oder drei Zitronen hintereinander geschaltet werden.

V2.10 Namensschild aus Messing

Problem: Schüler werden immer sehr stark motiviert, wenn sie selbst etwas herstellen und nach Haus mitnehmen dürfen. So können sie etwa zur Einführung in die Thematik „Säuren lösen Metalle“ ein Metallschild mit eigenem Namen herstellen, indem sie ihren Namen auf ein mit Wachs präpariertes Metallblech ritzen und diese Stellen mit einer geeigneten Säure anätzen. Dieses Schild lässt sich nicht nur zu Hause verwenden, sondern die Schüler können auch in Familie und Freundeskreis berichten, wie sie es hergestellt haben.

Material: Kristallisierschale, Becherglas, Pipette; Messingplatte oder Kupferblech, Teelicht, Eisennagel, konzentrierte Salpetersäure (C), Siedesteine, Benzin (Xn/F/N), Filterpapier.

Durchführung: Eine Seite der Metallplatte wird dünn mit flüssigem Paraffin eines brennenden Teelichts bestrichen und in diese Wachsschicht mit dem Nagel kräftig ein Name oder die gewünschte Figur hineingeritzt.

Man legt die Platte mit der Wachsschicht nach oben auf einige Siedesteine in die Kristallisierschale und stellt sie in den Abzug. Im Becherglas mischt man 5 mL Wasser mit 10 mL Salpetersäure und tropft die Lösung mit der Pipette auf die verletzten Stellen der Wachsschicht. Nach einigen Minuten spült man mit viel Wasser und entfernt mit Spatel bzw. mit Hilfe von Papier und Benzin die Wachsschicht.

Beobachtung: Die Säurelösung reagiert mit den Ritzstellen des Metalls unter Gasentwicklung, es entsteht eine blaue Lösung und ein braunes Gas (Abzug!). Nach Entfernen des restlichen Wachses ist der Name oder die Markierung deutlich im Metallblech zu erkennen.

M2.1 Kugelpackungsmodell eines Salzkristalls

Problem: Der selbsttätige Bau von Strukturmodellen ist sehr motivierend für viele Schüler und Schülerinnen – insbesondere wenn sie diese Modelle nach Hause mitnehmen dürfen. So ist es etwa möglich, beim Thema „Zusammensetzung der Salze" am Beispiel des Natriumchlorid-Kristalls dessen Aufbau aus Natrium- und Chlorid-Ionen im Zahlenverhältnis 1 : 1 zu veranschaulichen (vgl. auch ausführliche Bauvorschriften zum Kapitel 6 „Modelle und Modellvorstellungen").

Material: Natriumchlorid- oder Steinsalzkristalle, Zellstoffkugeln (pro Schüler etwa 18 weiße Kugeln ∅ 30 mm und 18 rote Kugeln ∅ 12 mm), Klebstoff

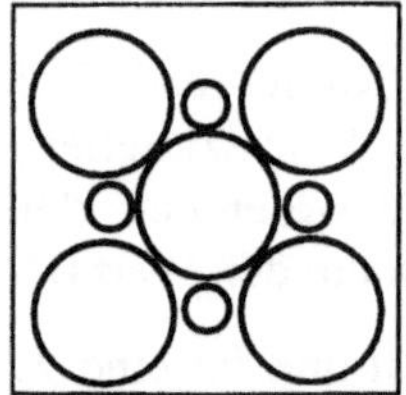

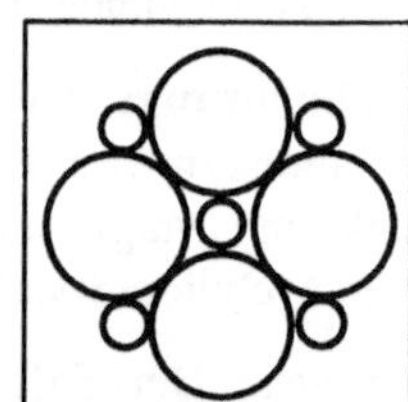

Durchführung: Die Kugeln werden in Form von zwei mal zwei Schichten verklebt (Bild) und umschichtig zu einer quadratischen Säule aufeinander gesetzt. Es wird ermittelt, wie viel kleine Kugeln eine große Kugel berühren und wie viel große Kugeln eine kleine Kugel berühren. Abbildungsmerkmale und Grenzen des Modells werden im Vergleich mit einem Natriumchlorid-Kristall als Original diskutiert.

Beobachtung: Die Schichten rasten dicht ineinander ein und bilden eine quadratische Säule. Eine große Kugel wird im Inneren der Kugelpackung von sechs kleinen Kugeln berührt, eine kleine Kugel von sechs großen Kugeln. Das Zahlenverhältnis der Kugelsorten in der Packung beträgt 1 : 1.

3 Unterrichtsziele

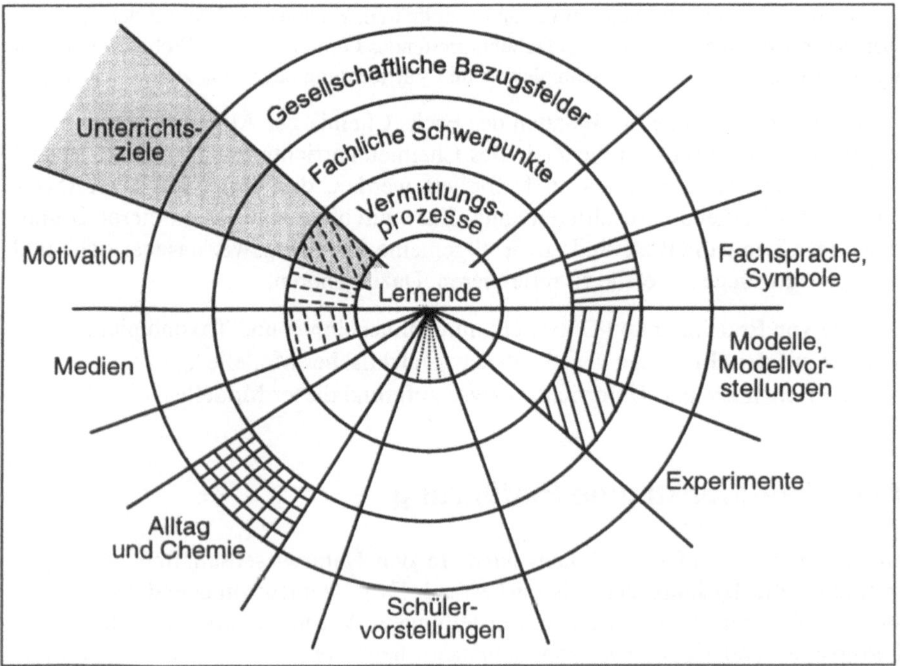

„Wenn wir Erwachsene fragen, was sie von ihrer chemischen Schulzeit noch in Erinnerung haben, so erkennen wir eine Schwierigkeit, die vielfach auch schon unsere Schüler plagt. Man erhält nämlich meist die Antwort: ‚Ach, da waren so Formeln', und man ist stolz, wenn man noch weiß, was H_2SO_4 ist – nicht was es bedeutet –, denn so viel chemisches Wissen ist meist nicht hängen geblieben. Ein hoher Beamter eines Oberschulamtes, er war sogar Naturwissenschaftler, sagte mir: ‚Gehen Sie mir weg mit dem Bildungswert der Chemie, das ist doch nur Formelkram' " [1].

In unseren Curricula stehen „Formeln" oft sehr im Vordergrund. Solange die Lernenden den Informationsgehalt dieser Symbole nicht durchschauen, verstehen sie auch die Inhalte des Fachs Chemie nicht. Oftmals kokettieren sie auch mit ihrem Unverständnis des Fachs:

„Wie oft habe ich von Erwachsenen gehört: ‚Ich habe es nie begriffen'. Die meisten taten dann so, als wären sie noch stolz darauf. Immerhin sind sie ja ‚trotzdem etwas geworden' " [2].

Es ist offensichtlich vielen Lehrern nicht gelungen, Ziele naturwissenschaftlicher Bildung aus der Sicht des Faches Chemie so zu vermitteln, wie es Experten wichtiger Berufsverbände sehen:

„Die mathematische und naturwissenschaftliche Bildung ist ein essentieller Bestandteil der Allgemeinbildung; sie dient der Persönlichkeitsentwicklung durch Vermittlung von Methodenkompetenz, Sachwissen und Haltungen, und sie ermöglicht ein grundlegendes fachliches Verständnis für Fragen der Technik und bietet somit die Basis für eine verantwortungsvolle Teilnahme an der gesellschaftlichen Diskussion um Möglichkeiten und Grenzen der technischen Entwicklung. Jedes der Fächer Mathematik, Physik, Chemie und Biologie liefert dazu einen spezifischen Beitrag an disziplinärem Fachwissen. Nur auf der verlässlichen Basis von Fachunterricht trägt fachübergreifendes Lernen dazu bei, Problemstellungen aus Natur und Technik in ihrer Komplexität und Verflechtung begreifbar zu machen“ [3].

Um in diesem Sinne mit Inhalten des Fachs Chemie zur Allgemeinbildung beitragen zu können, müssen die Ziele des Chemieunterrichts ständig reflektiert und nach neuesten Erkenntnissen so formuliert werden, dass ein gutes Chemieverständnis bei Lernenden resultieren kann. Zur sinnvollen Diskussion dieser Grundfrage der Chemiedidaktik sind zuvor allgemeine erziehungswissenschaftliche und schulpädagogische Bereiche zu reflektieren. Dazu gehören:

- Ziele von Erziehung und Unterricht, ihre Dimensionen und Taxonomien,
- Ziele auf der Grundlage verschiedener „Didaktischer Modelle“,
- Unterrichtsziele und Unterrichtsanalyse aufgrund dieser Modelle.

Allgemeindidaktische Einführung

Unterrichtsziele und ihre Dimensionen. In den Naturwissenschaften verdoppelt sich etwa alle 10 Jahre der Wissensbestand. Es ist dementsprechend die Diskussion darüber zu führen, welche Einstellungen, Verhaltensweisen, Fähigkeiten, Fertigkeiten und Kenntnisse von Lernenden heute verlangt werden müssen. Der Deutsche Bildungsrat [4] fragt deshalb:

„Mit welchen Gegenständen und Inhalten soll der Schüler konfrontiert werden? Was soll er lernen? In welchen Lernschritten, in welcher Weise und anhand welcher Materialien soll er lernen? Wie soll das Erreichen der Lernziele festgestellt werden?“.

Zu Lernzielen sind zunächst unterschiedliche Stufen von Zielen zu unterscheiden. Allgemeine *Leitziele* oder *Erziehungsziele* umfassen alle Bereiche von Erziehung an Schulen oder zur Schulbildung als Ganzes. *Grobziele* betreffen spezifische Unterrichtsintentionen der Fächer, *Feinziele* beziehen sich auf einzelne Lernschritte in einer bestimmten Unterrichtseinheit.

Operationalisierte Lernziele spezifizieren detailliert die Operationen der Lernenden, die im Unterricht erworben werden sollen. Sie geben präzise beobachtbare *Verhaltensdispositionen* an, die erwartet werden, beispielsweise: „Die Schüler sollen von fünf angegebenen Säure-Base-Indikatoren drei Indikatoren auswählen und deren Farben im sauren und alkalischen Bereich nennen“. Da solch konkrete Operationalisierungen ständige Lernzielkontrollen erfordern, um das jeweils erwartete Verhalten der Lernenden zu erheben, hat sich diese Art von Zielen nicht durchgesetzt.

In Lernzielen sollten Aspekte der Unterrichtsinhalte allerdings schon mit Aspekten des Verhaltens verknüpft sein. Verhaltensänderungen können in drei bestimmten Dimensionen stattfinden [5]:

- im Wahrnehmungs-, Gedächtnis- und Denkbereich: *kognitive* Dimension,
- im Interesse-, Einstellungs- und Wertbereich: *affektive* Dimension,
- im Bereich der manuellen und motorischen Fertigkeiten: *psychomotorische* D..

Lernziele dieser drei Dimensionen lassen sich hierarchisieren bzw. in eine Lerntaxonomie überführen. Insbesondere für die Lernziele der kognitiven Dimension wurden *Lernziel-Hierarchien* nach steigender Komplexität vorgeschlagen, etwa von Bloom [6]:

1. *Wissen*: konkrete Daten und Fakten kennen, Regeln, Gesetze oder Symbole wissen.
2. *Verstehen*: Fakten verknüpfen, Daten interpretieren und extrapolieren, Folgerungen daraus ableiten.
3. *Anwenden*: Wissen in neuen Situationen anwenden können, Transfer auf neue Sachverhalte durchführen.
4. *Analyse*: komplexe Informationen zerlegen, Daten analysieren, Kausalbeziehungen und Muster erkennen.
5. *Synthese*: Einzelinformationen zu einem Komplex zusammenfügen, Daten koordinieren, systematisch denken.
6. *Bewertung*: komplexe Sachverhalte beurteilen, ein Fazit ziehen.

Der Deutsche Bildungsrat [4] schlägt folgende Hierarchie vor:

1. *Reproduktion*: Wiedergabe von Kenntnissen aus dem Gedächtnis,
2. *Reorganisation*: selbstständige Neuordnung bekannter Sachverhalte zu neuer Struktur,
3. *Transfer*: Übertragen bekannter Sachstrukturen auf neue Sachverhalte,
4. *Problemlösen*: Lösen neuartiger Aufgaben, Finden neuer Erklärungen.

Die verschiedenen Lernzielstufen sind jeweils nur auf dem Hintergrund des vorhergegangenen Lernens und des Wissensstandes des jeweiligen Schülers zu beurteilen – es ist nicht möglich, unabhängig davon isolierte Unterrichtsziele diesen Stufen zuzuordnen.

Didaktische Modelle. Es sind im Wesentlichen fünf didaktische Modelle entwickelt worden:

- Die bildungstheoretische Didaktik von Klafki [7],
- die lerntheoretische Didaktik von Schulz [8],
- die curriculare Didaktik von Möller [9],
- die kritisch-kommunikative Didaktik von Winkel [10],
- die informationstheoretisch-kybernetische Didaktik von Cube [11].

Im Gegensatz zur *normativen Didaktik* vergangener Jahrhunderte, die Handlungsanweisungen mit Zielen formulierte, was bei der Erziehung herauskommen *soll*, orientieren sich die gegenwärtigen didaktischen Modelle am *Ist* der Erziehungswirklichkeit. Unterschiedliche Modelle zur Didaktik [12] sind deshalb ent-

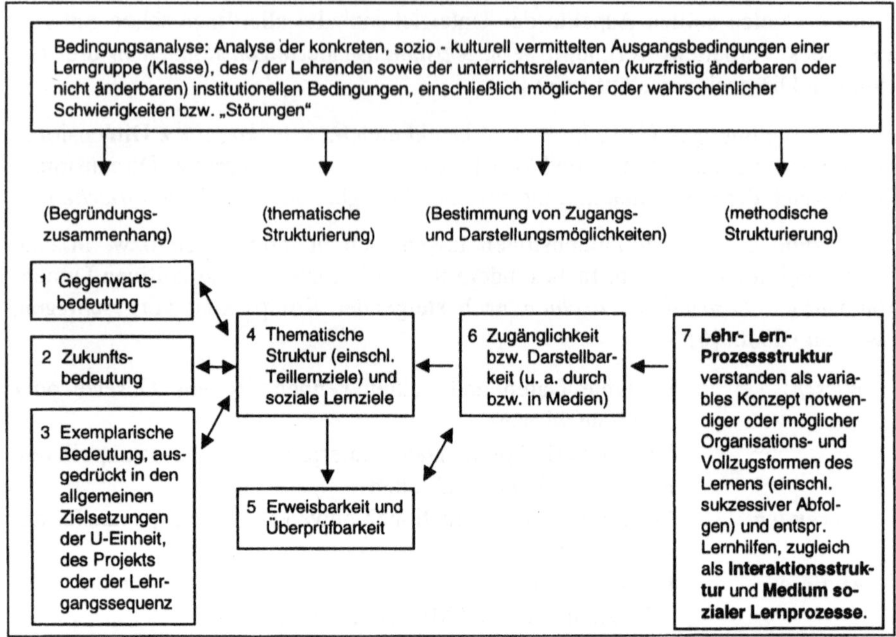

Abb. 3.1: Perspektivenschema zur bildungstheoretischen Didaktik nach Klafki [7]

wickelt worden, weil sich Unterrichtsgeschehen so komplex darstellt, dass von einem Modell allein das Wesentliche nicht erfasst werden kann. Die Modelle stehen also nicht im Widerspruch zueinander, sondern ergänzen sich: „In der Didaktik leben wir in einer pluralistisch perspektivischen Welt. Die einzelnen Perspektiven werden durch die verschiedenen Modelle der Didaktik repräsentiert" [13]. Es sollen im Folgenden die beiden erstgenannten Modelle exemplarisch skizziert und verglichen werden.

Die *bildungstheoretische Didaktik* geht von der „Didaktischen Analyse als Kern der Unterrichtsvorbereitung" [14] aus und entwickelt über Begründungen zur Gegenwarts- und Zukunftsbedeutung eine „thematische Struktur". Erst auf dieser Grundlage findet die Reflexion der „Darstellbarkeit durch Medien" und „methodischen Strukturierung" statt (vgl. Abb. 3.1). Während das vorgenannte Modell vom *Primat* der Inhalte ausgeht, favorisieren die Begründer der *lerntheoretischen Didaktik* die These von der *Interdependenz* der Entscheidungsfelder: Intentionen, Inhalte, Methoden und Medien gehören zusammen und bedingen sich auch gegenseitig, die didaktische Analyse kann von jedem dieser Felder ausgehen [15]. In seinem Beitrag hat Schulz [8] später die Entscheidungsfelder verändert, die Interdependenz allerdings beibehalten (vgl. Abb. 3.2).

Unterrichtsplanung und -analyse. Auf der Grundlage der lerntheoretischen Didaktik und der Interdependenz von Voraussetzungen, Zielen, Inhalten, Methoden und Medien stellt Bönsch [16] eine Übersicht zur Unterrichtsplanung zusammen (vgl. Abb. 3.3). Für die spezifischen Belange des Chemieunterrichts mag ein Block *„Medium: Experiment/Modell"* angefügt werden: Welche Experimente/Modelle sind vorgesehen, welche Alternativen möglich? Wie wird die Auswahl der Experi-

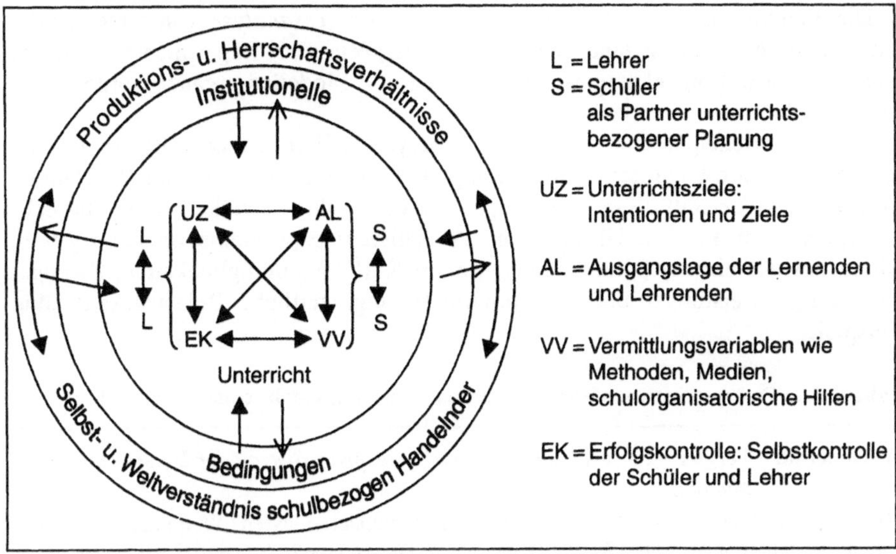

Abb. 3.2: Handlungsmomente der lerntheoretischen Didaktik nach Schulz [8]

mente/Modelle begründet? Werden die Experimente gemäß ihrer spezifischen Funktion (Einstieg, Datengewinnung, Hypothesenprüfung, Wiederholung, etc.) angemessen eingesetzt? Ist das Experiment als Lehrer-, Schüler- oder Gruppenversuch (arbeitsgleich oder arbeitsteilig) geplant? Sind notwendige Sicherheitsmaßnahmen vorgesehen?

Abb. 3.3: Planungsanalyse aufgrund der lerntheoretischen Didaktik nach Bönsch [16]

Die Planungsanalyse ist Grundlage für die *Prozessanalyse* von Unterricht – auch in diesem Fall ist eine vierte Fragenkategorie zum Experimentalunterricht und eine fünfte Fragenkategorie zum Einsatz von Modellen ergänzt worden (vgl. Tabelle 3.1).

Zur Unterrichtsplanung unterscheidet Meyer [17] in seinem „Raster für die schülerorientierte Unterrichtsvorbereitung" Lehrziele des Lehrers und *Handlungsziele der Schüler.* Auf dieser Grundlage wird der „Faktor Schüler" stärker berücksichtigt als bei anderen Übersichten: „Sozialisierungsprobleme im Kurssystem, Alltagsbewußtsein der Schüler, Interesse am Kurs (Wahlmöglichkeiten, Zwangszuweisung), Leistungs- und Punkte-Orientierung, zeitliche Belastbarkeit" sind Beispiele.

Tabelle 3.1: Prozessanalyse auf der Grundlage der Planungsanalyse nach Bönsch [16]

1. Generell: *Vergleich des beobachteten Unterrichtsprozesses mit der Unterrichtsplanung*
Hat sich der Unterricht der Planung entsprechend realisieren lassen? Wenn nein, warum nicht? Welche unerwarteten Ereignisse waren zu beobachten? Waren die Ziele zu hoch, zu niedrig gesteckt? Waren die Inhalte eventuell schon bekannt? Waren Methoden, Medien den Zielen/Inhalten wie den Schülern angemessen? Was hätte man gegebenenfalls anders machen sollen? Sind die Ziele des Unterrichts erreicht worden? Ist das überprüft worden oder kann man nur Vermutungen anstellen?
2. Speziell: *Unterricht in Klassen ist immer auch ein komplexes Kontaktgeschehen*
Wie stark (und störend) ist die Dominanz des Lehrers gewesen (Sprachanteile, Führungsstil)? Wieweit sind alle Schüler am Gespräch, an der Auseinandersetzung beteiligt gewesen? Wieweit waren Gespräche möglich? Hat sich die Dominanz einiger Schüler störend oder anregend bemerkbar gemacht? Welcher Art waren die spontan zu gebenden methodischen Hilfen wie Ermunterungen des Lehrers? Wieweit waren die Schüler an Entscheidungen zur Zielbestimmung, -erreichung beteiligt? Wieweit waren Selbstständigkeit und Mitbestimmung möglich?
3. Speziell: *Unterricht will immer Lernprozesse bei Lernenden initiieren, steuern, erfolgreich gestalten*
Wie sind Schüler motiviert worden? Welche Problemstellungen wurden gewählt? Was ist von den Lernprozessen einzelner zu bebachten gewesen? (Unterrichtsgeschehen ist nicht gleich individuelles Lerngeschehen.) Wieweit war individuelles Lernen möglich? Sind Ausgangslage und Endverhalten erhoben worden, und lässt sich damit das Ergebnis, der Lernzuwachs beim Einzelnen, angeben? Ist der Lernende im wesentlichen Objekt organisierten Lernens oder ist er Subjekt im Sinne einer Mitbestimmung über Lernziele, -inhalte, -methoden, -medien, -erfolgskontrollen? Welche Art von Lernprozessen ist beabsichtigt gewesen, welche realisiert worden? Welche Medien sind eingesetzt worden, zu welchem Zweck, mit welchem Effekt?

4. Speziell: *Chemieunterricht ist Experimentalunterricht (vgl. Kap. 5 „Experimente")*

Haben die Schüler die Problemstellung für das Experiment verstanden? Ist die Durchführung des Experiments gelungen? Wurde die Versuchsapparatur angezeichnet, wurde sie von den Schülern durchschaut? Hat das Experiment tatsächlich zur Problemlösung beigetragen? Welche Fragen blieben offen?

Sind die Beobachtungen für alle Schüler – ggf. durch Projektion des Experiments – sichtbar gewesen? Sind Anweisungen für Gruppen- und Schülerversuche verständlich und vollständig gewesen? Ist die Auswertung des Experiments aufgrund der beobachteten Phänomene oder Messwerte erfolgt?

Haben die Schüler die Gelegenheit gehabt, Durchführung, Beobachtungen und Auswertung des Experiments schriftlich zu fixieren? Sind Messfehler diskutiert worden?

5. Speziell: *Chemieunterricht und der Einsatz von Modellen (vgl. Kap. 6 „Modelle")*

Konnten die Schüler Gründe und Sinn für den Einsatz von Modellen erkennen und nachvollziehen?

Haben sie alle Abbildungsmerkmale des Modells verstanden? Sind ihnen irrelevante Zutaten des Modells – etwa durch den vergleichenden Einsatz zweier oder dreier Strukturmodelle zum gleichen Sachverhalt – deutlich geworden?

Hatten die Schüler Gelegenheit, die submikroskopische Struktur der Materie durch den eigentätigen Bau von Strukturmodellen – etwa von Kugelpackungen, Raumgittern oder Molekülmodellen – zu erfassen?

Wurden Struktur- und Bindungsmodelle nur verbal vermittelt ? Oder sind sie durch Zeichnungen, Raummodelle oder andere Medien für Lernende anschaulich geworden? Haben die Schüler diese Medien hinsichtlich der Abbildungs- und Verkürzungsmerkmale diskutiert? Sind Unterschiede von konkreten Anschauungsmodellen und Denkmodellen deutlich geworden? Wurden Experimente und Modelle aufeinander bezogen?

3.1 Gesellschaftliche Bezugsfelder – Richtlinien und Lehrpläne

Schule – und damit auch Chemieunterricht – ist in hohem Maße von gesellschaftlich vorgegebenen Prämissen abhängig. Die Gesellschaft nimmt Einfluss auf die Ziele des Chemieunterrichts, die Umweltproblematik wirkt sich in Forderungen an den Chemieunterricht aus; politische, ökonomische, technologische, wissenschaftliche und kulturelle Entwicklungen wirken auf den Unterricht zurück.

Diese Zusammenhänge sollten Lehrern und Lehrerinnen bewusst sein – sie finden sich auch in Präambeln und Leitzielen der Lehrpläne in den Bundesländern wieder. Die *„Richtlinien und Lehrpläne, Chemie, Gymnasium, Sekundarstufe I"* des Landes Nordrhein-Westfalen [18] besagen:

„Das Gymnasium vermittelt eine allgemeine Bildung mit dem Ziel, die Schülerinnen und Schüler zur mündigen Gestaltung des Lebens in einer demokratisch verfassten Gesellschaft zu befähigen. Es bietet ihnen Anregungen und Hilfen, ihre individuellen Anlagen zu entfalten und eigene handlungsbestimmende Werthaltungen aufzubauen. ... Eine solche Bildung wird in Auseinandersetzung mit den Phänomenen der Natur und der Gesellschaft, ihren

Strukturen und Gesetzmäßigkeiten, den kulturellen Traditionen und der gegenwärtigen kulturellen Wirklichkeit entwickelt".

Der Deutsche Verein zur Förderung des mathematischen und naturwissenschaftlichen Unterrichts (MNU) hat in seinen „*Empfehlungen zur Gestaltung von Lehrplänen bzw. Richtlinien für den Chemieunterricht*" [19] pädagogische Leitlinien entwickelt und zur Diskussion gestellt:

- „Komplexes Denken üben,
- Kommunikationsfähigkeit entwickeln,
- Schülervorstellungen berücksichtigen".

In diesen Empfehlungen [19] heißt es weiter: „Zur Konzeption des Chemieunterrichts an der *Sekundarstufe I*" sind folgende fachlichen Leitlinien zu beachten:

- Arbeitsweisen der Chemie,
- Stoffe, Eigenschaften und Stoffgruppen,
- Struktur und Eigenschaften,
- Teilchen zwischen Vorstellung und Realität; erste differenzierte Atom- und Bindungsmodelle,
- chemische Reaktion: Veränderung auf Stoff- und Teilchenebene, Formelsprache, energetischer und zeitlicher Verlauf,
- Erkennen von Ordnungsprinzipien für Stoffe und Reaktionen" [19].

Zu Kriterien für die Gestaltung von Lehrplänen an der *Sekundarstufe II* werden Erschließungsbereiche, Fachkonzepte und Leitthemen diskutiert (vgl. Abb. 3.4):

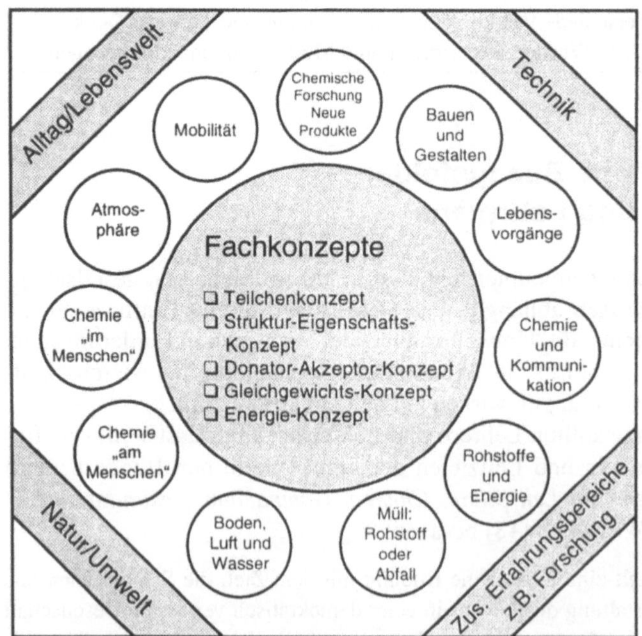

Abb. 3.4: Zusammenhang zwischen Erschließungsbereichen, Fachkonzepten und möglichen Leitthemen [19]

„Der Orientierung an fachsystematischen Kriterien wird mit der Berücksichtigung von Erschließungsbereichen wie Alltag, Umwelt, Technik und Forschung eine zweite Orientierungsleitlinie gleichberechtigt an die Seite gestellt. Es wird für sinnvoll gehalten, die inhaltliche Konkretisierung an Themenfeldern vorzunehmen, die jeweils unter einem gemeinsamen Leitthema stehen" [19]

„Die fachwissenschaftlichen Inhalte sollen auf wenige zentrale *Basiskonzepte* (vgl. Abb. 3.4) zurückgeführt werden. Es sind dies: a) das Teilchenkonzept, b) das Konzept der Struktur-Eigenschafts-Beziehung, c) das Donator-Akzeptor-Konzept, d) das Gleichgewichtskonzept, e) das Energiekonzept. Diese Basiskonzepte werden an möglichst vielen Stellen des Curriculums gezielt angesteuert. Sie werden damit nicht nur im Sinne eines klassischen Spiralcurriculums aufeinander folgend angeordnet, vielmehr wird diese starre Struktur zugunsten eines offeneren Systems aufgegeben, in dem möglichst von unterschiedlichen Stellen auf diese Fachkonzepte zurückgegriffen wird" [19].

Zur „Entwicklung der *Methodenkompetenz*" werden „Mindmapping und Clustering, Stationenlernen (Lernzirkel), Gruppenpuzzle, Projektarbeit, Planspiel und Facharbeit" skizziert, schließlich „Überprüfungen durch Tests und Klausuren" erläutert [19].

Um diese Inhalte in das Gesamtcurriculum einordnen zu können, soll eine Skizze des deutschen Schulsystems aufgenommen werden (vgl. Abb. 3.5), darin ist die Zuordnung von *Primarbereich*, *Sekundarbereich I* und *II* und *Tertiärbereich* zu erkennen. Für die Sekundarstufe I findet in den meisten Bundesländern eine Differenzierung in *Gymnasium*, *Gesamtschule*, *Realschule* und *Hauptschule* statt, der Zugang zu den Schulformen ist unterschiedlich: Im Allgemeinen entscheiden ihn die Eltern. In einigen Bundesländern wird der Zugang durch Besuch und Lehrerurteil der *Orientierungsstufe* bestimmt, die die Klassenstufen 5 und 6 umfasst.

Sachunterricht im Primarbereich Der Vollständigkeit halber soll ein Überblick über Inhalte erfolgen, die bereits im Sachunterricht der Grundschule angesprochen werden. Das Interesse der Sechs- bis Zehnjährigen an biologischen, chemischen, physikalischen und technischen Phänomenen ist – oftmals im Gegensatz zu älteren Schülern – sehr groß. Es gilt dieses Interesse zu nutzen und Kindern viele Phänomene „in den Klassenraum zu bringen", falls sie in der Umwelt nicht mehr beobachtbar sind..

Die Gesellschaft für Didaktik des Sachunterrichts (GDSU) schlägt fünf „Perspektivbereiche" vor. „I. Sozial- und kulturwissenschaftliches Lernen, II. Raumbezogenes Lernen, III. Naturbezogenes Lernen, IV. Technisches Lernen, V. Historisches Lernen". Unter „III. Naturbezogenes Lernen" werden u. a. folgende „inhaltsbezogene Beispiele" skizziert, die chemische Sachverhalte betreffen [20]:

„Eigenschaften von Stoffen, Wirkungen der Wärme, Schmelzen und Erstarren, Verbrennungsprozesse, Sauerstoff und Atmung, beständige und unbeständige Stoffe, Nutzung der Elektrizität, Naturkräfte, Wind und Wasser, Wetter, mein Körper, Gesundheit, Umweltgefährdung und Umweltschutz, gesunde Ernährung".

Diese Inhalte sollen verknüpft werden mit „verfahrensbezogenen" Prozessen, u.a.:

„Betrachten und beobachten; sammeln, ordnen und klassifizieren; messen und vergleichen; Probleme identifizieren und mit Versuchen bearbeiten; Vermutungen und Deutungen for-

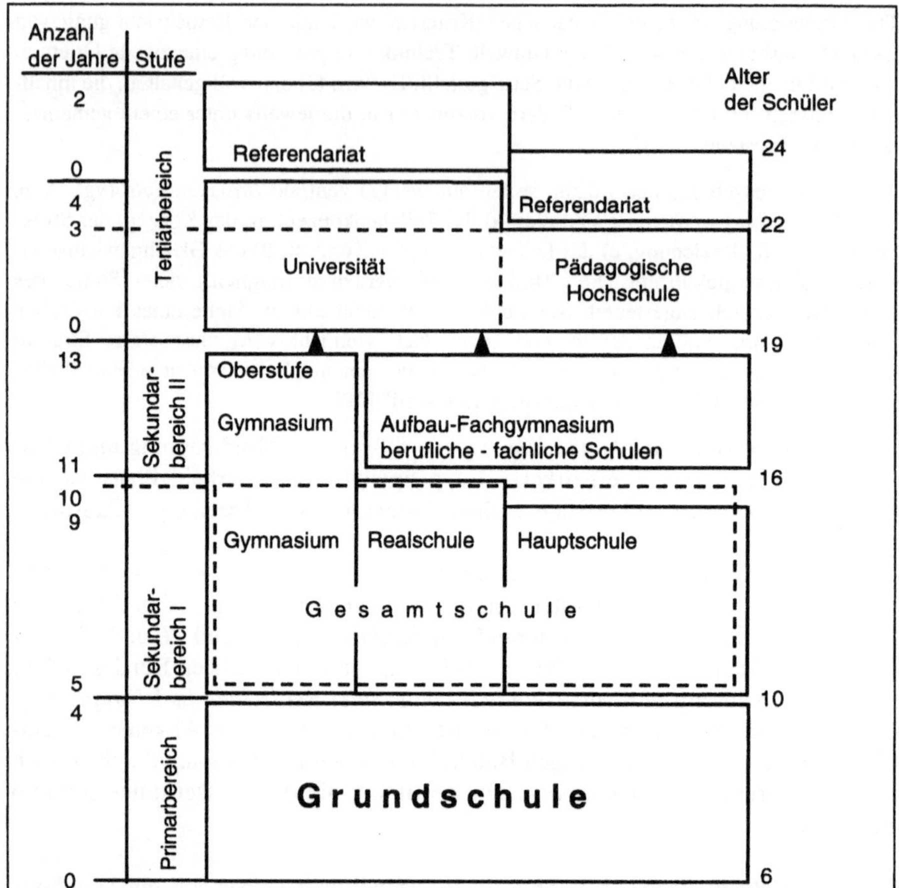

Abb. 3.5: Das derzeitige Ausbildungssystem in der Bundesrepublik Deutschland

mulieren, begründen und überprüfen; Versuche planen, durchführen, auswerten und interpretieren; Tabellen und Diagramme anfertigen und auswerten; Erklärungen bewerten; sachkundig zeichnen"[20].

Im Sachunterricht spielen insbesondere Handlungsprozesse eine wichtige Rolle für das Lernen. Möller konnte mit ihren Untersuchungen zeigen,

„daß kognitive Leistungen sich nicht in der Sprache alleine äußern und auch nicht durch diese alleine zustande kommen, sondern auf Handlung, Geste und Zeichnung angewiesen sind. Deshalb muß der Unterricht Gelegenheit geben, alle Ebenen der Darstellung zu nutzen"[21].

Der alle Naturwissenschaften integrierende Sachunterricht wird vielfach in den Klassenstufen 5 und 6 fortgeführt, hat dann oftmals Namen wie „Welt- und Umweltkunde". Die Differenzierung in die naturwissenschaftlichen Fächer findet in den Klassenstufen 7 oder 8 statt. Eine Besonderheit ist derzeit für den Chemieunterricht an Gymnasien in Nordrhein-Westfalen zu verzeichnen: Der Unterricht beginnt mit der Klassenstufe 7, setzt für ein Jahr aus und wird erst ab Klassenstufe 9 weitergeführt – eine unbefriedigende Situation, die geändert werden sollte!

3.2 Lernende – kognitive Entwicklung, Präkonzepte, Einstellungen, Interessen

Die „schülerorientierte Unterrichtsvorbereitung" von Meyer [17] zeigt am deutlichsten, dass auch der Lernende selbst bei den Zielen von Unterricht und bei der Unterrichtsplanung zu berücksichtigen ist. Es sind vor allem die Einstellungen, Interessen und ursprünglichen Vorstellungen der Jugendlichen, die einen großen Einfluss auf die erfolgreiche Gestaltung von Unterricht haben. Zuvor sollen allerdings entwicklungspsychologische Aspekte referiert werden.

Lernziele und Entwicklungspsychologie. Ziele und Inhalte der Schulchemie unterscheiden sich in verschiedenen Schulstufen aufgrund entwicklungspsychologischer Bedingungen. So unterscheidet Piaget aufgrund seiner Erhebungen folgende vier Denkstadien:

- Stadium der sensumotorischen Intelligenz (0–2 Jahre)
- Stadium des vorbegrifflich-symbolischen Denkens (2–7 Jahre)
- Stadium der konkreten Denkoperationen (7–13 Jahre)
- Stadium der formalen Denkoperationen (ab 13 Jahre).

Der Übergang von den konkreten zu den formalen Denkoperationen ist dadurch gekennzeichnet, dass der Lernende sich in zunehmendem Maße von Handlungen am konkreten Gegenstand löst und mehr und mehr abstrakt denkt: Variablen berücksichtigt, potenzielle Beziehungen ableitet, formal-mathematische Beschreibungen versteht. Neuere Untersuchungen zeigen allerdings, dass das Alter von 13 Jahren für diesen Übergang eine sehr willkürliche Festlegung ist: es kann erheblich variieren. Untersuchungen weisen nach, dass oftmals nur 25 % der 16-jährigen Gymnasiasten in der Klassenstufe 10 das letzte Stadium erreichen [22].

Zur Beschreibung der *Entwicklung kognitiver Strukturen* geht Piaget von den Begriffen Assimilation, Akkomodation und Äquilibration aus. Neue Wahrnehmungen werden von Lernenden zunächst in die bestehende kognitive Struktur übernommen bzw. zum bereits vorhandenen Vorwissen vergleichend in Bezug gesetzt. Solange neue Erfahrungen in die bestehende kognitive Struktur eingeordnet werden, ohne diese zu verändern, spricht man von *Assimilation.* Kommt es zu einem Konflikt zwischen neuer Information und Vorwissen, muss also das Individuum seine kognitive Struktur ändern und die neue Erscheinung mit veränderter kognitiver Struktur verarbeiten, wird von der *Akkomodation* gesprochen. Die Tendenz des Lernenden, dieses Gleichgewicht zwischen Strukturerhaltung und Neuanpassung ständig herzustellen, wird auch *Äquilibration* oder *Äquilibrierung* genannt.

Gegenwärtige Theorien des Lernens gehen von einer *konstruktivistischen Sichtweise* aus: Jeder Lernende muss seine eigene kognitive Struktur individuell aufbauen, Änderungen im Wissen werden individuell ständig neu konstruiert. Je nachdem, welche Art von Wissensänderung stattfindet, wird im Konzept des Konstruktivismus von Conceptual Growth und Conceptual Change gesprochen [23]. *Conceptual Growth* ist vergleichbar mit der Assimilation bei Piaget und vollzieht sich auf kontinuierlichem Lernweg. Dem *Conceptual Change* liegen diskontinuierliche Lernwege zugrunde, auf denen Revisionen der bereits bestehenden Denkstrukturen stattfinden: Oftmals müssen ganze Vorstellungskonzepte („Präkonzepte“) aufgegeben und radikale Umstrukturierungen vollzogen werden. Conceptual Growth und Conceptual Change stehen dabei in einem Wechselspiel wie Assimilation und Akkomodation.

Präkonzepte. Wie es die Begriffe Schüler- und Alltagsvorstellungen oder auch ‘Misconceptions’ andeuten, liegen zu Beginn des Chemieunterrichts bei den Lernenden Denkstrukturen vor, die im Sinne des Konstruktivismus von den Lernenden aufgrund ihrer Erfahrungen über viele Jahre hinweg konstruiert worden sind. Es handelt sich um fest verwurzelte Präkonzepte, wie sie etwa für den Verbrennungsprozess existieren (vgl. Kap. 1). Es werden aber auch spontane Vorstellungen – etwa während des Unterrichtsgesprächs – geäußert, die sich relativ rasch wieder abbauen lassen.

Den Präkonzepten, die fest in der kognitiven Struktur der Schüler und Schülerinnen verankert sind, muss für die Festlegung von Unterrichtszielen und -inhalten eine besondere Aufmerksamkeit gewidmet werden: zum Verbrennungsprozess, zum Erhaltungssatz, zu Eigenschaften der Gase, zum Aufbau der Materie, etc. (vgl. Kap. 1). Die entsprechenden Schülervorstellungen sind im Unterricht sorgsam zu diskutieren, ehe durch überzeugende Experimente und Modelle das wissenschaftliche Konzept nachvollziehbar vermittelt wird. Auch sogenannte „common-sense-Erklärungen“ oder „lebensweltliche Redeweisen“ gehören zu dem Typ fest verwurzelter Präkonzepte: Sie sind oftmals auch „gesellschaftlich anerkannte Fehlvorstellungen“ [22].

Einstellungen und Interessen. Zur Formulierung von Unterrichtszielen sind möglichst Einstellungen und Interessen zu berücksichtigen. Liegen negative Einstellungen der Lernenden gegenüber einem Schulfach vor, so ist es ungleich schwieriger, in diesem Fach festgelegte Ziele zu erreichen, als in einem anderen Fach, zu dem die Einstellungen positiv sind. Das gilt ebenfalls für alle Fragen der Motivation von Jugendlichen (vgl. Kap. 2).

Heilbronner [24] konnte 1983 durch Bilder von Jugendlichen aus der Schweiz zeigen, dass die Einstellungen zur Chemie und zum Chemieunterricht sehr negativ ausfielen: „Die große Mehrheit der Kinder betrachtet sich und ihre Umwelt von der Chemie bedroht“. Etwa 40 % der Bilder zeigten Vorstellungen von einer zerstörten Umwelt, 15 % die direkte Bedrohung des Individuums durch die Chemie, 10 % der Bilder wenden sich gegen Tierversuche.

Barke und Hilbing [25] haben die Aufgabe an die Schüler „Male Dein Bild von der Chemie“ aufgegriffen und 1998 die Untersuchung wiederholt: Der Anteil negativer Motive, der bei Heilbronner noch 65 % ausmachte, reduzierte sich auf 40 % (vgl. auch Kap. 8).

Müller-Harbich, Bader und Wenck [26] untersuchten die Einstellungen von Realschülern. Sie fanden eine neutrale bis ablehnende Haltung der Jugendlichen vor, ein signifikanter Unterschied der Geschlechter konnte nicht festgestellt werden. Der Wohnort hatte einen signifikanten Einfluss auf die Einstellungen: Schüler aus Wohnorten des Ruhrgebietes mit relativ massiver Gegenwart chemischer Industrie zeigen eine negativere Einstellung als Jugendliche, die nicht aus Industriestandorten stammen.

Liegen positive Einstellungen zu einem Schulfach vor, so kann sich bei Jugendlichen leichter ein *Interesse* für Inhalte dieses Faches entwickeln als bei negativer

Einstellung. Sind wiederum spezifische Interessen der Jugendlichen bekannt, so ist es für einen erfolgreichen Unterricht vorteilhaft, diese Interessen bei der Festlegung von Unterrichtszielen zu berücksichtigen.

Gräber [27] untersuchte Interessen der Jugendlichen und konnte nachweisen, dass rund die Hälfte aller Schüler und Schülerinnen den Chemieunterricht interessant finden. „Bemerkenswert ist der Verlauf insofern, als mit Beginn des Chemieunterrichts in der 8. Klasse ein Ansteigen zu verzeichnen ist und nach einem ‚Loch' in der 9. Klasse wieder ein Anstieg in der 10. Klasse".

Nach dem Interesse an Kontexten in Chemie und verschiedenen Tätigkeiten gefragt, ergaben sich Unterschiede zwischen diesen Items und ebenfalls zwischen Jungen und Mädchen (vgl. Abb. 3.6). Bei den Tätigkeiten galt die Zustimmung überwiegend dem Item „Versuche durchführen", auch die Items „Versuche planen

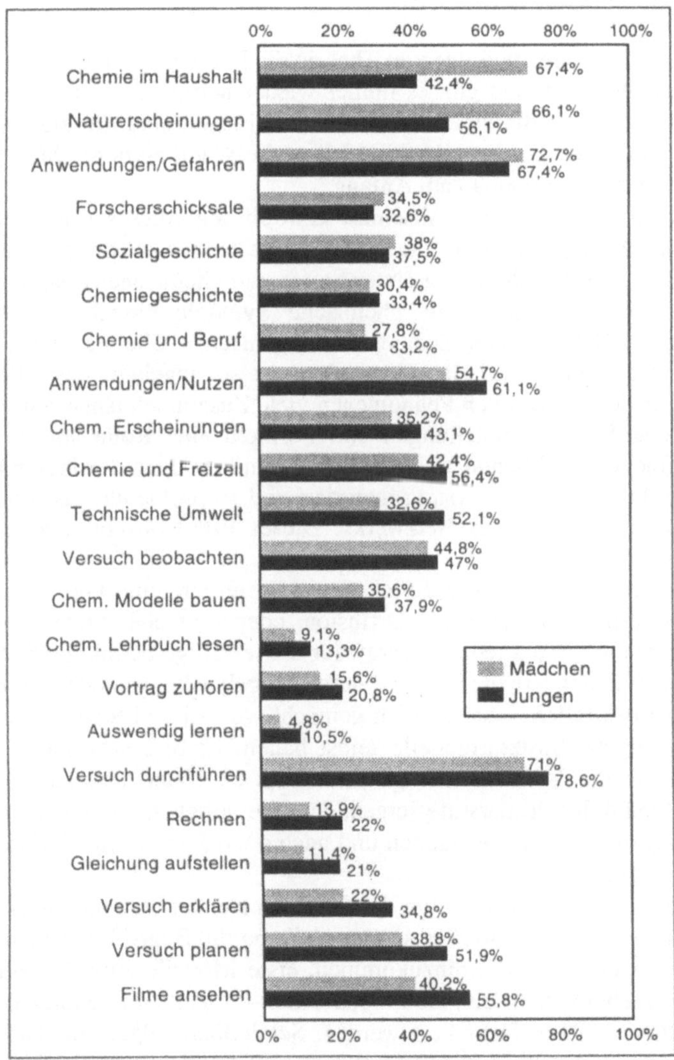

Abb. 3.6: Interesse an Kontexten in Chemie und an verschiedenen Tätigkeiten [27]

und beobachten", „Filme ansehen" und „Chemische Modelle bauen" wurden als interessant eingestuft.

Barke und Wanjek [28] konnten dieses positive Interesse an Schülerexperimenten bestätigen. Es wurden zur Thematik „Säuren und Laugen" statt der Laborchemikalien die den Jugendlichen bekannten Substanzen aus Küche und Badezimmer verwendet und in Form von Schülerexperimenten eingesetzt. Diese Unterrichtseinheit fand nicht nur hohe Zustimmung aller Schüler und Schülerinnen, sondern insbesondere die Mädchen äußerten ein höheres Interesse an diesem Unterricht mit Alltagschemikalien als zuvor zum üblichen Chemieunterricht.

3.3 Fachliche Schwerpunkte – Chemieunterricht als Spiralcurriculum

Zu der Frage, welche Phänomene und wie viel Theorie die Lernenden im Chemieunterricht erarbeiten sollen, gab und gibt es immer wieder heftige Diskussionen. „Rettet die Phänomene", rufen die einen, „Modellvorstellungen sind die eigentliche Domäne der Chemie" die anderen. Wie so oft liegt die Wahrheit in der Mitte, die Phänomene überwiegen naturgemäß am Anfang.

Richtlinien und Lehrpläne (vgl. den Abschnitt „Einführung" dieses Kapitels) zielen deshalb für den Anfangsunterricht im Fach Chemie immer auf die *Bedeutung von Phänomenen*: Eine Beschreibung erster Stoffe und chemischer Reaktionen findet mit Wortsymbolen statt, ehe chemische Symbole hinzukommen. Harsch und Heimann [29] bauen den Zugang zur Organischen Chemie phänomennah und handlungsorientiert auf. Ihr Curriculum ist so angelegt, dass die Schüler zunächst durch das Ordnen von Phänomenen viele Zusammenhänge selbst entdecken können, ehe Strukturvorstellungen und Formeln eine Rolle spielen. Neue Stoffe, Phänomene, Reaktionen und Formeln kommen dann fortlaufend hinzu und werden in das wachsende System integriert und so problemlos assimiliert: „**P**hänomenologisch **I**ntegratives **N**etzwerk". Dieses PIN-Konzept wird in Kapitel 12 vorgestellt.

Inwieweit man anfangs ein einfaches *Teilchenmodell* einführt, um damit Aggregatzustandsänderungen, Lösevorgänge, Diffusion oder einfache chemische Reaktionen zu interpretieren, muss jede Lehrkraft für die jeweilige Schülergruppe entscheiden. Solange Teilchenverbände – etwa durch Kugelpackungsmodelle für den Aufbau von Metallkristallen – anschaulich gemacht werden und Schüler gar handlungsorientiert einfache Strukturmodelle selbst bauen, ist dieses vorläufige Modell sehr sinnvoll für das Verständnis (vgl. auch Kap. 6). Untersuchungen in den Klassenstufen 3 und 4 der Primarstufe zeigen, dass die üblichen Zeichnungen für Teilchenanordnungen durchaus verstanden und auch noch Jahre später erfolgreich reproduziert werden.

Je weiter die Jugendlichen in das Stadium der formalen Denkoperationen übergehen, können im Curriculum *Daltonsches Atommodell* und die Begriffe Element, Verbindung, Atom, Ion und Molekül hinzukommen, erste Modelle zum Aufbau von Elementen und Verbindungen eingeführt und Atom-, Ionen- und Molekülsymbole oder Reaktionssymbole formuliert werden. Schließlich folgen die Themen *Atombau und chemische Bindung*, ebenfalls entsprechende Symbole (vgl. Abb. 3.7, siehe auch Kap. 7).

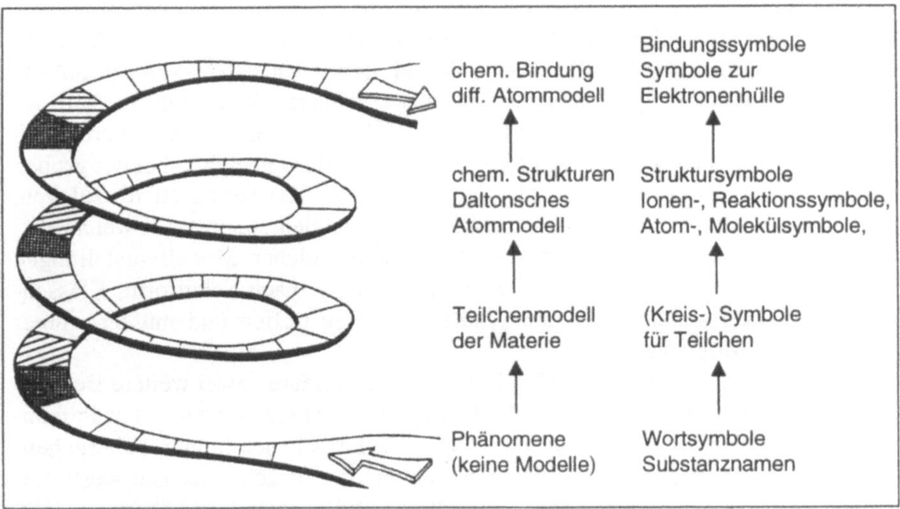

Abb. 3.7: Modelle und chemische Symbole in der Curriculumspirale

Modelle, insbesondere *Strukturmodelle* auf der Basis des Daltonschen Atommodells, sind sehr hilfreich für das Verständnis von Formeln und Reaktionssymbolen – einem wichtigen Ziel des Chemieunterrichts. Strukturmodelle – wie etwa Kugelpackungen für den Aufbau von Kristallen oder Molekülmodelle für Molekülstrukturen – sind sehr geeignet, auf einer Ebene mittlerer Abstraktion den Aufbau der beteiligten Substanzen zu vermitteln, ehe auf der abstrakten Ebene die chemischen Symbole und deren unterschiedliche Informationsgehalte eingeführt werden (vgl. Abb. 3.8, siehe auch Kap. 6 und 7). Im „Strukturorientierten Chemieunterricht" wird durchgängig die Struktur der Materie zur Interpretation von Phänomenen zugrunde gelegt (vgl. Kap. 13).

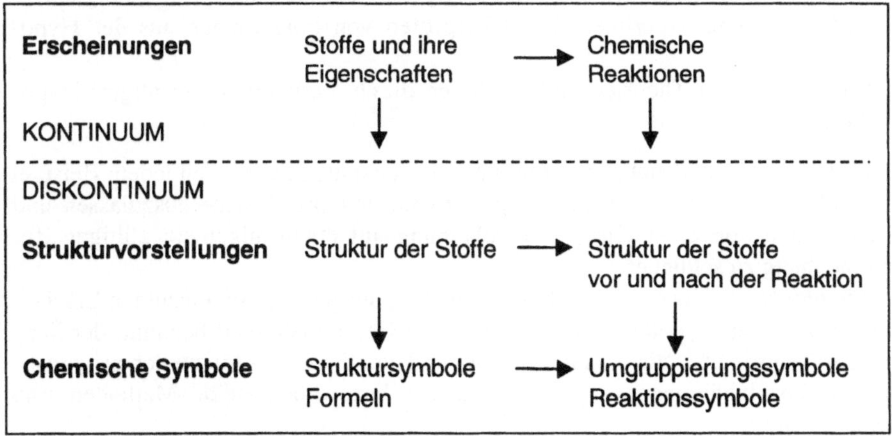

Abb. 3.8: Strukturvorstellungen als Mittler zwischen Phänomenen und Symbolen

Die Strukturierung von Unterricht auf der Grundlage von Modellen und Symbolen hat zwei wesentliche Vorteile. Zum einen lassen sie sich in einer *Curriculumspirale* anordnen und eröffnen eine übergreifende Unterrichtskonzeption, die auf der konkret-operationalen Denkstufe in der Primarstufe beginnt und auf abstraktem Niveau in der Sekundarstufe II endet (vgl. Abb. 3.7). Zum anderen sind die unterschiedlichen Modelle und Symbole sehr gut dazu geeignet, bei der groben Fixierung von Unterrichtszielen die Zeitpunkte oder Klassenstufen festzulegen, wann diese Modelle und Symbole zum Einsatz kommen sollen bzw. welche Erscheinungen und Reaktionen auf der Grundlage welcher Modellvorstellungen gedeutet werden sollen. Diese Entscheidungen sind je nach Schulform, Klassenstufe, Vorwissen und Qualität der Schülergruppe zu treffen und müssen immer wieder neu getroffen werden.

In Abb. 6.8 sind zu den Begriffen Löslichkeit und Säuren zwei weitere Beispiele spiralcurricularen Vorgehens zu finden, die vom Alltagswissen – den Präkonzepten – ausgehen und jeweils über verschiedene Lernebenen immer weitergehender ausgeschärft werden, bis die Beschreibungen das zunächst höchste Abstraktionsniveau in der Schule erreichen. Schmidkunz und Büttner [30] haben versucht, den gesamten Unterricht, der das Fach Chemie betrifft, mit Hilfe einer Curriculumspirale darzustellen (vgl. Abb. 3.9).

Schließlich ist neben allen Begriffen und deren spiralcurricularer Anordnung ein wichtiges Ziel des Chemieunterrichts, den Lernenden das naturwissenschaftliche Erkenntnisverfahren zu verdeutlichen. In der Chemie werden Erkenntnisse vorwiegend mit Hilfe der empirischen Methode gewonnen. Das Verständnis für diese Arbeitsweise wird den Schülern erleichtert, wenn auch im Unterricht möglichst häufig empirisch gearbeitet wird. Die *empirisch-induktive Methode* ist eng mit der *hypothetisch-deduktiven Methode* verknüpft, wie die folgenden Arbeitschritte zeigen (vgl. auch Kap. 5):

- Beobachten einer Erscheinung,
- Sammeln weiterer empirischer Befunde, Finden einer Gesetzmäßigkeit,
- Aufstellen einer *Hypothese* zur Erklärung der Befunde oder Gesetzmäßigkeit,
- Aufsuchen und experimentelles Überprüfen von Folgerungen aus der Hypothese,
- Entwickeln von Theorien und Modellen durch Verknüpfen bestätigter Hypothesen.

Im Unterricht sind sicher nicht immer alle genannten Schritte an jedem Beispiel nachvollziehbar. Es ist jedoch wenig sinnvoll, beliebig Schritte auszulassen und allzu schnell von einer einzigen Erscheinung auf einen allgemein gültigen Zusammenhang zu schließen.

Als *induktives* Vorgehen wird auch der Weg ausgehend von einzelnen Erscheinungen zu einer Hypothese oder empirischen Gesetzmäßigkeit benannt; der Weg von der Theorie über die daraus abgeleiteten Hypothesen bis hin zu den prognostizierten Einzelphänomenen wird als *deduktiv* bezeichnet. Beide Methoden sind komplementär.

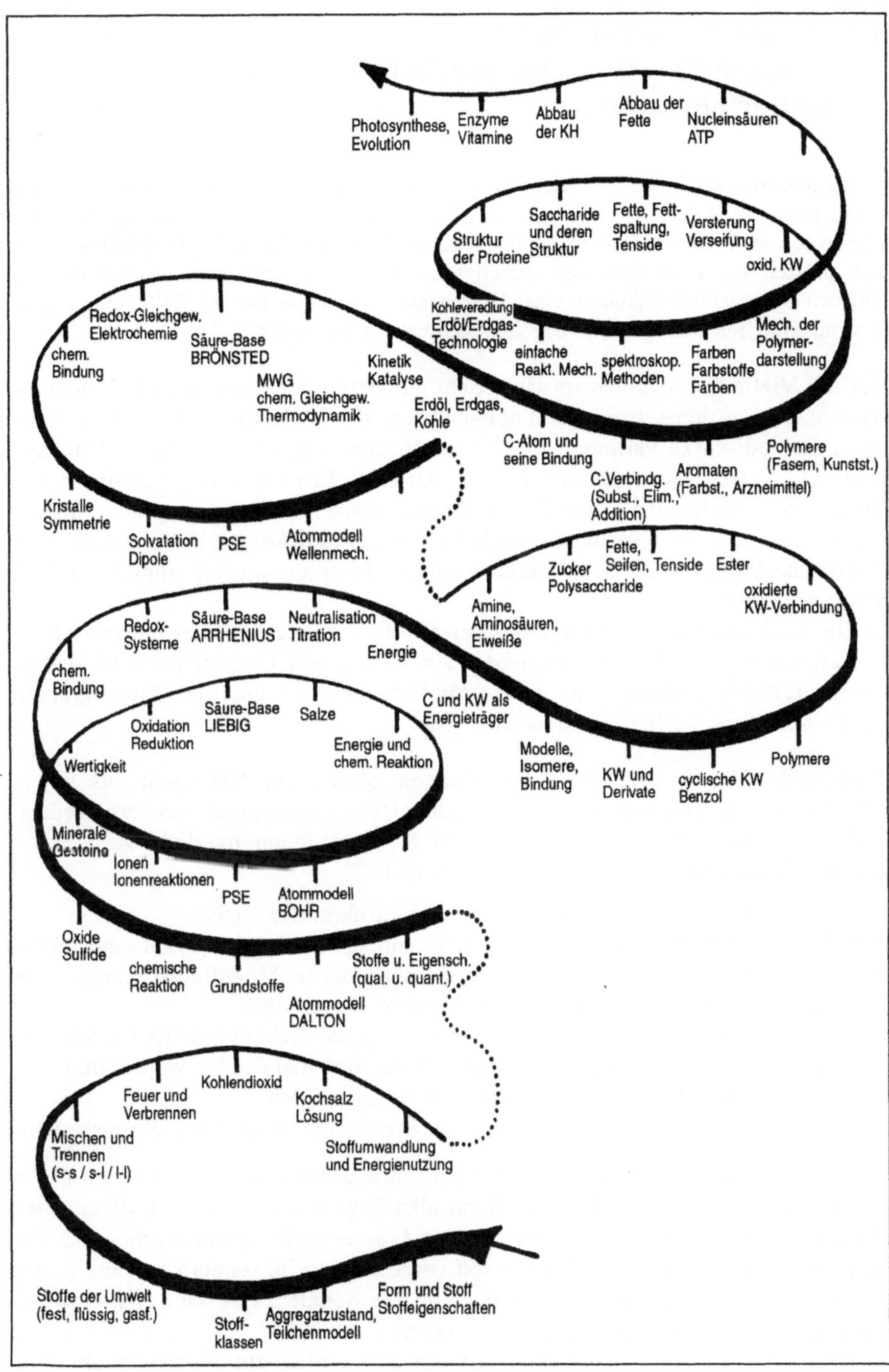

Abb. 3.9: Spiralcurriculum für das Unterrichtsfach Chemie [30]

3.4 Vermittlungsprozesse – Methodenvielfalt zur Realisierung von Unterrichtszielen

„Unterricht muß als bedeutsam erlebt werden, sonst ist er bedeutungslos. Lernen muß auf einem Interesse aufbauen, sonst geht es an den Schülern vorbei. ‚Langweilig zu sein', schrieb Johann Friedrich Herbart schon 1806, ‚ist die ärgste Sünde des Unterrichts.' Deshalb müssen wir Lehrenden den starren Frontalunterricht (aber auch Fehlformen des ‚Offenen Unterrichts') zugunsten eines Unterrichts überwinden, der auf vielfältige Lernanlässe mit einer reichhaltigen Choreographie des Lehrens antwortet" [31].

Um die Vielfalt von Zielen im Unterricht auf möglichst interessanten Wegen zu erreichen, ist es dementsprechend notwendig, in der Vermittlung der Inhalte möglichst methodisch zu variieren. Es gibt zur Vermittlung von Inhalten im Chemieunterricht verschiedene fachdidaktische Ansätze: Etwa den begriffsorientierten Ansatz, dem Fachbegriffe und ihre spiralcurriculare Anordnung zugrunde liegen, oder den an Erkenntnisverfahren des Fachs orientierten Ansatz, beispielsweise die empirische Methode, bei der Formulierung und Prüfung von Hypothesen im Vordergrund stehen.

Zur Realisierung von Unterrichtszielen sollen derartige Unterrichtsverfahren und chemiedidaktische Ansätze neben den wichtigsten Unterrichts- und Sozialformen reflektiert werden und dazu verhelfen, eine „reichhaltige Choreographie des Lehrens" zur Verfügung zu haben.

Fachdidaktische Ansätze. Problemstellungen können im Unterricht aus unterschiedlichen Blickwinkeln aufgebaut werden. Dementsprechend sind verschiedene fachdidaktische Schwerpunkte und deren Kombinationen möglich, sie werden kurz mit folgenden Stichworten gekennzeichnet:

begriffsorientiert:	Begriffe oder Begriffsstruktur des Faches
verfahrensorientiert:	Verfahren zur Erkenntnisgewinnung, Hypothesenprüfung
strukturorientiert:	chemische Struktur der Materie, Modellvorstellungen
historisch orientiert	Geschichte der Naturwissenschaften
anwendungsorientiert:	Anwendungen aus Alltag und Lebenswelt der Lernenden
umweltorientiert:	Fragen der Umweltbelastung und des Umweltschutzes
handlungsorientiert:	aktive Handlungen der Lernenden
projektorientiert:	Interdisziplinarität, Handlungsorientierung, Kooperation.

Das problemorientierte Unterrichten wird oftmals als Unterrichtsverfahren oder didaktischer Ansatz aufgeführt. Es kann allerdings nur ein Oberbegriff zu allen Ansätzen sein, da für *jeden* Unterricht eine *Problemstellung* vorliegen sollte. Sie sollte nicht immer durch die Lehrperson vorgegeben sein, sondern vorrangig eine Problemstellung durch die Schüler oder für die Schüler: erst dann kann wahres Interesse geweckt und aufrecht erhalten werden.

Die verschiedenen fachdidaktischen Ansätze sollen zur Veranschaulichung durch Beispiele aus dem Chemieunterricht erläutert und mit Unterrichts- und Sozialformen verknüpft werden. Diese werden zuvor aufgelistet. Bei den Unterrichtsformen steht eher der organisatorische Aspekt von Unterricht im Vordergrund, bei den Sozialformen der kommunikative Aspekt.

Unterrichtsformen. Der *Frontalunterricht* (der darbietende Unterricht) ist die bekannteste und häufigste, allerdings umstrittenste Unterrichtsform: „Die gesamte internationale Forschung zur Schulqualität ist sich einig darin, dass der starre Frontalunterricht den Schülern am wenigsten bekommt“ [31]. Deshalb sind andere Unterrichtformen zu favorisieren und werden heute überwiegend für die Lehrproben während der Referendarausbildung in Schule und Seminar erwartet:

Erarbeitender Unterricht (problemlösend, fragend-entwickelnd, forschend-entwickelnd nach Schmidkunz-Lindemann [32]), *aufgebender Unterricht* (Gruppenarbeit, Hausaufgaben), differenzierender Unterricht, programmierter Unterricht, Workshop, Praktikum, Exkursion, etc.

Sozialformen. Man unterscheidet folgende Formen der Kommunikation zwischen Lehrern und Schülern: Lehrervortrag, Schülervortrag, Lehrerdemonstration, Schülerdemonstration, Unterrichtsgespräch, Diskussion, Gruppenarbeit, Partnerarbeit, Einzelarbeit, Stillarbeit, Rollenspiel, Planspiel, Simulation, Stehgreifspiel, freies Spiel, etc. Memmert [33] hat in einer Übersicht Unterrichts- und Sozialformen zusammengefasst (vgl. Abb. 3.10).

An Beispielen der Einführung in die Organische Chemie und der Säure-Base-Reaktionen sollen fachdidaktische Ansätze, Unterrichtsformen und Sozialformen miteinander verschränkt und dadurch mögliche, vielfältige Methoden erläutert werden.

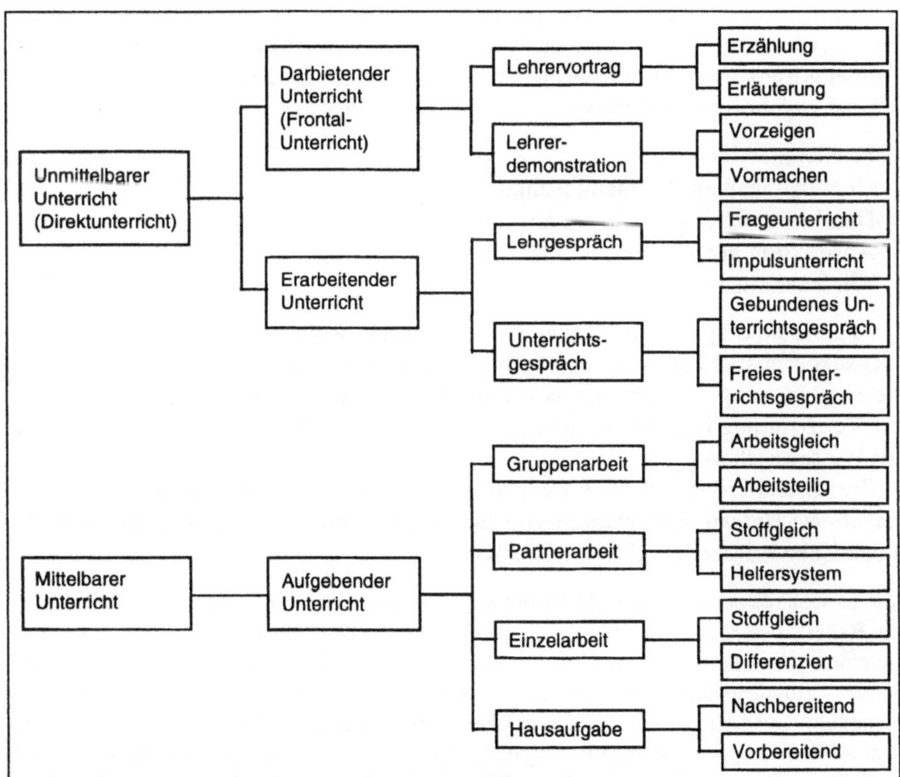

Abb. 3.10: Unterrichts- und Sozialformen nach Memmert [33]

Fachdidaktische Ansätze zu *verschiedenen Themen der Organischen Chemie*:

begriffsorientiert:	Nomenklatur org. Substanzen	(Lehrervortrag)
verfahrensorientiert:	Zusammensetzung von Methan	(Gruppenarbeit)
strukturorientiert:	Aufbau der Butan-Moleküle	(Partnerarbeit)
historisch orientiert:	Benzol und die Idee von Kekulé	(Schülervortrag)
anwendungsorientiert:	Ohne Alkane fährt kein Auto	(Unterr.gespräch)
umweltorientiert:	Funktion des Abgaskatalysators	(Schülerdemo)
handlungsorientiert:	Wir gießen Paraffinkerzen	(Gruppenarbeit)
projektorientiert:	Was sind fossile Energieträger ?	(Partnerarbeit)

Fachdidaktische Ansätze zum *Einstieg in ein und dasselbe Thema „Säuren"*

begriffsorientiert:	Die Theorie von Brönsted	(Lehrerdemo)
verfahrensorientiert:	Zusammensetzung von Salzsäure	(Unterr.gespräch)
strukturorientiert:	Aufbau v. Schwefelsäure-Molekülen	(Partnerarbeit)
historisch orientiert:	Lavoisier und der „Säure"-stoff	(Schülervortrag)
anwendungsorientiert:	Kalkentferner im Haushalt	(Gruppenarbeit)
umweltorientiert:	Schwefelsäure-Recycling	(Exkursion)
handlungsorientiert:	Gravieren v. Metallplatten m. Säuren	(Gruppenarbeit)
projektorientiert:	Saurer Regen	(Partnerarbeit)

Der Oberbegriff aller fachdidaktischen Ansätze sollte der problemorientierte Unterricht sein. Unter problemorientiertem Vorgehen wird allerdings auch die Schrittfolge des *forschend-entwickelnden* Unterrichtsverfahrens nach Schmidkunz-Lindemann [32] verstanden. Dieses „Dortmunder Modell" zur Strategie des Problemlösens im naturwissenschaftlichen Unterricht unterscheidet *fünf Denkstufen* und zugehörige Denkphasen:

1. Problemgewinnung,
2. Überlegungen zur Problemlösung,
3. Durchführung eines Lösungsvorschlages,
4. Abstraktion der gewonnenen Erkenntnisse,
5. Wissenssicherung.

Experimente spielen naturgemäß eine zentrale Rolle in dem Verfahren: Einstiegsexperimente zur Problemgewinnung, weiterführende Experimente zur Hypothesengewinnung, „Bestätigungsexperimente" (besser: Überprüfungsexperimente) zur Verifizierung oder Falsifizierung von Hypothesen, Wiederholungsexperimente zur Wissenssicherung.

Zur Orientierung an der Geschichte der Chemie ist das *historisch-problemorientierte Unterrichtsverfahren* von Jansen [34] entworfen worden. Dieser fachdidaktische Ansatz geht davon aus, dass

„die Geschichte der Chemie nicht als bloßes Anhängsel betrachtet wird oder als überflüssiger Ballast, den man beim jetzigen Stand der Wissenschaft über Bord werfen kann. Die Geschichte der Chemie muß in direktem Bezug zu den Inhalten stehen. Es geht darum, dem Schüler grundlegende Einsichten eines naturwissenschaftlichen Weltverständnisses zu vermitteln. Der Lehrer muß deutlich machen, daß sich Theorien häufig nicht in einfachen Kausalketten empirisch-induktiv herleiten lassen, sondern erfunden werden und somit spekulative Züge tragen müssen. Ältere Theorien berühren sehr oft latent vorhandene Vorstellungen der Schüler" [34].

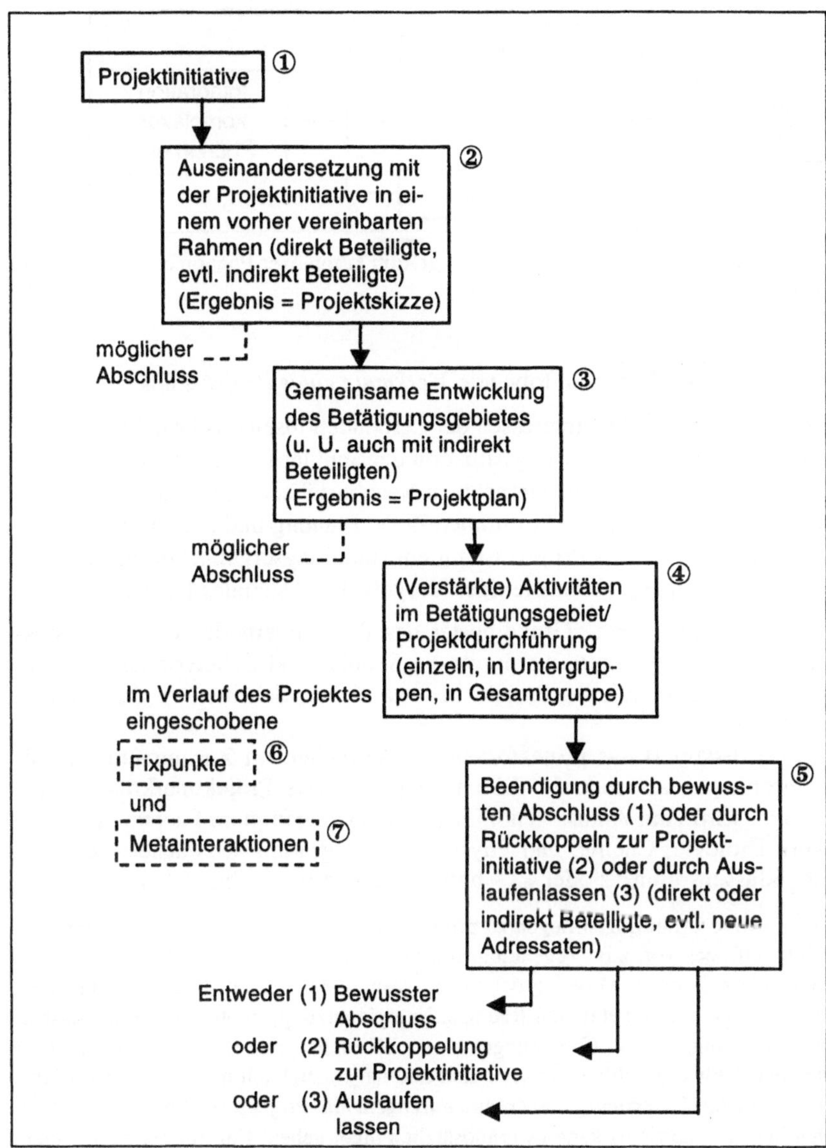

Abb. 3.11: Grundmuster der Projektmethode nach Frey [35]

Schließlich sei der *projektorientierte Ansatz* näher betrachtet. *Schulische Projekte* sind seit Anfang des 20. Jahrhunderts diskutiert worden, erlebten in den 60er Jahren mit der Gesamtschulentwicklung einen gewissen Höhepunkt und haben seitdem auch Eingang in den Unterricht des Gymnasiums gefunden. Entweder steht während des Schuljahres eine ganze Woche für ein Projekt zur Verfügung („Projektwoche“ vor Beginn der Sommerferien), oder es wird ein *projektorientiertes Vorgehen* im Einklang mit dem üblichen Stundenplan realisiert: Das Projekt beansprucht dann einen langen Zeitraum von 6–8 Wochen. Ein solches Beispiel zeigt das Projekt „Wasser und Umwelt“ einer Gymnasialklasse von Barke [36].

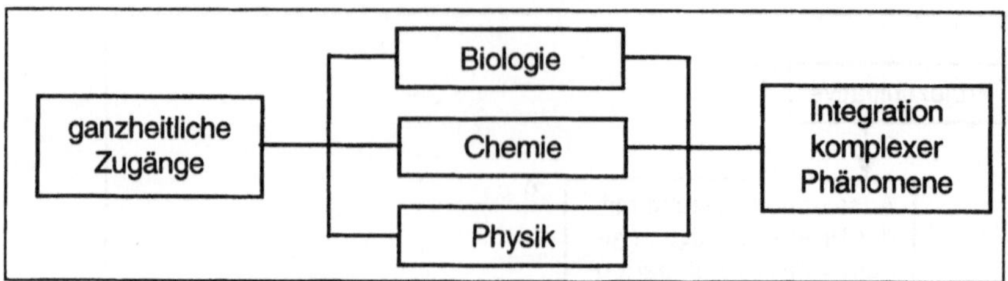

Abb. 3.12: Interdisziplinäres Vorgehen zur Integration komplexer Phänomene nach erfolgtem Unterricht in den einzelnen Fächern [38]

Münzinger und Frey [37] führen folgende *Merkmale eines Projekts* aus:

1. *Bedürfnisbezogenheit*: Die Interessen der Lernenden lösen das Projekt aus.
2. *Situationsbezogenheit*: Die Alltagssituation der Schüler ist Ausgangspunkt.
3. *Interdisziplinarität*: Fachliche Grenzen zu Nachbarfächern überschreiten.
4. *Selbstorganisation*: Lernende bestimmen Ziele, Planung und Durchführung.
5. *Produktorientiertheit*: Das Projekt ist auf ein Handlungsergebnis orientiert.
6. *Kollektive Realisierung*: Arbeitsteiliges Vorgehen und soziales Lernen.

Frey [35] gibt mit einem „Grundmuster der Projektmethode" eine Planungshilfe, um von der Projektinitiative durch die Schüler und Schülerinnen bis zum Projektabschluss ein mögliches Projekt in etwa sieben Schritten zu durchlaufen (vgl. Abb. 3.11).

Bruhn [38] diskutiert das projektorientierte Vorgehen im Zusammenhang mit „Schlüsselproblemen als zentrale Bildungsinhalte". Das Projektmerkmal „Interdisziplinarität" wird zum Anlass genommen, um nach erfolgtem Fachunterricht in den Fächern Biologie, Chemie und Physik eine Integration der Fächer – etwa in Kursen der Klassenstufen 12 oder 13 – herbeizuführen (vgl. Abb. 3.12):

„Zahlreiche positive Erfahrungen liegen zu projektorientiertem Unterricht über Teilprobleme der Schlüsselfragen vor, z.B. Vegetationsuntersuchungen in Ballungsgebieten, Untersuchungen von Wasserproben, Messung der Lärmbelastung an Straßen, Radioaktivitätsmessungen in gelüfteten und ungelüfteten Räumen, Energienutzung, Photosmog, Rüstungsfragen, Müllverbrennung, Stickstoffüberdüngung, usw. Diese Projekte führen zu einem ersten Verständnis der Schlüsselprobleme unserer Zeit und haben zugleich motivierende Wirkungen auf den normalen Unterricht ... Aber eine *durchgehende* Projektorientierung des naturwissenschaftlichen Unterrichts kann es grundsätzlich nicht geben. Ein Projekt kann Unterricht in den naturwissenschaftlichen Fächern nur ergänzen" [38].

Literatur

[1] Scheible, A.: *Ist unser Chemieunterricht noch zeitgemäß?* MNU 22 (1969), 449
[2] Erhart, H.: *Chemie – einer der unbeliebtesten Unterrichtsgegenstände?* Chem. Sch 4 (1998), 29
[3] MNU, GDCh, GDCP, u.a.: *Mathematische und naturwissenschaftliche Bildung an der Schwelle zu einem neuen Jahrhundert.* CHEMKON 5 (1998), 209
[4] Deutscher Bildungsrat: *Empfehlungen der Bildungskommission. Strukturplan für das Bildungswesen.* Stuttgart 1971 (Beltz)
[5] Möller, Ch.: *Technik der Lehrplanung.* Weinheim 1973 (Beltz)
[6] Bloom, B S.: *Taxonomie von Lernzielen im kognitiven Bereich.* Weinheim 1972 (Beltz)
[7] Klafki, W.: *Die bildungstheoretische Didaktik.* Westerm. Päd. Beitr. 1 (1980), 32
[8] Schulz, W.: *Die lerntheoretische Didaktik.* Westerm. Päd. Beitr. 1 (1980), 80
[9] Möller, Ch.: *Die curriculare Didaktik.* Westerm. Päd. Beitr. 1 (1980), 164
[10] Winkel, R.: *Die kritisch-kommunikative Didaktik.* Westerm. Päd. Beitr. 1 (1980), 200
[11] Cube, F.v.: *Die informationstheoretisch-kybernetische Didaktik.* WPB 1 (1980), 120
[12] Blankertz, H.: *Theorien und Modelle der Didaktik.* München 1973 (Juventa)
[13] Ruprecht, H.: *Modelle grundlegender didaktischer Theorien.* Hannover 1976 (Schroedel)
[14] Klafki, W.: *Didaktische Analyse.* Hannover 1964 (Schroedel)
[15] Heimann, P., Otto, G., Schulz, W.: *Unterricht. Analyse und Planung.* Hannover 1965 (Schroedel)
[16] Bönsch, M.: *Unterrichtsanalyse. Erziehung und Unterricht* 10 (1976), 676
[17] Meyer, H.-L.: *Leitfaden zur Unterrichtsvorbereitung.* Frankfurt 1984 (Scriptor)
[18] Kultusminister NRW: *Richtlinien und Lehrpläne, Chemie, Gymnasium SI.* Düsseldorf 1993
[19] MNU: *Empfehlungen zur Gestaltung von Lehrplänen bzw. Richtlinien für den Chemieunterricht.* MNU 53 (2000), 161
[20] Gesellschaft für Didaktik des Sachunterrichts (GDSU): *Fünf Perspektiven für den Sachunterricht.* Arbeitspapier. Münster 2001
[21] Möller, K.: *Handeln, denken und verstehen. Untersuchung zum naturwissenschaftlich-technischen Sachunterricht in der Grundschule.* Essen 1991 (Westarp)
[22] Gräber, W., Stork, H.: *Die Entwicklungspsychologie Jean Piagets als Mahnerin und Helferin im naturwissenschaftlichen Unterricht.* MNU 37 (1984), 257
[23] Duit, R.: *Lernen als Konzeptwechsel im naturwissenschaftlichen Unterricht.* Kiel 1996
[24] Heilbronner, E., Wyss, E.: *Bild einer Wissenschaft: Chemie.* ChiuZ 17 (1983), 69
[25] Barke, H.-D., Hilbing, C.H.: *Image von Chemie und Chemieunterricht.* ChiuZ 34 (2000), 16
[26] Müller-Harbich, G., Wenck, H., Bader, H.-J.: *Die Einstellung von Realschülern zum Chemieunterricht, zu Umweltproblemen und zur Chemie.* Chim.did. 16 (1990), 150
[27] Gräber, W.: *Untersuchungen zum Schülerinteresse an Chemie und Chemieunterricht.* Chem.Sch. 39 (1992), 270, 354
[28] Wanjek, J., Barke, H.-D.: *Einfluß eines alltagsorientierten Chemieunterrichts auf die Entwicklung von Interessen und Einstellungen. In: Behrendt, H.: Zur Didaktik der Physik und Chemie.* Kiel 1998 (Leuchtturm)
[29] Harsch, G., Heimann, R.: *Didaktik der Organischen Chemie nach dem PIN-Konzept. Vom Ordnen der Phänomene zum vernetzten Denken.* Wiesbaden 1998 (Vieweg)
[30] Schmidkunz, H., Büttner, D.: *Chemieunterricht im Spiralcurriculum.* NiU PC 33 (1985), 19

[31] Winkel, R.: *Langweilig sein, die ärgste Sünde des Unterrichts.* DLZ 11 (1993), März
[32] Schmidkunz, H., Lindemann, H.: *Das forschend-entwickelnde Unterrichtsverfahren.* München 1973
[33] Memmert, W.: *Didaktik in Graphiken und Tabellen.* Bad Heilbrunn 1977
[34] Jansen, W., u.a.: *Geschichte der Chemie im Chemieunterricht – das historisch-problemorientierte Unterrichtsverfahren.* Teile 1 und 2. MNU 39 (1986), 321, 391
[35] Frey, K.: *Die Projektmethode.* Weinheim 1982 (Beltz)
[36] Barke, H.-D.: *Wasser und Umwelt.* In: Münzinger, Frey: Chemie in Projekten [37]
[37] Münzinger, W., Frey, K.: *Chemie in Projekten.* Kiel 1986 (IPN)
[38] Bruhn, J.: *Probleme unserer Zeit als Herausforderung für den naturwissenschaftlichen Unterricht.* MNU 46 (1993), 195

Übungsaufgaben zu „3 Unterrichtsziele“

A3.1 Man unterscheidet Lernziele hinsichtlich der kognitiven, affektiven und psychomotorischen Dimension. Geben Sie an Sachverhalten Ihrer Wahl jeweils drei Lernziele zu den drei Dimensionen an.

A3.2 Operationalisierte Lernziele geben sehr detailliert Operationen der Lernenden an, die im Unterricht erreicht werden sollen. Überführen Sie drei Lernziele, die Sie in A3.1 genannt haben, in operationalisierte Lernziele.

A3.3 Lernziele können differenziert und Lernzielhierarchien zugeordnet werden. Wählen Sie einen Sachverhalt aus, formulieren Sie einige Lernziele und differenzieren Sie sie bezüglich der Lernzielhierarchie nach Bloom. Wählen Sie einen zweiten Sachverhalt und geben Sie Lernziele nach der Taxonomie des Deutschen Bildungsrats an.

A3.4 Es gibt verschiedene fachdidaktische Ansätze, um Unterrichtsziele nicht nur auf einem Weg zu realisieren, sondern durch Methodenvielfalt interessant für die Schüler zu unterrichten. Führen Sie die Ihnen bekannten Ansätze auf und ordnen Sie jeweils am Beispiel des Themas Redoxreaktionen stichwortartig passende Einstiege zu.

A3.5 Es gibt verschiedene Schemata, um die Unterrichtsplanung für eine Stunde oder Doppelstunde schriftlich zu entwerfen. Skizzieren Sie für ein Stundenthema und eine Lerngruppe Ihrer Wahl einen solchen Unterrichtsentwurf, der an einer Stelle die fachdidaktische Diskussion zweier Unterrichtswege aufzeigt und die Entscheidung für einen Weg begründet (vgl. auch das folgende „Schema für einen Unterrichtsentwurf“).

Schema für einen Unterrichtsentwurf (Vorschlag)

1. Thema, Problemstellung, Lernziele
2. Sachliche Grundlagen zur Thematik
3. Voraussetzungen für die Lernenden
4. Didaktisch-methodische Überlegungen (Skizze und Diskussion zweier Unterrichtsalternativen, Begründung der Entscheidung für eine Alternative)
5. Unterrichtsverlauf (ggf. mit folgendem Raster: Zeit, geplantes Lehrerverhalten, erwartetes Schülerverhalten, Medien/Kommentare)

4 Medien

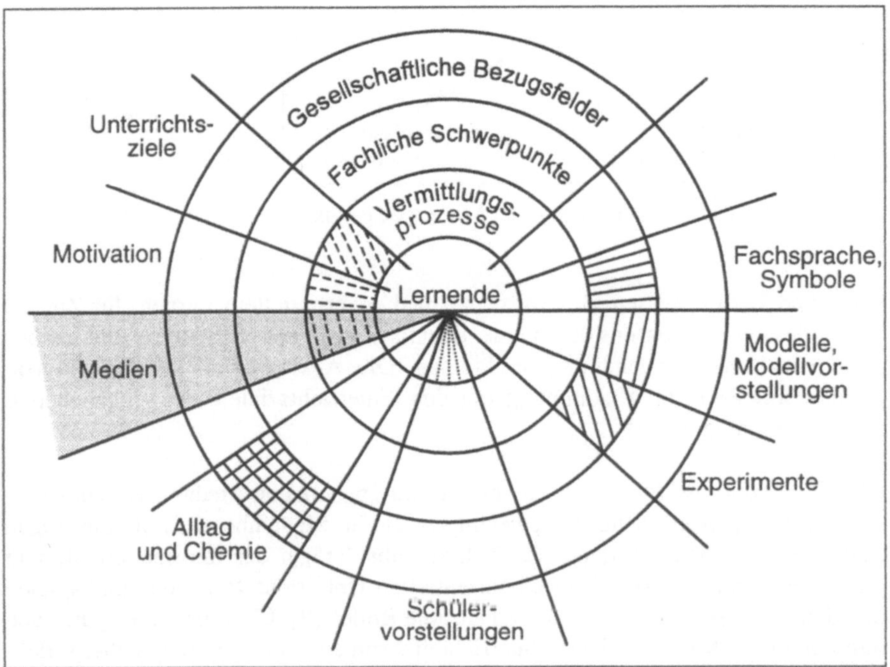

Über den Einsatz von Medien lässt es sich trefflich streiten. In der Frage, ob ein eingeführtes Schulbuch benutzt werden muss oder nicht, wurde gar die Justiz bemüht:

„Der Streit dauert schon acht Jahre. Der Herr Studienrat wandte sich mit einer Petition an den Landtag und forderte, kein Geld für ‚unnütze' Bücher auszugeben, sondern die vorgesehenen Millionen für Versuche zur Verfügung zu stellen. Mit seiner Verweigerung eckte er jedoch bei seinen Kollegen an: ‚Der Chemielehrer versuche, seine persönlichen Vorstellungen ohne Rücksicht auf Kollegen und Schüler durchzusetzen. Schüler könnten Erlerntes nicht nachlesen und bekämen später beim Lehrerwechsel Probleme'. Der Studienrat, der gar vors Bundesverwaltungsgericht zog, mußte sich verpflichten, das Lehrbuch zu benutzen und dies in den Klassenbüchern vermerken" [1].

Schulbuch und Schultafel sind die klassischen Medien jeden Unterrichts in jeder Schulform. Der Begriff Medien kann sowohl unter Aspekten der Medienerziehung als auch unter Aspekten der Mediendidaktik reflektiert werden (vgl. Abb. 4.1). Im vorliegenden Text soll die fachdidaktische Grundfrage an die *Mediendidaktik* gerichtet sein: „Sie befasst sich mit den Funktionen und Wirkungen von Medien in

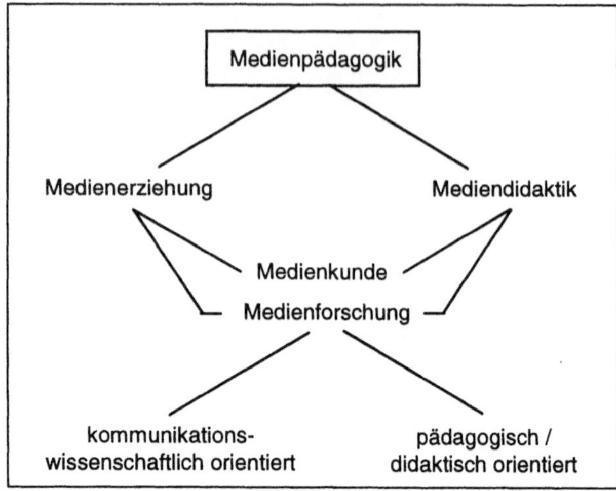

Abb. 4.1: Mediendidaktik als Aspekt der Medienpädagogik [2]

Lehr- und Lernprozessen, d. h. also mit medienvermitteltem Lernen. Ihr Ziel ist die Förderung des Lernens durch eine didaktisch geeignete Gestaltung und methodisch wirksame Verwendung von Medien. Die Auswahl und der Einsatz von Medien soll dabei in Abstimmung mit den Unterrichtszielen, den -inhalten und -methoden erfolgen" [2].

Klassifizierung von Medien. Man spricht von „personalen Medien wie zum Beispiel Sprache, Gestik, Blicke, Bewegungen, die im Medienbegriff mit einbezogen sind. Diese Medien, bei denen der Lehrer selbst Träger der Information ist, sind auch in einem nicht typisch medienorientierten Unterricht vorhanden und spielen in jedem Unterricht eine überaus bedeutsame Rolle" [3]. Über die Lehrer, die auch ihre Person als Medium in den Unterricht einbringen, wird hier nicht näher reflektiert, vielmehr sollen die apersonalen Unterrichtsmedien betrachtet werden (vgl. Abb. 4.2).

Unterrichtsmedien				
Art der Sinneserfahrungen			Art der Erfahrungsebenen	
visuell	**auditiv**	**audiovisuell**	**Primärerfahrungen**	**Sekundärerfahrungen**
Dia, Foto	Radio	Ton-Dia-Serie	Tiere, Pflanzen	Präparate
Schulbuch	Tonband	Tonfilm	Substanzen, Kristalle	Nachbildungen
Transparent	CD	Fernsehen	Experimente	Aufzeichnungen
Schultafel	Kassette	Video	Sternenhimmel	Planetarium
Computer	Sprachlabor	Multimedia	Exkursion	Film, Video

Abb. 4.2: Mögliche Klassifizierung von Unterrichtsmedien

Beurteilungskriterien. Medien sind der jeweiligen Lernsituation angemessen einzusetzen:

- bezogen auf das kognitive Entwicklungsstadium der Lernenden,
- auf Vorkenntnisse und Interessen der Lernenden,
- auf die beabsichtigten Ziele des Unterrichts,
- auf die geplanten Sozialformen des Unterrichts,
- auf Aspekte der Gestalt- und Wahrnehmungspsychologie,
- auf technische Durchführbarkeit und Beherrschung der technischen Geräte.

Wirkung von Medien. Ergebnisse von Untersuchungen der experimentellen Psychologie haben ergeben, dass „der Mensch seine Information etwa zu

78 % über das Auge, zu
13 % über das Ohr und zu je
3 % über den Geruchs-, Geschmacks- und Tastsinn aufnimmt“ [3].

Da das Aufnahmevermögen von Informationen noch nichts über das *Behalten* aussagt, seien auch diesbezügliche Untersuchungsergebnisse aufgeführt. Danach „behalte der Mensch

10 % von dem, was er liest,	50 % von dem, was er sieht und hört,
20 % von dem, was er hört,	80 % von dem, was er selbst sagt,
30 % von dem, was er sieht,	90 % von dem, was er selbst tut“ [3].

Schließlich sind auch empirische Untersuchungen über das „*Vergessen* ohne Nacharbeit“ durchgeführt worden [3]. Sie weisen aus, „daß

Gehörtes	nach 3 Stunden zu 30 %,	nach 3 Tagen zu 90 % vergessen wird,
Gesehenes	nach 3 Stunden zu 28 %,	nach 3 Tagen zu 80 % vergessen wird,
Gehörtes und Gesehenes	nach 3 Stunden zu 15 %,	nach 3 Tagen zu 35 % vergessen wird.“

4.1 Vermittlungsprozesse – Vielfalt der Medien für den Chemieunterricht

Fachgerechte Medien für den Chemieunterricht sind solche, die sich entweder in besonderer Weise eignen, fachangemessen eingesetzt zu werden, oder die für das Fach Chemie in ihrer Art originell und spezifisch sind.

Funktionen und Eigengesetzlichkeiten vieler Medien. Die Prozentzahlen zum Behalten und Vergessen weisen aus, dass der Einsatz von Medien notwendig und vorteilhaft ist. Es ist allerdings jeweils zu reflektieren, inwieweit welche Medien welche Funktionen im Chemieunterricht haben können und welche Eigengesetzlichkeiten zu beachten sind. *Funktionen* können folgende sein:

- Motivation: Medien können zur Motivation im Chemieunterricht angeboten werden, wenn keine Primärerfahrungen aus der Lebenswelt der Lernenden vorliegen,

- Erkenntnisprozess: Falls zur Prüfung einer Hypothese kein Experiment möglich ist, können sachgerechte Abbildungen, Messwerttabellen oder Grafiken eingesetzt werden,
- Problemorientierung: Sowohl zu Problemen des Alltags und der Umwelt als auch zur Geschichte der Chemie können Bilder, Tabellen, Diagramme u. ä. das Problem stellen,
- Informationsvermittlung, Vertiefung, Wiederholung, Lernerfolgskontrolle, etc.

Es sind *Eigengesetzlichkeiten* verschiedener Medien zu reflektieren:

- Fertige Transparente, Diaserien oder Filme können den Frontalunterricht zementieren,
- sie können Passivität und unkritische Übernahme von Informationen bei Lernenden fördern,
- Medien, insbesondere Transparente, die über Jahre eingesetzt und nicht fachgerecht vor jedem Einsatz erneuert werden, können überholte Sachverhalte vermitteln,
- legt man den Lernenden fertige Transparente, Tabellen oder Grafiken vor und entwickelt sie nicht im Unterrichtsgespräch, so haben die Schüler meist nicht genügend Zeit, die Informationen durch Diskussion, Abschreiben bzw. Abzeichnen zu übernehmen,
- zeigt man Filme oder Videos, so liefern sie oft Informationen, die weit über das eigentliche Unterrichtsziel hinausgehen: Es ist zu entscheiden, ob man nur beabsichtigte Sequenzen zeigt oder nach einem Durchlauf des ganzen Films auf diese Sequenzen zurückkommt.

Diese und andere Aspekte sollen im Folgenden anhand der einzelnen Medien chemiedidaktisch reflektiert werden (vgl. Abb. 4.3).

Schulbuch. Ein Schulbuch ist von der Landesregierung des entsprechenden Bundeslandes zu genehmigen, wenn es offiziell im Unterricht eingesetzt werden soll. Eine Kommission des Ministeriums untersucht, inwieweit die Richtlinien des Bundeslandes eingehalten werden (es dürfen durchaus Inhalte vorkommen, die darüber hinaus gehen). Bei positivem Ergebnis der Kommission kommt das Buch auf die Liste der für das Land genehmigten Schulbücher.

Medien für den Chemieunterricht			
visuell	**audiovisuell**	**zu Experimenten**	**zu Modellen**
Schulbuch	Tonfilm	Experimentiergerät	Strukturmodelle
Schultafel	Video	Messgeräte	Modellzeichnungen
Transparent	Fernsehen	Apparaturen	Modellexperimente
Dia, Foto	Computer	Projektion	Funktionsmodelle
Zeitungsmeldung	Multimedia	Computerunterstützung	Computermodelle

Abb. 4.3: Klassifizierung von fachgerechten Medien für den Chemieunterricht

An Schulen entscheiden Schulkonferenzen auf Vorschlag der Chemie-Fachkonferenzen über die Einführung eines bestimmten Schulbuchs. *Kriterien zur Entscheidung* können sein:

- chemische Begriffsstruktur und sachliche Richtigkeit, Adressatenadäquatheit;
- didaktisches Konzept: Motivation, Problemorientierung, Einsatz von Experimenten und Modellen, naturwissenschaftliches Erkenntnisverfahren, Alltagsbezogenheit der Inhalte, spiralcurriculares Vorgehen, Vertiefungen, Übungsaufgaben, etc.
- methodisches Konzept: Text- und Bildspalte, farbige Fotos, Experimentiervorschriften, Abbildungen von Modellen, Tabellen und Diagramme, Merksätze und Zusammenfassungen, etc.
- Vorliegen eines Lehrerbandes, einer Aufgabensammlung mit (getrenntem) Lösungsheft, Preis u. a.

Weitere Beurteilungskriterien von Schulbüchern für das Fach Chemie sind – auch für Schulbücher der Sekundarstufe II – bei Becker und Pastille [4] zu finden.

Schultafel. Eine Tafel gibt es fast in jedem Klassenraum und meistens an exponierter Stelle, sodass sie von allen Schülerplätzen gut zu sehen ist. Sie wird deshalb in jedem Unterricht benutzt, und man sollte sich der Wichtigkeit ihrer Funktion als Medium bewusst sein. Oftmals ist das Tafelbild auch Vorbild für den Hefteintrag der Lernenden – aus diesem Grund ist es sorgfältig zu planen und gut zu gliedern, auch wenn der Tafelanschrieb oftmals spontan erfolgen muss.

Gerade im Experimentalunterricht ist die Tafel unumgänglich, wenn die Einzelschritte von der Problemstellung bis zur Problemlösung nachvollzogen werden sollen. In diesem Fall mag sich das *Tafelbild* in folgende Unterpunkte gliedern:

1. Unterrichtsthema,
2. Problemstellung,
3. Planung und Durchführung des Experiments,
4. Beobachtungen und Messwerte,
5. Auswertung und Fehlerdiskussion.

Insbesondere ist der Punkt 1 zu beachten: kein Tafelanschrieb ohne Überschrift!

Graf [5] führt weitere Argumente für „Schlüsselfunktionen" der Schultafel auf: „Da das Tafelbild in der Regel Zug um Zug vor den Augen der Schüler bzw. (was lernpsychologisch äußerst sinnvoll ist) sogar gemeinsam mit den Schülern entwickelt wird und damit die Tafelbildgestaltung – und gleichzeitig auch der Lerngegenstand – in überschaubare Lernschritte sequenziert ist, können sich die Sachverhalte den Schülern gut einprägen. Hat man eine Klapptafel im Chemiesaal zur Verfügung, so bietet es sich an, eine oder beide klappbare Seitentafeln als 'Steinbruchfläche' zu benutzen, um etwa die Fragen und Vermutungen der Schüler zu fixieren oder zentrale Fachbegriffe (bekannte oder neu eingeführte) festzuhalten". *Vor- und Nachteile der Wandtafel* werden von Graf aufgelistet (vgl. Abb. 4.4).

Einige Vorteile der Wandtafel sind u. a.:

- in jedem Fachraum vorhanden
- schnell einsetzbar (keine Verdunklung, kein elektrischer Anschluss nötig)
- methodisch vielfältig verwendbar
- gezielte Anpassung des Tafelbildes an den Entwicklungsstand der Schüler
- differenzierte Abstimmung des Tafelbildes auf den Unterricht (Unterrichtsfortschritt)
- schrittweise Entwicklung des Tafelbildes unter Beteiligung und vor den Augen der Schüler
- Hervorhebung wichtiger Elemente bzw. Schwerpunkte des Unterrichts ohne großen Aufwand möglich
- Vorbildwirkung des Lehrers bei der Gestaltung des Tafelbildes als Lernhilfe
- sukzessive Ergänzung des Tafelbildes (auch über die Einzelstunde hinaus) möglich
- vielfältige Gestaltungsmöglichkeiten des Tafelbildes (Gliederung des Tafelbildes ≡ Gliederung der Stunde, Mind-maps neben Versuchsskizzen, vorgefertigten Magnetmodellen, Versuchsbeobachtungen und Versuchsdeutungen etc.)
- Mitgestaltungsmöglichkeiten für die Schüler
- von jedem Schülerplatz gut einsehbar
- Korrekturen am Tafelbild sind relativ leicht vorzunehmen
- kontrastreich, d. h. fast jede Farbe ist gut zu sehen (Ausnahme: dünne Pastellfarbkreide und dunkle Farben)
- Konzentration der Aufmerksamkeit der Schüler „auf einen Punkt"
- Anregung der Schüler zur aktiven Mitarbeit und Nacharbeit
- von der Ökobilanz her ist der Einsatz der Tafel zweifellos als recht günstig zu bewerten
- sehr viele verschiedene Wandtafel-Kreide-Farben verfügbar (ästhetische Gestaltung des Tafelbildes)

Einige Nachteile der Wandtafel sind u. a.:

- begrenzte Fläche
- nasse Tafeln kaum einsetzbar
- Tafelbild steht nur begrenzte Zeit zur Verfügung
- Tafelbild muss sorgfältig geplant sein (Größenverhältnisse, Beziehung von Skizze und Text etc.)
- aufwendige Versuchsaufbauten und technische Einrichtungen zu skizzieren, kostet viel Zeit
- an der Tafel zeichnen will gelernt sein
- während der Lehrer eine Tafelskizze anfertigt, dreht er der Klasse den Rücken zu und verdeckt einen Teil der Tafel, auch wenn er sich etwas seitlich zur Tafelskizze stellt
- Tafel muss zu Beginn der Stunde oftmals erst gereinigt werden
- auch eine Tafel richtig reinigen, will gelernt sein und braucht Zeit und Sorgfalt
- große Tafelfläche verführt zu viel Text
- Schiebetafelflächen entsprechen eher einer DIN A 4-Heft-Doppelseite im Querformat
- Übernehmen des Tafelbildes ins Schülerheft benötigt bei einzelnen Schülern viel Zeit
- wenn Schüler an die Tafel schreiben, so haben sie den Text bzw. die Abbildung noch nicht im Ordner bzw. Heft
- Tafel ist nur zweidimensional, d. h. beispielsweise der „Methan-Tetraeder" ist schwer darstellbar
- Verschmutzung der Hände und Kleidung (beim Zeichnen bzw. Wischen)
- Tafelanschriebe, die über die gesamte ca. 2 m breite Schiebetafel hinweg im Laufe des Unterrichts entwickelt werden, sind vom Schüler meist nur mit erheblichen Schwierigkeiten ins Heft übernehmbar
- Abschreiben des vorgefertigten Tafelbildes macht die Schüler unselbstständig

Abb. 4.4: Vor- und Nachteile der Wandtafel nach Graf [5]

Transparente. Ähnlich der Wandtafel trifft man auch einen Arbeitsprojektor zur Overheadprojektion in den meisten Klassenräumen an. Man kann zunächst den Overheadprojektor wie eine Tafel benutzen, deshalb gilt für die projizierte Folie dasselbe wie für die Wandtafel. Es ergeben sich folgende *Vorteile* gegenüber der Tafel: Man schreibt mit dem Gesicht zur Klasse, die verfügbare Schreibfläche ist beliebig groß, das in einer Unterrichtsstunde erarbeitete Folienbild kann zur Wiederholung in der nächsten Stunde wieder projiziert werden, eigene Folien kann man durch passende Folien des Lehrmittelhandels ergänzen.

Einzige *Nachteile* gegenüber der Tafel sind: Die Folienstifte trocknen leicht aus und sind deshalb ständig nach dem Schreiben zu schließen, die Lampe des Projektors kann durchbrennen (ggf. ist eine Reservelampe einschaltbar).

Man kann grundsätzlich – auch ergänzend zum Tafelbild – Overheadfolien selbst herstellen oder bei Lehrmittelfirmen erwerben (vgl. Abb. 4.5). Bei *fertigen Transparenten* und *Aufbausätzen* ist besonders darauf zu achten, den Schülern genug Zeit zu geben, um alle wichtigen Informationen aufzunehmen oder ins Heft zu übertragen. Abbildungen, die der jeweiligen Lerngruppe nicht angemessen sind, können bei der Projektion abgedeckt oder gesondert diskutiert werden.

Industriefirmen wie Mineralöl- oder Energie-Konzerne bieten über ihre Produkte oftmals auch *Transparentmappen* an. Speziell für den Chemieunterricht hält der Fonds der Chemischen Industrie umfangreiche Medienpakete mit Foliensätzen und Begleittexten bereit. Themen sind u. a. Ammoniaksynthese, Arzneimittel, Edelmetalle, Farbstoffe, Gentechnik, Katalyse, Korrosion, Pflanzenschutz, Tenside, Umweltbereich Luft, Umweltbereich Wasser.

Dia, Foto. Fotos werden heute auch auf Transparenten angeboten, man kann sich geradezu von jeder Farbvorlage ein farbiges Transparent für den Unterricht herstellen. Trotzdem bleiben kontrastreiche gute Dias, die im verdunkelten Raum gezeigt werden, ein besonderes Erlebnis, insbesondere wenn ästhetische Aspekte (z. B. Kristalle, Runge-Bilder) eine Rolle spielen. Dia-Serien lassen sich gut einsetzen, wenn chemische Verfahren oder Techniken im Unterricht zu veranschaulichen sind. Da meistens kein Ton angeboten wird, kann der Lehrer seinen Kommentar zu den Dias jeweils nach den Voraussetzungen der Zuhörer ausrichten. Er bestimmt auch, in welcher Geschwindigkeit die Bilder gezeigt werden.

Im Zeitalter der Digitalkameras besteht auch die Möglichkeit, *digitalisierte Fotos* auf dem Computer-Bildschirm – etwa mit bestimmter Beschriftung – zu verändern und mit dem Daten-Videoprojektor (Beamer) zu projizieren. Insbesondere können die Schüler selbst Fotos auf ihren PC laden und ihrer Intention gemäß bearbeiten. Durch die Möglichkeit, die Bilder während des Unterrichts zu verändern, resultieren ganz neue methodische Herausforderungen.

Arbeitstransparente					
selbst erstellte Folien			käufliche Transparente		
mit Farbstiften (wasserlöslich oder permanent)	durch Fotokopie (schwarz-weiß oder farbig)	durch Computer-ausdruck	Transparent-mappen	Aufbau-Foliensätze	Stereo-folien
			mit Begleittexten und Arbeitsblättern		

Abb. 4.5: Arten von Arbeitstransparenten für den Chemieunterricht

Zeitungsmeldung. Unterricht zu aktuellen Themen des Alltags und der Umwelt kann interessant gestaltet werden, wenn jeweils aktuelle Zeitungsmeldungen zugrunde gelegt und interpretiert werden. Es ist sehr oft auch motivierend, sachliche Fehler der Journalisten aufzudecken und entsprechend fehlerhaft beschriebene Sachverhalte im Unterrichtsgespräch aufzuklären. Es wäre günstig, sich aus diesem Grund eine Sammlung diesbezüglicher Zeitungsmeldungen anzulegen und sie für den Einsatz im Unterricht bereit zu halten. Haupt [6] hat seit den 70er Jahren Artikel aus den Zeitungen der Oldenburger Region gesammelt und nach Themen geordnet: Karikaturen, spezielle Substanzen, Belastungen von Wasser, Luft und Boden, chemische Technik und Chemieunfälle, Nahrungsmittel und Gentechnik, Energie, Radioaktivität, etc.

Tonfilm, Video. Es wird in naher Zukunft nur noch in Ausnahmefällen Tonfilme alter Art geben – sie werden in den meisten Fällen auf Videobänder überspielt. Lehrmittelfirmen bieten Videos zum Kauf an, große Chemiefirmen versenden sie kostenlos, Bildstellen am Schulort leihen sie aus. Sie sind vor allem erhältlich zu Themen wie chemische Technik, Alltag und Umwelt, Biochemie, Chemiegeschichte. Die Filme und Videos bieten nicht nur das laufende Bild und kommentierende Worte, sondern oftmals auch Animationen zu Modellvorstellungen an, zu Umgruppierungen und Veränderungen von Atomen, Ionen und Molekülen bei Reaktionen. Insbesondere diese Passagen muss sich die Lehrkraft vor der Projektion im Unterricht ansehen und entscheiden, welche Animationen dem Vorwissen adäquat sind und welche nicht; sie sind in jedem Fall in Form einer Modelldiskussion kritisch zu reflektieren. Das *FWU-Institut* für Film und Bild in Wissenschaft und Unterricht bietet insbesondere auch Filme für unanschauliche Themen des Chemieunterrichts für die Ausleihe an: Radioaktivität und Radiochemie, Periodensystem, Atombau und chemische Bindung, Energetik und Kinetik; Modellvorstellungen zum Aufbau der Materie, zu Säuren und Basen, zur Elektrochemie und Korrosion, zum chemischen Gleichgewicht. Der aktuelle Katalog kann angefordert werden: FWU, Bavariafilmplatz 3, 82031 Grünwald.

Fernsehen. Die verschiedenen Fernsehprogramme senden oftmals gute naturwissenschaftliche Dokumentationen oder kritische Berichte, meistens zu Fragen der Umweltschädigung und des Umweltschutzes. Manchmal werden sogar didaktisch sehr gut aufbereitete Unterrichtseinheiten angeboten, wie im ZDF-Studienprogramm Chemie, das in den 80er Jahren ausgestrahlt worden und vielleicht noch in Form von Videos zu erhalten ist [7]. Es gibt ebenfalls Spielfilme über bestimmte Entdeckungen oder Abschnitte in der Geschichte der Naturwissenschaften: Sie können für Schüler sehr lebensnah die Forscherpersönlichkeiten oder wichtige Sachverhalte veranschaulichen. Solche Sendungen können aufgezeichnet und an passender Stelle im Unterricht gezeigt werden.

Computer. Der PC hat sich als universelles Medium entwickelt, das so ziemlich alles kann (vgl. Abb. 4.6): Texte werden gescannt und verarbeitet, Tabellen und Grafiken erstellt, Zeichnungen oder Fotos eingegeben und verändert. Stehen entsprechende Programme auf Disketten oder CD's zur Verfügung, können Simulationen realer Vorgänge nachvollzogen werden, Messwerte beim Experimentieren erfasst und in kürzester Zeit verarbeitet und gespeichert werden, in Zusammenarbeit mit dem Informatikunterricht Programme entwickelt und Fragestellungen

	Einsatz des Computers	
übliche Programme auf der Festplatte	Laufwerke für CD-ROM, Diskette	Internet-Zugang, Netzwerkprogramme
Textverarbeitung	Simulationen	Datenbanken
Tabellen, Grafiken	Messwerterfassung	E-mail
Zeichnungen, Fotos	Programmierung	Homepage

Abb. 4.6: Möglichkeiten zum Einsatz des Computers im Chemieunterricht

gelöst werden. Mit einem Zugang zum Internet sind Lehrer und Schüler in der Lage, Informationen und Daten zu fast allen Substanzen, Herstellungsprozessen und Umweltfragen aus aller Welt zu erhalten, durch die E-mail mit anderen Institutionen Kontakt aufzunehmen oder durch die Homepage eigene Projekte der Öffentlichkeit vorzustellen.

Die mit der Handlungsmöglichkeit der Schüler einhergehende *Computersimulation* ist wohl die herausragende Fähigkeit neuer Programme. So kann beispielsweise in einem Programm des Fonds der Chemischen Industrie zur Klärung von Abwasser in einer Kläranlage [8] der Schüler selbstständig die Parameter wie Sauerstoffzufuhr oder Verweilzeit in den Klärbecken vorgeben und durchrechnen lassen, zu welchem Prozentsatz die Schmutzanteile im Wasser entfernt werden und welche Kosten dem Unternehmen entstehen. Für chemische Sachverhalte dieser Art, die nicht im direkten Experiment im Labor nachvollzogen werden können, sind Computersimulationen sinnvoll und angemessen. Übersteigt der Gebrauch solcher Simulationsprogramme allerdings ein normales Maß und finden Experimente an realen Substanzen mit realen Apparaturen kaum mehr statt, so läuft der Unterricht Gefahr, die unmittelbare Begegnung mit Substanzen und Apparaturen durch die Begegnung am Bildschirm zu ersetzen: Der allseits beklagte Realitätsverlust könnte eintreten.

Multimedia. Diesbezügliche Lernprogramme – meist auf einer CD-ROM – haben den großen Vorteil, dass sie den Einsatz von Texten in Bild und Ton, Bildern mit oder ohne Kommentar, Filmsequenzen oder Modellanimationen vereinen und beliebig schnell von einer Anwendung zur anderen umschalten, sie wiederholen oder eine andere überspringen können. Dabei ist es möglich, dass jeder Schüler *interaktiv* an seinem PC gemäß seines Lernfortschritts seine individuellen Lernschritte geht oder dass durch Projektion des Programms mit einem Videodatenprojektor eine ganze Schülergruppe – dann allerdings im Gleichschritt – vom Lehrer unterwiesen wird. Da es bei dem großen Angebot an Zusatzinformationen zu Orientierungsschwierigkeiten kommen kann („Lost in Hyperspace"), muss anfangs eine passende Auswahl von Multimedia-Lernprogrammen stattfinden. Es sind zu dieser Frage auch Untersuchungen abzuwarten, inwieweit solche Lernprogramme ohne Begleitunterricht durch Lehrer erfolgreich eingesetzt werden können.

Experimente. Experimentiergerät, Messgeräte und Apparaturen (vgl. Abb. 4.3) sind in Experimentalvorschriften der Lehr- oder Schulbücher abgebildet und in Katalogen der Lehrmittelfirmen zu finden, zu vergleichen und zu bestellen. Beim

Zusammenbau von Apparaturen sind bestimmte Gesetze der Gestaltpsychologie zu beachten (vgl. Abschn. 5.2). Im Übrigen sei auf das *Kapitel 5* verwiesen, das das Experiment zum zentralen Anliegen macht.

Da die *Projektion* von Experimenten einen spezifischen medialen Aspekt aufweist, seien an dieser Stelle entsprechende Hinweise gegeben. Es gibt spezielle Zusatzgeräte, um mit Tageslicht- und Diaprojektor bestimmte Phänomene zu projizieren.

Der *Tageslichtprojektor* spielt wegen der ständigen Präsenz im Chemiesaal eine große Rolle für den Einsatz beim Experimentieren:

1. Der Tageslichtprojektor kann zum Beleuchten einer Apparatur verwendet werden, etwa um eine Gasentwicklung für alle Schüler besser sichtbar zu machen (V4.1). Es kann auch nur ein Teil der Apparatur beleuchtet werden.
2. Die Projektorfläche kann ebenfalls ausgenutzt werden, um Effekte besser für alle Schüler im Raum sichtbar zu machen, etwa für das Heber-Experiment zum Gleichgewicht (V4.2).
3. Glasschalen oder Petrischalen sind gut zur Projektion an die Leinwand geeignet, beispielsweise sind Phänomene zur Elektrolyse von Zinkbromid-Lösung gut zu beobachten (V4.3).
4. Im Laborhandel sind auch dreigeteilte Petrischalen erhältlich, die den farblichen Vergleich dreier Lösungen, etwa von Indikatorfarbstoffen in neutralen, sauren und alkalischen Lösungen gestatten (V4.4). Viele weitere Experimentiervorschläge dieser Art bietet Full [9].
5. Der Lehrmittelhandel bietet schließlich Projektionsaufsätze für den Tageslichtprojektor an, die entweder mit Küvetten für Projektionsversuche arbeiten (V4.5) oder Experimentierzellen für Elektrolyse-Versuche beinhalten (V4.6).

Für *Diaprojektoren* gibt es Vorrichtungen, die Küvette oder Reagenzglas projizieren: Alle möglichen Farbreaktionen in Lösungen oder ausfallende Niederschläge werden stark vergrößert. Die Farben von Lösungen werden dabei real projiziert, die von Niederschlägen allerdings nicht: Sie erscheinen zwangsläufig immer schwarz auf der Leinwand.

Eine andere Art der Vergrößerung von Experimentieranordnungen bieten *Fernsehkamera* und angeschlossener Monitor. Eine „Schwanenhals-Zoom-Kamera" ist handlich und so klein, dass man an alle Apparaturteile nah heran gehen und Phänomene sehr stark vergrößert zeigen kann, insbesondere werden reale Farben abgebildet (V4.7). Eine solche „Chemie en miniature" beschreibt Roesky [10] mit vielen Experimentiervorschlägen. Ein generelles Experimentieren „en miniature" würde zudem die Kosten für Chemikalien erheblich senken und Abfälle minimieren – allerdings unter Verlust eines Teils der Realität.

Der *Computereinsatz* zum Experimentieren bietet wiederum andere Vorteile. Dabei ist nicht daran gedacht, Experimente durch Bilder am Computerbildschirm zu ersetzen: Wenn es möglich ist, sollte das Realexperiment entweder in Form der Demonstration oder des Schülerversuchs stattfinden. Sobald es aber um die schnelle Erfassung und Auswertung von Messdaten, um das Erstellen von Tabellen und Grafiken, um den Vergleich verschiedener Messkurven geht, kann dies der Computer übernehmen. Deshalb ist diesbezüglich eher von der *Computerunterstützten Messwerterfassung* die Rede. Sie kann in mehrfacher Funktion gegeben sein:

1. Die Großanzeige kann Messwerte in großen Zahlen anzeigen, die von allen Schülern während des Messvorgangs gut zu sehen und zu verfolgen sind, etwa zur Massenabnahme beim Verdunsten eines leicht flüchtigen Lösungsmittels auf der Waage (V4.8).
2. Sehr langsame und sehr schnelle Reaktionen können mit Hilfe des angeschlossenen PC's anschaulicher werden als auf traditionellem Weg. So wird etwa der sehr schnelle Anstieg der pH-Werte bei der Neutralisation von Säurelösungen direkt am Bildschirm deutlich (V4.9).
3. Serien von Messdaten ein und desselben Sachverhalts, etwa zu Analysen von Belastungsstoffen in Wasser- oder Luftproben zu verschiedenen Tageszeiten, können mit wenig Aufwand realisiert, die Ergebnisse der Messungen durch geeignete Software verglichen werden.
4. Messdaten, die man durch ein Realexperiment gewinnt, können zu Tabellen oder Grafiken verarbeitet werden. Auch Berechnungen von Mittelwerten, Abweichungen, Ausgleichskurven oder Fehlerrechnungen können durchgeführt und auf dem Bildschirm dargestellt werden.
5. Das Steuern und Regeln ist im Computer-unterstützten Experiment möglich, allerdings ist für Aufbau und Bedienung eines Regelkreises eine gewisse Programmiererfahrung notwendig.

Im Übrigen kann im Zusammenhang mit dem Informatikunterricht an der Schule das Programmieren eines Experimentalproblems ein motivierendes und spannendes Thema sein. Beispiele sind bei Steiner [11] zu finden.

Für das Computer-unterstützte Experimentieren sind Kenntnisse zur Hardware und Software notwendig. Zur *Hardware* gehört neben Computer und Monitor selbst der Analog-Digital-Wandler (AD-Wandler), der die analogen Spannungsdaten eines üblichen Messgeräts der Sammlung in digitale Informationen umwandelt. Geeignete *Software* ist nötig für Empfang und Aufzeichnung der digitalen Daten, für die Auswertung der Daten und für weitere Berechnungen hinsichtlich der Mittelwerte oder Ausgleichskurven (vgl. auch [12] und [13]).

Modelle. Reale Anschauungsmodelle, Modellzeichnungen, Modellexperimente oder Funktionsmodelle sind wichtige Medien eines jeden Chemieunterrichts, vor allem wenn erste Modellvorstellungen für den Verband kleinster Teilchen (Teilchenmodell) oder der Atome und Ionen (Daltonsches Atommodell) eingeführt wurden. Modelle dieser Art und deren Reflexion sind Inhalt des *Kapitels 6.* Mit dem Computer durchführbare Modellrechnungen oder *Modelldarstellungen* sind besondere Medien des Chemieunterrichts, die an dieser Stelle erläutert seien. Bei der Vielzahl von gegenwärtigen und zukünftigen Programmen werden folgende exemplarisch vorgestellt:

1. Um die Struktur von Molekülen zwei- oder dreidimensional aufzuzeichnen und auszudrucken, sind übliche Zeichenprogramme wie CHEMDRAW und andere vorhanden. Man muss mit der Auswahl an Strukturelementen vertraut werden, um diese Programme zu bedienen.
2. Bei gleichem Summensymbol sind häufig verschiedene isomere Moleküle möglich. Um entsprechende Molekülstrukturen darzustellen, ist in diesbezügli-

chen Programmen (etwa MOLGEN) eine Formel einzugeben und die Generierung möglicher Strukturen abzurufen.

3. Kristallgitter-Strukturen können mit Hilfe bestimmter Programme (CRYSTAL oder XTAL-DRAW) aus Daten der Kristallsymmetrie generiert oder als fertige Kugelpackungs- oder Gittermodelle aufgerufen, dreidimensional betrachtet und verändert werden.

4.2 Fachliche Schwerpunkte – sachliche Angemessenheit von Medien

Sowohl die Lernmittelindustrie als auch Schulbuchverlage liefern eine Vielzahl an Transparenten, Foliensätzen, Videos, Zeichnungen und Bilder – oftmals sind es verschiedene Medien zu ein und demselben Sachverhalt. Vor dem Einsatz solcher Medien ist deren fachliche Angemessenheit zu reflektieren. Es lassen sich folgende Kriterien der Reflexion finden:

Richtigkeit. Vor dem Einsatz vieler Medien ist zu prüfen, inwieweit sie sachlich korrekt sind oder wie sie auf den neuesten Stand der wissenschaftlichen Vorstellungen gebracht werden können.

Ist etwa der Einsatz von Bildern oder Transparenten zum Bau der Atomhülle geplant, die im Sinne der Bohrschen Vorstellung isolierte Kugeln als Modelle für Elektronen und Kreisbahnen für deren Bewegung zeigen („Schützenscheiben"), so sind Zusatzinformationen vorzubereiten, die vom Welle-Teilchen-Dualismus ausgehen und Begriffe wie Aufenthaltswahrscheinlichkeiten oder Energiestufen in die Diskussion bringen. Oder es sind diesbezügliche Filme zusätzlich zu zeigen und zu erläutern, die eine Fixierung auf das „Schützenscheibenmodell" vermeiden. Da der Bereich der Protonen, Neutronen und Elektronen grundsätzlich nicht anschaulich zu machen ist, kann auch darauf verzichtet werden, solche oft missverständlichen Medien einzusetzen.

Didaktische Reduktion. Viele Sachverhalte müssen entsprechend der Lerngruppe didaktisch reduziert werden. Reiners [14] spricht in diesem Zusammenhang von Wissenstransformation und der „Fachdidaktik als Transformationswissenschaft".

Es ist in jedem Fall zu prüfen, ob solche Reduktionen sachlich vertretbar sind oder nicht. Vor einigen Jahrzehnten konnte man in Schulbüchern Modellzeichnungen finden, die von der vereinfachten Vorstellung ausgingen, Elemente seien aus Atomen aufgebaut und Verbindungen aus Molekülen (vgl. Abb. 4.7, oben). Autoren dieser Zeichnungen wussten, dass das Element Schwefel aus S_8-Molekülen aufgebaut ist und kannten den Aufbau von Eisensulfid aus Ionen: Trotzdem hielten sie ihre Aussagen und Zeichnungen für tragbare didaktische Reduktionen. Auch die Merksätze der Autoren, insbesondere Moleküle als „kleinste Mengen" der Verbindungen anzusehen, sind aus sachlicher Sicht falsch und keine vertretbaren Reduktionen. Heute legt man eher Wert darauf, didaktische Reduktionen nur soweit zuzulassen, dass die fachliche Korrektheit bestehen bleibt. So ist es zulässig, die Reaktion von Kupferoxid und Wasserstoff sachgerecht mit prinzipiell angemessenen Modellen zu Gittern und Molekülen zu beschreiben (vgl. Abb. 4.7, unten).

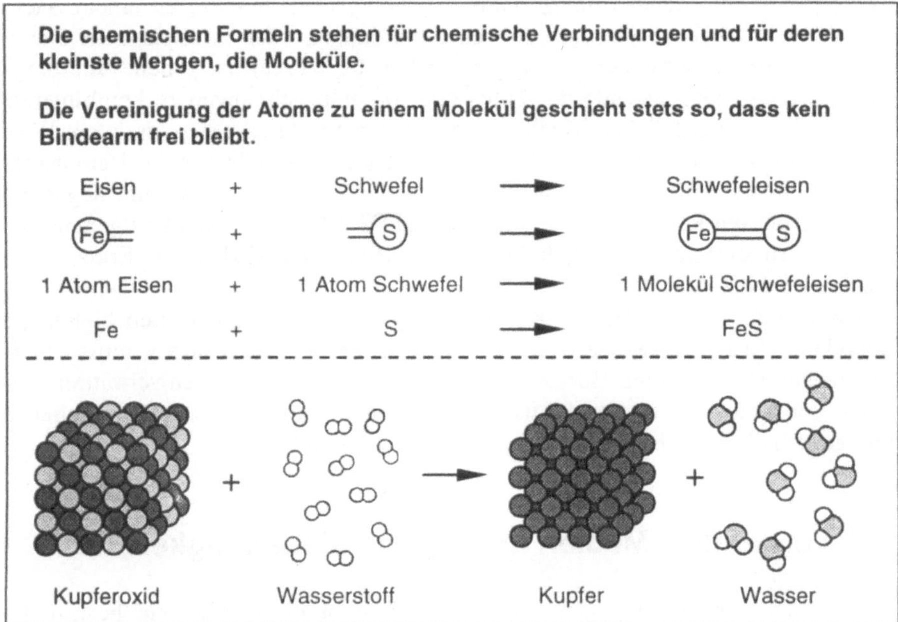

Abb. 4.7: Fachdidaktische Reduktionen früher [15] und heute [16]

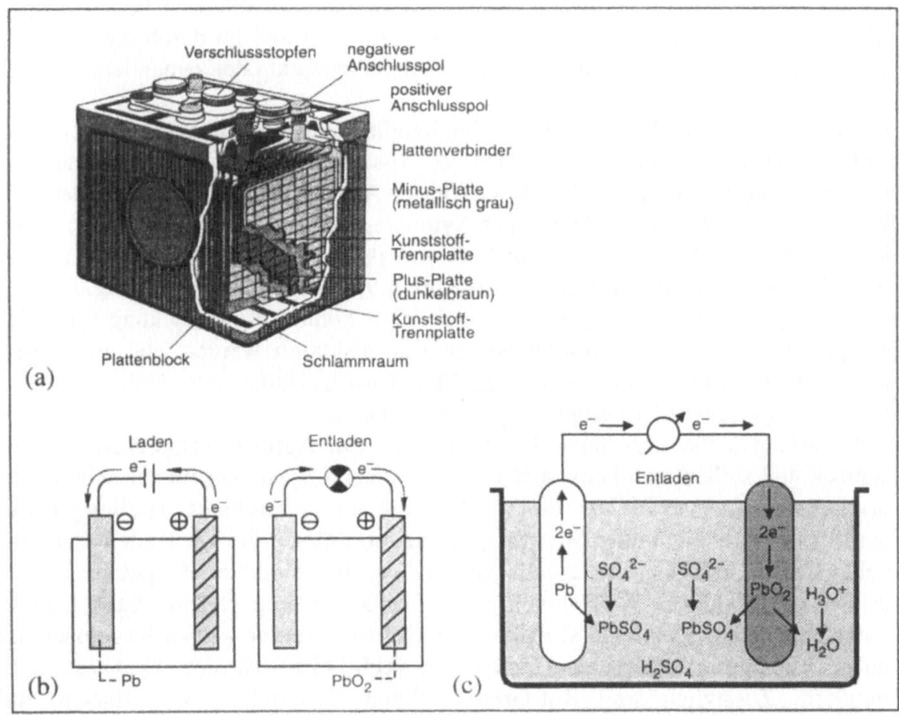

Abb. 4.8: (a) Realgegenstand, (b) Experiment, (c) Transparent zum Thema „Autobatterie“

Realgegenstände, Realvorgänge. Falls die Gelegenheit besteht, zu einem Sachverhalt reale Gegenstände anstelle von Abbildungen oder Transparenten einzusetzen, so ist zunächst den Realgegenständen der Vorzug zu geben. Allerdings sind die realen Gegenstände mit Fotos oder Modellzeichnungen zu kombinieren, um mit diesen zusätzlichen Medien einen optimalen Lerneffekt zu erzielen. Wird beispielsweise das Thema „Autobatterie" behandelt, ist nicht nur die Demonstration des Realgegenstandes möglich und notwendig, sondern es kann sogar ein Experiment zum Realvorgang gezeigt werden (V 4.10). Erst nach Realgegenstand und Experiment sind zusätzlich Folien und Bilder als Medien für Erklärungen anzubieten (vgl. Abb. 4.8).

Da sich etwa zum Thema „Kernkraftwerke" keine Möglichkeiten bieten, im Schullabor Realgegenstände oder Modellexperimente zu realisieren, muss dieses Thema ausschließlich mit Hilfe von Folien oder Filmen als Medien vermittelt werden – der Besuch eines Kernkraftwerkes mag sich an den Unterricht anschließen und außerhalb der Schule den Realgegenstand vermitteln.

4.3 Lernende – Medien und Abstraktionsfähigkeit

Medien als Vermittlern von Informationen kommt naturgemäß ein bestimmter Grad der Abstraktion zu. Geplante Medien müssen deshalb dem Entwicklungsstand der jeweils Lernenden, insbesondere deren Abstraktionsfähigkeit entsprechen. Es ist insbesondere zur Art und Weise des Medieneinsatzes zu reflektieren, ob die Alters- und Entwicklungsstufe der Lernenden angemessen berücksichtigt wird, welche Darstellungsformen schülergerecht sind und ob durch die vorgesehenen Medien etwa unzutreffende Vorstellungen geweckt oder zementiert werden.

Abstraktionsebenen. Ausgehend von der Realbegegnung (vgl. Abschn. 4.2) muss nicht ein einziger Schritt auf die höchste Abstraktionsebene führen, sondern es können zunächst geeignete Medien mittlerer Abstraktion eingesetzt werden. So kann bei der Einführung chemischer Symbole, die auf der submikroskopischen Ebene eine hohe Abstraktion beinhalten, eine ikonische Darstellung vor der symbolischen Verkürzung stattfinden (vgl. Abb. 4.9): Ausgehend von der Realbegegnung mit dem würfelförmigen Steinsalzkristall können Kugelpackung und Elementarzelle als Medien mittlerer Abstraktion diskutiert werden, ehe aus diesen konkreten Modellen Symbole wie $Na_{32}Cl_{32}$, Na_4Cl_4, Na_1Cl_1 oder NaCl abgeleitet werden. Kapitel 6 und 7 vertiefen diese Problematik.

So erlangen die Lernenden Vorstellungen vom Aufbau entsprechender Substanzen und stellen sich beim Arbeiten mit solchen Symbolen immer auch deren prinzipiellen Aufbau vor. Bei der Verwendung von ikonischen Darstellungen wie den Strukturmodellen oder Strukturzeichnungen müssen die Lernenden den Modellcharakter erfassen, keinesfalls dürfen sie die Modelle als getreues, vergrößertes Abbild der Wirklichkeit missverstehen. Durch gleichzeitigen Einsatz unterschiedlicher konkreter Modelle zu derselben Struktur – etwa Kugelpackung neben Raumgitter und Elementarzelle (vgl. Abb. 4.9) – ist diese Gefährdung zu mindern. Zusätzlich sind Rot-Grün-Zeichnungen möglich, wie Harsch und Schmidt [17] sie vorschlagen und durch mitgelieferte 3D-Brillen viele Strukturen dreidimensional erscheinen lassen. Kapitel 14 zeigt einige dieser Modelle.

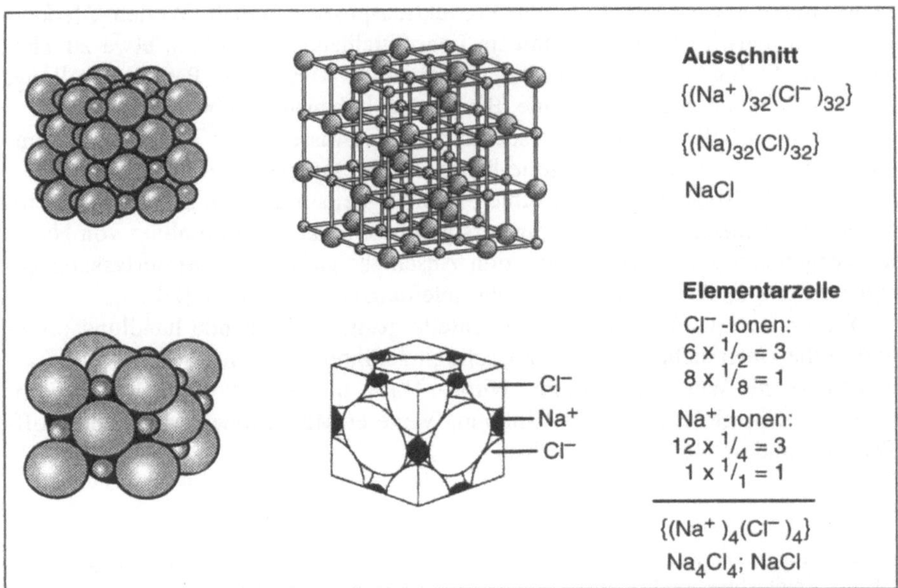

Abb. 4.9: Verschiedene Modelle und Symbole für die Natriumchlorid-Struktur

Vorwissen. Die Lernenden bringen nicht nur Kenntnisse und Vorstellungen aus ihrer Lebenswelt in den Unterricht mit (vgl. Kap. 1), sondern haben in Sachbüchern, Kinderzeitschriften oder Fernsehsendungen manches naturwissenschaftliche Thema bereits medial erlebt. Lehrer sollten diese Medien für Kinder kennen, um diesbezüglich angemessen reagieren zu können.

Experimentierkästen. Es gibt sogar einen kleinen Teil von Schülern und Schülerinnen, die vor Beginn des Sach- oder Chemieunterrichts mit Experimentierkästen gespielt haben. Eltern, die besonders an den Naturwissenschaften interessiert sind oder den starken Wünschen ihrer Kinder folgen, kaufen ihnen oftmals Experimentierkästen. Diese Kinder kommen dann mit einem erheblichen Vorwissen und guten experimentellen Erfahrungen in den Chemieunterricht, können Unterrichtsgespräch und Praktikum dadurch sehr bereichern.

Ein solcher Experimentierkasten der Firma Kosmos [18] vermittelt „240 spannende, gefahrlose Experimente" für einen „Streifzug durch die anorganische und organische Chemie". Aus der Liste der Teile des Experimentierkastens (vgl. Abb. 4.10) lässt sich rekonstruieren, welche Art von Experimenten die Kinder bereits zu Haus durchführen. Wegen der hohen Kosten eines solchen Kastens ist der Anteil der Schüler und Schülerinnen klein, die mit diesbezüglichen Erfahrungen tatsächlich in den Unterricht kommen.

Medienkoffer. Um dem Handlungsbedürfnis der Schüler – wie hinsichtlich der Experimentierkästen – entgegen zu kommen, sind Medienkoffer entwickelt worden. Sie enthalten neben Substanzen und Nachweisreagenzien auch Broschüren, Dias, Transparente oder gar Videos. Ein Beispiel ist das Medienpaket „Herstellung von Eisen und Stahl" [19], das neben Proben der Eisenerze auch Filme, Dias,

Transparente und Begleithefte zum Produktionsprozess enthält. Weitere *Medienkoffer* sind entwickelt worden und im Lehrmittelhandel erhältlich: etwa zu Themen wie Seifen und Waschmittel, Fettchemie, Klebstoffe, Papierherstellung, Kunststoffchemie, Farbstoffchemie, Biochemie, Lebensmittelchemie.

Ein *Umweltkoffer* ist zur Untersuchung von Gewässern oder Bodenproben entwickelt worden: Er enthält Batterie-betriebene Messgeräte wie pH-Meter, Sauerstoff-Messelektrode, Temperaturfühler, Leitfähigkeitsmessgerät, Luxmeter, Photometer. Für den Betrieb des Photometers gibt es eine kleine Sammlung von Nachweisreagenzien und Chemikalien, zum Anschluss an die Messwerterfassung geeignete Computerkabel, zur Bedienungsanleitung eine Broschüre [20].

Wasser-Untersuchungssets sind ebenfalls geeignet, Lernende handlungsorientiert in die Untersuchung von Gewässern einzuführen, etwa die Gesamt- und Carbonathärte, pH-Wert, Ammonium-, Nitrat-, Nitrit- und Sauerstoffgehalt zu bestimmen [21]. Einzelsets für die Bestimmung weiterer Metall-Ionen oder Schadstoff-Teilchen sind im Handel erhältlich.

1	Spiritusbrenner (Unterteil)	21	Trichter
2	Brennerkappe	22	Grundplatte
3	Probierglasbürste	23	Zinkpulver
4	Lackmuspapier, blau	24	Kobalt(II)-chlorid
5	Siedestab	25	Schwefel
6	Gerades Glasrohr	26	Kaliumhexacyanoferrat(II)
7	Winkelglasrohr bzw. Winkelrohr	27	Natriumthiosulfat
8	Spitzes Glasrohr	28	Weinsäure
9	Abdampfschale	29	Eisenfeilspäne und Eisendraht
10	Fünf Probiergläser (FIOLAX®)	30	Aktivkohle
11	Gummischlauch	31	Calciumhydroxid
12	Probierglashalter	32	Ammoniumchlorid
13	Dochthalter (2 Teile) + Isolierstück	33	Kupfersulfat
14	Docht	34	Kaliumpermanganat
15	Filterpapier	35	Natriumhydrogensulfat
16	Brenneraufsatz	36	Natriumcarbonat
17	Doppellöffel (Spatel)	37	Zwei Streifen Magnesiumband
18	Korkstopfen mit 2 Bohrungen	38	Kunststoffprobe Polyvinylchlorid
19	Korkstopfen ohne Bohrungen	39	Metallfolie
20	2 Korkstopfen mit 1 Bohrung	40	Experimentierbuch

Abb. 4.10: Teile des Kosmos Experimentierkastens „All-Chemist" [18]

4.4 Gesellschaftliche Bezugsfelder – Massenmedien

Der Einfluss von Medien – im Sinne von Massenmedien – auf Lernende ist durch ihre technische Perfektion sowie durch die ständige Wiederholung oft stärker, als es Unterrichtsmedien sein können. Massenmedien wie Zeitungen, Illustrierte, Rundfunk- und Fernsehsendungen wirken als *außerschulische Informationsträger* im positiven wie im negativen Sinne.

Im Fall von chemiebezogenen Inhalten können außerschulische Medien *positiv* wirken durch:

- *Wecken von Interesse und Neugier:* Finden die Schüler und Schülerinnen in Zeitungen Berichte zur Bedeutung von Memorymetallen für den Bau von Motoren und zu vielen anderen technischen Anwendungen, so mag das Phänomen des „Form-Erinnerungsvermögens" von bestimmten Legierungen so interessant sein, dass es im Chemieunterricht thematisiert und anhand diesbezüglicher Aufsätze aus Fachzeitschriften diskutiert wird.
- *Anregungen zur kritischen Auseinandersetzung:* Zeitungsmeldungen und Fernsehberichte über Smog-Alarm oder Castor-Transporte können Anlass dazu sein, dieses Thema im Unterricht sachlich aufzubereiten und sich daraufhin kritisch mit diesen Meldungen auseinander zu setzen, ebenfalls fachliche Fehler in den Meldungen aufzufinden und zu korrigieren.
- *Darstellungen mit Mitteln von Film und Fernsehen:* Haben viele Schüler einen Fernsehbericht etwa zur Geschichte der Entdeckung des Dynamits oder einen Spielfilm zur Forscherpersönlichkeit Alfred Nobel gesehen, so kann das bei Interesse aller Schüler zu einem Exkurs im Chemieunterricht führen, der sachliche Informationen zu Nitroglycerin liefert, das Experiment zur Veresterung von Glycerin mit Nitriersäure realisiert, die Verarbeitung zu Dynamit erläutert.

Massenmedien wirken allerdings auch in *negativem* Sinne durch:

- *Übertragen negativer Einstellungen:* Einseitige Berichterstattungen über giftige Substanzen in Lebensmitteln oder über unerwünschte Nebenwirkungen von Arzneimitteln führen allzu schnell dazu, „der Chemie" eine diesbezügliche Schuld zuzuweisen – mit der Auswirkung, dass Schüler und Schülerinnen die negative Einstellung zur Chemie von den Journalisten übernehmen und damit ihre Lernbereitschaft für den Chemieunterricht einschränken.
- *Vermitteln falscher Vorstellungen:* Zeitungs- und Fernsehmeldungen über den Energie*verbrauch* wie etwa den Kraftstoff*verbrauch* oder den Strom*verbrauch* vertiefen die Alltagsvorstellung, dass Energie „verschwinden" kann. Wird im Unterricht das Prinzip von der Energieerhaltung behandelt und von der *Umwandlung* bestimmter Energieformen in andere Energieformen gesprochen, so steht oftmals diesem Unterricht das durch die Medien vermittelte „Vernichtungskonzept" entgegen (vgl. Kap. 1).
- *Irreführen durch Reklame und Werbung:* Bei vielen Werbespots – etwa zu Waschmitteln – wird vielfach magisch-animistisch argumentiert, wenn Substanzen die Eigenschaften zugesprochen werden, „Wunder" zu vollbringen. Die Wäsche wird „weißer als weiß" oder „porentief rein", Waschmittel haben die „Kraft des weißen Riesen" oder vermögen „citrusfrisch" zu machen. Be-

richtet eine Zeitung [6], „Bio-Waschmittel darf keine Chemie enthalten", so ist die Irreführung des Lesers perfekt: Zum einen wird der vermeintliche, völlig unsinnige Gegensatz „Biologie gut – Chemie schlecht" hervorgehoben, zum anderen verschleiert man bewusst, dass jedes Waschmittel waschaktive Substanzen und damit Chemikalien enthalten muss.

Der Chemieunterricht hat aus Gründen dieser möglichen Irreführung durch die Massenmedien die große Aufgabe, Jugendliche sachlich gut auszubilden und in die Lage zu versetzen, die Zeitungs- und Fernsehmeldungen auf der Grundlage eigener Kenntnisse und Fähigkeiten kritisch zu prüfen, selbstständig zu interpretieren und entsprechend eigene Schlüsse zu ziehen. Dieser Beitrag zur Allgemeinbildung von Jugendlichen ist nicht hoch genug einzuschätzen.

Literatur

[1] NEUE PRESSE vom 1.12.93: *Lehrer wollte schlechte Bücher nicht verwenden – er wurde nach Hannover versetzt.* Hannover 1993

[2] Issing, L.J.: *Medienpädagogik im Informationszeitalter.* Weinheim 1987 (Studienverlag)

[3] Stumpf, K.: *Das Lernen mit Medien.* CU 10 (1979), 1

[4] Becker, H.J., Pastille, R.: *Kriterien zur Auswahl von Chemielehrbüchern.* PdN 36 (1987), 32

[5] Graf, E.: *Die Wandtafel im Chemieunterricht.* NiU-Chemie 38 (1997), 74

[6] Haupt, P.: *Die Chemie im Spiegel einer Tageszeitung.* Bd. 1–4. Oldenburg 1996

[7] Buß, V., u.a.: *Einführung in die Chemie.* Teil 1 des Begeleitbuchs für das ZDF-Studienprogramm Chemie. Köln 1975 (Schulfernsehen)

[8] Fonds der Chemischen Industrie: Computerprogramm *„Biologische Reinigung chemischer Abwässer".* Frankfurt 1990

[9] Full, R.: *Lichtblicke – Petrischalenexperimente in der Overhead-Projektion.* ChiuZ 30 (1996), 286

[10] Roesky, H.W.: *Chemie en miniature.* Weinheim 1998 (Wiley-VCH)

[11] Steiner, D.: *Molecular Modelling mittels Elektronendichteoberflächen – ein neuer Weg zu einem besseren Chemieverständnis.* PdN-Chemie 48 (1999) Heft 6, 38

[12] Domke, B.: *CEC – Computerunterstütztes Experimentieren im Chemieunterricht.* Stuttgart 1990 (Klett)

[13] Kappenberg, F.: *Der Computer im chemischen Experiment.* PdN-Chemie 44 (1995), Heft 4, 12

[14] Reiners, C.: *Chemiedidaktik – Quo vadis?* Chemkon 7 (2000), 91

[15] Halberstadt, E., Wältermann, T.: *Chemie für Mädchen.* Frankfurt 1967 (Diesterweg)

[16] Klett, E.: Folie 10. *Stoff – Teilchen – Reaktion.* Stuttgart 1979 (Klett)

[17] Harsch, G., Schmidt, R.: *Kristallgeometrie. Packungen und Symmetrie in Stereodarstellungen.* Frankfurt 1981 (Diesterweg)

[18] Kosmos: *Chemie-Praktikum All-Chemist.* Stuttgart (Franckh)

[19] Fladt, R., u.a.: *Unterrichtseinheit Eisen und Stahl.* Stuttgart 1975 (Klett)

[20] Engler, R., u.a.: *Ökologie.Theoretische Grundlagen und Versuche mit dem Umwelt-Messkoffer.* Hürth 1996 (Leybold Didactic)

[21] Aquamerck: *Kompaktlabor für die Aquaristik, Sauerstoff-Test.* Darmstadt 2000 (Merck)

Übungsaufgaben zu „4 Medien"

A4.1 Medien können verschiedene Funktionen im Chemieunterricht haben. Wählen Sie drei Funktionen und erläutern Sie an Sachverhalten Ihrer Wahl den Einsatz bestimmter Medien gemäß der gewählten Funktionen.

A4.2 Ein für Lehrer und Schüler gleichsam wichtiges Medium ist das Schulbuch. Wählen Sie drei aktuelle Schulbücher aus und entscheiden Sie, welches Buch Sie in Ihrem Chemieunterricht einsetzen würden. Begründen Sie und geben Sie die Kriterien für ihre Entscheidung an.

A4.3 Schultafel und Tageslichtprojektor sind die wichtigsten Medien im Klassenraum. Nennen Sie Vorteile und Nachteile für deren Gebrauch. Welches Medium würden Sie auswählen, wenn Sie sich für eines von beiden entscheiden müssten?

A4.4 Der Computer erlangt durch seine universelle Verwendungsmöglichkeit eine immer weitergehende Bedeutung als Medium im Unterricht. Erläutern Sie drei Unterrichtssituationen, in denen Sie den Computer sinnvoll einsetzen würden.

A4.5 Die Massenmedien wie Fernsehen und Zeitschriften haben einen Einfluss auf das Denken und Handeln von Jugendlichen. In welcher Weise lässt sich dieser Einfluss positiv für den Unterricht nutzen, in welcher Weise kann der Einfluss negativ sein?

Experimente zu „4 Medien"

V4.1: Beleuchten von Apparaturen mit dem Tageslichtprojektor

Problem: Demonstrationsexperimente sind oftmals nicht für alle Schüler ausreichend zu beobachten. Um die Beobachtungsmöglichkeiten zu verbessern, kann das Licht des Tageslichtprojektors über das Spiegelsystem auf die Apparatur gelenkt werden.

Material: Kolbenprober, Reagenzglas mit Seitenrohr und Stopfen, Gummischlauch; Salzsäure (C), Magnesiumband (F).

Durchführung: Kolbenprober und Reagenzglas werden eingespannt und verbunden. Das Reagenzglas wird mit wenig Salzsäure gefüllt und nach Einwerfen eines Stückchens Metall mit dem Stopfen verschlossen. Das Projektorlicht wird auf die Apparatur gelenkt.

Beobachtung: In der hell beleuchteten Apparatur sind Gasentwicklung und Reaktion des Metalls gut zu erkennen, ebenfalls Volumina am Kolbenprober gut abzulesen.

V4.2: Experimentieren auf der hellen Projektorfläche

Problem: Die helle Projektorfläche selbst stellt zusätzlich einen Experimentiertisch dar, auf dem kleine Experimente durchgeführt und gut beobachtet werden können. So ist das Modellexperiment zur Veranschaulichung der Dynamik des chemischen Gleichgewichts – das sogenannte Heber-Experiment – auf der hellen Projektorarbeitsfläche gut durchzuführen und aus der letzten Zuschauerreihe bestens beobachtbar.

Material: zwei 50-mL-Messzylinder, gleichlange Glasrohre (∅ 8 mm und 6 mm); Kupfersulfat (Xn).

Durchführung: Ein Zylinder wird bis zur 50-mL-Marke mit Wasser gefüllt (zur Anfärbung einige Kristalle Kupfersulfat hinzugeben), der andere Zylinder bleibt leer. Zunächst ist mit zwei gleichen Glasrohren als „Heber" das Wasser jeweils von einem zum anderen Zylinder hin und her zu transportieren, bis die Volumina in beiden Zylindern konstant bleiben. Der Versuch ist mit Glasrohren unterschiedlichen Durchmessers zu wiederholen. Die Volumina können abhängig von der Zahl der Hebevorgänge grafisch aufgetragen werden.

Beobachtung: Im ersten Fall stellen sich gleich große Volumina in beiden Messzylindern ein, im zweiten Fall resultiert das Volumenverhältnis 35 : 15. Die Volumina bleiben auch bei fortgesetzten Hebevorgängen gleich.

V4.3: Projizieren von Experimenten

Problem: Wenn das Beleuchten von Apparaturen die Beobachtungsmöglichkeiten nicht mehr zu verbessern vermag, können Erscheinungen mit dem Tageslichtprojektor projiziert werden, sobald sie in durchsichtigen Lösungen stattfinden. Insbesondere wenn neue Stoffe – wie bei Elektrolysen – nur in kleinen Mengen auftreten, kann die Projektion sehr gut helfen.

Material: Petrischale, zwei Platindrähte, Transformator und Kabel; Zinkbromid-Lösung (C).

Durchführung: Die beiden Platindrähte werden als Elektroden in der Petrischale befestigt und auf der Arbeitsfläche des eingeschalteten Projektors über die Kabel mit den Gleichspannungspolen des Transformators verbunden. Der Boden der Schale wird mit Zinkbromid-Lösung bedeckt und eine geeignete Gleichspannung von etwa 5–10 V einreguliert.

Beobachtung: Man erkennt sofort die Abscheidung der braunen Brom-Lösung am Pluspol, etwas später die Bildung von Zinkkristallen am Minuspol. Bei geeigneter Spannung wird ein ständig wachsender „Zinkbaum" beobachtet: Diese Beobachtung ist nur durch die Projektion der Metallabscheidung einer größeren Zuschauerzahl zugänglich zu machen.

V4.4: Experimentieren in der projizierten Petrischale

Problem: Viele Reaktionen laufen in farbigen Lösungen ab, die Farben dieser Lösungen können bei Durchleuchten mit Licht etwa vor einem „Lichtkasten“ deutlich werden. Seit der Tageslichtprojektor in jedem Chemiesaal steht, sollte er die Funktion des Lichtkastens übernehmen. Petrischalen und insbesondere dreigeteilte Petrischalen dürfen deshalb in der Sammlung nicht fehlen: Darin können bis zu drei verschiedenfarbige Lösungen direkt verglichen und alle projizierten Reaktionen sehr gut beobachtet werden.

Material: dreigeteilte Petrischale, Pipette; Säure-Base-Indikatoren (F), Salzsäure (C), Natronlauge (C).

Durchführung: Die drei Kammern der Petrischale werden mit Lösungen eines Indikatorfarbstoffs gefüllt, etwa mit Universalindikator in Leitungswasser gelöst: Diese Lösung ist grün gefärbt. In eine Kammer wird ein Tropfen Salzsäure gegeben, in die zweite ein Tropfen Natronlauge. Zur Neutralisation wird noch einmal die jeweils andere Lösung zugetropft.

Beobachtung: Die zunächst grün gefärbten Lösungen zeigen einen Farbumschlag nach rot und blau. In der Projektion ist zusätzlich die Schlierenbildung und das prächtige Farbenspiel zu beobachten, ehe die Farben der Lösungen sich vollständig ändern. Sie können jeweils mit der grünen Farbe der unveränderten Indikatorlösung in der dritten Kammer der Petrischale verglichen werden.

V4.5: Spezialküvette zur Projektion auf dem Tageslichtprojektor

Problem: Neben der Möglichkeit, Petrischalen-Experimente zu projizieren, gibt es Spezialgeräte, mit denen man auch Reaktionen in Reagenzgläsern oder Küvetten projizieren kann. Neue Geräte projizieren den Reagenzglasinhalt durch ein Spiegelsystem aufrecht stehend, ältere Geräte nicht: Ein Niederschlag fällt in der Projektion von unten nach oben aus.

Material: Spezialgerät zur Projektion, Küvette; Phenolphthalein-Lösung (1%-ig in Ethanol) (F), Benzin (F/Xn/N), Natrium (C/F).

Durchführung: Die Küvette wird bei eingeschaltetem Tageslichtprojektor halb mit verdünnter Indikatorlösung gefüllt und etwa 2 cm hoch mit Benzin überschichtet. Ein kleines Stück Natrium wird hineingeworfen.

Beobachtung: Das Metallstück taucht in die Indikatorlösung ein, sie färbt sich rot, eine Gasentwicklung ist kurzzeitig beobachtbar. Das Natrium steigt kurz in die Benzinphase, fällt aber wieder in die Lösung zurück und reagiert unter Gasbildung. Die Vorgänge wiederholen sich, bis kein Natrium mehr zu sehen ist.

V4.6: Messzelle zur Projektion auf dem Tageslichtprojektor

Problem: Kleine Gasportionen – insbesondere quantitativ zu messende – sind besser zu beobachten, wenn die entsprechende Apparatur im Großformat projiziert wird. Die quantitative Wasserzersetzung ist ein solches Beispiel.

Material: Messzelle, Transformator, Kabel; Schwefelsäure-Lösung (C).

Durchführung: Die Messzelle wird auf der eingeschalteten Arbeitsfläche des Tageslichtprojektors mit Schwefelsäure-Lösung gefüllt, der Transformator wird angeschlossen und so eine Gleichspannung von etwa 5 V einreguliert, dass eine konstante Gasentwicklung erfolgt. Sind die Gasvolumina groß genug, lassen sich durch die bekannten Reaktionen Wasserstoff und Sauerstoff nachweisen.

Beobachtung: Von den Elektroden ausgehend bilden sich Gasbläschen, am Minuspol wird ein doppelt so großes Gasvolumen erreicht wie am Pluspol. Am Minuspol tritt Wasserstoff auf, am Pluspol Sauerstoff.

V4.7: Experimentieren mit Hilfe der Schwanenhals-Fernsehkamera

Problem: Nicht alle Reaktionen in Lösungen lassen sich gut mit dem Tageslichtprojektor projizieren und beobachten – Niederschläge werden beispielsweise in allen Fällen schwarz wiedergegeben. Eine Möglichkeit, die echten Farben der Niederschläge oder viele andere Beobachtungen originalgetreu abzubilden, bietet eine Fernsehkamera mit angeschlossenem Monitor.

Material: Fernsehkamera, Monitor, Reagenzgläser; Eisen(II)chlorid (Xn), Eisen(III)chlorid (Xn), verdünnte Natronlauge (C).

Durchführung: Zwei Reagenzgläser werden jeweils zu einem Drittel mit einer verdünnten Eisenchlorid-Lösung gefüllt, eingespannt und mit Hilfe der Fernsehkamera auf dem Monitor vergrößert. Beide Lösungen versetzt man mit wenigen Tropfen Natronlauge.

Beobachtung: Das Ausfallen von einerseits grünem und andererseits braunem Eisenhydroxid ist zu beobachten. Die Farben können auf dem Monitor direkt verglichen werden.

V4.8: Großanzeige von Messwerten durch den Computerbildschirm

Problem: Digital anzeigende Messgeräte mit großen Ziffern sind sehr teuer, ebenfalls Messgeräte einer Firma, die für alle Geräte eine Großanzeige liefert. Der kostengünstigste Weg zur Großanzeige ist der vorhandene Computer und sein Bildschirm: über einen AD-Wandler und mit geeigneter Software lassen sich übliche Messgeräte der Sammlung anschließen und digitale Messwerte anzeigen.

Material: Computer und AD-Wandler, Software, Waage, Petrischale; Aceton (F).

Durchführung: Die Waage wird über den AD-Wandler an den Computer angeschlossen und die Großanzeige der Messwerte mit geeigneter Software vorbereitet. Man füllt wenig Aceton in die Petrischale und stellt sie ohne Abdeckung auf die Waage.

Beobachtung: Die Messwerte der Waage werden groß auf dem Bildschirm wiedergegeben, sie zeigen immer geringer werdende Massen der Aceton-Portion an.

V4.9: Aufnahme und Verarbeitung von Messwerten durch den Computer

Problem: Es gibt derart schnelle Reaktionen, dass man sie mit traditionellen Methoden nicht aufzeichnen kann. Soll etwa bei der Neutralisationsreaktion einer sauren mit einer alkalischen Lösung der pH-Sprung um den Äquivalenzpunkt herum erfasst werden, so ist die Titration mit angeschlossenem Computer eine sehr gute Möglichkeit. Vielleicht sollten die Schüler zuvor eine Titration und die Auswertung bis hin zur Titrationskurve auf traditionellem Weg durchführen, um mit dem Computer vergleichen zu können.

Material: Computer, Software, AD-Wandler, geeichtes pH-Meter mit Glaselektrode, Magnetrührer, Erlenmeyerkolben, Bürette oder Gleichlaufbürette; 0,1 molare Lösungen von Salzsäure und Natronlauge (C).

Durchführung: Das pH-Meter wird über den AD-Wandler an den Computer angeschlossen, die Titration mit geeigneter Software vorbereitet. Der Erlenmeyerkolben wird mit 50 mL Salzsäure versehen, der Magnetrührer eingeschaltet, die Glaselektrode eingetaucht und mit Natronlauge titriert.

Beobachtung: Zu Beginn der Titration wird der pH-Wert 1,0 angezeigt. Der Bildschirm des Computers baut während der Titration die Titrationskurve auf und zeigt nach erfolgter Zugabe von 50 mL Natronlauge den pH-Sprung von etwa pH 3 bis pH 10. Nach Zugabe einiger weiterer Milliliter Natronlauge nähert sich die Kurve dem pH-Wert 13.

V4.10: Modellexperiment als Medium für den Blei-Akkumulator

Problem: Die Vorgänge des Ladens und Entladens eines Bleiakkus sollten zunächst an der Autobatterie beobachtet und in den Zusammenhang mit der Funktion im Auto gebracht werden. Im Modellexperiment wird nachvollzogen, auf welche Weise die Aufladung und Entladung stattfindet und wie sich jeweils beide Bleielektroden verhalten. Schließlich können die Erklärungen durch andere Medien wie Transparente oder Schulbuchabbildungen erfolgen.

Material: Becherglas, Transformator, Spannungsmessgerät, Elektromotor (2 V), Kabel und Krokodilklemmen; zwei frisch geschmirgelte Bleiplatten (T), Schwefelsäure(C)-Lösung (20 %).

Durchführung: Das Becherglas ist zur Hälfte mit der Schwefelsäure-Lösung zu füllen. Beide Bleiplatten werden so hineingestellt und befestigt, dass sie sich nicht berühren, sie sind mit Kabeln an den Transformator anzuschließen (vgl. Abb. 4.8). Eine Gleichspannung ist so einzuregulieren, dass einige Minuten lang eine Gasentwicklung zu beobachten ist. Der Transformator wird entfernt, zwischen beiden Platten die Spannung gemessen und schließlich der Elektromotor angeschlossen.

Beobachtung: Auf einer Bleiplatte bildet sich während der Stromzufuhr eine tiefbraune Substanz, wie sie an jeweils einer Platte einer Batteriezelle in der Autobatterie zu erkennen ist. Nach Beendigung der Stromzufuhr ist zwischen beiden Platten eine Spannung von 2 V festzustellen. Der danach angeschlossene Elektromotor dreht zunächst schnell, wird immer langsamer und bleibt schließlich stehen.

Hinweis: Die Schwefelsäure-Lösung ist durch Bleisulfat verunreinigt und giftig. Sie wird möglichst in eine Vorratsflasche gefüllt, mit einem Etikett versehen und für den späteren Einsatz desselben Experiments aufbewahrt. Anderenfalls ist die Lösung in den Behälter für Schwermetallabfälle zu entsorgen.

5 Experimente

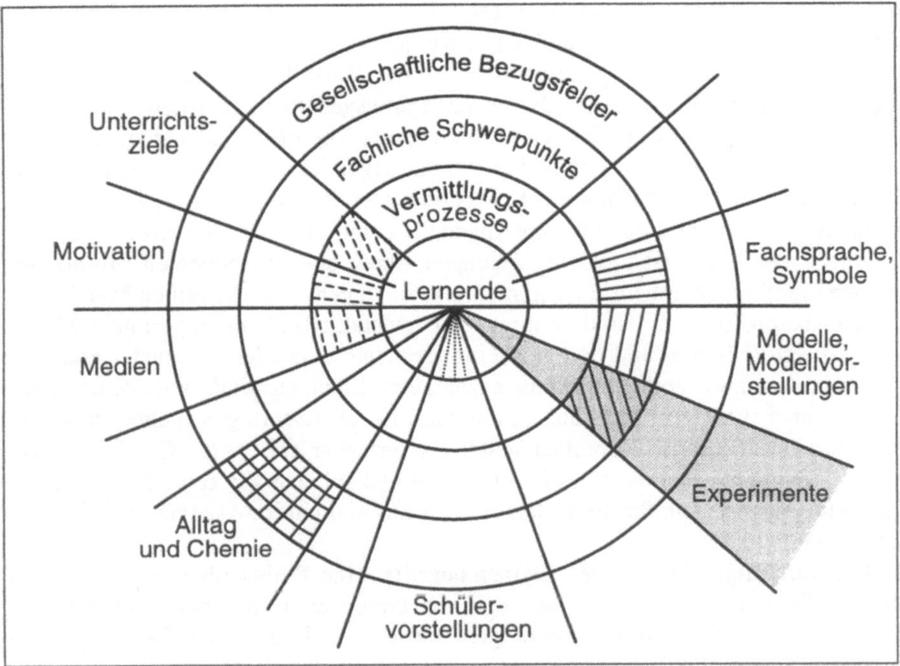

„Eine Masse von ganz unterrichteten Leuten betrachten die Chemie als eine in Regeln gebrachte Experimentierkunst, nützlich um Soda und Seife zu machen, besseren Stahl zu fabrizieren, um gute solide Farben auf Seide und Baumwolle zu liefern" [1].

Wie Liebig es bereits 1840 beklagte, glauben Laien oftmals, dass es sich bei der Chemie um eine Probierkunst handelt, die von Zeit zu Zeit zufällig ein neues Produkt liefert. Man erkennt nicht ohne weiteres, dass dem klassischen Experiment in den Naturwissenschaften eine Idee oder gar eine ganze Philosophie vorausgeht. Um diesen Zusammenhang zu erläutern, soll als Beispiel die Ausschärfung des Elementbegriffs dienen.

Ein vorläufiger Begriff des chemischen Elements tauchte bereits in den Philosophieschulen des griechischen Altertums auf: Empedokles „redet von den vier Wurzeln aller Dinge, die er in mythischer Weise als Gottheiten faßt. Diese vier Gottheiten stellen das Feuer, die Erde, die Luft und das Wasser dar, aus denen alles Seiende zusammengesetzt gedacht wird. Der Begriff des Elements geht auf ihn zurück" [2]. Beim näheren Studium dieser Idee erkennt man, dass die griechischen Philosophen solche und andere Gedankengebäude ohne jedes Experiment errichtet hatten: „Zwar beruhten die damaligen Leistungen gewiß auf einer Reihe sorgfältiger und geordneter Beobachtungen an der Natur, doch kann hier von einem Experimentieren im wissenschaftlichen Sinne noch keine Rede sein" [2].

Die Alchemie des Mittelalters wurde vor allem von dem Gedanken beherrscht, aus unedlen Metallen Gold herzustellen: Bei der Aufbereitung von Erzen wurden zufällig kleine Mengen an Gold oder Silber ausgeschieden, und man probierte in vieler Hinsicht aus, Gold und Silber durch „Metallveredlung" oder „Transmutation" zu erhalten. Bei diesen „Probierkünsten" beobachtete man, dass sich metallisches Kupfer abscheidet, wenn man eine Vitriollösung – heute nennen wir sie Kupfersulfat-Lösung – mit Eisen versetzt. Der Alchemist van Helmont fand allerdings heraus, dass er aus Vitriollösung auch auf anderen Wegen Kupfer herzustellen vermochte, dass Kupfer „irgendwie" in der Vitriollösung enthalten war und nur abgetrennt werden musste. Diesen Zerlegungsgedanken griff Boyle in seinem Werk „The Sceptical Chymist" auf, um zu seiner Theorie zu gelangen: Elemente sind Grundsubstanzen, die sich nicht weiter zerlegen lassen. „Immer wieder betont Boyle, daß es solange nicht angeht, Theorien über chemische Stoffe für gültig zu nehmen, als sie nicht durch die experimentelle Erfahrung gestützt werden" [2].

Allerdings ist es erst Lavoisier gelungen, durch den konsequenten Einsatz der Waage die Phlogistontheorie zu stürzen und zu zeigen, dass die reinen Metalle die unzerlegbaren Elemente sind, während die „Metallkalke" im Experiment Metall und Sauerstoff liefern und deshalb keine Elemente darstellen. Lavoisier erkannte deutlich, dass zwar zerlegbare Substanzen keine Elemente sind, umgekehrt dieser Schluss aber nicht gilt: Substanzen, die zunächst als unzerlegbar galten, mochten sich durch verbesserte Techniken später als zerlegbar erweisen: „Gewisse Stoffe sind als Elemente chemisch bestimmt, sofern und solange wir keine Mittel haben, sie weiter zu zerlegen. Sie sind Elemente für uns und unsere Aspekte, pour nous, à notre égard" [2].

Die vorläufige Theorie des Elementbegriffs, eine Philosophie, war die Basis des Denkens und Handelns in der Zeit von Lavoisier; Experimente leiteten sich aus dieser Hypothese ab und bestätigten sie nach und nach. Das Experiment erhielt die wissenschaftliche Bedeutung eines Instruments, das über die Gültigkeit von Annahmen, Gesetzmäßigkeiten und Theorien befindet!

5.1 Fachliche Schwerpunkte – Experiment, Experimentierfähigkeiten, Sicherheit

Im Sinne der Einleitung hat sich die Chemie als experimentelle Naturwissenschaft entwickelt. Als eine weitere Grundfrage der Chemiedidaktik ist entsprechend zu reflektieren, welche Funktionen das Experiment in der Fachwissenschaft hat, in welcher Weise diese auch für den Chemieunterricht gelten und welche weiteren Funktionen für den Unterricht hinzukommen.

Tabelle 5.1: Schritte der empirischen Erkenntnismethode in den Naturwissenschaften [3]

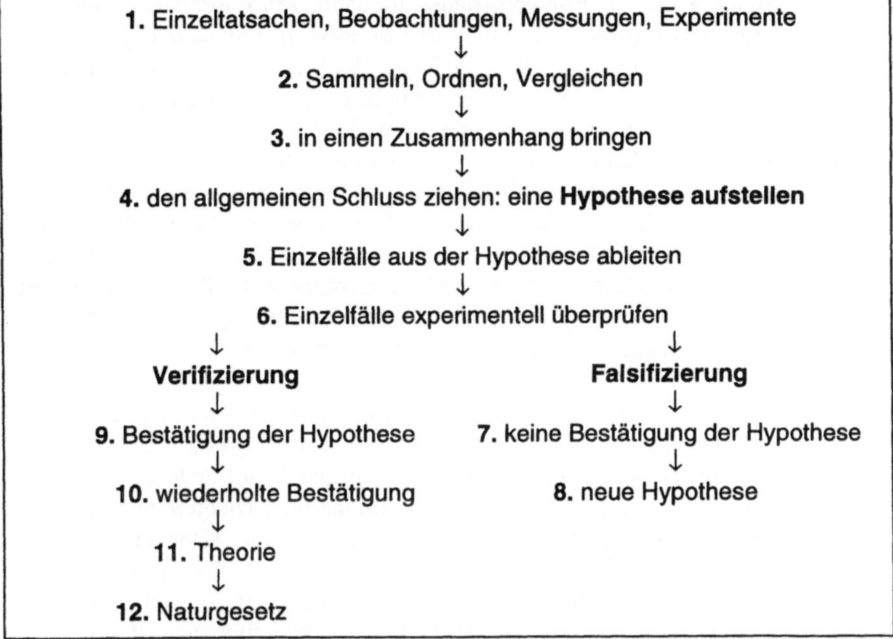

Experiment und Prozess der Erkenntnisgewinnung. Eine der wichtigsten Funktionen des Experiments in der Chemie ist die empirische Erkenntnisgewinnung durch das *Formulieren und experimentelle Überprüfen von Hypothesen unter kontrollierten und systematisch variierten Bedingungen.* In der Einleitung wird die Ausschärfung des Elementbegriffs als historisches Beispiel skizziert, es seien anschließend drei weitere historische Beispiele genannt. Zunächst soll die empirische Erkenntnismethode durch wesentliche Erkenntnisschritte formalisiert werden (vgl. Tabelle 5.1).

Torricelli hatte gemeinsam mit Galilei auf der Basis von Überlegungen zum „Horror vacui" die *Hypothese zum Luftdruck* entwickelt, das bekannte Quecksilber-Experiment (vgl. V1.1 in Kap. 1) im Jahre 1648 zur Prüfung der Hypothese abgeleitet und durch weitere Experimente die Hypothese verifiziert: Luft ist eine Substanz mit spezifischer Dichte, die uns umgebende Atmosphäre weist einen bestimmten Luftdruck auf, der Luftdruck nimmt mit zunehmender Höhe über dem Erdboden ab. Dieser Erkenntnisweg wird ausführlich in *Kapitel 9* dargelegt.

Kekulé beschäftigte sich ausgehend von empirischen Analysen zu Massenverhältnissen der Elemente in vielen organischen Substanzen mit der Beschreibung dieser Analyseergebnisse durch Formeln. Dabei dachte er immer auch an den Aufbau entsprechender Moleküle aus Atomen. Bei dem Versuch, das Benzol-Molekül mit seinen Mitteln zu beschreiben, scheiterte er zunächst, stellte dann 1865 die *Hypothese zur ringförmigen Struktur des Benzol-Moleküls* auf und postulierte 1867 das räumliche Tetraedermodell zur Struktur des Methan-Moleküls. Aus den Hypothesen abgeleitete Einzelfälle konnten alle experimentell bestätigt werden: Beide Hypothesen – die Vierbindigkeit des Kohlenstoff-Atoms und die

Struktur der Aromaten – wurden nach und nach zu noch heute gültigen Theorien ausgeschärft. Dieser Sachverhalt wird in *Kapitel 18* ausgeführt.

Seit der Entdeckung der Röntgenstrahlen im Jahre 1895 arbeiteten viele Wissenschaftler fieberhaft an der *Hypothese der Röntgenstrahlenbeugung*. Max von Laue gelang der Nachweis schließlich im Jahre 1912, und er selbst kommentierte seinen entscheidenden Gedanken folgendermaßen: „Die Entdeckungsgeschichte der Röntgenstrahlinterferenz kennzeichnet so recht den Wert der wissenschaftlichen Hypothese. Viele haben schon lange vor Friedrich und Knipping Röntgenstrahlen durch Kristalle gesandt. Aber ihre Beobachtungen beschränkten sich auf den direkt hindurchgehenden Strahl, an welchem außer der Schwächung durch den Kristall nichts Bemerkenswertes zu sehen war; die viel weniger intensiven abgebeugten Strahlen entgingen ihnen. Erst die Hypothese der Raumgitter brachte die Idee, doch einmal dessen Umgebung zu durchforschen" [4]. Eine detaillierte Darstellung dieses Erkenntnisweges ist Inhalt von *Kapitel 16*.

Gewinnung von Daten. Neben der wohl wichtigsten Funktion der Hypothesenprüfung ist es eine weitere Funktion des Experiments, Messungen zur Beschreibung von *Substanzen* durchzuführen und damit den Vergleich mit anderen Stoffen zu ermöglichen. Die Messungen beziehen sich traditionell auf Dichten, Schmelz- und Siedetemperaturen, um mit jeweils drei Parametern eine erste Kennzeichnung von Substanzen zu erhalten. Des Weiteren können hinzu kommen: Löslichkeit in Wasser und anderen Lösemitteln, Brechungsindex, Viskosität, optische Aktivität, Wärmeleitfähigkeit, elektrische Leitfähigkeit, pH-Abhängigkeiten, Redoxpotentiale, Gleichgewichts- und Stabilitätskonstanten, spektroskopisches Verhalten, etc.

Eine entsprechende Beschreibung für *chemische Prozesse* kann erfolgen durch die Ermittlung von Massen- und Volumenverhältnissen bei Reaktionen, durch die Stöchiometrie von umgesetzten Stoffmengen der Atome, Ionen oder Moleküle, durch entsprechend daraus ermittelte Summen- bzw. Struktursymbole und Reaktionssymbole. Auch Löslichkeitsprodukte, Gleichgewichtskonstanten oder Standardpotentiale sowie Energieumsätze und Geschwindigkeitskonstanten kennzeichnen chemische Reaktionen.

In heutigen Laboratorien findet die Beschreibung von Substanzen und Reaktionen überwiegend durch *Verfahren der instrumentellen Analytik* statt: etwa Papier-, Dünnschicht- oder Säulen-Chromatographie, Gaschromatographie (GC), Massenspektroskopie (MS), Kombinationen von GC und MS, Atomabsorptionsspektroskopie (AAS), Infrarotspektroskopie (IR), Magnetische Kernresonanzspektroskopie (NMR), Röntgenstrukturanalyse, etc.

Die entsprechenden Großgeräte sind nicht nur sehr teuer, sondern erfordern auch die fachliche Betreuung durch besonders ausgebildetes Personal. Chemiestudenten lernen die Großgeräte im Experimentalpraktikum kennen, Lehrer und Schüler können sie in den Instituten eines Fachbereichs Chemie bei einer Führung besichtigen. Es sind allerdings auch Schulgeräte entwickelt worden, die diese Verfahren anschaulich und didaktisch reduziert vermitteln: beispielsweise von Wiederholt [5] zur *Gaschromatographie* und von Brockmeyer [6] zur *Röntgenstrukturanalyse*. Entsprechende Modellversuche zur Gaschromatographie (V5.1) und zur Röntgenstrukturanalyse (V5.2) veranschaulichen die Verfahren.

Tabelle 5.2: Gewinnung oder Synthese einiger Substanzen in der Geschichte der Menschheit [7]

8000 v. Ch.	Keramiken	1648	Salzsäure, Salpetersäure
3700 v. Ch.	Schmuck aus Kupfer, Silber u. Gold	1669	Phosphor
3000 v. Ch.	Antimon und Blei in Babylonien, Bronze in Ägypten	1671	Lackmus als Indikator
2900 v. Ch.	Glas in Ägypten	1710	Weißporzellan in Meißen
2400 v. Ch.	Indigofarben in Ägypten	1727	Silbernitrat für erste Fotos
2000 v. Ch.	Schwefel aus heißen Quellen	1746	Schwefelsäure (Bleikammer)
1200 v. Ch.	Zinn und Zink in Indien	1747	Zucker aus Rüben
1000 v. Ch.	Eisen durch Rennfeuerofen	1766	Wasserstoff
500 v. Ch.	Purpur- und Krappfarben, Soda, Pottasche, Gips, Mörtel, Alaun, Ätzkali in Rom	1773	Sauerstoff, Stickstoff
		1808	Natrium, Kalium, Magnesium, Calcium, Strontium, Barium
400 v. Ch.	Quecksilber in Griechenland		
20–80	Seife, Mineralfarben, Legierungen in Rom	1810	Chlor
500	Borax, Salpeter, Schwermetall-Verbindungen in Indien	1827	Aluminium
		1855	Lithium
600	Porzellan in China	1867	Dynamit
850	Salmiak, Essigsäure und Bleiweiß (Bleihydroxidcarbonat)	1884	Kunstseide
900	Papier in Kairo	1894	Argon, Edelgase
1100	Tinten und Malerfarben	1898	Polonium, Radium
1227	Weingeist (Ethanol) als Heilmittel	1901	Indigo
1230	Schießpulver in China	1909	Bakelit
1300	Schwefelsäure	1913	Ammoniak
1565	Zinkvitriol (Zinksulfat)	1924	Insulin
1580	Benzoesäure	1928	Penicillin, u.a.

Synthese neuer Substanzen. Die wohl älteste Funktion des „Experimentierens" war die mehr oder weniger ausgeprägte „Probierkunst" zur Darstellung von Substanzen, die es in reiner Form in der Natur meist nicht gibt. Nach Schwedt [7] seien in Tabelle 5.2 einige Substanzen mit der ungefähren Zeit angegeben, wann sie erstmals dargestellt wurden.

Experimentelle Fähigkeiten und Fertigkeiten. Zukünftige Chemielehrer und -lehrerinnen müssen nicht nur selbst experimentieren können, sondern tun es zum einen eingebunden in das Unterrichtsgespräch mit einer Schulklasse, zum anderen sollen sie es möglichst auch den Lernenden vermitteln. Sie verfügen deshalb über

Fähigkeiten, Experimente zu planen, durchzuführen und auszuwerten, sie besitzen ebenfalls die manuellen *Fertigkeiten*, um mit entsprechenden Apparaturen, Geräten und Chemikalien der Schulchemie sachgemäß umzugehen.

Über die übliche experimentelle Ausbildung hinaus sollen deshalb die Lehramtsstudenten in fachdidaktischen Experimentalpraktika ein Repertoire an Schulversuchen zu unterrichtsbedeutsamen Themen erarbeiten. Insbesondere müssen sie Erfahrungen im Umgang mit Experimenten gewinnen, die spezielle Sicherheitsanforderungen verlangen. Dazu gehören u. a. der Umgang mit

- Wasserstoff, Knallgasgemischen und der Knallgasprobe,
- Alkalimetallen, deren Aufbewahrung, Reaktionen mit Wasser oder Halogenen sowie deren Entsorgung,
- Halogenen, der Erzeugung von Chlor im Gasentwickler, Aufbewahrung in Standzylindern, deren Wasserstoff- und Metallreaktionen,
- weißem und roten Phosphor und der Beseitigung von Resten,
- Messgeräten für quantitative Experimente wie Waage, Bürette, Vollpipette, Aräometer, pH-Meter, Geräte der instrumentellen Analytik,
- Stromkreisen, Leitfähigkeitsprüfer und entsprechendem Zubehör wie Trafo, Spannungs- und Strommessern.

In den *Versuchen V5.3 bis V5.10* wird exemplarisch am Thema „Alkalimetalle" der Umgang mit diesen Metallen demonstriert, es werden Reaktionen mit Luft, Wasser und Halogenen gezeigt. Wichtige Schulversuche zu wesentlichen Schulthemen sind der Experimentalliteratur zu entnehmen (etwa [8] bis [14]). Sollen die Studierenden auch Schauversuche mit besonderen Effekten selbständig durchführen können, so sind diese wegen der spezifischen Gefährdungspotenziale sorgfältig unter Aufsicht auszuprobieren (siehe auch Kap. 2).

Bei der praktischen Durchführung der Schulexperimente lernen die Studierenden eine Vielzahl *laborspezifischer Geräte* kennen. Diese Gerätekenntnis ist zum einen wichtig, um Experimente für den Unterricht planen zu können oder spontan Versuche ergänzend zum Unterrichtsgespräch durchzuführen, zum anderen ist sie vorteilhaft, um später die Schulsammlung sachgerecht zu organisieren. Um Messreihen aufzunehmen und simultan grafische Darstellungen zu erhalten, eignet sich der Anschluss von Messgeräten an den *Computer*. Mit geeigneter Hard- und Software werden Messgeräte und Rechner verbunden, Messwerte in geeigneter Weise aufgenommen und in vielfältiger Weise ausgewertet (vgl. auch Kap. 4). Da sich Hard- und Software ziemlich schnell weiterentwickeln, wird an dieser Stelle darauf verzichtet, die zu dieser Zeit gerade aktuelle Literatur oder Geräteliste aufzuführen.

Sicherheit und Entsorgung. Es ist selbstverständlich, dass es beim Experimentieren zu Ausbildungszwecken keine Unfälle geben darf, dass Fahrlässigkeiten oder zumindest grobe Fahrlässigkeiten ausgeschlossen werden: Laborleiter und Lehrer können dem Vorwurf der groben Fahrlässigkeit dadurch entgehen, dass sie alle Praktikanten laut und deutlich auf Gefahren hinweisen oder konkrete Sicherheitsmaßnahmen anordnen. Eine gute fachliche und praktisch-experimentelle Ausbildung der Chemielehrer und -lehrerinnen an Universitäten und Seminaren ist die beste Gewährleistung für sachgerechtes und unfallfreies Experimentieren. Außerdem müssen sie mit Sammlung und *Sicherheitseinrichtungen* ihrer Schule bzw.

des Labors vertraut sein, den Platz und Gebrauch von Feuerlöscher, Feuerlöschdecke, Löschsand, Notdusche und Verbandkasten kennen. Sie haben sich ebenfalls davon zu überzeugen, dass eine sachgerechte *Entsorgung* von Abfällen und Restchemikalien möglich ist, oder sie müssen die Voraussetzungen dafür schaffen.

Einheitlich für alle Bundesländer ist die *„Verordnung über gefährliche Stoffe"* (Gefahrstoffverordnung, GefStoffV): Sie legt insbesondere die Auszeichnung aller Chemikaliengefäße mit den bekannten Gefahrensymbolen fest (vgl. Abb. 5.1), mit Gefahrenhinweisen und Sicherheitsratschlägen (R- und S-Sätze). Die TRGS 450 regelt darüber hinaus den *„Umgang mit Gefahrstoffen im Schulbereich"*. Aus deren Anlagen geht hervor, dass beispielsweise folgende Substanzen zwar im Lehrerexperiment, aber nicht für Schülerexperimente eingesetzt werden dürfen:

Hochentzündliche Stoffe
Gefahr: Flüssigkeiten mit Flammpunkt unter 0°C
Beispiele: Diethylether, Pentan, Hexan
Vorsicht: Offene Flammen fernhalten

Leichtentzündliche Stoffe
Gefahr: Stoffe lassen sich leicht entzünden
Beispiele: Ethanol, Alkalimetalle, Phosphor
Vorsicht: Offene Flammen fernhalten

Explosionsgefährliche Stoffe
Gefahr: Stoffe können leicht explodieren
Beispiele: Trinitrotoluol (TNT), Chloratgemische
Vorsicht: Schlag, Stoß und Hitze vermeiden

Brandfördernde Stoffe
Gefahr: Brennbare Stoffe können entzündet werden
Beispiele: Nitrate, Chlorate, Kaliumpermanganat
Vorsicht: Kontakt mit brennbaren Stoffen vermeiden

Giftige Stoffe
Gefahr: Tod durch Einatmen/Schlucken
Beispiele: weißer Phosphor, Cyanide
Vorsicht: Kontakt mit Körper vermeiden

Mindergiftige Stoffe
Gefahr: Schäden durch Schlucken
Beispiele: Schwermetallsalze, Halogenalkane
Vorsicht: Kontakt mit Körper vermeiden

Reizend wirkende Stoffe
Gefahr: Schäden an Haut, Augen und Lunge
Beispiele: konz. Ammoniak- und Salzsäure-Lösung
Vorsicht: Dämpfe nicht einatmen

Ätzende Stoffe
Gefahr: Schäden an Haut und Augen
Beispiele: konzentrierte Säuren und Laugen
Vorsicht: Berührung vermeiden

Abb. 5.1: Gefahrensymbole und Beispiele für gefährliche Chemikalien

- Sehr giftige Stoffe (T+) wie Kohlenstoffdisulfid (Schwefelkohlenstoff), Nitrobenzol, Tetrachlormethan (Tetrachlorkohlenstoff), weißer Phosphor, Kaliumcyanid, etc.
- krebserzeugende oder fruchtschädigende Stoffe (T) wie Benzol, Chrom(VI)-Verbindungen in Form von Stäuben und Aerosolen, 1,2-Dibromethan, Nickel oder Cobalt, etc.
- explosionsgefährliche Stoffe (E) wie Sprengmittel, Schwarzpulver, Mischungen von oxidierbaren Substanzen mit Kalium- oder Natriumchlorat, etc.
- Stoffgemische, die Krankheitserreger enthalten, wie pathogene Bakterien- und Pilzkulturen, fäkale Abwässer, u. a.

Entsorgung. Die Bundesländer haben auf dieser Grundlage spezifische Handreichungen für Lehrer herausgegeben – Lehrende müssen sich vor Dienstantritt mit diesen landesspezifischen Regelungen zu Gefahrstoffen und deren Entsorgung vertraut machen. Sie beginnen mit Überlegungen, bei welcher Experimentierdurchführung gefährliche Abfälle erst gar nicht entstehen. Diese Überlegungen können zusammen mit den Schülern stattfinden und Teil der aktiven Umwelterziehung sein. Wenn eine alternative Durchführung nicht realisiert werden kann, ist danach zu fragen, wie anfallende problematische Chemikalienreste sachgerecht entsorgt werden. Zur Entsorgung können *drei Wege* unterschieden werden:

1. Die Umsetzung gefährlicher Stoffe in harmlose Stoffe und deren Beseitigung in das Abwasser: Beispielsweise sind Alkalimetallreste in Spiritus umzusetzen, diese Lösungen mit Wasser zu verdünnen und die verdünnten Lösungen ins Abwasser zu geben,
2. die Umsetzung gefährlicher Stoffe und Beseitigung der Produkte in Sammelgefäßen: anfallende Chromat-Abfälle können etwa mit Natriumsulfit-Lösung reduziert und grünfarbene Chrom(III)-salzlösungen in den Schwermetallsalz-Behälter gegeben werden,
3. die sofortige Beseitigung in spezifische Sammelgefäße: beispielsweise werden Kohlenwasserstoffe oder halogenierte Kohlenwasserstoffe in entsprechende Behälter gegeben (vgl. Abb. 5.2).

Es haben sich *5 Sammelbehälter* für Laboratorien in Universitäten und Schulen bewährt (vgl. Abb. 5.2):

1. für feste Abfälle, die in Filtertüten oder in Papier eingewickelt sind,
2. für konzentrierte Lösungen von Säuren, Laugen und Schwermetallsalzen,
3. für halogenierte Kohlenwasserstoffe,
4. für Kohlenwasserstoffe und andere nichthalogenierte organische Flüssigkeiten,
5. für verunreinigte Quecksilber-Reste, die zur Reinigung bestimmt sind.

Diese Sammelbehälter werden von Zeit zu Zeit einer Entsorgungsstelle zugeführt, die durch den Schulträger nachzuweisen ist. Vor dem Abtransport sind die Schwermetallsalz-Lösungen des Behälters (2) bis zur deutlich alkalischen Reaktion mit Laugen zu versetzen, die ausgefallenen, festen Hydroxide zu filtrieren und dem Sammelbehälter (1) zu zuführen.

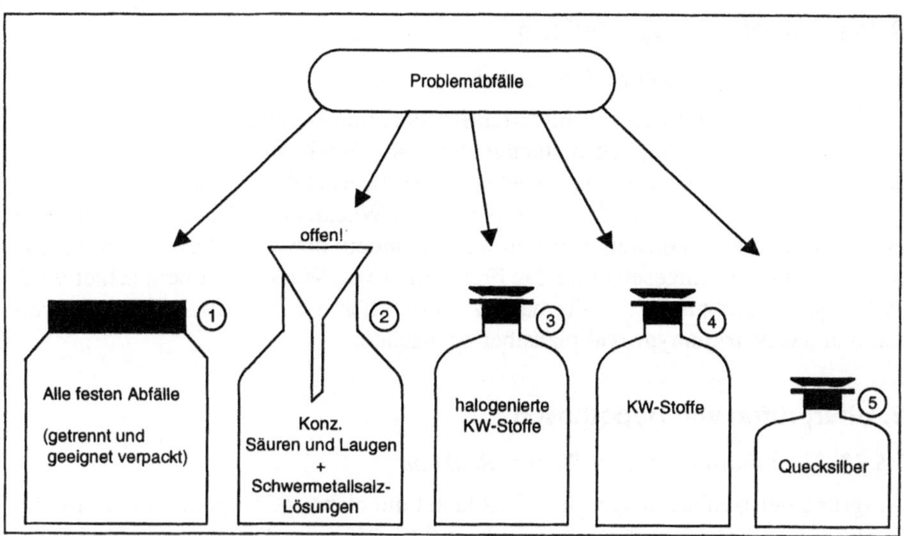

Abb. 5.2: Mögliches Konzept zur Entsorgung gefährlicher Abfälle in Schulen

5.2 Vermittlungsprozesse – Funktionen, Auswahlkriterien und Formen des Experiments

Die fachwissenschaftlichen Funktionen des Experiments sind auch fachdidaktische Funktionen, etwa die Erkenntnisgewinnung durch das Aufstellen und Prüfen von Hypothesen. So können Sachverhalte, die Schülern unbekannt sind, durch sie „nachentdeckt" werden – sie lernen dabei die naturwissenschaftliche Erkenntnismethode kennen. Dieses *„entdeckende Lernen"* verlangt das Aufstellen von Hypothesen, die Ableitung von Einzelfällen und deren Prüfung durch Planen, Durchführen und Auswerten von Experimenten. Eine detaillierte Beschreibung des „forschend-entwickelnden Unterrichtsverfahrens" ist bei Schmidkunz und Lindemann [15] zu erarbeiten. Im didaktischen Bereich gibt es darüber hinaus allerdings viele andere Funktionen, die meist keine Entsprechung in der Fachwissenschaft aufweisen. Diese Funktionen sollen exemplarisch durch Experimente der Thematik „Alkalimetalle" anschaulich werden.

1. Einstieg und sachbezogene Motivation

V5.11: Natrium-Wasser-Reaktion (Overhead-Projektion)

Das Bild der auf der Wasseroberfläche dahingleitenden Natrium-Kugel (oder mehrerer Kugeln) ist allein schon ein Erlebnis für die Schüler und motivierend, genauer zu beobachten. Bei genauerem Hinsehen sind Schlieren zu erkennen, die die Kugeln hinterlassen (sie sind mit Phenolphthalein-Indikatorlösung sogar rot gefärbt zu zeigen). Das zischende Geräusch (oder auch die Netzlöffel-Version des Versuchs) weist auf eine Gasentwicklung hin. Sowohl die Fragen nach Eigenschaften dieses Gases als auch nach der Art der entstehenden Lösung stellen sich von ganz allein: sachbezogene Motivation (vgl. auch Kap. 2).

2. Wecken einer Fragestellung

V5.12: Natriumhydroxid-Zink-Reaktion

Lernende können aus den geschilderten Beobachtungen allein nicht schließen, wie die entstandene Lösung zusammengesetzt ist. Durch Eindampfen der Lösung erhält man zwar zunächst einen weißen Feststoff, es stellt sich allerdings die Frage, ob es Natriumoxid ist oder nicht. Nach dem Wecken dieser Fragestellung kann ein experimenteller Hinweis gegeben werden, indem der weiße Feststoff mit Zink- oder Eisenpulver umgesetzt und das Freiwerden von Wasserstoff beobachtet wird. Mit diesem Ergebnis ist die Vermutung hinsichtlich des Natriumoxids zu verwerfen und das Natriumhydroxid plausibel zu machen.

3. Überprüfen von Hypothesen

V5.13: Quantitative Natrium-Wasser-Reaktion

Aufgrund der Beobachtungen in V5.12 lautet die bisherige Hypothese in Form des Reaktionssymbols: $2\,Na\,(s) + 2\,H_2O\,(l) \rightarrow 2\,NaOH(aq) + H_2\,(g)$; exotherm

Um diese Hypothese experimentell zu prüfen, kann als Folgerung aus der Hypothese die Reaktion quantitativ durchgeführt werden und ein Stoffmengen-Vergleich stattfinden: aus 2 mol H_2O-Molekülen sollte sich 1 mol H_2-Moleküle entwickeln. Dementsprechend ist eine bestimmte Wassermasse mit einem Überschuss an Natrium in der geschlossenen Apparatur umzusetzen. Die Schüler können diese Idee erarbeiten, die notwendige Apparatur entwerfen und die Durchführung bzw. Auswertung des Experiments planen.

4. Sammeln von Daten

V5.14: pH-Wert und Konzentration der entstandenen Natronlauge

Um etwa zu wissen, welcher pH-Wert und welche Konzentration für die bei V5.11 erhaltene Natronlauge vorliegt, kann man mit dem geeichten pH-Meter messen und die Lauge mit einer Säure-Maßlösung titrieren. Dazu werden beispielsweise 50 mL der Lauge in den Erlenmeyerkolben überführt, mit einem Farbindikator versetzt und gegen 0,1 molare Salzsäure titriert. Messwert und pH-Wert sind Daten, die verglichen und diskutiert werden können.

5. Veranschaulichen eines theoretischen Zusammenhangs

V5.15: Verdünnungsreihe zur Veranschaulichung von pH-Werten

Den in V5.14 erhaltenen pH-Wert können die Lernenden nicht ohne weiteres einordnen und mit der Konzentration der OH^- (aq)-Ionen in der Lösung korrelieren. Um diesen Zusammenhang deutlich zu machen, wird eine 1-molare Natronlauge-Lösung vorgegeben und der pH-Wert 14 zugeordnet. Diese Lösung wird um die Faktoren 1:10, 1:100 und 1:1000 verdünnt, pH-Werte 13, 12 und 11 werden gemessen. Damit ist anschaulich, dass sich der pH-Wert um eine Einheit verändert, wenn die Konzentration der Lösungen um den Faktor 10 variiert. Aufgrund der vorliegenden Messreihe kann auch die Konzentration an OH^- (aq)-Ionen eingeschätzt werden, die dem in V5.14 gemessenem pH-Wert entspricht.

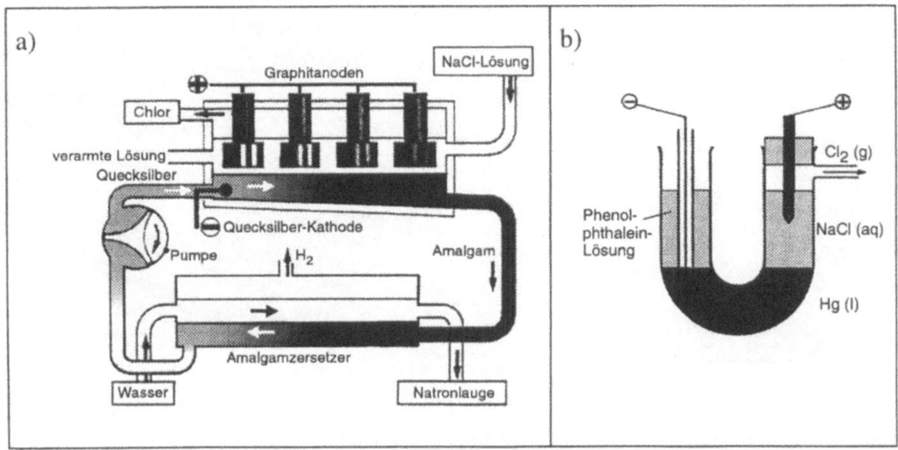

Abb. 5.3: Schemata zum Amalgamverfahren in Industrie [16] und Unterricht [11]

6. Simulieren technischer Verfahren

V5.16: Modellexperiment zum Amalgamverfahren

Die Industrie hat das Amalgamverfahren entwickelt, um bei der Elektrolyse von billiger Steinsalz-Lösung reine, Natriumchlorid-freie Natronlauge zu erhalten. Bei der Elektrolyse wird jeweils Natriumamalgam gebildet und im Gegenstrom mit Wasser wieder zersetzt (vgl. (a) in Abb. 5.3). Bildung und Zersetzung des Natriumamalgams können im Modellexperiment zur Elektrolyse der Kochsalzlösung simuliert werden, wie es (b) in Abbildung 5.3 vorschlägt.

7. Nachvollziehen historischer Experimente

V5.17: Elementaranalyse nach Liebig

Natronlauge sowie Kalilauge und „Ätzkali" spielten bei der historischen Verbrennungsanalyse eine große Rolle – insbesondere hat Liebig mit großem Erfolg den von ihm entwickelten „Kaliapparat" eingesetzt, der gebildetes Kohlenstoffdioxid vollständig aus dem Gasstrom absorbierte (vgl. Abb. 5.4). Eine ähnliche Apparatur kann schematisch zum Nachvollzug dieses Analyseverfahrens demonstriert werden. Es ist in V5.17 allerdings eine Version vorgesehen, bei der gebildetes Kohlenstoffdioxid im Kolbenprober quantitativ aufgefangen, nicht aber Wasser nachgewiesen wird.

8. Wiederholen und Vertiefen von Sachverhalten

V5.18: Reaktion von Rohrreinigern des „NaOH-Al-Typs"

Um behandelte Sachverhalte zu Substanzen wie Alkalimetallhydroxiden und Laugen sinnvoll zu wiederholen und zu vertiefen, kann die Badezimmerchemikalie „Rohrreiniger" vorgestellt und untersucht werden. Bereits das Lesen des Etiketts (vgl. Abb. 5.5) verrät die Inhaltsstoffe Natriumhydroxid und Aluminium, man

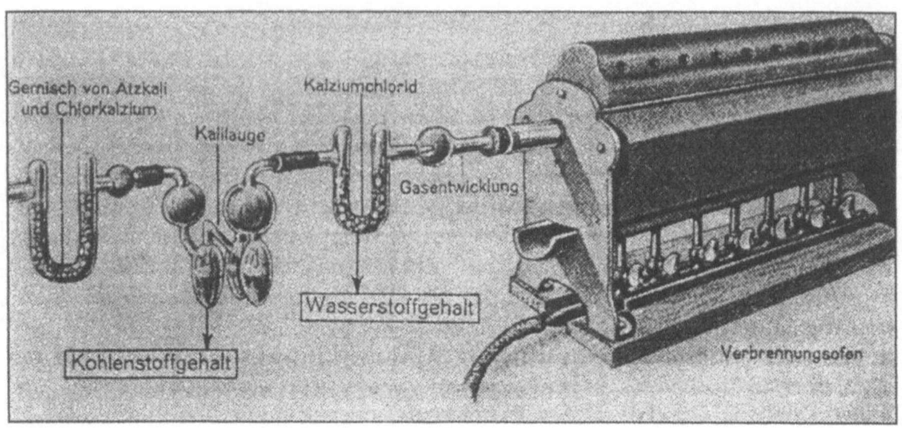

Abb. 5.4: Schema der historischen Elementaranalyse nach Liebig [17]

erkennt in der Tat silberfarbene Metallsplitter neben der bekannten weißen Substanz in körniger Form. Das Zusammengeben mit Wasser führt zur stark exothermen und alkalischen Reaktion, Hinzugeben von Papier macht auch die Zersetzungswirkung von heißer, konzentrierter Natronlauge anschaulich. Die Bildung eines Gases wird untersucht und dessen Funktion diskutiert (vgl. Kap. 8).

9. Überprüfen des Lernerfolgs

V5.19: Reaktion von Erdalkalimetallen mit Wasser

Es kann zum Lernerfolg geprüft werden, inwieweit die Schüler die bekannten Reaktionen der Alkalimetalle mit Wasser auf die ähnlichen Reaktionen von Magnesium und Calcium mit Wasser zu übertragen vermögen. Die Bildung von Hydroxiden und Wasserstoff ist bekannt, allerdings fallen die festen Hydroxide in Form von Suspensionen an. Zur Formulierung der Reaktionssymbole ist nur die Zusammensetzung der Erdalkalimetallhydroxide neu.

10. Einüben experimenteller Fertigkeiten

V5.20: Schülerexperimente zur Lithium-Wasser-Reaktion

Um auch zu den gefährlichen Alkalimetallen und ätzenden Laugen an einer Stelle Schülerexperimente realisieren zu können, ist das Experimentieren mit Lithium möglich. Es lässt sich im Gegensatz zu Natrium oder gar Kalium sicherer handhaben: Die Reaktion mit Wasser ist nicht nur im Becherglas möglich, sondern auch quantitativ in einer geschlossenen Apparatur wie etwa in einem pneumatisch mit Wasser gefüllten Standzylinder (Natrium und Kalium dürfen auf diese Weise nicht zur Reaktion gebracht werden!).

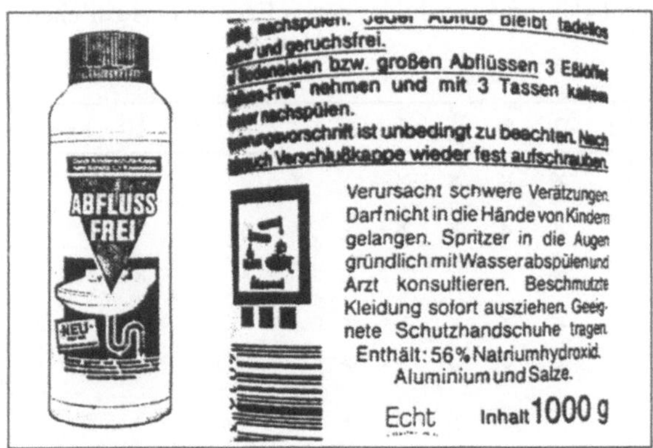

Abb. 5.5: Etikett eines Rohrreinigers vom „NaOH-Al-Typ“ [18]

Das *Schülerarbeitsblatt* (siehe V5.20 am Ende des Kapitels) soll nicht nur aufzeigen, welche Experimente in welcher harmlosen Form möglich und von den Lernenden auswertbar sind, sondern ebenfalls als Beispiel dienen, wie ein Arbeitsblatt für Schülerexperimente generell abgefasst werden kann.

Auswahlkriterien für Experimente. Nachdem die verschiedenen Funktionen von Experimenten deutlich geworden sind, sollen weitere Kriterien zur Auswahl von Experimenten im Chemieunterricht angeboten und reflektiert werden: Das jeweilige Experiment soll möglichst

- für die Altersstufe geeignet sein,
- auf vorhandene Kenntnisse der Schüler aufbauen,
- fachwissenschaftlich und didaktisch „ergiebig“ und
- auf die Gegebenheiten der Schulsammlung zugeschnitten sein,
- eine hohe Wahrscheinlichkeit des Gelingens aufweisen,
- bei der Ausführung kein Sicherheitsrisiko mit sich bringen,
- innerhalb einer angemessenen Zeitspanne enden,
- mit einem deutlich erkennbaren Effekt beendet werden,
- als Schülerversuch einsetzbar sein.

Für einen konkreten Unterrichtssachverhalt lassen sich ebenfalls Auswahlkriterien finden, etwa für ein *erstes* Experiment zur Einführung der chemischen Reaktion (vgl. Tabelle 5.3):

Element A + Element B $\rightarrow$ Verbindung AB ; Energieumsatz

1. A, B, AB sollen den Schülern aus dem Alltag bekannt sein.
2. Die Reaktion soll als Schülerversuch durchführbar sein.
3. Die Reaktion soll in brauchbarer Zeit ablaufen.
4. Der Geräteaufwand soll gering sein.
5. A, B, AB sollen sichtbar feste oder flüssige Stoffe sein.
6. A, B, AB sollen sich in den Eigenschaften deutlich unterscheiden.
7. Das Gemisch aus A und B soll gut trennbar sein.
8. AB soll in die Ausgangstoffe zerlegbar sein.

Tabelle 5.3: Erfüllung der Kriterien 1–12 zur Auswahl des ersten Experiments zur chemischen Reaktion

Beispiele der Schulbuchliteratur	1	2	3	4	5	6	7	8	9	10	11	12
Bildung von Eisensulfid		×	×	×	×		×		×	×	×	
Kupfersulfid		×	×	×	×	×	×	×	×	×	×	
Metalloxiden	×	×	×	×		×		×	×	×	×	×
Nichtmetalloxiden	×	×	×	×		×			×	×	×	×
Metallchloriden	×		×	×		×			×	×	×	×
Aluminiumbromid			×	×	×	×			×	×	×	
Silberiodid		×	×	×	×	×	×	×		×	×	×
Natriumamalgam			×	×	×	×	×	×	×	×	×	×

9. Die Reaktion soll einen deutlichen Energieumsatz zeigen.
10. Sicherheitsanforderungen sollen erfüllt sein.
11. A und B sollen durch Strukturmodelle sachlich korrekt wiederzugeben sein.
12. AB soll durch Strukturmodelle sachlich korrekt wiederzugeben sein.

Ausführungsformen des Experiments. Die am häufigsten verwendete Form zur Durchführung von Experimenten ist das Demonstrationsexperiment. Das Schülerexperiment wird zwar als didaktisch wichtig und wertvoll erachtet, allerdings mit dem Argument der fehlenden Unterrichtszeit oder der fehlenden materiellen Ausstattung nicht immer realisiert. Eine Mischform aus beiden kann das Schülerdemonstrationsexperiment sein, das der Lehrer mit einer Schülergruppe verabredet und durch diese vorführen lässt (vgl. Tabelle 5.4).

Insbesondere bei Demonstrationsexperimenten sind einige *Grundsätze der Gestaltpsychologie* [19] zu beachten, um für den Betrachter die Aufmerksamkeit auf das Wesentliche zu lenken und damit die Wahrnehmung zu optimieren. Beabsichtigte Beobachtungen werden so erleichtert und Auswertungen der Experimente erfolgreicher ermöglicht:

- Teile einer Apparatur sind für den Betrachter so anzuordnen, dass beteiligte Stoffe von links nach rechts fließen,
- Stativmaterial soll die Beobachtung geplanter Effekte nicht stören: Es wird deshalb vom Betrachter aus hinter der Apparatur angeordnet,
- es werden möglichst einfache Apparaturen ausgewählt, unnötig komplizierte und schwer durchschaubare Geräte oder Gefäße sind zu vermeiden,
- Verbindungsschläuche oder Rohre laufen möglichst glatt in waagerechter Anordnung, Substanzströme soweit als möglich in einer geraden Linie,
- nicht unmittelbar zum Experiment gehörende Gegenstände und Chemikalien sollen auf dem Experimentiertisch nicht stören, sie sind möglichst aus dem Blickfeld zu entfernen,
- der geplante Effekt ist visuell, akustisch, geruchs- oder tastwirksam zu verstärken, wenn er von weitem nur ungenügend erkannt wird.

Tabelle 5.4: Einige Ausführungsformen des Experiments

– Lehrerdemonstration	– Realexperiment
– Schülerdemonstration	– Gedankenexperiment
– Schülerexperiment	– medial vermitteltes Experiment
– arbeitsgleich	– qualitativ, quantitativ
– arbeitsteilig	– verschieden nach Substanzmenge:
– selbständig	– Makromaßstab
	– Halbmikromaßstab
	– Mikromaßstab

Es ist insbesondere der *Tageslichtprojektor* zur Verstärkung geplanter Effekte einzusetzen: sowohl durch eine Projektion und Vergrößerung etwa von Petrischalen und darin enthaltene Lösungen, als auch durch das hellere Licht des Projektors, wenn man auf der beleuchteten Glasplatte experimentiert. Durch Einstellen des Spiegels kann auch mit dem Licht des Tageslichtprojektors die Apparatur auf dem Experimentiertisch direkt beleuchtet oder auch nur der Teil der Apparatur erhellt werden, der den Effekt liefert (vgl. Kap. 4).

Steht eine kleine *Fernsehkamera* (Schwanenhalskamera) zur Verfügung, so ist es auch möglich, einen ungenügend beobachtbaren Effekt vergrößert auf den Monitor zu übertragen oder mit dem Videodatenprojektor zu projizieren. Diese Experimentiermethode ist geeignet, mit kleinen Mengen an Chemikalien auszukommen: „Chemie en miniature" [20]. Auch die Halbmikrotechnik von Häusler [21] oder die Küvettentechnik von Kometz [22] machen das Experimentieren mit wenig Substanz möglich.

Organisatorischer Ablauf des Experimentalunterrichts. Die Vorbereitung von Experimentalunterricht im Fach Chemie beschränkt sich oftmals nicht auf eine singuläre Unterrichtsstunde. Es ist meist eine Reihe von Experimenten einer Unterrichtseinheit auf mehrere Unterrichtsstunden zu verteilen, einzelne Experimente sind zuvor auszuprobieren, Folien für den Tageslichtprojektor oder Arbeitsblätter für Schülerexperimente vorzubereiten und für den Unterricht zu vervielfältigen. Die einzelnen Schritte der Vorbereitung lassen sich wie folgt gliedern:

Vorbereitung: (am Tag zuvor)
- Durchführen des geplanten Schülerexperiments,
- Konzipieren eines Arbeitsblattes für Schülerexperimente,
- Ausprobieren geplanter Demonstrationsexperimente,
- Zeichnen einer Folie für die verwendete Apparatur,
- Bereitstellen von Geräten und Chemikalien,
- Vorbereiten von Sicherheitsmaßnahmen.

Durchführung:
- Problem stellen, Schüler diskutieren lassen,
- Geräte (durch Schüler) erläutern und zusammensetzen,
- Apparatur (durch Schüler) zeichnen (Tafel oder Folie),
- Schülern Zeit lassen, Schema abzuzeichnen (Schablone),
- Sicherheitsmaßnahmen erläutern, durchführen,

- Experiment (durch Schüler) realisieren,
- zu beobachtende Effekte deutlich machen,
- Ablesen der Messgeräte ermöglichen,
- Experiment deutlich beenden (Sicherheit).

Beobachtung, Messwerte:
- Beobachtungen sammeln, durch Schüler formulieren,
- Beobachtungen notieren (Tafel, zeitliche Reihenfolge),
- ggf. Durchführung teilweise wiederholen,
- Messwerte tabellarisch und/oder grafisch wiedergeben,
- Messfehler und Fehlerquellen diskutieren.

Erklärung (Auswertung):
- Einzelne Beobachtungen durch Schüler auswerten,
- ggf. Versuchsteile (durch Schüler) wiederholen,
- Hilfen zur Erklärung anbieten und diskutieren,
- auf Vorkenntnisse, auf bekannte Versuche verweisen,
- Beobachtungen insgesamt diskutieren und erklären,
- Modellvorstellungen zum Aufbau der Stoffe und
- Reaktionssymbole von Schülern entwickeln lassen,
- Versuchsprotokoll an der Tafel durch Schüler entwerfen
- und von allen Schülern ins Heft übertragen lassen,
- Protokoll ggf. als Hausaufgabe stellen,
- *Gliederung des Protokolls:* Problemstellung, Durchführung, Beobachtung, Auswertung (Fehlerdiskussion).

Nachbereitung: (nächste Unterrichtsstunde)
- Fragen zum Experiment/Protokoll beantworten,
- Ergänzungen ins Protokoll übertragen,
- auf die Problemstellung zurückkommen und
- das Problem abschließen,
- ggf. aus dem Ergebnis neue Thematik ableiten.

5.3 Lernende – Spieltrieb und Neugierverhalten, experimentelle Fertigkeiten

Für junge Schüler und Schülerinnen kommt dem Experiment im Chemieunterricht eine besondere Bedeutung zu, da Spieltrieb und Neugierverhalten eine große Aufgeschlossenheit für Experimente erwarten lassen. Deshalb sind einfache Phänomene und Messungen wie etwa zur Dichte, Löslichkeit, Schmelz- und Siedetemperatur von Stoffen von diesen Jugendlichen hochwillkommen und zur Durchführung als Schülerversuch zu empfehlen. Oftmals besitzen ganz interessierte Schüler bereits einen käuflichen *Experimentierkasten* (vgl. Kap. 4) und kennen viele einfache Experimente: Diese Schüler fallen durch ihre Kenntnisse und experimentellen Fertigkeiten besonders auf. Für die Lernenden ist insbesondere zu reflektieren:

- *Erste beginnende manuelle Fertigkeiten im Umgang mit Experimentiergerät:* Im Sachunterricht der Primarstufe sind erste Schülerexperimente etwa zu den Themengebieten Luft und Verbrennung oder Wasser und Lösungen durchgeführt worden, allerdings meist nicht mit Glasgeräten des chemischen Labors, sondern eher mit bekannten Gegenständen aus der Küche. Deshalb ist der sachgemäße Umgang mit Experimentiergerät und Chemikalien unter Beachtung erster Sicherheitsvorschriften zu üben, um Schritt für Schritt die Fertigkeiten für ein problemorientiertes, selbständiges Experimentieren zu erreichen. Eine Besonderheit ist zu beachten: Jungen drängen sich gern in den Vordergrund, übernehmen das Experimentieren und weisen den Mädchen die Beobachter- oder Protokollantenrolle zu. Lehrer sollten einen Ausgleich versuchen oder in getrennten Gruppen experimentieren lassen.

- *Die Gewöhnung an genaues Beobachten:* Bisher zufälliges Hinschauen ist nach und nach zu ändern zugunsten eines gezielten Beobachtens, das bereits bei der Planung des Experiments festzulegen ist. Bei quantitativen Messungen sind Messgrößen und Einheiten deutlich zu machen, alle Messgeräte sind besonders anschaulich vorzustellen und sorgfältig zu demonstrieren, bevor sie bei Schülern und Schülerinnen im selbständigen Experiment zum Einsatz kommen.
- Das Protokollieren *von Denkschritten:* Die Fähigkeiten zum Experimentieren werden optimiert, wenn Schüler und Schülerinnen zunächst einfache Protokolle im Unterricht vor Ort oder als Hausaufgabe erstellen. Es wird nicht nur die Abfolge der Einzelschritte beim Experimentieren reflektiert und bis zur Routine erlernt, sondern Messwerte können zusätzlich in Tabellenform oder durch grafische Darstellungen wiedergegeben werden. Die letztgenannte Fähigkeit ist für den Anfänger besonders schwierig und an ersten Messreihen zu üben.

5.4 Gesellschaftliche Bezugsfelder – Umwelt- und Alltagsbezüge, historische Entwicklungen

Schüler und Schülerinnen kennen Substanzen und deren Umwandlungen aus dem Alltag und wissen – etwa durch Fragen zur Sortierung und Behandlung des Hausmülls – um die Gefährdung der Umwelt durch problematische Stoffe. Deshalb sind in Bezug auf gesellschaftlicher Bezugsfelder folgende Reflexionen inhaltlicher und handlungsorientierter Art möglich und sinnvoll:

- *Experimente zu Fragen des Umweltschutzes:* Sobald mit der Behandlung einer bestimmten Thematik (etwa Luft, Wasser, Erdboden, Ökologie) die Problematik des Umweltschutzes tangiert wird, sollten diesbezüglich zusätzliche Experimente demonstriert und diskutiert werden. Auch hinsichtlich einer praxisnahen *Umwelterziehung* können zur Planung und Durchführung von Experimenten mit den Lernenden gemeinsam Wege reflektiert werden, auf denen möglichst keine Schadstoffe entstehen oder eine Entsorgung von Schadstoffen unproblematisch ist (vgl. Kap. 8).
- *Experimente zur Anwendung in Alltag und Technik:* Sobald von einem Experiment ausgehend ein Alltagsbezug möglich ist, sollte dieser hergestellt oder zur sachbezogenen Motivierung aufgezeigt werden. Falls am Schulort die industrielle Herstellung bestimmter Stoffe stattfindet (Zucker, Düngesalze, Kohle, Metalle, etc.) oder die chemische Industrie präsent ist, sollten sich Experimente an

passender Stelle auch auf diese Techniken beziehen und damit enge Verknüpfungen mit der Chemie in Alltag und Technik vor Ort ausweisen (vgl. Kap. 8). Exkursionen und Betriebserkundungen geben den Schülern und Schülerinnen zudem Einblicke in Probleme der wechselseitigen Beeinflussung von Laborexperiment und technischer Realisierung im Großmaßstab (beispielsweise Weindestillation im Unterricht und großtechnische Branntweinproduktion, galvanische Zelle im Unterricht und großtechnische Batterieherstellung).

- *Historische experimentelle Entwicklungen für die Gesellschaft*: Schüler und Schülerinnen sollen erfahren, welche große Bedeutung die Herstellungsverfahren vieler Stoffe auf das gesellschaftliche Leben hatten (Steinzeit, Bronze-, Eisen-, Silicium-Zeitalter) oder inwieweit bestimmte Stoffgruppen das gesellschaftliche Leben verändert haben (Liebigs Forschungen und die Bedeutung mineralischer Düngemittel für Landwirtschaft und Lebensmittelproduktion, Brennstoffe und Kunststoffe aus Erdöl, Textilien, Medikamente, Farbstoffe, Baumaterialien, etc).

  In bestimmter Weise war auch der „Krieg Vater vieler Dinge“ und hat die Entwicklung bzw. Herstellung vieler Stoffe beschleunigt (Zucker aus Rüben nach der Kontinentalsperre durch Napoleon und damit der Einfuhrsperre von Zuckerrohr aus Übersee, Ammoniak-Synthese zur Herstellung von Sprengmitteln für den 1. Weltkrieg, synthetisches Benzin und Kautschuk zur Kriegsführung im 2. Weltkrieg, Entwicklung von kernwaffenfähigem Uran und Abwurf erster Atombomben am Ende des 2. Weltkriegs). Solche Zusammenhänge sollten im Unterricht nicht unterschlagen werden, vielmehr kann deren Kenntnis bei den Jugendlichen dazu beitragen, auch andere kriegsbedingte, bedrohliche Entwicklungen zu erkennen und zu diskutieren.

- *Gruppendynamische Prozesse bei der Lösung experimenteller Aufgaben*: Durch die Arbeitsteilung beim Experimentieren in Schülergruppen werden soziales Verhalten der Gruppenmitglieder, gemeinsame Interessen bzw. Abstimmungen innerhalb der Gruppe und Rücksichtnahme des Einzelnen zugunsten der Gruppenziele gefördert. Insbesondere die gemeinsame Abstimmung zwischen Jungen und Mädchen in einer Experimentiergruppe kann deren Zusammenarbeit positiv beeinflussen und etwaige Vorbehalte abbauen. Schließlich ist es auch die Sicherheit beim Experimentieren, die die Diskussion in der Gruppe beansprucht, den umweltbewussten Umgang mit Chemikalien fördert und damit Umweltbewusstsein und Fähigkeiten zum umweltgerechten Handeln erweitert.

  Werden Ausstellungen experimenteller Ergebnisse von Schülergruppen realisiert, etwa eigene Untersuchungsergebnisse von Qualitäten der Luft, des Erdbodens oder des Fluss- bzw. des Trinkwassers im Wohnort durch Plakate veröffentlicht, so können sich sachbezogene Diskussionen der „Experten“ mit den Mitschülern anschließen, können sich Kontakte zu schulfremden Besuchern und zu anderen Gesellschaftsgruppen anbahnen. Diese Form der Erziehung zu Kompetenz, zu Kritikfähigkeit und demokratischer Aufgeschlossenheit unserer Jugendlichen ist zweifelsfrei ein wichtiges Ziel des Chemieunterrichts!

Literatur

[1] Liebig, J.: *Der Zustand der Chemie in Preußen.* Ann. Chem. Pharm. 34 (1840), 97

[2] Ströker, E.: *Denkwege der Chemie.* Freiburg 1967 (Alber)

[3] Vossen, H.: *Kompendium Didaktik Chemie.* München 1979 (Ehrenwirth)

[4] Von Laue, M.: *Mein physikalischer Werdegang. Eine Selbstdarstellung.* Braunschweig 1961 (Vieweg)

[5] Wiederholt, E.: *Gaschromatographie – Nachweis von in Wasser gelöstem Sauerstoff und Stickstoff.* MNU 52 (1999), 92

[6] Brockmeyer, H.: *Röntgenstrahlen im naturwissenschaftlichen Unterricht.* Köln 1973 (Aulis)

[7] Schwedt, G.: *Chemie zwischen Magie und Wissenschaft.* Weinheim 1991 (VCI)

[8] Glöckner, W., u.a.: *Handbuch der Experimentellen Chemie.* Köln 1994 (Aulis)

[9] Gilbert, L., u.a.: *Tested Demonstrations in Chemistry.* Granville 1994 (ACS)

[10] Häusler, K., u.a.: *Experimente für den Chemieunterricht.* München 1991 (Oldenbourg)

[11] Barke, H-D., u.a.: *Chemische Experimente.* Hannover 1988 (Schroedel)

[12] Shakhashiri, B.: *Chemical Demonstrations.* Madison 1983 (University of Wisconsin Press)

[13] Arendt,R., Dörmer, L.: *Technik der Experimentalchemie.* Heidelberg 1980 (Quelle+Meyer)

[14] Meyendorf, G., u.a.: *Chemische Schulexperimente.* 5 Bd. Frankfurt 1979 (Deutsch)

[15] Schmidkunz, H., Lindemann, H.: *Das forschend-entwickelnde Unterrichtsverfahren.* Essen 1992 (Westarp)

[16] Dehnert, K., Jäckel, M.: *Allgemeine Chemie.* Hannover 1979 (Schroedel)

[17] Strube, W.: *Der historische Weg der Chemie.* Leipzig 1981 (Deutscher Verlag)

[18] Eisner, K., u.a.: *Elemente Chemie* I. Stuttgart 1992 (Klett)

[19] Schmidkunz, H.: *Die Gestaltung chemischer Demonstrationsexperimente nach wahrnehmungs-psychologischen Erkenntnissen.* NiU-P/C 31 (1983) 131

[20] Roesky, H.: *Chemie en miniature.* Weinheim 1997 (VCI)

[21] Häusler, K. G.: *Die Halbmikrotechnik.* NiU-Chemie 41 (1993), Heft 2, 10

[22] Kometz, A., Krech, K.: *Küvettentechnik und Mikroglasbaukasten.* Chem. Sch. 45 (1998), 348

Übungsaufgaben zu „5 Experimente"

A5.1 Experimente erfüllen im Chemieunterricht meist bestimmte Funktionen. Nennen Sie fünf Funktionen und skizzieren Sie jeweils Experiment und Unterrichtszusammenhang Ihrer Wahl.

A5.2 Zur Durchführung von Schülerexperimenten ist die arbeitsgleiche und die arbeitsteilige Form des Experimentierens üblich. Erläutern Sie jeweils drei unterrichtliche Beispiele Ihrer Wahl.

A5.3 Die Hypothesenprüfung dient sowohl zur Erkenntnis in der Fachwissenschaft als auch zur Erkenntnis im Chemieunterricht. Beschreiben Sie eine historische Hypothese der Naturwissenschaften und deren Prüfung. Entwerfen Sie eine Situation im Chemieunterricht, die zu einer Hypothese führt, skizzieren Sie den Weg und mögliche Experimente zu deren Prüfung.

A5.4 Eine besondere Bedeutung haben Experimente zu quantitativen Messungen. Nennen Sie fünf für den Chemieunterricht geeignete Größen zur Messwerterfassung, beschreiben Sie diesbezügliche Messgeräte und zeichnen Sie entsprechende Experimentieranordnungen auf.

A5.5 Sicherheitsmaßnahmen und Entsorgung spielen für einen Experimentalunterricht eine große Rolle. Nennen Sie fünf wichtige Maßnahmen zur Sicherheit jeweils am Beispiel eines gefährlichen Schulexperiments. Beschreiben Sie wichtige Entsorgungsmaßnahmen und führen Sie wesentliche Sammelbehälter für Chemikalienreste auf.

Praktikum zu „5 Experimente“

V5.1: Gaschromatographie im Schulversuch

Problem: Übliche Chromatographen der Forschungslaboratorien sind geschlossene Apparaturen, in die man nicht hineinschauen kann („black boxes“). Zur Anschaulichkeit des Analyseverfahrens ist es deshalb didaktisch sinnvoll, eine Apparatur zu demonstrieren, die durch Verwendung eines gläsernen Schlangenkühlers alle Funktionen offen zeigt (Bild). Mit der vorgestellten Apparatur lassen sich etwa die beiden Isomere des Butans trennen und durch leuchtende Flammen anzeigen.

Material: Gaschromatograph, Gasspritze (10 mL), Butangasbrenner (F^+); Wasserstoff (F^+).

Durchführung: Der Schlangenkühler enthält eine weiße Trägersubstanz, deren Oberfläche mit schwer flüchtigem Hexadekan ($C_{16}H_{34}$) versehen worden ist und sich deshalb zur Trennung von Kohlenwasserstoffen eignet. Wasserstoff wird angeschlossen und als Trägergas solange hindurchgeleitet, bis die Knallgasprobe negativ verläuft. Er wird an der Glasspitze entzündet.

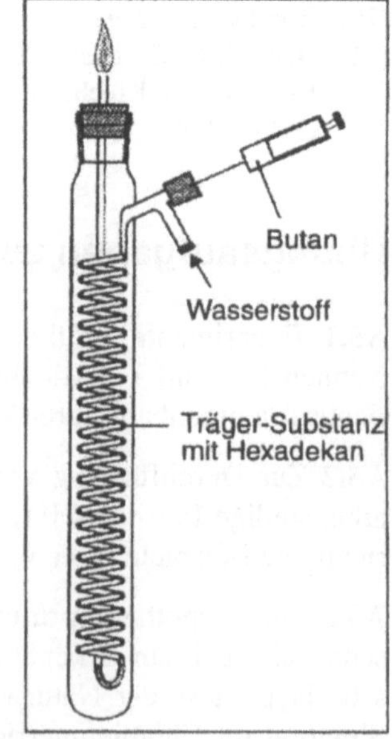

Die Gasspritze wird mit dem Gas aus dem Butanbrenner gefüllt, 5 mL werden durch das Septum in den Strom des Wasserstoffs eingespritzt. Das Experiment wird beendet, indem der Wasserstoffstrom abgestellt wird. Vorsicht: nach einiger Zeit befindet sich ein Knallgas-Gemisch im Schlangenkühler! Erst mit Wasserstoff spülen, dann erneut entzünden!

Beobachtung: Nach etwa 30 s brennt die zunächst farblose Wasserstofflamme hell leuchtend auf und verlischt, nach weiteren 5 s leuchtet sie nochmals auf.

V5.2: Schulröntgengerät zur Kristallanalyse

Problem: Die meisten Apparaturen zur instrumentellen Analytik sind sehr teure Großgeräte und können in Forschungsinstituten besichtigt werden. Zur Röntgenstrukturanalyse hat die Lehrmittelindustrie ein Schulgerät entwickelt, mit dem – neben den bekannten Schattenaufnahmen – die Interferenzmuster von Einkristallen (Laue-Diagramme) oder von Kristallpulvern (Debye-Scherrer-Aufnahmen) und Glanzwinkel der Kristalle (Braggsche Winkel) demonstriert werden können (vgl. Kap. 16).

Material: Röntgenschulgerät, Zubehör wie Röntgenfilm oder Polaroid-Röntgen-Diffraktionskassette, Filmentwickler und Fixierer; Lithiumfluorid-Einkristall (T), Natriumchlorid-Pulver.

Durchführung: Nachdem mit der Demonstration von Schattenaufnahmen das Gerät vorgestellt wurde, wird es zur Aufnahme von Lauediagrammen umgebaut: Der Einkristall wird justiert, dahinter die Fotoplatte oder eine Polaroid-Röntgen-Diffraktionskassette angeordnet. Ein feiner Röntgenstrahl ist auszublenden und auf den Einkristall zu lenken. Nach ausreichender Belichtungszeit wird die Fotoplatte entwickelt oder das Polaroidbild aus der Kassette gezogen. Mit dem Kristallpulver wird ähnlich verfahren (vgl. Kap. 16).

Beobachtung: Im ersten Fall ist neben dem Primärstrahl ein symmetrisches Muster von Beugungspunkten zu erkennen, im zweiten Fall ein Muster von Beugungsringen.

Experimente zu Alkalimetallen

Vorsichtsmaßnahmen für den Umgang mit Alkalimetallen

1. Schutzbrille aufsetzen.
2. Alkalimetalle nicht mit bloßen Händen anfassen, sondern mit der Pinzette.
3. Vor dem Entrinden das anhaftende Petroleum mit Filterpapier abtupfen.
4. Mit Messer und Pinzette Rinden sorgfältig abschneiden.
5. Alkalimetallrinden und Reste in Spiritus geben.
6. Erbsengroße Stücke der Metalle zur Reaktion bringen.
7. Brände von Alkalimetallen nicht mit Wasser, sondern mit Sand löschen.
8. Alkalische Lösungen mit Wasser verdünnen und wegspülen.

V5.3: Schnittflächen der Alkalimetalle

Problem: Alkalimetalle werden unter Petroleum aufbewahrt. Um den Schülern den Grund dafür zu veranschaulichen, sollen Metallstücke angeschnitten und die Schnittflächen an der Luft beobachtet werden.

Material: 3 Uhrgläser, Pinzette und Messer, Filterpapier; Lithium (C/F), Natrium (C/F) und Kalium (C/F).

Durchführung: Jeweils ein Stück des Metalls wird mit Filterpapier vom Petroleum befreit und durchgeschnitten. Die Schnittflächen werden beobachtet.

Beobachtung: In der Reihenfolge Lithium, Natrium und Kalium läuft die silber glänzende Schnittfläche immer schneller an und färbt sich dunkel.

V5.4: Reaktionen der Alkalimetalle mit Sauerstoff

Problem: Das Anlaufen der Alkalimetalle wird von den Schülern als Reaktion mit Luft bzw. mit dem Sauerstoff der Luft interpretiert, sodass ein Verbrennen an der Luft vorausgesagt und die Vermutung durch Entzünden überprüft werden kann. Es ist festzuhalten, dass die Metalle auch mit Wasserdampf und Kohlenstoffdioxid der Luft reagieren.

Material: Dreibein mit Drahtnetz, Brenner, Stücke der drei Alkalimetalle (C/F).

Durchführung: Jeweils ein Metallstück wird unter dem Abzug auf das Drahtnetz gegeben und mit der rauschenden Flamme des Brenners entzündet.

Beobachtung: Lithium brennt mit rötlicher Flamme, Natrium mit gelber und Kalium mit violetter Farbe, weißer Rauch steigt auf, der sehr ätzend in der Nase stechen kann. Es bleibt jeweils ein weißes Verbrennungsprodukt zurück (im Fall der Verunreinigung mit Petroleum ist das Produkt auch schwarz gefärbt).

V5.5: Reaktionen der Alkalimetalle mit Wasser

Problem: Wie für V5.4 diskutiert, vermuten die Schüler gegebenenfalls auch den Wasserdampf der Luft als Grund dafür, dass die Schnittflächen der Metalle an der Luft reagieren. Eine Reaktion mit Wasser lässt sich deshalb als Hypothese formulieren und im Experiment prüfen.

Material: 3 Bechergläser, 3 Uhrgläser, Universalindikator-Papier; Stücke der drei Alkalimetalle (C/F).

Durchführung: Die Bechergläser werden zur Hälfte mit Wasser gefüllt. In jeweils ein Glas wird eines der Metallstücke gegeben und mit einem Uhrglas abgedeckt (Vorsicht: ätzende Substanz kann herausspritzen!). Nach den Reaktionen werden die Lösungen mit Universalindikator-Papier geprüft. Ein Teil der Lösungen wird eingedampft, die auftretenden weißen Feststoffe werden mit feuchtem Indikatorpapier geprüft.

Beobachtung: Alle drei Metalle reagieren mit Wasser, die Heftigkeit nimmt von Lithium über Natrium und Kalium zu. Natrium schmilzt bei der Reaktion, Kalium schmilzt und entzündet sich.
Alle drei Lösungen reagieren stark alkalisch. Nach Abdampfen des Wassers bleibt ein weißer Feststoff zurück, der wiederum mit feuchtem Indikatorpapier die alkalische Reaktion aufweist.

Hinweis: Das Abdecken mit dem Uhrglas dient zur Sicherheit: Die bei der Reaktion oft am Rand des Glases hängen bleibende Natrium- oder Kaliumkugel kann platzen und aus dem Glas herausschleudern.

Die Metallstücke können auch auf feuchtes Filterpapier gegeben werden (Abzug): In diesem Fall reagieren sie direkt zum weißen Feststoff. Vorsicht: Natrium und Kalium entzünden sich dabei, und es besteht auch hierbei die Gefahr des Umherspritzens ätzender Substanzen. Schutzbrille!

V5.6: Nachweis des Wasserstoffs bei der Natrium-Wasser-Reaktion

Problem: Das zischende Geräusch und die brennende Kaliumflamme weisen bereits auf das brennbare Gas hin, das bei der Reaktion an der Wasseroberfläche entsteht. Lässt man die Reaktion unter Wasser ablaufen, so kann man das Gas pneumatisch auffangen und als Wasserstoff nachweisen.

Material: Glasschale, Standzylinder mit Deckglas, Netzlöffel, Holzspan; Natriumstücke (C/F).

Durchführung: Der Standzylinder wird mit Wasser gefüllt und pneumatisch in die zur Hälfte mit Wasser gefüllte Glasschale gestellt. In den Netzlöffel wird ein Stück gut entrindetes Natrium gegeben und unter die Öffnung des Zylinders getaucht. Der Vorgang kann mit weiteren Stücken wiederholt werden, bis der Zylinder mit Gas gefüllt ist. Er wird mit Hilfe des Deckglases herausgehoben und aufrecht hingestellt, das enthaltende farblose Gas mit dem brennenden Holzspan geprüft. Vorsicht: Knall!

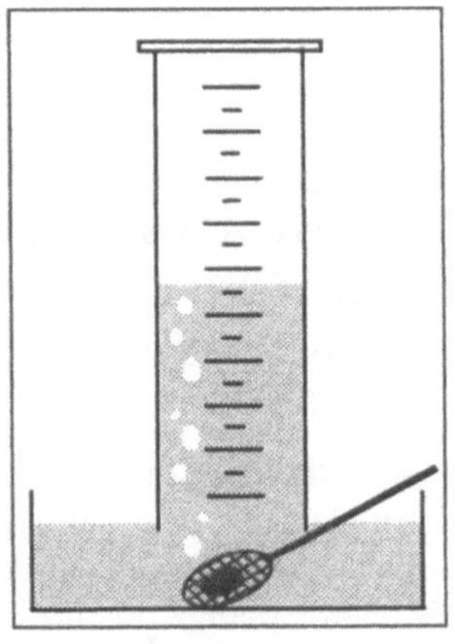

Beobachtung: Es ist die lebhafte Entwicklung eines farblosen Gases zu beobachten, das Gas lässt sich entzünden und brennt beginnend mit einem Knall ruhig ab. Die Flamme ist farblos.

V5.7: Reaktion von Natrium mit Chlor

Problem: Die Reaktionsfähigkeit der Metalle gegenüber Sauerstoff und Wasser lässt sich ebenfalls bezüglich der Halogene vermuten. Sie soll exemplarisch durch die Reaktion von Natrium mit Chlor durchgeführt, das Reaktionsprodukt ausnahmsweise vorsichtig geschmeckt werden. Das Produkt aus zwei aggressiven, giftigen Stoffen ist interessanterweise Natriumchlorid – ein essentielles Lebensmittel!

Material: Gasentwickler, Kolbenprober mit angeschlossenem Glasrohr, Reagenzglas; Kaliumpermanganat (O/Xn), konz. Salzsäure (C), Natriumstücke (F/C).

Durchführung: Unter dem Abzug wird aus Kaliumpermanganat und Salzsäure im Gasentwickler Chlor entwickelt und der Kolbenprober mit dem Gas gefüllt. Das gut entrindete, von Benzinresten befreite Natriumstück wird im eingespannten Reagenzglas solange erhitzt, bis es gelb aufleuchtet (Bild).

Das Chlor wird mit Hilfe von Kolbenprober und Glasrohr langsam so über das Natrium geleitet, dass die gelbe Flamme erhalten bleibt. Die weiße Substanz am herausgezogenen Glasrohr kann unbedenklich geschmeckt werden (nicht der Reagenzglasinhalt! Er kann Natrium enthalten!).

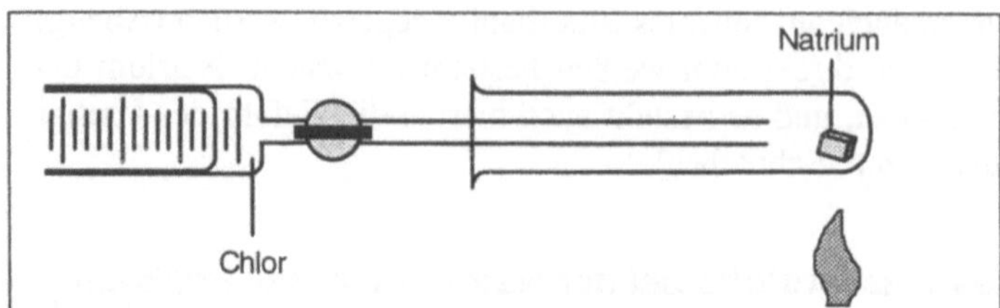

Beobachtung: Das Natrium reagiert mit grell gelber Flamme, weißes Kristallpulver setzt sich am Glasrohr ab. Es schmeckt deutlich nach Kochsalz.

Hinweis: Das meist beschädigte Reagenzglas kann Reste von Natrium enthalten, – es ist vorsichtig mit Ethanol zu versetzen und mit Wasser zu spülen, danach in den Glasabfall zu entsorgen.

V5.8: Flammenfarben der Alkalimetall-Salze

Problem: Die Flammen bei der Verbrennung der Alkalimetalle an der Luft wiesen bereits Färbungen auf, die charakteristisch für viele Salze sind, wenn sie in der heißen Brennerflamme verdampft werden. Die Farben können deshalb auf einfachem Wege zu analytischen Zwecken dienen und das jeweilige Metall in seiner Verbindung anzeigen.

Material: 3 Uhrgläser, Kobaltglas; Magnesiastäbchen, Lithiumchlorid (Xn), Natrium- und Kaliumchlorid.

Durchführung: In ein Uhrglas gibt man wenig Lithiumchlorid, in ein weiteres Natriumchlorid und in ein drittes Kaliumchlorid. Diese Proben werden mit Wasser befeuchtet. Man glüht in der nichtleuchtenden Gasbrennerflamme ein Magnesiastäbchen so lange, bis die Flamme nicht mehr leuchtet. Mit dem Stäbchen taucht man nun in das jeweilige Salz und hält es in die Flamme, für jeden neuen Test wird das Stäbchen abgebrochen und erneut ausgeglüht. Die Kaliumflamme wird durch ein Kobaltglas betrachtet.

Beobachtung: Die Brennerflamme ist durch die Salze in der angegebenen Reihenfolge tiefrot, gelb und violett gefärbt. Die letzte Farbe ist besser zu erkennen, wenn die Flamme durch das blaue Kobaltglas beobachtet wird: Die durch Spuren von Natriumsalzen in der Probe verursachte gelbe Flammenfarbe wird absorbiert.

V5.9: Elektrolyse einer Lithiumchlorid-Schmelze

Problem: Lösungen der Alkalimetallsalze lassen sich zwar einwandfrei elektrolysieren, aber anstelle des bei anderen Elektrolysen erwarteten Metalls scheidet sich Wasserstoff an der Kathode ab. Das gilt für viele unedle Metalle – der Wasserstoff wird in der Spannungsreihe deshalb an entsprechender Stelle angeordnet.

Dieser Versuch soll exemplarisch zeigen, dass anstelle der Lösung eine Schmelze genommen werden muss, um das unedle Metall elementar zu erhalten. Bei einer solchen Schmelzflusselektrolyse treten allerdings die technischen Probleme des Arbeitens bei hohen Temperaturen und großen Stromdichten auf: Um die Schmelztemperatur zu senken, wird ein Salzgemisch verwendet, die Gleichspannungsquelle muss für den hohen Stromfluss von bis zu 10 A abgesichert sein.

Material: Abdampfschale (Pyrexglas), Uhrglas, Trichter, Eisen- und Kohle-Elektrode, Brenner, Gleichspannungsquelle mit hoher Ampere-Absicherung, Dreibein mit Drahtnetz; Lithiumchlorid (Xn), Kaliumchlorid.

Durchführung: Ein Gemisch aus 21 g wasserfreiem Lithiumchlorid und 7 g Kaliumchlorid wird hergestellt, in die Abdampfschale gefüllt und – wie die Zeichnung es angibt – mit Elektroden versehen. Eine Gleichspannung von 8 V ist einzustellen. Auf dem Dreibein mit Drahtnetz wird das Gemisch geschmolzen und elektrolysiert (Abzug, rauschende Brennerflamme). Nach etwa 10 Minuten wird unterbrochen und das erstarrte Lithium herauspräpariert (eine Chloridschicht schützt das Metall). Nach dem Abkühlen kann die Probe untersucht werden, insbesondere wird die Reaktion mit Wasser und der dabei entstehende Wasserstoff demonstriert.

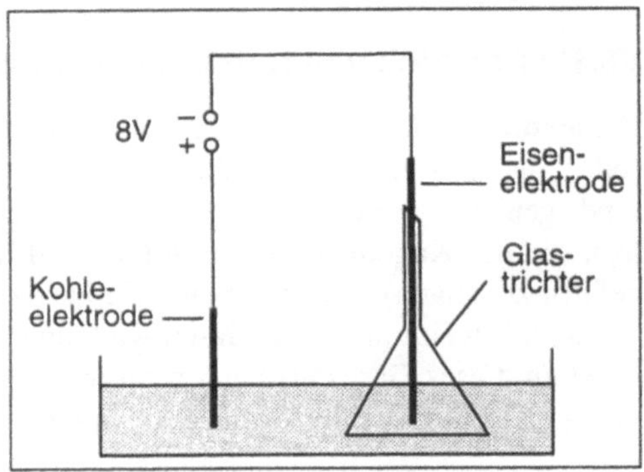

Hinweis: Falls das Lithium sich entzündet, **nicht mit Wasser löschen!!** – Sand oder Kochsalz verwenden.

Beobachtung: An der Kathode entsteht das gewünschte Metall Lithium, an der Anode Chlorgas. Das Lithium reagiert wie bekannt mit Wasser, der entstehende Wasserstoff verbrennt mit roter Flamme.

V5.10: Elektrolyse von Natronlauge

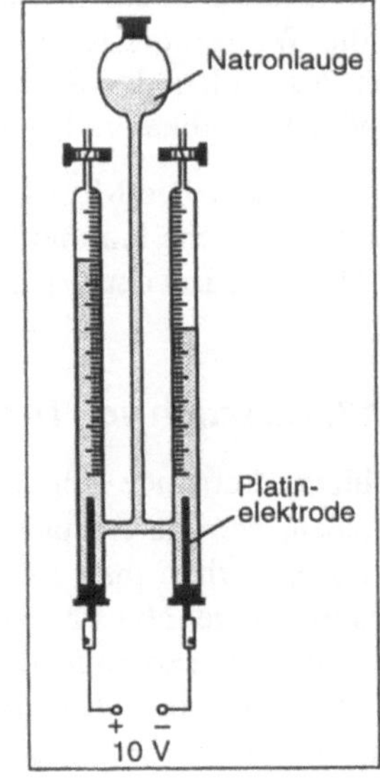

Problem: Nachdem in V5.9 die Elektrolyse der Schmelze mit dem Auftreten des Metalls interpretiert worden ist, soll hier gezeigt werden, dass sich bei der Elektrolyse von Natronlauge anstelle des Metalls das Gas Wasserstoff an der Kathode, das Gas Sauerstoff an der Anode abscheidet. Da Wasserstoff und Sauerstoff im Volumenverhältnis 2:1 entstehen, wird in diesem Zusammenhang auch von der Zersetzung des Wassers und von einem speziellen „Wasserzersetzungsapparat“ gesprochen. Er kann auch für die Elektrolyse vieler anderer Lösungen verwendet werden, die an beiden Elektroden Gase entwickeln.

Material: Hofmannscher Zersetzungsapparat mit Platin-Elektroden, Gleichspannungsquelle mit Kabel, Reagenzgläser, Holzspan; verdünnte Natronlauge (C).

Durchführung: Der Zersetzungsapparat wird mit Natronlauge gefüllt, an eine Gleichspannungsquelle angeschlossen, die Elektrolyse bei einer Spannung von etwa 5–10 V durchgeführt. Es wird elektrolysiert, bis das Kathodenmessrohr (Minuspol) mit Gas gefüllt ist. Das Volumen in beiden Messrohren wird abgelesen. Über das Glasrohr am Minuspol wird ein Reagenzglas gestülpt, der Hahn geöffnet, das ausströmende Gas aufgefangen und auf Brennbarkeit geprüft. Der Hahn des Glasrohres über dem Pluspol wird geöffnet und an die Öffnung ein glimmender Holzspan gehalten. Die Hähne sind wieder zu schließen.

Beobachtung: Es entwickeln sich Gase im Volumenverhältnis 2 : 1. Das erste Gas verbrennt beginnend mit einem Knall: Wasserstoff. Das zweite Gas entzündet einen glimmenden Holzspan: Sauerstoff.

V5.11: Reaktion von Natrium mit Wasser in der Projektion

Problem: Das Bild der auf der Wasseroberfläche dahingleitenden Natrium-Kugel (oder mehrerer Kugeln) ist allein schon ein Erlebnis für die Schüler und motivierend, genauer zu beobachten. Bei genauerem Hinsehen sind Schlieren zu erkennen, die die Kugeln hinterlassen (sie sind mit Phenolphthalein-Lösung sogar rot gefärbt zu zeigen). Das zischende Geräusch (oder auch die Netzlöffel-Version des Versuchs) weist auf eine Gasentwicklung hin. Sowohl die Fragen nach Eigenschaften dieses Gases als auch nach der Art der entstehenden Lösung stellen sich von ganz allein: sachbezogene Motivation (vgl. auch Kap. 2).

Material: Runde, große Glasschale, Reagenzgläser; Natriumstücke (C/F), Phenolphthalein-Lösung (0,1%-ig in Ethanol) (F), Spülmittel.

Durchführung: Die Glasschale wird auf den Tageslichtprojektor gestellt, 1–2 cm hoch mit Wasser gefüllt und Spülmittel zugetropft (es verhindert ein Haften der Natriumstücke an der Glaswand). Erst eines, dann mehrere Natriumstücke werden auf die Wasseroberfläche gegeben und Schlieren in der Projektion beobachtet. Nach Ausspülen der Schale wird das Experiment wiederholt, nachdem einige Tropfen des Indikators Phenolphthalein zugegeben wurden.

Beobachtung: Die Metallstücke formen sich zu Kugeln, fahren zischend auf der Wasseroberfläche hin und her und lösen sich auf, dabei hinterlassen sie Schlieren einer Lösung. Bei der Wiederholung färben sich diese Schlieren weinrot.

V5.12: Reaktion von Natriumhydroxid mit Eisen (Zink)

Problem: Lernende können aus den geschilderten Beobachtungen allein nicht schließen, wie die entstandene Lösung zusammengesetzt ist. Durch Eindampfen der Lösung erhält man zwar zunächst einen weißen Feststoff, es stellt sich allerdings die Frage, ob es Natriumoxid ist oder nicht. Nach Wecken dieser Fragestellung kann ein experimenteller Hinweis gegeben werden, indem der weiße Feststoff mit Zink- oder Eisenpulver umgesetzt und das Freiwerden von Wasserstoff beobachtet wird. Mit diesem Ergebnis ist die Vermutung hinsichtlich des Natriumoxids zu verwerfen und das Natriumhydroxid plausibel zu machen.

Material: Reagenzgläser, Reibschale mit Pistill, pneumatische Wanne, Glasrohr, Schlauch; Eisenpulver (F), Zinkpulver (F), Natriumhydroxid (Plätzchen) (C).

Durchführung: Ein Teil der Lösung von V5.11 wird bis zur Trockne eingedampft. Ein Löffel Eisenpulver wird im Reagenzglas durch Erhitzen getrocknet. In der Reibschale ist der erhaltene weiße Feststoff (falls es zu wenig ist, wird ein Löffel Natriumhydroxid hinzugenommen) mit dem erkalteten getrockneten Eisenpulver zu verreiben. Einige Spatelspitzen des Gemischs sind ins Reagenzglas zu füllen, das durch einen Stopfen mit dem Gasableitungsrohr verschlossen ist. Dann wird kräftig erhitzt, das entweichende Gas pneumatisch aufgefangen, auf seine Brennbarkeit geprüft.

Beobachtung: Ein weißer Feststoff scheidet sich beim Eindampfen ab. Beim Erhitzen des Gemischs mit Eisenpulver entsteht ein Gas, es füllt pneumatisch das Reagenzglas. Es brennt beginnend mit einem Knall ruhig ab: Wasserstoff.

V5.13: Quantitative Natrium-Wasser-Reaktion

Problem: Aufgrund der Beobachtungen in V5.12 lautet die bisherige Hypothese in Form des Reaktionssymbols:

$2\,Na(s) + 2\,H_2O(l) \rightarrow 2\,NaOH(aq) + H_2\,(g)$; exotherm

Um diese Hypothese experimentell zu prüfen, kann als Folgerung aus der Hypothese die Reaktion quantitativ durchgeführt werden und ein Stoffmengen-Vergleich stattfinden: Aus 2 mol H_2O-Molekülen sollte sich 1 mol H_2-Moleküle ergeben. Dementsprechend ist eine bestimmte Wassermasse mit einem Überschuss an Natrium in der geschlossenen Apparatur umzusetzen. Die Schüler können diese Idee entwickeln, die notwendige Apparatur entwerfen und die Durchführung bzw. Auswertung des Experiments planen.

Material: Reagenzglas mit Seitenrohr, Stopfen mit durchgestoßener Nadel einer Glasspritze (1 mL), Kolbenprober; etwa 10 kleine, gut entrindete Natriumstücke (C/F).

Durchführung: In das Reagenzglas werden alle Natriumstücke gegeben, es wird mit dem leeren Kolbenprober verbunden (Bild). Die Glasspritze ist mit 0,15 mL Wasser zu füllen, mit Stopfen und Glasspritze die Apparatur zu verschließen. Das Wasser wird nach und nach zum Metall getropft, das Gemisch geschmolzen und bis zur Volumenkonstanz vorsichtig erhitzt. Entstandenes Wasserstoff-Luft-Gemisch wird aus dem Kolbenprober in ein Reagenzglas gefüllt und dort entzündet.

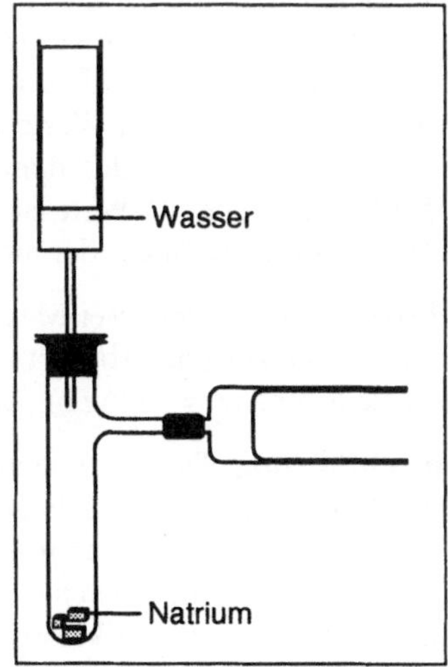

Beobachtung: Metall und Wasser reagieren unter Gasentwicklung. Nach dem Erhitzen haben sich etwa 95 mL Wasserstoff gebildet.

Hinweis: Das Reagenzglas enthält eine relativ große Portion Natrium, die nicht umgesetzt wurde. Sie ist mit einem Spatel in ein Becherglas zu überführen und unter dem Abzug mit Ethanol zu versetzen. Das Wasserstoff-Luft-Gemisch darf nicht im Kolbenprober gezündet werden: Knallgas!

V5.14: pH-Wert und Konzentration der entstandenen Natronlauge

Problem: Um etwa zu wissen, welcher pH-Wert und welche Konzentration für die bei V5.11 erhaltene Natronlauge vorliegt, kann man mit dem geeichten pH-Meter messen und die Lauge mit einer Säure-Maßlösung titrieren. Dazu werden beispielsweise 20 mL der Lauge in den Erlenmeyerkolben überführt, mit Farbindikator versetzt und gegen 0,1 molare Salzsäure titriert. Messwert und pH-Wert sind Daten, die verglichen und diskutiert werden können.

Material: pH-Meter, Bürette, Vollpipette (20 mL), Erlenmeyerkolben; verd. Natronlauge (C) (V5.11), Salzsäure-Maßlösung (c = 0,1 mol/L), Universalindikator-Lösung (F).

Durchführung: Der pH-Wert der Natronlauge wird mit einem geeichten pH-Meter bestimmt. 20 mL Natronlauge werden in den Erlenmeyerkolben überführt, verdünnt und mit einigen Tropfen Indikatorlösung versetzt. Mit der Salzsäure wird bis zum Farbumschlag titriert.

Beobachtung: pH-Wert und Salzsäure-Volumen werden ermittelt, beide Messwerte interpretiert.

V5.15: Verdünnungsreihe zur Veranschaulichung von pH-Werten

Problem: Den in V5.14 erhaltenen pH-Wert können die Lernenden nicht ohne weiteres einordnen und mit der Konzentration der OH^-(aq)-Ionen in der Lösung korrelieren. Um diesen Zusammenhang zu veranschaulichen, wird eine 1-molare Natronlauge-Maßlösung vorgegeben und der pH-Wert 14 zugeordnet. Durch dreimaliges Verdünnen dieser Lösung um die Faktoren 1:10, 1:100 und 1:1000 und das Messen der pH-Werte 13, 12 und 11 wird der Faktor 10 in der Konzentration veranschaulicht, der dem Anstieg um eine pH-Einheit entspricht. Der in V5.14 gemessene pH-Wert ist nun ebenfalls anschaulicher, die Konzentration an OH^-(aq)-Ionen kann aus der hier vorliegenden Messreihe abgeschätzt werden.

Material: pH-Meter, drei Messzylinder (100 mL), Vollpipette (10 mL); Spezialindikator-Papier (zur Abschätzung von pH-Werten im Bereich 11–14), Natronlauge-Maßlösung (c = 1 mol/L) (C).

Durchführung: Die Natronlauge-Maßlösung wird mit Indikatorpapier getestet. 10 mL Maßlösung werden in den ersten Messzylinder gegeben, mit Wasser auf genau 100 mL verdünnt und durch Umschütteln gut gemischt. Diese Lösung wird wiederum 1: 10 und die entstehende nochmals 1 : 10 verdünnt. Alle Lösungen werden mit pH-Meter und Indikatorpapier geprüft, pH-Werte und Konzentrationen der Lösungen verglichen.

Beobachtung: Die pH-Werte lauten 14, 13, 12 und 11. Der pH-Wert verändert sich um eine Einheit, wenn um den Faktor 1 : 10 verdünnt wird.

V5.16: Modellexperiment zum Amalgamverfahren

Problem: Die Industrie hat das Amalgamverfahren entwickelt, um bei der Elektrolyse von billiger Steinsalz-Lösung reine, Natriumchlorid-freie Natronlauge zu erhalten. Bei der Elektrolyse wird das Natriumamalgam gebildet und im Gegenstrom mit Wasser wieder zersetzt. Bildung und Zersetzung der Natrium-Quecksilber-Legierung können im Modellexperiment simuliert werden (vgl. Bild).

Material: Stelltrafo, Eisen- und Graphitelektrode, Kabel und Krokodilklemmen, U-Rohr, Glasrohr, Sicherheitswanne; Quecksilber (T), Natriumchlorid, Phenolphthalein-Lösung (0,1%-ig in Ethanol) (F).

Durchführung: In das über der Sicherheitswanne eingespannte U-Rohr wird Quecksilber gefüllt (Bild). In einem Schenkel wird die im Glasrohr befindliche Eisenelektrode als Minus-Pol geschaltet und mit Phenolphthalein versetztes Wasser hinein gegeben. Der andere Schenkel wird mit konzentrierter Natriumchlorid-Lösung gefüllt und mit der Graphitelektrode versehen. Eine Gleichspannung von etwa 10 V wird angelegt.

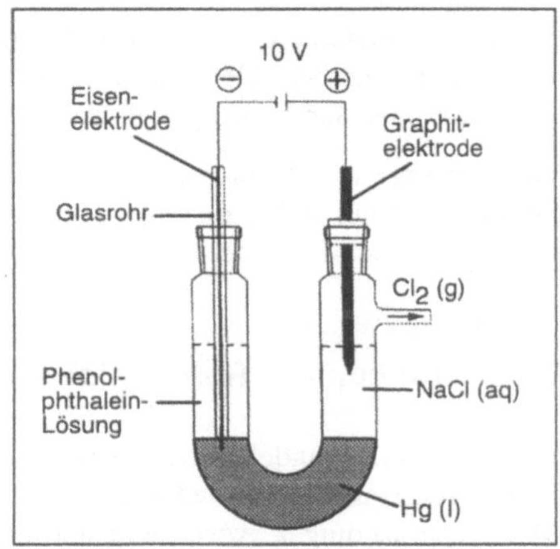

Beobachtung: Am Plus-Pol entsteht das charakteristisch riechende gelb-grüne Gas: Chlor. Am Minus-Pol färbt sich nach einigen Minuten die Indikatorlösung vom Quecksilber ausgehend weinrot, Gasbläschen steigen auf: Natronlauge.

Hinweis: Nach Dekantieren der wässrigen Lösungen wird die Natrium Quecksilber-Legierung mit Wasser versetzt und stehen gelassen, bis die Entwicklung von Wasserstoff aufhört. Danach kann die wässrige Lösung dekantiert und das Quecksilber wieder in die Vorratsflasche zurück gegeben werden.

V5.17: Elementaranalyse nach Liebig

Problem: Natronlauge sowie Kalilauge und „Ätzkali“ spielten bei der historischen Verbrennungsanalyse eine große Rolle – insbesondere hat Liebig mit großem Erfolg den von ihm entwickelten „Kaliapparat“ eingesetzt, der gebildetes Kohlenstoffdioxid vollständig aus dem Gasstrom absorbierte. Eine ähnliche Apparatur kann schematisch mit Verbrennungsrohr und zwei U-Rohren zur Absorption für den Nachvollzug dieses Analyseverfahrens demonstriert werden. Hier wird eine Version gezeigt, bei der gebildetes Kohlenstoffdioxid im Kolbenprober quantitativ aufgefangen, nicht aber Wasser nachgewiesen wird.

Material: Zwei Kolbenprober, Verbrennungsrohr mit in Quarzwolle eingeschlossenem Kupferoxid (Drahtform) (Xn), Verbindungsschläuche; Butangas (F^+), Kalkwasser (Xi).

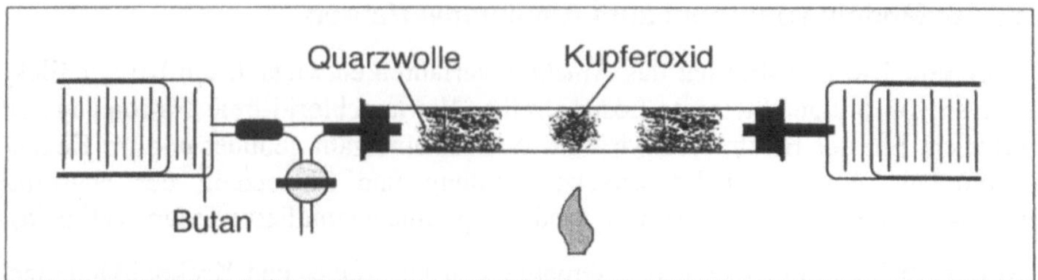

Durchführung: Ein Kolbenprober wird mit 20 mL Butangas gefüllt, die Apparatur zusammengesetzt und eingespannt (Bild). Das Kupferoxid wird kräftig mit der rauschenden Flamme erhitzt, darüber langsam – bis zur Volumenkonstanz – das Butangas hin und her geleitet. Das Volumen des entstandenen Gases wird abgelesen und das Gas durch wenig Kalkwasser geleitet.

Beobachtung: Das Kupferoxid wird zu rot glänzendem Kupfer. Es bilden sich etwa 80 mL eines farblosen Gases, die Prüfung mit Kalkwasser zeigt erwartungsgemäß Kohlenstoffdioxid an.

V5.18: Reaktion von Rohrreinigern des „NaOH-Al-Typs"

Problem: Um behandelte Sachverhalte zu Substanzen wie Alkalimetallhydroxide und Laugen sinnvoll zu wiederholen und zu vertiefen, kann die Badezimmerchemikalie „Rohrreiniger" vorgestellt und untersucht werden. Bereits das Lesen des Etiketts verrät die Inhaltsstoffe Natriumhydroxid und Aluminium, man erkennt in der Tat silberfarbene Metallsplitter neben der bekannten weißen Substanz in körniger Form. Das Zusammengeben mit Wasser zeigt die stark exotherme und alkalische Reaktion, durch Hinzugeben von Papier ist auch die Zersetzungswirkung von heißer, konzentrierter Natronlauge anschaulich zu machen. Die Bildung eines Gases bei der Reaktion mit Wasser wird untersucht und dessen Funktion diskutiert: Es kann Wasserstoff sein, bei Anwesenheit von Natriumnitrat in dem Rohrreinigergemisch auch Ammoniak (vgl. Kap. 8).

Material: Rohrreiniger „Abflussfrei" (NaOH-Al-Typ, (C)) o. ä., Reagenzgläser; Universalindikator-Papier, Salzsäure (C), Holzspan, Zeitungspapier.

Durchführung: Das Substanzgemisch wird optisch untersucht, weißes Pulver von Metallsplittern getrennt. Das Pulver wird in Wasser gelöst, die Lösung mit Indikatorpapier getestet. Das Metall wird in Salzsäure gegeben, das entstehende Gas mit einem zweiten Reagenzglas aufgefangen und mit einem brennenden Holzspan auf Wasserstoff geprüft. Das Gemisch wird mit wenig Wasser versetzt und beobachtet. In die konzentrierte Lösung wird Zeitungspapier gegeben.

Beobachtung: Die Lösung färbt Indikatorpapier tief blau, das Metall löst sich unter Bildung eines farblosen Gases, das an der Luft mit einem Pfeifgeräusch verbrennt: Wasserstoff. Das Gemisch reagiert mit Wasser unter Gasbildung. Die konzentrierte Lösung zersetzt Zeitungspapier.

V5.19: Reaktion von Erdalkalimetallen mit Wasser

Problem: Es kann zum Lernerfolg geprüft werden, inwieweit die Schüler die bekannten Reaktionen der Alkalimetalle mit Wasser auf die ähnlichen Reaktionen von Magnesium und Calcium mit Wasser zu übertragen vermögen. Die Bildung von Hydroxiden und Wasserstoff ist bekannt, allerdings fallen die festen Hydroxide in Form von Suspensionen an. Bei der Formulierung der Reaktionssymbole ist die Zusammensetzung $Me(OH)_2$ zugrunde zu legen.

Material: Glaswanne, Standzylinder, Ableitungsrohr, schwer schmelzbares Reagenzglas, Magnesiarinne, Reagenzgläser, durchbohrter Stopfen, Glasrohr; Universalindikator-Papier, Magnesiumspäne (F), Calciumspäne (F), Sand

Durchführung: Das schwerschmelzbare Reagenzglas wird mit einem Löffel nassen Sand versehen und waagerecht eingespannt. Im mittleren Teil des Reagenzglases wird die Magnesiarinne mit Magnesiumspänen gefüllt, das Glas mit Stopfen und Ableitungsrohr verschlossen (Bild). Das Metall wird kräftig erhitzt, dann durch Erwärmen des Sandes Wasserdampf darüber geleitet. Das sich bildende Gas wird pneumatisch aufgefangen, später entzündet. Nach der Reaktion wird der Stopfen entfernt, um ein Zurücksteigen des Sperrwassers zu vermeiden.

Calcium wird im Reagenzglas mit Wasser versetzt, während der Reaktion ein zweites Reagenzglas mit der Öffnung nach unten darüber gehalten. Die milchige Suspension des ersten Glases wird mit Indikatorpapier geprüft, die Öffnung des zweiten Glases einer Flamme genähert: Vorsicht, Knall.

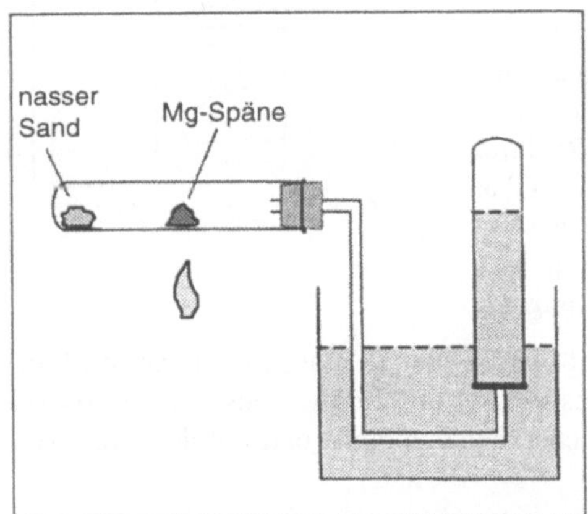

Beobachtung: Das Magnesium reagiert in der Hitze unter hellem Aufleuchten, eine rasche Gasentwicklung beginnt, der Standzylinder füllt sich, das Gas verbrennt mit einem Pfeifton: Wasserstoff-Luft-Gemisch.

Das Calcium reagiert bereits bei Zimmertemperatur zu einer Lösung, die alkalisch reagiert: Calciumhydroxid-Lösung („Kalkwasser"). Es entsteht ebenfalls festes, weißes Calciumhydroxid und bildet die milchige Suspension. Das beobachtete Gasgemisch verbrennt mit dem bekannten Pfeifton: Wasserstoff.

V5.20: Schülerexperimente zur Lithium-Wasser-Reaktion

Schülerarbeitsblatt „Die Reaktion von Lithium mit Wasser“

Problem: Wie lässt sich die Reaktion der Alkalimetalle mit Wasser erklären?

Arbeitsmaterial pro Gruppe: Bechergläser, Glasschale, kleiner Standzylinder mit Deckglas, Pinzette; 3 Stücke Lithium (C/F), Universalindikator-Papier, Phenolphthalein-Lösung (0,1%-ig in Ethanol) (F), Streichhölzer

SCHUTZBRILLE AUFSETZEN!!!

Versuch 1: Fülle die Glasschale halb voll Wasser und wirf eines der Lithiumstücke hinein (nur mit der Pinzette anfassen!). Notiere deine Beobachtungen!

Versuch 2: Du hast bei Versuch 1 eine Gasentwicklung festgestellt: Es wird vermutet, dass das entstandene Gas Wasserstoff ist. Versuche den Wasserstoff aufzufangen und nachzuweisen. Dazu spüle die Glasschale aus und fülle sie halb mit Wasser. Dann fülle den Standzylinder randvoll mit Wasser, verschließe ihn mit dem Deckglas, halte die Platte fest darauf, drehe ihn um und tauche ihn so in die Schale ein, dass sich die Öffnung unter der Wasseroberfläche befindet. Nun ziehe das Deckglas weg.
Nimm das zweite Lithiumstück mit der Pinzette, halte es unter die Öffnung des Standzylinders und lass es im Standzylinder nach oben gleiten. Decke nach Beendigung der Reaktion den Standzylinder unter Wasser mit der Glasplatte ab (fest andrücken!), nimm ihn aus der Schale heraus und drehe ihn wieder um. Entzünde das Gas! Notiere Deine Beobachtungen!

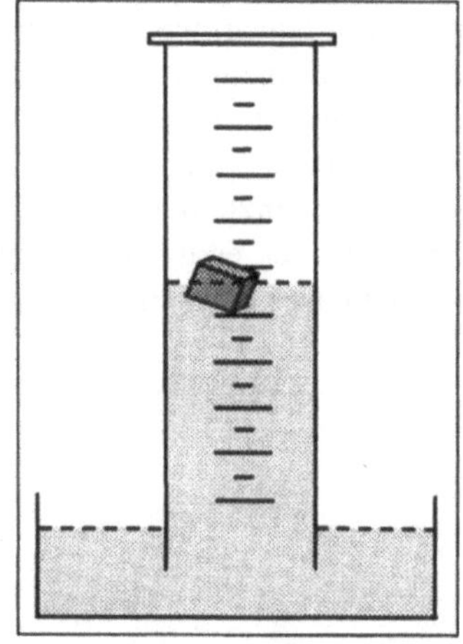

Versuch 3: Die entstandene Lösung heißt Lithiumlauge. Laugen können mit Indikatorpapier erkannt werden. Prüfe reines Wasser und Lithiumlauge mit Indikatorpapier, indem du es jeweils kurz eintauchst, herausnimmst und mit der Skala vergleichst. Notiere die beiden pH-Werte.

Versuch 4: Ein weiterer Indikator, der Lithiumlauge anzeigen kann, ist Phenolphthalein-Lösung. Tropfe einige Tropfen in reines Wasser und in die Lauge. Notiere die Beobachtungen.

Versuch 5: Spüle die Schale aus, fülle sie halb voll mit Wasser und füge einige Tropfen Phenolphthalein-Lösung hinzu. Wirf das dritte Lithiumstück hinein. Notiere deine Beobachtungen.

Aufgabe: Erkläre alle Beobachtungen. Notiere Reaktionssymbole in Worten und in Formeln! Zeichne Deine Teilchenvorstellung auf!

6 Modelle, Modellvorstellungen

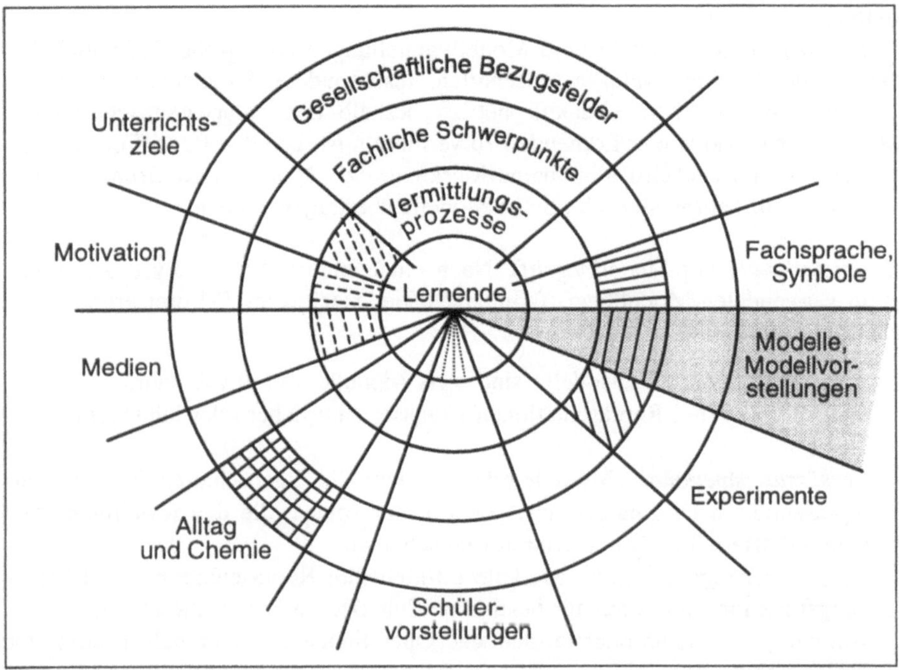

In San Diego / Kalifornien war ich eingeladen, um einen Lichtbildervortrag über Deutschland zu halten. In einem Bildband „Germany" fand ich eine Menge schöner Ansichten, auch zum bekannten Schloss Neuschwanstein bei Füssen in Bayern. Da es die Amerikaner mögen, projizierte ich dieses Bild als erstes. Sobald es zu sehen war, unterbrach mich eine Dame laut: „Beautiful – like the castle in our Disneyland". Ich wollte korrigieren: „In Disneyland you'll find a copy of the castle – this photo shows the original near Füssen in Bavaria" – aber die Dame hörte gar nicht zu. Der Unterschied von Original und Modell war ihr nicht so wichtig!

Im genannten Beispiel sind Original und beide Modelle prinzipiell zu vergleichen: Sowohl das Foto des Schlosses als auch das Modellschloss in Disneyland können mit dem bayerischen Original Detail für Detail verglichen werden. In den Naturwissenschaften sind Modelle zu chemischen Strukturen oder Teilchen nicht mit den submikroskopischen Originalen zu vergleichen, weil diese grundsätzlich nicht – weder mit der Lupe noch mit dem Mikroskop – zu sehen sind.

Da Teilchen nicht sichtbar sind, versuchte man zu allen Zeiten, passende Modellvorstellungen zu entwerfen. So hatte Lémery im 17. Jahrhundert zur Wirkung von Säuren modellmäßig folgende Teilchenvorstellung:

„Man kann eine verborgene Sache nicht besser erklären, als wenn man ihren Theilchen, daraus sie bestehen, solche Figuren, die mit ihren Würckungen übereinstimmen, zumisset: so will ich sagen, es bestehen die säuerliche Schärfe eines flüssigen Dinges in den spitzigen Theilchen, welche in Bewegung sind: und verhoffentlich wird mich niemand überreden wollen, es habe das Acidum keine Spitzen, dieweil dies alle Experienz bezeuget: denn es verursachet auf der Zunge solche Stiche, die entweder gantz gleich oder doch sehr nahe an denen kommen, welche man von gantz scharff zugespitzten Materialien empfängt" [1].

Lémery hatte Säure-Teilchen nie sehen können, erlag aber der Versuchung, durch spekulative Übertragung makroskopischer Eigenschaften die zitierte Modellvorstellung zu entwerfen.

Trotzdem haben Modelle und Modellvorstellungen eine große Bedeutung für das Verständnis der Naturwissenschaften, insbesondere der Chemie. Eine der Grundfragen der Chemiedidaktik betrifft deshalb den naturwissenschaftlichen Modellbegriff und wie er Lernenden zu vermitteln ist. Um den Begriff optimal zu erfassen, sollen zunächst allgemeine Merkmale von Modellen zu Grunde gelegt und später auf naturwissenschaftliche Modelle übertragen werden.

Hauptmerkmale des Modellbegriffs. Nach einer empirischen Analyse des allgemein verwendeten Modellbegriffs unterscheidet Stachowiak [2] drei grundsätzliche Merkmale.

- *Abbildungsmerkmal*: „Modelle sind stets Modelle von etwas, nämlich Abbildungen und damit Repräsentationen gewisser natürlicher oder künstlicher Originale".
- *Verkürzungsmerkmal*: „Modelle erfassen nicht alle Eigenschaften des durch sie repräsentierten Originalsystems, sondern nur solche, die den jeweiligen Modellerschaffern und -benutzern relevant scheinen".
- *Subjektivierungsmerkmal*: „Modelle erfüllen ihre Repräsentations- und Ersetzungsfunktion immer nur für bestimmte Subjekte unter Einschränkung auf bestimmte gedankliche oder tatsächliche Operationen und innerhalb bestimmter Zeitspannen".

Nimmt man als Beispiel das Foto des Schlosses Neuschwanstein, so bildet es das Gebäude und die umgebende Landschaft mit Feldern, Bäumen, Wegen und Bergen im Hintergrund verkleinert ab: das *Abbildungsmerkmal* ist erfüllt. Einige von vielen Verkürzungen des Originals sind die fehlende räumliche Dimension, das nicht vorhandene Spiel von Licht und Schatten auf Mauern und Fenstern des Schlosses oder das Fehlen der Bewegungen von Bäumen und Ästen im Wind: *Verkürzungsmerkmal.* Die spezifische Ansicht des Schlosses auf dem Foto oder der Ausschnitt aus der Landschaft werden vom Fotografen jeweils seinen Zwecken entsprechend subjektiv ausgewählt: *Subjektivierungsmerkmal.*

Legt man das Säure-Modell des Herrn Lémery zu Grunde, so sieht man die Absicht, mit den Spitzen die Wirkung von Säure-Teilchen *abzubilden.* In seiner Vorstellung *verkürzt* er das Modell allerdings auf die generelle Wirkung aller Säuren und differenziert die verschiedenen Säuren nicht (unsere heutigen Modelle und Symbole vermögen das!). Die Form einer Spitze als Modell für das Säure-Teilchen ist von ihm völlig *subjektiv* gewählt worden.

6.1 Fachliche Schwerpunkte – Modelle und deren Funktionen

Die Chemie fand als Wissenschaft Anerkennung und Erfolg, als sie das Stadium der Probierkunst in der Alchemie des Mittelalters überwand und über Laborexperimente zur bloßen Beschreibung von Substanzen hinaus *erste Modellvorstellungen zum Aufbau der Stoffe* im 18. und 19. Jahrhundert entwickelte. Exemplarische Stationen der Erkenntnis sind die Folgenden:

Dalton postulierte im Jahr 1808, dass es so viele Atomarten wie Elemente gibt, und schlug die erste Atommassentabelle vor, die im folgenden Jahrzehnt vor allem von Berzelius korrigiert und erweitert wurde. Durch den Vergleich von experimentell ermittelten Massenverhältnissen in Substanzen und den Atommassen ist die empirische Analyse möglich geworden und führte zur Erkenntnis der Zusammensetzung vieler Stoffe (empirische Formeln).

Kekulé leitete 1865 aus seinen Erfahrungen die Valenzlehre ab: Mit der Vierbindigkeit bzw. mit dem Tetraedermodell des Kohlenstoff-Atoms schuf er erste Vorstellungen von Molekülstrukturen. Mit diesen Modellvorstellungen wurde es möglich, die Struktur vieler Moleküle vorauszusagen, im Experiment zu bestätigen und gezielte Synthesen neuartiger Substanzen zu planen.

Laue erkannte 1912 durch die Beugung eines ausgeblendeten Röntgenstrahls an Kristallen die dreidimensionale Struktur von Kristallgittern und schuf damit diesbezügliche Strukturvorstellungen. Alle folgenden, darauf basierenden Strukturuntersuchungen lieferten Modelle vom Aufbau vieler kristalliner Substanzen, die die Synthesen weiterer neuer Substanzen ermöglichten. Die genannten Sachverhalte werden in den Kapiteln 16 und 18 sehr ausführlich dargestellt.

6.1.1 Modellbegriff und Erkenntnis in den Naturwissenschaften

Der Modellbegriff und damit verknüpfte Erkenntnisprozesse lassen sich an folgendem Schema von Steinbuch [3] nachvollziehen (vgl. Abb. 6.1):

„Irgendein komplexer Sachverhalt der *Realität*, ein *Original*, wird durch Vermittlung der Wahrnehmung in ein *abstraktes* Modell, ein *Denkmodell* abgebildet, in dem nur das ‚Wesentliche' benutzt wird, das im gegebenen Zusammenhang Relevante. Diesem werden hierzu gewisse Informationen, zum Beispiel allgemein anerkannte Gesetze der Logik oder Physik, hinzugefügt. Es steht damit dem *Bewußtsein* ein Denkmodell für zukünftige Denkprozesse zur Verfügung. Dieses abstrakte Denkmodell kann zwecks Veranschaulichung in die Realität zurückprojiziert werden durch den Bau eines *konkreten Anschauungsmodells* oder auch durch künstlerische Darstellung. Diese enthalten aber unvermeidbar irrelevantes Beiwerk, also solches, das das darzustellende Denkmodell nicht enthält".

Dieses „Denken in Modellen" lässt sich auf Laue's Erkenntnisweg übertragen (vgl. Abb. 6.2): Das *Interferenzmuster* (Original), das durch das Laue-Experiment am Salzkristall entsteht, wird als das Wesentliche durch das „Sieb" hindurchgelassen. Interferenzen von Licht an zweidimensionalen Beugungsgittern und deren Berechnungen sind bekannt (Zusatzinformationen).

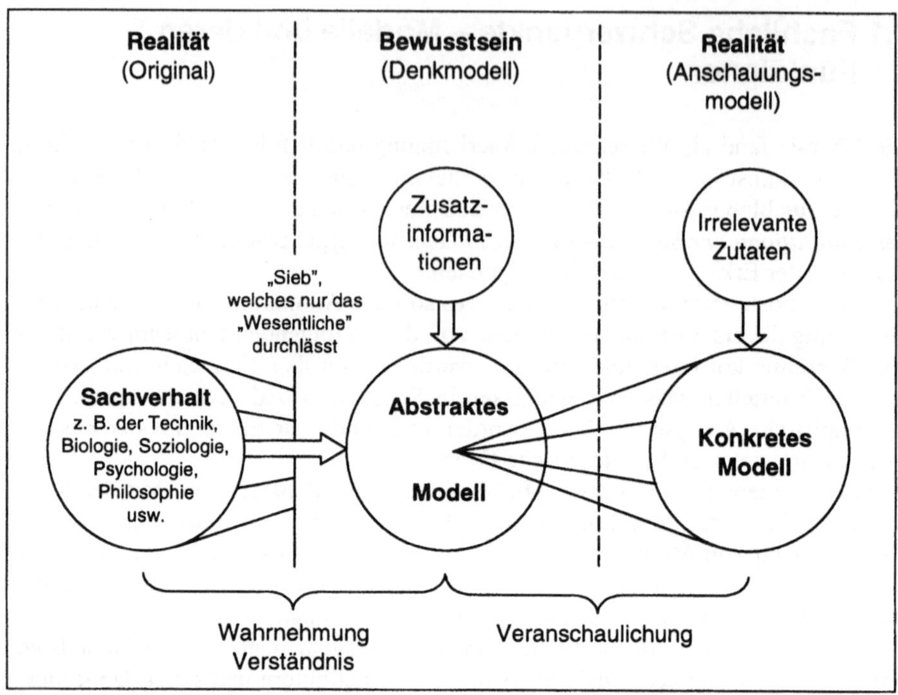

Abb. 6.1: Schema „Denken in Modellen" nach Steinbuch [3]

Sie werden den Berechnungen dreidimensionaler Beugungsgitter zu Grunde gelegt – es resultiert als Ergebnis eine Modellvorstellung für den räumlich symmetrischen Aufbau des Kristalls aus Teilchen, die als *Beugungzentren* für den Röntgenstrahl wirken (abstraktes Denkmodell). Man kann zur Veranschaulichung des Denkmodells irrelevante Zutaten wie Kugeln, Stäbe und Klebstoff verwenden, um konkrete *Kugelpackungs- oder Raumgittermodelle* zu konstruieren (Anschauungsmodelle). Kapitel 16 erläutert diesen Sachverhalt ausführlicher.

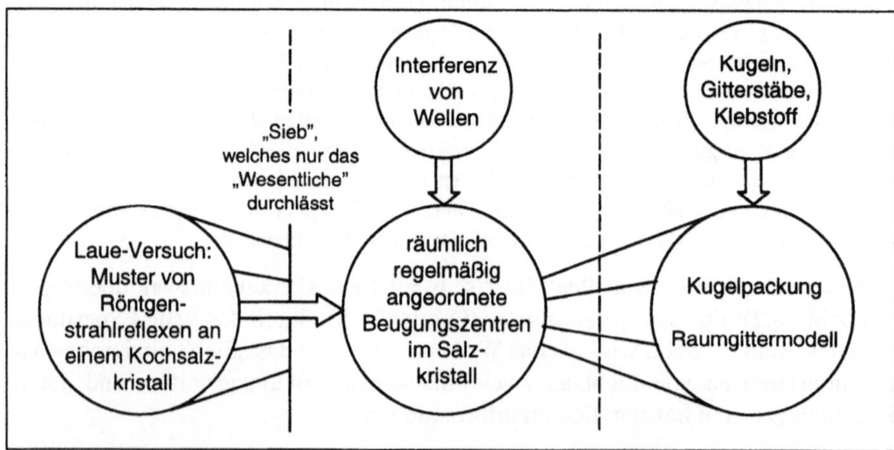

Abb. 6.2: Schema „Denken in Modellen", angewendet auf Laue's Erkenntnisweg (Kap. 16)

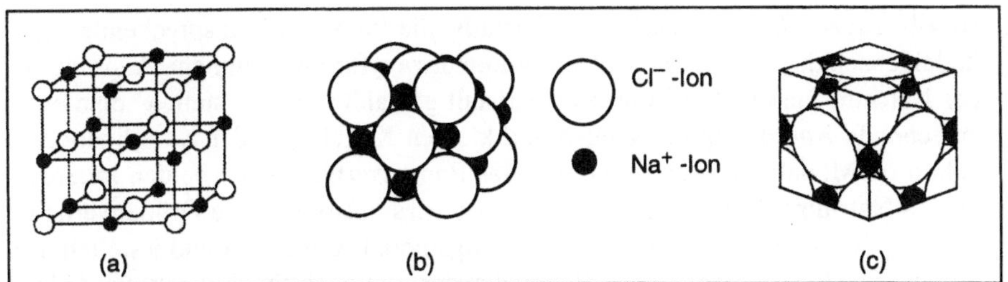

Abb. 6.3: Raumgitter, Kugelpackung und Elementarzelle der Natriumchlorid-Struktur

Die resultierenden Anschauungsmodelle zur Struktur von Kristallen können neben Raumgittermodellen und Kugelpackungen auch daraus ableitbare Elementarzellen sein. Am Beispiel der bekannten Natriumchlorid-Struktur seien die drei Typen von Modellen in Abbildung 6.3 gezeigt.

Der *Erkenntnisprozess durch Modelle* wird auch von Kircher formalisiert [4], sein Schema sei am Natriumchlorid-Kristall und entsprechenden Modellen erläutert (vgl. Abb. 6.3 und 6.4):

- Das Original **O** sei ein natürlicher Steinsalzkristall mit gut ausgebildeter würfeliger Form, mit glatten Flächen, geraden Kanten und rechten Winkeln.
- Als Modell **M** wird die Kugelpackung gewählt (vgl. (b) der Abb. 6.3), in der die Chlorid-Ionen durch die großen Kugeln und die Natrium-Ionen durch die kleinen Kugeln dargestellt werden.
- Der Schüler oder das Subjekt **S** kann nun das Original O durchschauen, indem das Modell M zur Erkenntnis mit heran gezogen wird – das Kugelpackungsmodell wird so zum Vermittler zwischen dem Subjekt S und Original O:

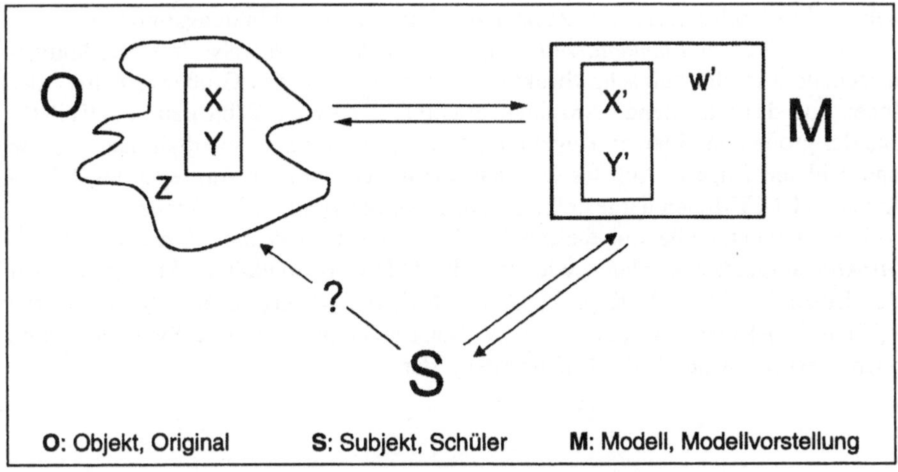

Abb. 6.4: Schema zum Erkenntnisprozess durch Modelle nach Kircher [4]

1. Es gibt *Eigenschaften x und y* des Kristalls, die im Modell entsprechende Modelleigenschaften *x'* und *y'* besitzen. Wenn etwa *x* für die räumliche Anordnung der Natrium- und Chlorid-Ionen im Kristall gewählt wird, so stellt *x'* eine entsprechende Anordnung der großen und kleinen Kugeln mit der Koordinationszahl 6 im Modell dar. Repräsentiert *y* das Radienverhältnis der beiden Ionenarten im Natriumchlorid-Kristall, so ist mit y' das entsprechende Größenverhältnis der gewählten Kugeln im Kugelpackungsmodell gemeint. *x* und *y* stellen die durch das Modell abgebildeten Parameter dar, die nach Stachowiak die *Abbildungsmerkmale* sind oder nach Steinbuch das Wesentliche ausmachen, das vom „Sieb" durchgelassen wird.
2. Es gibt die *Eigenschaft z* im Original, die keine Entsprechung im Modell findet. So kann etwa der salzige Geschmack des Kristalls nicht im Modell wiedergegeben werden, das Modell ist um diese Eigenschaft verkürzt: *Verkürzungsmerkmal* nach Stachowiak. Weitere solcher Verkürzungen sind Dichte oder Schmelztemperatur des Kristalls – allerdings hatte der Modellbauer auch nie die Absicht, solche Originaleigenschaften auf das Modell zu übertragen.
3. Es kann die *Eigenschaft w'* im Modell geben, die keine Entsprechung im Original findet. So ist etwa die Wahl der Farben – beispielsweise weiß für die großen Kugeln und schwarz für die kleinen Kugeln – eine Modelleigenschaft, die völlig irrelevant ist und subjektiv vom Modellbauer entschieden wird: *Irrelevante Zutaten* nach Steinbuch. Weitere solcher irrelevanten Zutaten sind Modellmaterialien wie Holz, Zellstoff oder Styropor und Haftstoffe zwischen den Kugeln wie Klebstoff oder Klettenband.

Das *Raumgitter-Modell* (vgl. (a) der Abb. 6.3) weist als Abbildungsmerkmal ausschließlich die kubische Anordnung der Ionen im Kristall aus, allerdings zeigt es durch die Möglichkeit, in das Modell hineinsehen zu können, eine bessere Anschaulichkeit der Koordinationszahlen 6. Die Verbindungsstäbe zwischen den Kreuzungspunkten sind nur für den Modellbau erforderlich, bezüglich des Originals sind sie völlig irrelevante Zutaten und haben keine Abbildungsfunktion.

Das *Modell der Elementarzelle* (vgl. (c) der Abb. 6.3) weist drei Abbildungsmerkmale auf: die kubische Struktur des Ionengitters, das Größenverhältnis der Ionen und das zutreffende Anzahlenverhältnis der Ionen. Zählt man alle Teilstücke der großen und kleinen Kugeln des Modells zusammen, so erhält man 4 große und 4 kleine Kugeln. Auf das Original übertragen wird ein Aggregat aus 4 Na^+-Ionen und 4 Cl^--Ionen dargestellt, dem das Symbol $\{(Na^+)_4(Cl^-)_4\}$entspricht.

Die Elementarzelle mit diesem Symbol kann als *kleinste Einheit der NaCl-Struktur* aufgefasst werden – wie etwa das C_2H_5OH-Molekül als kleinste Einheit des Ethanols gilt (vgl. Kap. 7). Aus $\{(Na^+)_4(Cl^-)_4\}$ lassen sich Symbole wie $\{(Na^+)_1(Cl^-)_1\}$oder $(Na^+)(Cl^-)$ oder gar NaCl ableiten – all diese Symbole stellen auch verkürzte Modelle der NaCl-Struktur dar.

6.1.2 Denkmodelle in der Chemie

In der Fachwissenschaft werden Denkmodelle ständig durch neue Erfahrungen verändert, sodass es für einen größeren Zeitraum kaum möglich ist, *das* aktuelle Atommodell oder *das* aktuelle Modell zur chemischen Bindung anzugeben.

Quantenmechanisches Atommodell. Der Aufbau der Elektronenhülle des Atoms oder Ions wird durch die Hauptquantenzahl *n* („K-, L-Schale") beschrieben, durch die Nebenquantenzahl *l* (s-, p-, d- und f- „Unterschalen"), durch die Magnetquantenzahl *m* und die Spinquantenzahl *s*. Maximal zwei Elektronen unterschiedlichen Spins können eine gemeinsame Elektronenwolke, ein *Orbital* bilden (Pauli-Prinzip). Ausgehend vom Welle-Teilchen-Dualismus wurden Wellenfunktionen entwickelt, die Aussagen über Energieverhältnisse und Elektronenaufenthaltswahrscheinlichkeiten machen (Schrödinger-Gleichung). Die Verknüpfung von Wellenfunktionen führt zur Beschreibung von Atomen durch Atomorbitale, von Molekülen durch Molekülorbitale – entsprechend können Elektronenpaarbindungen in Molekülen mathematisch erfasst werden.

Historische Modelle zum Aufbau des Atoms. In der Lehre bzw. im Unterricht des Faches Chemie werden aus didaktischen Gründen häufig historische Modelle verwendet, etwa das

- Masse-Modell (Dalton, 1808),
- Masse-Ladungs-Modell (Thomson, 1897),
- Kern-Hülle-Modell (Rutherford, 1911),
- Schalenmodell der Elektronenhülle (Bohr, 1913),
- Elektronenwolkenabstoßungsmodell (Gillespie, Kimball, 1966).

Modelle zur chemischen Bindung. Diesbezügliche Modellvorstellungen sind aus zwei Blickwinkeln zu betrachten:

1. Die *Wirkungen* von Bindungskräften in den Raum sind durch Modellmaterial anschaulich zu machen, indem
   a) *gerichtete* Bindekräfte, die in bestimmte Richtungen des Raumes wirken, durch Druckknöpfe oder Stäbe dargestellt werden,
   b) *ungerichtete* Bindekräfte, die gleichmäßig symmetrisch um ein Teilchen herum wirken, durch „nackte" Kugeln symbolisiert werden.
2. Die *Art* der Kräfte ist unanschaulich und wird in der Regel durch mathematische Modelle anhand der Verteilung der Elektronendichte beschrieben. Man unterscheidet folgende *Grenzfälle der chemischen Bindung*:
   - Elektronenpaarbindung (kovalente Bindung, Atombindung),
   - Ionenbindung (ionische Bindung, Ionenbeziehungen),
   - Metallbindung (metallische Bindung),
   - Wasserstoffbrückenbindung (Wasserstoffbindung) und
   - van-der-Waals-Kräfte (zwischenmolekulare Kräfte).

Modelle zur chemischen Struktur. Die mathematische Erfassung von Atombau und chemischer Bindung ist oft nur Mittel zum Zweck, Aussagen zur chemischen Struktur zu erhalten. Auf dieser Grundlage ist es das Ziel vieler Verfahren der instrumentellen Analytik, die Anordnung von Atomen oder Ionen in vorgegebenen Stoffen aufzuspüren und zu beschreiben. Aus den ermittelten Strukturen leiten sich als Verkürzungen die *Struktursymbole* ab.

Grenzfälle von chemischen Strukturen lassen sich folgendermaßen skizzieren:
- Molekül-Struktur
  (Angabe von Atomarten, Bindungslängen und Bindungswinkel),
- Atomgitter-Struktur
  (Angabe der Atomarten und Gitterkonstanten, Elementarzelle),
- Metallgitter-Struktur
  (Angabe der Atomarten und Gitterkonstanten, Elementarzelle),
- Ionengitter-Struktur
  (Angabe der Ionenarten und Gitterkonstanten, Elementarzelle),
- Molekülgitter-Struktur
  (Angabe der Molekülarten und Gitterkonstanten, Elementarzelle).

Modelle zur chemischen Reaktion. Teilchenumgruppierungen bei chemischen Reaktionen werden sowohl durch *Modellvorstellungen* als auch verkürzt durch *Reaktionssymbole* beschrieben:
- Atom-Umgruppierungen bei Reaktionen von Metallen zu Legierungen,
- Ionen-Umgruppierungen bei Hydrations- und Fällungsreaktionen,
- Protonenübertragungen bei Säure-Base-Reaktionen,
- Elektronenübertragungen bei Redoxreaktionen,
- Ligandenübertragungen bei Komplexreaktionen,
- Additions-, Substitutions- und Eliminierungsreaktionen, u. a.

6.1.3 Anschauungsmodelle in der Chemie

Meistens arbeitet man in der Chemie mit abstrakten Denkmodellen. Sobald es gewünscht ist, werden aus didaktischen Gründen passende Anschauungsmodelle entwickelt (vgl. Abb. 6.2): Beispielsweise lassen sich hinsichtlich vieler Denkmodelle zur *chemischen Struktur* konkrete Anschauungsmodelle bauen, etwa zu Molekül- und Kristallgitterstrukturen.

Modelle zu Molekülstrukturen. Die räumliche Anordnung von Atomen in einem Molekül wird mit Hilfe von Raumkoordinaten, Bindungslängen und Bindungswinkeln angegeben, die im Labor experimentell zu ermitteln sind. Die Veranschaulichung ist auf verschiedene Weise möglich (vgl. Abb. 6.5):

- *Kalottenmodell:* Die Raumerfüllung durch die Atome wird berücksichtigt, Atomkalotten werden gemäß der Bindungslängen und -winkel zum Molekülmodell zusammengefügt (a),
- *Kugel-Stab-Modell:* Verwendete Kugeln für die Atomsorten sind alle gleich groß und farbig, sie werden durch Verbindungsstäbe oder Druckknöpfe zusammengehalten (b),
- *Stabmodell:* Es werden keine Kugeln verwendet, sondern nur Stäbe in sachgemäßer Länge und mit zutreffenden Winkeln zueinander (c).

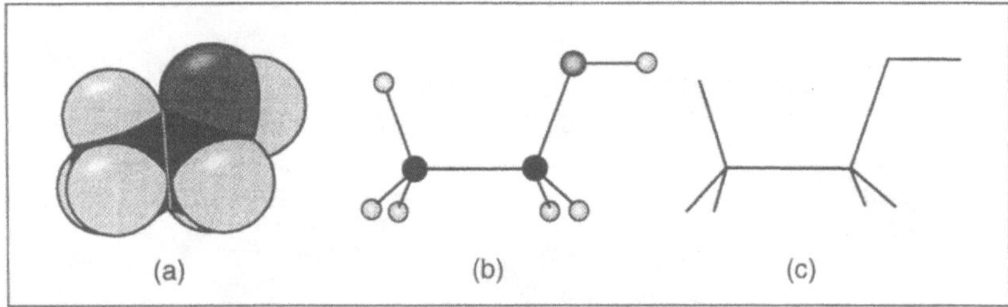

Abb. 6.5: Kalottenmodell, Kugel-Stab- und Stabmodell zur Struktur des C_2H_5OH-Moleküls

Modelle zu Kristallgitterstrukturen. Fachlich wäre jeweils das Modell zur Elementarzelle einer jeden Struktur ausreichend und der Experte könnte sich daraus die gesamte Struktur ableiten. Um für Lernende anschaulich vorzugehen, werden zunächst bestimmte Gitterausschnitte gewählt und durch Modelle wie Raumgitter oder Kugelpackungen dargestellt (vgl. Abb. 6.3):

- *Raumgittermodell:* gleichgroße Kugeln – ggf. verschiedener Farbe – werden durch Verbindungsstäbe mit Nachbarkugeln verbunden, bis der gewünschte Ausschnitt aus der Struktur erreicht ist – etwa der der Elementarzelle entsprechende Ausschnitt (a),
- *Kugelpackungsmodell:* das Größenverhältnis der beteiligten Atom- oder Ionenarten wird berücksichtigt, die Kugeln werden nach bekannten Strukturparametern fest verklebt oder aufeinander aufgeschichtet, bis sich der gewünschte Ausschnitt – etwa der Elementarwürfel – zeigt (b),
- *Elementarzelle:* sie wird aus dem entsprechenden Elementarwürfel-Modell abgeleitet und gewährleistet ein zutreffendes Zahlenverhältnis der Atome oder Ionen (c), durch gedankliche Translation in alle drei Raumrichtungen kann man beliebig große Strukturausschnitte erhalten,
- *3D-Zeichnung:* Rot-Grün-Zeichnungen werden mit der entsprechenden Rot-Grün-Brille fixiert und räumlich interpretiert [5]. Solche Zeichnungen werden in Kapitel 14 angeboten.

Neben den allseits bekannten Molekülbaukästen gibt es verschiedene Baukästen, die den Bau und Vergleich von Kugelpackungen ermöglichen:

- „Strukturen von Metallen“ (vgl. Abb. 6.6): Dieser Baukasten erlaubt es, die drei Grundstrukturen der Metalle in Form von Kugelpackungen mit Holzkugeln (∅ 3 cm) nachzubauen,

- „Modellbausatz zur Kristallgitterstruktur“ (vgl. Abb. 6.7): Eine Kunststoff-Grundplatte mit Vertiefungen im Dreiecksmuster erlaubt das Aufschichten von Kunststoffkugeln (∅ 1 cm),

- „Solid-State Model Kit“ (vgl. Abb. 6.8): Grundplatten mit Bohrungen verschiedener Muster sind geeignet, Stifte aufzunehmen, auf die man durchbohrte Glaskugeln verschiedener Durchmesser schichten kann.

Abb. 6.6: Baukasten „Strukturen der Metalle" der Firma GEOMIX [6]

Abb. 6.7: „Modellbausatz zur Kristallgitterstruktur" der Firma LEYBOLD [7]

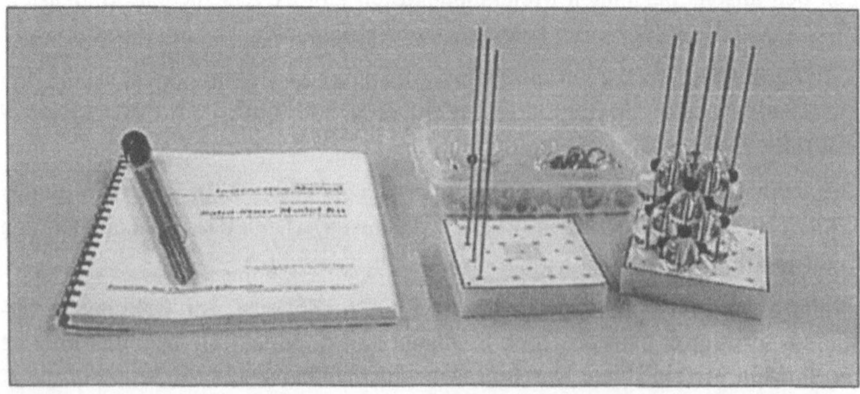

Abb. 6.8: „Solid-State Model Kit" des Inst. for Chem. Education, Univ. of Madison [8]

6.2 Vermittlungsprozesse – Modelle und deren fachdidaktische Funktionen

Im Bereich der Naturphänomene haben Schüler und Schülerinnen bereits viele Erfahrungen gesammelt, dieser Bereich ist anschaulich für sie. Deshalb mögen sie meist auch den Anfangsunterricht in den Fächern Biologie, Chemie, Geographie und Physik: Sie bleiben im vertrauten Bereich der direkten Anschauung und der erfahrbaren Phänomene.

Sobald im Chemieunterricht Formeln und Reaktionssymbole behandelt werden, lässt das Interesse an der Chemie nach: Das Fach wird unanschaulich und deshalb schwer verstehbar. Ein Grund ist, dass Formeln und Gleichungen zu den *abstrakten Denkmodellen* gehören (vgl. Abschn. 6.1).

Es ist für den Vermittlungsprozess dementsprechend zu fragen, welche Anschauungsmodelle wie Molekülmodelle, Kugelpackungen und Raumgitter zur chemischen Struktur einsetzbar sind, ehe die Denkmodelle hinzukommen. Alle Bindungsmodelle oder Modelle zum Aufbau des einzelnen Atoms sind abstrakte Denkkonstrukte – ihre Behandlung muss solange zurückstehen, bis mit den anschaulichen Strukturmodellen ein erstes Verständnis zur Struktur der Stoffe erreicht worden ist: Erst die chemische Struktur, dann die chemische Bindung!

Allerdings wird von manchen Chemie- und Physikdidaktikern die Anschaulichkeit von Teilchenmodell und Kugelmodell für chemische Strukturen sehr kritisch betrachtet. So bezeichnet Buck [9] die Teilchenvorstellung als „Unmodell" und wendet sich gegen die üblichen Darstellungen von Kreisen oder Kugeln und deren Anordnungen zur Veranschaulichung der Aggregatzustände oder Lösungen:

> „Die Kugeln dürften wir gar nicht zeichnen, wir haben es eigentlich mit Kraftzentren zu tun. ... Lehrer und Autoren, die es wissen müssten, nehmen problemlos hin, dass Atom- und Molekülorbitale asymptotisch sind, sich prinzipiell in den gesamten Weltraum erstrecken und dass die Begrenzungslinien willkürlich gezogen werden, meist bei 85 %. Die Anschaulichkeit der Abbildungen ist – zusammenfassend gesagt – der entscheidende Fehler" [9].

An anderer Stelle schlägt er vor, den „Sprung zu den Atomen" durch eine Abfolge von Dias zunehmender und abnehmender Komplexität auszulösen und jeweils Systemeigenschaften zu diskutieren:

> „Ei → Hühnerstall → Bauernhof → Dorf → Land → Erde → Universum → Erde → Stadt → Schule → Schüler → Haar → Haarfaser → ? Das nächste Dia? Es gibt keines, weil solche Dias nicht existieren" [10].

Diese Diskussion ist sicher sehr reizvoll und könnte in der Tat vor der Einführung kleinster Teilchen im Unterricht stattfinden. Die Schlussfolgerung aus der „Nichtexistenz des nächsten Dias" kann aber nicht lauten, mit den Schülern gleich den Sprung zu abstrakten „Kraftzentren" oder „unendlich ausgedehnten Kern-Hülle-Systemen" anzugehen. Es müssen aus entwicklungspsychologischen Gründen zunächst anschauliche Kreise oder Kugeln, oder auch Würfel oder Legosteine, als Modelle für kleinste Teilchen gewählt werden. Gerade die Diskussion der Form, der Farbe oder des Materials der Modelle als „irrelevante Zutaten" eröffnet die Chance, den naturwissenschaftlichen Modellbegriff schon auf dieser Ebene zu vermitteln. Wird anfangs das Teilchenmodell als vorläufige Modellvorstellung angewendet und im Laufe des folgenden Unterrichts über das Daltonsche Atommodell zum Kern-Hülle-Modell weiterentwickelt, dann können am *Ende* dieses Unterrichts die „willkürlich gezogenen Begrenzungslinien" mit Schülern sinnvoll diskutiert und die Anschauungen an Kugeln und Kreisen relativiert werden.

6.2.1 Vermittlung chemischer Sachverhalte durch Modellvorstellungen

Die Abbildung 6.1 zeigt das Schema „Denken in Modellen" und damit den Erkenntnisprozess der Chemie „von links nach rechts": Der Chemiker erarbeitet sich durch „Zusatzinformationen" ein „Denkmodell" und überträgt es zu Anschauungszwecken in ein „konkretes Modell". Der Lernende kann diesen Weg naturgemäß nicht gehen, es ist für ihn aber möglich, sich durch den Umgang mit Anschauungsmodellen den Weg im Schema „von rechts nach links" zu bahnen: Er arbeitet mit den konkreten Modellen und entwickelt in seinem Bewusstsein immer weitergehend Denkmodelle entsprechender Sachverhalte (vgl. auch eine diesbezügliche Konzeption [11]). Dabei wird in Kauf genommen, dass diese ersten Denkmodelle zunächst mit den Anschauungsmodellen „interferieren" – eine sachlich angemessene Abstraktion aber nach und nach immer weiter gehend stattfindet.

Nach der Einführung erster Modellvorstellungen, etwa des Teilchen- oder Daltonmodells, sollten Sachverhalte mit diesem Modell interpretiert werden, soweit es auf dieser Ebene möglich ist. Der Chemieunterricht sollte ab diesem Zeitpunkt „zweischienig" verlaufen, er sollte *strukturorientiert* sein:

1. Schiene: Phänomene und Laborerfahrungen,
2. Schiene: Strukturmodelle und Modellvorstellungen (vgl. [11] und Kap. 13).

Zur Unterrichtsplanung ist entsprechend frühzeitig zu entscheiden, welche Phänomene in den ersten Wochen des Chemieunterrichts ohne jede Modellinterpretation zu behandeln und zunächst in der Alltagssprache zu erläutern sind. Nach Einführung der ersten Modellvorstellung – etwa des Teilchenmodells – sollten dann konsequent Erscheinungen und Experimente so ausgewählt werden, dass sie zur Interpretation mit dem Teilchenmodell geeignet sind. Wird zur Einführung des Atombegriffs danach das Dalton-Modell behandelt, ist ab diesem Zeitpunkt konsequent dieses Modell den Erklärungen zu Grunde zu legen (vgl. Beispiele in Abb. 6.9).

1. Schiene: *Phänomene und Laborerfahrungen*	Lösungsvorgang, Diffusion, Destillation	Chemische Reaktionen von Gasen, Gasgesetze	Redoxreaktionen von Metallen und Salzlösungen
↓	↓	↓	↓
2. Schiene: *Strukturmodelle und Modellvorstellungen*	Teilchenvorstellung: Anordnung der kleinsten Teilchen vorher und nachher	Daltonmodell: Modelle für die Moleküle vorher und nachher	Kern-Hülle-Modell: Elektronenübergang von Metall-Atom zu Ion und umgekehrt

Abb. 6.9: Beispiele für „zweischieniges" Vorgehen im Chemieunterricht

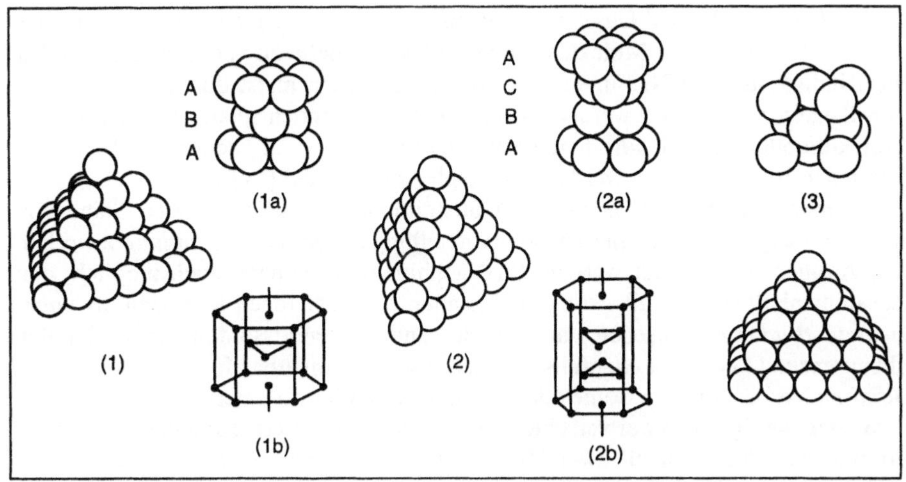

Abb. 6.10: Hexagonal und kubisch dichteste Packungen als Modelle für verschiedene Metallstrukturen [12]

Kugelpackungen. Da zu Beginn des Chemieunterrichts oftmals die Arbeit mit Metallen im Vordergrund steht, mögen bereits auf der Grundlage des Teilchenmodells die *Strukturen der Metalle* in Form von Kugelpackungen als erste Modelle eine Rolle spielen (vgl. Abb. 6.10): Lernende akzeptieren sie „spielend", wenn sie Gelegenheit erhalten, durch Aufeinanderpacken von Kugeln diese Modelle selbst herzustellen. Im Praktikum wird deshalb mit M6.1 bis M6.7 der Bau von Kugelpackungen vorgeschlagen, weitere Informationen zu Metallstrukturen sind an anderer Stelle zu finden [12].

Wird mit den Lücken in der kubisch dichtesten Kugelpackung gearbeitet, so erhält man durch das Füllen aller Oktaederlücken die Natriumchlorid-Struktur (vgl. Abb. 6.11). Werden die Tetraederlücken alle gefüllt, so resultiert die Lithiumoxid-Struktur, werden sie zur Hälfte besetzt, handelt es sich um die Zinkblende-Struktur (vgl. Abb. 6.11). Im Praktikum wird mit M6.8 bis M6.15 der Bau dieser *Strukturen der Salze* vorgeschlagen (vgl. auch [5] oder [13]).

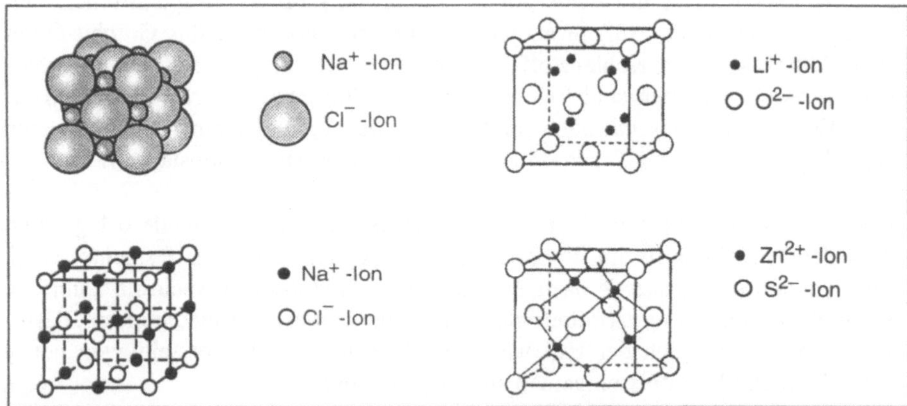

Abb. 6.11: Die kubisch dichteste Packung als Grundstruktur für viele Salzstrukturen [13]

Molekülmodelle. Sobald Gase strukturchemisch interpretiert werden sollen, ist der Aufbau entsprechender Moleküle durch Molekülmodelle zu veranschaulichen. Da die Bindigkeiten der Nichtmetall-Atome in Baukästen meist durch Druckknöpfe von Kugeln vorgegeben werden, ist es für die Lernenden relativ einfach, solche Molekülmodelle selbständig herzustellen und mit den Bindigkeiten der Atome im Laufe der Zeit vertraut zu werden (vgl. auch Abb. 6.5 und [14]).

Erkennen die Lernenden in den Molekülmodellen die gerichteten Stäbe von Kugel zu Kugel, so kann diese Modellvorstellung als *gerichtete Bindung* zwischen den Atomen interpretiert werden. Im Nachhinein ist es dann auch möglich, den Zusammenhalt der Metall-Atome in Metallen oder der Ionen in Salzen als *ungerichtete Bindung* anzusehen und von der andersartigen Bindung in Molekülen abzugrenzen [11]. Es ist ebenfalls möglich, *finite* Atomverbände der Moleküle von *infiniten* Verbänden der Atome oder Ionen in Kristallen zu unterscheiden.

Stehen wenigstens zwei verschiedene Baukästen zur Verfügung und werden für ein und dasselbe Molekül zwei Modelle gebaut, so vermeidet man die *Prägung auf ein einziges Modell* mit allen irrelevanten Zutaten – die Lernenden müssen in der Modelldiskussion das Gemeinsame an beiden Modellen herausfinden und als Abbildungsmerkmal erkennen. Das Gleiche gilt auch im Nachhinein für Kugelpackungen: Werden für ein und dieselbe Metallstruktur zwei Modelle verschiedener Materialien und Farben verwendet, so findet keine einseitige Prägung auf Material oder auf Farbe statt. Schließlich sei darauf hingewiesen, dass durch den Umgang mit diesen räumlichen Strukturmodellen das *Raumvorstellungsvermögen* der Jugendlichen trainiert wird (vgl. auch Kap. 10).

6.2.2 Anpassung und Erweiterung von Modellen im Chemieunterricht

Der Chemieunterricht beginnt in den meisten Fällen mit dem einfachen Teilchenmodell, für jede reine Substanz wird ein kleinstes Teilchen verabredet: für die Substanz Kupfer das Kupfer-Teilchen, für das Wasser das Wasser-Teilchen, für den Zucker das Zucker-Teilchen.

Die Zuordnung von Kohlenstoff-Teilchen bereitet Schwierigkeiten – als Substanzen gibt es sowohl *Diamant* als auch *Graphit.* Es existieren allerdings keine spezifischen Graphit-Teilchen und davon verschiedene Diamant-Teilchen. Kohlenstoff-Teilchen sind in beiden Stoffen vorhanden, sie bauen in spezifischer Weise das Diamant-Gitter auf, in anderer räumlicher Anordnung das Graphit-Gitter (vgl. Abb. 6.12). Die Kohlenstoff-Teilchen sind dementsprechend weder farblos noch schwarz – Farben sind Eigenschaften der Substanzen, Farbe ist *keine* Teilchen-Eigenschaft. Das gilt auch für Dichten oder Schmelztemperaturen: Es sind *keine* Eigenschaften der Teilchen, sondern Eigenschaften der Substanzen!

Einsatzmöglichkeiten und Grenzen der Modelle. Es wird in Tabelle 6.1 gezeigt, dass der Modellbegriff im Vermittlungsprozess nicht einmalig festgelegt wird, sondern *spiralcurricular* je nach Zweck und Erkenntnisstand wechseln kann und wechseln sollte. Damit vermittelt man den Lernenden im Chemieunterricht, dass – wie es historisch auch der Fall war – Modelle und Modellvorstellungen neuen Einsichten und Kenntnissen gemäß zu erweitern sind.

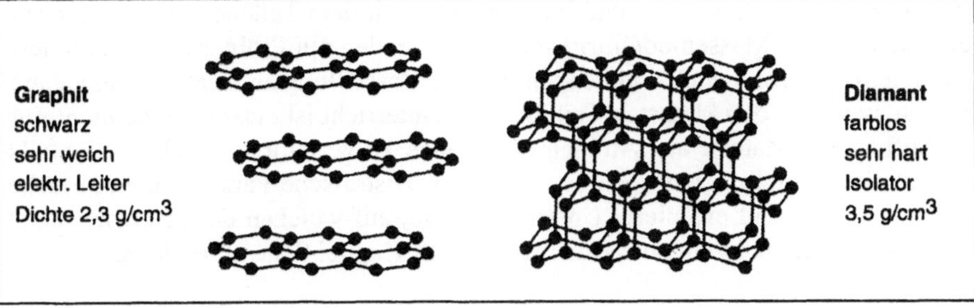

Abb. 6.12: Anordnung der Kohlenstoff-Teilchen im Graphit- und Diamant-Gitter [14]

Tabelle 6.1: Modelle und Modellvorstellungen, deren Einsatzmöglichkeiten und Grenzen

Teilchenmodell (Partikelmodell)	**Interpretation:** Aggregatzustände, Zustandsänderungen, kinetische Gastheorie, Diffusion, Lösungsvorgänge, chemische Reaktion ohne Änderung der Teilchenart (etwa bei der Bildung von Legierungen), Satz von der Erhaltung der Masse bei chemischen Reaktionen, etc. **Grenzen:** ↓
Dalton-Modell (Masse-Modell, Masse-Ladungs-Modell)	Atom, Atommasse, Element, Verbindung, Periodensystem, Chemische Reaktion: Umgruppierung von Atomen und Ionen, Ion, Ionensymbol, Ionengitter, ungerichtete Bindung (Kap. 13) Molekül, Molekülsymbol, Molekülstruktur, gerichtete Bindung, Summen- und Struktursymbol, Reaktionssymbol, etc. **Grenzen:** ↓
Kern-Hülle-Modell (Rutherford-Modell)	Atomkern, Protonen, Neutronen, Radioaktivität, Atomhülle, schnell bewegte Elektronen, Elektronenwolken, Elektrolyse, Metall-Nichtmetall-Reaktion, Redoxreaktion, Elektronenübertragung, etc. **Grenzen:** ↓
Schalenmodell der Atomhülle (Bohrsches Atommodell)	Ladungszahlen der Ionen, Periodensystem und Oktettregel, chemische Bindung, Ionenbindung, Elektronenpaarbindung, etc. **Grenzen:** ↓
Elektronenpaarabstoßungsmodell (VSEPR)	Elektronenwolke, Bindungswinkel, Bindungslänge, räumliche Struktur von Molekülen, etc. **Grenzen:** ↓
Orbitalmodell (wellenmechanisches Modell)	Orbital, Hybridisierung, Struktur des Benzol-Moleküls, Voraussage von Gitter- oder Molekülstrukturen, etc.

Horror vacui. Bei Diskussion und Interpretation mit dem Teilchenmodell oder mit dem Daltonschen Massemodell tritt für die Lernenden ein Problem auf: Sie unterliegen dem „Horror vacui" und denken in ihrer Vorstellung an Luft oder an andere Materie zwischen den kleinsten Teilchen. Im Unterricht ist entsprechend nicht nur der Aufbau der Materie aus Atomen oder Ionen zu vermitteln, sondern ebenfalls der materiefreie Raum zwischen den Teilchen. Historische Parallelen, empirische Untersuchungen und evaluierte Unterrichtswege, auf welchen der „Horror vacui" thematisiert und überwunden werden kann, stellt Kapitel 9 ausführlich dar.

6.2.3 Weitere Funktionen von Modellen und Modellvorstellungen

Über die Vermittlungsfunktionen der Modelle zum Verständnis des Aufbaus der Materie und damit zum Verständnis chemischer Sachverhalte hinaus gibt es weitere Funktionen.

Abbau anthropomorpher Vorstellungen bei den Lernenden. In Kapitel 1 sind zur Thematik „Schülervorstellungen" vorläufige Vorstellungen beschrieben worden wie „Sonnenstrahlen entfernen die Regenpfütze" oder „Säuren fressen Metalle auf". Diese Aussagen können durch die Verwendung von Modellen und Modellvorstellungen diskutiert und in Frage gestellt werden. Trotz anfänglicher Schwierigkeiten mit dem naturwissenschaftlichen Modellbegriff sind die Lernenden bereit, ihre ursprünglichen Vorstellungen durch neue Modellvorstellungen zu ersetzen, wenn zunächst anschauliche Modelle zur Struktur der Materie zum Einsatz kommen. Darauf aufbauend werden immer weitergehende Denkmodelle entwickelt und im Bewusstsein verankert.

Reduktion komplexer Zusammenhänge. Die fachdidaktische Reduktion schwieriger Zusammenhänge ist eine wesentliche Aufgabe der Lehrer und Lehrerinnen: Wo immer möglich, versucht man komplexe Zusammenhänge so zu reduzieren, dass die beabsichtigte Aussage noch sachlich angemessen bleibt. Reduziert man die Element- und Verbindungsdefinition – wie in den 50er Jahren geschehen – auf die Modellvorstellung, dass Elemente aus Atomen, Verbindungen aus Molekülen aufgebaut seien, so ist diese Reduktion sachlich falsch und später zu korrigieren. Reduziert man den komplexen Aufbau der Atome auf die Modellvorstellung der Bindigkeiten und spricht von der Bindigkeit 4 des C-Atoms bzw. von der Bindigkeit 1 des H-Atoms, so ist diese Reduktion vertretbar und etwa auf Zusammensetzung und Struktur des Methan-Moleküls anwendbar. Diese Vorstellung ist *nicht* falsch und später *nicht* zu korrigieren – sie ist im späteren Unterricht sinnvoll auf Vorstellungen zum Schalenmodell der Elektronenhülle erweiterbar.

Generalisierung von Sachverhalten. Von der Verwendung eines Modells ausgehend können Schüler oftmals einen übergreifenden Sachverhalt generalisieren. Wird etwa der CH_4-Tetraeder als Modell für das Methan-Molekül vorgestellt und mit dem Molekülbaukasten die Erweiterung zum Ethan-Molekül demonstriert, so können die Schüler durch eine Generalisierung alle Homologen der Alkane ableiten. Sie entwickeln dabei räumliche Vorstellungen vom Aufbau dieser Moleküle und sind in der Lage, übliche Struktursymbole oder Halbstruktursymbole zu verstehen und mit den räumlichen Vorstellungen sachgerecht zu verknüpfen.

Veranschaulichung von Reaktionen. Soll eine chemische Reaktion anschaulich werden, so sind den Lernenden möglichst Strukturmodelle der Substanzen vor und nach der Reaktion zu demonstrieren (vgl. auch Kap. 7). So ist etwa eine Ester-Bildung dadurch anschaulich zu machen, dass die Strukturen der beteiligten Carbonsäure- und Alkohol-Moleküle vor der Reaktion durch Molekülmodelle vorgestellt werden. Nach der Beobachtung des Esters kann dann die Abspaltung von Wasser-Molekülen am Modell anschaulich und damit das übliche Reaktionssymbol mit Halbstrukturformeln gut verständlich werden. Anders formuliert: Kein Eingeweihter wird die Esterbildung mit reinen Summensymbolen folgender Art beschreiben:

$$C_2H_6O_1 + C_2H_4O_2 \rightarrow C_4H_8O_2 + H_2O$$

Für Reaktionen der organischen Chemie ist man sich also schnell einig: Die Molekülstrukturen vor und nach der Reaktion sind zu unterrichten und ggf. Halbstruktursymbole daraus abzuleiten –, anderenfalls müssten Summenformeln der angegebenen Art auswendig gelernt werden.

Für Feststoffreaktionen der anorganischen Chemie meint man oftmals, mit Symbolen wie Na, Zn oder Al für entsprechende Metalle, mit NaCl, ZnS oder Al_2O_3 für diese Salze auszukommen –, auch diesbezüglich sind die informationsarmen Summensymbole nicht geeignet, entsprechende Reaktionen zu verstehen: Es müssen ebenfalls Modellvorstellungen vom Aufbau der Metalle und Metallverbindungen hinzukommen (vgl. [15, 16] und Kap. 7).

Veranschaulichung mathematisch-logischer Sachverhalte. Beschreibungen vieler Sachverhalte gehen auf unanschauliche mathematische Terme zurück. Für Ableitung und Verwendung von Gleichgewichtskonstanten sind beispielsweise erhebliche mathematisch-logische Fähigkeiten erforderlich – etwa um zu erkennen, dass Säure-Gleichgewichte fast ganz auf der Seite der Ausgangsstoffe liegen. Ehe Gleichgewichtskonstanten ins Spiel kommen, sollte man am bekannten „Hebermodell" (vgl. V4.2) anschaulich machen, dass diesem Modell entsprechende Volumen-Gleichgewichte nicht nur im Verhältnis 50 : 50 (gleichgroße Glasrohre) vorkommen, sondern durchaus solche wie 20 : 80 oder 10 : 90 (Glasrohre verschiedenen Durchmessers). Diskutiert man diesbezüglich die Einzelschritte, zeichnet die Graphen der Volumina auf und wertet sie mathematisch aus, so lassen sich auf dieser Grundlage die Gleichgewichte und entsprechende Gleichgewichtskonstanten anschaulicher erfassen als ohne dieses Modellexperiment. Für die Veranschaulichung statistisch-dynamischer Aspekte des Gleichgewichtsbegriffs sind Simulationsspiele geeignet (vgl. Kap. 15).

Veranschaulichung von Verfahren der chemischen Technik. Soll etwa ein Verfahren zur Herstellung von Kunststoffen exemplarisch diskutiert werden, so übernimmt ein Experiment die Funktion eines Modells. So kann beispielsweise die experimentelle Herstellung eines Nylonfadens aus den grundlegenden Substanzen Adipinsäure und Hexamethylendiamin gezeigt werden, indem nach Überschichtung beider Substanzen das sich bildende Polyamid fadenförmig aus dem Becherglas herausgezogen wird. Dieses Modellexperiment dient dann als sachliche Grundlage für die Schilderung der tatsächlichen Herstellung von Nylon in der chemischen Technik.

Aufstellen von Prognosen und Hypothesen. Modellvorstellungen erlauben die Vorhersage von Eigenschaften und Reaktionen. Sind beispielsweise im Unterricht die Strukturen der Alkan- und der Alkanol-Homologen bekannt, so können mit Hilfe entsprechender Strukturvorstellungen Prognosen zur Löslichkeit dieser Homologen aufgestellt werden: Alkohole, deren Moleküle kurze C-Ketten besitzen, sind nicht in Benzin, aber in Wasser löslich; Alkohole mit Molekülen sehr langer C-Ketten sind nicht in Wasser, aber in Benzin löslich. Entsprechende Experimente können geplant und zur Prüfung dieser Hypothesen herangezogen werden.

Auch die Geschichte der Naturwissenschaften bietet viele solcher Beispiele. So hatte Watson [17] zur Prognose der Basen-Kombinationen in der vermuteten DNS-Doppelhelix die Form der Basen-Moleküle aus Pappe ausgeschnitten:

„Die metallenen Purin- und Pyrimidinmodelle, die ich brauchte, waren nicht rechtzeitig fertig geworden. Also verbrachte ich den Rest des Nachmittags damit, aus dicker Pappe genaue Modelle der Basen auszuschneiden. Ich begann die Basen hin und her zu schieben und jeweils auf eine andere, ebenfalls mögliche Weise paarweise anzuordnen. Plötzlich merkte ich, dass ein durch zwei Wasserstoffbrücken zusammengehaltenes Adenin-Thymin-Paar dieselbe Gestalt hatte wie ein Guanin-Cytosin-Paar“ [17].

Diese Sätze lassen erahnen, welche große Bedeutung die sehr einfachen Pappmodelle für die Erkenntnisse zu Aufbau und Funktion der Nucleinsäuren hatten. Watson und Crick waren aufgrund dieser Modellvorstellungen in der Lage, ein komplettes Strukturmodell der DNS zu bauen und Prognosen bzw. Hypothesen zu formulieren, die mit allen bekannten Sachverhalten im Einklang standen und neue Sachverhalte lieferten, etwa zutreffende Modellvorstellungen für die Reduplikation der DNS und die Prozesse zur Entstehung des Lebens. Die wesentlichen Schritte dieser Erkenntnisse werden ausführlich in Kapitel 17 dargestellt.

6.3 Lernende – Erfahrungen mit Modellen

Die Schüler und Schülerinnen kommen in dreifacher Hinsicht mit ihren Erfahrungen in den Chemieunterricht: Sie besitzen Spielzeugmodelle etwa in Form der Barbiepuppen, Auto- oder Schiffsmodelle, sie haben durch den Spielzeugcharakter Spaß mit diesen Modellen und kennen aus anderen Schulfächern Modelle und Modellvorstellungen.

Spielzeug. Kinder interessieren sich dafür, ihre Barbiepuppe mit sich selbst oder mit einem anderen Menschen zu vergleichen. Sie finden heraus, dass viele Eigenschaften an Modell und Original übereinstimmen: beispielsweise Lage und Form von Mund, Nase, Augen und Ohren. Sie erkennen allerdings ebenfalls viele Funktionen, die das Puppen-Modell *nicht* zeigt, etwa zur Aufnahme von Speisen oder zum Ein- und Ausatmen von Atemluft.

Diese Erfahrungen sind dem Verständnis naturwissenschaftlicher Modelle entgegengerichtet. Nimmt der junge Schüler etwa ein Strukturmodell zur Hand, kann er es mit dem Original naturgemäß nicht vergleichen. Er ist beispielsweise nicht in der Lage, die Koordinationszahlen 6/6 am Kochsalz-Kristall nachzuzählen, die er am Raumgittermodell des Natriumchlorids findet. Aus den Erfahrungen der Lernenden mit konkreten Spielzeugmodellen ist der naturwissenschaftliche Modellbegriff erst nach und nach zu entwickeln und abzugrenzen.

Spaß mit Modellen. Die affektive Komponente im Umgang mit Modellen, die bei Kindern immer positiv ausgebildet ist, lässt sich wirksam auf die Arbeit mit Modellen zur Struktur der Materie übertragen, wenn sie mit dem *handlungsorientierten Einstieg* in die naturwissenschaftliche Modellwelt verknüpft wird – beispielsweise mit dem Bauen dichter Kugelpackungen.

Zeigt man Schülern und Schülerinnen etwa die Kugelpackung zur Natriumchlorid-Struktur und fordert sie auf, das Modell mit weißen Zellstoffkugeln (Ø 30 mm) und roten Kugeln (Ø 12 mm) nachzubauen, so tun sie das erfahrungsgemäß mit großem Spaß und zeigen dieses Modell stolz zu Hause. Sie werden das Modell ggf. sogar mit Eltern und Geschwistern diskutieren und erklären, wofür es ein Modell ist: Mit dem Bewusstsein von „Experten" geben sie chemische Sachverhalte an andere Personen weiter! Die genannten Zellstoffkugeln sind bei der Firma Faita [18] günstig zu erwerben, Vorschriften zu einem Modellbau-Praktikum am Ende des Kapitels zu finden.

Nach unseren Erfahrungen schätzen auch ältere Schüler und Studenten oder gar Lehrer auf Lehrerfortbildungstagungen den Umgang mit Strukturmodellen aller Art: Sie überzeugen sich beispielsweise sehr gern von der Zahl und der Art der Isomeren bei Alkan-Molekülen oder mehrwertigen Alkohol-Molekülen, indem sie entsprechende Molekülmodelle mit Hilfe von Baukästen zusammensetzen. Wird gestandenen Lehrern und Lehrerinnen das Baumaterial in Form von Schaumstoff-, Styropor- oder Plexiglaskugeln geliefert, so konstruieren sie sogar die diffizilen Elementarzellen-Modelle sehr gern. Der Spaß am Bau von Strukturmodellen scheint keiner Altersgrenze zu unterliegen!

Modelle aus anderen Schulfächern. Die Lernenden bringen zum Thema „Modelle" oftmals reiche Erfahrungen aus anderen Schulfächern mit. Einige Schulfächer seien aufgeführt:

Biologie: Die Schulsammlungen enthalten meistens Modelle für das Auge, für das Ohr oder für das Skelett des Menschen (selten ist das Skelett wiederum ein Original). In diesen Fällen ist der Modellcharakter, sind Verkürzungen und irrelevante Zutaten der Modelle sehr evident. Es sind sehr anschauliche und – wegen der Bedeutung für die eigene Person – sehr motivierende Modelle, die als Beispiele gut zur Diskussion des Modellbegriffs geeignet sind. Da dieser anhand von sichtbaren Körperteilen vom direkten Vergleich von Original und Modell ausgeht, trifft er aber für chemische Sachverhalte nicht zu.

Geographie: Landkarten sind für Lernende ebenfalls gut nachvollziehbare Modelle, beispielsweise solche für ihre Heimatstadt oder für bekannte Wanderwege. Auch der Globus ist im Zeitalter der Weltraumfahrt als Modell vergleichbar mit dem Original, wenn die Erde von der Weltraumkapsel aus als Foto oder als Film gezeigt wird (für die Zeit vor der Weltraumfahrt war der Globus ein Modell, das nicht mit dem Original direkt und als Ganzes vergleichbar war).

Modelle zum Erdinneren sind wiederum solche, die nicht direkt durch den optischen Vergleich mit der Erde zu erhalten sind, sondern durch empirische Auswertung von Experimenten an der Erdoberfläche abgeleitet werden. Dieses Vorgehen entspricht dem naturwissenschaftlichen Erkenntnisprozess und liefert Modelle, die wiederum naturwissenschaftlicher Art sind.

Mathematik: Geometrische Zeichnungen können als Modelle verstanden werden. So sind etwa bestimmte Dreiecke Modelle für das rechtwinklige Dreieck, andere Dreiecke Modelle für das gleichschenklige Dreieck: sie erfüllen spezifische Abbildungsmerkmale. Bauen die Schüler gar Raummodelle von Würfel, Quader, Oktaeder oder Tetraeder mit Hilfe vorgegebener Netze aus Karton und beschreiben sie diese mathematisch, so werden gute Voraussetzungen dafür geliefert, diese Modelle auch für den Chemieunterricht wirksam einzusetzen und auf ihrer Grundlage etwa Strukturmodelle kubischer Symmetrie erfolgreich zu vermitteln.

Zeichnen die Schüler im Mathematikunterricht die Raummodelle schließlich perspektivisch, so können diese Fertigkeiten nicht nur im Chemieunterricht aufgenommen und beim Zeichnen von Strukturmodellen weiterentwickelt werden, sondern es wird darüber hinaus das Raumvorstellungsvermögen der Schüler und Schülerinnen trainiert und verbessert. Die Förderung dieser Fähigkeit ist sowohl im Mathematik- als auch im Chemieunterricht eine wichtige interdisziplinäre Aufgabe, da ein gutes Raumvorstellungsvermögen bedeutsam für viele Berufe ist. Dieses Thema wird in Kapitel 10 ausführlich dargestellt und ein Raumvorstellungstest angeboten.

6.4 Gesellschaftliche Bezugsfelder – interdisziplinäre Modellvorstellungen

Das Arbeiten mit Modellen hat einen ausgeprägten fächerübergreifenden Charakter und stellt einen kaum zu überschätzenden Beitrag zur Allgemeinbildung dar: Neben der Einsicht, welchen hohen Stellenwert der Modellbegriff speziell in der Chemie und darüber hinaus in allen Naturwissenschaften hat, lässt sich auch die Bedeutung von Modellen in vielen anderen Bereichen reflektieren. Eine große Bedeutung haben Modelle und Modellvorstellungen beispielsweise in der

- Industrie: Stoffkreisläufe oder Verbundsysteme,
- Wirtschaft: Modelle für Geld- oder Warenkreisläufe,
- Soziologie: Verhaltensmuster von bestimmten Personengruppen,
- Politik: Abstimmungsverhalten von Interessengruppen,
- Ökologie: Kreisläufe von Substanzen in der Natur und ökologische Systeme.

Literatur

[1] Häusler, K.: *Highlights in der Chemie.* Köln 1998 (Aulis)
[2] Stachowiak, H.: *Gedanken zu einer allgemeinen Theorie der Modelle.* Studium Generale 18 (1965), 432
[3] Steinbuch, K.: *Denken in Modellen.* In: Schäfer, G., u. a.: *Denken in Modellen.* Braunschweig 1977 (Westermann)
[4] Kircher, E.: *Einige erkenntnistheoretische und wissenschaftstheoretische Auffassungen zur Fachdidaktik.* Chim. did. 3 (1977), 61
[5] Harsch, G.: *Kristallgeometrie. Packungen und Symmetrie in Stereodarstellungen.* Frankfurt 1981 (Diesterweg)
[6] Geomix, Ratec: Körberstr. 15, 60433 Frankfurt
[7] Leybold Didactic: Postfach 1365, 50330 Hürth
[8] Institute for Chemical Education: University, 1101 University Av., Madison WI 53707, USA
[9] Buck, P.: *Die Teilchenvorstellung – ein „Unmodell".* Chem.Sch. 41 (1994), 412
[10] Buck, P.: *Wie kann man die „Andersartigkeit der Atome" lehren?* Chem. Sch. 41 (1994), 11
[11] Sauermann, D., Barke, H.-D.: *Chemie für Quereinsteiger.* Münster 1998 (Schüling): Band 1: *Strukturchemie und Teilchensystematik*
[12] Band 2: *Struktur der Metalle und Legierungen*
[13] Band 4: *Ionenkristalle mit einfachen Gitterbausteinen*
[14] Band 3: *Moleküle und Molekülstrukturen*
[15] Barke, H.-D.: *Die Unverzichtbarkeit der Strukturmodelle für das Verständnis der chemischen Reaktion.* PdN-Ch 29 (1980), 372
[16] Barke, H.-D., Wirbs, H.: *Chemische Symbole für kleinste Struktureinheiten.* PdN-Ch 49 (2000)
[17] Watson, J.D.: *Die Doppel-Helix.* Hamburg 1969 (Rowohlt)
[18] Faita: Postfach 1146, 83402 Mitterfelden

Übungsaufgaben zu „6 Modelle und Modellvorstellungen"

A6.1 Die kubisch dichteste Kugelpackung kann durch Ausschnitte aus Oktaedern und Tetraedern im Zahlenverhältnis 1 : 2 oder durch das Anordnen von Elementarzellen in alle drei Raumrichtungen beschrieben werden. Stellen Sie entsprechende Raumkörper mit Hilfe der Netze her (vgl. Abb. 6.13) und demonstrieren Sie jeweils die lückenlose Anordnung.

A6.2 Sie finden in der Schulsammlung eine NaCl-Kugelpackung, ein NaCl-Raumgitter und eine NaCl-Elementarzelle. Geben Sie jeweils die Abbildungsmerkmale der drei Modelle an. Diskutieren Sie die wesentlichen irrelevanten Zutaten zu solchen Modellen.

A6.3 Das Teilchenmodell ist für den Anfangsunterricht von besonderer Bedeutung. Erläutern Sie fünf Erscheinungen, die sich sachlich zutreffend mit diesem Modell erklären lassen. Welche Phänomene sind nicht sachgerecht zu beschreiben und zeigen die Grenzen dieses Modells auf?

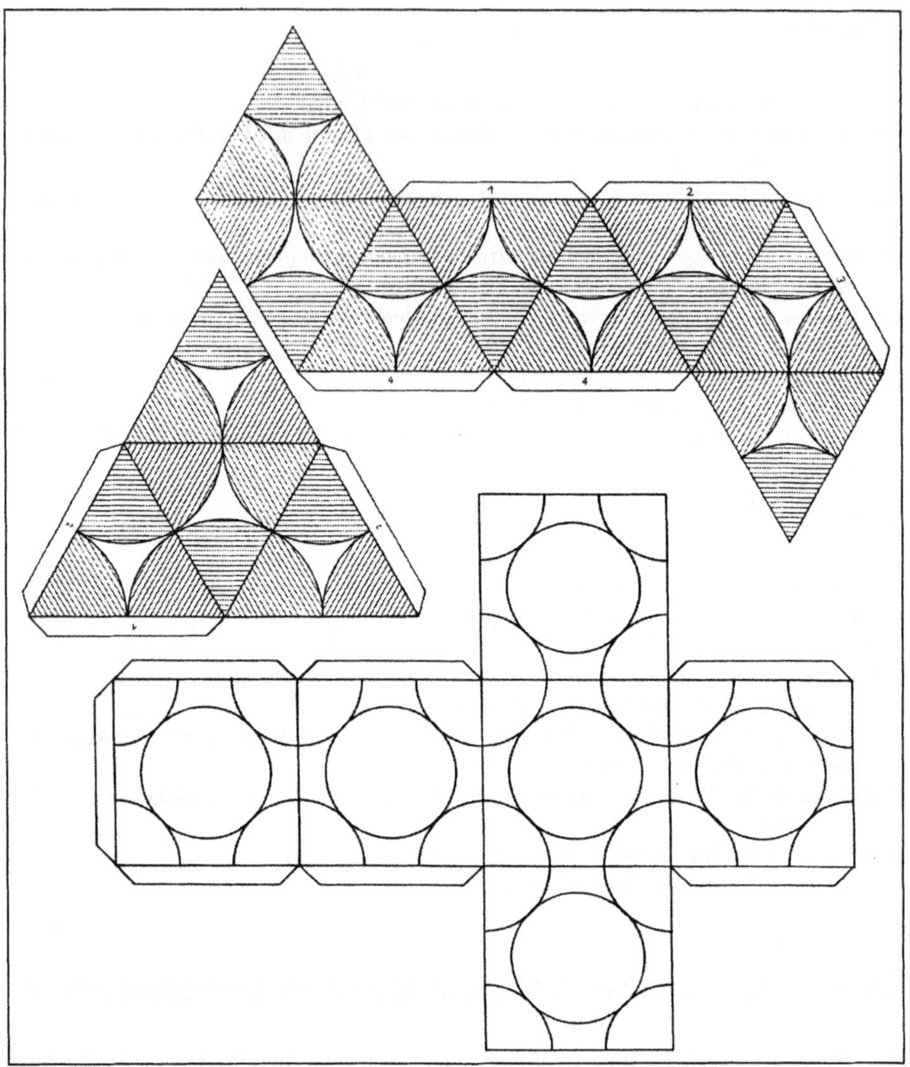

Abb. 6.13: Netze von Oktaeder, Tetraeder und Elementarzelle als Vorlagen für den Bau von räumlichen Ausschnitten aus der kubisch dichtesten Kugelpackung

A6.4 Im üblichen Chemieunterricht werden als Modellvorstellungen nacheinander das Teilchenmodell, das Daltonsche Atommodell und das Schalenmodell des Atoms eingeführt. Wählen Sie (a) eine Substanz und (b) eine chemische Reaktion aus und fertigen Sie Modellskizzen auf der Grundlage aller drei Modelle an. Diskutieren Sie die Unterschiede.

A6.5 Das chemische Gleichgewicht lässt sich durch Modell-Experimente, aber auch durch Modelle „aus dem Alltag" veranschaulichen. Geben Sie jeweils ein Beispiel an, und stellen Sie Zusammenhänge zum chemischen Gleichgewicht her.

Praktikum: Strukturen der Metalle und Salze

Material: 100 Kugeln d = 30 mm [18], 50 Kugeln d = 12 mm [18], dreieckiger Holzrahmen (a = 17,5 cm), quadratischer Holzrahmen (a = 15 cm), Knetmasse, Klebstoff, zwei gleichseitige Kugeldreiecke (jeweils aus sechs Kugeln mit d = 30 mm).

Strukturen der Metalle. Um den Aufbau von Metallkristallen aus kleinsten Teilchen mit Strukturmodellen zu beschreiben, eignen sich dichteste Kugelpackungen (1 Metall-Teilchen ≡ 1 Kugel):

M 6.1: Füllen Sie den dreieckigen Holzrahmen dicht mit einer Schicht Kugeln im Dreiecksmuster. Packen Sie möglichst viele Kugelschichten darauf. Zeichnen Sie die Kugelschichten auf.

M 6.2: Unter der *Koordinationszahl* versteht man die Zahl der Kugeln, die eine Kugel im Inneren der Packung berühren. Ermitteln Sie die Koordinationszahl in der dichtesten Kugelpackung! Zeichnen Sie drei Kugelschichten so auf, dass diese Zahl erkennbar ist.

M 6.3: Es sind zwei Arten dichtester Kugelpackungen mit der Koordinationszahl 12 möglich:

a) in der Schichtenfolge ABCABC.....,
b) in der Schichtenfolge ABAB..... Bauen Sie beide Packungen auf!

Zeichnen Sie die Kugelschichten mit Dreiecksmuster so auf, dass (a) und (b) deutlich werden.

Definition: Eine *Schichtenfolge ABCA...* liegt vor, wenn die 4. Schicht Kugeln mit der 1. Schicht bei senkrechter Draufsicht deckungsgleich ist. Die *Schichtenfolge ABA...* liegt vor, wenn bereits die 3. Schicht Kugeln mit der 1. Schicht deckungsgleich ist (es sind immer die Schichten im Dreiecksmuster gemeint!).

Information: In der ABCA-Kugelpackung ist als Elementarkörper ein würfelförmiger Ausschnitt zu finden. Deshalb wird diese Packung auch *kubisch dichteste Kugelpackung* (cubus: Würfel) genannt.

M 6.4: Zeichnen Sie neben die abgebildete Packung das *Raumgitter*, indem Sie perspektivisch einen Würfel zeichnen, anstelle der Kugeln nur die Mittelpunkte der Kugeln angeben und diese Punkte verbinden.

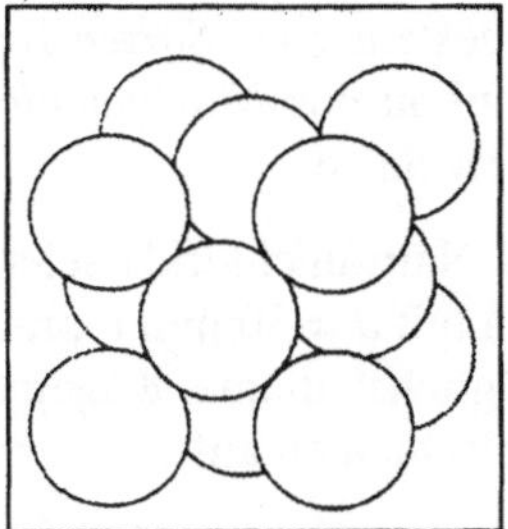

M 6.5: Kleben Sie den abgebildeten *Elementarwürfel* mit Hilfe der beiden Kugeldreiecke und zweier weiterer Kugeln zusammen. Versuchen Sie, ihn in die kubisch dichteste Packung ausgehend vom Dreiecksmuster (M 6.1) einzubauen. Zeichnen Sie zwei Möglichkeiten für den Bau des Elementarwürfels auf:

a) Verknüpfung von Schichten im Dreiecksmuster (1 + 6 + 6 + 1),
b) von Schichten im Quadratmuster (5 + 4 + 5).

M 6.6: Nehmen Sie den quadratischen Holzrahmen, stellen Sie die kubisch dichteste Packung ausgehend vom Quadratmuster her und bauen Sie den Elementarwürfel ebenfalls hinein. Stellen Sie die *Koordinationszahl* fest. Zeichnen Sie Kugelschichten so auf, dass diese Zahl zu erkennen ist.

Information: Den Aufbau von Metallkristallen aus kleinsten Teilchen zeigen folgende Modelle:

1. Die *hexagonal dichteste Kugelpackung* mit den Schichtenfolge ABA: Sie stellt dar, in welcher Weise Kristalle von *Magnesium, Zink, u. a.* aus ihren kleinsten Teilchen aufgebaut sind. Man sagt auch, sie bilden Kristalle *hexagonaler Symmetrie* oder Kristalle des *Mg-Typs.*
2. Die *kubisch dichteste Kugelpackung* mit der Schichtenfolge ABCA: Sie stellt dar, in welcher Weise Kristalle von *Kupfer, Silber, Gold, u. a.* aus ihren Teilchen aufgebaut sind. Man sagt auch, sie bilden Kristalle *kubischer Symmetrie* oder Kristalle des *Cu-Typs.* Der Elementarwürfel weist in jedem Flächenzentrum eine Kugel auf, er wird deshalb *kubisch flächenzentriert* genannt.
3. Der Name „kubisch flächenzentriert" soll den Unterschied zur kubisch raumzentrierten Kugelpackung herausstellen: Sie ist keine dichteste Packung mehr, die Koordinationszahl beträgt 8. Metallkristalle des Wolframs und der Alkalimetalle realisieren diese Struktur: *W-Typ.*

M 6.7: Die Kugelpackung aus neun Kugeln zeigt den Elementarwürfel der kubisch raumzentrierten Metallstruktur. Zeichnen Sie neben die Packung das Raumgitter, indem Sie perspektivisch einen Würfel zeichnen, anstelle der Kugeln nur die Mittelpunkte der Kugeln angeben und diese Punkte verbinden.

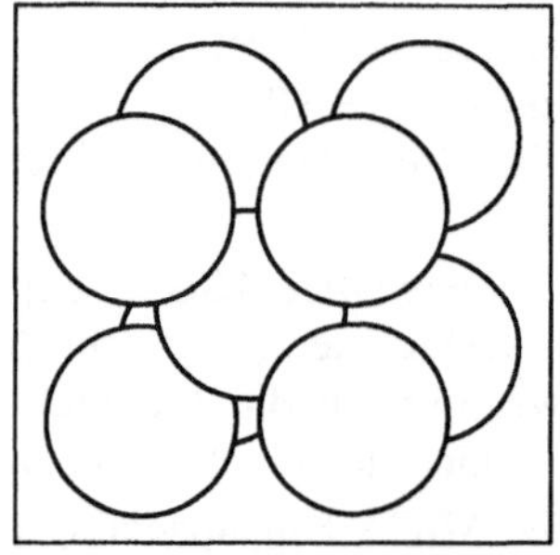

Strukturen der Salze. Der Aufbau vieler Metallkristalle lässt sich modellmäßig durch Packungen von Kugeln *einer Sorte* darstellen, der Aufbau von Salzkristallen durch Packungen von mindestens *zwei Sorten* Kugeln. Im Folgenden werden zunächst Modelle für den Aufbau des *Natriumchlorid-Kristalls* (Kochsalz) gebaut, am Schluss die dreier anderer Salze.

M 6.8: Die Na^+-Ionen des Natriumchlorids seien durch Kugeln mit d = 12 mm, die Cl^--Ionen durch Kugeln mit d = 30 mm repräsentiert. Stellen Sie mit Hilfe des Dreiecksrahmens eine möglichst dichte Kugelpackung mit beiden Kugelsorten her. Zeichnen Sie die Kugelschichten auf.

M 6.9: Ermitteln Sie die Koordinationszahlen für beide Kugelarten! Zeichnen Sie Kugelschichten so auf, dass die Koordinationszahlen für beide Kugelarten erkennbar sind.

M 6.10: In der dichtesten Kugelpackung gibt es zwei verschieden große Arten von Lücken. Stellen Sie die Zahl der Kugeln fest, die die Lücken formen, und zeichnen

Sie für beiden Lückenarten die lückenbildenden Kugeln auf (perspektivisch oder in Form der Kugelschichten): a) große Lücke, b) kleine Lücke.

Information: In dichtesten Kugelpackungen sind zwei unterschiedliche Lückenarten zu finden, überzeugen sie sich anhand des Modells M.6.8.:
1. Die großen Lücken werden von 6 Kugeln in Oktaederanordnung geformt: *Oktaederlücken (OL)*
2. Die kleinen Lücken werden von 4 Kugeln in Tetraederanordnung geformt: *Tetraederlücken (TL)*
3. In dichtesten Kugelpackungen sind Kugeln, OL und TL im *Zahlenverhältnis 1 : 1 : 2* vorhanden.

Der Aufbau des Kochsalzkristalls aus kleinsten Teilchen kann deshalb so beschrieben werden: Die Cl^--Ionen bilden die kubisch dichteste Packung, alle Oktaederlücken sind durch die kleineren Na^+-Ionen besetzt. Die Koordination ist 6/6, das Zahlenverhältnis der Ionen lautet 1 : 1, die Formel $(Na^+)_1(Cl^-)_1$.
Wie erklärt sich die *Würfelform* der Kochsalzkristalle?

M 6.11: Nehmen Sie den *Elementarwürfel* aus M6.5, füllen Sie die Oktaederlücken mit kleineren Kugeln.

a) Vervollständigen Sie die Modellzeichnung (Bild).

b) Zeichnen Sie daneben das Raumgitter auf (vgl. M6.4).

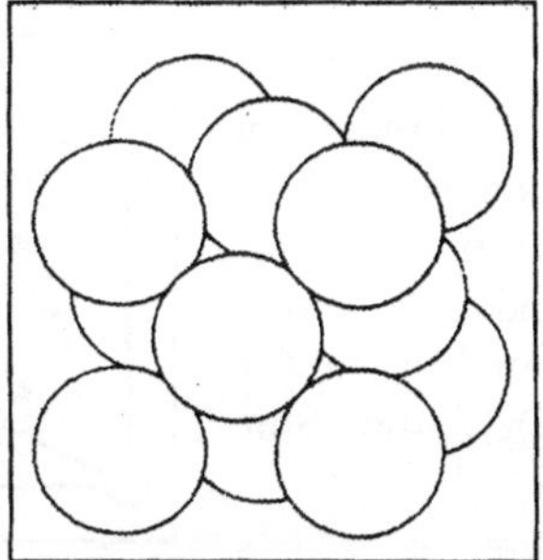

M 6.12: Stellen Sie die kubisch dichteste Packung mit Hilfe des Quadratrahmens und beider Kugelsorten her. Zeichnen Sie die Schichtenfolge auf.

M 6.13: Überzeugen Sie sich davon, dass sich der Elementarwürfel sowohl in die Kugelpackung ausgehend vom Dreiecksmuster (M 6.8) als auch in die ausgehend vom Quadratmuster (M 6.12) einbauen lässt. Welche Lage nimmt er jeweils ein?

Zeichnen Sie den Elementarwürfel mit Hilfe von a) Kugelschichten im Dreiecksmuster, b) Kugelschichten im Quadratmuster.

M 6.14: Ein Modell für die *Aluminiumoxid-Struktur:*
a) Kleben Sie 3 Schichten von je 15 Kugeln zusammen (Bild).
b) Heften Sie nach angegebenem Muster jeweils 10 kleine Kugeln darauf (Bild).
c) Legen Sie die drei Schichten so aufeinander, dass die Schichtenfolge ABA lautet. Achten Sie darauf, dass die Koordinationszahl kleiner Kugeln 6, die großer Kugeln 4 lautet. Welches Zahlenverhältnis der Kugeln liegt vor?

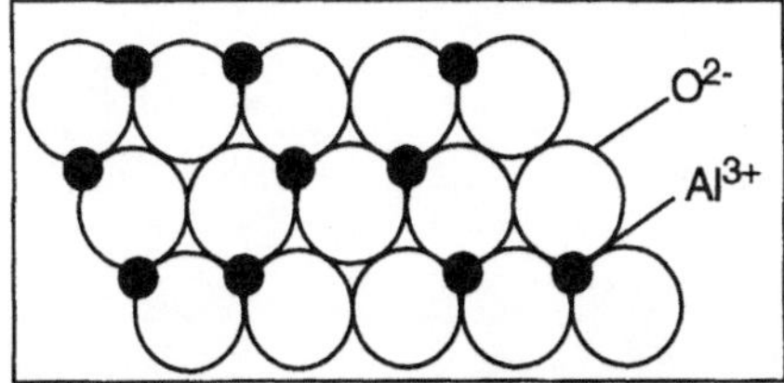

Information: Im *Aluminiumoxid* bilden die O^{2-}-Ionen eine hexagonal dichteste Packung, die Oktaederlücken sind nur zu 2/3 mit Al^{3+}-Ionen besetzt. Die Koordination lautet 6/4, das Zahlenverhältnis der Ionen 2 : 3, die Modelle sind dementsprechend zu Formeln wie $\{(Al^{3+})_2(O^{2-})_3\}$ bzw. Al_2O_3 zu verkürzen.

M 6.15: Formen Sie aus Knetmasse einige kleine Kugeln, die in die Tetraederlücken großer Kugeln passen. Bauen Sie mit großen und kleinen Kugeln den entsprechenden Elementarwürfel
a) für die Zinkblende-Struktur, b) für die Lithiumoxid-Struktur.

Information: Zinkblende lässt sich beschreiben als kubisch dichteste Packung von S^{2-}-Ionen, deren Tetraederlücken zur Hälfte mit Zn^{2+}-Ionen besetzt sind. Die Koordination lautet 4/4, die Formel für die Elementarzelle $\{(Zn^{2+})_4(S^{2-})_4\}$, die Summenformel ZnS.

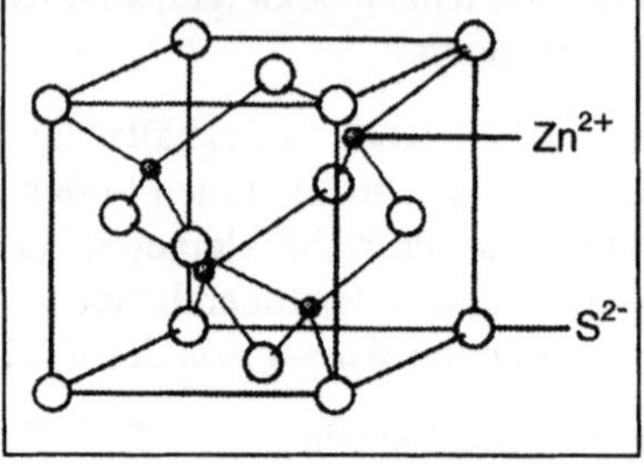

Lithiumoxid lässt sich beschreiben als kubisch dichteste Packung von O^{2-}-Ionen, deren Tetraederlücken vollständig mit Li^+-Ionen besetzt sind. Die Koordination lautet 4/8, die Formel für die Elementarzelle $\{(Li^+)_8(O^{2-})_4\}$, die Summenformel Li_2O.

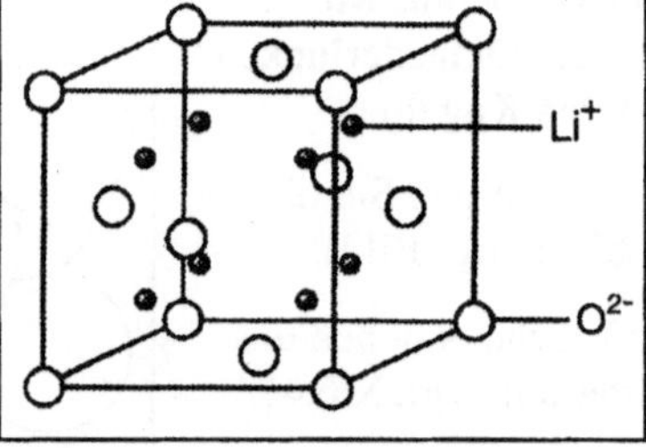

Lösungen und Zeichnungen zu den Aufgaben

M 6.1:

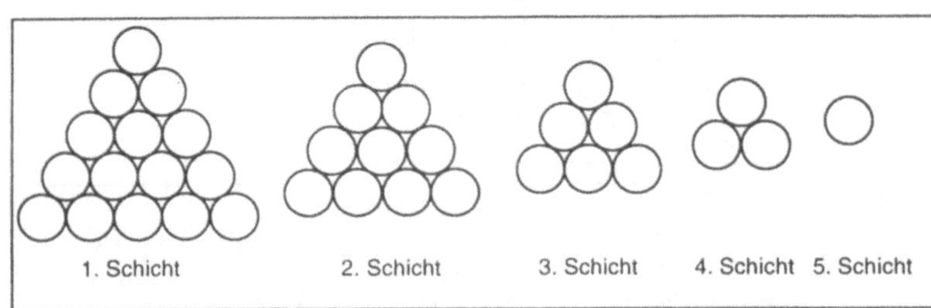

M 6.2:

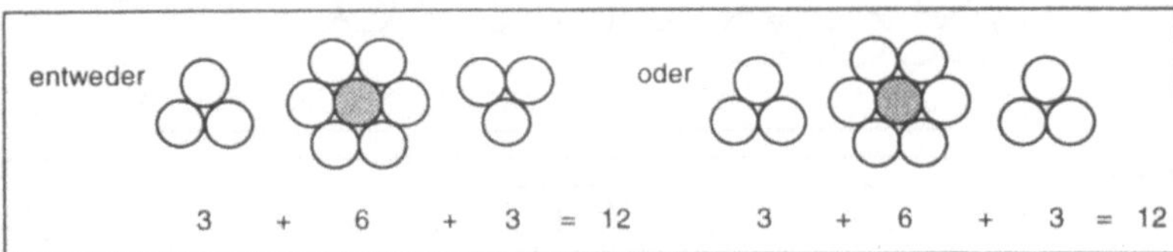

M 6.3:

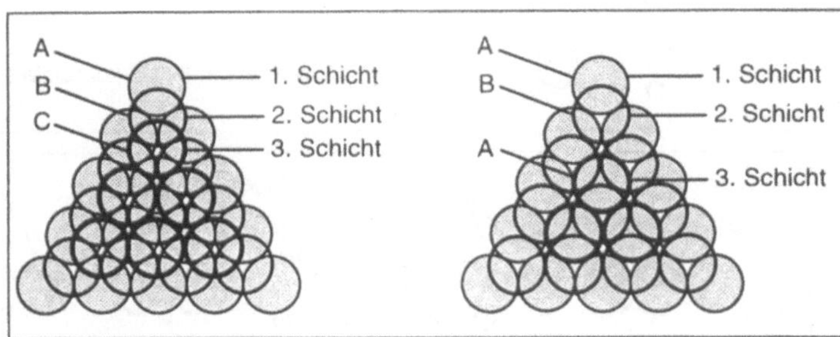

M 6.4:

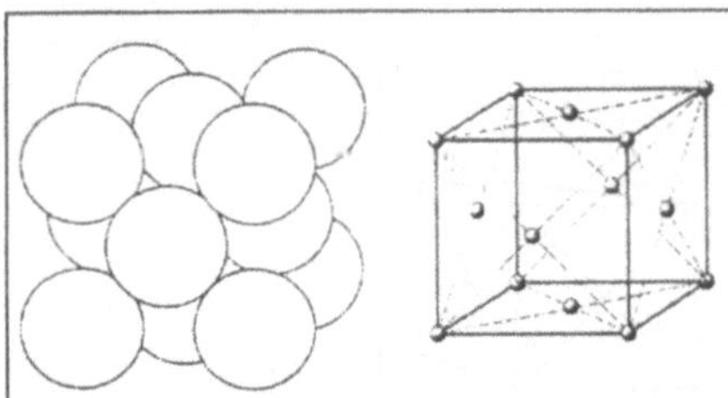

M 6.5:

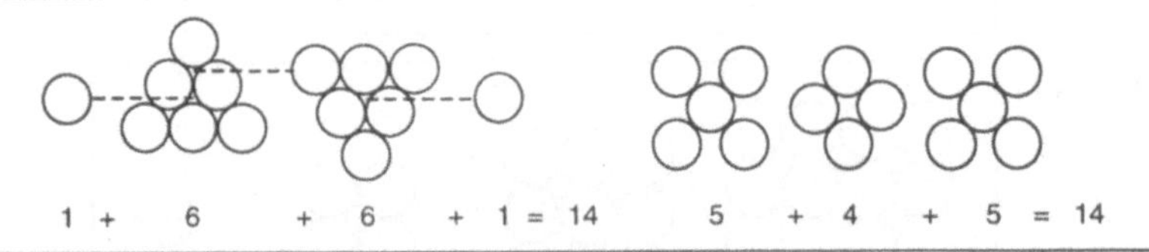

M 6.6:

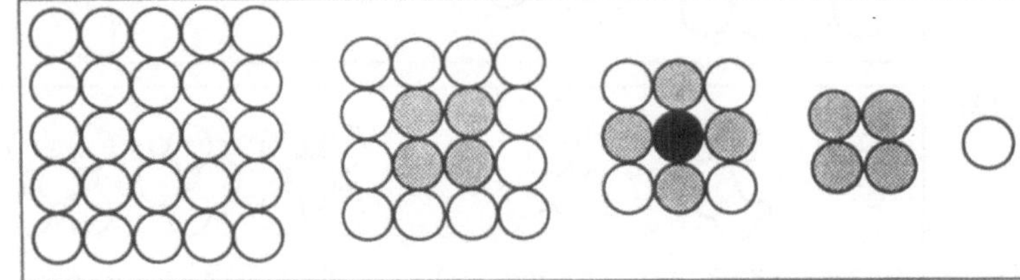

M 6.7:

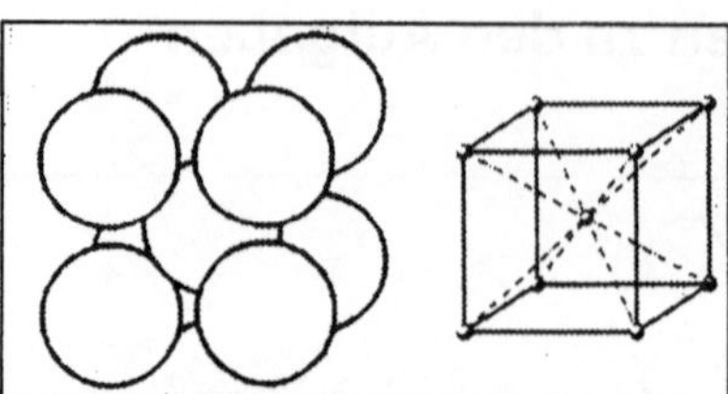

M 6.8:

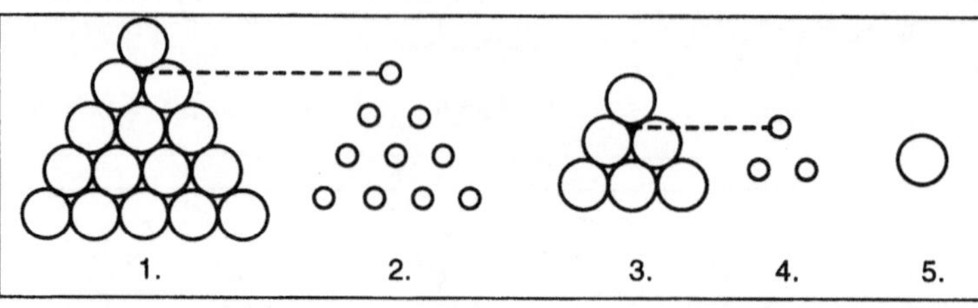

M 6.9:

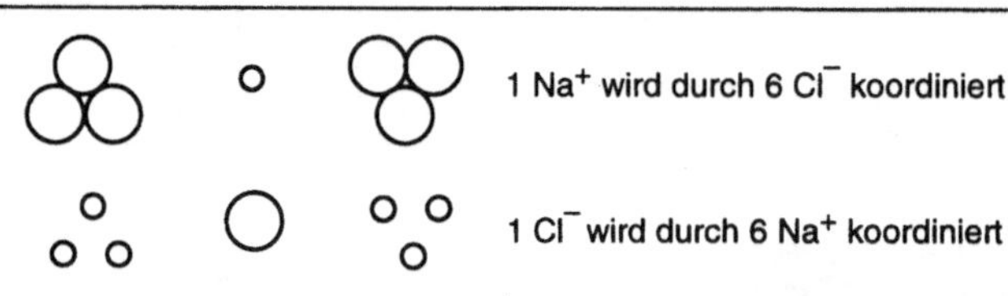

M 6.10:

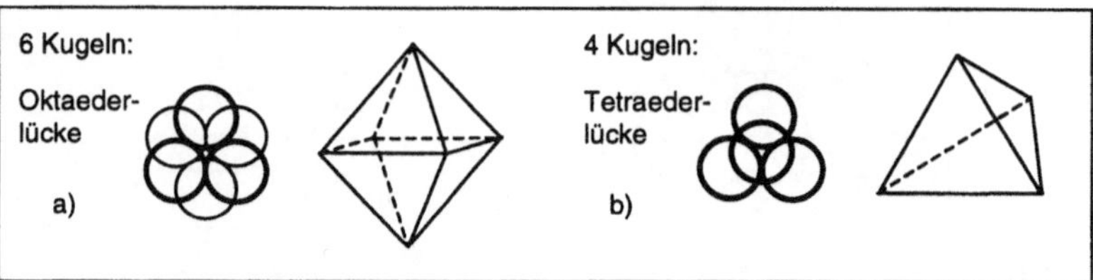

M 6.11:

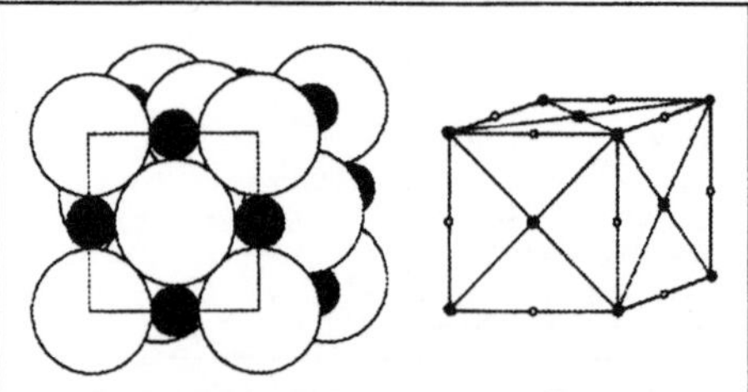

M 6.12:

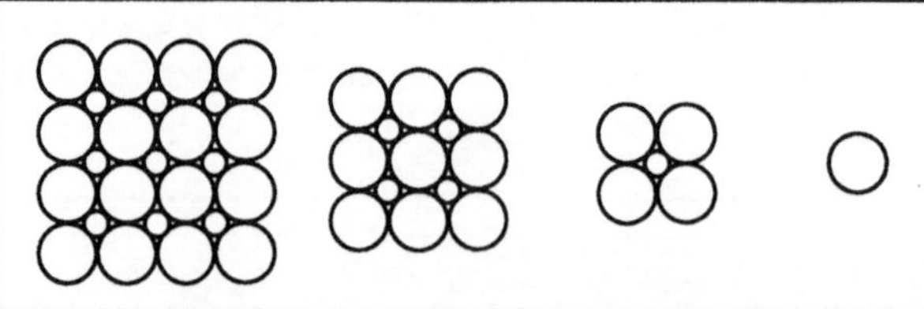

M 6.13:

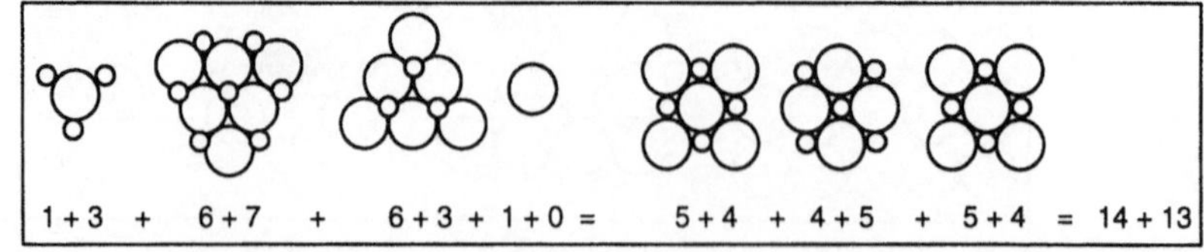

7 Fachsprache und Symbole

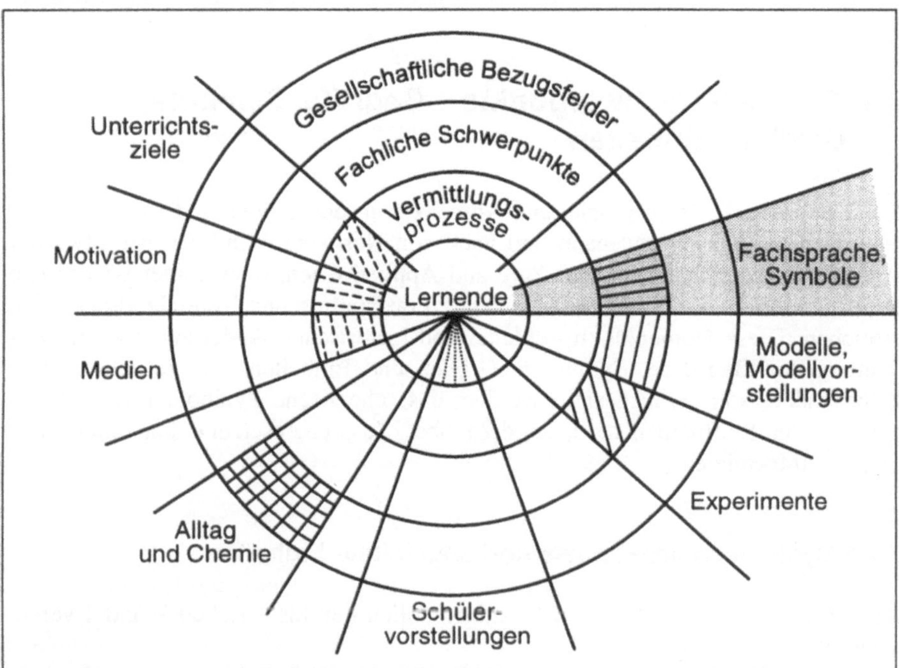

„Formeln sind das Gelehrtenlatein der Chemie. Ohne sie wäre Verständigung über die Ländergrenzen hinweg nicht denkbar und wäre die Darstellung chemischer Prozesse so umständlich, als müssten wir unseren Lebenslauf in Keilschrift abfassen". Peter von Zahn [1] stellt mit dieser Aussage die große Bedeutung von chemischen Symbolen heraus, kennzeichnet sie als einzigartiges Kommunikationsmittel für Chemiker – gleichgültig ob sie in Europa oder Amerika, in China oder Japan arbeiten.

In diesem Sinne ist es auch ein Ziel des Chemieunterrichts, Jugendliche in diese Symbolsprache einzuweihen und sie in die Lage zu versetzen, Errungenschaften von Naturwissenschaften und Technik in Zeitschriften und Magazinen nachlesen und verstehen zu können. Andererseits wird vehement gefordert, dass Wissenschaftler ihre Methoden und Erkenntnisse auf dem Niveau des gebildeten Laien verständlich machen sollen:

„Forscher und Erfinder können nicht isoliert in einem elfenbeinernen Turm leben. Sie bedürfen des Resonanzbodens. Sie brauchen ein breites Fundament von Zustimmung derer, denen letzten Endes die Technik zugute kommt" [1].

Viele Begriffe der Technik sind in der Alltagssprache bekannt, aber auch Begriffe der Chemie sind Teil der Alltagssprache: Stoff, Metall, Lösung, Säure, Lauge, Gas, Verbrennung, u. a. Die Bedeutung solcher Begriffe ist in der Fachsprache allerdings vielfach eine andere oder weitergehende, immer eine präzisere als in der Alltagssprache. Um mit den Lernenden angemessen über chemische Sachverhalte sprechen zu können, Beobachtungen zu formulieren und Erklärungen zu diskutieren, die von allen Beteiligten in gleicher Weise verstanden werden, ist es unerlässlich, von der Alltagssprache ausgehend zur Fachsprache und Symbolik hinzuführen. Welche fachdidaktischen Probleme dabei zu berücksichtigen sind und welche Lösungsvorschläge es gibt, ist die diesbezügliche Grundfrage der Chemiedidaktik.

7.1 Fachliche Schwerpunkte – Begriffe, Symbole, Größen, Einheiten

Viele Begriffe der Fachsprache und Nomenklatur, der Größen und Einheiten sind historisch gewachsen und nach und nach von Normenausschüssen wie etwa der IUPAC (International Union of Pure and Applied Chemistry) immer wieder neu definiert worden, um eine weiter gehende Präzisierung und Vereinheitlichung zu erreichen. Diese Nomenklaturprobleme und historischen Änderungen in der Bedeutung von Begriffen, Symbolen, Größen und Einheiten sind zu reflektieren. Insbesondere soll herausgestellt werden, dass chemische Symbole keine Abkürzungen von Stoffnamen sind, sondern über Zusammensetzung und chemische Struktur informieren.

7.1.1 Système Internationale und abgeleitete Einheiten

Drei Beispiele von Größen und Einheiten sollen den historischen Wandel veranschaulichen.

Länge. Das Meter als Einheit der Länge wurde im 18. Jahrhundert definiert als 10.000.000ster Teil des Erdquadranten (1/4 des Erdumfangs, heutiger mittlerer Wert: 10.000,09 km). 1889 legte man das Meter durch zwei Markierungsstriche an einem in Sèvres bei Paris deponierten Platin-Iridium-Stab fest. Um mit Hilfe neuer Methoden eine noch genauere Definition zur Verfügung zu haben, bestimmte man 1960 als Meter das 1.650.763,73-fache der Wellenlänge der orange-roten Strahlung, die unter spezifischen Bedingungen vom Isotop Krypton 86 ausgeht.

Zeit. Der mittleren Sonnensekunde entsprach vor dem Jahr 1964 der allseits bekannte Teil eines Sonnentages bzw. einer vollständigen Drehung der Erde um die Erdachse. Man benötigte wegen der beginnenden Raumfahrt allerdings eine größere Genauigkeit und definierte die Sekunde auf der Grundlage der Absorption von Schwingungen bei inneratomaren Prozessen des Isotops Cs 133: die Zeit für 9.192.631.770 Schwingungen dieses Cäsium-Isotops.

Tabelle 7.1: Grundgrößen und SI-Einheiten, deren Symbole, Umrechnungsfaktoren

Größe	Symbol	SI-Einheit	Symbol	Definition
Länge	l	Meter	m	Wellenlänge Krypton 86
Masse	m	Kilogramm	kg	1 dm^3 Wasser (4°C)
Zeit	t	Sekunde	s	Frequenz Cäsium 133
Temperatur	T	Kelvin	K	0 K = – 273,15°C
Stromstärke	I	Ampère	A	0,19 cm^3 Knallgas pro 1 s
Stoffmenge	n	Mol	mol	Avogadro-Konstante N_A
Lichtstärke	I	Candela	cd	spez. Amylacetat-Flamme

Zur Angabe von Vielfachen oder Teilen der SI-Einheiten sind folgende Vorsilben üblich:

10^9	10^6	10^3	10^2	10^{-1}	10^{-2}	10^{-3}	10^{-6}	10^{-9}	10^{-12}
G	M	k	h	d	c	m	µ	n	p
Giga	Mega	Kilo	Hekto	Dezi	Zenti	Milli	Mikro	Nano	Pico

Wärmeenergie. Die ursprüngliche Einheit für die Wärmeenergie war die Kalorie. Sie beschreibt die Energiemenge, die 1 g Wasser zur Erwärmung um 1 K zuzuführen ist, genauer: von 14,5°C auf 15,5°C. Um diese Energiemenge mit anderen Energien vergleichen und im Größenkalkül umrechnen zu können, hat man die Einheit Joule (J) eingeführt: 1 J = 1 Nm = 1 kg m^2/s^2.

Nach dieser Festlegung auf Grundlage der SI-Einheiten gilt zur Umrechnung von alter und neuer Einheit für die Wärmeenergie: 1 cal = 4,18 J.

SI-Einheiten. Das letzte Beispiel zeigt eine Besonderheit auf: Die Einheit J ist durch einen Term der Grundeinheiten kg, m und s definiert worden. Diese Einheiten unterliegen seit 1968 dem **S**ystème **I**nternationale, man nennt sie deshalb SI-Einheiten. Es gibt viele andere Größen, die sich von den SI-Einheiten ableiten bzw. auf dieser Grundlage neu definiert worden sind: Fläche, Volumen, Dichte, Druck, Geschwindigkeit, Beschleunigung, Konzentration, Kraft, Energie, Enthalpie, Entropie, Leistung, elektrische Ladung, Spannung, Widerstand, Kapazität, u. a. Tabelle 7.1 gibt die sieben Grundgrößen und entsprechenden SI-Einheiten an.

7.1.2 Schulrelevante Größen und Einheiten

Masse und Dichte. Legt man konsequent die SI-Einheiten zugrunde, so müssten alle Massen in kg und die Dichten in kg/m^3 angegeben werden. Zum einen ist es aber sinnvoll, wegen der Größenordnung von Stoffportionen Angaben in g und mg zu verwenden, zum anderen sollten die üblichen Dichten in g/mL bzw. g/cm^3 für Feststoffe und Flüssigkeiten bzw. in g/L für Gase beibehalten werden.

In der Literatur werden als Symbole für Liter oder Milliliter anstelle von L bzw. mL auch l bzw. ml verwendet, bei ersterem hebt sich aber der Grossbuchstabe L besser lesbar von der Zahl Eins ab und wird daher auch hier bevorzugt.

Atommasse. Eine völlig andere Masseneinheit als das kg ist überdies in der Chemie üblich: die Einheit u für die Atommasse. Die früheren „relativen Atomgewichte“ waren dimensionslos und wurden zunächst durch den Vergleich mit der Masse des H-Atoms, dann mit der Masse des O-Atoms in ersten Atommassentabellen festgelegt. Um Atommassen ins Größenkalkül mit einbeziehen zu können, ist die Einheit u definiert worden: 1u = 1/12 der Masse des Isotops C-12. Sie wird mit Hilfe der Avogadro-Konstante auch mit der Einheit g verknüpft:

$$1\ \text{g} = N_A \cdot 1\ \text{u}.$$

Die Molekülmassen leiten sich in bekannter Weise durch Verrechnung der Massen beteiligter Atome ab, die *molare Masse M* ebenfalls. Beispiele:

$m_{1\ \text{C-Atom}} = 12$ u, $m_{1\ \text{mol C-Atome}} = 12$ g, M (C) = 12 g/mol
$m_{1\ C_2H_5OH\text{-Molekül}} = 46$ u, $m_{1\ \text{mol}\ C_2H_5OH\text{-Moleküle}} = 46$ g, M (C_2H_5OH) = 46 g/mol

Mol. Die Einheit für die Stoffmenge *n* ist das *M*ol mit dem Einheitensymbol *m*ol. Für diese Einheit ist ein besonders drastischer Bedeutungswandel erfolgt. In früheren Jahrzehnten sprach man vom „Mol als dem Molekulargewicht in g“ und verwendete den Zahlenwert der relativen Molekülmasse mit der Einheit g. Heute gilt folgende IUPAC-Definition: „Ein Mol ist die Stoffmenge einer Stoffportion, die ebenso viele Teilchen enthält wie 12 g Kohlenstoff, der ausschließlich aus C-12-Isotopen besteht. Die Teilchen der betrachteten Stoffportion sind näher zu charakterisieren, es kann sich um Atome, Moleküle, Ionen, Elektronen und andere Teilchen handeln“ [2].

Der klare Vorteil dieser Definition ist, dass die unpräzise Angabe „1 mol Sauerstoff“ ersetzt wird durch „1 mol O-Atome“ oder „1 mol O_2-Moleküle“ oder „1 mol O_3-Moleküle“:

$m_{1\ \text{mol O-Atome}} = 16$ g , $m_{1\ \text{mol}\ O_2\text{-Moleküle}} = 32$ g , $m_{1\ \text{mol}\ O_3\text{-Moleküle}} = 48$ g

32 g Schwefel enthalten entweder 1 mol S-Atome oder 1/8 mol S_8-Moleküle

Abgeleitet vom Molbegriff definiert man die molare Masse *M* (g/mol), das molare Volumen V_m (L/mol), die molare Teilchenzahl N_A (1/mol), die molare Ladung *F* (C/mol), die Stoffmengenkonzentrationen Molarität (mol/L) oder Molalität (mol/kg). Die übliche Konzentrationsangabe in mol/L erlaubt nach der derzeitigen Stoffmengen-Definition ebenfalls präzise Angaben. So wird die unpräzise Angabe „1-molare Schwefelsäure“ ersetzt durch präzise Angaben:

$c_{H_2SO_4} = 1$ mol/L oder $c_{H^+(aq)} = 2$ mol/L bzw. $c_{SO_4{}^{2-}(aq)} = 1$ mol/L

Temperatur. Die aus dem Alltag übliche Einheit °C bleibt selbstverständlich für Ausbildungszwecke relevant. Die Einheit K (nicht °K!) kann für Temperaturdifferenzen gewählt, muss allerdings in jedem Fall für Terme der Gasgesetze verwendet werden. Es gilt: 0 K = –273,15°C.

7.1.3 Schulrelevante Fachbegriffe

Es gibt wichtige Begriffe, die einen Bedeutungswandel erfahren haben und deshalb reflektiert werden sollen: Formel, Gleichung, Teilchen, Wertigkeit, Energie, Säure und Base, Isomerie, etc.

Formeln und Gleichungen. Es hat sich eingebürgert, Symbole wie CH_3COOH als Formeln zu bezeichnen. Geht man davon aus, dass in Begriffssystemen der Mathematik und Physik unter Formeln Terme verstanden werden, in die Zahlenwerte einzusetzen sind und neue Zahlenwerte resultieren, dann sollte man es in Lehre und Unterricht konsequent bei dieser Bedeutung belassen. Auch Gleichungen haben eine andere Bedeutung in Mathematik und Physik – chemische Reaktions*gleichungen* können lediglich meinen, dass die Summen der Massen links und rechts des Pfeils identisch sind. Da Stoffe bzw. Eigenschaften oder Energieinhalte auf beiden Seiten des Pfeils definitiv unterschiedlich sind, ist der Begriff Gleichung für den Anfänger sehr irreführend und sollte aus diesem Grund durch Reaktionsschema oder Reaktionssymbol ersetzt werden.

Chemische Symbole. Spricht man vom CH_3COOH-Symbol bzw. Molekülsymbol, so umgeht man nicht nur den unzutreffenden Formelbegriff, sondern verwendet einen Grundgedanken der modernen Philosophie: „Symbole sind nicht Stellvertretung ihrer Gegenstände, sondern Vehikel für die Vorstellung von Gegenständen. In der Denotation der gewöhnlichen Art von Symbolfunktion müssen es vier Glieder sein: *Subjekt, Symbol, Vorstellung* und *Objekt*" [3]. Der Chemiker (Subjekt) nimmt das Schriftzeichen CH_3COOH (Symbol) zur Kenntnis und denkt sich den Aufbau des Essigsäure-Moleküls (Vorstellung). Er weiß, dass die Struktur dieses Moleküls (Objekt) jederzeit durch Methoden der instrumentellen Analytik bestätigt werden kann. Ausführlicher können diese Zusammenhänge bei Langer [3] und Barke [4] nachgelesen werden.

Der *Symbolbegriff* kann konsequent in folgender Weise angewendet werden (vgl. Abb. 7.1): Atomsymbol (auch Elementsymbol), Ionensymbol, Molekülsymbol, Verbindungssymbol, Summensymbol, Halbstruktursymbol, Struktursymbol, Molekülstruktursymbol, Konstitutions-, Konfigurations-, Konformations- bzw. Stereosymbol, Ionenaggregat-Struktursymbol (Niggli- oder Parthé-Symbol), Ionenanzahlenverhältnissymbol, Reaktionssymbol oder Umgruppierungssymbol.

Nähere Details – insbesondere unterschiedliche Symbole infiniter und finiter Teilchenverbände – zeigen die Beispiele in der Abbildung 7.1. Man erkennt speziell, mit welchen informationsarmen Symbolen wie CaF_2, NaCl oder Al_2O_3 man im Unterricht arbeitet: Sie vermitteln – im Gegensatz zu Struktursymbolen für Moleküle – keinerlei Vorstellungen zum Aufbau dieser Verbindungen!

Mit dem verabredeten Symbolbegriff wird auch deutlich, dass Symbole wie NaCl bzw. C_2H_5OH Teilchenaggregate bzw. Moleküle repräsentieren, deshalb nicht dem Kontinuumsbereich angehören und nicht als Abkürzung für Substanznamen zu wählen sind (EtOH wäre eine willkürliche Abkürzung für Ethanol). Symbole wie C, H, O oder C_2H_5OH beziehen sich auf den *Diskontinuumsbereich* und bedeuten zunächst 1 C-Atom, 1 H-Atom,1 O-Atom und 1 C_2H_5OH-Molekül. In Reaktionssymbolen können solche Symbole auch für eine große Zahl von Teilchen stehen, im besonderen Fall für 1 mol der entsprechenden Teilchen.

Kristallgittersymbole		**Molekülsymbole**	
$\{Ca^{2+}$ [8c + 12c] F^-_2 [4t + 6o]$\}$ $\{Ca^{2+} F^-_2$ 8/4$\}$ G	Parthé-Symbol und Niggli-Symbol für die Ionenaggregatstruktur	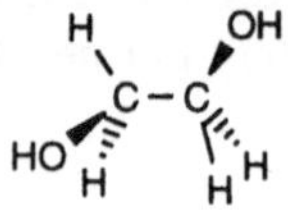 H, OH C–C HO, H, H, H	Stereosymbol zur Molekülstruktur
↑	↑	↑	↑
$\{(Ca^{2+})_4(F^-)_8\}$	Symbol für die Elementarzelle	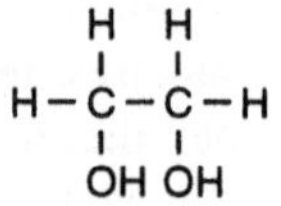 H H H–C–C–H OH OH	Konstitutions-symbol
↑	↑	↑	↑
$\{(Ca^{2+})_1(F^-)_2\}$	Symbol für das Ionenanzahlenverhältnis	HO–CH_2–CH_2–OH $C_2H_4(OH)_2$	Halbstruktur-symbole
↑	↑	↑	↑
$Ca^{2+}(F^-)_2$ CaF_2	Summensymbole	CH_2OH CH_3O	Summensymbole

Abb. 7.1: Typen chemischer Symbole (Beispiele Calciumfluorid und Ethandiol)

Um für den submikroskopischen Bereich möglichst doppeldeutige Bezeichnungen zu vermeiden, sollten Atom-, Ionen- oder Molekülsymbole mit den bekannten Zeichen für Massen, Volumina oder Konzentrationen folgendermaßen verknüpft werden:

$$m_{1 \text{ mol Ar-Atome}} = 39{,}95 \text{ g}, \; V_{1 \text{ mol Ar-Atome}} = 22{,}4 \text{ L (Normbed.)}, \; c_{H^+(aq)} = 0{,}1 \text{ mol/L}$$

Konsequent wäre es, für den *Kontinuumsbereich* die Namen für Substanzen der makroskopisch beobachtbaren Stoffe auszuschreiben – auch auf Etiketten der Vorratsflaschen in Chemikaliensammlungen oder für messbare Eigenschaften der Substanzen:

$$\text{Dichte}_{\text{Ethanol}} = 0{,}79 \text{ g/mL}, \qquad \text{Siedetemperatur}_{\text{Ethanol}} = 78\,°\text{C (Normbed.)}$$

Reaktionssymbole. In Reaktionssymbolen ist eine Doppeldeutigkeit der chemischen Symbole nicht zu vermeiden. Als Beispiel sei die Verbrennungsreaktion von Ethanol notiert:

C_2H_5OH (l) + 3 O_2 (g)	→ 2 CO_2 (g) +	3 H_2O (g); $\Delta H < 0$
x Moleküle + 3 x Moleküle	→ 2 x Moleküle +	3 x Moleküle
1 mol Moleküle + 3 mol Moleküle	→ 2 mol Moleküle +	3 mol Moleküle

Wollte man Symbole eindeutig verwenden und einem Atomsymbol genau ein Teilchen zuordnen, müsste man für stöchiometrische Betrachtungen mit dem Buchstaben x kennzeichnen, dass große Zahlen von Teilchen oder molare Stoffmengen gemeint sind. Das kann zur Einführung zunächst geschehen, fortgeschrittenen Chemie-Lernenden ist es allerdings zuzumuten, aus dem Zusammenhang zu folgern, ob ein Symbol für genau 1 Teilchen oder für 1 mol Teilchen steht.

Solange im Anfangsunterricht der Diskontinuumsbereich noch nicht zugrunde liegt und keine Betrachtungen zur Stöchiometrie oder zur Struktur der Teilchenaggregate eine Rolle spielen, sollten ausschließlich *Reaktionssymbole in Worten* verwendet werden:

Ethanol (l) + Sauerstoff (g) $\rightarrow$ Kohlenstoffdioxid (g) + Wasser (g); exotherm

Möchte man den Symbolbegriff konsequent im Diskontinuumsbereich belassen, kann man Begriffe wie *Reaktionsschema* oder *Wortschema* einführen – in keinem Falle den nicht zutreffenden Begriff „Wortgleichung": gerade die *Unterschiede* der Ausgangsstoffe und Reaktionsprodukte sollen im Anfangsunterricht im Vordergrund stehen! Es ist ebenfalls die Bedeutung des *Pluszeichens* als „aufzählendes und" sowie die Bedeutung des *Reaktionspfeiles* zu klären: Er kann gelesen werden als „reagieren unter Bildung von", „aus ...... bilden sich", o. ä.

Teilchen. Der Teilchenbegriff wird in Lehre und Unterricht oftmals als erste vorläufige Modellvorstellung eingeführt, wenn etwa der schematische Aufbau eines Zuckerkristalls aus Zucker-Teilchen oder einer Ethanol-Lösung aus Ethanol- und Wasser-Teilchen veranschaulicht werden sollen. Selbstverständlich ist mit der ersten Einführung eines Modells grundsätzlich über den naturwissenschaftlichen Modellbegriff zu reflektieren (vgl. Kap. 6). Es ergeben sich allerdings in zweifacher Hinsicht fachdidaktische Probleme.

Solange man den Teilchenbegriff auf Beispiele wie Metall-Atome oder Gas-Moleküle anwendet, wird man auf keinerlei Schwierigkeiten stoßen: Eine Kugel ist Modell für jeweils ein Metall-Atom bzw. für ein Gas-Molekül. Wendet man den Teilchenbegriff auf Salze oder Salzlösungen an, so stößt man an Grenzen dieser Modellvorstellung. Gemäß der Vorabredung, einem Teilchen eines Reinstoffes eine Kugel als Modell zuzuordnen, müsste die Kugel am Beispiel des Natriumchlorids für die Ionengruppe Na^+Cl^- oder gar für die Elementarzelle $\{(Na^+)_4(Cl^-)_4\}$stehen. Sachlich zutreffend sind Salze oder Salzlösungen aber mindestens aus zwei Ionensorten aufgebaut und ein Modell sollte von zwei Kugelsorten ausgehen. Aufgrund dieser Problematik wird der Teilchenbegriff meistens nicht auf salzartige Substanzen angewendet.

Die zweite Schwierigkeit liegt in der Beobachtung sehr kleiner Partikel in Pulvermischungen, Suspensionen oder Aerosolen. Lernende beschreiben beispielsweise ein Gemisch aus Eisen- und Schwefelpulver gern mit „Eisen-Teilchen und Schwefel-Teilchen", benutzen damit den Teilchenbegriff für sichtbare Kristalle – wohl wissend, dass jeder kleine Kristall aus Milliarden von Teilchen besteht. Legt man Wert darauf, den Begriff des kleinsten Teilchens konsequent dem submikroskopischen Bereich der Atome, Ionen und Moleküle zuzuordnen, dann sollte man für winzige Stoffportionen die Bezeichnungen „Kristalle, Körner, Tröpfchen" o. ä. wählen und nur ihnen Stoffeigenschaften zuordnen – nicht den Teilchen!

Wertigkeit. Es wird immer noch ein allgemeiner Wertigkeitsbegriff verwendet, der historisch hilfreich für Hypothesen zur Zusammensetzung von Substanzen war. Solange man im 19. Jahrhundert davon ausging, dass alle Verbindungen aus Molekülen aufgebaut sind, interpretierte man die Aussage „Aluminium ist dreiwertig" dahingehend, dass Al-Atome drei „Valenzen" im Sinne von Kekulé aufweisen und entsprechend Molekül-Verbindungen bilden, die dann folgerichtig etwa mit Symbolen wie AlF_3 oder Al_2O_3 gekennzeichnet wurden.

Dieser allgemeine Wertigkeitsbegriff ist heute sinnlos geworden und deshalb entbehrlich. Zum einen steht der Ionenbegriff zur Verfügung und man kann für die ionischen Verbindungen die *Ladungszahlen* der Ionen verwenden: etwa von Al^{3+}-Ionen, F^--Ionen oder O^{2-}-Ionen ausgehend, entsprechende Verbindungssymbole wie$\{(Al^{3+})_1(F^-)_3$ oder $\{(Al^{3+})_2(O^{2-})_3\}$ formulieren und ggf. zu AlF_3 oder Al_2O_3 verkürzen. Zum anderen sind für viele molekulare Substanzen *Bindigkeiten* der sie aufbauenden Nichtmetall-Atome üblich: C-Atome stellt man sich als vierbindig vor, H-Atome als einbindig und sagt diesbezügliche Molekülsymbole wie CH_4 oder C_2H_6 voraus. In beiden Fällen sind die Begriffe Ladungszahl und Bindigkeit strukturchemisch interpretierbar, führen zu sachlich zutreffenden Strukturvorstellungen und angemessenem Chemieverständnis.

Energie. Man unterscheidet die Begriffe Energie, Enthalpie und „freie Enthalpie". Hinsichtlich chemischer Reaktionen wird von *Enthalpien* gesprochen, wenn konstante Druckverhältnisse zugrunde liegen, von *Energien*, wenn es konstante Volumina sind. Da übliche Messungen im Schullabor meist bei konstantem Druck stattfinden, kann man es bei dem Begriff Enthalpie belassen. Meist wird allerdings die thermodynamische Unterscheidung nicht übermäßig strapaziert und unpräzis auch von Reaktionswärme, Wärmeenergie oder Energiemenge gesprochen.

Die *freie Reaktionsenthalpie* ΔG wird im Zusammenhang mit der „Triebkraft" oder „Freiwilligkeit" chemischer Reaktionen diskutiert, die sowohl von der *Reaktionsenthalpie* ΔH als auch von der *Reaktionsentropie* ΔS abhängt: Die Gleichung von Gibbs-Helmholtz stellt die quantitative Beziehung her: $\Delta G = \Delta H - T\,\Delta S$

Die Schulchemie versucht oftmals, *chemische und physikalische Vorgänge* zu unterscheiden. Da allerdings auch beim Schmelzen, Verdampfen oder Lösen entsprechende Enthalpien gemessen werden, die sich in keiner Weise von den Reaktionsenthalpien üblicher Reaktionen unterscheiden, macht es keinen Sinn, diese Abgrenzung konstruieren zu wollen.

Zur *qualitativen Angabe des Energieumsatzes* sind verschiedene Reaktionssymbole üblich, Begriffe wie exotherm bzw. endotherm oder die Angaben $\Delta H < 0$ bzw. $\Delta H > 0$ möglich:

Wasserstoff (g) + Sauerstoff (g) → Wasser (l) + Wärmeenergie
Wasserstoff (g) + Sauerstoff (g) → Wasser (l); exotherm (oder $\Delta H < 0$)

Wird – wie im ersten Reaktionssymbol – die Wärmeenergie mit einem Pluszeichen in die Reihe der Stoffsymbole gestellt, so mögen Lernende zur Vorstellung gelangen, dass es sich bei der Wärmeenergie um einen an der Reaktion beteiligten „Wärme*stoff*" handelt, wie er historisch diskutiert worden ist. Es ist deshalb zu empfehlen, die Angabe der Stoffe von der Angabe des Energieumsatzes deutlich durch ein Semikolon zu trennen, wie es das zweite Reaktionssymbol zeigt.

Bei *quantitativen Angaben von Enthalpien* ist zu beachten, dass Zahlenwerte in kJ/mol für den Stoffumsatz des *formulierten Reaktionssymbols* gelten, dagegen beziehen sich Zahlenwerte für ΔH_f (f: formation) zur Angabe der Bildungsenthalpien immer auf 1 mol gebildeter Teilchen (unter Standardbedingungen):

$2\,H_2\,(g) + O_2\,(g) \rightarrow 2\,H_2O\,(l)$; $\Delta H = -570$ kJ/mol

$H_2\,(g) + \frac{1}{2}\,O_2\,(g) \rightarrow H_2O\,(l)$; $\Delta H = \Delta H_f = -285$ kJ/mol

Säuren und Basen. Gemäß der historischen Entwicklung gibt es wenigstens drei verschiedene Ebenen der Definition des Säurebegriffs (und analog auch drei Ebenen des Basebegriffs):

1. Die älteste Auffassung war *substanzbezogen*: „Eine Säure ist ein Stoff, der einen Indikatorfarbstoff spezifisch färbt oder Kalkstein unter Gasentwicklung auflöst" (Boyle, 1663).
2. Es folgten *strukturbezogene* Definitionen, als die Zusammensetzungen unterschiedlicher Säuren nach und nach bekannt wurden: „Säuren sind Wasserstoff-Verbindungen, in denen der Wasserstoff durch Metalle ersetzbar ist" (Liebig, 1838), oder „Säuren dissoziieren in Wasser, es liegen in wässeriger Lösung H^+-Ionen und Säurerest-Ionen vor" (Arrhenius, 1884).
3. Schließlich ergab sich eine *funktionsbezogene* Definition: „*Teilchen*, die Protonen abgeben können, werden Säuren genannt" (Brönsted, 1923). Teilchen – etwa das H_2O-Molekül oder das HSO_4^--Ion – können in diesem Sinne je nach Reaktionspartner Säure oder Base sein bzw. beide Funktionen erfüllen.

Die *Arrhenius-Definition* bedeutete einen revolutionären Fortschritt gegenüber allen früheren Definitionen: Man erkannte, dass in sauren Lösungen das H^+(aq)-Ion verantwortlich ist für die sauren Eigenschaften, in alkalischen Lösungen das OH^-(aq)-Ion für die alkalischen Eigenschaften. Dieser Vorzüge wegen wird sie heute noch in vielen Curricula verwendet.

Es gab allerdings auch offene Fragen. So war völlig unklar, aus welchen Gründen Säure-Moleküle in Ionen gespalten werden, also *dissoziieren*, und warum es manche Säuren nur zu einem gewissen Grad tun und mit dem sogenannten Dissoziationsgrad beschrieben werden mussten. Zum zweiten war die Substanz Ammoniak und deren alkalische Lösung in Wasser nicht mit der Definition in Einklang zu bringen: OH^--Ionen spalten sich formal nicht von NH_3-Molekülen ab. Man erfand *Ammoniumhydroxid* NH_4OH und beschrieb die wässrige Lösung mit den entsprechenden Ionen. Allerdings existiert diese Substanz nicht als Feststoff und kann deshalb nicht wie die anderen festen Hydroxide durch Dissoziation in Wasser die Ionen liefern. Noch heute findet man alte Flaschen mit der Aufschrift „NH_4OH" oder „Ammoniumhydroxid" für eine fiktive Substanz.

Schließlich war die Arrhenius-Definition auf das *Lösungsmittel Wasser* beschränkt. Man kannte nämlich eine Reihe anderer Substanzen, die etwa mit Indikatorfarbstoffen Säuren und Laugen anzeigen, aber nicht in wässrigen Lösungen vorliegen. So zeigte man etwa in flüssigem Ammoniak die Neutralisation von

Ammoniumsalzen und Metallamiden unter Verwendung üblicher Indikatorfarbstoffe und formulierte sie analog der Neutralisation in wässriger Lösung:

$NH_4^+ + NH_2^- \rightarrow 2\ NH_3$

Mit der *Brönsted-Definition* wurden diese Widersprüche beseitigt: ein ausgezeichnetes Beispiel für die konstruktive Erweiterung von Modellvorstellungen auf der einen Seite, für die Koexistenz zweier Theorien auf der anderen Seite. Denn auch heute hat die Arrhenius-Definition im Bereich wässriger Lösungen ihre Gültigkeit und kann nicht „falsch" genannt werden – eine Problematik, die auch mit Schülern im Chemieunterricht diskutiert werden sollte.

Hinsichtlich der Definition von Brönsted ist hervorzuheben, dass der Begriff Säure nicht so sehr die Substanz meint, als vielmehr ein *Säure-Teilchen*. Das zeigen diese Beispiele:

Substanzen:	*Säure-Teilchen:*
Salzsäure(aq)	H_3O^+ (aq)-Ionen
Schwefelsäure(aq)	H_3O^+ (aq)-Ionen
Schwefelsäure(l)	H_2SO_4-Moleküle
Natriumhydrogensulfat(s)	HSO_4^--Ionen

Im Bereich alkalischer Lösungen ist eine Unterscheidung beider Ebenen durch Begriffe möglich, man spricht von Natronlauge (Lösung) bzw. Natriumhydroxid (Feststoff) im Sinne von Substanzen; mit *Basen* dagegen kennzeichnet man *Teilchen*, die Protonen aufzunehmen vermögen: OH^-- oder NH_2^--Ionen oder NH_3-Moleküle. Im Bereich der *Säuren* ist jeweils aus dem Zusammenhang zu schließen, ob eine Substanz oder ein Säure-Teilchen gemeint ist. Teilchen können allerdings nicht generell in Säuren und Basen eingeteilt werden – je nach Reaktionspartner reagieren bestimmte Teilchen sowohl als Säure als auch als Base: H_2O- oder NH_3-Moleküle, OH^-- oder HSO_4^--Ionen. Man nennt sie auch *Ampholyte*. Es ist nützlich, entsprechende Symbole für *Protolysen* und *Säure-Base-Paare* anzugeben.

Isomerie. Unter Isomeren versteht man Substanzen gleicher empirischer Zusammensetzung, deren Moleküle aber unterschiedliche räumliche Anordnungen der Atome aufweisen. Es gibt verschiedene *Arten von Isomerien*: Hinsichtlich der Konstitutionsisomerie unterscheidet man Stellungs-, Funktionsisomerie, Tautomerie und Valenzisomerie, bezüglich der Stereoisomere können es Cis-trans-Isomere, Spiegelbild- oder Konformationsisomere sein (vgl. Abb. 7.2). Stereoisomere, deren Moleküle mehrere asymmetrische Kohlenstoffatome enthalten und die keine Spiegelbildisomeren sind, bezeichnet man als Diastereoisomere (z. B. α-D-Glycose und β-D-Glycose).

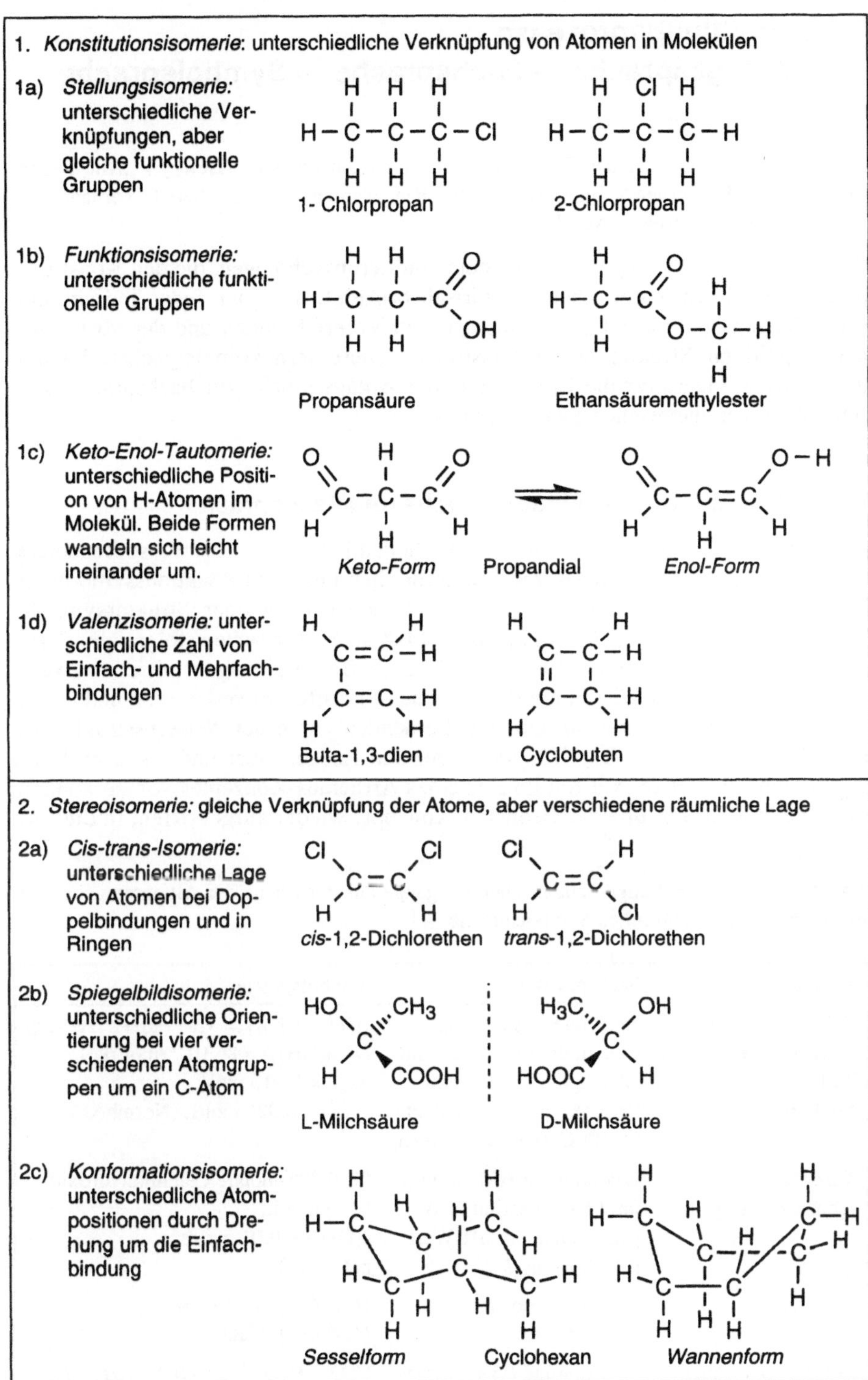

Abb. 7.2: Unterschiedliche Isomerien und entsprechende Fachbegriffe [5]

7.2 Vermittlungsprozesse – Alltagssprache → Fachsprache → Symbolsprache

„Aller Unterricht hat bei der Erfahrung der Kinder anzufangen“ (Dewey). „Alle neuen Erfahrungen, die Lernende im Unterricht machen, werden mit Hilfe bereits vorhandener Vorstellungen organisiert“ (Ausubel).

Diese bekannten Aussagen werden heute von Lernpsychologen, die den Konstruktivismus vertreten, dahingehend empirisch bestätigt, dass sich jedes Individuum seine Wissensstruktur auf der Grundlage von Vorerfahrungen und der vorhandenen kognitiven Struktur selbst konstruiert. Diese lernpsychologischen Fakten gelten insbesondere für die Erweiterung der Alltagssprache zur Fachsprache und schließlich zur chemischen Symbolsprache.

7.2.1 Verknüpfung von Alltagssprache und Fachsprache

Sobald im Chemieunterricht eine neue Thematik begonnen wird, sollten erste Erscheinungen in der Alltagssprache umschrieben und erste Reaktionssymbole in Worten verwendet werden, ehe später Summensymbole oder Struktursymbole folgen (vgl. Tabelle 7.2). Ist ein gewisses Maß an Fachsprache erfolgreich erlernt worden, sind entsprechende Begriffe bei neuen Beschreibungen mit zu verwenden, um vorhandenes Wissen mit diesen neuen Begriffen zu verknüpfen und damit die vorhandene kognitive Struktur der Lernenden zur neuen Wissensstruktur zu erweitern. Liegen etwa Begriffe wie Säure und Lauge, sauer und alkalisch bzw. Hydronium- und Hydroxid-Ion im Sinne des Arrhenius-Konzeptes vor, so können diese bei der Einführung des Brönsted-Konzepts wieder aufgegriffen, in diesem

Tabelle 7.2: Beschreibungen chemischer Vorgänge auf der Ebene der Alltagssprache, der Fachsprache, der chemischen Symbolsprache

Alltagssprache	Fachsprache	Symbolsprache
Kalk löst sich in Wasser, bis etwas am Boden ungelöst liegen bleibt	gesättigte Lösung von Calciumhydroxid steht im Gleichgewicht mit dem Bodenkörper, Löslichkeit bei 20°C: 0,96 g/L Wasser	$\{Ca^{2+}(OH^-)_2\} \leftrightarrows Ca^{2+}(aq)+2\ OH^-(aq)$ $L(Ca(OH)_2) = 8 \cdot 10^{-6}\ (mol^3/L^3)$ $c_{(Ca^+)} = 0{,}013$ mol/L; $c_{(OH^-)} = 0{,}026$ mol/L (Normbed.)
Kalkwasser schmeckt seifig	Calciumhydroxid-Lösung färbt Universalindikatorpapier blau, der pH-Wert ist größer als 7	für 0,005-molare Calciumhydroxid-Lösung gilt: $c(OH^-) = 0{,}01$ mol/L, pH = 12,0
Kalkstein Branntkalk	Calciumcarbonat Calciumoxid	$\{Ca^{2+}CO_3^{2-}\}$, $CaCO_3$ $\{Ca^{2+}O^{2-}\}$, CaO
Branntkalk löschen, Löschkalk herstellen	Calciumoxid (s) + Wasser → Calciumhydroxid (s); exotherm	$CaO + H_2O \rightarrow Ca(OH)_2$; $\Delta H < 0$ $O^{2-} + H_2O \rightarrow 2\ OH^-$; $\Delta H < 0$ (Säure-Base-Reaktion)

neuen Sinne verknüpft und mit alten Bedeutungen verglichen werden. Sind Begriffe wie Donator und Akzeptor aus Beschreibungen von Säure-Base-Reaktionen bekannt, so können sie auch bei Redoxreaktionen verwendet und beide Reaktionstypen unter „Donator-Akzeptor-Reaktionen" begrifflich zusammengeführt werden.

Begriffsnetze. Sumfleth [6] hat die Vernetzung von Grundbegriffen des Chemieunterrichts beschrieben, entsprechende Begriffsnetze vorgeschlagen und untersucht. Abbildung 7.3 zeigt solche „Systematisierungshilfen" bezüglich der Thematik „Säure-Base-Reaktionen" und „Reaktionstypen". Schemata dieser Art sind allerdings nur dann wirkliche Lernhilfen, wenn die Schüler die jeweils unterschiedlichen Bedeutungen der Pfeile zwischen den Begriffen erkennen und verstehen.

Zur Lernzielkontrolle können wiederum Schüler aufgefordert werden, solche Begriffsnetze oder auch *Concept Maps* zu erstellen. Dazu werden Schüler gebeten, vorgegebene Begriffe sinnvoll zu ordnen, zusammenhängende Begriffe mit einem Beziehungspfeil zu versehen und passend zu beschriften. Ein anspruchsvolles Netz zum Thema „Säuren und Basen" zeigt Abbildung 7.3. Weitere Ausführungen zu dieser Bewertungsmethode skizziert Behrendt [7].

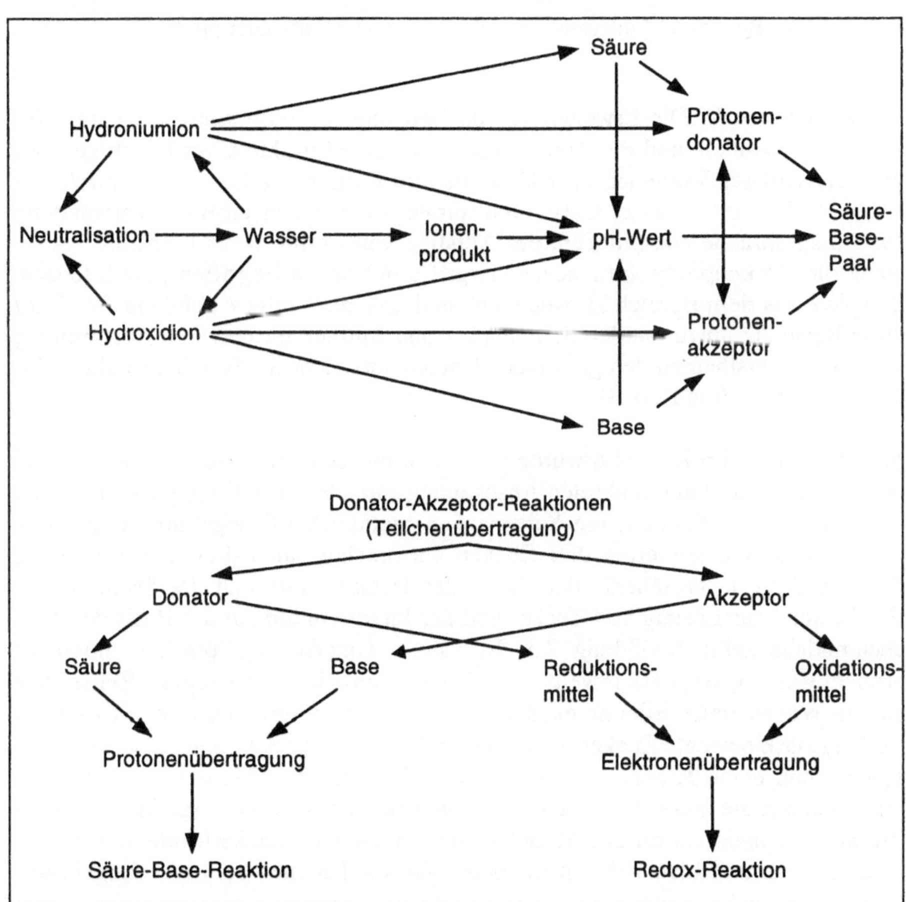

Abb. 7.3: Begriffsnetze zu „Säure-Base-Reaktionen" und „Reaktionstypen" [6]

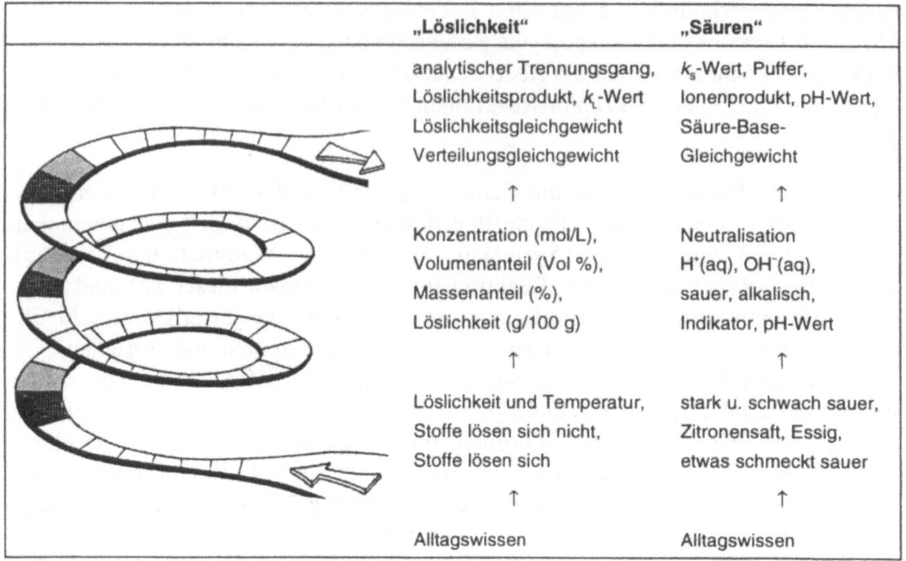

Abb. 7.4: Die Begriffe „Löslichkeit“ und „Säuren“ in der Curriculumspirale

Curriculumspirale. Die Erweiterung von Bedeutungen bestimmter Begriffe, Modelle oder Symbole und die damit fortschreitende Abstraktion wird auch gern als spiralcurriculares Vorgehen oder als Lernen in Form einer Curriculumspirale bezeichnet. Der Anfang einer Curriculumspirale sollte immer auch die Verwendung der Alltagssprache einschließen, der Aufstieg von Lernstufe zu Lernstufe konsequent die Verknüpfung vorhandener Begriffe mit neuen Begriffen gewährleisten. Beispiele aus dem Bereich „Löslichkeit“ und „Säuren“ zeigt Abbildung 7.4. Über diese Beispiele hinaus stellen Schmidkunz und Büttner zur besseren Abstimmung von Unterrichtsthemen den gesamten „Chemieunterricht im Spiralcurriculum“ [8] dar (vgl. Abb. 3.9 in Kap. 3).

Begriffsebenen. Im Kapitel 6 wurde die Arbeit mit Denkmodellen im Bewusstsein des Menschen und mit konkreten Anschauungsmodellen wie Kugelpackungen und Gittermodellen reflektiert, ein Schema von Steinbuch [9] abgebildet (vgl. Abb. 6.2). Den dort diskutierten drei Ebenen entsprechen auch drei Begriffsebenen: Begriffe der Substanzebene, der Ebene der Denkmodelle und der Sachmodelle. Ein Beispiel zur Lösung von Zucker und der Interpretation auf der Basis des Teilchenmodells zeigt Abbildung 7.5. Es soll in Unterrichtsgesprächen möglichst erreicht werden, Begriffe jeweils einer Ebene sinnvoll zu verknüpfen: Zucker löst sich in Wasser unter Bildung einer Zuckerlösung, wir denken uns als Modellvorstellung stark bewegte Zucker- und Wasser-Teilchen, zur Anschauung können rote Kugeln und blaue Kreuze für eine Modellzeichnung gewählt werden. Vermengt man beliebig die Begriffe aus den verschiedenen Ebenen, so resultieren sinnlose Zusammenhänge und falsche Modellvorstellungen wie „Zuckerlösung besteht aus roten Kugeln und blauen Kreuzen“ oder „Zucker-Teilchen sind rote Kugeln und schmecken süß“.

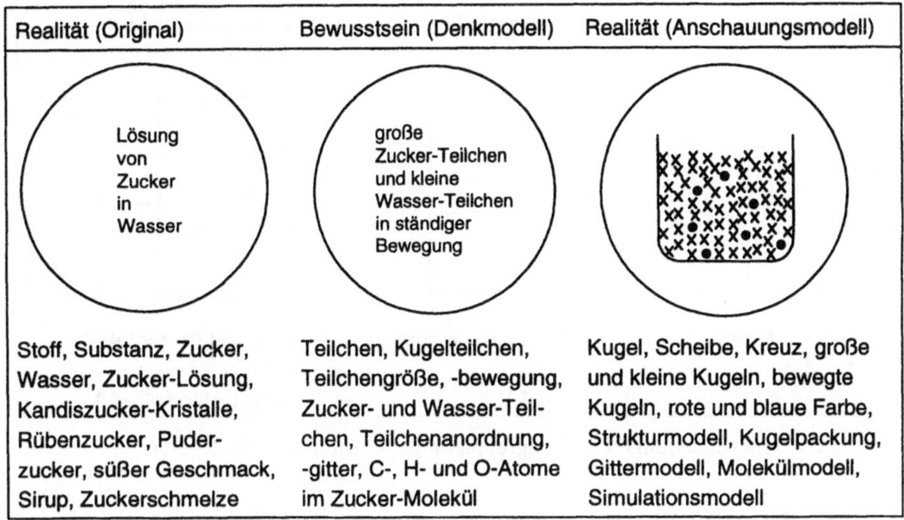

Abb. 7.5: Begriffe auf der Ebene der Substanzen, Denkmodelle, Sachmodelle (nach [9])

7.2.2 Die chemische Symbolsprache

„Wenn wir Erwachsene fragen, was sie von ihrer chemischen Schulzeit noch in Erinnerung haben, so erkennen wir eine Schwierigkeit, die vielfach auch schon unsere Schüler plagt. Man erhält nämlich meist die Antwort: ‚Ach, da waren so Formeln', und man ist stolz, wenn man noch weiß, was H_2SO_4 ist – nicht was es bedeutet -, denn so viel chemisches Wissen ist meist nicht hängen geblieben. Ein hoher Beamter eines Oberschulamtes, er war sogar Naturwissenschaftler, sagte mir einmal: ‚Gehen Sie mir weg mit dem Bildungswert der Chemie, das ist doch nur Formelkram!' " [10].

An anderer Stelle trifft Scheible [10] gar die Feststellung: „Die chemische Formel hat uns in Verruf gebracht". Diese Zitate sollen aufzeigen, dass es im Chemieunterricht schwierig zu sein scheint, ein ausreichendes Verständnis für chemische Formeln zu wecken.

Unterricht ohne Formeln. Zunächst kann man die Probleme mit der Symbolsprache im Anfangsunterricht umgehen, indem man Alltagsbezeichnungen oder Namen für Substanzen ausschreibt, Reaktionssymbole in Worten formuliert, die Symbole (s), (l), (g) oder (aq) verwendet:

Chlorwasserstoff (g) + Wasser (l) → Chlorwasserstoff (aq) (= Salzsäure)

Salzsäure + Magnesium (s) → Magnesiumchlorid (aq) + Wasserstoff(g); exotherm

Die Unterschiede der Zeichen (l) und (aq) müssen anfangs erläutert werden, indem man etwa auf flüssigen Chlorwasserstoff (l) der Siedetemperatur von –85°C verweist und abgrenzt von der bei 20°C wässerigen Lösung Chlorwasserstoff (aq), die man gewöhnlich Salzsäure nennt.

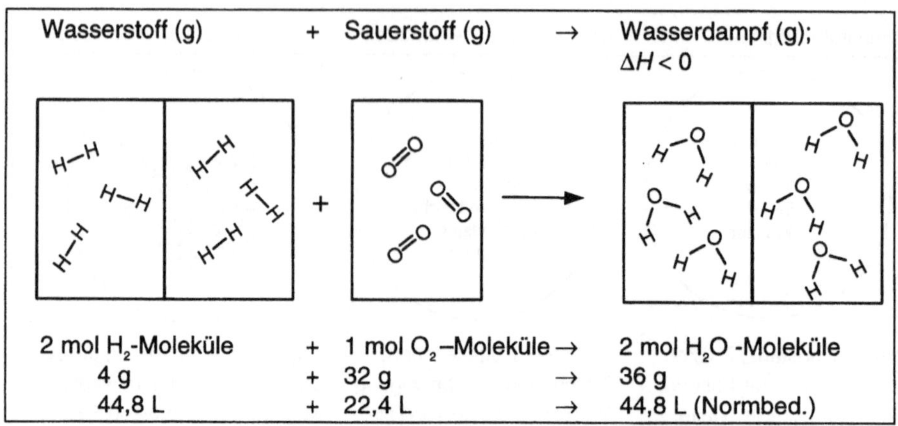

Abb. 7.6: Modellvorstellungen zur Umgruppierung von Atomen in Molekülen

Symbole auf der Ebene des Teilchenmodells. Ist das Teilchenmodell eingeführt worden, so können auf der Grundlage dieser Modellvorstellung zusätzlich zu Reaktionssymbolen in Worten angemessene Modelle gebaut oder Modellzeichnungen zum Verständnis chemischer Vorgänge angeboten werden (vgl. auch Abb. 7.5). Zur Legende einer solchen Zeichnung müssen die Namen der Teilchen ausgeschrieben werden: Zucker-Teilchen, Wasser-Teilchen.

Um mit räumlichen Anschauungsmodellen die Räumlichkeit der Teilchenaggregate zu demonstrieren, können auf der Ebene des Teilchenbegriffs auch dichte Kugelpackungen gebaut werden, wie sie in Kapitel 6 vorgeschlagen worden sind. Es kann auf den Zusammenhang von beispielsweise Formen der Zuckerkristalle („Kandiszucker") verwiesen und mit Kugelpackungsmodellen verglichen werden, in denen jeder Kugel ein Zucker-Teilchen entspricht: Gleiche Formen, gerade Kanten oder glatte Flächen des Originals spiegeln sich in geeigneten Kugelpackungsmodellen wieder.

Symbole auf der Ebene des Daltonschen Atommodells. Die im Jahre 1808 veröffentlichte Philosophie Daltons beinhaltete die Verknüpfung des Elementbegriffs mit dem Atombegriff: Es existieren soviel unterschiedliche Atomsorten wie Elemente; die Atomsorten differieren in der Masse. Mit den *Atommassen* wurden erste Atommassentabellen entwickelt, erste *Atomsymbole* verwendet. Dalton hatte mit seiner Idee die Jahrtausende alte Suche der griechischen Naturphilosophen nach den Grundbausteinen der Materie zu einem ersten Resultat geführt und konnte durch ein *Kombinieren der Atome* neue, zusammengesetzte Atomverbände vorschlagen. Leider hatte er dem Wasser-Molekül den Atomverband HO zugewiesen, in ersten Tabellen resultierten deshalb für das H-Atom und für das O-Atom die relativen Atommassen 1 und 8 statt 1 und 16. Erst die Hypothese von Avogadro führte in Verbindung mit dem experimentellen Befund von Gay-Lussac zum Molekülsymbol H_2O (vgl. Abb. 7.6).

Kombinationen von Metall-Atomen einer Sorte ergeben im einfachsten Fall dichteste Packungen von Metall-Atomen, ein *Metallgitter*. In Modellen können

Kugeln zu Kugelpackungen geschichtet und Koordinationszahlen wie 12 und 8 festgestellt werden (vgl. Kap. 6). Weiterhin ist es möglich, Metall-Atome im Metallgitter durch Atome eines anderen Metalls zu substituieren, gedanklich *Legierungskristalle* zu erhalten. Sie sind durch Packungen mit gleich großen Kugeln zweier Farben zu veranschaulichen. Hinweise zu Metallstrukturen und Modellbau sind bei Sauermann und Barke [11] zu finden.

Kombinationen der Nichtmetall-Atome führen meist zu *Molekülen*: H_2, O_2, Cl_2, P_4 oder S_8 in elementaren Substanzen, Moleküle wie H_2O, HCl, H_2SO_4, P_4O_{10} oder H_3PO_4 in Verbindungen. Die Bindigkeiten der Nichtmetall-Atome sind in Kugeln der üblichen Molekülbaukästen durch Druckknöpfe u. ä. vorgegeben. Sie sind geeignet, Molekülmodelle in Form von Kugel-Stab- oder Kalotten-Modellen zu konstruieren und für die Veranschaulichung von Umgruppierungen der Atome bei chemischen Reaktionen zu verwenden (vgl. Abb. 7.6). Ähnlich diesem Beispiel sind viele Reaktionen der organischen Schulchemie mit Molekülmodellen zu veranschaulichen, mit Zeichnungen der angegebenen Art zu visualisieren und mit Struktursymbolen zu symbolisieren.

Will man nach heutigen Kenntnissen den „Baukasten zu Grundbausteinen der Materie" komplettieren, so sind zu den Atomen die *Ionen* hinzuzunehmen. Den Lernenden wird dazu eine Modelldarstellung der wichtigsten Atome und Ionen in Form des Periodensystems angeboten, wie sie Abbildung 7.7 zeigt. Ionen, die aus Gründen der Übersichtlichkeit weggelassen wurden (z. B. Cu^{2+}, Pb^{2+}), können bei Bedarf hinzugefügt werden.

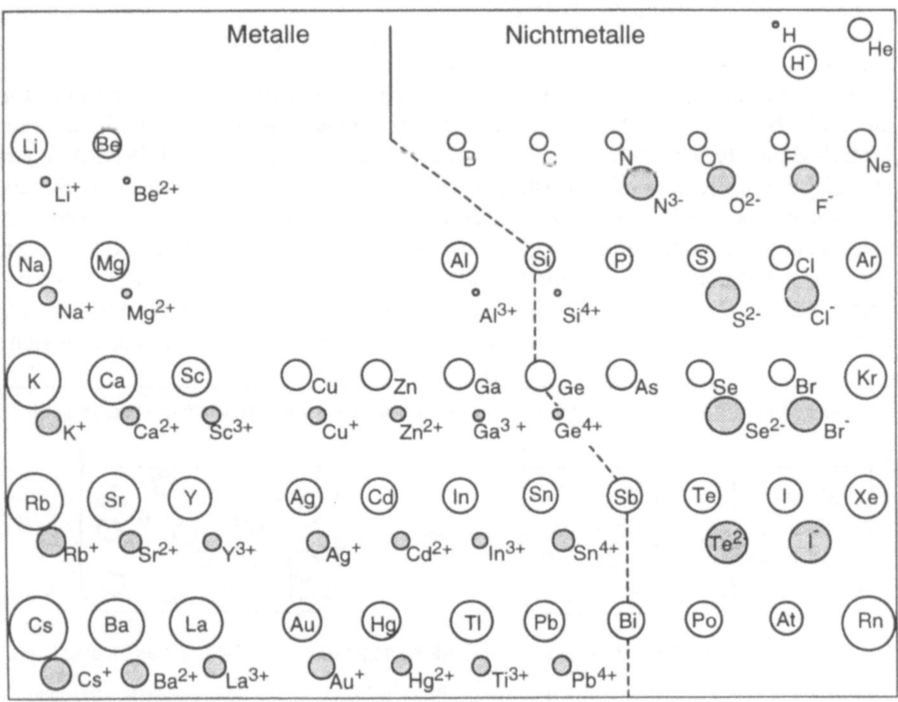

Abb. 7.7: Atome und Ionen als Grundbausteine der Materie [11]

Tabelle 7.3: Verknüpfungsregeln für Ionen, Metall- und Nichtmetall-Atome (vgl. Abb. 7.7)

Verknüpfung nach *Standort im PSE*	Teilchenart	Bindungsart	Struktur
„links und links"	Metall-Atome	räumlich ungerichtet	Metallgitter
„links und rechts"	Ionen	räumlich ungerichtet	Ionengitter
„rechts und rechts"	Nichtmetall-Atome	räumlich gerichtet	Moleküle, Atomgitter

Durch gedankliche Kombinationen der Ionen „links und rechts im PSE" sind Salzstrukturen als Denkmodelle zu erzeugen und chemische Symbole der Salze aus den Ladungszahlen der Ionen abzuleiten: So kombinieren die Lernenden gedanklich etwa Al^{3+}-Ionen und O^{2-}-Ionen zu einem elektrisch ausgeglichenen Ionengitter mit dem Ionenzahlenverhältnis 2 : 3 und finden die bekannten Symbole $\{(Al^{3+})_2\,(O^{2-})_3\}$ oder Al_2O_3.

Es ist generell möglich, Atome und Ionen systematisch zu kombinieren, wenn bestimmte Vereinbarungen getroffen werden [11]:

- Metall-Atome „links und links im PSE" lassen sich mit *ungerichteten Bindefähigkeiten* so kombinieren, dass gedanklich große Atomverbände entstehen: Kristalle von Metallen und Legierungen. Sie können etwa durch Kugelpackungen veranschaulicht werden (vgl. auch Kap. 6).
- Nichtmetall-Atome „rechts und rechts im PSE" binden sich mit *gerichteter Bindung*, es resultieren Moleküle oder Atomgitter.
- Ionen „links und rechts im PSE" binden sich ungerichtet zu Ionenverbänden, die auch Ionengitter genannt werden (vgl. Tabelle 7.3).

Auf der Grundlage des Daltonmodells lassen sich *chemische Reaktionen* nur für die Fälle beschreiben, bei denen sich *die Teilchenart nicht ändert*. So können Metall-Metall-Reaktionen zu Legierungen, Nichtmetall-Nichtmetall-Reaktionen zu flüchtigen Stoffen oder Lösungs- und Fällungsreaktionen zwischen Salzen anschaulich werden: etwa zur Ausfällung von schwerlöslichem Bleiiodid aus entsprechenden Salzlösungen (vgl. Abb. 7.8: Es wird im Modell auch der Teil an Blei- und Iodid-Ionen symbolisiert, der nach Ausfällung des Bleiiodids gelöst verbleibt). In diesen Fällen ändert sich die Teilchenart bei der Reaktion nicht. Metall-Nichtmetall-Reaktionen oder Elektrolysen sind nicht zu erfassen, weil sich

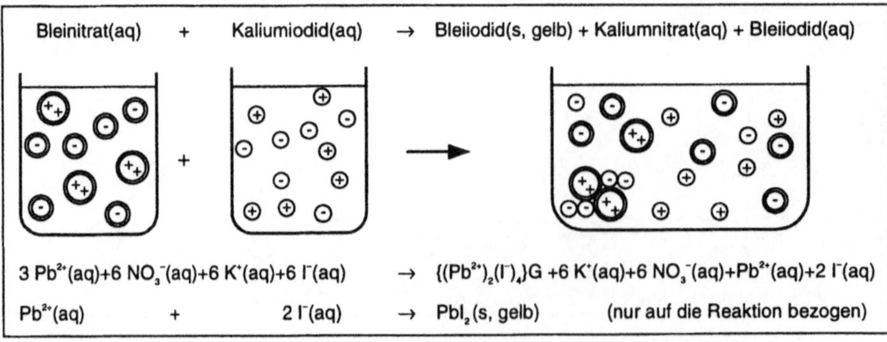

Abb. 7.8: Modellvorstellungen zur Ausfällung von Bleiiodid aus Salzlösungen

Atome in Ionen umwandeln oder umgekehrt. Diese Veränderungen können erst mit der Modellvorstellung vom Aufbau der Atome aus Atomkern und Hülle beschrieben werden und sind dann als Redoxreaktionen zu interpretieren.

Symbolik auf der Ebene des Kern-Hülle-Modells. Solange *Strukturen* von Atom- und Ionenverbänden im Vordergrund stehen, lassen sie sich auf der Ebene der Daltonschen Modellvorstellung ausreichend veranschaulichen – ein differenziertes Atommodell ist nicht erforderlich. Soll über die Unterscheidung von räumlich ungerichteter und gerichteter Bindefähigkeit hinaus die *chemische Bindung* behandelt werden, so ist das Kern-Hülle-Modell einschließlich des Schalen- oder Energiestufenmodells der Atomhülle nicht zu umgehen. Einerseits sind Begriffe wie Atomkern, Proton, Neutron und Isotop einzuführen, andererseits Elektron und Elektronenhülle mit K-, L- und M-Schale, Elektronenpaar und Ladungswolke im Sinne des Elektronenpaarabstoßungs-Modells. Die Diskussion der chemischen Bindung führt zu Vorstellungen von der Ionenbindung und Elektronenpaarbindung, die mit Hilfe des Begriffs der Elektronegativität abgegrenzt werden können. Über polarisierte Bindungen und Dipol-Moleküle lassen sich auch Wasserstoffbrückenbindungen und van-der-Waals-Bindungskräfte veranschaulichen.

Auf der Grundlage des Kern-Hülle-Modells ist es möglich, Struktur und Bindung einfach aufgebauter Teilchenaggregate aus Elementen der ersten drei Perioden des Periodensystems zu beschreiben und *chemische Reaktionen* zu deuten, bei denen die *Änderung der Teilchenart* stattfindet:

- Säure-Base-Reaktionen: Übergang von Protonen,
- Redoxreaktionen: Übergang von Elektronen,
- Komplexreaktionen: Austausch von Liganden.

Begriffe auf der Ebene des Orbitalmodells. Einfache Kern-Hülle-Modelle reichen aus, solange man den Aufbau von Substanzen diskutiert, die sich aus Elementen der ersten drei Perioden aufbauen: Bis zum Element Calcium ist der sukzessive Einbau von Elektronen von Schale zu Schale zu erklären. Sobald man den Bau von Atomen der Nebengruppen oder Übergangsmetalle vertieft erläutern will, benötigt man die Differenzierung der Hauptschalen in *Unterschalen*: s-, p- d- und f-Niveaus und die Verteilung von Elektronen auf diese Unterschalen.

Zielt man zusätzlich auf die Vermittlung des Welle-Teilchen-Dualismus von Elektronen ab und will sie als Materiewellen verstehen, so ist die Theorie der *Wellenmechanik* zu reflektieren. In ihrem Sinne kann man Elektronensysteme als stehende Wellen auffassen, jeder stehenden Welle einen bestimmten Energiezustand zuordnen und mit Quantenzahlen beschreiben: Hauptquantenzahl n, Nebenquantenzahl l, Magnetquantenzahl m, Spinquantenzahl s.

Energiezustände lassen sich ausgehend von den Quantenzahlen mit Hilfe von *Wellenfunktionen* berechnen, diese Berechnungen führen zu spezifischen Wahrscheinlichkeitsdichten oder Aufenthaltsbereichen von Elektronen: s-, p-, d- und f-Elektronenwolken oder Orbitale. Man unterscheidet Atom- und Molekülorbitale, bindende und antibindende Orbitale: Es ist festzuhalten, dass diese Orbitale rein formal durch mathematische Kombinationen von Wellenfunktionen erhalten und dann mit Messungen verglichen werden, messbar sind allerdings nicht Dichten einzelner Elektronenwolken, sondern lediglich die Gesamtelektronendichten eines

Atoms oder Moleküls. Umgekehrt lassen sich durch mathematische Kombinationen von Wellenfunktionen Struktur und Bindung von Elektronensystemen voraussagen: Molecular Modelling oder Moleküldesign sind erfolgreich möglich geworden.

Für Vermittlungsprozesse im Chemieunterricht soll damit deutlich werden: Es ist schwierig, das Orbitalmodell anschaulich zu machen, weil es auf formalen mathematischen Annahmen und auf formalen Kombinationen von Wellenfunktionen beruht – unter einem Elektron ist in diesem Sinne ein mathematischer Rechenterm zu verstehen. Das Elektron lässt sich auch weder als Welle noch als Teilchen fassen: Je nach Experimentieranordnung, die man wählt, kann man die eine oder die andere Beschreibungsweise verwenden. Der Welle-Teilchen-Dualismus drückt dementsprechend aus, dass sich das Elektron weder ausschließlich als Welle noch ausschließlich als Teilchen verhält. Wegen dieser prinzipiellen Unanschaulichkeit müssen sich Lehrende genau überlegen, inwieweit Phänomene zu wählen sind, die mit einfacheren Modellvorstellungen erklärt werden können. Erst wenn experimentelle Befunde nicht anderweitig erklärbar sind, mag die wellenmechanische Atomvorstellung eine Rolle spielen.

7.2.3 Ableitung erster chemischer Symbole im Unterricht

Wegen der überragenden Bedeutung der chemischen Symbole als einzigartiges Kommunikationsmittel unter Chemikern kommt der Einführung und der Verwendung der Symbole im Chemieunterricht ein besonderer Stellenwert zu. Zur Art und Weise ihrer Einführung ist deshalb in allen chemiedidaktischen Zeitschriften zu allen Zeiten ausführlich argumentiert worden: Die historisch-empirische Herleitung von Formeln aus dem Vergleich von Massenverhältnissen und die Grundlegung von Strukturmodellen sind gegenwärtig die am meisten diskutierten Wege. Die Entwicklung chemischer Symbole in der Geschichte der Chemie zeigt ausführlich Kapitel 18.

Historisch-empirische Herleitung chemischer Symbole. Auf der Ebene des Daltonmodells ist es auf historischem Wege möglich, aus Massenverhältnissen der reagierenden Substanzen und durch den Vergleich mit Atommassen die „empirische Formel“, das Summensymbol, abzuleiten. Wie bei der klassischen Elementaranalyse nach Liebig wiegt man die Massen der eingesetzten Substanzen und die Massen der bei der vollständigen Reaktion entstehenden Produkte.

Nach Umrechnung der Massen in Stoffmengen lässt sich das Zahlenverhältnis von Atomen in der Ausgangssubstanz und damit die Zusammensetzung als empirische Formel angeben. Ist die Substanz aus Molekülen aufgebaut, so schließt sich eine Molekülmassenbestimmung an. Um zu Strukturaussagen zu gelangen, sind spezifische Reaktionen durchzuführen und im Sinne einer Strukturaufklärung auszuwerten. Dieser Analyseweg ist abstrakt, weil er empirisch ermittelte Massenverhältnisse mit den theoretischen Atommassen verrechnet und über einen Massenvergleich zum Atomanzahlenverhältnis führt. Die meisten Lernenden der Sekundarstufe I sind auf diesem Weg überfordert. Kaminski und Jansen [12] schlagen deshalb vor, die pro 1 mg Substanz vorliegenden Atomzahlen zu verwenden und direkt zu verrechnen. Dies ist eine sinnvolle Vereinfachung –, es bleibt allerdings das Problem, dass es sich naturgemäß um Zahlen in der Größenordnung von 10^{17} handelt und Schüler im Umgang mit Zehnerpotenzen nicht geübt sind.

Die Verwendung von Analysewaagen zur Ableitung chemischer Symbole ist und bleibt auch historisch –, entsprechende Analysemethoden sind in der Mitte des 19. Jahrhunderts von Liebig und Berzelius entwickelt worden und eine lange Zeit üblich gewesen. Ab 1960 standen nach und nach die Methoden der instrumentellen Analytik in vielen chemischen Instituten zur Verfügung: Spektralanalyse, Gaschromatographie, Röntgenstrukturanalyse, Atomabsorptionsspektroskopie, UV-, IR-, NMR- und Massen-Spektroskopie. Heute finden Analysen von Substanzen ausschließlich mit Hilfe dieser und weiterer instrumenteller Untersuchungsmethoden statt.

Ableitung von Symbolen aus Strukturmodellen. Mit Hilfe der Röntgenstrukturanalyse kann der Fachmann beispielsweise die Struktur kristalliner Substanzen ermitteln. Aus Computer-Ausdrucken bzw. räumlichen Darstellungen der Struktur lassen sich Bindungswinkel und -längen, Gitterkonstanten oder alle Formen von Symbolen bestimmen: sowohl Struktur- als auch Summensymbole.

Werden im Chemieunterricht an einigen Beispielen Laue-Diagramme gezeigt und die zu Grunde liegenden Beugungserscheinungen mit Laserstrahl-Modellexperimenten veranschaulicht, so ist das *Prinzip* der Röntgenstrukturanalyse interessant zu vermitteln [13]. Legt man für eine gewünschte Substanz das fertige, von Fachleuten ermittelte Strukturmodell eines Moleküls bzw. Kristallgitters zugrunde, so können sich die Schüler die Struktur vorstellen und am Modell das Summensymbol durch Auszählen des Zahlenverhältnisses von Atomen oder Ionen herleiten [14]. Dieser Vermittlungsweg entspricht auch der fachdidaktischen Forderung, zum Verständnis chemischer Symbole die Ebene der Strukturvorstellungen einzufügen, wie es in Abbildung 3.8 (vgl. Kap. 3) bereits erläutert wurde und in Abbildung 7.9 etwas verändert nochmals dargestellt wird.

Die Veränderung entspricht einigen Überlegungen zur modernen Strukturanalyse: Ihre Ergebnisse führen in allen Fällen zu *kleinsten Struktureinheiten* der Substanzen. Bei molekularen Stoffen erweist sich das Molekül zwangsläufig als eine solche Einheit, und das chemische Symbol wird für das *Molekül* angegeben. Beispielsweise resultieren – exemplarisch an Substanzen der Schulchemie erläutert – die Symbole CH_3COOH bzw. C_6H_6 für Essigsäure- bzw. Benzol-Moleküle und niemand würde diese Symbole verkürzen zu CH_2O bzw. C_1H_1 oder CH.

Die Verabredung mag auf die Symbolik von Salzkristallen bzw. auf Ionengitter übertragen werden, auch diesbezüglich sollte die kleinste Struktureinheit symbolisiert werden: in diesem Falle die *Elementarzelle.* Legt man das Beispiel Natriumchlorid zu Grunde, so lässt sich dessen Elementarzelle mit der Formel $\{(Na^+)_4(Cl^-)_4\}$ bzw. Na_4Cl_4 beschreiben (vgl. Abb. 4.9 in Kap.4).

Im Vermittlungsprozess sollten dementsprechend ausgehend von der Demonstration und dem Auszählen von Elementarzelle-Modellen zunächst Symbole wie Na_4Cl_4, Li_8O_4 oder Zn_4S_4 für die kleinsten Struktureinheiten formuliert werden [14] – wie die Symbole CH_3COOH oder C_6H_6 für Moleküle als kleinste Struktureinheiten der entsprechenden Substanzen.

Erscheinungen	Substanzen	→	Chemische Reaktionen
Kontinuum			
Diskontinuum	↓		↓
Strukturvorstellungen	Modelle für kleinste Struktureinheiten	→	Strukturmodelle für Stoffe vor und nach der Reaktion
	↓		↓
Chemische Symbole	Symbole für kleinste Struktureinheiten	→	Umgruppierungssymbole, Reaktionssymbole

Abb. 7.9: Kleinste Struktureinheiten zum Verständnis chemischer Symbole [14]

Im zweiten Schritt kann man die Verkürzung auf die üblichen – allerdings informationsärmsten – Symbole wie NaCl, Li_2O oder ZnS zulassen, weil sie international üblich sind. Auf diesem Weg lernen die Schüler durch konkretes Auszählen am Strukturmodell die Bedeutung einer Formel kennen, stellen sich dabei die Elementarzelle oder das endlose Kristallgitter vor und entwickeln ein modernes Chemieverständnis. Nicht zuletzt wurde durch Tests zum *Raumvorstellungsvermögen* festgestellt, dass die Mehrheit der Schüler und Schülerinnen in der Sekundarstufe I in der Lage ist, zweidimensional abgebildete Elementarzellen räumlich zu erkennen und erfolgreich auszuzählen (vgl. Kap. 10).

7.3 Lernende – Schülervorstellungen zu Strukturen und Symbolen

Abkürzungen durch Buchstaben sind allen Schülern sehr vertraut – etwa LKW oder PKW für die entsprechenden Autotypen. Aus diesem Grund kann bei Schülern das Missverständnis entstehen, chemische Symbole seien ähnlich formale Abkürzungen von Substanznamen: Beispiele wie NaCl, CaO oder MgO bestärken sie in dieser Ansicht. Besitzen Schüler keinerlei Strukturvorstellungen, so können sie die Indizes in Symbolen wie H_2O oder Al_2O_3 auch nicht strukturchemisch interpretieren und lernen diese Symbole auswendig. Damit bleiben sie bei unverstandenen oder widersprüchlichen Vorstellungen und betrachten deshalb die chemische Symbolik als Geheimsprache der Chemiker.

Vorstellungen zur Verbrennung. Bereits in Kapitel 1 wurde die Vorstellung eines Schülers zur Magnesium-Verbrennung exemplarisch vorgestellt und diskutiert: Dieser Schüler hatte das zutreffende Reaktionssymbol „$2\ Mg + O_2 \rightarrow 2\ MgO$" formuliert, als Vorstellung allerdings geschrieben: „Magnesium besteht aus zwei Teilchenarten, eine verdampft beim Verbrennen, die andere bleibt als Magnesiumoxid zurück", und fertigte passend dazu eine Zeichnung an (vgl. Abb. 1.6). Eine Erhebung bei etwa 300 Jugendlichen ergab, dass fast alle ein richtiges Reaktionssymbol notierten, aber 70 % der Probanden sachlich unangemessene Vorstellungen äußerten oder falsche Modellvorstellungen zeichneten [15]. Es wird deutlich, dass Alltagsvorstellungen, die sich Jugendliche über Jahre hinweg aus der

Beobachtung in ihrer Lebenswelt gebildet haben, nicht mit der Formulierung von Reaktionssymbolen in wissenschaftliche Vorstellungen überführt werden können. Erst Demonstration oder Bau entsprechender Modelle zur Struktur der Teilchenaggregate vor und nach der Verbrennung können zum einen das Verständnis für den Verbrennungsvorgang fördern, zum anderen das Reaktionssymbol nachvollziehbar und damit verstehbar werden lassen.

Vorstellungen zum Ionenbegriff. In einer Schülergruppe, die in der 10. Klassenstufe eines Gymnasiums bereits den Ionenbegriff und den Begriff der Redoxreaktion erworben und Fällungsreaktionen mit Reaktionssymbolen beschrieben hatte, wurde folgender Test durchgeführt:

1. Die Reaktion von Nickeloxid mit Aluminium und der entsprechend beobachtbare helle Lichtblitz wurden gezeigt und die Schüler zur Interpretation aufgefordert, ihre Vorstellungen vom Aufbau des Nickeloxid-Kristalls und des Aluminiumkristalls zu zeichnen, Reaktionssymbole in Worten, in Strukturen und Formeln anzugeben.
2. Konzentrierte Lösungen von Calciumchlorid und Natriumsulfat wurden zusammengegeben und weiße Kristalle als Niederschlag beobachtet. Es sollten Modellzeichnungen der beiden Lösungen und die Reaktionssymbole in Worten, Strukturen und Formeln angegeben werden. Zusätzlich war den Schülern durch Beispiele deutlich gemacht worden, dass mit den „Strukturen" das Kennzeichnen von Ionensymbolen im Falle vorliegender Ionen gemeint ist, das Kennzeichnen von Molekülstrukturen im Falle vorliegender Moleküle.

Nur wenige Schüler und Schülerinnen lösten die Aufgaben vollständig. Die Statistik zeigt [4], dass Reaktionssymbole in Worten wohl von fast allen Teilnehmern richtig formuliert wurden, aber nur höchstens 20 % gaben Strukturen oder Formeln richtig an. Bis zu 80 % der Probanden haben Vorstellungen, wie sie in Abbildung 7.10 ausgewählt worden sind. Zentrales Ergebnis der Studie ist, dass Schüler sehr oft nicht Ionen der bekannten Metalloxide notieren, sondern auf Moleküle ausweichen oder Ionen- und Molekül-Beschreibungen gemeinsam vornehmen (mit gestricheltem Kästchen markiert). Auch die Vorstellung des Entstehens von Ionen aus den entsprechenden Atomen tritt sehr häufig unsachgemäß in Fällen auf, wo in Salzlösungen die Ionen fertig vorliegen und nicht erst gebildet werden. Diese Vorstellungen sind „*hausgemacht*" und durch Mängel im Unterricht aufgetreten – es liegen keine ursprünglichen Alltagsvorstellungen vor, wie sie zuvor zur Verbrennung dargestellt wurden. Es scheint vorteilhaft zu sein, den Lernenden eine Liste der Atome und Ionen als „Grundbausteine der Materie" zur Verfügung zu stellen, wie sie Abbildung 7.7. zeigt.

Vorstellungen zur Stöchiometrie. Schmidt [16] hat durch empirische Erhebungen im Bereich des stöchiometrischen Rechnens zeigen können, dass es nur einem kleinen Teil der Lernenden gelingt, diese Fähigkeiten zu erwerben. Er stellte folgende „Falschvorstellungen" [16] fest: „Keine Unterscheidung zwischen Gleichungskoeffizienten und Formelindizes, zum Beispiel zwischen 2 O und O_2, keine Unterscheidung zwischen dem Stoffmengenverhältnis und dem Massenverhältnis, Gleichheit der Stoffmengen von Edukten und Produkten, bei Gasreaktionen Gleichheit der Volumina von Edukten und Produkten, u. a.".

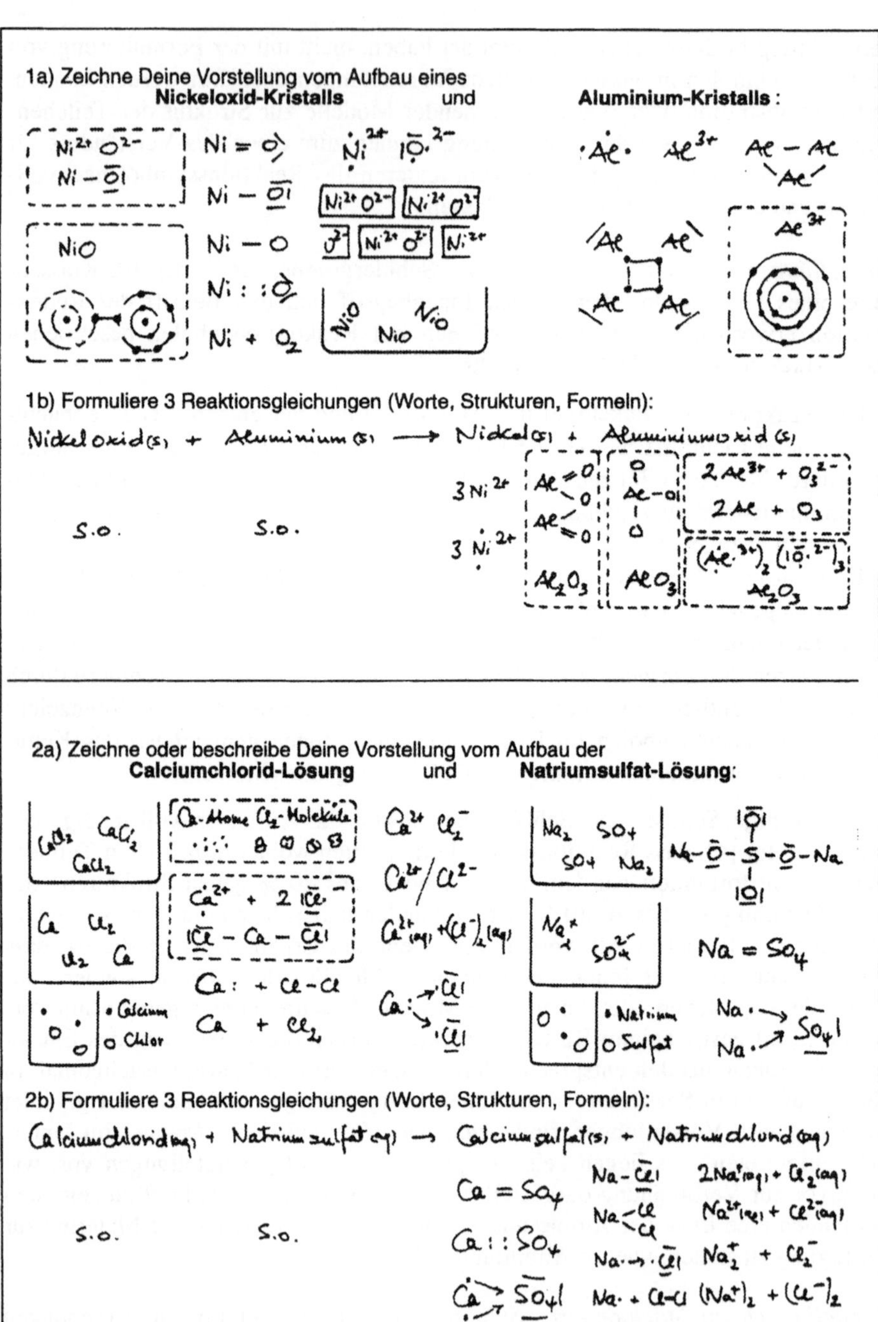

Abb. 7.10: Ausgewählte fehlerhafte Antworten von Lernenden der Klassenstufe 10 eines Gymnasiums (gestrichelt umrahmte Antworten stammen von einem einzigen Schüler) [4]

Die „Falschvorstellungen" fand Schmidt durch Konstruktion und Auswertung spezifischer Mehrfachwahlaufgaben mit geeigneten Distraktoren: „Die Distraktoren waren so beschaffen, dass die Schüler beim Lösen der Aufgaben mit Zahlen umgehen mussten, die sowohl zur richtigen Antwort als auch zu einer Falschantwort gut passen". Als Beispiel sei „Aufgabe 91.000" zitiert: „In 2 g einer Verbindung sind 1 g Kupfer enthalten, der Rest ist Schwefel. Welche chemische Formel passt zu diesen Angaben? CuS (A), CuS_2 (B), Cu_2S (C) oder Cu_2S_2 (D)?"

Schmidt versuchte bestimmte Strategien zu finden, nach denen die Schüler typische Fehler machen und zu falschen Lösungen gelangen:

„Im Chemieunterricht kommt man um diese Falschvorstellungen nicht herum. Man sollte sie nicht unterdrücken, sondern den Schülern bewusst machen und dadurch überwinden, dass man gemeinsam mit ihnen über die Fehler in ihren Strategien nachdenkt".

Gelingt es im Unterricht nicht, stöchiometrische Aufgaben nachvollziehbar zu lösen, dann könnten sich die Schüler von der Chemie abwenden:

„Vielleicht ist die Stöchiometrie die Wegkreuzung, an der es sich entscheidet, ob ein Schüler den Weg in die Chemie findet oder nicht. Es ist deshalb wichtig zu wissen, woher die Schwierigkeiten kommen" [16].

7.4 Gesellschaftliche Bezugsfelder – Wie weit versteht der Laie die Fachsprache?

Fachsprache und Symbole dienen innerhalb einer Wissenschaft als Mittel einfacher und rationeller Verständigung, als Kommunikationsmittel von hohem Informationsgehalt, das unabhängig von Kulturkreisen, Landessprachen, Schriftformen und Gesellschaftssystemen weltweit gleichermaßen verstanden wird. Gleichzeitig bewirkt jede Fachsprache aber eine Abgrenzung gegenüber allen, die mit ihr nicht vertraut sind. Aus dem hohen Entwicklungsstand der verschiedenen Fachsprachen resultieren sogar gravierende Probleme für die Verständigung der Wissenschaften untereinander: Nur wer die Fachsprache einer Wissenschaft beherrscht, kann sich mit deren Vertretern über Sachfragen verständigen.

Darüber hinaus erschwert die Fachsprache die Kommunikation mit der breiten Öffentlichkeit und das Verständnis für wissenschaftliche Probleme [17]. Sie erzeugt in der öffentlichen Diskussion häufig Misstrauen gegenüber den Experten, wenn diese nicht in der Lage sind, Fachbegriffe in die Alltagssprache zu übersetzen. Diese Situation hat zur Entwicklung von *populärwissenschaftlichen Publikationen* geführt, die Wissenschaft für Laien verständlich machen wollen.

Lehrerinnen und Lehrer sollten sich in ihrer Rolle nicht nur als Konkurrenten dieser Popularisierungen in Zeitschriften, Rundfunk, Fernsehen und Internet verstehen, sondern vor allem als konstruktive Vermittler, die auf diesbezügliche Fragen der Schüler und Schülerinnen eingehen. Sie können auch Alltagsdialoge [18] als fächeraufweitendes Stilmittel in den Fachunterricht integrieren, um den Schülern Hilfen zu geben, die in den Medien vorgestellten naturwissenschaftlichen Sachverhalte allein zu verstehen und kritisch zu betrachten: ein anspruchsvolles Ziel der Vermittlung chemischer Fachsprache.

Literatur

[1] Zahn, P.v.: *Freund und Helfer oder heimlicher Feind? Chemie im Kreuzfeuer der öffentlichen Meinung.* CU 12 (1981), 1

[2] Dörrenbächer, A.: *IUPAC-Regeln und DIN-Normen im Chemieunterricht.* Köln 1995 (Aulis)

[3] Langer, S.: *Philosophie auf neuen Wegen.* Mittenwald 1979

[4] Barke, H.-D.: *Chemiedidaktik zwischen Philosophie und Geschichte der Chemie.* Frankfurt 1988 (Lang)

[5] Jäckel, M., u. a.: *Chemie heute Sekundarstufe II.* Hannover 1998 (Schroedel)

[6] Sumfleth, E., u. a.: *Stoffe: Eigenschaften und Reaktionen, Modelle: Teilchenanordnungen und -umordnungen. Eine mit Lernhilfen gestützte Einführung in die Chemie.* MNU 42 (1989), 411

[7] Behrendt, H.: *Concept mapping. Schülerinnen und Schüler konstruieren eigene Begriffsnetze.* NiU-Physik 8 (1997),18

[8] Schmidkunz, H., Büttner, D.: *Chemieunterricht im Spiralcurriculum.* NiU-P/C 33 (1985), 19

[9] Steinbuch, K.: *Denken in Modellen.* In: Schäfer, G., u. a.: *Denken in Modellen.* Braunschweig 1977 (Westermann)

[10] Scheible, A.: *Ist unser Chemieunterricht noch zeitgemäß?* MNU 22 (1969), 449

[11] Sauermann, D., Barke, H.-D.: *Chemie für Quereinsteiger.* Münster 1998 (Schüling)

[12] Kaminski, M., Jansen, W: *Die Ermittlung der chemischen Formel im Anfangsunterricht.* NiU-Chemie 25 (1994), 12

[13] Barke, H.-D., Rölleke, R.: *Max von Laue: ein einziger Gedanke – zwei große Theorien.* PdN-Ch 48 (1999), 16

[14] Barke, H.-D., Wirbs, H.: *Chemische Symbole für kleinste Struktureinheiten.* PdN-Ch 49 (2000)

[15] Barke, H.-D.: *Probleme bei der Verwendung von Symbolen im Chemieunterricht.* NiU – P/C 30 (1982), 131

[16] Schmidt, H.J.: *Stolpersteine im Chemieunterricht.* Frankfurt 1990 (Diesterweg)

[17] Becker, H.-J.: *Verbraucherfragen im RIAS-Telefonstudio: Gegenstand fachdidaktischer Forschung?* chim. did. 14 (1988), 69

[18] Becker, H.-J.: *Ein Alltagsdialog über „Joghurt" – Chance für fächeraufweitenden Chemieunterricht.* PdN-Ch 44 (1995), 17

Übungsaufgaben zu „7 Fachsprache und Symbole"

A7.1 Man hat in der Chemie eine Vielzahl von Formeltypen verabredet. Geben Sie jeweils verschiedene Typen an a) für jeweils drei kristalline Feststoffe, b) für jeweils drei flüchtige Stoffe. Welcher Informationsgehalt verbirgt sich hinter den verschiedenen Symbolen?

A7.2 In der Entwicklung der chemischen Symbolsprache ist es sinnvoll, Lernende zunächst in der Alltagssprache zu unterrichten, erst danach zur Fachsprache zu wechseln und schließlich chemische Symbole einzuführen. Erläutern Sie diesen Weg an drei Sachverhalten.

A7.3 Chemische Symbole können auf verschiedenen Stufen der Curriculumspirale sehr unterschiedlich aussehen: es können etwa Worte, Summensymbole oder Struktursymbole sein. Wählen Sie zwei unterschiedliche Reaktionen aus und formulieren Sie Reaktionssymbole auf diesen drei genannten Ebenen.

A7.4 Kombinieren Sie gedanklich „Ionen links und rechts im PSE“ (vgl. Abb. 7.7), geben Sie die Formeln von drei verschiedenen Salzkristallen an und zeichnen Sie so gut als möglich entsprechende Raumgitter. Ermitteln Sie chemische Symbole für Ionengitter auf Grund der Ladungszahlen von Ionen an Beispielen des Arbeitsblatts von Abbildung 7.11.

A7.5 Kombinieren Sie gedanklich „Metall-Atome links und links im PSE“ (vgl. Abb. 7.7), geben Sie drei Beispiele für Legierungen an und zeichnen Sie Ihre Modellvorstellungen dazu auf. Ermitteln Sie chemische Symbole für Metallgitter aus Elementarzellen an Beispielen des Arbeitsblatts von Abbildung 7.12.

Name des Salzes	beteiligte Ionen	Zahlenverhältnis der Ionen	Summensymbol
Calciumfluorid	Ca^{2+}, F^-	$\{(Ca^{2+})_1(F^-)_2\}$	CaF_2
Calciumnitrid			
Bariumchlorid			
Aluminiumfluorid			
Lithiumoxid			
Natriumhydroxid			
Calciumhydroxid			
Magnesiumnitrat			
Natriumcarbonat			
Calciumsulfat			
Aluminiumsulfat			
Kaliumaluminiumsulfat			

Abb. 7.11: Arbeitsblatt zur Formulierung von Symbolen für Ionengitter

1. Cu-Atome bilden ein kubisch primitives Gitter, Zn-Atomen besetzen Raumzentren:

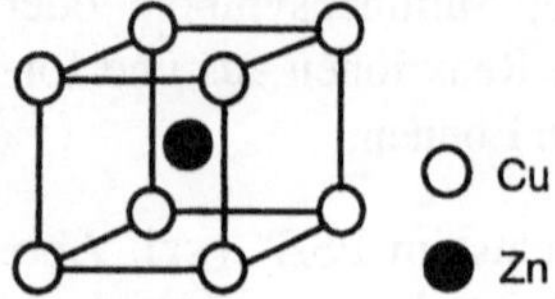

2. Cr-Atome bilden kubisch flächenzentriertes (kfz) Gitter, N-Atome besetzen Oktaederlücken:

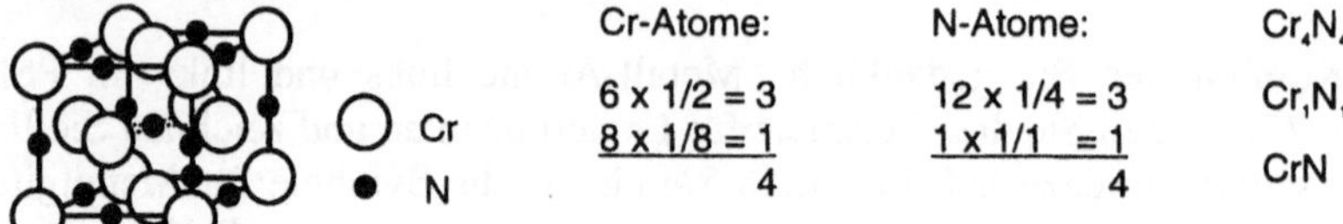

3. Al-Atome bilden kfz-Gitter, Sb-Atome besetzen die Plätze jeder zweiten Tetraederlücke:

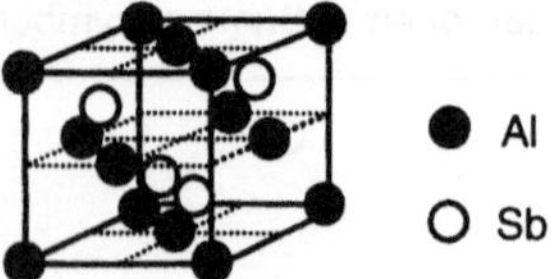

4. Pb-Atome bilden kfz-Gitter, Mg-Atome besetzen die Plätze aller Tetraederlücken:

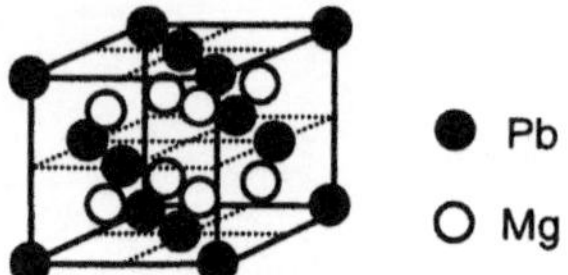

5. Überstrukturen des Kupfer-Gold-Systems:

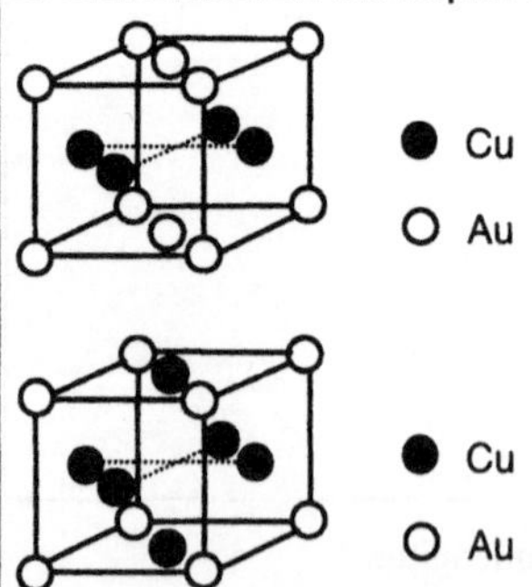

Abb. 7.12: Arbeitsblatt zur Formulierung von Symbolen für Metallgitter auf der Grundlage von Elementarkörpern der chemischen Strukturen und Auszählen der gedachten Elementarzellen

8 Alltag und Chemie

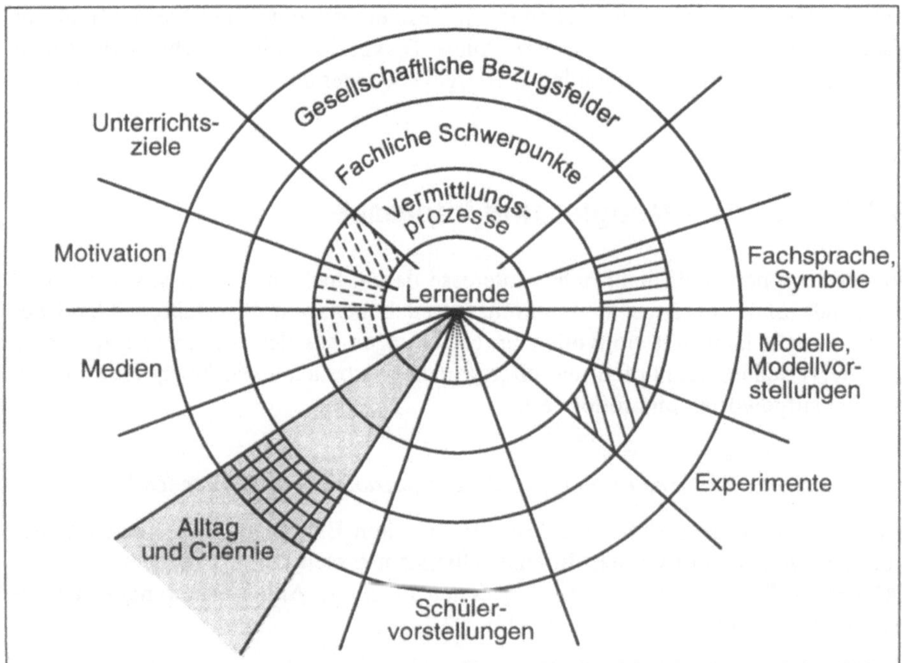

„Sarah hört im Chemieunterricht ihres Lehrers viel über Schwefeldioxid und die katalytische Oxidation zu Schwefeltrioxid, über das Kontaktverfahren zur Herstellung und die Bedeutung der Schwefelsäure für die chemische Technik. Eines Abends liest ihr Vater in der Zeitung etwas über die Zunahme des Sauren Regens und fragt Sarah: ‚Du hast doch schon lange das Fach Chemie. Sag mal – was ist denn Saurer Regen? Wie erklären Fachleute dieses Phänomen?‘ Sarah's Antwort: ‚Das weiß ich nicht, darüber hat der Lehrer nichts gesagt‘ “.

David Waddington [1] karikierte damit Chemieunterricht aus seiner Sicht.

„Chemieunterricht erscheint nicht so sinnlos, wenn man den Stoff auch im Alltag anwenden kann“. „Man hätte Bezüge zur Praxis, und der Chemieunterricht wäre kein abstrakter Formelkomplex“. „Gerade solche Alltagsbezüge sind gut für die Allgemeinbildung und bringen auch den Leuten etwas, die später keinen Chemieberuf wählen“ [2].

Solche und ähnliche Kommentare äußerten Jugendliche der Klassenstufen 9–11 eines Gymnasiums in Niedersachsen.

Die Gesellschaft Deutscher Chemiker formuliert ihren Standpunkt so:

„Aufgabe des Chemieunterrichts ist es, die zentrale Bedeutung chemischer Kenntnisse für die heutige Lebenswelt einsichtig und erfahrbar zu machen. Die Verbindung zwischen Chemie und Lebensbereich der Lernenden muss genutzt bzw. hergestellt werden, um auf einen verantwortungsbewussten Umgang mit der Umwelt vorzubereiten. Die Lernenden müssen in die Lage versetzt werden, Kenntnisse aus Chemie und Technik sinnvoll mit einzubeziehen" [3].

Die große Bedeutung, Alltagsbezüge zu nutzen oder herzustellen, ist den meisten Lehrern, Schulbuchautoren oder Richtlinienexperten schon immer bewusst gewesen – der Umfang der Alltagschemie im Gesamtcurriculum und die Stellung zur Fachsystematik sind eher umstritten. Diese Diskussion soll als achte Grundfrage der Chemiedidaktik im Folgenden wiedergegeben werden.

8.1 Lernende – Neugier und Interesse

Jugendliche haben ein natürliches Interesse daran, mehr über sich sowie die Gegenstände und Vorgänge ihrer unmittelbaren Lebenswelt zu erfahren. Der Chemieunterricht kann mit sinnvollen Fragestellungen aus der Alltagswelt an dieses Neugierverhalten anknüpfen und altersgemäß bearbeiten – diesbezügliche Fragen werden aufgeworfen und reflektiert.

1. Aus welchen Bereichen stammen Alltagserfahrungen von Lernenden?

Sicherlich sind es zunächst Erfahrungen aus dem Elternhaus, aus Küche, Badezimmer, Garage oder Garten. In einer Übersicht fassen Pfeifer, Häusler und Lutz [4] weitere Bereiche zusammen, aus denen mögliche Alltagserfahrungen der Jugendlichen stammen können (vgl. Abb. 8.1).

2. Wie beeinflusst das spezifische Umfeld der Lernenden ihre Vorstellungen?

Befindet sich im Wohnort etwa ein großer Industriekomplex und arbeiten dort viele Väter oder Mütter, so haben sich bestimmte Vorstellungen zu dieser Industrieanlage entwickelt. Wohnen Jugendliche wiederum auf dem Land, so werden sie eine andere Einstellung zu Fragen der Landwirtschaft, zu Düngemitteln oder Schädlingsbekämpfungsmitteln mitbringen als Jugendliche aus der Stadt.

3. Welche stofflichen Phänomene erleben Schüler täglich?

Sie erleben oftmals das Vernichtungskonzept, wenn sie vom Fleck-„entferner", Tinten-„killer" oder Strom-„verbrauch" sprechen (vgl. auch Kap. 1). Sie hören auch täglich etwas zu Umweltproblemen hinsichtlich der Lebensmittel, des Wassers, der Luft und des Erdbodens und entwickeln entsprechende Einstellungen gegen „die Chemie", die im Unterricht möglichst problematisiert werden sollten.

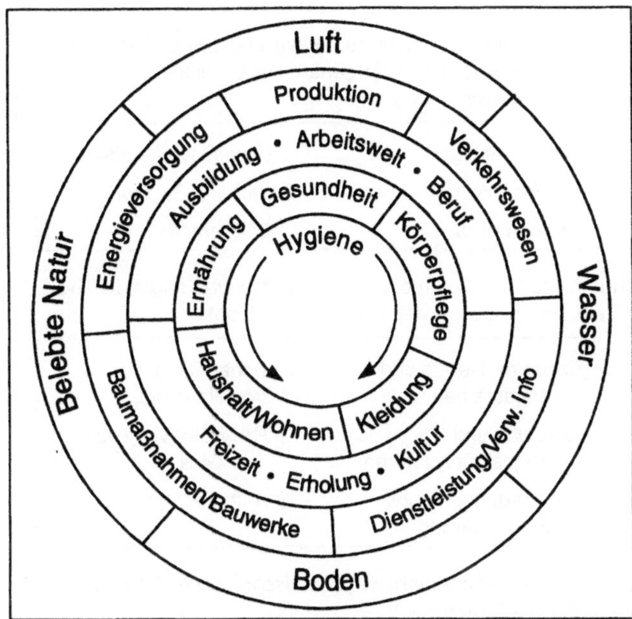

Abb. 8.1: Bereiche der Lebenswelt Jugendlicher, aus denen ihre Erfahrungen stammen [4]

4. Wie werden Stoffe des Alltags von der Erwachsenenwelt nahe gebracht?

Fernsehen, Radio, Zeitschriften und Zeitungen verbreiten durch ihre Werbung ein einseitiges Bild von Stoffen und Materialien, die die Schüler und Schülerinnen in bestimmter Weise prägen. Solche Prägungen sollten im Unterricht herausgefunden und thematisiert werden.

5. Wie können sachliche Kritik und Verhaltensänderungen gefördert werden?

Ein Chemieunterricht, der Alltags- und Umweltthemen angemessen berücksichtigt, würde – neben einer entsprechenden Erziehung durch die Eltern – zu Kritikfähigkeit und Verhaltensänderungen beitragen. Auch vorbereitete Exkursionen zu Betrieben wie Kläranlage, Recycling-Station oder Mülldeponie sind geeignet, vorgefasste Meinungen zu revidieren und neue Vorstellungen zu entwickeln.

Schülerinteressen. Eine andere Frage ergibt sich aus den Fragekomplexen zuvor: Welche Interessen haben Schüler und Schülerinnen an bestimmten Themen der Alltags- und Umweltchemie?

Die Antwort auf diese Frage kann deshalb für die Lehrer interessant sein, weil ein geplantes Projekt, das oftmals das einzige Projekt im Schuljahr ist, die Interessen der Schüler oder Schülerinnen ansprechen soll – anderenfalls unterrichtet der Lehrer vielleicht gegen die Interessen aller Schüler oder gegen die der Jungen oder gegen die der Mädchen.

Zur Beantwortung dieser Frage wurde ein Fragebogen [2] entwickelt (vgl. Abb. 8.2). Er wurde im Jahr 1986 an Gymnasien um Hannover und im Jahr 1995 an

1. Im Einzelnen wünsche ich mir, dass im Unterricht zu *„Alltag und Umwelt"* folgende Themen behandelt werden (bitte alle Ziffern 1–4 für genau vier Lieblingsthemen zuordnen, 1 bedeutet „am meisten gewünscht", etc.):

❍ Lebensmittel	❍ WC-Reiniger	❍ Benzin, Kraftstoffe
❍ Konservierungsmittel	❍ Waschmittel	❍ Zement, Baustoffe
❍ Alkohol, -Getränke	❍ Kosmetika	❍ Düngemittel

2. Im Einzelnen wünsche ich mir, dass im Unterricht zu *„Umweltschutz"* folgende Themen behandelt werden (Ziffern 1–4 für genau vier Themen zuordnen):

❍ Belastungsstoffe im Wasser	❍ Saurer Regen und Waldsterben	❍ Behandlung von Hausmüll
❍ Belastungsstoffe in der Luft	❍ Abgas und Abgaskatalysatoren	❍ Recycling von Papier und Glas
❍ Belastungsstoffe im Erdboden	❍ Überdüngung und Eutrophierung	❍ Aufbereitung von Altöl

3. Im Einzelnen wünsche ich mir, dass im Unterricht zu *„chemischer Technik"* folgende Themen behandelt werden (Ziffern 1–4 zuordnen):

❍ Fotos herstellen	❍ Klebstoffe	❍ Akku und Batterie
❍ Galvanisieren	❍ Sprengstoffe	❍ Brennstoffzelle
❍ Färben	❍ Metall-Legierungen	❍ Raketenantrieb

4. Im Einzelnen wünsche ich mir, dass im Unterricht zu *„chemischer Industrie"* folgende Themen behandelt werden (Ziffern 1–4 zuordnen): Die fabrikmäßige Herstellung von:

❍ Stahl und Metallen	❍ Zucker aus Rüben	❍ Kunststoffen
❍ Benzin und Heizöl	❍ Salz im Bergwerk	❍ Farbstoffen
❍ Schwefelsäure	❍ Papier aus Holz	❍ Arzneimitteln

Abb. 8.2: Auszug aus einem Fragebogen zur Erkundung der Interessenlage [2]

Gymnasien in Jena bei etwa 200 Jugendlichen der Klassenstufen 9–11 eingesetzt und geschlechtsspezifisch ausgewertet. Das Ergebnis der Auswertung zeigt Tabelle 8.1. Es wird deutlich, dass es Bereiche gibt, die gleichermaßen interessant für Jungen und für Mädchen sind: Themen wie Lebensmittel, Alkohol, Sprengstoffe, die Herstellung von Fotos oder Papier gehören dazu [5].

Andere Themen sind nur für Jungen oder nur für Mädchen von Interesse, viele Themen weisen sehr geringes Interesse sowohl bei Jungen als bei Mädchen aus (vgl. Tabelle 8.1). Da die Interessenlage sehr von der Region der Schule abhängt, macht jeder Lehrer möglichst seine eigene spezifische Befragung vor Ort und kann dann einschätzen, welches Projektthema für den Unterricht geeignet ist oder welche Exkursion von den Schülern gewünscht wird. Er muss damit rechnen, dass ein Projektthema zur Zuckerfabrik am Schulort oder zum Salzbergwerk am Schulort für die Jugendlichen nicht interessant genug ist, wie es die Befragung am Gymnasium in Lehrte ergab.

Tabelle 8.1: Ergebnisse einer Befragung 1995 in Jena, Vergleich mit Ergebnissen 1986 in Hannover, Klassenstufen 9–11 [5]

1. *Großes Interesse bei Jungen und Mädchen*

– Lebensmittel	
– Alkohol, -Getränke	(auch 1986)
– Fotos herstellen	(auch 1986)
– Sprengstoffe	(auch 1986)
– Papier aus Holz	

2. *Großes Interesse bei Mädchen*

– Kosmetika	(auch 1986)
– Behandlung von Hausmüll	(auch 1986)
– Färben	(auch 1986)
– Arzneimittel	(auch 1986)

3. *Großes Interesse bei Jungen*

– Benzin, Kraftstoffe	(auch 1986)
– Abgas, -Katalysatoren	(auch 1986)
– Raketenantrieb	(auch 1986)
– Benzin und Heizöl	

4. *Gemischtes Interesse bei Jungen und Mädchen*

   Konservierungsmittel, Belastung Wasser, Belastung Luft, Saurer Regen und Waldsterben, Recycling von Papier und Glas, Akku und Batterie, Brennstoffzelle, Stahl und Metalle, Kunststoffe

5. *Sehr geringes Interesse bei Jungen und Mädchen*

   WC-Reiniger (auch 1986), Waschmittel, Zement und Baustoffe (auch 1986), Düngemittel (auch 1986), Belastung Erdboden (auch 1986), Überdüngung und Eutrophierung (auch 1986), Aufbereitung von Altöl (auch 1986), Galvanisieren (auch 1986), Metalllegierungen (auch 1986), Schwefelsäure (auch 1986), Zucker aus Rüben (auch 1986), Salz aus dem Bergwerk (auch 1986)

Haushaltschemikalien und Interesse. Eine weitere Pilotstudie zeigt, inwieweit ein Interesse der Jugendlichen für das Schulfach Chemie vorliegt und sich das Interesse beeinflussen lässt, wenn im Unterricht anstelle der Laborchemikalien Substanzen aus dem Haushalt verwendet werden. Wanjek [6] plante die Einheit „Säuren und Laugen" für mehrere Schulklassen der Klassenstufe 9 einer Gesamtschule in Münster: In Schülerexperimenten wurden Haushaltschemikalien mit Universalindikator getestet, die Verwendung saurer und alkalischer Reiniger untersucht und die Neutralisation dieser Lösungen erarbeitet. Der gesamte Unterricht wurde von verschiedenen Lehrkräften der Schule erteilt und dauerte nur sechs Stunden. Die 120 Jugendlichen in fünf Klassen sind vorher und nachher hinsichtlich des Interesses – auch zu Schülerexperimenten – befragt worden.

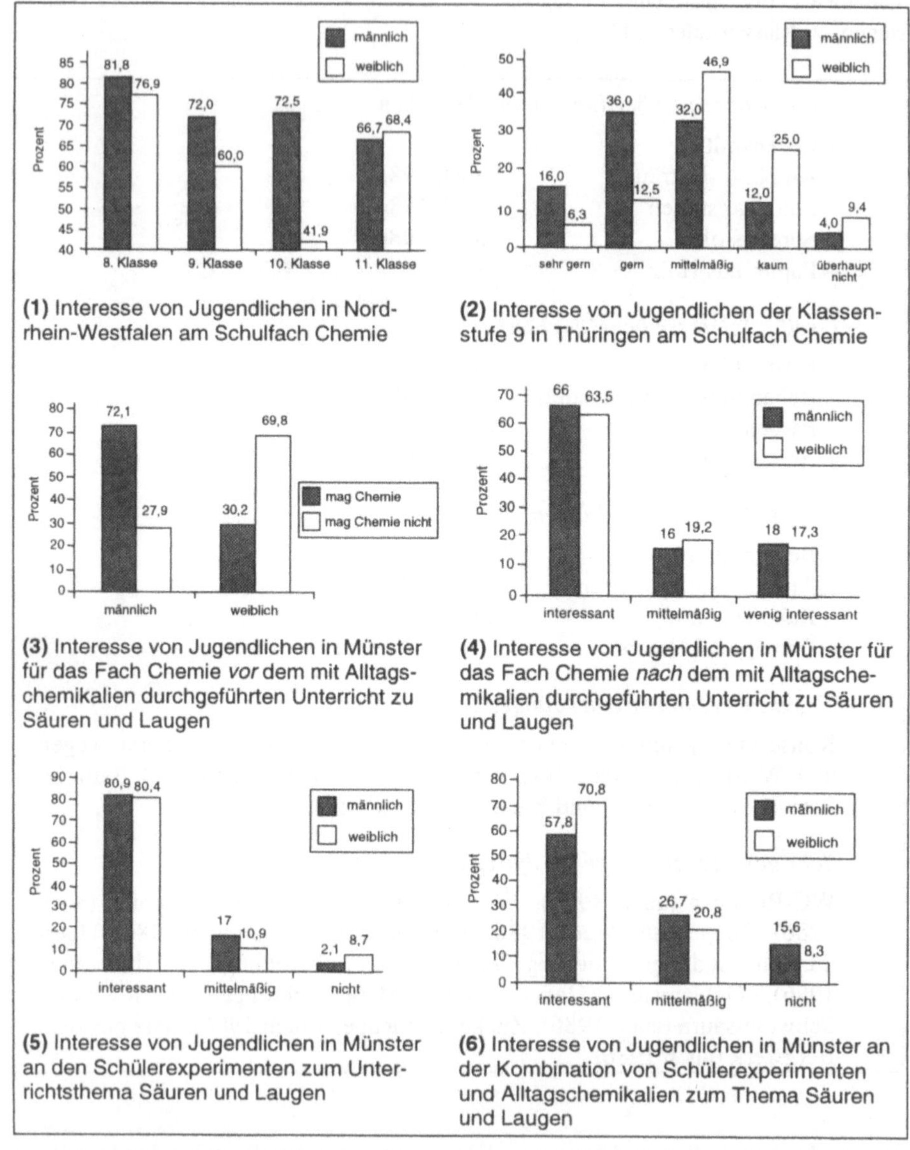

(1) Interesse von Jugendlichen in Nordrhein-Westfalen am Schulfach Chemie

(2) Interesse von Jugendlichen der Klassenstufe 9 in Thüringen am Schulfach Chemie

(3) Interesse von Jugendlichen in Münster für das Fach Chemie *vor* dem mit Alltagschemikalien durchgeführten Unterricht zu Säuren und Laugen

(4) Interesse von Jugendlichen in Münster für das Fach Chemie *nach* dem mit Alltagschemikalien durchgeführten Unterricht zu Säuren und Laugen

(5) Interesse von Jugendlichen in Münster an den Schülerexperimenten zum Unterrichtsthema Säuren und Laugen

(6) Interesse von Jugendlichen in Münster an der Kombination von Schülerexperimenten und Alltagschemikalien zum Thema Säuren und Laugen

Abb. 8.3: Ergebnisse einer Interessenerhebung vor und nach einer Unterrichtseinheit [6]

Befragungsergebnisse an ca. 300 Probanden zeigen, dass das Interesse am Fach Chemie durchaus vorhanden ist, allerdings fällt es bei den Mädchen an einigen Schulen in Nordrhein-Westfalen von der Klassenstufe 8 bis zur Klassenstufe 10 stark ab (vgl. (1) in Abb. 8.3). In den Chemiekursen der Klassenstufe 11 ist es naturgemäß wieder stärker vorhanden, weil Schüler mit geringem Interesse das Fach Chemie abgewählt haben. An einer Schule in Thüringen konnte ebenfalls festgestellt werden, dass eher die Jungen ein Interesse am Chemieunterricht zeigen und die Mädchen überwiegend mittelmäßig interessiert sind (vgl. (2) in Abb. 8.3).

Weitere Erhebungen beziehen sich auf das Interesse vor und nach der Unterrichtseinheit „Säuren und Laugen". Auch hier äußerten vor dem Unterricht die Mädchen noch mangelndes Interesse, nach dem Unterricht stieg es allerdings merklich an (vgl. (3) und (4) in Abb. 8.3). Der Einfluss der Schülerexperimente war erheblich: Mädchen wie Jungen äußerten hohes Interesse an Schülerexperimenten (5). Nach der Kombination von Haushaltschemikalien und Schülerexperimenten befragt, ergab sich gar ein höheres Interesse der Mädchen als der Jungen: Für die Mädchen spielten die Haushaltschemikalien die doch ausschlaggebende Rolle an ihrem Interesse (6).

Einstellungen zur Chemie und zum Chemieunterricht. In einer Studie mit großer Probandenzahl stellten Müller-Harbich, Wenck und Bader [7] fest, dass die Schüler zwischen Einstellungen zur Chemie und zum Chemieunterricht kaum differenzieren: „Schüler, die eine positive Einstellung zum Chemieunterricht haben, zeigen auch der Chemie gegenüber eine aufgeschlossene Haltung. Dagegen haben besonders Schülerinnen mit einer positiven affektiven Haltung gegenüber Umweltproblemen eine negative Haltung gegenüber der Chemie und umgekehrt. Die bei den Mädchen beobachtete Einstellung entspricht der landläufigen Meinung: Wer sich ökologisch engagiert, lehnt die Chemie ab" [7].

Zur Ermittlung von Einstellungen hinsichtlich der Chemie ließen Heilbronner und Wyss [8] Jugendliche aus der Schweiz Bilder zur Chemie malen. Die häufigen Katastrophen in chemischen Betrieben am Ende der 70er Jahre spiegeln sich in den Ergebnissen wieder: Zwei Drittel der Bilder weisen negative Motive zur Umweltzerstörung, zur Bedrohung der Menschen und zu Tierversuchen auf. Fazit der Autoren: „Der Chemielehrer ist vermutlich der einzige, der zu Beginn seines Unterrichts vor eine Klasse treten muß, die sich ihre Meinung über den Wert oder besser Unwert des Faches gemacht hat, welches nun auf sie zukommt" [8].

Um am Ende der 90er Jahre zu überprüfen, inwieweit diese These noch stehen bleiben kann, wurden Jugendliche im Raum Münster aufgefordert, „ihr Bild" von der Chemie zu malen [9].

Einige Beispiele von etwa 160 Kunstwerken zeigt Abbildung 8.4 (siehe Farbtafel). Viele Bilder weisen sowohl positive als auch negative Motive gleichzeitig auf, sodass zur Frage, inwieweit positive und negative Einstellungen wiedergegeben werden, nicht die Zahl der abgegebenen Bilder, sondern die Zahl der enthaltenen Motive zu Grunde gelegt wird. Hilbing [9] konnte feststellen, dass nur 35 % der Jungen und 16,6 % der Mädchen ausschließlich Motive gemalt hatten, die überwiegend negative Einstellungen wiederspiegeln. Gegenüber der Untersuchung aus der Schweiz hat sich der Prozentsatz von etwa 66 % negativer Motive fast halbiert.

In einem Fragebogen für die Klassenstufen 6–9 bezüglich der Einstellung zur *Chemie* [9] konnte festgestellt werden, dass sich 65 % der Jungen positiv äußern, Mädchen allerdings nur zu 33 %. Auf Fragen hinsichtlich der Einstellung zum *Chemieunterricht* kamen von den Jungen nur noch die Hälfte positiver Äußerungen wie zuvor, nämlich 31 %, von den Mädchen nur 18 %. Die Einstellungen zur Chemie sind also unerwartet positiver als die zum Chemieunterricht.

Das Ergebnis korreliert mit den Motiven der Bilder, die von denselben Jugendlichen gemalt worden sind: Auch hier wurde eine durchaus positive Grundhaltung zur *Chemie* festgestellt. Auf dieser positiven Grundhaltung sollte man erfolgreichen *Chemieunterricht* aufbauen können. Die negative Einstellung zum Chemieunterricht muss also aus der Art und Weise resultieren, wie das Schulfach Chemie unterrichtet wird: Lehrer und Chemiedidaktiker haben hier Wege und Mittel zu finden, diesen als negativ empfundenen Zustand zu verbessern.

8.2 Fachliche Schwerpunkte – Fachsystematik versus Alltagschemie

Zur Kontroverse Fachsystematik versus Alltagschemie stellt Just [10] fest:

„Alltagschemie arbeitet mit chemischen Stoffen oder Prozessen des Alltags. Alltagsorientierter Chemieunterricht meint dagegen mehr, nämlich den Chemieunterricht – soweit dies sinnvoll möglich ist – durchgängig auf den Alltag hin auszurichten".

Christen [11] antwortet darauf:

„Meine Feststellung ‚Die Alltags- oder Umweltchemie stellt keine Alternative zur Fachsystematik dar' meint genau das, was Herr Just nachher schreibt: entweder orientiert sich der CU an der Wissenschaft ‚Chemie' (am Fach!) oder eben am Alltagsbezug. Und da bleibe ich bei meiner Meinung: das Fach Chemie soll als Leitlinie für den Unterrichtsaufbau dienen".

Dieser Disput zieht sich durch die gesamte chemiedidaktische Literatur – er wird auch im Abschnitt „Vermittlungsprozesse" noch tiefergehend reflektiert. Um die fachliche Seite des Themas besser kennen zu lernen, werden im Folgenden einige Aspekte vorgestellt.

Alltagsphänomene und Chemie. Der Chemieunterricht kann Schülern und Schülerinnen dazu verhelfen, fachliche Aspekte zu erarbeiten, die bisher zur Erklärung von Alltagsphänomenen nicht zur Verfügung standen. Insbesondere ist es möglich, Alltagsphänomene ihrer „Verpackung" zu entkleiden und in chemische Vorgänge zu „übersetzen". Einige Beispiele:

- Kaffeekochen: Extraktion
- Fleck entfernen: Löslichkeit
- Waschen: Emulgieren und Dispergieren
- Tintenkiller: Redoxreaktion
- Schwarz-Weiß-Fotografie: Redoxreaktion, Komplexreaktion
- Silberputzen: Redoxreaktion
- Brausetabletten: Säure-Base-Reaktion
- Backpulver: Säure-Base-Reaktion
- Entkalker: Säure-Base-Reaktion
- Maurermörtel: Säure-Base-Reaktion
- Backofenspray: Verseifung, Löslichkeit

Wechselseitige fachliche Beziehungen. Im Chemieunterricht können auch die wechselseitigen Beziehungen zwischen chemischer Erkenntnis, technologischem Fortschritt und individuellen Lebensgewohnheiten reflektiert und in der historischen Entwicklung verfolgt werden. Beispiele:

- Seifen, Waschmittel und Kosmetik,
- Konservierung von Lebensmitteln,
- Düngung und Schädlingsbekämpfung,
- Arzneimittel und Pharmaka, etc.

Fachliche Interpretationen, Experimente. Legt man die Übersicht von Pfeifer, Häusler und Lutz [4] zu den Erfahrungsbereichen von Jugendlichen zu Grunde (vgl. Abb. 8.1), so sind gemäß der Übersicht eine Vielzahl von Sachverhalten und diesbezüglichen Alltagschemikalien zu reflektieren: Sie seien im Folgenden an Beispielen vorgestellt und die Wirkung der Substanzen mit Reaktionssymbolen skizziert. Dazu wird jeweils angegeben, ob Redoxreaktionen (RR), Säure-Base-Reaktionen (SBR) oder Komplexreaktionen (KR) zu Grunde liegen, welcher „Verpackung" sich entsprechend „ein Phänomen entkleiden lässt".

Experimente hinsichtlich der diskutierten Alltagschemikalien ergänzen oftmals anschaulich die sachlichen Ausführungen: Sie werden im Text skizziert und am Schluss des Kapitels ausführlich beschrieben.

1. Hygiene: Beispiel „Badezimmerchemikalien"

Abflussreiniger „NaOH/Al-Typ" (V8.1): Dieser Reiniger soll durch die stark alkalische Reaktion organische Stoffe zersetzen und Verstopfungen in Wasch- oder WC-Becken beseitigen. Durch die Beimengung von Aluminiumspänen ist eine Reaktion mit Wasser zu Wasserstoff beabsichtigt –, ein Wirbeleffekt tritt ein und erhöht die Wirkung:

$$Al\ (s) + 3\ H_2O + OH^-(aq) \rightarrow [Al(OH)_4]^-(aq) + 3/2\ H_2(g) \qquad \textbf{RR, KR}$$

Wasserstoff ist im ersten Augenblick als Gas nachweisbar, „nascierende" H-Atome reagieren allerdings mit Nitrat-Ionen des Natriumnitrats, das aus Sicherheitsgründen beigefügt wird:

$$8\ \{H\}(aq) + NO_3^-(aq) \rightarrow NH_3(aq, g) + OH^-(aq) + 2\ H_2O \qquad \textbf{RR}$$

WC-Reiniger „HSO_4^--Typ" (V8.2): Dieser Reiniger enthält festes Natriumhydrogensulfat, das mit Wasser stark sauer reagiert und Kalkreste von Leitungswasser-Spritzern umsetzt:

$$NaHSO_4(s) + H_2O \rightarrow Na^+(aq) + H_3O^+(aq) + SO_4^{2-}(aq) \qquad \textbf{SBR}$$

$$CaCO_3(s) + 2\ H_3O^+(aq) \rightarrow Ca^{2+}(aq) + 3\ H_2O + CO_2(aq, g) \qquad \textbf{SBR}$$

Sanitärreiniger „HOCl/Cl-Typ" (V8.3): Diese auch Bleichlauge genannte Lösung bildet atomaren – nascierenden – Sauerstoff und vermag so zu bleichen bzw. keimtötend zu wirken:

$$HOCl\ (aq) + H_2O \rightarrow H_3O^+(aq) + Cl^-(aq) + \{O\}\ (aq) \qquad \textbf{SBR und RR}$$

Bei Erhöhung der Säurekonzentration wird gelöstes und gasförmiges Chlor gebildet; wegen der Giftigkeit freien Chlors wird vor einem Zusammengeben dieses

Reinigers mit einem sauren Reiniger – etwa Natriumhydrogensulfat – auf dem Etikett gewarnt:

$HOCl\,(aq) + Cl^-\,(aq) + H_3O^+\,(aq) \rightarrow Cl_2\,(aq, g) + 2\,H_2O$ **SBR und RR**

2. Körperpflege: Beispiel „Deodorantien"

Deodorant „Al^{3+}-Typ" (V8.4): Einige Deodorant-Substanzen – etwa das „Anti-Transpirant Hydrofugal" – reagieren auf der Grundlage von Aluminiumchlorid-Hexahydrat. Sowohl die saure Reaktion als auch die Anwesenheit von Aluminium-Ionen wirken keimtötend:

$\{[Al(H_2O)_6]^{3+}(Cl^-)_3\}\,(s) + H_2O \rightarrow H_3O^+(aq) + [Al(H_2O)_5OH]^{2+}(aq) + 3\,Cl^-\,(aq)$
SBR und KR

3. Gesundheit: Beispiel „Mineral-Tabletten"

Mineraltabletten „Ca^{2+}- und Mg^{2+}-Typ" (V8.5): Calcium- und Magnesiumpräparate werden sowohl als Kautabletten als auch als Brausetabletten angeboten. Letztere enthalten die Carbonate im Gemisch mit Citronensäure-Kristallen (verkürzt: HCit-Moleküle). Bei der Reaktion entweicht sprudelnd gasförmiges Kohlenstoffdioxid, wirksame Ca^{2+}(aq)- bzw. Mg^{2+}(aq)-Ionen werden frei:

$MgCO_3\,(s) + 2\,HCit\,(s) \xrightarrow{aq} Mg^{2+}\,(aq) + 2\,Cit^-\,(aq) + H_2O + CO_2\,(aq,g)$ **SBR**

4. Ernährung: Beispiel „Speisesalze"

Speisesalz „Iod-Typ" (V8.6): In heutigen Speisesalzen sind neben dem eigentlichen Natriumchlorid häufig Mineralsalze in kleinen Konzentrationen enthalten, etwa Calciumcarbonat, Natriumphosphat oder Natriumiodat („Iodsalz"). Sie dienen nicht nur als ergänzende Nährsalze (Förderung und Erhaltung der Zähne), sondern auch als technisches Mittel, um die Rieselfähigkeit zu verbessern. Säuert man Iodsalz-Lösung an und gibt Kaliumiodid-Lösung hinzu, so tritt eine braunfarbene Iod-Lösung auf. Ist die Braunfärbung nicht zu erkennen, so vermag Stärkelösung kleinste Iod-Konzentrationen durch die bekannte blaue Färbung anzuzeigen:

$IO_3^-\,(aq) + 5\,I^-\,(aq) + 6\,H^+\,(aq) \rightarrow 3\,I_2\,(aq, braun) + 3\,H_2O$ **RR**

5. Haushalt: Beispiel „Backmittel"

Backpulver „Natron-Typ" (V8.7): Zum Backen von Brot und Kuchen wird meistens Backpulver verwendet. Es hat die Aufgabe, in der Hitze ein Gas zu entwickeln, das den Teig mit Hohlräumen versieht und die lockere Brotstruktur erzeugt.

In den meisten Fällen verwendet man Natriumhydrogencarbonat („Natron“) und feste Säuren: Das Gas Kohlenstoffdioxid bildet sich:

$$NaHCO_3\,(s) + HCit\,(s) \xrightarrow{aq} Na^+\,(aq) + Cit^-\,(aq) + H_2O + CO_2\,(aq, g) \qquad \textbf{SBR}$$

Backpulver „Hirschhornsalz-Typ“ (V8.8): Wird ein Ammoniumsalz („Hirschhornsalz“) eingesetzt, so entsteht – neben Kohlenstoffdioxid und Wasserdampf – auch Ammoniak. In diesem Fall darf nur Flachgebäck hergestellt werden, damit das gebildete Ammoniak entweichen kann:

$$(NH_4)_2CO_3\,(s) \rightarrow 2\,NH_3\,(g) + H_2O\,(g) + CO_2\,(g) \qquad \textbf{SBR}$$

6. Wohnen: Beispiel „Brennstoffe für die Heizung“

Nahezu alle Wohnungen werden durch fossile Brennstoffe beheizt: Man verbrennt entweder Braunkohle oder Steinkohle in Kamin oder Ofen, man heizt mit Erdgas aus der Erdgasleitung oder mit Propan bzw. Heizöl aus Vorratsbehältern im Haus. In allen Fällen kontrolliert der Schornsteinfeger in bestimmten Zeitabständen sowohl Gehalte an Ruß, Kohlenstoffmonoxid und Kohlenstoffdioxid als auch Abgastemperaturen und Abgasverluste, um möglichst eine optimale und damit umweltschonende Verbrennung zu gewährleisten:

$$C\,(s) + O_2\,(g) \rightarrow CO_2\,(g)\,; \qquad \Delta H = -393\ kJ/mol \qquad \textbf{RR}$$

$$CH_4\,(g) + 2\,O_2\,(g) \rightarrow CO_2\,(g) + 2\,H_2O\,(g)\,; \quad \Delta H = -890\ kJ/mol \qquad \textbf{RR}$$

7. Kleidung: Beispiel „Textilentfärber“

Textilentfärber „Dithionit-Typ“ (V8.9): Zum Entfernen von Flecken oder zum Entfärben von Textilien wird vielfach Natriumdithionit als „Reduktionsbleiche“ verwendet. Die alkalische Lösung bildet nascierenden Wasserstoff, der Sauerstoffverbindungen (beispielsweise Farbstoffe oder Tinten) zerstört:

$$Na_2S_2O_4\,(s) + 2\,OH^-\,(aq) + H_2O \rightarrow 2\,Na^+\,(aq) + SO_4^{2-}\,(aq) + SO_3^{2-}\,(aq) + 4\,\{H\} \qquad \textbf{RR}$$

8. Freizeit: Beispiel „Schwarz-Weiß-Fotografie“

Entwickler „Hydrochinon-Typ“ (V8.10): Die Farbfotografie ist sehr komplex zu beschreiben, während die Schwarz-Weiß-Fotografie relativ einfach durch Reaktionen des auf dem Fotopapier aufgetragenen Silberbromids zu kennzeichnen ist. Das Belichten führt zu unsichtbaren Silber-Keimen, das Entwickeln mit alkalischer Hydrochinon-Lösung erzeugt an diesen Stellen sichtbare Mengen an fein verteiltem Silber und dadurch schwarz gefärbte Flächen auf dem Fotopapier:

$2\ Ag^+Br^-\ (s) \xrightarrow{\text{Licht}} 2\ Ag\ (s, \text{Silberkeim}) + Br_2\ (\text{in AgBr})$ **RR**

$2\ Ag^+Br^-\ (s) + (C_6H_4)(OH)_2\ (aq) + 2\ OH^-\ (aq) \rightarrow$

$2\ Ag + (C_6H_4)O_2\ (aq) + 2\ H_2O + 2\ Br^-\ (aq)$ **RR**

Fixierer „Thiosulfat-Typ" (V8.11): Das Fixieren ist erforderlich, weil nach dem Entwickeln unbelichtetes Silberbromid auf dem Fotopapier haften und nachschwärzen würde. Es wird herausgelöst durch Komplexbildung mit Hilfe von Natriumthiosulfat-Lösung:

$AgBr\ (s, \text{unbelichtet}) + 2\ S_2O_3^{2-}\ (aq) \rightarrow [Ag(S_2O_3)_2]^{3-}\ (aq) + Br^-\ (aq)$ **KR**

9. Arbeitswelt: Beispiel „Metallverarbeitung"

Ätzchemikalie „Fe^{3+}-Typ" (V8.12): Zur Herstellung von Leiterplatten für elektronische Bauteile werden mit Kupfer beschichtete Kunststoffplatten verwendet. Um bestimmte Leiterbahnen für den Stromfluss zu erzeugen, schützt man entsprechende Linien auf der Platte durch Wachs und bringt die restliche Kupferschicht in Lösung. Ein Weg ist der Einsatz von Eisen(III)-chlorid-Lösung:

$Cu\ (s) + 2\ Fe^{3+}\ (aq) \rightarrow Cu^{2+}\ (aq) + 2\ Fe^{2+}\ (aq)$ **RR**

10. Energieversorgung: Beispiel „Akkumulatoren"

Akkumulator „Typ Pb/PbO_2" (V8.13): Akkumulatoren vermögen Strom zu liefern und sich wieder aufladen zu lassen. Der bekannteste ist der „Bleiakku" im Auto. Er stellt die elektrische Energie zur Verfügung, um den Anlasser zu starten, der wiederum den Motor laufen lässt. Die Elektroden bestehen im geladenen Zustand aus metallenem Blei bzw. aus rotbraunem Bleidioxid:

Minus-Pol: $Pb\ (s) \rightarrow Pb^{2+}\ (PbSO_4) + 2e^-$ **RR**

Plus-Pol: $PbO_2\ (s) + 4\ H^+\ (aq) + 2e^- \rightarrow Pb^{2+}\ (PbSO_4) + 2\ H_2O$ **RR**

Akkumulator „Typ Cd/Ni": Zur Energieversorgung im Haushalt sind Nickel-Cadmium-Zellen gebräuchlich, die mit einem Ladegerät wieder aufgeladen werden können und somit den Abfall an üblichen Batterien vermindern. Die Elektroden bestehen im geladenen Zustand aus fein verteiltem Cadmium (Minuspol) und festem Nickel(III)-oxidhydroxid:

Minuspol: $Cd\ (s) + 2\ OH^-\ (aq) \rightarrow Cd(OH)_2\ (s) + 2\ e^-$ **RR**

Pluspol: $2\ NiOOH\ (s) + 2\ H_2O + 2\ e^- \rightarrow 2\ Ni(OH)_2\ (s) + 2\ OH^-\ (aq)$ **RR**

11. Baumaßnahmen: Beispiel „Abbinden von Mörtel"

Blitzzement „Ca(OH)₂-Typ" (V8.14): Der Kalk des Maurers wird chemisch als Calciumhydroxid bezeichnet, er kann durch das sogenannte „Löschen" von Branntkalk – chemisch gesehen Calciumoxid – hergestellt werden. Beim Abbinden des Maurerkalks findet die Reaktion mit Kohlenstoffdioxid zu Calciumcarbonat statt –, je nach Wandstärken und Temperatur dauert es Monate oder Jahre, bis das Abbinden beendet ist:

$CaO\,(s) + H_2O \rightarrow Ca(OH)_2\,(s)$ **SBR**

$Ca(OH)_2\,(s, aq) + CO_2\,(aq, g) \rightarrow CaCO_3\,(s) + H_2O$ **SBR**

Zerstörung durch sauren Regen: Calciumcarbonat (etwa im Naturgestein von Bauwerken) wird durch „Sauren Regen" angegriffen und zu Kristallwasser-haltigem Gips umgesetzt. Da sich dabei das Volumen vergrößert, verwittert das Naturgestein oberflächlich sehr stark:

$CaCO_3\,(s) + 2\,H_3O^+\,(aq) + SO_4^{2-}\,(aq) \rightarrow CaSO_4 \cdot 2\,H_2O\,(s) + H_2O + CO_2\,(g)$**SBR**

12. Dienstleistung: Beispiel „Brandbekämpfung"

Feuerlöschmodell„Typ Nasslöscher"(V8.15): Es gibt verschiedene Feuerlöschertypen, die meisten arbeiten auf der Basis von komprimiertem Kohlenstoffdioxid. Legt die Feuerwehr zur Vorsorge auf der Landebahn eines Flugplatzes einen Schaumteppich, so verbirgt sich dahinter die Reaktion von festem Al- u. Natriumhydrogencarbonat mit dem Löschwasser, das ein geeignetes Schaummittel enthält:

$Al^{3+}\,(s) + 6\,H_2O \rightarrow [Al(H_2O)_5OH]^{2+}\,(aq) + H^+\,(aq)$ **SBR und KR**

$HCO_3^-\,(s) + H^+\,(aq) \rightarrow H_2O + CO_2\,(aq, g)$ **SBR**

13. Verkehrswesen: Beispiel „Alkoholtests"

Alcotest „Chromat-Typ" (V8.16): Zur Kontrolle des Blutalkoholgehaltes von Autofahrern im Straßenverkehr benutzt die Polizei Prüfröhrchen und Testgeräte auf der Basis der Infrarotspektroskopie. Die Prüfröhrchen dienen zur ersten Abschätzung des Alkoholgehaltes in der Atemluft, zur genaueren Bestimmung die Infrarotgeräte. Das Teströhrchen enthält gelbe Kaliumchromat-Kristalle gemischt mit Natriumhydrogensulfat. In Gegenwart von feuchtem Alkoholdampf der Atemluft findet eine Reduktion zu grünfarbenen Chrom(III)-Verbindungen, also ein Farbwechsel von gelb nach grün statt:

$2\,CrO_4^{2-}\,(aq) + 2\,H^+\,(aq) \rightarrow Cr_2O_7^{2-}\,(aq) + H_2O$ **SBR**

$3\,CH_3CH_2OH\,(g) + Cr_2O_7^{2-}\,(aq) + 8\,H^+\,(aq) \rightarrow$

$3\,CH_3CHO\,(aq) + 2\,Cr^{3+}\,(aq) + 7\,H_2O$ **RR**

14. Produktion: Beispiel „Düngemittel“

Neben den natürlichen Düngemitteln (Mist, Gülle) gibt es Mineraldünger. Sie werden zum einen aus Salzlagern unter der Erde gewonnen: Kalium-, Calcium- und Magnesiumsalze, Nitrate, Phosphate, u. a. Zum anderen werden Nitrate und Ammoniumsalze künstlich durch die Haber-Bosch-Synthese und anschließende Reaktionen produziert:

$N_2(g) + 3\,H_2(g) \rightarrow 2\,NH_3(g, l)$ **RR**

$2\,NH_3(g) + 3\,½\,O_2(g) \rightarrow 2\,NO_2(g) + 3\,H_2O$ **RR**

$4\,NO_2(g) + 2\,H_2O + O_2(g) \rightarrow 4\,HNO_3(aq)$ **RR**

$NH_3(aq) + HNO_3(aq) \rightarrow NH_4NO_3(aq)$ **SBR**

Unlösliches Calciumphosphat oberirdischer Lagerstätten setzt man mit reiner Schwefelsäure zu löslichen Dihydrogenphosphaten um, die erst dann zu Düngezwecken geeignet sind:

$Ca_3(PO_4)_2(s) + 2\,H_2SO_4(l) \rightarrow 2\,CaSO_4(s) + Ca(H_2PO_4)_2(s)$ **SBR**

15. Luft: Beispiel „Smog“

Bei einer Inversionswetterlage liegt eine warme Luftschicht wie ein Deckel auf der kalten Luft am Boden: Die Luftschichten mischen sich nicht ausreichend, Gase wie Schwefeldioxid, Stickoxide, Kohlenstoffmonoxid, Ruß und Staub (smoke and fog: Smog) können nicht entweichen. Sie belasten dadurch die Luft und folglich das Atmen erheblich. Stickoxide entstehen vornehmlich durch die Reaktion der Luft im heißen, hochtourig laufenden Automotor:

$N_2(g) + O_2(g) \rightarrow 2\,NO(g)$; $2\,NO(g) + O_2(g) \rightarrow 2\,NO_2(g, \text{braun})$ **RR**

Funktioniert der Abgaskatalysator des Autos, so reduziert fein verteiltes Platinpulver als Katalysatormaterial auf dem Keramikkörper den Anteil an Stickoxiden und Kohlenstoffmonoxid erheblich:

$NO(g) + CO(g) \rightarrow 1/2\,N_2(g) + CO_2(g)$ **RR**

16. Wasser: Beispiel „Trinkwasser“

Um Trinkwasser zu entkeimen, setzt man entweder Chlor oder Ozon ein – in beiden Fällen oxidiert nascierender Sauerstoff die enthaltenen organischen Verunreinigungen:

$Cl_2(aq) + H_2O \rightarrow 2\,H^+(aq) + 2\,Cl^-(aq) + \{O\}$ **RR**

$O_3(aq) \rightarrow O_2(aq) + \{O\}$ **RR**

17. Boden: Beispiel „Bodenversauerung"

Saurer Regen bildet sich durch Industrie- und Autoabgase in der Luft: Tröpfchen von Salzsäure-, Schwefelsäure- oder Salpetersäure-Lösung entstehen und verursachen beim Abregnen eine Versauerung der Böden. Das hat zum einen zur Folge, dass Feinwurzeln geschädigt, Carbonate von Nährsalzen gelöst und ausgewaschen werden. Zum anderen können feste Aluminiumsalze, in denen Al^{3+}-Ionen gebunden und damit unschädlich vorliegen, gelöst werden und schädigen in dieser Form Bäume und Pflanzen („Waldsterben"):

$$Al(OH)_3\,(s) + 3\,H^+\,(aq) \rightarrow Al^{3+}\,(aq) + 3\,H_2O$$ **SBR**

8.3 Vermittlungsprozesse – Fachsystematik plus Alltagschemie

„Der Begriff Alltagschemie schließt alle chemischen Vorgänge und die davon berührten Substanzen und Materialien ein, die für uns im Alltag eine Rolle spielen. Daraus würde sich jedoch eine unüberschaubare Fülle von Stoffgebieten ergeben, die den individuellen Interessenlagen entsprechend noch differenziert werden müssten. Es ist daher klar, dass ein alltagsbezogener Chemieunterricht im unreflektierten Sinne keine Alternative zu einem klar strukturierten, verständlichen Fachunterricht sein kann. Andererseits sind größte Anstrengungen nötig, um die immer wieder festgestellte Kluft zwischen Chemieunterricht und Alltagswelt zu überbrücken, also Strategien zu entwickeln, wie Alltagswelt und beziehungsvolles Lernen zusammengeführt werden".

Lutz und Pfeifer [12] haben diese Forderungen formuliert und in vielen Publikationen ihre Lösungsvorschläge angeboten. Welche Strategien zur Zusammenführung von Chemie und Alltag für den Chemieunterricht möglich sind, ist zu diskutieren. Davor wird eine Vielfalt von Methoden vorgestellt, mit denen Vermittlungsprozesse zur Alltagschemie realisiert werden können.

Methoden zu Vermittlungsprozessen. Die Vermittlung zwischen Alltag und Chemie kann im Chemieunterricht auf vielfältige Weise geschehen und damit zur Methodenvielfalt beitragen:

- Lernen durch aktives Handeln oder Experimentieren im *handlungsorientierten Unterricht*: Wasser- oder Bodenproben entnehmen und analysieren (etwa durch Einsatz der Aquamerck-Kästen), verschiedene Mörtelgemische herstellen und testen, u. ä.
- *Exkursionen* zu außerschulischen Lernorten: Besuch der regionalen Kläranlage, des Betriebes zur Trinkwasseraufbereitung, der Müllverarbeitung und Recycling-Station, Vorbereitung und Durchführung von Interviews, von Fotoreportagen, von Ausstellungsplakaten, u. ä.
- Lernen durch Vorträge und Diskussionen mit *außerschulischen Fachleuten*: Einladung von Feuerwehrmann, Lebensmittelkontrolleur, Malermeister oder Techniker aus der Industrie. Exkursionen in entsprechende Betriebe.

- Lernen mit *audiovisuellen Medien* oder auf *multimedialen Wegen*, auch Beschaffung der Materialien durch die Lernenden, kritische Durchsicht, Interpretation und Neuordnung, Entwicklung und Vorführung selbst gestalteter Materialien durch die Schülerinnen und Schüler.
- Lernen durch *Rollenspiele* zu Themen, die im Experimentalunterricht nicht behandelt werden können, etwa die Frage „Fleisch oder Körner?" [13]: Es werden die angegebenen Rollentexte verteilt, von den Jugendlichen gespielt und im anschließenden Gespräch problematisiert.
- Lernen im *Projektunterricht* oder auch im *projektorientierten Unterricht* [14]: Für ein Projekt „Wasser und Umwelt" [15], dessen Anlass der Besuch einer Kläranlage war, werden Themen verabredet, von Projektgruppen bearbeitet, diesbezügliche Plakate entworfen, vorgetragen und ausgestellt.

Schulbücher und Alltagschemie. Zu allen Zeiten haben sich Schulbuchautoren bemüht, die in Richtlinien und Lehrplänen vorgegebenen Unterrichtsthemen durch Bezüge zu Alltag und Umwelt zu bereichern. Beginnt man mit Themen ohne Alltagsbezug und sucht bei der Schulbuchanalyse Themen mit immer größer werdendem Ausmaß an Alltagsbezügen, so erhält man am Beispiel des Schulbuches „Chemie heute" [16] folgende Ergebnisse (Seitenzahlen in Klammern):

- *Unterrichtsthemen ohne Alltagsbezug.* Chemische Grundgesetze, Gasgesetze, Daltonsches Atommodell, Atombau und Chemische Bindung.
- *Alltagsbezug zur Motivation am Anfang eines Themas.* „Chemische Reaktionen": brennendes Streichholz, sich auflösende Brausetablette (49), „Luft, Verbrennung": Gartengrill – Anzünden, Qualmbildung, Glut (63), „Wasser": Wasservorräte, Wasserverbrauch, Wasser-Kreislauf, Trinkwasser (97), „Säuren": Haushaltsessig, Milchsäure, Citronensäure (213).
- *Alltagsbezug zur Wiederholung oder Vertiefung am Ende von Unterrichtsthemen.* „Stofftrennung": Wiederverwertung von Altautos, Recycling (45), „Redoxreaktionen": Eisen aus Eisenerz, Hochofenprozess (89), „Alkali- und Erdalkalimetalle": Magnesium im Flugzeugbau, für Blitzlichtlampen (145).
- *Alltagsbezug durch Exkurse im Chemieunterricht.* Trinkwasser aus Meerwasser (39), Vom Bleistift zum Graphitstift (56), So funktioniert ein Streichholz (72), Verbrennungen – vom TÜV kontrolliert (75), Brandbekämpfung (79), Kläranlage (101), Raketentreibstoff Wasserstoff (111), Salz gegen Eis (128), Magnesium sorgte für das rechte Licht (145), Die Leuchtspur der Elemente (147), Karies – ein Säureanschlag auf die Zähne (147), Bleichen mit Chlor – eine Gefahr für die Umwelt (S. 148), Fluor – ein extremes Element (155), Halogenlampen (155), Edelgase sorgen für edles Licht (157), Helium – gegen Tiefenrausch und Taucherkrankheit (157), Blitze an der Tankstelle verboten (164), Natrium aus Steinsalz (167), Gold aus Abfall (167), Marie Curie entdeckt die Radioaktivität (169), Radioaktive Isotope (172), Otto Hahn und die Kernspaltung (173), Batterien und Akkus (190), Citronensäure – ein Produkt der Biotechnologie (213), Sodbrennen (221), Weiches Wasser für den Haushalt (229), Tropfsteinhöhlen (229), Haushaltschemikalien (230).

- *Reine Alltags- und Umweltthemen im Chemieunterricht.* Chemie und Technik (238–253), Chemie und Umwelt (254–269), Anorganische Werkstoffe (270–283), Energie und Umwelt (284–305), Organische Werkstoffe (306–323), Chemie und Ernährung (324–355), Chemie im Badezimmer (356–371).

Vollständige Curricula auf der Basis von Alltagschemie. Seit einigen Jahren gibt es aus dem angloamerikanischen Sprachraum zwei neue Unterrichtswerke, die sich nicht in erster Linie an der chemischen Fachsystematik orientieren, sondern vorrangig Themen der Alltags- und Umweltchemie zu Grunde legen. Die Abbildungen 8.5–8.7 zeigen die Inhaltsverzeichnisse und lassen Rückschlüsse auf den beabsichtigten Unterricht zu.

ChemCom, Chemistry in the Community [17] ist ein Curriculum (vgl. Abb. 8.5), das zu den Alltagsthemen jeweils fachliche Informationen liefert, wie sie benötigt werden. So kommen im ersten Thema „The Quality of Our Water" unter „Measurement and the metric system" die Umrechnungen von inches und ounces zu üblichen Einheiten des metrischen System vor, an anderer Stelle Laboraktivitäten wie das Filtrieren, unter „Molecular View of Water" Modelle des Wasser-Moleküls, die H_2O-Formel und weitere Element-, Verbindungs- und Reaktionssymbole. Unter „Electrical Nature of Matter" wird sofort danach das Dipolmoment des Wasser-Moleküls eingeführt, der Ionen-Begriff zu Grunde gelegt, und es werden Tests zum Nachweis bestimmter Ionen experimentell durchgeführt. Diese fachlichen Informationen entbehren also – zumal sie für einen Anfangsunterricht gelten – völlig der üblichen Sachstruktur.

Preface
To You, the Student
Safety in the Laboratory
Supplying Our Water Needs
I The Quality of Our Water
II A Look at Water and Its Contaminants
III Investigating the Cause of the Fish Kill
IV Water Purification and Treatment
V Putting It All Together: Fish Kill in Riverwood—Who Pays?
Conserving Chemical Resources
I Use of Resources
II Why We Use What We Do
III Can We Continue to Use Things Up?
IV How Much Do We Have and for How Long?
V The Promise of New Materials
Petroleum: To Build or to Burn?
I Petroleum in Our Lives
II Petroleum: What Is It? What Do We Do with It?
III Petroleum as a Source of Energy
IV Making Useful Materials from Petroleum
V Alternatives to Petroleum
VI Putting It All Together: Choosing Petroleum Futures
Understanding Foods
I Foods: To Build or to Burn?
II Food as Energy
III Foods: The Builder Molecules
IV Essential Materials Needed in Small Amounts
V Food Additives
VI Putting It All Together: Nutrition in Many Cultures
Acknowledgments

Preface
To You, the Student
Safety in the Laboratory
Nuclear Chemistry in Our World
I Nuclear Phenomena in Everyday Life
II Discovering Atomic Energy
III Radioactive Decay
IV Nuclear Energy: Power of the Universe
V Living with Benefits and Risks
VI Putting It All Together: Separating Fact from Fiction
Chemicals, Air, and Climate
I Life in a Sea of Air
II Investigating the Atmosphere
III Atmosphere and Climate
IV Human Alteration of the Atmosphere
V Putting It All Together: Is Air a Free Resource?
Chemistry and Health
I Maintenance of Health
II Your Body as a Chemical Factory
III The Chemistry of Exercise
IV The Chemistry of Personal Health Care
V Chemical Control: Drugs and Toxins in the Human Body
VI Putting It All Together: Assessing Personal and Public Health Risks
The Chemical Industry: Promise and Challenge
I A New Industry for Riverwood
II An Overview of the Chemical Industry
III Nitrogen Products and Their Chemistry
IV Chemical Energy ↔ Electrical Energy
V Pharmaceuticals
VI Putting It All Together: The Role of Chemical Industry Past, Present, and Future
Acknowledgments

Abb. 8.5: Inhaltsverzeichnis „ChemCom. Chemistry in the Community" [17]

Abb. 8.6: Inhaltsverzeichnis „Salters Advanced Chemistry – Chemical Storylines“ [18]

Salters Advanced Chemistry teilt sich dagegen in drei Bände auf. *Chemical Storylines* [18] liefert ebenfalls dem Unterricht zu Grunde liegende Alltags- und Umweltthemen (vgl. Abb. 8.6).

Darüber hinaus gibt es allerdings den zweiten Band *Chemical Ideas* [19], der die wissenschaftlichen Ideen, also fachsystematisch aufbereitete Informationen zur Chemie in einem eigenen Fachbuch bereit hält (vgl. Abb. 8.7). Ein dritter Band *Activities and Assessment* stellt Anweisungen für Laborexperimente und Prüfungsaufgaben zu allen Themen zur Verfügung.

Im Unterricht zu den Alltagsthemen werden nun an geeigneten Stellen Querverweise zum einen zu den fachlichen Informationen gegeben, zum anderen zu entsprechenden Experimenten. Bei diesem Vorgehen ist also gewährleistet, dass die Schüler im Band der Chemical Ideas immer auch die Informationen eingebettet in die Fachstruktur erkennen. Da es sich um den „Advanced Level", also um fortgeschrittenen Unterricht nach einem zweijährigen Einführungsunterricht auf dem „Ordinary Level" handelt, sind die Zusatzinformationen für diese Schüler auch leichter zu erkennen und zu verarbeiten, als es im Curriculum „ChemCom" möglich ist, das für den Anfangsunterricht im Fach Chemie konzipiert wurde.

Alltagsorientierter Chemieunterricht. „Welche Unterschiede sind zwischen Alltagsbezügen im Unterricht und Alltagsorientierung des Unterrichts auszumachen?". Diese Frage von Just [20] zielt auf einen Chemieunterricht, dem Alltags- und Umweltfragen – wie auch für Lindemann [21] – als durchgängige Prinzipien zu Grunde liegen: „Während Chemieunterricht auch mit Alltagsbezügen nach der Logik des Faches ausgerichtet ist und an geeigneten Stellen gelungene Alltagsbezüge aufgreift, richtet sich die Struktur bei alltagsorientiertem Chemieunterricht vornehmlich nach den Notwendigkeiten, die ein Alltagsthema bedingt" [20]. Um zu zeigen, wie sich Alltagsorientierung und chemische Systematik ergänzen können, verknüpft Just fachliche Konzepte mit Themen aus Alltag und Umwelt.

An anderer Stelle werden von Just „chemische Vertiefungen" auf einer Theorieebene von Themen auf der Alltagsebene abgegrenzt, es sollen sich im Unterricht Theoriethemen und Alltagsthemen abwechseln: „Die so gewonnenen chemischen Kenntnisse sollen in der Regel Voraussetzungen für ein folgendes ‚Alltagsthema' sein" [20].

Chemie im Kontext. In Anlehnung an die Erfolge der angloamerikanischen Curricula wie „Chemistry in the Community" [17], „Salters Advanced Chemistry" [18] und auch „Chemistry in Context" [22] hat sich eine Arbeitsgruppe gebildet, die diese Ideen aufgreifen und für den deutschen Sprachraum implementieren will: „Unser Konzept *Chemie im Kontext* soll

- ein breites Feld der Schülerinnen und Schüler erreichen;
- zum Aufbau eines rationalen Verständnisses im Umgang mit lebensweltlichen Problemsituationen beitragen;
- den Beitrag der Chemie zur Allgemeinbildung aufzeigen;
- eigenständiges Lernen im Umgang mit verschiedenen Methoden und neuen Medien schulen;
- Interesse an der Beschäftigung mit chemischen Fragestellungen anregen" [23].

Abb. 8.7: Inhaltsverzeichnis „Salters Advanced Chemistry – Chemical Ideas“ [19]

Bereits Muckenfuß [24] hat über „Lernen im sinnstiftenden Kontext“ nachgedacht und eine „Verknüpfung von Fachsystematik und Lebenspraxis“ für den Unterricht in Physik empfohlen. Es werden Themen wie „Kosmologie und Licht, Maschinen, Wettererscheinungen, Klimaprobleme, Energieübertragung, Kommunikations- und Informationstechnologie“ reflektiert.

Ralle [25] schlägt über die Verflechtung von Fachdisziplin und Alltagsorientierung hinaus *Basiskonzepte* vor: „Im Zentrum stehen aktuelle, alltagsbezogene Fragestellungen, die zwar in ihrer (komplexen) Umgebung belassen werden, aber so ausgewählt sind, dass die in ihnen behandelten und bearbeiteten Fragestellungen Bausteine eines Wissenskompendiums abgeben, das am Ende der Sekundarstufe verfügbar sein soll. Innerhalb der Kontexte sollen die sinnstiftenden Beiträge der Chemie als Wissenschaftsdisziplin einsichtig gemacht und Sachstrukturen erschlossen werden. Dem Beitrag der Wissenschaftsdisziplin wird durch folgende Basiskonzepte Rechnung getragen: Teilchenkonzept, Struktur-Eigenschafts-Konzept, Donator-Akzeptor-Konzept, Energie-Konzept, Gleichgewichts-Konzept, Reaktionsgeschwindigkeits-Konzept“.

Eine besondere *Methodenvielfalt* soll „die kreative Eigentätigkeit der Schüler ermöglichen sowie die Selbstverantwortung für das Lernen schulen. Auch der Einsatz moderner Informations- und Kommunikationstechnologien soll in dieser Konzeption stärker als bisher berücksichtigt werden. Die Unterrichtseinheiten werden in der Regel in vier Phasen unterteilt: Begegnungsphase, Neugierphase, Erarbeitungsphase, Vertiefungs- und Vernetzungsphase“ [23]. Konkrete Beispiele für einige „Lerncyclen“ sind in einer Kursstruktur zu finden, die für die Klassenstufe 11 in Niedersachsen erprobt wurde (vgl. Tabelle 8.2).

8.4 Gesellschaftliche Bezugsfelder – Rollenspiele und Umweltbildung

Der gesellschaftliche Bezug ist naturgemäß bereits in allen Texten dieses Kapitels angesprochen worden. Deshalb bleiben lediglich Hinweise darauf, dass gesellschaftliche Bezüge zur Chemie und Umweltbildung sinnvoll durch Rollenspiele vermittelt werden können. Für Hellweger [13] „handelt es sich bei Rollenspielen um Simulation von Diskussionsrunden, bei denen jeder aus der Gruppe aktiv werden kann bzw. muss. Je nachdem, ob einige Spieler hervorgehoben werden – sei es als Moderator oder Diskussionsleiter, sei es als Experte, der auf bestimmte Fragen ausführlicher zu antworten hat – oder ob alle Teilnehmer gleichgewichtig sind, hat das Spiel mehr den Charakter von Expertenbefragung oder die Form einer freien Diskussionsrunde, läuft das Spiel strenger gelenkt oder mehr frei und spontan ab“. Zu folgenden Themen wurden derartige *Rollenspiele, darstellende Spiele* oder *Entscheidungsspiele* ausgearbeitet [13]:

- *„Chemieunterricht – wozu?*
  Die Schüler diskutieren aus verschiedenen Rollen heraus das „Was und Wie“ eines sinnvollen Chemieunterrichts, sie suchen nach Rechtfertigungen, ob man weiterhin jedermann dazu zwingen soll, Chemie zu lernen, oder ob man das Fach Chemie zu Gunsten anderer Disziplinen, die nicht im Fächerkanon vertreten sind, abschaffen soll.

Tabelle 8.2: Chemie im Kontext: Beispiel einer Kursstruktur im 11. Jahrgang [23]

Kursthema	Kontext-Inhalte	Chemische Inhalte
Alkohol	- Wein- und Bierherstellung - Verwendung von Alkohol - Historische Experimente mit Alkohol - Unterschied Ethanol/Methanol - Physiologische Wirkung von Alkohol	- Alkoholische Gärung - Eigenschaften von Ethanol ⇒ Erkenntnisse über den *Stoff* Alkohol - Elementaranalyse - Struktur-Eigenschafts-Beziehungen ⇒ Erkenntnisse über das *Molekül* Ethanol - Homologe Reihe / Nomenklatur - (Dehydratisierung Ethen/Alkene) - (Hydrierung von Ethen, Ethan/Alkane) - Blutalkoholgehalt
Seifen und Waschmittel	- Der Seifensieder – Waschen früher und heute - „Sauber und rein" – Waschmittel in der Werbung - Waschmittel – was ist drin? - Moderne Tenside	- Aufbau eines Tensidmoleküls - Oberflächenspannung, Benetzung, Schmutzlösung - Micellbildung - Tensidherstellung und -eigenschaften - Funktion der Zeolithe - Nachweis, Isolierung und Eigenschaften ausgewählter Begleitstoffe - Tenside aus nachwachsenden Rohstoffen (Übergang zum Thema „Fette und Öle")
Fette und Öle	- Geschichte der Margarineherstellung - Fette und Öle als nachwachsende Rohstoffe - Fett als Energie- und Nahrungsquelle	- Aufbau und Unterschiede der Fette und Öle - Carbonsäuren, Ester - Verseifung von Fetten - Seife – ein Tensid - Umesterung (Vernetzung mit Treibstoffen) - (Brennwerte von Fetten)
Treibstoffe in der Entwicklung	- Benzin und Erdöl - Kraftstoffeigenschaften - Umweltbelastungen (z. B. Ozon, Treibhauseffekt) - Alternative Kraftstoffe - Biologischer und atmosphärischer Kohlenstoffkreislauf	- Alkane, Alkene - Isomerie - Destillation, Cracken - (Gaschromatographie) - Kohlenhydrate - (Halogenierte Kohlenwasserstoffe)
wahlfreie Ergänzung:		
Kunststoffe	- Aufbau von Kunststoffen (PE, Polyester) - Biologisch abbaubare Kunststoffe	- Bindungs- und Reaktionstypen - Reaktionsmechanismen

- *Die Elbe kippt um!*
  Ein Fluß ist so verschmutzt, daß schon lange kein Fisch mehr darin gesehen wurde. Lohnen da noch Anstrengungen, um zu verhindern, daß er endgültig ‚umkippt', wenn dadurch z. B. viele Arbeitsplätze gefährdet werden?

- *Fleisch oder Körner?*
  Gibt es ernstzunehmende Argumente, daß auch wir in den hochindustrialisierten Ländern den Fleischkonsum zu Gunsten von mehr vegetarischen Produkten einschränken sollten ?

- *„... und er hat doch gebohrt!"*
  Es wird immer mehr Zahnpasta verbraucht, trotzdem werden die Zähne immer schlechter. Ist vielleicht gesunde Ernährung wichtiger als Zahnhygiene? Könnte man sogar auf das Zähneputzen verzichten, wenn man den Zucker als gefährliche Droge behandeln würde?

- *Alles in Butter mit Butter?*
  Tut man wirklich etwas für seine Gesundheit, wenn man den Butterverzehr zu Gunsten von mehr Margarine einschränkt? Dazu wird den Zuschauern einmal in Form einer Expertenbefragung vorgeführt, daß es zwei widersprüchliche Theorien für die Entstehung des Herzinfarktes gibt, zum anderen wird an zwei Arztbesuchen demonstriert, wie sich diese Theorien im Alltag auswirken können.

- *Energieforum 2000.*
  Kann die Bundesrepublik bis zum Jahr 2000 auf die umstrittene Kernenergie verzichten, ohne Lebensstandard und Arbeitsplätze zu gefährden? Die Schüler simulieren einen Sonderparteitag, auf dem zu diesem Fragenkomplex drei Anträge zu verabschieden sind. In den Rollen der Delegierten bringen sie Argumente, Fakten und Plädoyers für oder gegen den aufgerufenen Antrag vor, über den sie dann aber in einer geheimen Abstimmung entsprechend ihrer persönlichen Meinung abstimmen" [13].

Otto [26] kommentiert die Rollenspiele in der Weise, dass sie

„offen sind für Fragen nach dem Zusammenhang von wissenschaftlicher Erkenntnis und deren Folgen für die Menschheit, von naturwissenschaftlicher Forschung und gesellschaftlicher Entwicklung, von wirtschaftlichen Interessen, Umweltbelastung und menschlicher Gesundheit".

An anderer Stelle betont er, dass

„die Naturwissenschaften in den letzten 20 Jahren diejenigen Unterrichtsfächer geworden sind, denen der Nachweis am leichtesten fallen dürfte, daß es hier um Inhalte geht, die nicht ‚für die Schule', sondern ‚für das Leben' gelernt werden. Freilich stimmt das nur dann, wenn es einen inhaltlichen, für den Schüler erkennbaren Zusammenhang zwischen dem gibt, was im Unterricht vorkommt, und dem, was im Fernsehen, in der Zeitung, in der Bürgerinitiative diskutiert wird. ... Rollenspiele und Entscheidungsspiele gehen vom *vorhandenen* Problembewußtsein aus und erweitern es, stellen Positionen infrage, konfrontieren mit Gegenmeinungen, differenzieren Standpunkte. Chemieunterricht bedarf nicht nur der Schülermotivation, sondern muß auch zum Weiterlernen motivieren – insbesondere zum motivierten Lernen *außerhalb* der Schule".

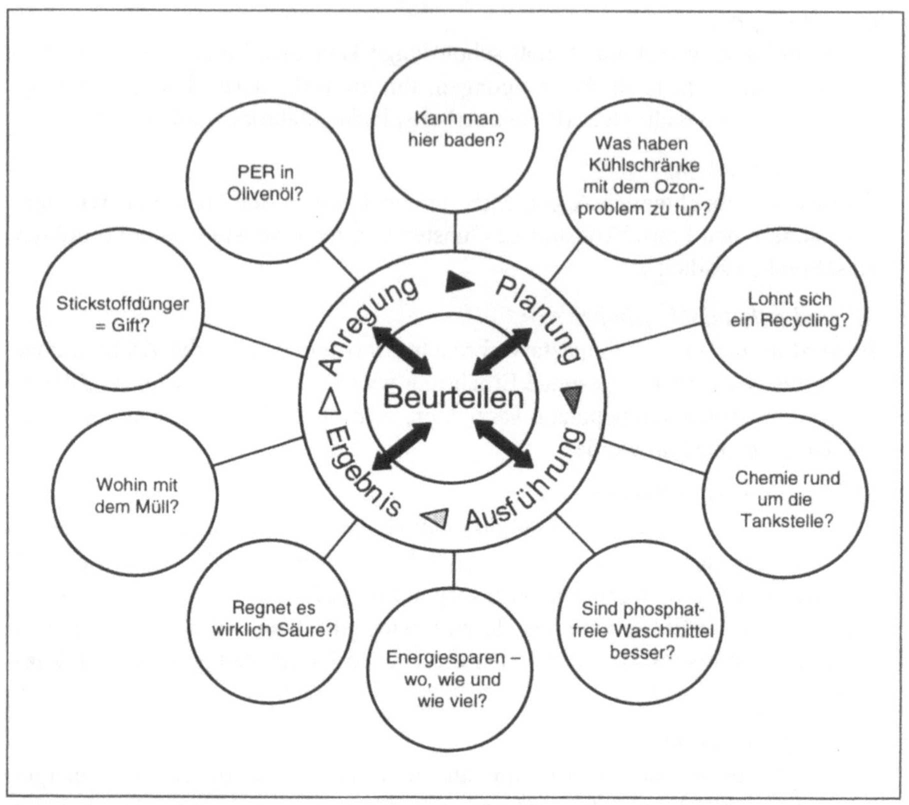

Abb. 8.8: Projektideen für eine Umweltbildung im Chemieunterricht [27]

Schließlich ist der gesellschaftliche Bezug von Alltagschemie auch für die *Umweltbildung* herzustellen. Demuth [27] formuliert: „Für eine Umweltbildung im Chemieunterricht, die sich an den bislang in wissenschaftlichen Untersuchungen ermittelten Kriterien für einen effektiven Umweltunterricht orientiert und auf den eingangs formulierten Prämissen basiert, ergibt sich: Nicht die möglichst lückenlose Behandlung aller ‚umweltrelevanten' Themen ist anzustreben, viel wichtiger ist es, sich in (einigen wenigen) ‚Umweltprojekten' intensiv mit den typischen Fragestellungen auseinander zu setzen". Einige Projektideen werden skizziert (vgl. Abb. 8.8).

Im *Projekt „Stickstoff-Analytik"* bietet Demuth [28] in Zusammenarbeit mit einigen Schulen an, in „einem Kleingartenverein Kompost und Gartenerde auf die Gehalte an Ammonium und Nitrat zu untersuchen, Untersuchungen von Ackerböden durchzuführen, damit der Landwirt je nach Art der Bewirtschaftung gezielt düngen kann, die Untersuchung der Nitrataufnahme von Spinat, Salat und Karotten bei unterschiedlichen Nitratgaben im Schulgarten zu realisieren" [28].

Literatur

[1] Waddington, D. (University of York): *The Salters Chemistry Projects*: 15 years on. Vortrag auf dem 15. Dortmunder Sommersymposium der Chemiedidaktik am 15.06.00

[2] Barke, H.-D.: *Chemieunterricht erscheint nicht so sinnlos, wenn man den Stoff auch im Alltag anwenden kann.* In: Lindemann, H.: Alltagschemie. NiU P/C 35 (1987), Heft 25

[3] Gesellschaft Deutscher Chemiker: Denkschrift zur Lehrerausbildung für den Chemieunterricht auf der Sekundarstufe II. Frankfurt 1992

[4] Pfeifer, P., Häusler, K, Lutz, B. (Hrsg.): *Konkrete Fachdidaktik Chemie.* München 1992 (Oldenbourg)

[5] Barke, H.-D.: *Lebenswelt und Alltag im Chemieunterricht.* In: Behrendt, H.: Zur Didaktik der Physik und Chemie. Alsbach 1996 (Leuchtturm)

[6] Wanjek, J., Barke, H.-D.: *Einfluss eines alltagsorientierten Chemieunterrichts auf die Entwicklung von Interessen und Einstellungen.* In: Behrendt, H.: Zur Didaktik der Physik und Chemie. Alsbach 1998 (Leuchtturm)

[7] Müller-Harbich, G., Wenck, H., Bader, H.J.: *Die Einstellung von Realschülern zum Chemieunterricht, zu Umweltproblemen und zur Chemie.* Chim.did. 16 (1990), 151 und 233

[8] Heilbronner, E., Wyss, E.: *Bild einer Wissenschaft*: Chemie. CiuZ 17 (1983), 69

[9] Hilbing, C., Barke, H.-D.: *Male dein Bild von der Chemie. Zum Image von Chemie und Chemieunterricht bei Jugendlichen.* CiuZ 34 (2000), 17

[10] Just, E.: *Missverständnisse zur Aufgabe und zur Wirkung des Faches Chemie in allgemein- bildenden Schulen.* CHEMKON 5 (1998), 96

[11] Christen, H.R.: *Chemie – faszinierend oder ein Horrorfach? Zur Akzeptanz des Chemieunterrichts.* CHEMKON 4 (1997), 175. Leserbrief. CHEMKON 5 (1998), 211

[12] Lutz, B., Pfeifer, P.: *Chemie in Alltag und Chemieunterricht – Gegensatz oder Chance für ein besseres Chemieverständnis*? MNU 42 (1989), 281

[13] Hellweger, S.: *Chemieunterricht 5–10.* München 1981 (Skriptor)

[14] Frey, K.: *Die Projektmethode.* Weinheim 1982 (Beltz)

[15] Barke, H.-D.: *Wasser und Umwelt.* In. Münzinger, W., Frey, K.: *Chemie in Projekten.* Köln 1999 (Aulis)

[16] Jäckel, M., Risch, K.T.: *Chemie heute.* Hannover 1993 (Schroedel)

[17] Am. Chem. Soc.: *ChemCom, Chemistry in the Community.* Washington 1985

[18] *Salters Advanced Chemistry: Chemical Storylines.* York 1994 (Heinemann)

[19] *Salters Advanced Chemistry: Chemical Ideas.* York 1994 (Heinemann)

[20] Just, E.: *Alltagsorientierung im Chemieunterricht.* NiU-Chemie 8 (1997), 4

[21] Lindemann, H.: *Alltagschemie als Orientierungshilfe zur Gestaltung von Chemieunterricht.* NiU-Chemie 5 (1994), 187

[22] Stanitzki, C.L., u.a.: *Chemistry in Context.* Applying Chemistry to Society. Boston 1997 (Mc Graw Hill)

[23] Huntemann, H., u.a.: *Chemie im Kontext – ein neues Konzept für den Chemieunterricht*? CHEMKON 6 (1999), 191

[24] Muckenfuß, H.: *Lernen im sinnstiftenden Kontext.* Berlin 1995 (Cornelsen)

[25] Ralle, B.: *Chemie im Kontext. Ein Positions- und Diskussionspapier* (unveröffentlicht)

[26] Otto, G.: Nachwort: *Zur Problemlage in den naturwissenschaftlichen Didaktiken.* In: Hellweger, S.: *Chemieunterricht 5–10.* München 1981 (Skriptor)

[27] Demuth, R.: *Umwelterziehung im Chemieunterricht* – Ziele, Inhalte, Methoden. NiU-Chemie 3 (1992), 47

[28] Demuth, R.: *Stickstoffanalytik im Chemieunterricht der Sekundarstufe I.* NiU-Chemie 3 (1992), 67

Übungsaufgaben zu „8 Alltag und Chemie“

A8.1 Welche Bereiche aus Alltag und Lebenswelt der Jugendlichen würden Sie einem alltagsorientierten Chemieunterricht zu Grunde legen? Geben Sie fünf Beispiele an, und skizzieren Sie Ihre Intentionen für den Unterricht.

A8.2 Haushaltschemikalien können an geeigneten Stellen des Unterrichts die üblichen Laborchemikalien ersetzen. Nennen Sie fünf solcher Möglichkeiten, und schildern Sie den jeweiligen Unterrichtszusammenhang.

A8.3 Viele Alltagsphänomene lassen sich in chemische Vorgänge „übersetzen“. Wählen Sie fünf Reaktionen der Alltagschemie, formulieren Sie Reaktionssymbole, und erläutern Sie jeweils entsprechende Reaktionstypen.

A8.4 Als Motivation und Einstieg in ein Thema können Alltagsphänomene dienen. Nennen Sie fünf solcher Themen, und skizzieren Sie einen entsprechenden alltagsorientierten und zur Motivation geeigneten Einstieg.

A8.5 Einstellungen von Jugendlichen bezüglich der Chemie sind oftmals sehr distanziert. Welches sind Ihrer Meinung nach die Gründe dafür? Was würden Sie persönlich im Chemieunterricht tun, um das Image der Chemie zu verbessern?

Experimente zu „8 Alltag und Chemie“

Der Text zum Abschn. 8.2 erläutert Erscheinungen und Interpretationen von Reaktionen vieler Alltagschemikalien und bezieht sich auf Experimente, die an dieser Stelle vorgestellt und näher beschrieben werden. Da die Problematik für alle Experimente die gleiche ist und sich auf das Vorstellen von Alltagschemikalien mit einfachen Handexperimenten bezieht, soll die Rubrik „Problem“ entfallen. Ebenfalls kann die Rubrik „Material“ entfallen, da in den meisten Fällen nur Reagenzgläser und wenig spezifische Geräte oder Chemikalien eingesetzt werden. Es sind jeweils Durchführung und Beobachtungen direkt angegeben. Schließlich soll für alle Alltagschemikalien gelten, dass Inhaltsstoffe auf dem Etikett nachgesehen und deren Wirkungen im Zusammenhang mit den Experimenten diskutiert werden.

V8.1: Abflussreiniger „NaOH/Al-Typ“

Man gibt einen Löffel des Reinigers auf ein Uhrglas und beobachtet weiße Salzkristalle und silberfarbene Metallsplitter. Wenig Substanz wird mit wenig Wasser im Reagenzglas versetzt: Eine stark exotherme Reaktion setzt ein, Gasentwicklung und der Geruch nach Ammoniak sind zu beobachten. Stücke eines Wollstoffs werden hinzugegeben: Sie zersetzen sich langsam.

In einem zweiten Experiment wird reines Natriumhydroxid (C) mit Aluminiumspänen und wenig Wasser zur Reaktion gebracht und das entstehende Gas in einem zweiten Reagenzglas aufgefangen: Bei Entzündung zeigt ein Knall Wasserstoff als Reaktionsprodukt an.

V8.2 WC-Reiniger „HSO_4^--Typ"

Wenig Substanz wird in ein Reagenzglas gegeben, ein weißes Salz beobachtet. Es wird in Wasser gelöst, die Lösung mit Universalindikator-Papier geprüft: stark saure Reaktion. Wenig Calciumcarbonat wird zur Lösung gegeben: die Probe wird unter Entwicklung eines Gases gelöst. Ein brennender Span erlischt im Gasraum über der Lösung: Kohlenstoffdioxid.

V8.3 Sanitärreiniger „ClO^--Typ"

Ein wenig der Reinigerflüssigkeit wird ins Reagenzglas gegeben, ein Streifen Indikatorpapier hineingehalten, Methylenblaulösung (Xn) oder andere organische Farbstoffe dazu gegeben: Farbstoffe zersetzen sich.

Eine zweite Probe wird im Reagenzglas mit wenig WC-Reiniger (V8.2) versetzt: Farbe und Geruch des entstehenden Gases weisen auf Chlorgas hin (zum Beenden der Reaktion die Lösung unter dem Abzug verdünnen).

V8.4 Deodorant „Al^{3+}-Typ"

Ein Fabrikat des Deodorant-Typs ist Hydrofugal-Spray. Indikatorpapier wird kräftig mit Hydrofugal-Spray benetzt: saure Reaktion. Wenig Aluminiumchlorid-Hexahydrat (Xi) wird im Reagenzglas in wenig Wasser gelöst und ebenfalls mit Indikatorpapier geprüft: saure Reaktion.

V8.5 Mineraltabletten „Ca^{2+}- und Mg^{2+}-Typ"

Eine Tablette wird in ein Glas Wasser gegeben: heftiges Aufbrausen, Bildung von Kohlenstoffdioxidgas. Die Reaktion wird wiederholt, in dem man ein Gemisch aus Calciumcarbonat und Citronensäure mit wenig Wasser versetzt.

Im Gasentwickler wird auf eine Tablette Wasser getropft, entstehendes Gas in einem Kolbenprober aufgefangen (sobald die 100-mL-Marke erreicht ist, wird schnell über einen Dreiwegehahn entleert und das Auffangen fortgesetzt). Die Gasmenge wird bestimmt, das Gas mit dem brennenden Holzspan geprüft.

In der pneumatischen Wanne wird zunächst die Reaktion einer Tablette so durchgeführt, dass sich alles Gas in einem vorher mit Wasser gefüllten 500-mL-Standzylinder sammelt. Das Volumen wird markiert. Eine zweite Tablette wird auf dieselbe Weise gelöst: Das entstehende Volumen der Gasportion ist bei gleicher Tablette viel größer als zuvor (vgl. V2.3).

V8.6 Speisesalz „Iod-Typ"

Inhaltsstoffe werden auf dem Etikett des Behälters nachgesehen. Iodiertes Speisesalz wird mit Kalium-iodid-Lösung zusammengegeben und mit verdünnter Schwefelsäure (C) angesäuert: braungefärbte Iodlösung. Gibt man Stärkelösung hinzu, zeigt die spezifische Blaufärbung ebenfalls freies Iod an. Das Experiment wird mit reinem Natriumiodat (O) wiederholt.

V8.7 Backpulver „Natron-Typ“

Das Backpulver wird in wenig Wasser aufgeschlemmt und erhitzt: Gasentwicklung. Es wird im trockenen Reagenzglas stark erhitzt, das entstehende Gas im angeschlossenen Kolbenprober aufgefangen und mit dem brennenden Holzspan geprüft: Kohlenstoffdioxid.

V8.8 Backpulver „Hirschhornsalz-Typ“

Die Experimente von V8.7 werden mit diesem Backpulver und mit Ammoniumcarbonat (Xn) wiederholt. Das entstehende Gasgemisch wird mit feuchtem Indikatorpapier geprüft: alkalische Reaktion. Der stechende Geruch weist entstandenes Ammoniak aus.

V8.9 Textilentfärber „Dithionit-Typ“

Inhaltsstoffe werden auf dem Etikett des Behälters nachgesehen. Die Probe einer Methylenblau-Lösung (Xn) wird mit wenig Textilentfärber-Pulver versetzt, im zweiten Reagenzglas mit reinem Natriumdithionit (Xn): Reaktion der blauen Lösung bis zur Entfärbung.

V8.10 Entwickler „Hydrochinon-Typ“

In zwei Reagenzgläsern wird jeweils Silberchlorid frisch gefällt, ein Reagenzglas 10 Minuten lang im Dunklen aufbewahrt, das andere im Hellen: Letzteres zeigt eine wesentlich dunklere Farbe. In beide Reagenzgläser wird alkalische Hydrochinon-Lösung (Xn) gegeben: Der Inhalt färbt sich schwarz.

Im Fotolabor wird bei rotem Licht ein Schlüsselbund o. ä. auf ein Fotopapier gelegt und kurz belichtet. Es wird in die vorbereitete Entwicklerlösung gelegt: Das Bild entsteht innerhalb einer Minute. Das Foto ist mit verdünnter Essigsäure (C) als Stoppbad zu spülen: Die Entwicklung wird beendet. Das Foto ist zu fixieren, ehe es im Licht betrachtet werden kann (V8.11).

V8.11 Fixierer „Thiosulfat-Typ“

In einem Reagenzglas wird wenig Silberchlorid frisch ausgefällt, die Suspension verdünnt. Der verdünnten Suspension wird konzentrierte Natriumthiosulfat-Lösung zugesetzt und geschüttelt: Das weiße Silberchlorid löst sich zu einer klaren Lösung.

Im Fotolabor wird das entwickelte Foto (V8.10) in Fixierlösung getaucht und einige Minuten dort belassen. Danach ist ein anderes frisch entwickeltes Fotopapier und das fixierte Foto in das Licht zu bringen: Das fixierte Foto bleibt erhalten, das nicht fixierte Foto wird vollkommen schwarz.

V8.12 Ätzchemikalie „Fe^{3+}-Typ"

In einem großen Reagenzglas wird Eisen(III)-chlorid-Lösung (Xn) hergestellt. Ein Kupfer-beschichteter Kunststoffstreifen wird mit Hilfe eines Wachsstiftes mit einer willkürlichen Zeichnung oder mit einem Namen versehen und in die Lösung getaucht: Nach einigen Minuten sind nur noch Zeichnung oder Name zu sehen, das übrige Kupfer ist gelöst worden.

V8.13 Akkumulator „Typ Pb/PbO_2"

Eine Autobatterie wird demonstriert, die Spannung der einzelnen Zelle und aller Zellen gemessen.

Ein Becherglas wird zu drei Vierteln mit 20 %-iger Schwefelsäure-Lösung (C) gefüllt, zwei Bleiplatten (T) werden so hineingestellt und befestigt, dass sie sich nicht berühren. Die Bleiplatten sind mit Kabeln an den Transformator anzuschließen, eine Gleichspannung ist so einzuregulieren, dass eine Gasentwicklung zu beobachten ist: Auf einer der Platten bildet sich eine Schicht rotbrauner Substanz. Nach einigen Minuten wird der Trafo entfernt, zwischen beiden Platten die Spannung gemessen: etwa 2 V. Der Elektromotor wird angeschlossen: Er läuft einige Zeit und bleibt dann stehen. Vergleiche auch V4.10 des Kapitels 4.

V8.14 Blitzzement „$Ca(OH)_2$-Typ"

Inhaltsstoffe werden auf dem Etikett des Behälters nachgesehen. Die Schlemme des Baustoffs wird mit Indikatorpapier geprüft: alkalische Reaktion.

Zu frischem Calciumoxid (Xi) wird wenig Wasser gegeben (Schutzbrille!): Zunahme des Volumens unter Zischgeräuschen, stark exotherme Reaktion. Das weiße, abgekühlte Produkt wird mit einem Streifen feuchten Indikatorpapiers geprüft: stark alkalische Reaktion.

In einem Erlenmeyerkolben wird das Produkt (oder Calciumhydroxid (Xi) aus der Vorratsflasche) mit Wasser aufgeschlemmt, Kohlenstoffdioxid aus der Stahlflasche dazugegeben und ein mit demselben Gas gefüllter Kolbenprober gasdicht angeschlossen. Der Erlenmeyerkolben wird so bewegt, dass sich die Schlemme an der Glaswand verteilt: Der Kolben des Kolbenprobers bewegt sich schnell in die Hülse, das Gemisch erwärmt sich.

V8.15 Feuerlöschmodell „Typ Nasslöscher“

Schutzbrille aufsetzten. Eine Kunststoff-Spritzflasche für destilliertes Wasser wird halb mit konzentrierter Natriumcarbonat-Lösung gefüllt. Ein kleines Reagenzglas, das wenige Milliliter konzentrierte Schwefelsäure enthält, wird schwimmend in die Lösung getaucht, die Flasche mit der Spritze verschlossen. In der Nähe des Ausgusses wird die Spritzflasche kurz umgedreht, der Strahl der Spritzflasche in den Ausguss gelenkt: der Inhalt des Nasslöscher-Modells leert sich selbstständig mit scharfem Strahl. Bei der Wiederholung des Experiments kann der Natriumcarbonat-Lösung ein Schaummittel beigemischt werden: Modellversuch zu einem Schaumlöscher. Vorsicht bei der Entsorgung: Reste konzentrierter Schwefelsäure!

V8.16 Alcotest „Chromat-Typ“

Ein Alcotest-Röhrchen wird vorbereitet, wenig Schnaps im Mund verteilt und Alkoholdampf mit der Atemluft durch das Röhrchen hindurch in den Kunststoffbeutel geblasen: Die Farbe der Indikatorzone wechselt von gelb zu grün.

Eine gelbfarbene Kaliumchromat-Lösung (T/N) wird angesäuert, dazu wenig Ethanol (F) gegeben: Der Farbumschlag findet zunächst von gelb nach orange statt, dann von orange nach grün.

Seminarthemen

Vertiefung der acht Grundthemen zur Chemiedidaktik

Grundthema		Nr.	Seminarthema
1 Schüler-vorstellungen	→	9	Der „Horror vacui“ in den Vorstellungen zum Teilchenkonzept
		10	Raumvorstellung zur Struktur von Teilchen-verbänden
2 Motivation	→	11	Runge: Bilder, die sich selber malen, als Motivationshilfen für den Chemieunterricht
3 Unterrichtsziele	→	12	Organische Chemie nach dem PIN-Konzept phänomenorientiert, integrativ und vernetzt
		13	Konzeption des strukturorientierten Chemie-unterrichts
4 Medien	→	14	Stereobilder zum Training des Raum-vorstellungsvermögens
		15	Simulationsspiele für den Chemieunterricht
5 Experimente	→	16	Max von Laue: Ein Experiment verifiziert zwei große Theorien
6 Modelle, Modell-vorstellungen	→	17	Watson und Crick: Nobelpreisträger spielen mit Modellen
7 Fachsprache und Symbole	→	18	Kekulé: Benzol und die Geschichte der Struktursymbole
8 Alltag und Chemie			

9 Der „Horror vacui“ in den Vorstellungen zum Teilchenkonzept

„Irgendwas muss doch da sein!“ – ist der hilfesuchende Kommentar eines Schülers der 11. Klassenstufe eines Gymnasiums. Er hat die Antwort „Luft“ auf die Frage hin markiert, was sich zwischen den Teilchen eines Gases befände, und kommentierte diese Antwort mit dem zitierten Satz. Bei angemessener Vorstellung sollte er die Alternative „nichts“ ankreuzen und damit zum Ausdruck bringen, dass es keine Materie im Raum zwischen den Teilchen gibt – der zitierte Schüler aber unterstellt der Natur einen Horror vacui! Wie die Gelehrten der griechischen Philosophieschulen vor 2000 Jahren besitzen viele Schüler und Schülerinnen die Vorstellung von der „Scheu der Natur“, materiefreie Räume zuzulassen, obwohl sie heute „Vakuum-verpackte“ Lebensmittel oder evakuierte Bildröhren für Fernsehempfänger kennen. Sie haben gar Schulversuche aus dem Physikunterricht zum Vakuum beobachtet und wissen vielfach, dass der Schall im Vakuum nicht übertragen werden kann. Diese Kenntnisse über das Vakuum werden nicht auf die Zwischenräume von Gas-Teilchen übertragen, der diesbezügliche Horror vacui ist bei Schülern von heute ebenso nachweisbar, wie er in vergangenen Jahrhunderten bei Wissenschaftlern existierte.

Aus diesen Gründen ist es auch nur zu gut nachvollziehbar, dass viele Schüler mit dem Gasbegriff Verständnisschwierigkeiten haben, insbesondere farblose und geruchlose Gase als Substanzen zu akzeptieren. Die als so nützlich empfundene Avogadro-Beziehung zur Berechnung der Gasvolumina oder Stoffmengen kann von Schülern beispielsweise nicht begriffen und angewendet werden, wenn sie Vorstellungen von dicht gepackten Teilchen in Gasen haben und einen leeren Raum zwischen den sich bewegenden Teilchen gedanklich nicht zulassen.

Vielleicht ist es auch die Zweideutigkeit des Begriffes „leer“, die die Schwierigkeiten bereits programmiert: Mit einem „leeren Glas“ meint man umgangssprachlich nämlich eines, das meist mit Luft gefüllt ist – ein wirklich leerer Raum ist materiefrei. Dieser Widerspruch sollte im Unterricht zum Teilchenmodell besonders herausgestellt werden, denn

„gerade der leere Raum fehlt offensichtlich in unserem Teilchenmodell, d. h. von ihm ist nicht so ausdrücklich die Rede, wie das notwendig wäre, denn dieser leere Raum ist doch eigentlich das Unglaubliche an der Diskontinuumsvorstellung, viel mehr als die Stückelung der Materie“ [1].

Für die Fachdidaktik ist es nun interessant, den bei Schülern und Schülerinnen vermuteten Horror vacui empirisch nachzuweisen und diesbezügliche Schülervorstellungen möglichst detailliert zu ermitteln. In diesem Kapitel sollen verschiedene Untersuchungen herangezogen, verglichen und dementsprechend selbst durchgeführte empirische Erhebungen ausgewertet werden.

Davor wird in aller Kürze zusammengefasst, welchen Standpunkt der Physiker heute zur Frage einnimmt, ob und inwieweit es materiefreie Räume gibt. In einem zweiten Schritt erscheint es nützlich, historische Quellen zu studieren, die darüber Auskunft geben, welche Vorstellungen in der Geschichte der Naturwissenschaften vorlagen und auf welchen Wegen der Horror vacui zugunsten heutiger Vorstellungen abgebaut worden ist.

„Will man Aufschluß über die Entwicklungsgesetze des wissenschaftlichen Fortschritts erhalten, dann genügt es nicht, die Gegenwart zu analysieren. Man muß die Geschichte der Wissenschaft befragen, um ihre Zukunft prognostizieren zu können. Das bedeutet für die Retrospektive, Förderndes von Hemmendem, Progressives von Regressivem in den Entwicklungslinien der Wissenschaft zu scheiden, Nützliches aus der Vergangenheit für die Gegenwart und Zukunft zu aktualisieren“ [2].

Dementsprechend sollen schließlich auf Grund der Analyse des historischen Erkenntnisweges und hinsichtlich der Ergebnisse der aktuellen empirischen Untersuchungen einige Verbesserungen des naturwissenschaftlichen Unterrichts vorgeschlagen werden, die geeignet sind, Horror-vacui-ähnliche Vorstellungen abzubauen und den Schülern ein angemessenes Verständnis vom Aufbau der Materie – insbesondere der Gase – zu vermitteln.

9.1 Ist das Vakuum wirklich leer?

Wie verstehen die Physiker heute den Begriff des Vakuums und den Aufbau der Gase aus sich bewegenden Teilchen und leerem Raum? Schon die Schulweisheit, dass Materie aus kleinsten Teilchen bestehe, ist für einen Physiker so formuliert nicht haltbar. Seit der Entwicklung der Quantentheorie ist man auf der Suche nach immer kleineren Elementarteilchen und kann trotz fortschreitender Untersuchungstechnik und größer werdenden Teilchenbeschleunigern immer weniger sagen, welches die kleinsten Teilchen der Materie sind. Es wird auch immer deutlicher, dass Elementarteilchen „Erscheinungsformen der Materie sind, welche durchaus ineinander umgewandelt werden können, wobei der Unterschied von einfachen und zusammengesetzten Teilchen grundsätzlich hinfällig wird“ [3]. Deshalb sprechen Physiker heute nicht mehr ohne weiteres von der „Elementarteilchenphysik“, sondern zunehmend mehr von der „Hochenergiephysik“.

So ist die für die Schulphysik oder Schulchemie paradox erscheinende Situation entstanden, dass mit dem Erscheinen der Quantenmechanik „der Atomismus sein Ende gefunden hat. ... Atome und Elementarteilchen, so wie wir sie heute kennen und beschreiben, haben kaum irgend eine Ähnlichkeit mit den Vorstellungen aus dem Zeitraum von Dalton bis Bohr“ [3]. Und gerade diese Vorstellungen sind die Grundlage der Atommodelle in der Schule! Selbstverständlich ist es weiterhin legitim, von Atomen, Ionen oder Molekülen zu sprechen, allerdings muss man sich klar darüber sein, dass sie „Erscheinungsformen der Materie unter einer spezifizierten Klasse von Beobachtungsbedingungen sind“ [3].

Seit es die Quantentechnik gibt, sind Aussagen nicht zu verstehen, ohne zugleich die Art der Kenntnisnahme mitzuteilen. Sie hat damit ein neues Element der Relativität eingeführt: Die Relativität bezüglich der Beobachtungsmittel. Historisch ist diese Tatsache unter dem Namen „Welle-Teilchen-Dualismus“ bekannt geworden: Bei einer bestimmten Experimentieranordnung stellt sich beispielsweise das Elektron als Teilchen dar, bei einer anderen als Welle.

Unter veränderten Beobachtungsbedingungen lässt sich das Verhalten von Teilchen deshalb auch auf der Grundlage von Energiefeldern diskutieren: Es lässt sich durch Gravitation und elektromagnetische Wechselwirkungen vollständig beschreiben, durch zwei der sogenannten vier „fundamentalen Wechselwirkungen", die die theoretische Physik heute weitgehend allen Erklärungen zu Grunde legt. Diese Sichtweise kann beispielsweise dazu führen, den Energiegewinn bei chemischen Reaktionen als Gewinn elektrischer Feldenergie zu verstehen. „Wir sind heute sicher, dass es keine fundamentalen spezifisch chemischen Kräfte gibt" [3]. „Alle eigentlichen chemischen Phänomene können im Rahmen der Quantenmechanik durch elektromagnetische Kräfte erklärt werden" [4].

Insofern können kleinste Teilchen der Materie beschrieben werden als „elektrisch geladene Elementarsysteme (wie Elektronen und Atomkerne), die immer mit ihrem elektromagnetischen Strahlenfeld energetisch gekoppelt sind" [3].

Aus dieser Sicht ist der Raum zwischen zwei Teilchen oder „Elementarsystemen" eines Gases auch nicht als leer aufzufassen, sondern ist ausgefüllt durch elektromagnetische Felder.

„Da wir aus der speziellen Relativitätstheorie die Äquivalenz von Masse und Energie kennen, wäre das felddurchsetzte Raumgebiet nicht materiefrei. Andererseits läßt sich das Feld aber nicht wie Materie absaugen. Es ist infolgedessen sinnvoll, den Vakuumbegriff zu erweitern. ...Das Vakuum sei der Idealfall des Raumes, in dem sich keine reellen Teilchen mit endlicher Ruhemasse befinden, der aber doch felddurchsetzt sein kann" [5].

Da der Feldbegriff für den Schüler sehr abstrakt ist und der Begriff des elektromagnetischen Feldes sehr viele Erfahrungen mit den entsprechenden Experimentieranordnungen voraussetzt, sind diese Beschreibungen der Physiker dem naturwissenschaftlichen Unterricht an Schulen nicht zu Grunde zu legen: Es ist sinnvoller, vom „Nichts" zwischen den Teilchen zu sprechen. Hier zeigt sich das Aufgabenfeld des Fachdidaktikers, der den aktuellen Stand der Wissenschaft kennt und eine Reduktion in der Schwierigkeit vornehmen muss. Dabei ist darauf zu achten, dass der Abstraktionsgrad verträglich ist und eine Erweiterung der vermittelten Vorstellung auf ein höheres Abstraktionsniveau möglich bleibt, ohne die bisherigen Kenntnisse revidieren zu müssen.

9.2 Vorstellungen aus vergangenen Jahrhunderten

Die Suche nach dem Aufbau der Materie, die die Physiker von heute immer noch beschäftigt, begann vor mehr als 2000 Jahren in den griechischen Philosophieschulen. Es gab prinzipiell zwei Richtungen des Denkens, in denen sich die damaligen Philosophen grundlegend unterschieden. Eine Gruppe war davon überzeugt, dass eine wiederholte Teilung einer Materieportion ein Ende hat und Materie aus kleinsten, nicht mehr weiter teilbaren Teilchen aufgebaut ist – sie entwarfen die *Diskontinuumshypothese* zum Aufbau der Materie. Andere Philosophen glaubten, dass eine ständige Teilung beliebig oft möglich ist und zu keinem Ende führt – sie stellten die *Kontinuumshypothese* auf.

Aristoteles. Er war der bekannteste und weit über ein Jahrtausend einflussreichste Vertreter der Kontinuumshypothese. Aus der Analyse des Ortsbegriffes gelangte er zu seiner Überzeugung:

„Zugleich in bezug auf den Ort heißt das, was sich an ein und demselben Ort befindet. Gesondert ist dasjenige, was an verschiedenen Orten ist. Diejenigen Dinge berühren sich, deren äußerste Enden ‚zugleich' sind. Aufeinanderfolgend ist dasjenige, was sich an ein anderes reiht, ohne daß etwas anderes von der nämlichen Gattung dazwischen ist. Wenn sich das Aufeinanderfolgende auch berührt, so heißt es zusammenhängend. Das Zusammenhängende ist stetig (kontinuierlich), wenn die sich berührenden Grenzen der zusammenhängenden Teile ein und dieselben sind. Danach ist es unmöglich, daß aus Unteilbarem eine stetige Größe entsteht. Denn wenn unteilbare Größen sich berühren, so müssen sie gänzlich zusammenfallen. Wenn sie sich aber nicht berühren, so kann auch keine stetige Größe entstehen. Die Linie kann nicht aus Punkten bestehen" [6].

Unverkennbar ist am letzten Satz, dass sich die Einwände des Aristoteles auf mathematische Überlegungen beziehen: Der Raum besteht in der Tat nicht aus endlich vielen isolierten Punkten. Es ist aber auch die Unmöglichkeit des Vakuums, die Aristoteles in seiner Auffassung verstärkt. Er definiert den

„Ort eines Körpers als die innere Grenze des ihn umfassenden Körpers: Der Ort des Weines in einem Fass ist die Innenseite des Fasses" [7]. „Der Raum eines Körpers ist die Grenze des umschließenden Körpers gegen den umschlossenen. Daraus folgt sofort die Unmöglichkeit des leeren Raumes; denn der leere Raum wäre etwas Umschließendes, das nichts umschließt. Man sieht dagegen, daß dort, wo kein Körper ist, auch kein Raum sein kann" [6].

Dabei meint Aristoteles mit „leerem Raum" in der Tat den Raum, der nichts enthält, und unterscheidet davon den leeren Raum, der mit Luft erfüllt ist: „Daß Luft ein Körper sei, wird nicht bestritten". Er wendet sich damit ganz deutlich gegen die Möglichkeit, dass zwei Körper durch „nichts" getrennt sein könnten, „wodurch die Stetigkeit der Körperwelt unterbrochen würde: denn das behaupten Demokritos und Leukippos" [6].

Somit ist die Unmöglichkeit des Vakuums für Aristoteles auch das Argument, mit dem er alle Philosophen seiner Zeit bekämpfte, die den diskontinuierlichen Aufbau der Materie postulierten und damit „Atome und leeren Raum" [8] voraussetzten oder unteilbare Teilchen und leere Zwischenräume dachten, die „Empedokles als Poren bezeichnet" [8]. „Aristoteles hatte dadurch jede atomistische Theorie der Materie niedergeschlagen, daß er Raum und Körper im Kontinuum identifiziert hatte" [6]. Durch den großen Einfluss des Aristoteles trat die Diskontinuumstheorie des Empedokles, Leukipp und Demokrit in den Hintergrund und wurde erst im 17. Jahrhundert wieder aufgegriffen, um zu heutigen Vorstellungen zu gelangen.

Obwohl Aristoteles den leeren Raum ablehnte, so dachte er trotzdem darüber nach und unterschied zwei – für ihn wohl rein theoretisch gemeinte – Formen des Vakuums: „Das Vacuum intermixtum, das sich nach der Auffassung der Atomisten zwischen Atomen befindet, und das Vacuum coacervatum, unter dem man einen Raum von wahrnehmbarer endlicher oder sogar von unendlicher Ausdehnung versteht, in dem überhaupt keine Atome vorkommen" [13]. Im Folgenden wird diesbezüglich vom *Mikrovakuum* bzw. *Makrovakuum* gesprochen.

Die Scholastiker des 13. Jahrhunderts, die sich vollkommen auf die aristotelischen Lehren stützten, unterschieden von beiden genannten Möglichkeiten des leeren Raums eine dritte: „Nämlich den außerweltlichen leeren Raum, welcher jenseits des äußeren Himmels gedacht werden könne". Die Existenz dieses leeren Raumes wurde stark abgelehnt mit der Begründung der Einzigartigkeit der Welt, „denn mehrere Welten müßten leere Räume zwischen sich haben" [6].

Man könnte spätestens an dieser Stelle einwenden, dass alle Argumente bis zur Zeit der Scholastiker auf der Grundlage reiner Denkmodelle zustande gekommen sind und wegen des Fehlens naturwissenschaftlicher Beobachtungen oder gar *Experimente* nicht ernst genommen werden können. Nun wurde man durch die in dieser Zeit bekannt gewordenen experimentellen Erfahrungen nicht etwa skeptisch, sondern die damals bekannten Erscheinungen in der Natur verstärkten geradezu die Vorstellungen von der Unmöglichkeit des Vakuums. Man hatte inzwischen nämlich Experimente mit Pipette oder Heber kennen gelernt und gesehen, dass Flüssigkeit aus einem Glasrohr nicht ausfließt, wenn nicht an anderer Stelle Luft hinzukommen kann. Auch alle weiteren pneumatischen Erscheinungen, beispielsweise des Saugens oder Pumpens, wiesen darauf hin, dass sobald ein Stoff einen Raum verlässt, ihn ein anderer einnimmt.

Immer wieder erwähnt werden zwei aneinandergedrückte Glasplatten, die zwar leicht gegeneinander verschoben, aber nur sehr schwer voneinander getrennt werden können. Mit einer plangeschliffenen Platte kann sogar eine andere viel schwerere Platte hochgehoben werden, ohne dass diese hinunterfällt. Die Erklärung dieser Phänomene lief immer darauf hinaus, dass „im Momente der Trennung, da doch die Luft nicht mit unendlicher Geschwindigkeit in den Zwischenraum stürzen kann, ein Vacuum entstehen müsse" [6]. In diesem Zusammenhang ist von J. Canonicus eine Formulierung bekannt geworden, die besagt, „daß die Natur einen horror vacui (einen Abscheu vor dem Vakuum) hat" [7].

Es ist damit die paradoxe Situation entstanden, dass Experimente einen Zusammenhang nicht erhellen müssen, sondern dessen richtige Beschreibung geradezu verdeckt haben. Der tiefere Grund dafür liegt darin, dass alle genannten Erscheinungen nur mit dem Druck der alles umgebenden Luft erklärt werden können und in der damaligen Zeit weder die Luft als wägbarer Stoff mit einer bestimmten Dichte noch der Luftdruck „denk-bar" im wahrsten Sinne des Wortes waren. Der eigentliche Mangel der Theorie des Horror vacui war, dass man damals nicht versuchte, die Intensität des „Strebens der Natur nach Vermeidung des Vakuums" zu messen und zu erforschen, ob ihm auch eine Grenze gesetzt sei. Im Übrigen ist es dieser Theorie ergangen wie so mancher Theorie des Mittelalters, etwa der Phlogistontheorie: Der Fehler lag nicht in dessen Entwurf, sondern darin, dass man zu lange an ihr festhielt. Als Tatsachen gefunden wurden, die sie nicht mehr zwanglos erklären konnten, hat man auf Grund von Tradition und Autorität versucht, sie aufrecht zu erhalten.

So hat noch Descartes als große Autorität im 17. Jahrhundert bei dem Versuch, ein Weltbild mit universeller Gültigkeit zu entwerfen, die Theorie des Horror vacui unterstützt. Aus der postulierten Identität von Materie und Raum folgerte er: „1. die Welt ist unendlich ausgedehnt; 2. sie besteht überall aus der gleichen Materie; 3. die Materie ist unbegrenzt teilbar; 4. ein Vakuum, d. h. ein Raum, in dem keine Substanz wäre, ist ein Widerspruch in sich und kann daher nicht existieren" [7]. Man erkennt, dass fast 2000 Jahre nach Aristoteles mit der Ablehnung eines

Vakuums auch die Ablehnung der Atomvorstellung einher schreitet, dass die Theorie des Horror vacui noch im 17. Jahrhundert die Kontinuumshypothese stützt.

Bevor man diese Theorien endgültig überwand, gab es noch letzte Versuche, einen Raum zu postulieren, der nicht wirklich leer sein sollte, sondern einen „Geist" oder einen „Äther" enthalten sollte. So ist nach v. Helmont der Begriff Gas von dem holländischen Wort „gahst" für Geist („Wein-geist") abgeleitet worden, und man hielt Luft und Wasserdampf für identische Substanzen - verschiedene Gase existierten in der damaligen Begriffswelt kaum. Verhängnisvoll wurde es zusätzlich dadurch, dass Giordano Bruno den Namen Äther mit „air" synonym gebraucht, und damit die Luft begrifflich in die Nähe des Äthers brachte. Alle diese theoretischen Ansätze führten zu den Äthertheorien, die von Newton verstärkt wurden und hinaus bis in das 20. Jahrhundert lebendig blieben. Erst eine Idee von Galilei und die Entdeckung des Luftdrucks konnten den Horror vacui überwinden und damit den Weg zur Atomhypothese frei machen.

Galilei und Torricelli. Die bereits erwähnte Erscheinung zweier aneinander haftender Glasplatten diskutierte auch Galileo Galilei in seinem Discorsie, zusätzlich kannte er aber das Phänomen, dass Wasser mit einer Saugpumpe nicht höher als etwa 10 m gepumpt werden kann:

„Weder mit Pumpen noch mit anderen Maschinen, die das Wasser durch Attraction heben, sei es möglich, dasselbe ein Haar breit mehr als 18 Ellen ansteigen zu lassen, und seien die Pumpen weit oder eng, es bliebe dieses die äußerste Hubhöhe" [9].

Das Aneinanderhaften zweier Glasplatten erklärte Galilei wie seine Vorgänger mit der damals gängigen Vorstellung vom „Abscheu der Natur, selbst auf kurze Zeit den leeren Raum entstehen zu lassen". Etwas Neues kommt bei dem Versuch vor, das Problems der Saugpumpe zu interpretieren:

„Wir werden stets, wenn wir dieses Wasser wägen, welches in 18 Ellen Höhe enthalten war, einerlei ob der Querschnitt groß oder klein war, wir werden, sage ich, stets den Werth des Widerstandes haben, den das Vacuum darbietet" [9].

Galilei schreibt der Natur weiterhin den Horror vacui zu, überlegt sich aber, dass eine solche Abneigung der Natur doch wohl überwunden werden kann und beschreibt sogar eine Apparatur, mit der diese Kraft, die „restistenza del vacuo", zu messen wäre (vgl. Abb. 9.1). Eine solche „Kolbenprober-Apparatur" wollte er konstruieren: Der bewegliche Zylinder sollte durchbohrt sein, um den Hohlraum mit Wasser füllen zu können; nach dem Füllen konnte der bewegliche Haken die Füllöffnung luftdicht schließen und sollte mit soviel Masse belastet werden, dass ein Vakuum im Zylinderraum entsteht. Man weiß nicht, „ob dieser Versuch nur auf dem Papier beschrieben wird oder ob er wirklich ausgeführt worden ist" [7]: es ist eines der bekannten Gedankenexperimente des Herrn Galilei.

Diese Messapparatur inspirierte nun einen Schüler Galilei's dahingehend, das bekannte Quecksilber-Experiment durchzuführen: Torricelli plante, den Kolben der Messapparatur durch leicht gleitendes und gut abschließendes Quecksilber zu ersetzen. Wenn nur das Quecksilber genügend hoch in eine Röhre gefüllt würde, sollte es die von Galilei postulierte Kraft aufbringen und ein Vakuum im oberen Teil der Glasröhre erzeugen. Dieser Versuch wurde 1643 in Florenz realisiert, und Torricelli bemerkte (vgl. Abb. 9.2):

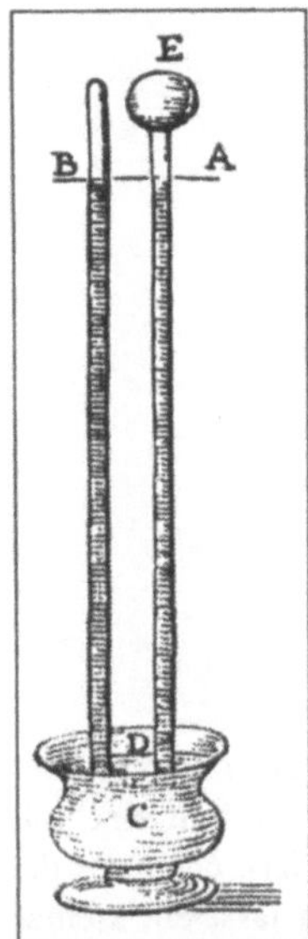

Abb. 9.1: Galilei's Apparatur zur Messung des „Widerstandes der Natur gegen das Vacuum", 1638 [9]

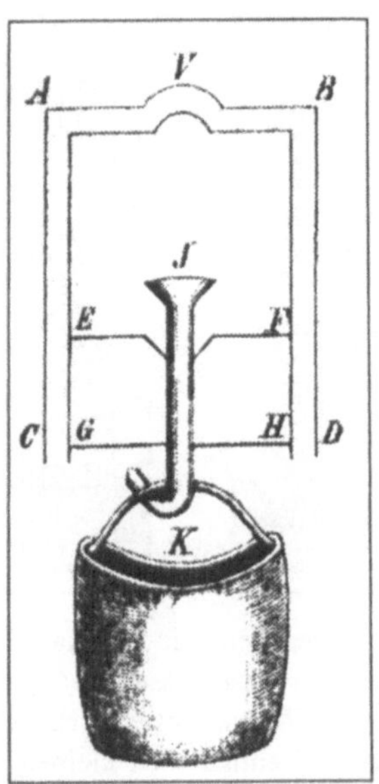

Abb. 9.2: Torricelli's Quecksilber-Experiment zum Nachweis des Luftdrucks, 1644 [11]

„Wir haben eine Anzahl Glasgefäße hergestellt – ähnlich den mit A und B bezeichneten in der obigen Figur – mit Hälsen in der Länge von 4 Fuß. Diese haben wir mit Quecksilber gefüllt, ihre Öffnungen mit dem Finger zugehalten und sie umgekehrt in ein mit Quecksilber gefülltes Becken (C) gestellt. Wie wir das taten, sahen wir, wie das Quecksilber das Gefäß verließ, und zudem blieb der Hals AD des Gefäßes in jedem Fall voll Quecksilber bis zu einer Höhe von 3 Fuß und 6 Zoll. Um zu zeigen, dass das Gefäß vollständig leer war, füllten wir das Becken darunter bis zu D mit Wasser und hoben es dann sehr behutsam hoch, bis seine Öffnung die Höhe des Wasserspiegels erreichte: Wie dieses geschah, sahen wir das Quecksilber dem Gefäßhals entlang abwärts rinnen und dann das Wasser mit gewaltiger Kraft emporsteigen und es füllen, bis zum Punkt E" [10].

Die bekannten Erscheinungen, dass Flüssigkeiten aus derartig geschlossenen Apparaturen nicht auslaufen, hatte man bisher oft damit interpretiert, dass Luft die Gelegenheit haben müsse, nachströmen zu können. Erst Evangelista Torricelli erklärte die Beobachtungen in seinem Experiment konsequent mit dem Vorhandensein eines Luftdrucks:

„Die Luft, welche auf das Quecksilber im Becken drückt, erhebt sich in eine Höhe von 50 Meilen über die Erdoberfläche. Was Wunder, wenn im Glas CE dieses Quecksilber eine Höhe erreicht, in der es das Gewicht der Luft, das von außen darauf drückt, ausbalanciert" [10].

Damit stellte er nicht nur eine völlige Übereinstimmung zwischen hydrostatischen und aerostatischen Erscheinungen her, sondern machte die Theorie des Horror vacui endlich überflüssig. Man fragte richtigerweise allerdings kritisch, ob ein absolutes Vakuum damit bewiesen sei oder ob der leere Raum über dem Quecksilber nicht mit einem „Geist" oder „Äther" erfüllt sei.

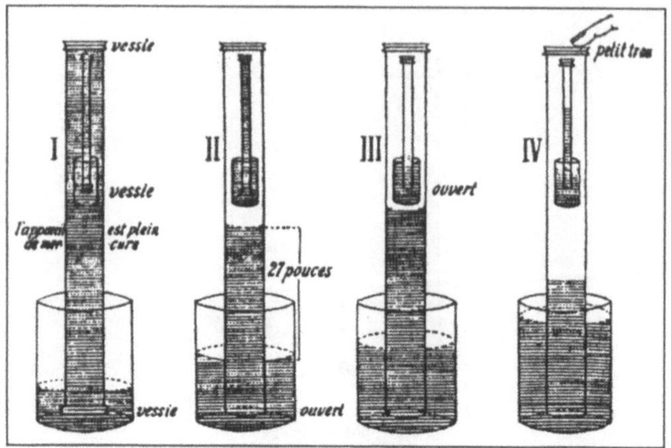

Abb. 9.3: Pascal's Experiment „du vide dans le vide", 1647 [12]. Ein mit einer Harnblasenhaut (vessie) beiderseits geschlossenes, Quecksilber gefülltes Glasrohr wird in eine mit Quecksilber versehene Wanne gestellt (I), die untere Öffnung geöffnet (II), ebenfalls die der im großen Glasrohr enthaltenen kleinen Apparatur (III), schließlich lässt ein kleines Loch wenig Luft in das Glasrohr (IV) hinein.

So bildeten sich bei verschiedenen Forschern viele verschiedene Standpunkte: Man konnte bei der Interpretation des Barometerversuchs für oder gegen die Erklärung durch den Luftdruck sein (für oder gegen die „colonne d'air") oder für oder gegen den leeren Raum oberhalb des Quecksilbers sein (für oder gegen „le vide"). Blaise Pascal setzte sich für die Verifizierung beider Hypothesen ein und führte eine Reihe von aufschlussreichen Experimenten durch. Er variierte Länge und Querschnitte der Glasrohre für den Barometerversuch und verwendete zusätzlich Wasser und Wein, um zu zeigen, dass die Dichte der Flüssigkeit ausschlaggebend für die Höhe der Flüssigkeitssäule ist. Er veranschaulichte mit dem berühmten Experiment „du vide dans le vide", dass ein gefülltes Torricelli-Gefäßbarometer im Vakuum keinen Luftdruck erkennen lässt (Abb. 9.3, III) und somit weder Luft noch ein „Äther" in der Apparatur die Höhe des Quecksilberspiegels beeinflusst.

Zur letzten Sicherheit ließ Pascal 1648 das Barometer-Experiment auf einem etwa 900 m hohen Berg bei Paris ausführen, um mit einem Absinken des Quecksilberspiegels endgültig die Existenz des atmosphärischen Luftdrucks nachzuweisen und die Theorie der „colonne d'air", also den Einfluss einer je nach Höhe über dem Meeresspiegel vorhandenen Luftsäule, über jeden Zweifel zu erheben.

Den bekanntesten Versuch zur Existenz des Luftdrucks hat auf der Grundlage der bisherigen Kenntnisse Otto v. Guericke geplant. Nachdem er verschiedene Techniken zur Herstellung eines luftverdünnten Raumes – also eine Reihe von technisch ausgereiften Luftpumpen – erfand, führte er als Bürgermeister von Magdeburg das Experiment mit den „Magdeburger Halbkugeln" durch (vgl. Abb. 9.4):

„Diese Schalen habe ich aufeinandergelegt und daraus die Luft schnell herausgepumpt. Ich sah, mit welcher Kraft die beiden Schalen vereinigt wurden. Von dem Druck der äußeren Luft zusammengepreßt, waren sie so fest verbunden, daß sechzehn Pferde sie nicht oder nur schwierig voneinanderreißen konnten. Gelang es aber endlich, mit Aufbietung aller Kraft, sie zu trennen, so verursachte dies ein Geräusch wie ein Büchsenschuß" [13].

Abb. 9.4: Das Guericke-Experiment der „Magdeburger Halbkugeln" [13]

Gassendi. Auf dem geschilderten Wege kam man in Bezug auf das Makrovakuum vom Horror vacui zur Theorie des Luftdrucks und brauchte nur noch den Begriff des Partialdruckes eines Stoffes, um alle pneumatischen Experimente exakt zu interpretieren. Pierre Gassendi kannte diesen Erkenntnisweg und vermochte deshalb die heute noch gültigen Vorstellungen vom Aufbau der Stoffe entwickeln, weil er die Theorien des Horror vacui überwunden hatte: „Es war ein wesentliches Unterscheidungszeichen der Atomistik Gassendi's von allen bisherigen Erneuerungen von Korpuskulartheorien, daß er die Existenz eines leeren Raumes voraussetzte" [6].

Gassendi reflektierte den Barometerversuch von Torricelli und stellte u. a. die beiden Fragen: „1. Ist der Raum oberhalb des Quecksilbers für vollständig leer zu erachten? 2. Wie ist es möglich, daß die Natur, welche sonst vor dem Leeren einen Abscheu zu haben scheint, hier ein Vacuum, wie auch immer es beschaffen sei, zulasse?" [6]. Die Antworten führten ihn ausgehend von der Diskussion des Luftdrucks und der Komprimierbarkeit der Luft zu den „Poren" und dem Mikrovakuum zwischen den kleinsten Teilchen der Materie: „Die bekannten Erscheinungen der Zusammendrückung und der Ausdehnung der Luft wären ohne Poren nicht möglich, da man sonst bei der Verdichtung eine Durchdringung der Teile annehmen, also den Satz aufgeben müßte, daß jeder Körper jeden anderen von dem Raum ausschließt, den er erfüllt" [6].

So setzte sich Gassendi 1649 endgültig über die aristotelischen Auffassungen hinweg und postulierte auf der Grundlage der Vorstellungen des Demokrit und Epikur: „Die Atome und der leere Raum sind die einzigen Prinzipien der Natur, und neben den ersteren, als dem absolut Vollen, und dem absolut Leeren ist überhaupt nichts Drittes denkbar"[6].

Wenn man auch in heutiger Zeit das „absolut Volle“ und das „absolut Leere“ relativieren muss, so blieb von ihm doch die Vorstellung sinnvoll, dass die Atome sich unterscheiden müssen „durch ihre Größe, durch ihre Gestalt und ihre Schwere. Dies sind aber zugleich die einzigen Eigenschaften, die ihnen zukommen, man kann sie aber nicht etwa warm oder kalt, farbig oder dgl. nennen; derartige Qualitäten besitzen sie nicht“ [6]. Hätten viele Forscher des 17. Jahrhunderts diese Vorstellung weiter ausgearbeitet, so wäre ein Konsens zur Diskontinuumstheorie 200 Jahre früher möglich gewesen, kein Schulbuchautor des 20. Jahrhunderts hätte die kleinsten Teilchen als Einheiten der Stoffe betrachtet, die „noch die Eigenschaften des Stoffes besitzen“!

Avogadro. Eine letzte Anmerkung zu historischen Vorstellungen, die bezüglich der Teilcheninterpretation zum Aufbau der Gase einen großen Schritt nach vorn bedeuteten: Lange vor dem Karlsruher Kongress von 1860, auf dem man noch über die Existenz der Atome und die Abgrenzung des Molekülbegriffs diskutierte, hatte Amedo Avogadro bereits 1811 das nach ihm benannte Gesetz formuliert. Er konnte das Gesetz durch die zutreffende Interpretation Guy-Lussacscher Experimente finden, weil er die angemessene Vorstellung besaß, „Moleküle in einem Gase würden sich in solchen Entfernungen voneinander befinden, daß sie keine gegenseitige Anziehung auf einander ausüben“ [14].

Zu der Erkenntnis, „daß die Anzahl der zusammengesetzten Molekeln in jedem Gase bei gleichem Volum stets dieselbe sei, oder stets proportional dem Volum“, gelangte Avogadro [14], indem er sich den leeren Raum zwischen den Teilchen eines Gases vorstellen konnte und Vorstellungen über die relativ großen Abstände zwischen den Teilchen in Gasen entwickelte –, heute verwenden wir dafür den Begriff der statistisch mittleren freien Weglänge. Diese submikroskopische Interpretation des Aufbaus gasförmiger Stoffe war einzigartig und konkurrenzlos, da Avogadro die nach ihm benannte Gesetzmäßigkeit formulierte, als kaum ein anderer Wissenschaftler seiner Zeit diesen Gedanken zu folgen vermochte, geschweige denn das Gesetz hätte finden können.

Diese Interpretation eines Wissenschaftlers vergangener Jahrhunderte mag gegebenenfalls von heutigen Schülern und Schülerinnen übernommen werden – vor einer diesbezüglichen Diskussion sind zunächst ihre Vorstellungen zum Aufbau der Gase zu untersuchen und zu bewerten.

9.3 Horror-vacui-ähnliche Vorstellungen bei Schülern

Unter Fachdidaktikern der Naturwissenschaften gibt es bezüglich der großen Bedeutung von Schülervorstellungen und deren Berücksichtigung für die Konzeption von Unterricht einen breiten Konsens. Helga Pfundt hat richtig festgestellt:

> „Der Unterricht muss die Schüler nicht lediglich von Unkenntnis zu Kenntnis leiten, er muss vielmehr auch vorhandene Kenntnis durch andersartige Kenntnis ersetzen. Wie man in Anknüpfung an Untersuchungen von Inhelder und Piaget nachweisen kann, werden ohne ausdrückliches Abbauen falscher Vorstellungen keine tragfähigen neuen Vorstellungen erworben“ [15].

Stellt man sich hinter diese Forderungen, so ist es die Aufgabe des Fachdidaktikers, vorliegende Schülervorstellungen zu verschiedenen Themen seiner Disziplin herauszufinden, um im Unterricht „vom Alltagsrahmen zum wissenschaftlichen Rahmen“ [16] führen zu können. Jung geht dabei so weit, dass er ein „Diagnostisches Handbuch für Schülervorstellungen“ fordert (persönliche Mitteilung auf einer Tagung).

Setzt man sich im Schulfach Chemie das Ziel, über die Modellvorstellungen zum Aufbau der Gase aus Teilchen hinaus etwa den Satz von Avogadro zu unterrichten und darauf aufbauend stöchiometrische Berechnungen durchzuführen, so sind vorher die Schüler nach ihren Vorstellungen über den Aufbau der Gase zu befragen. Sie haben das Teilchenmodell meistens im Unterricht zuvor kennen gelernt – vielfach sogar im Sachunterricht der Grundschule – und die „Stückelung der Materie“ [1] sicher akzeptiert. Inwieweit sie allerdings den materiefreien Zwischenraum zwischen den Teilchen gedanklich nachvollziehen oder dem „Horror vacui“ unterliegen, sollte in einer kurzen Befragung herausgefunden werden. Diesbezüglich können folgende exemplarisch bekannte Untersuchungen zitiert und danach eigene Untersuchungen vorgestellt werden.

Novic und Nussbaum. Beide haben im Jahre 1981 eine empirische Untersuchung über Schülervorstellungen zum Aufbau der Gase veröffentlicht [17]. Neben der Interpretation anderer Modellzeichnungen durch die Probanden sollten Aussagen bezüglich des Raumes zwischen den Teilchen eines Gases gemacht werden. Abbildung 9.5 zeigt Anteile an Probanden, die auf die Frage: „what is there between the particles?“ gewisse Antworten markiert hatten. Es standen Antworten wie „no material“, „vapor or oxygen“, „pollutant“ oder „air“ zur Auswahl.

Es ist zu erkennen, dass Schüler und Schülerinnen der Elementary School und der Junior Highschool (bis Klassenstufe 9) zu etwa 20 % die richtige Antwort „zwischen den Teilchen ist nichts“ angekreuzt haben, dass in der Senior Highschool und an Universitäten diese Antwort von bis zu 40 % der Probanden gegeben wurde. Der andere, weitaus größere Anteil an Befragten stellt sich vor, dass Luft, Sauerstoff, Dampf oder Schadstoffe die Zwischenräume zwischen den kleinsten Teilchen ausfüllen:

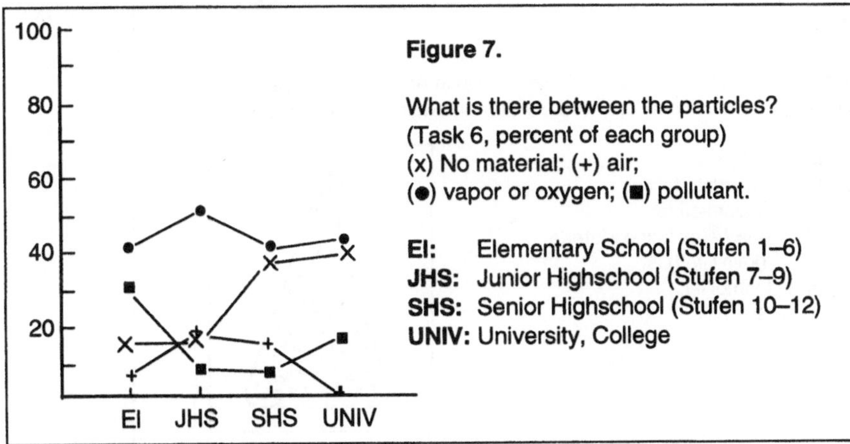

Abb. 9.5: Untersuchungsergebnisse von Novick und Nussbaum [17]

„It seems that the famous ‚nature abhors a vacuum' also applies to learners. The fact that over 60 % of the subjects beyond junior high do not picture empty space in a gaseous medium indicates a persistent and wide spread preconception of matter as essentially a continuous medium" [17].

Kircher und Heinrich. Der Fragebogen von Novick und Nussbaum ist durch Kircher und Heinrich [18] auch in Deutschland benutzt worden, um mit der übersetzten Fassung deutsche Schülerinnen und Schüler zu befragen. Aufgabe 6 ist dabei die Frage danach, was sich im Raum zwischen den Teilchen befindet (vgl. Abb. 9.6). In ihrer Untersuchung erhielten sie 1984 etwa dieselben Ergebnisse, wie Novick und Nussbaum in den USA.

Über die Erfassung solcher Antworten hinaus wollten Kircher und Heinrich nun wissen, ob und inwieweit sich die Schülervorstellungen ändern, wenn ein diesem Problem adäquater Unterricht durchgeführt und danach derselbe Fragebogen noch einmal eingesetzt wird.

„Aus motivationalen und inhaltlichen Gründen entschieden wir uns für ein Videoband. ... Es wurde absichtlich nicht auf den Test abgestimmt, sondern enthielt die Deutung von festen, flüssigen und gasförmigen Stoffen im Teilchenmodell. ... Das Teilchenmodell wurde durch Versuche mit dem Luftkissentisch der Firma Phywe veranschaulicht: Kleine Magnetscheiben schweben infolge des Luftstroms auf einer waagerechten Platte und bewegen sich darauf infolge des Luftstroms und aufgrund der gegenseitigen Abstoßung" [18].

Die Häufigkeit richtiger Antworten steigerte sich aufgrund des Unterrichts von 20 % auf 40 %, der Anteil der Schüler, die Luft zwischen Teilchen annahmen, blieb allerdings konstant bei 30 %.

„Es kann durch Aufgabe 6 ein ‚horror vacui' vermutet werden. Durch das Videoband wurde eine signifikante Änderung der richtigen Antwort bewirkt. Unterstützt durch bildhafte Darstellungen wird gefolgert, daß ein ‚horror vacui' keine solche Stabilität aufweist, daß diese durch entsprechende methodische Maßnahmen nicht verändert werden könnte" [19].

Aufgabe Nr. 6

Kreuze *einen* der Buchstaben (a,b,c,d,e,f) an, der den folgenden Satz richtig ergänzt:

Wenn wir die Luftteilchen sehen könnten, wie in Abb I. beschrieben, würden wir herausfinden, daß in den Räumen zwischen den Teilchen

a)......Luft ist.
b)......Schadstoffe sind.
c)......Sauerstoff ist.
d)......überhaupt keine Materie (kein Stoff) ist.
e)......Dampf ist.
f) ......Staub ist.

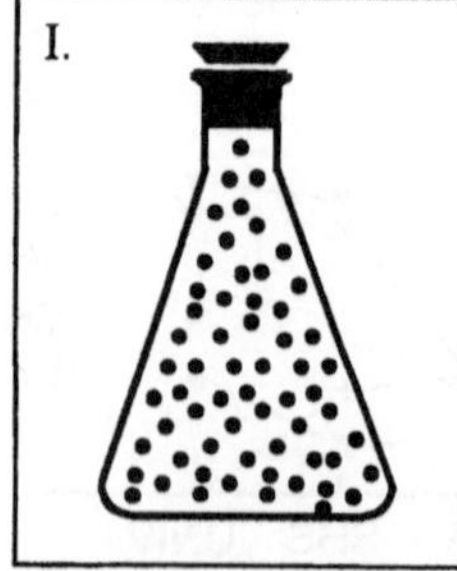

Abb. 9.6: Aufgabe 6 des Fragebogens der Kircher-Heinrich-Untersuchung [18]

Barke. Beide zitierten Befragungen wurden ausschließlich auf der Grundlage von Modellzeichnungen durchgeführt und bezogen sich ausschließlich auf Luft als vorgestelltes Gas. Das mag den Vorteil aufweisen, dass Erfahrungen mit der Luft durch die Schüler in größerem Maße vorliegen als mit anderen Gasen. Auf der anderen Seite kann es zu begrifflichen Interferenzen zwischen Luft als Gas, das für die Befragung vorgesehen ist, und der von den Schülern gedachten „fiktiven Luft zwischen den Teilchen der Luft" kommen.

Deshalb ist es einerseits interessant, andere Gase als Luft zur Grundlage einer Befragung zu machen. Andererseits können Experimente vor der Befragung durchgeführt werden, um erst danach entsprechende Modellzeichnungen anzubieten und somit den wichtigen Bezug von Realität und Modell herzustellen. Beispielsweise ist es möglich, ein mit Wasser gefülltes Reagenzglas in einer pneumatischen Wanne unter Wasser zu öffnen und dieses Reagenzglas mit dem Brenner zu erhitzen, bis Wasserdampf entsteht und das Wasser teilweise aus dem Reagenzglas drückt (V9.1). In einem zweiten Experiment mit Butangas lässt sich zeigen, dass sich dieses Gas in einer speziellen Handpumpe unter Druck verflüssigt, diese Flüssigkeit erheblich weniger Volumen einnimmt und nach Loslassen des Kolbens unter Verdampfen wieder genau dasselbe Gasvolumen herstellt wie zuvor (V9.2). In beiden Fällen sieht der Schüler, dass in die Apparaturen keine Luft von außen eindringen kann und sollte folgern, dass kein anderer Stoff – insbesondere keine Luft – in die Zwischenräume der Teilchen des Wasserdampfes oder des Butangases gelangen kann.

Um die Interpretation der Experimente zu vereinfachen und eine angemessene Beantwortung der Frage nach der Vorstellung des Raumes zwischen den Teilchen zu erleichtern, sind im Fragebogen (vgl. Abb. 9.7) noch zusätzlich Modellzeichnungen bezüglich der Versuchsergebnisse enthalten. Die zu markierenden Alternativen und weiteren Fragen bezüglich der Vorstellung vom Aufbau der Stoffe sind dem Fragebogen zu entnehmen. Insbesondere werden bei den Multiple-Choice-Antworten der Aufgaben 2 und 3 die Alternativen „leer" und „nichts" angeboten, um bei der Auswertung erkennen zu können, inwieweit die Schüler die Alternative „nichts" wählen und somit zum Ausdruck bringen, dass sie sich materiefreie Räume vorstellen.

Nachdem der *Fragebogen* (Abb. 9.7) entworfen und bei zwei Schulklassen im Probelauf getestet worden war, wurde er im Jahre 1985 bei Schülern und Schülerinnen der Klassenstufen 9, 10 und 11 des Gymnasiums Lehrte eingesetzt. Sie hatten alle das Teilchenmodell zum Aufbau der Materie kennen gelernt, die Lernenden der Klassen 10 und 11 zusätzlich das differenzierte Schalenmodell zum Aufbau von Atomen, ebenfalls die Arten chemischer Bindung.

Insgesamt fünf Klassen 9, drei Klassen 10 und drei Klassen 11 sahen in etwa fünf Minuten beide skizzierten Experimente mit Wasserdampf und Butangas, erhielten danach ohne Kommentar den Fragebogen und gaben ihn nach etwa 15 Minuten ausgefüllt ab. Auf die Frage der Schüler nach dem Unterschied zwischen „leer" und „nichts" bei den Alternativantworten der Aufgaben 2 und 3 wurde sinngemäß geantwortet: „Mit leer bezeichnet man ein Glas, obwohl es Luft enthält, mit nichts ist gemeint, dass absolut keine Materie vorhanden ist".

1. Modelle für den Aufbau von Feststoffen

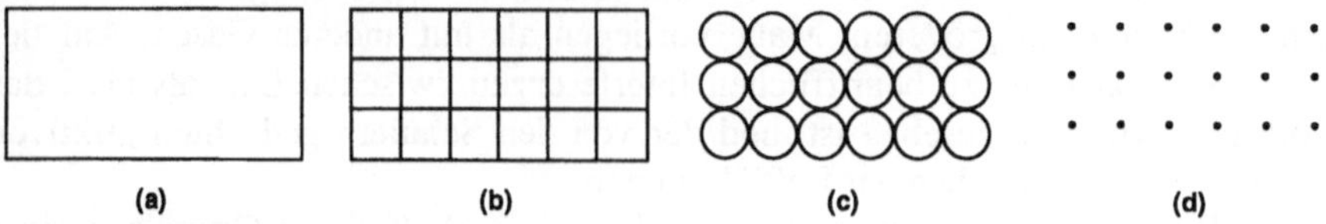

(a) (b) (c) (d)

Die Zeichnungen (a) bis (d) sollen Modelle für den Aufbau eines Eiskristalls sein. Welches der vier Modelle findest Du am besten?

□ Zeichnung (a) Begründe Deine Antwort: ....

□ Zeichnung (b) ....

□ Zeichnung (c) ....

□ Zeichnung (d) ....

2. Modelle für das Verdampfen von Wasser

Wasser wird in einem umgestülpten Reagenzglas bis auf 100°C erhitzt, es bildet sich Wasserdampf. Folgende Modellzeichnung zeigt das Ergebnis:

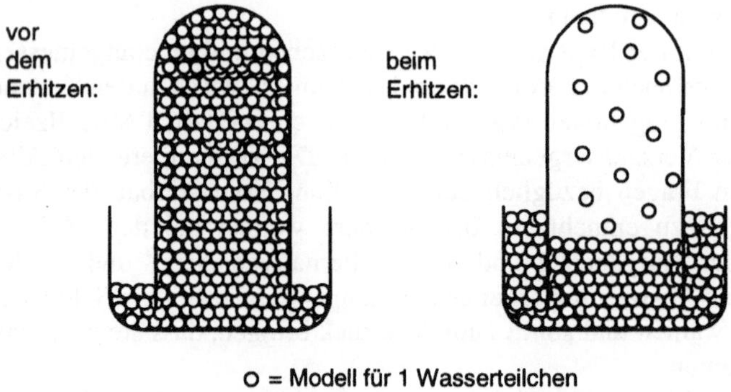

vor dem Erhitzen: beim Erhitzen:

o = Modell für 1 Wasserteilchen

Wie stellst Du Dir den Raum *zwischen den Teilchen im Wasserdampf* vor?

Ich stelle mir vor, dass

□ zwischen den Teilchen auch *Wasserdampf* vorhanden ist,

□ der Raum zwischen den Teilchen *leer* ist,

□ zwischen den Teilchen *nichts* vorhanden ist,

□ sich *Luft* zwischen den Teilchen befindet,

□ ein besonderer unsichtbarer Stoff zwischen den Teilchen ist.

□ ....

Begründe Deine Antwort: ....

....

Abb. 9.7a: Seite 1 des Fragebogens für Schülerantworten nach Durchführung des Experiments V9.1 durch den Untersuchungsleiter

3. Modelle für das Verdampfen von Butan (Campinggas)

Die Hülse einer Handpumpe wird vollständig mit Butangas gefüllt. Das Gas wird mit der Handpumpe unter Druck in flüssiges Butan verwandelt. Wird der Kolben der Pumpe gelöst, so verdampft flüssiges Butan wieder.

Zeichne Deine Teilchenvorstellung auf:

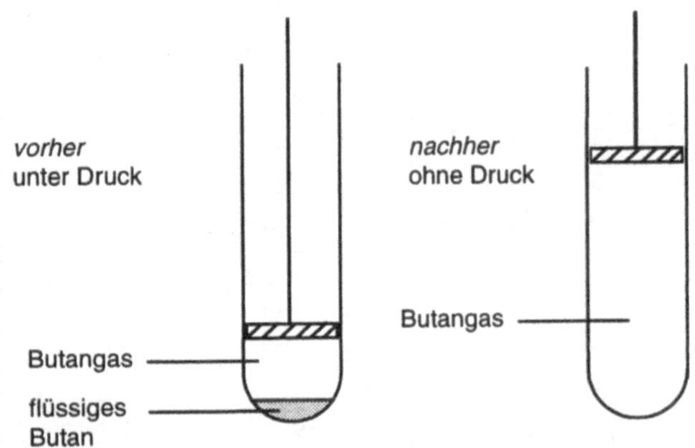

Wie stellst Du Dir den Raum *zwischen den Teilchen im Butangas* vor?

Ich stelle mir vor, dass

- □ zwischen den Teilchen auch *Butangas* vorhanden ist,
- □ der Raum zwischen den Teilchen *leer* ist,
- □ zwischen den Teilchen *nichts* vorhanden ist,
- □ sich *Luft* zwischen den Teilchen befindet,
- □ ein besonderer unsichtbarer Stoff zwischen den Teilchen ist.
- □ ....

Begründe Deine Antwort: ....
....
....

4. Erstarren von Butan

Würde man flüssiges Butan auf –138°C abkühlen, so könnte man feste Butan-Kristalle beobachten.

Zeichne auf, wie Du Dir den festen Kristall aus Butan-Teilchen aufgebaut vorstellst:

Abb. 9.7b: Seite 2 des Fragebogens für Schülerantworten nach Durchführung des Experiments V9.2 durch den Untersuchungsleiter

Tabelle 9.1: Art und Anteil der Schülerantworten, die bei Aufgabe 2 und 3 des Fragebogens abgegeben worden sind; Klassen 9, 10 und 11 des Gymnasiums Lehrte, Oktober 1985

		Aufgabe 2: „Wasser“					**Aufgabe 3: „Butan“**				
	Σ	nichts	leer	Dampf	Luft	Sonst.	nichts	leer	Butan	Luft	Sonst.
Kl. 9	120	23	25	32	31	9	31	26	38	15	10
in %		19	21	27	26	7	26	22	32	12	8
in %		40			60		48			52	
Kl. 10	62	24	16	12	8	2	38	10	10	3	1
in %		39	26	19	13	3	61	16	16	5	2
in %		65			35		77			23	
Kl. 11	62	18	10	11	21	2	22	14	9	13	4
in %		29	16	18	34	3	36	23	14	21	6
in %		45			55		59			41	
gesamt	244	65	51	55	60	13	91	50	57	31	15
in %		27	21	22	25	5	37	21	23	13	6
in %		48			52		58			42	

Die Befragung offenbarte folgende *Ergebnisse*: Bei der Beantwortung der Aufgabe 1 – als „warm-up-item” – ist überwiegend Alternative (c) gewählt worden, da ähnliche Modellzeichnungen wohl auch im Unterricht üblich waren. Einige Schüler haben Alternative (b) gewählt und zum Ausdruck gebracht, dass eine solche lückenlose Packung „keinen Luftraum zwischen den Teilchen zulässt“ (Schüler einer Klasse 11) oder „keine Zwischenräume enthält, denn es gibt keine Luft zwischen den Teilchen“ (Schülerin einer Klasse 9). Weitere Daten zu Aufgabe 1 und die Interpretation liegen an anderer Stelle veröffentlicht vor [20].

Tabelle 9.1 zeigt die Ergebnisse zu den Aufgaben 2 und 3. Es ist zu erkennen, dass die richtigen Alternativen in den Klassen 9 zu nur 40 % bzw. 48 %, in den Klassen 10 zu 65 % bzw. 77 % und in den Klassen 11 zu 45 % bzw. 59 % gewählt wurden. Diese Zahlen zeigen zunächst, dass etwa bei der Hälfte der Schüler und Schülerinnen ein Horror vacui nicht festzustellen ist. Der andere Teil der Jugendlichen nimmt Luft, Wasserdampf bzw. Butan oder sonstige Materie zwischen den Teilchen von Wasserdampf bzw. Butangas an (vgl. Tab. 9.1).

Die Zahlen zeigen aber auch, dass der jeweilige Prozentsatz richtiger Antworten (Summe der Anteile beider Alternativen „leer” und „nichts”) nicht mit den Klassenstufen ansteigt, sondern für die Klassen 10 ein Maximum aufweist und zu den Klassen 11 wieder abfällt. Vergleicht man die Zahlen bezüglich der Alternativen „nichts“ und „leer“, so stellt man zusätzlich fest, dass insbesondere in den Klassen 10 die Alternative „nichts“ bevorzugt und der Horror vacui weitergehender als in anderen Klassen abgebaut erscheint. Das weist darauf hin, dass der Unterricht zum Atommodell diesbezügliche Aussagen verstärkt („Das leere Atom mit Atomkern und leerer Hülle") und in den Klassen 11 dieser Unterricht weit mehr als ein Jahr zurück liegt. Auch andere Didaktiker beobachten „einen Leistungsabfall bei den Schülern höherer Klassen" und deuten ihn als „Regressionseffekt: Eine Scheu, sich mit physikalischen Problemen auseinander zu setzen" [21].

Schließlich zeigt ein Vergleich der Zahlen, dass der Anteil richtiger Antworten in der Butan-Aufgabe 3 durchweg um etwa 10 % höher liegt als in der Wasserdampf-Aufgabe 2. Vergleicht man zusätzlich den Rückgang der Antworten „Luft" in gegenläufiger Weise, so lassen sich diese Zahlen dahingehend interpretieren, dass die Schüler wahrscheinlich Wasserdampf und Luft in größerem Maße miteinander identifizieren als das ihnen fremde Gas Butan und Luft. Die Schüler mögen auch wissen, dass mit dem Sieden von Wasser gleichzeitig gelöste Luft frei wird und dadurch der entstehende Wasserdampf mit Luft gemischt vorliegt. Im Falle des Butan-Experiments kann es einen solchen Zusammenhang nicht geben: „In die Butanpumpe kann keine Luft gekommen sein".

Trotz der überzeugenden Experimente haben aber über die Hälfte der Schüler und Schülerinnen in den Klassen 9 die Vorstellung, dass zwischen den Teilchen noch Wasserdampf bzw. Butan oder Luft enthalten ist. Bei diesem Teil der Schüler ist von einem Horror vacui auszugehen, vor allem dann, wenn man die *Begründungen für diese Antworten* auswertet, die durchaus viele Parallelen zu Aussagen von Wissenschaftlern vergangener Zeiten aufweisen:

- „Der Raum zwischen den Teilchen kann nicht leer sein, bzw. ist nicht nichts vorhanden",
- „ich kann mir nicht vorstellen, dass dort nichts ist",
- „wenn keine Luft vorhanden wäre, müsste dort ein Vakuum sein, und das kann ich mir nicht vorstellen",
- „es müsste etwas dazwischen sein, was man noch nicht entdeckt hat",
- „irgendwas muss ja vorhanden sein, es gibt keinen Ort, wo überhaupt nichts ist",
- „etwas muss sich da befinden, da ein Vakuum entstehen würde, wenn da nichts ist",
- „der Raum kann ja nicht einfach gar nichts enthalten",
- „irgendwas muss doch da sein".

Voss. In seiner Staatsexamensarbeit im Jahre 1999 hat Dirk Voss [22] neben anderen Fragen zu Vorstellungen der Schüler einer Realschule die Frage gestellt, die der Aufgabe 2 in der Abbildung 9.7 entspricht. Nachdem das Experiment des pneumatischen Verdrängens von Wasser durch Wasserdampf den Schülern gezeigt wurde, hatten sie dieselbe Auswahl von Antworten, wie der Fragebogen sie für Aufgabe 2 ausweist (vgl. Abb. 9.7a). Es folgte ebenfalls die Aufforderung, ihre gewählte Antwort zu begründen.

Die Ergebnisse der Erhebung stellt Abbildung 9.8 dar. Sie zeigt – wie Tabelle 9.1 – ebenfalls einen ungewöhnlichen Befund: mit steigender Klassenstufe nimmt der Anteil richtiger Antworten (Summe der Antworten „leer" und „nichts") nicht wie erwartet zu, sondern ab. Die Klassen 10 der Realschule erreichen mit 19,5 % richtiger Antworten das Niveau, das Novick und Nussbaum in ihrer Untersuchung an Junior Highschools in den USA festgestellt haben, die Erhebung von Barke an Klassen 10 eines Gymnasiums wies immerhin 65 % richtiger Antworten aus.

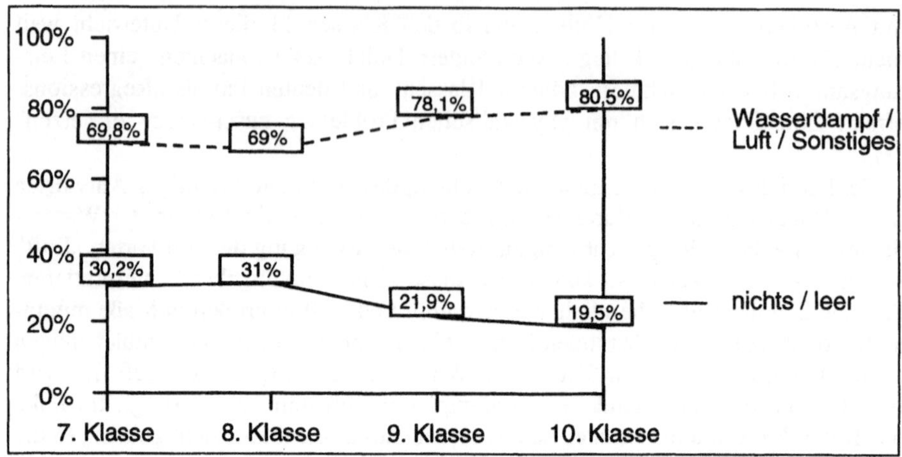

Abb. 9.8: Art und Anteil der Schülerantworten auf die Frage: „Wie stellst du dir den Raum zwischen den Teilchen des Wasserdampfs vor?”, Klassenstufen 7–10, Realschule, 1999 [22]

Die Tatsache, dass die Klassenstufen 7 und 8 im größeren Maß zutreffende Vorstellungen zeigen als die Klassen 9 und 10 kann entweder mit dem Regressionseffekt erklärt werden – mit der zunehmenden Scheu, sich mit Problemen der Naturwissenschaften auseinandersetzen zu wollen [20]. Oder den Schülern ist der Unterricht zum Teilchenmodell, der vornehmlich in den Klassenstufen 7 und 8 stattfindet, in frischer Erinnerung und macht eine Diskussion über diese Problematik eher möglich als in den anderen Klassen.

Es bleibt allerdings festzuhalten, dass mit 30 % richtiger Antworten das Teilchenmodell auch in den Klassenstufen 7 oder 8 nicht sehr erfolgreich unterrichtet worden ist. Der Grund dafür ist wahrscheinlich der bereits von Fladt genannte: „Der leere Raum fehlt offensichtlich in unserem Teilchenmodell, dieser leere Raum ist doch eigentlich das Unglaubliche an der Diskontinuumsvorstellung, viel mehr als die Stückelung der Materie” [1]. In welcher Weise ist Chemie- oder Physik-Unterricht zu verändern, damit dieses Unglaubliche überzeugend von den Schülern und Schülerinnen akzeptiert und verinnerlicht wird?

9.4 Folgerungen für den Unterricht

Es ist gezeigt worden, dass ein nicht unerheblicher Teil von Schülern und Schülerinnen Vorstellungen besitzt, die vergleichbar sind mit solchen, die auch Wissenschaftler vergangener Jahrhunderte besaßen und als Horror vacui diskutierten: Zwischen den Teilchen der Gase befände sich Luft oder ein besonderer „Äther“. Diese Parallelität der Denkweisen zwingt zu fachdidaktischen Reflexionen in zweifacher Hinsicht.

Es ist zum einen zu überlegen, ob dieser Irrtum in der *Geschichte* der Naturwissenschaften nicht Unterrichtsgegenstand werden sollte bzw. durch Schülerreferate zur Diskussion gestellt wird. Die Schüler mögen so feststellen, dass „ihre Schwie-

Farbtafeln

Kapitel 8, 11 und 12

Abb. 8.4: Auswahl von Ergebnissen zur Aufgabe: „Male dein Bild von der Chemie“ [9]

Abb. 11.1: Titelblatt des Buches „Bilder, die sich selber malen“ [3]

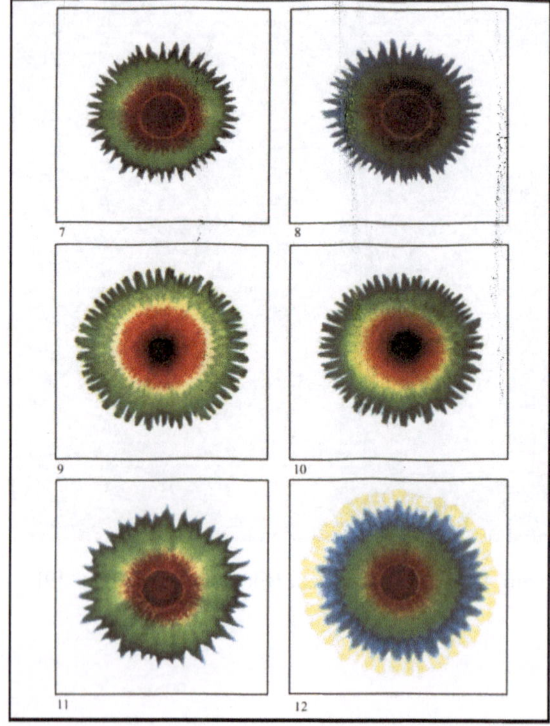

Abb. 11.12: Runge-Bilder gemäß Experiment 4 (aus [3, S. 101])

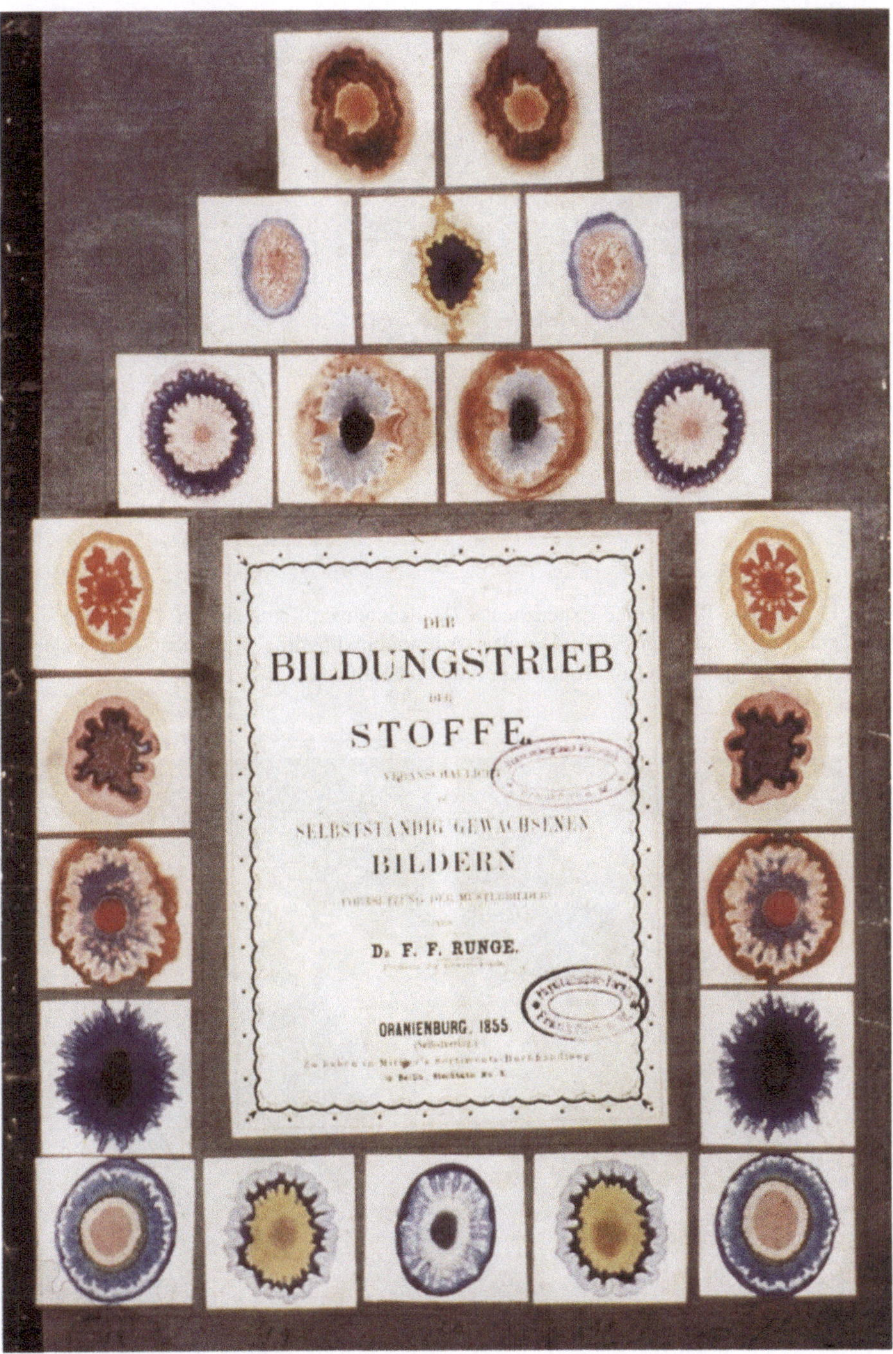

BILDUNGSTRIEB

STOFFE.

BILDERN

D. F. F. RUNGE.

ORANIENBURG. 1855.

Abb. 11.4: Titelblatt des Buches „Der Bildungstrieb der Stoffe" (Runge [2]; aus [3, S. 84]). Von diesem Buch, das vom Zerfall bedroht ist, existieren nur noch wenige Exemplare.

Abb. 11.8: Runge-Bild gemäß Experiment 1 (Harsch, unveröffentlicht, vgl. [3, S. 98]). Imprägnierung: Kupfersulfat, Mangansulfat, Ammoniumdihydrogenphosphat. Entwicklerlösung: Gelbes Blutlaugensalz, Kaliumchromat und Kalilauge.

Abb. 11.11: Runge-Bilder gemäß Experiment 2 (links) bzw. Experiment 3 (rechts). (Aus Koppe [9, S. 51])

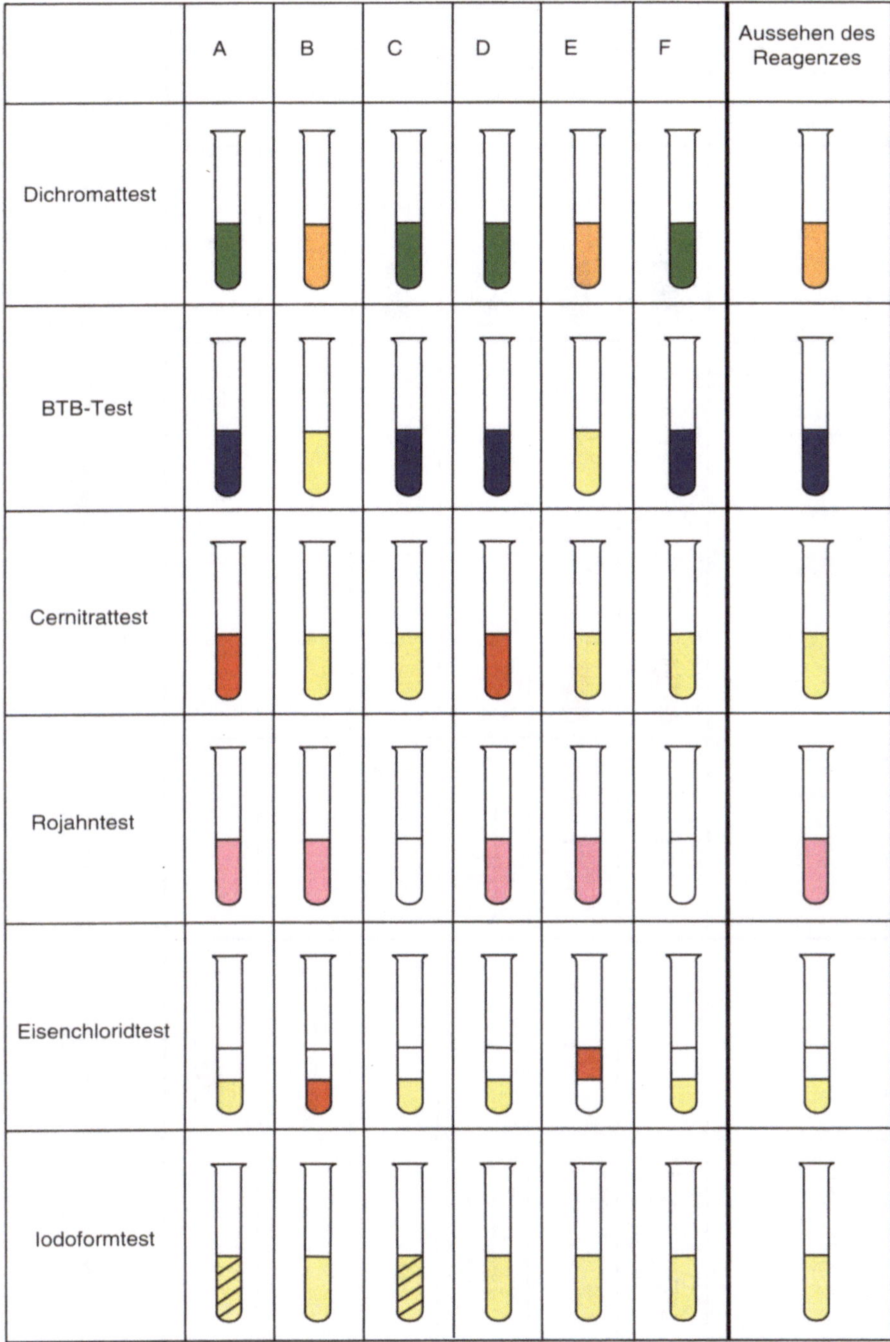

Abb. 12.1: Verhalten von sechs unbekannten Stoffen A–F bei sechs Nachweisreaktionen unter standardisierten Bedingungen.

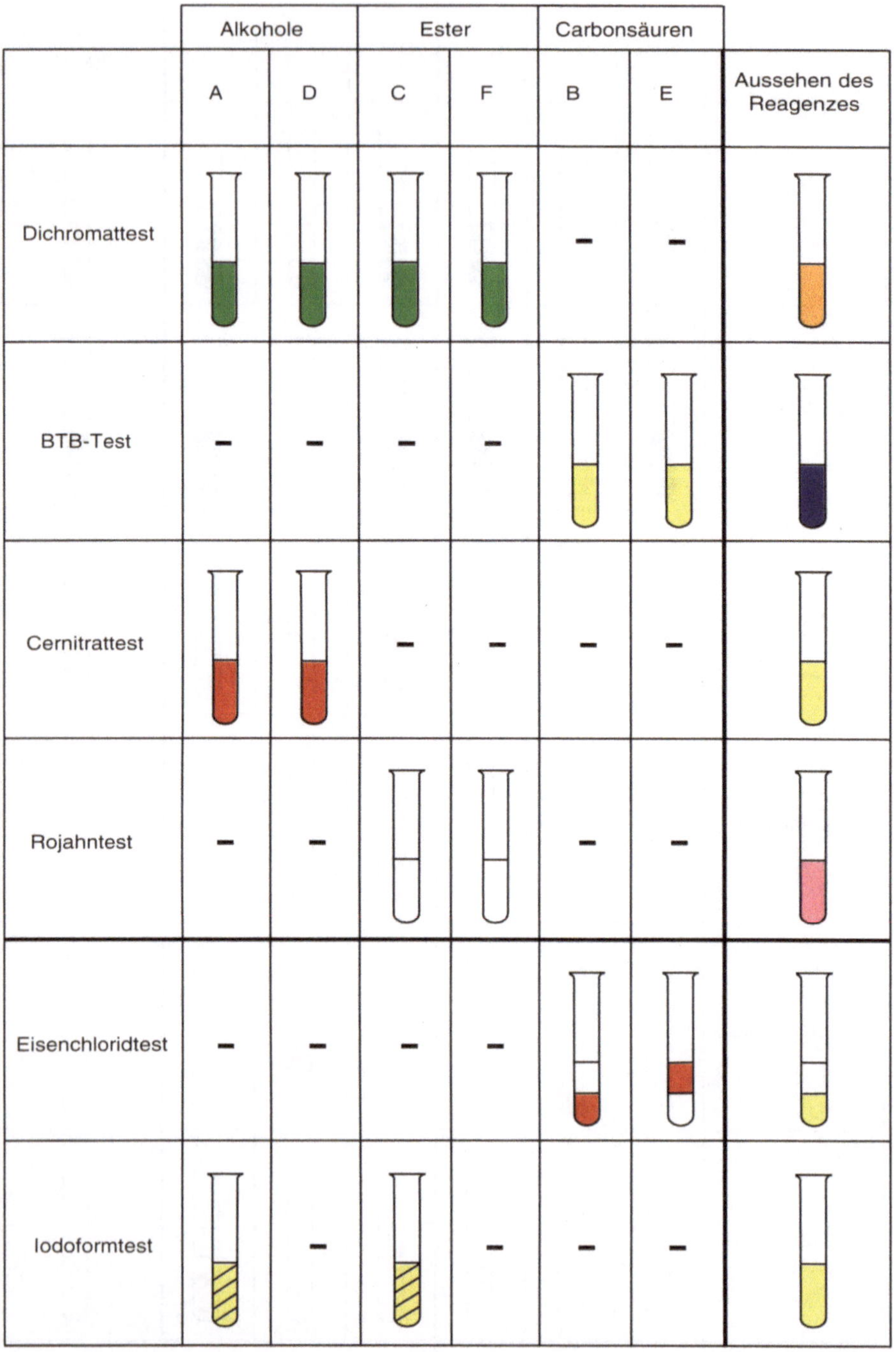

	Alkohole		Ester		Carbonsäuren		
	A	D	C	F	B	E	Aussehen des Reagenzes
Dichromattest					–	–	
BTB-Test	–	–	–	–			
Cernitrattest			–	–	–	–	
Rojahntest	–	–			–	–	
Eisenchloridtest	–	–	–	–			
Iodoformtest		–		–	–	–	

Abb. 12.2: Die geordnete Referenzmatrix lässt drei Stoffklassen hervortreten. Negative Testausfälle sind durch Minuszeichen symbolisiert.

rigkeiten auch häufig die Probleme der Wissenschaftler waren" [23]. Aufgrund dieser sympathischen Erkenntnis sind sie eher bereit, ihre falschen Vorstellungen aufzugeben:

„If students are made aware of the misconceptions of earlier scientists, perhaps they might find their own misconceptions among them. If the teacher compares and contrasts the historical misconceptions with the current explanation, students may be convinced to discard their limited or inappropriate propositions and replace them with modern scientific ones" [24].

Die vorliegende Thematik kann dementsprechend nach Jansen [23] durchaus auch „historisch-problemorientiert" unterrichtet werden, da gerade der Weg wissenschaftlicher Erkenntnis am Beispiel der Überwindung des Horror vacui durch den Schüler gut nachzuvollziehen ist.

Zum anderen ist die historische Entwicklung dahingehend zu analysieren, auf welchem Weg die Wissenschaftler von den historischen Horror-vacui-Vorstellungen zum angemessenen Teilchenkonzept gelangt sind. Die Ausführungen des Abschnitts 9.2 haben deutlich gemacht, dass der Horror vacui zwei Jahrtausende lang die Erkenntnis der Luft als wägbaren Stoff und des resultierenden Luftdrucks verhindert bzw. erschwert hat. Erst Torricelli und Pascal wiesen durch ihre Experimente nach, dass ein Vakuum durchaus erzeugbar ist, dass eine Quecksilbersäule bestimmter Höhe durch den Druck der alles umgebenden Luft getragen wird. Mit dem Wissen über die Existenz des Makrovakuums konnte Gassendi dann endgültig auch Vorstellungen durchsetzen, die von kleinsten Teilchen und dem Mikrovakuum, also dem leerem Raum zwischen ihnen ausgingen und viele Eigenschaften der Gase zu erklären vermochten. Avogadro erwarb schließlich die noch heute aktuellen Vorstellungen, die von der selbständigen, dauernden Bewegung der kleinsten Teilchen in Gasen ausgehen und auf Grund dieser Bewegung bestimmte freie Weglängen der Teilchen in einem Raum erfordern, der für diese Teilchenbewegung materiefrei gedacht werden muss.

Um „Nützliches aus der Vergangenheit für die Gegenwart und Zukunft zu aktualisieren" [2], erscheint es auch für den Unterricht in den Fächern Chemie oder Physik Erfolg versprechend zu sein, die genannte Reihenfolge der Erkenntnisse in der geschichtlichen Entwicklung zu Grunde zu legen und den Gasbegriff folgendermaßen in Form eines *Spiralcurriculums* zu unterrichten:

1. Luft ist ein Stoff im chemischen Sinn,
2. es gibt luftverdünnte, luftfreie und materiefreie Räume (Vakuum),
3. der Raum zwischen den Teilchen eines Gases ist materiefrei,
4. gleich viele Teilchen verschiedener Gase nehmen bei gleichem Druck und gleicher Temperatur gleich große Volumina ein (Avogadro-Satz).

Punkt 1. Um Luft als Stoff zu demonstrieren, ist es im Anfangsunterricht überzeugend, die Dichte experimentell zu bestimmen (V 9.3): der Quotient aus Masse und Volumen führt zu dem Messwert 1,3 g/L. Die Dichte eines weiteren Gases, etwa der Messwert von 2,0 g/L für Kohlenstoffdioxid, wird auf demselben Weg bestimmt und mit dem Messwert zur Luft verglichen. Mit einer Dichtetabelle verschiedener Gase ist den Lernenden schließlich die Vorhersage möglich, welche Gase „schwerer" oder „leichter" als Luft sind, dass Wasserstoff und Helium etwa auf Grund der kleinen Dichten als „Ballongase" verwendet werden können.

Zusätzlich ist es möglich, Verbrennungsreaktionen in der Luft abgeschlossener Apparaturen zu zeigen, Sauerstoff und Stickstoff zu unterscheiden und aus dem Messwert die Zusammensetzung der Luft abzuleiten (V 9.4): Der Messwert von etwa 80 Vol% Stickstoff veranschaulicht nicht nur den Gehalt dieses Gases in der Luft, sondern damit auch die Tatsache, dass Luft ein Gemisch aus mehreren Gasen – also Materie – ist.

Um letztlich auch die für andere Stoffe üblichen Messwerte wie etwa die Siedetemperatur zu kennzeichnen, kann flüssige Luft oder flüssiger Stickstoff demonstriert werden (V 9.5). In beiden Fällen werden die sehr tiefen Siedetemperaturen deutlich, Sauerstoff als blaue Flüssigkeit unterscheidet sich deutlich von farblosem, flüssigen Stickstoff. Man entnimmt die Werte für die Siedetemperaturen einer Tabelle und diskutiert gegebenenfalls die Praxis, Luft zu verflüssigen und in Sauerstoff und Stickstoff zu trennen.

Punkt 2. Macht man den Lernenden die Masse einer Luftportion durch Rückwägen eines zunächst evakuierten Glaskolbens anschaulich, so ist ein zentrales Experiment zu Punkt 2 schon durchgeführt worden (V 9.3): Sie haben die praktische Evakuierung des Glaskolbens erlebt. Diskutiert man darüber hinaus mit ihnen die Erfahrungen hinsichtlich „Vakuum-verpackter“ Lebensmittel oder evakuierter Fernsehbildröhren, so wird selbstverständlich, dass man durch Auspumpen der Luft „materiefreie“ Räume erzeugen kann. Inwieweit man den Dampfdruck des Wassers bei einer Wasserstrahlpumpe oder den Partialdruck des Öls bei einer Ölpumpe ins Spiel bringen und darauf zielen möchte, dass ein Rest Wasserdampf bzw. Öldampf in den ausgepumpten Gefäßen zurückbleiben muss und deshalb nur nahezu ein Vakuum existiert, ist für die jeweilige Klassenstufe zu reflektieren.

Darüber hinaus wäre es günstig, ein altes Quecksilberbarometer zu demonstrieren und dessen Funktionsweise zu erklären. Noch anschaulicher ist es, den historischen Torricelli-Versuch durchzuführen (V 9.6): Erfahrungsgemäß staunen selbst Erwachsene über die Erscheinung, dass die Quecksilbersäule sich bei einer Höhe von etwa 760 mm über dem Quecksilberspiegel einpendelt. Schüler und Schülerinnen lernen so die Wirkung der Luftmasse bzw. des Luftdrucks unmittelbar kennen: Moderne Barometer sind „black boxes“ und können das nicht leisten.

Es ist durch dieses Experiment auch leicht möglich, die alte Einheit „mm Quecksilbersäule“ oder „Torr“ für den Luftdruck konkret verständlich zu machen oder bezüglich der meteorologischen Begriffe „Hochdruckgebiet“ und „Tiefdruckgebiet“ zu diskutieren. Die heutigen Einheiten für den Druck wie P (1 Pascal) oder hP (1 Hektopascal = 100 P) bzw. 1013 hP für den Normdruck sind einzuführen und auf der Grundlage der SI-Einheiten zu begründen.

Mit dem Verständnis für die Existenz des Vakuums sind den Schülern luftverdünnte und auch luftfreie Räume anschaulich. Man diskutiert das Absenken des Luftdrucks in einem Kolbenprober durch Herausziehen der Hülse und macht auf den Widerstand durch den äußeren Luftdruck aufmerksam. Oder es wird im Kolbenprober ein Teil der enthaltenen Luft durch ein anderes Gas ersetzt: Auch in diesem Fall ist die Luft verdünnt worden. Luftfreie Räume können ebenfalls in zweierlei Hinsicht diskutiert werden: Entweder man meint das Vakuum, oder es wird an ein völlig anderes Gas gedacht, das die Luft in einem bestimmten Raum ersetzt.

In jedem Fall soll der Unterschied in dem Verständnis der Begriffe „leer" und „nichts" deutlich werden. Ein Becherglas, das man vor den Augen der Schüler pneumatisch mit Luft füllt (V 9.7), wird umgangssprachlich ein „leeres Glas" genannt, obwohl es randvoll Luft enthält. Wollte man, dass es „nichts" enthält, also materiefrei ist, müsste man es verschließen, mit einem Hahn versehen und auspumpen. „*Enthielte* dieser Glaskolben dann ein Vakuum"? – wäre eine diffizile Frage.

Punkt 3. Erst auf dieser Anschauung aufbauend hat es einen Sinn, materiefreie Räume zwischen den Teilchen eines Gases einzuführen. Ist das Teilchenmodell im Spiralcurriculum in der Form behandelt worden, dass die „Stückelung der Materie" [1] wie üblich etwa durch Aggregatzustandsänderungen, Kristallisations- oder Diffusionsvorgänge eingeführt wurde, so ist es sinnvoll, auf den Raum zwischen den Teilchen zu zielen: „Dieser leere Raum ist doch eigentlich das Unglaubliche an der Diskontinuumsvorstellung" [1]. Es ist dazu möglich, eine kleine Portion eines leicht verdampfbaren Lösungsmittels, etwa Ethanol, in einem Kolbenprober einzuschließen und den gesamten Kolbenprober in ein siedendes Wasserbad zu stellen (V 9.8): Eine bemerkenswerte Volumenzunahme auf das etwa 1000-fache findet statt.

Die Schüler können nun in einem Unterrichtsgespräch folgern, dass es sich bei dem Kolbenprober um ein abgeschlossenes Gefäß handelt, aus dem weder Substanz entweichen noch hinzukommen kann, also dieselbe Ethanolportion vor und nach dem Verdampfen vorhanden ist. Dieselbe Anzahl von Ethanol-Teilchen hat sich also auf das sehr viel größere Dampfvolumen verteilt, die Teilchen müssen sich sehr stark bewegen und dadurch große Abstände voneinander einnehmen. Aus der Tatsache, dass sich das Volumen um den Faktor 1000 vergrößert hat, lässt sich zusätzlich schließen, dass die Abstände zwischen den Teilchen – die mittlere Weglänge vor dem nächsten Zusammenstoß – im Mittel das 10-fache des Teilchendurchmessers beträgt. Diese Zwischenräume werden also durch die starke Bewegung der Teilchen gebildet, keine Materie irgendeiner Art füllt sie aus: Die Zwischenräume sind materiefrei.

Die Volumenvergrößerung kann durch ein Modellexperiment zur Teilchenbewegung bei Gasen vertieft werden (M 9.9): Das „Gerät zur kinetischen Gastheorie", das durch eine vibrierende Bodenplatte kleine Kugeln in einem durchsichtigen Zylinder in Bewegung setzt, zeigt bei Erhöhung der Bewegungsfrequenz der Bodenplatte ein größeres Volumen der sich bewegenden Kugeln an.

Dieses Modell muss allerdings in zweierlei Hinsicht diskutiert werden: Die Teilchen eines Gases bewegen sich selbständig und benötigen keinen „Vibrationsmotor" zur Bewegung. Ebensowenig enthalten sie Materie in den Zwischenräumen – im Modell befindet sich dagegen Luft zwischen den sich bewegenden Kugeln: hinsichtlich dieser Aspekte ein nicht zutreffendes Modell!

Ist ein solches „Gerät zur kinetischen Gastheorie" nicht vorhanden, kann eine Petrischale mit vielen kleinen Kugeln fast gefüllt und durch Kreisen der Schale bewegt werden: Modell für die Teilchenbewegung in einer Flüssigkeit. Nun schüttet man zur Modellierung des Verdampfungsvorganges die Kugeln in eine große Glasschale und schüttelt kräftig, gegebenenfalls auf der Arbeitsfläche eines Tageslichtprojektors: Modellvorstellung eines Gases. Auch hier sind das Schütteln und die Luft zwischen den Kugeln als irrelevante Zutaten des Modells zu diskutieren.

Punkt 4. Werden schließlich Reaktionen zwischen Gasen demonstriert und die ganzzahligen Volumenverhältnisse bei der vollständigen Reaktion veranschaulicht, so kann die Auswertung zu einem Verständnis des Satzes von Avogadro führen. Lässt man beispielsweise unterschiedliche Volumina Wasserstoff und Sauerstoff in einem Eudiometerrohr reagieren, so stellt man fest, dass bei einem Volumenverhältnis von 2 : 1 die Reaktion zu Wasser ohne Rest, also vollständig verläuft (V 9.10.a). Findet die Reaktion von 2 Volumeneinheiten Wasserstoff und einer Volumeneinheit Sauerstoff im beheizbaren Eudiometer bei einer Temperatur von über 100°C statt, so ist ein Wasserdampfvolumen von 2 Volumeneinheiten zu beobachten (V 9.10.b).

Bei der Auswertung der Experimente ist das Reaktionssymbol zu entwickeln und die Zahl der beteiligten Moleküle zu betrachten: Aus dem Vergleich der reagierenden Volumina von Gasen vor und nach der Bildung von Wasser bzw. Wasserdampf und den Zahlenverhältnissen der beteiligten Moleküle lässt sich die Avogadro-Aussage ableiten. Diskutiert man die relativ große Entfernung zwischen den Teilchen der Gase bzw. deren freie Weglänge, so erleichtert man den Schülern auch die Vorstellung, dass gleich viele, aber in Masse und Größe unterschiedliche Moleküle durchaus dasselbe Volumen einnehmen können. Solche Vorstellungen sind durch Modellzeichnungen, die Größe und Abstand der Teilchen in einer gedachten Gasportion wiedergeben, zu unterstützen. Man kann auch zusätzlich den Impulssatz erläutern: Teilchen kleiner Masse (m) besitzen im Durchschnitt eine große Geschwindigkeit (v) und mit $I = m \times v$ dieselbe Kraftwirkung bzw. denselben Impuls I, den ein schweres, sich aber langsamer bewegendes Teilchen besitzt.

Es werden schließlich Modellzeichnungen erarbeitet, die Volumina und Teilchenzahl modellmäßig wiedergeben: Gleich große Kästen stellen gedanklich gleich große Volumina dar, sie enthalten in der Zeichnung in jedem Fall gleich viele Modellteilchen. Es ist bei einer solchen Darstellung grundsätzlich vorteilhaft, den Zusammenhang zwischen Phänomenen und chemischen Symbolen durch Hinzunahme von Strukturbetrachtungen herzustellen (vgl. Kap. 7).

Fazit. Auf dem vorgeschlagenen Weg können Schülervorstellungen, die oftmals den Horror-vacui-Theorien vergangener Zeiten vergleichbar sind, abgebaut und durch zutreffende Vorstellungen ersetzt werden. Zudem würde das Kontinuumsdenken, das bezüglich der Flüssigkeiten und Gase bei Schülern lange Zeit bestehen bleibt, in Diskontinuumsvorstellungen umgewandelt werden, ohne dass die Schüler die Gelegenheit erhalten, „die Kontinuumsvorstellung sozusagen ins Teilchenmodell hineinzuretten" [1]. Detaillierte Ausführungen zur Methodik hinsichtlich dieses Problemkreises sind bei Fladt [1] nachzulesen.

Trotz aller methodisch richtigen Bemühungen muss man damit rechnen, dass der Horror vacui bei Schülern wie bei Erwachsenen immer wieder hervortreten kann – insbesondere verbal zeigen sich oft Schwierigkeiten in der Vorstellung vom „Nichts". So formulierte ein gestandener Studienrat für Physik im Unterricht seiner Primaner: „Stellen Sie sich vor, der ganze Raum hier wäre mit Vakuum gefüllt!" (Abiturzeitung des Jahrgangs 1965 am Gymnasium Lehrte).

Literatur

[1] Fladt, R.: *Kurskorrektur im Chemieunterricht. Dargestellt an der Einführung und Anwendung des Teilchenmodells in der Sekundarstufe I.* MNU 37 (1984), 354
[2] Girnus, W.: *Von Wolfgang Döbereiner zu Julius Lothar Meyer.* CiS 8/9 (1980), 330
[3] Primas, H.: *Kann Chemie auf Physik reduziert werden*? CiuZ 19 (1985), 109
[4] Primas, H., Müller-Herold, U.: *Elementare Quantenchemie.* Stuttgart 1984 (Teubner)
[5] Greiner, W.: *Ist das Vakuum wirklich leer*? Wiesbaden 1980 (Steiner)
[6] Lasswitz, K.: *Geschichte der Atomistik.* Bände 1 und 2. Hamburg 1890 (Voss)
[7] Dijeiksterhuis, F.J.: *Die Mechanisierung des Weltbildes.* Berlin 1956 (Springer)
[8] Capelle, W.: *Die Vorsokratiker.* – Stuttgart 1968 (Kröner)
[9] Galilei, G.: *Unterredungen und mathematische Demonstrationen* (1638). In: *Ostwald's Klassiker der exakten Naturwissenschaften.* Leipzig 1890 (Engelmann)
[10] Torricelli, E.: *Brief an M. Ricci* vom 11.06.1644. Aus: Samburski, S.: *Der Weg der Physik.* München 1958 (Deutscher Taschenbuchverlag)
[11] Ramsauer, S.: *Grundversuche der Physik in historischer Darstellung.* Berlin 1953 (Springer)
[12] Pascal, B.: *Nouvelles expériences touchant le vide* (1647). Oeuvres Complètes, Paris 1970
[13] Guericke, O.v.: *Neue „Magdeburgische" Versuche über den leeren Raum* (1672). In: *Ostwald's Klassiker der exakten Naturwissenschaften.* Leipzig 1894 (Engelmann)
[14] Avogadro, A.: *Versuch einer Methode, die Massen der Elementarmolekeln der Stoffe zu bestimmen* (1811). In: *Ostwald's Klassiker der exakten Naturwissenschaften.* Leipzig 1889
[15] Pfundt, H.: *Ursprüngliche Erklärungen der Schüler für chemische Vorgänge.* MNU 28 (1975), 157
[16] Pfundt, H.: *Vorunterrichtliche Vorstellungen von stofflicher Veränderung.* Chim.did. 8 (1982), 161
[17] Novick, S., Nussbaum, J.: *Pupils' Understanding of the Particulate Nature of Matter: A Cross-Age-Study.* Sc.Ed. 85 (1981), 187
[18] Kircher, E., Heinrich, P.: *Eine empirische Untersuchung über Atomvorstellungen bei Hauptschülern im 8. und 9. Schuljahr.* Chim.did. 10 (1984), 199
[19] Kircher, E.: *Schülervorstellungen und Lebenswelt.* In: GDCP, *Zur Didaktik der Physik und Chemie.* Alsbach 1984 (Leuchttum)
[20] Barke, H.-D.: *Einführung erster Modellvorstellungen unter Berücksichtigung des „Horror vacui" bei Schülern.* In: Hammer, H.O., Reiners, Ch.: *Chemiedidaktik – Brücke zwischen Theorie und Unterrichtspraxis.* Köln 1990 (Festschrift)
[21] Münch, R., u.a.: *Luft und Gewicht.* NiU P/C 30 (1982), 429
[22] Voss, D.: *Gase in den Vorstellungen von Jugendlichen.* Staatsexamensarbeit. Münster 1999
[23] Matuschek, C., Jansen, W.: *Chemieunterricht und Geschichte der Chemie.* Praxis (Chemie) 34 (1985), 3
[24] Wandersee, J.H.: *Can the history of science help science educator anticipate student's misconceptions*? J. of Research in Sc.Teaching 23 (1985), 581, 594

Experimente zu „9 Horror vacui"

V 9.1: Luft zwischen den Teilchen des Wasserdampfs?

Problem: Jugendliche vermuten zwischen den kleinsten Teilchen von Gasen – auch denen von Luft – die Luft. Sie unterliegen dem „Horror vacui“, der Vorstellung, dass es keine materiefreien Räume zwischen den Teilchen eines Gases gibt. Mit dem Experiment soll in geschlossener Apparatur gezeigt werden, dass Wasser verdampft und zum gleichen Volumen kondensiert, dass also keine Luft von außerhalb hinzutreten kann, um die Zwischenräume zwischen den Wasserdampf-Teilchen ausfüllen zu können. Es ist allerdings die Diskussion möglich, inwieweit in Wasser gelöste Luft beim Erhitzen frei wird und zum Wasserdampf hinzu tritt.

Materialien: Großes Reagenzglas mit Stopfen, Glaswanne, Brenner

Durchführung: Ein randvoll mit Wasser gefülltes Reagenzglas wird mit Hilfe des Stopfens in einer pneumatischen Wanne unter Wasser geöffnet, es wird seitlich mit dem Brenner erhitzt, bis Wasserdampf entsteht und das Wasser teilweise nach unten aus dem Reagenzglas drückt. Nach Entfernen des Brenners wird solange gewartet, bis die Wassersäule nach oben steigt.

Beobachtung: Beim Erhitzen sinkt der Wasserspiegel nach unten, nach Entfernen des Brenners bewegt er sich nach oben. In der Reagenzglasspitze bleibt – auch bei Zimmertemperatur – eine kleine Gasblase übrig.

V 9.2: Luft zwischen den Teilchen des Butans?

Problem: Im Experiment mit dem Wasserdampf spielt in der Tat die gelöste Luft eine – wenn auch für die Problematik unbedeutende – Rolle. Um sowohl dieses Phänomen als auch die Identifizierung des Wasserdampfes mit Luft auszuschließen, soll ein Experiment mit dem Gas Butan durchgeführt werden. Auch in diesem Fall wird ein geschlossener Kolben verwendet, in den weder Gas hinein kommen oder heraus entweichen kann (vgl. auch V1.12).

Materialien: Gasverflüssigungspumpe (vgl. auch Bild in V1.12); Butan (F^+) (Campinggaskartusche)

Durchführung: Die Hülse der Pumpe wird restlos (durch Luftverdrängung) mit Butangas gefüllt. Der Kolben wird aufgesetzt, sehr kräftig hineingedrückt und in die Rasterung eingerastet. Der Kolben wird wiederum ausgerastet, losgelassen und beobachtet.

Beobachtung: Nach Hineindrücken des Kolbens ist ein großer Tropfen einer farblosen Flüssigkeit zu erkennen. Bei Loslassen des Kolbens bewegt sich dieser nach oben, der Flüssigkeitstropfen verschwindet langsam unter Abkühlung der Hülsenspitze, dasselbe Gasvolumen wie vorher ist zu beobachten.

V 9.3: Luft hat eine spezifische Dichte

Problem: Schüler akzeptieren oftmals farblose Gase wie Luft, Sauerstoff oder Stickstoff nicht als chemische Substanzen, und man muss sie im Experiment davon überzeugen, dass Gase eine Dichte oder Schmelz- bzw. Siedetemperatur besitzen wie andere bekannte feste oder flüssige Substanzen auch. Die Dichte oder „Litermasse" ist relativ einfach mit einer Gaswägekugel zu demonstrieren.

Materialien: Gaswägekugel mit zwei Hähnen, Wasserstrahlpumpe, Kolbenprober, Waage

Durchführung: Die Gaswägekugel wird mit der Wasserstrahlpumpe evakuiert und genau gewogen. Ein Kolbenprober, der mit 100 mL Luft gefüllt ist, wird angeschlossen, die Luft vollkommen in die Kugel überführt und die Kugel erneut gewogen.

Beobachtung: 100 mL Luft wiegen 0,13 g, die Dichte beträgt entsprechend 1,3 g pro Liter.

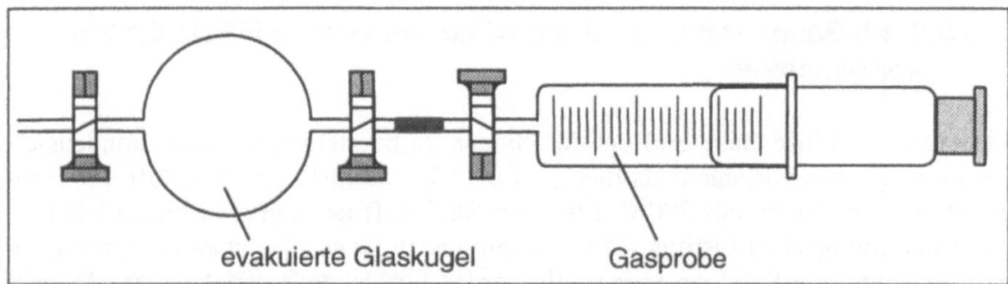

V 9.4: Luft ist ein Gasgemisch aus Sauerstoff und Stickstoff

Problem: Um Luft noch weitergehend als Substanz oder noch konkreter als Gemisch verschiedener Stoffe zu demonstrieren, kann ein Luftbestandteil gebunden werden – etwa Sauerstoff an Kupfer – und der andere als übrig bleibendes Gas untersucht werden: Stickstoff. Um Sauerstoff als sehr reaktionsfreudiges Gas vorzustellen, wird zusätzlich Eisenwolle in reinem Sauerstoff entzündet. Durch Tabellen kann auch über die anderen Luftbestandteile wie Edelgase, Kohlenstoffdioxid oder Wasserdampf informiert werden.

Materialien: Zwei Kolbenprober, Verbrennungsrohr, großes Reagenzglas, Standzylinder mit Deckglas, Kerze, Holzspan; Kupferwolle, Eisenwolle (F), Sauerstoff (O), Sand

Durchführung: Eine Apparatur – aus zwei Kolbenprobern und einem Verbrennungsrohr bestehend – wird aufgebaut, ein Kolbenprober mit genau 100 mL Luft gefüllt. In das Verbrennungsrohr wird genügend Kupfer- oder Eisenwolle gegeben. Sie wird in der abgeschlossenen Apparatur stark mit dem Brenner erhitzt und die Luft darüber geleitet. Das Restgas wird pneumatisch in ein Reagenzglas überführt und eine brennende Kerze hinein getaucht.

Der Boden des Standzylinders wird mit Sand bedeckt, reiner Sauerstoff durch Luftverdrängung eingefüllt und abgedeckt. Ein Holzspan wird entzündet, der brennende Span ausgeblasen und der glimmende Span in den Sauerstoff gehalten („Glimmspanprobe"). Eine lange Spindel aus Eisenwolle wird entzündet und in den erneut mit Sauerstoff gefüllten Standzylinder getaucht.

Beobachtung: Die Wolle reagiert zu einer schwarzen Substanz, von 100 mL farblosem Gas bleiben nach Abkühlung nur 80 mL über. In diesem Restgas erlischt eine brennende Kerze.

Der glimmende Holzspan brennt hell in Sauerstoff auf, Eisenwolle reagiert mit gleißend weißer Flamme, eine schwarze Substanz bleibt zurück.

V 9.5: Luft, Sauerstoff und Stickstoff lassen sich zu Flüssigkeiten kondensieren

Problem: Farblose Gase sind mit den Sinnen zu beurteilen, wenn sie kondensiert als Flüssigkeiten vorliegen, als flüssige Luft oder als flüssiger Stickstoff mit Temperaturen von fast minus 200°C. Flüssiger Stickstoff ist in großen Industriebetrieben oder chemischen Instituten zu erhalten und in Dewar-Gefäßen zu transportieren. Er sollte den Schülern vorgestellt werden, um letzte Zweifel am Stoffbegriff bezüglich der Luft auszuräumen – auch weil es eine so außergewöhnliche Substanz ist. Neben dem Kennenlernen dieser Flüssigkeit sind zahlreiche Experimente möglich, die der Experimentalliteratur zu entnehmen sind.

Materialien: Dewar-Gefäß, Reagenzglas, Glasrohr; flüssiger Stickstoff, Sauerstoffflasche (O), Zigarette, Luftballon.

Durchführung: Flüssiger Stickstoff wird auf dem Fliesentisch ausgeschüttet. Ein Reagenzglas wird tief in die Flüssigkeit getaucht, mit einem Glasrohr gasförmiger Sauerstoff langsam durch das Reagenzglas geleitet. Die neu entstandene Flüssigkeit wird beobachtet. Eine Zigarette wird in die Flüssigkeit getaucht und an der Luft entzündet. Ein mit Atemluft aufgeblasener Luftballon wird in flüssigen Stickstoff getaucht; nachdem die Luft kondensiert ist, wird er heraus genommen.

Beobachtung: Der flüssige Stickstoff bildet kleine Kügelchen, die über den Fliesentisch rollen und schnell restlos verdampfen. Bei der tiefen Temperatur flüssigen Stickstoffs kondensiert gasförmiger Sauerstoff zu flüssigem Sauerstoff mit blauer Farbe. Die Zigarette verbrennt sehr schnell mit heller Flamme. Der im Stickstoff geschrumpfte Luftballon bläht sich an der Luft wieder zur ursprünglichen Größe auf.

V 9.6: Gibt es materiefreie Räume?

Problem: Um auf historisch-genetischem Weg zu demonstrieren, dass es materiefreie Räume gibt, ist das Experiment von Torricelli geeignet. Es zeigt neben dem Vakuum oberhalb der Quecksilbersäule auch den Luftdruck an und gibt eine Möglichkeit, von der Höhe der Quecksilbersäule ausgehend die alte, aber anschauliche Einheit Torr zu erarbeiten und heute übliche Druckeinheiten abzuleiten oder zu diskutieren.

Materialien: 1 m langes Glasrohr, das einseitig zugeschmolzen ist (vgl. V1.1), passender kleiner Stopfen, Kristallisierschale, kleiner Trichter, Sicherheitswanne, Zollstock; Quecksilber (T).

Durchführung: Die Kristallisierschale wird in eine Sicherheitswanne gestellt und zur Hälfte mit Quecksilber gefüllt (vgl. Bild von V1.1). Das einseitig zugeschmolzene Glasrohr ist über der Sicherheitswanne mit Hilfe eines kleinen Trichters vollständig mit Quecksilber zu füllen, mit dem Stopfen zu verschließen und unter dem Quecksilber der Kristallisierschale zu öffnen. Die Höhe der Quecksilbersäule wird mit dem Zollstock gemessen. Das Rohr wird festgehalten und schräg gestellt, bis das Quecksilber das gesamte Glasrohr ausfüllt, das Rohr wird wieder senkrecht gestellt.

Beobachtung: Die Quecksilbersäule im Glasrohr sinkt nach dem Öffnen schlagartig ab, die Höhe wird mit etwa 76 cm (je nach herrschendem Luftdruck!) gemessen. In Schräglage füllt das Quecksilber das gesamte Glasrohr, in senkrechter Stellung ist wiederum dieselbe Höhe der Quecksilbersäule zu beobachten.

V 9.7: Ein leeres Glas ist mit Luft gefüllt

Problem: In der Umgangssprache spricht man vom leeren Glas und weiß, dass es mit Luft gefüllt ist. Der Ausdruck „leer" ist deshalb ungeeignet, um das Vakuum zu kennzeichnen. Es ist besser vom „Nichts" im Vakuum zu sprechen oder davon, dass ein Behälter frei von jeder Materie ist, dass er „materiefrei" ist (vgl. evakuierte Glaskugel in V9.3). Zur Abgrenzung beider Zustände soll der leere, aber mit Luft gefüllte Raum eines Becherglases im Experiment ausdrücklich demonstriert werden.

Materialien: Glasschale, Becherglas (400 mL), Kolbenprober mit Hahn

Durchführung: Die Glasschale wird mit Wasser gefüllt, das leere Becherglas zunächst mit der Öffnung nach unten unter die Wasseroberfläche getaucht. Das Becherglas wird dann durch Umdrehen mit Wasser gefüllt, das mit Wasser gefüllte Becherglas herausgehoben und eingespannt. Der Inhalt des mit 100 ml Luft gefüllten Kolbenprobers wird in das Becherglas überführt.

Beobachtung: Das Becherglas füllt sich beim Eintauchen unter die Wasseroberfläche nicht mit Wasser, sondern es bleibt mit Luft gefüllt. Aus dem mit Wasser gefüllten Becherglas wird dasselbe Volumen Wasser herausgedrückt, wie Luft durch den Kolbenprober hinein kommt.

V 9.8: Volumenzunahme bei der Ethanol-Verdampfung

Problem: Der materiefreie Raum zwischen den Teilchen eines Gases kann auch in der Weise demonstriert werden, dass eine kleine Portion einer leicht verdampfbaren Flüssigkeit durch Erhitzen in einer abgeschlossenen Apparatur in den gasförmigen Zustand überführt wird. Das sehr viel größere Dampfvolumen lässt sich beobachten und mit der Zunahme der freien Weglänge zwischen den Teilchen interpretieren. Kühlt man wieder ab, so bildet sich das kleine Flüssigkeitsvolumen zurück: Die freie Weglänge wird drastisch kleiner, es kann sich also nicht um Luft oder um ein anderes Gas zwischen den Teilchen handeln.

Materialien: Kolbenprober mit kurzem Schlauch, Glühröhrchen, großes Becherglas (passend für den gesamten Kolbenprober), Brenner; Ethanol (F).

Durchführung: Das Becherglas wird mit Wasser gefüllt, das Wasser bis zum Sieden erhitzt. Das Glühröhrchen wird verkürzt (Glasschneider), die Spitze mit 0,5 mL Ethanol gefüllt und luftdicht an den Kolbenprober angeschlossen. Diese Apparatur wird in das heiße Wasser gesenkt und beobachtet. Sie wird bald aus dem Wasserbad herausgeholt und zur Abkühlung waagerecht abgelegt.

Beobachtung: Die Flüssigkeit verdampft, der Kolben des Kolbenprobers bewegt sich aus der Hülse heraus und zeigt schließlich ein Volumen von bis zu 100 mL an. Mit dem Abkühlen kondensiert der Dampf zur Flüssigkeit, das Volumen sinkt auf den Ausgangswert zurück.

M 9.9: Modellexperiment zur Volumenzunahme beim Verdampfen

Problem: Um die Teilchen-Interpretation zur Volumenänderung anschaulich zu machen, können Modellexperimente hilfreich sein. Beispielsweise kann das im Lehrmittelhandel angebotene „Gerät zur kinetischen Gastheorie" zum Einsatz kommen: Je höher die Frequenz der Vibrationsplatte des Gerätes eingestellt wird, desto größer werden die Abstände zwischen den Kugeln, das Volumen der sich bewegenden Kugeln vergrößert sich. Das Modellexperiment sollte hinsichtlich des Modellbegriffs diskutiert werden: Es zeigt zwar die Volumenzunahme beim Verdampfen einer Flüssigkeit, allerdings nicht die selbständige Teilchenbewegung (Vibrationsplatte und Motor sind irrelevante Zutaten), es zeigt ebenfalls nicht den Sachverhalt, dass der Raum zwischen den Teilchen materiefrei ist (im Modell befindet sich Luft zwischen den Kugeln).

Materialien: Gerät zur kinetischen Gastheorie, kleine Kugeln

Durchführung: Das Gerät wird mit einer geeigneten Anzahl kleiner Kugeln gefüllt. Die Vibrationsplatte wird auf niedrigster Stufe einreguliert: Modell der Flüssigkeit. Die Frequenz der Vibrationsplatte wird nach und nach bis zum Maximalwert erhöht: Modell des Dampfes. Die Frequenz wird variiert.

Beobachtung: Bei Erhöhung der Vibrationsfrequenz nimmt die Bewegung der Kugeln so stark zu, dass der Kolben des Gerätes nach oben gedrückt wird und die sich stark bewegenden Kugeln ein immer größer werdendes Volumen einnehmen. Nimmt die Frequenz ab, so verkleinert sich das Volumen der bewegten Kugeln, der Kolben sinkt nach unten.

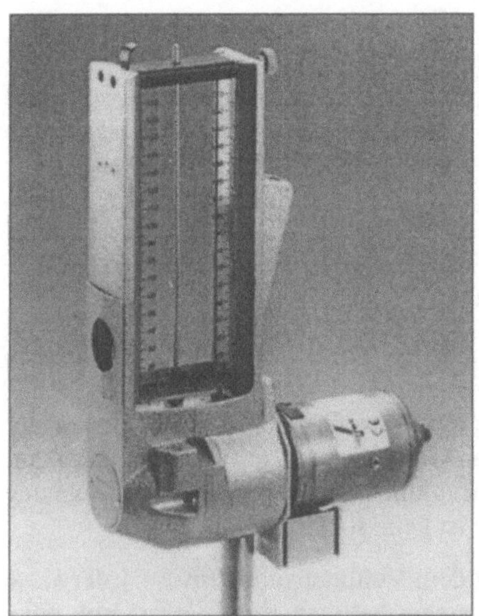

Hinweis: Ist das beschriebene Gerät nicht verfügbar, kann eine Kristallisierschale mit Kugeln gefüllt und geschüttelt werden, danach sind die Kugeln in eine sehr viel größere Glasschale umzufüllen und darin kräftig hin und her zu bewegen (mit dem Tageslichtprojektor projizieren).

V 9.10: Synthese von Wasser und Wasserdampf aus den Elementen

Problem: Durch die vorherigen Experimente ist deutlich geworden, dass das Volumen eines Gases nicht durch die Größe der Teilchen, sondern durch die starke Eigenbewegung der Teilchen bzw. deren freie Weglängen bestimmt wird. Diese Voraussetzung ist unerlässlich, um aus Volumenverhältnissen bei Gasreaktionen die Aussage des Satzes von Avogadro verstehen zu können. So ist es etwa möglich, die Bildung von Wasser bzw. Wasserdampf aus den Elementen in Eudiometerrohren zu beobachten und aus den beobachtbaren Volumina den Zusammenhang von Gasvolumen und Teilchenanzahl plausibel zu machen.

Materialien: Kolbeneudiometer für die Reaktion von Wasserstoff und Sauerstoff bei Zimmertemperatur (a), zwei Kolbenprober mit Hahn, passende Gummikappen, Zündfunkengeber, Kabel, Gasspritzen, Heizmantel für Kolbeneudiometer (b), Spannungsquelle für Heizmantel; Wasserstoff (F^+), Sauerstoff (O), Stickstoff (Stahlflaschen)

Durchführung: a) In zwei Kolbenprobern werden jeweils Wasserstoff und Sauerstoff abgefüllt und mit einer Gummikappe verschlossen: daraus sind mit je einer Gasspritze die Gasportionen zu entnehmen.

In das Eudiometer sind mit Hilfe der Gasspritzen jeweils Wasserstoff und Sauerstoff in verschiedenen Volumenverhältnissen zu füllen, die Gemische mit dem Zündfunkengeber zu zünden (zur Sicherheit ist nach Gebrauchanweisung auf ein ausreichendes Stickstoff-Polster zu achten, das anfangs eingefüllt wird).

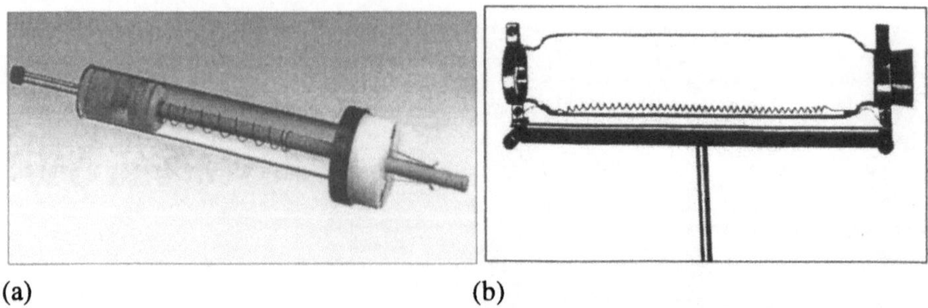

(a) (b)

b) Das Kolbeneudiometer wird in den Heizmantel montiert, eine Spannung einreguliert, die eine Temperatur der eingeschlossenen Luft von etwa 110°C erlaubt. 2 mL Wasserstoff und 1 mL Sauerstoff werden – auf Grund der Beobachtung der Reaktionen in Versuch (a) – eingefüllt, das Gemisch wird mit dem Zündfunkengeber gezündet und das entstehende Gasvolumen abgelesen (der entstehende Wasserdampf bildet hier das Gaspolster, es ist kein Stickstoff notwendig).

Beobachtung: a) Nur das Gasgemisch mit dem Volumenverhältnis 2 : 1 der Gase Wasserstoff und Sauerstoff reagiert unter einem heftigen Knall vollständig ohne Restgas. b) Nach Zünden des stöchiometrischen Knallgases entsteht bei Temperaturen über 100°C ein farbloses Gas, das zwei Drittel des Knallgasvolumens einnimmt: aus beispielsweise 2 mL Wasserstoff und 1 mL Sauerstoff, also aus 3 mL Gasgemisch, bildet sich bei 100°C das Wasserdampf-Volumen von genau 2 mL.

Hinweis: Ein ähnlich auszuwertendes Experiment stellt die Synthese von Chlorwasserstoff aus den Elementen dar: Man mischt 50 mL Wasserstoff und 50 mL Chlor (T, N) im Kolbenprober und lässt ihn einige Stunden im diffusen Licht liegen (Chlor-Knallgas! Schutzbrille! Auf keinen Fall im hellen Sonnenlicht operieren: Explosionsgefahr). Nach der Reaktion des gelblichen Gasgemischs haben sich 100 mL farblosen Chlorwasserstoffs (C, T) gebildet, nach Einsaugen von wenig Wasser löst sich das Gas vollständig darin: Salzsäure (C).

Es ist auch möglich, das Chlor-Wasserstoff-Gemisch des Kolbenprobers innerhalb einer Minute während des Unterrichts kontrolliert zur Reaktion zu bringen: Über ein Quarzglasrohr (6 mm stark) wird ein zweiter, leerer Kolbenprober angeschlossen, der das gebildete Chlorwasserstoff-Gas aufnehmen soll. Das Quarzglasrohr ist mit einem Platindraht-Stückchen versehen, das durch fünf Quarzglaswolle-Bäusche eingeschlossen wird (Bild c). Der Draht wird erhitzt, das Gasgemisch so langsam darüber geleitet, dass die sichtbaren Miniexplosionen innerhalb der Bäusche bleiben. Vorsicht! Die Lichtblitze dürfen nicht den Kolbenprober mit dem Gasgemisch erreichen, es würde explodieren! Schutzbrille!

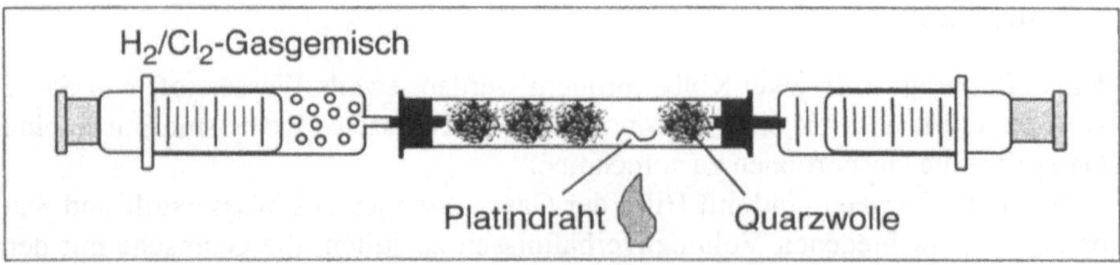

(c)

10 Raumvorstellung zur Struktur von Teilchenverbänden

„Imagination is more important than knowledge.“ Diese Aussage von Albert Einstein kennzeichnet die Wichtigkeit von Vorstellungen, die für ein erfolgreiches Lernen und Behalten unabdingbar sind und weit über das formale Wissen hinaus gehen. Zu allen Vorstellungen, die unsere Schüler und Schülerinnen besitzen oder entwickeln, gehört das Raumvorstellungsvermögen. Es wird ganz zweifelsfrei für die Geometrie und die Geographie benötigt und gefördert, es ist allerdings ebenso relevant für den erfolgreichen Unterricht im Fach Chemie als auch für ein Verstehen von Chemie ganz allgemein: Heute arbeitende Chemiker und Chemikerinnen verwenden fast ausschließlich drei-dimensionale Computerzeichnungen, die die instrumentelle Analytik liefert, und bauen räumliche Strukturvorstellungen zur Beurteilung und Entwicklung neuer Substanzen auf (vgl. Kap. 13).

Blättert man in Schulbüchern des Faches Chemie, so findet man bereits für die Sekundarstufe I Abbildungen, die dreidimensionale chemische Strukturen zeigen (vgl. Abb. 10.1): Kugelpackungen als Modelle für Metallstrukturen [1], Gitterdarstellung der Cäsiumchlorid-Struktur, aus der die Koordinationszahl 8 hervorgehen soll [2], Modelle zu Glucose- und Saccharose-Molekülen [2].

In Schulbüchern zum Unterricht in der Sekundarstufe II sind weit diffizilere Strukturen abgebildet, etwa die Stereo- oder Spiegelbild-Isomeren organischer Moleküle.

Erkennen die Jugendlichen in den zweidimensionalen Bildern die gewünschten dreidimensionalen Bezüge? Ab welchem Alter sind sie dazu in der Lage? Lässt sich das Raumvorstellungsvermögen trainieren? Gibt es geschlechtsspezifische Unterschiede? Gibt es Unterschiede in verschiedenen Kulturen? Diese und andere Fragen sollen anhand vorhandener Literatur diskutiert und auf der Grundlage eigener empirischer Erhebungen beantwortet werden.

Die Antworten sind auch deshalb wichtig, um den von den Autoren favorisierten Ansatz eines strukturorientierten Chemieunterrichts sinnvoll zu vertreten und entwicklungspsychologische Schwierigkeiten zu untersuchen, die bei der Arbeit von Jugendlichen mit dreidimensionalen Modellen zur Struktur der Materie auftreten können (vgl. auch Kap. 13).

10.1 „Raumvorstellung“ als Faktor der Intelligenz

Intelligenztests werden in großer Zahl konstruiert, vielerorts eingesetzt und ausgewertet, ohne einen Konsens unter Psychologen zu kennen, wie Intelligenz zu definieren ist. Dieser Zusammenhang wird gern ironisch kommentiert: „Eine beneidenswerte Situation: Sie wissen nicht, was es ist. Aber sie können es messen.“ [3]

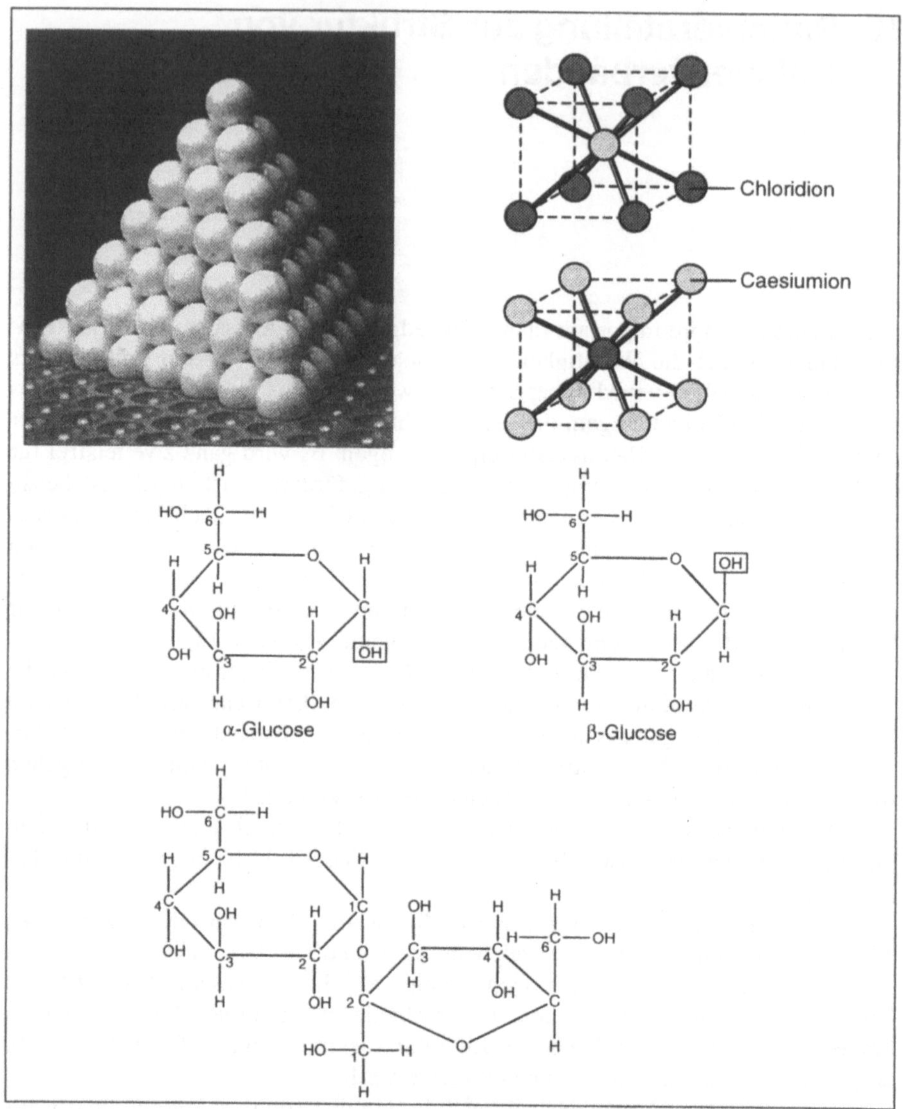

Abb. 10.1: Beispiele für räumliche chemische Strukturen in SI-Schulbüchern ([1], [2])

Man ist sich allerdings einig darin, dass Intelligenz strukturiert ist und mehrere Faktoren vorliegen. Darüber, wie viele und welche Faktoren es sind, gibt es mehrere Theorien, die alle auf Grund verschiedener Ergebnisse der Faktorenanalyse gefunden wurden. Schon im Jahre 1938 behauptete Thurstone [4] die Existenz von Primärfaktoren, von „primary abilities", wie er sie nannte. Es sind im Wesentlichen folgende sieben Faktoren: *Space* (S) repräsentiert die Befähigung zur räumlichen Vorstellung, *Number* (N) zur Ausführung einfacher Rechenoperationen, *Verbal Comprehension* (V) zur Erfassung sprachlicher Bedeutungen und Beziehungen, *Verbal Fluency* (W) zur Wortflüssigkeit ohne besondere Berücksichtigung der Wortbedeutungen, *Memory* (M) zur mechanischen Gedächtnisleistung, *Reasoning* (R) zu logischem Schließen und *Perceptual Speed* (P) zu raschem Erkennen von Details, die in irrelevantem Material eingebettet sind. Der Faktor Space wird in vielen Darstellungen der Intelligenzfaktoren an erster Stelle genannt und scheint deshalb *der* Primärfaktor der Intelligenz schlechthin zu sein.

Faktor Raumvorstellung. Rost [5] beschreibt diesen Faktor folgendermaßen:

„Der Faktor S (space, spatial, spatial perception, space relations, Raumvorstellung, räumliche Beziehung, Erfassen räumlicher Verhältnisse, räumliches Vorstellungsvermögen, räumliche Vorstellungsfähigkeit) beinhaltet die Fähigkeit, mit zwei- und dreidimensionalen Objekten auf der Vorstellungsebene zu operieren und trat mit als erster und breit fundierter Faktor hervor; er wurde immer wieder gefunden, teils als Ganzheit, teils auch in Unterkomponenten aufgegliedert. Thurstone sprach später von drei unterschiedlichen Faktoren S1, S2 und S3. Nach Thurstone handelt es sich bei S1 um die Fähigkeit, die Identität eines Objektes aus verschiedenen Winkeln oder eine Konfiguration, die in verschiedene Positionen gebracht wird, zu erkennen“.

Bei S2 geht es um die Fähigkeit, sich eine Konfiguration mit Bewegung zwischen Teilen dieser Konfiguration vorzustellen, S3 beinhaltet die Fähigkeit, räumliche Beziehungen, bei denen die Körperorientierung der Person eine wichtige Rolle spielt, zu erfassen. Die statistische Eigenständigkeit der Faktoren ließ sich allerdings nicht nachweisen, sondern führte zu weiteren Modellen der Unterfaktoren. So werden beispielsweise zwei Subfaktoren bezeichnet, nämlich *spatial relation* (räumliche Beziehungen) und *visualisation* (Veranschaulichung) [5]. Unter „räumlichen Beziehungen“ wird die Fähigkeit subsummiert, die räumliche Anordnung von Teilen innerhalb eines visuellen Reizes zu verstehen, unter „Veranschaulichung“ eine Fähigkeit, die die mentale Manipulation visueller Abbilder erfordert. Sollte entschieden werden, welcher der Fähigkeiten der *Arbeit mit Strukturmodellen im Chemieunterricht* zuzuordnen ist, so würde man den Subfaktor „spatial relation“ auswählen.

Als „die im Augenblick am besten gesicherte Grundlage zur Abschätzung der *Genetik* der Intelligenzfaktoren“ führt Pawlik [6] die Arbeit von Vandenberg an, die für den Faktor „Räumliche Beziehungen einen signifikanten F-Wert“, also ein Argument für die Vererbung des Raumvorstellungsvermögens ausweist. Und er erwähnt Untersuchungen von Stafford, „die für eine geschlechtsgekoppelte Vererbung der Faktoren Logisches Denken und Räumliche Beziehungen sprechen würden“. Hofstätter [7] bestätigt ebenfalls, „daß der Thurstone'sche S-Faktor (räumliches Vorstellungsvermögen) durch ein rezessives Gen im X-Chromosom vererbt wird“.

Die *Bedeutung* des Faktors Raumvorstellung sei zusammengefasst. Sie scheint darin zu liegen, dass diesbezügliche Items in einem Test „einen hohen prognostischen Wert besitzen“ [8], dass in der Industrie „Raumwahrnehmungstests häufig die höchste Korrelation mit der Leistung am Arbeitsplatz ausweisen und Intelligenztests vielfach an zweiter Stelle rangieren“ [9]. So spielen „Fähigkeiten der räumlichen Vorstellung die größte Rolle bei Bauberufen“, „Elektrizitätsarbeiter wiederum werden leistungsmäßig bei weitem relativ am besten durch Tests für räumliches Vorstellen eingestuft“ [10], und es erwies sich „räumliches Denken als brauchbar bei der Vorhersage des Erfolgs in Feinmechanik“ [11]. Außerdem zeigten sich „Faktoren wie räumliches Vorstellungsvermögen als ziemlich umweltresistent“ [12] und stellen „erziehungsunabhängige Aspekte der Intelligenz dar“ [13].

Schließlich scheint das Raumvorstellungsvermögen auch für den *Schulerfolg* wichtig zu sein. Nach Rost [5] „belegen zahlreiche Forschungsarbeiten zweifelsfrei die Relevanz der Raumvorstellung für den Schulerfolg“. Auch Coleman und Gotch bestätigen: „There is a strong indication that spatial visualisation skills are related to science achievement“ [14].

Sturzebecher [15] geht von der Voraussetzung aus, „daß der Erfolg auf der weiterführenden Schule in entscheidendem Maße mitbestimmt wird von der Höhe der aktualisierbaren sprachlichen Befähigung“ und vergleicht die Fähigkeit mit dem Raumvorstellungsvermögen von Schülern verschiedener Schularten. Es zeigte sich, „daß Oberschüler im Durchschnitt dabei leistungsfähiger als auf dem Gebiet der Raumvorstellung sind, Hauptschüler dagegen auf diesem Sektor durchschnittlich viel mehr leisten als auf ihrem sprachlichen“.

Geschlechtsdifferenzen. Maier berichtet, dass im Zeitraum von 1932 bis 1991 mehr als 120 Studien zu Geschlechtsunterschieden in der Raumvorstellung vorgelegt wurden und resümiert: „Es manifestieren sich mehr oder weniger stark ausgeprägte Leistungsvorteile zugunsten von Männern (Jungen)“ [16].

Quaiser-Pohl [17] nennt zu den Einflüssen, die zu Geschlechterunterschieden führen, insbesondere „das Erzieherverhalten der Eltern, die Medien, die schulische Umwelt, aber auch die Freizeitaktivitäten“. Insbesondere besteht ein „Zusammenhang zwischen räumlichem Vorstellungsvermögen und elterlichem Erzieherverhalten mit dem Befund, daß die Kinder, vor allem Knaben, die sich bei Aufgaben aus dem Bereich der räumlichen Wahrnehmung besonders hervortaten, diejenigen waren, die sich weiter von zu Hause weg bewegten und von ihren Eltern weniger in ihren Aktivitäten beschränkt wurden“.

Schließlich sei der Frage nachgegangen, inwieweit Geschlechterunterschiede durch ein gezieltes *Training* des Raumvorstellungsvermögens nivelliert werden können. Quaiser-Pohl führt diesbezüglich eine amerikanische Studie an:

„Connor, Serbin und Schackman teilten 133 Schüler im Alter von sechs bis zehn Jahren nach dem Zufallsprinzip in Kontroll- und Experimentalgruppe ein, wobei die Experimentalgruppe in Aufgaben des *Children's Embedded Figures Test* trainiert wurde, während sich die Mitglieder der Kontrollgruppe in derselben Zeitdauer lediglich mit dem Versuchsleiter unterhielten. Nur die Mädchen konnten von dem Training in einer Weise profitieren, dass sich ihre Testleistungen signifikant verbesserten, und zwar so stark, dass im Nachtest im Gegensatz zum Vortest keine Geschlechterunterschiede im Raumvorstellungsvermögen mehr nachzuweisen waren. Bei Jungen blieben die Ergebnisse in beiden Gruppen konstant. Die Autoren erklären sich dieses Phänomen folgendermaßen: ‚The specific type of experience boys have in manipulating their environment may develop their visual-spatial ability to its full capacity prior to entering the experimental situation. Girls, with less experience of this type, may be able to use appropriately designed training procedures to more fully bring out their ability‘ “ [17].

10.2 Eigene Untersuchungsergebnisse

Mit einem ersten Testentwurf wurde bereits 1978 eine Untersuchung mit 250 Schülern und Schülerinnen der Klassenstufen 7–9 aller Schularten durchgeführt [18]. Es konnte durch die Korrelation von Raumvorstellungsvermögen und Intelligenzquotienten gezeigt werden, dass bei den Probanden der 7. Klassen große Unterschiede in den Raumvorstellungsleistungen vorhanden sind und deshalb ein Chemieunterricht mit Strukturmodellen noch nicht angebracht ist. In den Klassenstufen 8 und 9 liegen ausgewogene Raumvorstellungsleistungen vor, sodass diese Fähigkeit bei der Mehrzahl der Lernenden vorausgesetzt werden darf.

Mit einem revidierten Test wurde die Trainierbarkeit des Raumvorstellungsvermögens durch die Verwendung von Strukturmodellen im Chemieunterricht untersucht [19]. Mit Hilfe von Kontrollgruppen konnte gezeigt werden, dass der Anstieg der Raumvorstellungsleistungen zu einem Teil auf die Kenntnis des Tests beim zweiten Testdurchgang zurückzuführen ist, zum größeren Teil aber auf den strukturorientierten Chemieunterricht.

Es wurde bei allen Erhebungen festgestellt, dass Mädchen gegenüber Jungen Defizite in den Raumvorstellungsleistungen aufweisen [20]. Diese Ergebnisse waren deshalb auch der Anlass dafür, innerhalb eines Modellversuchs „Mädchen in Naturwissenschaften und Technik MINT“ [21] den Mädchen einen strukturorientierten Chemieunterricht anzubieten –, nicht nur um das Verständnis für den Aufbau der Stoffe und für chemische Reaktionen zu verbessern, sondern auch um das Raumvorstellungsvermögen für Schule und Beruf zu fördern.

10.3 Der Raumvorstellungstest (RVT)

Um das Raumvorstellungsvermögen (RVV) von Jugendlichen für die Belange eines strukturorientierten Chemieunterrichts (vgl. Kap. 13) zu erfassen, wurde ein spezifischer Test entwickelt [21]. Die Aufgaben des Tests verlangen vom Probanden das Erkennen räumlicher Beziehungen in räumlichen Strukturen, die im Testheft naturgemäß nur 2-dimensional abgebildet oder gezeichnet vorliegen: Einige Beispielaufgaben zeigt Abbildung 10.2. Der Raumvorstellungstest umfasst fünf Aufgabengruppen [21], die revidierte Fassung ist vollständig im Anhang dieses Kapitels enthalten.

- Aufgabengruppe 1 „Bausteine in Quadern“ zeigt Zeichnungen von Würfeln und Quadern, die in kleinere Polyeder zerteilt sind. Es soll jeweils die Anzahl kleiner Quader ermittelt werden, die die Körper aufbauen. Man kann einige kleine Quader in den Abbildungen räumlich sehen, andere muss man sich gedanklich vorstellen, weil sie verdeckt sind (vgl. Abb. 10.2).

- Gruppe 2 „Kugeln in Kugelpackungen“ weist dasselbe Testziel auf –, anstelle von Würfeln sind Kugeln in Kugelpackungen abgebildet. Sie sind räumlich zuzuordnen oder abzuzählen, solche Kugeln, die nicht sichtbar sind, müssen in der Vorstellung zugeordnet werden (vgl. Abb. 10.2).

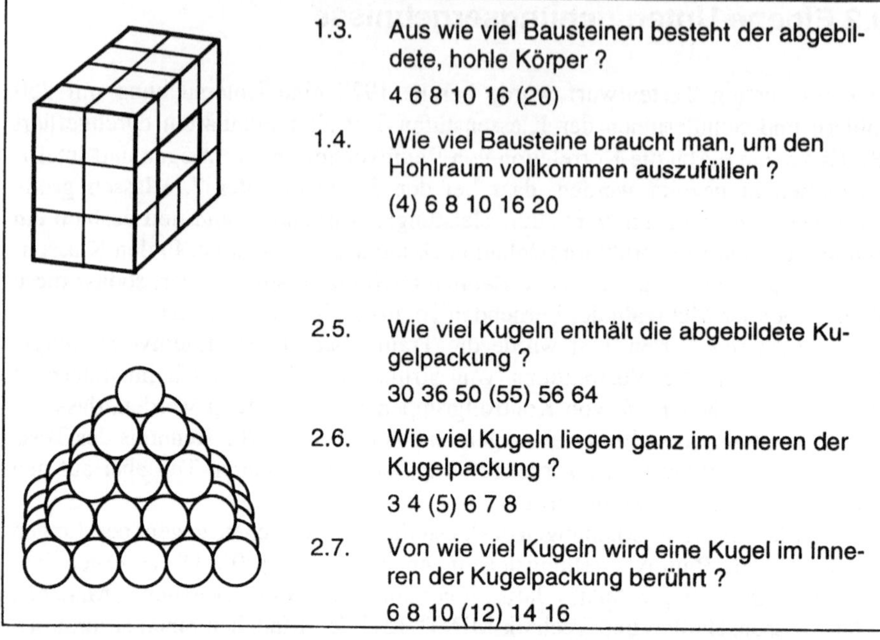

Abb. 10.2: Beispiele für Aufgaben des Raumvorstellungstests, Lösungen in Klammern

- Gruppe 3 „Stapeln von Kugelschichten" verlangt vom Probanden den gedanklichen Aufbau von Packungen aus vorgegebenen Kugelschichten und das räumliche Zuordnen meist nicht sichtbarer Kugeln oder Lücken im Inneren sich vorzustellender Packungen (siehe Anhang).
- Gruppe 4 „Auszählen von Elementarzellen" gibt verschiedene würfelförmige Modelle vor, in denen Teile von Kugeln erkannt und gedanklich zu vollen Kugeln zusammenzusetzen sind. In der letzten Aufgabe müssen gar die Kugeln gedanklich durchgeschnitten werden (siehe Anhang).
- Gruppe 5 „Spiegeln und Drehen von Molekülen" erwartet vom Probanden die Fähigkeit, zweidimensional gezeichnete Modelle von räumlichen Molekülstrukturen in der Vorstellung zu drehen oder zu spiegeln und einander gedanklich räumlich zuzuordnen (siehe Anhang).

Beschreibung des Raumvorstellungstests

Testziel: Ermittlung von Raumvorstellungsvermögen, das im strukturorientierten Chemieunterricht benötigt und weiterentwickelt werden soll.

Testaufbau: Es sind 5 Aufgabengruppen mit jeweils 8 Teilaufgaben, also insgesamt 40 Teilaufgaben (Items) in der angegebenen Zeit zu bearbeiten:

Tabelle 10.1: Aufgabengruppen, Instruktions- und Bearbeitungszeit

Aufgabengruppen	Instruktionszeit	Bearbeitungszeit
1. Bausteine in Quadern	2:00 min	4:00 min
2. Kugeln in Kugelpackungen	2:00 min	7:00 min
3. Stapeln von Kugelschichten	2:00 min	7:00 min
4. Auszählen von Elementarzellen	2:00 min	7:00 min
5. Spiegeln und Drehen von Molekülen	2:00 min	7:00 min
	10:00 min	32:00 min

Testmaterial: Testheft (5 S. zur Instruktion, 5 S. zur Bearbeitung), Antwortbogen (Markierungsbogen), Auswertungsschablone (vgl. Anhang)

Aufgabenart: Mehrfachwahlaufgaben (Auswahl aus 6 Zahlen oder Buchstaben)

Instruktion: schriftlich in jeweils 2:00 min durch je 2 Beispielaufgaben. Die Lösungen der Beispielaufgaben sind auf dem Antwortbogen zum Auffinden des richtigen Antwortfeldes zu markieren, spielen für die Auswertung aber keine Rolle. Es ist zu beachten, dass die Testteilnehmer nach der Instruktion gleichzeitig die Bearbeitung der jeweiligen Aufgabengruppe beginnen und beenden.

Testdauer: 1 Schulstunde:
Instruktionszeit: 10:00 min (2:00 min je Aufgabengruppe)
Bearbeitungszeit: 32:00 min

Auswertung: manuell durch die Auswertungsschablone. Für jedes richtig gelöste Item erhält der Proband 1 Punkt (40 Rohpunkte maximal für den gesamten Test).

Teststatistische Daten. Der Test wurde zur Einschätzung seiner Güte einer Gruppe Schülerinnen der Stufe 8 eines Gymnasiums in Neuss vorgelegt [21]. Es werden zunächst die Schwierigkeitsindizes und Trennschärfekoeffizienten aufgelistet und ausgewertet, danach Reliabilitätskoeffizienten berechnet: Für diesen Zweck wurde derselbe Test mit denselben Probanden nochmals 2 Monate später durchgeführt.

Tabelle 10.2: Schwierigkeitsindizes *P* der Testaufgaben, Mädchenklasse der Stufe 8

Aufg.	*P*	Aufg.	*P*	Aufg.	*P*	Aufg.	*P*	Aufg.	*P*
1.3.	93	2.3.	93	3.3.	57	4.3.	79	5.3.	93
1.4.	93	2.4.	57	3.4.	79	4.4.	86	5.4.	93
1.5.	86	2.5.	36	3.5.	71	4.5.	64	5.5.	100
1.6.	71	2.6.	43	3.6.	71	4.6.	79	5.6.	71
1.7.	43	2.7.	36	3.7.	29	4.7.	29	5.7.	29
1.8.	64	2.8.	29	3.8.	57	4.8.	14	5.8.	64
1.9.	36	2.9.	14	3.9.	43	4.9.	43	5.9.	57
1.10.	21	2.10.	36	3.10.	21	4.10.	36	5.10.	7

Schwierigkeitsindizes. Unter dem Schwierigkeitsindex P eines Items versteht man den prozentualen Anteil der Probanden, die das Item gelöst haben. Der Index ist also bei schwierigen Aufgaben eine kleine Zahl, bei leichten Aufgaben eine große Zahl, sie beträgt maximal 100. Nach einer Formel von Lienert [22] wird P so bestimmt:

$$P = \frac{n_r \times 100}{n}$$

P Schwierigkeitsindex eines Items
n Gesamtzahl der Probanden
n_r Gesamtzahl der Probanden, die das Item richtig gelöst haben

Die Messwerte der Tabelle 10.2 zeigen an, dass

- die Schwierigkeitsindizes gut streuen, also etwa die gleiche Anzahl von Aufgaben geringer, mittlerer und hoher Schwierigkeit vorhanden sind,
- besonders die Kennzahlen der ersten Items einer Aufgabengruppe groß sind und somit – wie beabsichtigt – leichte Aufgaben aus psychologischen Gründen am Anfang stehen,
- die Kennwerte der letzten Aufgaben einer Aufgabengruppe oft niedrig sind, da in vielen Fällen die Schülerinnen wegen der begrenzten Zeit diese Aufgaben nicht bearbeitet haben.

Berechnet man das arithmetische Mittel der Schwierigkeitsindizes, so erhält man $\overline{P} = 57$ mit einer Standardabweichung von $s = 27$. Die Werte bestätigen, dass eine mittlere Schwierigkeit über alle Aufgaben verteilt vorliegt, die durch eine große Streuung von $P = 7$ bis $P = 100$ zustande kommt. Mit diesen Werten korreliert naturgemäß das arithmetische Mittel der Rohpunkte aller Probanden: Bei einer Maximalzahl von 40 Punkten beträgt es $\overline{x} = 24{,}3$, $s = 7{,}7$.

Trennschärfekoeffizienten. Diese Kennwerte geben die Korrelation zwischen einzelnen Aufgaben und der Gesamtleistung im Test an, sie sagen etwas darüber aus, inwieweit eine Aufgabe dazu beiträgt, leistungsstarke und schwache Probanden im Sinne des Tests voneinander zu „trennen". Ein hoher Koeffizient nahe 1,0 zeigt an, dass die entsprechende Aufgabe von den erfolgreichen Probanden im Gesamttest meist richtig, von den „schwachen" Probanden meist falsch beantwortet oder ausgelassen worden ist – eine solche Aufgabe ist gut für einen Test geeignet. Ein Koeffizient von 0 bringt zum Ausdruck, dass die Aufgabe von starken und schwachen Probanden hinsichtlich des Gesamttests etwa gleich häufig richtig beantwortet wird – solche Aufgaben sind unbrauchbar.

Lienert [22] gibt folgende Formel zur Berechnung des Trennschärfekoeffizienten an:

$$r_{it} = \frac{\overline{x}_r - \overline{x}}{s} \sqrt{p/q}$$

mit:

r_{it}	Trennschärfekoeffizient
$\overline{x}$	arithmetisches Mittel aller Rohwerte
s	Standardabweichung
$\overline{x}_r$	arithmetisches Mittel der Rohwerte von denjenigen Probanden, die das Item richtig gelöst haben
p	Schwierigkeitsindex $P/100$
q	$= 1-p$
$\sqrt{p/q}$	Tafelwert Tafel 3 [22]

Stellt man $\overline{x} = 24{,}3$ und $s = 7{,}7$ in Rechnung, so lassen sich für die einzelnen Aufgaben die Trennschärfekoeffizienten berechnen (vgl. Tabelle 10.3). Die Messwerte zur Aufgabentrennschärfe weisen aus, dass

- der überwiegende Teil der Aufgaben ausreichend trennscharf ist, dass insbesondere 26 Items Koeffizienten aufzeigen, die größer als 0,3 sind,
- von den 40 Aufgaben nur 6 Aufgaben einen Koeffizienten von 0 oder nahe 0 besitzen. Diese Aufgaben müssten bei einer Revision des Tests entfernt und durch trennschärfere Aufgaben ersetzt werden.

Tabelle 10.3: Trennschärfekoeffizienten der Testaufgaben, Mädchenklasse der Stufe 8

Aufgabe	r_{it}	Aufgabe	r_{it}	Aufgabe	r_{it}
1.3.	0,43	3.3.	0,70	5.3	0,24
1.4.	0,43	3.4.	0,00	5.4	0,42
1.5	0,16	3.5.	0,04	5.5.	0,51
1.6.	0,99	3.6.	0,62	5.6.	0,51
1.7.	0,23	3.7.	0,43	5.7.	0,00
1.8.	0,57	3.8.	0,52	5.8.	0,47
1.9.	0,61	3.9.	0,21	5.9.	0,49
1.10	0,78	3.10.	0,47	5.10.	0,02
2.3.	0,14	4.3.	0,53		
2.4.	0,64	4.4.	0,37		
2.5.	0,77	4.5.	0,03		
2.6.	0,64	4.6.	0,33		
2.7.	0,34	4.7.	0,62		
2.8.	0,27	4.8.	0,61		
2.9.	0,24	4.9.	0,25		
2.10.	0,36	4.10.	0,69		

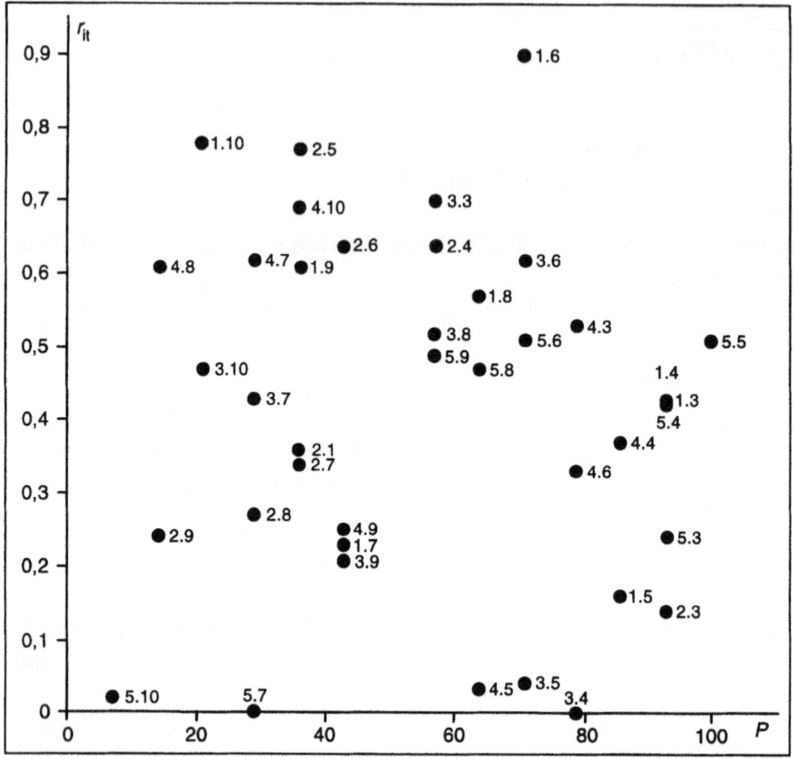

Abb. 10.3: Darstellung der Trennschärfekoeffizienten in Abhängigkeit von Schwierigkeitsindizes

Um die Aufgaben gleichzeitig von *Schwierigkeit und Trennschärfe* beurteilen zu können, werden die Trennschärfekoeffizienten der Aufgaben in Abhängigkeit vom Schwierigkeitsindex grafisch aufgetragen. Abbildung 10.3 zeigt grafisch sichtbar auf, dass eine gute Streuung in der Schwierigkeit der Aufgaben vorliegt und die meisten Trennschärfekoeffizienten im Mittelfeld zwischen den Werten 0,3 und 0,8 liegen. Für einen Leistungsvergleich zwischen Schülergruppen oder für andere Leistungsaussagen bezüglich des Raumvorstellungsvermögens kann man mit Hilfe dieser Abbildung ungeeignete Aufgaben entfernen und die ausreichend trennscharfen Aufgaben für die Auswertung auswählen.

Nachdem die Güte des Raumvorstellungstests durch die genannten Kennwerte in befriedigendem Maße ausgewiesen werden kann, sollen schließlich die Gütekriterien Objektivität, Reliabilität und Validität betrachtet werden.

Objektivität. Lienert [22] versteht unter Objektivität den Grad, in dem die Ergebnisse eines Testes unabhängig vom Untersuchungsleiter sind und unterscheidet Durchführungs- und Auswertungsobjektivität. Die *Durchführungsobjektivität* ist sowohl durch die schriftliche Instruktion und die Lösung der Beispielaufgaben als auch durch schriftliche Fragen oder Aufforderungen zur Lösung der Testaufgaben gewährleistet. Die *Auswertungsobjektivität* ist durch die Verwendung von Mehrfachwahlaufgaben und die Schablonenauswertung verwirklicht.

Reliabilität. Angelehnt an die Definition von Lienert versteht man unter der Reliabilität den Grad der Reproduzierbarkeit, mit dem der Test das zu bestimmende Merkmal misst. Es werden mehrere Methoden zur Bestimmung der Reliabilität vorgeschlagen –, für die vorliegende Fassung des Tests soll die Bestimmung des Reliabilitätskoeffizienten auf zwei Wegen erfolgen:

1. durch eine Konsistenzanalyse unter Berücksichtigung der Schwierigkeitsindizes und Trennschärfekoeffizienten der Teilaufgaben nach der Formel von Gulliksen [22],
2. durch die Wiederholung desselben Tests mit derselben Probandengruppe und Berechnung des Maßkorrelationskoeffizienten der Rohpunktwertepaare aus beiden Ergebnissen [22].

Die Formel für die Konsistenzanalyse von Gulliksen lautet:

$$r'_{tt} = \frac{n}{n-1}\left[1 - \frac{\sum pq}{\left(\sum r_{it}\sqrt{pq}\right)^2}\right]$$

n Anzahl der Probanden
p Schwierigkeitsindex $P/100$
q $q = 1-p$
r_{it} Trennschärfekoeffizient

Unter Verwendung der Aufgabenkennwerte (vgl. Tabellen 10.2 und 10.3) und der Tabelle 3 bei Lienert [22] wurde folgender Reliabilitätskoeffizient errechnet:

$r'_{tt} = 0{,}94$.

Zur Wiederholungsmethode wurde der Test mit derselben Probandengruppe zwei Monate später wiederholt. Da der Test bekannt war und in der Zwischenzeit Chemieunterricht mit räumlichen Strukturmodellen stattgefunden hat, wurde ein Anstieg der Schwierigkeitsindizes erwartet. In der Tat konnte festgestellt werden, dass die Indizes für 36 der 40 Aufgaben größer geworden sind –, nur in vier Fällen (Aufgaben 2.8., 3.4., 4.9. und 5.5.) ist die Schwierigkeit geringer ausgefallen. Diese Tatsache allein weist auf eine erstaunliche Testgüte hin.

Nach folgender Formel von Lienert [22] lässt sich aus den Rohpunktwertepaaren ein Korrelationskoeffizient, der Retest-Reliabilitätskoeffizient, errechnen:

$$r_{tt} = \frac{n\sum X_1 X_2 - \sum X_1 \sum X_2}{\sqrt{\left(n\sum X_1^2 - \left(\sum X_1\right)^2\right)\left(n\sum X_2^2 - \left(\sum X_2\right)^2\right)}}$$

n Anzahl der Probanden
X_1 Rohpunktwert im 1. Test
X_2 Rohpunktwert im 2. Test

Die Berechnung führt zu dem Wert

$r_{tt} = 0{,}92$

Auf der Grundlage beider Ermittlungsmethoden liegen die Reliabilitätskoeffizienten nahe dem Maximalwert 1. Aus diesem Grunde kann davon ausgegangen werden, dass die Zuverlässigkeit der Messwerte gegeben ist und dass der Test gut reproduzierbare Messwerte liefert.

Validität. Nach Lienert [22] gibt die Validität eines Tests den Grad der Genauigkeit an, mit dem der Test dasjenige Persönlichkeitsmerkmal, das der vorliegende Test messen soll, tatsächlich misst. Das Persönlichkeitsmerkmal, das der vorliegende Test messen soll, ist das Raumvorstellungsvermögen, das für einen an räumlichen Strukturmodellen orientierten Chemieunterricht benötigt wird. Da aus ökonomischen Gründen ein Testheft verwendet wird, muss folgende Einschränkung gemacht werden: Das zu messende Merkmal ist die Fähigkeit, aus 2-dimensionalen Zeichnungen oder Abbildungen 3-dimensionaler Körper oder Strukturen räumliche Beziehungen erkennen zu können. Unter dieser Voraussetzung besitzt der Test triviale Validität bzw. Augenscheinvalidität, da die Übereinstimmung mit dem zu erfassenden Merkmal evident ist [22].

10.4 RVT-Untersuchungen im Raum Münster

Der Raumvorstellungstest wurde auf der Grundlage der teststatistischen Daten noch ein weiteres Mal revidiert und liegt in seiner Endfassung vollständig in der Anlage dieses Kapitels vor.

Er wurde im Rahmen eines Dissertationsvorhabens [23] in Klassenstufen 7–12 in Gymnasien, Realschulen und Gesamtschulen im Raum Münster eingesetzt. Die Testergebnisse sind auf dem Hintergrund der folgenden *Hypothesen* ausgewertet worden:

1. Schwierigkeitsindizes und Trennschärfekoeffizienten weisen eine Verteilung über den gesamten Bereich aus, sie steigen mit der Klassenstufe an.
2. Die RVT-Leistungen, also die Rohpunkt-Mittelwerte, verbessern sich mit ansteigender Klassenstufe.
3. Die Gymnasiasten erreichen höhere RVT-Leistungen als die Nichtgymnasiasten (Realschüler und Gesamtschüler).
4. Die Jungen erreichen höhere RVT-Leistungen als die Mädchen derselben Klassenstufe und derselben Schulform.
5. Die Elementarzelle (Aufgabengruppe 4 des RVT) wird von der Mehrzahl der Jungen und Mädchen auf allen Klassenstufen erfolgreich interpretiert.

Schwierigkeitsindizes und Trennschärfekoeffizienten. Listet man wie in Abbildung 10.3 die Aufgabenkennwerte gegeneinander auf, so erhält man Diagramme, wie sie exemplarisch für die Klassenstufen 7 und 11 in Abbildung 10.4 gezeigt werden. Beide Diagramme weisen aus, dass die Kennwerte im erwarteten Bereich gut verteilt sind: für P variieren sie von 0–100, für r_{it} liegen sie im Bereich von 0–0,9.

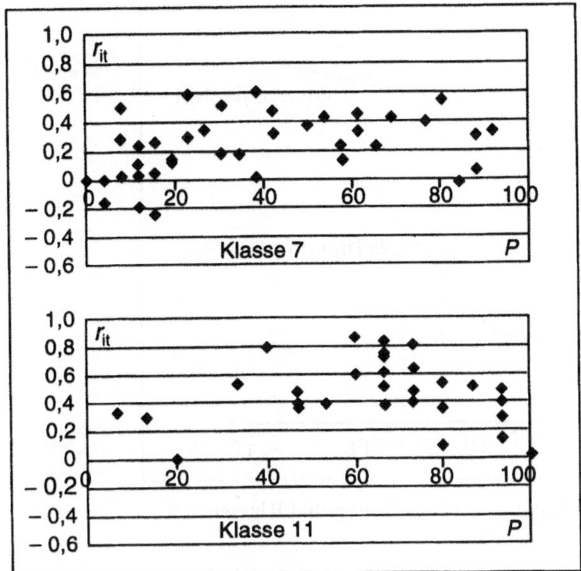

Abb. 10.4: Trennschärfekoeffizienten und Schwierigkeitsindizes der Aufgaben, Klassen 7 und 11 einiger Gymnasien in Nordrhein-Westfalen

Allerdings ist zu beobachten, dass die Mehrzahl der Aufgaben für die Klassenstufe 7 im Bereich $0 < P < 40$ liegt und schwache Trennschärfen ausweisen, einige Werte sind sogar negativ. Dagegen liegt in der Klassenstufe 11 die Mehrzahl der Schwierigkeitsindizes im Bereich $60 < P < 100$: Diese Aufgaben werden von den Probanden als besonders leicht empfunden. Die Trennschärfen sind mit Werten bis zu 0,9 im Schnitt größer als in der Klassenstufe 7: Sie erreichen dort maximal Werte bis 0,6. Insofern ist die Hypothese 1 bestätigt. Stichproben, weitere Kennwerte, deren Verteilungen oder Signifikanzprüfungen sind bei Temechegn Engida nachzusehen [23].

Leistungsanstieg, Klassenstufe und Schulform. Der Raumvorstellungstest weist fünf Aufgabengruppen mit jeweils acht Items auf: Die Maximalzahl der Testrohpunkte beträgt also 40. Errechnet man für jede Klassenstufe die Mittelwerte, so erhält man für die Gymnasiasten der Klassenstufe 7 etwa den Wert 17 und für die Klassenstufe 12 den Wert 28. Abbildung 10.5 zeigt weiterhin den Verlauf des Anstiegs sowohl für die Gymnasiasten als auch für die Nichtgymnasiasten. Es ist gemäß der Hypothese 2 zu erkennen, dass in beiden Fällen die Leistungen mit der Klassenstufe ansteigen. Es wird ebenfalls Hypothese 3 bestätigt: Jugendliche an Gymnasien sind leistungsstärker als Jugendliche der Realschulen oder Gesamtschulen.

Interessanter erscheint der Kurvenverlauf des jeweiligen Anstiegs der Leistungen (vgl. Abb. 10.5): Bei den Gymnasiasten ist ein besonderer Anstieg von der Klassenstufe 9 nach 10 zu erkennen, bei den Nichtgymnasiasten eher von der Klassenstufe 10 nach 11. Der letztgenannte Anstieg spiegelt die Tatsache wieder, dass nur leistungsstärkere Schüler und Schülerinnen in die Klassenstufe 11 der Sekundarstufe II gewechselt sind und somit verschiedene Stichproben vorliegen.

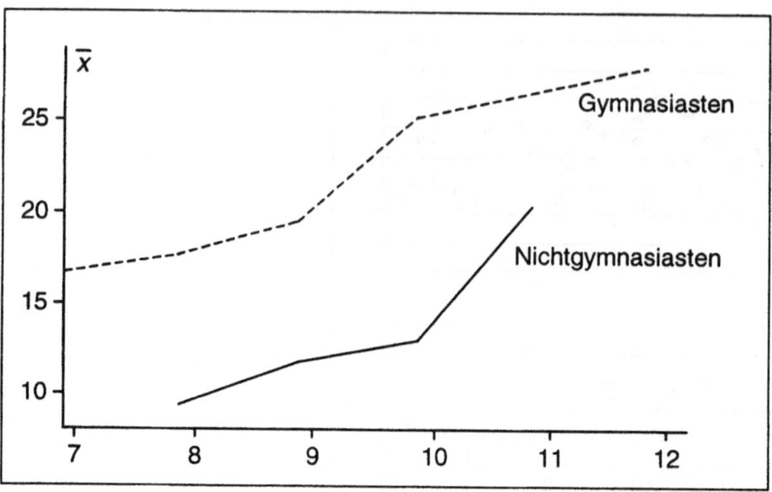

Abb. 10.5: RVT-Mittelwerte in Abhängigkeit von Schultyp und Klassenstufe

Zum anderen können die Anstiege der Leistungen wahrscheinlich damit erklärt werden, dass das Raumvorstellungsvermögen besonders beansprucht und damit trainiert worden ist. So kann es die räumliche Geometrie im Fach Mathematik sein, die besondere Ansprüche stellt, oder der Geographie-Unterricht mit besonderem Augenmerk auf die Arbeit mit Landkarten und Weltglobus, oder der Physik-Unterricht in Bereichen wie Mechanik oder Astronomie. Der Chemieunterricht könnte erfolgreich mithelfen, durch den Einsatz räumlicher Modelle zur Struktur der Materie das Raumvorstellungsvermögen zu trainieren und zu verbessern.

RVT-Leistungen und Geschlecht. Trägt man die Rohpunkt-Mittelwerte auch in Abhängigkeit vom Geschlecht auf, so erhält man die Grafen der Abbildung 10.6. Sie zeigen, dass in allen Fällen die Leistungen der Jungen um etwa zwei Rohpunkte höher liegen als die der Mädchen, im Falle der Nichtgymnasiasten sogar bis zu vier Rohpunkten: Damit ist die Hypothese 4 als bestätigt zu betrachten. Weitere Details und Signifikanzprüfungen sind anderenorts beschrieben [23].

Es zeigt sich ebenfalls, dass der spezifische Anstieg der Leistungen sowohl bei Jungen als auch bei Mädchen der Gymnasien von der Klassenstufe 9 nach 10 besonders stark ist, im gleichen Sinne findet dieser Anstieg bei Nichtgymnasiasten von Klassenstufe 10 nach 11 statt. Im Zusammenhang mit den Anstiegen der Leistungen gibt es keine Unterschiede zwischen Jungen und Mädchen.

Elementarzelle und RVT-Leistungen. Wie in Kapitel 13 ausgeführt, spielt die Elementarzelle eine besondere Rolle bei der Ableitung chemischer Symbole im strukturorientierten Chemieunterricht. Es wird vorgeschlagen, ähnlich dem Molekül als kleinste Struktureinheit für den Aufbau flüchtiger Stoffe die Elementarzelle als kleinste Struktureinheit hinsichtlich der Salze und kristallinen Substanzen zu Grunde zu legen [24]. Die wichtigste Voraussetzung für ein solches Vorgehen ist ein ausreichendes Raumvorstellungsvermögen für das erfolgreiche Erkennen und Interpretieren von Elementarzellen. Deshalb wird mit Hypothese 5 darauf ein besonderes Augenmerk gerichtet.

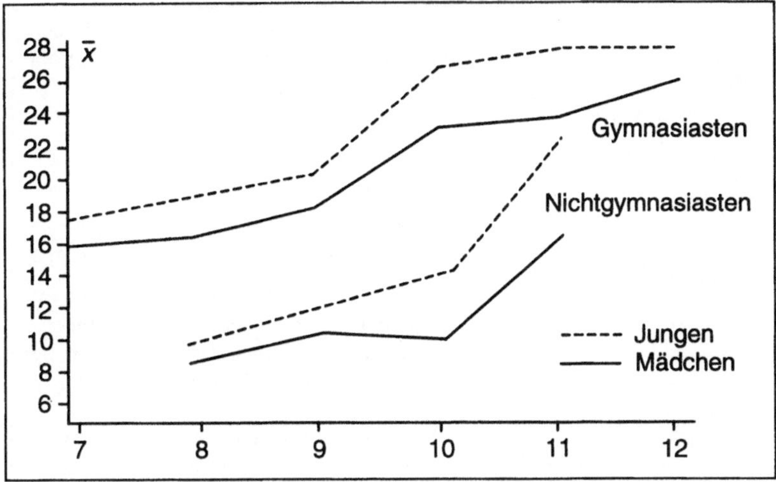

Abb. 10.6: RVT-Mittelwerte in Abhängigkeit von Schultyp, Klassenstufe und Geschlecht

Zur Beurteilung der Hypothese werden in Abbildung 10.7 die Bilder aus der Aufgabengruppe „4. Auszählen von Elementarzellen" mit den entsprechenden Fragen wiedergegeben, richtige Auswahlantworten in Klammern notiert. Die Schwierigkeitsindizes werden in Abhängigkeit von der Klassenstufe grafisch abgebildet, die Zahlen 1–11 bedeuten der Reihe nach folgende Schülergruppen des Gymnasiums: 7.1, 7.2, 8.1, 8.2, 9.1, 9.2, 10.1, 10.2, 11.1, 11.2, 12. Von den Klassenstufen 7–11 sind also jeweils zwei Probandengruppen gewählt worden, aus der Klassenstufe 12 lag nur eine Gruppe vor.

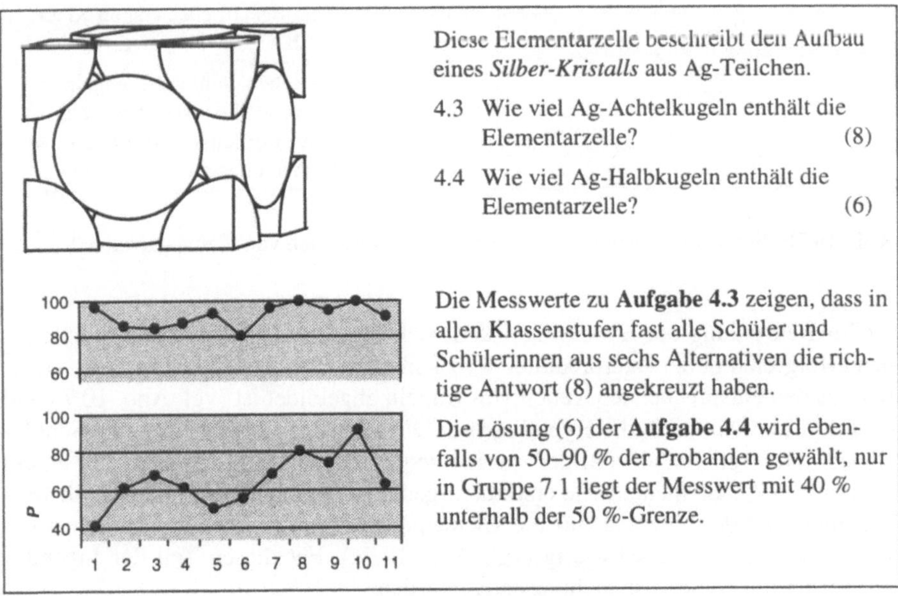

Abb. 10.7a: Schwierigkeitsindizes der Items zu „4. Auszählen von Elementarzellen"

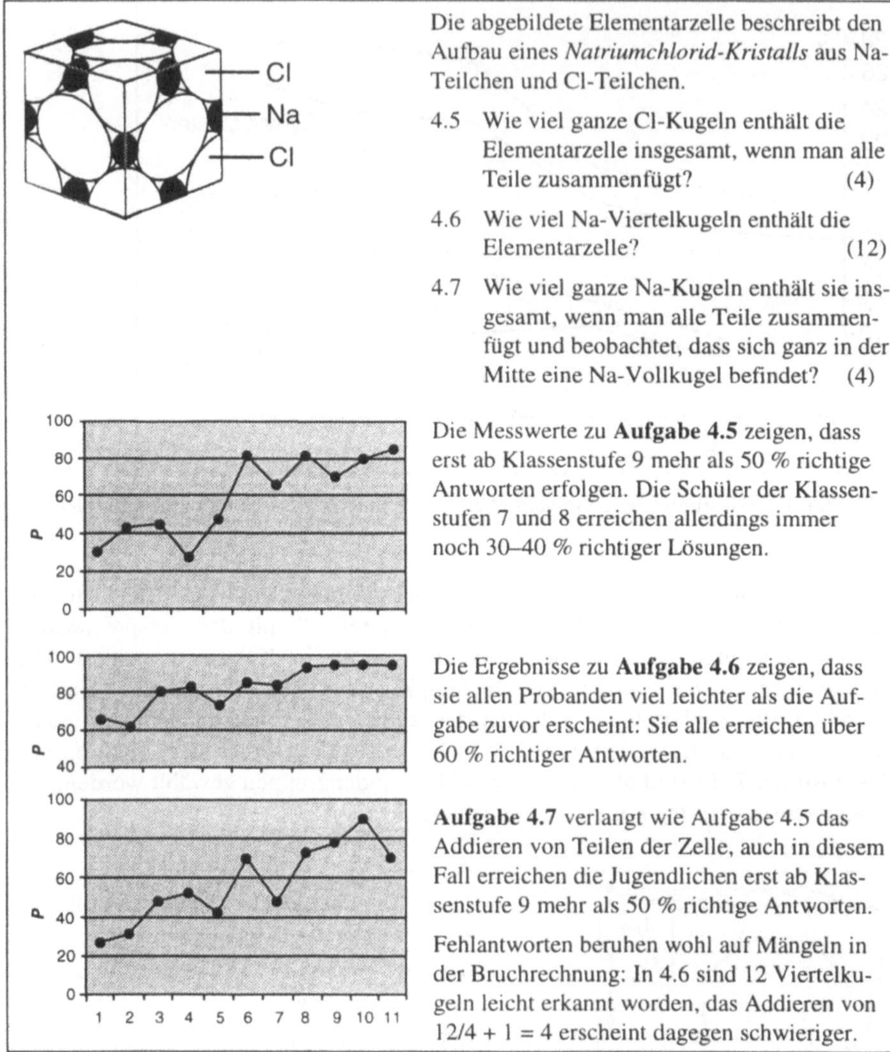

Abb. 10.7b: Schwierigkeitsindizes der Items zu „4. Auszählen von Elementarzellen“

Zur Beurteilung der *Hypothese 5* lässt sich sagen, dass Schüler und Schülerinnen erfolgreich in der Interpretation der Elementarzelle sind, wenn die Zelle sichtbar aus den entsprechenden Teilen von Kugeln abgebildet ist (vgl. Abb. 10.7a und b). Für diese Fälle trifft die Hypothese zu: Die Mehrzahl aller Schüler und Schülerinnen interpretieren die Bilder zu Elementarzellen richtig. Sobald aus einem Raumgitter die Elementarzelle erst durch gedankliches Schneiden hergestellt werden muss, ist der Umgang mit der Elementarzelle den meisten Jugendlichen der Klassenstufen 7–9 zu schwierig (vgl. Abb. 10.7c): Für diesen Teil der Jugendlichen kann die Hypothese nicht bestätigt werden.

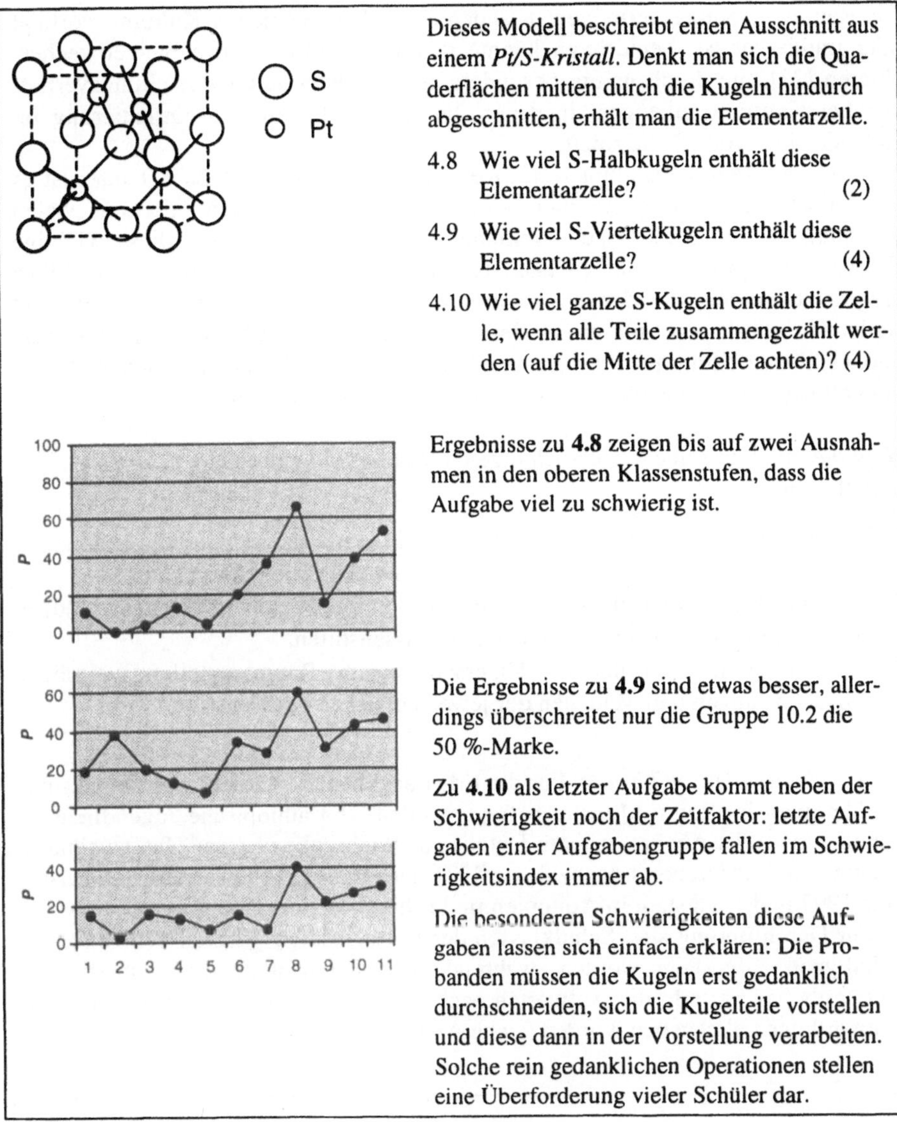

Abb. 10.7c: Schwierigkeitsindizes der Items zu „4. Auszählen von Elementarzellen"

10.5 RVT-Leistungen von Jugendlichen aus Deutschland und Äthiopien

Durch ein Promotionsvorhaben eines äthiopischen Dozenten am Institut für Didaktik der Chemie der Universität Münster fand der Vergleich von Daten aus Deutschland und Äthiopien statt. Zum einen war es das Interesse von Temechegn, Erhebungen in seinem Heimatland durch ein DAAD-Reisestipendium zu realisieren, zum anderen ist es die interessante, völlig offene Frage, in welchem Ausmaß das Raumvorstellungsvermögen in anderen als den westlichen Kulturen vorliegt oder trainierbar ist. Temechegn konnte mehrere empirische Erhebungen recherchieren [23], die durchaus ein besonders ausgebildetes Raumvorstellungsvermögen bei Kulturen aufzeigen, in denen die Jagd und damit die Orientierung im Gelände eine große Rolle spielt.

Liegt das Raumvorstellungsvermögen in ausreichendem Maße vor oder ist es trainierbar, dann würde ein naturwissenschaftlicher Unterricht, der mit vielen Zeichnungen und Bildern zu räumlichen Gegenständen arbeitet, diese wichtige Fähigkeit fördern. Es könnten auch für das Fach Chemie ernsthaft Vorschläge umgesetzt werden, die den strukturorientierten Unterricht in den Vordergrund stellen: Es würde nicht nur ein modernes Verständnis der Chemie vermittelt werden, es könnte damit auch die Entwicklung des allgemein sehr nützlichen Raumvorstellungsvermögens für die Jugendlichen unterstützt werden.

Hypothesen. Für seine Untersuchungen formulierte Temechegn [25] drei Nullhypothesen:

1. Es gibt keine signifikanten Unterschiede im Raumvorstellungsvermögen zwischen deutschen und äthiopischen Lernenden gleicher Altersstufe.
2. Es gibt keine signifikanten Unterschiede im Raumvorstellungsvermögen zwischen Lernenden der verschiedenen Klassenstufen.
3. Es gibt keine signifikanten Unterschiede im Raumvorstellungsvermögen zwischen Jungen und Mädchen der jeweils gleichen Klassenstufe.

Stichprobe und Durchführung. Für die Erhebungen sind 742 deutsche Schüler und Schülerinnen im Raum Münster befragt worden, 763 äthiopische Jugendliche an Schulen in Addis Abeba – nähere Details zur Stichprobe und zur Untersuchungsplanung sind anderenorts nachzulesen [23]. Die Befragungen fanden in Deutschland 1997 und 1998 statt, in Äthiopien im Frühjahr 1999.

Zur Durchführung sind Schulklassen der Klassenstufen 7–12 an Schulen vieler Schultypen aufgesucht worden, während einer Schulstunde die Testhefte und Antwortbogen verteilt, die Antworten nach Instruktion durch Ankreuzen auf dem Antwortbogen abgegeben worden (siehe Anhang).

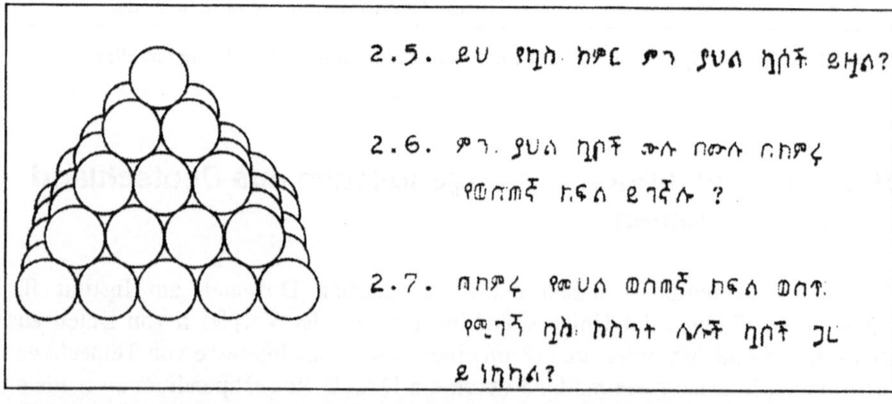

Abb. 10.8: Ausschnitt aus dem RVT-Testheft in der amharischen Heimatsprache

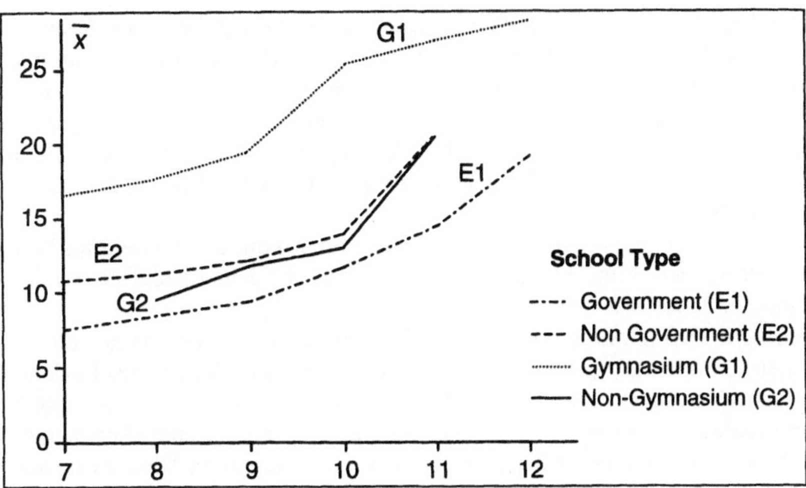

Abb. 10.9: RVT-Mittelwerte in Abhängigkeit von Land, Schultyp und Klassenstufe

Die Testhefte wurden nach einer Befragung eingesammelt und immer wiederverwendet, die Antwortbogen konnten mit Hilfe der Auswerteschablone (siehe Anhang) ausgewertet werden und werden für weitere Auswertungsvorhaben in unserem Institut aufbewahrt. Das in Äthiopien verwendete Testheft [23] liegt in der amharischen Heimatsprache vor (vgl. Abb. 10.8).

Ergebnisse. Die für deutsche Schüler und Schülerinnen ermittelten RVT-Testergebnisse sind bereits im vorherigen Abschn. 10.4 vorgetragen worden. Es kommen die Ergebnisse hinzu, die durch Befragungen in Äthiopien erhalten wurden. Die Daten deutscher Probanden sind zur Prüfung der *Hypothese 1* bereits diskutiert worden (vgl. Abb. 10.5). Nimmt man die Ergebnisse aus Äthiopien hinzu, so resultiert Abbildung 10.9.

Es ist zu erkennen, dass neben den deutschen Gymnasiasten und Nichtgymnasiasten (vgl. Abschn. 10.4) zwei wichtige Schultypen in Äthiopien unterschieden worden sind: Government Schools (E1) und Non-Government Schools (E2). Erstere sind die staatlichen Schulen, die kostenfrei sind, deshalb durch die große Mehrheit von Jugendlichen frequentiert werden und Klassenstärken von bis zu 80 Schülern pro Klasse aufweisen. Non-Government Schools sind private Einrichtungen, die sich auf der Basis von Schulgebühren finanzieren und nur von privilegierten Eltern bezahlt werden können. Die Lehrpläne für beide Schularten sind die Gleichen, allerdings ist durch kleinere Klassenverbände und ausgewähltes Lehrpersonal das Lernen auf den Privatschulen erfolgreicher.

Dieser Schulerfolg zeichnet sich auch in den Kurven der RVT-Mittelwerte ab (vgl. Abb. 10.9): Jugendliche der Non-Government Schools (E2) sind um 3–5 Rohpunkte erfolgreicher als Mitschüler der Government Schools (E1). Die E2-Resultate sind vergleichbar mit denen der Nichtgymnasiasten (G2) aus Münster: Letztere liegen mit ihren Ergebnissen unterhalb der E2-Kurve, erst in Klassenstufe 11 berühren sich beide Grafen. Allerdings sind die Gymnasiasten (G1) hochsignifikant erfolgreicher in den Testergebnissen als alle anderen Gruppen: In diesem Sinne muss die Hypothese 1 zurückgewiesen werden.

Auch die *Hypothese 2* ist auf der Grundlage der Abbildung 10.9 zurückzuweisen: Die entsprechenden Mittelwerte steigen stetig von Klassenstufe 7–12 an und weisen sogar besondere Anstiege aus, wie sie bereits in Abschnitt 10.4 diskutiert worden sind. Eine exakte Übereinstimmung gibt es hinsichtlich des Anstieges der Mittelwerte in den Gruppen E2 und G2: Der Anstieg findet nicht nur in derselben Altersgruppe, nämlich zwischen den Klassenstufen 10 und 11 statt, sondern weist auch fast dasselbe Steigungsmaß auf.

Gründe für die Unterschiede in den Schülergruppen können in zweierlei Hinsicht diskutiert werden: hinsichtlich der Beschäftigung mit Kinderspielzeugen und der Lehrpläne in Schulfächern.

Die Lehrpläne sind in Äthiopien für beide Schulformen dieselben, Unterschiede zwischen den Gruppen E1 und E2 kann es deshalb nicht auf Grund verschiedener Curricula geben, sondern eher auf Grund der verschiedenen Lernumgebungen oder Lehrerqualitäten. Greift man auf die Entwicklung der Jugendlichen zurück und bedenkt, dass die reichen Eltern der Schülergruppe E2 ihren Kindern technische Spielzeuge oder Baukästen anbieten können, dann mögen diese Jugendlichen große Vorteile in der frühen Entwicklung des Raumvorstellungsvermögens gegenüber denen der Schülergruppe E1 haben, die über keinerlei Spielzeuge technischer Art verfügen.

Diese Argumentation kann in anderem Sinne auch auf Jugendliche in Deutschland angewendet werden. Technische Spielzeuge und Baukästen werden üblicherweise sowohl von den Eltern der Gruppe G1 als auch G2 angeschafft, in unserem Land gibt es diesbezüglich keine Unterschiede. Die Unterschiede im Raumvorstellungsvermögen gründen sich deshalb eher auf Unterschieden in den Curricula: Die Gymnasiasten (G1) werden in Mathematik und Naturwissenschaften viel früher und viel intensiver mit Inhalten konfrontiert, die die Entwicklung des Raumvorstellungsvermögens fördern: Deshalb ist der besondere Anstieg bereits von der Klassenstufe 9 nach 10 zu verzeichnen.

In Äthiopien findet in der Klassenstufe 10 verstärkt Unterricht zu Fragen von Struktur und chemischer Bindung statt. Dieser Unterricht – gegebenenfalls mit von Lehrern selbstgebauten Modellen unterstützt – kann verantwortlich für den steilen Anstieg der RVT-Leistungen von Klassenstufe 10 nach 11 sein. Dies entspricht dem bereits in Abschnitt 10.4 diskutierten Zusammenhang, dass die Raumvorstellung verbessert wird, sobald die Schüler diesbezüglich mit Zeichnungen dreidimensionaler Objekte oder mit anderen dreidimensionalen Lehrmitteln arbeiten.

Die Unterschiede von Jungen und Mädchen in Deutschland sind bereits diskutiert worden (vgl. Abschn. 10.4) –, hinsichtlich der *Hypothese 3* sollen die Ergebnisse bei Jugendlichen aus Äthiopien hinzukommen. Wie Abbildung 10.10 es ausweist, haben zwar die Jungen bessere RVT-Mittelwerte erreicht, allerdings sind die Messwerte aus den Klassenstufen 7–11 der Government Schools (E1) nicht signifikant unterschiedlich, sie sind nahezu gleich groß. Hypothese 3 ist streng genommen nur für die Jugendlichen der Non-Government Schools (E2) zu verifizieren. Signifikanzprüfungen und weitere Details werden anderenorts beschrieben [23].

Ein wirklicher Unterschied der Kulturen in Deutschland und Äthiopien erweist sich durch die RVT-Messwerte der Jugendlichen der Government Schools (E1).

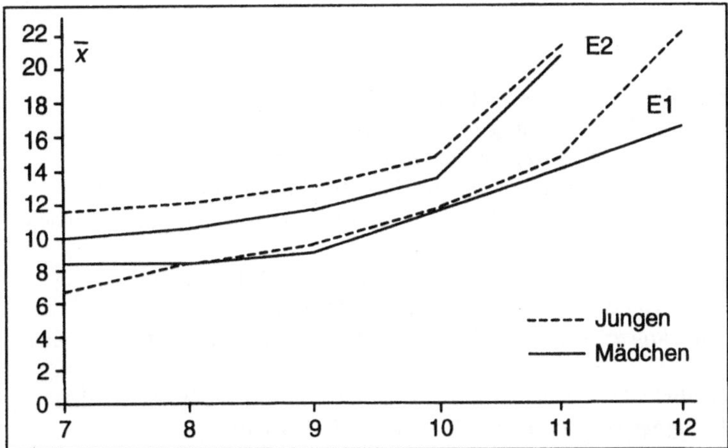

Abb. 10.10: RVT-Mittelwerte der äthiopischen Stichprobe in Abhängigkeit von Schultyp, Klassenstufe und Geschlecht

Während in Deutschland Unterschiede durchgehend zugunsten der Jungen nachgewiesen werden können, gibt es in der äthiopischen Stichprobe E1 diese Unterschiede für die Klassenstufen 7–11 nicht. Wie es bereits diskutiert worden ist, sind zunächst die Lehrpläne der äthiopischen Schulen in allen Schulgruppen gleich. Entscheidend scheint aber zu sein, dass die Eltern dieser Jugendlichen über kein Geld für technische Spielzeuge verfügen und Jungen wie Mädchen keine Möglichkeiten bieten, in ihrer Kindheit das Raumvorstellungsvermögen mit Spielzeugen und Baukästen zu schulen. Anders formuliert: Die Theorie eines genetisch bedingten Vorteils der Jungen im Raumvorstellungsvermögen scheint keineswegs gesichert zu sein.

Für Jungen in Deutschland oder in vergleichbaren westlichen Kulturen lässt sich auf fast jeder Altersstufe ein gewisser Vorsprung der Jungen vor gleich alten Mädchen nachweisen. Dieser Vorsprung kann vermutlich – jedenfalls zu einem Teil – auf die unterschiedlichen Spielzeuge zurückgeführt werden: Falls die Jungen eher technisches Spielzeug und technische Baukästen geschenkt bekommen und die Mädchen vielfach mit Puppen und Haushaltsgegenständen Vorlieb nehmen müssen, dann wären die Unterschiede auch im Kindesalter erklärbar. Man könnte auch diesbezüglich davon ausgehen, dass ein genetisch bedingter Vorteil für Jungen nicht vorliegt.

Allerdings tritt eine Verunsicherung auf, wenn man den Anstieg der Gruppe E1 von Klassenstufe 11 nach 12 betrachtet (vgl. Abb. 10.10). Setzt man voraus, dass der Unterricht in dieser Klassenstufe naturwissenschaftliche Inhalte anbietet, die etwa durch dreidimensionale Modelle oder Zeichnungen räumlicher Gegenstände das Raumvorstellungsvermögen ansprechen, dann scheinen die Jungen diese Fähigkeit sofort umzusetzen und ihre kognitive Struktur entsprechend zu verändern. Die Mädchen-Stichprobe zeigt diesen Anstieg nicht, obwohl derselbe Unterricht für sie stattgefunden hat. Gibt es vielleicht doch genetisch vorteilhafte Dispositionen der Jungen, räumliche Beziehungen schneller zu erfassen und die Fähigkeit zur Raumvorstellung in kürzerer Zeit auszubilden? Diese Frage ist durch viele weitere Studien der vorliegenden Art zu prüfen.

Literatur

[1] Jäckel, M., Risch, K.T.: *Chemie heute*. Hannover 1993 (Schroedel)
[2] Eisner, W.: *Elemente Chemie I*. Stuttgart 1992 (Klett)
[3] Heller, K.: *Intelligenz und Begabung*. München 1976 (Reinhardt)
[4] Thurstone, L.L.: *Primary mental abilities*. Psychometric Monographs 1 (1938)
[5] Rost, D.: *Raumvorstellung. Psychologische und pädagogische Aspekte*. Weinheim 1977 (Beltz)
[6] Pawlik, K.: *Dimensionen des Verhaltens*. 2. Aufl. Stuttgart 1971 (Huber)
[7] Hofstätter, P.: *Differentielle Psychologie*. Stuttgart 1971 (Kröner)
[8] Roth, E., u.a.: *Intelligenz – Aspekte, Probleme, Perspektiven*. Stuttgart 1973 (Kohlhammer)
[9] Krech, D., Crutchfield, D.: *Grundlagen der Psychologie* 2. Weinheim 1973 (Beltz)
[10] Smith, L.M.: *Pädagogische Psychologie* I. Stuttgart 1971 (Klett)
[11] Jäger, A.: *Dimensionen der Intelligenz*. Göttingen 1967 (Hogrefe)
[12] Mietzel, G.: *Pädagogische Psychologie*. Göttingen 1973 (Hogrefe)
[13] Ausubel, D.P.: *Psychologie des Unterrichts*. Weinheim 1974 (Beltz)
[14] Coleman, S.L., Gotch, A.J.: *Spatial Perception Skills of Chemistry Students*. J. Chem. Ed. 75 (1998)
[15] Sturzebecher, K.: *Raumvorstellung – bedeutsamer Intelligenzfaktor in der Schule*. Die Deutsche Schule 64 (1972), 690
[16] Maier, P.H.: *Räumliches Vorstellungsvermögen: Komponenten, geschlechtsspezifische Differenzen, Relevanz, Entwicklung und Realisierung in der Realschule*. Frankfurt 1994 (Lang)
[17] Quaiser-Pohl, C.: *Die Fähigkeit zur räumlichen Vorstellung*. Münster 1998
[18] Barke, H.-D.: *Raumvorstellung im naturwissenschaftlichen Unterricht*. MNU 33 (1980), 129
[19] Barke, H.-D.: *Das Training des Raumvorstellungsvermögens durch die Arbeit mit Strukturmodellen im Chemieunterricht*. MNU 36 (1983), 352
[20] Barke, H.-D.: *Chemical Education and Spatial Ability*. J. Chem. Ed. 70 (1993), 968
[21] Barke, H.-D., Kuhrke, R.: *Mädchen in Naturwissenschaften und Technik. Einführung in die Chemie. Von Alltagsvorstellungen zu ersten Strukturmodellen der Materie*. Frankfurt 1992 (Lang)
[22] Lienert, G.: *Testaufbau und Testanalyse*. Weinheim 1969 (Beltz)
[23] Temechegn E.: *Structural Chemistry and Spatial Ability in Chemical Education. A Case of Selected German and Ethiopian Schools*. Dissertation an der Universität Münster, Münster 2000
[24] Barke, H.-D., Wirbs, H.: *Chemische Symbole und kleinste Struktureinheiten*. PdN-Chemie 2/49 (2000), 2
[25] Barke, H.-D., Temechegn E.: *„Imagination is more important than knowledge"*, Chemische Strukturen und Raumvorstellung im Chemieunterricht. PdN-Chemie 3/50 (2001) 30

Anhang

Test des räumlichen Vorstellungsvermögens

Aufgabengruppen		Instruktionszeit	Bearbeitungszeit
1.	Bausteine in Quadern	2:00 min	4:00 min
2.	Kugeln in Kugelpackungen	2:00 min	7:00 min
3.	Stapeln von Kugelschichten	2:00 min	7:00 min
4.	Auszählen von Elementarzellen	2:00 min	7:00 min
5.	Spiegeln und Drehen von Modellen	2:00 min	7:00 min
		10:00 min	32:00 min

In dieses Heft keine Notizen machen!!

Antworten nur auf dem Antwortbogen markieren!!

Erst nach Aufforderung die einzelnen Seiten umblättern!!

1. Bausteine in Quadern

Der Aufbau von Kristallen aus kleinsten Teilchen kann im Modell dargestellt werden in Form von Packungen aus würfelförmigen Bausteinen.

Bei diesen Aufgaben soll die Anzahl von Bausteinen in solchen Modellen bestimmt werden. Dabei sind meist nicht alle Bausteine zu sehen – man muss sich die nicht sichtbaren Bausteine vorstellen und zählt sie zur Lösung der Aufgaben mit.

Beispiel:

1.1. Aus wie viel Bausteinen besteht der abgebildete Quader?

1.2. Wie viel Bausteine zeigen sich mit nur zwei Seitenflächen nach außen?

Der Quader besteht aus 12 Bausteinen – die Zahl 12 ist auf dem Antwortbogen unter 1.1. anzukreuzen.

Es sind nur 4 Bausteine, die sich mit zwei Seitenflächen nach außen zeigen – die Zahl 4 ist auf dem Antwortbogen unter 1.2. anzukreuzen.

Nach dem **Zeichen zum Umblättern** sind die Aufgaben 1.3.–1.10. zu bearbeiten.

1. Bausteine in Quadern

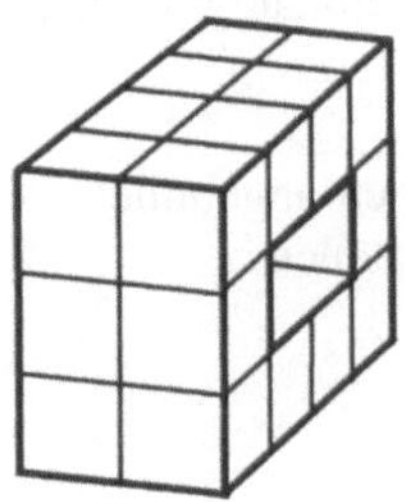

1.3. Aus wie viel Bausteinen besteht der abgebildete, hohle Körper?

1.4. Wie viel Bausteine braucht man, um den Hohlraum vollkommen auszufüllen?

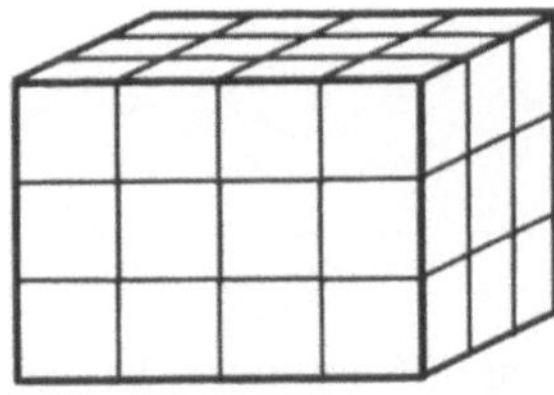

1.5. Wie viel kleine Würfel zeigen sich bei diesem abgebildeten Quader mit nur **einer** Seitenfläche nach außen?

1.6. Wie viel Würfel zeigen sich mit genau zwei Seitenflächen nach außen?

1.7. Wie viel Würfel liegen völlig im Inneren des Quaders und sind überhaupt nicht von außen sichtbar?

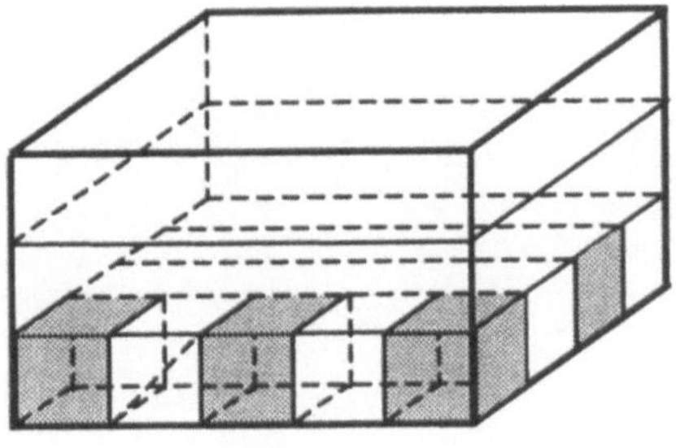

1.8. Wie viel kleine Würfel enthält der abgebildete Quader, wenn man ihn vollständig mit Würfeln füllt?

1.9. Wie viel Würfel liegen dann völlig im Inneren des Quaders?

1.10. Wie viel Würfel berühren einen Würfel im Inneren des Quaders jeweils mit einer Seitenfläche?

Auf das **Zeichen zum Umblättern** warten!!

2. Kugeln in Kugelpackungen

Der Aufbau von Kristallen aus kleinsten Teilchen kann modellmäßig auch mit Kugeln in Kugelpackungen dargestellt werden.

Statt der Bausteine werden hier also Kugeln in Kugelpackungen abgebildet – es sind wiederum nicht sichtbare Kugeln in der Vorstellung mitzuzählen.

Beispiel:

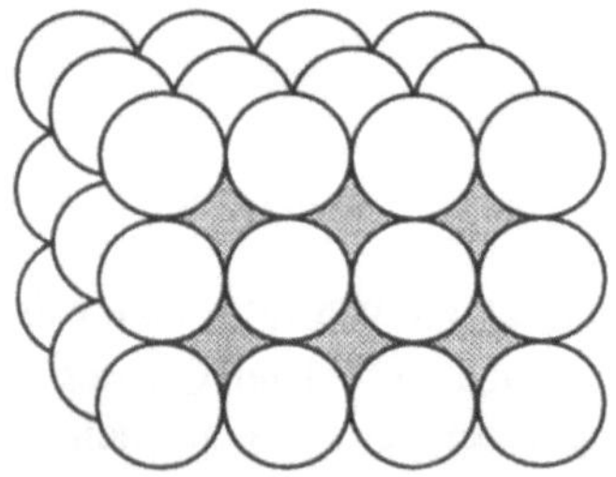

2.1. Aus wie viel Kugeln ist die abgebildete Kugelpackung aufgebaut?

2.2. Von wie viel Kugeln wird eine Kugel im Inneren berührt?

Die Kugelpackung ist aus 36 Kugeln aufgebaut –, die Zahl 36 ist unter 2.1. auf dem Antwortbogen anzukreuzen.

Die Kugel wird von 4 anderen in der Ebene, von einer darunter und von einer darüber berührt. Die Zahl 6 ist also auf dem Antwortbogen unter 2.2. anzukreuzen.

Nach dem **Zeichen zum Umblättern** sind die Aufgaben 2.3.–2.10. zu bearbeiten.

2. Kugeln in Kugelpackungen

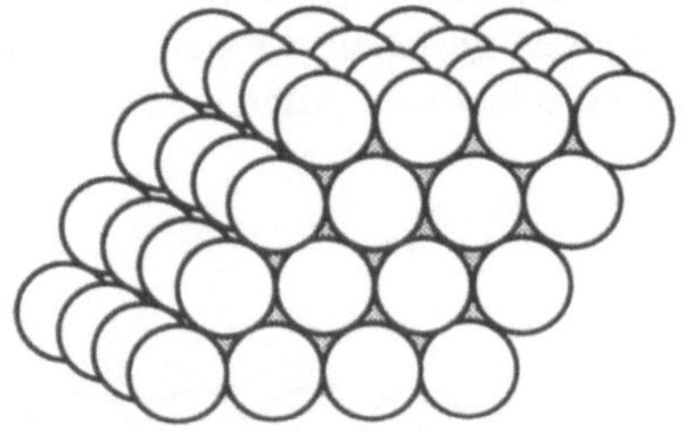

2.3. Wie viel Kugeln enthält die abgebildete Kugelpackung?

2.4. Wie viel Kugeln liegen ganz im Inneren der Kugelpackung?

2.5. Wie viel Kugeln enthält die abgebildete Kugelpackung?

2.6. Wie viel Kugeln liegen ganz im Inneren der Kugelpackung?

2.7. Von wie viel Kugeln wird eine Kugel im Inneren der Kugelpackung berührt?

2.8. Wie viel Kugeln liegen ganz im Inneren dieser Kugelpackung?

2.9. Von wie viel Kugeln wird eine Kugel im Inneren dieser Kugelpackung berührt?

2.10. Wie viel Kugeln benötigt man, um die Packung um eine 7. Kugelschicht zu erweitern?

Auf das **Zeichen zum Umblättern** warten!!

3. Stapeln von Kugelschichten

Für diese Aufgabengruppe sind Kugelschichten gezeichnet worden. In der Vorstellung sollen nun diese Kugelschichten aufeinander gestapelt werden, in der gedachten Kugelpackung ist schließlich die Lage verschiedener Kugeln zu erkennen oder zu vergleichen.

Beispiel:

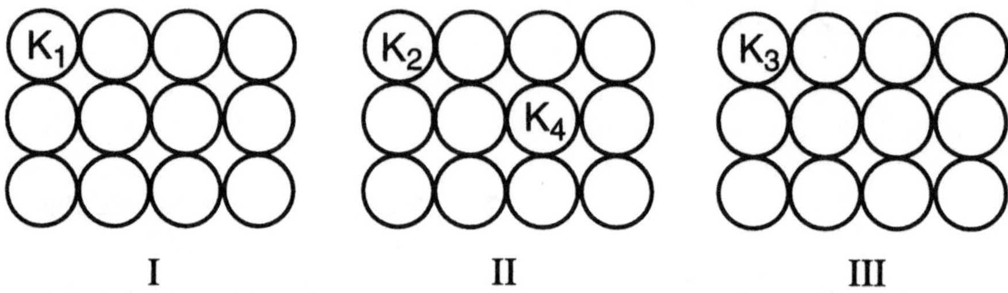

In diesem Beispiel sollen die drei Kugelschichten I, II und III so aufeinander geschichtet werden, dass K1, K2 und K3 senkrecht übereinander liegen.

3.1. Wie viel Kugeln liegen ganz im Inneren der gedachten Kugelpackung?

3.2. Von wie viel Kugeln wird die Kugel K2 in der gedachten Kugelpackung berührt?

Es liegen 2 Kugeln ganz im Inneren der Kugelpackung, die Zahl 2 ist auf dem Antwortbogen unter 3.1. anzukreuzen.

Die Kugel K2 wird von 4 anderen Kugeln berührt: zwei in der Fläche, eine oben, eine unten. Die Zahl 4 ist auf dem Antwortbogen unter 3.2. anzukreuzen.

Nach dem **Zeichen zum Umblättern** sind die Aufgaben 3.3.–3.10. zu lösen.

3. Stapeln von Kugelschichten

Es sollen die Schichten I, II und III so gestapelt werden, dass Kugel K1 auf Lücke L1 zu liegen kommt, Kugel K2 auf Lücke L2.

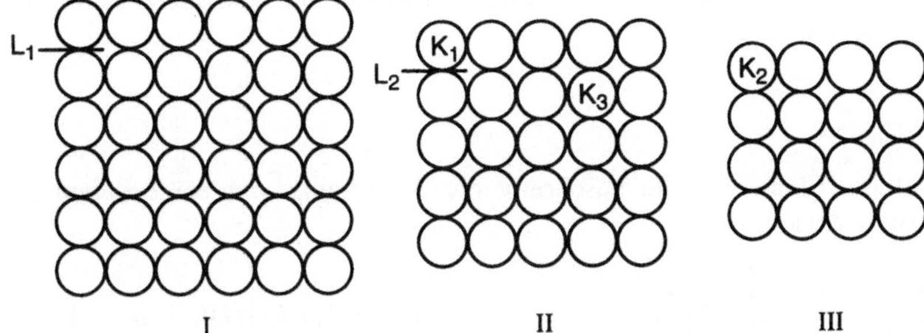

3.3. Wie viel Kugeln liegen ganz im Inneren der gedachten Kugelpackung?

3.4. Von wie viel Kugeln wird K3 in der gedachten Kugelpackung berührt?

3.5. Aus wie viel Kugeln wird die Lücke L2 im Inneren der Packung gebildet?

3.6. Welche geometrische Form bilden die Mittelpunkte der Kugeln, die Lücke L2 in der Packung aufbauen? Wähle eine der Formen a–e.

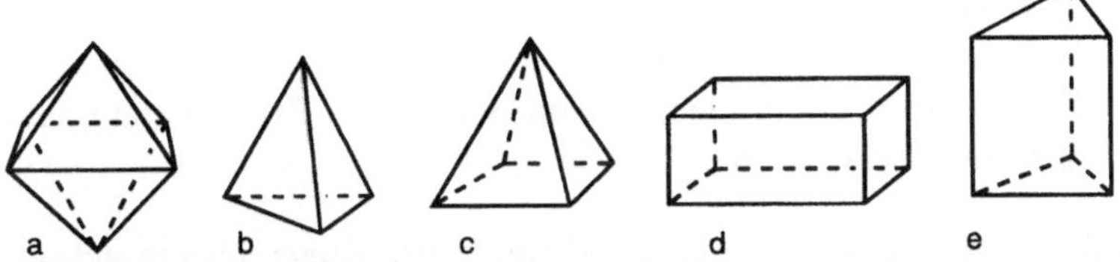

Es sollen die Schichten I, II und III so gestapelt werden, dass kleine und große Kugeln senkrecht aufeinander liegen und sich berühren.

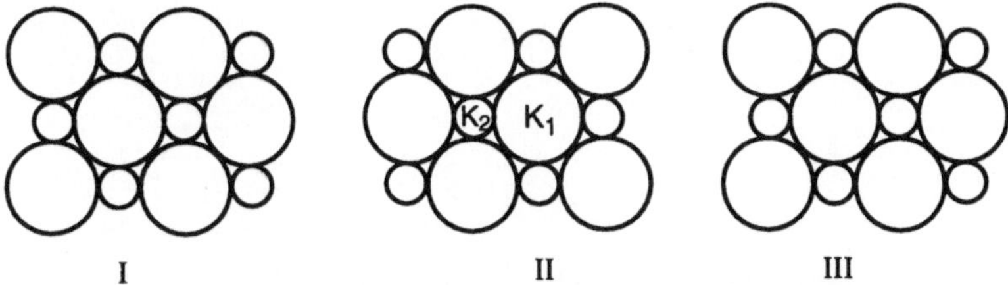

3.7. Von wie viel kleinen Kugeln wird K1 in der Kugelpackung berührt?

3.8. Von wie viel kleinen und großen Kugeln wird K1 in der Packung berührt?

3.9. Von wie viel großen Kugeln wird K2 in der Kugelpackung berührt?

3.10. Welche geometrische Form bilden die Mittelpunkte der großen Kugeln, die K2 in der Packung berühren? Wähle eine der Formen a–e (siehe Mitte der Seite).

Auf das **Zeichen zum Umblättern** warten!!

4. Auszählen von Elementarzellen

Der Aufbau von Kugelpackungen wird von Fachleuten auch mit Elementarzellen beschrieben. Eine solche Zelle baut die gesamte Packung auf, wenn man sie in Gedanken in die drei Richtungen des Raumes verschiebt und sich alle Zellen miteinander verbunden vorstellt.

Beispiel:

Die abgebildete Elementarzelle beschreibt die Anordnung von Na-Teilchen in einem Natrium-Kristall.

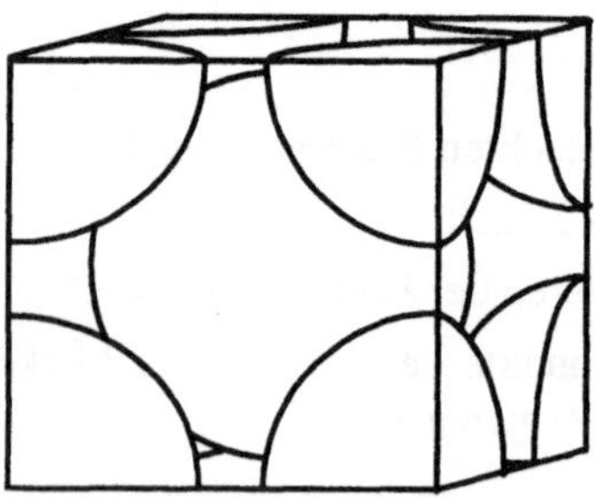

4.1. Wie viel Na-Achtelkugeln enthält die Elementarzelle an den Würfelecken?

4.2. Wie viel ganze Na-Kugeln enthält die Elementarzelle insgesamt, wenn alle Teile zusammengefügt werden?

Es sind 8 Achtelkugeln an den Würfelecken vorhanden –, die Zahl 8 ist auf dem Antwortbogen unter 4.1. anzukreuzen.

Man findet in der Zelle acht Achtelkugeln und eine ganze Kugel, also insgesamt zwei ganze Kugeln. Die Zahl 2 ist auf dem Antwortbogen unter 4.2. anzukreuzen.

Nach dem **Zeichen zum Umblättern** sind die Aufgaben 4.3.–4.10. zu lösen.

4. Auszählen von Elementarzellen

Diese Elementarzelle beschreibt den Aufbau eines Silber-Kristalls aus Ag-Teilchen.

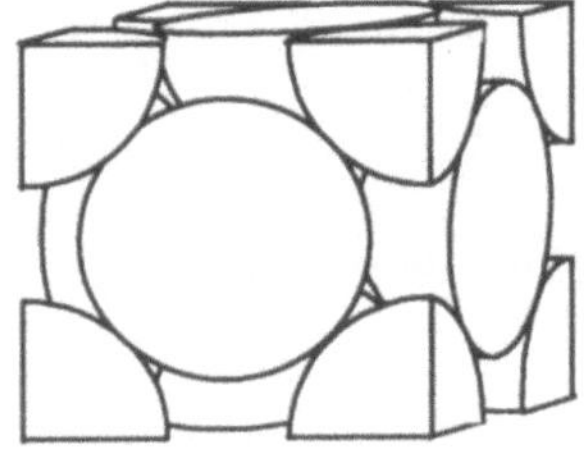

4.3. Wie viel Ag-Achtelkugeln enthält die Elementarzelle?

4.4. Wie viel Ag-Halbkugeln enthält die Elementarzelle?

Die abgebildete Elementarzelle beschreibt den Aufbau eines Natriumchlorid-Kristalls aus Na- Teilchen und Cl-Teilchen.

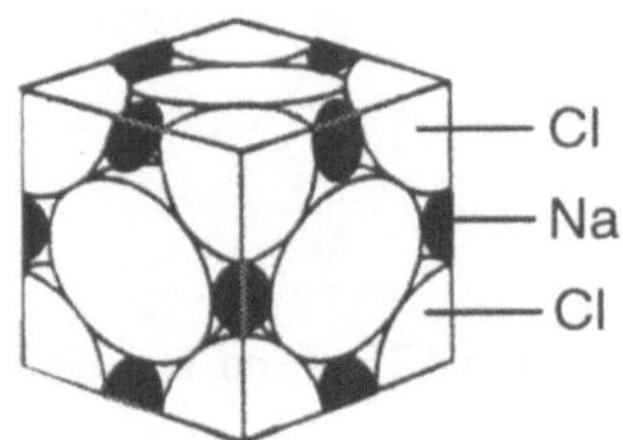

4.5. Wie viel ganze Cl-Kugeln enthält die Elementarzelle insgesamt, wenn man alle Teile zusammenfügt?

4.6. Wie viel Na-Viertelkugeln enthält die Elementarzelle?

4.7. Wie viel ganze Na-Kugeln enthält die Elementarzelle insgesamt, wenn man alle Teile zusammenfügt und beachtet, dass sich ganz in der Mitte der Zelle noch eine Na- Vollkugel befindet?

Dieses Modell beschreibt einen Ausschnitt aus dem Kristall einer Platin-Schwefel-Verbindung. Denkt man sich die Quaderflächen mitten durch die Kugeln hindurch abgeschnitten, so erhält man die Elementarzelle.

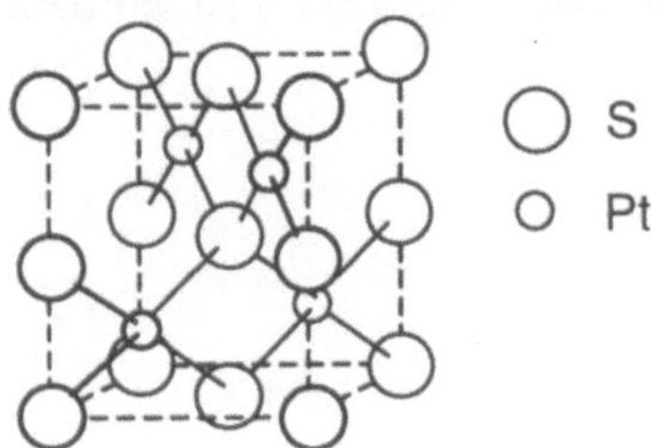

4.8. Wie viel S-Halbkugeln enthält diese Elementarzelle?

4.9. Wie viel S-Viertelkugeln enthält diese Elementarzelle?

4.10. Wie viel ganze S-Kugeln enthält die Elementarzelle insgesamt, wenn alle Teile (Voll-, Halb-, Viertel- und Achtel-Kugeln) zusammengezählt werden? Achtung: Auf die Mitte der Elementarzelle achten!

Auf das **Zeichen zum Umblättern** warten!!

5. Spiegeln und Drehen von Modellen

Die Lage von Atomen in Molekülen wird durch Molekülmodelle dargestellt. Sie sind oft so symmetrisch aufgebaut, dass man sie durch Spiegeln an einer Spiegelebene oder durch Drehen um einen Drehpunkt in andere Modelle überführen oder sogar auf sich selbst abbilden kann.

Beispiel:

Das Molekülmodell auf der linken Seite des Spiegels (Buchstaben) ergibt durch die Spiegelung das rechte Molekülmodell (Zahlen).

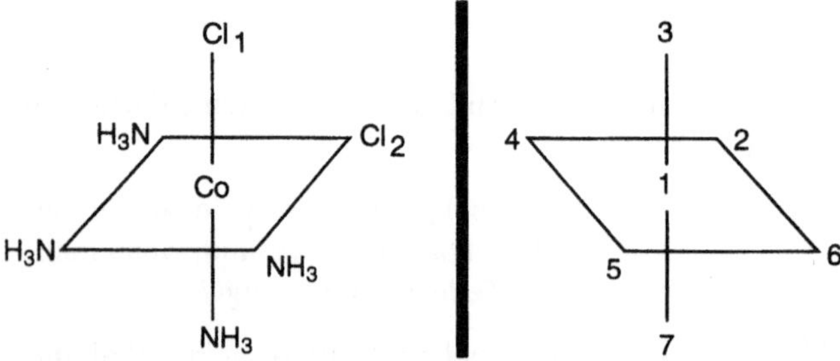

5.1. Auf welchen Punkt des Spiegelbildes fällt das Symbol Cl_1, wenn nur eine Spiegelung vorliegt?

5.2. Auf welchen Punkt des Spiegelbildes fällt das Symbol Cl_2, wenn eine 180-Grad-Drehung um die Cl_1-Co-NH_3-Achse und zusätzlich eine Spiegelung vorliegt?

Das Symbol Cl_1 fällt auf den Punkt 3 des Spiegelbildes –, die Zahl 3 ist auf dem Antwortbogen unter 5.1. anzukreuzen.

Das Symbol Cl_2 fällt auf den Punkt 6 des Spiegelbildes –, die Zahl 6 ist auf dem Antwortbogen unter 5.2. anzukreuzen.

Nach dem **Zeichen zum Umblättern** sind die Aufgaben 5.3.–5.10. zu lösen.

5. Spiegeln und Drehen von Modellen

5.3. Wohin gelangt das Symbol HO bei der Spiegelung des linken Modells (Tetraederform, gleiche Winkel)?

5.4. Wohin gelangt das Symbol HO bei einer 120-Grad-Drehung und anschließender Spiegelung? (Drehachse COOH–C, Drehung im Uhrzeigersinn von oben betrachtet)

5.5. Wohin gelangt COOH bei einer 120-Grad-Drehung und anschließender Spiegelung? (Drehachse OH–C, Drehung im Uhrzeigersinn von links betrachtet)

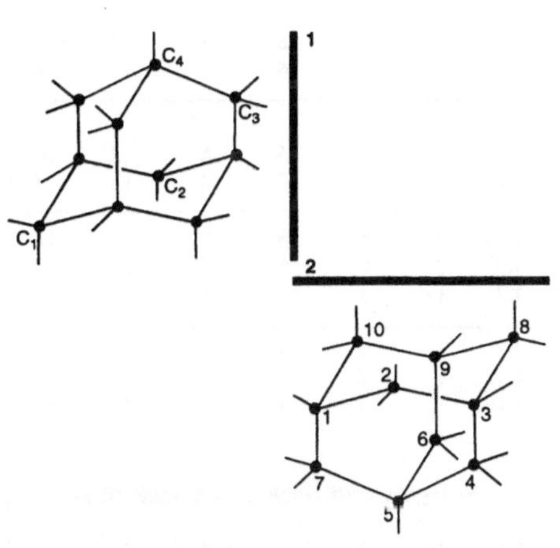

5.6. Wohin gelangt das Symbol C_1 bei der doppelten Spiegelung dieses Molekülmodells? (Linkes Modell zuerst an Spiegel 1, dann an Spiegel 2 spiegeln!)

5.7. Wohin gelangt das Symbol C_2 bei der doppelten Spiegelung des Modells? (Zuerst an 1, dann an 2 spiegeln !)

5.8. Das Modell wird um 120 Grad gedreht (Drehachse senkrecht durch C_4, Drehung im Uhrzeigersinn von oben betrachtet). Wohin gelangt dann das Symbol C_3 bei doppelter Spiegelung ?

Modelle können durch die Drehung um bestimmte Achsen in sich selbst überführt werden – in jedem Fall ein Mal, wenn man um 360 Grad dreht. Viele Modelle können einige Mal in deckungsgleiche Positionen gebracht werden.

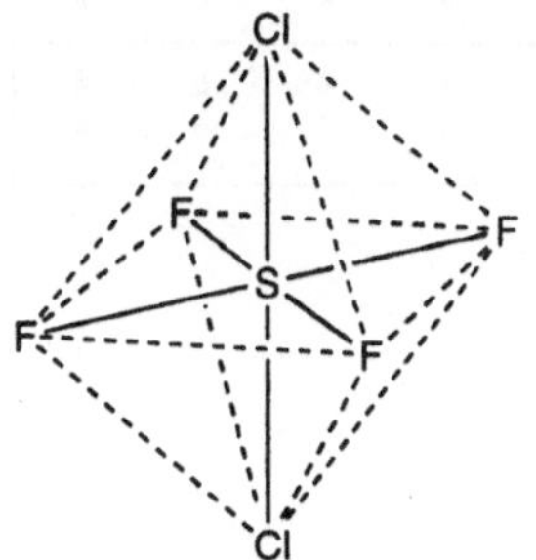

5.9. Dieses Modell soll in der Vorstellung um die Cl–Cl-Achse gedreht werden. Wie oft erscheint bei einer Drehung um 360 Grad dasselbe Modell? (360 Grad mitzählen!)

5.10. Wie oft erscheint dasselbe Modell bei einer Drehung um 360 Grad, wenn um eine der F–S–F-Achsen gedreht wird? (360 Grad mitzählen!)

Vielen Dank für Ihre Mitarbeit!!

ANTWORTBOGEN

Schule: ....

Klasse: ....

Alter: .... **Jahre**

Geschlecht: **M / W**

Datum: ....

Ergebnis: .... **von 40 Punkten**

1. Bausteine in Quadern

1.1.	4	6	8	10	12	20
1.2.	4	6	8	10	12	20
1.3.	4	6	8	10	16	20
1.4.	4	6	8	10	16	20
1.5.	4	6	8	10	16	20
1.6.	4	6	8	10	16	20
1.7.	1	2	6	12	15	60
1.8.	1	2	6	12	15	60
1.9.	1	2	6	12	15	60
1.10.	1	2	6	12	15	60

2. Kugeln in Kugelpackungen

2.1.	30	36	50	55	56	64
2.2.	3	4	5	6	7	8
2.3.	30	36	50	55	56	64
2.4.	6	8	10	12	14	16
2.5.	30	36	50	55	56	64
2.6.	3	4	5	6	7	8
2.7.	6	8	10	12	14	16
2.8.	3	4	5	6	7	8
2.9.	8	10	12	14	18	28
2.10.	8	10	12	14	18	28

3. Stapeln von Kugelschichten

3.1.	2	4	6	9	12	14
3.2.	2	4	6	9	12	14
3.3.	2	4	6	9	12	14
3.4.	2	4	6	9	12	14
3.5.	2	4	6	9	12	14
3.6.	a	b	c	d	e	
3.7.	4	6	9	12	16	18
3.8.	4	6	9	12	14	18
3.9.	4	6	9	12	14	18
3.10.	a	b	c	d	e	

4. Auszählen von Elementarzellen

4.1.	2	4	6	8	12	14
4.2.	2	4	6	8	12	14
4.3.	2	4	6	8	12	14
4.4.	2	4	6	8	12	14
4.5.	2	4	6	8	12	14
4.6.	2	4	6	8	12	14
4.7.	1	2	3	4	6	8
4.8.	1	2	3	4	6	8
4.9.	1	2	3	4	6	8
4.10.	1	2	3	4	6	8

5. Spiegeln und Drehen von Molekülen

5.1.	1	2	3	4	5	6
5.2.	1	2	3	4	5	6
5.3.	1	2	3	4	5	6
5.4.	1	2	3	4	5	6
5.5.	1	2	3	4	5	6
5.6.	1	2	3	4	6	8
5.7.	1	2	3	4	6	8
5.8.	1	2	3	4	6	8
5.9.	1	2	3	4	6	8
5.10.	1	2	3	4	6	8

ANTWORTBOGEN

Schule: ....

Klasse: ....

Alter: .... **Jahre**

Geschlecht: M / W

Datum: ....

Ergebnis: .... **von 40 Punkten**

1. Bausteine in Quadern

1.1.	4	6	8	10	12	20
1.2.	4	6	8	10	12	20
1.3.	4	6	8	10	16	20
1.4.	4	6	8	10	16	20
1.5.	4	6	8	10	16	20
1.6.	4	6	8	10	16	20
1.7.	1	2	6	12	15	60
1.8.	1	2	6	12	15	60
1.9.	1	2	6	12	15	60
1.10.	1	2	6	12	15	60

2. Kugeln in Kugelpackungen

2.1.	30	36	50	55	56	64
2.2.	3	4	5	6	7	8
2.3.	30	36	50	55	56	64
2.4.	6	8	10	12	14	16
2.5.	30	36	50	55	56	64
2.6.	3	4	5	6	7	8
2.7.	6	8	10	12	14	16
2.8.	3	4	5	6	7	8
2.9.	8	10	12	14	18	28
2.10.	8	10	12	14	18	28

3. Stapeln von Kugelschichten

3.1.	2	4	6	9	12	14
3.2.	2	4	6	9	12	14
3.3.	2	4	6	9	12	14
3.4.	2	4	6	9	12	14
3.5.	2	4	6	9	12	14
3.6.	a	b	c	d	e	
3.7.	4	6	9	12	16	18
3.8.	4	6	9	12	14	18
3.9.	4	6	9	12	14	18
3.10.	a	b	c	d	e	

4. Auszählen von Elementarzellen

4.1.	2	4	6	8	12	14
4.2.	2	4	6	8	12	14
4.3.	2	4	6	8	12	14
4.4.	2	4	6	8	12	14
4.5.	2	4	6	8	12	14
4.6.	2	4	6	8	12	14
4.7.	1	2	3	4	6	8
4.8.	1	2	3	4	6	8
4.9.	1	2	3	4	6	8
4.10.	1	2	3	4	6	8

5. Spiegeln und Drehen von Molekülen

5.1.	1	2	3	4	5	6
5.2.	1	2	3	4	5	6
5.3.	1	2	3	4	5	6
5.4.	1	2	3	4	5	6
5.5.	1	2	3	4	5	6
5.6.	1	2	3	4	6	8
5.7.	1	2	3	4	6	8
5.8.	1	2	3	4	6	8
5.9.	1	2	3	4	6	8
5.10.	1	2	3	4	6	8

11 Runge: Bilder, die sich selber malen, als Motivationshilfen für den Chemieunterricht

„Wer die verschiedenen Bilder in diesem Buche aufmerksam betrachtet, dem wird es bald klar, daß sie nicht mit dem Pinsel gemalt sein können ... So etwas kann nur als ein Naturwüchsiges von Innen heraus sich entwickeln ... Es sind natürliche Bildungen, die durch chemische Wechselwirkung entstehen ... Ich glaube ohne Anmaßung und Selbstlob sie *Musterbilder* nennen zu dürfen, denn ich habe sie ja nicht gemacht und bin mit Vielen, denen ich sie früher zeigte, der Ueberzeugung, daß der Zeichner und Maler hier manche neue Anschauungen erhält und er Farben und Farbenzusammenstellungen zu sehen bekommt, von denen sich sein Auge noch nichts hat träumen lassen. – Würde man es der Chemie verargen können, wenn sie also mit noch mehr Stolz als Michael Angelo ausriefe: Anch`io sono pittore!? denn sie ist es ohne Pinsel!"

Der „Maler", der hier mit listiger Bescheidenheit den großen Michelangelo bemüht, ist der Chemieprofessor Friedlieb Ferdinand Runge (1794–1867). Die Bilder, von denen die Rede ist, sind „chemische Landkarten", die sich mit naturgesetzlicher Notwendigkeit von selbst gestaltet haben. Die schöpferische Intuition des „Malers" beschränkte sich auf die Schaffung der Rahmenbedingungen, innerhalb derer die bildgestaltenden Vorgänge von selbst ablaufen konnten.

Runge hat seine „Musterbilder" in zwei Büchern [1–2] veröffentlicht, die von den wenigen Bibliotheken, die sie noch besitzen, als bibliophile Raritäten gehütet werden. Wer Näheres darüber erfahren möchte, sei auf das Buch „Bilder, die sich selber malen" (Abb. 11.1, siehe Farbtafeln) von Harsch und Bussemas [3] hingewiesen, in dem Runges Bilder im Kontext ihrer Entstehungsgeschichte dargestellt und für einen motivierenden, fächerübergreifenden Unterricht unter Beteiligung der Fächer Chemie/Technik/Geschichte/Kunst didaktisch aufbereitet wurden. Da dieses Buch inzwischen vergriffen und nur über Bibliotheken zugänglich ist, sollen im Folgenden einige Aspekte hieraus exemplarisch diskutiert werden.

11.1 Runges Bilderbücher

Das erste Buch, das Runge im Jahre 1850 publizierte, trägt den Titel: „Musterbilder für Freunde des Schönen" (Abb. 11.2a). Für den Unterrichtseinstieg ist dieses Buch als *Quellentext* geeignet, weshalb wir die Textseiten ungekürzt hier wiedergeben (Abb. 11.2b–h). In jedes Buch hat Runge 126 kleine Musterbildchen als *Originale* von Hand eingeklebt – je 6 auf einer Seite. Schüler seines Wohnortes haben ihm bei der Herstellung geholfen. In Abb. 11.3 sind die Bildchen Nr. 25–30, auf die Runge im Text explizit Bezug nimmt, dargestellt.

Zur Farben-Chemie.

Musterbilder

für

Freunde des Schönen

und zum Gebrauch

für

Zeichner, Maler, Verzierer und Zeugdrucker.

1ste Lieferung.

Dargestellt

durch chemische Wechselwirkung

von

Dr F.F. Runge

Professor an der Hochschule zu Breslau.

Berlin 1850.

Verlag von E.S. Mittler & Sohn.

[Zimmerstraße Nr 84. 85]

Abb. 11.2a: Titelblatt und Textseiten 2(b)–2(h) des Buches „Musterbilder für Freunde des Schönen" (Runge [1]; aus [3, S. 17–25])

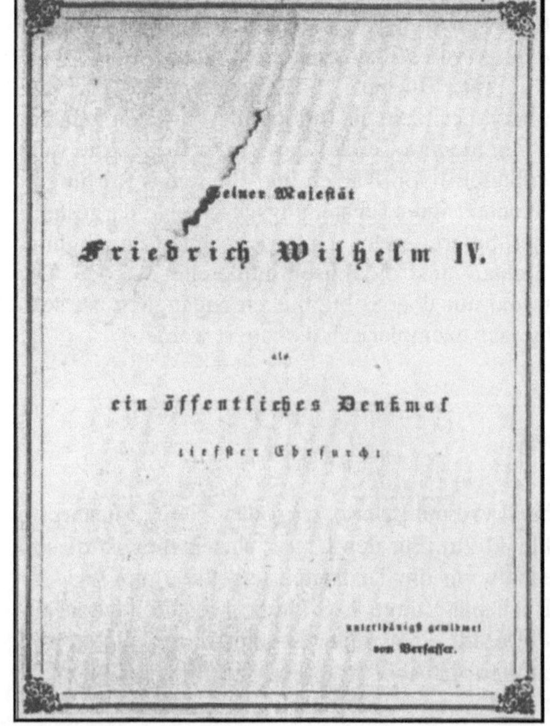

Seiner Majestät

Friedrich Wilhelm IV.

als

ein öffentliches Denkmal

tiefster Ehrfurcht

unterthänigst gewidmet

vom Verfasser.

Abb. 11.2b

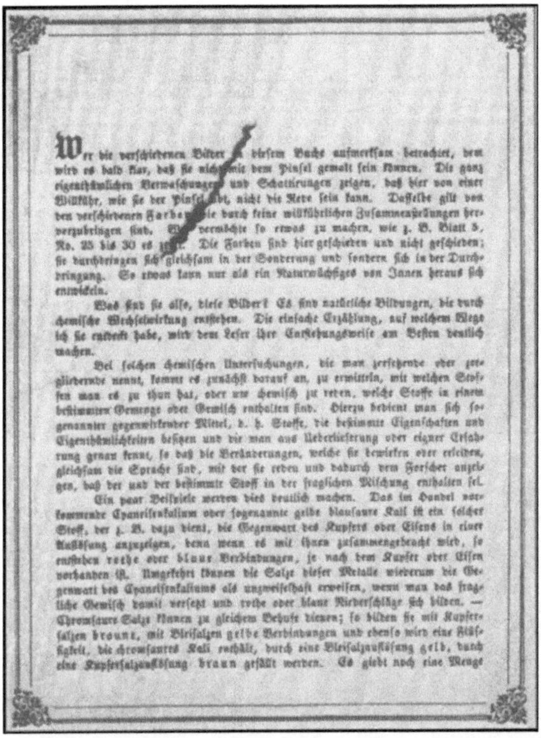

Wer die verschiedenen Bilder [illegible] diesem Buche aufmerksam betrachtet, dem wird es bald klar, daß sie nicht mit dem Pinsel gemalt sein können. Die ganz eigenthümlichen Verwaschungen und Schattirungen zeigen, daß hier von einer Willkühr, wie sie der Pinsel übt, nicht die Rede sein kann. Dasselbe gilt von den verschiedenen Farben, die durch keine willkührlichen Zusammensetzungen hervorzubringen sind. [illegible] vermöchte so etwas zu machen, wie z. B. Blatt 5, No. 25 bis 30 es zeigt. Die Farben sind hier geschieden und nicht geschieden; sie durchdringen sich gleichsam in der Sonderung und sondern sich in der Durchdringung. So etwas kann nur als ein Naturwüchsiges von Innen heraus sich entwickeln.

Was sind sie also, diese Bilder? Es sind natürliche Bildungen, die durch chemische Wechselwirkung entstehen. Die einfache Erzählung, auf welchem Wege ich sie entdeckt habe, wird dem Leser ihre Entstehungsweise am Besten deutlich machen.

Bei solchen chemischen Untersuchungen, die man zersetzende oder zergliedernde nennt, kommt es zunächst darauf an, zu ermitteln, mit welchen Stoffen man es zu thun hat, oder um chemisch zu reden, welche Stoffe in einem bestimmten Gemenge oder Gemisch enthalten sind. Hierzu bedient man sich sogenannter gegenwirkender Mittel, d. h. Stoffe, die bestimmte Eigenschaften und Eigenthümlichkeiten besitzen und die man aus Ueberlieferung oder eigner Erfahrung genau kennt, so daß die Veränderungen, welche sie bewirken oder erleiden, gleichsam die Sprache sind, mit der sie reden und dadurch dem Forscher anzeigen, daß der und der bestimmte Stoff in der fraglichen Mischung enthalten sei.

Ein paar Beispiele werden dies deutlich machen. Das im Handel vorkommende Cyaneisenkalium oder sogenannte gelbe blausaure Kali ist ein solcher Stoff, der z. B. dazu dient, die Gegenwart des Kupfers oder Eisens in einer Auflösung anzuzeigen, denn wenn es mit ihnen zusammengebracht wird, so entstehen rothe oder blaue Verbindungen, je nach dem Kupfer oder Eisen vorhanden ist. Umgekehrt können die Salze dieser Metalle wiederum die Gegenwart des Cyaneisenkaliums als unzweifelhaft erweisen, wenn man das fragliche Gemisch damit versetzt und rothe oder blaue Niederschläge sich bilden. — Chromsaure Salze können zu gleichem Behufe dienen; so bilden sie mit Kupfersalzen braune, mit Bleisalzen gelbe Verbindungen und ebenso wird eine Flüssigkeit, die chromsaures Kali enthält, durch eine Bleisalzauflösung gelb, durch eine Kupfersalzauflösung braun gefällt werden. Es giebt noch eine Menge

Abb. 11.2c

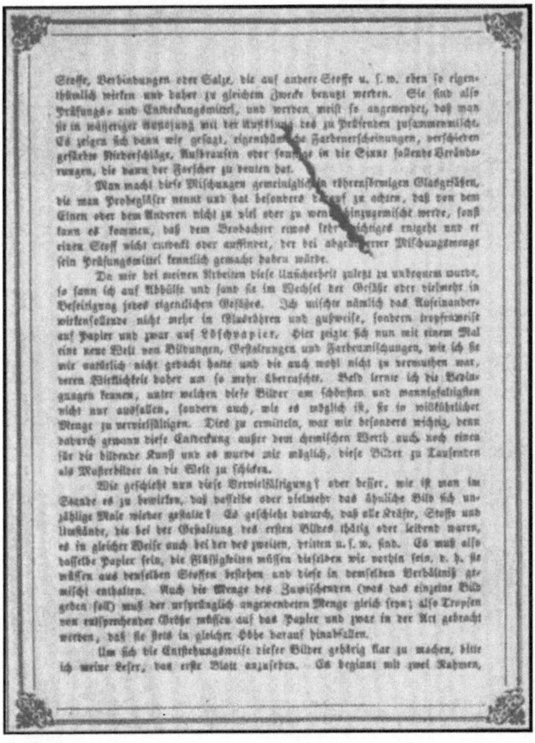

Stoffe, Verbindungen oder Salze, die auf andere Stoffe u. s. w. eben so eigenthümlich wirken und daher zu gleichem Zwecke benutzt werden. Sie sind also Prüfungs- und Entdeckungsmittel, und werden meist so angewendet, daß man sie in wässeriger Auflösung mit der Auflösung des zu Prüfenden zusammenmischt. Es zeigen sich dann wie gesagt, eigenthümliche Farbenerscheinungen, verschieden gefärbte Niederschläge, Aufbrausen oder sonstige in die Sinne fallende Veränderungen, die dann der Forscher zu deuten hat.

Man macht diese Mischungen gemeiniglich in röhrenförmigen Glasgefäßen, die man Probegläser nennt und hat besonders darauf zu achten, daß von dem Einen oder dem Anderen nicht zu viel oder zu wenig hinzugemischt werde, sonst kann es kommen, daß dem Beobachter etwas sehr Wichtiges entgeht und er einen Stoff nicht entdeckt oder auffindet, der bei abgeänderter Mischungsmenge sein Prüfungsmittel kenntlich gemacht haben würde.

Da mir bei meinen Arbeiten diese Unsicherheit zuletzt zu unbequem wurde, so sann ich auf Abhülfe und fand sie im Wechsel der Gefäße oder vielmehr in Beseitigung jedes eigentlichen Gefäßes. Ich mischte nämlich das Aufeinanderwirkensollende nicht mehr in Glasröhren und gußweise, sondern tropfenweise auf Papier und zwar auf Löschpapier. Hier zeigte sich nun mit einem Mal eine neue Welt von Bildungen, Gestaltungen und Farbenmischungen, wie ich sie mir natürlich nicht gedacht hatte und die auch wohl nicht zu vermuthen war, deren Wirklichkeit daher um so mehr überraschte. Bald lernte ich die Bedingungen kennen, unter welchen diese Bilder am schönsten und mannigfaltigsten nicht nur ausfallen, sondern auch, wie es möglich ist, sie in willkührlicher Menge zu vervielfältigen. Dies zu ermitteln, war mir besonders wichtig, denn dadurch gewann diese Entdeckung außer dem chemischen Werth auch noch einen für die bildende Kunst und es wurde mir möglich, diese Bilder zu Tausenden als Musterbilder in die Welt zu schicken.

Wie geschieht nun diese Vervielfältigung? oder besser, wie ist man im Stande es zu bewirken, daß dasselbe oder vielmehr das ähnliche Bild sich unzählige Male wieder gestalte? Es geschieht dadurch, daß alle Kräfte, Stoffe und Umstände, die bei der Gestaltung des ersten Bildes thätig oder leitend waren, es in gleicher Weise auch bei der des zweiten, dritten u. s. w. sind. Es muß also dasselbe Papier sein, die Flüssigkeiten müssen dieselben wie vorhin sein, d. h. sie müssen aus denselben Stoffen bestehen und diese in demselben Verhältniß gemischt enthalten. Auch die Menge des Zumischenden (was das einzelne Bild geben soll) muß der ursprünglich angewendeten Menge gleich seyn; also Tropfen von entsprechender Größe müssen auf das Papier und zwar in der Art gebracht werden, daß sie stets in gleicher Höhe darauf hinabfallen.

Um sich die Entstehungsweise dieser Bilder gehörig klar zu machen, bitte ich meine Leser, das erste Blatt anzusehen. Es beginnt mit zwei Rahmen,

Abb. 11.2d

No. 1 und No. 2, auf denen kein Bild, sondern nur zwei eiförmige blaß gefärbte Schilder bemerkbar sind. Sie sind die Uranfänge meiner Bildersammlung, und die Aeltern einer Menge derselben. Denn so wie man das Nebeneinander in ein Aufeinander verwandelt, und dadurch die Stoffe zusammen kommen, so verbinden sie sich mit einander, und es entstehen Gestaltungen u. s. w., wie dasselbe Blatt sie zeigt (No. 3 – [illegible].) Das Schild auf No. 1 ist nämlich hervorgebracht durch einen Tropfen einer Auflösung von Cyaneisenkalium und das Schild No. 2 durch einen Tropfen einer Auflösung von schwefelsaurem Kupferoxyd und zwar beide auf [illegible] Papier, worin sich nichts befand, worauf sie mit der ihnen eignen Thätigkeit wirken können. Es geschieht also eigentlich nichts. Ganz anders [illegible] ist es, wenn das Papier vorher mit der einen dieser Auflösungen [illegible]weise getränkt oder betröpfelt wurde und nachdem es trocken geworden, mit einem Tropfen der andern Auflösung in Berührung gebracht wird. Nun findet sich etwas vor, womit eine bestimmte, auch durch Farbe ausgezeichnete Verbindung sich bilden kann und da dies auf Löschpapier vor sich geht, so entsteht ein Bild. Die Bilder No. 3 und No. 4 sind auf diese Weise entstanden; sie sind das Ergebniß der Vereinigung der Bestandtheile des Cyaneisenkaliums mit denen des schwefelsauren Kupferoxyds und bestehen beide aus Cyaneisen = Cyankupfer und schwefelsaurem Kali.

Ja beide bestehen daraus; denn zu beiden sind dieselben Auflösungen verwendet worden und dennoch ist Form und Farbe ungleich. — Wie ist das zugegangen? Ganz einfach dadurch, daß bei No. 3 das Papier zuerst mit Cyaneisenkaliumauflösung getränkt wurde und man dann erst den Tropfen der Kupfersalzauflösung aufbrachte. Bei No. 4 dagegen ist es umgekehrt; da ist die Kupfersalzauflösung zuerst zum Tränken angewendet, und dann das Cyansalz; das Kupfersalz liegt gleichsam unten und das Cyansalz oben auf. Daß dies verschiedene Bilder geben muß, ist klar, denn die Umstände sind zu verschieden. Bei No. 3 kommt das flüssige Kupfersalz (die Auflösung) zum trockenen, bereits mit der Papierfaser vereinigten Cyansalz, und muß es aufsuchen (zu ihm hinfließen) um sich mit ihm zu verbinden. Ganz das Umgekehrte findet bei No. 4 statt, da ist das Cyansalz das Bewegliche, Thätige, welches zum ruhenden Kupfersalz sich begiebt, um sich mit ihm zu verbinden. Die in beiden Fällen von beiden Salzen zu überwindenden Hindernisse sind also ganz verschiedener Art und müssen demnach auch in dem Erzeugniß ihrer gegenseitigen Anziehung sich kund geben, abweichend in Form und Farbe.

Es beweiset dieses Beispiel zweierlei; erstens die Möglichkeit, unter gleichen Umständen immer dasselbe Bild zu erzeugen und dann, weil eine Abänderung ein ungleiches hervorbringt, die Möglichkeit einer Unzahl von Verschiedenheiten, indem unzählig viele Abänderungen möglich sind. Denn nicht nur die eben angeführte Ursache bringt andere Bilder hervor, sondern auch der geringste

Abb. 11.2e

Zusatz irgend eines Stoffes zu einer oder der anderen der beiden Auflösungen bedingt auffallende Verschiedenheiten. Man sehe No. 5 an. Es ist dargestellt wie No. 3 mittelst Cyaneisenkalium und schwefelsaurem Kupferoxyd, aber mit dem Unterschiede, daß die Kupfersalzauflösung nicht rein war, sondern etwas Chloraluminium oder salzsaure Thonerde enthielt. Diese Beimischung hat hingereicht, ein durchaus anderes Bild hervorzubringen.

Ehe ich noch über die Wirkung andrer Zusätze spreche, muß ich das Bild No. 6 abfertigen, es ist zu auffallend, als daß sich der Beschauer nicht schon im Stillen gefragt haben sollte, was es hier an dieser Stelle wohl bedeutet? „Sicher soll damit etwas Auffallendes bewiesen werden." Allerdings und zwar der wesentliche Einfluß, den das Papier hervorbringt. Die chemischen Zuthaten zu No. 5 und No. 6 sind nämlich ganz dieselben (Cyansalz mit Kupfersalz und Chloraluminium) und ihre Vereinigung geschah, auf ganz gleiche Weise aber auf verschiedenem Papier und daher diese große Verschiedenheit! Zunächst hat nun diese ihren Grund in der verschiedenen Dicke und Dichtigkeit der beiden Papiere. Das Papier von No. 6 ist dichter und nimmt die Flüssigkeit nicht rasch an (es löscht schlecht.) Bei diesem Längerstehenbleiben kann sich nun mehr braunes Cyaneisen = Cyankupfer auf bestimmten Stellen bilden und festsetzen, daher denn das Bild auch viel dunkler und gesättigter erscheint, als No. 5 das in Folge eines schnelleren Auseinanderfließens der Flüssigkeit viel gedehnter und heller ausgefallen ist.

Zu diesen Abänderungen, welche äußere Umstände herbeiführen, gesellen sich noch innere chemische und begründen die dunkle Färbung des blaugrünen Randes bei No. 6. Dieser kann nur von fremder Beimischung, von einer Verunreinigung des Papiers herrühren, die aber von der Art ist, daß das Cyaneisenkalium ihr Vorhandensein verräth und als Farbiges an's Licht bringt.

Es ist in diesem Fall, als hätte man die Mischung der beiden Stoffe, um No. 6 hervorzubringen, in einem unreinen Gefäß vorgenommen, in einem eisenhaltigen. Denn Eisen ist hier das Verunreinigende des Papiers und da dieses mit dem Cyansalz eine blaue Verbindung bildet, so entsteht dieselbe auch beim Zusammentreffen beider und ist von ganz guter Wirkung für unser Bild.

Nach längerer Zeit bildet sich auch an der Grenze oder dem Umkreis des Bildes No. 5 ein bläulicher Hof. (Ohne Zweifel wird er jetzt, wo der Leser den Blick darauf wirft, schon entstanden sein.) Auch er rührt vom Cyaneisen her, das aber in diesem Fall seinen einen Bestandtheil, nämlich das Eisen, nicht dem Papier, sondern dem Cyaneisenkalium selbst verdankt, welches in Wechselwirkung mit Chloraluminium eine langsame Zersetzung und Umwandlung in blaues Cyaneisen erleidet. Recht auffallend tritt das Ergebniß einer solchen Wechselwirkung in den Bildern No. 56 und No. 58 hervor; ihr Blau verdankt der Einwirkung des Chloraluminiums auf das Cyaneisenkalium seine Entstehung; es

Abb. 11.2f

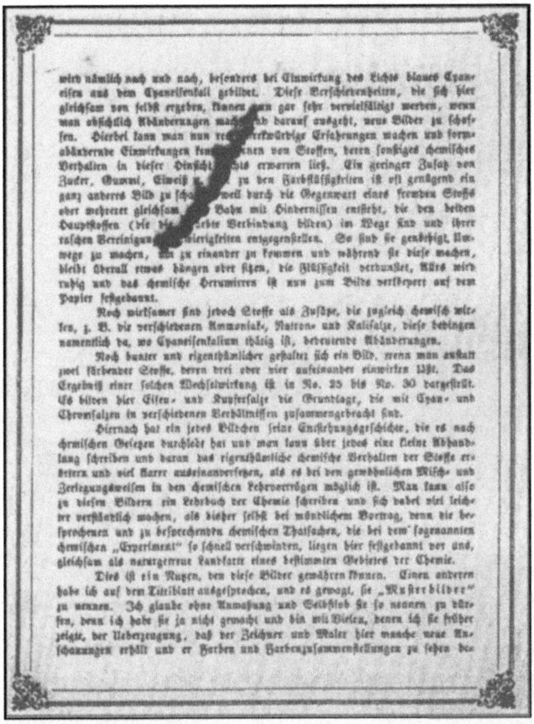

wird nämlich nach und nach, besonders bei Einwirkung des Lichts blaues Cyaneisen aus dem Cyaneisenkali gebildet. Diese Verschiedenheiten, die sich hier gleichsam von selbst ergeben, können [illegible] gar sehr vervielfältigt werden, wenn man absichtlich Abänderungen mach[illegible] darauf ausgeht, neue Bilder zu schaffen. Hierbei kann man nun re[illegible]rkwürdige Erfahrungen machen und formabändernde Einwirkungen ken[illegible]nen von Stoffen, deren sonstiges chemisches Verhalten in dieser Hinsicht [illegible]ts erwarten ließ. Ein geringer Zusatz von Zucker, Gummi, Eiweiß u. [illegible] zu den Farbflüssigkeiten ist oft genügend ein ganz anderes Bild zu scha[illegible] weil durch die Gegenwart eines fremden Stoffs oder mehrerer gleichsam [illegible] Bahn mit Hindernissen entsteht, die den beiden Hauptstoffen (die [illegible]arbte Verbindung bilden) im Wege sind und ihrer raschen Vereinigun[illegible]wierigkeiten entgegenstellen. So sind sie genöthigt, Umwege zu machen, [illegible] zu einander zu kommen und während sie diese machen, bleibt überall etwas hängen oder sitzen, die Flüssigkeit verdunstet, Alles wird ruhig und das chemische Herumirren ist nun zum Bilde verkörpert auf dem Papier festgebannt.

Noch wirksamer sind jedoch Stoffe als Zusätze, die zugleich chemisch wirken, z. B. die verschiedenen Ammoniak-, Natron- und Kalisalze, diese bedingen namentlich da, wo Cyaneisenkalium thätig ist, bedeutende Abänderungen.

Noch bunter und eigenthümlicher gestaltet sich ein Bild, wenn man anstatt zwei färbender Stoffe, deren drei oder vier aufeinander einwirken läßt. Das Ergebniß einer solchen Wechselwirkung ist in No. 25 bis No. 30 dargestellt. Es bilden hier Eisen- und Kupfersalze die Grundlage, die mit Cyan- und Chromsalzen in verschiedenen Verhältnissen zusammengebracht sind.

Hiernach hat ein jedes Bildchen seine Entstehungsgeschichte, die es nach chemischen Gesetzen durchlebt hat und man kann über jedes eine kleine Abhandlung schreiben und daran das eigenthümliche chemische Verhalten der Stoffe erörtern und viel klarer auseinandersetzen, als es bei den gewöhnlichen Misch- und Zerlegungsweisen in den chemischen Lehrvorträgen möglich ist. Man kann also zu diesen Bildern ein Lehrbuch der Chemie schreiben und sich dabei viel leichter verständlich machen, als bisher selbst bei mündlichem Vortrag, denn die besprochenen und zu besprechenden chemischen Thatsachen, die bei dem sogenannten chemischen „Experiment“ so schnell verschwinden, liegen hier festgebannt vor uns, gleichsam als naturgetreue Landkarte eines bestimmten Gebietes der Chemie.

Dies ist ein Nutzen, den diese Bilder gewähren können. Einen anderen habe ich auf dem Titelblatt ausgesprochen, und es gewagt, sie „Musterbilder“ zu nennen. Ich glaube ohne Anmaßung und Selbstlob sie so nennen zu dürfen, denn ich habe sie ja nicht gemacht und bin mit Vielen, denen ich sie früher zeigte, der Ueberzeugung, daß der Zeichner und Maler hier manche neue Anschauungen erhält und er Farben und Farbenzusammenstellungen zu sehen be-

Abb. 11.2g

kommt, von denen sich sein Auge noch nichts hat träumen lassen. — Würde man es der Chemie verargen können, wenn sie also mit noch mehr Stolz als Michael Angelo ausriefe: Anch' io sono [illegible]ittore!? denn sie ist es ohne Pinsel!

Es ist schade, daß ich genöthigt w[illegible] die Bilder einkleben zu lassen. Man kann so nur die eine Seite, die Schauseite [illegible]en. Zwei Sachen entgehen hierbei dem Beschauer; die Kehrseite und die [illegible]sicht, die wohl sehenswerth sind, denn da das Bild auf Löschpapier entst[illegible] so hat es auch das ganze Papier durchdrungen und man kann oft die Ke[illegible]ite nicht von der Schauseite unterscheiden. Sehr schön und kräftig nimmt [illegible] bei manchen die Durchsicht aus, besonders gegen das Sonnenlicht gehalten u[illegible] Farbenspiel ist oft so eigenthümlich wie Glasmalerei, daß es mir unmög[illegible] scheint, etwas Gleiches auf anderem Wege hervorzubringen.

Dies führt mich auf einen sehr wichtigen Gegenstand, auf unnachahmbares Papiergeld. Fast alles bisher in dieser Hinsicht Gebotene ist nachgemacht worden, weil man sich zu seiner Darstellung Vorrichtungen und Hülfsmittel bediente, die Jedermann zugänglich sind und man meistens immer nur das Unnachahmbare in einem feinen Stich suchte, dessen Abdruck an der Oberfläche des Papiers haftend, leicht durch sogenannten Umdruck auf den Stein zu bringen und von diesem wieder abzudrucken ist. Hiemit ist genugsam die Möglichkeit der Nachmachung erwiesen. Es kann auch nicht anders sein, denn was Menschenhände gemacht haben, können andere Menschenhände wieder nachmachen; was dagegen nur unter ganz bestimmten Bedingungen sich aus sich selbst gestaltet, das kann nur Der nachmachen oder wiederholen, der alle „diese ganz bestimmten Bedingungen“ genau kennt und sie wiederum in Wirksamkeit zu setzen vermag, also der Erfinder selbst, ein anderer wird nach vieler Mühe wohl Aehnliches, aber nie das Gleiche erhalten.

Dem sei nun wie ihm wolle, so scheint mir so viel klar, daß diese Bilder zu dem Unnachahmlichsten gehören, was es in dieser Hinsicht giebt, und sie die Aufmerksamkeit eines Staates verdienen, der als Papiergeldmacher auftritt. Denn ein Kassen- oder Darlehnschein, der mit einem solchen Bilde anstatt des Wasserzeichens versehen ist, hat unendliche Schwierigkeiten für den Nachmacher. An Nachmalen ist gar nicht zu denken. Denn da hat er zunächst schon zwei Seiten zu malen, die Schau- und die Kehrseite. Ist er damit fertig und hält seine begonnene Schandthat gegen das Licht, so fehlt die glasmalerische Durchsichtigkeit, die, weil er nur mit Deckfarben arbeiten konnte, nicht im Entferntesten zu erreichen ist.

Oranienburg, den 27. September 1850.
Am Tage der Jubelfeier.

F. F. Runge.

Abb. 11.2h

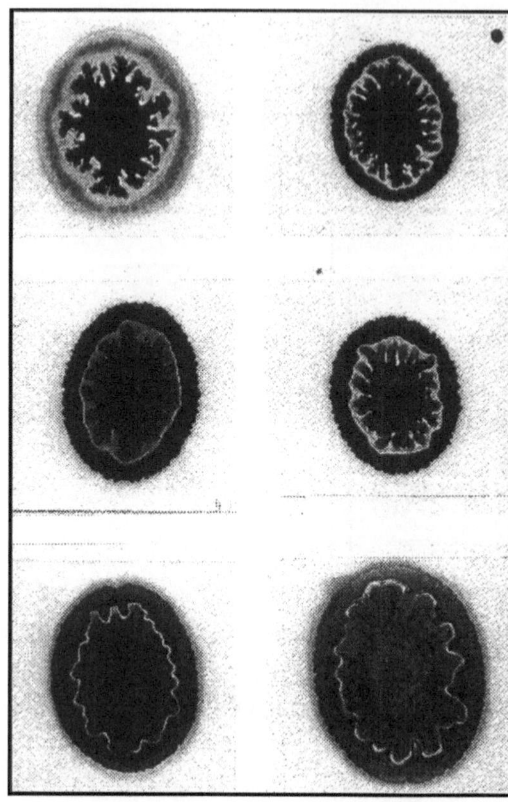

Abb. 11.3: Musterbilder Nr. 25–30 aus Runges Buch „Musterbilder für Freunde des Schönen" (aus [3, S. 82], vgl. Abb. 11.2g). Imprägnierung: Kupfer- und Eisensalze. Entwicklerlösung: Cyan- und Chromsalze Innenzone: blau (durch Bildung von Berlinerblau); Außenzone: braun (vermutlich Hatchettsbraun und Eisensalze, die sich erst nachträglich durch Diffusionsprozesse infolge feuchter Lagerung abgesetzt haben).

Fünf Jahre später (1850) brachte Runge ein weiteres Buch im Selbstverlag heraus: „Der Bildungstrieb der Stoffe" (Abb. 11.4, siehe Farbtafeln). Es handelt sich um eine großformatige Kladde, in die Runge 32 „selbstständig gewachsene Bilder" als Originale eingeklebt hat, und zwar jeweils als Dubletten, „um zu zeigen, mit welcher Gesetzmässigkeit der Bildungstrieb bei gleichen Stoffen und gleichen Bedingungen sich in seinem Zeugniss wiederholt." Die Motive Nr. 9–10 sind in Abb. 11.5 dargestellt. Runge hat jedem Motiv eine Legende beigefügt, die als Papierschild unter das jeweilige Bild eingeklebt ist. Zu den Motiven 9–10 schreibt er zum Beispiel ([3, S.29–30]):

„Nr.9
Bildende Stoffe.

1)	Schwefelsaures Manganoxydul	1:12
2)	1 Theil Ammoniakflüssigkeit	
3)	1 Theil chromsaures Kali	1:12

Das obige Bild gestaltet sich unter Mitwirkung des Sauerstoffs der Luft und der Chromsäure auf Mangansalzgrund. Durch beider Einfluss wird aus dem ursprünglich abgeschiedenen Manganoxydulhydrat: Manganoxydulhydrat mit brauner Farbe, die hier aber durch das gleichzeitig entstehende grüne Chromoxydhydrat einen lichteren Farbenton erhält. – Der eigenthümliche Gestaltungstrieb der Mangansalze, wie er bei den späteren Bildern sichtbar wird, zeigt sich hier noch etwas verworren und von Schatten und Licht ist nur erst wenig zu bemerken.

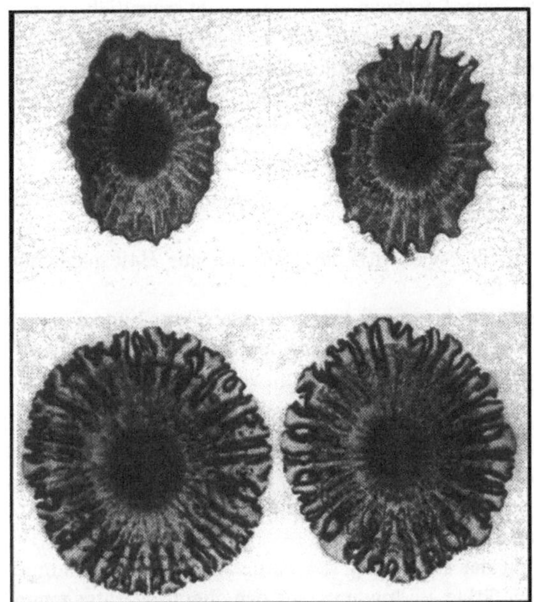

Abb. 11.5: Musterbilder Nr. 9–10 des Buches „Der Bildungstrieb der Stoffe" (Runge [2]; aus [3, S. 87]). Imprägnierung: Mangansulfat (bei Nr. 9) bzw. Mangansulfat und Natriumsulfat (bei Nr. 10). Entwicklerlösung: Kaliumchromat in Ammoniakwasser.

Nr. 10
Bildende Stoffe.

1)	1 Theil schwefelsaures Manganoxydul	1:8
	1 Theil schwefelsaures Natron	1:8
2)	1 Theil gelbes chromsaures Kali	1:12
	1 Theil Ammoniakflüssigkeit	

Dieses Bild ist wesentlich dasselbe wie das vorhergehende No. 9., aber es ist gedehnter, gleichsam lockerer durch die Dazwischenkunft eines anderen Salzes: des schwefelsauren Natrons. Es wurde nämlich zur Darstellung der Mangansalzgrundlage der Rückstand von der Chlorbereitung verwendet, der nach dem Glühen eine säure- und eisenfreie Auflösung giebt, aber schwefelsaures Natron etwa zur Hälfte enthält. Das Vorhandensein dieses Salzes in der Grundlage ist hiermit die Ursache, daß das Bild sich so ausgedehnt hat, gleichsam verschwommen ist. – Bilder ohne Zusatz von chromsaurem Kali zur Ammoniakflüssigkeit fallen noch unbestimmter aus.«

Das Buch schließt mit folgenden Schlussbemerkungen, die wir ungekürzt wiedergeben [3, S.31]:

„SCHLUSSBEMERKUNGEN.

1. Unter Aufsicht eines Knaben gestalten sich 1000 solcher *grossen* Bilder in 10 Stunden. Ein Maler würde, im Fall eine Nachbildung möglich wäre, an einem Bilde 10 Tage zu thun haben.

2. Die Zuthaten bestehen in verschiedenen Salzauflösungen, wie sie bei jedem Bilde unter der Benennung „*Bildende Stoffe*" angegeben sind.

3. Der Boden für diese Bilder ist Druck- oder Löschpapier, das hier recht eigentlich vermittelst seiner *Haarröhrchenkraft* thätig ist. Daher erscheint das Bild auf beiden Seiten fast gleich, ist aber am Vollständigsten im Papier selbst enthalten. Dieser Umstand ist Ursache, daß alle Bilder, gegen das Licht gehalten, viel dunkler erscheinen und daher es auch ganz *unmöglich* ist, ein solches Bild durch Malen oder Drucken nachzubilden.

4. Das Handwerkszeug besteht:
a) in hölzernen Rahmen mit Bindfaden netzförmig bespannt, um darauf die Papierbogen zu legen, damit sie hohl liegen,
b) in Löffelchen (zum Aufbringen der Flüssigkeiten), die man sich aus Holzspähnchen schnitzt und nach dem Gebrauch wegwirft.
Mit diesen *einfachen Mitteln* werden Gebilde erzielt von so großer Form- und Farben-Mannichfaltigkeit, dass, sollte z. B. etwas Aehnliches durch den *Berliner Buntdruck* erzeugt werden, dazu 5, 6 und mehr Druckplatten erforderlich sein würden und zwar für jede Seite.

5. Wirklich fertige Farben gebraucht man zu diesen Bildern nicht. Der Bildungstrieb malt in seiner Art nicht nur besser, als irgend ein Maler malen kann, sondern er macht sich auch die Farben selbst, daher die wunderbaren, oft ganz *unnachahmlichen* Farbentöne (z. B. No. 8. und 7.), eben weil dem Maler die Farben dazu fehlen.
Die Entstehung des Bildes fällt also mit der Entstehung der Farbe zusammen oder umgekehrt; indem sich die Farbe, d. h. die gefärbte Verbindung, aus den chemisch entgegengesetzten Stoffen bildet, gestaltet sich das Bild. Die chemische Wechselzersetzung der Stoffe muss also von bestimmten *Bewegungen* begleitet sein, die nach und nach als Bild zur Ruhe kommen, aber erst ganz aufhören, wenn Alles trocken geworden; man kann sagen, das noch *nasse Bild lebt noch*, weil es (wenigstens am Rande) noch wächst.

6. Nach Allem glaube ich nun die Behauptung aussprechen zu dürfen, dass bei der Gestaltung dieser Bilder eine *neue*, bisher *unbekannt gewesene Kraft* thätig ist. Sie hat mit Magnetismus, Electricität und Galvanismus nichts gemein. Sie wird nicht durch ein Aeusseres erregt oder angefacht, sondern wohnt den Stoffen ursprünglich innen und zeigt sich wirksam, wenn diese sich in ihren chemischen Gegensätzen ausgleichen, d. h. durch Wahlanziehung und Abstossung verbinden und trennen. Ich nenne diese Kraft *„Bildungstrieb"* und betrachte sie als das Vorbild der in den Pflanzen und Thieren thätigen *Lebenskraft.*«

11.2 Diskussion der Quellenmaterialien im Unterricht

Die Quellentexte und Bilder aus Runges Büchern [1–2] werfen viele Fragen auf, die mit den Schülern diskutiert werden können. Auf einige dieser Fragen soll im Folgenden exemplarisch eingegangen werden.

Wer war Runge überhaupt?

Friedlieb Ferdinand Runge wurde 1794 in Billwerder bei Hamburg in einem ärmlichen Pastorenhaushalt geboren, wuchs als Waisenkind auf, absolvierte eine Lehre als Apothekengehilfe und studierte ab 1816 Medizin und Chemie an den Universitäten in Berlin, Göttingen und Jena. 1819 promovierte er zum Dr. med. mit einer Arbeit über eine neue Methode zum Nachweis von Vergiftungen durch Nachtschattengewächse. Durch Tierversuche mit lebenden Katzen hatte er herausgefunden, dass sich deren Pupillen erweiterten, wenn ein Aufguss dieser (atropinhaltigen) Giftpflanzen auf das Katzenauge geträufelt wurde (Abb. 11.6). Runges „biodynamisches Reagenz“ bot seinerzeit die einzige Möglichkeit, Mordfälle durch Atropinvergiftungen aufzuklären, weshalb sich auch J. W. v. Goethe persönlich von Runge ausführlich informieren ließ. 1822 promovierte Runge ein zweites Mal mit einer Arbeit über Indigo. Sein Hauptinteresse galt aber der Technischen Chemie. Er besichtigte viele chemische Fabriken in ganz Europa, arbeitete in einer Kattunfabrik und Türkischrotfärberei und wurde 1828 als außerordentlicher Professor für Technologie an die Universität Breslau berufen. In seiner Freizeit pflegte er geselligen Umgang in der „Zwecklosen Gesellschaft“, die er gemeinsam mit dem Dichter Hoffmann von Fallersleben gegründet hatte. Zu den kuriosen Aktivitäten dieser kulturbeflissenen und vinophilen Gesellschaft gehörte die Publikation eines Weinbüchleins „Zum Besten der wasserbeschädigten Schlesier“ (Abb. 11.7), in dem u. a. „das gefährliche Durst-Uebel“ beschrieben wird, „wie selbiges seinen Anfall beweiset, und so es Wurzel gefasset, was es für mancherley Ungelegenheiten nach sich ziehet“, aber auch „wie man solchem Uebel nachmals sowohl praeservative als curative bestens widerstehen möge.“

Am Wein wird es wohl nicht gelegen haben, dass Runge die erhoffte ordentliche Professur versagt blieb; seine befristete Stelle wurde nicht verlängert. Deshalb

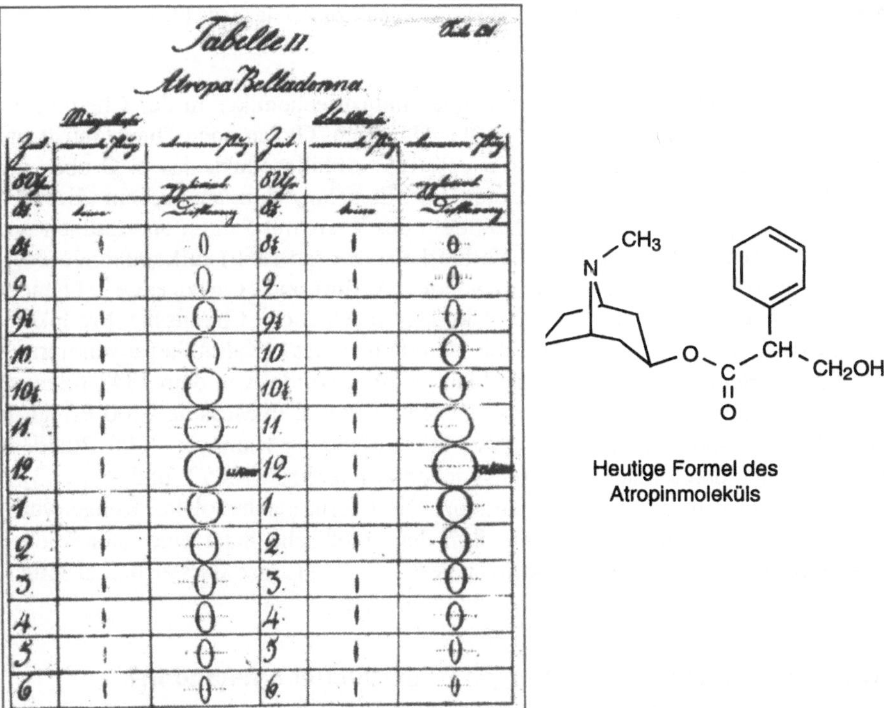

Abb. 11.6: Runges Aufzeichnungen über den zeitlichen Verlauf der Pupillenerweiterung im Auge einer Katze (aus [3, S. 120]). Um 8 Uhr morgens applizierte er den Extrakt der Tollkirsche (Atropa Belladonna). Vier Stunden später war der Höhepunkt der Wirkung erreicht.

Weinbüchlein.

Zum Besten
der wasserbeschädigten Schlesier
herausgegeben
von
der Zwecklosen Gesellschaft.

Breslau,
im Verlage bei Josef Max und Komp.
1829.

ARS POTATORIA
EXPERIMENTALIS,
Oder vollkommene,
Aus unbetrüglicher, langjähriger Erfahrung
herfliessende
Weintrincker-Kunst,
Beschreibende
Das gefährliche Durst-Uebel, wie selbiges seinen Anfall beweiset, und so es Wurzel gefasset, was es für mancherley Ungelegenheiten nach sich ziehet,
Und
Unterweisende,
Wie man solchem Uebel nachmals sowohl praeservativè als curativè bestens widerstehen möge,
Wie auch
Lehrende
Die allerkurz-bündigsten Manieren, das reineste Crystall-Glas, auch alle gefärbte oder tingirte Gläser mit geringer Müh und Unkosten copieus und compendieus auszuleeren, nebst ausführlicher Anzeigung der nöthigsten Kunst- und Handgriffe, und bequemsten Gefäße, auch nebst andern der Autorum sonderbaren Lebern, und dergleichen mehr;
rc. rc. rc.
Durch
Die Billwerderische Zwecklose Societät zur Restaurirung der zerstörten guten Künste denen Anklopffenden und suchenden Filiis Sapientiae zu Nutz mit allem Fleiß publiciret und im Trunck verfertiget.

O Karl! mich wundert nicht dein schnelles Unterliegen;
Es war in dir kein Geist vom Weingeist zu besiegen.

Billwerder,
In Verlegung der Autorum.
Anno III.

Abb. 11.7: Weinbüchlein der Zwecklosen Gesellschaft zu Breslau (aus [3, S. 126]).

nahm er ab 1833 eine Stelle als leitender Industriechemiker in der Chemischen Produkten-Fabrik in Oranienburg an der Havel an. Gleich nach Dienstantritt untersuchte er den Steinkohlenteer – ein lästiges Abfallprodukt, das in Gruben auf dem Betriebsgelände deponiert worden war. Es gelang ihm, aus diesem „Brei der Finsternis“ [4] durch mühseliges Schütteln des Teers mit Säuren und Laugen und durch endloses Destillieren Rohstoffe für die später (ab 1860) aufkommende Teerfarbenindustrie zu isolieren, u. a. „Kyanol“ (Anilin) und „Carbolsäure“ (Phenol). In den ersten zehn Jahren seiner Tätigkeit machte die Chemische Produkten-Fabrik gute Geschäfte, vor allem mit „Blutlaugensalz“ (Kaliumhexacyanoferrat), das für die Herstellung von Berlinerblau benötigt wurde, von dem 1843 folgende Mengen verkauft wurden: „in Marseille 35810 Pfund, in Messina 2200 Pfund, in New York 15500 Pfund, in Liverpool 2000 Pfund, in Hamburg 4300 Pfund, in Hannover und den Ländern des preussischen Zollvereins 81005 Pfund [4, S. 33].

Doch dann kam es zu einer Rezession. Die Fabrik machte pleite, Runge wurde 1852 entlassen. Zum Glück zahlte ihm der preußische Staat eine „conditionell stipulierte Pension von jährlich 400 Thalern“ [3, S. 112], so dass er bis zu seinem Lebensende (1867) ein leidliches Auskommen hatte.

In welchem Kontext sind Runges Bilderbücher entstanden?

Das Buch „Musterbilder für Freunde des Schönen“ [1] publizierte Runge anlässlich der „Jubelfeier“ zum 200-jährigen Bestehen der Stadt Oranienburg im Jahre 1850, also zu einer Zeit, als es mit der Chemischen Produkten-Fabrik rapide bergab ging. Er widmete das Buch dem preußischen König Friedrich Wilhelm IV, nicht ohne Eigennutz, denn er hatte soeben einen Antrag auf Gewährung einer

Pension gestellt, der kurz darauf tatsächlich positiv entschieden wurde. Für die Zusendung eines Freiexemplares schickte ihm der König folgendes Dankschreiben [1, S. 26]:

„An den Professor Dr. Runge in Oranienburg.

Ich bezeige Ihnen hierdurch Meinen besten Dank für den eingesandten ersten Theil Ihrer chemischen Musterbilder, deren wohlgefälliger Aufnahme Sie bereits durch den Beifall versichert sind, welchen ihr erster Anblick in Mir hervorrief.

Bellevue, den 30. October 1850. Friedrich Wilhelm"

Runge hatte bei Friedrich Wilhelm IV schon seit 1840 ein „Stein im Brett". Damals war es Runge gelungen, aus Torfteer Paraffin zu isolieren und daraus die ersten Paraffinkerzen herzustellen, „schöne und hellbrennende Lichte" [3, S. 110]. Sie schmückten die Hoftafel von Friedrich Wilhelm IV. Einige Jahre später entdeckte Runge, dass man aus unreinem Berlinerblau, aufgelöst in „Kleesäure" (Oxalsäure), eine schöne, dunkelblaue „Dinte" herstellen kann, die Friedrich Wilhelm IV offensichtlich schätzte, denn er forderte sie wiederholt an. Das Tintengeschäft ging nach Runges eigenen Aussagen folgendermaßen vonstatten (Die heutige Tintenbezeichnung „Königsblau" geht auf Runge zurück.):

„Meine erste Sendung hatte ich, ohne mir Etwas dabei zu denken, in Champagnerflaschen gemacht. Den hohen Herrn veranlaßte dies zu einem artigen Scherz, der sich bei jeder Bestellung wiederholte. Ich erhielt nämlich die Flaschen zurück, aber nicht leer, sondern mit Champagner gefüllt, und mußte nun diesen jedesmal erst austrinken, um die Dinte hineinthun zu können. Man kann sich denken, auf wessen Wohl es geschah!" [10, Drittes Dutzend, S. 20].

Wie hat Runge seine Musterbilder hergestellt?

Runge imprägnierte Löschpapier mit einer Salzlösung A (Imprägnierung), ließ diese auf dem Papier eintrocknen und tropfte dann eine zweite Salzlösung B (Entwickler) mittig auf. Wenn für A und B Salze verwendet wurden, die schwerlösliche Niederschläge bilden, entstanden strukturierte Farbzonen, häufig mit verästelten Rändern. Die Herstellungsmethode hat er in den Schlussbemerkungen des Buches „Der Bildungstrieb der Stoffe" [2] recht genau beschrieben. Oranienburger Schüler haben ihm dabei geholfen: „Unter Aufsicht eines Knaben gestalten sich 1000 solcher großen Bilder in 10 Stunden" [3, S. 33].

Welche Chemikalien hat Runge zur Herstellung der Musterbilder verwendet?

Harsch und Bussemas [3, S. 34] haben untersucht, welche Chemikalien Runge in seinen beiden Bilderbüchern verwendet hat. Die Ergebnisse sind in Tabelle 11.1 zusammengestellt. Hieraus geht hervor, dass Runges „Lieblingsstoffe" die beiden Blutlaugensalze waren, gefolgt von diversen Schwermetallsulfaten und Chromaten. Vergleicht man diese Liste mit einer anderen (Tabelle 11.2), in der die Geschäftsbilanz der Chemischen Produkten-Fabrik für das Jahr 1843 zusammengestellt ist, so wird deutlich, dass Runge für die Herstellung seiner Bilder im Wesentlichen auf Stoffe zurückgegriffen hat, die in der Chemischen Produkten-Fabrik selbst hergestellt wurden.

Tabelle 11.1: Chemikalien, die Runge für die Herstellung seiner Bilder verwendet hat (nach [3, S. 34])

Chemische Formel	Heutige Bezeichnung	Bezeichnung bei Runge	Häufigkeit
$K_4Fe(CN)_6 \cdot 3\ H_2O$	Kaliumhexacyano-ferrat-(II)	Gelbes Cyaneisenkalium, Gelbes blausaures Kali, Gelbes Blutlaugensalz	31
$CuSO_4 \cdot 5\ H_2O$	Kupfersulfat	Schwefelsaures Kupferoxyd, Kupfervitriol	27
$MnSO_4 \cdot 4\ H_2O$	Mangansulfat	Schwefelsaures Manganoxy-dul	20
$(NH_4)H_2PO_4$	Ammonium-dihydrogensulfat	(Primäres) phosphorsaures Ammoniak	13
K_2CrO_4	Kaliumchromat	Gelbes chromsaures Kali	11
$Fe_2(SO_4)_3$	Eisen-(III)-sulfat	Schwefelsaures Eisenoxyd	10
$K_3Fe(CN)_6$	Kaliumhexacyano-ferrat-(III)	Rothes Cyaneisenkalium, Rothes blausaures Kali, Rothes Blutlaugensalz	9
$AlCl_3 \cdot 6\ H_2O$	Aluminiumtrichlorid	Chloralumium	8
KOH	Kaliumhydroxid	Ätzkali	7
$FeSO_4 \cdot 7\ H_2O$	Eisen-(II)-sulfat	Schwefelsaures Eisenoxydul	6
$(COOH)_2 \cdot 2\ H_2O$	Oxalsäure	Oxalsäure, Kleesäure	4
NH_3	Ammoniak	Ammoniak, Salmiakgeist	3
$ZnSO_4 \cdot 7\ H_2O$	Zinksulfat	Schwefelsaures Zinkoxyd	3
$K_2Cr_2O_7$	Kaliumdichromat	Rothes chromsaures Kali	3
$Na_2SO_4 \cdot 10\ H_2O$	Natriumsulfat	Schwefelsaures Natron, Glaubersalz	2

Besonders interessant ist das *Blutlaugensalz* – die wichtigste Feinchemikalie der Chemischen Produkten-Fabrik. Die Einnahmen pro Zentner waren enorm hoch, die Erstehungskosten für die Rohmaterialien allerdings auch, vor allem in der Zeit der Rezession.

Zur Darstellung des Blutlaugensalzes glühte man organisches Material (z. B. Tierkadaver und Blut) mit Eisenspänen und Pottasche (Kaliumcarbonat) unter Luftausschluss. Man kann sich gut vorstellen, dass dies mit erheblichem Gestank verbunden war – auch wegen der entstehenden Abgase (z. B. Ammoniak). Außerdem griff die aggressive Pottaschenschmelze nicht nur das zugegebene Eisen, sondern auch die Schmelzpfannen an, so dass diese oft erneuert werden mussten. Der Schmelzkuchen wurde dann mit Wasser „ausgelaugt" (d. h. verrührt und ausgepresst). Man erhielt so eine gelbliche, wässrige Lösung, aus der beim Eindampfen das gelbe Blutlaugensalz auskristallisierte. Dieses wurde entweder direkt verkauft oder mit Hilfe von Eisensulfat zu Berliner Blau weiter verarbeitet.

Tabelle 11.2: Verkaufte Waren und Einnahmen der Chemischen Produkten-Fabrik in Oranienburg im Jahre 1843 (nach [3, S. 80])

Heutige Bezeichnung	Bezeichnung 1843	Verkaufte Menge (in Centnern)	Einnahmen (in Thalern)	Thaler pro Centner
Schwefelsäure	Schwefelsäure	5.026	21.000	4,2
Kupfersulfat	Kupfervitriol	736	10.089	13,7
Zinksulfat	Zinkvitriol	38	66	1,7
Kaliumaluminiumsulfat	Alaun	1.355	7.123	5,3
Eisen-(II)-sulfat	Eisenvitriol	254	1.182	2,1
Natriumsulfat	Glaubersalz	554	1.182	2,1
Kaliumhexacyano-ferrat-(II)	Gelbes Blutlaugensalz, Gelbes blausaures Kali	895	44.999	50,3
Kaliumhexacyano-ferrat-(III)	Rothes Blutlaugensalz, Rothes blausaures Kali	39	794	20,4
Ammoniumchlorid	Salmiak	236	4.719	20,0
Sulfate	Gemischte Vitriole	931	6.027	6,5
Kernseife	Palmöl-Soda-Seife	5.128	64.691	12,6
Stearinkerzen	Palmwachslichte	1.162¼	39.055	33,6
Firnis	Oleine	27¾	388	14,0

Die Herstellung von Blutlaugensalz in Oranienburg ging auf Dr. Hempel zurück, der bereits im Jahre 1822 in seinem „Chemischen Etablissement" eine Hornbrennerei für die Bereitung von gelbem Blutlaugensalz einrichtete – allerdings ohne polizeiliche Genehmigung. Der entsprechende Gestank war aber so unerträglich, dass sofort Beschwerden bei der Oranienburger Stadtverwaltung eingingen. Dr. Hempel erhielt die Auflage, die Hornbrennerei im Schloss sofort einzustellen. Er baute dann 400 Schritte außerhalb der Stadt eine neue Hornbrennerei, verbunden mit einer Blutlaugensalz-Fabrik und einer Berliner-Blau-Fabrik. Auch diesmal gab es wieder Beschwerden wegen Geruchsbelästigung. Dr. Hempel baute dann seine Apparatur so um, dass das beim Hornbrennen und bei der Blutlaugensalz-Gewinnung anfallende Ammoniakgas aufgefangen und mit Salzsäure zu Salmiak (Ammoniumchlorid) weiter verarbeitet werden konnte. Da nicht kontinuierlich gearbeitet wurde, mussten die Apparaturen allerdings täglich geöffnet werden, was wieder zu Gestank führte. Dr. Hempel verlegte daraufhin das Öffnen der Apparaturen auf die Nachtzeit. Da die Klagen jetzt aufhörten, kann man auf einen „gesunden" Schlaf der Oranienburger Bürger schließen. Der Protest hielt sich natürlich auch deshalb in Grenzen, weil die Menschen andere Sorgen hatten. Viele lebten unterhalb des Existenzminimums. In dieser Situation wurde die chemische Industrie mehrheitlich keineswegs als Belästigung oder gar als Bedrohung empfunden, sondern als Hoffnungsträger auf eine bessere Zukunft.

Dies geht auch aus einem Rechenschaftsbericht der Chemischen Produkten-Fabrik aus dem Jahre 1844 hervor, in dem der preußischen Regierung Folgendes mitgeteilt wurde [3, S. 105]:

„Die Darstellung des gelben Blutlaugensalzes erfordert eine große Menge tierischer Abgänge, wie Hornspäne, Schabsel, altes Leder, Schuhe, Stiefel, wollene Lumpen, Flechsen, Fischbeinabgang, Blut aus den Schlächtereien Berlins. Von den ersten vier Gegenständen hat die Fabrik 1843 rund 15482 Centner in Brandenburg, Schlesien, Sachsen, Pommern, Posen und Preußen sammeln lassen und mit rund 20000 Thalern bezahlt. Die Schlächtereien Berlins lieferten gegen 10000 Centner Blut für etwa 7000 Thaler. Altes Leder und wollene Lumpen, sonst als nutzlos verworfen, werden jetzt von der Fabrik an Ort und Stelle mit 15 Silbergroschen für den Centner bezahlt. So wird armen Leuten und Kindern durch das Sammeln Erwerbsmöglichkeit gegeben."

Zwischen 1845 und 1850 ging es mit der Chemischen Produkten-Fabrik bergab. Das Geschäft mit dem Blutlaugensalz wurde unrentabel. 1850 wurde die Firma verkauft, 1852 kam es zum endgültigen Konkurs.

Wenige Monate vor seiner Kündigung erhielt Runge einen Brief von einem arbeitslosen Pastor aus Dobrilugk in der Niederlausitz [5, S. 50–52]:

»Hochgeborener Herr,
Hochgeehrter Herr Professor!

... Ich bin fast zehn Jahre lang Prediger gewesen. Im vorigen Jahre habe ich fast ausschließlich wegen totaler Differenz mit der Dogmatik der Kirche mein Amt freiwillig niedergelegt. Ich will aber dabei ausdrücklich erwähnen, daß ich mich an der politischen Bewegung der letzten Jahre im demokratischen Sinne lebhaft beteiligt habe, ... auch seitdem tüchtig gemaßregelt worden und in amtlicher Untersuchung gewesen bin. Doch hat man mir schließlich nicht das Mindeste zur Last legen können. ..

Mein Plan ist folgender: Ich will mich in der Nähe eines Ortes niederlassen, in welchem selbst jährlich etwa 1200 Centner Knochen von Schafen nebst der entsprechenden Quantität Leimleder in Verkauf kommen... Aus diesem Material, unter Benutzung sich darbietender Abfälle von Horn, Hufen, Tuch, wollte ich entweder Knochenkohle für Zuckersiedereien oder Düngermehl oder Leim für Tuchfabrikanten oder Berliner Blau für Färber, vielleicht mit Nebenprodukten von Phosphor und Salmiak oder überhaupt mit Verbindung mehrerer dieser Branchen, je nach der Rentabilität, fabrizieren...

Um nun dabei nicht dem bloßen Empirismus und Mechanismus zu verfallen und mit Unsicherheit experimentierend im Finstern zu tappen und mit dem Gewinn von glücklichen Zufällen abzuhängen, wünsche ich, von Euer Hochwohlgeboren etwa 6 bis 8 Wochen lang so unterrichtet zu werden, dass ich teils gesunde allgemeine chemische Grundsätze und Anschauungen behufs des künftigen Selbststudiums mir aneigne, teils ganz speziell für die oben angeführten Branchen befähigt würde. Ich besitze Assiduität, Beobachtungsgabe und einiges praktische Geschick...

Euer Hochwohlgeboren ergebener G.A.Sch.«

Runge antwortete umgehend (am 28.04.1852) wie folgt [5, S. 52]:

»Mein Herr!

Früher war das hiesige Werk eine gewerbliche Musteranstalt und mir stand das Recht zu, jedem nach Ermessen den Eintritt zu gestatten. Die *Volksfreunde* jedoch, wozu auch Sie sich bekennen, haben so lange geschrien: „Der Staat soll solche Anstalt nicht besitzen!" daß sie verkauft wurde, und der jetzige Besitzer macht jedem die Tür vor der Nase zu und genießt mit Wohlbehagen die Errungenschaft. Da ich mich nun auch mit Unterrichtgeben nicht abgebe, so kann ich Ihnen unmittelbar nichts nützen ... Das Verarbeiten tierischer

Stoffe, Knochen usw. bringt Ihnen keinen Segen. Es ist nichts damit ... Wenn Sie wollen, können Sie ferner an mich schreiben, aber ohne „Hochwohlgeboren", und mich fragen, aber ohne die vielen Fremdwörter.

Ergebenst Runge.«

Anhand solcher Texte können Schüler nicht nur im Geschichts-, sondern auch im Chemieunterricht erkennen, wie prall gefüllt mit Leben Geschichte ist und in welchem Gesamtzusammenhang Einzelexistenz und Gesellschaft eigentlich stehen. Probleme von damals verweisen – in ihrer spezifischen Zeitsprache – auf Probleme von heute.

Wenn man Runges Musterbilder vor diesem Hintergrund betrachtet, sieht man unweigerlich mehr als nur ästhetische Farbkleckse. Runges Bilder sind auch *historische* Gebilde – „chemische Fossilien" eines Menschen, der sie gemacht hat; einer Fabrik, in der die verwendeten Stoffe produziert wurden; einer Industrieepoche, der sie angehörten und aus der letztlich die heutige chemische Industrie hervorgegangen ist.

Was verstand Runge unter dem „Bildungstrieb der Stoffe"?

Der Begriff „Bildungstrieb" (nisus formativus) stammt aus der romantischen Naturphilosophie. Er deckt sich im Kern durchaus mit modernen Vorstellungen von der Selbstorganisationsfähigkeit der Materie, wurde aber häufig in unzulässiger Weise anthropomorphisiert und z. B. mit dem Geschlechtstrieb verglichen, so dass die Verwendung dieses Begriffs zu Runges Zeiten bereits „out" war und sogar als lächerlich empfunden wurde. Runge selbst ließ sich dadurch aber keineswegs beirren. In den Bildlegenden des Buches „Der Bildungstrieb der Stoffe" [2] benutzte er häufig Redewendungen, die eine Analogie oder Wesensähnlichkeit zwischen toter Materie (Kapillarbildern) und lebender Materie (Pflanzen) ausdrücken sollten. Die Bilderzeugung nannte er „chemische Blumentreiberei", sich selbst bezeichnete er als „Züchter" [3, S. 30]. Unregelmäßige Bilder bezeichnete er als „Missgeburten" oder „Schreckbilder", in denen Stoffe gegeneinander „kämpfen".

Dennoch verstieg sich Runge nie zu platten Anthropomorphismen, wie sie zum Beispiel Johann Wilhelm Ritter unterlaufen sind, der im Jahre 1810 – ganz im Sinne einer übersteigerten romantischen Naturphilosophie – glaubte, die Redoxtheorie der Chemie auf die menschliche Sexualität übertragen zu dürfen, indem er zu folgender Erkenntnis kam [6, S.182]:

„Das Weib ist das Oxygenirbare, und der Mann das Oxygenirende. Darum nimmt auch das Weib in der Liebe am Gewicht zu, wie alle sich oxydirenden Körper."

Zur Ehrenrettung Ritters sei allerdings gesagt, dass er auf dem Gebiet der Elektrizitätslehre und der Elektrochemie klassische Arbeiten [7] von bleibendem Wert geschaffen hat.

Was Runge betrifft, so blieb auch er zeitlebens der romantischen Naturphilosophie verhaftet, allerdings mit Augenmaß und im Bewusstsein, dass man analoges Verhalten nicht mit Wesensgleichheit identifizieren darf. Interessant ist in diesem Zusammenhang ein Brief Runges an die Naturforschende Gesellschaft in Basel, die ihn im Jahre 1865 zu ihrem korrespondierenden Mitglied ernannte. Anlässlich dieser Ehrung schrieb er [4, S.47]:

»An die Wohllöbliche Naturforschende Gesellschaft zu Basel!

Eine Überraschung folgt der anderen. Nachdem mir erst kürzlich eine Ehrendenkmünze der „Societé industrielle" von Mülhausen zu Theil geworden, senden Sie mir eine nicht minder ehrende Denkschrift wodurch ich zu Ihrem Ehrenmitgliede ernannt werde!

Auf das Innigste bin ich erkenntlich dafür. Aber leider werde ich Ihnen meinen Dank nur in Worten darbringen können, da bei meinem zurückgelegten 71 Jahre von Thaten nicht viel mehr die Rede sein kann. Um aber doch nicht ganz thatenlos vor Ihnen zu erscheinen lege ich ein Werk bei, das mir geeignet zu sein scheint, Ihre Aufmerksamkeit zu erregen. Es enthält Bildungen die man als Blätter und Blumen bezeichnen könnte, die auf und in Löschpapier gewachsen sind. Es offenbart sich in ihnen eine Bildungs- und Gestaltungsthätigkeit, die sich in der Pflanze u. im Thier in einem höheren u. vollkommeneren Grade wiederholt.

Von einer blossen Haarröhrchenwirkung kann hier nicht die Rede sein, da andere Stoffe stets andere Bilder geben. Ich glaube vielmehr hiermit den Ursprung aller organischen Bildungen entdeckt zu haben u. habe daher den Namen Bildungstrieb (nisus formativus) gewählt.

Es wäre mir sehr angenehm wenn Sie diese meine Arbeit, die mich nochfortwährend beschäftigt, Ihrer Aufmerksamkeit würdig erachten wollten u. Ihr Urtheil darüber unbefangen aussprächen. Welcher Bitte ich noch den Wunsch hinzufüge, das am Ende des Werks Gesagte beachten zu wollen. Genehmigen Sie meinen herzinnigsten Dank.

Dr. F.F. Runge, Prof. der Gewerbekunde, Oranienburg an der Havel
d. 28 Febr 1865.«

11.3 Nachschaffung von Runge-Bildern mit heutigen Mitteln

Obwohl Runge recht genaue Angaben über die Art und Konzentration der verwendeten Chemikalien machte, ist eine Reproduktion seiner Bilder mit heutigen Mitteln nur näherungsweise möglich, da die Reinheit der Stoffe und die Art des Papiers einen merklichen Einfluss haben, und da sich die Originalbilder im Laufe der Zeit (ca. 150 Jahre!) durch Langzeitreaktionen und Diffusionsvorgänge teilweise verändert haben. Außerdem tropfte Runge beim Entwickeln gelegentlich noch Fremdsalze dazwischen, um besonders schöne Effekte zu erzielen.

Ein Beispiel, das weitgehend Runges Motiv Nr. 23 aus dem „Bildungstrieb der Stoffe" [2] entspricht, haben Harsch und Bussemas [3, S. 40–63] gründlich diskutiert und physikalisch-chemisch gedeutet, indem sie das komplexe Zielmotiv (Abb. 11.8, s. Farbtafeln) durch systematisches Kombinieren der 6 beteiligten Stoffe in 59 Grundbilder zerlegten und diese vergleichend auswerteten. Im Folgenden soll deshalb nur kurz auf die Herstellung des Zielmotivs (Experiment 1) eingegangen werden. Bei der Nachschaffung im Chemieunterricht sind die Sicherheitsbestimmungen (z. B. für den Umgang mit Chromsalzen) zu beachten. Für Schülerexperimente sind Chromate ungeeignet, da nach dem Trocknen cancerogene Dichromatstäube entstehen können!

Experiment 1 *(nach Harsch und Bussemas [3, S. 55])*

Chromatographiepapier (z. B. MN 260, 90g/m^2, vertikale Sauggeschwindigkeit 7–8 cm /10 min) wird mit einem Gemisch aus 8 % Mangansulfat und 3 % Kupfersulfat imprägniert und getrocknet. Auf die Papiermitte wird ein Tropfen einer 12 %-igen Ammoniumdihydrogenphosphatlösung getropft. Man lässt auch diese eintrocknen. Dann wird auf den Phosphatfleck ein Gemisch aus 3 % Kaliumhexacyanoferrat-(II), 3 % Kaliumchromat und 4 % Kaliumhydroxid aufgetropft, wobei Pfützenbildungen zu vermeiden sind. Es wird so lange aufgetropft, bis das Bild die gewünschte Größe (z. B. 10 cm Durchmesser) erreicht hat.

Das so erzeugte Bild ist in Abb. 11.8 (siehe Farbtafeln) dargestellt. Die braune Innenzone besteht im Wesentlichen aus MnO_2 (Braunstein), die rotbraune Außenzone aus $Cu_2[Fe(CN)_6]$ („Hatchettsbraun“) und $CuCrO_4$ (Kupferchromat). Folgende Reaktionen sind abgelaufen:

$$MnSO_4 + 2KOH \rightarrow Mn(OH)_2\downarrow + K_2SO_4$$

$$2\,Mn(OH)_2\downarrow + O_2 \rightarrow 2MnO_2\downarrow + 2\,H_2O$$

$$CuSO_4 + K_2CrO_4 \rightarrow CuCrO_4\downarrow + K_2SO_4$$

$$2\,CuSO_4 + K_4[Fe(CN)_6] \rightarrow Cu_2[Fe(CN)_6]\downarrow + 2\,K_2\,SO_4$$

Man beachte, dass die Mangan- und Kupfer-Ionen in dem imprägnierten Papier zunächst gleichmäßig verteilt waren. Nach dem Entwickeln sind die Mangan-Ionen in der Innenzone (als Braunstein) und die Kupfer-Ionen in der Außenzone (als Kupferchromat bzw. Kupferhexacyanoferrat) angereichert; sie sind also räumlich getrennt worden. Man kann daher das fertige Runge-Bild auch als *Fällungschromatogramm* bezeichnen. Runges Beitrag als ein Vorläufer der *Papierchromatographie* ist an anderer Stelle [8] gewürdigt worden.

Der Chemieunterricht lebt aber nicht nur von Fakten und Gesetzen, sondern auch von Geschichte und Geschichtchen, von Anekdoten und Humor. Als eine solche narrative *Motivationshilfe* empfiehlt sich ein Gedicht von Koppe [9] über die „Entdeckungsgeschichte der Chromatographie“ (Abb. 11.9). Es ist frei erfunden, was nicht schadet. Eine „Frau Runge“, die sich über ein weinfleckiges Damasttuch hätte grämen können, gab es nicht – F.F. Runge war zeitlebens Junggeselle. Er trank auch nicht bevorzugt Beaujolais, sondern seinen eigenen „Kunstwein“ (Abb. 11.10). Auch Ingwerbier oder „künstlichen Champagner“ [10, Drittes Dutzend, S. 60] stellte er selbst her.

Runges „Hauswirthschaftliche Briefe“ [10] sind übrigens bestens geeignete Quellentexte, um den Chemieunterricht von heute durch zeitgenössische Aspekte einer „Chemie im Alltag“ von damals zu bereichern.

Doch zurück zu Runges Bildern. Es gibt zahlreiche weitere Möglichkeiten der Bildgestaltung, indem man folgende Einflussfaktoren variiert:

- Art und Konzentration der Imprägnierungslösung,
- Art und Konzentration der Entwicklerlösung,
- Auftropfgeschwindigkeit und Trocknungspausen,
- zwischenzeitliches Auftropfen zusätzlicher Fremdstoffe,
- Dicke und Saugfähigkeit der Papiersorte und
- Steuerung des kapillaren Flusses durch Einschnitte ins Papier.

Die Wahrheit, nackt und ohne Schalen,
steckt oft im Alltag, im Banalen;
sie offenbart sich der Erkenntnis,
jedoch nur selten dem Verständnis.

Der Mensch ist leider ein verklemmtes
Gewohnheitstier, und daher kommt es,
daß wir oft nichts zu sehen kriegen
von Schätzen, die vorauge liegen.
Nur Kinder, Narren und Geniale
erblicken Licht im finstern Tale.

Wir ehren ihn als ersten Boten
und Vater vieler Trennmethoden,
die wir, der langen Namen wegen,
mit Kürzeln zu benennen pflegen
(– wie GC, DC, GPC,
auch HP-, HPTLC –)
und die es uns mit Dünnschichtplatten
und Hochdrucksäulen glatt gestatten,
aus komplizierten Stoffgemischen
die letzten Teilchen noch zu fischen,
sie schnell und schonend zu zerlegen.

Doch weiß der Nachwuchs noch,
weswegen
durch Runges Geist die Farben stoben,
als er, zum Genius erhoben,
die kapillare Trennung fand?

Der Anlaß ist nicht sehr bekannt,
doch wert, daß wir ihn neu erfahren.
Kurzum: Vor hundertdreißig Jahren
saß Runge, Friedlieb Ferdinand
(er ist der Nachwelt auch bekannt,
weil er im Teer, worin es stackte,
das erste Anilin entdeckte),
saß Runge also selbstvergessen
und trank, wie stets beim Abendessen,
sein täglich Gläschen Beaujolais . . .

Dies war der Augenblick da jäh,
der Alltag ihm, – und zwar gewaltig –,
die Wahrheit zeigte, dergestaltig:
das Glas, gefüllt bis hoch zum Rand,
es schwappte dem Herrn Ferdinand,
und auf das Tischtuch, das Frau Rungen
grad frisch zu waschen war gelungen
(es war Damast mit Häckelspitzen),
floß roter Wein in Purpurpfützen.

Der Forscher war zutiefst betroffen.
Sein heller Geist jedoch blieb offen,
und darum, als die Gattin lief
und aufgeregt nach Kochsalz rief,
blieb er gefaßt und überprüfte,
wie sich der Wein im Tuch vertiefte.
Dann sprang auch er: die Kochsalzstreuer,
hinweg damit! Ach, ungeheuer
war in der Tat, was das getränkte
Damasttuch seinen Blicken schenkte!

Zum Beispiel Newton Isaac.
War er der erste, der erschrak,
weil ihn beim Gartenmittagsschlaf
ein Apfel auf die Nase traf?
Vernahm vor Mister Stephenson
kein Mensch den schrillen Flötenton,
der jedem Kessel doch entweicht,
sobald der Dampf ins Freie erreicht?

Die Schwerkraft und die Dampfmaschine
erschienen einzig auf der Bühne,
weil zwei von vielen hunderten
sich am Gewohnten wunderten.
Denn dies allein und rechtes Deuten
trennt das Genie von andren Leuten.

Auch die Chemie kennt Geistesgrößen,
die eine Flut von Denkanstößen
aus ihrer Alltagswelt empfingen.
Wer denkt da nicht vor allen Dingen
an Runge und sein Trennverfahren
mit Fließpapier und Kapillaren?

Er sah, wie da die Tropfen schwanden,
wie in konzentrisch runden Banden
die mannigfachen Komponenten
des Weines sich auf einmal trennten
in Farben, Basen und in Säuren!

Gleich ließ er neuen Wein, vom teuren,
voll Neugier auf die Tafel landen,
und wiederum: es liefen Banden,
gesaugt vom Tuch, in wunderbaren
Gestalten durch die Kapillaren
und säumten bunt der Kleckse Kern.
Frau Runge sah dies gar nicht gern.

Der um das Tischtuch unbesorgte
Gelehrte aber, er entkorkte
die nächsten Flaschen, trank und [illegible],
gab Klecks auf Klecks und überprüfte
mit Moselwein, mit Spätburgunder
stets neu erstaunt sein Trennungswunder,
verglich die Farben, zählte Banden,
und trank, bis die Konturen schwanden
und ihm statt dessen traumhaft süße
Gesichte kamen; etwa diese:

Er sah, wie junge Analysten
ihn froh aus lichter Ferne grüßten,
die Enkel grüßten, und sie stützten
sich auf sein Wissen! Zwar benützten
sie nicht Damast, und doch versuchten
sie mehr mit kapillar durchlöcherten
Sorbentien, mit Gel vom Kiesel,
mit Ton-, mit Wachs- und Harzgeriesel;
und alle Harze, alle Wächse
entstammten seinem ersten Kleckse!

Die Menschheit kleckert seit Äonen,
doch niemand sah die bunten Zonen,
bis er erschien, ein Tuch befleckte
und Richtungsweisendes entdeckte.

Da wurden Runges Augen feucht,
ihm war so groß, so schwer und leicht,
er sprach: „Wer je bei Analysen
auf Kapillaren angewiesen,
soll dankbar an den Ursprung denken
und sich mit edlem Rotwein tränken."

Dies große Wort aus edlem Munde
beendete die Sternenstunde,
geprägt vor hundertdreißig Jahren.
Wir haben es erneut erfahren
und folgen froh dem letzten Mahnen
des unvergessenen Forscherahnen.

Zum Wohle denn! Auch diese Dichtung
sei Zeugnis einer Dankverpflichtung.

Anschrift des Autors:
Dr. Volker Koppe
E. Merck, Darmstadt
Analytisches Zentrallaboratorium (AZL)
Frankfurter Straße 250
6100 Darmstadt 1

Abb. 11.9: Gedicht von Koppe (aus [9, S. 49–50]) über F.F. Runge und die Entdeckung der Chromatographie.

Abb. 11.10: F.F. Runge, seinen „Kunstwein“ prüfend. Nach einer Photographie von F.W. Herms, Oranienburg. (aus [3, S. 130]). Es ist dies die einzige existierende Photographie von Runge.

Hierzu einige *Beispiele* als Anregung zum Selbermachen; denn viel interessanter noch als die Betrachtung der fertigen Produkte ist es, den Entstehungsprozess der Bilder „live“ mitzuerleben.

***Experiment** 2 (nach Koppe [9, S. 51])*

Imprägnierung: 9 % $MnSO_4 \cdot H_2O$ + 3% $CuSO_4 \cdot 5\,H_2O$
Entwickler: 5 %ige Kalilauge

Nach jedem Tropfen der Kalilauge wird eine Trocknungspause eingelegt. (Zur Beschleunigung fönen.) Später können mehrere Tropfen nacheinander aufgegeben werden. Man erhält ein Bild mit ringförmigen Strukturen (Abb. 11.11 links, siehe Farbtafeln). Bei längeren Trocknungspausen ergibt sich eine Maserung, die an die Jahresringe eines Baumstammes erinnert.

***Experiment** 3 (nach Koppe [9, S.51])*

Imprägnierung: 6 % $AlCl_3$
Entwickler 1: 6 % $K_4[Fe(CN)_6]$, Entwickler 2: 12 % $FeSO_4 \cdot 7\,H_2O$

Es bildet sich unter Mitwirkung von Luftsauerstoff (zur Oxidation von Fe^{2+} zu Fe^{3+}) Berlinerblau:

$$2\,Fe_2(SO_4)_3 + 3\,K_4Fe(CN)_6 \rightarrow Fe_4[Fe(CN)_6]_3 \downarrow + 6\,K_2SO_4$$

Die weiße Randzone enthält Aluminiumsalze sowie K_2SO_4 (Abb. 11.11, rechts, siehe Farbtafeln).

***Experiment** 4 (nach Harsch und Bussemas [3, S. 11–13])*

Imprägnierung: 3 % $CuSO \cdot 5\,H_2O$

Auf die Papiermitte wird jeweils ein Tropfen eines Lebensmittelfarbstoffs (grün) aufgebracht.

Entwickler 1: 10 % $(NH_4)\,H_2PO_4$, Entwickler 2: 3 % $K_4[Fe(CN)_6]$

Entwickler 3: Wasser oder 10 % NaCl

Je nach Art, Reihenfolge und Tropfenanzahl der Entwicklerlösungen werden unterschiedliche Bilder erhalten (Abb. 11.12, siehe Farbtafeln). Die Bilderpaare Nr. 7/8, Nr. 9/10 und Nr. 11/12 unterscheiden sich beispielsweise nur dadurch, dass bei 7/9/11 mit Wasser entwickelt wurde, bei 8/10/12 aber mit Kochsalzlösung.

Experiment 5 *(nach Harsch, unveröffentlicht)*

Imprägnierung: 3% $CuSO_4 \cdot 5\,H_2O$ plus jeweils mittig ein Tropfen der Speisefarbe (grün)

Entwickler: Alltagsstoffe, z.B. frisch gepresste Fruchtsäfte, Wein, Essig, Brennspiritus, Schnaps, Abflussreiniger, Spülmittel.

Jede Entwicklerlösung erzeugt ein etwas anderes Bild (Abb. 11.13). Bei den farbigen Originalbildern treten die Unterschiede noch deutlicher hervor. Man kann also mit Hilfe dieses einfachen analytischen Systems Alltagsstoffe tatsächlich unterscheiden.

Experiment 6 *(nach Harsch, unveröffentlicht)*

Imprägnierung: 0,1 molare Lösungen verschiedener Sulfate ($MnSO_4$/$FeSO_4$/$CoSO_4$/$NiSO_4$/$CuSO_4$/$ZnSO_4$) plus jeweils mittig ein Tropfen Speisefarbe (grün)
Entwickler: 1-molare Na_2S-Lösung (Abzug!)

Wie aus Abb. 11.14 hervorgeht, wird auch hier jeweils ein spezifisches Bild erzeugt. Man kann demnach mit diesem einfachen analytischen System Kationen der Übergangsmetallreihe unterscheiden.

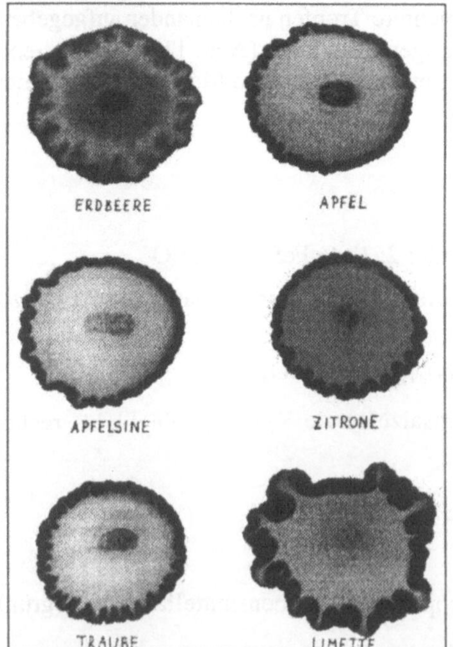

Abb. 11.13: Runge-Bilder mit Alltagsstoffen gemäß Experiment 5

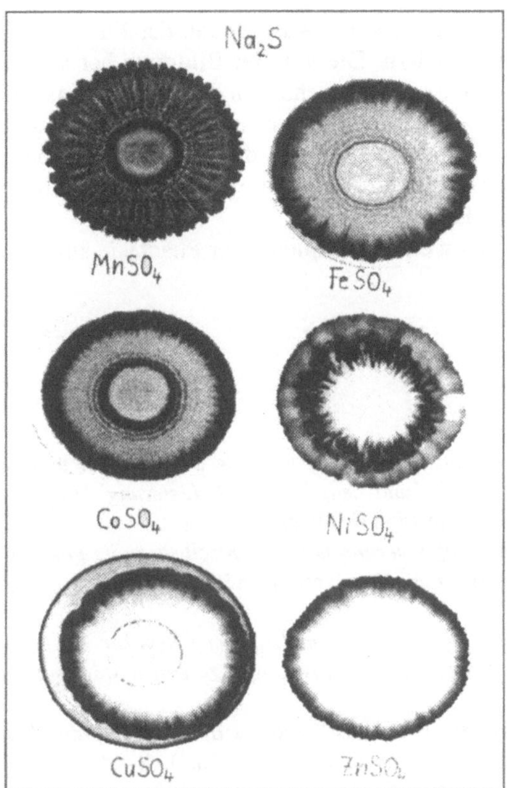

Abb. 11.14: Runge-Bilder mit systematischer Variation der Kationen in der Imprägnierung gemäß Experiment 6

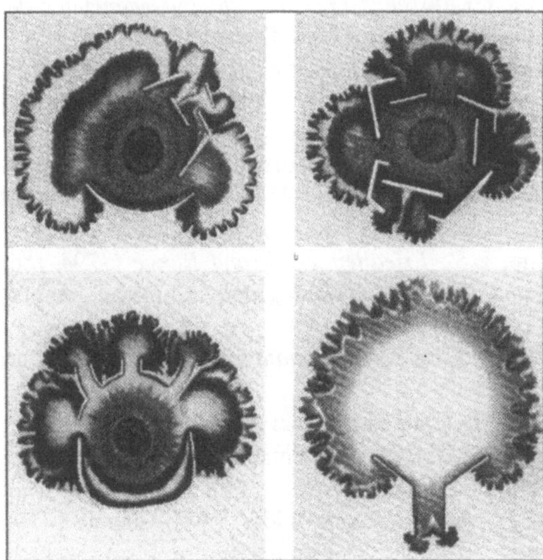

Abb. 11.15: Runge-Bilder mit Einschnitten zur Behinderung des kapillaren Flusses gemäß Experiment 7 (aus [3, S. 15]).

***Experiment** 7 (nach Harsch und Bussemas [3, S. 14–17])*

Durch kleine Einschnitte ins Papier senkrecht zur Ausbreitung der Entwicklerlösung lässt sich der kapillare Fluss behindern: Die von der Bildmitte her vordringende Flüssigkeit muss sich einen anderen Weg suchen. In den Verengungszonen kommt es zu Konzentrationsänderungen der mittransportierten Stoffe, was zusätzliche Effekte bewirken kann. Auf diese Weise wurden die in Abb. 11.15 dargestellten Bilder mit Lebensmittelfarbstoffen auf einer Kupfersulfat-Imprägnierung erzeugt (siehe auch Abb. 11.1 in den Farbtafeln).

In der Literatur [11–13] findet man weitere Beispiele, Der Phantasie sind keine Grenzen gesetzt.

Literatur

[1] Runge, F.F.: *Zur Farben-Chemie. Musterbilder für Freunde des Schönen und zum Gebrauch für Zeichner, Maler, Verzierer und Zeugdrucker. 1. Lieferung. Dargestellt durch chemische Wechselwirkung.* Berlin 1850 (Mittler)

[2] Runge, F.F.: *Der Bildungstrieb der Stoffe, veranschaulicht in selbstständig gewachsenen Bildern* (Fortsetzung der Musterbilder). Oranienburg 1855 (Selbstverlag des Verfassers)

[3] Harsch, G., Bussemas. H.: *Bilder, die sich selber malen. Der Chemiker Runge und seine „Musterbilder für Freunde des Schönen". Anregungen zu einem Spiel mit Farben.* Köln 1985 (Du Mont)

[4] Harsch, G.: *Farben aus dem „Brei der Finsternis": Runges Beitrag zur Entwicklung der Teerfarbenindustrie.* Verhandl. Naturforsch. Gesellsch. Basel, Band 98 (1988), 17–50

[5] Rehberg, M.: *Friedlieb Ferndinand Runge, der Entdecker der Teerfarben. Sein Leben und sein Werk sowie seine Bedeutung für die Entwicklung der chemischen Industrie in Oranienburg. Bearbeitet im Auftrag des Ausschusses für die Runge-Gedenkfeier 1935.* Selbstverlag des Ausschusses für die Runge-Gedenkfeier, Oranienburg (1935)

[6] Menninghaus, W. (Hrsg.): *Friedrich Schlegel. Theorie der Weiblichkeit. Darin: „Fragmente aus dem Nachlasse eines jungen Physikers",* von Johann Wilhelm Ritter (1810). Frankfurt a.M. 1983 (Insel)

[7] Ritter, J.W.: *Entdeckungen zur Elektrochemie, Bioelektrochemie und Photochemie.* Ostwalds Klassiker der exakten Wissenschaften, Band 271 (Reprint). Frankfurt a.M. 1997 (Harri Deutsch).

[8] Bussemas, H.H., Harsch, G., Ettre, L.S.: *Friedlieb Ferdinand Runge (1794–1867): „Self-Grown Pictures" as Precursors of Paper Chromatography.* Chromatographia 38 (1994), 243–254

[9] Koppe, V.: *F.F. Runge und die Entdeckung der Chromatographie.* Kontakte (Darmstadt), Heft 1 (1985), 49–51

[10] Runge, F.F. *Hauswirthschaftliche Briefe. Erstes bis drittes Dutzend* (1866). Mit einem Nachwort hrsg. von H.H. Bussemas und G. Harsch. Weinheim 1988 (VCH) und Leipzig 1988 (Zentralantiquariat der DDR)

[11] Rampf, H., Reichelt, R.: *Chemische Gemälde* („Runge-Bilder"). NiU-Chemie 1 (1990) Nr. 2, S. 32–33

[12] Kober, F.: *Rungebilder.* PdN-Chemie 42 (1993) Heft 4, S. 39–44

[13] Stürzbecher, V.: *Bilder, die sich selber malen.* Spektr. d. Wissensch.. 04/2001, 78–85

12 Organische Chemie nach dem PIN-Konzept – phänomenorientiert, integrativ und vernetzt

In der fachdidaktischen Literatur gibt es viele Arbeiten, die sich mit der organischen Schulchemie befassen. Auf einige dieser Beiträge wird an späterer Stelle (im Abschn. 12.8) hingewiesen. Im Mittelpunkt der folgenden Diskussion soll aber nicht die organische Schulchemie in ihrer ganzen Breite und in ihren verschiedenen konzeptionellen Varianten stehen. Vielmehr soll ein einziges Konzept exemplarisch in seinen Grundzügen vorgestellt werden: Das *PIN-Konzept.*

Das *P*hänomenologisch-*I*ntegrative *N*etzwerkkonzept (kurz: PIN-Konzept) ist ein Curriculum zur Schulung des vernetzten Denkens im Bereich des organisch-chemischen Grundlagenwissens. Es wurde von Harsch und Heimann [1–21] für die fachliche und fachdidaktische Ausbildung von *Lehramtsstudierenden* und für den Chemieunterricht in der gymnasialen *Oberstufe* entwickelt. Für beide Adressatengruppen hat sich das PIN-Konzept als sehr motivierend und lernwirksam erwiesen (vgl. Abschnitte 12.8 und 12.9). Ob es darüber hinaus auch für eine Einführung in die organische Chemie in der *Sekundarstufe I* geeignet ist, muss sich erst noch durch weitere unterrichtspraktische Erprobungen erweisen. Immerhin konnten mit stark vereinfachten Bausteinen aus dem PIN-Konzept auch in der Sekundarstufe I (an Gymnasien und Realschulen) bereits positive Primärerfahrungen gemacht werden.

Auf die Vorzüge einer möglichst frühzeitigen Einführung in die Organische Chemie haben übrigens Schlösser [22], Wenck [23–24] und Christen [25–26] schon in den 70-er und 80-er Jahren wohlbegründet hingewiesen. Auf diesem Gebiet besteht aber nach wie vor curricularer Handlungsbedarf.

Die Verwendbarkeit eines Curriculums für einen so breit gefächerten Adressatenkreis setzt einen modularen Aufbau voraus, der inhaltliche und methodische Spielräume zulässt. Dementsprechend wurde das PIN-Konzept auch nicht als ein „Alles-oder-Nichts-Konzept“ entwickelt, sondern als ein flexibles Baustein-System, dessen Anspruchsniveau je nach Zahl und Art der Setzungen und je nach intendiertem Umfang und Vernetzungsgrad der Inhalte und Methoden in weiten Grenzen adressatenspezifisch variiert werden kann.

Das PIN-Konzept ist durch sieben lerntheoretisch begründete Kriterien charakterisiert [1, S. 1–29]:

- Kriterium der *Konkretheit*
  Im Unterricht sollten neue Inhalte, Konzepte und Arbeitsweisen stets konkret, d. h. auf der Grundlage tatsächlicher Erfahrungen der Lernenden, eingeführt werden. Im Chemieunterricht werden dies vor allem *experimentelle* Erfahrungen mit Stoffen, Stoffumwandlungen und Reaktionsbedingungen sein. Der Übergang zu abstrakten Erkenntnissen und Operationen sollte erst dann erfol-

gen, wenn eine genügend breite Basis von Phänomenen und konkret geordneten Wahrnehmungen geschaffen wurden, die von sich aus nach Erklärung und Abstraktion verlangen. Kurz: Erst die Stoffe, dann die Formeln.

- Kriterium der *Verknüpfung*
  Im Unterricht sollte ein möglichst hoher Organisationsgrad für die zu erarbeitenden Inhalte und Methoden angestrebt werden. Unterschiedliche *Erfahrungstatsachen* (z. B. Testausfälle, Syntheseergebnisse, spektroskopische Befunde) sollten *vergleichend* und in Bezug zueinander ausgewertet werden. Auch *Begriffe* sollten von Anfang an in ihrem netzartigen Charakter kennen gelernt werden – ein wesentlicher Aspekt, der von Sumfleth [27] in die chemiedidaktische Diskussion eingebracht und z. B. für den Einsatz von Lern- und Systematisierungshilfen (concept maps) produktiv genutzt wurde [28–29]. Im Rahmen des PIN-Konzepts hat allerdings die experimentell-konkrete Verknüpfung eindeutig Vorrang vor der begrifflich-abstrakten (→ Kriterium der Konkretheit), schließt aber letztere keineswegs aus, sondern führt zu ihr hin.

- Kriterium der *konstruktiv-systematischen Erarbeitung*
  Begriffe, Arbeitsweisen und Denkmuster sollten stets systematisch aufgebaut werden. Es sollte in kleinen Schritten, die von den Lernenden nachvollzogen werden können, vorgegangen werden. Ein schrittweiser, systematischer Aufbau von Begriffen ist notwendig, um deren Beziehungsgefüge verständlich zu machen. Oft muss der Begriff erst am Ende dieses Prozesses benannt werden. Auf keinen Fall sollte vor der Erarbeitung eine formale Definition gegeben werden, die zu diesem Zeitpunkt unverständlich ist. Nach Aebli [30] müssen Lernende jeden Begriff für sich selbst konstruieren. Dafür muss ihnen genügend Zeit und Gelegenheit zur Verfügung stehen. Aufgabe des Lehrers ist es, geschickte Teilschritte für diesen Aufbau auszuwählen, der letztlich zur Genese einer tragfähigen Fachsystematik führen soll. Die umgekehrte Vorgehensweise – vorschnelle Mitteilung der fertigen Fachsystematik „auf Vorrat" – würde den Prinzipien des PIN-Konzepts widersprechen.

- Kriterium der *Beschränkung*
  Neue Begriffe, Methoden und Denkmuster sollten an einem ausbaufähigen Musterbeispiel, d. h. exemplarisch erarbeitet werden. Im Anschluss daran muss allerdings eine Anwendung auf weitere Beispiele erfolgen, um funktionaler Gebundenheit entgegenzuwirken. Unnötige Informationen, überflüssige Geräte, entbehrliche Stoffe usw. sollten ausgeschaltet werden. Durch Beschränkung auf die jeweils relevanten Aspekte einer Lernsituation können fehlleitende Reize („noise") vermieden und Problemlöseprozesse begünstigt werden. Dies ist vor allem bei der Organisation von Praktikumsversuchen zu berücksichtigen: Lernende, die sich beim Experimentieren im Handgemenge mit neuen Stoffen, neuen Geräten und komplexen Versuchsvorschriften befinden, verfallen allzu leicht in den Fehler des gedankenlosen „Nachkochens", weil ihr Arbeitsspeicher die Vielzahl der zu koordinierenden Informationen nicht mehr fassen kann. Fragt man sie beim Experimentieren nach dem Sinn und Zweck einzelner Operationen oder gar nach der Problemstellung, zu deren Lösung das Experiment beitragen soll, wissen sie oft keine Antwort zu geben. Informationsüberflutung führt längerfristig nicht nur zu verringerten Lernleistungen, sondern auch zu Motivationsverlust.

- Kriterium des *intelligenten Übens*
  Begriffe, Arbeitsweisen und Denkmuster, die zuvor exemplarisch aufgebaut wurden, sollten in verschiedenen Variationen und Kontexten einerseits gefestigt und andererseits für weitere Transferleistungen geschmeidig gemacht werden. Versprachlichung ist hierbei wesentlich. Nur was man mit eigenen Worten ausdrücken und begrifflich entfalten kann, hat man wirklich verstanden.
  Intelligentes Üben fördert auch das „chunking", d. h. die Organisation zuvor unabhängiger Schemata zu einer neuen Einheit. Nach Miller [31] fasst der Arbeitsspeicher eine konstante Zahl von „chunks of information" (Informationspaketen), die gleichzeitig bearbeitet werden können. Nach Miller stehen Erwachsenen maximal 7 ± 2 Speicherplätze für solche Informationspakete zur Verfügung. Bei Schülern muss aus entwicklungspsychologischen Gründen mit einer deutlich verringerten Informationsverarbeitungskapazität gerechnet werden, was den engen Zusammenhang der beiden letztgenannten Kriterien (d. h. die Notwendigkeit von Beschränkung und Übung) unterstreicht. Bei Überlastung des Arbeitsspeichers ist mit einem rapiden Leistungsabfall zu rechnen (Johnstone [32–34]).

- Kriterium der *Förderung kognitiver Fähigkeiten*
  Wenn die durch Reifung gesetzten Grenzen beachtet werden, können und sollen kognitive Fähigkeiten gefördert werden. Wichtig ist die Konfrontation mit konkreten Problemen in Sinn stiftenden, lebensweltlichen Kontexten [35–37], die den Einsatz dieser Fähigkeiten erfordern. Das Repertoire der Lernenden an Fakten, Operationen und Strategien hat großen Einfluss auf die kognitiven Leistungen und sollte daher vergrößert werden. Übung in wechselnden Kontexten und in Form unterschiedlicher Aufgabentypen ist auch hierfür wesentlich. Schüler sollten sich ihrer eigenen Denkmuster bewusst werden und sich bei deren Gebrauch von konkreten äußeren Stützen allmählich lösen können.
  Nach Piaget (siehe Gräber und Stork [38]) und Aebli [30] ist für die kognitive Entwicklung Selbsttätigkeit unabdingbar. Lernende müssen also mit Situationen konfrontiert werden, in denen die zu fördernden kognitiven Fähigkeiten tatsächlich auch benötigt werden und in denen Erfahrungen gesammelt werden können. Durch Wechselwirkung zwischen den eigenen kognitiven Strukturen und den Erfordernissen der Problemsituation werden kognitive Denkschemata differenziert, koordiniert und damit weiterentwickelt, ggf. auch falsifiziert.

- Kriterium der *fachgemäßen Enkulturation*
  Schüler sollten im Chemieunterricht Inhalte und Methoden kennen lernen, die für das Fach Chemie repräsentativ und grundlegend sind und die ihnen sowohl bei der Erschließung ihrer Lebenswelt als auch bei der Entwicklung ihrer eigenen kognitiven Fähigkeiten weiterhelfen. Sie sollten die Sprache und Argumentationskultur der Chemiker verstehen und dadurch zu einer empirischen, an Rationalität orientierten Einstellung geführt werden; und sie sollten sich der Aspekthaftigkeit und der Grenzen naturwissenschaftlicher Aussagen bewusst werden.
  Naturwissenschaftliche Bildung beschränkt sich keineswegs auf die Kenntnis von Inhalten und fertigen Ergebnissen, sondern sie impliziert auch ein vertieftes Verständnis der naturwissenschaftlichen Methode der Erkenntnisgewinnung mit ihrem charakteristischen Wechselspiel von Theorie und Empirie: Experi-

mente sind theoriegeleitet, aber die Theorie bedarf auch notwendig der Falsifizierbarkeit durch das Experiment (Stork [39], Reiners [40].)

Die Kriterien im Zusammenhang

Für das PIN-Konzept sind von Anfang an die Kriterien der Konkretheit und der Verknüpfung wesentlich. In dem Maße, in dem das Erkenntnissystem wächst, gewinnen auch die den Lernprozess steuernden Kriterien der schrittweisen, systematischen Erarbeitung, der Beschränkung und des intelligenten Übens eine zunehmend tragende Bedeutung. Die globaleren Kriterien der Förderung kognitiver Fähigkeiten und der fachgemäßen Enkulturation erfordern langfristig angelegte, kontinuierliche Anstrengungen in sinnvollen Kontexteinbettungen.

Wir realisieren diese Kriterien also nicht an beliebig austauschbaren Lerninhalten, sondern im Zuge von schrittweisen und lückenlos aufeinander aufbauenden Problemlösungs- und Begriffsbildungsprozessen, die vom wachsenden Erkenntnissystem selbst gefordert werden. Das gesamte Curriculum ist auf eine kontinuierliche Denkschulung und auf die Etablierung einer empirischen Einstellung hin angelegt. Dies kann nur erreicht werden, wenn man versucht, allen genannten Kriterien in gleicher Weise, nicht aber dem einen zum Nachteil der anderen, Genüge zu tun.

Um die Methodik des PIN-Konzepts zu verdeutlichen, soll im Folgenden eine mögliche *Einstiegsvariante* konkret geschildert werden. Die weitere Entfaltung des PIN-Konzepts einschließlich der vielfältigen Variations- und Kombinationsmöglichkeiten einzelner Bausteine sowie Möglichkeiten zur didaktischen Reduktion und zur Integration fächerübergreifender Aspekte und Alltagsbezüge sind in dem Buch „Didaktik der Organischen Chemie nach dem PIN-Konzept“ [1] dargestellt. Dort können auch alle Experimentiervorschriften sowie viele ausgearbeitete Übungsaufgaben gefunden werden. Ein evaluiertes Unterrichtskonzept für die Jahrgangsstufe 11 ist in [2] dargestellt.

12.1 Ordnen unbekannter Stoffe mit unbekannten Reagenzien

Im Mittelpunkt des Unterrichts stehen sechs unbekannte Reinstoffe A–F. Es handelt sich um farblose Flüssigkeiten, die erst später benannt werden. Um Informationen über sie zu gewinnen, werden sie mit Hilfe von sechs Reagenzien, deren Reichweiten zunächst ebenfalls unbekannt sind, unter standardisierten Bedingungen vergleichend untersucht [1, S. 295]. Die Ergebnisse werden in Matrixform (Abb. 12.1, siehe Farbtafel) dargestellt.

Es erscheint zunächst vielleicht ungewöhnlich, durch Kombination von Unbekanntem mit Unbekanntem auf Informationsgewinn zu hoffen; aber diese Methode hat eine lange fachwissenschaftliche und fachdidaktische Tradition. Schon Justus von Liebig schrieb 1844 in seinen auch heute noch lesenswerten Chemischen Briefen [41, S. 11]:

„Wir studiren die Eigenschaften der Körper, die Veränderungen die sie in Berührung mit andern erleiden. Alle Beobachtungen zusammengenommen bilden eine Sprache; jede Eigenschaft, jede Veränderung, die wir an den Körpern wahrnehmen, ist ein Wort in dieser Sprache. Die Körper zeigen in ihrem Verhalten gewisse Beziehungen zu anderen, sie sind ihnen ähnlich in der Form, in gewissen Eigenschaften, oder weichen darin von ihnen ab. Diese Abweichungen sind ebenso mannichfaltig, wie die Worte der reichsten Sprache; in ihrer Bedeutung, in ihren Beziehungen zu unsern Sinnen sind sie nicht minder verschieden... Um aber in dem mit unbekannten Chiffern geschriebenen Buche lesen zu können, um es zu verstehen, ... muß man nothwendig erst das Alphabet kennenlernen."

Liebig rät also, zunächst das „*ABC der Phänomene*" gründlich zu studieren und erst dann Formeln und Reaktionssymbole einzuführen, wenn auf der phänomenologischen Ebene hinreichend viele Ordnungsbeziehungen, die von sich aus nach Erklärung verlangen, erkannt sind. Durch Abstraktion (d. h. Weglassen der negativen Testausfälle) und durch Umgruppieren entdecken die Schüler, dass sich die sechs Stoffe aufgrund ihres Testverhaltens in drei Zweiergruppen einteilen lassen, die nun mit Stoffklassennamen benannt werden (Abb. 12.2, siehe Farbtafel):

A/D = Alkohole B/E = Carbonsäuren C/F = Ester

Der Cernitrattest (Rotfärbung) ist demnach ein Gruppentest auf Alkohole; der Bromthymolblautest (Gelbfärbung) spricht auf Säuren an; der Rojahntest (Entfärbung) ist ein Gruppentest auf Ester.

Mit dem Eisenchlorid- und Iodoformtest kann innerhalb dieser Stoffklassen differenziert werden. Die beiden Ester sind – im Gegensatz zu den Alkoholen und Carbonsäuren – nicht mit Wasser mischbar. Auch dieser Befund stützt die vorgenommene Gruppeneinteilung.

12.2 Vernetzung der Stoffe durch Synthesebeziehungen

Da beim Dichromattest die beiden Alkohole und die beiden Ester positiv reagiert haben (Grünfärbung), muss eine chemische Reaktion abgelaufen sein. Welche Produkte haben sich dabei gebildet?

Zur Klärung dieser Frage wird der Dichromattest arbeitsteilig im präparativen Maßstab durchgeführt. (Sicherheits- und Entsorgungshinweise für Chromsalze [1, S. 36–37] beachten!) Einige Milliliter der Reaktionsprodukte werden abdestilliert (Abb. 12.3). Auf die Destillate werden die Standardtests angewendet. Die erhaltenen Ergebnisse sind in Tabelle 12.1 dargestellt [1, S. 239].

Der Vergleich zwischen dem Testverhalten der Destillate und dem der Referenzstoffe lässt erkennen, dass folgende Reaktionen abgelaufen sind:

V1: Alkohol A $\xrightarrow{\text{Dichromatreagenz}}$ Carbonsäure B

V2: Alkohol D $\xrightarrow{\text{Dichromatreagenz}}$ Carbonsäure E

V3: Ester C $\xrightarrow{\text{Dichromatreagenz}}$ Carbonsäure B

V4: Ester F $\xrightarrow{\text{Dichromatreagenz}}$ Carbonsäure E

Tabelle 12.1: Reaktion der Alkohole bzw. Ester mit dem Dichromatreagenz – Untersuchung der Destillate.

	Alkohole		Ester		Säuren		Destillate			
	A	D	C	F	B	E	V1	V2	V3	V4
Dichromattest	+	+	+	+	–	–	–	–	–	–
BTB-Test	–	–	–	–	+	+	+	+	+	+
Cernitrattest	+	+	–	–	–	–	–	–	–	–
Rojahntest	–	–	+	+	–	–	–	–	–	–
Eisenchloridtest	–	–	–	–	$+_u$	$+_o$	$+_u$	$+_o$	$+_u$	$+_o$
Iodoformtest	+	–	+	–	–	–	–	–	–	–

+ bzw. – bedeutet: positiver bzw. negativer Testausfall

$+_o$ bzw. $+_u$ bedeutet: Rotfärbung der oberen bzw. unteren Phase

V1 bedeutet: Versuch 1 mit Alkohol A als Edukt

V2 bedeutet: Versuch 2 mit Alkohol D als Edukt

V3 bedeutet: Versuch 3 mit Ester C als Edukt

V4 bedeutet: Versuch 4 mit Ester F als Edukt

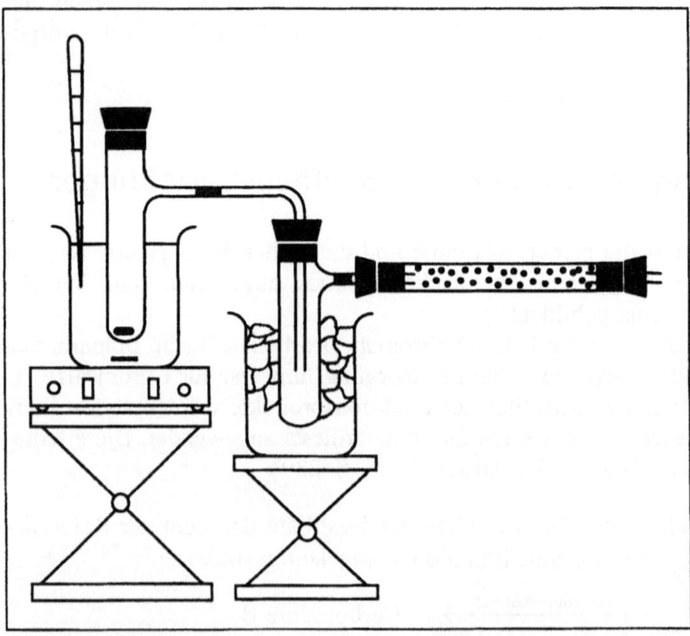

Abb. 12.3: Standardapparatur zur Durchführung von Synthesen im Rahmen des PIN-Konzepts. Aus [1, S. 239].

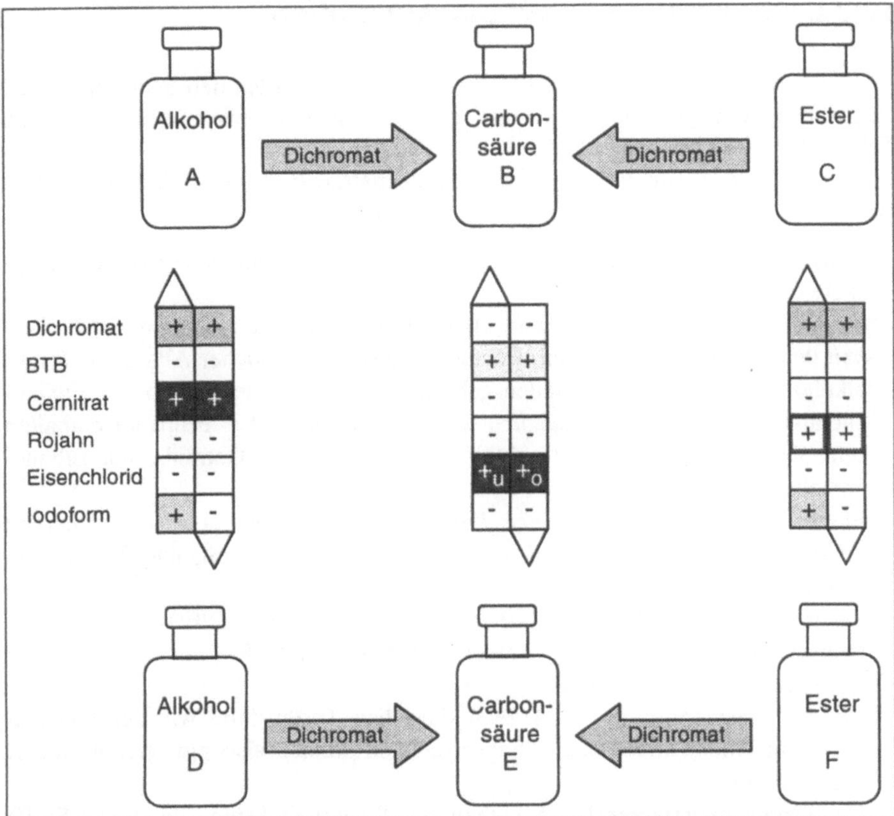

Abb. 12.4: Die sechs Stoffe A–F bilden ein System, das durch horizontale Synthesebeziehungen und durch vertikale analytische Beziehungen gekennzeichnet ist.

Offensichtlich bilden die sechs Stoffe A–F ein *System*, das durch horizontale Synthesebeziehungen und durch vertikale analytische Beziehungen gekennzeichnet ist (Abb. 12.4).

Die Entdeckung eines Systems berechtigt dazu, *systematische Namen* für die sechs Stoffe einzuführen:

A = Ethanol B = Ethansäure C = Ethansäureethylester

D = Propanol E = Propansäure F = Propansäurepropylester

Die Vorsilben „Eth" bzw. „Prop" drücken aus, dass die Stoffe A/B/C bzw. D/E/F aufgrund ihres Syntheseverhaltens in zwei horizontale Dreiergruppen eingeteilt werden können.

Die Nachsilben „ol" bzw. „säure" bzw. „ester" drücken die Zugehörigkeit zu den drei vertikalen Zweiergruppen aus.

12.3 Untersuchung von Haushaltsstoffen

Als Nächstes werden Haushaltsstoffe untersucht. Sie werden den Schülern in den Originalverpackungen zur Verfügung gestellt. Die Ergebnisse werden, wie in Tabelle 12.2. beschrieben, erhalten [1, S. 313].

Hieraus können (im Rahmen der Referenzmatrix, d. h. aus Schülersicht) folgende Schlüsse gezogen werden:

- Essig enthält *nur* die Carbonsäure B = Ethansäure, die nun synonym als Essigsäure bezeichnet wird.
- Melissengeist, Brennspiritus und alkoholische Getränke enthalten *mit Sicherheit* den Alkohol A = Ethanol. Ethanol ist also gewöhnlicher Alkohol („Trinkalkohol"). Aus den Testausfällen geht allerdings nicht hervor, ob *nur* Ethanol enthalten ist; es könnte *zusätzlich* auch der Alkohol D = Propanol enthalten sein. Durch Mitteilung wird geklärt, dass alkoholische Getränke nur Ethanol enthalten.
- Fleckenteufel enthält *auf keinen Fall* eine Carbonsäure, aber mit Sicherheit *mindestens* einen Alkohol und *mindestens* einen Ester. Folgende Zusammensetzungen sind möglich:
  Zweiergemische: A/C A/F D/C (*nicht*: D/F!)
  Dreiergemische: A/C/D A/F/D D/C/F A/C/F
  Vierergemisch: A/C/D/F
- Der Nagellackentferner Nr. 4 zeigt dieselben Testausfälle wie der Fleckenteufel. In *unterschiedlichen* Alltagsprodukten können also ggf. *gleiche* Stoffe enthalten sein.
- Der Nagellackentferner Nr. 5 enthält mit Sicherheit *keinen* der sechs Stoffe A–F, im Gegensatz zu Nr. 4. In *gleichartigen* Alltagsprodukten können also ggf. *unterschiedliche* Stoffe enthalten sein.

Tabelle 12.2: Testverhalten der untersuchten Haushaltsstoffe.

	Alkohole		Ester		Säuren		Haushaltsstoffe				
	A	D	C	F	B	E	1	2	3	4	5
Dichromattest	+	+	+	+	–	–	–	+	+	+	–
BTB-Test	–	–	–	–	+	+	+	–	–	–	–
Cernitrattest	+	+	–	–	–	–	–	+	+	+	–
Rojahntest	–	–	+	+	–	–	–	–	+	+	–
Eisenchloridtest	–	–	–	–	$+_u$	$+_o$	$+_u$	–	–	–	–
Iodoformtest	+	–	+	–	–	–	–	+	+	+	+

1 = Essig (z. B. Essil Tafelessig, farblos)
2 = Klosterfrau Melissengeist oder Brennspiritus oder Wodka (40 %)
3 = Fleckenteufel (Dr. Beckmann)
4 = Nagellackentferner (ellocar oder femia)
5 = Nagellackentferner (Margret Astor)

- Zusätzlich kann mit wenig Aufwand auch gezeigt werden [1, S. 315], dass „Uhu flinke Flasche" mindestens einen Ester enthält (positiver Rojahntest). Geruchsvergleich mit dem Stoff C legt nahe, dass im Uhu Essigsäureethylester enthalten ist, was durch Mitteilung bestätigt wird. Der Ester dient als Lösungsmittel, das beim Auftragen des Klebstoffes verdunstet.

Die Untersuchung von Haushaltsstoffen bietet somit gute Möglichkeiten, die systembildenden „Spielfiguren" (Stoffe A–F) mit Alltagsaspekten zu verknüpfen und den systematischen Namen synonyme *Trivialnamen* beizufügen, die ebenfalls gelernt werden sollten, da sich die Unterrichtssprache nicht von der Kommunikation im Alltag, in den Medien und in der Wissenschaft selbst abkoppeln darf:

A	=	Ethanol	=	Trinkalkohol
B	=	Ethansäure	=	Essigsäure
C	=	Ethansäureethylester	=	Essigsäureethylester
D	=	Propanol	=	Propylalkohol
E	=	Propansäure	=	Propionsäure
F	=	Propansäurepropylester	=	Propionsäurepropylester

In diesem Zusammenhang kann auch auf die *mikrobiologische* Gewinnung von Essigsäure eingegangen werden:

$$\text{Ethanol} + \text{Sauerstoff} \xrightarrow{\text{Acetobacter-Bakterien}} \text{Essigsäure}$$

Hierbei werden wässrige Lösungen von Ethanol, in vermindertem Umfang auch Wein (→ „Weinessig"), durch Essigbakterien, die durch eingeblasene Luft ständig aufgewirbelt werden, zu Essigsäure oxidiert. Daneben spielt auch das klassische Oberflächenverfahren noch eine Rolle, bei dem die Bakterien auf Buchenholzspänen kultiviert werden.

In 100 g Essig sind ca. 5–15 g Essigsäure enthalten. Essigessenz enthält 60–80 Vol.-% Essigsäure und darf als stark ätzende Flüssigkeit nur unter besonderen Vorsichtsmaßnahmen in den Handel gebracht werden. Zur Herstellung von Speiseessig wird sie weiter mit Wasser verdünnt.

Bei dieser Gelegenheit sollten die Schüler darauf hingewiesen werden, dass für die Schülerexperimente im Abschnitt 12.1 aus Sicherheitsgründen verdünnte Säuren eingesetzt wurden.

Des Weiteren kann nun auch durch Vergleich der mikrobiologischen Essigsäuresynthese mit der im Abschnitt 12.2 entdeckten Essigsäuresynthese (aus Ethanol und Dichromat) die Funktion des Dichromatreagenzes als Oxidationsmittel verstanden werden. Da hierbei das orangefarbene Dichromat zu grünlich gefärbten Chromsalzen reduziert wird, können die Schüler nun auch die Grünfärbung bei positivem Ausfall des Dichromattests (vgl. Abb. 12.1 und 12.2, Farbtafeln) verstehen.

Auf diesem Farbwechsel basiert auch der „*Alcotest*" der Polizei: Die Prüfröhrchen enthalten das Dichromatreagenz, das die ausgehauchten Alkoholdämpfe des Verkehrssünders oxidiert. Auf das primäre Oxidationsprodukt (Acetaldehyd) sollte erst später eingegangen werden, wenn die Schüler mit diesem Stoff eigene Erfahrungen gesammelt haben (siehe [1, S. 90ff.]).

12.4 Entdeckung weiterer Synthesebeziehungen

Im nächsten Schritt wird untersucht, wie sich die sechs Standardstoffe beim Schütteln mit Natronlauge verhalten [1, S. 249].

Am auffälligsten verhält sich Essigsäureethylester (Stoff C). Schon nach wenigen Minuten sind die Esterphase und der Estergeruch verschwunden. Zur weiteren Untersuchung wird das Reaktionsgemisch destilliert; Destillat und Rückstand werden den Standardtests unterworfen.

Propionsäurepropylester (Stoff F) reagiert mit Natronlauge nur sehr langsam. Nach einwöchigem Stehenlassen hat sich das Volumen der Esterphase immerhin halbiert. Esterphase und wässrige Phase werden ohne Destillation getestet.

Bei diesen beiden Versuchen werden die Ergebnisse wie in Tabelle 12.3 dargestellt gefunden.

Hieraus kann geschlossen werden:

- Beim Versuch 5 findet sich im Destillat auf jeden Fall Ethanol. (Ob zusätzlich auch Propanol vorhanden ist, kann nicht entschieden werden.)
  Im Rückstand kann (nach Ansäuern mit Schwefelsäure) Essigsäure nachgewiesen werden. Demnach ist folgende Reaktion abgelaufen:
  Essigsäureethylester $\xrightarrow{\text{Natronlauge}}$ Essigsäure + Ethanol (evtl. + Propanol)

- Beim Versuch 6 lässt sich in der oberen Phase neben übriggebliebenem Ester nur noch Propanol nachweisen. Die Anwesenheit von Ethanol kann wegen des negativen Ausfalls des Iodoformtests *ausgeschlossen* werden. In der unteren Phase kann (nach Ansäuern mit Schwefelsäure) Propionsäure nachgewiesen werden. Es ist also folgende Reaktion abgelaufen:
  Propionsäurepropylester $\xrightarrow{\text{Natronlauge}}$ Propionsäure + Propanol

Tabelle 12.3: Reaktion der Ester mit Natronlauge

	Alkohole		Ester		Säuren		Versuch 5		Versuch 6	
	A	D	C	F	B	E	De	Rü	OP	UP
Dichromattest	+	+	+	+	–	–	+	–	+	–
BTB-Test	–	–	–	–	+	+	–	+	–	+
Cernitrattest	+	+	–	–	–	–	+	–	+	–
Rojahntest	–	–	+	+	–	–	–	–	+	–
Eisenchloridtest	–	–	–	–	$+_u$	$+_o$	–	$+_u$	–	$+_o$
Iodoformtest	+	–	+	–	–	–	+	–	–	–

Versuch 5: Essigsäureethylester (Stoff C) als Edukt
Versuch 6: Propionsäurepropylester (Stoff F) als Edukt
Es bedeuten: De = Destillat; Rü = Rückstand (angesäuert)
OP = Obere Phase; UP = Untere Phase (angesäuert)

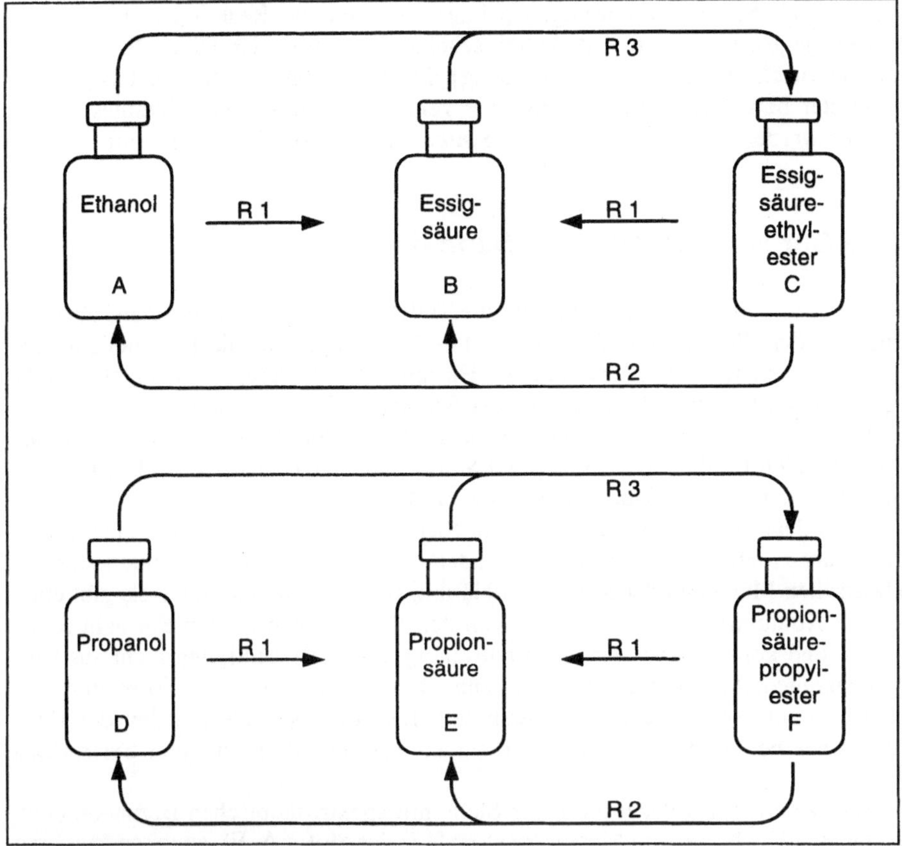

Abb. 12.5: Vollständiges Synthesenetz der Stoffe A–F.
R 1 = Dichromatsynthesen (mit $K_2Cr_2O_7/H_2SO_4/H_2O$)
R 2 = Esterhydrolysen (mit $NaOH/H_2O$)
R 3 = Estersynthesen (mit H_2SO_4)

- Aus *Analogiegründen* und nach dem *Einfachkeitsprinzip* kann vermutet werden, dass bei der alkalischen Hydrolyse von Essigsäureethylester (s.o.) neben Essigsäure nur noch Ethanol, aber kein Propanol gebildet wurde. Dies ist auch deshalb wahrscheinlich, weil die Stoffe A/B/C = Ethanol/Essigsäure/Essigsäureethylester bzw. D/E/F = Propanol/Propionsäure/Propionsäurepropylester bei den Dichromatsynthesen (Abschn. 12.2) ebenfalls separate Teilsysteme bildeten.

Zur Erhärtung dieser Hypothese wird im nächsten Schritt versucht, aus den Spaltprodukten der Esterhydrolysen wieder die entsprechenden Ester herzustellen. Als Synthesereagenz kommt Schwefelsäure (als Antagonist zu der bei den Esterhydrolysen verwendeten Natronlauge) in Betracht. (Selbstverständlich ist das antagonistische Argument nicht zwingend, aber es macht die Setzung des Synthesereagenzes aus Schülersicht zumindest plausibel.) Folglich werden Gemische aus Ethanol/Essigsäure bzw. Propanol/Propionsäure mit konzentrierter Schwefelsäure versetzt

[1, S. 247]. Schon nach wenigen Minuten können die Reaktionsgemische auf Wasser gegossen werden. Tatsächlich scheiden sich in beiden Fällen Esterphasen ab, die (nach Waschen mit Sodalösung) das Verhaltensmuster von Essigsäureethylester bzw. Propionsäurepropylester zeigen. Die gefundenen Synthesebeziehungen werden zusammenfassend als *Synthesenetz* (Abb. 12.5) dargestellt.

12.5 Der Sprung auf die Ebene der Teilchen

Der Sprung von den Phänomenen auf die Teilchenebene ist von Natur aus abstrakt und erfordert für ein vertieftes Verständnis formal-operationale Denkfähigkeiten: „Science is by its very nature formal" (Herron [42]). Andererseits kann aber nicht ignoriert werden, dass die Mehrzahl der Schüler in der Sekundarstufe II (und erst recht in der Sekundarstufe I) erhebliche Probleme mit dem reflektiven, formal-operationalen Denken hat (Gräber und Stork [38], Shayer und Adey [43], Lawson [44], Häußler, Bünder, Duit, Gräber, Mayer [45]).

Es ist daher aus lernpsychologischen, aber auch schon aus rein zeitlichen Gründen kaum möglich, die Strukturformeln der Alkohole, Carbonsäuren und Ester mit klassischen Methoden der Strukturaufklärung simultan zu erarbeiten. Es gibt eben keinen Königsweg, der *unmittelbar* von den Phänomenen zu den Formeln führt. Daher sind konstruktive *Setzungen* notwendig, deren Berechtigung nicht aus Einzelphänomenen erschlossen werden kann. Die Rechtfertigung der Formeln ergibt sich eher retrospektiv aus ihrem unmittelbaren Anwendungserfolg bei der Deutung eines bereits ohne ihre Hilfe erkannten Systems, d. h. aus ihrer *Systemkonformität.*

Wir behelfen uns daher an dieser Stelle mit spektroskopischen Befunden (vereinfachten ^{13}C-NMR-und Massenspektren [17] der Stoffe A–F), an deren Messung die Schüler naturgemäß nicht teilhaben können, wohl aber an deren konkret-operationaler Auswertung. Wie die entsprechenden Messgeräte funktionieren, muss nicht zuvor im Einzelnen geklärt werden. Schließlich benutzen wir ja auch schon im Anfangsunterricht Säure-Base-Indikatoren, ohne uns um die entsprechenden Molekülstrukturen, Reaktionsmechanismen und Farbtheorien zu kümmern.

Folgende *Setzungen* sind notwendig:

- Die Moleküle der Stoffe A–F enthalten nur Kohlenstoff-, Wasserstoff- und Sauerstoff-Atome. (Dies kann ggf. auch experimentell [1, S. 317] erarbeitet werden.)
- Die Bindigkeiten und relativen Massen der drei Atom-Sorten C/H/O sowie die Möglichkeit von Doppelbindungen müssen bekannt sein bzw. gesetzt werden.
- Es muss mitgeteilt werden, dass man einem ^{13}C-NMR-Spektrum Informationen über die Anzahl der Kohlenstoff-Atome im Molekül entnehmen kann: Jedem C-Atom des Moleküls ist ein bestimmtes Signal im Spektrum zugeordnet. Kohlenstoff-Atome mit gleichen Substituenten liefern ihr Signal allerdings aus Symmetriegründen an derselben Stelle des Spektrums ab.
- Bezüglich der Massenspektrometrie müssen die Schüler wissen, dass man einem Massenspektrum Informationen über die Molekülmasse und über die Massen von Molekülbruchstücken (Fragmenten) entnehmen kann.

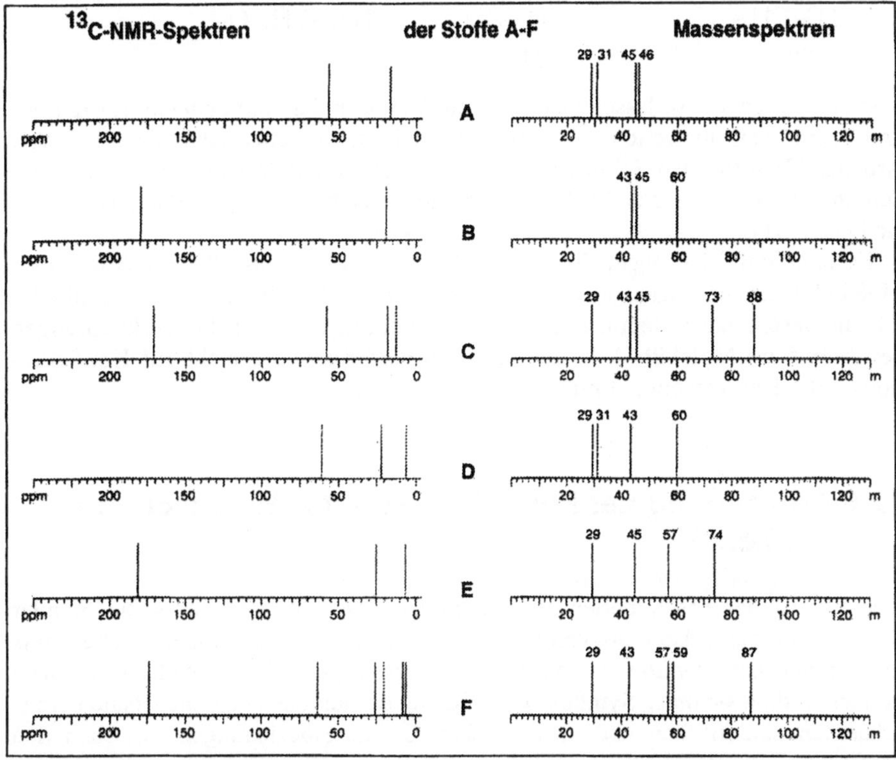

Abb. 12.6: ^{13}C-NMR-Spektren und Massenspektren der sechs Standardstoffe A–F in vereinfachter Form. Aus [1, S. 53].

A = Ethanol	B = Essigsäure	C = Essigsäureethylester
D = Propanol	E = Propionsäure	F = Propionsäurepropylester

- Die physikalisch-chemischen Hintergrundinformationen zu den spektroskopischen Methoden können je nach Bedarf diskutiert oder auch später nachgeliefert werden [17].

Die *Auswertung* der Spektren (Abb. 12.6) sei am Beispiel des Stoffes A (Ethanol) erläutert:

- Aus dem Massenspektrum lässt sich die Molekülmasse 46 u entnehmen. Dies führt (unter Berücksichtigung der gesetzten Atommassen und Bindigkeitsregeln) zu folgenden Strukturhypothesen:

$H-\overset{\overset{\large O}{||}}{C}-OH$	H_3C-CH_2-OH	$H_3C-O-CH_3$
H1	H2	H3

- Die Hypothesen H1 und H3 ließen im ^{13}C-NMR-Spektrum jeweils nur 1 Signal (statt 2) erwarten und kommen daher nicht in Betracht. H2 hingegen ist mit dem ^{13}C-NMR-Spektrum kompatibel.
- Die Hypothese H2 kann auch die übrigen Signale im Massenspektrum erklären:

$H_3C{-}CH_2{-}$ 29 u $-CH_2{-}OH$ 31 u $H_3C{-}CH_2{-}O{-}$ 45 u

Auf analoge Weise lassen sich auch die Spektren der fünf anderen Stoffe konkret-operational auswerten [17], obwohl die Formeln selbst Abstrakta sind. Als Arbeitshilfe sollte den Schülern eine Massentabelle zur Verfügung gestellt werden, in der die wichtigsten Molekülbruchstücke, nach Massen geordnet, dargestellt sind [1, S. 51].

Es empfiehlt sich auch, die entsprechenden Molekülmodelle mit Hilfe eines Molekülbaukastens nachzubauen, um einen räumlichen Eindruck zu vermitteln. Für die anstehenden Deutungen kommt es allerdings nur auf die Verknüpfungen der Atome im Molekül, d. h. auf *Konstitutionsformeln* an, nicht auf Konfigurations- oder Konformationsformeln.

12.6 Anwendung der Formeln („Struktur-Eigenschafts-Denken")

Der Vorteil der geschilderten Vorgehensweise besteht darin, dass die Schüler relativ rasch zur Erkenntnis von Formeln kommen. Noch wichtiger ist aber, dass die Schüler sich *unmittelbar* von der Leistungsfähigkeit der Formeln überzeugen können, indem sie diese Symbole zur Deutung der auf der Phänomenebene bereits erkannten analytischen und synthetischen Ordnungsbeziehungen zwischen den Stoffen A–F anwenden:

- Das paarweise ähnliche *analytische Verhalten* (Abb. 12.2) der Stoffe A/D (Alkohole) bzw. B/E (Carbonsäuren) bzw. C/F (Ester) ist offensichtlich auf den paarweise ähnlichen Molekülaufbau zurückzuführen. Die dafür verantwortlichen *funktionellen Gruppen* können nun markiert werden (Abb. 12.7).
- Das paarweise ähnliche *Syntheseverhalten* (Abb. 12.5) der Stoffe A/D, B/E und C/F ist ebenfalls auf die entsprechenden funktionellen Gruppen zurückzuführen. Darüber hinaus können nun auch erste (stark vereinfachte) Reaktionssymbole formuliert werden. Hierzu müssen die Schüler zunächst durch Vergleich der Strukturformeln der Edukt- und Produktmoleküle die *invarianten* Strukturmerkmale herausfiltern, d. h. diejenigen Teilstrukturen der Moleküle, welche die Reaktion unbeschadet überleben. Für die Differenz müssen dann das Synthesereagenz und ggf. das Lösungsmittel (Wasser) verantwortlich sein. Dies führt zu vereinfachten Reaktionsgleichungen [1, S. 60ff.], für deren Ableitung keine formal-operationalen Fähigkeiten erforderlich sind.
- Das paarweise ähnliche *spektroskopische Verhalten* (Abb. 12.6) der Stoffe A/D, B/E und C/F stützt nicht nur das Konzept der funktionellen Gruppen, sondern ermöglicht auch durch *Mustererkennung* die Entdeckung von *Zuordnungsregeln* für die ^{13}C-NMR-Spektroskopie:

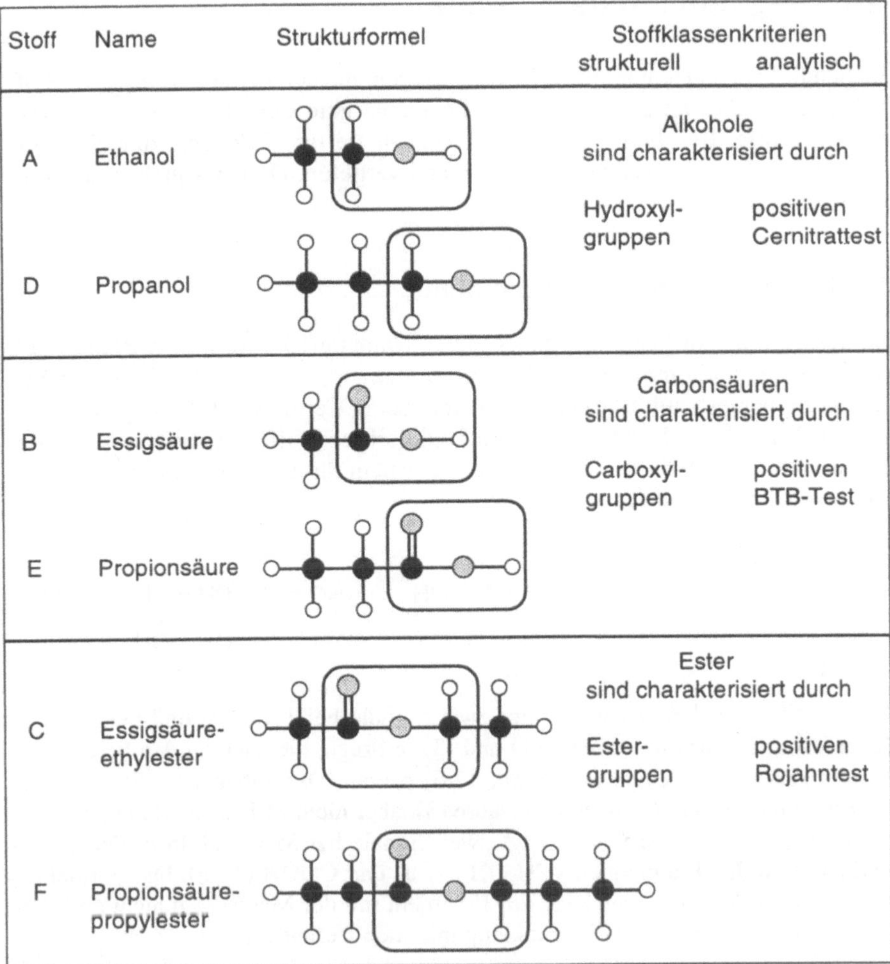

Abb. 12.7: Molekülstrukturen der Stoffe A–F und deren funktionelle Gruppen.

- C-Atome, die mit *zwei* O-Atomen verknüpft sind, liefern ein Signal bei *hohen* ppm-Werten (165–185 ppm):

  Teilstruktur $—\overset{\overset{\large O}{\|}}{C}—O—$ in Carbonsäure- und Estermolekülen

- C-Atome, die mit *einem* O-Atom verknüpft sind, liefern ein Signal bei *mittleren* ppm-Werten (55–65 ppm):

  Teilstruktur $—\overset{|}{\underset{|}{C}}—O—$ in Alkohol- und Estermolekülen

- C-Atome, die mit *keinem* O-Atom verknüpft sind, liefern ein Signal bei *niedrigen* ppm-Werten (5–30 ppm).

12.7 Integration weiterer Stoffe

Die Schüler verfügen nun mit ihren Erfahrungen, die sie mit dem *System* der Stoffe A–F exemplarisch gemacht haben, über eine gute Grundlage zur Integration weiterer Stoffe. Bei dieser Gelegenheit können sie ihre Fähigkeit zum Struktur-Eigenschafts-Denken festigen, erweitern und vertiefen. Drei Beispiele sollen dies verdeutlichen.

12.7.1 Untersuchung eines Naturstoffs

Die Schüler untersuchen einen unbekannten Naturstoff X, der in den Blättern des wilden Weins vorkommt. Sie finden: X zeigt einen positiven Ausfall beim BTB-Test (Gruppentest auf Carbonsäuren) und beim Cernitrattest (Gruppentest auf Alkohole). Auch der Dichromattest (auf oxidierbare Stoffe) ist positiv. Alle anderen Tests fallen negativ aus. Als mögliche Formeln für die Moleküle des Stoffes X kommen daher z. B. in Frage [1, S. 70]:

$$H_2C(OH)-C(=O)-OH \quad (1)$$

$$H_3C-CH(OH)-C(=O)-OH \quad (2)$$

$$HO-C(=O)-CH(OH)-CH(OH)-C(=O)-OH \quad (3)$$

Das ^{13}*C-NMR-Spektrum* von X zeigt zwei Signale bei 176 ppm und bei 59 ppm. Daher kommen nur die Formeln (1) und (3) in Frage, die auch zu den bereits entdeckten Zuordnungsregeln (Abschnitt 12.6) passen. Der unbekannte Stoff könnte demnach Glycolsäure (1) oder Weinsäure (3), aber nicht Milchsäure (2) sein.

Das *Massenspektrum* von X zeigt zwei Signale bei 31 u und 45 u. Dieser Befund passt zu den Fragmenten $-CH_2OH$ (31 u) und COOH (45 u). Die Formel (3) ist somit widerlegt, denn sie kann das Fragment mit der Masse 31 u nicht erklären. Die Formel (1) hingegen ist im Einklang mit allen Befunden.

12.7.2 Erarbeitung des Begriffs der homologen Reihe

Die Schüler untersuchen arbeitsteilig unbekannte, nummerierte Stoffe. Die gefundenen Eigenschaften sind in Tabelle 12.4 dargestellt (siehe [1, S. 65] und [14]):

Offensichtlich handelt es sich um oxidierbare Alkohole. Alle vier Alkohole lassen sich im Reagenzglasversuch mit Essigsäure (in Anwesenheit von Schwefelsäure) verestern. Aufgrund ihres Löslichkeitsverhaltens lassen sie sich unterscheiden: Alkohol 1 (Methanol) ist am polarsten, Alkohol 4 (Butanol) am unpolarsten.

Anschließend können nach der Methode von Heimann und Harsch [16] die Molekülmassen der vier Alkohole experimentell ermittelt werden. Die Ergebnisse sind in Tabelle 12.5 aufgelistet.

Auf dieser Grundlage können die Schüler *Hypothesen* über die Strukturformeln der Alkoholmoleküle aufstellen, die mit Hilfe der nun zur Verfügung gestellten ^{13}C-NMR-Spektren überprüft und bestätigt werden können (Abb. 12.8). Der Begriff der *homologen Reihe* kann nun auf experimenteller und struktureller Grundlage definiert werden.

Tabelle 12.4: Eigenschaften der unbekannten Stoffe 1–4

	1	2	3	4
Dichromattest	+	+	+	+
Cernitrattest	+	+	+	+
Veresterbarkeit	+	+	+	+
Löslichkeit in Hexan	–	+	+	+
Löslichkeit in Wasser	+	+	+	–
Löslichkeit in Salzwasser	+	+	–	–

Tabelle 12.5: Molekülmassen der Alkohole 1–4 (in u) nach [16]

	Alkohol 1	Alkohol 2	Alkohol 3	Alkohol 4
Ermittelte Molekülmassen	32 ± 2	46 ± 2	61 ± 2	73 ± 2

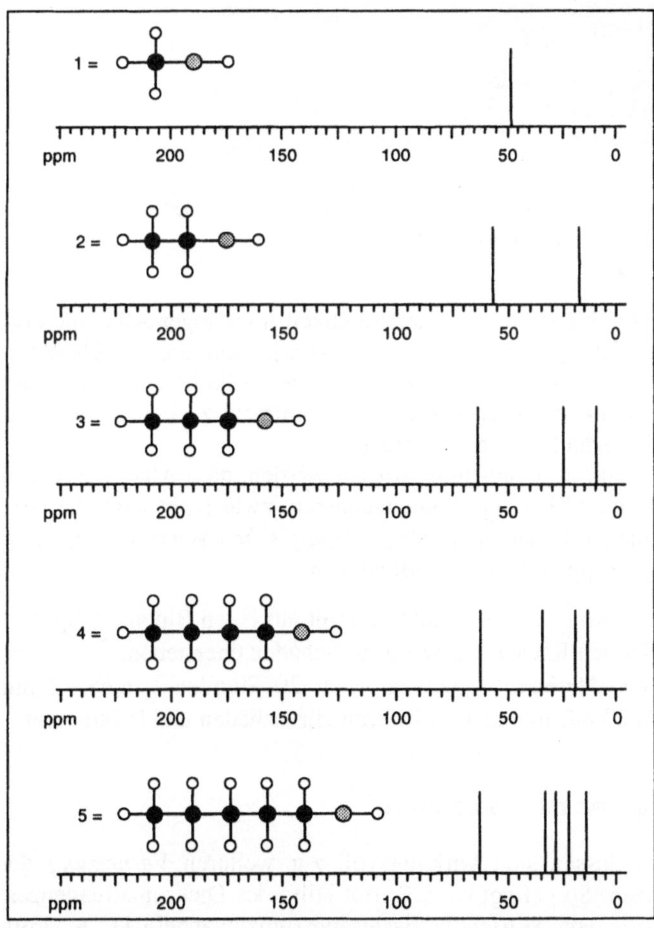

Abb. 12.8: ^{13}C-NMR-Spektren der homologen Alkohole. Aus [1, S. 66].

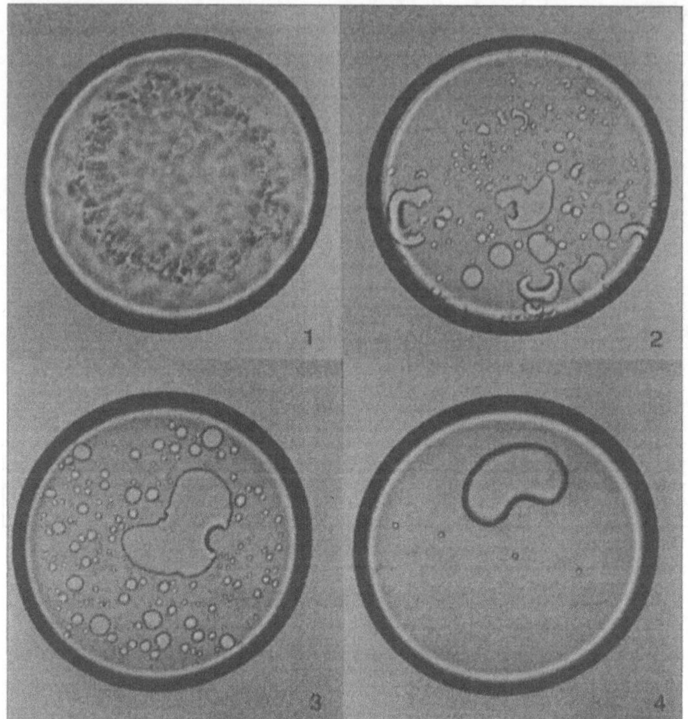

Abb. 12.9: Mischungsversuche von Alkoholen mit Wasser. Aus [13, S. 33].
1 = Butanol, 2 = Pentanol, 3 = Hexanol, 4 = Octanol

Zur Visualisierung der abgestuften Wasserlöslichkeit homologer Alkohole eignet sich ein Demonstrationsexperiment in Overhead-Projektion, das von Heimann [13] entwickelt wurde (Abb. 12.9). Bei den kürzerkettigen Alkoholen ist aufgrund der besseren Wasserlöslichkeit ein abgestuftes „Gewimmel" zu beobachten; die längerkettigen Alkohole verhalten sich viel „träger".

Schließlich sollte unbedingt darauf hingewiesen werden, dass Alkohole, deren Moleküle sich nur um eine CH_2-Gruppe unterscheiden, zwar recht ähnliche *chemische* Eigenschaften haben; hinsichtlich der *physiologischen* Wirkung kann eine Differenz um eine CH_2-Gruppe allerdings tödlich sein:

- Ein Erwachsener der 60 mL *Ethanol* trinkt, kommt auf einen Blutalkoholgehalt von ca. 1 Promille. Diesen Rausch wird er ohne Schaden überstehen.
- Wer hingegen 60 mL *Methanol* trinkt, ist nach 20 Stunden Latenzzeit mit Sicherheit tot. Schon 20 mL führen zu schweren Hirnschäden und Erblindung.

12.7.3 Viele Wege führen zur Essigsäure

Auch *Syntheseversuche* lassen sich wirkungsvoll zur weiteren *Vernetzung* der Wissensstruktur einsetzen. So gelingt es z. B. mit Hilfe des Dichromatreagenzes, eine beträchtliche Palette von Stoffen in Essigsäure umzuwandeln [1, S. 239]:

Ethanol, Acetaldehyd, Acetaldehyddiethylacetal, Essigsäureethylester, Brenztraubensäure, Milchsäure, Aceton und Malonsäure (Abb. 12.10). Die gebildete Essigsäure lässt sich in den Destillaten mit Hilfe des BTB-Tests und des Eisenchloridtests nachweisen. Für die Essigsäurebildung aus Aceton sind verschärfte Reaktionsbedingungen erforderlich.

Aus Brenztraubensäure, Milchsäure, Malonsäure und Aceton bildet sich durch Decarboxylierung nicht nur Essigsäure, sondern auch Kohlenstoffdioxid, das sich ebenfalls leicht nachweisen lässt.

Sind die Strukturfomeln der Eduktmoleküle bekannt (oder werden sie mit Hilfe spektroskopischer Methoden oder durch Setzung eingeführt), dann können die entdeckten Edukt-Produkt-Beziehungen auch auf der Molekülebene gedeutet werden (Abb. 12.11). Es ist somit gelungen, Stoffe, die unterschiedlichen Stoffklassen angehören, mit Hilfe des Dichromatreagenzes durch Syntheserelationen zu verknüpfen, die in einem gemeinsamen Knotenpunkt (Essigsäure) enden. Diese unerwartete *Vernetzung* der Stoffe kann wesentlich zur Kohärenz der Wissensstruktur und zur Stärkung des systemischen Denkens der Schüler beitragen.

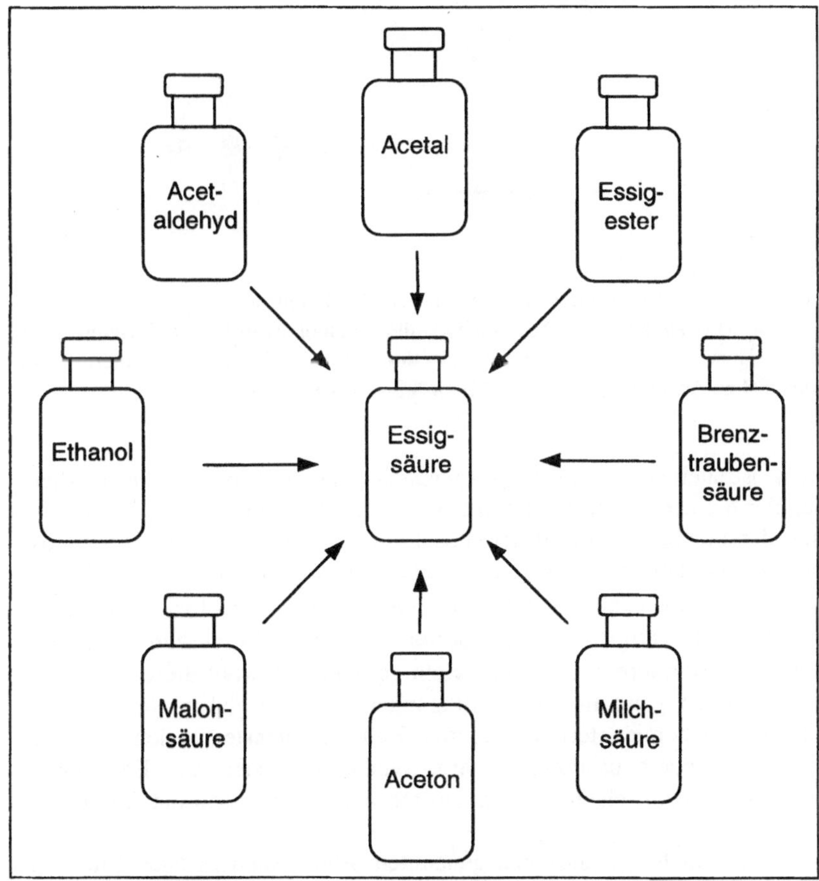

Abb. 12.10: Syntheseversuche mit dem Dichromatreagenz: Viele Wege führen zur Essigsäure. Aus [1, S. 126 ff.]. Zur Malonsäure siehe [101].

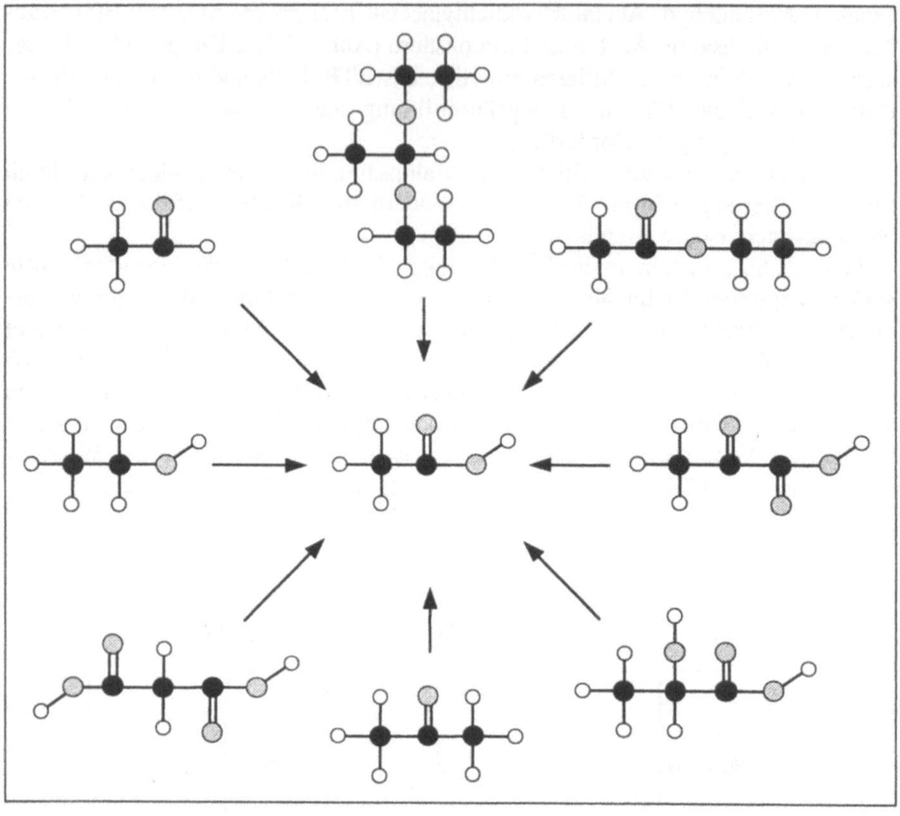

Abb. 12.11: Deutung der Essigsäuresynthesen auf der Molekülebene.
Hinweis: Acetal wird zunächst zu Acetaldehyd und Ethanol hydrolysiert; Essigester zu Ethanol und Essigsäure. Die Hydrolyseprodukte werden dann zu Essigsäure oxidiert. Ethanol wird zunächst zu Acetaldehyd oxidiert; Milchsäure zu Brenztraubensäure.

Interessant ist auch der *fächerübergreifende* Aspekt: Im Biologieunterricht lernen die Schüler die zentrale Rolle der aktivierten Essigsäure (Acetyl-Coenzym A) im Rahmen der biochemischen Stoffwechselvorgänge kennen. Viele Reaktionswege führen im Organismus zum relativ stabilen Essisäuremolekül hin. Hierbei spielen auch Oxidationsreaktionen wie z. B. Ethanol → Acetaldehyd → Essigsäure sowie oxidative Decarboxylierungsreaktionen wie z. B. Milchsäure → Brenztraubensäure → Essigsäure + CO_2 eine wichtige Rolle. Obwohl diese Synthesen im Organismus unter ganz anderen Bedingungen ablaufen als im Reagenzglasversuch, kann der Chemieunterricht wichtige Zubringerdienste für den Biologieunterricht leisten, indem er durch in-vitro-Synthesen modellhafte Erfahrungsgrundlagen mit biochemisch relevanten Stoffen und Stoffklassen zur Verfügung stellt.

Hierzu gehören nicht nur die oben genannten Stoffe, sondern auch Citronensäure [1, Kap. 13], Fette [1, Kap. 14 und 17], Kohlenhydrate [1, Kap. 15–18] sowie Aminosäuren und Proteine [1, Kap. 19], deren phänomenologisch-integrative Erarbeitung im Rahmen des PIN-Konzepts ebenfalls vorgesehen ist.

12.8 Weitere assoziierbare Experimente und Konzepte

Das PIN-Konzept ist auf einem Fundus von ca. 60 *vernetzten* Experimenten aufgebaut [1, Kap. 27], von denen in einer gegebenen Lehr- und Lernsituation stets nur eine begrenzte Auswahl realisiert werden kann. Das ist nicht nachteilig, da der modulare Aufbau des PIN-Konzepts vielfältige Kombinationen ermöglicht, ohne den Gesamtzusammenhang zu gefährden. Andererseits ist aber mit diesem Fundus der experimentelle Spielraum keineswegs ausgeschöpft. Da das PIN-Konzept auf *Systemgenese* und *Systemwachstum* hin angelegt ist, bieten sich vielfältige Möglichkeiten für die Integration oder Assoziation weiterer Experimente aus der fachdidaktischen Literatur an, die über den Kontext ihrer Originalpublikation hinaus auch zur Bereicherung des PIN-Konzepts beitragen können. Von besonderem Interesse sind dabei Arbeiten, die sich zu dem in Abb. 12.12. dargestellten Synthesenetz grundlegender organischer Stoffe in Bezug setzen lassen. Exemplarisch seien genannt:

- Experimente zur Strukturaufklärung des Ethanolmoleküls [46–49] und zur Formelermittlung weiterer organischer Flüssigkeiten [50–53], Unterrichtsvorschläge zur konkret-operationalen Erarbeitung der homologen Reihe der Alkohole [13–14] und des Isomeriebegriffs [15] mit Hilfe von Molmassenbestimmungen unter einheitlichen Bedingungen [16],
- historisch problemorientierte Unterrichtseinheiten am Beispiel von Ethanol [54] und Acetaldehyd [55–56],
- Experimente zur Ethersynthese unter Berücksichtigung mechanistischer Aspekte [57–59] sowie Arbeiten rund um das Ethen [60–64],
- Experimente zur Kolbe-Elektrolyse der Acetate und anderer Carbonsäuresalze [65–70] sowie zum Estergleichgewicht [71–72],
- Arbeiten über komplexe Carbonsäuren wie z.B. Citronensäure [73–77] (siehe auch [8]), Milchsäure [78–80], Sorbinsäure [81], Ascorbinsäure [82–85], Malein- und Fumarsäure [86–88] sowie über Malonsäure [101] und andere Dicarbonsäuren,
- Arbeiten über Carbonylverbindungen [89] (siehe auch [4]) und Glykoside [90],
- Alltags- und Verbraucherdialoge mit Chemiebezug [91–95] sowie Beispiele zur Chemie im Spiegel der Tagespresse [96],
- Arbeiten über nachwachsende Rohstoffe [91] und Biodiesel [92, 93] bis hin zur Biotechnologie [94].

An dieser Stelle sei noch einmal auf die aktuellen Entwicklungen im Zusammenhang mit der *Chemie im Kontext* [36–37] hingewiesen, von der wesentliche Impulse für die weitere curriculare Entwicklung zu erwarten sind. Das PIN-Konzept und die Chemie im Kontext sind hinsichtlich ihrer Zielsetzung und Methodik komplementäre Ansätze, die sich – auch im Hinblick auf Methodenvielfalt und systemisches Lernen – sinnvoll ergänzen.

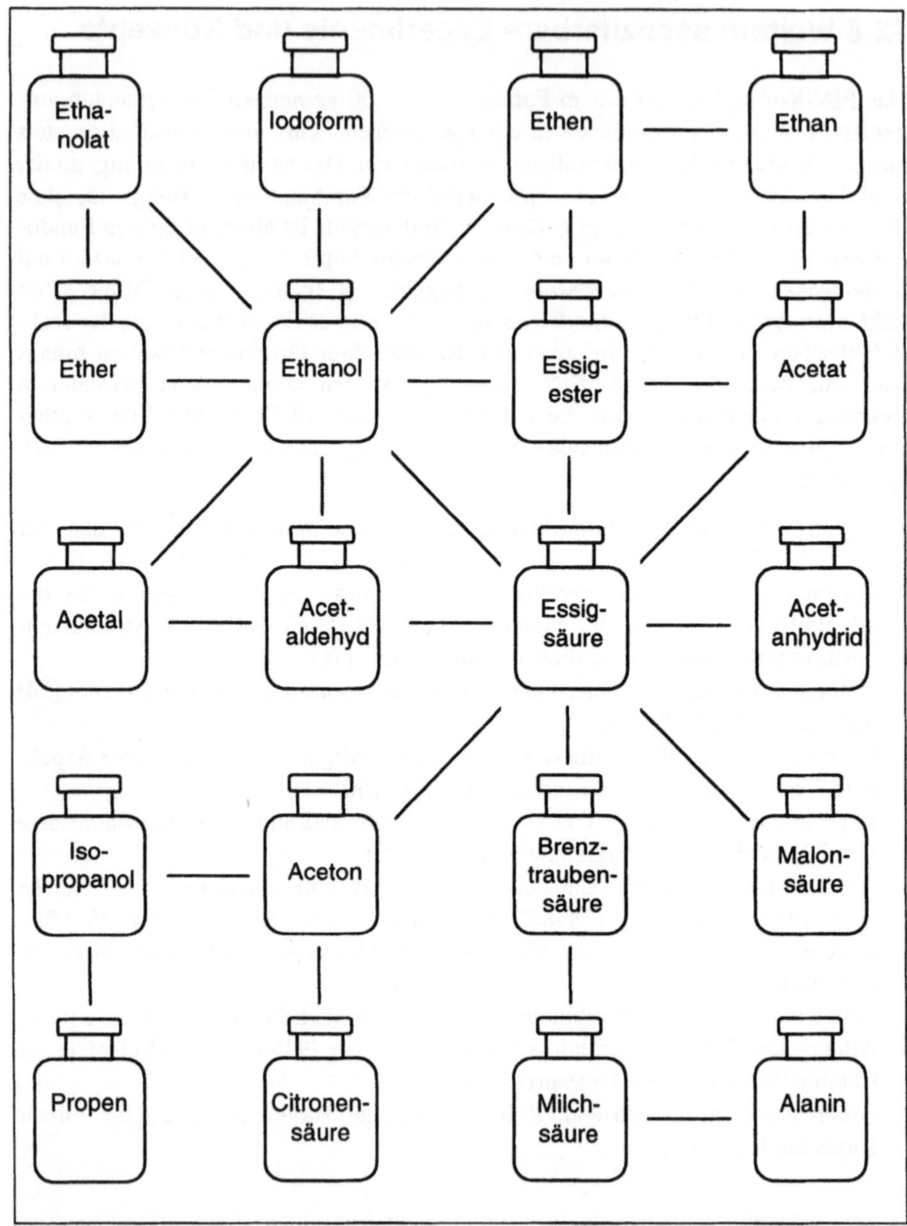

Abb. 12.12: Synthesenetz einiger grundlegender Stoffe, die für die Genese der Fachsystematik im Rahmen des PIN-Konzepts wesentlich sind. Die Syntheserelationen sind teilweise in beiden Richtungen experimentell realisierbar [1].

12.9 Erfahrungen mit dem PIN-Konzept in der Lehrerausbildung

Das PIN-Konzept hat sich im Rahmen der fachlichen, fachdidaktischen und experimentalpraktischen Ausbildung von Lehramtsstudierenden der Chemie (Sek. I und Sek. II) an der Universität Münster seit mehreren Jahren gut bewährt. Die Studierenden schätzen vor allem die integrative Verschränkung dieser drei Ausbildungsaspekte. Besonders günstig ist es, wenn die Studierenden lernen, ihren eigenen fachlichen Lernprozess zugleich auch *metakognitiv* zu reflektieren, und wenn die Experimentalpraktika *forschend-entwickelnd* (mit flexibel integrierten Seminarphasen) organisiert sind. Gelegentlich fällt es Studierenden anfangs etwas schwer, sich auf ihre eigenen Lernprozesse mit unbekannten Stoffen einzulassen. Manche wollen von vornherein wissen, „was bei dem Versuch herauskommt", noch bevor sie das Experiment selbst durchgeführt haben. Andere haben in Leistungskursen viel über Formeln und Reaktionsmechanismen erfahren, aber weniger über das tatsächlich beobachtbare Verhalten der beteiligten Stoffe im Labor. Diese Studierenden können sich teilweise nur schwer in die Rolle ihrer künftigen Schüler versetzen, die eben noch *nicht* über eine konsolidierte Fachsystematik verfügen wie sie selbst. Nach einer kurzen Eingewöhnungsphase kommen aber auch diese Studierenden bald zu der Einsicht, dass konstruktivistisch orientierte *Lernprozesse* nicht durch zeitsparend mitgeteilte *Lernprodukte* ersetzbar sind, jedenfalls nicht in der Einstiegs- und Erarbeitungsphase. Nur was man sich selbst erarbeitet hat, lässt im Verstand eine Bewusstseinsspur zurück, die auch in anderen Situationen und Kontexten aktivierbar ist.

Eine Studentin drückte ihre Erfahrungen mit dem PIN-Konzept am Ende eines Praktikums einmal so aus:

„Ich hatte das Gefühl, im Kleinen etwas selbst zu erforschen. Dass ich mit so einfachen Mitteln so viel selbst herausfinden kann, hätte ich nicht für möglich gehalten. Eine wichtige Erfahrung, auch für mein Selbstwertgefühl".

12.10 Erfahrungen mit dem PIN-Konzept im Chemieunterricht der Sekundarstufe II

Um die Tauglichkeit des PIN-Konzepts in der Unterrichtspraxis zu testen, wurde von Harsch und Heimann [2] eine empirische Untersuchung in der Jahrgangsstufe 11 an drei Gymnasien in NRW (Raum Münster) durchgeführt. Den beteiligten Chemielehrern (1 weiblich, 3 männlich) wurde ein komplettes Lehrermanual für ein ca. 30-stündiges Curriculum zur Verfügung gestellt. Das Manual enthielt konkret ausgearbeitete Stundenentwürfe inklusive aller nötigen Experimentalvorschriften, Spektren und Übungsaufgaben mit Lösungen. Die vier Lehrer wurden am Institut für Didaktik der Chemie mit der Philosophie des PIN-Konzepts, den Experimenten, den Übungen und den methodischen Variationsmöglichkeiten vertraut gemacht, so dass sie in der Lage waren, das gesamte Curriculum selbst an ihrer Schule durchzuführen. Für die Unterrichtsdauer wurden nur grobe Richtwerte vorgegeben. Die Lehrer sollten die Möglichkeit haben, ihren Zeitbedarf den aktuellen pädagogischen Bedürfnissen „vor Ort" anzupassen. Sie hatten auch die Möglichkeit, Themen, die ihnen besonders wichtig erschienen, zu vertiefen und zusätzliche Aspekte einzubringen, z. B. bei der Erarbeitung spektroskopischer Methoden zur Strukturaufklärung. Auch von der Reihenfolge konnte abgewichen werden, wenn dies situativ sinnvoller erschien. Dies gilt vor allem für die Übungsaufgaben, die zeitlich und methodisch flexibel in den Unterrichtsgang integriert werden sollten.

Das Curriculum war in drei Unterrichtsblöcke gegliedert und umfasste insgesamt 11 Lernschritte, die in Tabelle 12.6 kurz dargestellt sind.

Für dieses umfangreiche Programm benötigten die vier Lehrer durchschnittlich ca. 35 Stunden. Wie aus Tabelle 12.7 hervorgeht, schwankte der Zeitbedarf von Kurs zu Kurs nicht unerheblich (minimal 29 Stunden, maximal 40 Stunden). Bei den mit einem Stern gekennzeichneten Stundenzahlen gaben die Lehrer Gründe für den überhöhten Zeitbedarf an (z. B. Unterrichtsausfall, Exkursionen etc., die zu Wiederholungen nötigten). Als realistischen Zeitbedarf wird man daher 30–35 Unterrichtsstunden veranschlagen können.

12.10.1 Beurteilung durch die Lehrer

Man mag einwenden, der Zeitbedarf sei doch sehr hoch, so viel Zeit könnten wir uns im Chemieunterricht doch gar nicht leisten. Dies provoziert allerdings die Gegenfrage: Was wollen wir denn im Chemieunterricht überhaupt erreichen? Die beteiligten Lehrer jedenfalls waren einhellig der Meinung, der Zeitaufwand habe sich – gemessen an der Qualität der initiierten Lernprozesse, an der Vernetzung der Inhalte und Methoden und an den experimentellen Entdeckungen und systemischen Einsichten der Schüler – sehr gelohnt.

In der Abschlussbesprechung (die per Tonband aufgezeichnet wurde), äußerten sich die *Lehrer* z. B. wie folgt [2, S. 159–163]:

- „Zunächst zwar überproportional viel Aufwand (Lösungen ansetzen, Versuche ausprobieren); das Konzept ist aber, wenn man drinsteckt, ein Selbstläufer".
- „Die Motivation war durchgängig gut, auch in Theoriephasen, dies ist ungewöhnlich."
- „Hohe Motivation durch die Schülerexperimente und durch das selbstständige Arbeiten."
- „Das praktische Arbeiten ohne Vorkenntnisse war bei den Schülern beliebt; die Schüler waren begeistert.""
- „Gute und weniger gute Schüler waren in den Gruppen gut integriert. Auch Schüler ohne Vorkenntnisse hatten Chancen. Sogar ganz stille Schüler haben sich gemeldet."
- „Von 36 Schülern haben 28 weiter Chemie gewählt. Dies sind viel mehr Schüler als letztes Jahr. Das Konzept ist offenkundig gut angekommen."
- „Ich möchte es noch einmal wiederholen und bin froh, ein anderes Konzept kennen gelernt zu haben. Ich hatte Spaß."

Tabelle 12.6: Die 11 Lernschritte des Curriculums für die Jahrgangsstufe 11/1 [2]

1.1 Ordnen von 6 unbekannten Stoffen A–F (Ethanol, Essigsäure, Essigsäureethylester, Propanol, Propionsäure, Propionsäurepropylester) mit Hilfe der Nachweisreaktionen
1.2 Untersuchung von Haushaltsstoffen (Essig, Melissengeist, Fleckenteufel) in Bezug zu den Stoffen A–F
1.3 Experimentelle Ermittlung von Synthesebeziehungen zwischen den Stoffen A–F (Dichromatsynthesen, Esterhydrolysen, Estersynthesen)
1.4 Übungen zur Analytik der Stoffe A–F (insgesamt 6 Aufgaben mit Lösungen)
2.1 Nachweis der Atomsorten C/H/O in den Molekülen der Stoffe A–F durch qualitative Elementaranalysen (Kupferoxidmethode für C/H, Kobaltkomplexmethode für O)
2.2 Aufklärung der Molekülstrukturen der Stoffe A–F mit Hilfe von vereinfachten ^{13}C-NMR-Spektren und Massenspektren
2.3 Erarbeitung von Struktur-Eigenschafts-Beziehungen, d. h. Deutung des analytischen Verhaltens, des Syntheseverhaltens und des spektroskopischen Verhaltens der Stoffe A–F mit Hilfe der Molekülformeln und dem Konzept der funktionellen Gruppen
2.4 Übungen zu den Synthesen der Stoffe A–F und Transfer der Erkenntnisse auf neue Stoffe mit analogem Syntheseverhalten (insgesamt 4 Aufgaben)
2.5 Übungen zu Struktur-Eigenschafts-Beziehungen (insgesamt 3 Aufgaben)
3.1 Experimentelle Erarbeitung der homologen Reihe der Alkohole; Transfer der Erkenntnisse auf Carbonsäuren und Ester
3.2 Aufklärung der Molekülstruktur eines Naturstoffes (Glycolsäure) durch Anwendung kombinierter Methoden (Analytik, ^{13}C-NMR-Spektroskopie, Massenspektroskopie)

Tabelle 12.7: Zeitbedarf für die Durchführung der Unterrichtseinheit in den vier Kursen

Inhalte der einzelnen Unterrichtsabschnitte	Zeitbedarf in Schulstunden				Ø (Std.)
	Kurs 1	Kurs 2	Kurs 3	Kurs 4	
– Analytik und Gruppierung der Stoffe A–F – Untersuchung von 3 Haushaltsstoffen – Übungen zur Analytik (6 Aufgaben)	6	6	6	9	6,8
– Dichromatsynthesen – Estherhydrolysen, Estersynthesen – Übungen zu den Synthesen (4 Aufgaben)	10	16*	10	14*	12,5
– Qualitative Elementaranalyse – ^{13}C-NMR- und Massenspektroskopie – Übungen zu Struktur-Eigenschafts-Beziehungen (3 Aufgaben)	8	14*	11	6	9,8
– Homologe Reihen – Strukturaufklärung eines Naturstoffes (Glycolsäure)	5	4	8	5	5,5
Gesamte Unterrichtsreihe	29	40	35	34	34,5

12.10.2 Beurteilung durch die Schüler

Wie aber wurde nun das PIN-Konzept von den 58 *Schülern* (26 Jungen, 32 Mädchen) beurteilt?

Hierzu wurden den Schülern nach jedem der drei Unterrichtsblöcke (vgl. Tabelle 12.6) zu jedem der insgesamt 11 absolvierten Lernschritte u. a. folgende Fragen gestellt, die durch Ankreuzen (5 mögliche Kategorien) zu beantworten waren:

- Wie viel hast Du in diesem Lernschritt verstanden?
- Wie gut konntest Du in diesem Lernschritt mitdenken?
- Wie interessant fandest Du diesen Lernschritt?

Die Ergebnisse der Befragung sollen exemplarisch am Beispiel der Lernschritte 1.1 (Einstieg), 2.2 (Spektroskopie) und 3.2 (Abschluss) erläutert werden (Tabellen 12.8 bis 12.10; Angaben der Schüler, die die jeweilige Kategorie angekreuzt haben, in Prozent).

Die drei ausgewählten Lernschritte wurden offensichtlich sehr positiv beurteilt. Durchschnittlich gaben ca. 70 % der Schüler an, sie hätten diese Lernschritte interessant oder gar sehr interessant gefunden; sie hätten viel oder gar sehr viel verstanden und sie hätten gut oder sehr gut mitdenken können.

Um einen Überblick über die Beurteilung aller 11 Lernschritte durch die Schüler zu ermöglichen, wurde jeder Kategorie eine Zahl zwischen +2 und –2 zugeordnet, also z. B.:

sehr viel (+2), viel (+1), mittel (±0), nicht so viel (–1), wenig (–2).

Mit Hilfe dieser Faktoren wurden für jeden Lernschritt die Prozentwerte durch Mittelwertbildung in einen *Beurteilungsindex* umgerechnet, der Werte zwischen +2 (maximale Zustimmung) und –2 (maximale Ablehnung) annehmen konnte.

Die Ergebnisse sind in Abb. 12.13 und Abb. 12.14 dargestellt. Hieraus ist ersichtlich, dass die Schülerinnen und Schüler durchweg in *jedem* Lernschritt *positiv* votierten, und zwar sowohl in der *kognitiven* Dimension (Verständnis) als auch in der *affektiven* Dimension (Interessantheit). Hierbei fällt allerdings auf, dass die Jungen ihr Verständnis durchweg höher einschätzten als die Mädchen (Abb. 12.13, unten). Ob sich diese subjektiven Einschätzungen auch in den tatsächlichen Testleistungen widerspiegeln, soll später diskutiert werden.

Im Hinblick auf die *Interessantheit* (Abb. 12.14) sind die geschlechtsspezifischen Unterschiede nicht so einheitlich ausgeprägt. Bei den ersten, stärker phänomenologisch und alltagsorientierten Lernschritten urteilten die Mädchen positiver, wohin gegen die stärker theoretisch orientierten Schritte in der Mitte des Curriculums (Elementaranalyse, Spektroskopie, Struktur-Eigenschafts-Beziehungen) den Jungen mehr „schmeckten“. Gegen Ende des Curriculums glichen sich die Interessen beider Geschlechter wieder etwas an.

Tabelle 12.8: Beurteilung des *Lernschritts 1.1* (Analytik der Stoffe A–F) durch die Schüler

– Wieviel hast Du *verstanden*?		
sehr viel: 42 %	viel: 32 %	mittel: 21 %
nicht soviel: 5 %	wenig: 0 %	
– Wie gut konntest Du *mitdenken*?		
sehr gut: 34 %	gut: 41 %	mittel: 18 %
nicht so gut: 7 %	schlecht: 0 %	
– Wie *interessant* fandest Du diesen Lernschritt?		
sehr interessant: 27 %	interessant: 43 %	mittel: 25 %
nicht so interessant: 5 %	uninteressant: 0 %	

Tabelle 12.9: Beurteilung des *Lernschritts 2.2* (Strukturaufklärung mit Hilfe der Spektroskopie) durch die Schüler.

– Wieviel hast Du *verstanden*?		
sehr viel: 30 %	viel: 37 %	mittel: 20 %
nicht soviel: 9 %	wenig: 4 %	
– Wie gut konntest Du *mitdenken*?		
sehr gut: 22 %	gut: 50 %	mittel: 15 %
nicht so gut: 9 %	schlecht: 4 %	
– Wie *interessant* fandest Du diesen Lernschritt?		
sehr interessant: 26 %	interessant: 41 %	mittel: 22 %
nicht so interessant: 9 %	uninteressant: 2 %	

Tabelle 12.10: Beurteilung des *Lernschritts 3.2* (Strukturaufklärung der Glycolsäure mit Hilfe von kombinierten Methoden) durch die Schüler.

– Wie viel hast Du *verstanden*?		
sehr viel: 42 %	viel: 32 %	mittel: 21 %
nicht soviel: 5 %	wenig: 0 %	
– Wie gut konntest Du *mitdenken*?		
sehr gut: 34 %	gut: 41 %	mittel: 18 %
nicht so gut: 7 %	schlecht: 0 %	
– Wie *interessant* fandest Du diesen Lernschritt?		
sehr interessant: 27 %	interessant: 43 %	mittel: 25 %
nicht so interessant: 5 %	uninteressant: 0 %	

Bemerkenswert ist auch der Befund, dass die Auseinandersetzung mit *Übungsaufgaben* (Schritte 1.4, 2.4, 2.5) von beiden Geschlechtern als am wenigsten interessant angesehen wurde. Die relative Unbeliebtheit von Übungsphasen ist allerdings kein Spezifikum des PIN-Konzepts, sondern ein generelles pädagogisches Problem, das stärkere Beachtung verdient. Auf Übungen kann keinesfalls verzichtet werden. Dies wird auch von den beteiligten Lehrern so bestätigt. Allerdings fällt auf, dass die von den Mädchen angegebenen Verständnisschwierigkeiten vor allem in den Übungsphasen auftraten bzw. als solche erlebt wurden. Dieser Punkt bedarf weiterer Klärung.

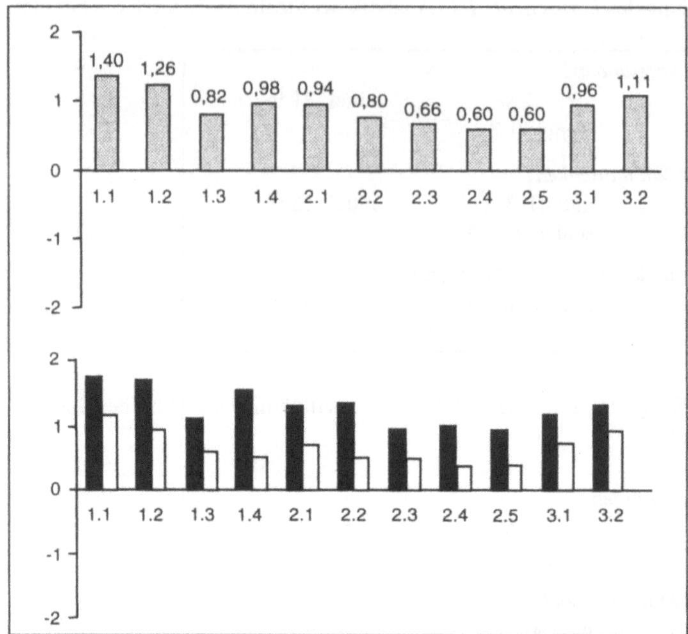

Abb. 12.13: Beurteilungsindizes für die Frage: Wie viel hast Du in den einzelnen Lernschritten *verstanden*? (+2 = maximale Zustimmung; –2 = maximale Ablehnung) Oben: alle Schüler; unten: Jungen (schwarz), Mädchen (weiß). Aus [2, S. 147]

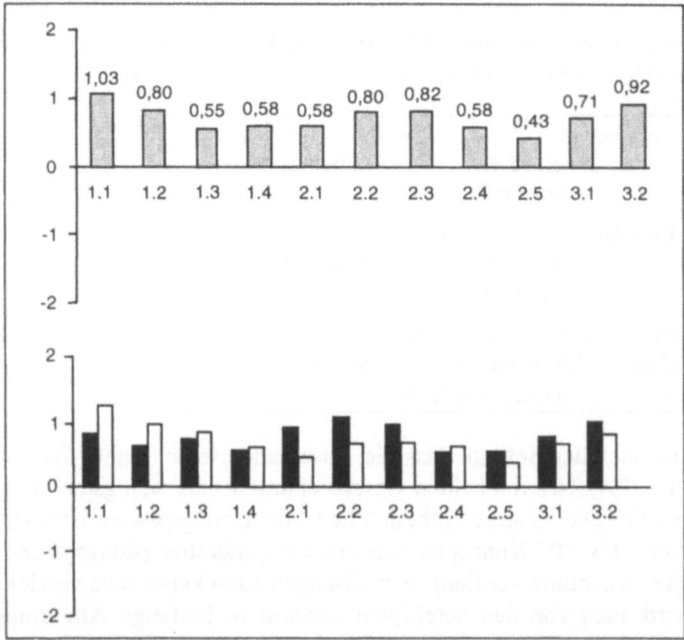

Abb. 12.14: Beurteilungsindizes für die Frage: Wie *interessant* fandest Du die einzelnen Lernschritte? Oben: alle Schüler; unten: Jungen (schwarz), Mädchen (weiß). Aus [2, S.143]

12.10.3 Vortestleistungen der Schüler

Für das PIN-Konzept selbst sind nur wenige Vorkenntnisse erforderlich. Daher wurde mit dem Vortest *nicht* bezweckt, spezifisches Vorwissen aus dem Bereich der organischen Chemie, sondern chemisches Allgemeinwissen zu überprüfen. Eine Aufgabe sei exemplarisch herausgegriffen.

In der *Aufgabe 6* sollten die Schüler u. a. folgende *Reinstoffe* auf ihre Eigenschaften hin beurteilen [2, S. 91]:

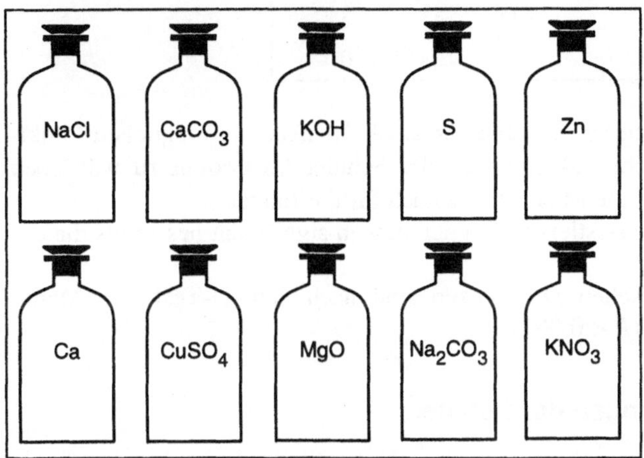

Folgende Antworten wurden erhalten (Anzahl der Schüler, die das jeweilige item richtig beantwortet haben, in Prozent):

- Welche der Reinstoffe sind weiße Feststoffe?

NaCl	MgO	KOH	$CaCO_3$	KNO_3	alles richtig
71 %	57 %	12 %	10 %	7 %	0 %

- Welche Stoffe sind in Wasser schwer löslich?

Zn	S	MgO	$CaCO_3$	alles richtig
50 %	40 %	19 %	7 %	0 %

- Welche Stoffe reagieren in wässriger Lösung alkalisch?

KOH	Ca	MgO	Na_2CO_3	$CaCO_3$	alles richtig
22 %	12 %	10 %	10 %	7 %	0 %

- Welche Stoffe reagieren mit Säuren unter Gasentwicklung?

Ca	Zn	$CaCO_3$	Na_2CO_3	alles richtig
14 %	12 %	10 %	7 %	0 %

- Welche Stoffe sind in wässriger Lösung elektrisch leitfähig?

NaCl	Na_2CO_3	$CuSO_4$	KNO_3	KOH	alles richtig
57 %	16 %	12 %	9 %	7 %	0 %

- Welche Stoffe sind aus Ionen aufgebaut?

NaCl	$CuSO_4$	$CaCO_3$	MgO	KOH	alles richtig
50 %	36 %	28 %	22 %	17 %	3 %

Tabelle 12.11: Vortestleistungen in Abhängigkeit vom Geschlecht [2, S. 73] (angegeben ist der jeweilige Schüleranteil in Prozent)

Punkte	alle Schüler	Jungen	Mädchen
0–8	16	0	28
9–18	38	27	47
19–28	38	58	22
29–38	9	15	3
39–47	0	0	0

Im Mittel wurden bei dieser Aufgabe nur 22 % der maximal möglichen Punktzahl erreicht. Das stoffliche Faktenwissen der Schüler lässt somit zu wünschen übrig. Dies gilt sowohl für die Mädchen als auch für die Jungen.

Insgesamt waren die Vortestleistungen der Jungen signifikant besser als die der Mädchen (Tabelle 12.11).

Die geschlechtsspezifischen Differenzen sind nach dem U-Test von Mann-Whitney hoch signifikant ($P < 0{,}001$).

12.10.4 Nachtestleistungen der Schüler

Gegen Ende des Unterrichtsversuchs wurde den Schülern *unangekündigt* ein Nachtest vorgelegt, den sie anonym bearbeiteten. Es wurden also Kenntnisse über die Kursinhalte und dabei erworbene Fähigkeiten getestet, die den Schülern ohne vorherige Wiederholung und ohne Notendruck noch spontan präsent waren. Zur Lösung der Aufgaben waren auch Transferleistungen zu erbringen. Zwei Beispiele mögen verdeutlichen, was Schüler unter solchen Bedingungen leisten können, und was nicht.

In der *Aufgabe 1* waren 6 Molekülformeln von Stoffen gegeben, die die Schüler bisher nicht explizit kennen gelernt hatten. Es handelte sich um bifunktionelle Moleküle mit unterschiedlicher Orientierung der funktionellen Gruppen, die folgenden Stoffen zugeordnet waren: Bernsteinsäure, 2-Hydroxypropionsäureethylester, Ethylenglycol, Malonsäuremonomethylester, 2-Hydroxypropionsäure und Propionsäuremethylester. Die Schüler sollten sämtliche funktionelle Gruppen markieren und das Verhalten der jeweiligen Stoffe bei den Nachweisreaktionen vorhersagen. Folgende Ergebnisse wurden erhalten:

- Die alkoholischen OH-Gruppen wurden durchschnittlich von 80 %, die Carboxylgruppen von 61 % und die Estergruppen von 40 % der Schüler erkannt; 47 % der Schüler erkannten mindestens 8 der insgesamt 11 funktionellen Gruppen richtig.
- Das Verhalten der Stoffe beim Cernitrattest (Gruppentest auf Alkohole) wurde durchschnittlich von 76 %, beim BTB-Test (Gruppentest auf Carbonsäuren) von 74 % und beim Rojahntest (Gruppentest auf Ester) von 59 % der Schüler richtig vorhergesagt. Die Mehrzahl der Schüler konnte demnach die Testausfälle richtig zuordnen, obwohl ihnen das Markieren der Estergruppen erkennbare Probleme bereitete.

Die *Aufgabe 2* lautete [2 S. 118]:

Im Chemikalienschrank steht eine unbeschriftete Flasche, die einen unbekannten *Reinstoff* enthält. Die Moleküle dieses Reinstoffes besitzen eine der 10 Strukturformeln aus der Abbildung.

1: $H_3C-CH_2-CH_2-CH_2-C(=O)-OH$

2: $H_3C-CH(OH)-C(=O)-O-CH_2-CH_3$

3: $H_2C(OH)-C(=O)-OH$

4: $H_3C-C(=O)-O-CH_2-CH_3$

5: $H_3C-CH_2-CH_2-CH_2-OH$

6: $H_3C-C(=O)-O-CH_2-C(=O)-OH$

7: $H_2C(OH)-CH(OH)-C(=O)-OH$

8: $H_3C-CH(OH)-C(=O)-OH$

9: $H_3C-CH(OH)-CH_2-OH$

10: $HO-C(=O)-CH_2-CH(OH)-CH_2-C(=O)-OH$

Zur Lösung des Problems stehen folgende experimentelle Befunde zur Verfügung:

1. Der unbekannte Reinstoff zeigt positiven BTB-Test und positiven Cernitrattest, aber negativen Rojahntest.
2. ^{13}C-NMR-Spektrum und Massenspektrum des Reinstoffes:

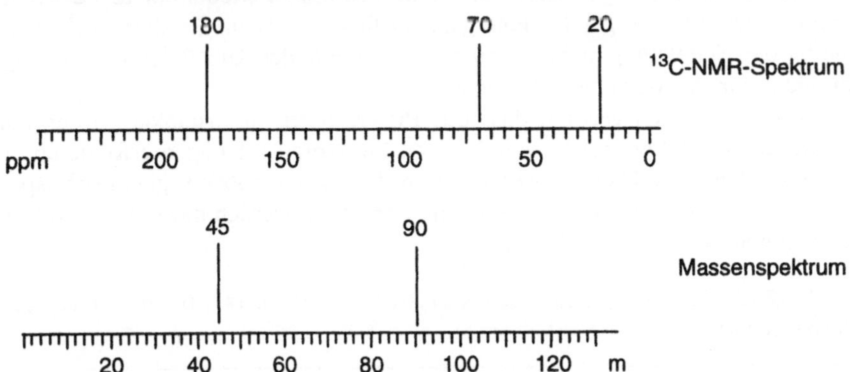

Mit dieser Aufgabe sollte getestet werden, ob die Schüler in der Lage sind, die verschiedenen, im Unterricht kennen gelernten Methoden *integrativ* zur Problemlösung einzusetzen. Für jede richtig ausgewertete Einzelmethode wurde jeweils 1 Punkt vergeben, für die widerspruchsfreie Kombination dieser Methoden und die richtige Begründung des Endergebnisses (Formel Nr. 8 = Milchsäure) gab es 2 weitere Punkte, insgesamt also 5 Punkte. Die Ergebnisse sind in Tabelle 12.12 dargestellt.

Tabelle 12.12: Leistungen bei Aufgabe 2 in Abhängigkeit vom Geschlecht [2, S. 120] (angegeben ist der jeweilige Schüleranteil in Prozent auf ganze Zahlen gerundet)

	alle Schüler	Jungen	Mädchen
0 Punkte	16	12	19
1 Punkt	10	4	16
2 Punkte	16	12	19
3 Punkte	3	0	6
4 Punkte	5	8	3
5 Punkte	50	65	38

Die Hälfte der Schüler löste die Aufgabe komplett richtig – ein sehr beachtliches Ergebnis. Die Jungen zeigten signifikant bessere Testleistungen als die Mädchen (Signifikanzniveau $P = 0{,}033$ für die kategorisierte bzw. $P = 0{,}037$ für die nicht-kategorisierte Punktzahl beim U-Test nach Mann-Whitney). Ca. 60 % der Schüler ließen keinerlei Probleme bei der Auswertung der einzelnen Methoden erkennen.

Auch im *gesamten Nachtest* (siehe Tabelle 12.13) zeigten die Jungen signifikant bessere Leistungen als die Mädchen ($P = 0{,}001$ für die kategorisierten, $P = 0{,}006$ für die nicht-kategorisierten Punktzahlen beim U-Test nach Mann-Whitney). Die subjektiven Einschätzungen der Jungen und Mädchen bezüglich der Verständlichkeit des Curriculums (Abb. 12.13) bildeten sich somit auch in den objektiven Leistungsdaten ab.

Weiterhin fällt auf, dass die Leistungen der Schüler im Kurs 2 beträchtlich hinter den Leistungen der drei anderen Kurse zurückblieben. Diese Anomalie, die sich auch im höheren Zeitbedarf dieses Kurses (Tabelle 12.7) widerspiegelte, war möglicherweise auch organisatorisch bedingt, da immer wieder ein Teil der Schüler verhindert war oder gar Termine ganz ausfallen mussten. Da aber solche Probleme für den Schulalltag nicht untypisch sind, wurde der Kurs 2 dennoch uneingeschränkt in die Auswertung einbezogen.

Insgesamt hat sich gezeigt, dass das PIN-Konzept in Grundkursen der Jahrgangsstufe 11 auch bei relativ ungünstigen Lernvoraussetzungen erfolgreich eingesetzt werden kann. Dieses positive Gesamtfazit gilt – trotz der geschlechtsspezifischen Differenzen, deren Ursachen weiter erforscht werden müssen – sowohl für die Jungen als auch für die Mädchen.

Tabelle 12.13: Gesamtergebnisse beim Nachtest [2, S. 109 u. 141] (in Prozent auf ganze Zahlen gerundet)

Punkte	alle Schüler	Jungen	Mädchen	Kurs 2	Kurse 1 + 3 + 4
0–12	9	0	16	31	0
13–26	22	19	25	25	21
27–40	41	31	50	31	45
41–53	17	31	6	6	21
54–66	10	19	3	6	12

12.11 Schluss

Das PIN-Konzept ist auf die Förderung von Prozesskompetenz und auf vernetztes Denken hin angelegt. Die Schüler sollen nicht einfach fertiges Wissen übernehmen, sondern sie sollen an der Genese der Fachsystematik aktiv teilhaben und dabei einen Einblick in naturwissenschaftliches Arbeiten und Argumentieren erhalten. Dies ist zwar viel mühsamer und zeitaufwendiger als bloße Ergebnisrezeption, macht aber letztlich auch mehr Spaß und führt zu methodischem Verständnis und zu anschlussfähigem Wissen. Die Ergebnisse der empirischen Untersuchung in Grundkursen der Jahrgangsstufe 11/1 zeigen, dass diese Ziele erreichbar sind. Das PIN-Konzept vermittelt Lernerfahrungen, die mit Erfolgserlebnissen verknüpft sind: „Selbst etwas Wissenschaftler spielen, das fand ich sehr gut ..." [2, S. 157]. So beschreibt eine Schülerin ihre Erfahrungen mit dem PIN-Konzept. Solche kognitiv und affektiv positiv erlebten Gesamteindrücke bilden den Bodensatz, der vom Chemieunterricht übrig bleiben wird, wenn die Schülerinnen und Schüler die Schule verlassen und in ihrer späteren Berufstätigkeit die meisten fachlichen Details wieder vergessen haben werden. Das Image der Chemie in unserer Gesellschaft und der Bildungswert, den man ihr zuerkennt, wird durch die Qualität der Lernprozesse, die Schüler im Chemieunterricht an sich selbst erfahren haben, wesentlich mitbestimmt.

„Nicht die Fachsystematik der Organischen Chemie an sich, sondern nur die auf experimentelle Erfahrungen gegründete Fachsystematik, die durch aktiven, konstruktiven Erwerb ordnungsstiftend auf den Geist der Schüler einwirkt und Denkspuren statt nur Reproduktionsspuren in deren Köpfen hinterlässt, trägt zur Allgemeinbildung bei. Glückt dieser Prozess, dann wird die Fachsystematik bildungsrelevant, andernfalls wird sie abgelehnt." [101]

„Education is ultimatley the flavour left over after all the facts, formulas and diagrams have been forgotten" [102].

Literatur

[1] Harsch, G., Heimann, R.: *Didaktik der Organischen Chemie nach dem PIN-Konzept. Vom Ordnen der Phänomene zum vernetzten Denken.* Braunschweig/Wiesbaden 1998 (Vieweg) und Heidelberg 2000 (Springer)

[2] Harsch, G., Heimann, R.: *„Selber etwas Wissenschaftler spielen, das fand ich gut ..." Ein evaluiertes Unterrichtskonzept zur Organischen Chemie in der gymnasialen Oberstufe.* Münster 2001 (Schüling)

[3] Harsch, G., Heimann, R.: *Organische Chemie im Vorfeld der Formelsprache.* Chemkon 2 (1995), 151–157

[4] Heimann, R., Harsch, G.: *Die Behandlung der Carbonylverbindungen nach dem PIN-Konzept.* Chemkon 4 (1997), 71–76

[5] Harsch, G., Heimann, R.: *Wenn das Ganze mehr ist als die Summe seiner Teile: Polyfunktionelle Verbindungen im Chemieunterricht.* MNU 49 (1996), 219–227

[6] Heimann, R., Harsch, G.: *Viele Wege führen zur Essigsäure.* PdN-Chemie 47 (1998), 26–29

[7] Harsch, G., Heimann, R.: *Der Estercyclus – ein experimentelles Projekt zur Schulung des vernetzten Denkens und Handelns.* Chemie in der Schule 41 (1994), 7–18

[8] Heimann, R.: *Einem unbekannten Stoff auf der Spur – Isolierung, Analyse und Strukturaufklärung eines Naturstoffes am Beispiel der Citronensäure.* PdN-Chemie 48 (1999), 26–31

[9] Harsch, G., Heimann, R.: *Schulung des analytischen Denkens am Beispiel von Kohlenhydratnachweisen in Lebensmitteln.* PdN-Chemie 44 (1995), 19–23

[10] Heimann, R., Harsch, G.: *Der experimentelle Weg vom Olivenöl zum Traubenzucker. Die Chemie der Fette und Kohlenhydrate nach dem Phänomenologisch-Integrativen Netzwerkkonzept.* Teil 1: *Vom Fett zum Glycerin.* Teil 2: *Vom Glycerin zum Traubenzucker.* MNU 51 (1998), 32–38 und 95–99

[11] Heimann, R., Harsch, G.: *Untersuchungen von Kohlenhydraten in Pflanzen. Ein Weg zur Förderung naturwissenschaftlicher Denk- und Handlungskompetenz.* MNU 52 (1999), 226–232

[12] Harsch, G., Heimann, R.: *Mischungsexperimente nach Plan. Naturwissenschaftliche Kompetenzschulung am Beispiel der Polarität der Alkohole.* Chemie in der Schule 43 (1996), 142–146

[13] Heimann, R.: *Flüssigkeiten in abgestufter Bewegung: Mischungsexperimente für die Overheadprojektion.* PdN-Chemie 49 (2000), 32–33

[14] Heimann, R.: *Der experimentelle Weg zum Begriff der homologen Reihe am Beispiel der Alkohole.* Chemie in der Schule 47 (2000), 14–16

[15] Heimann, R.: *Experimentelle Wege zur Isomerie.* MNU 53 (2000), 103–108

[16] Heimann, R., Harsch, G.: *Die Ermittlung der molaren Massen organischer Flüssigkeiten unter einheitlichen Bedingungen.* Chemkon 5 (2000), 73–76

[17] Heimann, R., Harsch, G.: *NMR-Spektroskopie und Massenspektroskopie im Unterricht – Möglichkeiten zur Schulung naturwissenschaftlicher Denk- und Handlungskompetenz.* PdN-Chemie 46 (1997), 8–14

[18] Harsch, G., Heimann, R., Jansen, E.: *Die Sprache der Phänomene. Eine Überblicksmatrix zur qualitativen organischen Analytik im Unterricht.* Chemie in der Schule 39 (1992), 358–363

[19] Harsch, G., Heimann, R.: *Konkretheit und Verknüpfung in aktuellen Chemieschulbüchern am Beispiel der Organischen Chemie.* Chimica didactica 21 (1995), 149–167

[20] Harsch, G., Heimann, R.: *Das PIN-Konzept: Ein Phänomenologisch-Integratives Netzwerkkonzept zum Aufbau einer erfahrungsgesteuerten Wissensstruktur im Bereich des organisch-chemischen Grundlagenwissens.* In: Gräber, W., Bolte, E. (Hrsg.): *Fachwissenschaft und Lebenswelt. Chemiedidaktische Forschung und Unterricht.* IPN Monographie, Kiel, 153 (1996), 73–108

[21] Harsch, G.; Heimann, R.: *Organic Chemistry as Precursor for Formula Language.* In: Gräber, W.; Bolte, C. (editors): *Scientific Literacy*: An International Symposium. IPN Monographie, Kiel (1997), 415–438

[22] Schlösser, K.: *Muß die Organische Chemie immer so spät im Chemieunterricht einsetzen*? NiU (1975), 436–440

[23] Wenck, H.: *Organische Chemie in der Sekundarstufe I – Hypothesen und Erfahrungen.* In: Härtel, H. (Hrsg.): *Zur Didaktik der Physik und Chemie.* Hannover 1980 (Schroedel), 166–169

[24] Wenck, H., Kruska, G.: *Wird der Chemieunterricht durch frühzeitige Behandlung der Organischen Chemie attraktiver*? NiU, PC 37 (1989), 4–9

[25] Christen, H.R.: *Warum nicht mit der Organischen Chemie beginnen*? Vortrag Sommersymposium der Chemiedidaktiker in NRW, Bielefeld (1987)

[26] Christen, H.R.: *Chemie auf dem Weg in die Zukunft*. Frankfurt u. Aarau 1988 (Diesterweg u. Sauerländer)

[27] Sumfleth, E.: *Lehr- und Lernprozesse im Chemieunterricht*. Frankfurt 1988 (Lang)

[28] Sumfleth, E.: *Systematisierungshilfen – von Gedächtnisstrukturen abgeleitete Lernhilfen*. Chimica didactica 10 (1985), 141–153

[29] Sumfleth, E.: *Lernhilfen für den problemlösenden Unterricht*. Chimica didactica 11 (1985), 63–88

[30] Aebli, H.: Denken: *Das Ordnen des Tuns*. Stuttgart 1980/81 (Klett-Cotta), 2 Bde.

[31] Miller, G.A.: *The Magical Number Seven, Plus or Minus Two – Some Limits on our Capacity für Processing Information*. Psychological Review 63 (1956), 81–97

[32] Johnstone, A.H., Letton, K.M.: *Recognising functional groups*. Educ. in Chemistry 19 (1982), 16–19

[33] Johnstone, H.A., Wham, A.J.B.: *The demands of practical work*. Educ. in Chemistry 19 (1982), 71–73

[34] Johnstone, H.A.: *New Stars for the Teacher to Steer by*. J. Chem. Educ. 62 (1984), 847– 849

[35] Muckenfuß, H.: *Lernen im sinnstiftenden Kontext. Entwurf einer zeitgemäßen Didaktik des Physikunterrichts*. Berlin 1995 (Cornelsen)

[36] Huntemann, H., Paschmann, A., Parchmann, I., Ralle, B.: *Chemie im Kontext – ein neues Konzept für den Chemieunterricht? Darstellung einer kontextorientierten Konzeption für den 11. Jahrgang*. Chemkon 6 (1999), 191–196

[37] Parchmann, I., Ralle, B., Demuth, R.: *Chemie im Kontext – Eine Konzeption zum Aufbau und zur Aktivierung fachsystematischer Strukturen in lebensweltorientierten Fragestellungen*. MNU 53 (2000), 132–137

[38] Gräber, W.; Stork, H.: *Die Entwicklungspsychologie Jean Piagets als Mahnerin und Helferin des Lehrers im naturwissenschaftlichen Unterricht*. MNU 37 (1984), 193–201 und 257–269

[39] Stork, H.: *Zum Verhältnis von Theorie und Empirie in der Chemie*. Der Chemieunterricht CU 10 (1979), 45–61

[40] Reiners, C.: *Naturwissenschaftliche Erklärungen. Rezepte oder Konzepte für die Chemiedidaktik*? PdN-Chemie 1/41 (1992), 41–44, und 2/41 (1992), 43–46

[41] Liebig, J.: *Chemische Briefe*. Heidelberg 1844 (Akad. Verlangshandlung von C.F. Winter)

[42] Herron, J.D.: *Piaget for Chemists. Explaing what „good" students cannot understand*. J. Chem. Educ. 52 (1975), 146–150

[43] Shayer, M., Adey, P.: *Towards a science of science teaching. Cognitive development and curriculum demand*. Oxford 1989 (Heinemann)

[44] Lawson, A.E.: *A review of research on formal reasoning and science teaching*. J. Research in Science Teaching 22 (1985), 569–617

[45] Häußler, P., Bünder, W., Duit, R., Gräber, W., Mayer, J.: *Naturwissenschaftsdidaktische Forschung. Perspektiven für die Unterrichtspraxis*. Kiel: IPN (1998), v.a. Abschnitt 6.2

[46] Flint, A., Jansen, W.: *Ethanol – Probleme der Aufklärung der Konstitutionsformel und des S_N2-Reaktionsmechanismus im Chemieunterricht der gymnasialen Oberstufe* PdN-Chemie 39 (1990), 35–40

[47] Geske, D., Sandner, A., Pauly, G., Anft, M., Kaminski, B., Matuschek, C., Flint, A., Jansen, W.: *Neuer Weg zum Beweis der Konstitutionsformel des Ethanolmoleküls.* Chemie in der Schule 2 (1991), 86–91

[48] Hallstein, H.: *Die experimentelle Ermittlung der Konstitutionsformel des Ethanols.* Ein Beitrag zur „Rettung" eines grundlegenden Schulversuchs. MNU 44 (1991), 371–376

[49] Thiemann, F., Flint, A., Jansen, W.: *Zur Ermittlung der Konstitutionsformel des Ethanolmoleküls.* MNU 8 (1994), 478–482

[50] Fickenfrerichs, H., Jansen, W., Kenn, M., Peper, R. u. Ralle, B.: *Die Ermittlung der Summenformeln leicht verdampfender organischer Flüssigkeiten.* PdN-Chemie 30 (1981), 362–367

[51] Wegner, G.: *Ermittlung der Molekülformeln organischer Verbindungen.* Chemie in der Schule 40 (1993), 268–272

[52] Wegner, G.: *Ermittlung der Molekül- und Konstitutionsformeln flüssiger organischer Stoffe.* Chemie in der Schule 41 (1994), 49–55

[53] Wegner, G.: *Bestimmung der molaren Masse von Alkoholen (Ethanol und Methanol) und anderen leicht verdampfbaren Flüssigkeiten.* Chemkon 1 (1994), 134–137

[54] Flint, A., Jansen, W., Peper, R., Fickenfrerichs, H.: *Die Strukturaufklärung des Ethanols – eine an der geschichtlichen Entwicklung orientierte Unterrichtseinheit.* NiU-PC 35 (1987), 28–41

[55] Matuschek, C., Jansen, W., Peper-Bienzeisler, R., Fickenfrerichs, H.: *Aldehyde – eine an der Entdeckungsgeschichte orientierte Unterrichtskonzeption.* PdN-Chemie 34 (1985), 7–19

[56] Hermanns, R.: *Erfahrungsbericht zur Unterrichtskonzeption „Aldehyde".* PdN-Chemie 34 (1985), 19–23

[57] Kaminski, B., Flint, A., Ralle, B., Jansen, W.: *Der Reaktionsmechanismus der Etherbildung aus Ethanol und Schwefelsäure im Chemieunterricht.* MNU 45 (1992), 490–498

[58] Kaminski, B., Flint, A., Jansen, W.: *Vereinfachter Versuch der Ethersynthese.* NiU-Chemie 17 (1993), 32–33

[59] Wiederholt, E., Meinhardt, E., Fahrney, V.: *Reaktionsprodukte von Ethanol mit Schwefelsäure. Gaschromatographische Analyse.* PdN-Chemie 3 (1993), 14–17

[60] Schmidt, H.J., Küppershaus, E.: *Der experimentelle Einstieg in die Organische Chemie über das Ethylen.* PdN-Chemie 12 (1978), 309–316

[61] Armbrust, R., Jansen, W.: *Darstellung von Aethen und Propen durch Cracken von n-Hexan im Schulversuch.* PdN-Chemie 12 (1976), 321–329

[62] Jansen, W., Pöpping, J., Ralle, B., Peper, R.: *Vom Ethen und Propen zu Aldehyden, Ketonen und Säuren. Technische Synthesen im Schulversuch.* NiU-P/C 29 (1981), 98–102

[63] Ralle, B., Bode, U.: *Die Hydrierung einfacher Kohlenwasserstoffe bei Raumtemperatur.* PdN-Chemie 40 (1991), 18–23

[64] Ralle, B., Bode, U.: *Hydrierung von Ethin und Ethen. Bestimmung der Reaktionsenthalpie.* PdN-Chemie 2 (1993), 29–33

[65] Kolbe, H.: *Untersuchungen über die Elektrolyse organischer Verbindungen.* Annalen der Chemie und Pharmacie 69 (1849), 257–294

[66] Becker, H.J.: *Zum Nachweis des bei der Elektrolyse einer Natriumethanatlösung gebildeten Ethans.* PdN-Chemie 7 (1977), 179–183

[67] Becker, H.J.: *Zur Darstellung von Ethan durch Elektrolyse einer Natriumethanatlösung.* PdN-Chemie 12 (1979), 321–323

[68] Becker, H.J.: *Ethandarstellung im Schulversuch.* Chemkon 6 (1999), 26

[69] Oetken, M., Hogen, K.: *Die Kolbe-Synthese.* Chemkon 4 (1997), 83–84

[70] Menig, J., Bader, H.J., Flintjer, B.: *Unerwartete Reaktionswege bei der Kolbe-Elektrolyse. Organische Elektrochemie im Chemieunterricht.* Chemkon 5 (1998), 174–180

[71] Schlösser, K., Schmidt, H.: *Probleme bei der Planung des chemischen Gleichgewichts – Unterrichtseinheit zum Estergleichgewicht.* NiU-P/C 1 (1979), 13–29

[72] Steiner, D., Härdtlein, M., Gehring, M.: *Das Estergleichgewicht. Möglichkeiten und Grenzen eines Schulversuchs.* Chemkon 4 (1997), 110–116

[73] Sumfleth, E., Ruhmann, H.: *Ein Vorschlag zur Strukturierung der Inhalte des Chemieunterrichts in der Sekundarstufe II am Beispiel der Citronensäure. – Nachweise und Isolierung.* MNU 37 (1984), 224–227

[74] Sumfleth, E., Gramm, A., Dannat, P.: *Analytik der Citronensäure – eine Unterrichtsreihe für die Jahrgangsstufe 13.* MNU 39 (1986), 415–426

[75] Sumfleth, E., Crispien, K.-D.: *Ein Vorschlag zur Erarbeitung der organisch-chemischen Reaktionsmechanismen ausgehend vom Beispiel der Citronensäure.* MNU 40 (1987), 229–231

[76] Blume, R., Wiechoczek, D.: *Die Gewinnung von Citronensäure mit einem Kationenaustauscher.* MNU 5 (1996), 289–291

[77] Oswald, B., Hildebrand, A., Wenck, H.: *Citronensäurecyclus – Für den Chemieunterricht zu schwierig?* PdN-ChiS 49 (2000), 24–29

[78] Dietrich, V.: *Zur Behandlung der Milchsäure im Chemieunterricht.* PdN-Chemie 7/48 (1999), 6 11

[79] Huntemann, H., Parchmann, I.: *Biologisch abbaubare Kunststoffe. Einordnung in ein neues Konzept für den Chemieunterricht.* Chemkon 7 (2000), 15–21

[80] Menzel, P.: *Ethyllactat – ein umweltschonendes Lösungsmittel.* PdN-Chemie 3 (1993), 20–21

[81] Stübs, R., Wegner, G., Lifson, K.: *Der Konservierungsstoff Sorbinsäure im chemischen Schulexperiment.* Chemkon 3 (1996), 129–133

[82] Blume, R., Bader, H.J., Plauschinat, M.: *Neue Aspekte der Ascorbinsäure – Chemie.* PdN-Chemie 10 (1982), 289–298

[83] Haselhoff, H.-P., Mauch, J.: *Das Vitamin-C-Projekt. Eine Unterrichtseinheit für das naturwissenschaftliche Praktikum.* Frankfurt u. Aarau 1989 (Diesterweg u. Sauerländer)

[84] de Rijke, P.J., van der Veer, W.: *Ascorbinsäure – quantitative Untersuchungen von Vitamin C einschließlich qualitativer Schulversuche.* PdN-Chemie 41 (1992), 21–31

[85] Deifel, A.: *Die Chemie der L-Ascorbinsäure in Lebensmitteln.* ChiuZ 27 (1993), 198–207

[86] Tausch, M.: *Strukturaufklärung in der organischen Chemie. Ermittlung der Strukturformel von Maleinsäure und Fumarsäure.* PdN-Chemie 2 (1983), 44–48

[87] Reiners, C.: *Cis-trans-Isomerie in der gymnasialen Oberstufe – Grundlegung oder Weiterentwicklung räumlicher Strukturvorstellungen*? MNU 43 (1990), 358–362

[88] Tausch, M.: *Photochemische cis-trans-Isomerisierungen*. MNU 40 (1987), 92–103

[89] Sumfleth, E.; Stachelscheid, K.: *Carbonylverbindungen – ein Unterrichtsvorschlag zur Einführung in die Organische Chemie unter Einsatz der neuen Lernhilfen*. Chim. didactica 12 (1986), 137–148

[90] Bär, A., Barth, U., Pfeifer, P., Röder, T.: *Alkylpolyglycoside. Möglichkeiten experimenteller Schulchemie in einem praxisorientierten Chemieunterricht*. Chemkon 5 (1998), 135–141

[91] Bader, H.J., Nick, S., Melle, I.: *Nachwachsende Rohstoffe. Die Natur als chemische Fabrik. Lehrmaterialien für den naturwissenschaftlichen Unterricht der Sekundarstufe I*. Fachagentur Nachwachsender Rohstoffe e.V., Gülzow, 2. Auflage (2001)

[92] Eilks, I., Bojack, S., Steinemann, I., Ralle, B.: *Biodiesel – Eigenschaften, Herstellung: Ansätze einer fächerverbindenden Behandlung*. Chemie in der Schule 10 (1997), 360–365

[93] Eilks, J.: *Biodiesel-Herstellung, Nutzung und ökologische Bewertung im Chemieunterricht. Konzept und Unterrichtsmedien für einen gesellschaftskritisch-problemorientierten Chemieunterricht*. Oldenburger Vor-Drucke 393, Zentrum für pädagogische Berufspraxis, Universität Oldenburg (1999)

[94] Schallies, M., Wachlin, K.D. (Hrsg.): *Biotechnologie und Gentechnik. Neue Technologien verstehen und beurteilen*. Berlin, Heidelberg, New York 1999 (Springer)

[95] Becker, H.J.: *Verbraucherfragen im RIAS-Telefonstudio: Gegenstand fachdidaktischer Forschungen*? Chimica didactica 14 (1988), 69–87

[96] Becker, H.J.: *Verbraucherdialoge im Chemieunterricht – Beispiel „Formaldehyd in Kosmetika"*. Chimica didactica 18 (1992), 129–147

[97] Becker, H.J.: *Ein Alltagsdialog über „Joghurt" – Chance für fachaufweitenden Chemieunterricht*. PdN-Chemie 44 (1995), 17–20

[98] Becker, H.J.: *Chemie in der Lebenswelt – der Stoff „Essigsäure"*. NiU-Chemie 8 (1997) Nr. 41, S. 38–39

[99] Becker, H.J.: *Alltagsdialoge im Chemieunterricht*. Reader zum GDCh-Vortrag an der Universität Münster (28.11.1999)

[100] Haupt, P.: *Die Chemie im Spiegel einer regionalen Tageszeitung. Bibliotheks- und Informationssystem der Universität Oldenburg* (1987–1999), 5 Bände; Band 1 (1966–1986), Band 2 (1987–1989), Band 3 (1990–1992), Band 4 (1993–1995), Band 5 (1996–1998)

[101] Harsch, G., Heimann, R., Heinrich, S.: *Wie erzieht man Schüler zum komplexen Denken? Ein Unterrichtsbaustein für die gymnasiale Oberstufe am Beispiel der Dicarbonsäuren*. Chemkon (2001) im Druck

[102] Cary, W.R.: *State of the Art in the High School Curriculum*. J. Chem. Educ. 61 (1984), 856–857

13 Konzeption des strukturorientierten Chemieunterrichts

Für ein Verständnis von Substanzen und deren Eigenschaften erachten Chemiker heute die entsprechenden chemischen Strukturen als äußerst wichtig und unabdingbar erforderlich: Vorstellungen zur Struktur der Materie haben deshalb höchste Bedeutung. Für einen modernen Chemieunterricht begründet sich daher der Bezug auf exemplarisch ausgewählte chemische Strukturen und die Arbeit mit entsprechenden Strukturmodellen. Dieser Vorüberlegung folgend wird eine Konzeption entwickelt und dargestellt, die in der fachdidaktischen Literatur den Namen „Strukturorientierter Chemieunterricht" trägt.

13.1 Chemische Strukturen in der heutigen Chemie

Heute arbeitende Chemiker sind bei der Beurteilung von Eigenschaften hergestellter Substanzen oder zur Entwicklung neuer Stoffe überwiegend an deren chemischen Strukturen interessiert. Den „Trendberichten zur Festkörperchemie" ist beispielsweise zu entnehmen (vgl. Abb. 13.1):

„Unter 200 bar Stickstoffdruck kann aus Gold und festem Ca_3N_2 das ternäre Auridnitrid Ca_2AuN in polykristalliner Form synthetisiert werden. Während das bereits bekannte Ca_3AuN im Perowskit-Typ kristallisiert, sind in dieser calciumärmeren Verbindung die NCa_6-Oktaeder über gemeinsame Kanten zu gewellten Schichten verknüpft, zwischen denen die Au-Atome in Form von Zickzack-Ketten (Au–Au: 286 pm) eingelagert sind" [1].

Der Leser informiere sich darüber, dass in den Trendberichten zur Anorganischen oder zur Organischen Chemie [1] vornehmlich Strukturen zu neuen Gittern und Molekülen abgebildet und diskutiert werden. Sollen Schüler und Schülerinnen einen Einblick in die Arbeitsweise heutiger Chemiker und Chemikerinnen erhalten, sind auch im heutigen Chemieunterricht die Strukturen fachdidaktisch ausgewählter Substanzen zu reflektieren. So kann etwa das Verständnis für den Aufbau der Materie und für die Umgruppierung von Teilchenverbänden bei Reaktionen entwickelt werden, es können chemische Symbole für die Zusammensetzung von Substanzen aus den Strukturen abgeleitet werden. Diese Wege würden einen modernen Chemieunterricht darstellen, weil sie an grundsätzliche Überlegungen heute arbeitender Wissenschaftler anschließen.

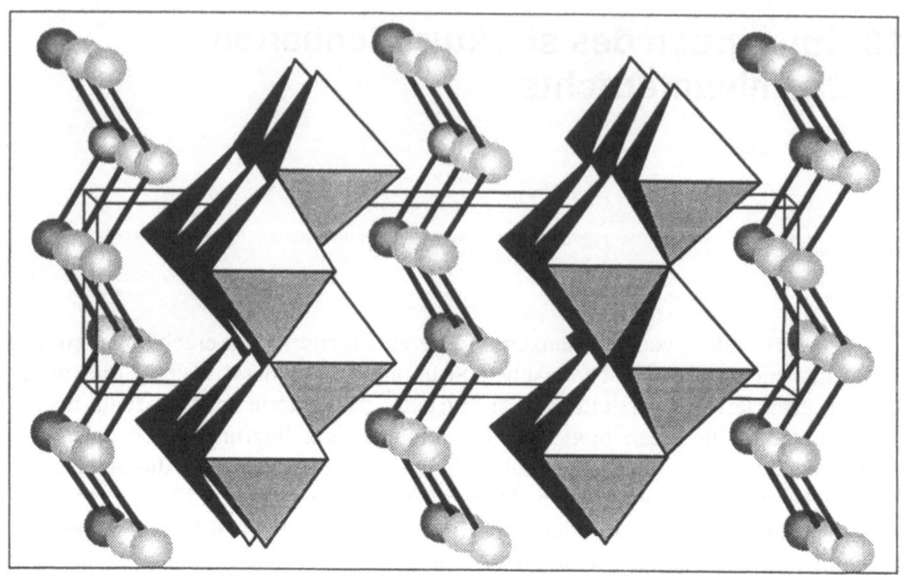

Abb. 13.1: Ca_2AuN-Struktur mit N-zentrierten Ca-Oktaedern und Au-Ketten [1]

13.2 Chemische Strukturen als Grundlage zur Interpretation von Reaktionen

Wie soll die Interpretation chemischer Reaktionen im Unterricht sachlich angemessen erfolgen? Grosser [2] deutet einen möglichen Weg an, wenn er schreibt:

„Ganz gleich, auf welche Weise man Schüler in die Chemie einführt, immer werden Versuche mit Metallen oder anderen Festkörpern durchgeführt. Vielfach entstehen dabei wieder Festkörper. Gleichwohl werden in den Lehrbüchern selten diese Versuche mit Modellen der Festkörper erklärt. Es entstehen ‚MgO' und ‚FeS' (gelegentlich auch ‚Moleküle' davon), oder es wird ‚HgO' zersetzt. Was diesen Stoffen für eine Struktur zukommt, daß sie überhaupt eine solche besitzen, bleibt verborgen oder unklar, nicht zur Erleichterung des Verständnisses chemischer Reaktionen".

„Jeder Vorgang wird an der Tafel gewöhnlich in der Ebene dargestellt, z. B.
$Fe + S \rightarrow FeS$.
Daß es sich bei diesen und anderen Vorgängen fast immer um die Umgruppierung von 'Atomen' oder/und 'Atomgruppen' im Raume handelt, kommt bei dieser Schreibweise nicht zum Ausdruck. In einer solchen Gleichung kommt auch nicht zum Ausdruck, daß nicht ein einzelnes Fe-Atom mit einem einzelnen S-Atom reagiert. Vielmehr sind eine ungeheuere Anzahl Teilchen an dem Vorgang beteiligt. Es kommt auch weiterhin darin nicht zum Ausdruck, daß – um beim Eisensulfid zu bleiben – bei der Reaktion zwei Kristallgitter vollständig zerstört werden und dass am Ende ein neues Kristallgitter entsteht" [2].

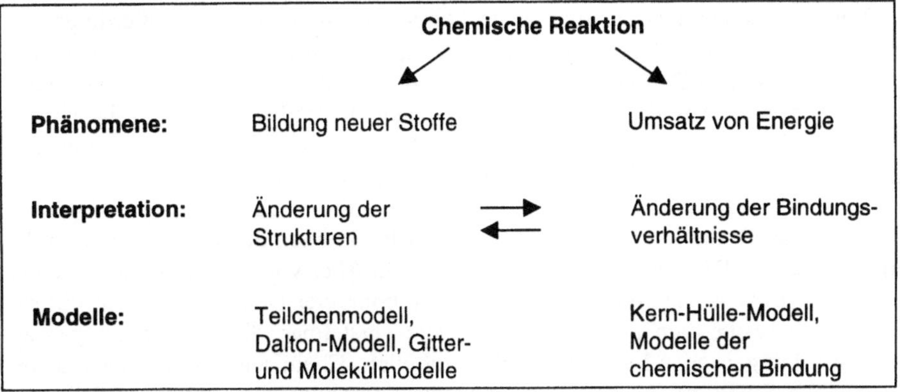

Abb. 13.2: Interpretation der chemischen Reaktion durch Struktur und Bindung

Legt man also die Tatsache zugrunde, dass eine sichtbare Feststoffportion immer aus einem Verband sehr vieler kleinster Teilchen besteht, die darin zu einer bestimmten Struktur angeordnet sind, so lässt sich die chemische Reaktion bzw. die Bildung neuer Stoffe als Umordnung der beteiligten kleinsten Teilchen bzw. der Atome oder Ionen interpretieren. Abbildung 13.2 macht den Zusammenhang zwischen den Phänomenen bei der chemischen Reaktion und deren Interpretationsmöglichkeiten durch Struktur und Bindung deutlich:

1. *Strukturen* der Ausgangsstoffe werden zerstört, neue Strukturen in den neu gebildeten Stoffen bauen sich auf,
2. *Bindungen* werden in den Ausgangsstoffen unter Energieaufnahme geöffnet, neue Bindungen in neuen Stoffen unter Energieabgabe geschlossen.

Struktur- und Bindungsverhältnisse sind bei Stoffen untrennbar miteinander verknüpft. Wird aber das Auftreten neuer Stoffe zunächst unter Vernachlässigung aller Bindungsfragen mit der Ausbildung neuer Strukturen erklärt, so reichen zur Veranschaulichung der chemischen Strukturen das undifferenzierte Teilchenmodell oder das Daltonsche Atommodell des Anfangsunterrichts vollkommen aus. Sollten Bindungsverhältnisse veranschaulicht werden, so wären Bindungsmodelle und damit ein differenziertes Atommodell erforderlich. Da es üblicherweise erst im fortgeschrittenen Unterricht der Klassenstufe 10 zur Verfügung steht, ist die Interpretation der Reaktion über Fragen der chemischen Bindung dann eine passende Ergänzung der strukturchemischen Interpretation im Anfangsunterricht.

Auf der Grundlage des einfachen Teilchenmodells lassen sich beispielsweise leicht Strukturen der Metallkristalle anschaulich machen: Silber-*Teilchen* sind im Silberkristall angeordnet wie Kugeln in einer dichtesten Kugelpackung. Damit wird nicht nur ein einfaches und sachlich korrektes Bild von der Struktur des Silberkristalls angeboten, sondern auch die Idee einer infiniten, also beliebig großen *Kristallgitterstruktur*. Da im Anfangsunterricht gerade die Feststoffe eine zentrale Rolle spielen, lassen sich bestimmte Strukturen auf diese Weise relativ einfach verdeutlichen. Auf der Ebene des Daltonmodells ist die Silber-Struktur mit dichtest gepackten Ag-Atomen zu beschreiben. Mit Hilfe des differenzierten Atommodells kommt dann später die Beschreibung durch die Metallbindung hinzu.

Veranschaulichungen zu finiten Strukturen wie Molekülen sind allerdings auf der Ebene des Teilchenmodells nicht möglich, sondern erst auf der Grundlage des Atommodells nach Dalton: Verschiedene Kugeln stellen Modelle für verschiedene Atomarten dar. Auf dieser Grundlage können *Molekülstrukturen* gedacht und konkret gebaut werden, etwa Molekülmodelle für Ethanol-Moleküle aus drei Kugelarten, die jeweils C-Atome, O-Atome und H-Atome darstellen.

Neben diesen fachdidaktischen Argumenten gibt es auch *lernpsychologische Aspekte*, die für die Interpretation chemischer Reaktionen durch chemische Strukturen sprechen. Die Schüler und Schülerinnen im Alter von 13–16 Jahren befinden sich nach der Theorie von Piaget im Stadium konkreter Denkoperationen: Für sie sind Bindungstheorien zu abstrakt und nicht verstehbar, aber Anschauungen an Kugelpackungen oder Molekülmodellen möglich. Chemische Strukturen sind im wörtlichen Sinne zu „be-greifen", wenn die Lernenden die Strukturmodelle gar selbst bauen.

Die Argumentation mit Aussagen zur chemischen Bindung ist lernpsychologisch sicherlich auf dem Niveau formaler Denkoperationen anzusiedeln. Führt man mit dem differenzierten Atommodell die Protonen, Neutronen und Elektronen ein und versucht, die Anordnung der Elektronen in „Schalen" oder „Energiestufen" zu vermitteln, trifft man auf die enormen Schwierigkeiten, diese anschaulich zu machen. Es müssten Elektronendichteverteilungen oder Aufenthaltswahrscheinlichkeiten der Elektronen angeführt oder der Welle-Teilchen-Dualismus erarbeitet werden. Streng genommen muss man zugeben, dass es keine Anschauung für Elektronen gibt: Physiker, Chemiker oder Theoretiker berechnen eher Energien und Energieverteilungen, wenn sie Elektronenanordnungen in neuen Gittern oder Molekülen kennen lernen wollen.

13.3 Der Ionenbegriff auf der Ebene des Daltonmodells

Die große Stoffklasse der Salze lässt sich nicht ohne weiteres in den strukturorientierten Chemieunterricht einfügen, weil die Ionen als deren kleinste Teilchen auf der Ebene des Daltonschen Atommodells scheinbar nicht zur Verfügung stehen. Die schulchemische Genese des Ionenbegriffs erfordert nach landläufiger Meinung das differenzierte Atommodell.

Man führt die Elektrolyse von Salzlösungen oder -schmelzen durch, beobachtet die Abscheidung meist elementarer Stoffe an den Elektroden und erklärt dies mit der Umwandlung von Ionen zu Atomen durch Abgabe und Aufnahme von Elektronen. Aus der Bilanz der Zahl von Protonen im Kern und Zahl der Elektronen in der Hülle leitet man die Ladungszahl der Ionen ab und erläutert Unterschiede im Aufbau von Atom und Ion.

Die Kehrseite dieses Vorgehens ist die Tatsache, dass im Chemieunterricht bis zur Erarbeitung des differenzierten Atommodells der Ionenbegriff nicht zur Verfügung steht. Man spricht solange bezüglich der kleinsten Teilchen der Salze nicht sachgerecht von Ionen, sondern von „gedachten Molekülen, chemischen Einheiten, Verbindungseinheiten, Molekülen als Rechengröße, Verbindungsteilchen oder von Atomen" [3]. Diese Umschreibungen des Ionenbegriffs führen zu unklaren Konzepten, in den meisten Fällen zum Molekülkonzept: In empirischen Untersuchungen konnte nachgewiesen werden, dass oftmals sogar Lernende der Sekundarstufe II nach mehreren Jahren des Chemieunterrichts den Aufbau von Salzen und Salzlösungen unangemessen mit Molekülen beschreiben [4].

Es gibt allerdings auch den Weg, die Ionen früher als üblich über die Gefrierpunktserniedrigung (GPE) einzuführen [5]: Man stellt zunächst fest, dass die GPE von Ethanol-Lösungen proportional mit der Anzahl gelöster Teilchen größer wird, dass die GPE der 1-molaren Ethanol-Lösung –1,9°C beträgt.

Die GPE der 1-molaren Natriumchlorid-Lösung wird dagegen mit –3,8°C gemessen, die der 1-molaren Calciumchlorid-Lösung gar mit –5,7°C [5]. Aus diesen Messwerten lässt sich ableiten, dass 1 Liter dieser Natriumchlorid-Lösung 2 mol Teilchen enthält, 1 Liter Calciumchlorid-Lösung gar 3 mol Teilchen. Greift man zusätzlich auf die bekannte Tatsache zurück, dass Salzlösungen den elektrischen Strom leiten, und erläutert man, dass die gelösten Teilchen elektrische Ladungen tragen und Ionen genannt werden, so lässt sich folgende Bilanz ziehen [5]:

1 mol NaCl → 1 mol Na^+(aq)-Ionen + 1 mol Cl^-(aq)-Ionen

1 mol $CaCl_2$ → 1 mol Ca^{2+}(aq)-Ionen + 2 mol Cl^-(aq)-Ionen

Betrachtet man die Ionen als Teilchen im Sinne des Daltonmodells, also modellmäßig als massive Kugeln, die elektrische Ladungen tragen, und kennzeichnet man diese Daltonschen Kugeln mit entsprechenden Ionensymbolen, so lassen sich die Ionen als kleinste Teilchen der Salze in das Periodensystem einordnen, wie es Christen [6] vorgeschlagen hat. Eine solche Form des Periodensystems haben Sauermann und Barke [7] übernommen (vgl. Abb. 13.3).

13.4 Atome und Ionen als Grundbausteine der Materie

Das Periodensystem zeigt in seiner gekürzten Form (vgl. Abb. 13.3) einen Teil der Grundbausteine, die Auflistung auch aller Nebengruppenelemente würde zur vollständigen Sammlung der Grundbausteine der Materie führen. Die alte Idee der griechischen Naturphilosophen hat sich damit realisiert, ein Baukastensystem kleinster Teilchen zur Verfügung zu haben, aus dem sich durch ihre Kombinationen die Substanzen des gesamten Universums aufbauen lassen. Dieses Baukastensystem deutete sich historisch an, als John Dalton den entscheidenden Schritt tat, Elementbegriff und Atombegriff zu verknüpfen und so viele Atomsorten zu fordern, wie es Elemente gibt. Er machte im Jahre 1808 in seiner Schrift „A New System of Chemical Philosophy“ sinngemäß folgende *Aussagen über Atome als kleinste Bausteine der Materie:*

1. Es gibt so viele Atomarten wie Elemente, sie unterscheiden sich in der Masse.
2. Alle gleichen Atome verhalten sich im Weltall gleich.
3. Es gehen keine Atome verloren, sie können weder aus dem Nichts entstehen, noch können sie sich in Nichts auflösen.
4. Die Art der Verknüpfung von Atomen ist gesetzmäßig wiederholbar und führt zu bestimmten Substanzen.
5. Substanzen unterscheiden sich durch die Art und die Anordnung der Atome.

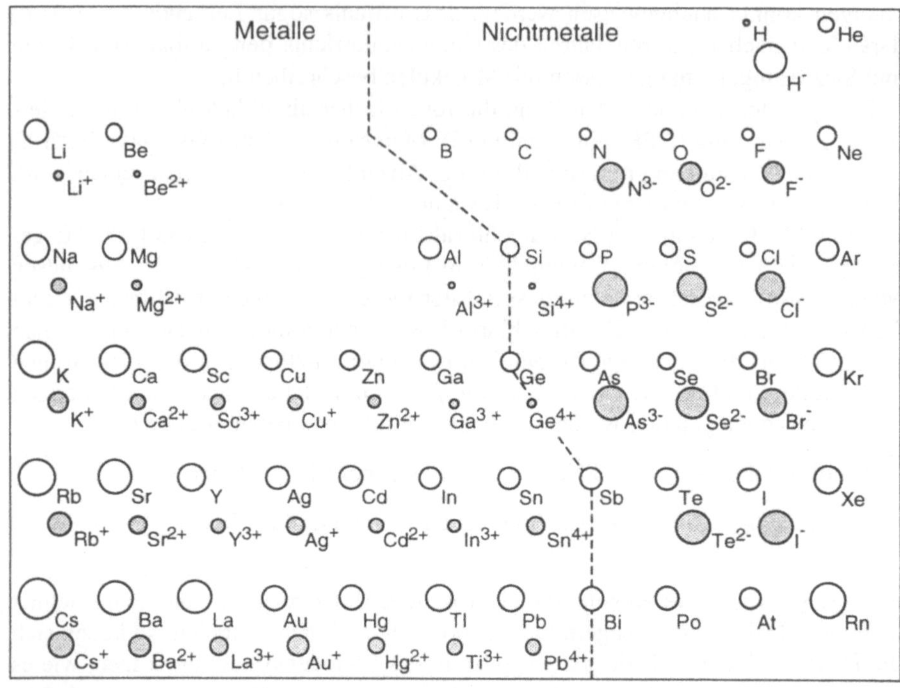

Abb. 13.3: Atome und Ionen als Grundbausteine der Materie [7]

Seit Arrhenius im Jahre 1884 die Ionen als die andere große Gruppe der Grundbausteine der Materie postulierte, muss man die Daltonschen Aussagen ebenfalls auf die Ionen beziehen und kann seitdem behaupten: Alle Materie des Universums ist aus *Atomen oder Ionen* der verschiedenen Elemente aufgebaut; zwei Substanzen sind identisch, wenn sie in der Art der Atome oder Ionen und in der räumlichen Anordnung, ihrer chemischen Struktur, übereinstimmen. Für heutige Chemiker und Chemikerinnen gilt es dementsprechend,

- die *Art der Atome und Ionen* aufzuspüren, die in einer Substanz gebunden sind, und
- die räumliche Anordnung der Atome oder Ionen durch Methoden der instrumentellen Analytik zu ermitteln (chemische Struktur).

Um andererseits Substanzen modellhaft aufzubauen, muss man wissen, welche Atom- oder Ionenarten zu verwenden und wie sie räumlich zu verknüpfen sind. Baut man gedanklich den Natrium-Kristall auf, so hat man Na-Atome in der Weise zu verknüpfen, dass ein kubisch innenzentriertes Gitter entsteht. Will man modellmäßig einen Natriumchlorid-Kristall aufbauen, so sind Na^+-Ionen und Cl^--Ionen in bekannter Weise kubisch flächenzentriert zusammensetzen.

Grundbausteine lassen sich in der Realität in erster Linie nur verknüpfen, wenn sie dieselbe Qualität der Bindekraft aufweisen. Experimentelle Prüfungen und Laborerfahrungen aus Jahrhunderten haben zu drei Klassen von Grundbausteinen verschiedener Bindekraftqualitäten geführt:

1. Metall-Atome 2. Nichtmetall-Atome 3. Ionen

Verknüpfung nach Standort im PSE	Teilchenart	Bindungsart	Struktur
„links und links"	Metall-Atome	räumlich ungerichtet	Metallgitter
„links und rechts"	Ionen	räumlich ungerichtet	Ionengitter
„rechts und rechts"	Nichtmetall-Atome	räumlich gerichtet	Molekül, Atomgitter

Abb. 13.4: Verknüpfungsregeln für Atome und Ionen als Grundbausteine der Materie [7]

Da die Metall-Atome mit gleicher Kraftqualität auf der „linken Seite" des Periodensystems der Elemente (PSE) und die Nichtmetall-Atome mit anderer Kraftqualität auf der „rechten Seite" des PSE aufgeführt sind, leiten sich *Verknüpfungsregeln* ab, wie sie Abbildung 13.4 enthält.

Unter *räumlich ungerichteten Bindekräften* sind solche Kräfte zu verstehen, die von einem Teilchen kugelsymmetrisch in alle Richtungen des Raumes ausgehen. Solche Teilchen bauen räumliche *Gitter* auf, beispielsweise verknüpfen sich beliebig viele Metall-Atome im Metallgitter. Als Modellvorstellung mag die dichteste Kugelpackung dienen: Darin wird eine Kugel von so vielen Kugeln umgeben, wie Platz vorhanden ist, nämlich von genau 12 Kugeln.

Unter *räumlich gerichteten Bindekräften* sind solche Kräfte zu verstehen, die von einem Teilchen ausgehend nur in bestimmte Richtungen zu wirken vermögen. Solche Teilchen, etwa Nichtmetall-Atome, verknüpfen sich zu *Molekülen*, in denen nur begrenzte, aber bestimmte Anzahlen von Atomen durch gerichtete Kräfte verbunden vorliegen. So sind im Methan-Molekül ein C-Atom und vier H-Atome zu einem CH_4-Molekül räumlich verknüpft, man sagt auch, das C-Atom sei darin vierbindig, das H-Atom sei einbindig. Als Modelle für Atome mit gerichteten Bindekräften sind farbige Kugeln mit „Druckknöpfen" oder „Verbindungsärmchen" der üblichen Molekülbaukästen bekannt.

Im Folgenden werden exemplarisch gedankliche Verknüpfungen von Metall-Atomen, Ionen und Nichtmetall-Atomen beschrieben und resultierende Grundstrukturen vorgestellt. Es werden nur wenige Beispiele hinsichtlich dieser Grundstrukturen ausgeführt – weitere Beispiele und tiefergehende Ausführungen sind bei Sauermann und Barke zu finden: für die Verknüpfung von Metall-Atomen zu Legierungen in Band 2 [8], für die Verknüpfung von Nichtmetall-Atomen in Band 3 [9] und für die Verknüpfung von Ionen in Band 4 [10].

13.5 Verknüpfung von Atomen und Ionen zu Gittern und Molekülen

Auf der Grundlage des Periodensystems (vgl. Abb. 13.3) sollen die Atome und Ionen nach den bereits aufgeführten Verknüpfungsregeln (vgl. Abb. 13.4) gedanklich zu Teilchenverbänden verknüpft werden. Bei Metallen, Legierungen und Salzen sind es zunächst infinite Strukturen, die durch Kugelpackungen und Raumgitter zu veranschaulichen sind.

Gitterstruktur	Koordinationszahl	Strukturmodell	Beispiele
hexagonal	12	hexagonal dichteste Kugelpackung	Magnesium, Zink: **Mg-Typ**
kubisch flächenzentriert	12	kubisch dichteste Kugelpackung	Kupfer, Silber, Gold, Blei: **Cu-Typ**
kubisch raumzentriert	8	raumzentrierte Kugelpackung	Alkalimetalle, Wolfram: **W-Typ**

Abb. 13.5: Gitterstrukturen der Metalle, Modellvorstellungen und Beispiele

13.5.1 Verknüpfung von Metall-Atomen („links und links im PSE")

Die räumlich ungerichteten Bindekräfte der Metall-Atome lassen *Metallgitter* entstehen. Die Anordnung jeweils der gleichen Sorte von Atomen ist im Wesentlichen auf drei Wegen möglich und führt zu *drei Gitterstrukturen.* Sie sind durch Kugelpackungen leicht zu veranschaulichen. Abbildung 13.5 zeigt Strukturnamen, Struktursymbole, Koordinationszahlen, Strukturmodelle und Beispiele.

Die dichtesten Kugelpackungen weisen die *Koordinationszahl 12* auf: Ausgehend vom Dreiecksmuster der Kugeln in der Ebene wird eine Kugel einer Kugelschicht von sechs Kugeln berührt (vgl. Abb. 13.6). In der Kugelschicht darüber und darunter berühren jeweils weitere drei Kugeln diese Kugel, insgesamt also 12 Kugeln im Raum (vgl. Abb. 13.6). Es gibt allerdings zwei Möglichkeiten, drei Kugeln auf die Schicht von sieben Kugeln zu packen: Es werden entweder die Plätze 1, 3 und 5 oder die Plätze 2, 4 oder 6 besetzt. Systematisch aufeinandergepackt resultieren zwei verschiedene Kugelpackungen: Sie können mit der Schichtenfolge ABAB... und ABCABC... gekennzeichnet werden.

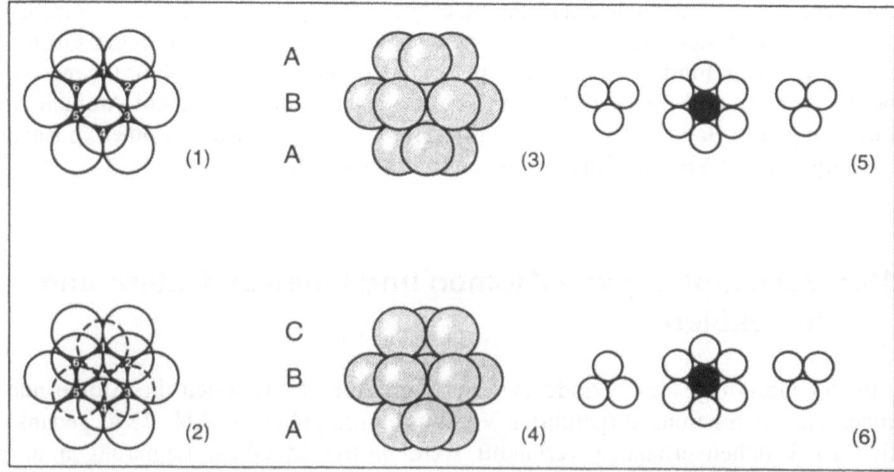

Abb. 13.6: Koordinationspolyeder beider dichtesten Kugelpackungen im Raum

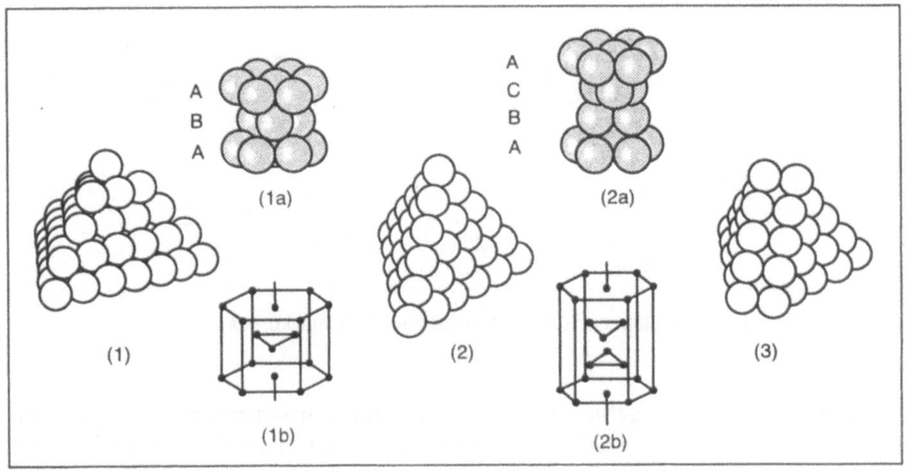

Abb. 13.7: Beide Formen dichtester Kugelpackungen, ausgehend vom Dreiecksmuster

Während Abbildung 13.6 beide Polyeder zeigt, die die Koordinationszahl 12 wiedergeben, stellt Abbildung 13.7 die systematischen Packungen dar, die vom *Dreiecksmuster* ausgehen und die Form von Dreieckspyramiden besitzen. Von den abgebildeten Elementarkörpern, die jeweils in den Packungen zu finden sind, werden neben den Kugelpackungen auch die Raumgitter gekennzeichnet (vgl. (1b) und (2b)). Zusätzlich sieht man, dass die mit ABCA gekennzeichnete Packung ein *Quadratmuster* von Kugeln erkennen lässt, wenn man eine Kugelreihe von der Kante der tetraedrischen Packung entfernt (vgl. (3)).

Packt man systematisch Kugeln ausgehend vom Quadratmuster, so erhält man eine quadratische Pyramide, in der ebenfalls die Koordinationszahl 12 wiederzufinden ist (vgl. (1) und (2) in Abb. 13.8)). Die quadratische Pyramide weist Seitenflächen mit Dreiecksmuster auf, die wiederum in der Schichtenfolge ABCA gepackt sind (vgl. sowohl (1) als auch (3): Die ABCA-Kugelpackung lässt sich also ausgehend vom Dreiecksmuster oder vom Quadratmuster bauen, beide Formen besitzen eine identische Struktur.

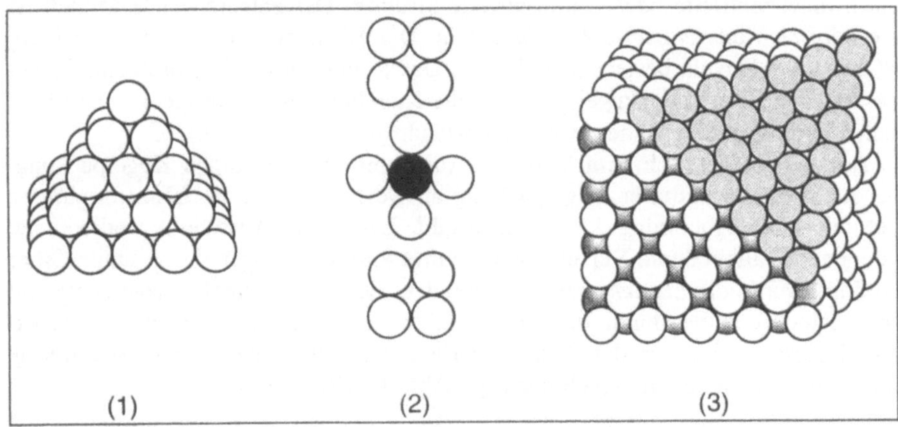

Abb. 13.8: Die dichteste Kugelpackung ausgehend vom Quadratmuster

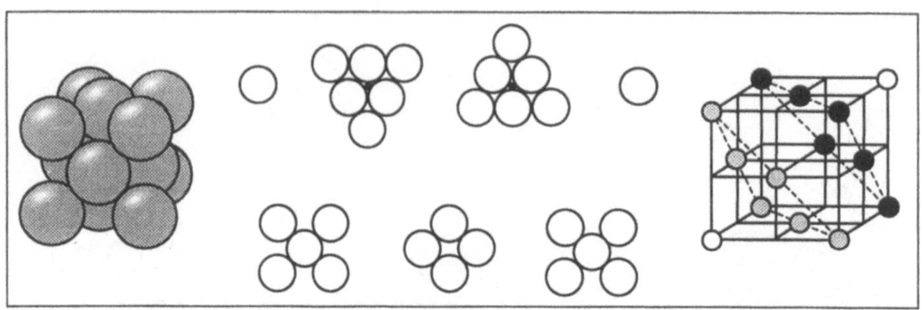

Abb. 13.9: Der kubisch flächenzentrierte Würfel als Elementarkörper

In der dichtesten Kugelpackung, die vom Quadratmuster ausgeht (vgl. Abb. 13.8), erkennt man eine würfelförmige Kugelpackung, die neben Kugeln an den Würfelecken auch jeweils eine Kugel auf den Flächenmitten besitzt. Dieser Elementarwürfel heißt deshalb flächenzentrierter Würfel und gibt der entsprechenden Kugelpackung den Namen *kubisch flächenzentrierte* oder *kubisch dichteste Kugelpackung*. Man kann den Elementarwürfel auf zwei Weisen beschreiben: entweder ausgehend vom Quadratmuster mit 5 + 4 + 5 = 14 Kugeln oder ausgehend vom Dreiecksmuster mit 1 + 6 + 6 + 1 = 14 Kugeln (vgl. Abb. 13.9). Es ist nur schwieriger, sich den Würfel in der ABCA-Packung (vgl. (2) in Abb. 13.7) eingebaut vorzustellen: Er steht auf einer Spitze mit der Raumdiagonalen senkrecht zur Ebene. Man mache sich das anschaulich, indem man den Elementarwürfel zusammenklebt und in die Kugelpackungen einbaut.

Es gibt zwei dichteste Kugelpackungen (vgl. Abb. 13.7): die soeben dargestellte kubisch dichteste Kugelpackung und die *hexagonal dichteste Kugelpackung*. Sie hat ihren Namen durch den Ausschnitt aus 7 + 3 + 7 = 17 Kugeln, der von einem Hexagon als Grund- und Deckfläche ausgeht (vgl. (1a) in Abb. 13.7). Die hexagonale Packung lässt sich mit keinem anderen Elementarkörper höherer Symmetrie beschreiben.

Es gibt eine dritte Metallstruktur, die die Koordinationszahl 8 realisiert und deshalb *keiner* dichtesten Kugelpackung entspricht: Es handelt sich um die kubisch innenzentrierte oder raumzentrierte Struktur. Das entsprechende Modell ist die *kubisch raumzentrierte Kugelpackung*. Der Elementarkörper dieser Packung ist ein aus 9 Kugeln bestehender Würfel: Das Raumzentrum ist durch eine Kugel besetzt, die die acht Eckkugeln berührt, die Kugeln auf den Würfelecken berühren sich allerdings nicht, sondern weisen Abstände auf (vgl. Abb. 13.10).

Auf der Suche nach dem kleinsten Ausschnitt der jeweiligen Kugelpackung, der die Symmetrie dieser Kugelpackung ausweist, hat man die *Elementarkörper* gefunden, die Abbildung 13.10 wiedergibt. Um einen Ausschnitt studieren zu können, der allein durch Verschiebung in drei Raumrichtungen das gesamte Gitter aufbaut, wurde die *Elementarzelle* verabredet: Sie entsteht durch waagerechte und senkrechte Schnitte durch die Mittelpunkte von Kugeln im Elementarkörper. Durch Zusammenzählen der Teile einer Elementarzelle erhält man die spezifische Zahl von Kugeln, die ihr angehören (vgl. Abb. 13.10).

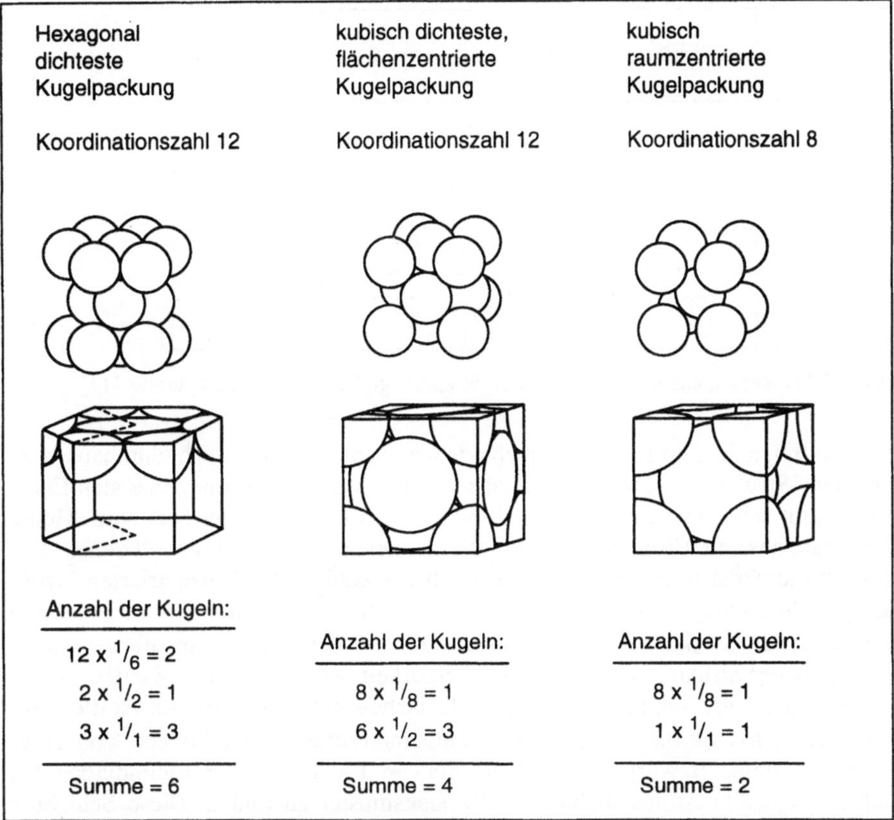

Abb. 13.10: Elementarkörper und Elementarzellen der drei Metallstrukturen

An den würfelförmigen Elementarzellen ist nachzuempfinden, dass durch Aneinanderfügen vieler Elementarzellen in alle drei Raumrichtungen die Gesamtstruktur entsteht. Es soll ebenfalls festgehalten werden, dass es weitere mögliche Elementarzellen für die Strukturen gibt – ähnlich wie bei Mustertapeten mehrere Möglichkeiten existieren, einen Ausschnitt zu finden, der durch Verschieben in zwei Richtungen der Fläche das gesamte Tapetenmuster aufbaut. Die würfelförmigen Elementarzellen erfüllen allerdings neben der Bedingung, das Gesamtgitter durch Translation aufzubauen, noch zusätzlich die Forderung, von allen möglichen Zellen die größte Symmetrie aufzuweisen.

Zur Elementarzelle der hexagonal dichtesten Packung ist eine Bemerkung zu machen. Die in Abbildung 13.10 dargestellte Zelle lässt sich nicht in alle Raumrichtungen verschieben, um lückenlos das Gitter aufzubauen. Dazu muss man gedanklich nur ein Drittel der abgebildeten Zelle verwenden (siehe gestrichelte Linien in Abb. 13.10): Dieses Drittel ist die wahre Elementarzelle, die zwei Vollkugeln enthält, wenn man alle Teile addiert.

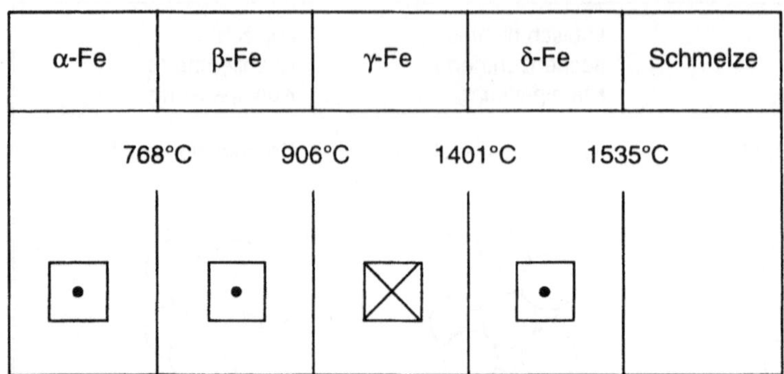

Abb. 13.11: Verschiedene Eisenstrukturen in Abhängigkeit von der Temperatur [11]

Metallkristalle können bei verschiedenen Temperaturen auch durchaus verschiedene Strukturen aufweisen. So ist seit Jahrtausenden bekannt, dass sich Eisen bei Rotglut sehr gut verformen lässt und bei Abkühlung wieder hart wird. Heute weiß man, dass die Eisenkristalle bei 906°C einen *Strukturwechsel* vollziehen: Die kubisch raumzentrierte Struktur ändert sich zur kubisch flächenzentrierten Struktur [11]. Abbildung 13.11 zeigt die verschiedenen *Modifikationen des Eisens* und entsprechende Strukturen: Das β-Eisen unterscheidet sich nur insofern vom α-Eisen gleicher Struktur, als die Magnetisierbarkeit bei 768°C verschwindet.

Durch die hohe Symmetrie der kubisch flächenzentrierten Struktur ist die *Duktilität* des γ-Eisens im angegebenen Temperaturbereich zu erklären: Von jeder Ecke des Elementarwürfels ausgehend sind in Richtung jeder Raumdiagonalen dichtest gepackte Atomschichten im Dreiecksmuster zu finden. Diese Schichten können bei Einwirkung von Kräften auf die Kristallite insgesamt in vier Richtungen leicht verschoben werden, während etwa die hexagonale Packung nur eine solche Verschiebungsrichtung aufweist. Aus diesem Grunde sind die Metalle hexagonaler Struktur wie Magnesium und Zink nicht sehr duktil, während sich Metalle kubisch flächenzentrierter Struktur – wie Gold, Silber, Kupfer oder γ-Eisen – zu feinen Drähten oder äußerst dünnen Blechen auswalzen lassen (Blattgold).

Der *Form-Gedächtnis-Effekt* bei Memorymetallen, etwa bei „Nitinol" (NiTi), einer Legierung aus Nickel und Titan, beruht ebenfalls auf einem diffusionslosen und deshalb blitzartigen Strukturwechsel bei bestimmten Temperaturen. Allerdings ist zur Erklärung des Memoryeffekts auch die Bildung und Auflösung von Zwillingskristallen mit heranzuziehen [8, 12].

Es ist möglich (allerdings nicht üblich), mit *Struktursymbolen* über die verschiedenen Strukturen von Metallkristallen zu informieren:

3 [12 h] 3 [8c] Mg Fe ∞ ∞	Diese Symbole sagen aus, dass eine 3-dimensional unendliche Packung von Metall-Teilchen vorliegt, einmal **h**exagonal mit der Koordinationszahl **12**, dann **c**ubisch mit der Koordinationszahl **8**: **Parthé**-Symbole
{Mg 12/12}G {Fe 8/8}G	In diesen Fällen wird lediglich in geschweiften Klammern über die Koordinationszahlen informiert und darüber, dass ein dreidimensionales **G**itter vorliegt: **Niggli**-Symbole

13.5.2 Reaktionen der Metalle – Umgruppierung von Metall-Atomen

Natrium und Quecksilber reagieren heftig, wenn man (unter Beachtung der Sicherheitsbestimmungen) in einem Tropfen Quecksilber ein Stückchen Natrium zerquetscht [13]. Diese Reaktion lässt sich interpretieren als Umgruppierung von Na- und Hg-Atomen zu einem neuen Metallgitter, in dem beide Teilchensorten statistisch verteilt vorliegen (vgl. Abb. 13.12).

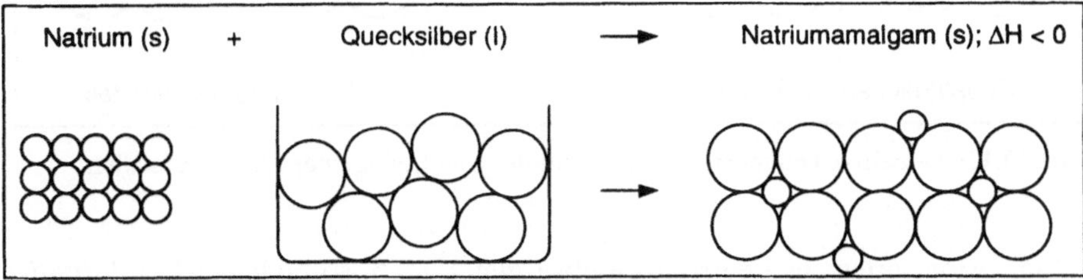

Abb. 13.12: Modellvorstellung für die Umgruppierung von Metall-Atomen [13]

Legierungen mit Quecksilber als Bestandteil werden *Amalgame* genannt. Silber-Zinn-Amalgame kennt der Zahnarzt und füllt das frisch angesetzte, plastische Gemenge in ausgebohrte Zähne: Dort erstarrt es und bildet Kristalle, die die Hg-Atome fest einschließen. Das Goldamalgam spielt für Goldsucher eine große Rolle bei der Trennung feinen Goldstaubs von Sand: Man gibt der Sandaufschwemmung reichlich Quecksilber zu und schwenkt in der Goldsucherpfanne: Gold löst sich in Quecksilber. Später wird das Quecksilber verdampft, Gold bleibt zurück.

Legierungen kommen als Verbindungen aus mindestens zwei Metallen angesehen werden. Man mischt zur Herstellung der Legierungen die Schmelzen der reinen Metalle und lässt durch Abkühlen kristallisieren. Einige wichtige Legierungen, Bestandteile und Dichten sind in Tabelle 13.1 aufgeführt.

Tabelle 13.1: Bekannte Legierungen, Bestandteile und Dichten

Legierungen	Bestandteile (Gew.%)	Dichte
Stahl	Fe, C (bis 1,7 %)	7,8 g/cm^3
Chrom-Nickel-Stahl	55 Fe, 25 Cr, 20 Ni, 0,5 Si	7,9
Nirostastahl	71 Fe, 20 Cr,8 Ni,0,2 Si/Co/Mn	7,3 ...7,4
Messing, weiß	50 Cu, 50 Zn	8,2
Messing, gelb	70 Cu, 30 Zn	8,4
Messing, rot	90 Cu, 10 Zn	8,8
Glockenbronze	80 Cu, 20 Sn	8,7
Duraluminium	92 Al, 5 Cu, 2 Mg, 1 Mn	2,8
Elektronlegierung	95,7 Mg, 4 Al, 0,3 Mn	1,8
Konstantan (Münzmetall)	60 Cu, 40 Ni	8,9
Neusilber	64 Cu, 30 Zn, 6 Ni	8,3
Platin-Iridium	5 Pt, 95 Ir	22,4

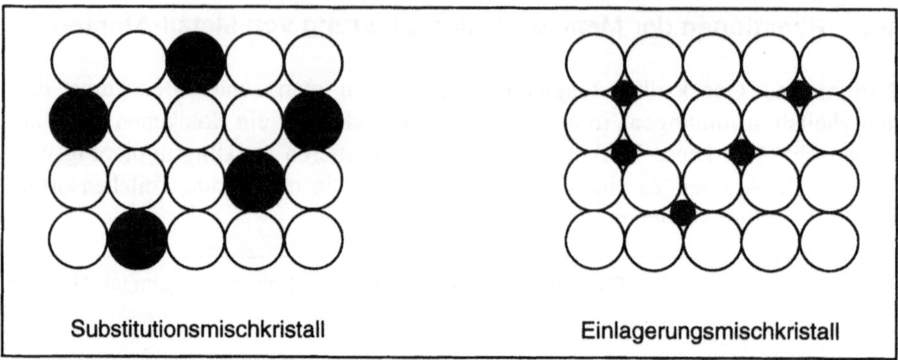

Abb. 13.13: Modellvorstellungen von Substitutions- und Einlagerungs-Mischkristallen

Sind Atomsorten für Legierungen etwa gleich groß, so bilden sich *Substitutionsmischkristalle*, sind sie verschieden groß, so lagern sich die kleinen Atome in die Packung großer Atome ein: *Einlagerungsmischkristalle* (vgl. Abb. 13.13). Bei den Substitutionsmischkristallen kommt es zudem auf die Struktur der Metalle an. Liegen gleiche Strukturen und etwa gleiche Atomradien vor, so bilden die Metalle eine lückenlose Reihe von Mischkristallen: Gold und Kupfer, beides Metalle kubisch flächenzentrierter Struktur, lassen sich in jedem Mischungsverhältnis legieren. Bei den Mischungsverhältnissen von Cu-Atomen: Au-Atomen von 1 : 1 oder 3 : 1 werden die Atome nicht statistisch verteilt im Kristall angeordnet, sondern völlig regelmäßig [14]: Es entstehen *Überstrukturen* (vgl. Abb. 13.14).

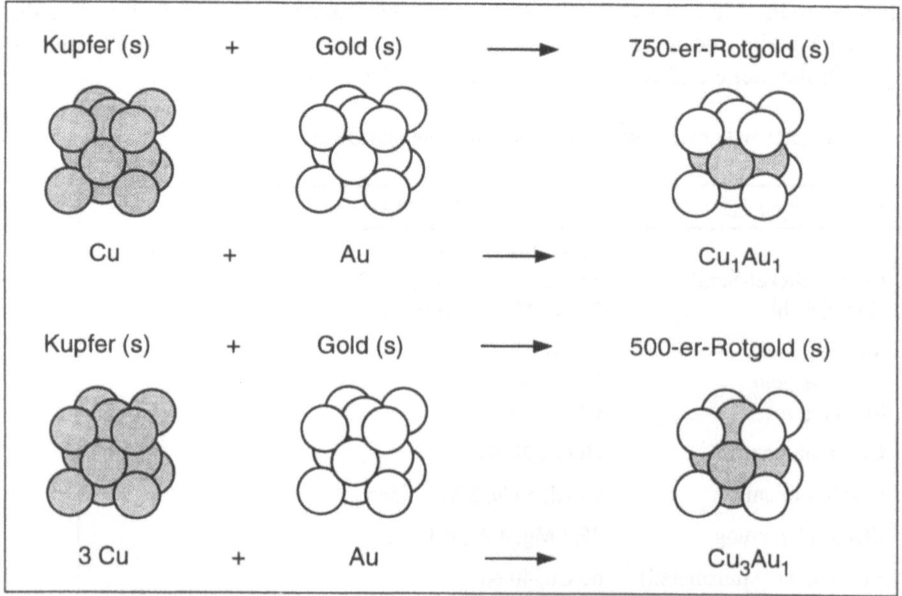

Abb. 13.14: CuAu- und Cu_3Au-Überstrukturen von Rotgold-Legierungen [14]

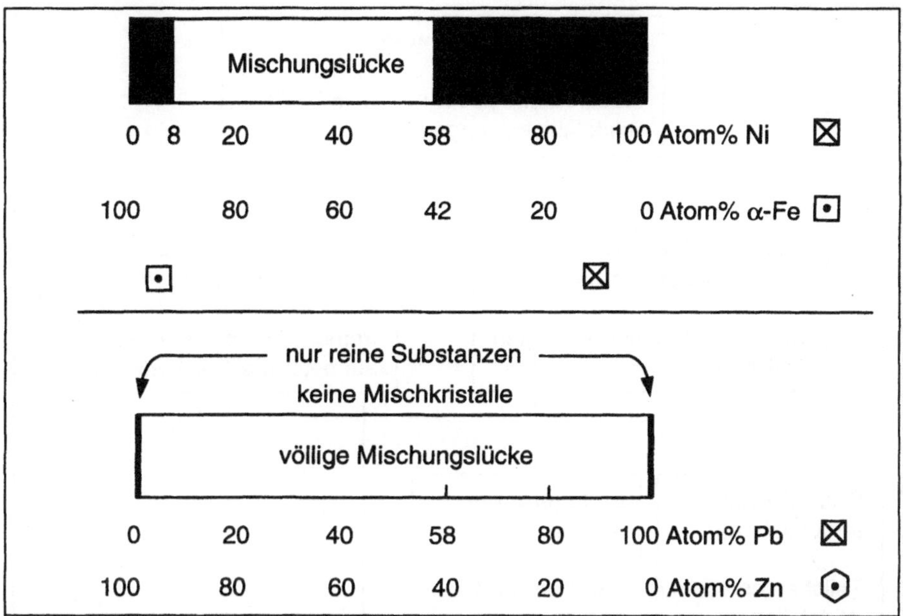

Abb. 13.15: Beispiele für Konzentrationsbänder und Mischungslücken bei der Legierungsbildung (Raumtemperatur, Normdruck)

Legiert man Metalle verschiedener Gitterstruktur, so treten neben Substitutionsmischkristallen beider Strukturen *Mischungslücken* auf: Konzentrationsbänder für die Beispiele Nickel-Eisen und Blei-Zink erläutern das (vgl. Abb. 13.15). Im Beispiel Blei-Zink tritt eine 100 %-ige Mischungslücke auf: Aus einer Schmelze kristallisieren nur die reinen Metalle aus, ein heterogenes Kristallgemisch entsteht. Ein letztes Beispiel soll zeigen, dass neben einer Mischungslücke auch noch eine *intermetallische Verbindung* auftreten kann: Zementit, Fe_3C (vgl. Abb. 13.16).

Die Vielzahl der *Legierungen* und die entsprechenden Möglichkeiten der Mischkristallbildung, das Entstehen von Substitutionsmischkristallen, von Einlagerungsmischkristallen oder Überstrukturen, die Bildung von intermetallischen Phasen und intermetallischen Verbindungen erläutert eine abschließende Übersicht (vgl. Abb. 13.17).

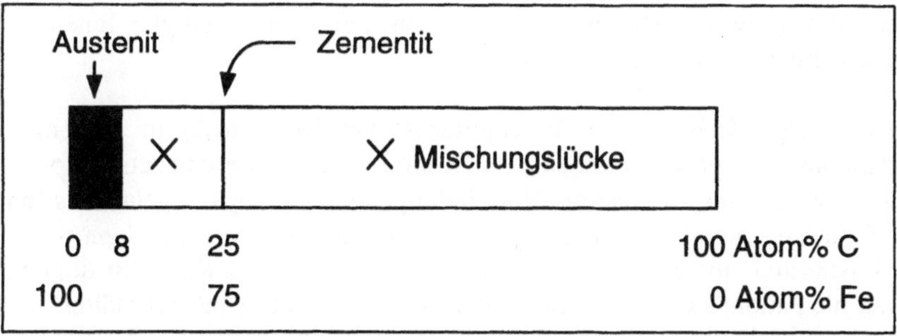

Abb. 13.16: Austenit und Zementit im Konzentrationsband von Eisen und Kohlenstoff (Temperatur 730°C, Normdruck)

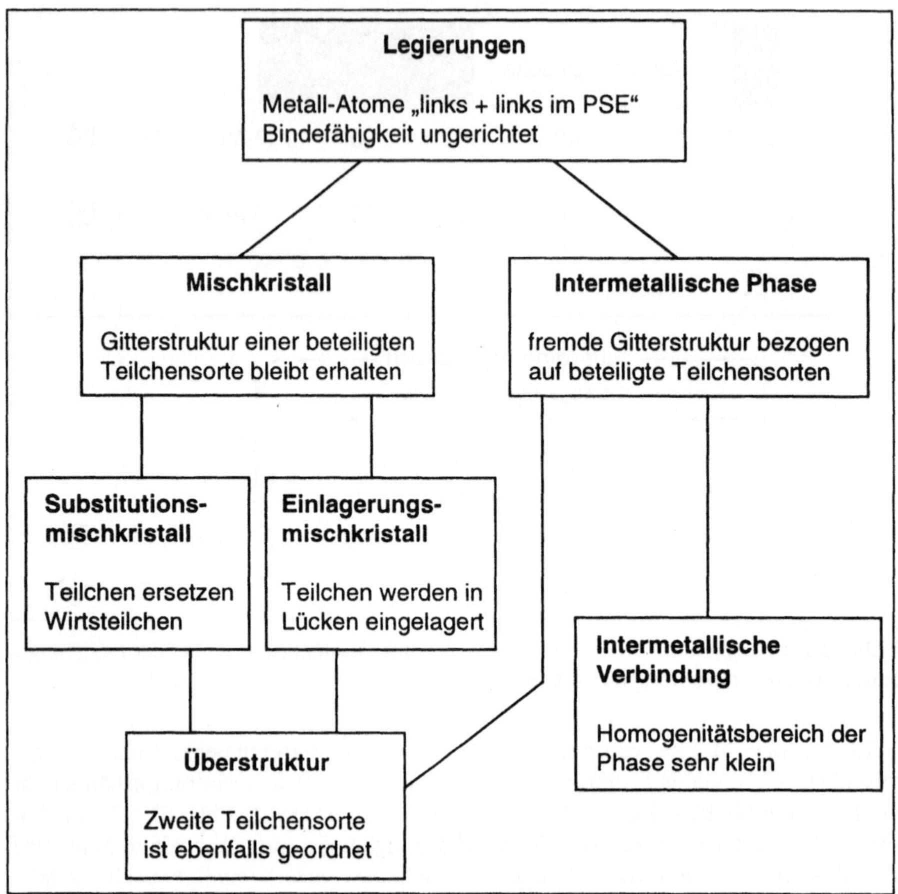

Abb. 13.17: Möglichkeiten der Legierungsbildung bei Metallen

13.5.3 Verknüpfung von Ionen („links und rechts im PSE")

Die ungerichteten Bindekräfte der Ionen führen bei ihrer Verknüpfung zu *Ionengittern.* In welcher Struktur sich die Ionen zusammensetzen lassen, hängt im Wesentlichen von zwei Faktoren ab: 1. von den Ladungen beteiligter Ionen, 2. vom Größenverhältnis beteiligter Ionen.

Verhältnis der Ionenladungen. Ein Ionengitter ist dann kräftemäßig im Gleichgewicht, wenn um jedes positiv geladene Ion (Kation) genauso viele negative Normladungen gruppiert sind wie positive Normladungen um ein negativ geladenes Ion (Anion). Sind die Ladungen von Kationen und Anionen gleich groß, dann resultiert ein Ionengitter mit dem Zahlenverhältnis 1 : 1. Sind die Kationen doppelt positiv und die Anionen einfach negativ geladen, so muss ein Zahlenverhältnis der Ionen wie 1 : 2 vorliegen (vgl. Abb. 13.18). Sind drei Ionensorten am Aufbau des Ionengitters beteiligt, so liegen die Zahlenverhältnisse der Ionen entsprechend so vor, dass der Ionenverband elektrisch ausgeglichen ist (vgl. Tabelle 13.2).

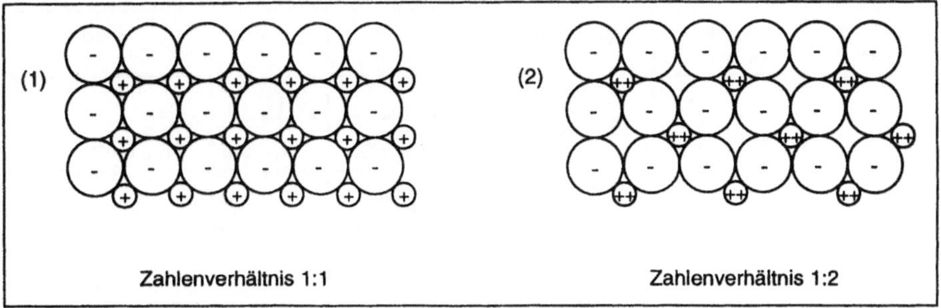

Abb. 13.18: Modellvorstellungen für elektrisch ausgeglichene Ionenverbände

Größenverhältnis der Ionen. Ionengitter lassen sich im Allgemeinen durch dichte Kugelpackungen der großen, negativ geladenen Ionen (Anionen) beschreiben, deren Lücken durch kleine, positiv geladene Ionen (Kationen) besetzt sind. Je nach Größenunterschied werden verschiedene Lückensorten besetzt – dieser Zusammenhang wird auch *Radienverhältnisregel* genannt.

Ist das Kation relativ groß, so bilden die Anionen eine einfach kubische Packung, in der die *Hexaederlücken* besetzt werden können, ein Beispiel ist das Cäsiumchlorid (vgl. Abb. 13.19).

Ist das Kation nur etwa halb so groß wie das Anion, so werden die *Oktaederlücken* gefüllt, die in beiden dichtesten Kugelpackungen aufzufinden sind: Beispiel Natriumchlorid für die kubisch dichteste Packung. Bei noch kleinerem Radienverhältnis ist die *Tetraederlücke* zur Besetzung am geeignetsten: Substanzen wie Zinksulfid oder Lithiumoxid realisieren das (vgl. Abb. 13.19).

So wie die Radienverhältnisse kleiner werden, sinken zwangsläufig auch die Werte der Koordinationszahlen für das eingelagerte Kation ab: von 12 über 8 nach 6 und 4 (vgl. Abb. 13.19).

Tabelle 13.2: Beispiele für Zahlenverhältnisse von Ionen in Ionengittern

Normladungen von Kationen	Anionen	Zahlenverhältnis von Kationen : Anionen	Beispiele für Ionengitter
1+	1–	1 : 1	NaCl, CsCl, $NaNO_3$, NaH_2PO_4
2+	2–	1 : 1	CaO, ZnS, FeS, $BaSO_4$
2+	1–	1 : 2	CaF_2, $MgCl_2$, $Fe(OH)_2$
4+	2–	1 : 2	TiO_2, PbO_2
1+	2–	2 : 1	Li_2O, Na_2S, Na_2SO_4
3+	2–	2 : 3	Al_2O_3, Fe_2O_3, $Fe_2(SO_4)_3$
1+, 2+	1–	1 : 1 : 3	$KMgCl_3$
2+, 2+	2–	1 : 1 : 2	$CuFeS_2$
2+, 3+	2–	1 : 2 : 4	$MgAl_2O_4$
2+, 4+	2–	1 : 1 : 3	$CaTiO_3$

Koordinationszahl	Radienverhältnis	Kugelpackung	Koordinationspolyeder	Struktur	Beispiele
12	$r_1 : r_2 = 1$ (Kubooktaederlücke)			kubisch flächenzentriert (kubisch dicht)	Cu, Edelmetalle, Ca, Sr, Al, Pb
8	$r_1 : r_2 \geq 0{,}732$ (Hexaederlücke)			kubisch raumzentriert CsCl-Struktur	CsCl, CsBr, CsI, NH_4Cl, NH_4Br
6	$r_1 : r_2 \geq 0{,}414$ (Oktaederlücke)			NaCl-Struktur	NaCl, MgO, CaO, Li-, Na-, K-, Rb-Halogenide, CsF, Alkalihydride
4	$r_1 : r_2 \geq 0{,}225$ (Tetraederlücke)			ZnS-Struktur Li_2O-Struktur	ZnS, CuCl, AgI, Li_2O, CaF_2, Sr-, Ba-, Pb-, Cd-Fluoride, Na-, K-, Rb-Oxid

Abb.13.19: Radienverhältnis und Koordinationszahl in kubischen Strukturen, Beispiele

In einem Ionengitter können die Lücken alle besetzt sein. So lässt sich das Natriumchlorid-Gitter beschreiben als kubisch dichteste Packung von Cl^--Ionen, deren Oktaederlücken vollständig durch Na^+-Ionen besetzt sind. Die Ladungszahlen anderer Ionen erzwingen allerdings auch, dass nur ein Teil der Lücken besetzt ist. So bilden im Cadmiumchlorid-Gitter die Cl^--Ionen ebenfalls eine kubisch dichteste Packung, allerdings ist nur die Hälfte der Oktaederlücken durch Cd^{2+}-Ionen gefüllt. Da Tetraederlücken in doppelter Anzahl wie Packungskugeln vorliegen, sind im Fall des Lithiumoxid (Li_2O) alle Tetraederlücken besetzt, im Zinksulfid ZnS nur die Hälfte der Tetraederlücken (vgl. Tabelle 13.3).

Strukturen der Ionengitter. Die genannten Strukturen der Ionengitter kennt man aus Daten der instrumentellen Analytik, insbesondere der *Röntgenstrukturanalyse.* Im einfachsten Fall erhält man ein Laue-Diagramm, indem ein Salzkristall für den ausgeblendeten Strahl einer Röntgenröhre justiert und einige Zeit durchstrahlt wird [15]: Das Muster an Beugungsstrahlen auf einer Fotoplatte spiegelt die Symmetrie der Struktur wieder. Der Fachmann kann aus Daten der Röntgenstrukturanalyse ein dreidimensionales Strukturmodell des untersuchten Kristalls herstellen. Nähere Informationen und Abbildungen sind dem Kapitel 16 zu entnehmen.

Symbole für Ionengitter. Aus der bekannten Struktur eines Ionengitters lassen sich durch die Verkürzungen am Modell auch immer Struktur- und Verhältnisssymbole der jeweiligen Substanz ableiten – am Beispiel der Kochsalz-Struktur sei dies gezeigt (vgl. Abb.13.20). Im *Parthé-Symbol* wird nicht nur die infinite (∞) und dreidimensionale Struktur (3) skizziert, sondern neben der Fremdkoordination

Tabelle 13.3: Beschreibungen von Salzstrukturen ausgehend vom Besetzungsgrad der Lücken (OL = Oktaederlücke, TL = Tetraederlücke, HL = Hexaederlücke)

Kugelpackung der Anionen	Besetzung durch Kationen	Beispiele
kubisch dicht	alle OL	NaCl, KCl, AgCl, MgO, CaO, FeO, PbS
kubisch dicht	1/2 OL	$MgCl_2$, $CaCl_2$, $ZnCl_2$, $FeCl_2$, $CdCl_2$, CaH_2
kubisch dicht	alle TL	Li_2O, Na_2O, K_2O
kubisch dicht	1/2 TL	ZnS (Zinkblende), CuCl, AgI, HgS
kubisch dicht	1/2 OL, 1/8 TL	$MgAl_2O_4$ (Spinell), Fe_3O_4
hexagonal dicht	alle OL	NiAs, FeS
hexagonal dicht	2/3 OL	Al_2O_3 (Korund), Fe_2O_3
hexagonal dicht	1/2 OL	CdI_2, PbI_2, $Mg(OH)_2$, $Ca(OH)_2$
hexagonal dicht	1/2 TL	ZnS (Wurtzit), ZnO, CdS
kubisch primitiv	alle HL	CsCl, CsBr, CsI, NH_4Cl
kubisch primitiv	1/2 HL	CaF_2, PbF_2, BaF_2
kubisch dicht durch S_2^{2-}-Hanteln	alle OL	FeS_2 (Pyrit)

eines Ions (6o: 6-fach oktaedrisch) auch die Eigenkoordination (12c : 12-fach cubisch flächenzentriert). Das *Niggli-Symbol* beschränkt sich auf die Angabe der Koordinationszahlen der umgebenden, jeweils anderen Ionenart (6/6) und der Art der infiniten Struktur (G: Gitter. B könnte Band, K Kette bedeuten.).

Eine weitere Möglichkeit der Verkürzung der Struktur ist die Angabe über die Art der Ionen in geschweiften Klammern (vgl. Abb. 13.20): Die geschweifte Klammer soll den Feststoff symbolisieren, ein G das Gitter. Schließlich resultiert durch drastische Verkürzung das informationsärmste aller Symbole: das Verhältnissymbol NaCl. Da in der Ausbildung von Schülern und Studenten meist ausschließlich mit Summensymbolen dieser Art gearbeitet wird und diese gar Abkürzungen des Stoffnamens suggerieren, können die Lernenden keinerlei Vorstellungen über die Strukturen aufbauen, es bilden sich oft falsche Vorstellungen [4].

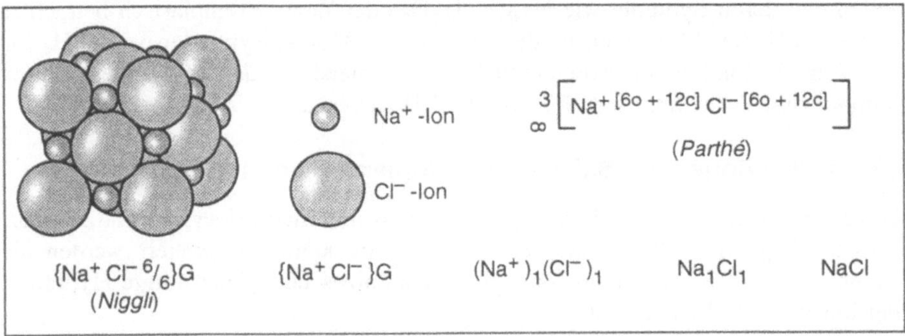

Abb. 13.20: Chemische Symbole zur NaCl-Struktur mit abnehmendem Informationsgehalt

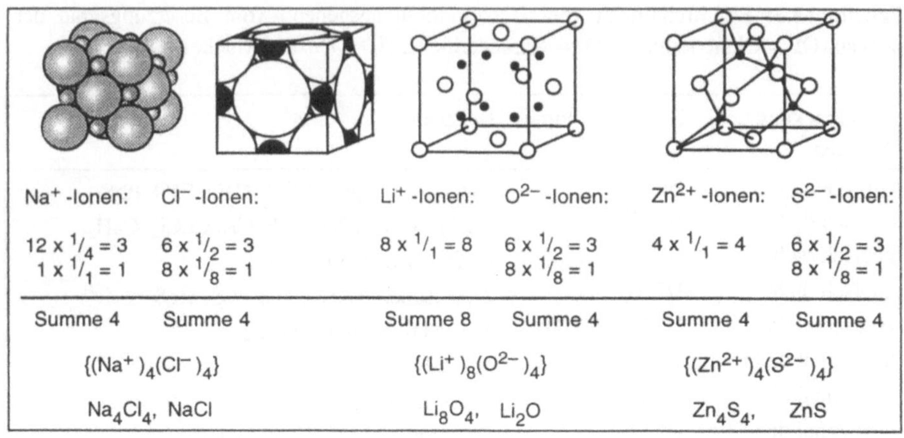

Abb. 13.21: Ableitung von chemischen Symbolen für Ionengitter aus Elementarzellen

Das *Zahlenverhältnis von Ionen* ist grundsätzlich auf drei Wegen zu ermitteln:

1. In dichtesten Kugelpackungen beträgt das Zahlenverhältnis der Kugeln : Oktaederlücken : Tetraederlücken = *1:1:2*. Der Besetzungsanteil der Oktaeder- oder Tetraederlücken bestimmt das Zahlenverhältnis der Ionen (vgl. Tabelle 13.3).
2. An einem geeigneten Ausschnitt der Kugelpackung ist das Zahlenverhältnis direkt auszuzählen – allerdings nicht an dem üblichen NaCl-*Elementarwürfel*: Er weist das Zahlenverhältnis 14 : 13 auf. Erweitert man um eine Kugelschicht zu einer quadratischen Säule, so lautet es 18 : 18. Nur der Experte ist in der Lage, diesen bestimmten Ausschnitt zutreffend auszuwählen.
3. Die *Elementarzelle* ist die kleinste Einheit einer infiniten Kristallstruktur, die durch Translation in drei Raumrichtungen das gesamte Gitter aufbaut. Sie zeigt nicht nur alle Gittersymmetrien, sondern ebenfalls das Zahlenverhältnis der Ionen. Bei kubischen Gittern ist die Elementarzelle auch immer würfelförmig. Die Beispiele NaCl und ZnS belegen, dass bei gleichem Zahlenverhältnis der Ionen verschiedene Strukturen vorliegen können (vgl. Abb. 13.21).

Legt man Wert darauf, dass chemische Symbole immer auch *kleinste Struktureinheiten* von Substanzen symbolisieren (vgl. Abb. 13.21), so sollten Elementarzellen und deren Symbole wie Na_4Cl_4, Li_8O_4 oder Zn_4S_4 exemplarisch betrachtet werden [14]. Bei Molekülen ist die Angabe von Molekülsymbolen wie C_6H_6 für das Benzol-Molekül selbstverständlich und niemand würde befürworten, dieses Symbol zum Verhältnissymbol C_1H_1 oder CH zu verkürzen!

13.5.4 Reaktionen der Salze – Umgruppierung von Ionen

Das *Lösen* eines Salzes in Wasser geht meistens mit einem Energieumsatz einher, insofern liegt eine chemische Reaktion vor. Sie kann interpretiert werden als Trennung der Ionen aus dem Ionengitter des Salzes und gleichzeitige Hydration der Ionen durch Wasser-Moleküle:

Ammoniumnitrat (s) $\xrightarrow{aq}$ Ammoniumnitrat (aq); endotherm

$\{(NH_4^+)_1(NO_3^-)_1\} \xrightarrow{aq} NH_4^+ (aq) + NO_3^- (aq);$ $\Delta H > 0$

Beim Lösen von Salzen in Wasser ist jeweils *Gitterenergie* aufzubringen, um die Ionen aus dem Gitter herauszutrennen. Gleichzeitig werden die Ionen durch eine Hülle von H_2O-Molekülen umgeben: dieser Vorgang liefert die *Hydrationsenergie*. Die geschilderte Reaktion ist endotherm – aus diesem Grund muss die aufzuwendende Gitterenergie größer sein als die Hydrationsenergie. Bei exotherm verlaufenden Lösungsvorgängen, wie etwa beim Lösen von Natriumhydroxid in Wasser, ist es umgekehrt: Die freiwerdende Hydrationsenergie ist größer als die aufzubringende Gitterenergie.

Fällungsreaktionen. Werden Lösungen zusammengegeben, die zu schwerlöslichen Salzen reagieren, fallen entsprechende Kristalle aus der Lösung aus, in Lösung verbleiben die Ionen der leicht löslichen Substanz. Diese Ausfällung wird als *Umgruppierung von Ionen* interpretiert (vgl. Abb. 13.22 und Abb. 7.8: Dort ist zusätzlich der Teil gelöster Ionen symbolisiert, der gemäß Löslichkeitsprodukt in der Lösung verbleibt). Das Ausfällen von charakteristisch aussehenden Niederschlägen weist auf die Existenz bestimmter Arten von Ionen hin: Die Fällungsreaktionen dienen somit zum Nachweis der Ionen (qualitative Analyse). Das Trocknen und Auswiegen der gewonnenen Niederschläge ermöglicht zusätzlich die Berechnung vorliegender Stoffmengen (quantitative Analyse, Gravimetrie). Einige Beispiele für Fällungsreaktionen seien aufgeführt:

$Ag^+(aq) + Cl^-(aq) \rightarrow AgCl$ (s, weiß)

$Cd^{2+}(aq) + S^{2-}(aq) \rightarrow CdS$ (s, gelb)

$Ba^{2+}(aq) + SO_4^{2-}(aq) \rightarrow BaSO_4$ (s, weiß)

$Ca^{2+}(aq) + CO_3^{2-}(aq) \rightarrow CaCO_3$ (s, weiß)

$Hg^{2+}(aq) + 2\, I^-(aq) \rightarrow HgI_2$ (s, rot)

$Cu^{2+}(aq) + S^{2-}(aq) \rightarrow CuS$ (s, schwarz)

$Fe^{2+}(aq) + 2\, OH^-(aq) \rightarrow Fe(OH)_2$ (s, grün)

$Fe^{3+}(aq) + 3\, OH^-(aq) \rightarrow Fe(OH)_3$ (s, braun)

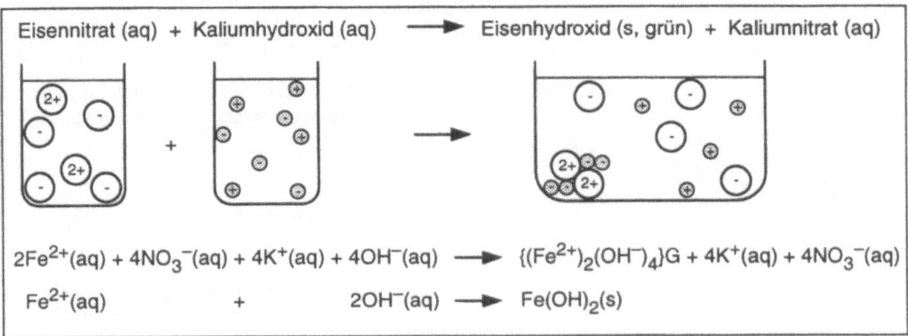

Abb. 13.22: Vorstellungen für die Umgruppierung von Ionen bei einer Fällungsreaktion

13.5.5 Verknüpfung von Nichtmetall-Atomen („rechts und rechts im PSE“)

Die Verknüpfungen von Nichtmetall-Atomen führen einerseits zu den bekannten Molekülen wie CH_4, NH_3, H_2O, oder HF, andererseits zu Atomgittern wie in Kristallen von Diamant, Graphit oder Silicium. In allen Fällen liegen gerichtete Bindekräfte zwischen den Nichtmetall-Atomen vor, das Konzept der *Bindigkeit* ordnet die Bindefähigkeiten der Atome auf Grund der Stellung im Periodensystem (vgl. Abb. 13.23): Das C-Atom bindet im CH_4-Molekül vier H-Atome, dementsprechend kann das C-Atom als vierbindig aufgefasst werden. Das N-Atom wird dreibindig gedacht, O-Atome als zweibindig, H- oder F-Atome als einbindig. Bei späteren Vorstellungen vom Aufbau des Atoms erweisen sich die Bindigkeiten jeweils als die Zahlen der bindenden Elektronenpaare oder Elektronenwolken.

Die üblichen *Molekülbaukästen* geben diese Bindigkeiten jeweils wieder: Modelle für das C-Atom weisen vier Druckknöpfe auf, die in einem Winkel von 109° in Richtung der Tetraederecken weisen, Modelle für ein N-Atom weisen drei Verknüpfungsstellen auf, für ein O-Atom zwei, etc. Da diese Baukästen bekannt sind, werden sie hier nicht weiter erläutert.

Es bleibt die Frage, wie der Fachmann den Aufbau der Moleküle und damit *Bindungslängen* und *Bindungswinkel* ermittelt hat. Zum einen ist die Röntgenstrukturanalyse möglich (vgl. Kap. 16), zum anderen sind es die spektroskopischen Methoden. Sie nutzen die energetischen Wechselwirkungen aus, die zwischen elektromagnetischer Strahlung und den Molekülen einer Stoffportion stattfinden können.

Beispielsweise arbeitet die *Infrarot-Spektroskopie* mit relativ langwelliger Infrarotstrahlung (vgl. Abb. 13.24): Der Probenstrahl regt die Moleküle in einer Lösung zu Schwingungen verschiedener Art an. Bei Valenzschwingungen ändern sich die Bindungslängen, bei Deformationsschwingungen die Bindungswinkel in den Molekülen. Dabei werden ganz spezifische Anteile der Strahlung absorbiert.

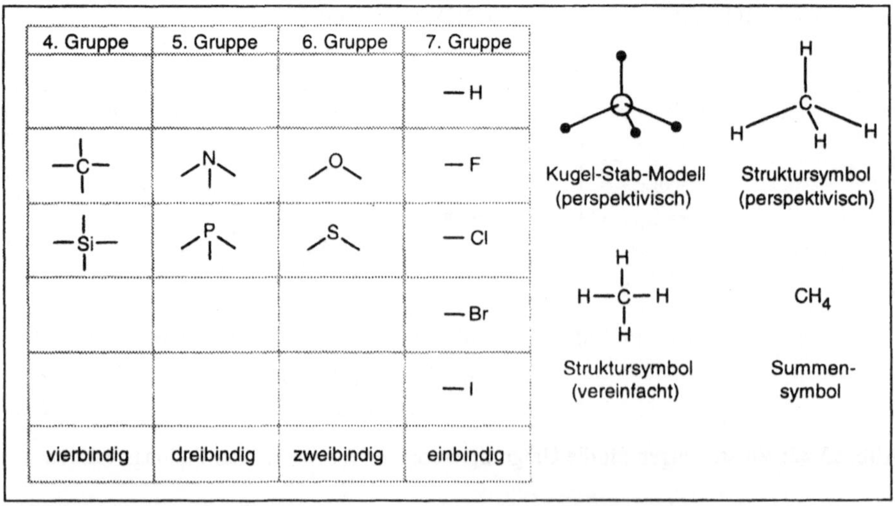

4. Gruppe	5. Gruppe	6. Gruppe	7. Gruppe
			—H
—C—	N	O	—F
—Si—	P	S	—Cl
			—Br
			—I
vierbindig	dreibindig	zweibindig	einbindig

Abb. 13.23: Modellvorstellungen von Bindigkeiten der Nichtmetall-Atome in Molekülen

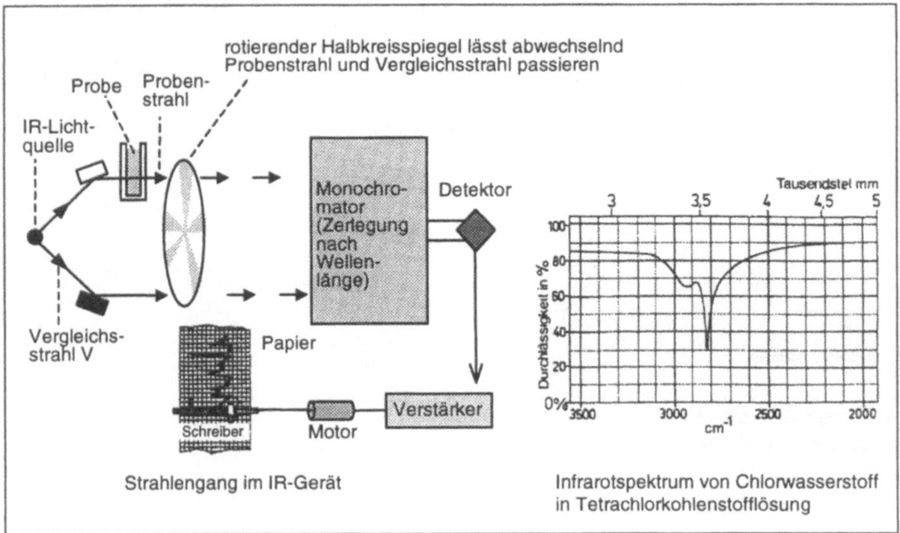

Abb.13.24: Prinzip der Infrarot-Spektroskopie

Durch Verrechnung mit den Signalen des unveränderten Vergleichsstrahls lassen sich die absorbierten Anteile der Strahlung anzeigen und es entstehen Peaks an ganz spezifischen Stellen des *IR-Spektrogramms.* So weisen beispielsweise die HCl-Moleküle in einer Tetrachlorkohlenstoff-Lösung einen Peak bei der Wellenzahl 2800 cm^{-1} (2800 Schwingungen pro cm) auf: Die entsprechende Frequenz (Schwingungen pro Sekunde) der IR-Strahlung wurde beim Durchgang durch die Probe absorbiert. Ähnlich wie in diesem Fall absorbieren bestimmte Atomgruppierungen weitgehend unabhängig von benachbarten Atomen immer IR-Strahlung im gleichen Wellenlängenbereich, die funktionellen Gruppen zeigen charakteristische *Absorptionsbanden.* Aus den Erfahrungen mit Untersuchungen verschiedenster bekannter Stoffe kann man bei einem neu zu untersuchenden Stoff dessen Molekülstruktur aus den Absorptionsbanden des IR-Spektrogramms ableiten und aus diesen und anderen Informationen ein Molekülmodell bauen. Computerprogramme sind heute in der Lage, solche Molekülstrukturen dreidimensional auszudrucken und Vorlagen für den Modellbau zu liefern.

Chemische Symbole für Moleküle und Gitter. Die Verknüpfung von Nichtmetall-Atomen kann zu Molekülen führen, die linear oder gewinkelt vorkommen, die Ringe, Tetraeder, Oktaeder oder beliebig andere Konstruktionen bilden. Verknüpfungen der Nichtmetall-Atome können aber auch unendliche Strukturen wie Wabenflächen und Gitter hervorbringen (vgl. Abb. 13.25).

Molekül- und Gitterstrukturen lassen sich sowohl mit *Struktursymbolen* als auch mit *Summensymbolen* beschreiben [9]. Wegen der oftmals komplizierten Strukturzeichnungen weicht man üblicherweise auf die Summensymbole aus, wenn es nur eine Möglichkeit der Struktur gibt. Sobald *isomere Strukturen* existieren, ist die Angabe der Struktursymbole unumgänglich.

Molekül	Struktursymbol	Summensymbol
Wasserstoff-Hantel	H–H	H_2
Chlor-Hantel	Cl–Cl	Cl_2
Sauerstoff-Hantel	O=O	O_2
Stickstoff-Hantel	N≡N	N_2
Schwefel-Achtring	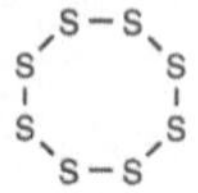 S–S–S–S–S–S–S–S (Ring)	S_8
Selen-Kette	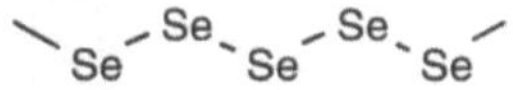 Se–Se–Se–Se–Se	Se_n
Phosphor-Tetraeder (im weißen Phosphor)	 P-Tetraeder	P_4
Phosphor-Wabenfläche (im roten Phosphor)	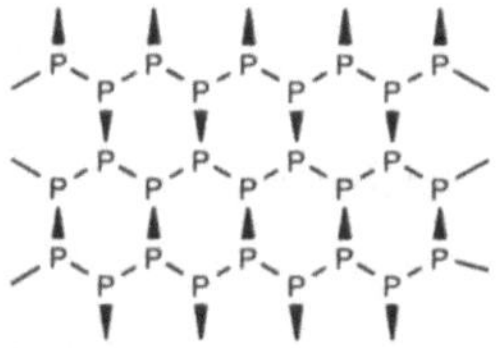 P-Wabenfläche	$(P)_n$
Arsen-Wabenfläche	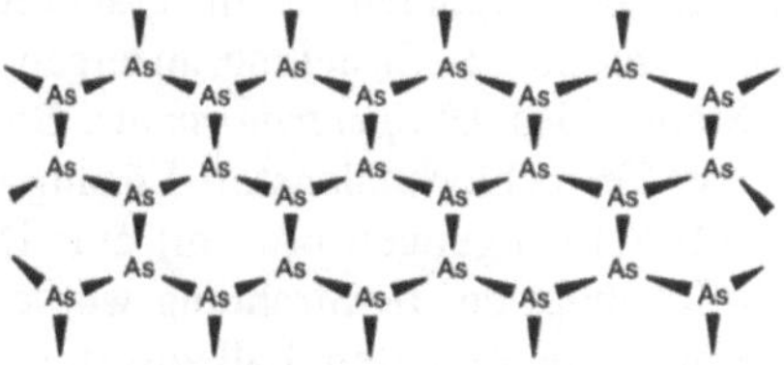 As-Wabenfläche	$(As)_n$
Graphit-Gitter (eine Schicht)	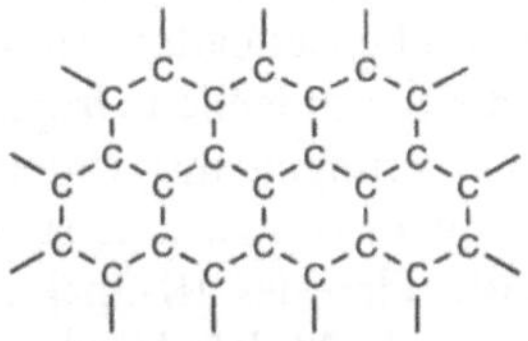 C-Schicht	$(C)_n$ Graphit
Diamant-Gitter	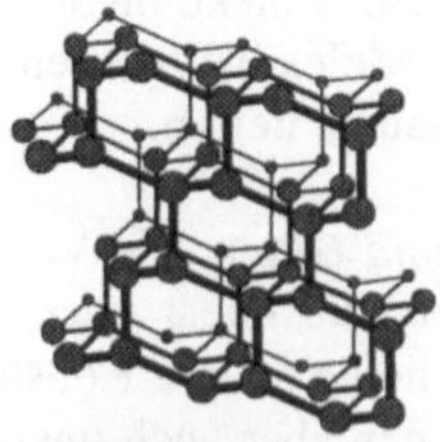	$(C)_n$ Diamant
C_{60}-Fulleren-Molekül (ohne Doppelbindungen)	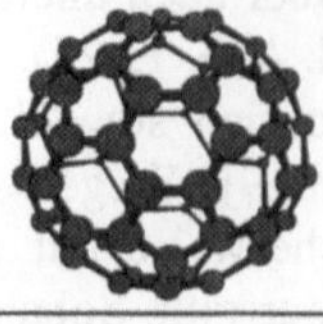	C_{60}

Abb. 13.25: Chemische Symbole für Moleküle und Gitter, die aus genau einer Art von Nichtmetall-Atomen aufgebaut sind [9].

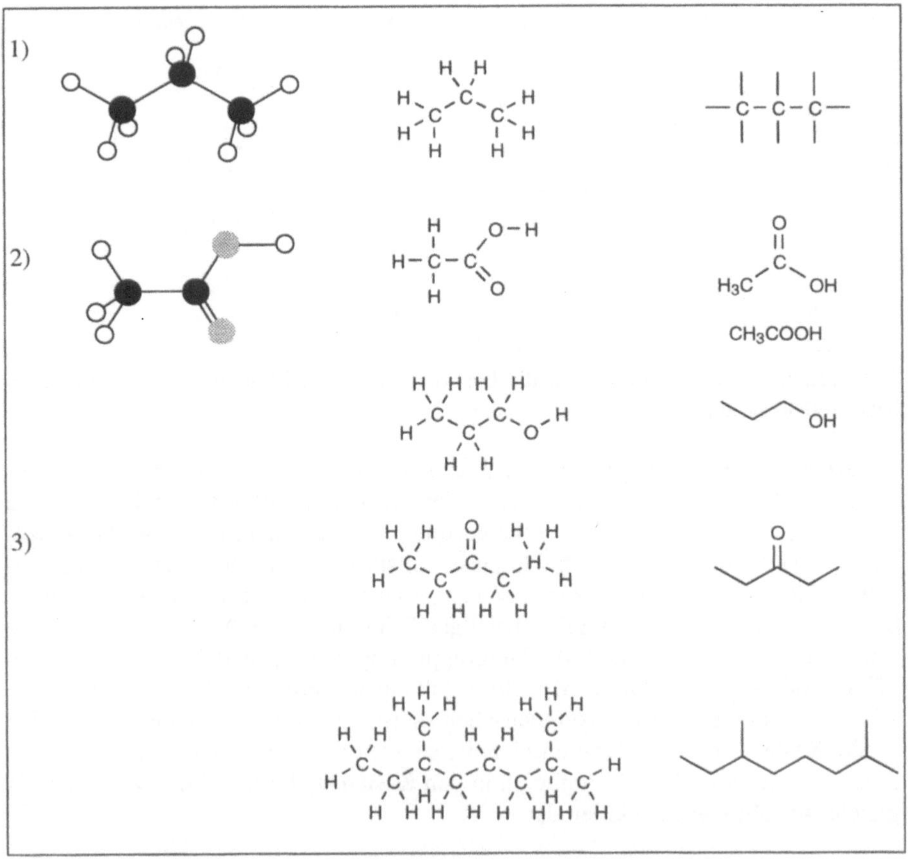

Abb. 13.26: Molekülmodelle, Struktur- und Halbstruktursymbole an einigen Beispielen

Es wird mit dem Molekülsymbol immer die Zusammensetzung des gesamten Moleküls angegeben und der Aufbau aus den beteiligten Atomen gekennzeichnet, etwa mit C_6H_6 das Benzol-Molekül. Eine Verkürzung dieses Symbols auf das Verhältnissymbol C_1H_1 oder CH findet nicht statt. In den allermeisten Fällen hilft man sich mit *Halbstruktursymbolen* und gibt beispielsweise den Aufbau des Ethanol-Moleküls mit Symbolen wie C_2H_5OH oder CH_3CH_2OH an, den Aufbau des Essigsäure-Moleküls mit CH_3COOH (vgl. Abb. 13.26).

13.5.6 Reaktionen der Nichtmetalle – Umgruppierung von Molekülen

Reagiert weißer Phosphor mit Sauerstoff, so bildet sich Phosphoroxid. Alle drei Substanzen sind aus Molekülen aufgebaut, die festen Stoffe Phosphor und Phosphoroxid weisen ein Molekülgitter auf. Das Reaktionssymbol für die *Umgruppierung der Moleküle* leitet sich aus den *Molekülstrukturen* ab (vgl. Abb. 13.27).

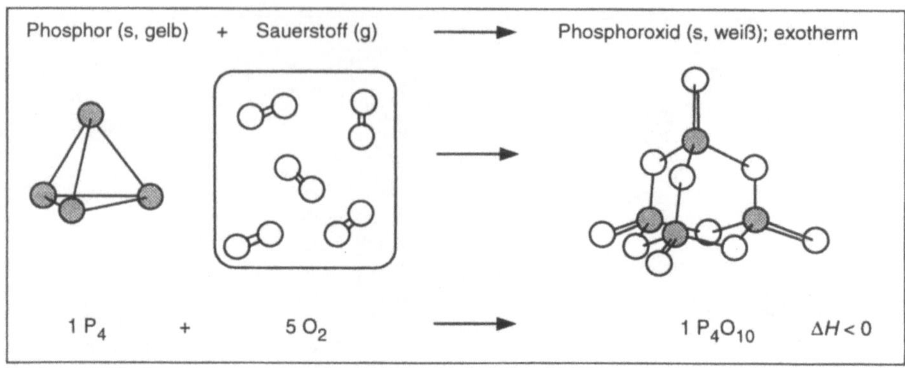

Abb. 13.27: Modellvorstellung für die Umgruppierung der Moleküle bei der Phosphor-Sauerstoff-Reaktion

Reagiert Wasserstoff mit reinem Sauerstoff, so bildet sich Wasserdampf, der unter 100°C zu Wasser kondensiert. Werden Wasserstoff-Sauerstoff-Gemische (Knallgas) in einem Eudiometerrohr gezündet, so stellt man fest, dass bei einem Volumenverhältnis von 2 : 1 beide Gase vollständig miteinander zu Wasser reagieren. Führt man diesen Versuch bei Temperaturen oberhalb von 100°C durch, so bilden sich aus 3 Volumenteilen Knallgas 2 Volumenteile Wasserdampf. Diese Phänomene lassen sich durch die Umgruppierung von H_2- und O_2- zu H_2O-Molekülen erklären und durch Modellvorstellungen veranschaulichen (vgl. Abb. 13.28). Grundlage dieses Volumenschemas ist der *Satz von Avogadro*: Gleich große Kästen im Modell veranschaulichen gleich große Volumina, die gleich große Anzahl von Molekülsymbolen in den Kästen stellt modellmäßig die jeweils gleiche Anzahl von Molekülen dar.

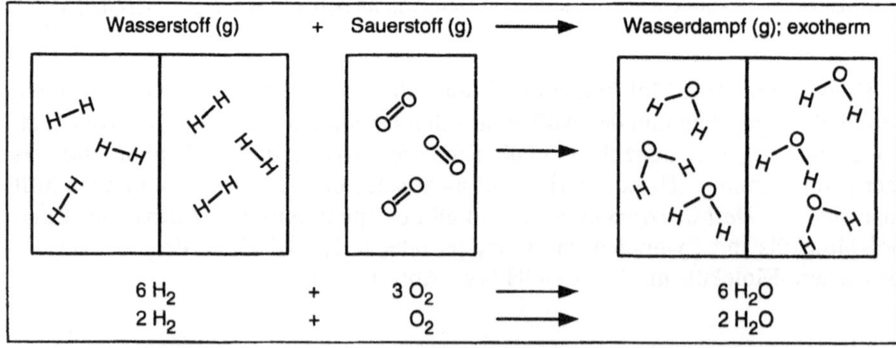

Abb. 13.28: Modellvorstellung für die Umgruppierung der Moleküle bei der Wassersynthese aus den Elementen

Tabelle 13.4: Zusammenfassende Übersicht zur Verknüpfung von Grundbausteinen

Grundbausteine		Strukturen		Beispiele
	↗	freie Atome		Edelgase, Metalldämpfe
Atome	→	**Moleküle**	Molekülgitter	Eis, Iod, Schwefel
	↘		Atomgitter	Diamant, Silicium
	↗	**Gitter**	Metallgitter	Metalle, Graphit
Ionen	↘		Ionengitter	Salze
		freie Ionen		Salzschmelzen, -lösungen

13.6 Strukturvorstellungen im Spiralcurriculum

„Kristalle sind für Kinder mindestens ebenso faszinierend wie die im Anfangsunterricht ach so beliebten Flammen, haben aber den Vorzug, daß man sie in die Hand nehmen kann. Außerdem weiß man über den Aufbau von Kristallen, wie auch über die Kristallisations- und Lösungsvorgänge heute weit mehr als über Flammen. Ein ganz wesentliches Argument für solch ein Vorgehen scheint mir ferner dadurch gegeben zu sein, daß von der Flamme der Weg einseitig zur Molekülverbindung führt, während im Kristall alle Stoffklassen, Metalle, diamantartige Stoffe, Molekülverbindungen und Salze gleichermaßen vertreten sind und somit mit entsprechender Gewichtung eingeführt werden können" [16].
„Man sollte endlich auch in der Schule davon Kenntnis nehmen, daß die moderne Chemie nicht mit Lavoisier, sondern mit van t'Hoff, Werner und vor allem v . Laue beginnt" [17].

Bauer schlägt damit nicht nur vor, historisch-traditionelle Zugänge zur Chemie zu überdenken, sondern die Strukturorientierung im Chemieunterricht als grundlegendes Unterrichtsprinzip zu verstehen. Sauermann [7] hat diese Situation einmal mit einem Eisenbahn-Gleis verglichen, das aus zwei Schienen besteht: Im Unterricht müsse eine Schiene den Phänomenen und Laborerfahrungen zugeordnet sein, die andere den Strukturvorstellungen: „Wohin die Reise auch geht", es werden Phänomene ausgewählt, die Interpretationen auf beiden Schienen erlauben.

Um das durchgängige Unterrichtsprinzip exemplarisch auf mehreren Verständnisebenen zu erläutern, sollen in *Form eines Spiralcurriculums* geeignete Phänomene vorgestellt und mögliche strukturchemische Interpretationen skizziert werden. Da das Teilchenmodell bereits im Sachunterricht der Primarstufe eingeführt werden kann, beginnt das Spiralcurriculum auf dieser Stufe und setzt sich bis zur Sekundarstufe I fort. Da in der Sekundarstufe II mit differenziertem Atommodell, mit Modellen zur chemischen Bindung oder gar mit quantenmechanischen Vorstellungen gearbeitet wird, ist es sowohl möglich, den Aufbau von isolierten Teilchen zu diskutieren als auch die Struktur von Gittern oder Molekülen im Zusammenhang mit Bindungsfragen zu behandeln.

13.6.1 Zum Teilchenmodell in der Primarstufe

In der Klassenstufe 3 oder 4 der Grundschule werden im Sachunterricht die Zustandsformen der Materie fest, flüssig und gasförmig eingeführt, meist an bekannten Phänomenen zu Eis, Wasser und Wasserdampf. Bezüglich dieser Thematik ist die Einführung des Teilchenmodells sinnvoll, um etwa das Verdunsten von Wasser sachgerecht zu interpretieren – ohne jede Modellvorstellung bleibt sonst die Vorstellung vom „Verschwinden" des Wassers bestehen (vgl. Kap. 1, Schülervorstellungen zum „Vernichtungskonzept"). Auch das Lösen und Kristallisieren sowie das Sublimieren oder Diffundieren kann anschließend mit Teilchenmodell und entsprechenden Modellexperimenten anschaulich gemacht werden. Inwieweit Kinder der Primarstufe bei diesem Vorgehen den naturwissenschaftlichen Modellbegriff erfassen können, muss dabei offen bleiben – Fehler in der Sprechweise bezüglich des Teilchenmodells sollten zugelassen und erst nach und nach korrigiert werden. Tabelle 13.5 skizziert Unterrichtsvorschläge zum Sachunterricht.

Tabelle 13.5: Unterrichtsvorschläge zum Teilchenmodell im Sachunterricht der Primarstufe

Phänomene, Experimente	Modellvorstellungen, Modellexperimente
Kandiszuckerkristall zeigen: Wie sind gerade Kanten, glatte Flächen und konstante Winkel zu erklären?	Teilchenmodell: 1 Kugel ≅ 1 Zucker-Teilchen, Kugelpackung aus gleichgroßen Kugeln aufbauen: Zuckerkristall besteht aus Zucker-Teilchen wie Kugelpackungen aus gleichgroßen Kugeln, Modellzeichnung anfertigen
Schneeflocken zeigen (Bild), Eiswürfel schmelzen	1 Kugel ≅ 1 Wasser-Teilchen Wasser-Teilchen verlassen feste Plätze im Teilchenverband, bewegen sich selbständig, Kugeln auf Uhrglas, Kugeln in Petrischale schütten und hin und her bewegen, Modellzeichnung „Schmelzen"
Wasser im Becherglas verdampfen, an kaltem Gegenstand wieder kondensieren	Wasser-Teilchen bewegen sich sehr stark, entfernen sich voneinander, stoßen zusammen und gegen die Gefäßwand, haben Abstände; Kugeln aus Petrischale in große Glasschale geben, stark bewegen (ggf. OH-Projektion), Modellzeichnung „Verdampfen"
Zucker in Wasser lösen	Zucker-, Wasser-Teilchen vermischen sich, Kugeln zweier Größen in Petrischale mischen und ständig bewegen (Projektion), Modellzeichnung „Lösen"
Parfümflasche an der Luft öffnen	Parfüm- und Luft-Teilchen vermischen sich, Kugeln zweier Größen in großer Glasschale mischen und heftig hin und her bewegen, Modellzeichnung „Diffundieren"

13.6.2 Zum Teilchenmodell im Anfangsunterricht Chemie (Klassenstufe 7 oder 8)

Bei einer Einführung oder Wiederholung des Teilchenbegriffs sind anhand geeigneter Experimente (vgl. Tabelle 13.5) die verschiedenen *Aspekte des Teilchenmodells* zu erläutern:

- Stoffe bestehen aus kleinsten Teilchen und materiefreiem Raum,
- verschiedene Substanzen sind aus unterschiedlichen Teilchenarten aufgebaut,
- zwischen den Teilchen wirken Anziehungskräfte,
- Teilchen sind in ständiger Bewegung, bei Temperaturzunahme bewegen sie sich schneller,
- im Feststoff besetzen die Teilchen geordnete Gitterplätze, sie schwingen hin und her,
- in flüssigen Stoffen ist die Anordnung der Teilchen aufgehoben, sie berühren sich noch,
- in gasförmigen Stoffen sind die Anziehungskräfte überwunden, die Teilchen bewegen sich völlig ungeordnet im Raum, stoßen sich oder Gefäßwände an, weisen große Abstände und materiefreie Zwischenräume auf.

Zur Vorbereitung der Salzstrukturen, die später eine Rolle spielen, kann die *kubisch dichteste Kugelpackung* behandelt und der *Elementarwürfel* dieser Packung betrachtet werden. Falls möglich, stellen die Jugendlichen Modelle zur Kugelpackung und zum Elementarwürfel auch selbst her (vgl. Arbeitsblätter in Kap. 6). Erfahrungsgemäß bauen die Jugendlichen gern diese Modelle und lernen besonders erfolgreich in einem solchen handlungsorientierten Unterricht (vgl. Tabelle 13.6 und Arbeitsblätter in Abb. 13.29 und 13.30).

Tabelle 13.6: Unterrichtsvorschläge zum Teilchenmodell im Anfangsunterricht Chemie

Phänomene, Experimente	Modellvorstellungen, Modellexperimente
Züchten von Silberkristallen durch Zementation, Betrachten von Silberkristallen	Silber-Teilchen sind angeordnet wie Kugeln in einer kubisch dichtesten Kugelpackung, Bau dichtester Kugelpackungen und Ermittlung der Koordinationszahl, Bau des Elementarwürfels, Einbau des Würfels in die kubisch dichteste Kugelpackung (vgl. Abb. 13.6–10). Bearbeiten eines Arbeitsblattes und Bau von Strukturmodellen (vgl. Abb. 13.29 und 30).
Schmelzen von Zink, Eintauchen von Kupferblech in die Schmelze, Ausgießen der Schmelze: Legierung Messing; Betrachten von Schmuckstücken der Legierung aus Gold und Kupfer: „Rotgold“	Gold- und Kupfer-Teilchen sind gleich groß, beide ordnen sich kubisch dichtest an, bilden Substitutionsmischkristalle, kubisch dichteste Kugelpackung mit gleichgroßen Kugeln zweier Farben bauen, statistische Verteilung, ggf. auch regelmäßige Verteilung modellieren (vgl. Abb. 13.13).
Reaktion von Natrium mit Quecksilber zu Natriumamalgam [13]	Natrium- und Quecksilber-Teilchen gruppieren sich um, Modellzeichnung (Abb. 13.12)
Aggregatzustandsänderungen, Lösevorgänge, Diffusion	Modelle und Modellzeichnungen (vgl. auch Tabelle 13.5)

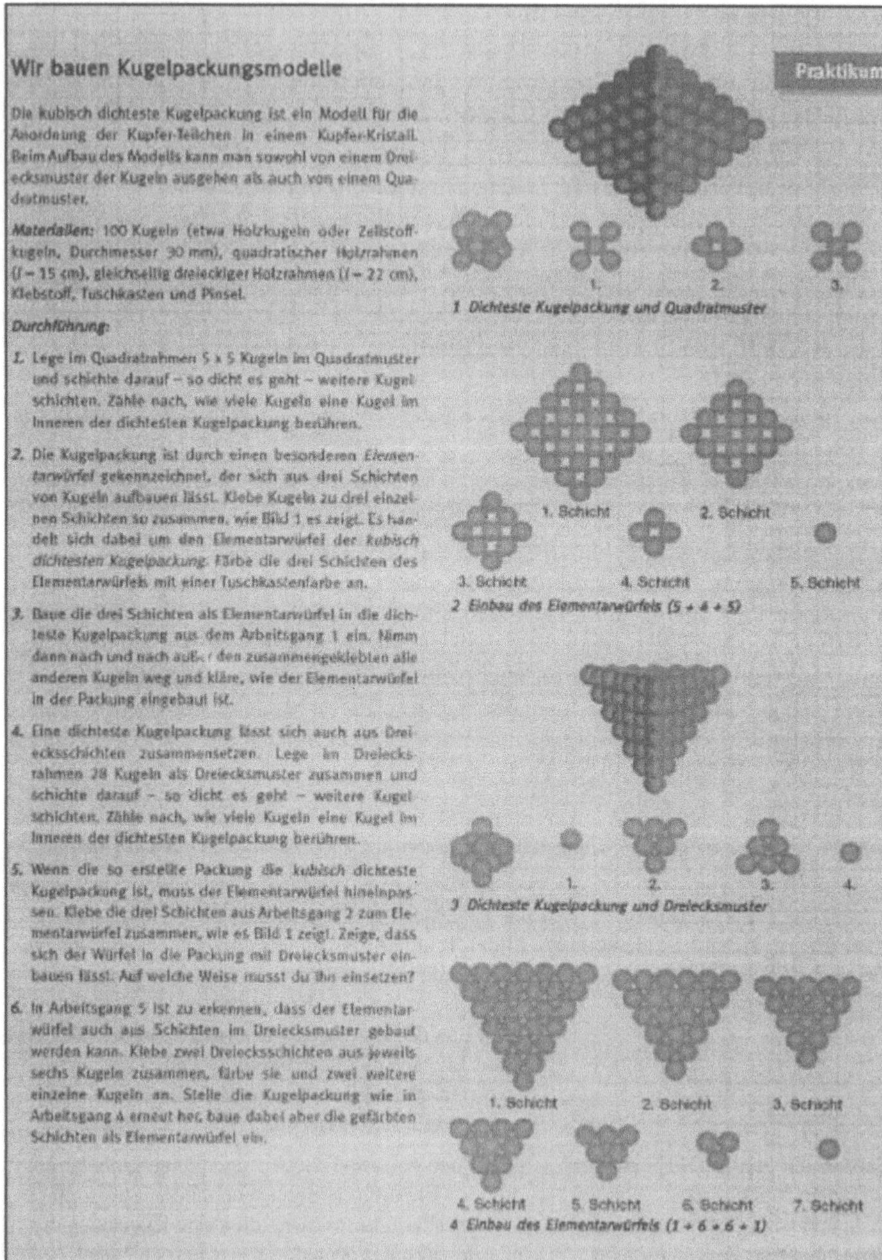

Praktikum

Wir bauen Kugelpackungsmodelle

Die kubisch dichteste Kugelpackung ist ein Modell für die Anordnung der Kupfer-Teilchen in einem Kupfer-Kristall. Beim Aufbau des Modells kann man sowohl von einem Dreiecksmuster der Kugeln ausgehen als auch von einem Quadratmuster.

Materialien: 100 Kugeln (etwa Holzkugeln oder Zellstoffkugeln, Durchmesser 30 mm), quadratischer Holzrahmen (*l* = 15 cm), gleichseitig dreieckiger Holzrahmen (*l* = 22 cm), Klebstoff, Tuschkasten und Pinsel.

Durchführung:

1. Lege im Quadratrahmen 5 x 5 Kugeln im Quadratmuster und schichte darauf – so dicht es geht – weitere Kugelschichten. Zähle nach, wie viele Kugeln eine Kugel im Inneren der dichtesten Kugelpackung berühren.
2. Die Kugelpackung ist durch einen besonderen *Elementarwürfel* gekennzeichnet, der sich aus drei Schichten von Kugeln aufbauen lässt. Klebe Kugeln zu drei einzelnen Schichten so zusammen, wie Bild 1 es zeigt. Es handelt sich dabei um den Elementarwürfel der *kubisch dichtesten Kugelpackung*. Färbe die drei Schichten des Elementarwürfels mit einer Tuschkastenfarbe an.
3. Baue die drei Schichten als Elementarwürfel in die dichteste Kugelpackung aus dem Arbeitsgang 1 ein. Nimm dann nach und nach außer den zusammengeklebten alle anderen Kugeln weg und kläre, wie der Elementarwürfel in der Packung eingebaut ist.
4. Eine dichteste Kugelpackung lässt sich auch aus Dreiecksschichten zusammensetzen. Lege im Dreiecksrahmen 28 Kugeln als Dreiecksmuster zusammen und schichte darauf – so dicht es geht – weitere Kugelschichten. Zähle nach, wie viele Kugeln eine Kugel im Inneren der dichtesten Kugelpackung berühren.
5. Wenn die so erstellte Packung die *kubisch* dichteste Kugelpackung ist, muss der Elementarwürfel hineinpassen. Klebe die drei Schichten aus Arbeitsgang 2 zum Elementarwürfel zusammen, wie es Bild 1 zeigt. Zeige, dass sich der Würfel in die Packung mit Dreiecksmuster einbauen lässt. Auf welche Weise musst du ihn einsetzen?
6. In Arbeitsgang 5 ist zu erkennen, dass der Elementarwürfel auch aus Schichten im Dreiecksmuster gebaut werden kann. Klebe zwei Dreiecksschichten aus jeweils sechs Kugeln zusammen, färbe sie und zwei weitere einzelne Kugeln an. Stelle die Kugelpackung wie in Arbeitsgang 4 erneut her, baue dabei aber die gefärbten Schichten als Elementarwürfel ein.

1 Dichteste Kugelpackung und Quadratmuster

2 Einbau des Elementarwürfels (5 + 4 + 5)

3 Dichteste Kugelpackung und Dreiecksmuster

4 Einbau des Elementarwürfels (1 + 6 + 6 + 1)

Abb. 13.29: Arbeitsblatt zum Bau kubisch dichtester Kugelpackungen [18]

Ein Umgruppierungsmodell

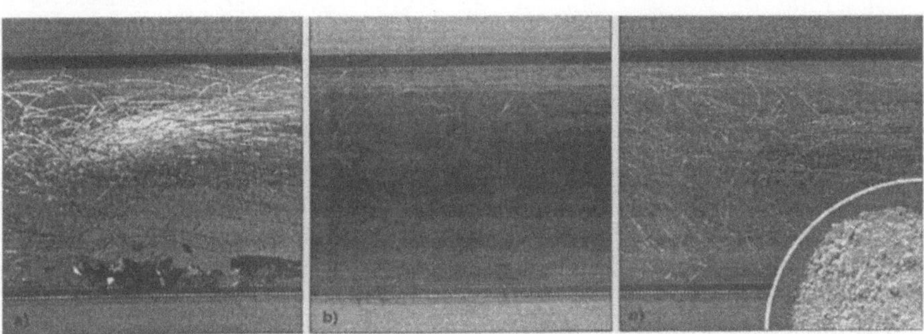

Silber reagiert mit Iod zu Silberiodid: a) Silberwolle und Iod-Kristalle, b) Reaktion von Silber mit violettem Ioddampf, c) Silberiodid nach der Reaktion und Silberiodidpulver

Versuch 1: **Darstellung der Reaktion von Silber mit Iod im Teilchenmodell**

Materialien: Verschieden große Kugeln (Durchmesser 30 mm und 12 mm), geeigneter Klebstoff, Messer.
Hinweis: Zellstoffkugeln sind bei FAITA, 8229 Mitterfelden, zu beziehen.

Durchführung: Baue die Modelle der an der Reaktion beteiligten Stoffe entsprechend den Vorschriften zusammen. Mache dir anhand der Modelle ein Bild von der Umgruppierung der Atome bei der Reaktion.

Modell Silber-Kristall:

1. Klebe jeweils 16 kleine Kugeln zu einer Kugelschicht zusammen:

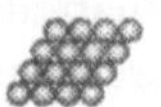

2. Packe 3 Kugelschichten dicht aufeinander.
3. Wieviel Kugeln berühren eine Kugel im Inneren der Kugelpackung?

Modell Iod-Kristall:

1. Schneide von großen Kugeln die Kugelkappe ab und klebe jeweils 2 Kugeln zu Doppelkugeln aneinander.
2. Stelle 2 Schichten mit Doppelkugeln nach folgender Anleitung her:

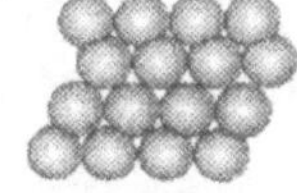

3. Packe diese Schichten auf Lücke übereinander.

Modell Silberiodid-Kristall:

1. Klebe 2 Kugelschichten aus jeweils 5 großen und 4 kleinen Kugeln sowie 2 Kugelschichten aus jeweils 4 großen und 5 kleinen Kugeln zusammen:

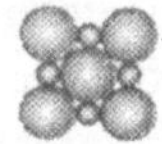

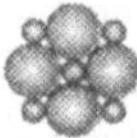

2. Packe diese Kugelschichten übereinander.

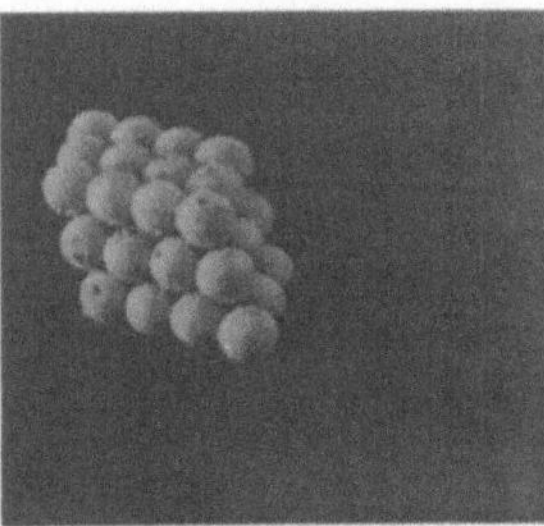

Abb. 13.30: Arbeitsblatt zum Bau eines Modells zur Silber-Iod-Reaktion [19]

13.6.3 Zum Daltonschen Atommodell im Chemieunterricht (Klassenstufe 8 oder 9)

Mit dem Teilchenmodell lassen sich Aggregatzustände und deren Änderungen, Lösungs- und Diffusionsvorgänge oder Legierungsbildungen veranschaulichen, ohne dass es zu weitgehenden fachlichen Kompromissen kommt. Chemische Reaktionen wie Oxid- oder Halogenidbildungen aus den Elementen mögen zwar dargestellt werden (vgl. Abb. 13.30), allerdings kann die Aufspaltung von Molekülen in Atome nicht auf der Grundlage des Teilchenmodells diskutiert werden. Es wäre vorteilhafter, für diesen Sachverhalt das *Daltonsche Atommodell* einzuführen und mit den entsprechenden, bereits ausgeführten Aussagen zu beschreiben (vgl. Abschnitt 13.4).

Allerdings würde auch auf diesem Weg die Redoxreaktion und das Entstehen von Ionen nicht darstellbar sein – erst nach Behandlung eines differenzierten Atommodells ist die Modellvorstellung von der Elektronenübertragung sachlich angemessen vermittelbar. Entsprechende Metall-Nichtmetall-Reaktionen sollten im Anfangsunterricht lediglich als Phänomene demonstriert bzw. mit Reaktionssymbolen in Worten beschrieben, aber nicht strukturchemisch interpretiert werden.

Um aber wenigstens den Aufbau fester Salze frühzeitig und angemessen mit *Ionen* als kleinsten Teilchen vermitteln zu können, ist es möglich, diese Teilchenart unter das Daltonsche Modell zu subsummieren und sie modellhaft als massive Kugeln mit spezifischen Ladungen zu betrachten. Zu ihrer Veranschaulichung können Experimente zur elektrischen Leitfähigkeit und zur Gefrierpunktserniedrigung durchgeführt werden (vgl. Abschnitt 13.3). Die Ionen werden schließlich in die nach dem Periodensystem geordnete Liste der Grundbausteine der Materie aufgenommen (vgl. Abb. 13.3).

Tabelle 13.7 skizziert Unterrichtsschritte, die exemplarisch den Aufbau der Materie aus Atomen und Ionen anschaulich machen. Dabei dienen als Leitlinien die Ausführungen des Abschnitts 13.5 – es soll allerdings eine Auswahl aus diesen Inhalten getroffen werden. So sind etwa nicht unbedingt alle drei Metallstrukturen in den Unterricht aufzunehmen, sondern lediglich die *kubisch dichteste Struktur*, weil sie die Grundstruktur für die wichtige Natriumchlorid-Struktur ist. Wiederum soll die diesbezügliche *Elementarzelle* in den Unterrichtsvorschlag aufgenommen werden, da sie eine fachlich zutreffende und von Lernenden durchschaubare Möglichkeit darstellt, chemische Symbole aus der Struktur abzuleiten und damit Symbole und Strukturvorstellungen zu verknüpfen [14]. Untersuchungen zum Raumvorstellungsvermögen haben ergeben [20], dass die Elementarzelle von Jugendlichen der Klassenstufe 8 oder 9 durchaus erkannt wird und somit ihr Einsatz lernpsychologisch kein Hindernis bedeutet (vgl. auch Kap. 10).

Der Aufbau von Molekülen aus Nichtmetall-Atomen sollte auch organische Substanzen umfassen, Reaktionen von Kohlenwasserstoffen – etwa mit Sauerstoff oder mit Chlor – lassen sich ebenfalls mit Molekülmodellen gut veranschaulichen: Viele Inhalte der *organischen Chemie* sind auf der Grundlage des Daltonschen Atommodells gut vermittelbar. Im Übrigen bleibt festzuhalten, dass die Systematik der organischen Chemie von Schülern und Schülerinnen aus folgenden Gründen als gut verständlich empfunden wird:

- Strukturinterpretationen liegt eine einzige Teilchenart, nämlich das Molekül, zu Grunde,
- Molekülstrukturen vieler Substanzen lassen sich systematisch in homologen Reihen anordnen,
- Modellvorstellungen gehen von konstanten Bindigkeiten vieler Atomarten (etwa C, H, O, N, Cl) in Molekülen aus,
- im Lehrmittelhandel erhältliche Molekülbaukästen veranschaulichen diese Bindigkeiten sowie räumliche Strukturen und Isomerien.

Die systematische Verknüpfung von „Grundbausteinen der Materie“ und der Einsatz von Strukturmodellen wie Kugelpackungen und Elementarzellen sollte den Unterricht in allgemeiner und anorganischer Chemie ebenso gut verständlich machen wie den Unterricht in organischer Chemie!

Die Jugendlichen lernen so auf der Grundlage der Daltonschen Modellvorstellung den Aufbau exemplarisch ausgewählter Substanzen aus Atomen oder Ionen kennen und erfassen modellmäßig erste *Reaktionen, bei denen sich die Teilchenart nicht ändert.* Sie erarbeiten dabei nicht nur das Molekül-Konzept, wie es im traditionellen Unterricht üblich ist, sondern auch das Konzept der Kristallgitter und deren Modelle wie Kugelpackungen, Raumgitter und Elementarzellen. Leiten sie von der Elementarzelle gar entsprechende Formeln ab, so erkennen sie die Bedeutung von kleinsten Struktureinheiten und deren Formeln als Verkürzungen der chemischen Strukturen: Sie bauen Vorstellungen auf, die Moleküle und Kristallgitter differenzieren. Über das Wissen von Formeln hinaus entwickeln sie Vorstellungen: „Imagination is more important than knowledge,“ stellte Albert Einstein einmal fest!

Nach dem Erarbeiten dieser grundlegenden Strukturen kann der Blick weiter ins Innere der Materie gehen, der Aufbau der Atome und Ionen aus Atomkern und Hülle Gegenstand des Chemieunterrichts sein. Mit Hilfe des differenzierten Atommodells und Vorstellungen zur chemischen Bindung erfassen die Schüler erste *Reaktionen, bei denen sich die Teilchenart ändert.* So können wichtige Modellvorstellungen aufgebaut werden zu

- Redoxreaktionen und Elektronenübertragungen,
- Säure-Base-Reaktionen und Protonenübertragungen,
- Komplexreaktionen und Ligandenübertragungen.

Die Erarbeitung dieser Konzepte zur Interpretation chemischer Reaktionen geht weit in den Unterricht der Sekundarstufe II hinein und sollte für die entsprechend älteren Schüler und Schülerinnen nicht nur an isolierten Atomen, Molekülen oder Ionen stattfinden, sondern immer auch die Strukturen der beteiligten Substanzen vor und nach der Reaktion beinhalten. Mit dem durchgängigen *Prinzip der Strukturorientierung* lassen sich in den Köpfen der Jugendlichen Modellvorstellungen aufbauen, die einem angemessenen und modernen Verständnis der Chemie entsprechen – den Vorstellungen heute arbeitender Chemiker und Chemikerinnen!

Tabelle 13.7: Unterrichtsvorschläge zum Daltonschen Atommodell im Chemieunterricht

Phänomene, Experimente	Modellvorstellungen, Modellexperimente
Kristalle reiner Metalle betrachten, Wachsen von Zinkkristallen bei der Elektrolyse von Zinkbromid-Lösung beobachten (Overheadprojektion)	*Verknüpfung von Metall-Atomen gleicher Art* „links und links im PSE", kubisch dichteste Kugelpackung herstellen – sowohl ausgehend vom Dreiecksmuster als auch vom Quadratmuster, Koordinationszahlen in beiden Packungen bestimmen, Elementarwürfel herstellen und in beide Formen der Packung einbauen (Arbeitsblatt Abb. 13.29)
Legierungen herstellen (vgl. Tabelle 13.6)	*Verknüpfung von Metall-Atomen unterschiedlicher Art* „links und links im PSE", Umgruppierung der Metall-Atome zu neuen Verbänden, (Auswahl aus Abschnitt 13.5.2), Elementarzellen der Kupfer-Gold-Überstrukturen diskutieren, chemische Symbole Cu_2Au_2 und Cu_3Au_1 ableiten (Abb. 13.14)
verschiedene Steinsalzkristalle vergleichen, Winkelkonstanz feststellen, Kristallbruchstücke abspalten, Züchten von Kochsalzkristallen mit Oktaederform (gesättigte Kochsalz-Lösung mit 10 % Harnstoff versetzen), Laue-Diagramme herstellen (Kap. 16)	Einführung der Ionen (vgl. Abschnitt 13.3), *Verknüpfung von Ionen* „links und rechts im PSE", kubisch dichteste Kugelpackung großer Kugeln bauen und Oktaederlücken mit kleinen Kugeln füllen, Elementarwürfel herstellen und in die Packung einbauen, vom Elementarwürfel zur Elementarzelle übergehen, aus der Elementarzelle chemische Symbole ableiten (Abschnitt 13.5.3, Abb. 13.20 und Abb. 13.31).
Salzkristalle schmelzen, Salzkristalle lösen, Fällungsreaktionen durchführen, Kristalle aus gesättigten Lösungen züchten	Umgruppierung von Ionen zu neuen Ionenverbänden (Abschnitt 13.5.4), Modellzeichnungen zu Lösevorgängen und Fällungsreaktionen (vgl. Abb. 13.22)
Nichtmetalle vorstellen und Eigenschaften untersuchen, organische Substanzen betrachten und Eigenschaften vergleichen	*Verknüpfung von Nichtmetall-Atomen* „rechts und rechts im PSE", Bauen einiger Molekülmodelle mit dem Molekülbaukasten, ebenfalls für einfache Moleküle der organischen Chemie, Ableiten von Struktur- und Halbstruktursymbolen aus den Molekülmodellen (Abschnitt 13.5.5)
Reaktionen von Wasserstoff, Schwefel und Phosphor mit Sauerstoff, Reaktionen organischer Verbindungen wie Methan oder Ethanol mit Sauerstoff, u. ä.	Umgruppieren von Atomen der beteiligten Moleküle zu neuen Molekülen, Bauen von Molekülmodellen vor und nach der Reaktion, Modellzeichnungen zu den Reaktionen, Ableitung von Reaktionssymbolen (Abschnitt 13.5.6)

Vom Strukturmodell zur Verhältnisformel

Salzartige Verbindungen sind nicht aus Molekülen aufgebaut, vielmehr liegen *gitterartige Strukturen* vor. Solche Substanzen sind immer Feststoffe mit einer hohen Schmelztemperatur. Die Zusammensetzung von salzartigen Verbindungen lässt sich grundsätzlich nur mit *Verhältnisformeln* beschreiben.

Um den Aufbau salzartiger Stoffe zu veranschaulichen, verwendet man meist **Raumgittermodelle** oder **Kugelpackungsmodelle**. Diese Modelle beruhen auf der Auswertung experimenteller Untersuchungen: LAUE hatte bereits Anfang des 20. Jahrhunderts Röntgenstrahlen auf Salzkristalle gerichtet. Auf einer Fotoplatte hinter dem Kristall entstand ein charakteristisches Punktmuster. Aus solchen LAUE-Diagrammen lässt sich mit einigem mathematischen Aufwand die Struktur eines Kristalls berechnen. Moderne Methoden der *Röntgenstrukturanalyse* liefern inzwischen Strukturen mit Hilfe von Computerprogrammen.

Bleisulfid. Die Röntgenstrukturanalyse der grauschwarzen Bleisulfid Kristalle führt zu würfelförmigen Anschauungsmodellen. Sie zeigen, dass im Bleisulfid jedes Atom jeweils von sechs Atomen des anderen Elementes umgeben ist.

Das Atomanzahlverhältnis N(Pb) : N(S) lässt sich ermitteln, wenn man einen bestimmten Ausschnitt aus der Kugelpackung genauer betrachtet. Man wählt dazu eine so genannte **Elementarzelle**. Legt man viele Elementarzellen in allen drei Raumrichtungen lückenlos aneinander, so ergibt sich ein Bild für den Aufbau des ganzen Kristalls.

Die würfelförmige Elementarzelle von Bleisulfid besteht aus einer vollständigen Kugel (Pb) im Zentrum und einer Reihe von Kugelteilen:

- sechs Halbkugeln (S) in der Mitte der Flächen,
- zwölf Viertelkugeln (Pb) an den Kanten,
- acht Achtelkugeln (S) an den Ecken.

Insgesamt enthält eine Elementarzelle damit vier Blei-Atome und vier Schwefel-Atome. Die Verhältnisformel für Bleisulfid lautet also Pb_1S_1 oder kurz PbS.

Urandioxid und Titandioxid. Die wichtigsten Erze zur Gewinnung von Uran und Titan sind die Oxide UO_2 und TiO_2. In beiden Fällen liegt also das gleiche Atomanzahlverhältnis vor. Die Röntgenstrukturanalyse führt jedoch zu sehr unterschiedlichen Ergebnissen für die Kristallstrukturen. Dementsprechend zeigt das Gittermodell für Urandioxid eine ganz andere Anordnung der Atome als das Gittermodell für Titandioxid.

Aus den Verhältnisformeln lassen sich also *keine* Schlüsse über die Gitterstrukturen ziehen.

LAUE-Diagramm von Bleisulfid

Raumgittermodell von Bleisulfid

Kugelpackungsmodell von Bleisulfid

Elementarzelle von Bleisulfid

Für die **Elementarzelle** von Bleisulfid gilt:

Blei-Atome:

1 Atom im Zentrum:	$1 \cdot \frac{1}{1} = 1$ Atom
12 Atome auf den Kanten:	$12 \cdot \frac{1}{4} = 3$ Atome
gesamt:	4 Atome

Schwefel-Atome:

6 Atome auf den Flächen:	$6 \cdot \frac{1}{2} = 3$ Atome
8 Atome auf den Ecken:	$8 \cdot \frac{1}{8} = 1$ Atom
gesamt:	4 Atome

Elementarzelle: Pb_4S_4; Verhältnisformel: PbS

Uran-Atome:

$1 \cdot \frac{1}{1} = 1$ Atom

$12 \cdot \frac{1}{4} = 3$ Atome

gesamt: 4 Atome

Sauerstoff-Atome:

$8 \cdot \frac{1}{1} = 8$ Atome

Elementarzelle: U_4O_8

Verhältnisformel: UO_2

1 Das nebenstehende Gittermodell gehört zu einem Titanoxid. Stelle dir die Elementarzelle vor und zeige, dass die Verhältnisformel TiO_2 lautet.

Abb. 13.31: Modellvorstellung zur Ableitung von Formeln aus der Elementarzelle [18]

Literatur

[1] Janek, J., Ruck, M.: *Festkörperchemie 1998*. Nachr. Chem. Tech. Lab. 47 (1999), 133
[2] Grosser, C.G.: *Strukturorientierter Chemieunterricht von Anfang an*. Praxis Chemie 24 (1975) 261
[3] Barke, H.-D.: *Der frühzeitige Einsatz des Ions im Chemieunterricht*. Chim. did. 7 (1981), 57
[4] Barke, H.-D.: *pH-neutral oder elektrisch neutral? Über Schülervorstellungen zu Struktur von Salzen*. MNU 43 (1990), 57
[5] Barke, H.-D.: *Einführung des Ionenbegriffs durch Experimente zur Gefrierpunktserniedrigung*. NiU-Chemie 3 (1992), 93
[6] Christen, H.R., Baars, G.: *Chemie*. Frankfurt 1997 (Diesterweg)
[7] Sauermann, D., Barke, H.-D.: *Chemie für Quereinsteiger. Band 1: Strukturchemie und Teilchensystematik*. Münster 1997 (Schüling)
[8] Band 2: *Struktur der Metalle und Legierungen*. Münster 1998 (Schüling)
[9] Band 3: *Moleküle und Molekülstrukturen*. Münster 1999 (Schüling)
[10] Band 4: *Ionenkristalle mit einfachen Grundbausteinen*. Münster 2000 (Schüling)
[11] Barke, H.-D.: *α-γ-Eisen: bei 906°C klappen die Eisen-Atome um*. Praxis Chemie 44 (1995), Heft 8, 14
[12] Barke, H.-D., Sauermann, D.: *Memorymetalle – sie besitzen ein Formgedächtnis*. Praxis Chemie 47 (1998), Heft 3, 7
[13] Barke, H.-D.: *Die Bildung von Natriumamalgam*. Praxis Chemie 40 (1991), Heft 6, 29
[14] Barke, H.-D., Wirbs, H.: *Chemische Symbole für kleinste Struktureinheiten*. Praxis Chemie 49 (2000), Heft 2, 2
[15] Barke, H.-D., Rölleke, R.: *Max von Laue: ein einziger Gedanke – zwei große Theorien*. Praxis Chemie 48 (1999), Heft 4, 19
[16] Bauer, H.: *Kristallographische und kristallchemische Betrachtungen als Ausgangspunkt für den Chemieunterricht*. In: Dahncke, H.: *Zur Didaktik der Physik und Chemie*. Hannover 1975 (Leuchtturm)
[17] Bauer, H.: *Kristallchemisch orientierter Chemieunterricht*. In: Dahncke, H.: *Zur Didaktik der Physik und Chemie*. Hannover 1975 (Leuchtturm)
[18] Asselborn, M., Jäckel, M., Risch, K.T.(Hrsg): *Chemie heute* SI Gesamtband. Hannover 2001 (Schroedel)
[19] Jäckel, M., Risch, K.T. (Hrsg): *Chemie heute*. Hannover 1993 (Schroedel)
[20] Barke, H.-D., Engida, T.: *„Imagination is more important than knowledge". Chemische Strukturen und Raumvorstellung im Chemieunterricht*. Praxis Chemie 50 (2001), Heft 3, 30

14 Stereobilder zum Training des Raumvorstellungsvermögens

14.1 Einführung

Für ein vertieftes Chemieverständnis ist ein gutes *Raumvorstellungsvermögen* unverzichtbar, denn auf der Ebene der Teilchenverbände ist Chemie letztlich Stereochemie. Verständnisprobleme treten erfahrungsgemäß vor allem beim räumlichen Aufbau von Kristallstrukturen auf. Hierfür stehen als methodische Hilfsmittel unterschiedliche Medien zur Verfügung: Fertige Kristallgittermodelle, unterschiedliche Arten von Baukästen und nicht zuletzt selbst herstellbare Kugelpackungen aus Styroporkugeln, die im Rahmen des *strukturorientierten Chemieunterrichts* eine wichtige Rolle spielen (vgl. Kapitel 4, 6, 10 und 13). Als weiteres Medium werden nun im vorliegenden Kapitel *Stereobilder* eingeführt, die einem inzwischen vergriffenen Buch von Harsch und Schmidt [1] entnommen sind und nach unserer Überzeugung eine sinnvolle Ergänzung zu den konventionellen Realmodellen darstellen, und zwar aus folgenden Gründen:

- Die in den 21 Stereobildern (siehe Farbtafeln) niedergelegte Informationsmenge ist außerordentlich groß und vergleichsweise preiswert, kompakt und handlich. Die Bilder sind an jedem Ort und zu jeder Zeit individuell und unter optimalen Betrachtungsbedingungen verfügbar.
- Wahrnehmung ist ein eigenaktiver Prozess, und dementsprechend sind auch die Bilder gestaltet. Sie fordern vom Betrachter die Durchführung gedanklicher Operationen, die Ergänzung bewusst weggelassener Strukturelemente, das Aufsuchen und Vergleichen charakteristischer Details und den Widerstand gegen verführerische Distraktoren und eingerastete Sichtweisen. Vorteilhaft ist in dieser Hinsicht auch die rasche, simultane Verfügbarkeit aller Motive für vergleichende Betrachtungen.
- Zur Unterstützung der mentalen räumlichen Wahrnehmung können die Raummodelle mit einem Stift abgetastet werden – auch im Inneren! Da der Tastsinn sich mit dem Gesichtssinn mittels der Konvergenzbewegung verbindet, lässt sich die räumliche Wahrnehmung und die Fähigkeit zum gedanklichen Ergänzen, Unterdrücken und Umstrukturieren wirkungsvoll haptisch unterstützen und verbessern.
- Die Gitterpunkte schweben prinzipiell ohne mechanische Unterstützung im Raum, so dass die Verbindungslinien zwischen den Gitterpunkten ausschließlich Träger *didaktischer* Funktionen sind. Oft können verschiedene Funktionen

in einem einzigen Motiv vereinigt werden, so dass sich ein Spannungsverhältnis aufbaut, das es erlaubt, gleichzeitig mehrere Sachverhalte in eine dynamische Beziehung zueinander zu bringen.

- Durch *Photomontage* können raumgefüllte Kugelpackungen so in die dreidimensionalen geometrischen Konstrukte hineingelegt werden, dass der Übergang zwischen verschiedenen Modellvorstellungen im Sinne einer didaktischen Reduktion detailliert nachvollzogen werden kann.
- Durch Verwendung von Rasterungen (zum Beispiel zur Hervorhebung von Ebenen) und durch die Integration geometrischer Symbole lässt sich die Transparenz der Motive verbessern und die Zuordnung von Bild- und Textaussagen übersichtlich gestalten.

Im Vergleich zu normalen Lehrbuchabbildungen bieten die Stereobilder den Vorteil der unmittelbaren Anschaulichkeit und der räumlichen Eindeutigkeit. Die didaktische Absicht läuft aber selbstverständlich nicht auf den Ersatz zweidimensionaler Bilder durch Stereobilder hinaus. Gerade das Gegenteil ist beabsichtigt: Die Stereobilder sollen beim *Erwerb der Raumvorstellungskompetenz* helfen. Verkürzt gesagt: Wer die Stereomotive weglegt, weil er sie nicht mehr zur räumlich richtigen Erfassung zweidimensionaler Abbildungen benötigt, hat das Lernziel erreicht.

Man sollte es aber damit nicht allzu eilig haben. Der volle Informationsgehalt der Bilder erschließt sich nicht unbedingt auf den ersten Blick. Man tut gut daran, sich in die Strukturen hineinzudenken, darin herumzuklettern, sich auf geeigneten Punkten, Linien oder Flächen niederzulassen und Ausschau zu halten, die lokalen und ferneren Nachbarschaftsverhältnisse zu studieren, Raumnetze zu knüpfen, Schichten aufeinander zu stapeln, Zellen und Teilmotive herauszulösen und sich – nicht zuletzt – auf einen *ästhetischen* Genuss einzulassen.

Um ein ökonomisches Ausschöpfen der Bildinformationen zu gewährleisten, wird jedem Motiv ein Bildtext beigegeben. Die didaktische Funktion des Textes besteht zunächst in der verbalen Codierung der im Stereomotiv niedergelegten Bildaussagen. Der Leser sollte sich stets bewusst sein, dass er die *Übersetzungsarbeit* Bild $\longrightarrow$ Text und Text $\longrightarrow$ Bild in beiden Richtungen aktiv nachvollziehen muss, das heißt beim Betrachten des Motivs sollte man gedanklich – besser noch schriftlich oder mündlich – Bildaussagen in Worten protokollieren; beim Durchlesen des Textes sollte man möglichst deutlich das Motiv in Gedanken vor sich sehen, und wenn es nicht willentlich hervorgerufen werden kann, sollte man immer wieder das reale Motiv zu Rate ziehen. Das ist ein ganz ausgezeichnetes *Training* zur Förderung des räumlichen Vorstellungsvermögens, und man sollte weder verwundert sein, noch sich entmutigen lassen, wenn es anfangs etwas Mühe macht.

Die Textinformation wird häufig auch durch eingestreute Textbilder verdeutlicht. Diese Bilder sollen stets eigenaktiv in die zugehörigen Stereomotive einmontiert werden, damit deren Interpretation im Gesamtkontext der Struktur gesehen wird. Das gedankliche Überführen eines Textbildes in die intakte räumliche Struktur macht auch deutlich, welche Informationen bei der Projektion ins Zweidimensionale verloren gehen und welche Mehrdeutigkeiten daraus resultieren. Das ist ein wichtiges allgemeines Lernziel, und wir können dem Leser nur raten, möglichst viele Abbildungen aus kristallchemischen Lehrbüchern (z. B. [2–5]) in dieser Weise in die Stereomotive einzumontieren.

Eine weitere didaktische Funktion des Texts besteht darin, den allgemeinen kognitiven Rahmen aufzuspannen, in den das einzelne Motiv einzuordnen ist und die *Beziehungen* zwischen den Motiven aufzuzeigen. Der geistige Nachvollzug dieser Querverweise beschert oft überraschende Einblicke in dem Sinne, daß man ein Motiv plötzlich „in ganz anderem Licht" sieht. Dennoch ist jede Motiv-Text-Einheit autonom konzipiert und kann für sich selbst sprechen.

Unsere Absicht, die Vielfalt der Kristallstrukturen nach allgemeinen, integrierenden Prinzipien zu organisieren, kommt auch darin zum Ausdruck, daß wir alle Strukturen mit räumlich ungerichteten Wechselwirkungskräften als (mehr oder weniger dichte) Kugelpackungen auffassen. Strukturen mit gerichteten Wechselwirkungen werden als deformierte Kugelpackungen, Stabpackungen, Schichtpackungen oder Gerüstpackungen interpretiert, in denen die Tendenz zur dichten Packung durch die Anforderung, bestimmte Bindungswinkel einzuhalten, modifiziert oder sogar vollkommen überdeckt wird. Es ist reizvoll, das Prinzip der dichtesten Kugelpackung bewusst zu strapazieren und zu verfremden, bis es schließlich beim Diamant-Gitter seinen Sinn vollkommen eingebüßt hat.

Das Prinzip der *dichtesten Kugelpackung* ist ein erstaunlich weitreichendes Konzept zur Systematisierung von Kristallstrukturen. Man sollte sich aber darüber im Klaren sein, dass es sich um eine Modellvorstellung handelt, die das Ergebnis völlig unterschiedlicher physikalischer Prämissen sein kann:

- Ungeladene, kugelförmig gedachte Atome oder Moleküle ziehen sich auf Grund ungerichteter Wechselwirkungskräfte an (Tendenz zu minimalem Volumen und maximaler Koordination).
- Entgegengesetzt geladene Ionen ziehen sich an, gleichsinnig geladene stoßen sich ab. Es kommt zu einem strukturellen Kompromiss, der beiden Tendenzen gerecht zu werden versucht (Tendenz zu minimalem Abstand zwischen entgegengesetzt geladenen Teilchen und maximalem Abstand zwischen gleichsinnig geladenen Teilchen).

Die erste Modellvorstellung bezieht sich auf die Bindungsverhältnisse in Metallen, Legierungen und Edelgasen sowie auf einfache Molekülkristalle (Motive 1–8).

Die zweite Modellvorstellung beschreibt den Kontext Coulombscher Wechselwirkungen in Ionenkristallen (Motive 9–16).

Kovalente Bindungen wirken der Tendenz zu dichtest gepackten Anordnungen entgegen (Motive 17–20).

Der *geometrische* Aspekt des Prinzips dichtester Packungen muss stets vor diesem *energetischen* Hintergrund gesehen werden. Er ist letztlich eine Konsequenz des Prinzips der minimalen freien Energie.

Beim Betrachten der Stereobilder (siehe Farbtafeln) mit der beiliegenden *Rot-Grün-Brille* (das rechte Auge muß durch das grüne, das linke durch das rote Brillenfenster schauen – nicht umgekehrt) gewinnt man von den dargestellten Motiven einen räumlichen Eindruck. Die Bilder sind so konstruiert, daß die dargestellte Struktur bei einem Betrachtungsabstand von 50 cm senkrecht zur Bildebene gestaltrichtig und unverzerrt wahrgenommen wird. Das Modell muss vollkommen scharf vor der Bildebene im Raum schweben. Man kann es dann auch mit einem Stift abtasten und so die räumliche Wahrnehmung haptisch unterstützen.

Beim erstmaligen Betrachten von stereoskopischen Abbildungen aus kurzer Entfernung hat man oft Schwierigkeiten. Die Ursache dafür ist das Bemühen der Augen, sich jeweils scharf auf das zu betrachtende Objekt einzustellen (Akkomodationsbewegung), während gleichzeitig die Achsen beider Augen auf einen Punkt des Objekts gerichtet sind (Konvergenzbewegung). Beim normalen Sehen wirklicher Dinge im Raum sind beide Bewegungen sinnvollerweise gekoppelt. Betrachtet man jedoch stereoskopische Darstellungen, dann stellt sich das Sehen der Augen einerseits scharf auf die Papierebene ein, auf welcher die Darstellung abgebildet ist, während andererseits die Konvergenzbewegung dem im Raum an anderer Stelle erscheinenden Modell folgt. Der für das störungsfreie Sehen erforderliche Entkopplungsvorgang beider Bewegungen bedarf einer kurzen Gewöhnungszeit.

14.2 Kristallstrukturen von Metallen und Legierungen

14.2.1 Hexagonal dichteste Kugelpackung (Motiv 1)

Die Kugeln bilden dichtest gepackte horizontale *Schichten*, die vertikal so aufeinandergestapelt sind, daß jede Kugel in die Vertiefungen zwischen je drei Kugeln der darüber- und darunterliegenden Schicht einrastet. Jede Kugel berührt 6 Nachbarkugeln aus der eigenen Schicht und je 3 aus den Schichten darüber und darunter. Für einen Kugelschwerpunkt aus der zweituntersten Schicht sind Verbindungslinien zu dessen 12 nächsten Nachbarpunkten eingezeichnet.

Die Kugelschwerpunkte liegen auf den Knoten horizontaler gleichseitiger *Dreiecksnetze*. Vertikal übereinanderliegende Punkte sind durch Raumordner (Geraden) miteinander verbunden. Dadurch wird die *Schichtenfolge ABABAB* ... deutlich.

Die *Elementarzelle* dieser Struktur ist ein hexagonales Parallelepiped (rechts unten) mit den Kantenlängen $a = b \neq c$ und den Winkeln $\alpha = \beta = 90°$, $\gamma = 120°$. Sie enthält 8 Gitterpunkte (Kugelschwerpunkte) auf den Ecken und einen Gitterpunkt im Inneren. Dieser hat die Koordinaten (1/3, 2/3, 1/2) relativ zu den jeweiligen Kantenlängen (a, b, c).

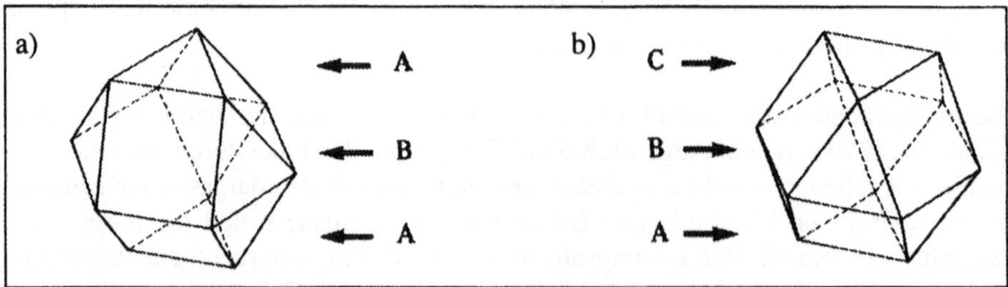

Abb. 14.1

Verbindet man die Zentren der Nachbarkugeln, die eine Zentralkugel umgeben, miteinander, dann erhält man einen *Koordinationspolyeder*. Die Zahl seiner Ecken ist gleich der Koordinationszahl der Zentralkugel.

Der Koordinationspolyeder einer *hexagonal* dichtesten Kugelpackung ist ein *verdrehter Kuboktaeder* (Abb. 14.1a). Der Koordinationspolyeder einer *kubisch* dichtesten Kugelpackung (vgl. Motiv 2) ist ein *regulärer Kuboktaeder* (Abb. 14.1b). Mit beiden Polyedern lässt sich der Raum lückenlos ausfüllen.

14.2.2 Kubisch dichteste Kugelpackung (Motiv 2)

Die kubisch dichteste Kugelpackung ist der hexagonal dichtesten Packung sehr ähnlich. Die horizontalen Schichten (Dreiecksnetze) sind gleich aufgebaut, die Raumausnutzung ist gleich gut (jede Kugel rastet in die Vertiefungen zwischen je 3 Kugeln der darüber- und darunterliegenden Schicht ein), und die *Koordinationszahl* beträgt ebenfalls 12.

Der einzige Unterschied liegt in der Schichtenfolge. Die Raumordner verdeutlichen, dass in der kubisch dichtesten Packung die *Schichtenfolge ABCABC* ... ist.

Die *Elementarzelle* dieser Struktur ist kubisch flächenzentriert mit $a = b = c$; $\alpha = \beta = \gamma = 90°$.

Als *alternative* Elementarzelle könnte man auch eine hexagonal innenzentrierte Zelle wählen, mit z. B. 8 A-Kugeln als Eckpunkten und je einer B-Kugel und C-Kugel im Inneren; aber die kubische Elementarzelle ist für die Strukturbeschreibung praktischer.

Abb. 14.2 a zeigt die alternative (hexagonale) Elementarzelle der kubisch dichtesten Kugelpackung als Projektion auf ihre Basisfläche. Die Koordinaten der beiden inneren Kugeln sind mit angegeben. Abb. 14.2 b zeigt in analoger Darstellung die Elementarzelle der hexagonal dichtesten Kugelpackung (vgl. Motiv 1 Farbtafel).

Außer der kubisch dichtesten Kugelpackung mit der Schichtenfolge ABCABC ... und der hexagonal dichtesten Kugelpackung mit der Schichtenfolge ABABAB gibt es noch unendlich viele, unregelmäßigere Packungen mit anderen Schichtenfolgen, die sich hinsichtlich ihrer niedrigeren Symmetrie von der kubisch beziehungsweise hexagonal dichtesten Packung unterscheiden. Die Packungsdichte und die Koordinationszahl sind jedoch gleich. Man bezeichnet solche unregelmäßigeren (periodischen oder nichtperiodischen) Packungen als fehlgeordnete Strukturen. *Fehlordnungen* sind in der Natur eher die Regel als die Ausnahme.

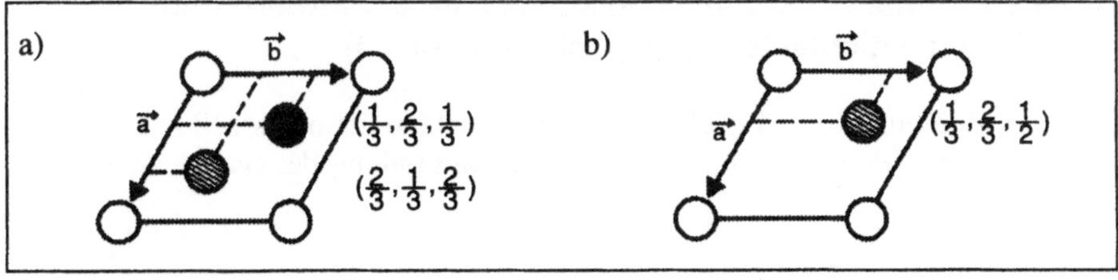

Abb. 14.2

14.2.3 Kubisch innenzentrierte Kugelpackung (Motiv 3)

Die Kugeln bilden locker gepackte *quadratische Schichten*, die sowohl horizontal als auch vertikal orientiert sind. Nur die horizontalen *Quadratnetze* sind eingezeichnet. Die quadratischen Schichten sind in Richtung der beiden Raumordner (vertikal) so aufeinander gestapelt, dass jede Kugel in die Vertiefungen zwischen je 4 Kugeln der darüber- und darunterliegenden Schicht einrastet. Jede Kugel berührt somit 8 Kugeln aus den benachbarten Schichten, aber keine aus der eigenen Schicht. Die Schichtenfolge ist ABABAB ...

Der *Koordinationspolyeder* ist ein Würfel. Er hat die gleichen Abmessungen wie die kubisch innenzentrierte Elementarzelle, nämlich $a=b=c$; $\alpha=\beta=\gamma=90°$.

Schräg zu den lockeren quadratischen Schichten lassen sich dichter gepackte *verzerrt-hexagonale Schichten* erkennen. Ein Schichtausschnitt ist gerastert hervorgehoben. Die Kugel in der Mitte des Hexagons berührt nur 4 Nachbarkugeln aus der verzerrt hexagonalen Schicht, weil $a > x$ (um etwa 15 %). Sie berührt aber außerdem je 2 Kugeln aus der darüber- und darunterliegenden Nachbarschicht, also insgesamt 8 (s. o.).

Abb. 14.3 a zeigt die kubisch innenzentrierte Kugelpackung in Projektion auf die Ebene einer verzerrten hexagonalen Schicht. Die Abweichung von der idealen hexagonalen Symmetrie macht sich im Winkel γ bemerkbar, der anstatt 120° (Idealwert) hier 125°16' bzw. 109°28' (Tetraederwinkel!) beträgt. Zum Vergleich ist die entsprechende Projektion für die kubisch dichteste Kugelpackung (Abb. 14.3b) mit angegeben.

Kugeln der A-Schicht sind weiß, der B-Schicht schraffiert, der C-Schicht schwarz bezeichnet.

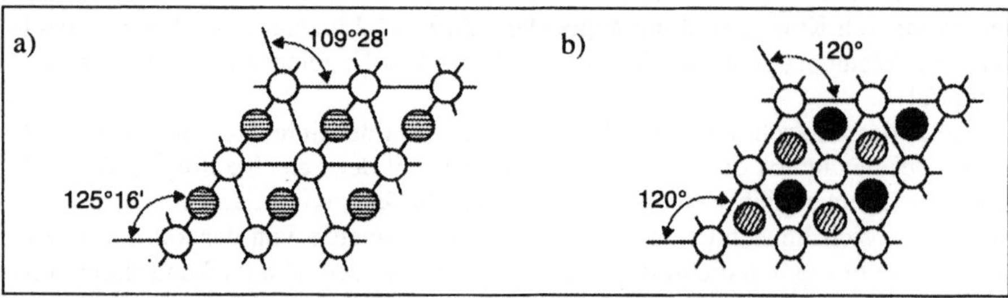

Abb. 14.3

14.2.4 Zusammenhang zwischen kubisch innenzentrierter und kubisch dichtester Kugelpackung (Motiv 4)

Das linke Bild von Motiv 4 (siehe Farbtafeln) zeigt die Elementarzelle der *kubisch innenzentrierten Packung*. Durch zweimalige Anwendung des Satzes von Pythagoras ergibt sich:

$$y^2 = \left(\frac{a}{2}\right)^2 + \left(\frac{a}{2}\right)^2 \qquad (1)$$

$$x^2 = y^2 + \left(\frac{a}{2}\right)^2 \tag{2}$$

(1) in (2) eingesetzt:

$$x = \frac{\sqrt{3}}{2} a \tag{3}$$

Die Koordinationszahl ist 8, weil $a > x$ (vgl. Motiv 3). Die kubisch innenzentrierte Zelle (links) wird nun so vertikal gedehnt und horizontal gestaucht, dass sie in eine *tetragonal innenzentrierte* Zelle (rechts) übergeht, deren Basiskanten und halbe Raumdiagonalen gleich x sind. Es gilt:

$$y^2 = \left(\frac{x}{2}\right)^2 + \left(\frac{x}{2}\right)^2 \tag{4}$$

$$x^2 = y^2 + \left(\frac{c}{2}\right)^2 \tag{5}$$

$$\Rightarrow c = \sqrt{2} \cdot x \tag{6}$$

Die *Verzerrung* gemäß Gleichung (6) führt zur Ausbildung dichtest gepackter Schichten (gerastert), die längs des eingezeichneten Raumordners gemäß ABC-ABC ... gestapelt sind. Es ist somit eine *kubisch dichteste Packung* entstanden. Die zugehörige kubisch flächenzentrierte Elementarzelle (vgl. Motiv 2) und die ihr äquivalente tetragonal innenzentrierte Zelle sind um 45° gegeneinander verdreht.

Drückt man die Kantenlängen a, b, c der Elementarzellen durch den (für alle Packungen gleichen) Kugeldurchmesser x aus, so ergibt sich:

- Kubisch innenzentrierte Packung $a_1 = b_1 = c_1 = \frac{2x}{\sqrt{3}} = 1{,}15x$
- Tetragonal innenzentrierte Packung $a_2 = b_2 = x$; $c_2 = \sqrt{2} \cdot x = 1{,}41\,x$
- Kubisch dichteste Packung $a_3 = b_3 = c_3 = \sqrt{2} \cdot x = 1{,}41\,x$

14.2.5 Lückenverteilung in der kubisch dichtesten Kugelpackung (Motiv 5)

Obwohl in der kubisch dichtesten Kugelpackung jede Einzelschicht optimal gepackt ist und auch die Stapelung dieser Schichten durch das Einrasten jeder Kugel in die Vertiefungen zwischen je drei Kugeln darüber und darunter optimal raumsparend erfolgt, werden doch nur 74,1 % des Raumes von den Kugeln ausgefüllt. Die verbleibenden 25,9 % des Raumes sind für die dichtest gepackten Kugeln unzugänglich und lassen sich in *Tetraeder- und Oktaederlücken* einteilen.

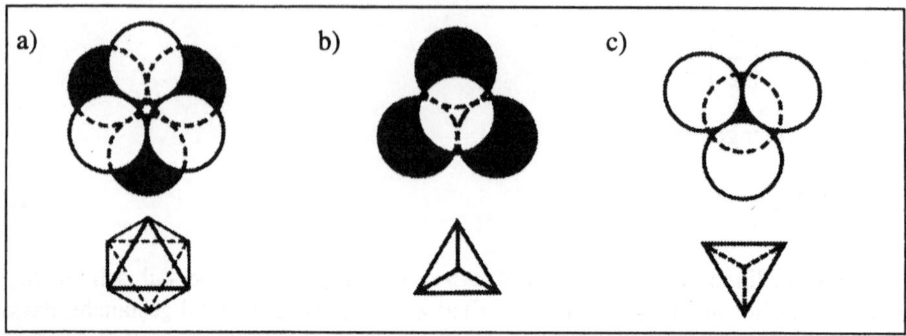

Abb. 14.4

Die Hälfte der Tetraederlücken weist mit der Spitze nach oben, die andere Hälfte nach unten. Die Tetraederlücken sind mit gleichsinnig orientierten Tetraederlücken eckenverknüpft, mit gegensinnig orientierten Tetraederlücken ecken- oder *kanten*verknüpft.

Eine beliebig herausgegriffene Kugel ist Eckpunkt von 6 untereinander kantenverknüpften Oktaedern und von weiteren 8 Tetraedern, die mit den Oktaedern flächenverknüpft sind. Da aber die betrachtete Kugel an jedem Oktaeder nur zu je 1/6 und an jedem Tetraeder nur zu je 1/4 Anteil hat, kommen auf 1 Kugel formal $6 \cdot 1/6 = 1$ Oktaederlücke und $8 \cdot 1/4 = 2$ Tetraederlücken, letztere mit gegensinniger Orientierung. In Abb. 14.4 a–c sind diese drei Lückentypen in der Aufsicht dargestellt.

14.2.6 Lückenverteilung in der hexagonal dichtesten Kugelpackung (Motiv 6)

Eine hexagonal dichteste Packung von N Kugeln enthält *N Oktaederlücken* und *2N Tetraederlücken*. Von den letzteren weist die eine Hälfte mit der Spitze nach oben, die andere Hälfte mit der Spitze nach unten.

Die Tetraederlücken sind mit gleichsinnig orientierten Tetraederlücken eckenverknüpft, mit gegensinnig orientierten Tetraederlücken ecken- oder *flächen*verknüpft.

Tasten Sie die unterschiedlichen Verknüpfungsmöglichkeiten der Tetraeder- und Oktaederlücken in der hexagonal und kubisch dichtesten Kugelpackung (Motiv 5–6) mit einem Bleistift ab.

14.2.7 Größe der Tetraederlücken in dichtesten Kugelpackungen (Motiv 7)

In hexagonal oder kubisch dichtesten Kugelpackungen bilden je 4 Kugeln eine *Tetraederlücke*, in der eine kleinere Kugel eingelagert werden kann. Bezeichnet man die Radien der großen Kugeln mit R_X und die der kleineren mit R_A und fordert man, dass sich die großen Kugeln längs der Tetraederkanten berühren sollen (Kantenlänge = 2 R_X), und dass die kleine Kugel alle 4 großen Kugeln berühren soll, dann ergibt sich die in Motiv 7 dargestellte räumliche Anordnung.

Die mehrfache Anwendung des Satzes von Pythagoras auf die rechtwinkligen Dreiecke QST, QTU und CQS ergibt:

$$\overline{QT} = \sqrt{3} R_X \tag{1}$$

$$\overline{CQ} = \frac{\sqrt{2}}{2} R_X \tag{2}$$

$$\overline{CS} = \frac{\sqrt{6}}{2} R_X \tag{3}$$

Andererseits ist die Bedingungsgleichung für eine optimale Einpassung:

$$\overline{CS} = R_A + R_X \tag{4}$$

Durch Gleichsetzen von (3) und (4) ergibt sich:

$$\frac{R_X}{R_A} = \frac{\sqrt{6}}{2} - 1 = 0{,}225 \tag{5}$$

Gleichung (5) besagt, dass eine kleine Kugel dann optimal in die Tetraederlücken einer dichtesten Packung größerer Kugeln eingepasst ist, wenn der *Radienquotient* gleich 0,225 ist.

14.2.8 Größe der Oktaederlücken in dichtesten Kugelpackungen (Motiv 8)

In hexagonal oder kubisch dichtesten Kugelpackungen bilden je 6 Kugeln eine *Oktaederlücke*, in die eine kleinere Kugel eingelagert werden kann. Bezeichnet man die Radien der großen Kugeln mit R_X und die der kleineren mit R_A und fordert man, dass sich die großen Kugeln längs der Oktaederkanten berühren sollen (dichteste Packung!) und dass die kleine Kugel alle 6 großen Kugeln berühren soll, dann ergibt die Anwendung des Satzes von Pythagoras auf das schraffierte Dreieck:

$$(2R_X)^2 + (2R_X)^2 = (2R_X + 2R_A)^2 \tag{1}$$

Aus (1) ergibt sich dann durch Umformen eine quadratische Gleichung:

$$\left(\frac{R_A}{R_X}\right)^2 + 2\left(\frac{R_A}{R_X}\right) - 1 = 0 \tag{2}$$

Gleichung (2) hat *eine* physikalisch sinnvolle Lösung:

$$\frac{R_A}{R_X} = \sqrt{2} - 1 = 0{,}414 \tag{3}$$

Gleichung (3) besagt, dass eine kleine Kugel dann optimal in die Oktaederlücken einer dichtesten Packung größerer Kugeln eingepasst ist, wenn der *Radienquotient* gleich 0,414 ist.

14.3 Kristallstrukturen von Ionenverbindungen

14.3.1 Natriumchlorid NaCl – eine kubisch dichteste Packung mit vollständig besetzten Oktaederlücken (Motiv 9)

In der NaCl-Struktur bilden die größeren Chloridionen ein kubisch flächenzentriertes Gitter, d. h. sie sind *kubisch dichtest* gepackt. Die Kugelradien sind verkleinert gezeichnet, um die Struktur übersichtlicher zu machen. Die Linien dienen nur zur räumlichen Orientierung und dürfen nicht mit Bindungsstrichen verwechselt werden.

Die Oktaederlücken innerhalb der dichtesten Chloridionen-Packung sind von kleineren Natriumionen besetzt. Da auf *N* Chloridionen auch *N* Oktaederlücken kommen, sind *alle Oktaederlücken besetzt.* Ein ganzer und zwei halbe kantenverknüpfte Oktaeder sind eingezeichnet.

Je 8 der durch die Konstruktionslinien gebildeten Würfel bilden eine *Elementarzelle.* Der abgebildete Ausschnitt aus dem (unendlich ausgedehnten) NaCl-Gitter repräsentiert somit 8 Elementarzellen.

Jede Elementarzelle enthält 4 Formeleinheiten NaCl, nämlich:

- 8 Chloridionen auf den Ecken (jedes zählt 1/8)
- 6 Chloridionen auf den Flächen (jedes zählt 1/2) ⇒ Na_4Cl_4 bzw. 4 NaCl
- 12 Natriumionen auf den Kanten (jedes zählt 1/4)
- 1 Natriumion im Inneren (dieses zählt 1/1)

Der *Radienquotient* R(Na^+) : R(Cl^-) = 0,54 ist größer als der Idealwert 0,414, der für die Einpassung in Oktaederlücken erforderlich ist (vgl. Motiv 8). Die Natriumionen drücken also die Chloridionen unter Aufweitung der Oktaederlücken auseinander, so dass die Chloridionen den Kontakt untereinander verlieren (Abb. 14.5). Dennoch spricht man von einer (quasi-)dichtesten Kugelpackung.

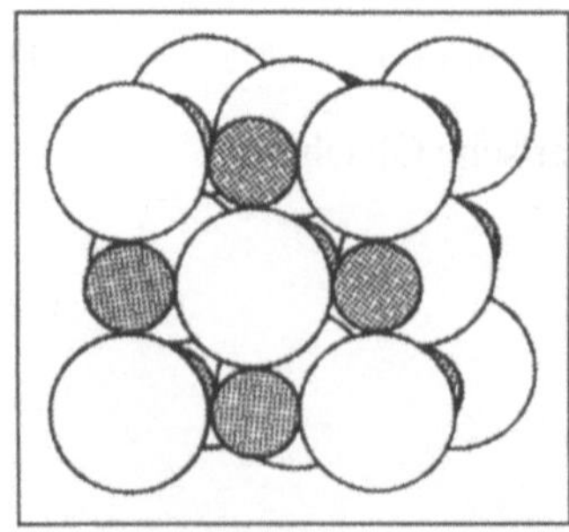

Abb. 14.5a

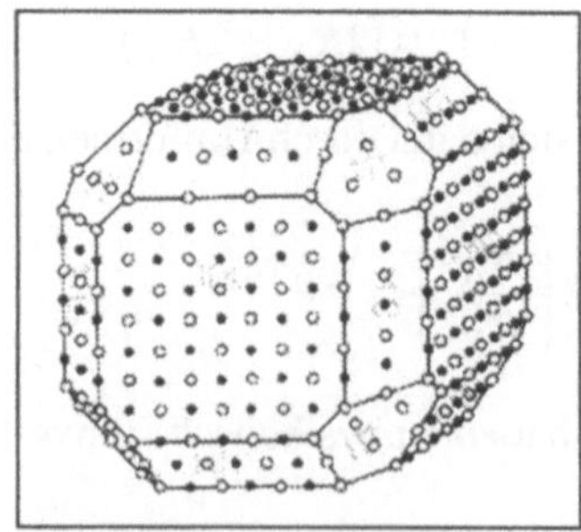

Abb. 14.5b

14.3.2 Nickelarsenid NiAs – eine hexagonal dichteste Packung mit vollständig besetzten Oktaederlücken (Motiv 10)

Im Nickelarsenid NiAs bilden die großen Arsenidionen eine *hexagonal dichteste* Kugelpackung, erkennbar an der Schichtenfolge ABAB ... am rechten Bildrand (siehe Motiv 10 in den Farbtafeln).

Die kleinen Nickelionen besetzen *alle Oktaederlücken* in der Arsenidionen-Packung. Drei $NiAs_6$-Oktaeder sind eingezeichnet, einer davon (rechts oben) ist durch Rasterung hervorgehoben. Die Oktaeder sind in horizontaler Richtung kantenverknüpft, so dass die Nickelionen in den jeweiligen Schichtzwischenräumen auf den Knotenpunkten regulärer Dreiecksnetze liegen. Da die Oktaeder in vertikaler Richtung flächenverknüpft sind, kommen die Ni-Dreiecksnetze aller Schichtzwischenräume vertikal direkt aufeinander zu liegen.

Jedes Arsenidion ist *trigonal prismatisch* von 6 Nickelionen umgeben. Ein Prisma ist links unten durch Rasterung hervorgehoben. Jedes Nickelion ist *verzerrt oktaedrisch* von 6 Arsenidionen umgeben. Die $NiAs_6$ -Oktaeder sind in vertikaler Richtung gestaucht, weil die vertikal übereinander liegenden Nickelionen in merklichem Umfang metallische Bindungen miteinander bilden, die der elektrostatischen Abstoßung entgegenwirken.

Die *Elementarzelle* ist im linken Teil der Struktur durch stärkere Linien hervorgehoben. Man kann sie sich aus 4 aneinander gefügten Ni_6-Prismen aufgebaut denken. Zwei kantenverknüpfte Prismen sind mit je einem Arsenidion gefüllt, die beiden anderen Prismen sind leer.

Verbindungen, die im NiAs-Typ kristallisieren, bilden oft nichtstöchiometrische Phasen der Zusammensetzung Me_yX, wobei y im Bereich $0{,}5 \leq y \leq 2{,}0$ variieren kann. (Allerdings ist für eine bestimmte Verbindung jeweils nur ein relativ enger Phasenbereich stabil.)

Die Stöchiometrie $Me_{0,5}X$ wird häufig so realisiert, dass jede zweite Metallionenschicht fehlt. Die fehlenden positiven Ladungen werden dadurch kompensiert, dass die verbleibenden Metallionen in eine höhere Oxidationsstufe übergehen. Die resultierende Struktur ist identisch mit der des CdI_2-Gitters (Motiv 12).

Die Stöchiometrie $Me_{2,0}X$ wird so realisiert, dass alle leeren Prismen des NiAs-Gitters mit weiteren Metallionen gefüllt werden. Ein Beispiel hierfür ist die Legierung Ni_2In.

14.3.3 Cadmiumchlorid $CdCl_2$ – eine kubisch dichteste Packung mit zur Hälfte besetzten Oktaederlücken (Motiv 11)

In der $CdCl_2$-Struktur bilden die größeren Chloridionen eine *kubisch dichteste* Kugelpackung, erkennbar an der Schichtenfolge ABCABC ... der horizontal liegenden, vertikal aufeinander gestapelten Chloridionen-Schichten. Ein Raumordner am rechten Bildrand des Motives 11 (siehe Farbtafeln) verdeutlicht die Schichtenfolge.

Die kleineren Cadmiumionen besetzen alle Oktaederlücken jedes zweiten Schichtzwischenraums, also insgesamt die *Hälfte* aller verfügbaren *Oktaederlücken*. Ein besetzter und ein leerer Oktaeder sind durch Rasterung hervorgehoben. Die alternierende Besetzung führt zur Ausbildung einer *Schichtstruktur*. Der Kristall ist in horizontaler Richtung zwischen den Schichten B und C leicht spaltbar.

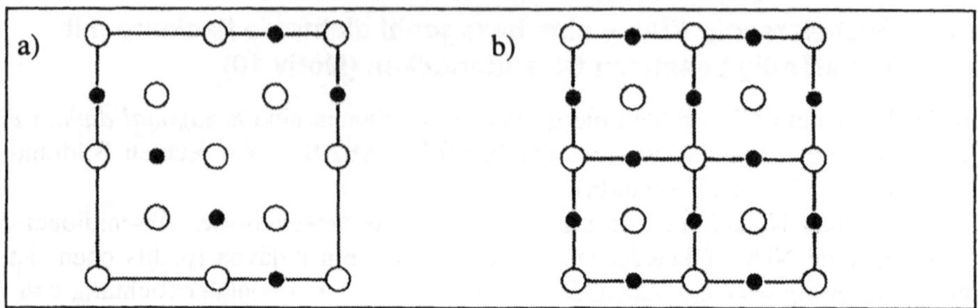

Abb. 14.6

Da in einer Packung von 2 *N* Chloridionen auch 2 *N* Oktaederlücken zur Verfügung stehen, reichen die *N* Cadmiumionen gerade zur alternierenden Besetzung dieser Lücken aus. Dementsprechend sind alle 4 *N* Tetraederlücken *leer*. Eine dieser Lücken ist (flächenverknüpft mit den beiden Oktaedern) eingezeichnet.

Die kubische *Elementarzelle* liegt schräg in der Struktur. Der eingezeichnete Würfel repräsentiert nur eine achtel Elementarzelle.

Man kann sich die $CdCl_2$-Struktur aus der NaCl-Struktur (Motiv 9) durch systematische Entfernung der Hälfte aller Natriumionen bei gleichzeitigem Austausch der anderen Hälfte gegen Cadmiumionen entstanden denken, wie die Abb. 14.6 verdeutlicht.

Abb. 14.6a zeigt die Seitenfläche einer $CdCl_2$-Elementarzelle (idealisiert).

Abb. 14.6b zeigt die entsprechenden Seitenflächen von *vier* aneinandergesetzten NaCl-Elementarzellen. Hieraus wird deutlich, weshalb der in Motiv 11 eingezeichnete Würfel nur ein Achtel der Elementarzelle repräsentiert.

14.3.4 Cadmiumiodid CdI_2 – eine hexagonal dichteste Packung mit zur Hälfte besetzten Oktaederlücken (Motiv 12)

In der CdI_2-Struktur bilden die größeren Iodidionen eine *hexagonal dichteste* Kugelpackung, erkennbar an der Schichtenfolge ABAB ... der horizontal liegenden, vertikal aufeinander gestapelten Iodidionen-Schichten.

Die kleineren Cadmiumionen besetzen alle Oktaederlücken jedes zweiten Schichtenzwischenraums, also insgesamt die *Hälfte aller Oktaederlücken*. Die alternierende Besetzung führt zur Ausbildung einer *Schichtstruktur*. Der Kristall ist horizontal längs der unbesetzten Schichtzwischenräume leicht spaltbar.

Die Oktaeder sind in horizontaler Richtung kantenverknüpft, so dass die Cadmiumionen in vertikaler Richtung senkrecht aufeinander angeordnet sind. Ein Raumordner (links, siehe Motiv 12 in der Farbtafel)) verdeutlicht dies.

Der Restraum zwischen den Oktaederlücken besteht aus unbesetzten Tetraederlücken.

Die Kristallstrukturen von CdI_2 und $CdCl_2$ sind einander sehr ähnlich. Beide Packungen setzen sich aus identisch aufgebauten X–M–X Schichten zusammen, die aber unterschiedlich aufeinander gestapelt sind. Beim $CdCl_2$ (Motiv 11) ist die Folge der Halogenidionenschichten ABCABC ..., beim CdI_2 ABABAB ... Die Lage der Metallionenschichten wird durch die jeweils benachbarten Halogenidionen-Schichten festgelegt; es wird immer die dritte noch freie Lagemöglichkeit realisiert (also z. B. C zwischen A und B usw.), siehe Abb. 14.7.

Cl^- in $CdCl_2$	A	B	C	A	B	C	...
Cd^{2+} in $CdCl_2$		C		B		A	...
I^- in CdI_2	A	B	A	B	A	B	...
Cd^{2+} in CdI_2		C		C		C	...
Baueinheiten	X M X		X M X		X M X		...

Abb. 14.7

Denkt man sich im CdI_2-Gitter die Kationen so umverteilt, dass die Oktaederlücken in *jedem* Schichtzwischenraum zur *Hälfte* besetzt werden (anstatt in jedem zweiten Schichtzwischenraum vollständig), dann ergibt sich eine Anordnung, die der Struktur des $CaCl_2$-Gitters entspricht. Beachten Sie auch den Unterschied zwischen $CaCl_2$ (hexagonal) und $CdCl_2$ (kubisch).

14.3.5 Zinkblende ZnS – eine kubisch dichteste Packung mit zur Hälfte besetzten Tetraederlücken (Motiv 13)

In der kubischen ZnS-Struktur (Zinkblende) bilden die größeren Sulfidionen eine *kubisch dichteste* Kugelpackung. Die Struktur ist in „kubischer Aufstellung" gezeichnet, d. h. die dichtest gepackten Sulfidionen-Schichten sind schräg zur Bildebene (senkrecht zu den Raumdiagonalen der kubischen Elementarzelle) orientiert. Tasten Sie mit einem Bleistift diese Schichten ab und überzeugen Sie sich, dass die Schichtenfolge in Richtung der Raumdiagonalen ABCABC ... ist (siehe Motiv 13 in den Farbtafeln)!

Die kleineren Zinkionen besetzen die *Hälfte* der verfügbaren *Tetraederlücken*. Von den in der kubisch flächenzentrierten Elementarzelle insgesamt vorhandenen acht gleichwertigen Tetraederlücken (4 davon sind durch Rasterung hervorgehoben) ist alternierend jede zweite mit einem Zinkion besetzt. Auch die Zinkionen bilden – für sich allein betrachtet – ein kubisch flächenzentriertes Teilgitter aus. Man kann die Elementarzelle deshalb auch so in die Struktur hineinlegen, dass die Zinkionen auf den Ecken der Zelle sitzen. Tasten Sie diese *alternative Elementarzelle* mit einem Bleistift ab!

Verbindet man die Ionen jeweils mit ihren nächsten Nachbarn, dann sieht man, dass beide Ionensorten von der jeweils anderen Sorte tetraedrisch koordiniert sind. Die Bindung zwischen den Ionen hat beträchtlichen kovalenten Charakter. Die Verbindungslinien können deshalb auch als sp^3-Hybridbindungen gedeutet werden.

14.3.6 Wurtzit ZnS – eine hexagonal dichteste Packung mit zur Hälfte besetzten Tetraederlücken (Motiv 14)

In der hexagonalen ZnS-Struktur (Wurtzit) bilden die größeren Sulfidionen eine *hexagonal dichteste Kugelpackung*, erkennbar an der Schichtenfolge ABAB... Die kleineren Zinkionen besetzen die *Hälfte* aller verfügbaren *Tetraederlücken*, und zwar in jedem Schichtzwischenraum. Die besetzten Tetraeder haben alle die gleiche Orientierung (hier: Spitze nach oben) und sind miteinander eckenverknüpft.

Alle Tetraeder mit der Spitze nach unten und alle Oktaeder sind leer. Tasten Sie einige dieser (nicht eingezeichneten) unbesetzten Lücken mit einem Bleistift ab!

Die (nicht eingezeichnete) hexagonale Elementarzelle enthält 8 Sulfidionen an den Ecken, 4 Zinkionen auf den vertikalen Kanten und je 1 Sulfidion und Zinkion im Inneren. Tasten Sie die Elementarzelle mit einem Stift ab!

Sowohl die Zinkionen als auch die Sulfidionen sind *tetraedrisch* koordiniert, erkennbar an den Verbindungslinien zwischen jeweils benachbarten Ionen. Ein Unterschied zur Zinkblende-Struktur ist erst bei Einbeziehung der übernächsten Nachbarn erkennbar. Vergleichen Sie die Motive 13 und 14! Die Verbindungslinien zwischen den Ionen können als kovalente Bindungsanteile gedeutet werden.

14.3.7 Perowskit $CaTiO_3$ – eine kubisch dichteste Mischpackung mit zu einem Viertel besetzten Oktaederlücken (Motiv 15)

Im Perowskit-Gitter $CaTiO_3$ bilden die Oxidionen (weiße Kugeln) *gemeinsam* mit den Calciumionen (gerasterte Kugeln) eine angenähert *kubisch dichteste* Kugelpackung, erkennbar an der kubisch flächenzentrierten Elementarzelle, in der die Calciumionen die 8 Ecken und die Oxidionen die 6 Flächenmitten besetzen.

Die quasi-dichtest gepackten CaO_3-Schichten sind senkrecht zu den Raumdiagonalen der kubischen Zelle orientiert. Eine dieser Schichten ist durch Rasterung (oben rechts) hervorgehoben. Da die Oxidionen um ca. 15 % größer sind als die Calciumionen, ist die Packung nur quasi-dichtest und außerdem etwas orthorhombisch verzerrt.

Die kleinen Titanionen sitzen im Zentrum jeder Elementarzelle, das heißt in den von jeweils 6 Oxidionen gebildeten Oktaederlücken. Jeder TiO_6-Oktaeder ist mit 6 benachbarten TiO_6-Oktadern eckenverknüpft. Die nur von Oxidionen gebildeten (reinen) Oktaederlücken (1/4 aller verfügbaren Lücken der CaO_3-Packung) reichen gerade aus, um alle Titanionen unterzubringen. Die „gemischten" Oktaederlücken aus 4 Oxidionen und 2 Calciumionen (3/4 aller Lücken) sind leer. Auch alle Tetraederlücken sind leer.

Die *Elementarzelle* lässt sich auf verschiedene Weise in die Perowskit-Struktur hineinlegen. In Abb. 14.8a sitzen die Calciumionen auf den 8 Ecken, in Abb. 14.8b sitzt ein Ca^{2+} im Zentrum, in Abb. 14.8c sitzen zwei Ca^{2+} auf zwei einander gegenüberliegenden Flächenmitten der kubischen Elementarzelle. Entsprechend sind auch die Positionen der Oxidionen und der Titanionen umverteilt. Alle drei Zellen sind äquivalent und durch Translation ineinander überführbar. Suchen Sie die alternativen Elementarzellen im Motiv 15 (siehe Farbtafeln) und fahren Sie die Zellkanten mit einem Stift nach! Überzeugen Sie sich, dass jedes Ca^{2+} *kuboktaedrisch* von 12 Oxidionen umgeben ist (Abb. 14.8b, d).

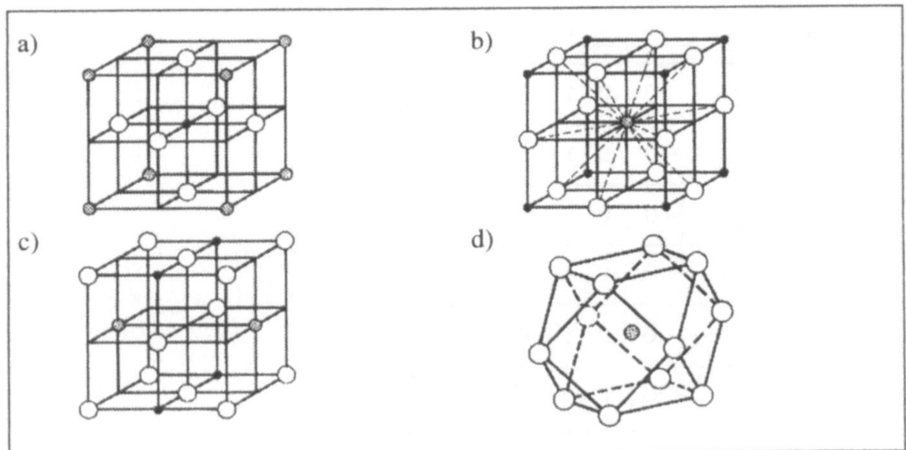

Abb. 14.8

14.3.8 Spinell $MgAl_2O_4$ – eine kubisch dichteste Packung mit zur Hälfte besetzten Oktaederlücken und zu ein Achtel besetzten Tetraederlücken (Motiv 16)

Im Spinell-Gitter $MgAl_2O_4$ bilden die Oxidionen (große weiße Kugeln) eine angenähert kubisch dichteste Kugelpackung. Die Magnesiumionen (kleine weiße Kugeln) besetzen ein *Achtel* der *Tetraederlücken*, die Aluminiumionen (kleine schwarze Kugeln) besetzen die *Hälfte* der verfügbaren *Oktaederlücken* in der Oxidionenpackung. Ein MgO_4-Tetraeder und ein AlO_6-Oktaeder sind eingezeichnet. Suchen Sie weitere besetzte und leere Tetraeder- und Oktaederlücken!

Die Verteilung der Metallionen auf die (im Überschuss vorhandenen) Lücken erfolgt so, dass jedes Oxidion annähernd tetraedrisch von drei Al^{3+}-Ionen und einem Mg^{2+}-Ion umgeben ist. Ein (Al_3Mg)-Tetraeder ist eingezeichnet.

Die Aluminiumionen sind durch Raumordner zu alternierenden Parallelreihen zusammengefasst. Die Zentren der leeren Oktaederlücken können durch einen analogen Satz von Raumordnern beschrieben werden.

Die Elementarzelle enthält 8 Formeleinheiten $MgAl_2O_4$. Man kann sie sich aus 8 aneinandergefügten kubisch flächenzentrierten Subzellen aufgebaut denken. Die 4 vorderen Subzellen sind hervorgehoben. Die Subzellen unterscheiden sich hinsichtlich der Metallionenverteilung. Für die Strukturbeschreibung reicht deshalb eine Subzelle allein nicht aus.

Einen Zusammenhang zwischen allen *kubisch* dichtesten Packungen (Motive 9, 11, 13, 15, 16) kann man erkennen, wenn man die *Besetzungsgrade* der Oktaeder- und Tetraeder-Lücken einander gegenüberstellt (Abb. 14.9). Der Besetzungsgrad 1 bedeutet, dass alle Lücken des betreffenden Typs (O = Oktaeder, T = Tetraeder) von Kationen besetzt sind. Die Buchstaben A,B,C markieren die kubische Schichtenfolge. Aus dem Schema geht hervor, dass nur $CdCl_2$ (mit zwei „Nullen" in manchen Zwischenräumen) eine Schichtstruktur aufzuweisen hat.

	O	T	O	T	O	T	O	T	O	T	O	T	
C													C
	1	0	1	0	$\frac{1}{4}$	0	0	1	0	$\frac{1}{2}$	$\frac{1}{2}$	$\frac{1}{8}$	
B													B
	1	0	0	0	$\frac{1}{4}$	0	0	1	0	$\frac{1}{2}$	$\frac{1}{2}$	$\frac{1}{8}$	
A													A
	1	0	1	0	$\frac{1}{4}$	0	0	1	0	$\frac{1}{2}$	$\frac{1}{2}$	$\frac{1}{8}$	
C													C
	1	0	0	0	$\frac{1}{4}$	0	0	1	0	$\frac{1}{2}$	$\frac{1}{2}$	$\frac{1}{8}$	
B													B
	1	0	1	0	$\frac{1}{4}$	0	0	1	0	$\frac{1}{2}$	$\frac{1}{2}$	$\frac{1}{8}$	
A													A
	NaCl		$CdCl_2$		$CaTiO_3$		Li_2O		ZnS		$MgAl_2O_4$		

Abb. 14.9: Besetzungsschema für *kubische* Strukturen

	O	T	O	T	O	T	O	T	O	T	O	T	
B													B
	1	0	1	0	$\frac{1}{2}$	0	0	$\frac{1}{2}$	$\frac{2}{3}$	0	0	$\frac{1}{6}$	
A													A
	1	0	0	0	$\frac{1}{2}$	0	0	$\frac{1}{2}$	$\frac{2}{3}$	0	0	$\frac{1}{6}$	
B													B
	1	0	1	0	$\frac{1}{2}$	0	0	$\frac{1}{2}$	$\frac{2}{3}$	0	0	$\frac{1}{6}$	
A													A
	1	0	0	0	$\frac{1}{2}$	0	0	$\frac{1}{2}$	$\frac{2}{3}$	0	0	$\frac{1}{6}$	
B													B
	1	0	1	0	$\frac{1}{2}$	0	0	$\frac{1}{2}$	$\frac{2}{3}$	0	0	$\frac{1}{6}$	
A													A
	NiAs		CdI_2		$CaCl_2$		ZnS		αAl_2O_3		Al_2Br_6		

Abb. 14.10: Besetzungsschema für *hexagonale* Strukturen

Analog lässt sich auch der Zusammenhang zwischen allen *hexagonal* dichtesten Packungen (Motive 10, 12, 14) durch ein solches Besetzungsschema verdeutlichen (siehe Abb. 14.10).

Vergleicht man die beiden Besetzungsschemata (Abb. 14.9 und 14.10), so fällt auf, dass das Analogon zum kubischen Li_2O-Gitter im hexagonalen System fehlt. Der Grund dafür ist aus Abb. 14.11 ersichtlich. Im kubischen Li_2O sind die benachbarten Tetraederlücken *kanten*verknüpft (Abb. 14.11a); sie können vollständig mit Kationen besetzt werden. Dies ist im hexagonalen System (Abb. 14.11b) nicht möglich, weil dort die Tetraederlücken *flächen*verknüpft sind, so dass sich die Kationen zu nahe kämen. Ein Vertreter dieses Strukturtyps ist bislang nicht bekannt.

Farbtafeln

Kapitel 14

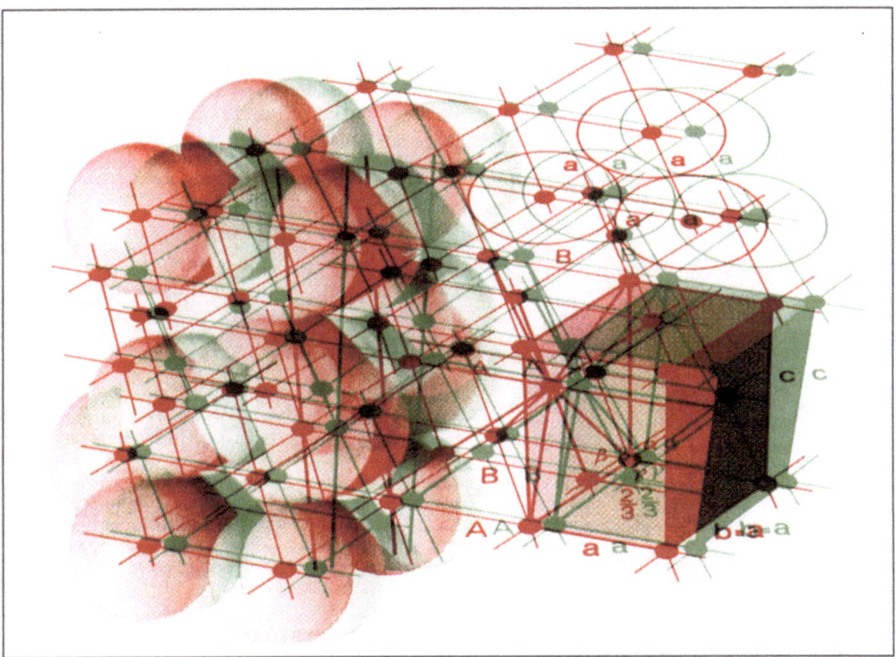

Motiv 1: Hexagonal dichteste Kugelpackung

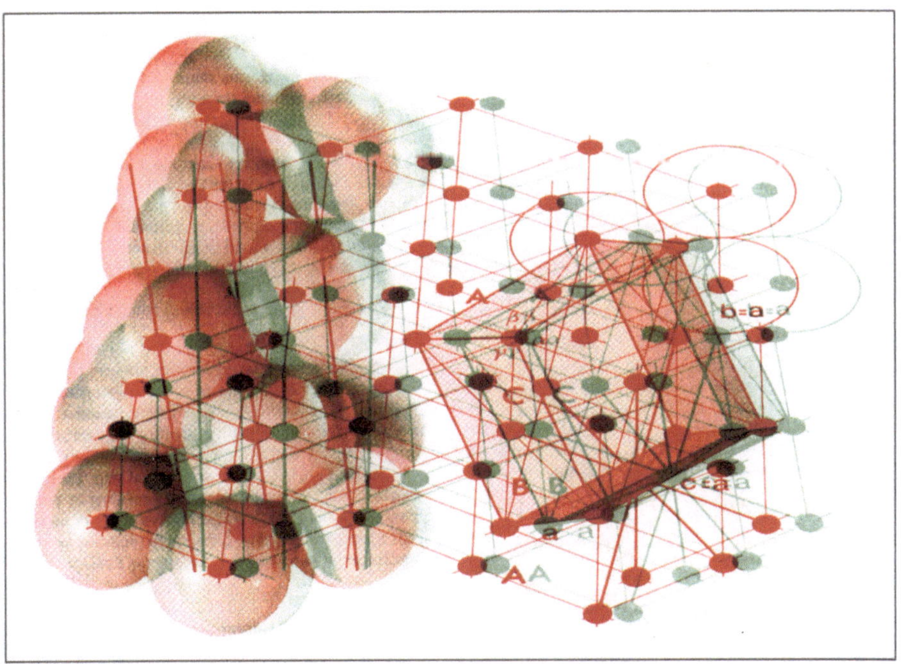

Motiv 2: Kubisch dichteste Kugelpackung

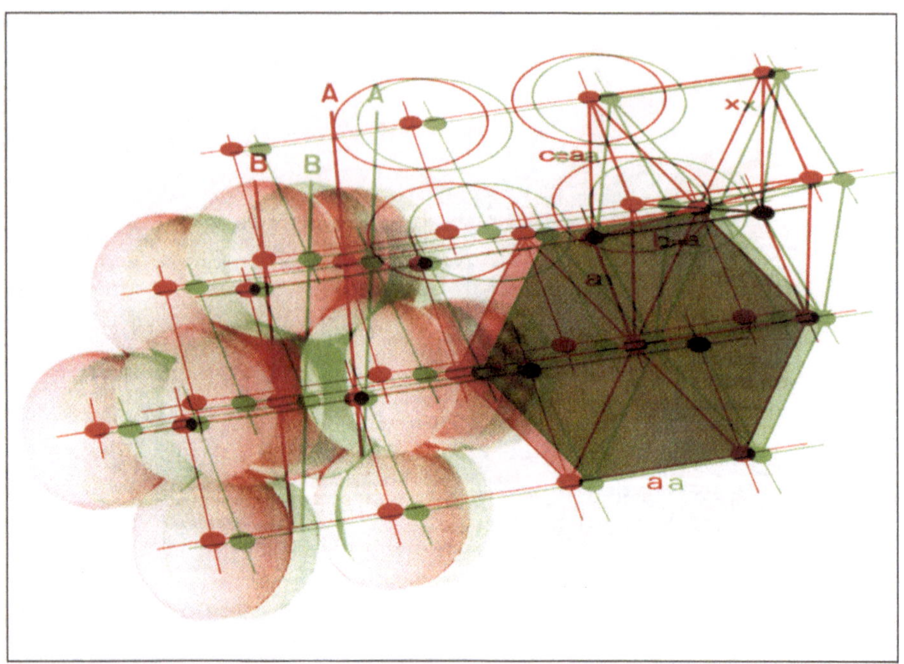

Motiv 3: Kubisch innenzentrierte Kugelpackung

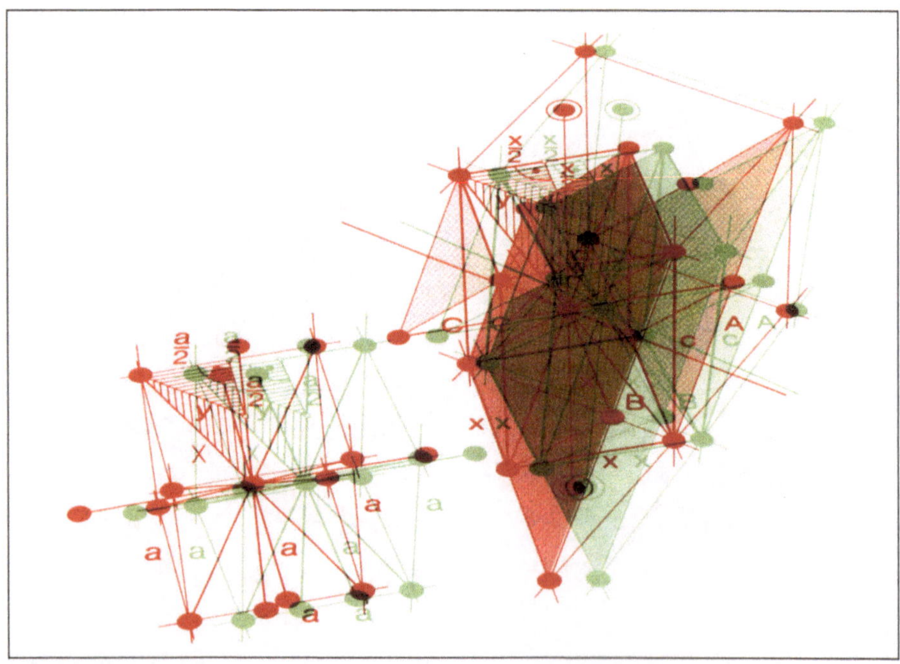

Motiv 4: Zusammenhang zwischen innenzentrierter und flächenzentrierter Packung

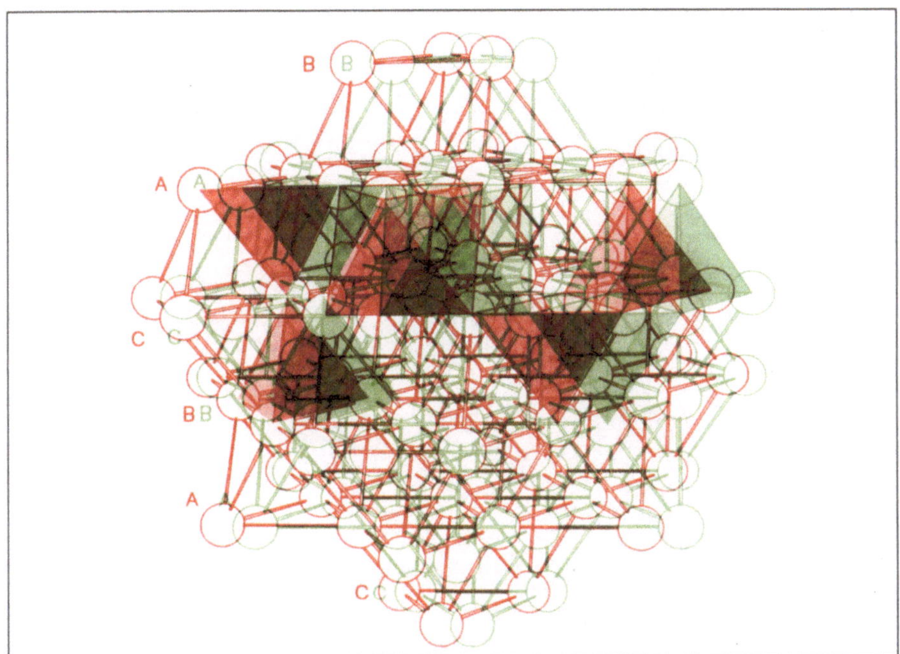

Motiv 5: Lücken in der kubischen Packung

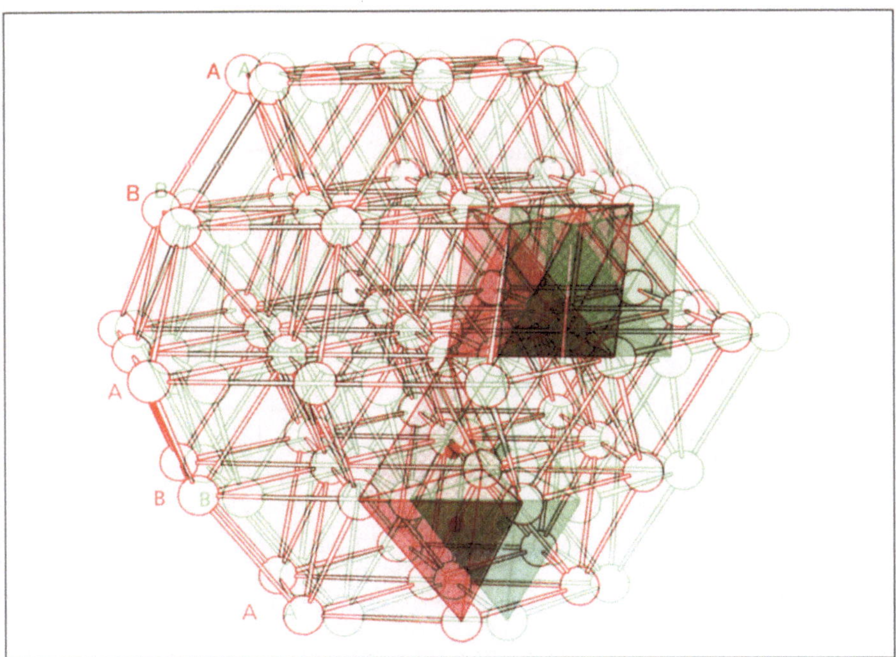

Motiv 6: Lücken in der hexagonalen Packung

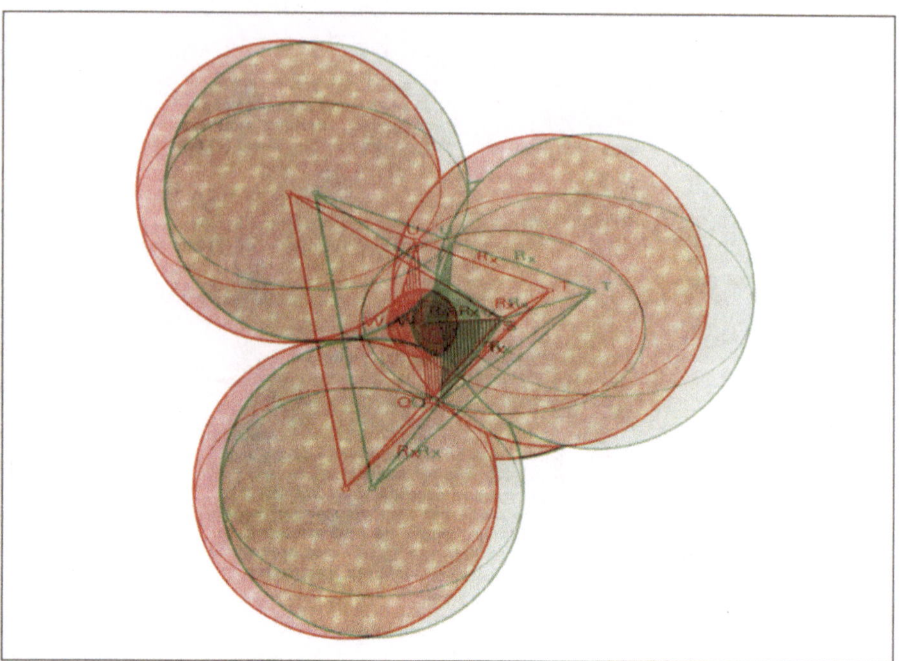

Motiv 7: Größe der Tetraederlücken

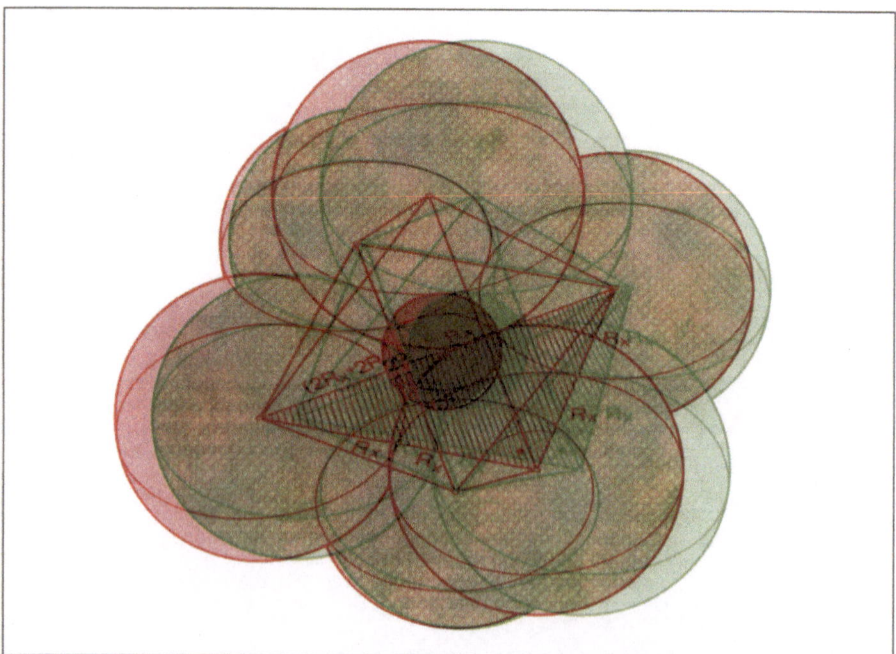

Motiv 8: Größe der Oktaederlücken

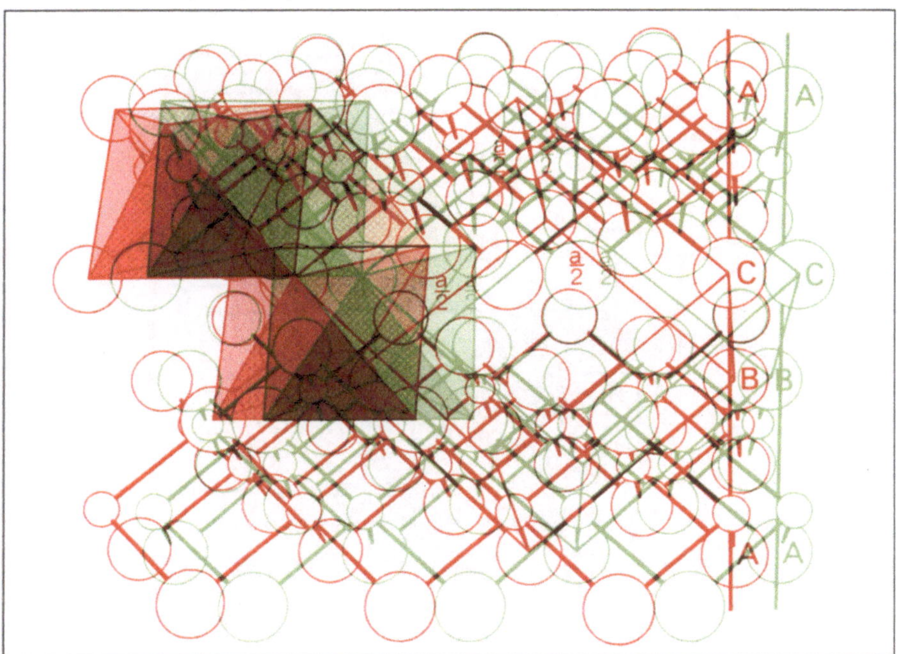

Motiv 9: Natriumchlorid NaCl

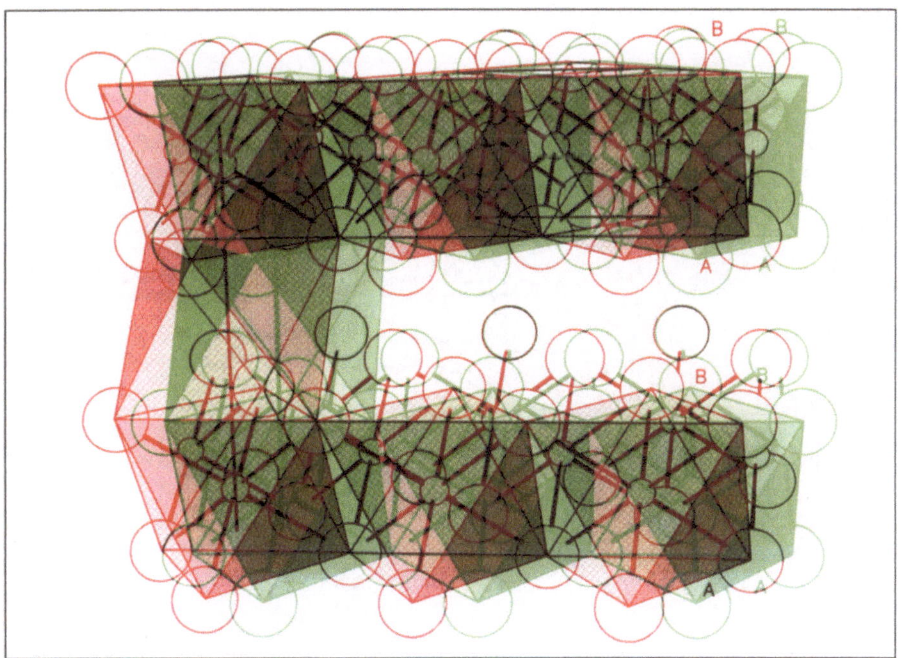

Motiv 10: Nickelarsenid NiAs

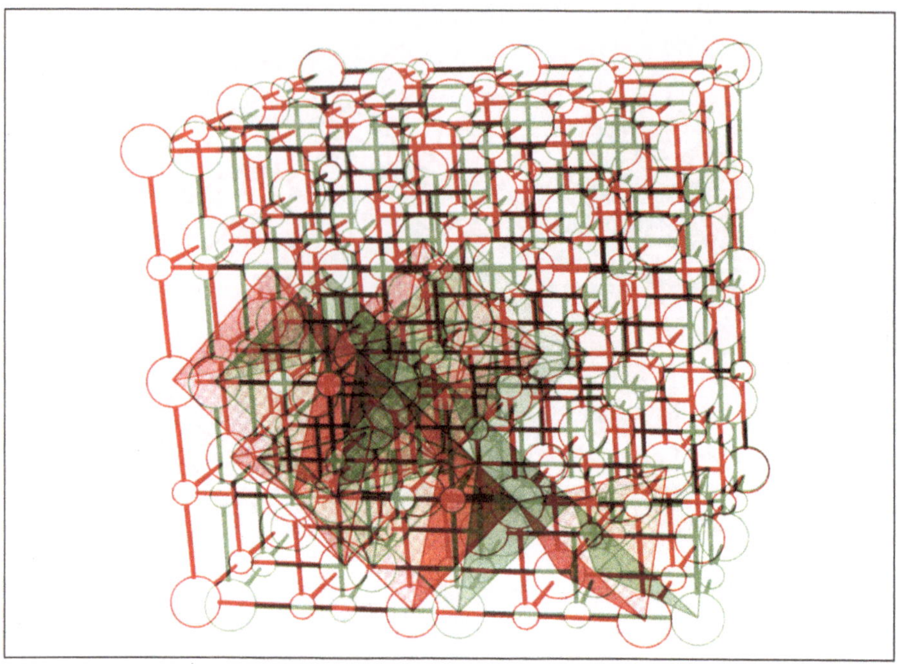

Motiv 11: Cadmiumchlorid $CdCl_2$

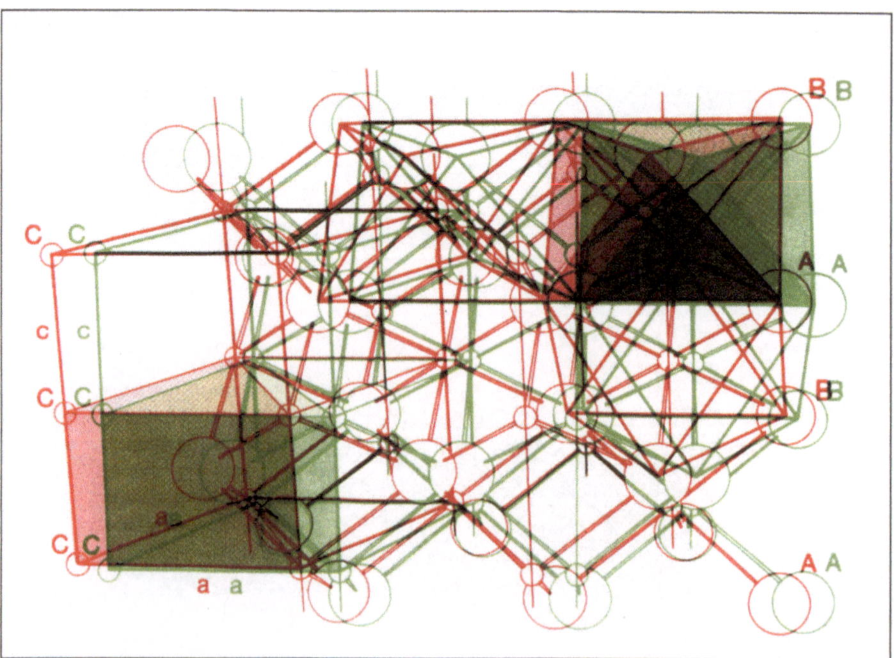

Motiv 12: Cadmiumiodid CdI_2

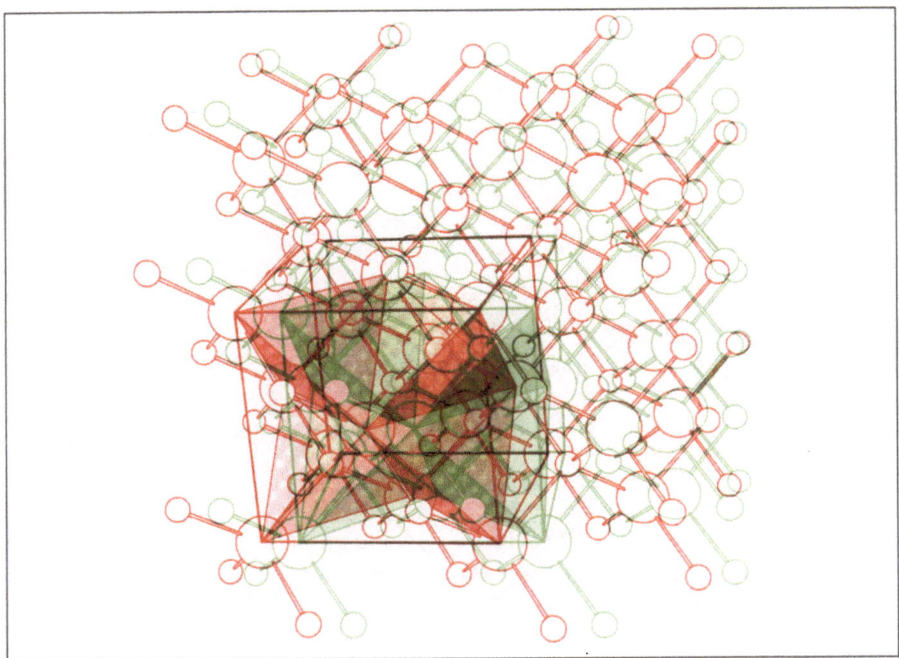

Motiv 13: Zinkblende ZnS

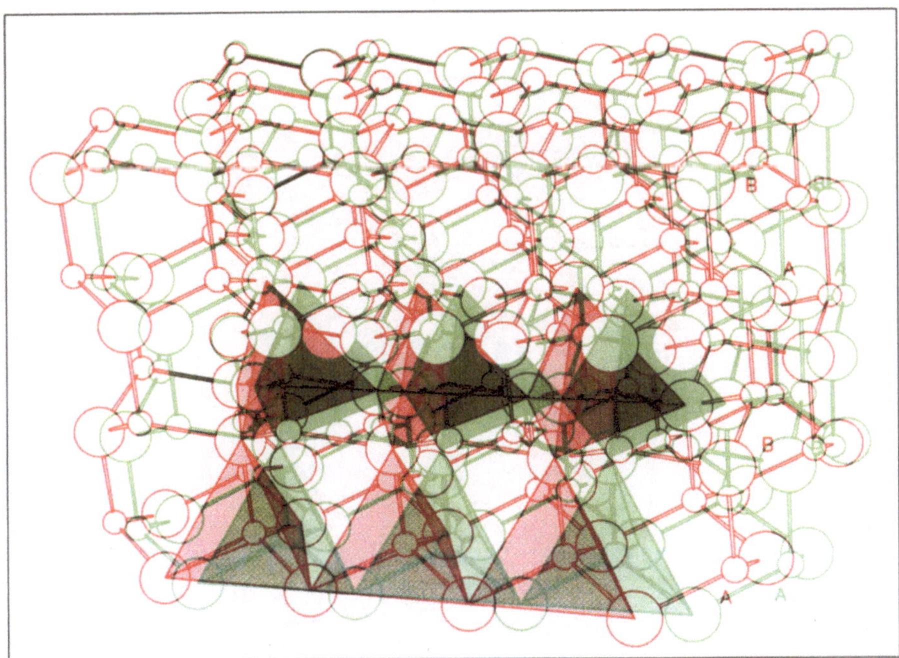

Motiv 14: Wurtzit ZnS

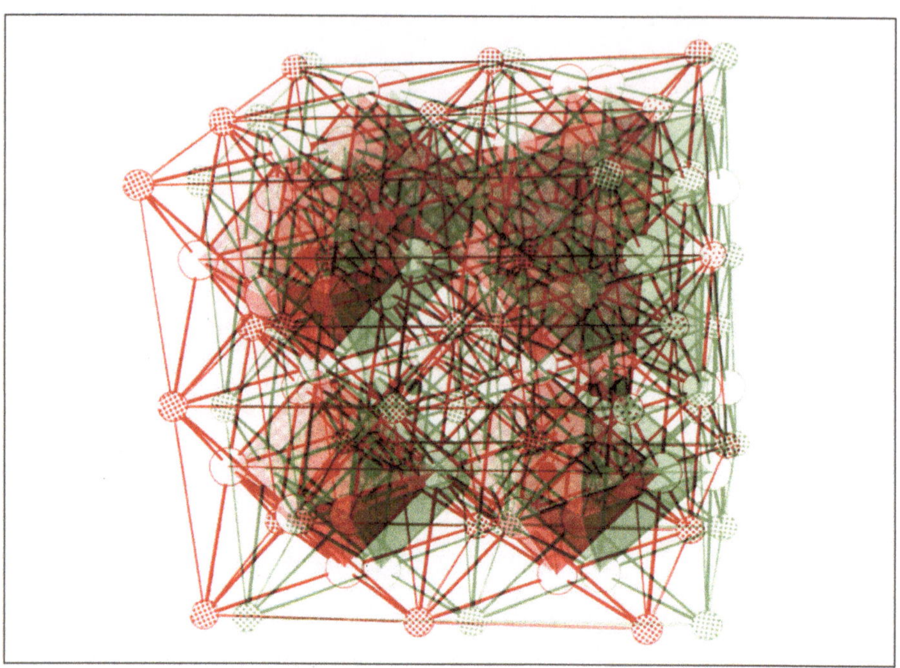

Motiv 15: Perowskit $CaTiO_3$

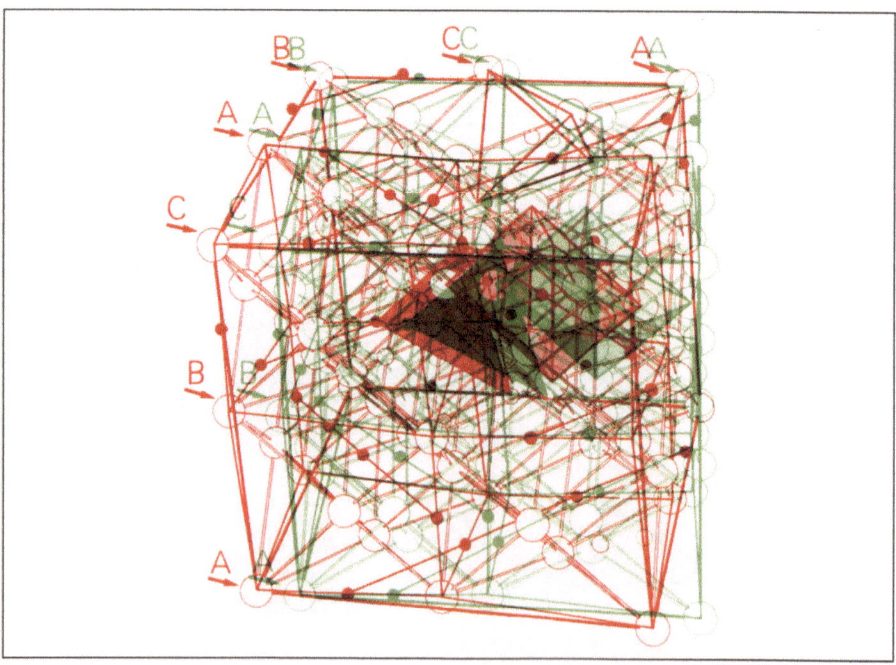

Motiv 16: Spinell $MgAl_2O_4$

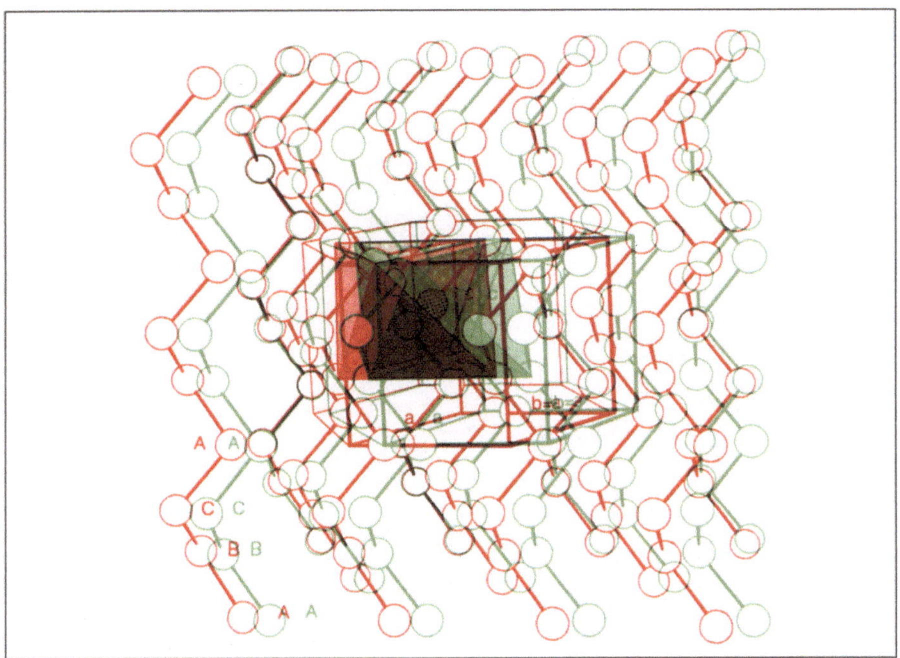

Motiv 17: Graues Selen

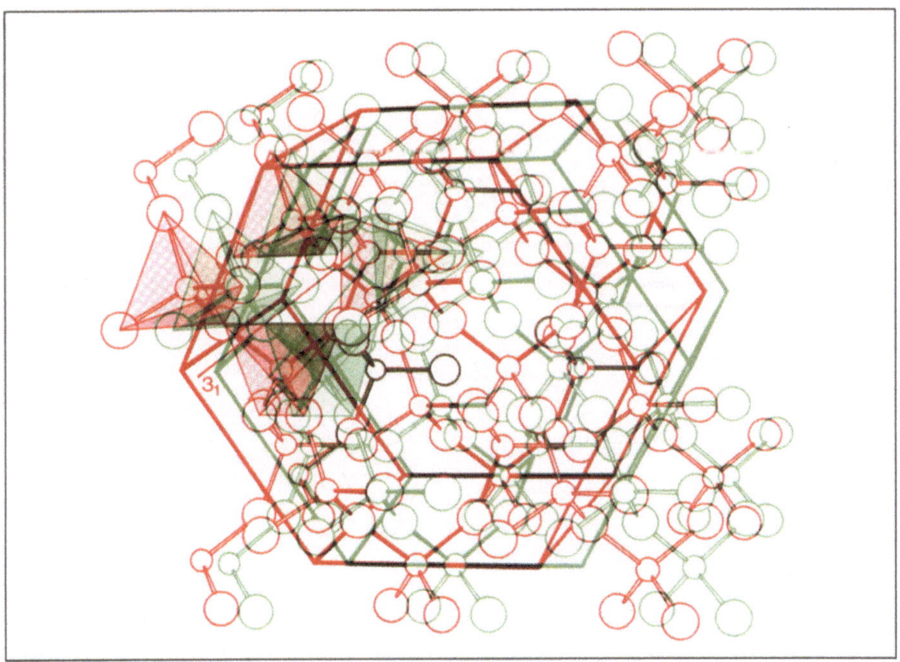

Motiv 18: Quarz SiO_2

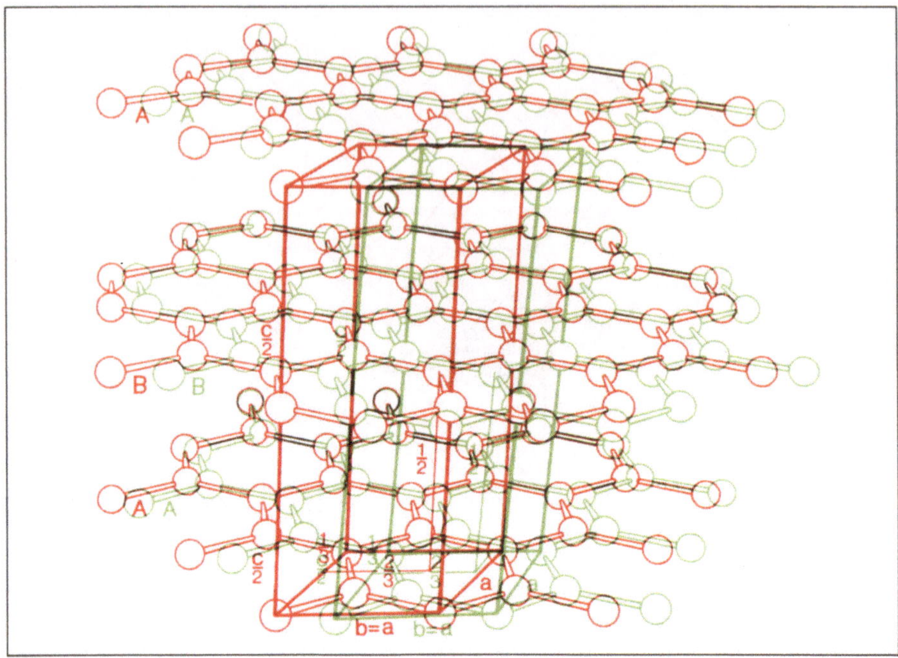

Motiv 19: Graphit

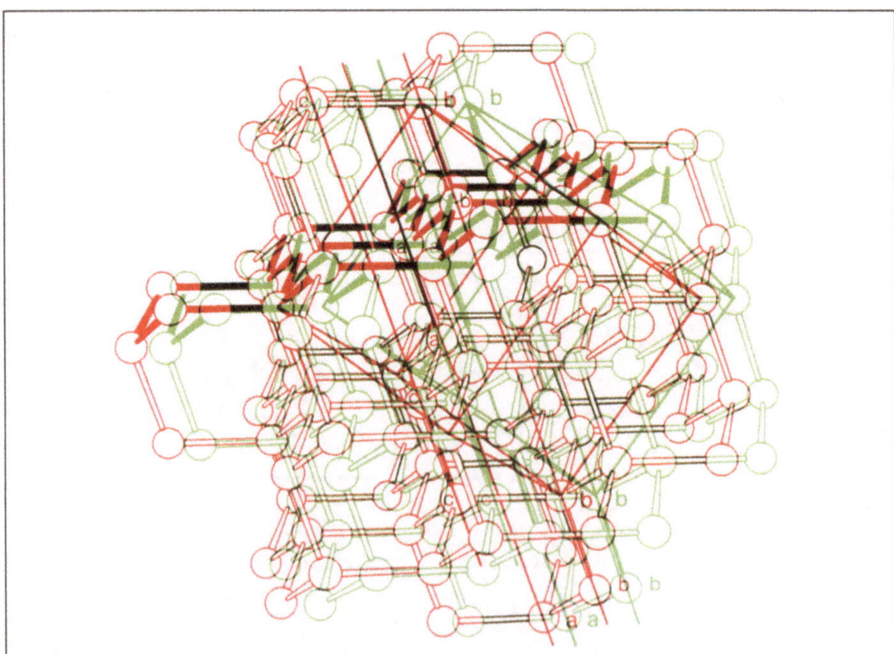

Motiv 20: Diamant

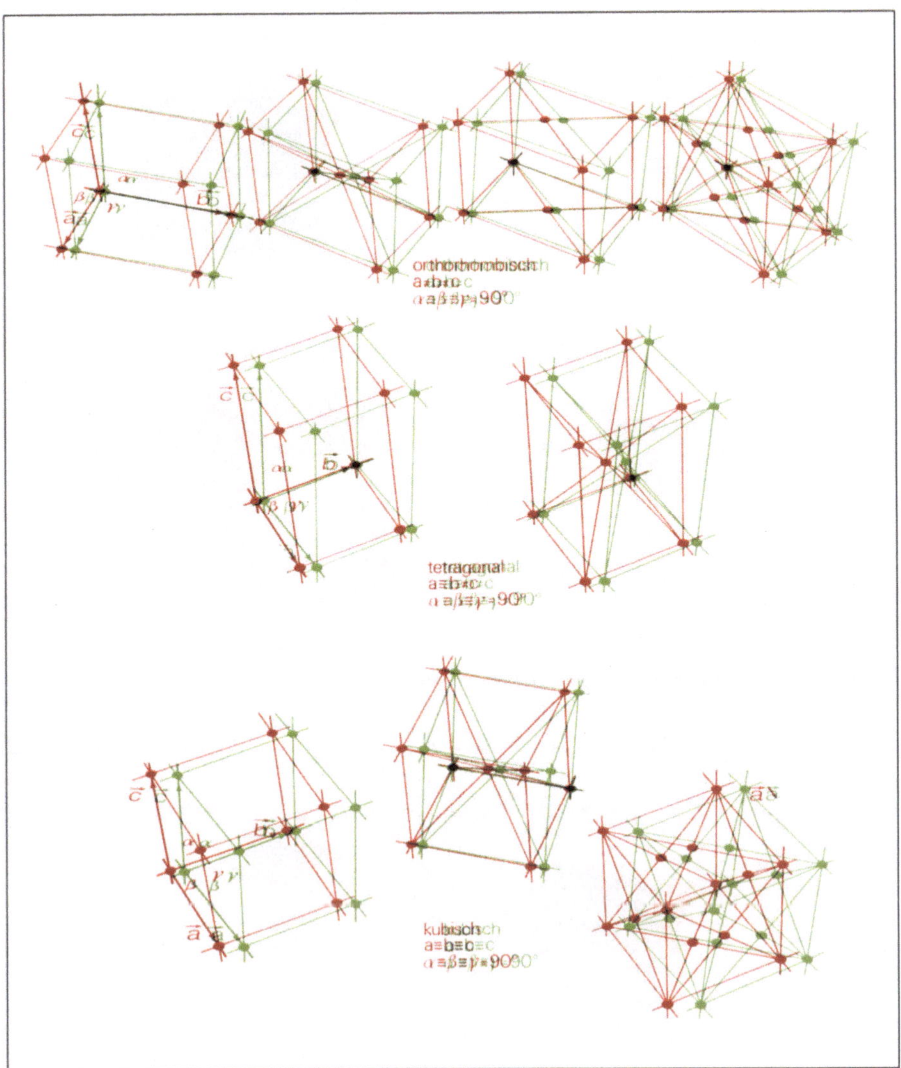

Motiv 21: Rechtwinklige Bravais-Gitter

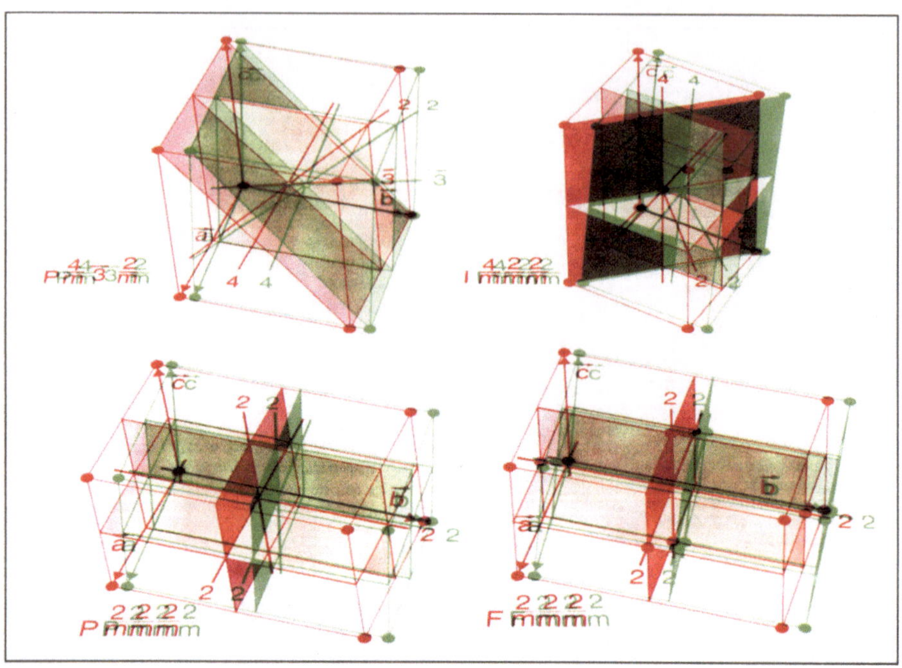

Motiv 22: Symmetriegerüste einiger Bravais-Gitter

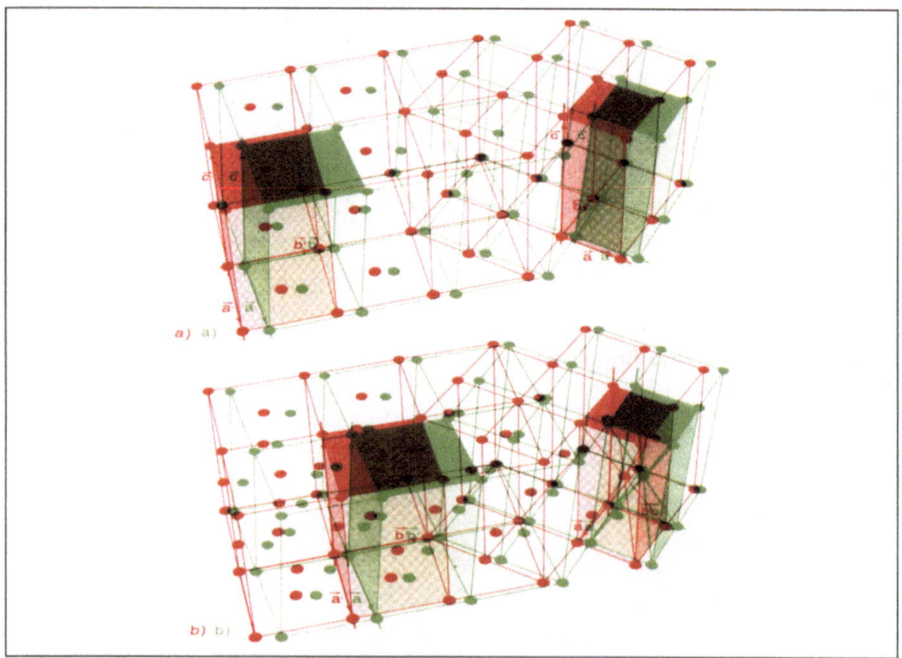

Motiv 23: Ausfall potenzieller Bravais-Gitter

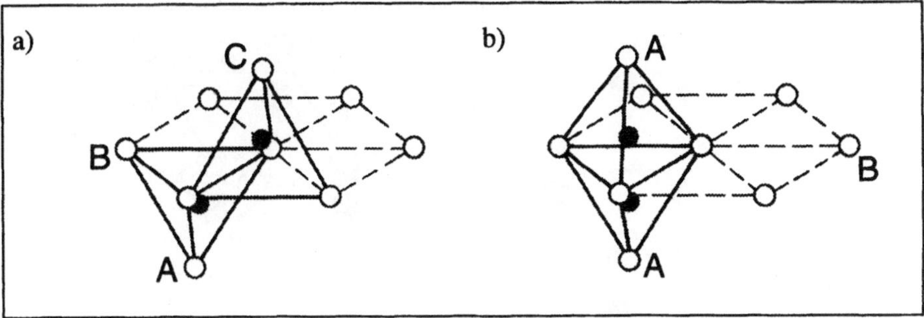

Abb. 14.11

14.4 Kristallstrukturen mit kovalenten Bindungen

14.4.1 Selen – eine hexagonale Packung eindimensional infiniter Moleküle (Motiv 17)

In der Kristallstruktur des grauen Selens sind eindimensional unendliche, *schraubenförmige* Kettenmoleküle raumsparend gepackt, wie gedrechselte Stäbe in einem *hexagonalen* Bündel.

Die Verbindungslinien zwischen den Selenatomen können als kovalente Bindungen aufgefasst werden. Der Bindungswinkel zwischen zwei benachbarten Bindungen einer Kette beträgt 103°. Die schraubenförmige Verdrillung der Selenketten erfolgt so, dass jeweils die 1., 4., 7. usw. Bindung parallel orientiert sind, ebenso die 2., 5., 8. usw. Die Selenketten bilden somit dreizählige *Schraubenachsen*.

Jedes Selenatom hat außer den beiden nächsten Nachbarn der eigenen Kette noch vier weiter entfernte Nachbarn, die drei anderen Ketten angehören. Diese 6 Nachbarn sind verzerrt oktaedrisch um das jeweils betrachtete Zentralatom herum angeordnet und durch Rasterung hervorgehoben.

Die hexagonale *Elementarzelle* (starke Linien) wurde zur Verdeutlichung der Symmetrie zum hexagonalen Prisma ergänzt (dünne Linien).

Rein geometrisch gesehen kann man sich die Selenstruktur auch aus horizontalen, hexagonalen Schichten aufgebaut denken, die in *c*-Richtung gemäß ABCABC ... aufeinander gestapelt sind (Abb. 14.12a).

Tasten Sie in Motiv 17 (siehe Farbtafeln) diese Ebene und die Stapelfolge mit einem Bleistift ab! Es handelt sich aber nicht um eine kubisch dichteste Packung, weil die Selenatome nicht in die Vertiefungen zwischen je drei Atomen der darüber- und darunterliegenden Schicht einrasten (vgl. Motiv 2), sondern nur mit je einem Atom darüber und darunter Kontakt haben. Eine so ungewöhnliche Stapelung ist nur möglich, weil sie durch gerichtete Wechselwirkungen erzwungen wird.

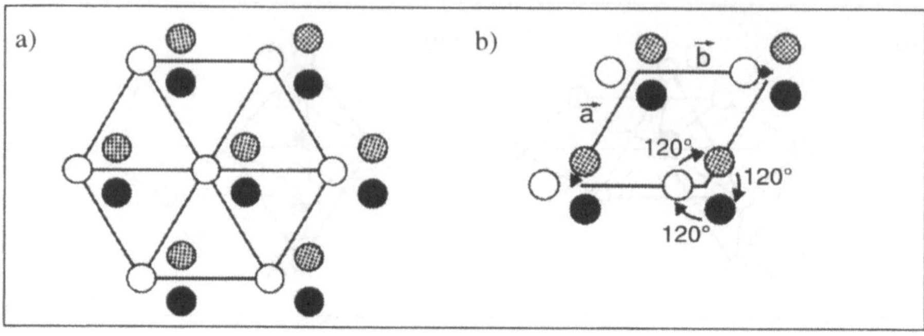

Abb. 14.12

Abb. 14.12 zeigt die Projektion der hexagonalen Elementarzelle (Motiv 17) auf die *a*-*b*-Ebene. Man sieht besonders deutlich, dass die Schraubung durch eine Drehung um 120° (bei gleichzeitiger Translation um 1/3 *c*) zustande kommt. Die Kugeln sind entsprechend ihrer Zugehörigkeit zur Schicht A, B oder C unterschiedlich markiert.

14.4.2 Quarz – eine hexagonale Raumnetzstruktur (Motiv 18)

Der *α-Quarz* ist aus einem *Raumnetz eckenverknüpfter SiO_4-Tetraeder* aufgebaut. Die (größeren) Sauerstoffatome besetzen die Tetraederecken, die (kleineren) Siliciumatome die Tetraederzentren. Die Verbindungslinien zwischen den Atomen können als kovalente Bindungen gedeutet werden.

Vier SiO_4-Tetraeder sind durch Rasterung hervorgehoben. Der eingezeichnete Raumordner 3_1 stellt eine dreizählige *Schraubenachse* dar.

Das zunächst sehr kompliziert erscheinende Quarzgitter hat *dasselbe Symmetriegerüst* wie das viel übersichtlichere *Selen-Gitter* (Motiv 17); beide gehören zur selben kristallographischen Raumgruppe. Den schraubenförmigen Selenketten entsprechend die schraubenförmig verknüpften SiO_4-Tetraeder, die allerdings keine isolierten Ketten, sondern ein Raumnetz bilden.

Ebenso wie graues Selen kann auch Quarz in *enantiomorphen* (spiegelbildlichen) Formen existieren. Das liegt daran, dass dreizählige Schraubenachsen „rechts herum" (3_1) oder „links herum" (3_2) orientiert sein können. Die beiden spiegelbildlichen Formen können sich nicht ineinander umwandeln, da sonst viele Bindungen aufgebrochen und neu geknüpft werden müssten.

α-Quarz ist nur unterhalb von 573°C stabil. Beim Erwärmen auf höhere Temperaturen wandelt er sich (reversibel) in *β-Quarz* um. Bei diesem *Phasenübergang* werden keine Bindungen gebrochen und auch die Bindungswinkel bleiben praktisch unverändert, nur die Bindungsrichtungen – das heißt die Orientierung der Tetraeder im Raum – ändert sich so, dass aus jeder dritten dreizähligen eine sechszählige Schraubenachse wird. Der Übergang ist streng *stereoselektiv*, d.h. α-Quarz mit der Schraubenachse 3_1 kann sich nur in β-Quarz mit der Schraubenachse 6_4 (und umgekehrt) umwandeln. Ein Übergang in das spiegelbildliche System mit den Schraubenachsen 3_2 bzw. 6_2 ist nicht möglich (Abb. 14.13).

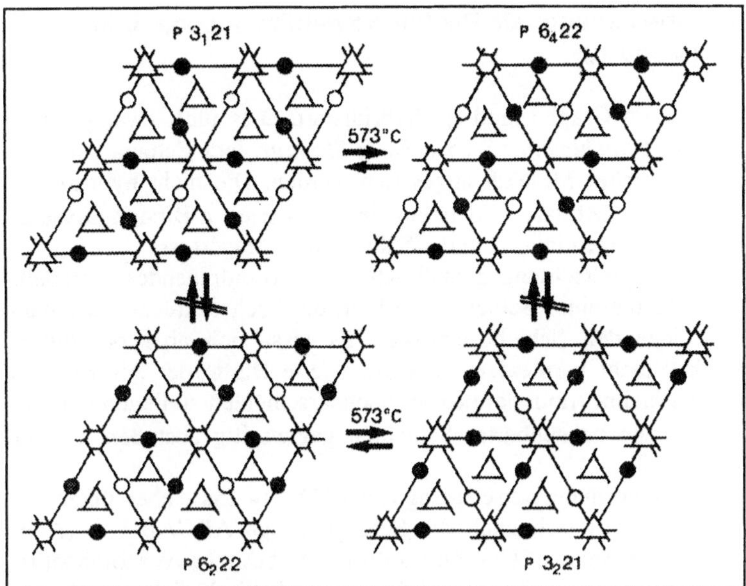

Abb. 14.13

Quarzkristalle werden in der Optik-Industrie zur Herstellung spezieller Linsen, Prismen und Scheiben für die Gerätetechnik genutzt. Hierzu ist es erforderlich, Einkristalle zu züchten (Abb. 14.14), die beachtliche Größen erreichen können.

Abb. 14.14: In der Eisenberger Kristallzucht der Carl Zeiss Jena GmbH wurde 1994 ein Quarzkristall mit einer Masse von 12,5 kg gezüchtet. Aus: Westfälische Nachrichten, Münster (01.04.1994)

14.4.3 Graphit – eine hexagonale Packung zweidimensional infiniter Moleküle (Motiv 19)

Die Kohlenstoffatome im Graphit sind sp^2-hybridisiert. Dies führt zwangsläufig zur Ausbildung ebener *Schichten mit Sechsecknetz-Struktur*. Jede Schicht kann als *zweidimensional unendliches* Molekül angesehen werden. Die nicht hybridisierten, einfach besetzten p_Z-Orbitale bilden ein delokalisiertes π-Bindungssystem aus, das den Einfachbindungen innerhalb der Schichten überlagert ist.

Die Schichten sind in *c*-Richtung gemäß ABAB ... so aufeinander gestapelt, dass die Hälfte der Atome einer Schicht jeweils in die Sechsecklücken der darüber- und darunterliegenden Schicht einrastet. Es lässt sich aber bei dieser „Packung auf Lücke" nicht vermeiden, dass die zweite Hälfte der Atome stets direkt über bzw. unter einem Atom der beiden Nachbarschichten zu liegen kommt. Da sich die π-Elektronen benachbarter Schichten gegenseitig abstoßen, ist der Schichtabstand sehr groß.

Graphit kristallisiert normalerweise hexagonal (Abb. 14.15a), aber unter bestimmten Bedingungen lässt sich auch die Schichtenfolge ABCABC ... (Abb. 14.15b) erzwingen. Diese (seltene) Graphit-Modifikation besitzt eine rhomboedrische Elementarzelle. Obwohl die Schichtenfolge an die kubisch dichteste Kugelpackung (Motiv 2) erinnert, lässt sich *keine* kubische Elementarzelle in das Gitter des rhomboedrischen Graphits hineinlegen.

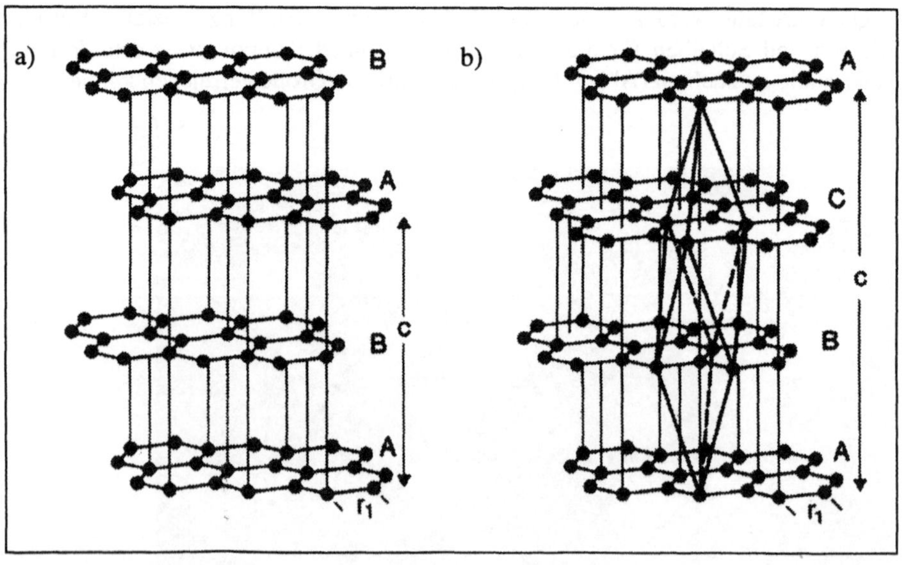

Abb. 14.15

14.4.4 Diamant – ein dreidimensional infinites Riesenmolekül mit kubischer Symmetrie (Motiv 20)

Die Kohlenstoffatome im Diamant sind sp^3-hybridisiert, d. h. dementsprechend ist jedes Kohlenstoffatom mit vier Nachbaratomen durch kovalente Bindungen tetraedisch verknüpft. Das ganze dreidimensionale Gerüst kann als ein einziges *dreidimensional unendliches Riesenmolekül* angesehen werden.

In das Diamant-Gitter lässt sich eine *kubische Elementarzelle* hineinlegen. Diese Zelle beinhaltet 8 Atome an den Ecken, 6 Atome auf den Flächenmitten und 4 Atome im Inneren. Das Diamant-Gitter kann daher auch als *Zinkblende-Gitter* (Motiv 13) aufgefasst werden. Die Kohlenstoffatome besetzen die gleichen Punktlagen wie die Zink- und Sulfidionen zusammengenommen.

Man kann sich das Diamant-Gitter auch aus gewellten Sechserring-*Schichten* aufgebaut *denken.* Eine dieser „Schichten" ist durch stärker gezeichnete Bindungen hervorgehoben. Die „Schichten" sind in Richtung der Raumdiagonale der Elementarzelle versetzt aufeinandergestapelt, und zwar so, dass in Richtung der Raumdiagonale alternierend eine Bindung nach oben bzw. unten betätigt wird, um die „Schichten" zu vernetzen.

Betrachtet man die Diamant-Struktur senkrecht zu den gewellten „Schichten" (Abb. 14.16), dann werden strukturelle Gemeinsamkeiten und Unterschiede zu Arsen und Graphit deutlich. Im Arsen gehen sich die vertikal übereinander liegenden Atome benachbarter Schichten aus dem Weg (freie Elektronenpaare!), im Diamant gehen sie aufeinander zu (kovalente Bindung!), im Graphit (Motiv 19) sind die Abstände indifferent (ebene Schichten!). In allen drei Strukturen kommen aber nur die (projizierten) Positionen *a, b, c* vor.

Die Härte des Diamants erklärt sich aus der Tatsache, dass diese kovalent verknüpften, gewellten „Schichten" nicht nur in einer, sondern in vier Raumrichtungen vorkommen – nämlich senkrecht zu allen vier Raumdiagonalen der kubischen Elementarzelle (vgl. Motiv 20).

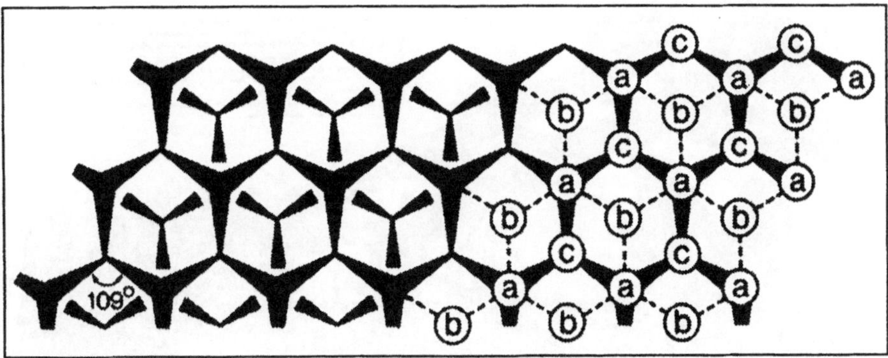

Abb. 14.16

Zweite Abhandlung.

Von der Zerstöhrung des Diamants, vor dem, unter der Benennung der Linse des Königlichen Pallastes bekanten, großen Tschirnhausenschen Brenglase.(128)

Erster Versuch.

Verpraßelung des Diamants, im Brennpuncte des Brennglases.

Ein, $9\frac{7}{8}$ Grane Markgewicht schwerer, Diamant ist der Wirkung des großen Brennglases ausgesetzt worden: wie er etwas schnell in den Brennpunct gebracht ward, so verprasselte er auf der Stelle mit Gewalt, krachte und bekam Risse, wie der Bergkrystall zu thun pflegt, und es sprangen verschiedene Stücke davon, von welchen besonders eines sehr wol mit bloßen Augen zu sehen war; von den übrigen fielen die mehrsten nur durch ein Seheglas (loupe) recht in die Augen. Dieser Diamant ist fast auf der Stelle wieder herausgezogen worden; wie er durch ein Vergrößerungsglas untersucht worden ist, hat man eine Menge von Splittern bemerkt, welche auch im Begriffe waren, sich davon zu machen.

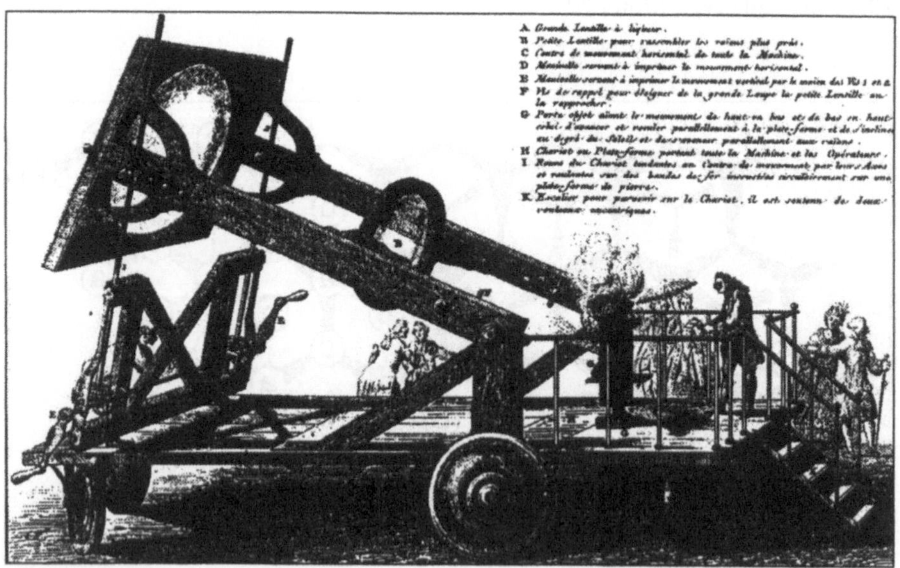

Abb. 14.17: Reprint aus [11]

Der Vergleich von Graphit und Diamant stellt eine gute Möglichkeit dar, Schüler bereits im Anfangsunterricht zu der Einsicht zu führen, dass es Stoffe gibt, die trotz gleicher chemischer Zusammensetzung sehr unterschiedliche Eigenschaften haben. Jansen et al. [9–10] haben diesbezüglich eine experimentelle Unterrichtskonzeption erarbeitet, in deren Mittelpunkt die Diamantverbrennung steht. Die Tatsache, dass farblose, harte Diamanten ebenso wie schwarzer, weicher Graphit aus reinem Kohlenstoff aufgebaut sind, ist für Schüler auch heute noch ebenso überraschend wie für die Zeitgenossen Lavoisiers, der wenige Jahre vor der französischen Revolution die Öffentlichkeit mit einem spektakulären Experiment verblüffte. Auf einem der großen Pariser Marktplätze gelang ihm die „Verpraßelung des Diamants, im Brennpuncte des Brennglases“ [11] einer abenteuerlichen Apparatur (Abb. 14.17).

In jüngster Zeit hat das Element Kohlenstoff mit der Entdeckung der *Fullerene* [12–13] erneut Furore gemacht. Insbesondere das fußballförmige Molekül C_{60} wird inzwischen auch in Schulbüchern behandelt. Das aus solchen Molekülen aufgebaute Fulleren sieht äußerlich wie gewöhnlicher Ruß aus, kristallisiert aber wohlgeordnet als kubisch dichteste Kugelpackung. In die Tetraeder- und Oktaederlücken dieser Packung können Metallatome eingelagert werden, wodurch eine Fülle neuer Festkörper mit teilweise ungewöhnlichen Eigenschaften (z. B. Supraleitfähigkeit) hergestellt werden können. Die Chemie der Fullerene und Fullerite lässt noch manche Überraschungen erwarten.

14.5 Von den Bravais-Gittern zu den Raumgruppen

14.5.1 Die neun rechtwinkligen Bravais-Gitter (Motiv 21)

Im Jahre 1848 stellte der französische Mathematiker Auguste Bravais [14] der Pariser Akademie der Wissenschaften eine Theorie über den Aufbau von Kristallen vor, die auf der Annahme räumlicher Punktgitter basierte. Bravais konnte beweisen, dass es genau 14 wohldefinierte Typen von Punktgittern gibt (9 rechtwinklige und 5 schiefwinklige), die sich hinsichtlich ihrer Translationssymmetrie unterscheiden. Die Elementarzellen der 9 rechtwinkligen Bravais-Gitter sind im Motiv 21 dargestellt. Es handelt sich um 3 kubische, 4 orthorhombische und 2 tetragonale Elementarzellen, die primitiv, innen-, basis- oder flächenzentriert sein können. Modelle dieser Art, zu denen noch 5 schiefwinklige (hexagonale, rhomboedrische, monokline und trikline) Bravais-Gitter kommen, sind heutzutage in jeder Schulsammlung zu finden. Jeder Bravais-Typ stellt eine „Schublade“ dar, in die man Kristalle hinsichtlich der Translationssymmetrie ihrer (punktförmig gedachten) Gitterbausteine einordnen kann.

14.5.2 Symmetriegerüste einiger rechtwinkliger Bravais-Gitter (Motiv 22)

Jedes der 14 Bravais-Gitter besitzt einen charakteristischen Satz von Symmetrieelementen, den man als *Symmetriegerüst* bezeichnet. Vier Beispiele sind in Motiv 22 dargestellt.

Die *kubisch primitive* Elementarzelle (links oben) ist durch folgende Symmetrieelemente charakterisiert:

- eine vierzählige Drehachse, die senkrecht auf einer Spiegelebene steht (Symbol 4/m; m bedeutet „mirror");
- eine dreizählige Drehachse (genauer: Drehinversionsachse; Symbol $\bar{3}$) in Richtung der Raumdiagonalen der Elementarzelle;
- eine zweizählige Drehachse, die senkrecht auf einer Spiegelebene steht und jeweils gegenüberliegende Kantenmitten durchstößt (Symbol: 2/m).

Die *kubisch primitive* Elementarzelle (links oben) besitzt zwar noch mehr Symmetrieelemente als diejenigen, die in der Symbolik P 4/m $\bar{3}$ 2/m zum Ausdruck kommen. Die angegebenen Symmetrieelemente reichen aber aus, das Symmetriegerüst eindeutig zu beschreiben.

Die *orthorhombisch primitive* Elementarzelle (links unten) besitzt drei zweizählige Drehachsen, die jeweils senkrecht auf einer Spiegelebene stehen, und die auch zueinander jeweils senkrecht sind. Aufgrund der Quaderform sind weder drei- noch vierzählige Drehachsen vorhanden. Das Symmetriesymbol lautet daher: P 2/m 2/m 2/m.

Die *orthorhombisch flächenzentrierte* Elementarzelle (rechts unten) ist durch das Symbol F 2/m 2/m 2/m gekennzeichnet. Das Symmetriegerüst wird durch die Gitterpunkte auf den Flächenmitten nicht beeinträchtigt.

Die *tetragonal innenzentrierte* Elementarzelle (rechts oben) besitzt eine vierzählige und zwei zweizählige Drehachsen, die senkrecht auf Spiegelebenen stehen. Das Symbol ist daher I 4/m 2/m 2/m. Auch hier hat die Raumdiagonale ihre Funktion als dreizählige Drehachse verloren.

14.5.3 Ausfall potenzieller rechtwinkliger Bravais-Gitter (Motiv 23)

Eigentlich sollte man nach der Theorie von Bravais erwarten, dass es insgesamt 3 · 4 = 12 rechtwinklige Bravaisgitter gibt, nämlich 4 kubische (primitive bzw. innen-, basis- oder flächenzentrierte), 4 tetragonale und 4 orthorhombische Typen. Tatsächlich kommen aber im System von Bravais nur 9 rechtwinklige Gittertypen vor (Abb. 14.18).

Der Ausfall der beiden tetragonalen Typen C (basiszentriert) und F (flächenzentriert) ist im Motiv 23 dargestellt:

- Die tetragonal *basiszentrierte* Elementarzelle (oberes Teilbild) lässt sich durch gedankliche Umstrukturierung auf eine tetragonal *primitive* Zelle zurück führen.
- Die tetragonal *flächenzentrierte* Elementarzelle (unteres Teilbild) lässt sich auf eine tetragonal *innenzentrierte* Zelle zurück führen.

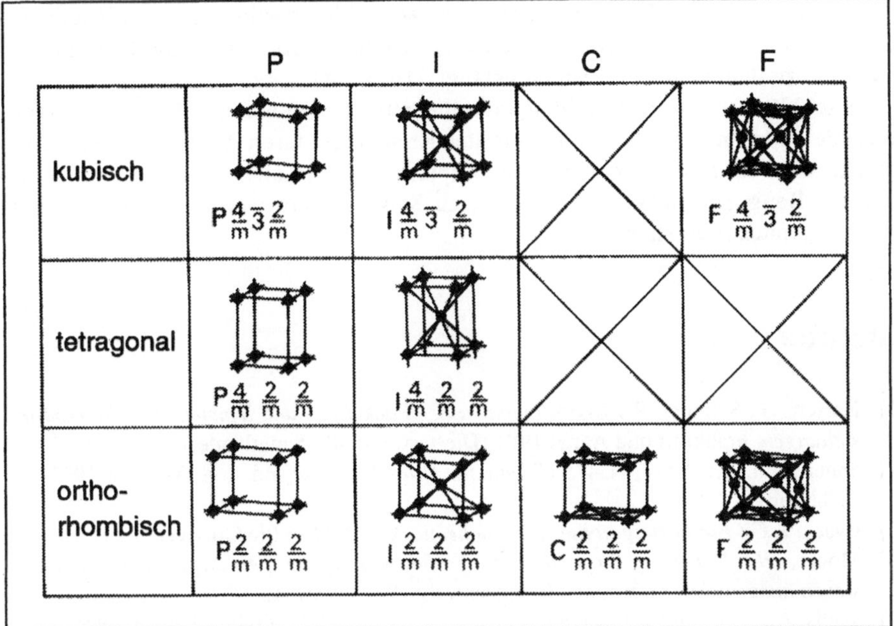

Abb. 14.18

Den Ausfall des *kubisch basiszentrierten* Elementarzelle kann man leicht verstehen, wenn man das entsprechende Punktgitter in der Aufsicht betrachtet: Sie lässt sich auf eine *tetragonal primitive* Zelle zurückführen (Abb. 14.19).

Die Bravais-Theorie basiert auf der Annahme, dass sich die Teilchen eines Kristalls durch Gitterpunkte (bzw. durch ununterscheidbare Kugeln) repräsentieren lassen. Diese Voraussetzung trifft zwar für Metallgitter zu, nicht aber für Ionen- und Molekülgitter. Um auch diese hinsichtlich aller möglichen Symmetriegerüste zu erfassen, musste die Bravais-Theorie erweitert werden.

Durch Hinzunahme weiterer Symmetrieelemente (Schraubenachsen und Gleitspiegelebenen) gelang es 1891 dem deutschen Mathematiker A. Schoenflies [15], 230 *Raumgruppen* abzuleiten. Diese 230 „Fächer" haben sich bis auf den heutigen Tag als hinreichend erwiesen, sämtliche natürlich vorkommenden und künstlich hergestellten Kristalle zu klassifizieren.

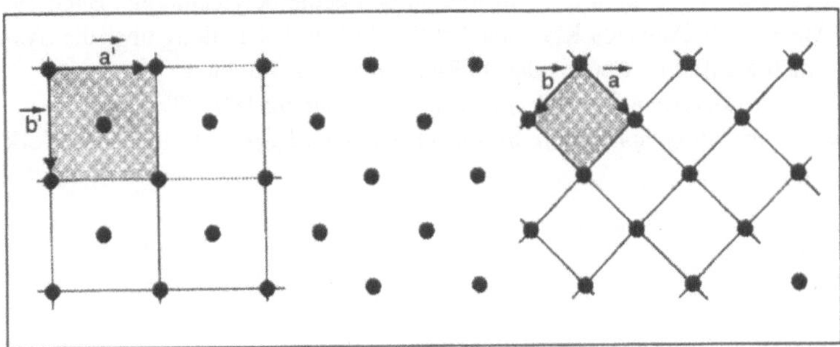

Abb. 14.19

Auf ganz anderem Weg – nämlich durch seine Untersuchungen über Raumteilungen und Kugelpackungen – war auch der russische Kristallograph E. v. Fedorow 1890 zu dem gleichen Resultat gelangt. [16, S. 74].

Diese 230 Raumgruppen bildeten die theoretische Grundlage für die 1912 einsetzende experimentelle Erschließung der Kristallstrukturen durch Röntgenstrukturanalysen. Auf das epochemachende Experiment von Laue, Friedrich und Knipping zur Beugung von Röntgenstrahlen an Kristallgittern werden wir im Kapitel 16 noch genauer eingehen.

Literatur

[1] Harsch, G., Schmidt, R.: *Kristallgeometrie – Packungen und Symmetrie in Stereodarstellungen.* Frankfurt und Aarau 1981 (Diesterweg-Salle-Sauerländer)

[2] Sauermann, D.; Barke, H.-D.: *Chemie für Quereinsteiger*, Bd. 1–4, Münster 1997–99 (Schüling)

[3] Evans, R.C.: *Einführung in die Kristallchemie.* Berlin 1976 (de Gruyter)

[4] Moore, W.: *Der feste Zustand. Eine Einführung in die Festkörperchemie anhand sieben ausgewählter Beispiele*, Braunschweig 1977 (Vieweg)

[5] Wells, A.F.: *Structural Inorganic Chemistry*, London 1975 (Oxford University Press)

[6] Harsch, G., Schmidt, R.: *Crystal Structures – 38 Stereo Transparencies for Overhead Projection.* 3D-Technik für Lehre und Forschung, Darmstadt (1983)

[7] Ho, S.M., Douglas, B.E.: *A Broader View of Close Packing to Include Body-Centered and Simple Cubic Systems.* J. Chem. Educ. 45 (1968), 474–476

[8] Schweikert, W.H.: *Construction of a Tetrahedron Packing Model: A Puzzle in Structural Chemistry.* J. Chem. Educ. 52 (1975), 501

[9] Jansen, W., Jahnke, S., Peper-Bienzeisler, R., Fickenfrerichs, H.: *Diamant und Graphit – eine Unterrichtseinheit.* NiU-Physik/Chemie 35 (1987), 4–10

[10] Jahnke-Klein, S., Peper-Bienzeisler, R., Fickenfrerichs, H., Kaminski, B., Jansen, W.: *Diamant und Graphit – Behandlung im Anfangsunterricht.* Chem.Sch. 41 (1994), 11–16

[11] Lavoisier, A.: *Zweite Abhandlung von der Zerstöhrung des Diamants durch Feuer.* Reprint siehe Buck, P. u. Dahlmann, W. (Hrsg.), chim.did. 18 (1992), 148–164

[12] Curl, R.F., Smalley, R.E..: *Fullerene.* Spektrum der Wissenschaft, Dezember 1991, S. 88–98

[13] Airo, A.: *Fullerene.* Stuttgart 1996 (Klett)

[14] Bravais, A.: *Mémoire sur les systèmes formés par des points* ..., vorgelegt der Pariser Akademie am 11. Dez. 1848, publiziert im Journal de l'école polytechnique, Band 19, Paris (1850). Siehe auch Ostwalds Klassiker Nr. 90 (1897): Abhandlung über die Systeme von regelmäßig auf einer Ebene oder im Raum verteilten Punkten.

[15] Schoenflies, A.: *Kristallsysteme und Kristallstrukturen.* Leipzig 1891 (Teubner)

[16] Raaz, F.: *Röntgenkristallographie. Einführung in die Grundlagen.* Berlin, New York 1975 (de Gruyter)

15 Simulationsspiele für den Chemieunterricht

Simulationsspiele sind *dynamische Modelle.* Sie ermöglichen die Veranschaulichung und Deutung physikalisch-chemischer *Prozesse* auf der Teilchenebene, im Gegensatz zu den bereits vielfach diskutierten Strukturmodellen, die im Wesentlichen nur statische, zeitunabhängige Aspekte der Materie widerspiegeln. Die Prozesse, die im Folgenden simuliert, d. h. auf der Modellebene nachgespielt werden sollen, lassen sich in zwei Kategorien einteilen:

- Prozesse, bei denen Teilchen (Atome, Moleküle, Ionen, Photonen etc.) sich im Raum (bzw. Zustandsraum) bewegen, ohne sich in andere Teilchen umzuwandeln.
  Beispiele: Diffusion, Chromatographie, Verteilungsgleichgewichte, Mischungs- und Entmischungsvorgänge, Lichtabsorption.
- Prozesse, bei denen sich Teilchen durch chemische Reaktionen in andere Teilchen umwandeln. Hierbei interessiert insbesondere das zeitliche Verhalten des Systems, d. h. die Kinetik dieser Reaktionen.
  Beispiele: Elementarreaktionen, Folgereaktionen, Parallelreaktionen, Gleichgewichtsreaktionen, oszillierende Reaktionen.

In beiden Kategorien werden die Teilchen durch das denkbar einfachste Teilchenmodell repräsentiert, nämlich durch das Dalton-Modell in Kombination mit dem Konzept der Zufallsbewegung dieser kugelförmigen Teilchen bzw. Massenpunkte.

Im Vordergrund des Interesses steht nicht so sehr das Schicksal der einzelnen Teilchen, sondern das statistische Verhalten des Teilchenkollektivs. Aus diesem Blickwinkel betrachtet, kann man die Simulationsspiele auch als *statistische Spiele* bezeichnen.

Die Regeln dieser statistischen Spiele sind sehr einfach. Sie orientieren sich durchgehend an folgendem Grundmuster:

- Man erwürfelt entweder Spielsteine, die auf einem Spielbrett verteilt sind („Spielbrettmodell") oder man zieht lotterieartig Kugeln aus einem Gefäß („Urnenmodell").
- Ein durch Zufall getroffenes Teilchen gilt als aktiviert. Was mit ihm weiter geschieht (Ortsverschiebung auf dem Brett, Umwandlung in ein anderes Teilchen durch Farbwechsel etc.), wird durch Spielregeln festgelegt, die dem zu simulierenden Prozess in klar einsehbarer Weise zugeordnet sind.
- Jedes Aktivierungsereignis zählt – unabhängig von seinen speziellen Konsequenzen – als eine Zeiteinheit.
- Die Kinetik des statistischen Prozesses wird durch fortlaufendes Protokollieren der Spielzustände in Abhängigkeit von der Zahl der Zeiteinheiten erfasst.

Die folgenden Beispiele sind der Literatur [1–3] entnommen worden. Insbesondere sei auf das Buch *Vom Würfelspiel zum Naturgesetz* [1] hingewiesen, in dem auch die Ableitung der mathematischen Strukturen dieser Spiele sowie deren Einbettung in den Kontext umfassenderer physikalisch-chemischer Theorien (z. B. Maxwellsche Geschwindigkeitsverteilung, Boltzmann-Verteilung, Entropie, Reaktionskinetik) detailliert dargestellt sind. Für den Chemieunterricht ist es nicht erforderlich, die teilweise anspruchsvollen mathematischen Modelle, die den Spielen zu Grunde liegen, explizit zu behandeln, da die numerische Auswertung der Spiele meist vollkommen genügt, um den elementarisierten Kern der simulierten Sachverhalte anschaulich darzustellen. Hilfreich, ja unerlässlich ist die Mathematisierung hingegen für alle Interessenten, die sich mit der Erstellung von Computersimulationen befassen wollen; sie finden in [1] viele Anregungen dazu.

15.1 Adsorptionschromatographie

Chromatographie ist eine analytische Technik zur Auftrennung von Stoffgemischen in ihre einzelnen Bestandteile auf Grund unterschiedlicher Affinitäten (Wechselwirkungen) zu einer stationären und einer mobilen Phase. Mechanistisch betrachtet lassen sich zwei Grenzfälle unterscheiden: Der Trenneffekt kann entweder durch Adsorptions- oder Verteilungsvorgänge zustande kommen. Wir wollen hier nur *Adsorptionsvorgänge* betrachten. Die mobile Phase (eine Flüssigkeit oder ein Gas), die langsam an der stationären Phase vorbeiströmt, sorgt dafür, dass die adsorbierten Teilchen mit einer bestimmten Wahrscheinlichkeit desorbiert und mitgeschleppt (eluiert) werden. Da die Elutionswahrscheinlichkeit im Allgemeinen von Stoff zu Stoff variiert, wandern die Teilchen verschiedener Stoffe unterschiedlich schnell mit der mobilen Phase mit, so dass sich die Stoffe räumlich auftrennen. Diesen Trennvorgang wollen wir mit Hilfe eines Würfelspiels simulieren.

Für das Spiel werden ein kariertes Spielbrett (Abb. 15.1), je 10 weiße, schwarze und rote Spielsteine sowie ein Tetraeder benötigt. Das Spielbrett wird hochkant benutzt. Zweckmäßigerweise betrachtet man es als Analogon einer Dünnschichtchromatographie-Platte.

Jeder Spieler studiert zunächst das chromatographische Verhalten eines reinen Stoffes: Zehn Spieler untersuchen den Stoff A (weiße Spielsteine), zehn den Stoff B (schwarze Spielsteine) und zehn den Stoffe C (rote Spielsteine). Zu Beginn des Spiels setzt jeder Spieler die 10 Spielsteine seines Stoffes in die unterste Kästchenreihe (Segment $x = 0$) seines Spielbretts und verschiebt dann die Modellteilchen nach folgenden Regeln:

- Man entscheidet nacheinander durch Erwürfeln der (jeweiligen) Elutionswahrscheinlichkeit, ob der 1., 2., 3., 4., ... 10. Spielstein (Teilchen) unter dem Einfluss des (nicht explizit dargestellten) Lösungsmittels ins nächsthöhere Kästchen wandern darf oder ob er in seinem Kästchen sitzen bleiben muss.
- Die Elutionswahrscheinlichkeiten der drei Stoffe seien:

  $$W_A = \frac{1}{4}; \quad W_B = \frac{2}{4}; \quad W_C = \frac{3}{4}.$$

  Sie werden durch Würfeln mit einem Tetraeder realisiert.

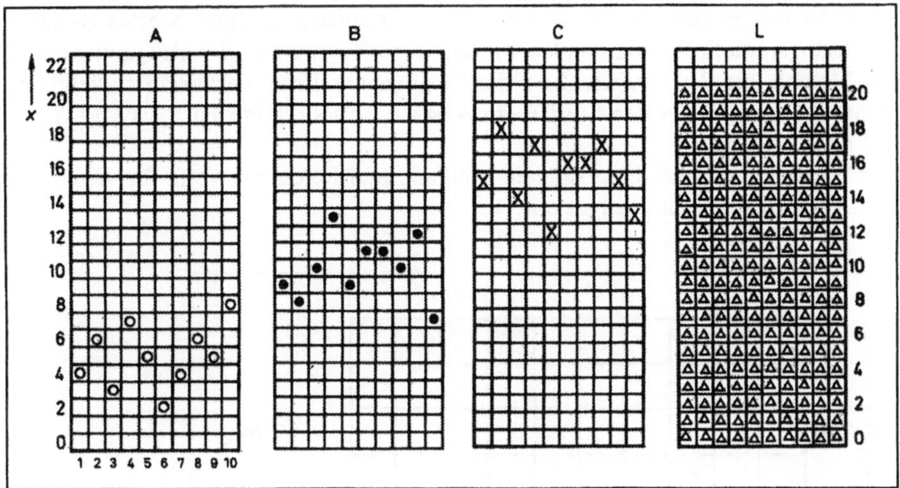

Abb. 15.1: Adsorptionschromatographie von drei Stoffen A, B, C und des Lösungsmittels L. Dargestellt ist der Spielstand nach jeweils 20 Wanderungschancen pro Teilchen ($t = 20$). Aus [1, S. 226].

- Zweckmäßigerweise legt man fest, dass pro Zeiteinheit jeder Stein genau 1-mal eine Wanderungschance bekommt, d. h. 10 Würfe entsprechen einer Zeiteinheit.

Jeder Spieler simuliert dann das Elutionsverhalten seines Stoffes 20 Zeiteinheiten lang (also insgesamt 200 Würfe). Die momentane Spielstein-Verteilung zum Zeitpunkt $t = 20$ wird grafisch festgehalten. Drei typische Protokolle für die Stoffe A, B, C zum Zeitpunkt $t = 20$ sind in Abb. 15.1 dargestellt. Außerdem ist die Verteilung der Lösungsmittelteilchen angegeben. Die Lösungsmittelfront befindet sich zur Zeit $t = 20$ am Ort $x = 20$. Es ist klar, dass man sich in den Chromatogrammen A, B, C immer auch die Lösungsmittelteilchen quasi als Hintergrund dazu denken muss. Wegen $W_L = 1$ muss das Wanderungsverhalten des Lösungsmittels natürlich nicht erwürfelt werden; jedes Lösungsmittelteilchen wandert pro Zeiteinheit um ein Feld nach oben, und die frei werdenden Plätze werden von nachdrängenden Lösungsmittelteilchen sofort wieder besetzt.

Zur quantitativen Auswertung der Spielergebnisse ist es zweckmäßig, je 10 Versuchsprotokolle A, B, C zu einem Gesamtprotokoll zu vereinigen, indem jeder Spieler seine erspielte Verteilung in die entsprechenden Kästchen einträgt (Abb. 15.2). Die Vereinigung der Einzelspiele zu einem Gesamtergebnis ist dann gerechtfertigt, wenn man annimmt, dass die Elutionswahrscheinlichkeit eines einzelnen Teilchens von der Anwesenheit weiterer artgleicher oder artfremder Teilchen unbeeinflusst bleibt. Unter dieser Voraussetzung lässt sich Abb. 15.2 als das Ergebnis eines einzigen Experiments (Spiels) interpretieren, wobei ein Gemisch von je 100 Teilchen A, B, C „strichförmig" auf die Startlinie ($x = 0$) einer DC-Platte aufgetragen und $t = 20$ Zeiteinheiten lang eluiert wurde.

Zur Kennzeichnung der absoluten mittleren Laufstrecke eines Stoffes verwenden wir den *Median M*, der (bei 100 Teilchen pro Stoff) durch die Platzierung des jeweils 50sten Teilchens (von unten nach oben gezählt) definiert ist.

Zur Kennzeichnung der *relativen* mittleren Laufstrecke eines Stoffes (relativ zur Lösungsmittelfront) verwenden wir den *Retentionswert R*, der als Quotient aus dem Median und der Laufstrecke x der Lösungsmittelfront definiert ist. Nehmen wir als Beispiel wieder den Stoff B (in Abb. 15.2): Es ergibt sich $R_B = M_B / X_L = 10/20 = 0{,}50$.

In Tabelle 15.1 sind die erspielten Mediane und Retentionswerte für verschiedene Zeitpunkte *t* zusammengestellt.

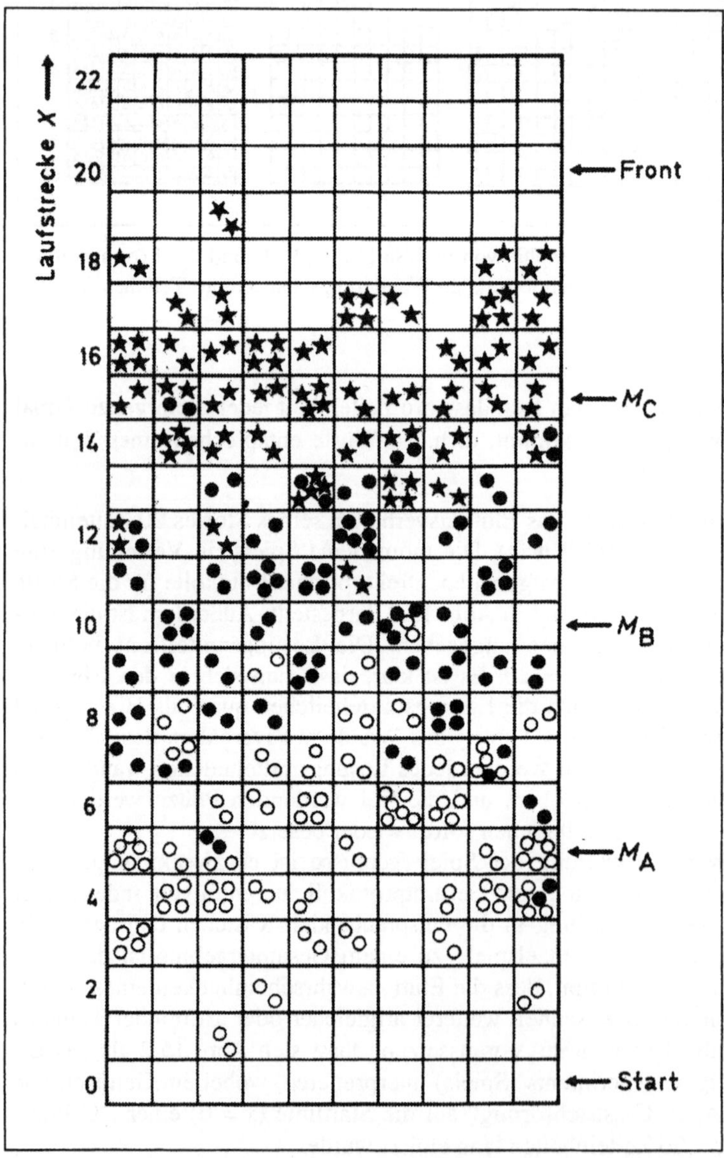

Abb. 15.2: Die Spielstände von jeweils 10 Spielbrettern wurden zu einem Gesamtbild vereinigt. Die erspielten Mediane verhalten sich wie 1 : 2 : 3. Aus [1, S. 227].

Tabelle 15.1: Erspielte Kenngrößen beim Adsorptionschromatographie-Spiel

t	X_L	M_A	M_B	M_C	R_A	R_B	R_C
10	10	3	5	8	0,30	0,50	0,80
20	20	5	10	15	0,25	0,50	0,75
40	40	10	20	30	0,25	0,50	0,75

Aus Tabelle 15.1 können wir folgende Ergebnisse entnehmen:

- Bei Verdopplung der Elutionsdauer t (bzw. der Laufstrecke X_L der Front) verdoppelt sich (ungefähr) der Median M jedes Stoffes, der Retentionswert R bleibt aber für jeden Stoff konstant.
  Da R von der Elutionsdauer annähernd unabhängig ist und nur Zahlenwerte im Bereich $0 \leq R \leq 1$ annehmen kann, eignen sich die Retentionswerte (*Rf*-Werte) besonders gut zur Tabellierung des chromatographischen Verhaltens der einzelnen Stoffe im jeweils verwendeten Lösungsmittel.
- Der Retentionswert R eines Stoffes ist numerisch gleich der Elutionswahrscheinlichkeit W eines individuellen Teilchens im betreffenden Lösungsmittel. Wir haben hier ein gut überschaubares Beispiel dafür, wie sich eine submikroskopische Größe, die das Zufallsverhalten eines einzelnen, unsichtbaren Teilchens regelt, makroskopisch (als R) abbildet. Die Elutionswahrscheinlichkeit eines Einzelmoleküls kann man nicht direkt experimentell bestimmen, weil man die Bewegung eines Einzelmoleküls nicht verfolgen kann; aber man kann W indirekt über den Retentionswert R bestimmen, denn das nicht messbare zeitliche Mittelwertsverhalten eines individuellen Teilchens findet makroskopisch seine Entsprechung im messbaren Ensemble-Mittelwertsverhalten des Stoffes.

Schließlich können wir noch das Elutionschromatogramm (zum Zeitpunkt t = 20) ermitteln, indem wir die Teilchenzahlen n_A, n_B, n_C in den Segmenten x = 1, 2, 3,... von Abb. 15.2 zählen und in Abhängigkeit von x graphisch darstellen. Als Ergebnis erhalten wir Abb. 15.3. Die erspielten Werte stimmen trotz der geringen Teilchenzahlen (und den damit einhergehenden statistischen Unregelmäßigkeiten) bereits recht gut mit den theoretischen Elutionskurven (durchgezogene Linien) überein. Es handelt sich hierbei um Binomialverteilungen [1, S. 229–232].

Für die Unterrichtspraxis kommen folgende *Vereinfachungsmöglichkeiten* in Betracht:

- Man kann sich auf zwei Teilchensorten beschränken und die Elutionsdauer verkürzen.
- Anstatt eines Tetraeders kann auch ein Würfel benutzt werden, wenn man die Elutionswahrscheinlichkeiten als Vielfache von 1/6 festlegt (z. B. W_A = 2/6 und W_B = 4/6).

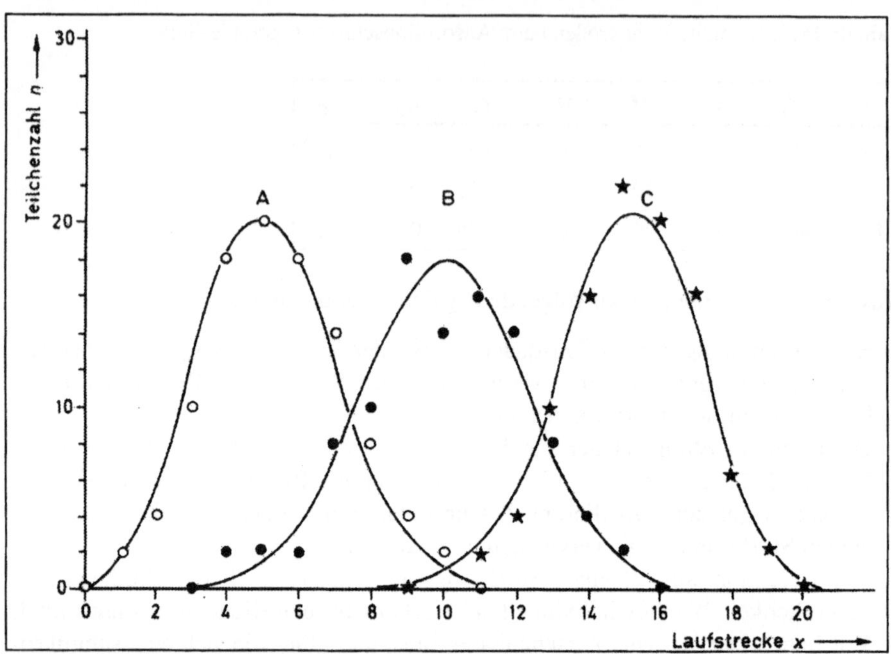

Abb. 15.3: Chromatogramm zum Zeitpunkt $t = 20$. Die Kurvenpunkte wurden aus Abb. 15.2 durch Auszählen ermittelt. Aus [1, S. 228].

Heimann und Harsch [4] haben ein *Unterrichtskonzept* zur Schulung naturwissenschaftlicher Denk- und Handlungskompetenz am Beispiel der Chromatographie von Lebensmittelfarbstoffen ausgearbeitet. Die Konzeption ist u. a. durch folgende Merkmale charakterisiert:

- Der Ansatz ist rein phänomenologisch, also von theoretischen Deutungen unabhängig, und kann voraussetzungslos eingeführt werden.
- Die Schülerinnen und Schüler lernen die Papierchromatographie nicht als fertige Methode, sondern durch schrittweisen Aufbau kennen.
- Eine wesentliche Komponente des formalen Denkens wird experimentell geschult, nämlich die Ermittlung von Einflussgrößen durch systematische Kontrolle und Variation möglicher Faktoren.
- Die experimentell festgestellten Befunde werden mit Hilfe eines Simulationsspiels (mit $W_A = 2/6$ und $W_B = 4/6$ und $t = 24$ Zeiteinheiten) auf der Teilchenebene erklärt (Abb. 15.4 bis 15.6).
- Der *Rf*-Wert wird nicht per definitionem mitgeteilt, sondern durch proportionales Denken von den Schülern selbst entdeckt.
- Ein Bezug zur historischen Entwicklung der Papierchromatographie wird hergestellt (vgl. Kapitel 11 „Runge-Bilder").

Die Unterrichtskonzeption [4] eröffnet die Möglichkeit, konkret-operational denkende Schülerinnen und Schüler bereits im Anfangsunterricht an exaktes naturwissenschaftliches Denken heranzuführen, und sie durch einen vielfältigen Kontext (Experiment, Spiel, Farbe, Geschichte) zu aktivem Lernen zu motivieren.

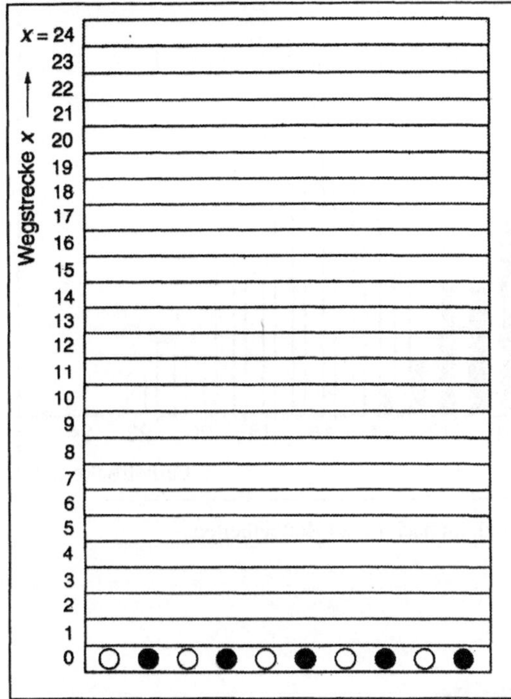

Abb. 15.4: Spielbrett zur Simulation der chromatographischen Trennung eines Gemisches von fünf roten und fünf gelben Modellteilchen. Die Elutionswahrscheinlichkeiten $W_A = 2/6$ und $W_B = 4/6$ werden mit Hilfe eines Würfels realisiert.

Wegstrecke x	t = 6 rot	t = 6 gelb	t = 24 rot	t = 24 gelb
x = 24				1
23				
22				2
21				4
20				3
19				9
18				8
17				13
16				19
15				13
14			1	11
13			3	8
12			7	3
11			7	5
10			11	1
9			10	
8			18	
7			18	
6		12	12	
5	1	27	7	
4	14	26	3	
3	20	20	3	
2	23	11		
1	30	4		
0	12			

Abb. 15.5: Spielsteinverteilung nach $t = 6$ bzw. $t = 24$ Zeiteinheiten. Es wurden jeweils 20 Datensätze vereinigt. Die gelben Teilchen ($W_B = 4/6$) wandern schneller als die roten Teilchen ($W_A = 2/6$)

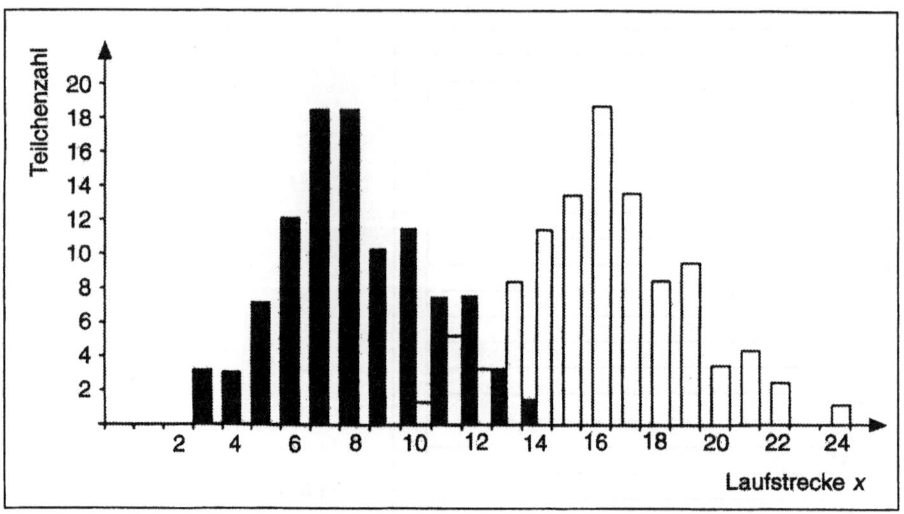

Abb. 15.6: Histogramm der Spielsteinverteilung nach $t = 24$ Zeiteinheiten.

15.2 Verteilungsgleichgewichte

Bringt man zwei nicht miteinander mischbare Flüssigkeiten (z. B. Hexan und Wasser) in einem Gefäß zusammen, dann bilden sie zwei Phasen. Die obere Phase besteht aus Hexan (gesättigt mit wenig Wasser); die untere Phase besteht aus Wasser (mit wenig Hexan).

Fügt man nun einen dritten Stoff hinzu, der sich in den beiden Phasen unterschiedlich gut löst (z.B. Brom oder Iod), so verteilt sich dieser zwischen den beiden Phasen in einem bestimmten, konstanten Mengenverhältnis.

Kinetisch betrachtet, wirkt sich die unterschiedliche Affinität des gelösten Stoffes zu den beiden Phasen I und II so aus, dass die gelösten Teilchen mit unterschiedlichen Übergangswahrscheinlichkeiten $W_{I \rightarrow II}$ beziehungsweise $W_{II \rightarrow I}$ die Phasengrenzfläche durchdringen und die Phase wechseln können.

Die Einstellung eines solchen Verteilungsgleichgewichts für den Spezialfall, dass beide Phasen gleiche Volumina haben, wollen wir im folgenden Spiel simulieren. Für das Spiel werden zwei Spielbretter mit jeweils $6 \times 3 = 18$ Spielfeldern benötigt, die die beiden Phasen darstellen sollen. Die beiden Bretter werden so aneinandergefügt, dass sie ein quadratisches Spielbrett ergeben (Abb. 15.7). Den zwischen den beiden Phasen zu verteilenden Stoff repräsentieren wir durch 18 Spielsteine, die zu Beginn alle im unteren Teilbrett (Phase I) sein sollen. (Die Phase I sei also z.B. gesättigtes Bromwasser.)

Um das Schicksal dieser Steine wird mit zwei gewöhnlichen Würfeln, die als Koordinatenwürfel fungieren (einer für die Abszisse, der andere für die Ordinate des Spielbretts; zweckmäßigerweise nimmt man verschieden farbige Würfel), gewürfelt. Dabei gelten folgende Spielregeln:

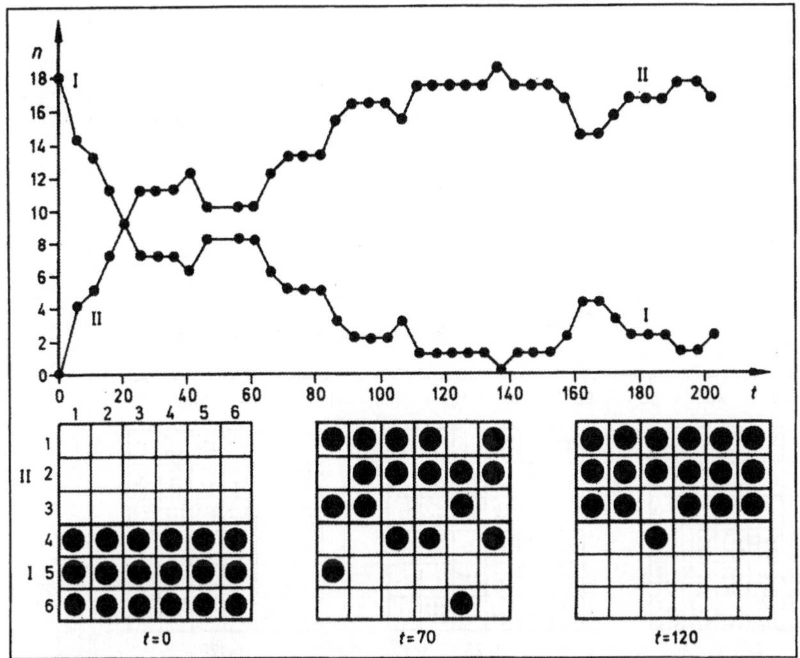

Abb. 15.7: Einstellung des Verteilungsgleichgewichts eines Modell-Stoffes zwischen zwei nicht mischbaren flüssigen Phasen I und II. Die Übergangswahrscheinlichkeiten sind: $W_{I \to II} = 6/6$ und $W_{II \to I} = 1/6$. Aus [1, S. 234].

- Wird ein leeres Feld erwürfelt, dann passiert nichts.
- Wird ein besetztes Feld erwürfelt, dann wandert der betreffende Stein mit einer bestimmten Übergangswahrscheinlichkeit auf ein beliebiges freies Feld der anderen Phase. Ob der Stein seine Chance tatsächlich nutzt, hängt von den Übergangswahrscheinlichkeiten ab. Es sei z.B. $W_{I \to II} = 6/6$ und $W_{II \to I} = 1/6$. Das bedeutet:
  - Ein in der Phase I erwürfelter Stein wechselt in jedem Fall die Phase.
  - Ein in der Phase II erwischter Stein nutzt dagegen nur mit der Wahrscheinlichkeit 1/6 die Chance zum Phasenwechsel; fällt der „Wahrscheinlichkeitswurf" negativ aus, bleibt der Stein liegen.
- Jeder Wurf mit den beiden Koordinaten-Würfeln zählt als eine Zeiteinheit (gleichgültig, ob dabei ein besetztes oder ein leeres Feld erwürfelt wurde, und gleichgültig, ob ein Teilchen die Phase wechselte oder nicht).

Spielt man etwa 200 Zeiteinheiten lang nach diesen Regeln und protokolliert die Besetzungszahlen n_I und n_{II} der beiden Phasen in Intervallen $\Delta t = 5$, dann ergibt sich Abb. 15.7. Nach etwa 100 Zeiteinheiten hat sich das Verteilungsgleichgewicht eingestellt.

Wegen der geringen Teilchenzahl kommt es natürlich zu erheblichen statistischen Fluktuationen, die wir eliminieren können, indem wir die Ergebnisse von 10 Spielen aufsummieren (Abb. 15.8).

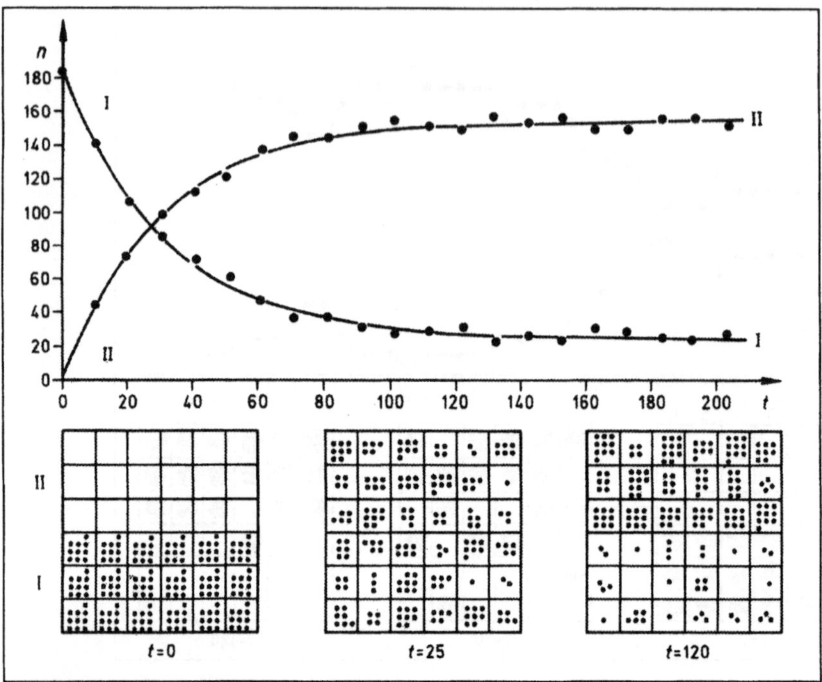

Abb. 15.8: Zehn Spielprotokolle werden aufsummiert, um die statistischen Schwankungen zu glätten. Aus [1, S. 235].

In einem *zweiten Spiel* setzen wir zu Beginn alle Steine in die obere Phase II und verfahren ansonsten nach denselben Regeln wie vorher. Als Ergebnis kommt heraus (Abb. 15.9), dass sich *derselbe* Gleichgewichtszustand wie im ersten Spiel (Abb. 15.8) einstellt, allerdings sehr viel schneller als vorher, weil sich die Anfangsverteilung nicht mehr so stark von der Gleichgewichtsverteilung unterscheidet wie beim ersten Spiel.

Aus diesen Spielen können die Schüler lernen:

- Unabhängig von der Ausgangssituation stellt sich stets derselbe Gleichgewichtszustand ein; mit folgendem Teilchenzahlverhältnis:

$$\frac{n_{II}}{n_I} = \frac{W_{I \to II}}{W_{II \to I}} = \frac{6}{1}$$

- Auch im Gleichgewichtszustand finden nach wie vor Phasenübergänge statt, allerdings pro Zeitintervall mit gleicher Häufigkeit in beiden Richtungen: es herrscht ein *dynamisches Gleichgewicht.*

In einem *dritten Spiel* wollen wir zum Schluss noch den Spezialfall $W_{I \to II} = W_{II \to I}$ betrachten (Abb. 15.10). Es ist klar, dass wir gleiche Übergangswahrscheinlichkeiten am einfachsten dadurch experimentell realisieren können, dass wir die Phasen I und II als zwei Hälften ein und desselben Behälters interpretieren. Nach Entfernung eines Schiebers diffundieren die Teilchen so lange (netto) von links nach rechts, bis Gleichverteilung herrscht.

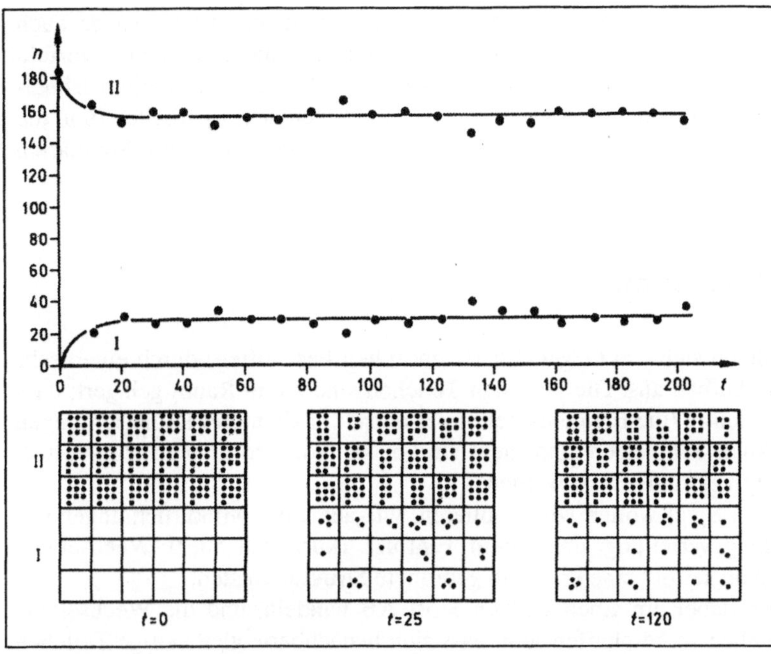

Abb. 15.9: Spielergebnisse für den Fall, dass sich zunächst alle Teilchen in der oberen Phase II befinden. Die Übergangswahrscheinlichkeiten sind dieselben wie in Abb. 15.7. Aus [1, S.235].

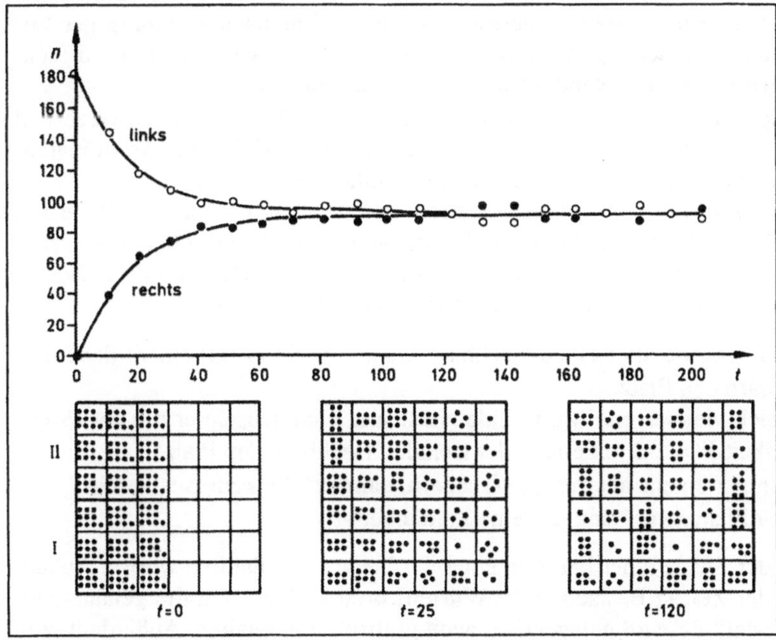

Abb. 15.10: Spielergebnisse für den Spezialfall gleicher Übergangswahrscheinlichkeiten ($W_{I\to II} = W_{II\to I} = 1$). Der Spielverlauf simuliert einen Diffusionsvorgang. Aus [1, S. 236].

Vereinfachungen: Anstatt Koordinaten von Teilchen zu erwürfeln, ist es auch möglich, die Teilchen zu nummerieren und direkt Teilchennummern zu erwürfeln (z. B. mit Hilfe eines Ikosaeders bei $N = 20$ Teilchen). Das geht wesentlich schneller. Es ist auch ohne weiteres möglich, nur mit $N = 6$ Teilchen zu arbeiten (und die Daten aller Schüler aufzusummieren), so dass normale Würfel für die Simulation benutzt werden können.

15.3 Kristallisation

Kristalle zeichnen sich (im Gegensatz zu amorphen Feststoffen) durch einen sehr regelmäßigen Aufbau aus. Die kleinsten Teilchen sind so im Raum gelagert, dass sich ein Grundmotiv (die Elementarzelle) periodisch in allen drei Raumrichtungen wiederholt. Auch Schmelzen sind nicht strukturlos, sondern können als „verwackelte Kristallgitter" aufgefasst werden.

Im folgenden Spiel wollen wir simulieren, wie aus einer willkürlich angenommenen Ausgangsverteilung unter dem Einfluss (kurzreichender) Wechselwirkungskräfte „von selbst" eine kristallin geordnete Struktur entsteht.

Es soll sich dabei um einen binären Stoff AB handeln, und die Wechselwirkungskräfte sollen so beschaffen sein, dass sich benachbarte gleichartige Teilchen abstoßen, ungleichartige aber anziehen. (Man denke etwa an eine langsam erstarrende Salzschmelze oder an eine Legierung.)

Weiterhin wollen wir annehmen, dass die Koordinationszahl (Zahl der nächsten Nachbarn) sowohl für die A-Teilchen als auch für die B-Teilchen gleich 4 ist und dass die Elementarzelle kubisch (hier: quadratisch) sein soll. Diese Bedingungen lassen sich durch ein quadratisch gerastertes Spielfeld realisieren. Streng genommen müssten wir ein sehr großes Spielbrett nehmen, aber wir wollen von diesem Problem (Vermeidung von Randpositionen) einmal absehen.

Für das Spiel benötigen wir ein quadratisches 6×6-Brett, je 18 schwarze und weiße Spielsteine, zwei gewöhnliche Würfel (zum Erwürfeln von Koordinaten) und eine Münze (zur Realisierung der Wahrscheinlichkeit $W = 1/2$).

Zu Beginn wird die eine Hälfte des Bretts mit weißen, die andere Hälfte mit schwarzen Steinen besetzt. (Man kann die Steine aber auch völlig beliebig verteilen.) Dann wird mit den Koordinatenwürfeln ein Stein erwürfelt. Was mit diesem Stein geschieht, hängt von seiner orthogonalen Nachbarschaft ab:

- Hat er mehr eigene als fremde Nachbarn, dann tauscht er mit einem der fremden Nachbarn den Platz.
- Hat er gleich viele eigene wie fremde Nachbarn, dann tauscht er mit der Wahrscheinlichkeit $W = 1/2$ mit einem der fremden Nachbarn den Platz.
- Hat er weniger eigene als fremde Nachbarn, dann erfolgt kein Austausch.
- Jeder Koordinatenwurf zählt als eine Zeiteinheit.

Die Zahl der Steine einer Farbe in einer der beiden Spielhälften wird in Abhängigkeit von der Zeit (z.B. nach je 10 Würfen) protokolliert, und die genaue geometrische Verteilung wird gelegentlich auch grafisch festgehalten. Außerdem wird die *potenzielle Energie* des Systems in Abhängigkeit von der Zeit notiert. Zur Bestimmung der potenziellen Energie wird die Zahl der orthogonalen Nachbarschaften schwarz/schwarz; weiß/weiß; schwarz/weiß durch Abzählen gruppenweise getrennt ermittelt (insgesamt gibt es 60 Nachbarschaften). Eine Nachbarschaft zwischen schwarz und weiß (energetisch günstige Wechselwirkung) erniedrigt die potenzielle Energie des Systems um eine Einheit (–1), eine gleichfarbige Nachbarschaft dagegen erhöht die potenzielle Energie des Systems um eine Einheit (+1). Die Summe der sechzig Wechselwirkungsenergien ergibt die relative potentielle Energie des Systems.

Es empfiehlt sich, zuerst alle horizontalen und dann alle vertikalen Nachbarschaften durchzugehen und eine Strichliste für die beiden Wechselwirkungen anzufertigen.

In Abb. 15.11 sind die momentanen Spielbrettsituationen für sechs verschiedene Zeitpunkte eines typischen Spielverlaufs grafisch dargestellt. Wir sehen daraus qualitativ Folgendes: Zunächst sind nur Teilchen an der Phasengrenzfläche von Platzwechseln betroffen, und zwar diffundieren die schwarzen Teilchen von rechts nach links, die weißen von links nach rechts, wodurch auch die Außenbezirke nach und nach ins Geschehen einbezogen werden. Mit der räumlichen Gleichverteilung (über die beiden Spielbretthälften) geht gleichzeitig eine Strukturbildung einher. Jedes Teilchen „versucht", möglichst viele andersfarbige Teilchen als orthogonale Nachbarn zu bekommen. Auf diese Weise kristallisiert das Gemisch allmählich durch. Nach 150 Zeiteinheiten ist im unteren Teil bereits eine klare kristalline Fernordnung zu erkennen, die im weiteren Spielverlauf nach oben wächst. Nach 400 Zeiteinheiten befinden sich die Spielsteine auf Positionen, die der Struktur eines kubischen Kristalls entsprechen. Wegen der starken Wechselwirkungskräfte sind statistische Fluktuationen im voll ausgebildeten Kristall nicht mehr möglich; das schwarze und das weiße Teilgitter sind quasi ineinander eingerastet (Abb. 15.12).

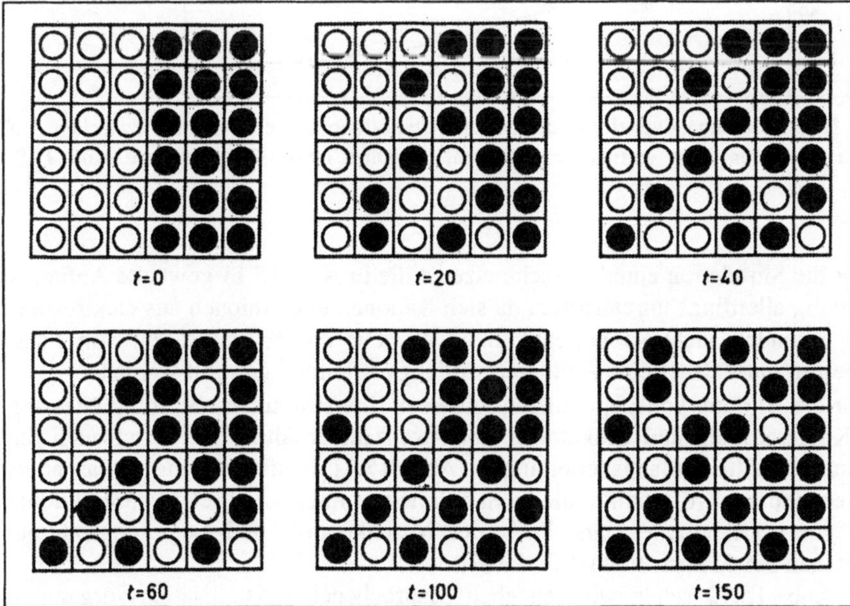

Abb. 15.11: Simulation einer Mischkristallbildung (z.B. Bildung von β-Messing aus Kupfer und Zink). Aus [1, S. 255].

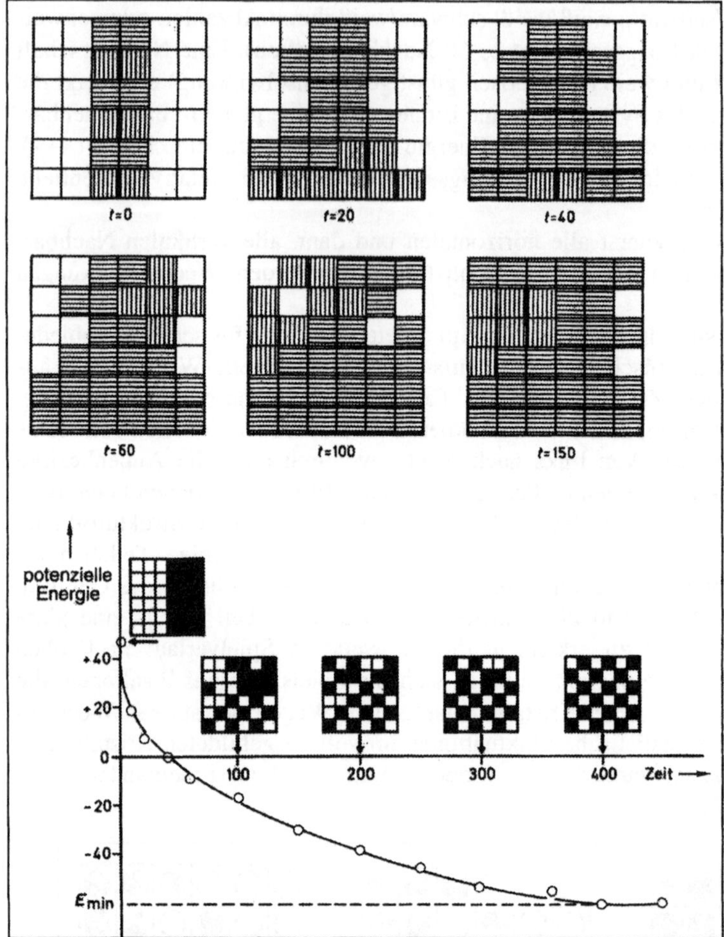

Abb. 15.12: Domänendarstellung der Mischkristallbildung. Die Grenzlinie zwischen den beiden (horizontal bzw. vertikal schraffierten) Domänen ist die Gefügegrenze. Aus [1, S. 256].

Für die Simulation einer Salzschmelze ist die in Abb. 15.11 gewählte Anfangsverteilung allerdings unrealistisch, da sich Kationen und Anionen aus elektrostatischen Gründen nicht so getrennt anordnen. Für die Kristallisation von Salzschmelzen muss daher eine zufälligere Anfangsverteilung gewählt werden.

Für die Bildung von Legierungen mit einer Überstruktur (z. B. von β-Messing aus Kupferatomen und Zinkatomen im Atomzahlverhältnis 1 : 1) ist auch die extrem gewählte Anfangsverteilung in Abb. 15.11 realistisch. Sie repräsentiert Kupfer- und Zink-Kristallite, die beim Schmelzen intermetallische Phasen bilden. Eine gut verständliche Darstellung der Mischkristall- und Legierungsbildung findet man bei Sauermann und Barke [7].

In Abb. 15.12 sehen wir den eben besprochenen Kristallisationsvorgang in einer andersartigen Darstellung, die eine weitere Einsicht ins Geschehen ermöglicht. Hebt man nämlich diejenigen Bereiche, in denen schwarze und weiße Teilchen relativ zueinander in alternierenden Gitterpositionen angeordnet sind, durch Schraffierung hervor und berücksichtigt durch die Schraffierungsrichtung die Orientierung der kristallinen Bereiche relativ zueinander, dann erkennen wir Folgendes: Zur Zeit $t = 0$ haben wir sechs alternierend orientierte „Mini-Kristallite", die jeweils aus zwei verschieden farbigen, orthogonal benachbarten Teilchen bestehen. Aus diesen Keimen an der Phasengrenzfläche bilden sich zwei (a priori gleichberechtigte) Kristalldomänen unterschiedlicher „Parität", die miteinander unverträglich sind, denn die eine braucht zum Wachsen an den Stellen, an denen die andere schwarze Steine benötigt, weiße Steine und umgekehrt. Deshalb gehen sich die Domänen so gut es geht aus dem Weg, sie verschmähen es aber keinesfalls, einander zu umzingeln und zu verschlucken. Das Domänenwachstum stellt nämlich einen inhärent autokatalytischen Prozess höherer Ordnung dar, der eine friedliche Koexistenz ausschließt (wenn das Spielbrett endlich ist). Eine der beiden Domänen muss auf längere Sicht verschwinden, damit die Gitterverschiebung, die sich als Gefügegrenze bemerkbar macht, ausheilen kann. Als Triebkraft für die besprochenen Kristallisationsprozesse spielen sowohl die Energie als auch die Entropie eine Rolle. Eine diesbezügliche Diskussion findet man bei Harsch [1].

15.4 Entmischung

Wenn in einem binären Gemisch (Schmelze oder Emulsion) die Wechselwirkungskräfte so geartet sind, dass sich gleichartige Teilchen anziehen, verschiedenartige Teilchen aber abstoßen (oder viel schwächer anziehen), dann kommt es zu einer mehr oder weniger vollständigen Entmischung. Es bilden sich also zwei Phasen.

Diesen Prozess wollen wir im Folgenden spielerisch simulieren. Als Ausgangszustand wählen wir eine beliebige, mehr oder weniger unregelmäßig gemischte Spielsteinverteilung, die eine Suspension der beiden nicht mischbaren Stoffe darstellen soll. Die Spielregeln sind völlig analog zu den vorhergehenden, jedoch werden die Vorzeichen für die Wechselwirkungsenergien und die Austauschwahrscheinlichkeiten umgepolt:

- Hat ein erwürfelter Stein mehr fremde als eigene Nachbarn, dann tauscht er mit einem der fremden Nachbarn den Platz.
- Hat ein erwürfelter Stein gleich viele fremde wie eigene Nachbarn, dann tauscht er mit $W = 1/2$ einem der fremden Nachbarn den Platz.
- Hat ein erwürfelter Stein weniger fremde als eigene Nachbarn, dann erfolgt kein Austausch.

Da durch die „Kooperativitätsregeln" Wechselwirkungen zwischen gleichartigen Steinen begünstigt sind, bricht die anfangs vorgegebene Emulsion (statistisch homogene Phase) rasch zusammen (Abb. 15.13). Zunächst bilden sich mehrere kleine schwarze bzw. weiße Bereiche unterschiedlicher Größe. Diese Bereiche können jedoch nicht koexistieren. Die kleineren Bereiche lösen sich immer wieder auf, die größeren Bereiche dagegen wachsen weiter, weil die inneren Steine dieser Bereiche sich in so günstigen Nachbarschaftsverhältnissen befinden, dass sie für Austauschvorgänge nicht mehr in Frage kommen.

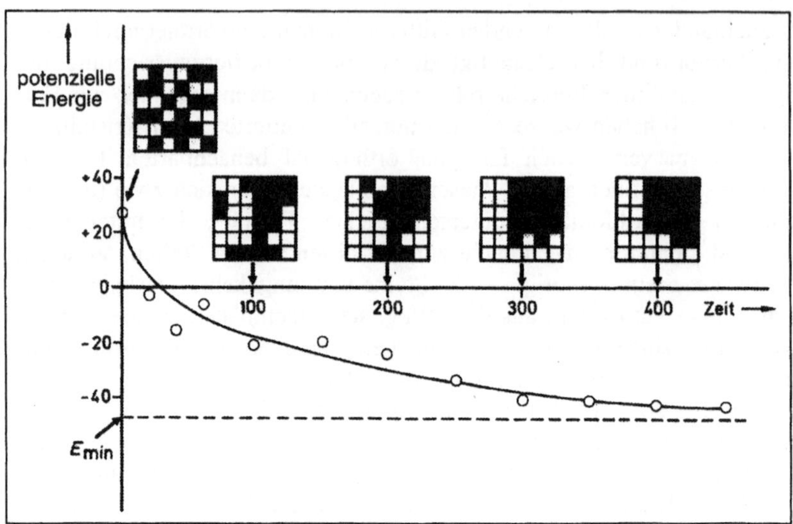

Abb. 15.13: Simulation eines Entmischungsvorgangs (z. B. Entmischung einer statistischen Legierung zweier Metalle oder einer Öl-Wasser-Emulsion). Aus [1, S. 260].

Die großen Bereiche wachsen also auf Kosten der kleinen Bereiche, bis schließlich nur noch je ein einziger zusammen hängender Bereich der beiden Spielsteinsorten übrig bleibt. Das System befindet sich dann in der Nähe des Minimums der potenziellen Energie. Es ist eine völlige Entmischung eingetreten, und Austauschvorgänge finden nur noch an der gemeinsamen Grenze der beiden Phasen statt. Lokale Mischungsvorgänge an der Phasengrenze sind nie von langer Dauer und werden stets wieder rückgängig gemacht. Der Entmischungsvorgang ist irreversibel.

Ebenso wie im vorhergehenden Spiel ist die Abnahme der potenziellen Energie die entscheidende „Triebkraft" für den Struktur bildenden Prozess. Allerdings fällt auf, dass die Kurvenpunkte stärker streuen. Das kommt daher, dass die Struktur bildenden Wechselwirkungskräfte gegen den Entropie-Effekt ankämpfen müssen, denn die Entropie begünstigt ja eine statistisch gleichmäßige Verteilung der beiden Teilchensorten. Im vorigen Spiel (Kristallbildung) zogen der Energie- und der Entropieeffekt sozusagen am gleichen Strang; bei Entmischungsvorgängen wirken sie einander entgegen. Der Energieeffekt ist aber stark genug, den Entropieeffekt zu überkompensieren.

15.5 Lichtabsorption

Schickt man monochromatisches Licht (das ist Strahlung mit nur einer bestimmten Wellenlänge) durch einen mit einer absorbierenden Lösung gefüllten Glastrog (Küvette), dann nimmt die Intensität I des Lichtstroms (Zahl der Photonen, die pro Zeiteinheit eine Flächeneinheit durchströmen) um so mehr ab, je weiter dieser in die absorbierende Flüssigkeit eindringt und je größer das Absorptionsvermögen und die Konzentration des absorbierenden Stoffes ist.

Quantitativ lässt sich dieser Sachverhalt durch folgende Differentialgleichung ausdrücken:

$$\frac{dI}{dx} = W \cdot c \cdot I \qquad (1)$$

Die Integration dieser Gleichung (siehe [1, S. 246]) ergibt eine Exponentialfunktion:

$$I = I_0 \cdot e^{-W \cdot c \cdot x} \qquad (2)$$

Durch Umformen und Logarithmieren von (2) erhält man:

$$E = \log\left(\frac{I_0}{I}\right) = \varepsilon \cdot c \cdot x \qquad (3)$$

Den Ausdruck $\log(I_0 / I)$ bezeichnet man als Extinktion E („Lichtschwächung"), die Proportionalitätskonstante $\varepsilon = W / 2{,}3$ ist der Extinktionskoeffizient (dessen Zahlenwert von der Wellenlänge des Lichts und vom Absorptionsvermögen des Stoffes abhängt). Gleichung (3) bezeichnet man als das *Lambert-Beersche* Gesetz. Es ist das Grundgesetz der *Photometrie.*

Diesen geschilderten Sachverhalt wollen wir nun im folgenden spielerisch simulieren. Zweckmäßigerweise lassen wir zunächst den Konzentrationseinfluss außer Betracht (d. h. wir setzen $c = 1$).

Für das Spiel werden ein Spielfeld der Größe 12 × 12, zwölf einfarbige Spielsteine (Photonen) sowie ein Dodekaeder benötigt. (Vereinfachend kann man auch ein 6 × 6 Spielbrett und einen Würfel benutzen, wenn in einer Schulklasse genügend Spieldaten für die anschließende Mittelwertbildung zur Verfügung stehen.)

Das Spielbrett repräsentiert die absorbierende Materieschicht. (Die absorbierenden Materieteilchen werden bei der einfachen Spielversion nicht explizit dargestellt.) Die Schicht ist in zwölf vertikale Segmente unterteilt. Die Zahlen an der Abszissenkante des Spielbretts geben die Segment-Nummern x an. Das ankommende Licht wird als Photonenstrom gedeutet. Zur Vereinfachung wird zunächst nur eine schmale Schicht dieses Stroms, bestehend aus zwölf Photonen, betrachtet (Abb. 15.14). Die Zahlen an der Ordinatenkante des Spielbretts geben die Photonen-Nummern an.

Zu Beginn wird die ankommende Photonenfront auf das erste Segment des Spielfelds gesetzt. Mit dem Dodekaeder wird dann n-mal gewürfelt. Die erwürfelte Zahl gibt an, welches Photon absorbiert wird. Das absorbierte Photon wird vom Spielbrett entfernt.

Beim ersten Wurf trifft man natürlich in jedem Fall ein Photon, beim zweiten Wurf aber nur noch mit der Wahrscheinlichkeit 11/12, weil man ja auch das Leerfeld erwürfeln kann usw. Nach n Würfen wird die übriggebliebene Photonenfront um eine Kästcheneinheit weiter ins 2. Segment gerückt. Man macht in diesem Segment wieder n Absorptionswürfe, verschiebt die übrigbleibenden Steine ins 3. Segment usw. Abb. 15.14 zeigt einen typischen Spielverlauf für $n = 2$. Im Durchschnitt wird hinten noch ein Photon herauskommen. Wäre die absorbierende Schicht noch dicker, würde (im Grenzfall) gar kein Licht mehr durchkommen.

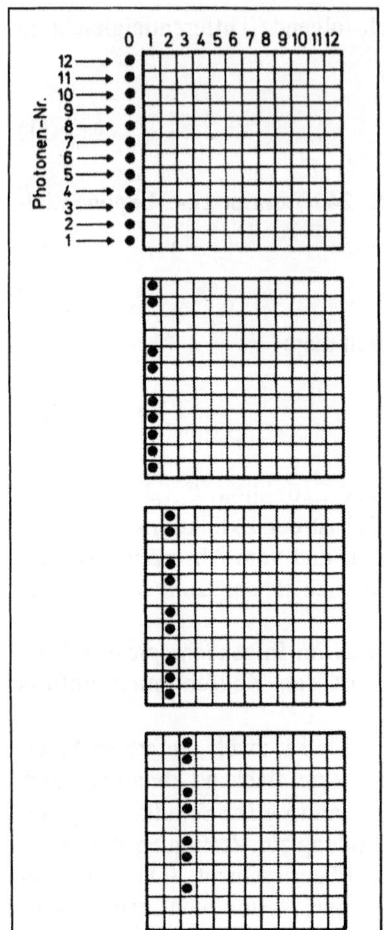

Abb. 15.14: Simulation der Lichtabsorption. Dargestellt sind 12 Modellphotonen, die ein absorbierendes Medium (z. B. eine farbige Flüssigkeit) durchströmen und mit der Absorptionswahrscheinlichkeit $W = 1/6$ pro Streckeneinheit „verschluckt" werden. Aus [1, S. 247].

Projiziert man die Protokolle von 10 Spielern aufeinander, dann ergibt sich Abb. 15.15 für $W = 2/12 = 1/6$ (oben) bzw. $W = 1/12$ (unten).

Durch Auszählen der Photonen in den einzelnen Segmenten lässt sich der Intensitätsverlauf leicht quantifizieren. Trägt man die absolute oder prozentuale Anzahl der Photonen in Abhängigkeit von der Segment-Nummer auf, dann ergeben sich recht glatte exponentielle Kurvenverläufe (Abb. 15.16 oben).

Die Auswertung der erspielten Daten in logarithmischer Form ergibt Geraden (Abb. 15.16 unten), wie es das Gesetz von Lambert-Beer verlangt. Für die Geradensteigungen folgt aus Gleichung (3):

$$\text{Steigung} = \varepsilon \cdot c = \frac{W}{2{,}3} \cdot 1$$

Also ist W gleich der 2,3-fachen Steigung der Geraden, woraus sich die in den Spielregeln festgelegten Absorptionswahrscheinlichkeiten $W = 1/6$ bzw. $W = 1/12$ wieder rekonstruieren lassen: Die Ergebnisse sind mit den Prämissen konsistent.

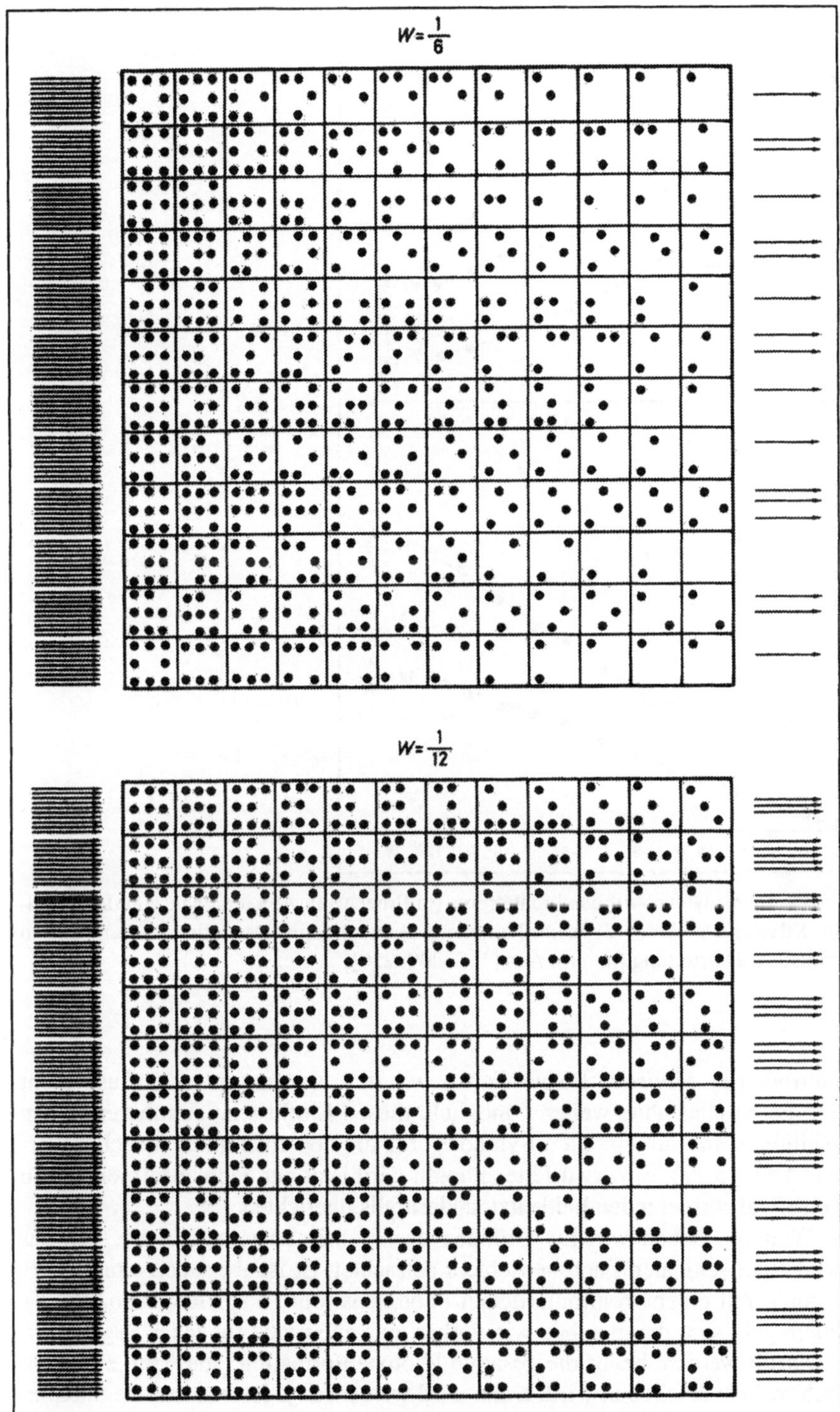

Abb. 15.15: Aufsummierung von 10 Spielprotokollen für $W = 1/6$ (oben) bzw. $W = 1/12$ (unten). Aus [1, S. 248].

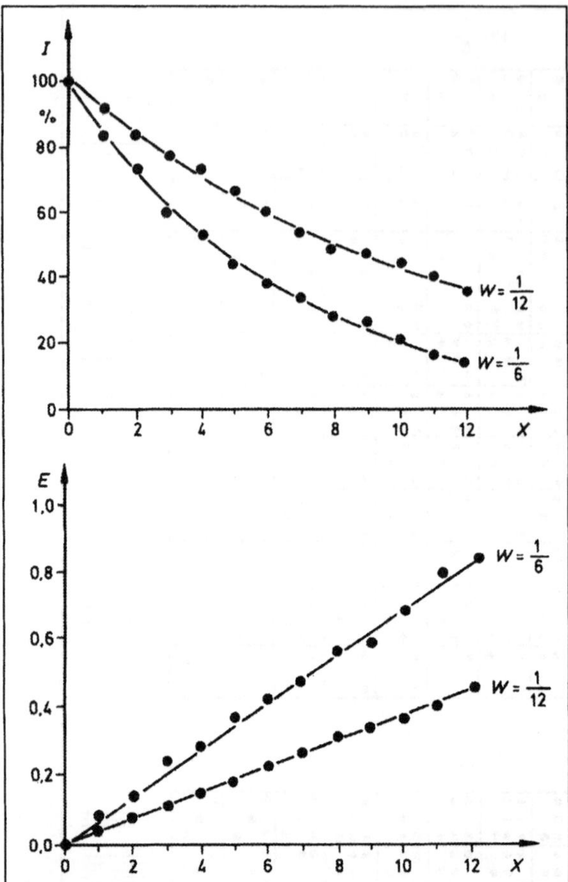

Abb. 15.16: Intensitätsverlauf des Lichtstroms (in Prozent) in Abhängigkeit von der durchlaufenen Küvettenstrecke (= Segment-Nummern x) in normaler Darstellung (oben) und in logarithmischer Darstellung (unten). Aus [1, S. 249–250].

Verfeinerung des Modells: Bisher haben wir den Konzentrationseinfluss nicht beachtet. Es ist aber ohne weiteres möglich, diesen Einfluss zu simulieren, wenn wir Spielbretter mit aufgemalten Symbolen für die absorbierenden Teilchen verwenden (Abb. 15.17). Ein erwürfeltes Photon wird jetzt nur dann absorbiert, wenn es auf einem absorbierenden Feld sitzt, andernfalls überlebt es.

Des Weiteren haben wir aus Gründen der Elementarisierung bisher nur das Schicksal einer schmalen Photonenschicht betrachtet. Es ist aber auch ohne weiteres möglich, mit einem kontinuierlichen Photonenstrom zu spielen (Abb. 15.18). Die Spielregeln sind die gleichen wie vorher, nur muss jetzt für *jedes* Segment n-mal gewürfelt werden, bevor die gesamte Photonenformation (starr) um eine Einheit nach rechts verschoben wird. Dann wird wieder für jedes besetzte Segment n-mal gewürfelt usw. Man sieht dann sehr schön, wie der Photonenstrom im absorbierenden Medium statistisch verdünnt wird.

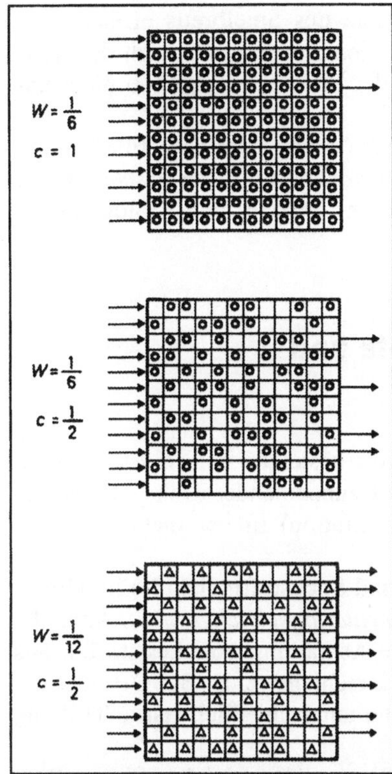

Abb. 15.17: Durch Spielbretter mit aufgemalten Symbolen für die absorbierenden Teilchen können auch die Einflüsse der Konzentration c simuliert werden. Aus [1, S. 250].

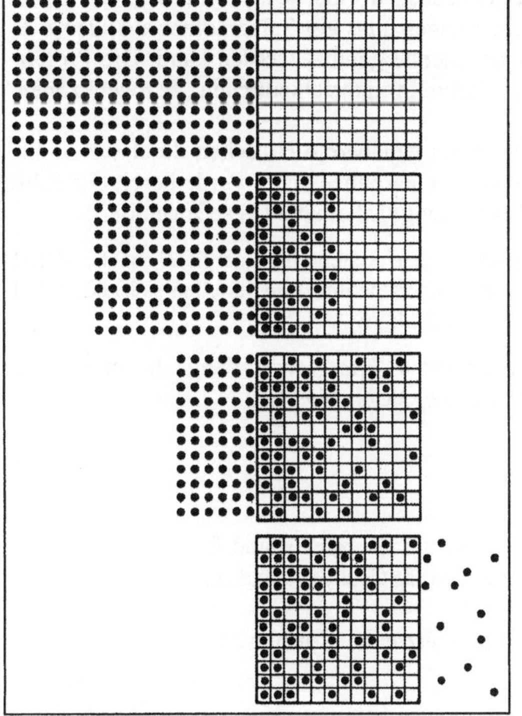

Abb. 15.18: Simulationsspiel mit einem kontinuierlichen Photonenstrom, der zu einem stationären Intensitätsmuster führt. Aus [1, S. 249].

Nachdem die Photonenfront das letzte Segment des Spielbretts erreicht hat, bleibt das Photonenmuster auf dem Spielbrett stationär, wenn man nach den gleichen Regeln weiterspielt und dafür sorgt, dass der Photonennachschub nicht abbricht.

Die Unterscheidung eines *stationären Zustands* (steady state bzw. Fließgleichgewicht im *offenen* System) von einem *Gleichgewichtszustand* (im *geschlossenen* System) ist ein wichtiges Lernziel für den Chemie-, Physik- und Biologieunterricht.

15.6 Sedimentationsgleichgewichte und Energieverteilung

Wer den Mont Blanc oder gar den Mount Everest besteigen will, muss mit dem Problem der Luftverdünnung fertig werden: Mit zunehmender Höhe nimmt der Luftdruck (und damit auch die Sauerstoffkonzentration) immer mehr ab (Abb. 15.19), man kommt in Atemnot.

Die Verteilung der Luftpartikel (Sauerstoff- und Stickstoffmoleküle) im Gravitationsfeld der Erde ist ein Beispiel für ein *Sedimentationsgleichgewicht.* Ähnliche Phänomene kann man manchmal auch bei der Ausfällung von Feststoffen aus einer Lösung beobachten: Sehr feinkörnige Niederschläge (z. B. $BaSO_4$) oder gar Kolloide setzen sich so langsam ab, dass man die unterschiedlich starke Trübung über einen längeren Zeitraum beobachten kann.

Löst man Salz in Wasser auf, dann sind die Ionen völlig gleichmäßig im Reagenzglas verteilt. Wird aber die Salzlösung in einer Ultrazentrifuge mit hoher Drehzahl zentrifugiert, bildet sich im Reagenzglas ein Salzgradient aus, der z. B. zur Trennung von Proteinen in der Biochemie genutzt werden kann: Die Proteinmoleküle reichern sich je nach ihrer Dichte in unterschiedlichen „Schwebezonen" im Reagenzglas an.

Ein ganz anderes Problem, das aber bei genauerem Hinsehen durchaus Analogien zu den Sedimentationsgleichgewichten erkennen lässt, wurde bereits im Jahre 1872 von dem theoretischen Physiker Ludwig Boltzmann [8] so formuliert:

> Wie verteilt sich in einem abgeschlossenen System, die Energie E auf die N Teilchen, die sich darin befinden? Oder anders herum: Wie verteilen sich die N Teilchen auf die einzelnen Energieniveaus E_1, E_2, E_3...?

Als Lösung fand Boltzmann die berühmte *Energieverteilung,* die man später ihm zu Ehren auch als *Boltzmann-Verteilung* bezeichnet hat:

$$p_i = p_0 \cdot e^{-k \cdot E_i} \qquad (1)$$

Hierbei bedeuten:

$p_i = n_i/N$ = relative Anzahl der Teilchen im Energiezustand E_i
$p_0 = n_0/N$ = relative Anzahl der Teilchen im Grundzustand E_0
N = Gesamtzahl der Teilchen
k = temperaturabhängige Konstante (Boltzmann-Konstante)

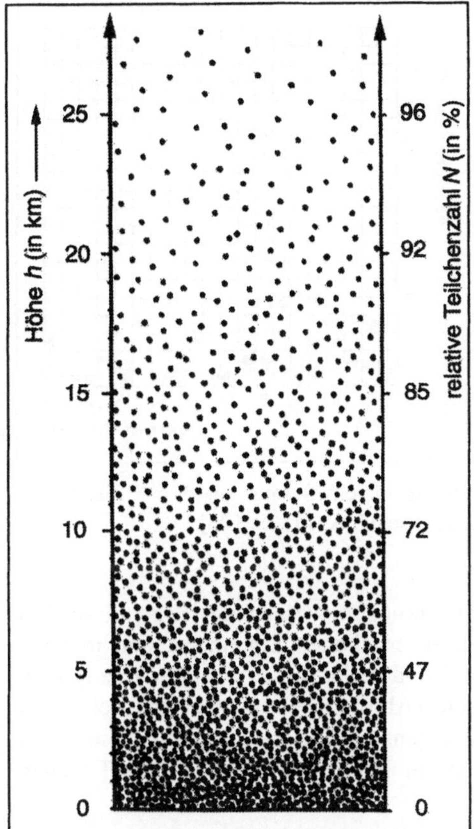

Abb. 15.19: Verdünnung der Erdatmosphäre mit zunehmender Höhe.

Die Boltzmann-Verteilung besagt qualitativ, dass sich in einem Vielteilchensystem die meisten Teilchen im energetischen Grundzustand befinden und dass höhere Energiezustände immer spärlicher besetzt werden, je energiereicher sie sind.

Die Boltzmann-Verteilung ist wichtig für das Verständnis grundlegender physikalisch-chemischer Begriffe (z. B. Aktivierungsenergie, Entropie) und Methoden (z. B. Spektroskopie). Für Leistungskursschüler mag es daher vielleicht von Interesse sein, die Boltzmann-Verteilung mit Hilfe eines Simulationsspiels [9] selbst zu entdecken:

Auf einem 20 × 20-Brett, dessen horizontale Kästchenreihen Energieniveaus darstellen sollen, werden 20 Spielsteine ins Energieniveau $E_1 = 1$ gesetzt (Abb. 15.20). Dann werden mit Hilfe eines Ikosaeders fortlaufend Teilchen-Nummern erwürfelt. Die erwürfelten Teilchen werden strikt alternierend um 1 Energieeinheit nach oben bzw. nach unten verschoben, so dass die mittlere Teilchenenergie $E = 1$ erhalten bleibt. Trifft man bei einem „Erniedrigungswurf“ ein Teilchen, das sich bereits im Grundzustand befindet, dann muss so lange weiter gewürfelt werden, bis ein erniedrigungsfähiges Teilchen erwischt wird. Schon nach etwa 40 Würfen hat sich der Gleichgewichtszustand eingestellt.

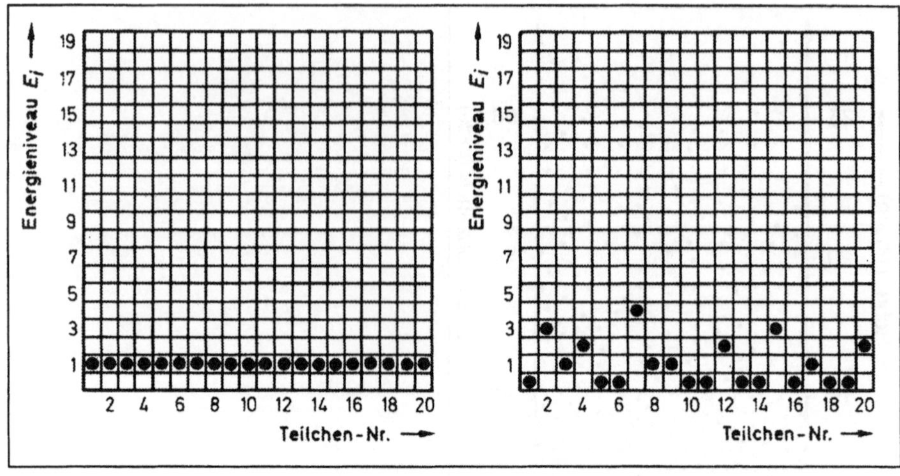

Abb. 15.20: Simulation der Boltzmann-Verteilung für ein System aus N = 20 Teilchen. Links: Ausgangszustand. Rechts: Gleichgewichtszustand. Aus [1, S. 106].

Zum Ausgleich der statistischen Schwankungen werden die Ergebnisse von mindestens 10 Spielern aufsummiert. Die so erhaltenen Ergebnisse sind in Abb. 15.21 dargestellt, und zwar links für E = 1 und rechts für E = 2. Der Bezug zum Problem der Sedimentationsgleichgewichte (Abb. 15.19) ist offensichtlich. Dies ist auch theoretisch verständlich, da die potenzielle Energie eines Teilchens im Gravitationsfeld der Erde proportional ist zur Höhe h, in der sich das Teilchen gerade befindet.

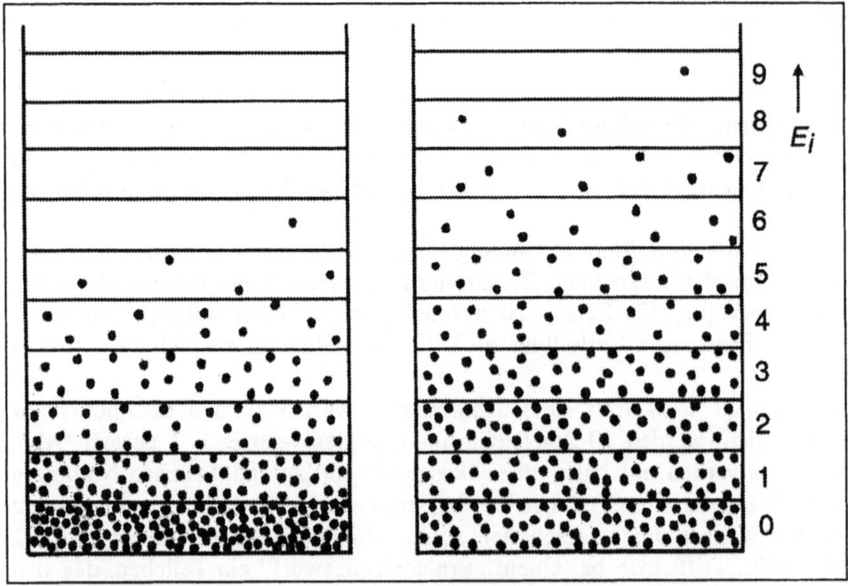

Abb. 15.21: Aufsummierte Ergebnisse für das Simulationsspiel zur Boltzmann-Verteilung mit der mittleren Energie E = 1 (links) bzw. E = 2 (rechts).

Hinweis: Die Daten können auch quantitativ ausgewertet werden. Es ergibt sich tatsächlich eine *exponentielle* Verteilung wie in Gleichung (1) gefordert. Ist man nur an einer qualitativen Auswertung interessiert, kann die Teilchenzahl auf $N = 6$ reduziert werden, so dass ein 6 × 6 Spielbrett und ein Würfel benutzt werden können. Allerdings müssen dann Abweichungen von der Boltzmann-Verteilung hingenommen werden.

Historische Anmerkung: Zur Ableitung der Gleichung (1) benötigte Boltzmann [8] insgesamt 96 Seiten voller Differential- und Integralrechnungen. Es ist interessant, wie James Clerk Maxwell über Boltzmanns Schreibstil dachte. 1873 schrieb er an seinen Freund Peter Guthrie Tait [10]:

„Was die Arbeiten von Boltzmann betrifft: Es war mir unmöglich, ihn zu verstehen. Er [Boltzmann] konnte mich wegen meiner Kürze nicht verstehen, und für mich ist und war seine Ausführlichkeit ein ebenso großer Stein des Anstoßes. Deshalb neige ich sehr dazu, mich der glorreichen Gesellschaft der Weglasser anzuschließen, und das ganze Geschäft in etwa sechs Zeilen zu erledigen."

Spätestens 1872 hat Maxwell ganz offensichtlich die Lust verloren, sich mit Boltzmanns Arbeiten auseinander zu setzen; der Kommunikationsprozess ist weitgehend eingeschlafen. Unterschiedliche Auffassungen in Bezug auf die Darstellung wissenschaftlicher Erkenntnisse – ein didaktisches Problem – haben demnach zwei erstklassige Wissenschaftler, die an ähnlichen Problemen arbeiteten, daran gehindert, in einen intensiven Dialog miteinander zu treten! [11].

15.7 Radioaktiver Zerfall

Spätestens seit der Katastrophe von Tschernobyl am 26.04.1986 sind Begriffe wie „Radioaktivität", „Becquerel", „Halbwertszeit" etc. aus der öffentlichen Diskussion nicht mehr wegzudenken. Um die Schüler zu einer kompetenten Teilhabe an der Diskussion um gesellschaftsrelevante Sachfragen zu befähigen, muss zunächst sichergestellt werden, dass sie die entsprechenden Fachbegriffe verstehen und anwenden können. Dies ersetzt zwar keine weitergehenden Diskussionen über Ziele, Risiken und Wertvorstellungen als Grundlage für Konsensfindung und gesellschaftliches Handeln, ist aber als Mindestvoraussetzung unabdingbar.

Für das Verständnis des zeitlichen Verlaufs einer Zerfallsreaktion, insbesondere für die Erarbeitung des Begriffs „Halbwertszeit" eignet sich das folgende Simulationsspiel, das auf einer Idee von Eigen und Winkler [12] basiert:

- Auf einem 6 × 6 Spielbrett werden 36 weiße Spielsteine verteilt. Diese sollen die Atome eines radioaktiven Stoffes darstellen, die sich mit einer bestimmten (spielerisch zu ermittelnden) Halbwertszeit in andere, inaktive Atome umwandeln.
- Durch Würfeln werden nun sukzessive Koordinaten auf dem Spielbrett ermittelt. Befindet sich auf dem erwürfelten Feld ein weißer Spielstein (was zunächst mit Sicherheit der Fall sein wird), dann wird dieser gegen einen schwarzen

Spielstein (inaktives Atom) ausgetauscht. Wird im weiteren Verlauf des Spiels ein Feld erwürfelt, auf dem sich bereits ein schwarzer Stein befindet, dann bleibt dieser auf seinem Platz.

- Jeder Doppelwurf für die beiden Koordinaten zählt als 1 Zeiteinheit, und zwar unabhängig davon, ob ein schwarzer oder weißer Stein erwürfelt wurde.

Ein typischer Spielverlauf ist in Abb. 15.22 dargestellt. Nach ca. 100 Zeiteinheiten sind fast alle radioaktiven Atome umgewandelt.

Für die quantitative Auswertung werden die Ergebnisse von mindestens 10 Spielern aufsummiert oder statistisch gemittelt. Es ergibt sich ein exponentieller Kurvenverlauf mit einer Halbwertszeit von $t_{1/2} = 25$ Zeiteinheiten. Wichtig für die Schüler ist die Erkenntnis, dass trotz der Zufälligkeit der einzelnen Zerfallsereignisse für den Gesamtprozess ein gesetzmäßiges Verhalten herauskommt, nämlich ein Kurvenverlauf mit *konstanter* Halbwertszeit.

Falls den Schülern die Exponentialfunktion vom Mathematikunterricht her bekannt ist, können die erspielten Daten auch analytisch ausgewertet werden.

Aus Abb. 15.23 ist ersichtlich, dass die erspielten Daten bei logarithmischer Auftragung tatsächlich eine Gerade ergeben. Aus der Geradensteigung können die Schüler die Geschwindigkeitskonstante k ermitteln. Es ergibt sich der Wert k = 0,028. Da die Maßzahl 0,028 ≈ 1/36 ist, können die Schüler die Bedeutung von k auch anschaulich erfassen: 1/36 ist die Wahrscheinlichkeit, mit der irgendein individueller Spielstein erwürfelt wird; d. h., k ist die Wahrscheinlichkeit, mit der ein einzelnes radioaktives Atom pro Zeiteinheit zerfällt.

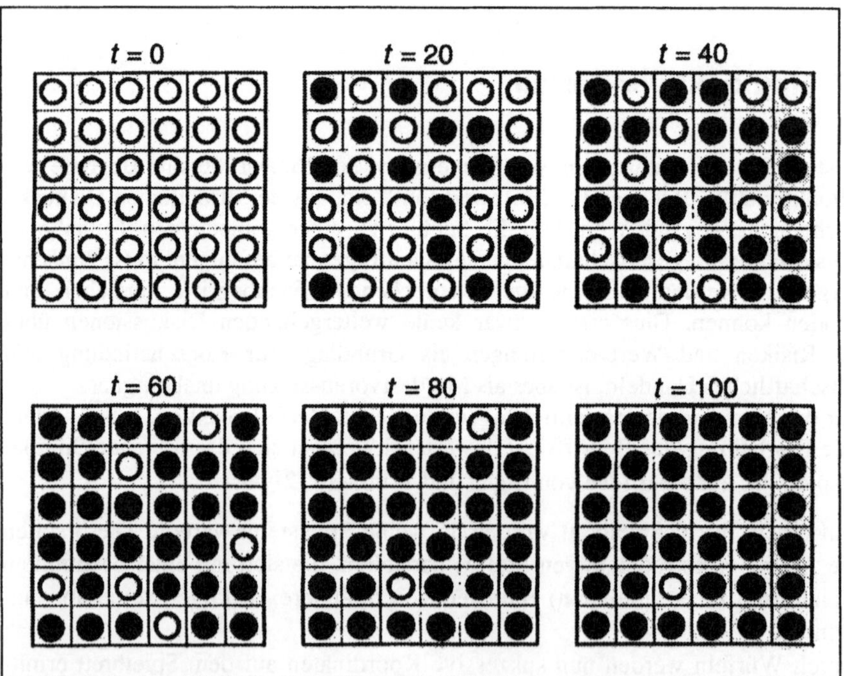

Abb. 15.22: Simulationsspiel zum radioaktiven Zerfall.

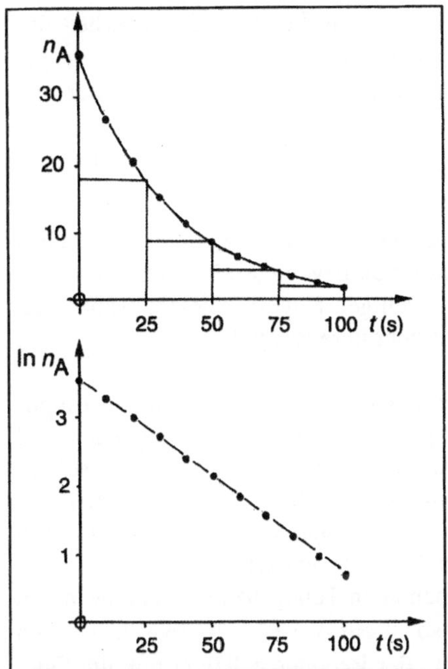

Abb. 15.23: Quantitative Auswertung der erspielten Daten (Mittelwerte von 10 Spielern) in normaler und in logarithmischer Darstellung.

Im Zusammenhang mit Tschernobyl war in Zeitungsberichten z.B. vom Caesiumisotop Cs-137 die Rede, das mit einer Halbwertszeit $t_{1/2} = 30$ Jahre zerfällt. Mit Hilfe des Spiels können die Schüler die Tragweite ermessen: Es wird fast 100 Jahre dauern, bis die Cs-137-Aktivität auf zehn Prozent des Ausgangswerts abgeklungen sein wird. Zum Glück regneten sich die Wolken, in denen die radioaktiven Partikel transportiert wurden, großflächig verteilt über ganz Westeuropa aus, so dass „die Folgedosis der Bevölkerung durch Cs-137 in Nahrungsmitteln von Experten trotz der langen Halbwertszeit als gering angesehen wird“ [13].

15.8 Monomolekulare Reaktion

Wenn bei einer chemischen Reaktion ein Eduktteilchen A sich direkt in ein Produktteilchen B gemäß A→B umwandelt, spricht man von einer *monomolekularen* Reaktion. Ein solcher Reaktionstyp lässt sich mit Hilfe eines Urnenmodells [14] simulieren.

Dazu geben wir z. B. 100 gleichfarbige Kugeln A einheitlicher Größe in einen Behälter, der als Reaktionsgefäß dient. Außerdem stellen wir einen Vorrat von 100 andersfarbigen Kugeln B derselben Größe bereit. Die Spielregeln lauten nun wie folgt:

- Man greift blind ins Reaktionsgefäß hinein und überprüft, ob man eine A-Kugel oder eine B-Kugel gezogen hat.

- Hat man eine A-Kugel erwischt (was bei der ersten Ziehung mit Sicherheit der Fall ist), dann wird diese entfernt und durch eine B-Kugel (aus dem Vorrat) ersetzt. Hat man eine B-Kugel gezogen, legt man sie einfach wieder ins Reaktionsgefäß zurück.
- Jeder Ziehungsversuch zählt – unabhängig vom Ziehungsergebnis – als eine Zeiteinheit.

Dieses Spiel hat dieselbe Wahrscheinlichkeitsstruktur wie das Spiel zum radioaktiven Zerfall, so dass die bereits dort diskutierten Ergebnisse übernommen werden können. Natürlich kann man auch mit weniger Kugeln spielen, wenn man größere statistische Schwankungen hinnimmt oder herausmittelt.

Es ist auch möglich, das auf längere Sicht ermüdende Kugelziehen einem Computer zu überlassen. (Dies gilt auch für alle folgenden Spiele.) Im vorliegenden Fall ist das Problem so einfach, dass ein einfachster programmierbarer *Taschenrechner* für die Simulation ausreicht. Der Algorithmus ist in Abb. 15.24 schematisch dargestellt (für $N = 99$ Teilchen). Das lotterieartige Ziehen von Kugeln wird durch das Erzeugen von Zufallszahlen Z (zwischen 0 und 99) ersetzt.

Die Zufallszahl Z wird dann mit den momentanen Teilchenzahlen n_A bzw. n_B im Teilchenzahlspeicher verglichen. Ist $Z \leq n_A$, so ist ein A-Teilchen erwischt worden und es kommt zu einer Reaktion A→B, d. h., der Rechner vollzieht nun die Operationen $n_A - 1$ und $n_B + 1$. Ist dagegen $Z > n_A$, dann kommt es zu keiner Reaktion; nur die Zeit wird um eine Einheit weitergestellt, bevor es zur nächsten Ziehung kommt.

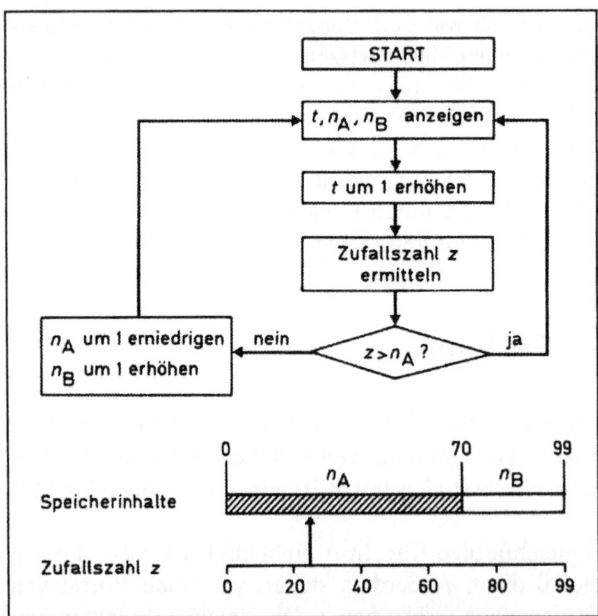

Abb. 15.24: Programm-Schema (oben) und Erläuterung des Zufallszahlenprinzips (unten) für die Simulation der Reaktion A → B. Aus [1, S. 262].

Die Ausstattung mit Computern ist heutzutage an den Schulen so weit voran geschritten, dass es kein Problem darstellt, sämtliche Spiele des Kapitels 15 elektronisch durchzuführen. Von dieser Möglichkeit sollten wir auch im Chemieunterricht Gebrauch machen, allerdings erst dann, wenn die mechanischen Spielvarianten von den Schülern so gut beherrscht werden, dass sie deren Wahrscheinlichkeitsstruktur erlebt und durchschaut haben. Sonst besteht die Gefahr, dass die Schüler das abstrakte Computerprogramm nicht mehr in einen unmittelbaren Zusammenhang mit dem zu simulierenden Sachverhalt bringen. Das Programm darf nicht zum Selbstzweck degenerieren.

Als Realexperimente, zu deren Deutung das Kugelspielmodell hilfreich ist, können z. B. die Entfärbung von Kristallviolett, die Hydrolyse von tertiärem Butylchlorid oder die Rohrzuckerspaltung durchgeführt und quantitativ ausgewertet werden. Diese Experimente wurden von Jansen und Ralle [15] beschrieben.

15.9 Bimolekulare Reaktion

Wenn bei einer chemischen Reaktion zwei Eduktteilchen A und B zusammenstoßen, und sich direkt in Produktteilchen C und D umwandeln, handelt es sich um eine *bimolekulare* Reaktion des Typ A + B → C + D.

Zur Simulation werden z. B. 140 A-Kugeln und 100 B-Kugeln in der Urne vermischt. Dann werden Kugelpaare gezogen. Nur wenn ein Paar AB erwischt wird, kommt es zu einer Reaktion (Austausch gegen ein Paar CD), in allen anderen Fällen sind die Zusammenstöße wirkungslos.

Die Spielergebnisse sind in Abb. 15.25 dargestellt. Eine Mittelwertbildung ist nicht unbedingt erforderlich. Hieraus können die Schüler ersehen, dass die Teilchenzahldifferenz $n_A - n_B = 40$ während des gesamten Reaktionsverlaufs erhalten bleibt, was unmittelbar einleuchtet, da die Eduktteilchen ja paarweise reagieren. Des Weiteren ergibt die quantitative Auswertung, dass die Kurven *nicht exponentiell* verlaufen, wie im Falle der Reaktion A → B. Die Halbwertszeit ist nämlich nicht konstant, und die Auftragung von $\ln n_A$ gegen die Zeit t ergibt keine Gerade, wohl aber die Auftragung von $\ln(n_A/n_B)$ in Abhängigkeit von t.

Ein besonders geeignetes Realexperiment für diesen Reaktionstyp ist die alkalische Hydrolyse von Essigsäureethylester:

$$H_3C-\overset{\overset{\displaystyle O}{\|}}{C}-O-CH_2-CH_3 + OH^- \longrightarrow H_3C-\overset{\overset{\displaystyle O}{\|}}{C}-O^- + HO-CH_2-CH_3$$

In diesem Fall lässt schon die stöchiometrische Gleichung den Bezug zum Reaktionstyp A + B → C + D erkennen. Die Reaktion lässt sich entweder durch Leitfähigkeitstitration [15] oder durch Abstoppen der Reaktion mit Salzsäure und Rücktitration mit Natronlauge [16] bequem verfolgen. Abb. 15.26 zeigt experimentelle Daten, wie sie von Studenten im Fortgeschrittenen-Praktikum „Organische Chemie" nach der Rücktitrationsmethode erhalten wurden. Wie im Kugelspiel wird auch im Realexperiment bei entsprechender logarithmischer Auftragung ein linearer Zusammenhang gefunden.

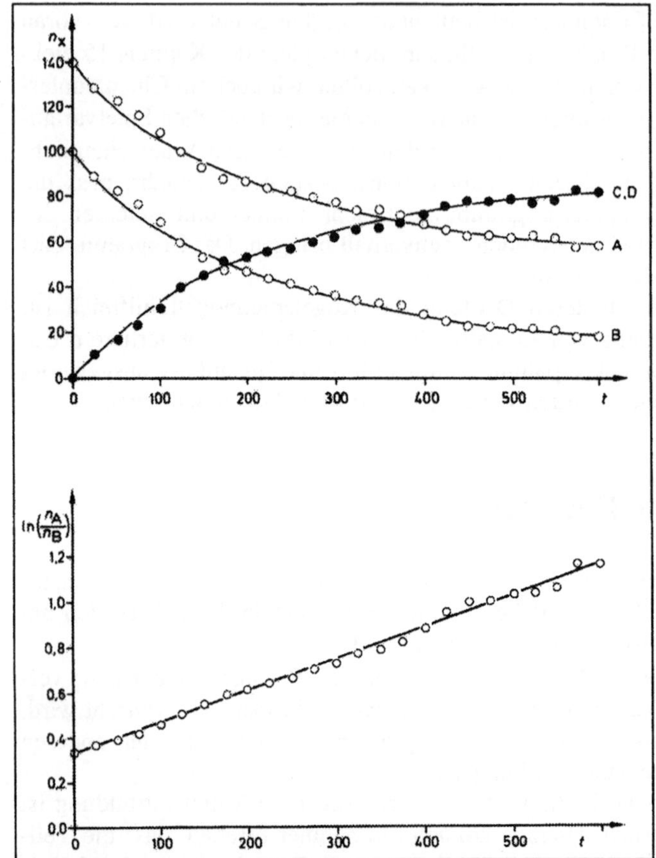

Abb. 15.25: Simulation der Reaktion A + B → C + D durch ein Kugelspiel. Erspielte Daten in normaler und in logarithmischer Darstellung. Aus [1, S. 173].

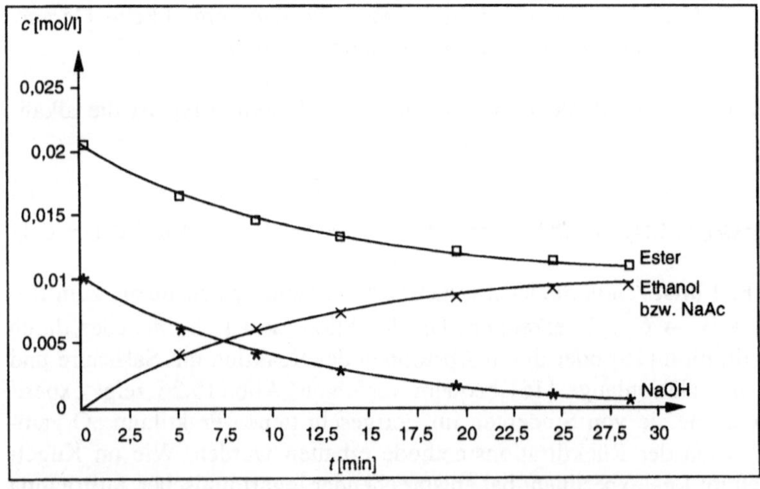

Abb. 15.26: Experimentelle Ergebnisse für die Hydrolyse von Essigsäureethylester mit Natronlauge bei Raumtemperatur.

15.10 Folgereaktion

Wenn sich bei einer chemischen Reaktion das Edukt über ein oder mehrere Zwischenprodukte in das Endprodukt umwandelt, dann spricht man von einer *Folgereaktion*. Im einfachsten Fall handelt es sich um eine Folgereaktion des Typs $A \xrightarrow{k_1} B \xrightarrow{k_2} C$ mit den Geschwindigkeitskonstanten k_1 und k_2. Zur Simulation dieses Typs verfahren wir nach folgenden Regeln:

- Wir geben zu Beginn 140 A-Kugeln in die Urne und ziehen Einzelkugeln. Erwischen wir eine A-Kugel, tauschen wir sie gegen eine B-Kugel aus. Ziehen wir eine B-Kugel, tauschen wir sie mit der Wahrscheinlichkeit 1/2 (Münzwurf-Entscheid!) gegen eine C-Kugel aus. Erwischen wir eine C-Kugel, legen wir sie ohne Farbwechsel wieder in die Urne zurück.
- Jede Ziehung zählt als eine Zeiteinheit.

Die Spielergebnisse sind in Abb. 15.27 dargestellt. Die A-Kurve nimmt exponentiell ab, erkennbar an der konstanten Halbwertszeit $t_{1/2} = 100$, und ihr Verlauf deckt sich völlig mit dem einer monomolekularen Elementarreaktion A→ B. Für die Kinetik von A ist es völlig gleichgültig, ob das aus A gebildete Produkt B stabil ist oder zu C weiterreagiert.

Das Zwischenprodukt B reichert sich intermediär an und wird im weiteren Verlauf zugunsten von C wieder abgebaut.

Die Münzwurf-Regel sorgt dafür, dass die Geschwindigkeitskonstante k_2 der zweiten Teilreaktion nur halb so groß ist wie die Geschwindigkeitskonstante k_1 der ersten Teilreaktion. Deshalb kann sich das Zwischenprodukt relativ stark anreichern. Verzichtet man auf den Münzwurf-Entscheid, d. h. tauscht man eine gezogene Kugel in jedem Fall gegen eine C-Kugel aus, dann gilt: $k_1 = k_2 = 1/140$. Die B-Kurve verläuft in diesem Fall flacher, und die C-Kurve wächst schneller hoch als in Abb. 15.27.

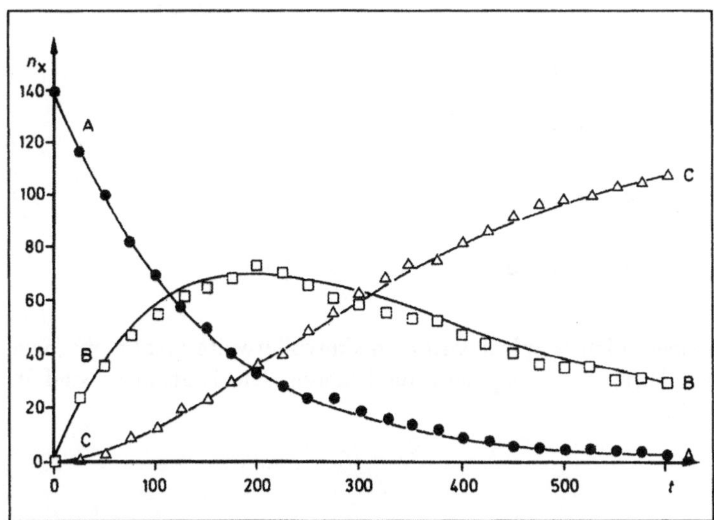

Abb. 15.27: Simulation der Folgereaktion $A \xrightarrow{k_1} B \xrightarrow{k_2} C$ für den Fall: $k_2 = 0{,}5 \cdot k_1$. Aus [1, S. 190].

Das Simulationsspiel des Typs A → B → C eignet sich als Modell für den *Alkoholabbau* in Körperzellen, insbesondere in der Leber:

Ethanol $\xrightarrow{k_1}$ Acetaldehyd $\xrightarrow{k_2}$ Essigsäure

Die erste Teilreaktion wird durch das Enzym E_1 = Alkoholdehydrogenase katalysiert, die zweite durch das Enzym E_2 = Aldehyddehydrogenase. Da Acetaldehyd ein Zellgift ist, darf es sich nicht stark anreichern. Es muss also $k_2 > k_1$ sein, und eben diese Bedingung wird in den Körperzellen durch enzymatische Regelung erfüllt. Das Enzym E_2 ist aktiver als E_1 und steht in höherer Konzentration zur Verfügung.

Das Simulationsspiel eignet sich aber auch für das Verständnis des *Alkoholtransports* im Körper, also für einen physikalischen Prozess:

Ethanol im Magen $\xrightarrow{k_1}$ Ethanol im Blut $\xrightarrow{k_2}$ Ethanol in der Leber

Das Zwischenprodukt B lässt sich in diesem Fall als Alkoholgehalt im Blut interpretieren. Das Maximum des „Blutspiegels" wird schon bald nach dem Trinken erreicht, der Ethanolabbau in der Leber dauert wesentlich länger ($k_1 > k_2$), so dass nach Alkoholgenuss die Fahrtüchtigkeit längere Zeit beeinträchtigt ist.

Zur Berechnung des Blutalkoholgehalts eignet sich ein Arbeitsblatt (Abb. 15.28) aus einem Lehrerhandbuch [17]. Hierbei ist allerdings zu beachten, dass der Gesetzgeber die zulässige Obergrenze inzwischen von 0,8 ‰ auf 0,5 ‰ gesenkt hat. Neuere fachliche Hintergrundinformationen können bei Alt, Jensen und Seidl [18] nachgelesen werden.

Das Simulationsspiel kann auch problemlos auf längerkettige Folgereaktionen übertragen werden, wie sie z. B. beim *radioaktiven Zerfall* auftreten. Beispielsweise lässt sich die Uran-Zerfallsreihe vereinfacht durch eine vierschrittige Folgereaktion beschreiben:

Uran-238
↓ $t_{1/2} = 5 \cdot 10^9$ Jahre
Uran-234
↓ $t_{1/2} = 2 \cdot 10^5$ Jahre
Thorium-230
↓ $t_{1/2} = 8 \cdot 10^4$ Jahre
Radium-226
↓ $t_{1/2} = 2 \cdot 10^3$ Jahre
Blei-206

Die Simulation eines solchen Spiels wird man sinnvollerweise nicht mehr „von Hand", sondern mit Hilfe des Computers durchführen. Die Ergebnisse sind in Abb. 15.29 dargestellt.

Arbeitsblatt: Berechnung des Blutalkoholgehalts

Die fröhliche Zecherin

Getränk		Alkoholgehalt in Volumenprozent
Biere	Alkoholfreies Bier	0,3–0,5
	Leichtbier	2,3–2,8
	Pils	4,8–5,2
	Export	4,8–5,5
	Bockbier	5,5–6,5
Weine	deutsche Tafelweine	7–10
	Spätlesen	9–12
	Burgunder, Bordeaux	10–12,5
	Sekt, Schaumwein	8–13
	Wermut	14
	Süßwein	14–16
	Sherry, Portwein	15–19
Spirituosen	Likör	30–45
	Weinbrand	38–42
	Obstwasser	38–45
	Rum	38–70

Alkoholgehalte einiger Getränke

Die Zecherin am Morgen danach

Alkohol und Verkehr sind bei uns ein heikles Thema. Die einfachste Lösung des Problems wäre es, auf Alkohol im Verkehr völlig zu verzichten. Der Gesetzgeber hat bei uns einen weniger drastischen Weg eingeschlagen. Er hat als Obergrenze 0,8 Promille festgeschrieben. Was heißt aber 0,8 Promille und woher kennt man seinen persönlichen Promillegehalt?

Der Blutalkoholgehalt wird als Massenanteil in Promille angegeben.

Beispiel: Blutalkoholgehalt $0{,}8‰ = \frac{0{,}8\text{ g Alkohol}}{1\text{ kg Blut}}$

Bei 0,8 Promille sind also pro 1 kg Blut 0,8 g Alkohol zu finden.

Stellt die Polizei bei einer Kontrolle oder nach einem Unfall einen zu hohen Blutalkoholgehalt fest, ist es bereits zu spät. Wer auf Alkohol nicht verzichten kann, sollte daher seinen Blutalkoholgehalt abschätzen können.

Dazu muß zuerst bekannt sein, wieviel Gramm Alkohol man zu sich genommen hat. Alkoholgehalte von Getränken werden in Volumenprozenten angegeben. Es ist eine kleine Umrechnung erforderlich.

Beispiel: Der Zecher trinkt 1 Glas Wein mit 10,5 Volumenprozent Alkohol.

$m(\text{Alkohol}) = \varrho(\text{Alkohol}) \cdot V(\text{Alkohol})$;

$V(\text{Alkohol}) = V(\text{Wein}) \cdot \text{Volumenprozent (Alkohol)}$

$m(\text{Alkohol}) = 0{,}78\text{ g} \cdot \text{ml}^{-1} \cdot 250\text{ ml} \cdot 0{,}105 = 20{,}5\text{ g}$

Der Alkohol verteilt sich sehr schnell im gesamten Körper. Für die Berechnung des Blutalkoholgehalts gilt folgende Näherungsformel:

$$\text{Blutalkoholgehalt in Promille} = \frac{m(\text{Alkohol})\text{ in Gramm}}{m(\text{Körper}) \cdot 0{,}7}$$

Der Faktor 0,7 berücksichtigt die unterschiedlichen Gehalte des Alkohols im Blut und im Gewebe.

Der Alkohol wird in der Leber mit konstanter Geschwindigkeit abgebaut: Pro Stunde sinkt der Alkoholgehalt bei Männern um etwa 0,15‰, bei Frauen um etwa 0,10‰.

1. Eine fröhliche Zecherin (65 kg) hat im Laufe des Abends eine Flasche schweren Rotweins (1 l, 12 Volumenprozent) getrunken.

a) Berechnen Sie ihren Blutalkoholgehalt. Rechnen Sie vereinfachend so, als ob die gesamte Menge zu einem bestimmten Zeitpunkt (22 Uhr) getrunken worden wäre.

b) Unsere Zecherin ist sich der Gefahren des Alkohols bewußt und fährt mit dem Taxi nach Hause. Am nächsten Morgen fährt sie mit dem Auto zur Arbeit (8 Uhr) und gerät in eine Polizeikontrolle. Wie fällt das Ergebnis des Alkoholtests aus?

Abb. 15.28: Arbeitsblatt: Berechnung des Blutalkoholgehalts. Aus [17, S. 66].

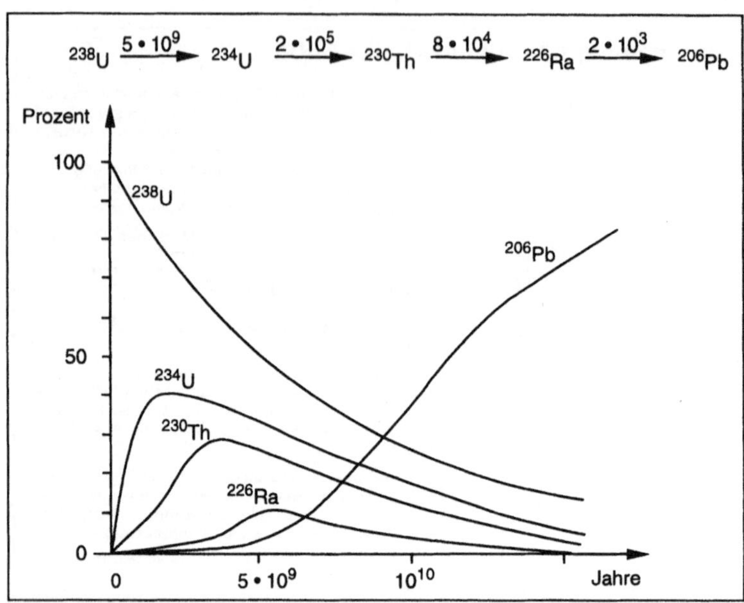

Abb. 15.29: Vereinfachte Uran-Zerfallsreihe (Angabe der Halbwertszeiten in Jahren). Als Zwischenprodukte bilden sich intermediär die radioaktiven Isotope Thorium-230 und Radium-226. Als stabiles Endprodukt reichert sich das radioinaktive Isotop Blei-206 an.

15.11 Parallelreaktion

Bei einer *Parallelreaktion* konkurrieren zwei oder mehrere Reaktionswege miteinander, so dass sich aus einem Edukt mehrere Produkte bilden können. Zur Simulation wollen wir folgenden Fall durchspielen:

$$B \xleftarrow{k_1} A \xrightarrow{k_2} C$$

Die Geschwindigkeitskonstanten seien:

$$k_1 = \frac{4}{6} \cdot \frac{1}{140} \quad \text{und} \quad k_2 = \frac{2}{6} \cdot \frac{1}{140} \quad \text{mit} \quad n_{A0} = 140 \quad \text{und} \quad n_{B0} = n_{C0} = 0$$

- Wir geben 140 A-Kugeln in die Urne und ziehen Einzelkugeln. Jedes Mal wenn wir eine A-Kugel erwischen, entscheiden wir durch Würfeln, was mit ihr passieren soll. Erwürfeln wir die Ziffern 1 oder 2, tauschen wir A gegen C aus, andernfalls (Ziffern 3, 4, 5, 6) wandeln wir A in B um.
- Ziehen wir eine B- oder C-Kugel, legen wir sie ohne Farbwechsel wieder in die Urne zurück.
- Jede Ziehung zählt als eine Zeiteinheit.

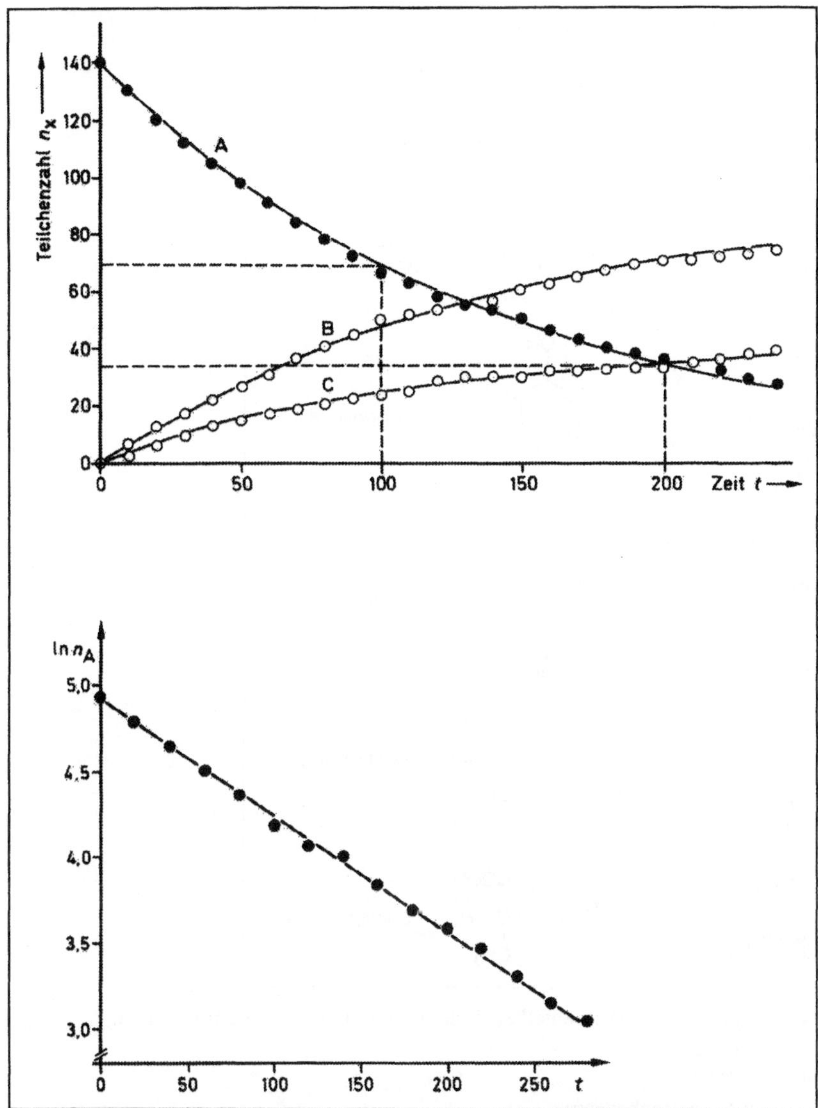

Abb. 15.30: Simulation der Parallelreaktion $B \xleftarrow{k_1} A \xrightarrow{k_2} C$ für den Fall: $k_2 = 0{,}5 \cdot k_1$. Erspielte Daten in normaler und in logarithmischer Darstellung. Aus [1, S. 198].

Die Ergebnisse sind in Abb. 15.30 dargestellt. Wir sehen, dass A exponentiell abnimmt – erkennbar an der konstanten Halbwertszeit $t_{1/2} \approx 100$. Die Kurve von A ist identisch mit derjenigen, die wir bei der monomolekularen Elementarreaktion $A \rightarrow B$ erspielt haben, und das ist auch völlig verständlich: In beiden Fällen gingen wir von 140 A-Kugeln aus und legten in den Spielregeln fest, dass jede gezogene A-Kugel ausgetauscht wird. Bei der Parallelreaktion ist nur zusätzlich ein Entscheidungswurf durchzuführen, ob sich A in B oder C umwandeln soll. Der Ausgang dieses Entscheids hat auf die Form der A-Kurve natürlich keinen Einfluss.

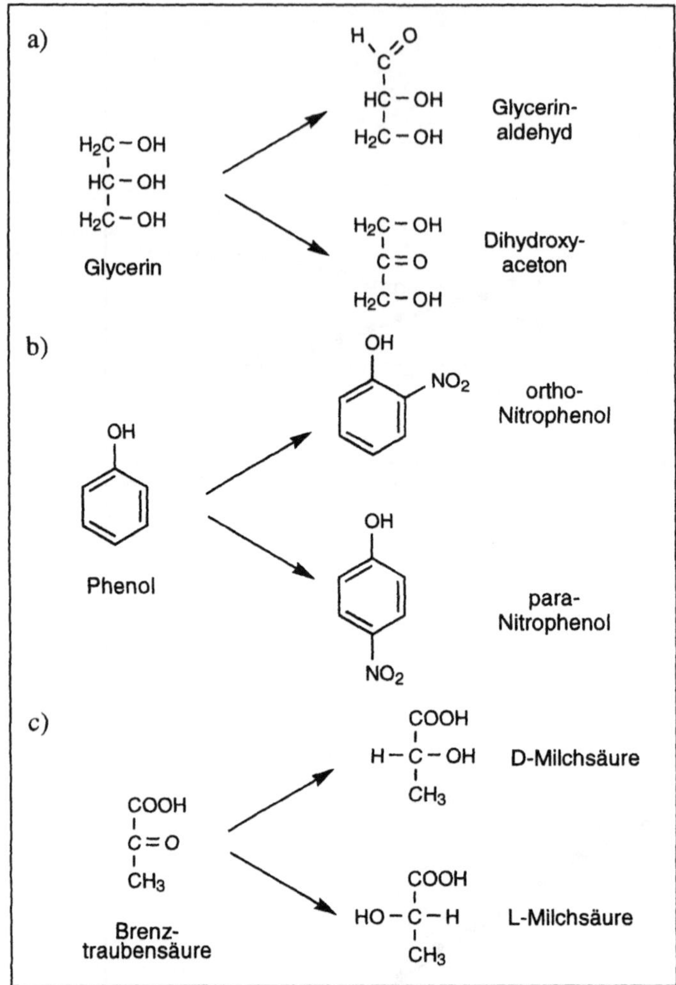

Abb. 15.31: Beispiele für experimentell einfach durchführbare Parallelreaktionen:
a) Oxidation von Glycerin
b) Nitrierung von Phenol
c) Reduktion von Brenztraubensäure

Das Verhältnis $n_B : n_C$ ist zu jedem Zeitpunkt gleich 2 : 1, weil die Geschwindigkeitskonstanten $k_1 : k_2$ sich wie 2 : 1 verhalten.

Als Realexperimente für eine (allerdings nur qualitativ auswertbare) Parallelreaktion eignen sich z. B. die Oxidation von Glycerin zu Glycerinaldehyd bzw. Dihydroxyaceton mit Hilfe von $H_2O_2/FeSO_4$ [19] oder die Nitrierung von Phenol mit dünnschichtchromatographischer Trennung der isomeren Nitrophenole [20]. Reduziert man Brenztraubensäure mit Natriumborhydrid, dann wird ein racemisches Gemisch aus D-Milchsäure und L-Milchsäure erhalten. In diesem Fall ist $k_1 = k_2$, weil sich die spiegelbildlichen Produktmoleküle mit exakt gleicher Wahrscheinlichkeit aus dem Edukt bilden können. Die geschilderten Beispiele sind in Abb. 15.31 dargestellt.

15.12 Gleichgewichtsreaktion

Laufen in einem Reaktionsgefäß eine Hin- und eine Rückreaktion gleichzeitig ab, dann spricht man zusammengenommen von einer *Gleichgewichtsreaktion.* Im einfachsten Fall handelt es sich um monomolekulare Reaktionen, d. h. um den Reaktionstyp $A \xrightarrow{k_1} B \xrightarrow{k_2} A$. Die Geschwindigkeitskonstanten k_1 und k_2 sind im Allgemeinen verschieden. Für die Simulation werden folgende Spielregeln festgelegt:

- Zu Beginn befinden sich 140 A-Kugeln, aber noch keine B-Kugeln im Gefäß.
- Pro Zeiteinheit wird eine Kugel gezogen. Handelt es sich dabei um eine A-Kugel (was anfangs zwangsläufig der Fall ist), dann wird diese in eine B-Kugel umgewandelt.
- Wird eine B-Kugel erwischt, so wird diese mit der Wahrscheinlichkeit 1/2 (Münzwurf!) in eine A-Kugel umgewandelt. Fällt der Münzentscheid negativ aus, wird die B-Kugel unverändert wieder in das Gefäß zurückgelegt.
- Die Geschwindigkeitskonstanten sind in diesem Fall:

$$k_1 = \frac{1}{140} \quad \text{und} \quad k_2 = \frac{1}{2} \cdot \frac{1}{140} = \frac{1}{280}$$

Die Spielergebnisse sind in Abb. 15.32 (oben) dargestellt. Nach etwa 300 Ziehungen stellt sich ein *Gleichgewichtszustand* ein, der durch folgendes Teilchenzahlverhältnis charakterisiert ist:

$$\frac{n_B}{n_A} = \frac{k_1}{k_2} = \frac{2}{1} \tag{1}$$

Beginnt man das Spiel mit 140 B-Kugeln statt A-Kugeln und verfährt nach denselben Regeln, dann stellt sich nach einiger Zeit *derselbe* Gleichgewichtszustand wie beim vorherigen Spiel ein (Abb. 15.32, unten).

Im Gleichgewichtszustand sind die Geschwindigkeiten der Hinreaktion und der Rückreaktion gleich groß:

$$k_1 \cdot n_A = k_2 \cdot n_B \tag{2}$$

Es finden zwar weiterhin Reaktionen statt, an der Zusammensetzung des Kugelgemisches ändert sich aber nichts mehr: Es herrscht ein *dynamisches Gleichgewicht.*

Werden nun aus diesem Gleichgewichtsgemisch 40 B-Kugeln entfernt, und spielt man dann nach den alten Regeln weiter, dann stellt sich nach einiger Zeit wieder das Gleichgewichtsverhältnis $n_B : n_A = 2 : 1$ ein (Abb. 15.33).

Fügt man nun noch weitere 80 A-Kugeln hinzu und spielt weiter, stellt sich abermals dieses Teilchenzahlverhältnis ein.

Was wir hier besprochen haben, ist ein Teilaspekt des *Prinzips von Le Chatelier*: Wird auf ein im Gleichgewicht befindliches System ein „Zwang" ausgeübt (hier: Teilchenzahlerhöhung oder -erniedrigung), dann reagiert das System darauf mit einer Zustandsänderung, durch die der „Zwang" gemildert wird. (Hier: Die Teilchenzahlerhöhung bzw. -erniedrigung wird teilweise wieder rückgängig gemacht.)

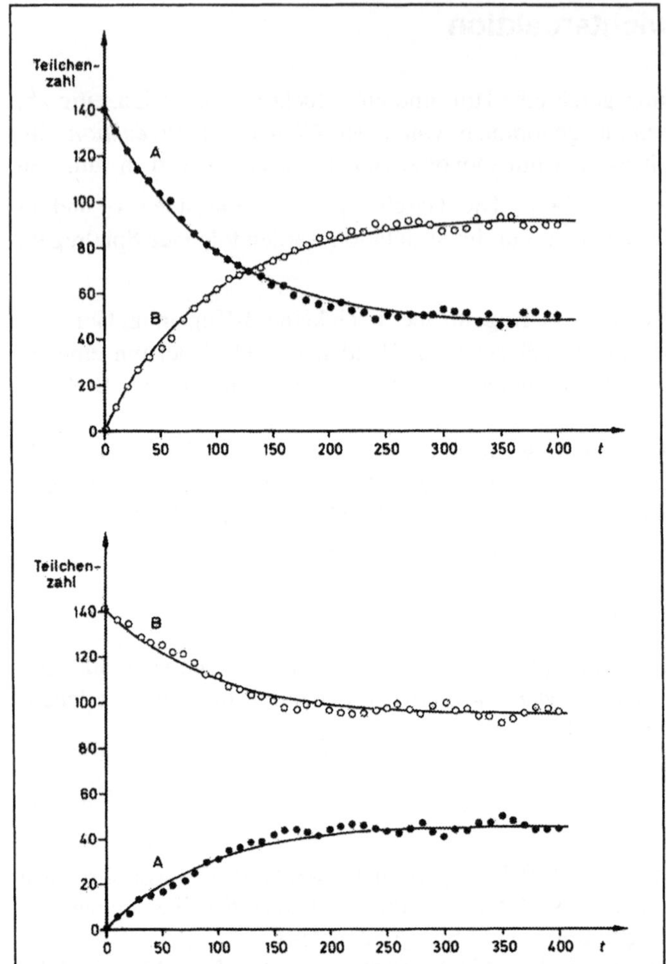

Abb. 15.32: Simulation einer monomolekularen Isomerisierungsreaktion $A \xrightarrow{k_1} B \xrightarrow{k_2} A$ mit $k_2 = 0{,}5 \cdot k_1$, ausgehend von 140 A-Kugeln (oben) bzw. 140 B-Kugeln (unten). Aus [1, S. 134].

Gleichung (1) wird als *Massenwirkungsgesetz* bezeichnet. Gleichung (2) repräsentiert die *kinetische Deutung des MWG*, die für den betrachteten Fall völlig richtig ist, da Elementarreaktionen vorausgesetzt wurden.

Eine Generalisierung auf komplexere Reaktionstypen ist möglich [21–22], wenn einschränkende Bedingungen beachtet werden. Insbesondere muss den Schülern klar sein, dass man einer stöchiometrischen Reaktionsgleichung keinesfalls entnehmen kann, wie die Reaktion mechanistisch abläuft, d. h. welche Elementarreaktionen tatsächlich eine Rolle spielen.

Für die experimentelle Realisierung der Gleichgewichtsreaktion A $\leftrightarrows$ B eignet sich z.B. die Isomerisierung von Glucose $\leftrightarrows$ Fructose [19], allerdings nur qualitativ. Für quantitative Untersuchungen bietet sich die Mutarotation von α-D-Glucose $\leftrightarrows$ β-D-Glucose an, die polarimetrisch verfolgt werden kann [23].

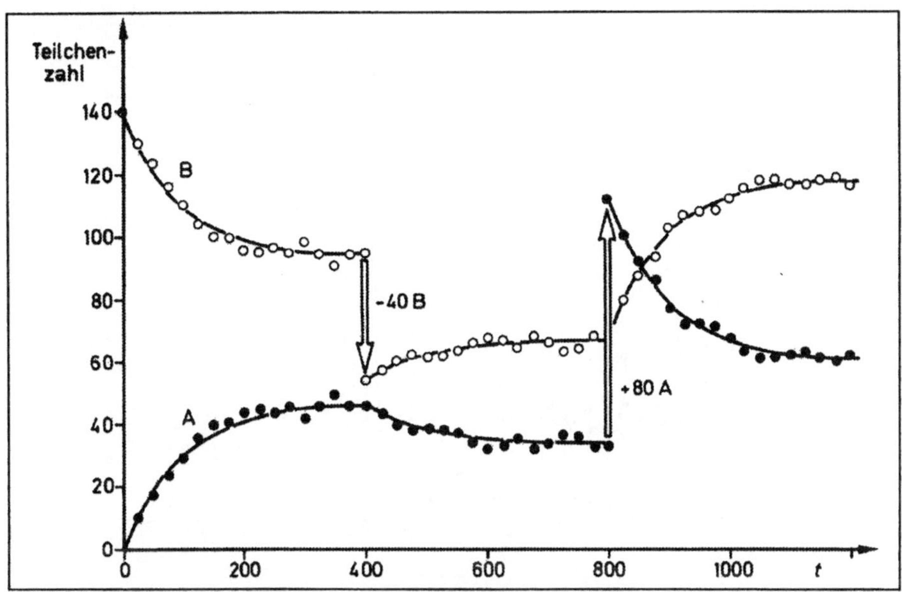

Abb. 15.33: Simulationsspiel zur Verschiebung des Gleichgewichts nach dem Prinzip von Le Chatelier. Aus [1, S. 135].

Besonders interessant ist die Keto-Enol-Tautomerie von Acetessigester [24], die sich auch als Demonstrationsversuch zur Illustration des Prinzips von Le Chatelier eignet.

Für den Reaktionstyp A + B ⇆ C, der sich ebenfalls mit Kugelspielen simulieren lässt (wobei allerdings das Problem auftritt, dass sich die Gesamtzahl der Kugeln bis zur Einstellung des Gleichgewichtszustands ändert), kommen experimentell verschiedene Möglichkeiten in Betracht, z. B. das Phenolphthalein-Gleichgewicht mit Hydroxid-Ionen [25], das Kristallviolett-Gleichgewicht mit Methanolat-Ionen [21] oder das Gleichgewicht von Anthracen + Pikrinsäure ⇆ Anthracenpikrat [26–27].

Besonders wichtig ist der Reaktionstyp A + B ⇆ C + D, der sich sehr gut mit Kugelspielen (oder mit Hilfe des Computers) simulieren lässt. Für die experimentelle Realisierung kommen z.B. Protolysereaktionen schwacher Säuren oder Estergleichgewichte in Betracht [15 und 24].

Eine konkrete Unterrichtseinheit zur Einführung des chemischen Gleichgewichts in der Jahrgangsstufe 11 wird von Timmer und Meschede [28] beschrieben. Instruktiv ist vor allem der Vergleich unterschiedlicher Modellvorstellungen zum chemischen Gleichgewicht, z. B. die Analogievorstellung zum „Holzapfelkrieg" (Abb. 15.34), die von Dickerson und Geis [29] entwickelt wurde:

„Man stelle sich einen Holzapfelbaum vor, der auf der Grenzlinie zwischen zwei Gärten steht; in dem einen wohnt ein verschrobener alter Mann und in dem anderen ein Vater, der seinem Sohn aufgetragen hat, hinauszugehen und den Garten von Holzäpfeln zu reinigen. Der Junge merkt schnell, daß man die Holzäpfel am einfachsten dadurch los wird, daß man sie in den Nachbargarten wirft. Er tut es und erregt den Zorn des alten Mannes. Jetzt beginnen der Junge und der alte Mann Holzäpfel hin und her über den Zaun zu werfen, so schnell sie können. Wer wird gewinnen?" [29, S. 321]

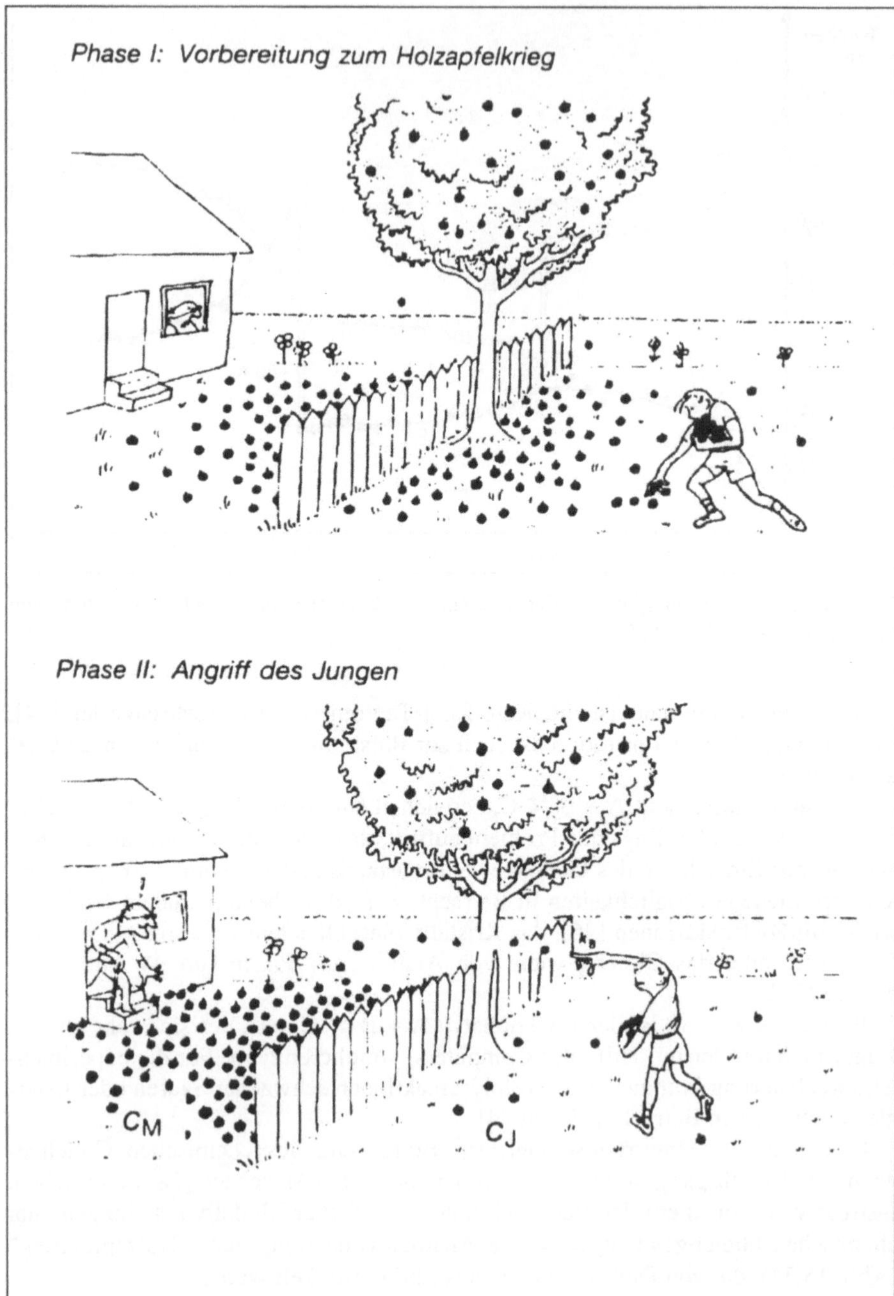
Phase I: Vorbereitung zum Holzapfelkrieg
Phase II: Angriff des Jungen
C_M
C_J

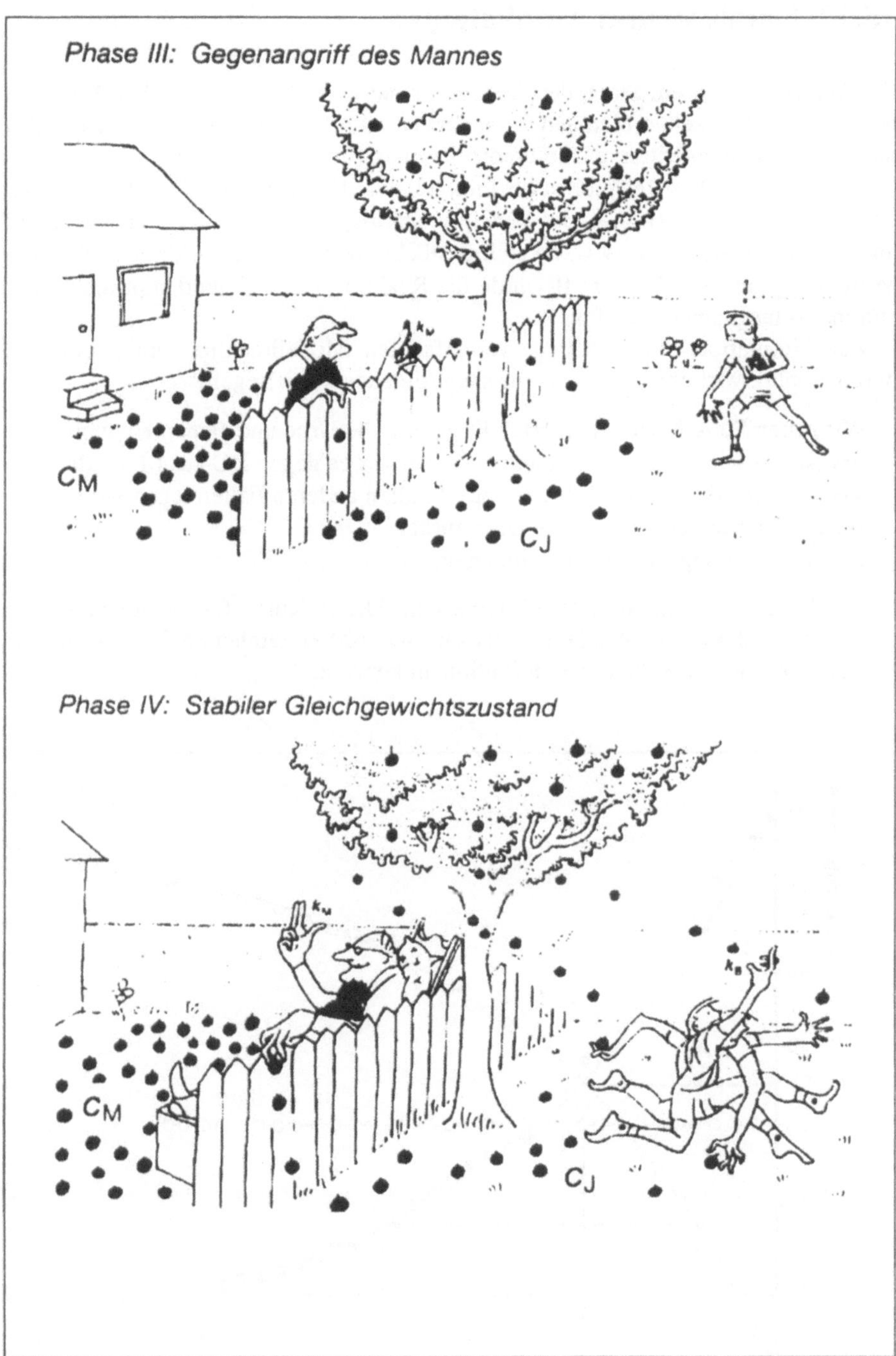

Abb. 15.34: Die Geschichte vom „Holzapfelkrieg". Aus [28, S. 26] bzw. [29, S. 321–325].

15.13 Katalyse und Autokatalyse

Ein *Katalysator* ist ein Stoff, der die Geschwindigkeit einer chemischen Reaktion beeinflusst, ohne selbst bleibend verändert zu werden. Der Katalysator wird also nicht verbraucht, er tritt in der stöchiometrischen Bilanz nicht in Erscheinung.

Ein sehr einfaches Beispiel ist die bimolekulare Elementarreaktion A+B→B+C. Die B-Teilchen sind zwar an der Reaktion beteiligt, sie ermöglichen aber letztlich nur die Nettoreaktion A → C, da sich B stöchiometrisch „herauskürzt". Ohne die Mitwirkung des Katalysators B würde die Reaktion A → C überhaupt nicht oder zumindest langsamer ablaufen.

Zur Simulation dieser extrem vereinfachten Modellreaktion einer *Katalyse* durch Kontaktwirkung verfahren wir nach folgenden Spielregeln:

- Wir geben 70 A-Kugeln und 30 B-Kugeln in die Urne und ziehen Kugelpaare.
- Erwischen wir ein Paar AB, dann tauschen wir es gegen BC aus (d. h., de facto wechselt nur die A-Kugel ihre Farbe). In allen anderen Fällen legen wir das gezogene Paar unverändert in die Urne zurück.
- Jede Paarziehung zählt als 1 Zeiteinheit.

Das Ergebnis ist in Abb. 15.35 dargestellt. Die A-Kurve fällt exponentiell ab, erkennbar an der konstanten Halbwertszeit $t_{1/2}$ = 100 Zeiteinheiten. Die Anzahl der Katalysatorteilchen B bleibt per definitionem konstant.

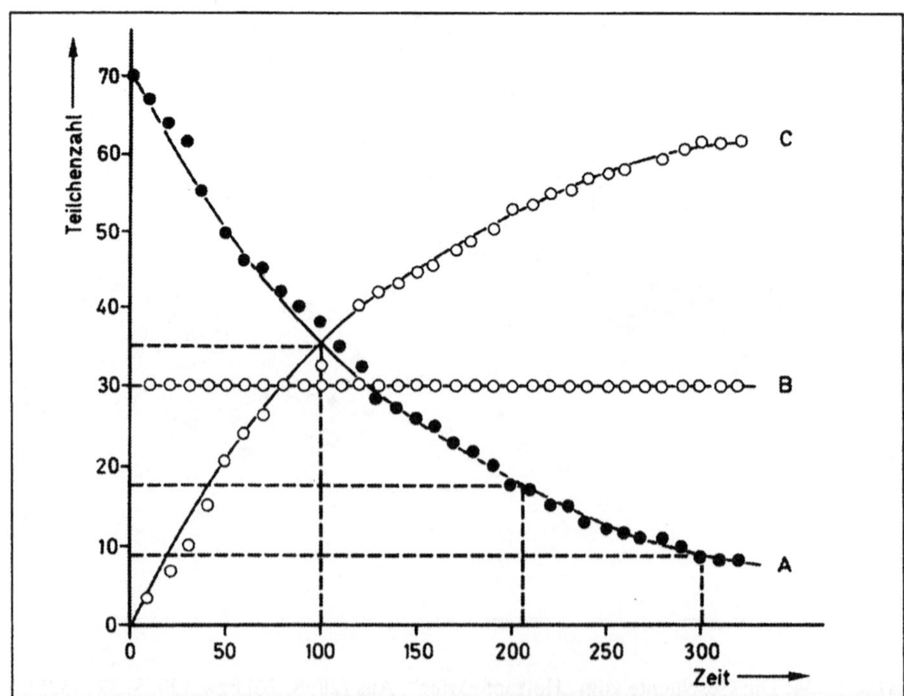

Abb. 15.35: Simulation der katalytischen Modellreaktion A + B → B + C. (Erspielte Daten ohne Mittelwertbildung). Aus [1, S. 177].

Ist bei der Reaktion A + B → B + C das Endprodukt C identisch mit dem Katalysator B, dann liegt folgender Reaktionstyp vor:

A + B → 2 B (*Autokatalyse*)

Da sich der Katalysator B bei dieser Reaktion ständig vermehrt, bezeichnet man diesen Reaktionstyp als extrem vereinfachtes Modell einer Autokatalyse. Die wichtigste autokatalytische Reaktion, die wir in der Natur kennen, ist die Replikation der Nucleinsäuren (DNA), die wir schematisch so formulieren können:

Nucleotide + DNA → 2 DNA (*DNA-Replikation*)

Jedes DNA-Molekül wirkt als Matrize für seine eigene Vermehrung.

Auch das Kristallwachstum ist seinem Wesen nach autokatalytisch, weil die Kristalloberfläche als Matrize für das Kristallwachstum fungiert. Die Keimbildung dauert gewöhnlich am längsten (Induktionsperiode), haben sich aber erst einmal einige Keime gebildet, erfolgt das Kristallisieren meist rasch. Formal und sehr stark vereinfacht können wir den Kristallisationsvorgang so hinschreiben:

Gelöste Teilchen + Kristallkeim → Kristall (*Kristallisation*)

Es gibt noch viele andere Prozesse, die nach dem Muster „je mehr, desto schneller, besser, mehr usw." ablaufen. Man denke nur an Kettenreaktionen bei der Kernspaltung, an den Kapitalzuwachs durch Zinseszins, an die Akkumulation von Macht und Ehrung oder an die Ausbreitung einer Infektion oder eines Gerüchts. Alle diese Vorgänge sind insofern autokatalytisch, als jeder Zuwachs an Neutronen, Geld, Macht, Auszeichnung usw. sich positiv auf die Zugewinnrate oder Zugewinnwahrscheinlichkeit auswirkt.

Schematisch lassen sich diese Prozesse etwa so formulieren:

Kapital + Zins → Kapital + Zinseszins (*Verzinsung*)
Gesunder + Kranker → 2 Kranke (*Infektion*)
Urankern + Neutron → Spaltprodukte + x Neutronen (*Uranspaltung*)

Die bei der Spaltung freigesetzten Neutronen sorgen hier für die Autokatalyse, die bei ungehemmter Vermehrung eine explosionsartige Umsetzung des spaltbaren Materials bewirkt (Atombombe). Bei der friedlichen Nutzung der Kernenergie fängt man mit Moderatoren (z. B. Cadmium-Stäben) so viele Neutronen ab, dass der Faktor x unterhalb des kritischen Werts bleibt. Gelingt dies nicht, weil z. B. das Kühlsystem versagt, kommt es zu einer unkontrollierten Kettenreaktion wie bei der Katastrophe von Tschernobyl (s. Abschnitt 15.7 und [13]).

Die Simulation der autokatalytischen Reaktion A + B → 2 B erfolgt nach analogen Spielregeln – wie bereits diskutiert. Wenn ein Paar AB erwischt wird, tauschen wir es diesmal gegen BB aus.

Die Ergebnisse eines Spiels, bei dem von 139 A-Kugeln und einer einzigen B-Kugel ausgegangen wurde, sind in Abb. 15.36 dargestellt. Wir erkennen eine deutliche *Induktionsperiode*, in der sich scheinbar nicht viel tut, aber bald springt die Reaktion an und beschleunigt sich zusehends. Im Schnittpunkt der beiden Kurven ist $n_A = n_B = 70$. Jetzt ist die Chance, ein AB-Paar zu erwischen, am größten. Deshalb ist hier auch die Reaktionsgeschwindigkeit (Tangentensteigung!) am größten. Im weiteren Verlauf wird die Reaktion wieder langsamer, weil die Substratverarmung immer gravierender wird. Der positive kinetische Effekt der Katalysatorzunahme wird durch den negativen Effekt der Substratverarmung überkompensiert. Der Schnittpunkt der beiden Kurven ist identisch mit deren Wendepunkten.

In Abb. 15.36 (unten) sehen wir etwas genauer ins „submikroskopische" Geschehen hinein. Die dort dargestellten Kurven wurden dadurch erhalten, dass beim Spielen nicht nur die momentanen Teilchenzahlen n_A und n_B in der Urne mitprotokolliert, sondern dass auch jedes Ziehungsergebnis detailliert festgehalten wurde. Es gibt drei mögliche Ziehungen: AA, BB und AB. Die Kurvenpunkte in Abb. 15.36 (unten) geben an, wie viele Ziehungsereignisse der einzelnen Sorten innerhalb von Δt = 40 Zeiteinheiten beobachtet wurden. (Die Intervalle können aneinandergereiht sein oder – wenn man mehr Punkte haben möchte – überlappen.) Wir wollen die Ordinatenwerte als *Stoßzahlen* bezeichnen.

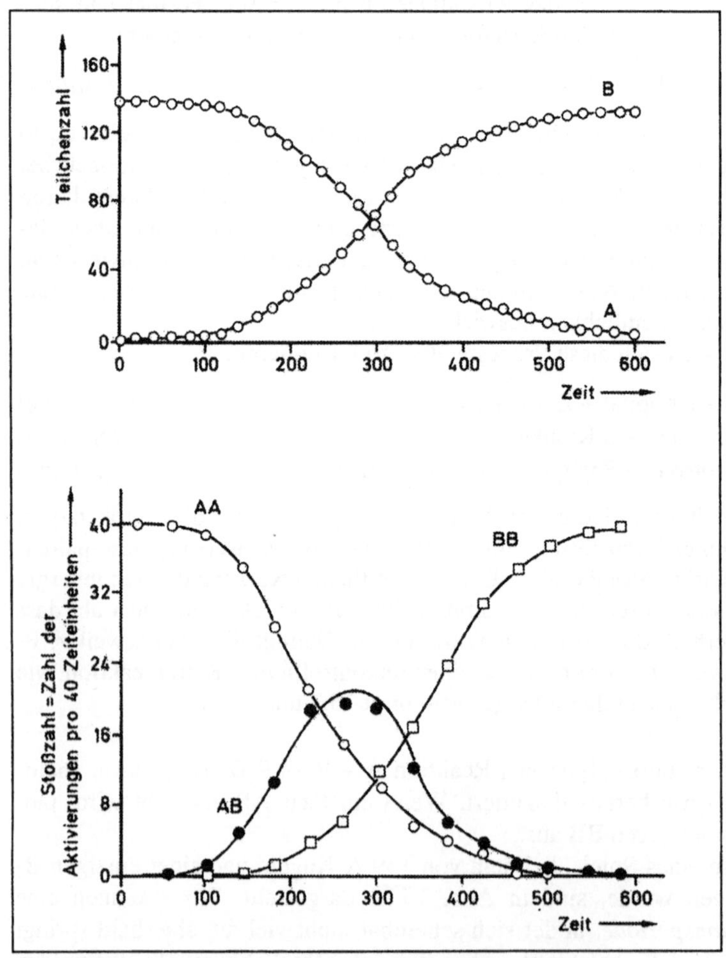

Abb. 15.36: Simulation der autokatalytischen Modellreaktion A + B → 2 B
Oben: Teilchenzahl-Zeit-Diagramm
Unten: Stoßzahl-Zeit-Diagramm. Aus [1, S. 180]

Anfangs stoßen fast nur A-Teilchen zusammen, aber dann wachsen auf Kosten der AA-Stöße zunehmend die AB-Stöße, und mit einer zeitlichen Verschiebung auch die Anzahl der BB-Stöße an. Während aber die BB-Kurve s-förmig zunimmt, nimmt die AB-Kurve nach Durchlaufen eines Maximums, das zeitlich mit den Wendepunkten (zugleich Schnittpunkt) der Teilchenzahl-Zeit-Kurven zusammenfällt, wieder ab.

Die AB-Kurve in Abb. 15.36 (unten) beschreibt den zeitlichen Verlauf der Tangente an die B-Kurve in Abb. 15.36 (oben), denn die Tangentensteigung (Reaktionsgeschwindigkeit v_B) ist ja zunächst gleich Null, nimmt dann zu, erreicht im Wendepunkt ihren maximalen Wert, nimmt dann wieder ab und geht schließlich gegen Null. Mit anderen Worten: Die Kurve der fruchtbaren Stöße AB beschreibt den zeitlichen Verlauf der Reaktionsgeschwindigkeit v_B.

Abschließend noch eine kleine Anmerkung zur Reproduzierbarkeit der Kurven: Die Länge der Induktionsperiode variiert natürlich von Spiel zu Spiel. Das ist aber kein Mangel unseres Urnenmodells, sondern liegt in der Natur der Sache. Würden wir das Spiel sehr oft wiederholen, dann ergäbe die Auszählung der Halbwertszeiten eine Gaußsche Häufigkeitsverteilung, in Übereinstimmung mit der Fluktuationstheorie von Delbrück [30].

Demonstrationsexperiment zur Autokatalyse [31]

In ein 1-Liter-Becherglas werden 200 mL Kaliumpermanganat-Lösung (c = 0,2 mol/L), 100 mL Schwefelsäure (c = 5 mol/L), 200 mL Wasser und 200 mL Oxalsäure-Lösung (c = 0,75 mol/L) gegeben. Dann wird kurz umgerührt.

Beobachtung: Nach gut einer Minute werden die ersten Bläschen (CO_2) sichtbar, nach ca. 2 Minuten setzt heftiges Sprudeln ein. Die rotviolette Lösung wird erst braun, dann gelb. Nach ca. 2,5 Minuten ist die Lösung farblos und wasserklar.

Anschlussexperiment zum Nachweis der Autokatalyse [31]

Variante 1: In ein 1-Liter-Becherglas I werden 200 mL $KMnO_4$ (c = 0,2 mol/L), 100 mL H_2SO_4 (c = 5 mol/L), 100 mL H_2O und 100 mL der durchreagierten Lösung aus dem vorhergehenden Versuch gegeben. Die Reaktion wird dann durch Zugabe von 200 mL Oxalsäure (c = 0,75 mol/L) gestartet.

Parallel dazu wird nochmals das Einstiegsexperiment gezeigt (Becherglas II), um einen direkten Vergleich zu ermöglichen.

Ergebnis: Kräftiges Sprudeln im Glas I nach 30 s, im Glas II nach ca. 2 Minuten. Entfärbung im Glas I nach ca. 1 Minute, im Glas II nach ca. 2,5 Minuten.

Variante 2: Statt 100 mL durchreagierter Lösung aus dem Einstiegsexperiment werden nur 25 mL eingesetzt. Dafür erhöht sich die zugegebene Wassermenge auf 175 mL.

Ergebnis: Kräftiges Sprudeln nach 65–80 s (Glas I) bzw. 120–135 s (Glas II). Entfärbung nach 85–105 s (Glas I) bzw. 135–150 s (Glas II).

Deutung: Die Reaktion läuft nach der folgenden stöchiometrischen Reaktionsgleichung ab:

$$5\ HOOC{-}COOH + 2\ MnO_4^- + 2\ Mn^{2+} + 6\ H^+ \rightarrow 10\ CO_2 + 4\ Mn^{2+} + 8\ H_2O$$

Diese Reaktion wird durch Mn^{2+}-Ionen beschleunigt. Betrachtet man vereinfachend nur die MnO_4^--Ionen und die Mn^{2+}-Ionen und „kürzt" deren stöchiometrische Faktoren, so ergibt sich:

$$MnO_4^- + Mn^{2+} \rightarrow 2\ Mn^{2+}$$

Dies ist eine autokatalytische Reaktion des Typs A + B → 2 B. Die katalytische Wirkung der Mn^{2+}-Ionen beruht darauf, dass sie mit Oxalsäure bzw. Oxalationen Komplexe bilden, die leichter oxidativ decarboxyliert werden können als freie Oxalsäure.

15.14 Oszillierende Reaktionen

Zu den faszinierendsten Phänomenen der Reaktionskinetik gehören zweifellos die *oszillierenden Reaktionen*, in deren Verlauf sich die Konzentrationen eines oder mehrerer Stoffe periodisch ändern. Die Frage, ob ein derartiges Auf und Ab in *homogenen* Reaktionsgemischen überhaupt möglich ist, wurde lange Zeit kontrovers diskutiert. Lotka [32] wies 1920 durch systemtheoretische Berechnungen nach, dass die Existenz oszillierender Reaktionen keinen Widerspruch zum Massenwirkungsgesetz darstellt, und bereits ein Jahr später fand Bray [33] tatsächlich eine real funktionierende oszillierende Reaktion – die Zersetzung von Wasserstoffperoxid zu Wasser und Sauerstoff in Gegenwart von Iodsäure und Iod. Aber die Ergebnisse wurden angezweifelt. Heute wissen wir, dass Lotka und Bray Recht hatten [34]:

- In *offenen* Systemen, die durch ständige Zufuhr neuer Reaktanden und Abzapfen der Reaktionsprodukte daran gehindert werden, in den Gleichgewichtszustand überzugehen, sind *ungedämpfte* Oszillationen möglich.
- In *geschlossenen* Systemen, die nach einiger Zeit unweigerlich in den Gleichgewichtszustand einschwenken, verbietet das Prinzip des detaillierten Gleichgewichts ungedämpfte Oszillationen. Dagegen sind *gedämpfte* Oszillationen durchaus möglich. Erfolgt die Gleichgewichtseinstellung sehr langsam, dann können die Oszillationen stundenlang andauern.

Das Interesse für chemische Oszillationen wurde vor allem durch die Entdeckung einer eindrucksvollen, gut reproduzierbaren periodischen Reaktion eines russischen Forschers wiedererweckt: Belousov (1958) beobachtete beim Versuch, Citronensäure mit Bromat in Gegenwart von Ce^{4+}-Ionen zu oxidieren, dass die gelbe Farbe des Ce^{4+}-Ions in dem homogenen Reaktionsgemisch periodisch verschwindet und wieder auftritt. Einige Jahre später griff Zhabotinskii [35] diese Befunde auf und variierte systematisch alle möglichen Einflussfaktoren. Er erkannte z. B., dass sich Citronensäure vorteilhaft durch Malonsäure ersetzen lässt. Die Belousov-Zhabotinskii-Reaktion (BZ-Reaktion) ist auch heute noch die am besten untersuchte oszillierende Reaktion [35–37].

Wegen ihrer motivierenden Wirkung und wegen ihrer Beziehung zur Biologie (Biorythmen, Homoeostase, Glykolyse) fanden oszillierende Reaktionen auch in fachdidaktischen Zeitschriften Beachtung [38–42].

Besonders eindrucksvoll ist die von Briggs und Rauscher [41] entdeckte „Iodine Clock“, eine Variante der BZ-Reaktion, bei der Bromat und Ce^{4+} durch Iodat und H_2O_2 ersetzt wurden. Bei dieser Reaktion wird periodisch Iod gebildet und wieder abgebaut. Da sich Iod mit Hilfe von Stärke „anfärben“ lässt, treten spektakuläre Farbwechsel von farblos nach tiefblau usw. auf. Die BR-Reaktion eignet sich daher auch gut für „Schauversuche“.

Leider sind die oszillierenden Reaktionen, so weit sie systematisch untersucht und aufgeklärt wurden, ziemlich verwickelt. Zahlreiche gekoppelte Reaktionen mit einer Vielzahl von kurzlebigen Zwischenprodukten sind daran beteiligt, so dass es für den allgemein bildenden Unterricht nicht so einfach ist, einen qualitativen Verständnisrahmen aufzubauen. An dieser Stelle können Simulationsspiele weiterhelfen. Diese können zwar nicht als Modelle mit Darstellungsanspruch für real existierende oszillierende Reaktionen eingesetzt werden, aber sie können doch dazu beitragen, das Erklärungsbedürfnis der Schüler, das aus dem Staunen über die Phänomene heraus erwächst, zumindest qualitativ zu befriedigen.

Zur Simulation einer oszillierenden Reaktion sind folgende Spielregeln geeignet:

- Wir geben 40 A-Kugeln, 10 B-Kugeln und 10 C-Kugeln in die Urne und ziehen Kugelpaare. Erwischen wir A + B, tauschen wir gegen 2 B; ziehen wir B + C, tauschen wir gegen 2 C; erwischen wir C + A, tauschen wir gegen 2 A. In allen anderen Fällen wird das gezogene Paar ohne Farbwechsel in die Urne zurückgelegt. Jede Ziehung zählt als eine Zeiteinheit.
- Als untere, nicht unterschreitbare Grenze für die Teilchenzahlen wird $n_x = 1$ festgelegt. Ist also eine Kugelsorte bis auf ein Teilchen „ausgerottet“, dann ist dieses Teilchen „immun“ und etwaige Ziehungen, die sein Aussterben bewirken würden, werden ignoriert. Diese Regel ist nötig, um eventuelle Fluktuationskatastrophen zu verhindern. Ist nämlich eine Sorte ausgestorben, kann sie sich nie mehr neu bilden, und das ganze zyklische System bricht zusammen. Spielt man mit größeren Teilchenzahlen, kann man auf die Regel verzichten, weil dann Fluktuationskatastrophen extrem unwahrscheinlich werden.

Die sich ergebenden kinetischen Kurvenverläufe sind in Abb. 15.37 (oben) dargestellt. Wir sehen, dass alle drei „Stoffe“ ausgeprägt oszillieren. Wie die Oszillationen auf der Teilchenebene zustande kommen, machen wir uns am besten mit Hilfe des Stoßzahl-Zeit-Diagramms (Abb. 15.37 unten) klar, das durch Auszählung der Zahl der Ziehungsereignisse AB, BC und CA pro 40 Ziehungen gewonnen wird.

Wir sehen daraus, dass die Maxima des Stoßzahl-Zeit-Diagramms im Vergleich zu den Maxima des Teilchenzahl-Zeit-Diagramms phasenverschoben sind. Dadurch kommt es zu dem charakteristischen „Überschwappen“: In dem Augenblick, in dem die Teilchenzahl n_A von ihrem Maximalwert auf $n_A = n_B$ heruntergegangen ist, läuft die Reaktion A + B $\rightarrow$ 2 B auf Hochtouren, baut n_A noch weiter ab und lässt n_B weiter ansteigen. Vom Anstieg von n_B profitiert n_C wegen B + C $\rightarrow$ 2 C. Die Produktion von C verläuft aber zunächst noch recht zögerlich, weil zwar reichlich B, aber sehr wenig C im Gemisch vorliegt. Sobald jedoch die Erniedrigung von n_A auf $n_A = n_C$ voran geschritten ist (etwa bei $t = 150$), besteht für die Reaktionen A + B → 2 B und B + C → 2 C genau die gleiche Realisierungschance. Deshalb schneiden sich im Stoßzahl-Zeit-Diagramm die Kurven AB und BC etwa bei $t = 150$. Diese Chancengleichheit lässt sich jedoch nicht im Sinne eines stabilen stationären Zustands aufrecht erhalten, weil die Reaktion A + B → 2 B der anderen Reaktion B + C → 2 C Substrat B zuliefert, von dieser aber nichts bekommt. Dadurch kommt die Reaktion B + C → 2 C immer mehr auf Touren, n_B nimmt ab und n_C nimmt zu. Bei $n_B = n_C$ ist die maximale Rate erreicht (Maximum BC). Da der Abbau des Maximums BC nicht schlagartig vor sich gehen kann, steigt n_C im Folgenden noch weiter an, und n_B wird noch weiter abgebaut, bis schließlich bei $n_B = n_A$ die Reaktion C + A → 2 A allmählich wieder ins Spiel kommt und n_A hoch wachsen lässt. Damit ist der Zyklus geschlossen und das periodische Auf und Ab der Teilchenzahlen qualitativ erklärt.

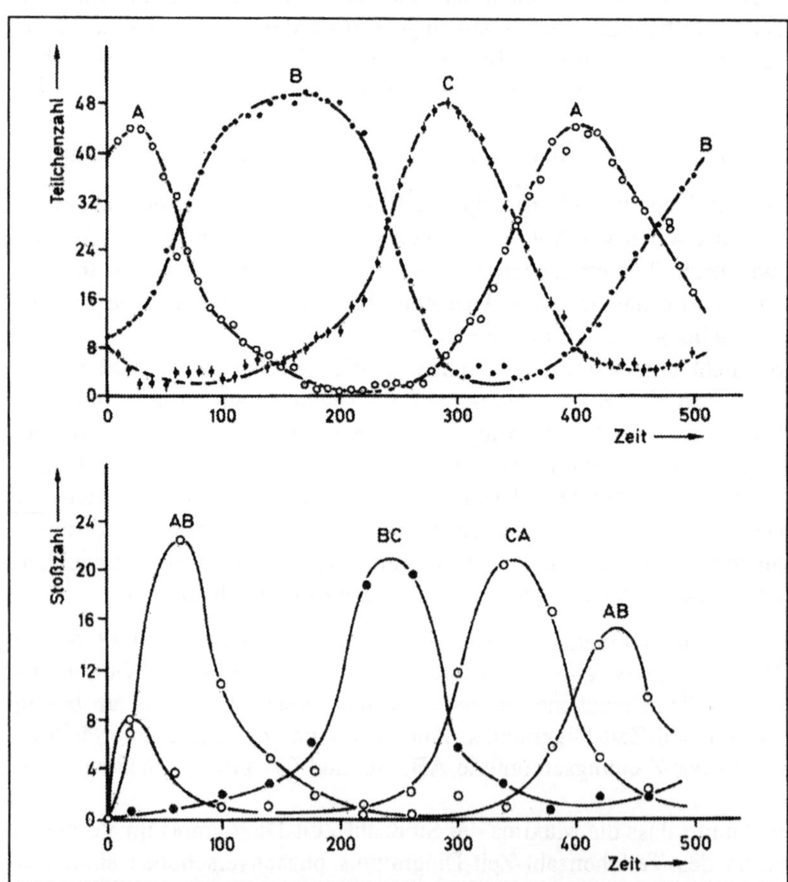

Abb. 15.37: Simulation einer oszillierenden Reaktion durch zyklische Verkopplung von drei autokatalytischen Reaktionen:
A + B → 2 B; B + C → 2 C; C + A → 2 A
Oben: Teilchenzahl-Zeit-Diagramm
Unten: Stoßzahl-Zeit-Diagramm. Aus [1, S. 204]

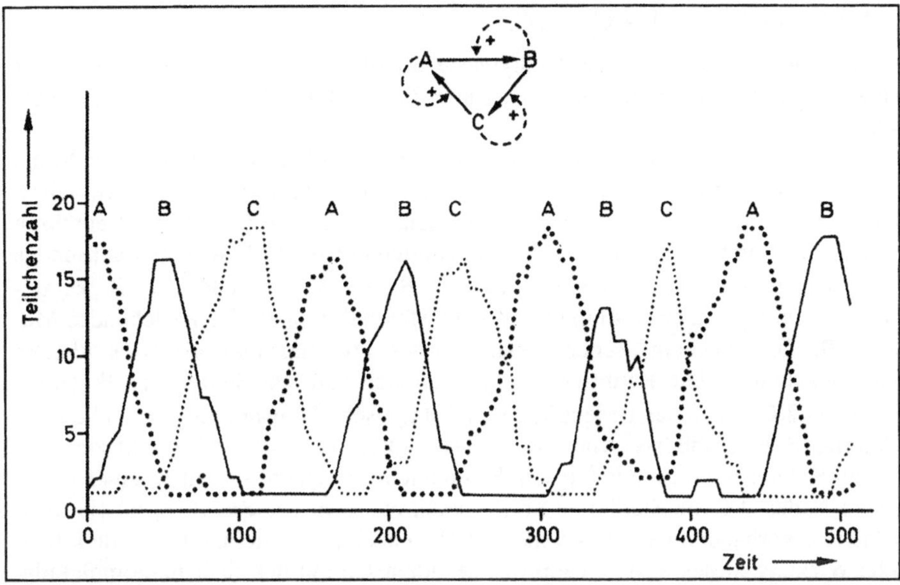

Abb. 15.38: Wie Abb. 15.37 oben, jedoch mit $N = 20$ Kugeln (statt mit $N = 60$ Kugeln) und Interventionsregel. Aus [1, S. 207]

Vereinfachung: Das Spiel kann auch mit weniger Kugeln ($N = 20$ statt $N = 60$) durchgeführt werden. Auch in diesem Fall kommt es zu ausgeprägten Oszillationen (Abb. 15.38). Allerdings muss man dann recht häufig von der „Interventionsregel" Gebrauch machen, da das System sonst durch eine Fluktuationskatastrophe zusammenbricht.

In unserem Simulationsspiel sind drei autokatalytische Elementarreaktionen zyklisch miteinander verkoppelt. Eine real existierende oszillierende Reaktion dieses Typs ist bisher noch nicht entdeckt worden, und es wäre auch unrealistisch, hierauf jemals zu hoffen.

Interessanterweise spielen aber bei allen bislang bekannt gewordenen Oszillationen autokatalytische Teilschritte eine wichtige Rolle. Bei der Bray-Reaktion [33] nimmt man z. B. an, dass sie nach folgendem Mechanismus abläuft [34]:

$$
\begin{array}{rrclll}
HIO_3 + & H_2O_2 & \rightarrow & HIO_2 + & H_2O + & O_2 \qquad (1)\\
HIO_2 + & H_2O_2 & \rightarrow & HIO + & H_2O + & O_2 \qquad (2)\\
2\,HIO_2 + & HIO + H_2O_2 & \rightarrow & 3\,HIO_2 + & H_2O & \qquad (3)\\
HIO_2 + & H_2O_2 & \rightarrow & HIO_3 + & H_2O & \qquad (4)\\
\hline
 & 4\,H_2O_2 & \rightarrow & 4\,H_2O + & 2\,O_2 & \qquad (1\text{ bis }4)
\end{array}
$$

Hierbei ist der dritte Reaktionsschritt in Bezug auf das Zwischenprodukt HIO_2 autokatalytisch.

Lotka-Volterra-Oszillator: Wie bereits erwähnt, konnte Alfred Lotka [32] bereits 1820 rechnerisch nachweisen, dass in einem homogenen Reaktionssystem tatsächlich Oszillationen möglich sind. Sein angenommener Mechanismus setzt sich aus folgenden Elementarreaktionen zusammen:

$$A + B \rightarrow 2\,B, \qquad B + C \rightarrow 2\,C, \qquad C \rightarrow P$$

Lotka nahm also zwei autokatalytische Schritte an. Sein Modell ähnelt sehr stark unserem Simulationsspiel, es ist allerdings offenkettig, nicht zyklisch verschaltet.

In den 30-er Jahren wurde Lotkas chemischer Oszillator von Volterra im Sinne eines populationsbiologischen Oszillators uminterpretiert: In einem ökologisch begrenzten Raum leben Beutetiere B und Raubtiere C. Die Beutetiere B ernähren sich aus dem unverbrauchbaren Nahrungsmittelpool A (z. B. schnell wachsendes Gras) und vermehren sich dabei gemäß $A + B \rightarrow 2\,B$, d. h. jedes Tier B „katalysiert" letztlich die Umwandlung von totem Material A in arteigenes lebendes Material B. Die mechanistischen Details dieses Fortpflanzungsprozesses bleiben unberücksichtigt. Die Raubtiere C ernähren sich von den Beutetieren B gemäß $B + C \rightarrow 2\,C$. Auch das ist letztlich eine katalytische Umwandlung von lebendem Material B in arteigenes Material C. Das Adjektive „arteigen" qualifiziert die beiden Katalysen als Autokatalysen. Schließlich sterben die Raubtiere eines natürlichen Todes. Da die Sterberate proportional zur Zahl der Raubtiere ist (je mehr Raubtiere vorhanden sind, desto mehr sterben auch pro Zeiteinheit), ist die kinetische Wirkung dieses letzten Teilprozesses identisch mit der einer monomolekularen Reaktion oder eines spezifischen Abflusses.

Einen Hinweis für die Gültigkeit des Lotka-Volterra-Schemas können wir der Pelzstatistik der kanadischen Hudson-Bay-Company entnehmen [44]. Die Statistik (Abb. 15.39) zeigt, dass die von den Trappern im Zeitraum von 1845 bis 1925 abgelieferten Felle von Schneehasen und Luchsen in etwa siebenjährigem Rhythmus schwanken, und dass die beiden Pelzkurven eine konstante Phasenverschiebung relativ zueinander aufweisen. Es liegt nahe, aus den abgegebenen Fellen auf ähnliche Schwankungen in den Populationen zu schließen.

Das Lotka-Volterra-System lässt sich übrigens ebenfalls mit Hilfe eines Kugelspiels simulieren [1, S. 211].

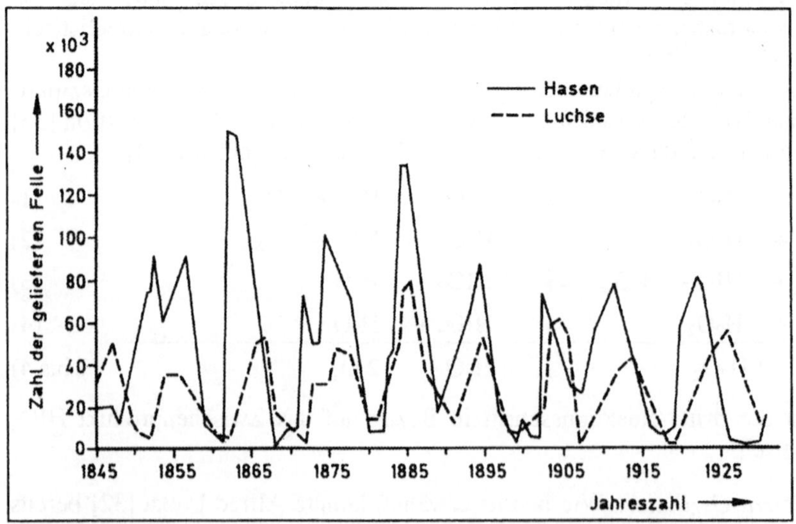

Abb. 15.39: Die Pelzstatistik der Hudson-Bay-Company im Zeitraum von 1845 bis 1925. Aus [1, S. 208].

Demonstrationsexperimente

1. Belousov-Zhabotinskii-Reaktion [35–39]:

In einem 100-mL-Becherglas (schlanke Form) werden unter ständigem Rühren (Magnetrührer) folgende Lösungen in der angegebenen Reihenfolge zusammengegossen:

8 mLNatriumbromat	(c = 0,5 mol/L)
10 mL Malonsäure	(c = 1,5 mol/L)
10 mL Schwefelsäure	(c = 5 mol/L)
7 mL Wasser	
4 mL Natriumbromid	(c = 0,3 mol/L)
1 mL Ferroinindikator	(c = 0,01 mol/L)

Das Ferroin darf erst dann zugegeben werden, wenn die rotbraune Bromfarbe völlig verschwunden ist, da Brom Ferroin zerstört. Die Oszillationen halten bis zu einer Stunde an.

Deutung: An der BZ-Reaktion sind mindestens sieben Reaktionsschritte beteiligt, von denen einer in Bezug auf das Zwischenprodukt $HBrO_2$ autokatalytisch ist:

$$2\,Ce^{3+} + BrO_3^- + 3H^+ + HBrO_2 \rightarrow 2\,Ce^{4+} + 2\,HBrO_2 + H_2O$$

Für eine vertiefte Diskussion der BZ-Reaktion siehe z. B. [37] und [39].

2. Briggs-Rauscher-Reaktion [41–43]

Variante 1: Nach Briggs und Rauscher [41] ergibt das folgende Reaktionsgemisch optimale Ergebnisse (Konzentrationsangaben beziehen sich auf das komplette Reaktionsgemisch, nicht auf die Vorratslösungen):

Kaliumiodat	(c = 0,067 mol/L)
Wasserstoffperoxid	(c = 1,2 mol/L)
Perchlorsäure	(c = 0,053 mol/L)
Malonsäure	(c = 0,050 mol/L)
Mangan(II)sulfat	(c = 0,0067mol/L)
Stärke	(c = 0,01 %)

Mit einem solchen Gemisch können ca. 30 Schwingungsperioden realisiert werden, die ca. 6 Minuten lang anhalten. Die Autoren geben noch folgende Detailinformationen:

„These concentrations may be about 30 % more dilute without degrading the reaction and an equivalent amount of sulfuric acid may replace the perchloric acid. Constant stirring improves the cycling but is not essential. Demonstration solutions are stored for extended periods in three containers so that mixing equal volumes from each gives the above composition. One holds the hydrogen peroxide, another the iodate with mineral acid, and the third the malonic acid, starch, and manganese" [41].

Variante 2: Nach Flad [45] werden in 1 Liter Wasser unter Rühren mit einem Magnetrührer die Komponenten in der folgenden Reihenfolge nacheinander gelöst (2-L-Becherglas, schlanke Form):

14,3 g	Kaliumiodat
122 mL	Wasserstoffperoxid (30 %-ig)
5,9 mL	Perchlorsäure (60 %-ig)
5,2 g	Malonsäure
10 mL	Stärkelösung (1%ig)
1,1 g	Mangan(II)sulfat-Monohydrat

Die Farbwechsel sind in diesem Maßstab besonders spektakulär und für Schauversuche bestens geeignet. Die Gasentwicklung (CO_2) wird durch die Decarboxylierung der Malonsäure verursacht.

15.15 Schluss

Wie sollen Schüler nun mit den angebotenen Spielen konkret umgehen? Natürlich dürfen sie ihren Part als Modellbetreiber nicht rein mechanisch-motorisch auffassen, wenn ihr Tun spielähnlichen Charakter haben soll. Wer bewusstlos Kugeln aus einer Urne zieht, spielt genau so wenig wie jemand, der am Fließband arbeitet. Vielmehr muss der Spieler von sich aus bereit sein, die in den Regeln implizit enthaltenen kinetischen Muster entdecken zu wollen und sich auf das subtile Zusammenspiel von Zufall und Gesetz einzulassen. Er sollte sich in die Wahrscheinlichkeitsstruktur der Spiele eindenken und einfühlen, um den einzelnen Ziehungs- und Würfelentscheidungen mit begründeten Erwartungen entgegenzusehen. Die Ereignisabfolge: Ziehung → Wahrnehmung des Ziehungsergebnisses → Vergleich mit dem erwarteten Ergebnis → Regelvollzug → Wahrnehmung der Konsequenzen → Aufbau einer Erwartung über den Ausgang der nächsten Ziehung → Ziehung → Wahrnehmung ... usw., diese periodische Ereignisabfolge ist ein konkretes Beispiel für das, was Heckhausen [46] in seinem Entwurf einer Psychologie des Spielens als „Aktivierungszirkel" bezeichnet. Ein solcher periodischer Auf- und Abbau psychischer Spannung, ausgelöst durch Diskrepanzen zwischen Daten (Gegebenem) und Erwartungen, ist nach Heckhausen ein zentrales Merkmal des Spielens.

Im Rahmen einer empirischen Untersuchung, an der sich 802 Schüler der Jahrgangsstufen 10–13 beteiligten, konnte gezeigt werden [47], dass sich statistische Simulationsspiele tatsächlich auch in der Unterrichtspraxis gut bewähren. Lehrer und Schüler bezeichneten die Spiele übereinstimmend als „verständlich, aktivitätsfördernd, interessant und effizient" [47, S. 34]. Besonders hervorgehoben wurde der hohe Veranschaulichungswert der Spiele und ihr Beitrag zur Schulung des Modelldenkens und zur Einsicht in die Leistungsfähigkeit und Grenzen von Modellen – ganz im Sinne von Mark Kac, der in der Zeitschrift Science einmal schrieb:

„Models are, for the most part, caricatures of realitiy, but if they are good, then, like good caricatures, they portray, though perhaps in distorted manner, some of the features of the real world. The main role of models is not so much to explain and to predict – though ultimately these are the main functions of science – as to polarize thinking and to pose sharp questions. Above all, they are fun to invent and to play with, and they have a peculiar life of their own. The survival of the fittest applies to models even more than it does to living creatures"[48].

Literatur

[1] Harsch, G.: *Vom Würfelspiel zum Naturgesetz. Simulation und Modelldenken in der Physikalischen Chemie.* Weinheim 1985 (VCH)

[2] Harsch, G.: *Statistische Spiele für den naturwissenschaftlichen Unterricht.* Stuttgart 1982 (Dr. Flad)

[3] Harsch, G.: *Kinetics and Mechanism – A Games Approach.* J. Chem. Educ. 61 (1984), 1039

[4] Heimann, R., Harsch, G.: *Schulung naturwissenschaftlicher Denk- und Handlungskompetenz am Beispiel der Chromatographie von Lebensmittelfarbstoffen.* NiU-Chemie 7 (1996), 286

[5] Harsch, G.: *Statistische Spiele zur Veranschaulichung von chromatographischen Trennprozessen.* Chem. Exp. Technol. 3 (1977), 477

[6] Siewert, J.: *Zur Simulation chemisch-physikalischer Vorgänge am Beispiel der Adsorptionschromatographie.* MNU 32 (1979), 96

[7] Sauermann, D., Barke, H.-D.: *Chemie für Quereinsteiger. Band 2: Struktur der Metalle und Legierungen.* Münster 1997 (Schüling)

[8] Boltzmann, L.: *Weitere Studien über das Wärmegleichgewicht unter Gasmolekülen.* Wiener Berichte 66 (1872), 275

[9] Harsch, G.: *Die spielerische Analyse kleiner Boltzmann-Systeme.* MNU 37 (1984), 483

[10] Knott, C.G.: *Life and Scientific Work of Peter Guthrie Tait.* Cambridge 1911 (Cambridge University Press)

[11] Harsch, G.: *Die Maxwellsche Geschwindigkeitsverteilung. Ein Versuch zur Verknüpfung von Wissenschaftsgeschichte und Fachdidaktik.* MNU 38 (1985), 129

[12] Eigen, M., Winkler, R.: *Das Spiel. Naturgesetze steuern den Zufall.* München 1975 (Piper)

[13] Ebert, K.: *Tschernobyl.* Nachr. Chem. Techn. Lab. 34 (1986), 771

[14] Harsch, G.: *Statistische Kugelspiele als einfache und leistungsfähige Modelle zur Simulation und Analyse der chemischen Kinetik.* Chem. Exp. Technol. 3 (1977), 273

[15] Jansen, W., Ralle, B.: *Reaktionskinetik und Gleichgewicht.* Köln 1984 (Aulis, Deubner)

[16] Welzel, P., Bulian, H.-P.: *Chemisches Praktikum für Mediziner* an der Universität-GHS Essen. Bochum 1986 (Brockmeyer)

[17] Jäckel, M., Risch, K.T. (Hrsg.): *Chemie heute Sekundarbereich II*, Lehrerband, Teil 2. Hannover 1991 (Schroedel)

[18] Alt, A., Jensen, U., Seidl. S. *Blutalkohol* 35 (1998), 275. Auszug siehe ChiuZ 33 (1999), 238

[19] Heimann, R., Harsch, G.: *Der experimentelle Weg vom Olivenöl zum Traubenzucker – Die Chemie der Fette und Kohlenhydrate nach dem Phänomenologisch-Integrativen Netzwerkkonzept – Teil 2: Vom Glycerin zum Traubenzucker.* MNU 51 (1998), 95

[20] Harsch, G., Heimann, R.: *Nitrierung von Phenol und dünnschichtchromatographische Identifizierung der Reaktionsprodukte.* – Skriptum zum Fortgeschrittenenpraktikum Organische Chemie, Universität Münster (1999)

[21] Ralle, B.: *Ein Vorschlag zur kinetischen Ableitung des Massenwirkungsgesetzes.* PdN-Chemie 36 (1987), 2

[22] Jürgensen, F.: *Zur kinetischen Herleitung des Massenwirkungsgesetzes.* MNU 51 (1998), 172

[23] König, A.: *Experimentelle Untersuchung des Konfigurations-Gleichgewichts von Kohlenhydraten in wässriger Lösung.* NiU-Chemie 12 (2001), 36

[24] Tausch, M., v. Wachtendonk, M.: *Stoff – Formel – Umwelt* Bd. 1: *Chemische Gleichgewichte – Elektrochemie*. Bamberg 1992 (Buchner)

[25] Lenz, J.: *Zum Nachweis des chemischen Gleichgewichts bei der Reaktion des Phenolphthaleins mit Hydroxid-Ionen*. MNU 50 (1997), 93

[26] Dimroth, K.: *Chemisches Gleichgewicht*. ChiuZ 1 (1967), 28

[27] Hennies, C., Neibecker, N., Wegener, C.: *Quantitative Bestimmung von Gleichgewichten am Beispiel des Systems Anthracen-Pikrinsäure*. PdN-Chemie 36 (1987), 11

[28] Timmer, O., Meschede, K.: *Einführung des chemischen Gleichgewichtes in Klasse 11. Zur didaktischen Bedeutung von wissenschaftstheoretischen Überlegungen und Analogiebetrachtungen im Chemieunterricht*. PdN-Chemie 46 (1997), 22

[29] Dickerson, R.E., Geis, I.: *Chemie – eine lebendige und anschauliche Einführung*. Weinheim 1981 (Verlag Chemie)

[30] Delbrück, M.: *Statistical fluctuations in autocatalytic reactions*. J. Chem. Phys. 8 (1940), 120

[31] Harsch, G., Heimann, R.: *Demonstrationsexperiment zur Autokatalyse*, Münster (1992), unveröffentlicht

[32] Lotka, A.: *Undamped oscillations derived from the law of mass action*. J. Am. Chem. Soc. 42 (1920), 1595

[33] Bray, W.: A Periodic *Reaction in homogeneous solution and its relation to catalysis*. J. Am. Chem. Soc. 43 (1921), 1262

[34] Franck, U.F.: *Chemische Oszillationen*. Angew. Chem. 90 (1978), 1

[35] Zhabotinskii, A.M., Dokl. Akad. Nauk SSSR 157 (1964), 392 und Ber. Bunsenges. Phys. Chem. 84 (1980), 303

[36] Geiseler, W.: *Oszillierende Reaktionen*. Nachr. Chem. Tech. Lab. 33 (1985), 15

[37] Field, R.J., Schneider, F.W.: *Oszillierende chemische Reaktionen und nichtlineare Dynamik*. ChiuZ 22 (1988), 17

[38] Field, R.J.: A *Reaction Periodic in Time and Space. A lecture demonstration*. J. Chem. Educ. 49 (1972), 308

[39] Wenisch, H., Hermann, O.: *Oszillierende Reaktionen am Beispiel der Belousov-Zhabotinsky-Reaktion*. NiU-Chemie 1 (1990), 35

[40] Brandl, H.: *Oszillierende biologische und chemische Systeme*. PdN-Ch. 30 (1981), 65

[41] Briggs, Th.S., Rauscher, W.C.: *An Oscillating Iodine Clock*. J. Chem. Educ. 50 (1973), 496

[42] Cervelatti, R., Fetto, P., Dalbagni, G.: *Teaching nonlinear kinetics in the lab. The Briggs-Rauscher (BR) oscillating reaction provides fascinating and fruitful kinetic experiments for undergraduates*. Educ. Chemistry, March (1998), 50

[43] Wang, M. R.: *An Introductory Laboratory Exercise on Solution Preparation: A Rewarding Experience*. J. Chem. Educ. 77 (2000), 249

[44] Mc Lulich, D.A.: *Fluctuations in the Numbers of Varying Hare*. Toronto 1937 (University of Toronto Press)

[45] Flad, W., Chemisches Institut Dr. Flad, Stuttgart (1982), persönliche Mitteilung

[46] Heckhausen, H.: *Entwurf einer Psychologie des Spielens*. Psychol. Forsch. 27 (1964), 225

[47] Harsch, G.: *The Efficiency of Simulation Games in Science Education: An Empirical Study*. Int. J. Sci. Educ. 9 (1987), 23

[48] Kac, M.: *Some Mathematical Models in Science*. Science 166 (1969), 695

16 Max von Laue: Ein Experiment verifiziert zwei große Theorien

„Im Jahre 1912 entdeckte Laue, dass Röntgenstrahlen an Kristallen gebeugt werden“. Mit diesem Satz leiten die Autoren des Schulbuchs „Chemie heute“ [1] den Exkurs „Röntgenstrukturanalyse“ ein und beschreiben Prinzip und Ziel dieser wichtigen Analysemethode in heutigen Laboratorien. Es ist vollkommen richtig und wichtig, Schülerinnen und Schülern diese und andere Methoden der instrumentellen Analytik näher zu bringen.

Hinsichtlich des Erkenntnisprozesses in den Naturwissenschaften erscheint allerdings die Geschichte der Entdeckung der Beugung von Röntgenstrahlen an Kristallen noch interessanter zu sein, insbesondere die geniale Idee des Max von Laue, als Beugungsgitter einen natürlichen Kristall zu nehmen. Er selbst kommentiert seinen entscheidenden Gedanken folgendermaßen [2]:

„Die Entdeckungsgeschichte der Röntgenstrahlinterferenz kennzeichnet so recht den Wert der wissenschaftlichen Hypothese. Viele haben schon lange vor Friedrich und Knipping Röntgenstrahlen durch Kristalle gesandt. Aber ihre Beobachtungen beschränkten sich auf den direkt hindurchgehenden Strahl, an welchem außer der Schwächung durch den Kristall nichts Bemerkenswertes zu sehen war; die viel weniger intensiven abgebeugten Strahlen entgingen ihnen. Erst die Hypothese der Raumgitter brachte die Idee, doch einmal dessen Umgebung zu durchforschen“.

Der naturwissenschaftliche Erkenntnisprozess wird für Lernende an diesem Beispiel sehr deutlich, der „Wert der wissenschaftlichen Hypothese“ ist so einmalig und spannend zu vermitteln, wie es mit nahezu keiner anderen historischen Hypothese möglich ist. Matuschek und Jansen [3] haben diesbezüglich das historisch-problemorientierte Unterrichtsverfahren konzipiert: Bedeutsame Entdeckungsgeschichten sollten Chemielehrerinnen und -lehrer kennen, um im Unterricht einmal große Forscherpersönlichkeiten vorstellen oder Wege wichtiger Entdeckungen in der Geschichte mit den Schülern nachvollziehen zu können.

Zunächst wird die historische Entwicklung bis zu Laue's Idee aufgezeigt und danach auf das naturwissenschaftliche Erkenntnisverfahren übertragen: Auf diesem Weg spielen sowohl die Kristallgittertheorien von Bravais und Sohncke als auch die Arbeiten von Röntgen eine große Rolle. Für den entsprechenden Chemieunterricht wird vorgeschlagen, zum einen mit Lasergerät und optischen Gittern anschauliche Modellexperimente zur Röntgenstrukturanalyse durchzuführen. Zum anderen werden Möglichkeiten aufgezeigt, mit einem Schulröntgengerät sowohl die Entdeckungsgeschichte Laue's nachzuvollziehen, als auch die modernen Formen der Röntgenstrukturanalyse zu veranschaulichen.

16.1 Kristallgitterhypothesen von Kepler, Haüy, Bravais und Sohncke

Obwohl die gesamte Menschheit in Ländern, in denen es im Winter immer wieder schneit, schon immer sechseckige Schneeflocken beobachtet hat, dauerte es bis zum Jahre 1611, als erste wissenschaftliche Hypothesen zur Erklärung der Kristallform der Schneeflocke versucht wurden. Kepler [4] stellte nach Beobachtungen zum „sechseckigen Schnee" fest:

„Da stets, wenn es zu schneien beginnt, die ersten Schneeflocken die Figur von sechsstrahligen Sternen zeigen, muß es eine bestimmte Ursache dafür geben. Denn es wäre Zufall, warum fallen sie nicht fünfstrahlig oder siebenstrahlig, warum immer sechsstrahlig?" [4].

Kepler nahm für den Wasserdampf der Luft „Dunstkügelchen" an und diskutierte deren Anordnung bei der Kondensation zur Schneeflocke durch Modellkugeln (vgl. (a) in Abb. 16.1).:

„Wenn man in einer waagerechten Ebene gleich große Kugeln zusammenschiebt, sodaß sie sich berühren, legen sie sich entweder in Dreiecks- oder in Vierecksform zusammen; dort umgeben sechs, hier vier Kugeln eine mittlere. Die Fünfecksform kann eine gleichmäßige Bedeckung nicht ergeben, und die Sechsecksform läßt sich auf die Dreiecksform zurückführen".

Des Weiteren diskutierte Kepler die Schichtung dicht gepackter Kugeln im Dreiecksmuster, fand die dichteste Kugelpackung und deren Koordinationszahl 12: „Und wieder wird eine Kugel von zwölf anderen berührt, nämlich von sechs benachbarten in derselben Ebene und von je dreien oben und unten".

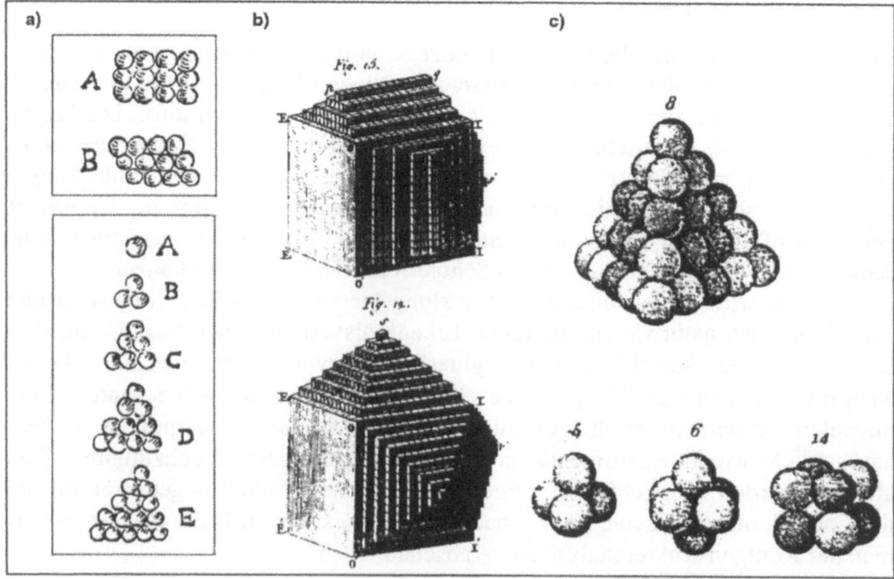

Abb. 16.1: Vorstellungen vom Aufbau der Kristalle: a) Kepler, b) Haüy, c) Wollaston

Indem Kepler also Kugeln als kleinste Wasser-Teilchen annahm und ihre dichteste, hexagonale Anordnung im Raum diskutierte, konnte er die permanent auftretende sechseckige Kristallform der Schneeflocken zutreffend postulieren: Er fand damit den Zusammenhang von äußerer Kristallform und innerer Ordnung kleinster Teilchen im Kristall.

Haüy [5] dachte ebenfalls an den Aufbau von Kristallen aus kleinsten Teilchen, nahm aber nicht Kugeln als deren Form an, sondern gab ihnen die Form der Spaltstücke des jeweiligen Kristalls. Am Beispiel des Calcit-Kristalls äußerte er im Jahre 1784 seine Vorstellungen [5]:

„Diese, gewissermaßen an der Gränze der mechanischen Theilung gebrachten Rhomboide sind das, was wir hier Integraltheilchen (molécules intégrantes) des Kalkspats nennen, um sie von den Elementartheilchen (molécules élémentaires) dieser Substanz zu unterscheiden, welche theils die des Kalks und theils die der Kohlensäure sind."

Zu einem Kristall mit Bausteinen von kubischer Form zeichnete er seine Vorstellungen auch auf (vgl. (b) in Abb. 16.1).

Wollaston [6] kehrte zurück zur Kugelform und begründete sie im Jahre 1813 mit den ungerichteten Bindekräften der kleinsten Teilchen im Kristall: „The existence of atoms requires merely mathematical points endued with powers of attraction and repulsion equally on all sides, so that their extent is virtually spherical" [6]. Darüber hinaus hob er dichteste Kugelpackungen und deren Lücken als Strukturprinzip für Kristalle hervor und zeichnete entsprechende Modelle auf, wie sie in heutigen Lehrbüchern verwendet werden (vgl. (c) in Abb. 16.1). Wollaston war sich bei diesen Zeichnungen stets um das Spekulative bewusst: „Es ist vielleicht zu viel, zu hoffen, daß die geometrische Anordnung der Atome jemals genau bekannt sein wird" [6].

In diesbezüglichen Spekulationen ging Bravais [7] einen großen Schritt weiter: Er löste sich vollkommen von den Vermutungen zu Kristallstrukturen und beschrieb eher mathematisch aufgrund von Symmetriebetrachtungen mögliche dreidimensionale, sich in alle Raumrichtungen wiederholende Punktmuster. Er gelangte dabei zu den 14 bekannten Elementargittern, die durch Translation in drei Raumrichtungen unendliche Raummuster ergeben (vgl. (a) in Abb. 16.2).

In seinem Lehrbuch von 1879 greift Sohncke [8] die Symmetriebetrachtungen von Bravais auf und erklärt:

„Krystalle – unbegrenzt gedacht – sind regelmäßige unendliche Punktsysteme, d. h. solche, bei denen um jeden Massenpunkt herum die Anordnung der übrigen dieselbe ist, wie um jeden anderen Massenpunkt. Ein Krystall ist ein endliches Stück eines unendlichen regelmäßigen Punktsystems".

Es stellt sich die Aufgabe,

„alle überhaupt möglichen regelmäßigen Punktsysteme von allseitig unendlicher Ausdehnung zu finden".

Schließlich baute er sogar eigene Strukturmodelle (vgl. (b) in Abb. 16.2):

„Um die Anschauung von den regelmäßigen unendlichen Punktsystemen zu erleichtern, habe ich einfache Modelle konstruirt, in welchen Wachsperlen von 6–7 mm Durchmesser, mit Siegellack an Stricknadeln befestigt, die Systempunkte vorstellen" [8].

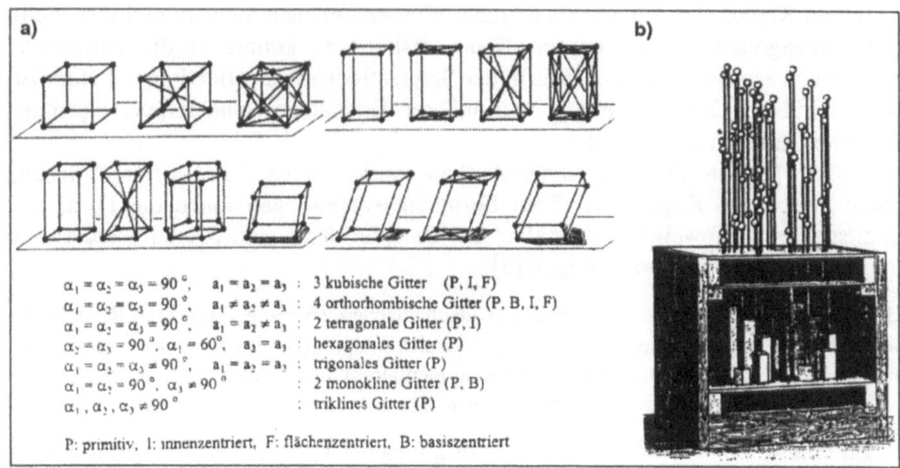

Abb. 16.2: Strukturvorstellungen von Bravais und Sohncke

In seinem Werk „Prüfung der Theorie an der Erfahrung“ stellt Sohncke eine Verbindung zwischen den rein theoretischen Punktsystemen und Formen existierender Kristalle her, ist sich aber über die reine Spekulation vollkommen im Klaren:

„Welche von den regelmäßigen Punktsystemen möglich sind, ist ganz unentschieden geblieben. Vielleicht kann es gelingen, einen Zusammenhang zwischen dem Bau der Molekel und der Strukturform zu entdecken. So eröffnet diese Theorie die Aussicht auf eine, wenn auch wohl noch ferne, Beantwortung dieser Frage“ [8].

16.2 Röntgen's Entdeckung einer „neuen Art von Strahlen“

Wilhelm Conrad Röntgen machte im Jahre 1895 eine Entdeckung, die zu damaliger Zeit im wahrsten Sinn des Wortes unglaublich gewesen sein muss und als wissenschaftliche Sensation in der Weltpresse gehandelt wurde:

„Wohl noch nie hatte in der Geschichte der Wissenschaft eine Entdeckung oder Erfindung in wenigen Tagen eine solche Verbreitung gefunden. Die Entdeckung der X-Strahlen hinterließ beim Publikum einen derart tiefen Eindruck, daß selbst profilierte Wissenschaftler und Freunde Röntgens an der Echtheit der erhaltenen Bilder gezweifelt hätten, wäre ihnen nicht die exakte und zuverlässige Art der Arbeit Röntgens bekannt gewesen“ [9].

„Denn wahrlich beim Lesen der einige Tage vorher von Professor Röntgen mir zugesandten vorläufigen Mitteilung: ‚Über eine neue Art von Strahlen‘ konnte ich mich des Gedankens nicht erwehren, ein Märchen vernommen zu haben, wenn auch der Name des Autors und dessen stichhaltige Beweise mich von diesem Wahne schnell genug befreiten. Wohl stand es schwarz auf weiß gedruckt, daß man Metallgewichte in einem geschlossenen Holzkasten photographieren und die Knochen der lebenden Hand auf die Platte zaubern könnte“ [9].

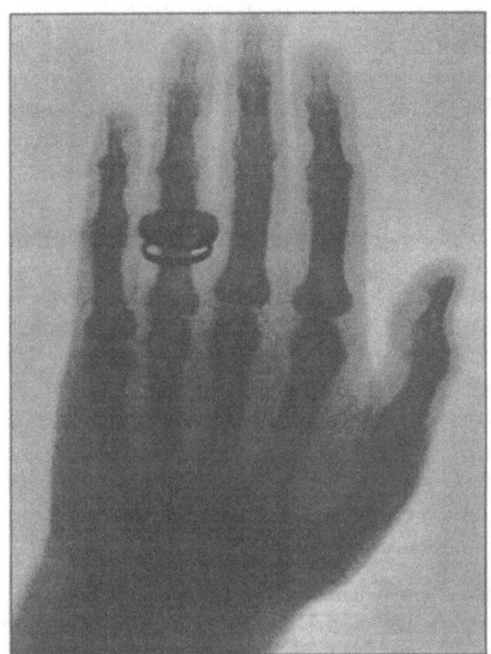

Abb. 16.3: Hand des Anatomen von Kölliker, aufgenommen von Röntgen am 23. Januar 1896 [9]

Eines der wenigen Interviews, das der den Medien gegenüber scheue Röntgen zu Beginn des Jahres 1896 dem Berichterstatter H. J. W. Dam im Auftrag einer amerikanischen Zeitschrift gab, zeigt besonders anschaulich die Entdeckungsgeschichte auf [9]:

„Ich interessierte mich schon seit langer Zeit für die Kathodenstrahlen, wie sie von Hertz und speziell von Lenard in einer luftleeren Röhre studiert worden waren. Ich hatte mir vorgenommen, einige selbständige Versuche in dieser Beziehung anzustellen. Ich war noch nicht lange bei der Arbeit, als ich etwas Neues beobachtete. ‚Welches Datum war es?' ‚Der 8. November.' ‚Und welcher Art war die Beobachtung?' ‚Ich arbeitete mit einer Hittorf-Crookeschen Röhre, welche ganz in schwarzes Papier eingehüllt war. Ein Stück Bariumplatinzyanür-Papier (Bariumtetracyanoplatinat, $Ba[Pt(CN)_4]$, d. V.) lag daneben auf dem Tisch. Ich schickte einen Strom durch die Röhre und bemerkte quer über das Papier eine eigentümliche schwarze Linie.' ‚Was dachten Sie da?' ‚Ich dachte nicht, sondern ich untersuchte. Ich vermutete, daß die Wirkung von der Röhre herkommen müsse und prüfte nach dieser Richtung hin genauer. Bald war jeder Zweifel ausgeschlossen. Es kamen ‚Strahlen' von der Röhre, welche eine lumineszierende Wirkung auf den Schirm ausübten. Ich wiederholte den Versuch mit Erfolg in immer größeren Entfernungen, fast bis zu 2 Metern. Anfangs hielt ich sie für eine neue Art von Licht. Sicher aber war es etwas Neues, noch Unbekanntes.' ‚Ist es Licht?' ‚Nein, denn es kann weder reflektiert noch gebrochen werden.' ‚Ist es Elektrizität?' ‚Nicht in der bekannten Form.' ‚Was ist es dann?' ‚Ich weiß es nicht' " [9].

Da die entdeckte Strahlung für Röntgen kein Licht war und er nicht ahnen konnte, dass sie sich später als besonders kurzwellige elektromagnetische Strahlung herausstellte, die sich vom sichtbaren Licht nur in der Wellenlänge unterscheidet, nannte er sie in seiner ersten Veröffentlichung eine „neue Art von Strahlen" [10] und beschrieb sie in 17 Punkten sehr genau: Die Durchlässigkeit vieler Materialien in Abhängigkeit von Dichte, Schichtdicke und Entfernung, die besondere Undurchlässigkeit von Blei und Bleiverbindungen, die chemische Wirkung auf fotografische Platten, die Erzeugung von Schatten auf Schirm oder Fotoplatte, etc. Die Ablenkung oder gar Reflexion der neuen Strahlen konnte Röntgen nicht finden, ebenfalls nicht die bei üblichem Licht gut bekannten Interferenzen an einem optischen Gitter von bis zu 100 Strichen pro mm Glasplatte oder an einer feinen Bleilochblende: „15. Nach Interferenzerscheinungen der X-Strahlen habe ich viel gesucht, aber leider, vielleicht nur infolge der geringen Intensität derselben, ohne Erfolg" [10].

Von vollem Erfolg gekrönt war dagegen das „Durchleuchten" von Materie mit X-Strahlen: Röntgen konnte mit den Fotos seiner durchleuchteten Hand nicht nur die sensationellen Anwendungen in der Medizin aufzeigen, sondern anhand von Fotos des Inneren seines Jagdgewehres ebenfalls anschaulich machen, welche Materialprüfungen ohne Zerstörung der geprüften Gegenstände möglich sind. Gerlach [11] schreibt in diesem Zusammenhang:

„Etwa fünfhundert Publikationen erschienen allein in dem einen Jahr 1896. ... Schon am 13. Januar 1896 wurde Röntgen zur Vorführung der neuen Strahlen zu Kaiser Wilhelm II. nach Berlin befohlen; am 26. Januar hielt er in Würzburg den – soweit mir bekannt – einzigen öffentlichen Vortrag, an dessen Schluß der Anatom Kölliker den Vorschlag machte, die X-Strahlen ‚Röntgenstrahlen' zu nennen" [11].

Auch der erste Nobelpreis für Physik wurde Röntgen im Jahr 1901 zuerkannt. Allerdings fand man über die genannten, sensationellen Anwendungen hinaus keine neuen wissenschaftlichen Erkenntnisse bezüglich Reflexion und Interferenz der Röntgenstrahlen. Röntgen selbst und viele Kollegen suchten intensiv nach Interferenzphänomenen – aber vergeblich: „Die Physik der Röntgenstrahlen machte siebzehn Jahre lang nur höchst bescheidene Fortschritte" [9] – bis zu Laue's Arbeiten im Jahre 1912!

16.3 Laue's geniale Idee

Wie für viele Entdeckungen die jeweilige Zeit reif gewesen ist, war sie auch 1912 reif bezüglich des Nachweises von Beugungserscheinungen durch Röntgenstrahlen. Gerlach [12] stellte fest: „Daß Max Laue seine Entdeckung in München machte, kommt einfach daher, dass er damals in München war. Aber hier waren auch Röntgen, Sommerfeld, Groth, Debye, Ewald, Wagner, Koch, Friedrich – die Münchener Luft war voll von Röntgenstrahlen, von Interferenzen, von Kristallen, von Wellentheorie des Lichts".

Privatdozent Laue, der aus Göttingen kommend seit 1909 an Sommerfeld's Institut arbeitete, war dann auch derjenige, der einen Zugang sowohl zu Fragen der optischen Beugung als auch zur Kristallgitterhypothese hatte und deshalb entscheidende Verknüpfungen zu erkennen vermochte. Die ersten beeindruckenden Beobachtungen zur Interferenz des Lichtes erlebte Laue [13] übrigens bereits als Schüler in seinem Physikunterricht:

„Weiter besprachen wir viel die optischen Erscheinungen, namentlich die Interferenz des Lichtes und die damals so rätselhafte Beugung. Der große Reiz, den diese Vorgänge ausübten, beruhte wohl darauf, daß man sie ohne Meßinstrumente unmittelbar sinnlich wahrnehmen kann. Das besondere Interesse für Optik, das sich später bei den Röntgenstrahlen auswirkte, stammt aus diesen Schülerzeiten".

Auch seine Universitätsausbildung schloss Laue an der Friedrich-Wilhelm-Universität Berlin mit einer entsprechenden Thematik ab:

„Gegen Semesterende ging ich zu Planck und bat ihn um ein Thema für eine Dissertation. Im Hinblick auf eine Vorlesung von Lummer gab er mir die Theorie der Interferenzerscheinungen an den planparallelen Platten auf. Und daran habe ich bis zum Sommer 1903 gearbeitet" [13].

Während seiner Zeit als „Postdoc" in Göttingen intensivierte er die Studien im Fach Physik und belegte das Fach Chemie zur Erlangung der Lehrbefähigung an Höheren Schulen:

„Da ich dabei Chemie als ein Prüfungsfach gewählt hatte, mußte ich auch ein Examen in Mineralogie ablegen. Aus Büchern hatte ich mir die allerelementarste Kristallographie, d. h. die Kenntnis der Kristallklassen, angeeignet" [13].

Seine ersten praxisbezogenen Begegnungen mit Strukturmodellen bezüglich der Kristallographie hatte er während der Zeit als Privatdozent in München:

„Von besonderer Bedeutung für mich wurde es, daß in München noch die Tradition der Raumgitterhypothese für die Kristalle lebendig war, von der man anderswo kaum noch sprach. Das lag zum Teil daran, daß sich von den Zeiten Leonhard Sohnckes, der bis 1897 in München gewirkt und zu ihrer mathematischen Durcharbeitung viel beigetragen hatte, Gittermodelle in den Sammlungen der Universitätsinstitute zu sehen waren. In erster Linie aber gebührt das Verdienst daran dem Mineralogen Paul von Groth, der in seinen Vorlesungen stets auf sie hinwies" [13].

Laue war fachlich in beiden Bereichen kompetent: sowohl hinsichtlich der Interferenzerscheinungen als auch bezüglich der Kristallgitterhypothese. So diskutierte er im Münchener Gelehrtenkreis zum einen über die aktuellen Fragen zu Röntgenstrahlen und sann in diesem Zusammenhang über Korpuskular- oder Wellentheorien und Möglichkeiten zur Interferenz nach. Zum anderen begegneten ihm zwangsläufig in Sammlungen der Institute ständig die Gittermodelle aus den Zeiten von Sohncke: Sie sind in seiner Anschauung möglicherweise zur überzeugenden Theorie geworden, während die Raumgitterhypothese für seine Kollegen „als zweifelhafte Hypothese ein ziemlich unbekanntes Dasein fristete" [14].

Im Vortrag nach der Verleihung des Nobelpreises in Stockholm schilderte Laue die entscheidenden Schritte zu seiner genialen Idee folgendermaßen [14]:

„So standen die Dinge, als im Februar 1912 eines Abends P.P. Ewald zu mir kam. Er arbeitete auf Sommerfelds Veranlassung an der mathematischen Untersuchung, wie sich lange elektromagnetische Wellen in einem Raumgitter verhalten. In diesem Gespräch kam mir der naheliegende Gedanke, einmal nach dem Verhalten von Wellen zu fragen, welche gegen die Gitterkonstanten des Raumgitters kurz sind. Und hier sagte mir mein optisches Gefühl sogleich: Dann müssen Gitterspektren auftreten. Daß die Gitterkonstante bei Kristallen in der Größenordnung 10^{-8} cm ist, war aus Dichte und Molekulargewicht leicht zu begründen. 10^{-9} cm war die von Wien und Sommerfeld geschätzte Größenordnung der

Wellenlänge der Röntgenstrahlen. Also war das Verhältnis von Wellenlänge und Gitterkonstanten außerordentlich günstig, wenn man Röntgenstrahlen durch einen Kristall sendete. Ich sprach sogleich Ewald gegenüber aus, daß ich dabei Interferenzerscheinungen an Röntgenstrahlen erwartete".

Friedrich und Knipping führten bekanntermaßen die entsprechenden Experimente erst mit einem Kupfersulfatkristall bei zufälliger Durchstrahlrichtung aus und hofften auf Reflexe zurückgeworfener Strahlen *vor* dem Kristall – ohne Erfolg. „When hope had been practically abandoned, Knipping tried placing the photographic plate *behind* the crystal, so as to catch rays bent through a small angle, and this fortunate shot in the dark hit the mark" [15]. Noch war also nicht klar, wo man Beugungspunkte um den Primärstrahl herum erwarten konnte. Nach dem ersten Erfolg mit dem Kupfersulfatkristall (vgl. (a) und (b) in Abb. 16.4) nahm man mit Zinkblende einen kubisch symmetrischen Kristall und fand die allseits bekannten Beugungsmuster bei Durchstrahlung längs einer vierzähligen und längs einer dreizähligen Symmetrieachse (vgl. (c) und (d) in Abb. 16.4).

Die Berechnungen dazu und somit die gesamte Theorie konnte Laue ziemlich schnell fertig stellen:

„Ein großes Glück war es, daß mir Sommerfeld den Artikel ‚Wellenoptik' für die Encyklopädie der mathematischen Wissenschaften zu bearbeiten gab" [14].

Mit diesem Artikel lagen – zufällig? – die Berechnungen für Interferenzen an zweidimensionalen Kreuzgittern bereits vor und waren nur noch auf dreidimensionale Raumgitter zu übertragen. Ein Weg war gefunden, die Struktur von Kristallen zu bestimmen:

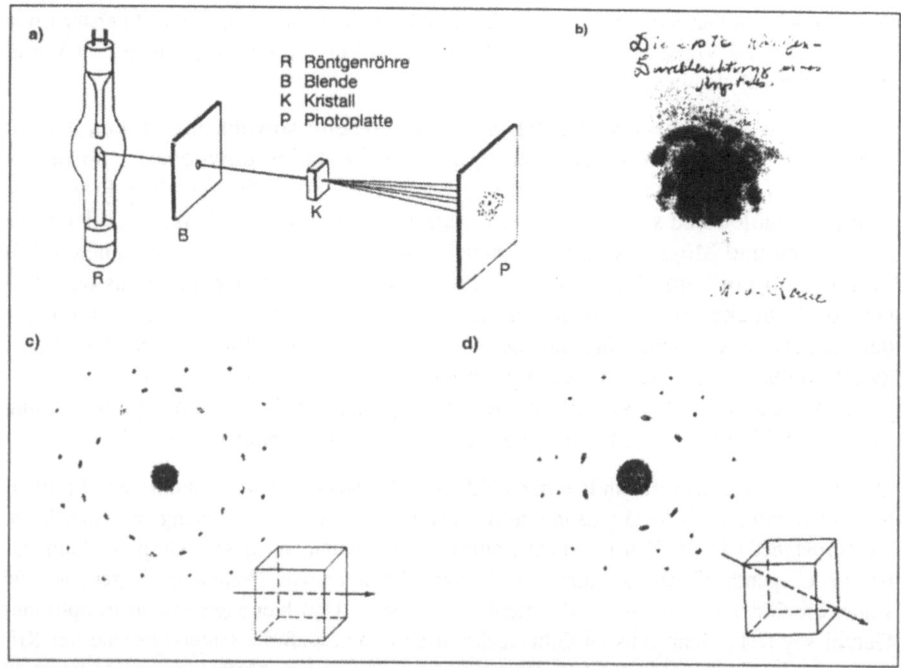

Abb. 16.4: Schema einer Apparatur zur Röntgeninterferenz und erste Laue-Diagramme

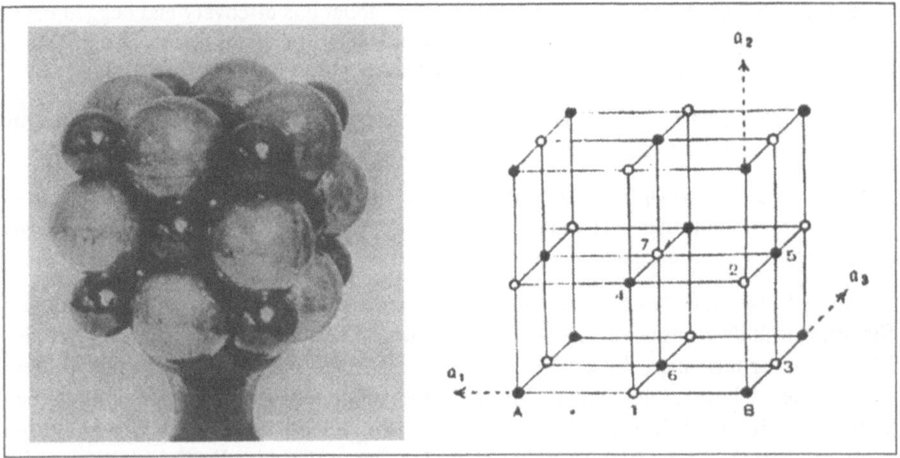

Abb. 16.5: Modelle der Natriumchlorid-Struktur von Bragg [15] und von Laue [13]

„Wenn die Röntenstrahlen wirklich in elektromagnetischen Wellen bestehen, so war zu vermuten, daß die Raumgitterstruktur bei einer Anregung der Atome zu freien oder erzwungenen Schwingungen und zu Interferenzerscheinungen Anlaß gibt; und zwar zu Interferenzerscheinungen derselben Natur, wie die in der Optik bekannten Gitterspektren. Die Konstanten dieser Gitter lassen sich aus den kristallographischen Daten leicht errechnen" [13].

Diese ersten Beugungsexperimente waren so Bahn brechend, weil sie zweierlei bestätigten: die Wellentheorie der Röntgenstrahlen *und* die Raumgitterhypothese der Kristalle! Auf beiden Gebieten konnten Physiker und Chemiker aufgrund von Laue's Arbeiten weiterforschen: Die Wellenlängen der Röntgenstrahlen wurden jetzt ermittelt, und man wandte sich der Spektroskopie im Röntgenstrahlenbereich zu. Der regelmäßige Aufbau der Kristalle aus kleinsten Teilchen musste von letzten Zweiflern akzeptiert werden, und man eröffnete das Forschungsfeld der Röntgenstrukturanalyse, das bis heute von überragender Bedeutung für die Analytik geblieben ist.

Vater H.W. Bragg und Sohn L. Bragg [15] fanden 1913 die selektive Reflexion von Röntgenstrahlen und auf dieser Grundlage die nach ihnen benannte Reflexionsbedingung. Damit war das Drehkristallverfahren geboren und die Voraussetzung geschaffen, gezielt die Struktur von Kristallen herauszufinden und entsprechende Strukturmodelle zu bauen (vgl. (1) in Abb. 16.5).

Sie waren sich auch bewusst darüber, dass keine Moleküle in Kristallen der Salze vorliegen:

„For instance, chemists had talked of common salt, sodium chloride, as being composed of ‚molecules' of NaCl. My very first crystal determination showed that there are no molecules of NaCl consisting of one atom of sodium joined to one of chlorine. The atoms are arranged like the black and white squares of a chessboard, though in three dimensions. Each atom of sodium has six atoms of chlorine around it at the same distance, and each atom of chlorine has correspondingly six atoms of sodium around it" [16].

Es stellte sich allerdings heraus, dass viele Chemiker und Physiker dieser Zeit nicht bereit waren, die Vorstellung von NaCl-Molekülen aufzugeben:

„Some chemists at that time were very upset indeed about this discovery and begged me to find that there was just a slight approaching of one atom of sodium to one of chlorine so that they could be regarded as a properly married pair“ [16].

An anderer Stelle forderte Bragg deshalb, den Molekülbegriff für anorganische Substanzen völlig zu ignorieren:

„Further work has shown that nearly all inorganic substances are of this continued type of pattern with no molecular association; the concept of the molecule should hardly have any place in textbooks of inorganic chemistry because it is so rarely necessary“ [15].

Auch Laue ließ seine Berechnungen in eine Zeichnung zur Natriumchlorid-Struktur münden (vgl. (2) in Abb. 16.5) und kommentierte: „Der Begriff des Moleküls verliert nach diesen Modellen für das feste NaCl und KCl jede Bedeutung. Jedes Cl-Atom hat sechs Metallatome in genau gleichem Abstand neben sich“ [13]. In ihren Beschreibungen denken sowohl Laue als auch Bragg immer noch an Atome als die kleinsten Teilchen der Salze, obwohl die Publikationen des Arrhenius aus dem Jahre 1884 schon 20 Jahre alt waren. In der Bildunterschrift des Strukturmodells von Bragg (vgl. (1) in Abb. 16.5), die 1943 verfasst worden ist, liest man dann schließlich doch: „Crystal models which illustrate the packing together of ions“ [15].

Sowohl Laue als auch Vater und Sohn Bragg erhielten für ihre zukunftsweisenden Forschungen nicht nur den Nobelpreis, sondern alle wurden sie in ihrem Heimatland geadelt: Laue hieß nun Max von Laue, die Bragg's durften sich Sir nennen. Auch Röntgen erhielt den – sogar allerersten – Nobelpreis, und auch er sollte geadelt werden. Doch er nahm den in Würzburg von der Regierung verliehenen „persönlichen Adel“ nicht an: „Er wolle das bleiben, was er aus eigener Kraft geworden war: der Wissenschaftler“ [11].

16.4 Zur Prüfung von Hypothesen im Chemieunterricht

Es besteht Konsens darüber, dass die Lernenden das hypothetisch-deduktive, empirisch kontrollierte Erkenntnisverfahren in den Naturwissenschaften exemplarisch kennen lernen sollen, indem Hypothesenprüfungen selbständig geplant und durchgeführt werden. Schmidkunz und Lindemann [17] beschreiben diesbezüglich das forschend-entwickelnde Unterrichtsverfahren und veranschaulichen es an Themen der Schulchemie. So wird etwa die Oxidationstheorie als Beispiel für die Prüfung einer Hypothese gewählt.

Um auch die Prüfung historischer Hypothesen fachwissenschaftlicher Art nachvollziehen zu können, wird ein Übersichtsschema von Vossen [18] gewählt (vgl. Tabelle 16.1): Die einzelnen Schritte der Erkenntnismethode in den Naturwissenschaften werden darin sehr deutlich. Insbesondere legt diese Übersicht Wert darauf, dass aus der Hypothese ein Einzelfall abgeleitet und dieser Einzelfall der experimentellen Prüfung unterworfen wird (vgl. 4, 5 und 6 in Tabelle 16.1). Erst die wiederholte Bestätigung von abgeleiteten Einzelfällen unter systematisch variierten Bedingungen verifiziert die Hypothese und bildet die Grundlage dafür, neue Gesetze und Theorien zu formulieren (vgl. 10, 11 und 12 in Tabelle 16.1) – dieser Gedanke sollte auch Schülern und Schülerinnen vermittelt werden.

Tabelle 16.1: Schritte der empirisch-naturwissenschaftlichen Erkenntnismethode [18]

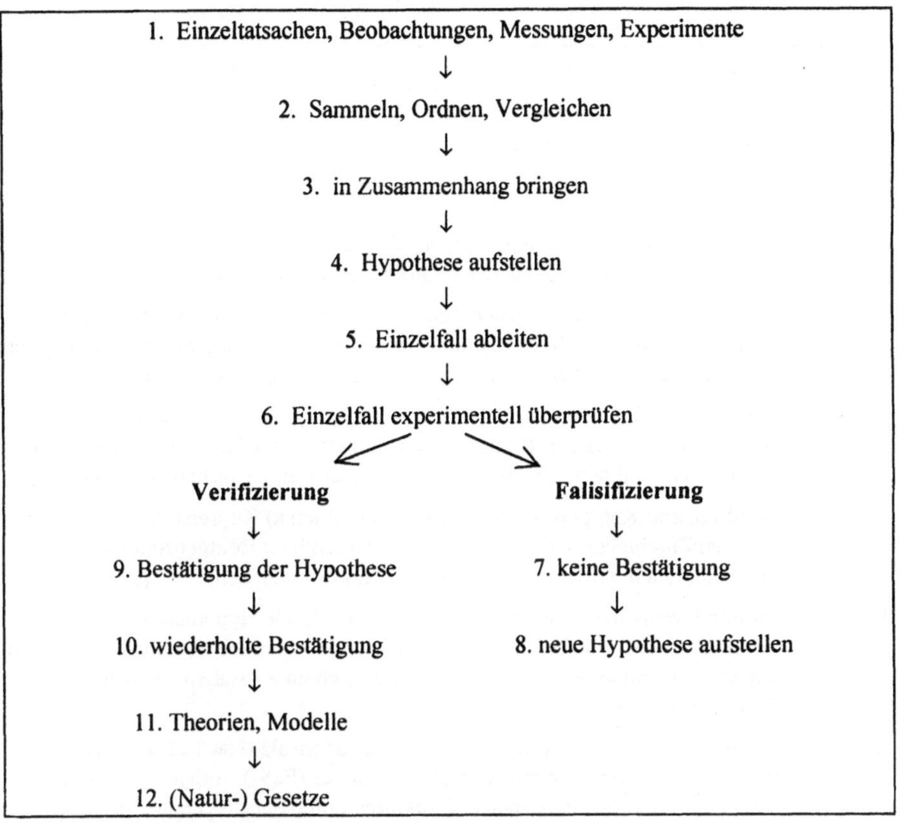

1. Einzeltatsachen, Beobachtungen, Messungen, Experimente

↓

2. Sammeln, Ordnen, Vergleichen

↓

3. in Zusammenhang bringen

↓

4. Hypothese aufstellen

↓

5. Einzelfall ableiten

↓

6. Einzelfall experimentell überprüfen

Verifizierung	**Falisifizierung**
↓	↓
9. Bestätigung der Hypothese	7. keine Bestätigung
↓	↓
10. wiederholte Bestätigung	8. neue Hypothese aufstellen
↓	
11. Theorien, Modelle	
↓	
12. (Natur-) Gesetze	

Tabelle 16.2: Falsifizierung am Beispiel der Röntgenstrahlinterferenz-Hypothese

Vergleich empirischer Befunde zu Eigenschaften der Licht- und Röntgenstrahlen:		
1) + 2) + 3)	**Lichtstrahlen**	**Röntgenstrahlen**
	durchdringen einige Materialien, erzeugen Schattenbilder, schwärzen die Fotoplatte, werden am optischen Gitter gebeugt	durchdringen sehr viele Materialien, erzeugen Schattenbilder, schwärzen die Fotoplatte, **?**
4)	*Röntgenstrahlen besitzen Wellennatur und können gebeugt werden.*	
5)+ 6)+ 7)	Ein ausgeblendete [illegible] enstrahl wird auf ein optisches Gitter, ein schräg gestelltes Gitter u [illegible] leilochblende gelenkt: In allen Fällen werden keine Interferenzers [illegible] n beobachtet, *die Hypothese wird nicht bestätigt.*	
8)	Es wird eine sehr viel kleinere Wellenlänge vermutet, das optische Strichgitter muss für ein Auftreten von Interferenzen sehr viel feiner sein als das aller technisch herstellbaren Gitter.	

Tabelle 16.3: Laue's Idee und die Entwicklung zweier großer Theorien

	Struktur von Kristallen	Eigenschaften der Röntgenstrahlen
1) + 2)	Spaltbarkeit der Kristalle, Winkelkonstanz der Kristallflächen, Gesetz der rationalen Indizes	Sie durchdringen Materie, erzeugen Schattenbilder, schwärzen Photoplatten, sie werden an optischen Gittern nicht gebeugt.
3)	Theorien von Bravais, Sohncke, u. a., Strukturmodelle von Sohncke und Groth	Korpuskulartheorie bzw. Wellentheorie der Röntgenstrahlen
4)	Kristalle bestehen aus kleinsten Teilchen, die ein regelmäßiges Raummuster oder Raumgitter bilden.	Röntgenstrahlen werden gebeugt, wenn das Beugungsgitter viel feiner ist als das optische Gitter.
5)	Laue's Idee: Kristalle können natürliche Beugungsgitter für Röntgenstrahlen sein. Ein ausgeblendeter Röntgenstrahl ist durch einen Kristall zu lenken, um den Primärstrahl herum ist nach Interferenzpunkten zu suchen (vgl. Abb. 16.4).	
6)	Friedrich und Knipping's Experimente: Auf einen a) Kupfersulfat-Kristall und b) einen Zinkblende-Kristall wird ein ausgeblendeter Röntgenstrahl gelenkt, mit Fotoplatten wird die Umgebung des Strahls untersucht (vgl. Abb. 16.4).	
9)	Es sind jeweils Interferenzmuster zu erkennen, beide Hypothesen [4] werden bestätigt: a) Kristalle bestehen aus kleinsten Teilchen, die regelmäßig im Raum angeordnet sind. b) Röntgenstrahlen lassen sich an Kristallen als natürlichen Beugungsgittern beugen.	
10)	Bragg's Experimente: weitere Kristalle von Steinsalz (NaCl), Cäsiumchlorid (CsCl), Calcit und Aragonit ($CaCO_3$), Eisenkies (FeS_2), Anhydrit ($CaSO_4$) werden geprüft, deren vermutete Strukturen durch entsprechende Interferenzmuster bestätigt. In Verbindung mit der Auswertung von Laue-Aufnahmen, deren Indizierung und der Bestimmung von Netzebenenabständen wird die Braggsche Gleichung abgeleitet.	
11) + 12)	Theorie der Kristallstrukturen und deren Aufklärung durch Röntgenstrukturanalyse, Strukturmodelle für den Aufbau verschiedener Kristallgitter, Theorie der elektromagnetischen Röntgenstrahlung, der Röntgenspektren und Röntgenspektralanalyse.	

Die Schritte der Erkenntnis sind mit den Ziffern versehen worden, um im Folgenden eine Übertragung auf die Entwicklung von Laue's Idee übersichtlich zu machen (vgl. Tab. 16.2 und 3). Tabelle 16.2 zeigt zunächst das Beispiel der Falsifizierung der Hypothese, dass Röntgenstrahlen eine „Wellennatur" wie Lichtstrahlen besitzen und am optischen Gitter gebeugt werden können. Tabelle 16.3 soll die Verifizierung der Laue-Hypothese formal nach Tabelle 16.1 wiedergeben.

Tabelle 16.3 zeigt den Weg der Erkenntnis am Beispiel der Prüfung von Laue's Hypothese: Nachdem alle bekannten Einzeltatsachen und Messungen zu den Problemfeldern „Struktur von Kristallen" und „Eigenschaften der Röntgenstrahlen" in sich geordnet und in einen Zusammenhang gebracht wurden (Punkte 1–3), konnten beide Hypothesen aufgestellt werden (Punkt 4). Dabei war die Kristallgitterhypothese nur für einen kleinen Kreis von Wissenschaftlern des Jahres 1912 interessant, während die gesamte wissenschaftliche Welt die Bestätigung der Wellentheorie der Röntgenstrahlung durch das Gelingen von Beugungsexperimenten erwartete. Laue's Gespräche zeigen, dass er für beide Problemkreise sensibilisiert war und deshalb die Idee für die Ableitung eines Einzelfalls hatte, der beide Hypothesen betraf (Punkt 5). Die experimentellen Prüfungen übernahmen Friedrich und Knipping (Punkt 6), beide Hypothesen wurden bestätigt (Punkt 9). Nach wiederholten Bestätigungen durch die Braggs wurden diesbezügliche Theorien und Gesetzmäßigkeiten formuliert (Punkte 10–12). Insofern „kennzeichnet die Entdeckungsgeschichte der Röntgenstrahlinterferenz so recht den Wert der wissenschaftlichen Hypothese" [2].

16.5 Das Prinzip der Röntgenstrukturanalyse im Chemieunterricht

In den Richtlinien des Landes Nordrhein-Westfalen [19] ist für die Schüler und Schülerinnen der *Sekundarstufe II* das „Theoriekonzept: Kristalline und nichtkristalline Festkörperstrukturen – Grundprinzipien für den Aufbau vieler Feststoffe" vorgesehen. Unter „Obligatorischen Unterrichtsgegenständen" ist subsummiert:

- Bau von kristallinen und amorphen Feststoffen, Atome, Ionen und Moleküle als Bausteine,
- Nahordnung und Fernordnung in Feststoffen,
- Strukturen in Kristallen, Elementarzelle, Gittertypen und Kugelpackungen,
- Aufklärung von Festkörperstrukturen, Prinzip der Röntgenstrukturanalyse,
- Struktur-Eigenschafts-Beziehungen.

Um innerhalb des Theoriekonzeptes das Prinzip der Röntgenstrukturanalyse zu verstehen, sollen zunächst Experimente mit Laserstrahlen vorgeschlagen und darauf bezogene Modellvorstellungen entwickelt werden. Danach können Experimente mit einem Schulröntgengerät diese Sachverhalte veranschaulichen. Solche Experimente und Modelle sind in geeigneter Form ebenfalls Jugendlichen der *Sekundarstufe I* zu vermitteln, um ihnen die Frage zu beantworten, woher man die im Unterricht behandelten Strukturen der Metalle, Salze und anderer Feststoffe kennt.

16.5.1 Experimente zur Interferenz von Laserstrahlen

Interferenzerscheinungen lassen sich im Alltag beobachten. Blickt man durch das Gewebe eines feinmaschigen Regenschirms, durch ein Fliegengitter oder durch eine feine Gardine auf eine entfernte punktartige Lichtquelle, etwa auf eine Straßenlaterne, so sieht man um den Lichtpunkt herum ein gekreuztes Muster von Flecken oder Streifen. Diese Muster lassen sich mit dem Phänomen der *Beugung von Lichtstrahlen* erklären: Die engen Maschen der Textilien streuen Lichtstrahlen, die gestreuten Strahlen verstärken sich an einigen Stellen (helle Lichtzonen des Musters), an anderen Stellen löschen sie sich aus (dunkle Zonen).

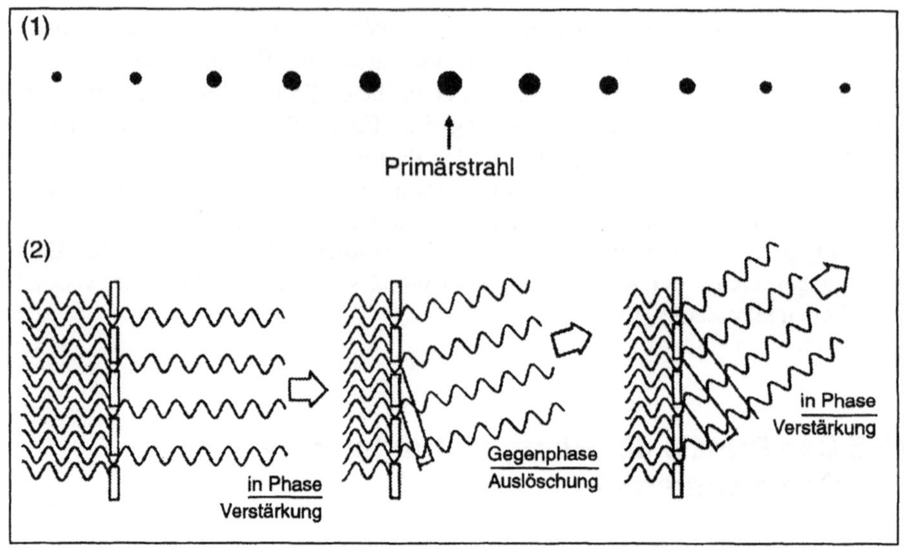

Abb. 16.6: Interferenzmuster durch Laserstrahl und Strichgitter, Modellvorstellung [20]

Führt man den roten Lichtstrahl eines Laserpointers auf ein feines Strichgitter (optisches Gitter der Physiksammlung), so sieht man auf der Leinwand links und rechts vom Laserstrahl, auch Primärstrahl genannt, zwei symmetrische Reihen von Punkten (vgl. (1) in Abb. 16.6). Wieder ist dieselbe Erscheinung wie zuvor festzustellen: Der Strahl wird gebeugt, die Beugungsstrahlen überlagern sich, ein Teil der Beugungsstrahlen wird verstärkt und die sichtbaren Lichtpunkte entstehen, ein Teil der Beugungsstrahlen wird ausgelöscht und dunkle Zonen sind zu beobachten. Diese Erscheinung wird *Beugung* oder *Interferenz* genannt, das sichtbare Gebilde *Interferenzmuster*.

Geht man von der Modellvorstellung aus, dass sich Lichtstrahlen wie Wellen verhalten, so gelangt man zu Modellzeichnungen von „Bergen“ und „Tälern“, die die Interferenz veranschaulichen können (vgl. (2) in Abb. 16.6):

Um die Gitteröffnungen des Strichgitters herum bilden sich durch Beugung der Strahlung halbkreisartig Elementarwellen. Treffen zwei parallele Elementarwellen „in Phase“ aufeinander, so kommt es zur *Verstärkung* dieser Wellen, weil in der Modellvorstellung Wellenberge durch Wellenberge bzw. Wellentäler durch Wellentäler verstärkt werden. Treffen sie „in Gegenphase“ aufeinander, so kommt es zur *Auslöschung*, weil Wellenberge durch Wellentäler ausgelöscht werden und umgekehrt. Das Modell zeigt auch den Grund, warum es mehrere, symmetrisch zueinander liegende Interferenzpunkte um den Primärstrahl gibt: Verstärkungen erster, zweiter, dritter und höherer Ordnungen können bei zunehmendem Beugungswinkel der Strahlen auftreten, bis man sie wegen der abnehmenden Intensität nicht mehr sieht.

Werden zwei Strichgitter senkrecht zueinander orientiert in den Strahlengang des Laserstrahls gehalten, so führt die Interferenz von Beugungsstrahlen zu hochsymmetrischen Punktmustern in der Fläche, werden beide Gitter in einem Winkel verdreht zueinander orientiert, so ist ein solcher Winkel auch im Interferenzmuster wiederzufinden. Aus den Interferenzmustern ist also jeweils die Anordnung der

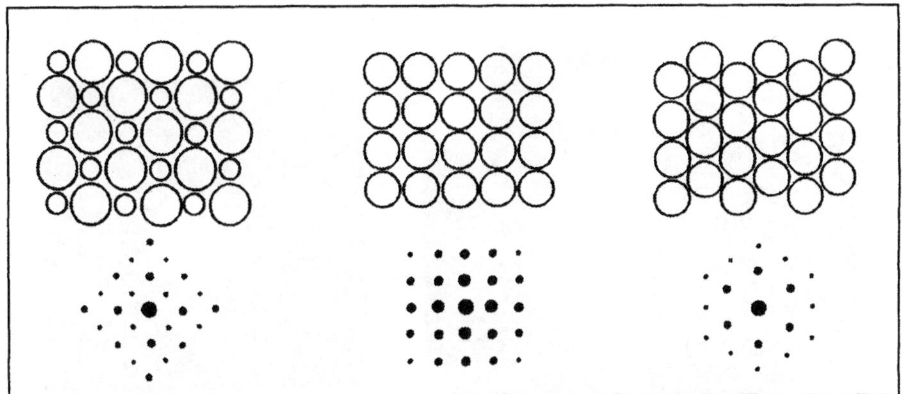

Abb. 16.7: Interferenzmuster fotografischer Verkleinerungen von Kugelschichten [20]

Strichgitter abzuleiten, die Interferenzmuster enthalten Informationen zu Strukturen des durchstrahlten Objekts: Dieser Gedanke – und damit ein wesentliches Prinzip der Röntgenstrukturanalyse – sollte Jugendlichen nahe gebracht werden. Die Schüler sollten die geheimnisvollen Muster von roten Punkten an der Leinwand des abgedunkelten Klassenraums auch tatsächlich sehen –, sie werden diese Bilder nie vergessen!

Man kann auch Kugelschichten mit gleichgroßen oder verschieden großen Kugeln in der Fläche herstellen und versuchen, durch diese Schichten den Laserstrahl zu lenken und Interferenzmuster zu erhalten: Es werden keine Muster beobachtet, weil die Wellenlänge des Lichts viel zu klein ist, um an so großen Objekten wie Kugeln und Hohlräumen gebeugt zu werden. Verkleinert man allerdings Fotos von Kugelschichten oder nimmt Dias von Kugelschichten aus großer Entfernung auf, so findet eine Interferenz an diesen Fotos statt (vgl. Abb. 16.7). Wiederum gilt: Aus den Mustern der Beugungspunkte lassen sich Informationen über die Kugelanordnungen ableiten. Folge 2 des ZDF-Studienprogramms Chemie, das in den 70er Jahren ausgestrahlt worden und in Bildstellen als Videokassette zu erhalten ist, und das Begleitbuch [20] dazu haben diese Idee ausführlich beschrieben und weitere Modellexperimente zur Interferenz vorgeschlagen.

16.5.2 Experimente mit einem Schulröntgengerät

Um in die Arbeit mit Röntgenstrahlen einzuführen, ist zunächst die wichtige Eigenschaft der Durchlässigkeit für Materialien verschiedener Art vorzustellen. Man besorgt sich etwa aus einer Arztpraxis nicht mehr benötigte Röntgenaufnahmen des Brustkorbs oder einer Hand (vgl. auch Abb. 16.3). Anknüpfend an diese den Jugendlichen meist bekannten Aufnahmen kann deutlich gemacht werden, dass diese Aufnahmen „Schattenaufnahmen" sind, vergleichbar mit Schattenbildern, die man von Gegenständen im Lichtkegel des Tageslichtprojektors erhält. Es bleibt für die Jugendlichen allerdings rätselhaft, wie das „Röntgenlicht" durch das menschliche Gewebe fast unbeeinträchtigt hindurchstrahlt und erst durch die Knochen stark abgeschwächt wird.

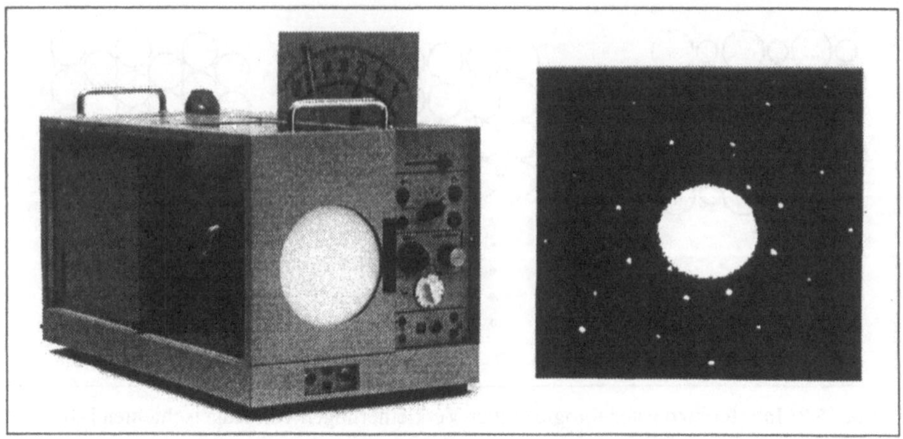

Abb. 16.8: Schulröntgengerät [22] und Laue-Diagramm von Lithiumfluorid

Falls ein Schulröntgengerät in der Physiksammlung zur Verfügung steht (vgl. Abb. 16.8), können die Schattenaufnahmen selbst hergestellt und viele weitere *Eigenschaften der Röntgenstrahlen* demonstriert werden (detaillierte Arbeitsanweisungen siehe auch [21]). Man kann die Gegenstände entweder direkt auf dem Leuchtschirm beobachten oder Fotos mit einem üblichen Röntgenfilm bzw. mit einer Polaroid-Röntgen-Diffraktionskassette aufnehmen [22]. Ein neu entwickeltes Gerät wird im Lehrmittelhandel angeboten: Es besitzt eine strahlensichere Röhrenabdeckung aus Bleiglas, sodass die Röntgenröhre auch während der Aufnahme zu beobachten ist.

Laue-Diagramme. Mit dem Schulröntgengerät lassen sich ebenfalls Laue-Diagramme herstellen: Ein feiner Röntgenstrahl wird ausgeblendet, der Strahl auf ein dünnes Kristallplättchen geführt, dahinter eine Fotoplatte oder die Polaroid-Röntgen-Diffraktionskassette positioniert und eine Stunde lang belichtet (vgl. (a) in Abb. 16.4). Das Beispiel eines Lithiumfluorid-Diagramms zeigt Abbildung 16.8. Allerdings sind die auf diesem Wege erhaltenen Interferenzmuster nicht mit den vorher vorgestellten Schattenaufnahmen zu verwechseln – die Unterschiede beider Aufnahmetechniken und entsprechende theoretische Grundlagen sind deutlich zu diskutieren und zu differenzieren.

Rölleke [23] hat detaillierte Vorschläge für den Chemieunterricht ausgearbeitet und auch alle Details der Aufnahmetechniken mit dem neuen Schulröntgengerät beschrieben [24]. Zwei seiner Laue-Aufnahmen lassen erkennen, wie eine erste Auswertung im Chemieunterricht aussehen kann, ohne dass Beugungstheorien behandelt werden müssen (vgl. Abb. 16.9).

Zunächst zeigen die Aufnahmen scharfe Beugungsmaxima, der jeweilige Kristall ist also regelmäßig kristallisiert. In der ersten Aufnahme sind vier Spiegelebenen im Winkel von 45° zu erkennen, sie ergeben eine vierzählige Drehachse. Weil die Aufnahme keine Unregelmäßigkeiten dieser Symmetrie abbildet, verlief der Primärstrahl bei der Aufnahme parallel zur vierzähligen Drehachse. Auch der Kristall der zweiten Aufnahme erscheint regelmäßig kristallisiert, allerdings ver-

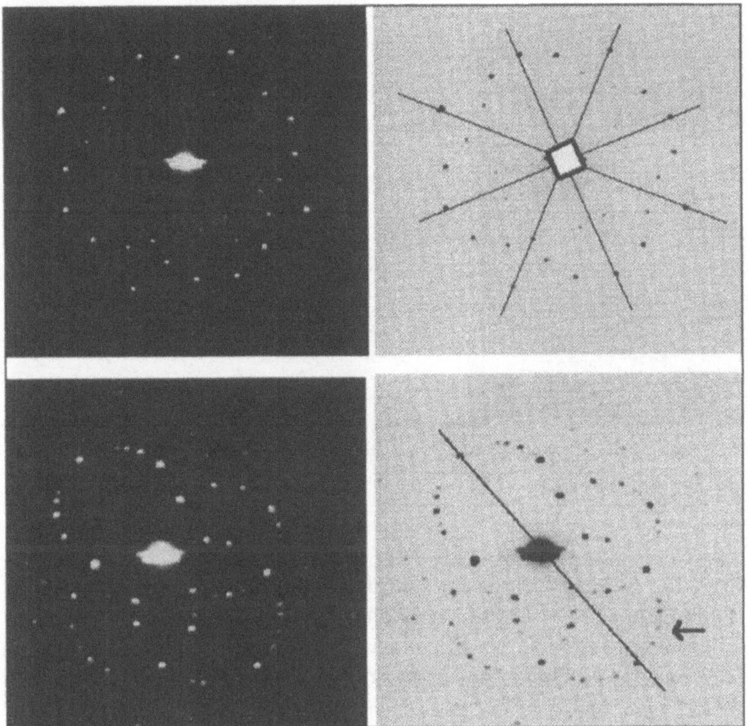

Abb. 16.9: Zwei Beispiele von Laue-Aufnahmen und deren erste Auswertung [24]

läuft der Primärstrahl nicht genau parallel zur dreizähligen Drehachse. Die dreizählige Achse ist noch erkennbar, aber nicht durchgehend nachvollziehbar, da es einen weiteren Kreis von Beugungspunkten gibt, der die Dreizähligkeit unterbricht (Pfeil): Er gehört zu einer Zone von Flächen mit anderer räumlicher Orientierung als die der dreizähligen Drehachse.

Laue-Aufnahmen werden heute von Analytikern dazu verwendet, Kristalle für die eigentliche Einkristalldiffraktometrie auf dem Kristallhalter richtig zu justieren, vor allem dann, wenn die makroskopisch erkennbaren Kristallflächen keine räumliche Zuordnung erkennen lassen.

Neben Einkristalluntersuchungen sind auch Aufnahmen von Kristallpulvern zu Strukturbestimmungen geeignet: Pulveraufnahmen nach Debye-Scherrer.

Debye-Scherrer-Aufnahmen. Auch diese Aufnahmen sind mit dem Schulröntgengerät möglich: Dazu wird das Kristallpulver in den Strahlengang des ausgeblendeten Röntgenstrahls gebracht. Am Beispiel einer Kaliumchlorid-Pulverprobe kann man sieben Beugungsringe identifizieren (vgl. Abb. 16.10). Bei einem Kristallpulver werden alle Orientierungen von Netzebenenscharen durch die statistisch verteilte Lage der Kristallite angeboten – ein monochromatischer Röntgenstrahl erzeugt deshalb an allen Kristalliten in Reflexstellung Beugungspunkte auf dem Film. Alle Beugungsstrahlen eines einzigen Glanzwinkels ergeben somit einen Beugungskegel, die Strahlen anderer Reflexstellungen Beugungskegel mit ande-

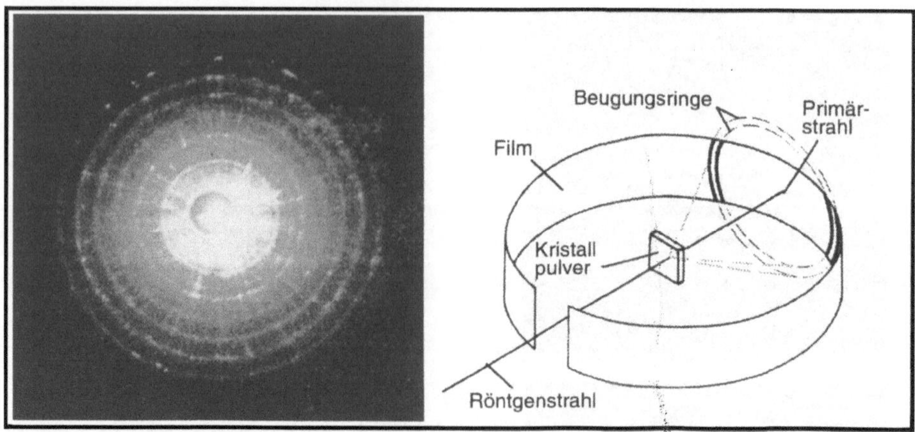

Abb. 16.10: Debye-Scherrer-Aufnahme von KCl-Pulver [23] und Schema der Analysetechnik zum Pulververfahren [1]

ren Öffnungswinkeln: Auf der Fotoplatte sind die Schnitte dieser Beugungskegel zu erkennen (vgl. Abb. 16.10). Da monochromatische Strahlung mit einer definierten Wellenlänge vorliegt, ist die Auswertung der Beugungsringe nach Einführung in die Braggsche Gleichung und in die Bedeutung Millerscher Indizes möglich: Die Beugungswinkel werden gemessen, die Beugungsringe indiziert, und man erhält die Gitterkonstante [24].

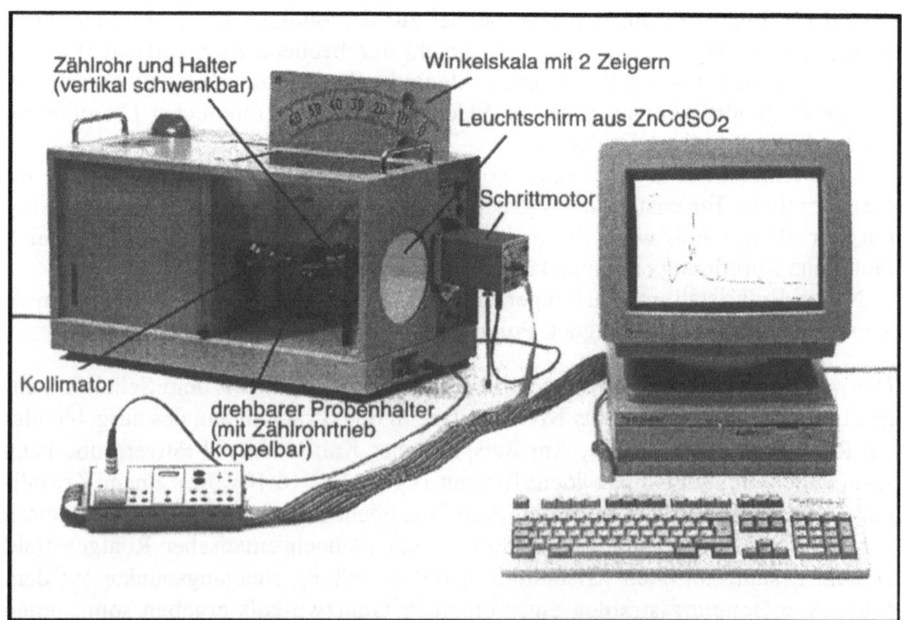

Abb.16.11: Schulröntgengerät zur Messung von Glanzwinkeln [22]

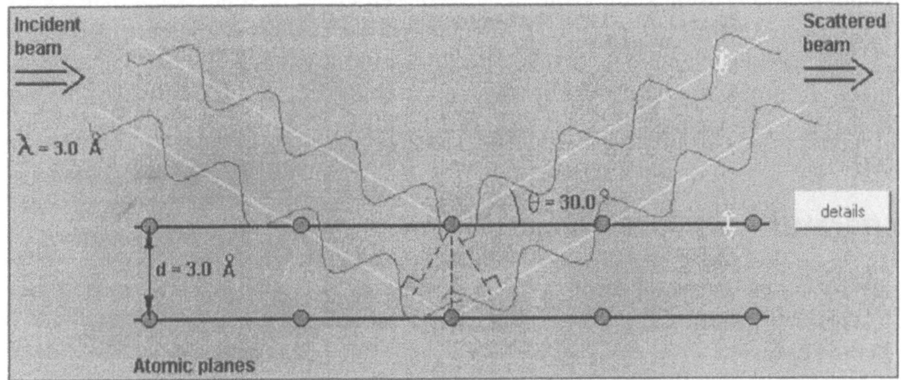

Abb. 16.12: Modellvorstellungen zur Braggschen Gleichung [25]

Auch für dieses Untersuchungsverfahren gibt es ein anschauliches Laserstrahl-Modell [22]: Schickt man den Laserstrahl durch ein optisches Kreuzgitter, so zeichnet sich zunächst ein ebensolches Beugungsbild ab. Lässt man das Kreuzgitter rotieren, während der Laserstrahl senkrecht hindurch strahlt, bilden sich Beugungsringe um den Primärstrahl [24].

Braggsche Gleichung. Mit Hilfe des Schulröntgengeräts können auch Glanzwinkel experimentell bestimmt werden (vgl. Abb. 16.11): Der ausgeblendete monochromatische Röntgenstrahl wird auf den drehbar angebrachten Einkristall gelenkt, der Kristall wird gedreht und im doppelten Winkel ein Zählrohr mitgeführt, ggf. mit geeignetem Motor. Je nach Wellenlänge der Strahlung und des Netzebenenabstandes im Kristall ergibt sich ein bestimmter Winkel, bei dem das Geiger-Müller-Zählrohr ein Maximum von gebeugter Strahlung, die *Braggsche Reflexion*, feststellt. Dieser Winkel wird Beugungswinkel oder Glanzwinkel genannt, er zeigt sich auch als höchster Peak im Röntgenspektrum auf dem Computerbildschirm (vgl. Abb. 16.11).

Mit Kenntnissen der Trigonometrie ist es möglich, im Unterricht die Braggsche Gleichung abzuleiten (vgl. Abb. 16.12): Der Gangunterschied zweier Wellenzüge, die konstruktiv interferieren, muss ein Vielfaches der Wellenlänge sein:

$n \cdot \lambda = 2\, d \cdot \sin \theta$ (Braggsche Reflexionsbedingung)

Es gibt Computerprogramme, die eine interaktive Vertiefung der Braggschen Gleichung ermöglichen [25]. Die entsprechenden Abbildungen zeigen Netzebenen und Wellenzüge und quantifizieren die Auswirkungen der Veränderungen einzelner Parameter wie Wellenlänge, Netzebenenabstand und Beugungswinkel.

Schluss. Dieses Thema bietet also nicht nur gute Möglichkeiten, unter Berücksichtigung historischer Zusammenhänge die Entstehung und Prüfung wissenschaftlicher Hypothesen und Theorien im Unterricht zu verfolgen. Das Prinzip dieser Methode zur Strukturaufklärung lässt sich auch im Unterricht vermitteln – neue Schulbücher berücksichtigen das bereits [1]. Insbesondere wird deutlich, wie Chemiker aus Daten dieser Analysemethode Strukturvorstellungen entwickeln, die dann vereinfacht für den Unterricht in Anschauungsmodelle wie Kugelpackungen,

Raumgitter oder Molekülmodelle umgesetzt werden. Schließlich kann man Laue-Diagramme von Einkristallen oder Beugungsringe von Kristallpulvern herstellen und in Chemiekursen der Sekundarstufe II auswerten – und damit das Verständnis für die Röntgenstrukturanalyse erarbeiten als einer sehr relevanten und aktuellen Methode der instrumentellen Analytik in der Chemie!

Literatur

[1] Asselborn, W., Jäckel, M., Risch, K.T.: *Chemie heute, Sekundarbereich II*. Hannover 1998 (Schroedel)

[2] von Laue, M.: *Mein physikalischer Werdegang. Eine Selbstdarstellung*. In: Gesammelte Schriften und Vorträge, Braunschweig 1961 (Vieweg)

[3] Matuschek, C., Jansen, W.: *Chemieunterricht und Geschichte der Chemie*. PdN-Ch. 34 (1985), 3

[4] Kepler. J.: *Vom sechseckigen Schnee*. Frankfurt 1611

[5] Haüy, R.J.: *Traité élémentaire des physique* (1784). Übersetzung von Blumhoff: Weimar 1804

[6] Wollaston, W.H.: *On the elementary Particles of Certain Crystals*. Philosophical Transaction of the Royal Society of London 103 (1813), 51

[7] Bravais, A.: *Abhandlung über die Systeme von regelmäßig auf einer Ebene oder im Raum vertheilten Punkten* (1884). Ostwald's Klassiker Nr. 90, Leipzig 1897 (Engelmann)

[8] Sohncke, L.: *Entwicklung einer Theorie der Kristallstruktur*. Leipzig 1879 (Teubner)

[9] Ottremba, H.: *Wilhelm Conrad Röntgen*. Berlin 1965 (Springer)

[10] Röntgen, W.C.: *Über eine neue Art von Strahlen* (Vorläufige Mitteilung). Med. Gesellsch. Würzburg 137 (1895), 132–140

[11] Gerlach, W.: *Wilhelm Conrad Röntgen*. München 1972 (Kindler)

[12] Gerlach, W.: *Münchener Erinnerungen*. Phys. Bl. 19 (1963) 97

[13] Laue, M. v.: *Die Interferenz der Röntgenstrahlen* (1912, 1914). In: Ostwald's Klassiker Nr. 204, Leipzig 1923 (Engelmann)

[14] Laue, M. v.: *Über die Auffindung der Röntgenstrahlin*terferenzen. Nobelvortrag gehalten am 3. 6. 1920 in Stockholm. Karlsruhe 1920 (Müllersche Hofbuchhandlung)

[15] Bragg, L.: *The history of X-Ray Analysis*. London 1943 (Longmans)

[16] Bragg, L.: *The Start of X-ray Analysis*. London 1967 (Nuffield Foundation)

[17] Schmidkunz, H., Lindemann, H.: *Das forschend-entwickelnde Unterrichtsverfahren*. München 1976 (List)

[18] Vossen, H.: *Kompendium Didaktik Chemie*. München 1979 (Ehrenwirth)

[19] Landesinstitut für Schule und Weiterbildung: *Gymnasiale Oberstufe Chemie. Lehrplanentwurf*. Stand: 15. August 1998

[20] Buß, V, u.a.: *Einführung in die Chemie. Teil 1. Begleitbuch des ZDF-Studienprogramms Chemie*. Köln 1975 (Schulfernsehen)

[21] Brockmeyer, H.: *Röntgenstrahlen im Unterricht*. Köln 1973 (Aulis)

[22] Leybold: *Firmenschrift*. Hürth 1998

[23] Rölleke, R., Barke, H.-D.: *Max von Laue: ein einziger Gedanke – zwei große Theorien*. Praxis Chemie 48 (1999)

[24] Rölleke, R.: *Kristallstrukturen und schulgemäße Formen der Röntgenstrukturanalyse*. Unveröffentl. Staatsexamensarbeit, Inst. F. Did. d. Chemie der Universität Münster

[25] http://www-wilson.ucsd.edu/education/xraydiff/html

17 Watson und Crick: Nobelpreisträger spielen mit Modellen

„In ein paar Jahren wird jedermann auf dem Weg zum Arzt oder in eine Apotheke eine Compact Disc mit sich herumtragen, auf der die gesamte Bausteinfolge der 3 Milliarden Basenpaare seines individuellen Erbmaterials gespeichert ist" [1].

Solche und ähnliche Prophezeiungen kursieren durch die Fachpresse, seit das Jahr 2000 in die Geschichte eingegangen ist als der Zeitpunkt, zu dem fast das gesamte menschliche Genom entschlüsselt worden ist. Unter dem dramatischen Einsatz von Sequenziermaschinen und Hochleistungscomputern ist es über viele Jahre hinweg gelungen, die Sequenzen fast aller der etwa 30.000–40.000 Gene zu entschlüsseln, die sich in Körperzellen befinden. Für ein Gen von 50.000 Basenpaaren ist damit der Code einer Folge von 50.000 Buchstaben bekannt, der nur aus den vier Buchstaben A, C, G, T besteht: AAGTCCATGA ...

Angefangen hat alles mit einer Entdeckung des Jahres 1953. In den Jahren zuvor wurde an vielen Instituten für Biologie, Chemie oder Physik der gesamten wissenschaftlichen Welt untersucht, welche Struktur Nucleinsäuren besitzen und wie speziell die *Desoxyribonucleinsäure* (DNS) der Zelle aufgebaut ist. Die Diskussion ist deshalb so heftig geführt worden, weil hinter der DNS-Struktur eines der größten Geheimnisse des Lebens von Mensch, Tier und Pflanze verborgen lag: Die Übertragung der Erbinformationen von einer Zelle auf eine andere Zelle, von einer Generation zur nächsten Generation.

Im Jahr 1953 konnten James D. Watson, Francis H.C. Crick und Maurice H. F. Wilkins dieses Rätsel lösen. Dabei spielten Molekülmodelle und einfachste Ausschnitte aus Pappe und aus Zinkblech eine entscheidende Rolle: Watson hatte bei der Arbeit mit diesen Modellen die zündende Idee bezüglich der Doppelhelixstruktur des DNS-Moleküls und für die Entdeckung des lange ersehnten Mechanismus der Replikation des Doppelstrangs in der Zelle. Für die Lösung dieses Problems erhielt die Arbeitsgruppe 1962 den Nobelpreis für Medizin.

Um im Chemieunterricht darauf hinweisen zu können, dass sogar höchst abstrakt denkende Nobelpreisträger oftmals simple Modelle zur Veranschaulichung ihrer Sachverhalte benötigen, sei die Entdeckung der DNS-Struktur referiert. Dabei hilft das interessante und spannende Buch von *James D. Watson*, das als Übersetzung mit dem Titel *„Die Doppelhelix"* [2] bekannt wurde. Darin beschreibt Watson sehr freimütig und mit viel Witz die Entdeckung der DNS-Struktur und fügte dem Text viele Abbildungen bei. Ein Teil der Abbildungen wird für diesen Text entnommen, um den Weg der Entdeckung und das „Spielen mit Modellen" so anschaulich wie möglich zu zeigen. Der *Spielfilm „Wettlauf zum Ruhm"* des englischen BBC-Fernsehens schildert alle Phasen der Entdeckungsgeschichte der DNS-Struktur ebenfalls ganz spannend: ein sehenswerter Film, der diese Ausführungen sehr gut ergänzt!

Paulings Alpha-Spirale. Watson hatte von einem Vortrag gehört, in dem der große Linus Pauling einen Vorschlag zur Struktur der Proteine machte und ein überdimensionales Molekülmodell seiner „Alpha-Spirale“ vorstellte. Die Analyse von Paulings Aussagen führte Watson zu folgender Einschätzung:

„Der Schlüssel zu Paulings Erfolg war sein Vertrauen auf die einfachen Gesetze der Strukturchemie. Die Alpha-Spirale war nicht durch ewiges Anstarren von Röntgenaufnahmen gefunden worden. Der entscheidende Trick bestand vielmehr darin, sich zu fragen, welche Atome gern nebeneinander sitzen. Statt Bleistift und Papier war das wichtigste Werkzeug bei dieser Arbeit ein Satz von Molekülmodellen, die auf den ersten Blick dem Spielzeug von Kindergarten-Kindern glichen“.

„Wir sahen also keinen Grund, warum wir das DNS-Problem nicht auf die gleiche Weise lösen sollten. Alles, was wir zu tun hatten, war, ein Satz Molekülmodelle zu bauen und dann damit zu spielen – wenn wir ein bisschen Glück hatten, würde die Struktur eine Spirale sein“ [2, S. 78].

Wilkins Röntgenaufnahme. Watson hörte auf einem Kongress den Vortrag von Maurice Wilkins und sah dabei die Röntgenbeugungsaufnahme eines DNS-Kristalls (vgl. Abb. 17.1). Er hatte bis dahin wenig Kenntnisse über Aufnahme und Auswertung von Röntgen-Interferenz-Fotos, ahnte aber mit den Strukturvorschlägen von Pauling intuitiv, dass die gezeigte Aufnahme eine Spirale widerspiegelte und war seitdem fest von einer spiraligen DNS-Struktur überzeugt.

Um diese und ähnliche Aufnahmen als Schlüssel zum Verständnis der DNS-Struktur wirklich verstehen zu können, wollte er Studien zur Kristallographie beginnen und beschloss, nach Cambridge zu gehen. Dort kam er im Cavendish-Laboratorium unter, dessen damaliger Direktor Sir Lawrence Bragg war. Er traf auf Francis Crick, Maurice Wilkins, Max Perutz, John Kendrew und Rosalind Franklin: Sie war die Expertin für die Herstellung von Röntgenaufnahmen kristallisierter DNS (vgl. Abb. 17.1).

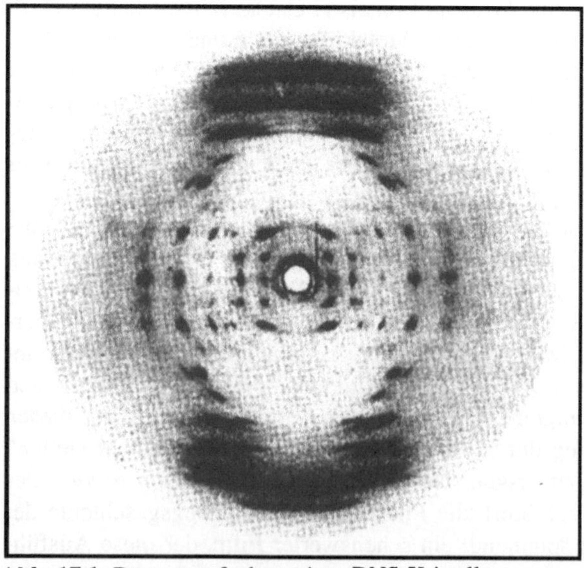

Abb. 17.1: Röntgenaufnahme eines DNS-Kristalls

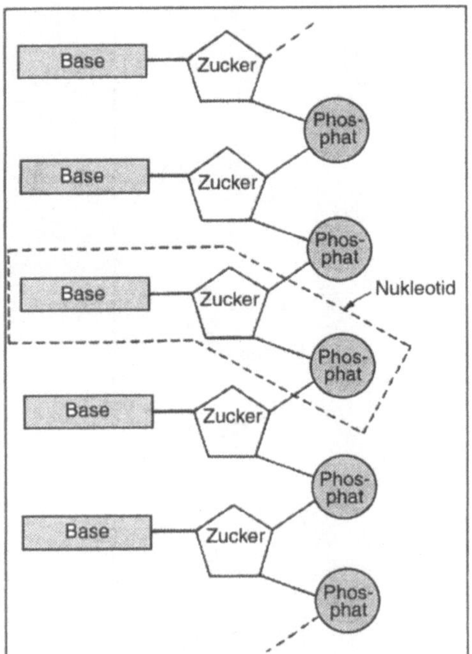

Abb. 17.2: Vorstellungen von DNS-Abschnitten

Chargaff-Regeln. Was war zu der Zeit vom Aufbau der Nucleinsäuren bekannt? Man war sicher, dass bestimmte Zucker-Moleküle, nämlich Desoxyribosen, eine Rolle spielten, des Weiteren hatte man Phosphat-Ionen und organische Basen gefunden. Es wurden in verschiedensten DNS-Proben immer wieder *vier Basen* analysiert: Adenin, Cytosin, Guanin und Thymin.

Bereits 1951 hatte Todd einen ersten Strukturvorschlag gemacht, der von einem *Zucker-Phosphat-Skelett* ausging und die Basen mit den Zucker-Molekülen verband (vgl. Abb. 17.2). Man kannte auch – bis auf die tautomeren Formen – die Molekülstrukturen der vier Basen (vgl. Abb. 17.3).

Man wusste – über ihren planaren Aufbau hinaus – noch mehr über die organischen Basen, man konnte diese Kenntnisse zu der Zeit vor 1953 nur noch nicht einordnen. Erwin Chargaff, ein aus Österreich stammender Biochemiker an der Columbia University in New York City, hatte DNS-Proben verschiedenster biologischer Herkunft auf das Verhältnis der Anteile an den vier Basen untersucht. Er fand Organismen, die eine größere Konzentration an Adenin-Molekülen (A) und Thymin-Molekülen (T) gegenüber Guanin-Molekülen (G) und Cytosin-Molekülen (C) aufweisen, wiederum andere, bei denen G und C gegenüber A und T im Übermaß vorhanden sind. In allen Fällen stieß er immer wieder auf das Ergebnis, dass die Anzahl A genau der Anzahl T entspricht, sich ebenfalls die Stoffmengen G und C als identisch erweisen: „Adenin gleich Thymin, Guanin gleich Cytosin" – so verkürzt wurde die *Chargaffsche Regel* bekannt. Erst Watson und Crick sollten diese Gesetzmäßigkeit in ihrer Tragweite erkennen und aufklären.

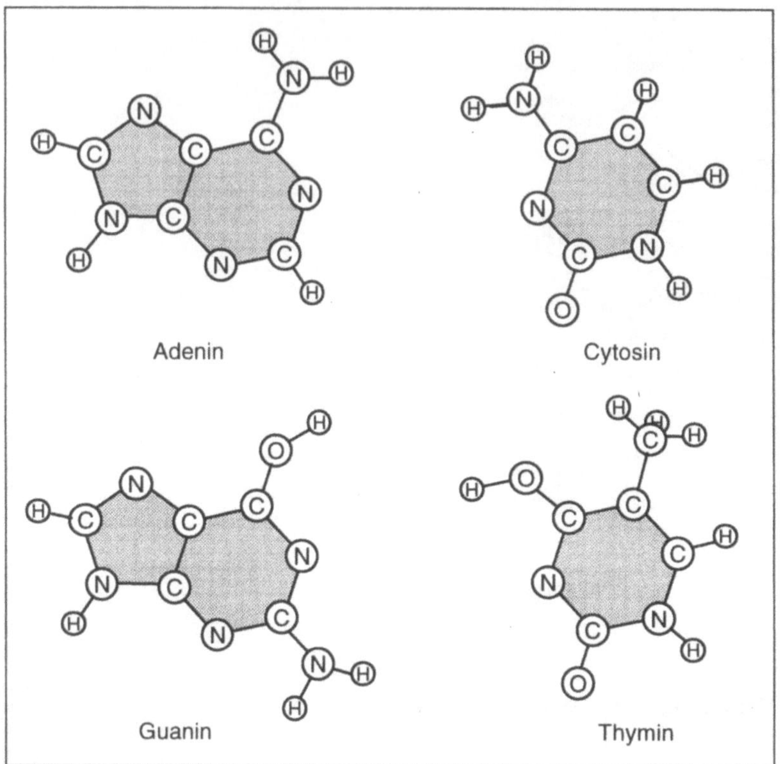

Abb. 17.3: Molekülstrukturen der am Aufbau der DNS beteiligten organischen Basen

Vorläufige Vorstellungen. Zur Frage, wie Zucker-Phosphat-Skelette als Spirale zusammenhalten, diskutierte man zunächst Ionen der Erdalkalimetalle, die man bei Analysen verschiedener DNS-Proben immer fand: „Was die die Ketten zusammenhaltenden Kräfte anlangte, so schien es uns am vernünftigsten, auf Salzbrücken zu tippen, in denen zweiwertige Kationen wie Mg^{++} jeweils zwei oder mehr Phosphatgruppen zusammenhielten" [2, S. 118]. Bei derartigen Strukturvorstellungen lagen allerdings die Basen *außerhalb* des Zucker-Phosphat-Skeletts.

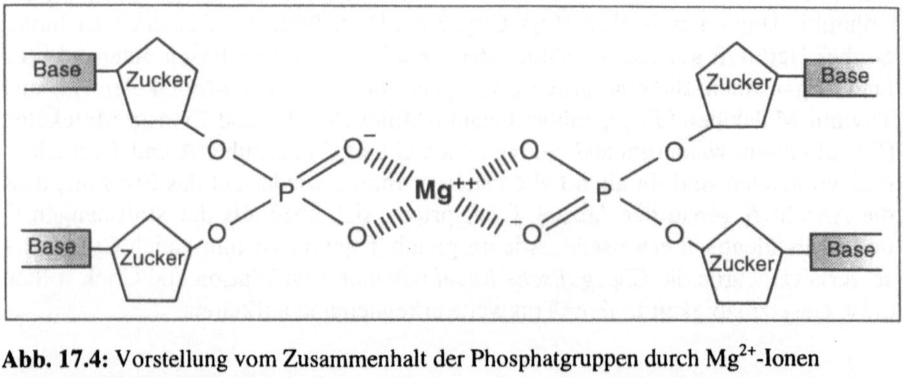

Abb. 17.4: Vorstellung vom Zusammenhalt der Phosphatgruppen durch Mg^{2+}-Ionen

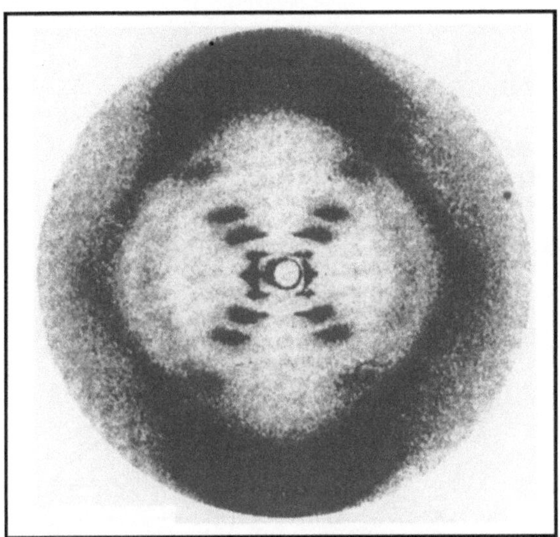

Abb. 17.5: Röntgenaufnahme der DNS in B-Form

Watson und Crick versuchten, entsprechende Strukturmodelle zu bauen:

„Die ersten fünf Minuten mit unseren Modellen waren allerdings nicht sehr erfreulich. Obwohl nur etwa fünfzig Atome im Spiel waren, fielen sie immer wieder aus den verfluchten Klammern, die sie in der richtigen Entfernung voneinander halten sollten. Außerdem, und das war noch schlimmer, hatten wir den unangenehmen Eindruck, daß die Winkel zwischen den Bindungen verschiedener besonders wichtiger Atome keinerlei eindeutigen Beschränkungen unterlagen" [2. S. 119].

Die Doppelspirale. Rosalind Franklin hatte neue Röntgenaufnahmen wasserhaltiger DNS-Proben angefertigt (vgl. Abb. 17.5). Als Watson eine solcher Aufnahmen sah, war er sich der Spiralstruktur der DNS ganz sicher:

„In dem Augenblick, als ich das Bild sah, klappte mir der Unterkiefer herunter, und mein Puls flatterte. Das Schema war unvergleichlich viel einfacher als alle, die man bis dahin erhalten hatte. Darüber hinaus konnte das schwarze Kreuz von Reflexen, das sich in dem Bild deutlich abhob, nur von einer Spiralstruktur herrühren" [2, S. 210].

Er erfuhr von Maurice Wilkins, dass ein Kollege die Reflexe bereits berechnete und dabei „eifrig mit Dreiketten-Modellen herumprobiert hatte, daß aber bisher nichts Aufregendes dabei herausgekommen war" [2, S. 210].

Die Diskussion der Aufnahmen führte in zwei Richtungen . Es musste einerseits entschieden werden, ob man von einer Doppelspirale oder von einer Dreifachspirale ausgehen solle, andererseits fragte man sich, ob die Basen im Inneren der Spirale oder außen liegen sollten:

„Das eigentliche Problem sei noch immer das Fehlen einer Strukturhypothese, die gestattet, die Basen auf regelmäßige Weise auf der Innenseite der Spirale anzuordnen. Das setzte natürlich voraus, daß Rosy recht hatte, wenn sie die Basen im Zentrum und das Skelett außen haben wollte" [2, S. 211].

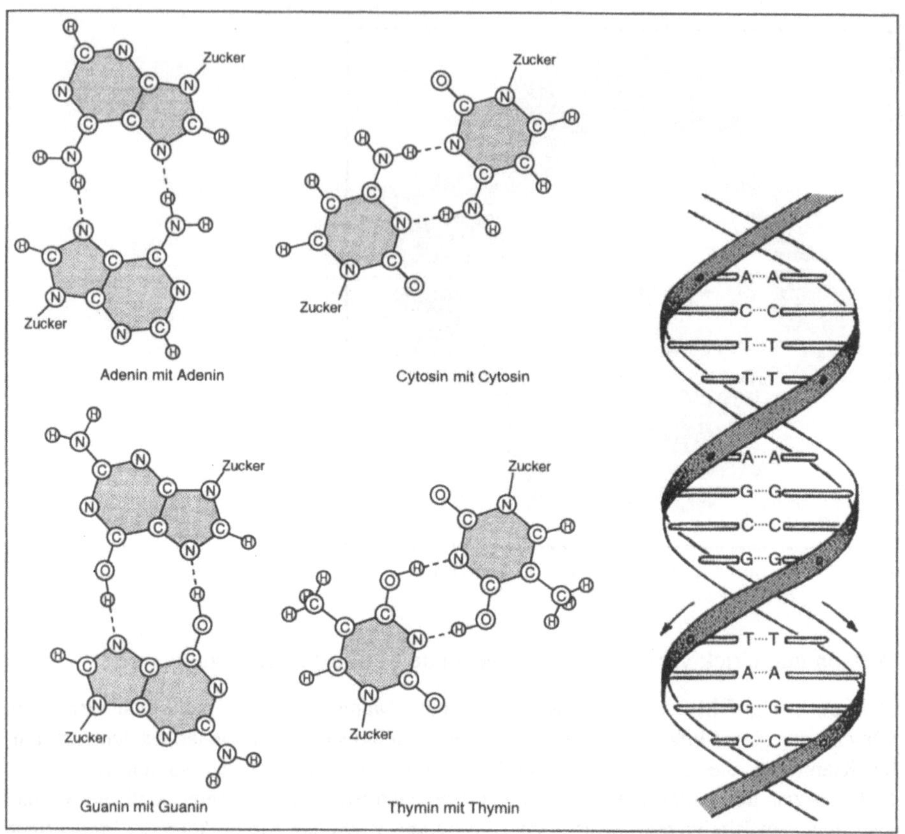

Abb. 17.6: Vorstellungen zu einer Doppelkette mit vier Paaren identischer Basen

Hinsichtlich der Zahl der Ketten entschied sich Watson ganz intuitiv:

„Mein Entschluss stand fest: Ich würde Zweiketten-Modelle bauen. Francis mußte damit unbedingt einverstanden sein. Denn obwohl er Physiker war, wußte er, daß alle wichtigen biologischen Objekte paarweise auftreten" [2, S. 213].

Um sich in der Frage der Basen-Anordnung entscheiden zu können, wollte Watson weiterhin Strukturmodelle bauen. Er informierte gar den Institutsleiter Sir Lawrence Bragg, dass die Mechaniker des Instituts ihm helfen und Blechmodelle der vier Basen erstellen sollten:

„Zu meiner Erleichterung erhob Sir Lawrence nicht nur keine Einwände, sondern ermutigte mich sogar, mit dem Modellbau weiter zu machen" [2, S. 216].

Nachdem einige Schwierigkeiten mit der Werkstatt überwunden waren, startete Watson die Konstruktion seines mannshohen DNS-Modells:

„Es könne ja nichts schaden, ein paar Tage auf das Basteln von Modellen mit dem Skelett auf der Außenseite zu verwenden. Das bedeutete, die Basen vorübergehend zu vernachlässigen, doch wäre mir ohnehin nichts anderes übriggeblieben, da die Werkstatt die flachen Zinkblechfiguren der Purine und Pyrimidine erst in einer Woche liefern konnte" [2, S. 222].

Paare gleicher Basen. In einem ersten Entwurf zur Frage, in welcher Weise jeweils zwei Basen in der Doppelspirale zusammenhalten, kam Watson zunächst der Gedanke an Paare gleicher Basen, die durch Wasserstoffbrückenbindungen gebunden sein sollten (vgl. Abb. 17.6):

„Es tauchte eine nicht ganz triviale Idee auf. Sie kam mir, während ich die verschmolzenen Ringe des Adenins zeichnete. Plötzlich erkannte ich die möglicherweise ungeheure Tragweite einer DNS-Struktur, in der die Adenin-Reste Wasserstoffbindungen bildeten, wie sie ganz ähnlich in Kristallen von reinem Adenin vorkamen. Wenn die DNS tatsächlich diese Eigenschaft hatte, dann bildete jeder Adenin-Rest zwei Wasserstoffbindungen mit einem anderen Adenin-Rest, der im Verhältnis zu ihm um 180 Grad gedreht war. Besonders wichtig war, daß zwei symmetrische Wasserstoffbindungen ebenso gut Paare von Guanin, Cytosin oder Thymin zusammenhalten konnten" [2, S. 231].

Mit diesen Strukturvorstellungen konnte Watson endlich die Replikation der Ketten erahnen:

„Nach diesem Schema beginnt die Reproduktion eines Gens mit der Trennung seiner beiden identischen Ketten. Darauf werden mit den beiden elterlichen Gußformen zwei Tochterstränge hergestellt, wodurch sich zwei neue, mit dem ursprünglichen Molekül identische DNS-Moleküle bilden. Der wesentliche Trick der Reproduktion der Gene beruhte also vielleicht auf dem Erfordernis, daß jede Base in der neu aufgebauten Kette ihre *Wasserstoffbindungen* immer mit einer identischen Base bildete" [2, S. 232].

Es blieben aber zu viele Fragen offen. Zum einen, inwieweit sich durch die unterschiedlichen Formen und Größen der Basen-Moleküle Doppelspiralen bilden würden, die eher unregelmäßig und bauchig, aber nicht glatt sein könnten:

„Die Schwierigkeit jedoch war, daß eine solche Struktur kein regelmäßiges Skelett besitzen konnte. Das Skelett, das sich auf diese Weise ergab, würde winzige Ein- und Ausbuchtungen aufweisen, je nachdem, ob sich in der Mitte Purine oder Pyrimidine befanden" [2, S. 231].

Zum anderen hatte die „Gleiches-mit-Gleichem"-Lösung keine Konsequenz für die Regeln von Chargaff: „Francis gefiel auch nicht, daß diese Struktur keine Erklärung für Chargaff's Regeln (Adenin gleich Thymin und Guanin gleich Cytosin) gab" [2, S. 239].

Adenin-Thymin- und Guanin-Cytosin-Paare. Um das Problem verschiedener Formen der Basenpaare weiter zu bearbeiten, entschloss sich Watson, die planaren Formen der Moleküle mit Modellscheiben anschaulich zu machen und „spielte" zunächst mit Papp-Modellen, später mit Zinkblech-Modellen der Basen-Moleküle:

„Die metallenen Purin- und Pyridinmodelle, die ich brauchte, um alle denkbaren Möglichkeiten für die Wasserstoffbindungen systematisch zu prüfen, waren nicht rechtzeitig fertig geworden. Es würde noch gut zwei Tage dauern, bis wir sie in der Hand hatten. So lange mochte selbst ich nicht im Ungewissen schweben. Also verbrachte ich den Rest des Nachmittags damit, aus dicker Pappe genaue Modelle der Basen auszuschneiden. ... Als ich am nächsten Morgen als erster in unser Büro kam, räumte ich schnell alle Papiere vom Schreibtisch, damit ich eine genügend große Fläche hatte, um durch Wasserstoffbindungen zusammengehaltene Basenpaare zu bilden. ... Ich begann, die Basen hin und her zu schieben und jeweils auf eine andere, ebenfalls mögliche Weise paarweise anzuordnen. Plötzlich merkte ich, daß ein durch zwei Wasserstoffbindungen zusammengehaltenes Adenin-Thymin-Paar dieselbe Gestalt hatte wie ein Guanin-Cytosin-Paar. ... Es waren keine Schwindeleien nötig, um diese zwei Typen von Basenpaaren in eine identische Form zu bringen. ... Außerdem bedeutete die Erfordernis von Wasserstoffbindungen, daß sich das Adenin immer mit Thymin paarte, während sich das Guanin nur mit Cytosin paaren konnte. Chargaffs Regeln erwiesen sich dann plötzlich als notwendige Folge der doppelspiraligen Struktur der DNS" [2, S. 242].

Watson hatte nicht nur die Lösung des Strukturproblems und die Notwendigkeit der Chargaffschen Regeln gefunden, sondern auch eine Modellvorstellung für die *Replikation* (vgl. Abb. 17.7 und 17.8):

„Aber noch aufregender war, daß dieser Typ von Doppelspirale ein Schema für die Autoreproduktion ergab, das viel befriedigender war als das Gleiches-mit-Gleichem-Schema, das ich eine Zeitlang in Erwägung gezogen hatte. Wenn sich Adenin immer mit Thymin und Guanin immer mit Cytosin paarte, so bedeutete das, daß die Basenfolgen in den beiden verschlungenen Ketten komplementär waren. War die Reihenfolge der Basen in einer Kette gegeben, so folgte daraus automatisch die Basenfolge der anderen Kette. Es war daher begrifflich sehr einfach, sich vorzustellen, wie eine einzige Kette als Gussform für den Aufbau einer Kette mit der komplementären Sequenz dienen konnte" [2, S. 243].

Trotz des Drängens, Crick möge bestätigen, dass jetzt alles in Ordnung sei, war für Watson immer noch Vorsicht angesagt:

„Wir wußten jedoch beide, daß wir nicht am Ziel waren, bevor wir nicht ein *vollständiges Modell* gebaut hatten, in dem alle stereochemischen Kontakte einwandfrei waren" [2, S. 244].

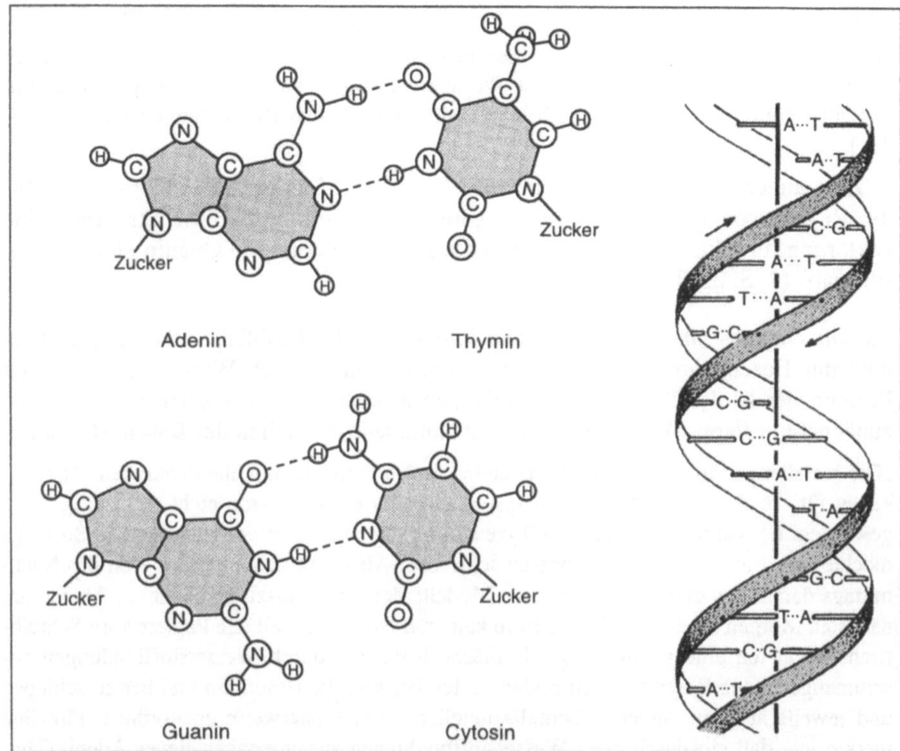

Abb. 17.7: Vorstellungen zu einer Doppelkette mit zwei Basenpaaren A–T und G–C

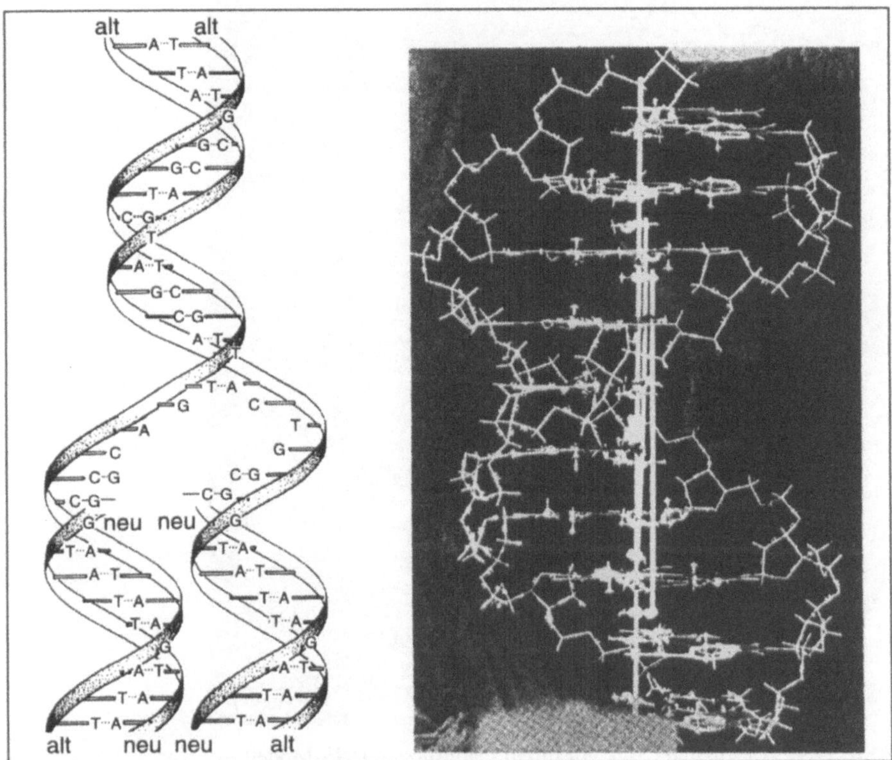

Abb. 17.8: Watsons Modellvorstellung von der Replikation der DNS (links), DNS-Anschauungsmodell aus Stativmaterial, Zinkblechscheiben und Teilen des Modellbaukastens (rechts)

Es bleibt festzuhalten: Watson hatte die Idee der Adenin-Thymin- und Guanin-Cytosin-Paare dadurch realisiert, dass er die Formen zusammengelegter Pappscheiben verglich, somit auf die Existenz spezifischer Wasserstoffbrückenbindungen schloss und den Zusammenhang von Wasserstoffbrücken und Struktur herstellte. Wesentliche Erkenntnisschritte zum Modell der Reduplikation der DNS beruhten somit auf diesen Pappscheiben als den einfachsten Molekülmodellen, die man sich vorstellen kann. Später waren auch entsprechende Zinkblech-Scheiben fertig geworden, der Konstruktion des endgültigen Strukturmodells stand nichts mehr im Wege (vgl. Abb. 17.8 und 17.9):

„Mit Hilfe der glänzenden Metallplättchen bauten wir sofort ein Modell, das zum erstenmal sämtliche Komponenten der DNS enthielt. Nach ungefähr einer Stunde hatte ich die Atome an die Stellen gesetzt, die sowohl den Röntgenbefunden als auch den Gesetzen der Stereochemie entsprachen. ... Francis bastelte noch ein Viertelstündchen herum, ohne einen Fehler zu finden" [2, S. 248].

Rosalind Franklin, die anfangs das Bauen von Strukturmodellen als unwissenschaftlich ablehnte und selbst die langwierige mathematische Auswertung der Röntgenreflexe ihrer Aufnahmen vorzog, sah sich sehr skeptisch das mannshohe Strukturmodell an (vgl. Abb. 17.9):

Abb. 17.9: Watson und Crick vor ihrem mannshohen DNS-Modell

„Sie erkannte jedoch wie fast jeder, wie reizvoll diese komplementären Basenpaare waren, und fand sich damit ab, daß die Struktur zu hübsch war, um nicht richtig zu sein. Gleichzeitig schwand auch ihr wilder Ärger auf Francis und mich. Anfangs zögerten wir noch, mit ihr über die Doppel-Helix zu sprechen, da wir die Gereiztheit fürchteten, die bei unseren früheren Begegnungen geherrscht hatte. ... Sie war aber durchaus bereit, ihre frühere Feindseligkeit aufzugeben. ... Eine unmittelbare Folge von Rosys Verwandlung war, daß sie unser Steckenpferd, die Modellbauerei, jetzt als ernsthafte wissenschaftliche Methode anerkannte, statt darin eine bequeme Ausflucht für Faulpelze zu sehen, die von der Schufterei, die zu einer ehrlichen wissenschaftlichen Laufbahn gehört, nichts wissen wollten" [2, S. 258–260].

Veröffentlichung in Nature. Im Jahre 1953 veröffentlichten Watson und Crick ihre sensationellen Erkenntnisse in Form von zwei Aufsätzen mit Schemazeichnungen zu ihren Strukturvorschlägen (vgl. Abb. 17.10):

„We wish to suggest a structure for the salt of deoxyribose nucleic acid (D.N.A.). This structure has novel features which are of considerable biological interest. ... This structure has two helical chains each coiled round the same axis (vgl. Fig. (2) in Abb. 17.10, d.V.). We have made the usual chemical assumptions, namely, that each chain consists of phosphate di-ester groups joining β-D-deoxyribofuranose residues with 3', 5' linkages. ... The novel feature of the structure is the manner in which the two chains are held together by the purine and pyrimidine bases. ... These pairs are: adenine with thymine, and guanine with cytosine" [3].

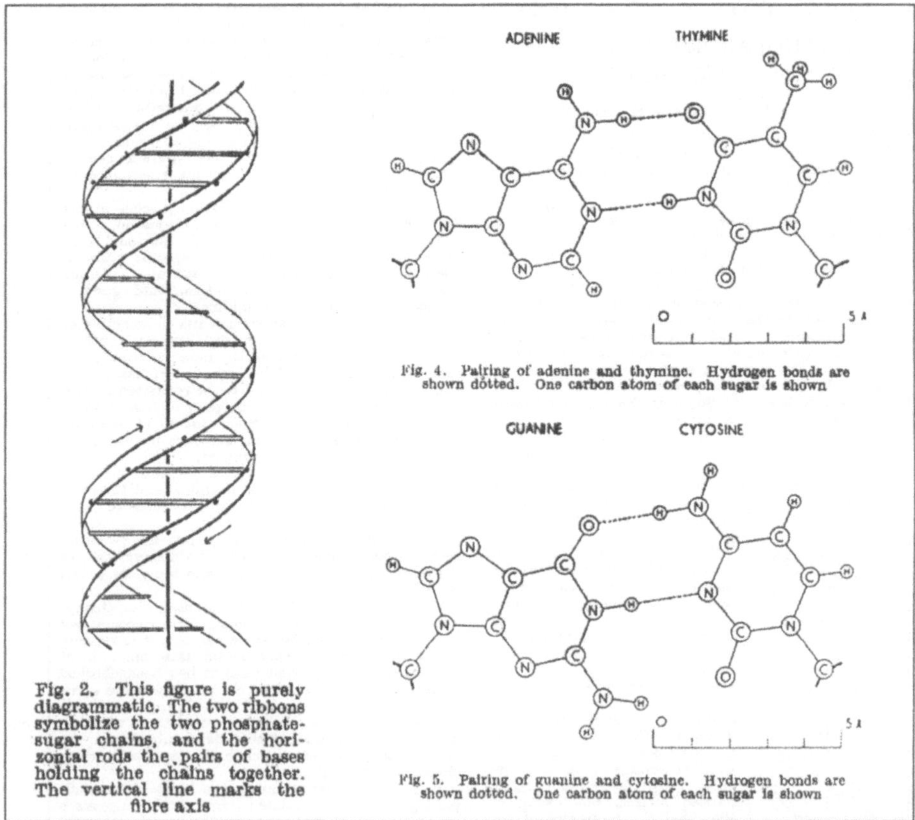

Fig. 2. This figure is purely diagrammatic. The two ribbons symbolize the two phosphate-sugar chains, and the horizontal rods the pairs of bases holding the chains together. The vertical line marks the fibre axis

Fig. 4. Pairing of adenine and thymine. Hydrogen bonds are shown dotted. One carbon atom of each sugar is shown

Fig. 5. Pairing of guanine and cytosine. Hydrogen bonds are shown dotted. One carbon atom of each sugar is shown

Abb. 17.10: Modellskizzen in den ersten Veröffentlichungen von Watson und Crick [3, 4]

Da diese erste Veröffentlichung von Watson und Crick den Umfang von nur einer (!) Seite hat, wird sie hier vollständig abgedruckt (siehe nächste Seite). Im zweiten Bericht gehen beide detailliert auf die Wasserstoffbrücken ein, die jeweils die Basen binden. Im Text wird wiederholt, dass es paarweise geschehen muss, wie im ersten Aufsatz bereits gekennzeichnet: Adenin mit Thymin, Guanin mit Cytosin. Es kommen zusätzlich noch einmal die Erfahrungen zum Ausdruck, die Watson an seinen einfachen Papier- und Zinkblechmodellen für die Formen der einzelnen Basen und der Basenpaare gewonnen hat:

„The important point is that only certain pairs of bases will fit into the structure. One member of a pair must be a purine and the other a pyrimidine in order to bridge between the two chains. If a pair consisted of two purines, for example, there would not be room for it. … The way in which these are joined together is shown in Figs. 4 and 5 (vgl. Abb. 17.10, d. V.). ... Now our model for deoxyribonucleic acid is, in effect, a pair of templates, each of which is complementary to the other. We imagine that prior to the duplication the hydrogen bonds are broken, and the two chains unwind and separate. Each chain then acts as a template for the formation on to itself of a new companion chain. … We feel that our proposed structure may help to solve one of the fundamental biological problems – the molecular basis of template needed for genetic replication“ [4].

April 25, 1953 NATURE

MOLECULAR STRUCTURE OF NUCLEIC ACIDS

A Structure for Deoxyribose Nucleic Acid

WE wish to suggest a structure for the salt of deoxyribose nucleic acid (D.N.A.). This structure has novel features which are of considerable biological interest.

A structure for nucleic acid has already been proposed by Pauling and Corey[1]. They kindly made their manuscript available to us in advance of publication. Their model consists of three intertwined chains, with the phosphates near the fibre axis, and the bases on the outside. In our opinion, this structure is unsatisfactory for two reasons: (1) We believe that the material which gives the X-ray diagrams is the salt, not the free acid. Without the acidic hydrogen atoms it is not clear what forces would hold the structure together, especially as the negatively charged phosphates near the axis will repel each other. (2) Some of the van der Waals distances appear to be too small.

Another three-chain structure has also been suggested by Fraser (in the press). In his model the phosphates are on the outside and the bases on the inside, linked together by hydrogen bonds. This structure as described is rather ill-defined, and for this reason we shall not comment on it.

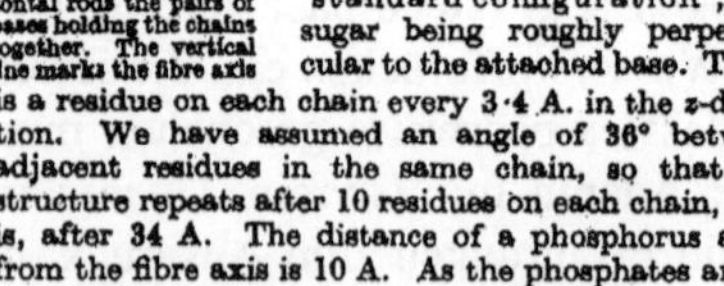

This figure is purely diagrammatic. The two ribbons symbolize the two phosphate—sugar chains, and the horizontal rods the pairs of bases holding the chains together. The vertical line marks the fibre axis

We wish to put forward a radically different structure for the salt of deoxyribose nucleic acid. This structure has two helical chains each coiled round the same axis (see diagram). We have made the usual chemical assumptions, namely, that each chain consists of phosphate diester groups joining β-D-deoxyribofuranose residues with 3′,5′ linkages. The two chains (but not their bases) are related by a dyad perpendicular to the fibre axis. Both chains follow right-handed helices, but owing to the dyad the sequences of the atoms in the two chains run in opposite directions. Each chain loosely resembles Furberg's[2] model No. 1; that is, the bases are on the inside of the helix and the phosphates on the outside. The configuration of the sugar and the atoms near it is close to Furberg's 'standard configuration', the sugar being roughly perpendicular to the attached base. There is a residue on each chain every 3·4 A. in the z-direction. We have assumed an angle of 36° between adjacent residues in the same chain, so that the structure repeats after 10 residues on each chain, that is, after 34 A. The distance of a phosphorus atom from the fibre axis is 10 A. As the phosphates are on the outside, cations have easy access to them.

The structure is an open one, and its water content is rather high. At lower water contents we would expect the bases to tilt so that the structure could become more compact.

The novel feature of the structure is the manner in which the two chains are held together by the purine and pyrimidine bases. The planes of the bases are perpendicular to the fibre axis. They are joined together in pairs, a single base from one chain being hydrogen-bonded to a single base from the other chain, so that the two lie side by side with identical z-co-ordinates. One of the pair must be a purine and the other a pyrimidine for bonding to occur. The hydrogen bonds are made as follows: purine position 1 to pyrimidine position 1; purine position 6 to pyrimidine position 6.

If it is assumed that the bases only occur in the structure in the most plausible tautomeric forms (that is, with the keto rather than the enol configurations) it is found that only specific pairs of bases can bond together. These pairs are: adenine (purine) with thymine (pyrimidine), and guanine (purine) with cytosine (pyrimidine).

In other words, if an adenine forms one member of a pair, on either chain, then on these assumptions the other member must be thymine; similarly for guanine and cytosine. The sequence of bases on a single chain does not appear to be restricted in any way. However, if only specific pairs of bases can be formed, it follows that if the sequence of bases on one chain is given, then the sequence on the other chain is automatically determined.

It has been found experimentally[3,4] that the ratio of the amounts of adenine to thymine, and the ratio of guanine to cytosine, are always very close to unity for deoxyribose nucleic acid.

It is probably impossible to build this structure with a ribose sugar in place of the deoxyribose, as the extra oxygen atom would make too close a van der Waals contact.

The previously published X-ray data[5,6] on deoxyribose nucleic acid are insufficient for a rigorous test of our structure. So far as we can tell, it is roughly compatible with the experimental data, but it must be regarded as unproved until it has been checked against more exact results. Some of these are given in the following communications. We were not aware of the details of the results presented there when we devised our structure, which rests mainly though not entirely on published experimental data and stereochemical arguments.

It has not escaped our notice that the specific pairing we have postulated immediately suggests a possible copying mechanism for the genetic material.

Full details of the structure, including the conditions assumed in building it, together with a set of co-ordinates for the atoms, will be published elsewhere.

We are much indebted to Dr. Jerry Donohue for constant advice and criticism, especially on interatomic distances. We have also been stimulated by a knowledge of the general nature of the unpublished experimental results and ideas of Dr. M. H. F. Wilkins, Dr. R. E. Franklin and their co-workers at King's College, London. One of us (J. D. W.) has been aided by a fellowship from the National Foundation for Infantile Paralysis.

J. D. WATSON
F. H. C. CRICK

[1] Pauling, L., and Corey, R. B., *Nature*, 171, 346 (1953); *Proc. U.S. Nat. Acad. Sci.*, 39, 84 (1953).
[2] Furberg, S., *Acta Chem. Scand.*, 6, 634 (1952).
[3] Chargaff, E., for references see Zamenhof, S., Brawerman, G., and Chargaff, E., *Biochim. et Biophys. Acta*, 9, 402 (1952).
[4] Wyatt, G. R., *J. Gen. Physiol.*, 36, 201 (1952).
[5] Astbury, W. T., Symp. Soc. Exp. Biol. 1, Nucleic Acid, 66 (Camb. Univ. Press, 1947).
[6] Wilkins, M. H. F., and Randall, J. T., *Biochim. et Biophys. Acta*, 10, 192 (1953).

Literatur

[1] Eberhard-Metzger, C., u.a.: *Das Genom-Puzzle*. Heidelberg 1998 (Springer)
[2] Watson, J.D.: *Die Doppelspirale*. Hamburg 1969 (Rowohlt)
[3] Watson, J.D., Crick, F.H.C.: *Molecular Structure of Nucleic Acids. A Structure for Deoxyribose Nucleic Acid.* Nature 171 (1953), 737
[4] Watson, J.D., Crick, F.H.C.: *Genetical Implications of the Structure of Deoxyribonucleic Acid.* Nature 171 (1953), 965

18 Kekulé: Benzol und die Geschichte der Struktursymbole

Auf der Suche danach, „was die Welt im Innersten zusammenhält", sind die Physiker noch lange nicht am Ende: Mit immer größeren Teilchenbeschleunigern weisen sie Quarks und Leptonen, Positronen und Neutrinos, Myonen und Antimyonen nach, suchen nach Gravitonen und definieren „Standardmodelle der Teilchenphysik". Je energiereicher sie Teilchen beschleunigen, desto größer wird die Zahl neuer Teilchen – im „Teilchenzoo gibt es ständig Nachwuchs"!

Die Menschen haben schon vor mehr als 2.000 Jahren Fragen zum Aufbau der Materie gestellt und nach Grundbausteinen der verschiedenen Substanzen – nach den Elementen! – gesucht, mit denen sie „die Welt" aufbauen konnten.

Zunächst waren es griechische Philosophen, die völlig spekulativ über ein Kombinationssystem von Elementen nachdachten. Empedokles (495–435 v. Chr.)

„nimmt als Prinzip die vier Elemente an, indem er zu den genannten Wasser, Luft und Feuer die Erde als viertes hinzufügt. Diese nämlich – so meint er – dauerten ewig und hätten keine Entstehung, sondern vereinten sich nur in größerer oder geringerer Menge zur Einheit und trennten sich wieder aus der Einheit. Die Mischung der Elemente muß eine Vereinigung sein wie eine Mauer, die aus Ziegelsteinen zusammengefügt ist. Und diese Mischung wird aus Elementen bestehen, die als solche unverändert bleiben, aber in kleinen Teilchen nebeneinandergefügt sind. Und ebenso ist es mit der Substanz des Fleisches und jedem andern Stoff" (zitiert nach Capelle [1]).

Den „Elementen Feuer, Luft, Wasser und Erde" sind damals die bekannten Dreieckssymbole zugeordnet worden (vgl. Abb. 18.1). Später kamen durch Paracelsus „Schwefel, Salz und Mercur" als Elemente und ihre Symbole hinzu (vgl. Abb. 18.1). Schließlich hatte man am Ende des 18. Jahrhunderts eine solche Viel-

vier Elementen.	Drey Anfänge.	zwey Saamen.	eine Frucht.
Feuer. 🜂			
Luft. 🜁	Schwefel. 🜍	Männlein. ☉	
Wasser. 🜄	Salz. 🜔		Tinctur. ♁
Erde. 🜃	Mercur. ☿	Weiblein ☾	
von Gott.	der Natur.	der Metallen.	der Kunst.

Abb. 18.1: Alchimistische Symbole von Sendivogius (1766), zitiert nach Walter [2]

Elemente	Gold	Zinn	Quecksilber
	Antimon	Schwefel	Kohlenstoff (Kohle)
	Wasserstoff („inflammable Luft")	Sauerstoff („Lebensluft")	Feuer, Wärme
	Silber	Blei	Eisen
	Kupfer	Phosphor	Stickstoff
Verbindungen	Säure generell	Salpetersäure	Königswasser
	Salz generell	Kochsalz	Salmiakstein
	Alkalien	Metallkalke (-oxide)	Schwererde
	Borax	Glas	Wasser
	Salzsäure	Schwefelsäure	Kohlensäure
	Mittelsalz	Salpeter	Alaun
	Ammoniak	Kalk	Weinstein
	Ton	Seife	Alkohol

Chemische Symbole Ende des 18. Jahrhunderts nach Adet und Hassenfratz

Elemente	Sauerstoff	Stickstoff	Wasserstoff
	Kohlenstoff	Schwefel	Phosphor
	Kalkerde	Baryt	Soda
	Kupfer	Blei	Silber
Verbindungen	Wasser	Kohlensäure	Schwefelsäure
	Kupferoxid	Silbernitrat	Bleioxid
	Natriumsulfat	Phosphorsaurer Kalk	

Abb. 18.2: Alchimistische Symbole am Ende des 18. Jahrhunderts, zitiert nach Strube [3]

zahl geheimnisvoller Zeichen für die verschiedenen Metalle und für viele andere Substanzen, dass sie nur Eingeweihte zur verschlüsselten Information über bestimmte Rezepturen verstanden (vgl. Abb. 18.2). Die Verschlüsselung ging soweit, dass verschiedene Alchimisten ihre eigenen Zeichen kreierten, etwa unterschiedlichste Zeichen für den „Essig" oder für den „destillierten Essig" (vgl. Abb. 18.3). Diese alchimistischen Symbole waren willkürliche Figuren und hatten nichts, aber auch gar nichts mit Zusammensetzung oder Struktur der entsprechenden Substanzen zu tun.

Abb. 18.3: Verschiedene alchimistische Symbole für ein und dieselbe Substanz: Essig [2]

In dem Maße, in dem sich die Hypothese vom diskontinuierlichen Aufbau der Materie im 17. und 18. Jahrhundert durchsetzte (vgl. Kap. 9), dachte man auch über Teilchenverbände nach. Allerdings divergierten die Vorstellungen der Chemiker bezüglich eines Kombinationssystems und entsprechend über Aufbau und Zusammensetzung der Substanzen. Als am Ende des 19. Jahrhunderts der Atombegriff immer weitergehender ausgeschärft wurde, die Differenzierung der Teilchenverbände in Moleküle und Kristallgitter hinzukam und Strukturuntersuchungen durchgeführt werden konnten, bezogen sich die Vorstellungen immer weitergehend auf die Struktur der Stoffe und glichen sich an. Heute arbeiten alle Chemiker mit vergleichbaren Vorstellungen von Struktur und Bindung, sie wählen zur Information über chemische Sachverhalte überwiegend Struktursymbole: im Falle von Molekülen entsprechende Konstitutions- oder Stereosymbole, im Falle von Kristallgittern dreidimensionale Computerzeichnungen, räumliche Modelle oder daraus abgeleitete Niggli- bzw. Parthé-Symbole (vgl. Kap. 13).

Es ist somit interessant zu untersuchen, wie die Entwicklung in der Geschichte der Chemie zum heutigen *Strukturdenken* geführt hat, auf welchen Wegen sich beliebig gewählte alchimistische Zeichen für Substanzen zu Struktursymbolen wandelten. Insbesondere soll geprüft werden,

- wann und in welchem Zusammenhang Chemiker Vorstellungen von der räumlichen Struktur entwickelt und beschrieben haben und
- wann und in welcher Weise die Vorstellungen von der Struktur der Substanzen durch Struktursymbole wiedergegeben worden sind.

Sachlich angemessene Vorstellungen vom Aufbau der Moleküle vieler organischer Stoffe haben sich historisch früher gebildet als Vorstellungen vom Aufbau der Salze und anderer kristalliner Feststoffe (vgl. Kap. 16). Die Entwicklung der Beschreibung von *Molekülstrukturen* durch Struktursymbole wird deshalb im Folgenden ausführlich dargestellt.

Von den Veröffentlichungen, die sich mit dem Aufbau von Stoffen und der Beschreibung durch chemische Symbole beschäftigt haben, werden solche ausgewählt, denen bedeutungsvolle Entwicklungsstufen hinsichtlich der angegebenen Fragestellungen zugrunde liegen. Zunächst sind diffuse Vorstellungen und Symbole vorzustellen, die vor dem Karlsruher Kongress im Jahre 1860 üblich waren: Erst auf diesem Kongress fand eine Abgrenzung der Begriffe Atom und Molekül im heutigen Sinne statt, erst danach konnte die eigentliche Entwicklung der Struktursymbolik beginnen.

18.1 Vorstellungen und Symbole vor dem Karlsruher Kongress 1860

Dalton. Durch Untersuchungen der Löslichkeit von Gasen in Wasser und der Feststellung unterschiedlich großer Löslichkeiten verschiedener Gase war Dalton im Jahr 1803 zu der Überzeugung gelangt, „daß diese Verschiedenheit von der Schwere und der Zahl der kleinsten Theilchen in verschiedenen Gasarten abhängt. Die, welche leichtere und wenigere Theile haben, sind minder verschluckbar ..." [4]. Später nahm er auf Grund der Interpretation der Aggregatzustandsänderungen am Beispiel des Wassers an, „daß alle Körper aus einer ungeheuren Anzahl von äußerst kleinen Theilchen oder Atomen der Materie bestehen, welche miteinander durch stärkere oder schwächere Anziehungskraft verbunden sind" [4].

Diese Zitate weisen zunächst aus, dass Dalton den diskontinuierlichen Aufbau der Materie und Anziehungskräfte zwischen den Teilchen annimmt. Insbesondere besteht sein Verdienst in der Feststellung, „daß die letzten Theilchen aller homogenen Stoffe völlig gleich in Gewicht, Gestalt etc. sind" und dass „Nachforschungen über die verhältnismäßige Schwere der kleinsten Theilchen der Körper, soviel ich weiß, ein ganz neuer Gegenstand sind" [4]. Es liegen ebenfalls Vorstellungen von der chemischen Reaktion vor: „Die chemische Synthese und Analyse geht nicht weiter, als bis zur Trennung der Atome, und ihrer Wiedervereinigung. Alle Änderungen, welche wir hervorbringen können, bestehen in der Trennung von Atomen und in der Vereinigung solcher, welche vorher getrennt waren" [4]. „Die entscheidende Veränderung, die Dalton brachte, ist die Veränderung des Atombegriffs und seine Ankoppelung an den des Elements" [5]. Man beachte, dass Dalton seine Schrift als „Chemical Philosophy" bezeichnete (vgl. Abb. 18. 4).

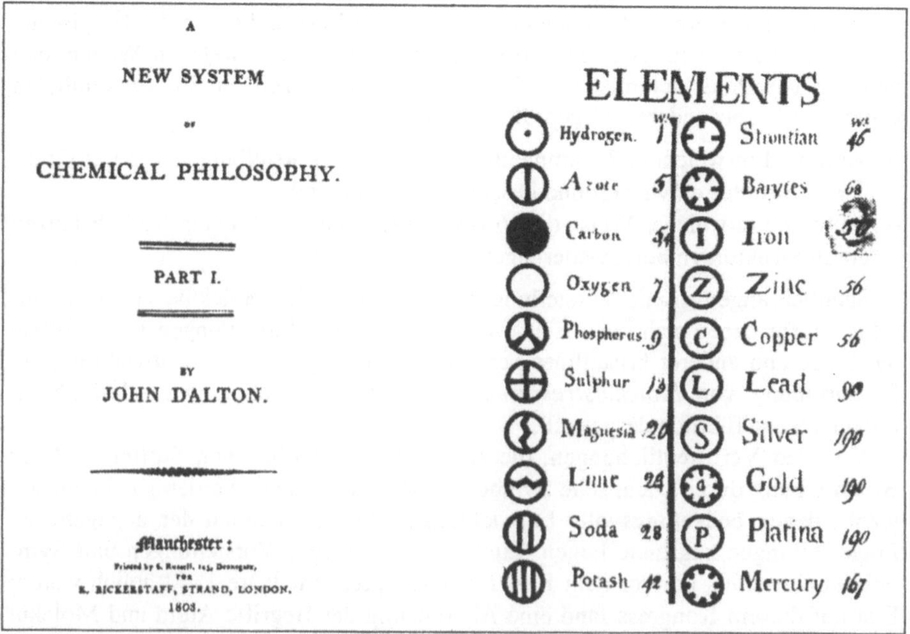
A

NEW SYSTEM

OF

CHEMICAL PHILOSOPHY.

PART I.

BY

JOHN DALTON.

Manchester:

R. BICKERSTAFF, STRAND, LONDON.

1808.

Abb. 18.4: Titelblatt und Ausschnitt aus der ersten Atommassentabelle von Dalton [2]

Daltons chemische Philosophie von 1808 zeigt die Übernahme von klassischen Gedanken der griechischen Naturphilosophen, die vor zwei Jahrtausenden bereits nach kleinsten Teilchen der Materie und deren Kombinationsmöglichkeiten gesucht hatten. Mit der Verknüpfung von Atom- und Elementbegriff gelang es Dalton, nicht nur ein für die damalige Zeit fortschrittliches Kombinationssystem von Atomen für den Aufbau der Stoffe zu finden, sondern auch eine Erklärung für die Stoffänderungen bei chemischen Reaktionen anzubieten. Dalton schlug auch eigene Element- und Verbindungssymbole vor und veröffentlichte eine erste Atommassentabelle (vgl. Abb. 18.4 und 18.5). Diese war allerdings stark korrekturbedürftig. So stellte er sich beispielsweise das „Wasser-Atom" aufgebaut aus einem H- und einem O-Atom vor und gelangte zum Wert 8 für dessen Masse (vgl. Nr. 21 in Abb. 18.5). Er musste deshalb – trotz der bekannten und richtigen Analysedaten für die Synthese von Wasser aus Wasserstoff und Sauerstoff – einen falschen Wert für die Masse des Sauerstoff-Atoms finden:

„The absolute weights of oxygen and hydrogen in water being determined, the relative weights of their atoms may be investigated. As only one compound of oxygen and hydrogen is certainly known, it is agreeable to the 1st rule that water should be concluded a binary compound, one atom of oxygen unites with one of hydrogen to form one of water. Hence, the relative weights of the atoms of oxygen and hydrogen are 7 to 1" [2].

Innerhalb des Kombinationssystems von Dalton findet man zu heutigen Auffassungen naturgemäß weitere Widersprüche, etwa zum Aufbau von Elementen und Verbindungen. So spricht Dalton von den „letzten Theilchen sowohl der einfachen wie der zusammengesetzten Stoffe" und von der „Zahl der Elementaratome, welche ein zusammengesetztes Atom bilden" [4] und definiert binäre Verbindungen folgendermaßen: „1 Atom von A + 1 Atom von B = 1 Atom von C, binär". Indem er dem „Elementatom" das „Verbindungsatom (compound atom)" gegenüberstellte und die von ihm postulierte Unteilbarkeit des Atoms relativierte, hat er Widersprüchlichkeiten des Atombegriffs geschaffen, die die Fachwelt jahrzehntelang zu teilweise heftigen Kontroversen veranlasste.

Avogadro veröffentlichte bereits im Jahre 1811 die bekannte Hypothese hinsichtlich gleicher Teilchenzahlen in gleichgroßen Volumina von Gasen und hatte als erster und einziger seiner Zeit zutreffende Vorstellungen von der Synthese von Wasser aus den Elementen (vgl. Abb. 18.6). Er hatte damit die moderne Bedeutung von Atom- und Molekülbegriff zwar selbst erfasst, verwirrte durch seine ungewöhnliche Nomenklatur allerdings seine Kollegen und verhinderte das Verständnis seiner Hypothese. Er unterschied nämlich „molécules, molécules intégrantes, molécules constituantes und molécules élémentaires, wobei die letzteren Atome bedeuten, während der erste Begriff ein beliebiges Teilchen, Atom oder Molekül im modernen Sinn bezeichnet" [2]. Cannizzaro war einer der wenigen Wissenschaftler seiner Zeit, der Avogadro's Hypothese verstand und deshalb die Widersprüchlichkeiten auf dem Karlsruher Kongress im Jahre 1860 beseitigen und die Abgrenzung des Atom- und Molekülbegriffs einleiten konnte.

Dalton hatte durch die Annahme der Kugelform für das Modell eines Atoms allerdings beste Voraussetzungen geschaffen, angemessene Vorstellungen vom Aufbau vieler Verbindungen zu postulieren (vgl. Abb. 18.5). Er stellte fest:

„Die Elemente oder Atome solcher Stoffe, welche wir gegenwärtig als einfach ansehen, sind durch kleine Kreise mit einem Unterscheidungsmerkmal bezeichnet; und die Verbindungen bestehen in der Nebeneinanderstellung zweier oder mehrerer derselben; wenn drei oder mehr Atome von Gasen zu einem verbunden sind, so muß angenommen werden, daß die Theilchen gleicher Art sich abstoßen, und dementsprechend ihre Lagen annehmen“ [4].

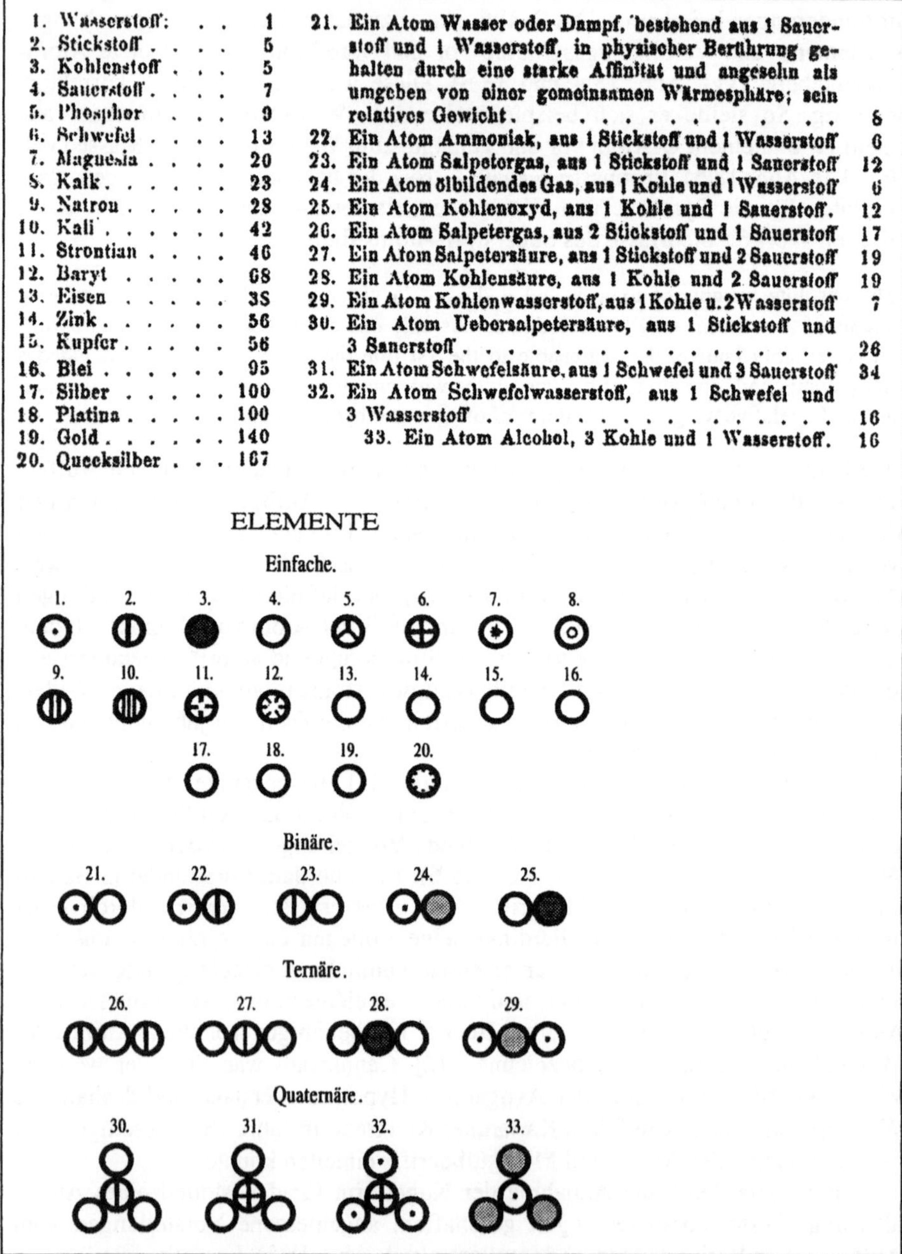

Nr.	Element	Gewicht
1.	Wasserstoff	1
2.	Stickstoff	5
3.	Kohlenstoff	5
4.	Sauerstoff	7
5.	Phosphor	9
6.	Schwefel	13
7.	Magnesia	20
8.	Kalk	23
9.	Natron	28
10.	Kali	42
11.	Strontian	46
12.	Baryt	68
13.	Eisen	38
14.	Zink	56
15.	Kupfer	56
16.	Blei	95
17.	Silber	100
18.	Platina	100
19.	Gold	140
20.	Quecksilber	167

Nr.	Verbindung	Gewicht
21.	Ein Atom Wasser oder Dampf, bestehend aus 1 Sauerstoff und 1 Wasserstoff, in physischer Berührung gehalten durch eine starke Affinität und angesehn als umgeben von einer gemeinsamen Wärmesphäre; sein relatives Gewicht	8
22.	Ein Atom Ammoniak, aus 1 Stickstoff und 1 Wasserstoff	6
23.	Ein Atom Salpetergas, aus 1 Stickstoff und 1 Sauerstoff	12
24.	Ein Atom ölbildendes Gas, aus 1 Kohle und 1 Wasserstoff	6
25.	Ein Atom Kohlenoxyd, aus 1 Kohle und 1 Sauerstoff	12
26.	Ein Atom Salpetergas, aus 2 Stickstoff und 1 Sauerstoff	17
27.	Ein Atom Salpetersäure, aus 1 Stickstoff und 2 Sauerstoff	19
28.	Ein Atom Kohlensäure, aus 1 Kohle und 2 Sauerstoff	19
29.	Ein Atom Kohlenwasserstoff, aus 1 Kohle u. 2 Wasserstoff	7
30.	Ein Atom Uebersalpetersäure, aus 1 Stickstoff und 3 Sauerstoff	26
31.	Ein Atom Schwefelsäure, aus 1 Schwefel und 3 Sauerstoff	34
32.	Ein Atom Schwefelwasserstoff, aus 1 Schwefel und 3 Wasserstoff	16
33.	Ein Atom Alcohol, 3 Kohle und 1 Wasserstoff.	16

Abb. 18.5: Ausschnitt aus Dalton's Atommassentabelle aus dem Jahre 1808 und erste Vorstellungen vom Aufbau einiger Verbindungen [4]

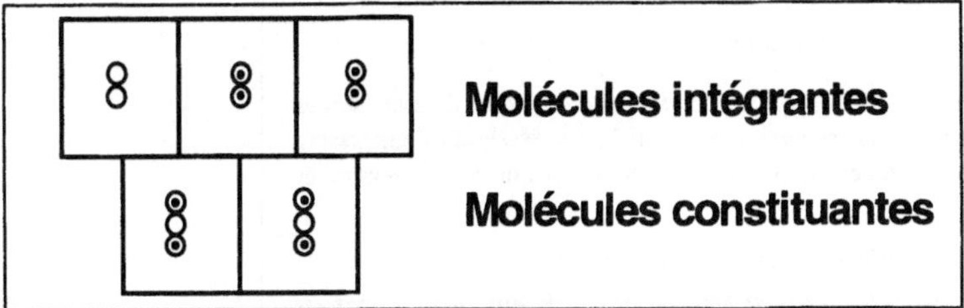

Abb. 18.6: Avogadro's Vorstellungen von der Synthese des Wassers [2]

Aufgrund dieser Vorstellungen ist es Dalton beispielsweise gelungen, den Aufbau der Kohlenstoffmonoxid-Teilchen von denen des Kohlenstoffdioxids zu unterscheiden und sachlich richtige Symbole für beide Teilchenarten zu formulieren (vgl. Nr. 25 und 28 der Abb. 18.5).

Berzelius. Erste vorläufige Vorstellungen von der Verknüpfung der Atome zu Verbänden waren also vorhanden. Es ist allerdings die primäre Intention der Forscher im Gefolge von Dalton hervorzuheben, dass sie Massenverhältnisse in Substanzen aufklären, diese durch die „empirischen Formeln" ausdrücken und die Werte der Atommassen ständig verbessern wollten. Wenn auch zunächst die Einführung von Buchstaben für die Elementsymbole die bekannteste Idee von Berzelius ist (vgl. Abb. 18.7), so sind die quantitativen Analysen und die Wiedergabe der Analysenwerte durch Symbole sein eigentliches Hauptwerk:

„Laßt uns eine gegebene Menge eines jeden Stoffes mit den Anfangsbuchstaben desselben Stoffes bezeichnen, und laßt uns diese Menge nach ihrem *Gewichtsverhältnis zum Sauerstoff* bestimmen, wobei beide gasförmig und von gleichem Volumen gedacht sind und der Sauerstoff als Einheit genommen wird" [6].

Elementsymbole haben also nach Berzelius ganz klar die Bedeutung von Massenangaben, die Verbindungssymbole, die er in großer Zahl auf Grund seiner Analysen ermittelt hat, geben dementsprechend *Massenverhältnisse* der Elemente in den Substanzen wieder und keine Strukturvorstellungen (vgl. Abb. 18.8):

„Von den Schwierigkeiten, die auf diesem Wege zu überwinden waren, gewinnt man einen Eindruck aus der 1833 veröffentlichten Übersicht der damals vorgeschlagenen Formeln für Natriumphosphat" [2].

Trotzdem hat Berzelius durch seine Theorie vom *Dualismus* gewisse Strukturvorstellungen geäußert (vgl. das Symbol für Kupfersulfat, Abb. 18.7). Er forderte,

„daß jede chemische Verbindung nur auf zwei entgegengesetzten Kräften beruht, der positiven und der negativen Elektrizität, und daß demnach jede Verbindung aus zwei Bestandteilen zusammengesetzt sein muß. ... So besteht z. B. das schwefelsaure Natron (gemeint ist Natriumsulfat, Na_2SO_4, d. V.) nicht aus Schwefel, Sauerstoff und Natrium, sondern aus Schwefelsäure und Natron (gemeint sind SO_3 und Na_2O), die wieder jedes für sich in einen elektropositiven und einen elektronegativen Bestandteil zerteilt werden können" [6].

Diese „Zerteilung" konnte man damals naturgemäß nur widersprüchlich beschreiben, da eine Differenzierung von Atom- und Molekülbegriff noch nicht vorlag und deshalb die „Atome der zusammengesetzten Körper" als unzerteilbare Partikel angesehen wurden.

ARTICLE V.

Essay on the Cause of Chemical Proportions, and on some Circumstances relating to them: together with a short and easy Method of expressing them. By Jacob Berzelius, M. D. F. R. S. Professor of Chemistry at Stockholm.

(Continued from Vol. II, p. 454.)

III. *On the Chemical Signs, and the Method of employing them to express Chemical Proportions.*

The chemical signs ought to be letters, for the greater facility of writing, and not to disfigure a printed book. Though this last circumstance may not appear of any great importance, it ought to be avoided whenever it can be done. I shall take, therefore, for the chemical sign, the *initial letter of the Latin name of each elementary substance:* but as several have the same initial letter, I shall distinguish them in the following manner:

When we express a compound volume of the first order, we throw away the +, and place the number of volumes above the letter: for example, $Cu\,O + S\,\overset{3}{O}$ = sulphate of copper

Abb. 18.7: Ausschnitt aus der bekannten Veröffentlichung von Berzelius [2]

Mehr als einhundert Jahre später erinnert beispielsweise die Beschreibung des Natriumsulfats durch Na^{+}-Ionen und SO_4^{2-}-Ionen durchaus wieder an die Grundgedanken der dualistischen Theorie von Berzelius.

Aus Gründen der Gleichschaltung von Atom- und Molekülbegriff war auch die Erscheinung der Isomerie nicht befriedigend durch Berzelius zu erklären: „Unter isomerischen Körpern verstehe ich also solche, welche bei gleicher chemischer Zusammensetzung und gleichem Atomengewicht, ungleiche Eigenschaften besitzen" [7]. Auf Grund dieser Definition des Isomeriebegriffs vermutete Berzelius,

„daß die Atome der einfachen Körper sich möglicherweise unter verschiedenen Umständen auf mehr als eine Weise zu regelmäßigen Gestalten zusammenlegen können, und daß eine Zusammenlegung auf diese oder jene Weise ein verschiedenes Verhalten hervorbringen kann. Aber dies heißt fast zu viel vermuthen".

Es ist schwierig abzuschätzen, ob Berzelius mit „Gestalten" Teilchen auf atomarer Ebene bezeichnen wollte, in keinem Fall konnten er und seine Zeitgenossen ihre Vorstellungen in chemische Symbole umsetzen und damit Unterschiede im Aufbau isomerer Moleküle im heutigen Sinn kennzeichnen.

Auch durch die Einführung seiner *„rationellen Formeln"* im Jahre 1833 gelang es Berzelius nicht:

„Aus diesen Betrachtungen folgt, daß wir für organische Zusammensetzungen zwei Arten von Formeln haben müssen, wovon ich die, von welcher wir uns jetzt bedient haben, empirisch nenne, weil sie das Resultat der Analyse enthält. So ist z. B. die empirische Formel für Ether $C^4H^{10}O$. Die andere, die ich rationell nennen will, drückt eine Vorstellung der inneren Zusammensetzung aus; mir wäre die rationelle Formel des Ethers $C^2H^5 + O$" (zitiert nach Reschke [8]).

Wenn die Idee auch richtig war, über die „innere Zusammensetzung" informieren zu wollen, so vermochten die „rationellen Formeln" dies im heutigen Sinne nicht zu leisten, sie spiegelten lediglich die dualistische Theorie wider.

Berzelius	$\dot{Na}\overset{\cdot\cdot\cdot\cdot\cdot}{P} + 24\ Aq.$	Brande	$S + p' + 24\ aq.$
Berzelius	$\dot{Na}_2\overset{\cdot\cdot\cdot\cdot\cdot}{\bar{P}} + 24\ \dot{\bar{H}}$	Turner	$\dot{So} + P + 2\frac{1}{2}O + 24\ aq.$
Graham	$\dot{Na}^2\dot{N}^{24}\overset{\cdot\cdot\cdot\cdot\cdot}{P}$	Johnstone	$\overset{\cdot\cdot\cdot\cdot\cdot}{P} + \dot{So} + 24\ \dot{H}$
Rose	$NaO + PO^5 + 24\ \bar{H}O$	Prideaux	$\bar{N}\overset{\cdot\cdot\cdot\cdot\cdot}{P} + 24\ Aq.$
Whewell	$N + p' + 24\ aq.$	Warrington	$\overset{\circ\circ}{\overline{Po}} + \overset{\circ}{So} + 24\ \overset{\circ}{H}.$

Abb. 18.8: Beispiele für die um 1833 vorgeschlagenen Symbole von Natriumphosphat [2]

Von weiteren Vorstellungen, dass Atome in bestimmter Weise verknüpft sein müssen, schreibt Berzelius an Liebig:

„Wenn z. B. die Atome so vergrößert gesehen werden könnten, daß wir die zusammenliegenden Atome in $\dot{\bar{H}} + \overset{\cdot\cdot\cdot}{S}$ und in $\dot{\bar{K}} + \overset{\cdot\cdot\cdot}{S}$ (gemeint sind Symbole für Schwefelsäure und Kaliumsulfat, d. V.) sehen könnten, glauben Sie wohl, daß diese Absicht uns einiges Licht darüber geben könnte, ob eins von diesen Sauerstoffatomen dem Wasserstoff oder dem Kalium gehört. Mir ist es unwahrscheinlich. Die alte Salztheorie lehrt uns aber, daß Kalium die Stelle des Wasserstoffs einnehmen kann, und weiter werden wir wohl schwerlich in dieser Frage kommen" [8].

Die Beispiele zeigen, dass Berzelius wohl richtige Fragen bezüglich der Verknüpfung von Atomen stellt, angemessene Antworten zu seiner Zeit aber doch für „unwahrscheinlich" hält. Er hat in jedem Fall durch seine Idee, im Verbindungssymbol die Buchstaben als Elementsymbole einfach aneinander zu fügen, künftige Chemiker für Fragen nach der chemischen Struktur sensibilisiert:

„Die anfänglichen Summenformeln evozieren schon allein durch die räumliche Hintereinanderstellung ihrer Buchstaben eine Bildhaftigkeit des Gemeinten, die eines Tages zwangsläufig zur Frage nach der Anordnung der Atome im Molekül führen mußte" [9].

Liebig. Obwohl sich die Atomtheorie immer weiter durchsetzte, verhinderte die Fachsprache der Chemiker bis weit ins 19. Jahrhundert hinein angemessene Vorstellungen vom Aufbau der Substanzen. Dies zeigt die Ausdrucksweise von Berzelius in dem vorangehenden Zitat, das vom Ersatz von „Kalium durch Wasserstoff" ausgeht und nicht vom Ersatz der Wasserstoff-*Atome* durch Kalium-*Atome*. Ebenso stellt sich Liebig eher „Chlor" als Chlor-Atome in einem Molekül vor, wenn er das Dichlorethan im Jahr 1835 beschreibt als

„eine flüchtige Substanz, welche die Zusammensetzung $C_4H_8Cl_4$ besitzt. Diese Zusammensetzung beweist aufs klarste, daß in dem Oel des oelbildenden Gases das Chlor auf zweierlei Weise vorhanden ist" [8].

Liebig verwendete im Gegensatz zu Berzelius bereits die heute üblichen Symbole mit den Indizes rechts unten an den Buchstaben. Allerdings gab er in der Formel für Dichlorethan die doppelte Anzahl von Atomen an, weil in damaligen Atommassentabellen „der Sauerstoff" immer noch mit dem Wert 8 anstelle von 16 geführt wurde und weil auf Grund der Festlegung durch Berzelius über „eine gegebene Menge eines jeden Stoffes nach dem Gewichtsverhältnis zum Sauerstoff" informiert werden sollte. Die „empirischen Formeln" von Liebig wiesen also wie gehabt Analyseergebnisse und damit Massenverhältnisse der Elemente in den analysierten Substanzen aus.

Allerdings wurde es Liebig immer deutlicher, dass in chemischen Symbolen möglichst der Aufbau der Stoffe erkennbar werden müsste. In einem Brief an Berzelius äußert er im Jahr 1837 entsprechend:

„Da wir nicht wissen, ob das Kalium in dem schwefelsauren Kali (gemeint ist Kaliumsulfat, K_2SO_4, d. V.) als Kali (gemeint ist K_2O) oder $SO_4 + K_2$ ist, so kommt es zuletzt darauf an, sich eine *Vorstellung* zu schaffen, wodurch alle Verbindungen in einem harmonischen System vereinigt sind. Die Formel 3 $SO_4 + Al_2$ wäre analog 3 $Cl_2 + Al_2$, kurz die Chemie würde von bewunderungswürdiger Einfachheit werden. ... Ich fühle, daß die Zeit nicht fern ist, wo man zu dieser *Vorstellung* seine Zuflucht nehmen muß" [8].

Diese Weitsicht zeichnet Liebig vor vielen anderen Chemikern seiner Zeit aus, und er war es dann auch, der aus seinen Wünschen nach „harmonischen Systemen" heraus die *Radikaltheorie* erfand. In der Theorie kommt zum Ausdruck, dass bestimmte Atomgruppen – von Liebig Radikale genannt – bei Stoffumsätzen erhalten bleiben und im Ganzen symbolisiert werden sollten. Diese Radikale waren ökonomischer zum Kombinieren geeignet als die von Berzelius verwendeten Symbole: Das Radikalsymbol „$K_2 + SO_4$" sollte etwa für eine Systematik der Salze nützlicher sein als das Symbol der Dualismus-Theorie „$K_2O + SO_3$".

Die „für ein Jahrzehnt herrschende Radikaltheorie wurde durch die berühmte Untersuchung ‚Über das Radikal der Benzoesäure' geschaffen, die Liebig in gemeinsamer Arbeit mit Wöhler durchführte" [6]. Beide hatten die Vorstellung, dass in allen von ihnen untersuchten Benzoylverbindungen ein gemeinsamer „zusammengesetzter Grundstoff" vorliegt, dass sich

„alle diese Stoffe um eine einzige Verbindung gruppieren, welche fast in allen ihren Vereinigungsverhältnissen mit anderen Körpern ihre Natur und ihre Zusammensetzung nicht ändert. Diese Beständigkeit, die Konsequenz in den Erscheinungen, bewog uns jene Verbindung als einen zusammengesetzten Grundstoff anzunehmen, und dafür eine besondere Benennung, den Namen *Benzoyl*, vorzuschlagen" [10].

„Liebig und Wöhler hatten 1832 nachgewiesen, daß bei der Umwandlung von Benzaldehyd in Benzoylchlorid, Benzamid und Benzoesäure stets die Gruppe C_7H_5O erscheint: $[C_7H_5O]H$, $[C_7H_5O]Cl$, $[C_7H_5O]NH_2$, $[C_7H_5O]OH$. Dies gilt auch für weitere Benzoesäurederivate" [11].

Dieses „Radikal" bedeutete allerdings auch nicht mehr als das immer wiederkehrende, konstante Massenverhältnis der Elemente in einer Atomgruppe. Für diese Atomgruppe ist also keine bestimmte Struktur angenommen worden, wie wir sie heute durch das Symbol C_6H_5CHO für ein Benzaldehyd-Molekül anzeigen. Das lässt die Schreibweise von Liebig und Wöhler deutlich erkennen:

„Die Zusammensetzung des Radikals haben wir durch die Formel 14 C + 10 H + 2 O ausgedrückt. Die Stelle des Wasserstoffs in der Benzoesäure kann ferner durch Chlor, Brom, Jod, Schwefel und Cyan vertreten werden" [10].

Trotz der formalistischen Symbolschreibweise entwickelte Liebig Vorstellungen davon, dass in den Radikalen eine bestimmte Zuordnung der Atome vorliegen muss. Beispielsweise nimmt er zum Aufbau des Benzaldehyds und der Benzoesäure richtig an,

„daß in dem ersteren 2 At. Wasserstoff in einer anderen Weise miteinander vereinigt sind als die übrigen 10 At., und daß in der Benzoesäure 1 At. Sauerstoff in einer anderen Art von Verbindung enthalten ist als die übrigen zwei. Diese Art von Verbindung bezeichnen wir schärfer, indem wir sagen, daß beide nicht Bestandteile des Radikals sind, in der Art also, daß wir sie uns *außerhalb* des Radikals vorhanden denken“ [12].

Da Liebig keine experimentellen Hinweise auf die „andere Art von Verbindung“ hatte, konnten sich seine Vorstellungen naturgemäß nicht in der Symbolsprache niederschlagen, seine Ausführungen beziehen sich wahrscheinlich nicht auf die *An*ordnung von Atomen im Sinne einer räumlichen Struktur, sondern auf die formale *Zu*ordnung von Äquivalenten, wie es die Symbole mit dem trennenden Pluszeichen ausweisen.

Es ist zu erkennen, dass ein reiner Formalismus zur ökonomischen Beschreibung von Verbindungen und von Substitutionsreaktionen vorliegt, ohne Strukturvorstellungen mit der Symbolsprache zu verknüpfen. Trotzdem war dieser Formalismus sehr nützlich, denn Liebig fand auf dieser Grundlage im Jahr 1838 eine völlig neue *Säure*-Definition, die noch lange Zeit verwendet wurde: „Säuren sind hiernach gewisse Wasserstoff-Verbindungen, in denen der Wasserstoff vertreten werden kann durch Metalle“ [13].

Außerdem führte die Radikaltheorie zur Ordnung vieler bislang bekannter, aber nicht weiter geordneter Verbindungen, sie bildete schließlich die Grundlage für die spätere Typentheorie. Liebig war sich – im Gegensatz zu vielen Zeitgenossen – darin bewusst, dass die Radikale nicht „die Stelle von Elementen vertreten“, sondern veränderlich sind. Er sah bereits die begrenzte Aussagefähigkeit seiner Hypothese und wünschte sich gar eine neue Theorie herbei: „Die Zeit ist hoffentlich nicht mehr fern, wo man in der organischen Chemie die Idee von den unveränderlichen Radikalen aufgeben wird“ [14]. Sein eigener Schüler Kekulé erfüllte diesen Wunsch später, zuvor betraten allerdings erst noch – oder zwangsläufig? – die Typentheoretiker die Bühne.

Laurent und Gerhardt. In dem Bestreben, die stetig wachsende Zahl bekannter und neuer Substitutionsreaktionen zu klassifizieren, entwickelte Laurent auf der Basis der schon 1834 von Dumas beschriebenen Überlegungen die sogenannte „*Kerntheorie*“. Er war davon überzeugt, „die chemische Ähnlichkeit der Substitutionsprodukte deute auf eine ähnliche Struktur ihrer Molekeln und schloss daraus, die Chloratome treten in der Molekel der Substanz an die Stelle der Wasserstoffatome“ [15]. Damit machte Laurent die dualistische Theorie fragwürdig, da er den Austausch von „elektropositiven“ gegen „elektronegative Atome“ postulierte. Außerdem stand für ihn der dualistischen Lehre entgegen, dass „die Eigenschaften der Substanz nicht mehr in erster Linie vom *Charakter* und der *Zahl* der ihre Molekel konstituierenden Atome, sondern von der Art *ihrer Aneinanderlagerung* bestimmt sein sollten“ [15].

Laurent besaß eigene Vorstellungen von der räumlichen Anlagerung der Atome, wenn er formulierte: „Die Kerne der organischen Verbindungen sind Säulen, in deren Ecken die Kohlenstoffatome stehen, während die Kanten durch die Wasserstoffatome gebildet sind. Solche Kanten können weggenommen und durch andere ersetzt werden, ohne daß die Figur bedeutende Änderungen erleidet" [6]. Wenn auch diese Beschreibung angemessen ist, so war „dieser Versuch, der, weil verfrüht und daher notwendig rein spekulativ, die Kerntheorie Laurent's bei seinen Zeitgenossen diskreditierte, so daß sie keinen Einfluß gewinnen konnte" [15].

Einen gewissen Einfluss hatte sie aber bei seinem Landsmann Gerhardt. Er war angesichts der großen Fülle von Verbindungen bemüht, eine Systematik in ihrer Beschreibung zu finden, lehnte allerdings die durch Berzelius eingeführte und gebräuchliche Klassifizierung aufgrund der elektrochemisch-dualistischen Denkweise ab. Er ersetzte sie 1838 kurzerhand durch sein „système unitaire":

„In dem System, dessen Annahme ich vorschlage, werden alle Körper als einheitliche Moleküle angesehen, deren Atome in bestimmter Weise geordnet sind, und die chemische Reaktion zeigt uns diese Ordnung nur in relativer Weise" [15].

Das Zitat zeigt einen Fortschritt zur Radikaltheorie. Während diese einen unveränderlichen Molekülrest postuliert, stellt sich Gerhardt einen Atomverband vor, in dem verschiedene Atome durch andere ersetzt werden können. Er fordert „viele Differenzierungsmöglichkeiten" [15] bzw. verschiedene Formeln auf Grund der verschiedenen möglichen Reaktionen ein und desselben Moleküls:

„Gerhardt's Formeln sollten denn auch nicht die Lagerung oder absolute Gruppierung der Atome darstellen, sondern nur die Bildungs- und Zersetzungsweise der Körper veranschaulichen, so daß für eine Substanz mehrere Formeln möglich sein sollten, sofern dieselbe auf verschiedene Weise sich bilden könnte" [16].

Diese Denkweise setzte sich als *Typentheorie* durch. Die Typentheoretiker fanden noch keine differenzierten, heute üblichen Struktursymbole, aber sie waren „fest vom Vorhandensein einer Molekülstruktur überzeugt. In den Typenformeln erfaßte Gerhardt eine wesentliche Struktureigenschaft der Molekeln. Es wurden durch diese Formeln die *funktionellen Gruppen* hervorgehoben, die reaktionsfähigsten Zentren der Molekeln" [15].

Zur Beschreibung der vier Urtypen „Wasserstoff", „Wasser", „Salzsäure" und „Ammoniak" führten die Typentheoretiker die bekannte Klammer ein:

$$\left.\begin{matrix} H \\ H \end{matrix}\right\} \qquad \left.\begin{matrix} H \\ H \end{matrix}\right\} O \qquad \left.\begin{matrix} H \\ Cl \end{matrix}\right\} \qquad \left.\begin{matrix} H \\ H \\ H \end{matrix}\right\} N$$

„Die Typentheorie wies darauf hin, daß sich zahlreiche organische Verbindungen von einigen wenigen anorganischen Grundtypen ableiten lassen durch Substitution von Wasserstoffatomen durch organische Reste. So würden sich vom Wassertyp ableiten die Alkohole, die Äther, die Carbonsäuren, die Carbonsäureanhydride. A.W. Hofmann zeigte, daß die Amine als Derivate des Ammoniak aufgefaßt werden können. Gerhardt und Laurent waren der Ansicht, daß Wasserstoff, Chlor und Sauerstoff aus 2-atomigen Molekülen bestünden und schrieben daher damals schon richtige Formeln. ... Trotz allem war man sich über die Anordnung der Atome im einzelnen und die Art ihrer Verkettung völlig im Unklaren" [11].

Ausgehend von den „Urtypen" konnten also durch den formalen Austausch mit anderen Atomgruppen viele Moleküle symbolisiert, homologe Reihen und Substitutionsreaktionen beschrieben werden. „Wohlgemerkt, hierbei handelte es sich meist nicht um real ausführbare Substitutionen, sondern um einen *formalen Vergleich*, quasi um ein chemisches Gedankenexperiment" [15].

Trotzdem war dieser Formalismus ausgezeichnet geeignet zur Vorhersage von noch nicht bekannten Verbindungen und hatte entsprechende Erfolge im Aufsuchen neuer Stoffe und Reaktionen hervorgebracht. Allerdings wurden ebenfalls Verbindungen vorausgesagt, deren Suche erfolglos war, weil es die verschiedenen Stoffe nicht gab. Beispielsweise postulierte man auf Grund des Urtyps „Wasserstoff"

$$\text{Dimethyl} \left.\begin{matrix} CH_3 \\ CH_3 \end{matrix}\right\} \qquad \text{und Äthylwasserstoff} \left.\begin{matrix} H \\ C_2H_5 \end{matrix}\right\}$$

als zwei isomere „Ethane" [15]: verschiedene Substanzen der Zusammensetzung C_2H_6 fand man allerdings – naturgemäß – nicht. Dies veranschaulicht noch einmal den besagten Formalismus der Typentheorie.

Auf der Grundlage der Gedanken von Laurent und Gerhardt erfand Kekulé im Jahr 1858 schließlich einen weiteren „Urtyp", den Typ „Grubengas":

> „Durch Schaffung dieses neuen Typus hat Kekulé den Auftakt gegeben zu der Periode, in der die Bedeutung des Methans als Muttersubstanz zahlreicher Körper immer mehr und mehr an Klarheit und Boden gewann, in der mit anderen Worten die Strukturtheorie aus der Typenlehre sich entwickelte" [16].

18.2 Der Weg Kekulé's von der Typentheorie zur Strukturtheorie

Kein Name einer Forscherpersönlichkeit ist mit dem Entstehen der Strukturtheorie so eng verknüpft wie der Name August Kekulé. Das Studium seiner Veröffentlichungen ist deshalb ausgezeichnet dazu geeignet, die Entwicklung von Vorstellungen aufzuzeigen, die zur Erkenntnis des Aufbaus der Materie, insbesondere zur Struktur der Moleküle und zu den entsprechenden chemischen Symbolen geführt haben.

Wizinger-Aust schildert in seinem Vortrag anlässlich der hundertjährigen Wiederkehr der Entdeckung der Benzolstruktur die Situation, die im Jahre 1851 vorlag, als sich Kekulé in Paris mit der Klassifikation der organischen Verbindungen befasste:

> „Es fällt uns heute nicht leicht, sich vorzustellen, unter welchen kümmerlichen Verhältnissen die Chemiker experimentieren mußten. Noch unvergleichlich schlimmer jedoch, geradezu trostlos, war die theoretische Situation. Selbst die Grunddefinitionen waren damals nicht festgelegt. Mit ‚Atom' bezeichnete man sowohl das kleinste Teilchen eines Elements als auch das kleinste Teilchen einer Verbindung. Umgekehrt wurde der Ausdruck ‚Molekül' ebenso verschwommen benutzt. Diese Verwirrung schlug sich in den chemischen Symbolen nieder, die für uns heute nicht mehr ohne weiteres verständlich sind. Besonders schwierig stand es um die Formulierung der Kohlenstoff-Verbindungen. Schon für die Essigsäure standen sechzehn verschiedene Formeln zur Diskussion. Recht hilflos stand man der Frage nach der Anordnung der Atome in den organischen Verbindungen gegenüber" [11].

Diese Schilderung sei durch Abbildung 18.9 veranschaulicht [2].

$C_4H_4O_4$	empirische Formel.
$C_4H_3O_3 + HO$	dualistische Formel.
$C_4H_3O_4 . H$	Wasserstoffsäure-Theorie.
$C_4H_4 + O_4$	Kerntheorie.
$C_4H_3O_2 + HO_2$	Longchamp's Ansicht.
$C_4H + H_3O_4$	Graham's Ansicht.
$C_4H_3O_2 . O + HO$	Radicaltheorie.
$C_4H_3 . O_3 + HO$	Radicaltheorie.
$\left.\begin{matrix} C_4H_3O_2 \\ H \end{matrix}\right\} O_2$	Gerhardt. Typentheorie.
$\left.\begin{matrix} C_4H_3 \\ H \end{matrix}\right\} O_4$	Typentheorie (Schischkoff etc.)
$C_2O_3 + C_2H_3 + H O$	Berzelius' Paarlingstheorie.
$H O . (C_2H_3)C_2, O_3$	Kolbe's Ansicht.
$H O . (C_2H_3)C_2, O . O_2$	ditto
$\left.\begin{matrix} C_2(C_2H_3)O_2 \\ H \end{matrix}\right\} O_2$	Wurtz
$\left.\begin{matrix} C_2H_3(C_2O_2) \\ H \end{matrix}\right\} O_2$	Mendius.
$C_2H_2 . \left.\begin{matrix} HO \\ HO \end{matrix}\right\} C_2O_2$	Geuther.
$C_2 \left\{\begin{matrix} C_2H_3 \\ O \\ O \end{matrix}\right\} O + HO$	Rochleder.
$\left(C_2 \frac{H_3}{CO} + CO_2\right) + HO$	Persoz.
$C_2 \left\{\begin{matrix} C_2 \left\{\begin{matrix} O_2 \\ H \end{matrix}\right. \\ H \end{matrix}\right. \quad \left.\frac{H}{H}\right\} O_2$	Buff.

Abb. 18.9: Im Jahr 1861 verwendete Symbole zur Zusammensetzung der Essigsäure [2]

Kekulé hatte in Paris Gerhardt persönlich kennen gelernt, und beide „diskutierten sehr eingehend die damaligen chemischen Tagesfragen und insbesondere die Möglichkeit der Klassifizierung der Kohlenstoffverbindungen vom Standpunkt der Typentheorie" [11]. Dieser Gedankenaustausch hat sich in den ersten Veröffentlichungen Kekulé's niedergeschlagen, wie die folgenden Abschnitte es zeigen werden. Diese Auszüge referieren die wichtigsten Arbeiten Kekulé's bewusst in der zeitlichen Reihenfolge ihres Erscheinens und bieten die Grundlage für die Analyse hinsichtlich der vorliegenden Fragestellung, in welcher Weise sich Vorstellungen zur Struktur von Molekülen entwickeln und in chemischen Symbolen niederschlagen konnten.

1854: „Notiz über eine neue Reihe schwefelhaltiger organischer Säuren" [17]

Die gepriesenen Vorteile der Typentheorie, neue Verbindungen vorauszusagen, kamen auch Kekulé zugute. Auf der Grundlage des Schwefelwasserstoff-Typus postulierte er:

„Außer den Mercaptanen und neutralen Schwefelwasserstoffäthern, die den Alkoholen und Äthern der Wasserreihe entsprechen, müssen demnach auch die den Säuren, wasserfreien Säuren und Säureäthern entsprechenden Gruppen der Schwefelwasserstoffreihe erhalten werden können".

Dieses Postulat führte dann beispielsweise zur Auffindung der Thioessigsäure (CH_3COSH). Eine solche Vorhersage war zunächst formalistischen Ursprungs, der „Sauerstoff" könnte in der Typenformel der „Essigsäure" rein schematisch durch „Schwefel" ersetzt gedacht sein, zumal Kekulé davon spricht, „durch Einführen von Schwefel an die Stelle des Sauerstoffs die Glieder der Wasserreihe in die der Schwefelwasserstoffreihe umzuwandeln". Zwei Äußerungen sprechen aber auch dafür, dass Kekulé gewisse Vorstellungen von der Anordnung der Atome hatte.

Zum einen erläutert er den Substitutionsgedanken an späterer Stelle präziser, indem er nicht formal vom Ersatz des „Wasserstoffs", sondern von der Substitution durch Wasserstoff-*Atome* spricht:

„Aus einem Glied der Wasserreihe, das als Wasser angesehen werden kann, in welchem 1 Atom Wasserstoff durch ein Radical vertreten ist, erhält man ein entsprechendes Glied der Schwefelwasserstoffreihe. ... Es ist eben nicht nur der Unterschied in der Schreibweise, vielmehr wirkliche Tatsache, daß 1 Atom Wasser 2 Atome Wasserstoff und nur 1 Atom Sauerstoff enthält".

Die Zitate zeigen, dass zwar der Atombegriff noch der Ausschärfung bedurfte, allerdings mit dem Atombegriff nicht mehr nur Gewichtsangaben verbunden waren, sondern dieser strukturell als kleinstes Teilchen eines Atomverbandes interpretiert wird. Auch in der Typenschreibweise sieht Kekulé, deutlicher als seine Zeitgenossen, die Struktur eines Moleküls – wenn auch wohl nicht die räumlich zutreffende, sondern vielleicht eine ebene Zuordnung der Atome zueinander.

Zum anderen verwendet Kekulé, aufbauend auf entsprechende Arbeiten von Frankland, Williamson, Odling und Wurtz, den *Valenzbegriff*, um Voraussagen zum Aufbau von Verbindungen zu machen: „... und daß die *Einem* untheilbaren Atom Sauerstoff äquivalente Menge Chlor durch 2 theilbar ist, während der Schwefel, wie Sauerstoff selbst, *zweibasisch* ist, so daß 1 Atom äquivalent ist 2 Atomen Chlor". Solche Aussagen sind zunächst auf der Grundlage formaler Zuordnung von Äquivalenten gemeint, wie sie von den Zeitgenossen üblich waren.

Kekulé gelangte darüber hinaus durch seine zutreffenden Vorstellungen vom Austausch gewisser Atome durch andere Atome oder Atomgruppen allerdings zu Anschauungen, die vom Äquivalent über die „Basicität" zur *Bindigkeit* im heutigen Sinne führten. Entsprechende Voraussetzungen standen jedenfalls zur Verfügung und ermöglichten über das Postulat einer Bindungssystematik ein erfolgreiches Auffinden neuer Molekülstrukturen.

Auch Weissbach sieht den Fortschritt Kekulé's darin, dass er „Valenz strukturell interpretierte. Und das ist gerade der entscheidende Schritt von all den vorstrukturellen Theorien zur Strukturtheorie" [15]. Kekulé selbst hat 1890 anlässlich des „Benzolfestes" aus der Zeit, als er 1854 in London weilte, von Träumen erzählt, die auf seine Molekülstrukturvorstellungen hinweisen: „Da gaukelten vor meinen Augen die Atome. Ich hatte sie immer in Bewegung gesehen. ... Ich sah, wie größere eine Reihe bildeten und nur an den Enden der Kette noch kleinere mitschleppten" [6]. Wenn dies auch kein beweiskräftiges Argument ist, so deuten die Träume darauf hin, dass Kekulé sich oft in Gedanken mit Atomen und deren Anordnung beschäftigte: Bereits 1854 „sah" er die Kettenbildung von C-Atomen.

1857/1858: „Über die Konstitution des Knallquecksilbers" [18, 19]

Beide Arbeiten sind deshalb beachtenswert, weil Kekulé darin den bisherigen Gerhardtschen vier Urtypen den Typ „Sumpfgas" bzw. „Grubengas" hinzufügte. Zwar hatte Odling diesen Typ schon „anderthalb Jahre früher" gefunden, seine Abhandlung ist allerdings „in den Lehrbüchern der Geschichte der organischen Chemie nicht berücksichtigt worden" [20].

Aus den Texten geht hervor, dass die Arbeit mit diesem neuen Typus nicht formaler Art ist, sondern in ein gewisses Strukturdenken mündet: Kekulé will „wesentlich die Beziehungen andeuten, in denen die genannten Körper zueinander stehen" [18]. Er betrachtet das Knallquecksilber ($Hg(CNO)_2$) „als nitrirtes Acetonnitril, dessen beide Wasserstoffatome durch Quecksilber ersetzt sind" [18]. Wenn auch in beiden Aufsätzen die Struktur des Knallquecksilbers nicht richtig wiedergegeben wird, so zeigen seine Formulierungen beispielsweise den sachlich richtigen Gebrauch des Atom- und Molekülbegriffs und entsprechend zutreffende Vorstellungen: „„... das Chlorpikrin ist ... seither nur aus Nitroverbindungen erhalten worden und zwar aus keiner, die weniger als 12 Atome Kohlenstoff im Molecül enthält" [18].

Nur die Schreibweise der Molekülsymbole entspricht noch nicht den gedachten Molekülstrukturen. Zum einen benutzt Kekulé statt der für ihn überzeugenden Gerhardtschen Atomgewichte die „kleinen Gmelinschen Aequivalentgewichte ... als ein Zugeständnis, das er seinen deutschen Fachgenossen machte" [20], zum anderen werden Molekülsymbole geschrieben, indem die Atomsymbole linear aneinandergefügt sind. Ob Kekulé sich auch solche linear aufgebauten Moleküle vorstellte oder an räumliche Strukturen dachte, ist mit Hilfe dieser bislang vorliegenden Texte nicht zu entscheiden.

1857: „Über die s.g. gepaarten Verbindungen und die Theorie der mehratomigen Radicale" [21]

Kekulé baut in dieser Arbeit die Idee der Valenz der Atome weiter aus, die er schon 1854 in der „Notiz" zum Wasserstofftypus und zum „zweibasischen Sauerstoff bzw. Schwefel" vorgestellt hat. Nachdem er den Betrachtungen die Begriffe Atom und Molekül richtig voranstellt und sich „die Moleküle der chemischen Verbindungen aus einer Aneinanderlagerung von Atomen" vorstellt, konstatiert er: „Die Zahl der mit Einem Atom verbundenen Atome anderer Elemente ist abhängig von der Basicität oder Verwandtschaftsgröße der Bestandtheile". Kekulé definiert „einbasische oder einatomige (I), zweibasische oder zweiatomige (II) und dreibasische oder drei-atomige (III)" Elemente und gibt als entsprechende Repräsentanten „HH, OH_2, NH_3" an. Der Methantyp fehlt hier noch, er wird in seiner nächsten Arbeit vorgestellt.

Kekulé weitet den Begriff der Basicität auch auf Radikale aus und formuliert aufgrund seiner Vorstellungen von „multiplen und gemischten Typen: Ein zweiatomiges Radical kann zwei Moleküle der Typen vereinigen, z. B. Schwefelsäurehydrat".

Schwefelsäure-
hydrat

$$\begin{matrix} H & \\ & \Theta \\ S''\Theta_2 & \\ H & \Theta \end{matrix}$$

Dieses Symbol drückt jetzt – präziser als zuvor – einen nichtlinearen Aufbau des Moleküls aus Atomen aus und kommt der vorgestellten ***bestimmten*** Verknüpfung der Atome mit festen Bindigkeiten – wenn auch in der Ebene – immer näher, die „strukturelle Interpretation von Valenz" [15] wird immer deutlicher. Kekulé empfindet das selbst so: „... man wird zugeben müssen, daß die Formel besser als die gewöhnlich gebrauchten die Beziehungen der Körper ausdrücken, die durch sie dargestellt werden sollen".

Wie konkret sich Kekulé inzwischen auch die chemische Reaktion als eine Umgruppierung von Atomen vorstellt und mit Symbolen zu beschreiben vermag, soll folgender Textausschnitt zeigen:

„Die Theorie der mehratomigen Radicale giebt auch davon eine gewisse Vorstellung, warum zweibasische Säuren so leicht in Anhydride und Wasser zerfallen. Man kann sich nämlich denken, daß das zweiatomige Radical, welches vorher, indem es 2 Atome H in zwei verschiedenen Molecülen H_2O vertrat, diese 2 Molecüle vereinigte, seine Stellung so ändert, daß er jetzt 2 Atome H, die demselben Molecül H_2O angehören, ersetzt, wodurch dann die Ursache des Zusammenhangs wechselt und die Atomgruppe sich in zwei Molecüle spaltet, z. B.":

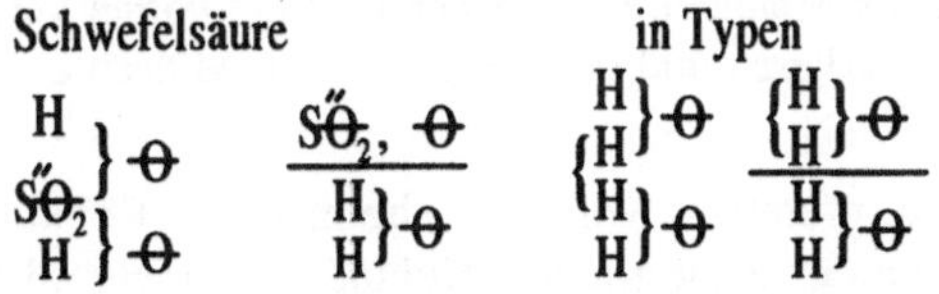

Schwefelsäure in Typen

$$\begin{array}{l} H \\ S\Theta_2 \\ H \end{array}\!\!\begin{array}{l} \}\Theta \\ \}\Theta \end{array} \qquad \frac{S\Theta_2,\ \Theta}{\begin{array}{c}H\\H\end{array}\!\}\Theta} \qquad \left\{\begin{array}{l} \begin{array}{c}H\\H\end{array}\!\}\Theta \\ \begin{array}{c}H\\H\end{array}\!\}\Theta \end{array}\right. \qquad \frac{\left\{\begin{array}{c}H\\H\end{array}\right\}\Theta}{\begin{array}{c}H\\H\end{array}\!\}\Theta}$$

Der Formalismus des „doppelten Umsatzes" ist noch zu erkennen und die Formulierung des SO_3-Moleküls mit den Typensymbolen zwar nicht möglich, doch das Grundsätzliche an Kekulés Gedanken geht den Vorstellungen seiner Zeitgenossen sicher weit voraus. „Man war mit den multiplen und den gemischten Typenformeln zwar auf dem Wege zur Strukturformel, aber noch nicht ganz am Ziel" [20].

Der Weg zu diesem Ziel wird anschaulich, wenn man die Mitschrift von Anschütz [22] durcharbeitet, die er anlässlich der Vorlesung zur Organischen Chemie seines Lehrers Kekulé im Wintersemester 1857/58 verfasst hat (ihr Original befindet sich im Institut für Organische Chemie der TH Darmstadt). Darin heißt es auszugsweise auf den Seiten 15 und 16:

„Die Typentheorie läßt uns auffinden, wie die Lagerung der Atome in einer org. Verbindung stattfindet, ihre rationellen Formeln drücken das Wichtigste in dem Verhalten der Verbindungen, die Beziehungen zwischen ihren Elementen aus (siehe Bild oben).... Ob man nun die Formeln so oder so schreibt (Bild unten) ist gleich. Es drücken die rationellen Formeln der Typentheorie nur die möglichen Metamorphosen in einer Verbindung aus".

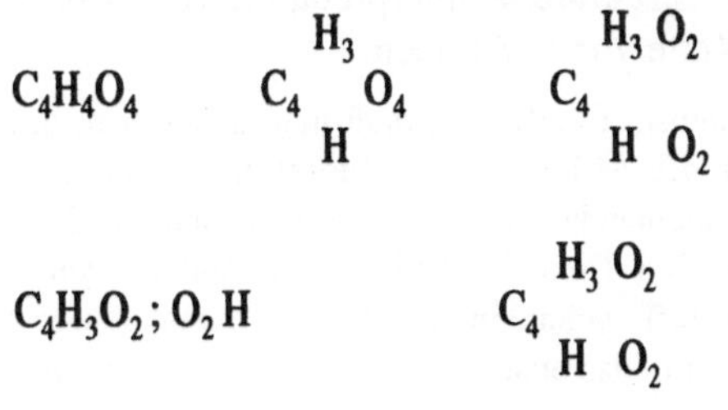

$$C_4H_4O_4 \qquad \begin{array}{ccc} & H_3 & \\ C_4 & & O_4 \\ & H & \end{array} \qquad \begin{array}{ll} & H_3\,O_2 \\ C_4 & \\ & H\ O_2 \end{array}$$

$$C_4H_3O_2\,;\,O_2H \qquad \begin{array}{ll} & H_3\,O_2 \\ C_4 & \\ & H\ O_2 \end{array}$$

1858: „Über die Konstitution und die Metamorphosen der chemischen Verbindungen und über die chemische Natur des Kohlenstoffs" [23]

In dieser Arbeit formuliert Kekulé sehr viel allgemeiner seine Vorstellungen vom Ablauf einer chemischen Reaktion:

„Wenn zwei Molecüle auf einander einwirken, so ziehen sie sich zunächst, vermöge der chemischen Affinität, an und lagern sich aneinander; das Verhältnis zwischen den Affinitäten der einzelnen Atome veranlaßt dann, daß Atome in stärksten Zusammenhang kommen, die vorher den verschiedenen Molecülen angehört hatten. Deshalb zerfällt die Gruppe, welche nach einer Richtung getheilt sich an einander gelagert hatte, jetzt, indem Theilung nach anderer Richtung stattfindet:

vor	während	nach
a | b	a b	a b
a | b	a b	a b

Man kann sich denken, daß dabei während der Annäherung der Molecüle schon der Zusammenhang der Atome in denselben gelockert wird, weil ein Theil der Verwandtschaftskraft durch die Atome des anderen Molecüls gebunden wird, bis endlich die vorher vereinigten Atome ganz ihren Zusammenhang verlieren und die neu gebildeten Molecüle sich trennen".

Erst eine solche anschauliche Interpretation von der chemischen Reaktion durch die Umgruppierung von Atomen ermöglichte Kekulé wahrscheinlich Vorstellungen der Begriffe „Verwandtschaftskraft" bzw. „Affinität" auf der submikroskopischen Ebene. Diese Vorstellungen führten dann zur Idee der Vierbindigkeit des Kohlenstoff-Atoms und der Bildung einer Kette von C-Atomen. Beide Erkenntnisse zeigen nicht nur auf, wie weit Kekulé mit seinen theoretischen Ansichten der übrigen Fachwelt überlegen war, sondern vor allem, dass Kekulé in diesem Stadium die Verknüpfung der Atome untereinander richtig postulierte – wenn auch die räumliche Anordnung dabei noch nicht zum Ausdruck kam:

„Betrachtet man nun die einfachsten Verbindungen des Kohlenstoffs, so fällt auf, daß die Menge Kohlenstoff, welche die Chemiker als geringst mögliche, als *Atom* erkannt haben, stets 4 Atome eines einatomigen, oder 2 Atome eines zweiatomigen Elements bindet; daß allgemein die Summe der chemischen Einheiten der mit einem Atom Kohlenstoff verbundenen Elemente gleich 4 ist. Dies führt zu der Ansicht, daß der Kohlenstoff vieratomig (oder vierbasisch) ist. ... Seine einfachsten Combinationen mit Elementen der drei anderen Gruppen sind: IV + 4 I, IV + 2 II, IV + (II + 2 I), IV + (III + I) oder in Beispielen CH_4, CO_2. $COCl_2$, CNH".

Diese Überlegungen zeigen nun endgültig den Übergang von formalen Äquivalenten zu Bindigkeiten im heutigen Sinn und damit zu vorläufigen Strukturvorstellungen vom Bau der Moleküle – die „strukturelle Interpretation von Valenzen" war vollzogen. Das gilt auch für eine Kette von C-Atomen:

„Für Substanzen, die mehrere Atome Kohlenstoff enthalten, muß man annehmen, daß ein Theil der Atome wenigstens ebenso durch die Affinität des Kohlenstoffs gehalten werde, und daß die Kohlenstoffatome selbst sich aneinander lagern, wobei natürlich ein Theil der Affinität des einen gegen einen ebenso großen Theil der Affinität des anderen gebunden wird. ... Die Zahl der mit n Atomen Kohlenstoff, welche in dieser Weise aneinandergelagert sind, verbundenen Wasserstoffatome z. B. wird also ausgedrückt durch: $n(4-2)+2=2n+2$".

Kekulé ist auch klar, dass bei der Anwesenheit „mehratomiger Elemente nur ein Theil der Verwandtschaft dieser“ für das Kohlenstoffatom, der andere Teil für andere Atome zur Verfügung steht. „Diese anderen Elemente stehen also mit dem Kohlenstoff nur indirekt in Verbindung , was durch die typische Schreibweise der Formeln angedeutet wird“:

$$\left.\begin{matrix}\text{Є}_2\text{H}_5\\ \text{H}\end{matrix}\right\}\Theta \qquad \left.\begin{matrix}\text{Є}_2\text{H}_5\\ \text{H}\\ \text{H}\end{matrix}\right\}\text{N} \qquad \left.\begin{matrix}\text{Є}_2\text{H}_3\Theta\\ \text{Є}_2\text{H}_5\end{matrix}\right\}\Theta$$

Die Texte weisen aus, dass Kekulé die Kettenbildung von Kohlenstoff-Atomen, die Vierbindigkeit des C-Atoms und die Zweibindigkeit des O-Atoms erkannt hat, möglicherweise die Anordnung der Atome, beispielsweise im Ethanol-Molekül, richtig sieht. Noch ist er aber nicht in der Lage, die Verknüpfungen in entsprechenden Symbolen wiederzugeben. Trotz seiner eigenen Forderung, „zurückzugehen bis auf die Elemente selbst, die die Verbindungen zusammensetzen“, und der Feststellung, dass „im allgemeinen immer die am weitesten auflösende Formel die Natur des Körpers am vollständigsten ausdrücken wird“, hält Kekulé am Typensymbol fest. Dieses zeigt aber am Beispiel des Ethanol-Molekülsymbols (s. Bild oben) weder die Bindung zwischen den beiden C-Atomen noch die Bindung zwischen dem C-Atom und dem O-Atom. Später versuchte er durch seine „graphischen Formeln“ die einzelnen Verknüpfungen bestimmter Atome untereinander angemessener darzustellen.

Unabhängig von Kekulé hatte Couper [24] die Fähigkeit der Kohlenstoff-Atome, sich untereinander zu verbinden, postuliert und die entsprechende Arbeit „Über eine neue chemische Theorie“ 1858 *vor* dem Erscheinen Kekulés Arbeit angefertigt. Auch Couper ist mit dem Anspruch aufgetreten, „bis zu den Elementen zurückzugehen und deren gegenseitige Verwandtschaften zu untersuchen“ [24].

Im Gegensatz zu Kekulé legte Couper der Symbolschreibweise nicht die Typentheorie zu Grunde, sondern ersann eine Beschreibung der Verknüpfung von Atomen mit punktierten Linien bzw. mit Strichen. Da er den Wert 8 für die Masse eines Sauerstoff-Atoms annahm, werden jeweils doppelt so viele Sauerstoff-Atome symbolisiert, wie tatsächlich im Molekül vorhanden sind:

„In dem Propylalkohol ist das Verbindungsvermögen des in der Mitte gelegenen Kohlenstoffatoms für den Wasserstoff auf 2 reduziert, weil es mit jedem der beiden anderen Kohlenstoffatome chemisch verbunden ist“ [24]. „Diese Formeln Coupers sind die ersten, in denen die Bindung der Atome durch Bindestriche ausgedrückt wird“ [20]

$$\begin{array}{l}\text{C}\left\{\begin{matrix}\text{O}\cdots\cdots\text{OH}\\ \text{H}^2\end{matrix}\right.\\ \vdots\\ \text{C}\cdots\cdots\text{H}^2\\ \vdots\\ \text{C}\cdots\cdots\text{H}^3\end{array}$$

Es ist schwer zu beurteilen, ob Couper trotz der weiter gehend auflösenden Symbole auch entsprechend differenziertere Vorstellungen vom Aufbau eines Moleküls hatte als Kekulé – das Aufgreifen des „Doppelatoms Kohlenstoff“ spricht dagegen:

„... denn wenn von den zwei Doppelatomen Kohlenstoff C^2 von jedem drei Einheiten der Vereinigungskraft zur Bindung von Wasserstoff und Sauerstoff verwendet werden, so bleibt für jedes C^2 noch eine Einheit dieser Kraft übrig, die zur Vereinigung der beiden Atome C^2 miteinander verbraucht wird" [24].

Diese Formulierung weist einen Denkformalismus zur Beschreibung eines Alkohol-Moleküls aus, der keine fortschrittlichen Strukturvorstellungen erkennen lässt, wie Kekulé sie durch seine Valenzlehre begründete. Da Kekulé die zentralen Ideen früher als Couper veröffentlichen konnte, wurde er „zum Begründer der modernen Strukturchemie" [6].

1860: Lehrbuch der Organischen Chemie [25]

Leider hat Kekulé die Grundidee von Couper zur Formulierung von Symbolen in seinem Lehrbuch nicht übernommen. Er wählte auf der Grundlage seiner Valenztheorie und dem daraus abgeleiteten „empirischen Gesetz der paaren Atomzahlen" sogenannte „graphische Formeln", wie das Beispiel „Essigsäure" zeigt:

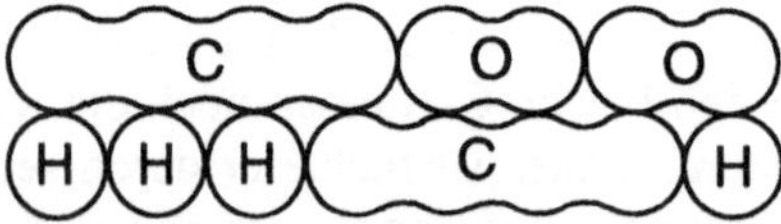

„Man kann sich die Aneinanderlagerung der Atome durch eine graphische Darstellung versinnlichen, indem man die Basicität der Atome durch verschiedene Größen derselben darstellt. Ein Größenunterschied, der also nicht etwa Verschiedenheit der wirklichen Größe der Atome ausdrücken soll, der vielmehr nur die Anzahl der chemischen Einheiten, welche ein Atom repräsentiert, also die Anzahl der Wasserstoffatome, denen es äquivalent ist, darstellt".

Kekulé hielt seine Darstellungen zwar für „ohne weitere Bemerkung verständlich", allerdings ging diese Symbolschreibweise weit hinter die differenzierten Vorstellungen zurück, die er von Molekülstrukturen besaß. „Die Atomsymbole berührten sich nicht nur an Stellen, wo eine chemische Bindung angenommen wurde, sondern auch an anderen Stellen (in der Horizontalen)" [15]. Durch diesen Mangel seines Modells formulierte Kekulé noch 1866 zwei „Isomere", die sich später als ein und dasselbe Isopropanol-Molekül herausstellten (Nr. 28 und 30):

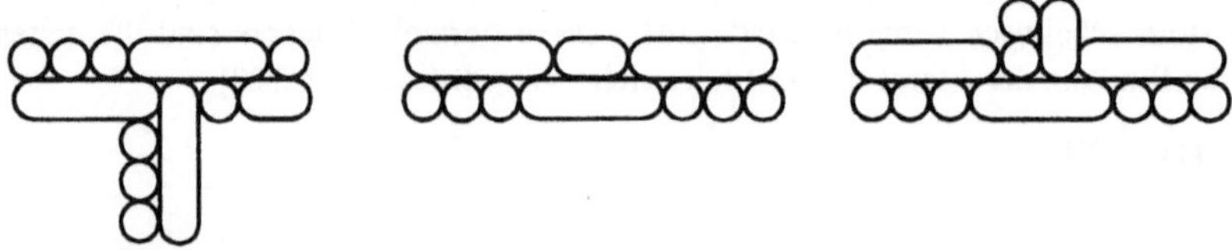

„28. Methyl-Aethylalkohol 29. Aceton 30. Acetonalkohol" [25]

Zudem „ließen sich nicht alle bekannten Verbindungen formulieren, geschweige unbekannte Strukturen wie sekundäre und tertiäre Alkohole voraussagen" [15]. Beispielsweise gehörten für Kekulé die beiden bekannten Dichlorethane „zu den merkwürdigsten Beispielen noch ungeklärter Isomerie".

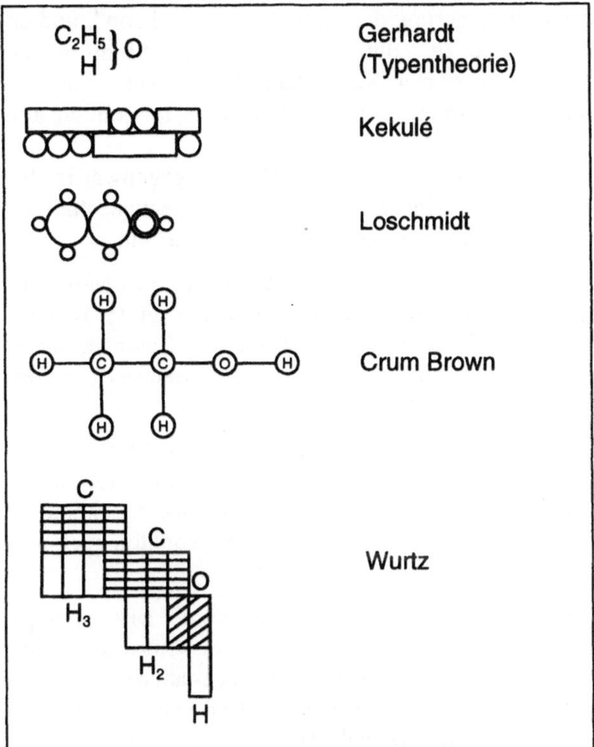

Abb. 18.10: Verschiedene historische Struktursymbole für das Ethanol-Molekül [26]

Die grafischen Darstellungen Kekulés sind ein Beispiel dafür, wie bestimmte Symbole das Strukturdenken auch hemmen und entsprechende Fortschritte verhindern können, „welchen Einfluß die Wahl der Formelzeichen auf die Entwicklung der theoretischen Ideen haben kann" [15]. In diesem Punkt war die Wahl der Symbole von Couper (1858), von Loschmidt (1861) oder von Crum Brown (1864) geschickter (vgl. Abb. 18.10 und 18.11). Auch diese Symbole drücken keine räumlichen Vorstellungen aus, allerdings geben die Symbole von Loschmidt und Crum Brown die Konstitution des Ethanol-Moleküls im heutigen Sinne richtig wieder.

Trotz der unvorteilhaften grafischen Symbole war sich Kekulé vollkommen darüber im Klaren, „daß man die Stellung der Atome im Raum nicht auf der Ebene des Papiers durch nebeneinander gesetzte Buchstaben darstellen kann, daß man vielmehr dazu mindestens einer perspektivischen Zeichnung oder eines Modells bedarf". Für ihn war es gedanklich zunächst auch nicht möglich, „daß man durch

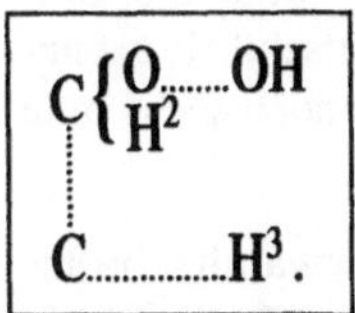

Abb. 18.11: Das Struktursymbol für das Ethanol-Molekül von Couper [24]

das Studium der Metamorphosen die Lagerung der Atome ermitteln kann", und er wies den Wissenschaften die Aufgabe zu, „durch vergleichendes Studium der physikalischen Eigenschaften" an unzerstörten Substanzen deren Struktur aufzuklären. Die meisten Strukturaufklärungsmethoden arbeiten heute tatsächlich auf der Grundlage dieser Idee.

Aus denselben Gründen wie Kekulé verneint auch Butlerow „gegenwärtig die Möglichkeit, über die Lage der Atome im Inneren des Moleculs Rechenschaft zu geben" [27], führt aber trotzdem den Begriff der *chemischen Struktur* ein:

„Von der Annahme ausgehend, daß einem jeden chemischen Atome nur eine bestimmte und beschränkte Menge der chemischen Kraft (Affinität), mit welcher es an der Bildung eines Körpers Theil nimmt, innewohnt, möchte ich diesen chemischen Zusammenhang, oder die Art und Weise der gegenseitigen Bindung der Atome in einem zusammengesetzten Körper, mit dem Namen der chemischen Structur bezeichnen" [27].

Dieser Sachverhalt wird nach heutiger Terminologie als „Konstitution" bezeichnet. Von der Gesamtheit der Strukturbeziehungen stellt die Konstitution, so wie Butlerow sie verstand, natürlich nur einen Teilaspekt der heute bekannten räumlichen Strukturen dar. Erste entsprechende Struktursymbole konnten auch nur diesen Teilaspekt wiedergeben:

„Werden wir nun, soweit es möglich, die chemische Structur der Körper zu bestimmen suchen, und gelingt uns dieselbe in unseren Formeln auszudrücken, so werden diese Formeln in einem gewissen, obgleich noch unvollständigen Grade, wirklich-rationelle Formeln sein. Die Zeit und die Erfahrung werden uns am besten lehren, wie die neuen die chemische Structur ausdrückenden Formeln gestaltet werden müssen" [27].

Es sollte nur vier Jahre dauern, bis Kekulé Struktursymbole für das Benzol-Molekül als den Wünschen Butlerow's entsprechende „wirklich-rationelle Formeln" veröffentlichte.

1866: „Untersuchungen über aromatische Verbindungen" [28]

Aufgrund der experimentellen Befunde, die unter anderem seit Liebig und Wöhler (1832) vorlagen und zum Postulat des Benzoyl-Radikals führten [10], spricht Kekulé zunächst von einem in allen aromatischen Verbindungen „enthaltenen gemeinschaftlichen Kern, der aus sechs Kohlenstoffatomen besteht". Gemäß einer Forderung, „die Betrachtung auf die Constitution der Radicale selbst auszudehnen" [19] und mit Hilfe der valenztheoretischen Ansichten erläutert Kekulé dann seine Vorstellungen vom Aufbau des Benzol-Moleküls:

„Man kann nun weiter annehmen, daß sich mehrere Kohlenstoffatome so aneinander reihen, daß sie sich stets durch zwei Verwandtschaftseinheiten binden, man kann ferner annehmen, die Bindung erfolge abwechselnd durch je eine und durch je zwei Verwandtschaftseinheiten. Macht man dann die weitere Annahme, die zwei Kohlenstoffatome, welche die Kette schließen, seien untereinander durch je eine Verwandtschaftseinheit gebunden, so hat man eine geschlossene Kette (einen symmetrischen Ring), die noch sechs freie Verwandtschaftseinheiten enthält".

Die „offene und die geschlossene Kette" einschließlich der „Verwandtschaftseinheiten" stellt Kekulé zusammen mit den Symbolen vieler anderer Benzolderi-

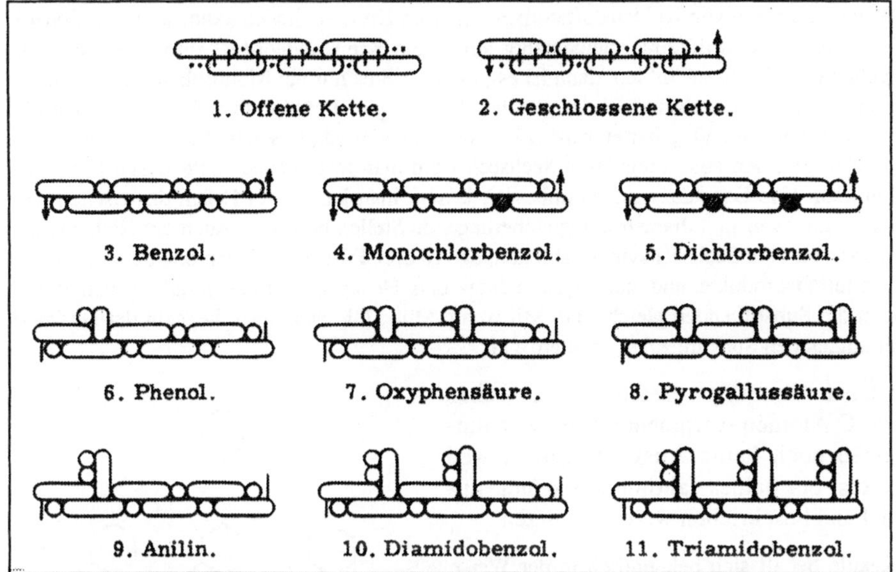

Abb. 18.12: Grafische Formeln aromatischer Verbindungen nach Kekulé [28]

vate in Form „graphischer Formeln" oder sogenannter „Wurstformeln" dar (vgl. Abb. 18.12). Auf die Frage, inwieweit „die sechs Wasserstoffatome des Benzols gleichwertig sind", antwortet Kekulé:

„Die sechs Kohlenstoffatome des Benzols sind untereinander in völlig symmetrischer Weise verbunden, man kann also annehmen, sie bilden einen völlig symmetrischen Ring; die sechs Wasserstoffatome sind dann nicht nur in bezug auf den Kohlenstoff völlig symmetrisch gestellt, sondern sie nehmen auch im Atomsystem (Molecül) völlig analoge Plätze ein; sie sind also gleichwertig. Man könnte das Benzol durch ein Sechseck darstellen, dessen sechs Ecken durch Wasserstoffatome gebildet sind" (Bild).

In seinem Lehrbuch zur organischen Chemie [25] veranschaulicht Kekulé den Aufbau des Benzol-Moleküls durch ein weiteres Symbol:

„Die Ansicht über die Constitution der aus sechs Kohlenstoffatomen bestehenden, geschlossenen Kette wird vielleicht noch deutlicher wiedergegeben durch folgende graphische Formel, in welcher die Kohlenstoffatome rund und die vier Verwandtschaftseinheiten jedes Atoms durch vier von ihm auslaufende Linien dargestellt sind".

Kekulé symbolisiert das Benzol-Molekül zunächst zwar durch alternierende Einfach- und Doppelbindungen, war sich aber trotzdem der Gleichwertigkeit der C–C-Bindungen bewusst, da er die möglichen Substitutionsprodukte des Benzols untersucht hatte und die Anzahl der Mono- und Disubstitutionsprodukte kannte:

„Wenn eine Kette von Kohlenstoffatomen sich zum Kreis schließen kann, wenn im Benzol die sechs Kohlenstoffatome gleichmäßig auf einem Kreis angeordnet sind und somit ein regelmäßiges Sechseck bilden, dann ist es ja klar, daß es nur ein Monosubstitutionsprodukt geben kann. Es entsteht immer das gleiche Gebilde, gleichgültig, an welches Kohlenstoffatom der Substituend geheftet wird. Ebenso ist es klar, daß es nur drei Disubstitutionsprodukte gibt. An einem regulären Sechseck kann man zwei benachbarte Ecken besetzen. Man kann eine Ecke dazwischen unbesetzt lassen, man kann zwei Ecken dazwischen frei lassen, d.h. zwei sich diametral gegenüberliegende Stellen besetzen. Auch ein Nichtchemiker kann an dem Sechsecksymbol ableiten, daß es drei Trisubstitutionsprodukte, drei Tetrasubstitutionsprodukte und nur je ein Penta- und Hexasubstitutionsprodukt geben kann, wenn die Substituenden gleich sind. Mit wenig Mühe läßt sich auch die Zahl der Derivate mit ungleichen Substituenden ableiten" [11].

Über Bindungsverhältnisse zwischen den C-Atomen vermochte Kekulé naturgemäß noch keine Auskunft geben, weil sie erst ein halbes Jahrhundert später ausreichend beschrieben werden konnten.

„Kekulé behalf sich bekanntlich in der Weise, daß er zwischen die Kohlenstoffatome abwechselnd einfache und doppelte Bindungen zeichnete. Nach dieser Formulierung mußte es zwei o-Disubstitutionsprodukte geben, je nachdem, ob die beiden Kohlenstoffatome mit den Substituenten einfach oder doppelt gebunden waren. Zur Behebung dieser Schwierigkeit stellte Kekulé 1872 die bekannte Oszillationstheorie zur Diskussion, wonach ein äußerst rasches Umklappen der Doppelbindungen bzw. ein Hin- und Herschwingen der Atome um eine Gleichgewichtslage stattfinden solle" [11].

Anlässlich einer Tagung im Jahre 1886 wurde die bekannte „Karikatur auf die Oszillationstheorie" in den „Heften der Durstigen Chemischen Gesellschaft" [11] in Umlauf gebracht (Bild).

Am Schluss des entsprechenden Aufsatzes hieß es ironisch hinsichtlich der Oszillationstheorie:

„Die Hypothese, daß ein Molecül, je nach dem Bedürfnis des mit demselben experimentierenden Chemikers, seine Constitution wechseln und auf's Bequemste einzurichten vermag, gehört zu den großartigsten Errungenschaften des kritisch forschenden menschlichen Geistes; diese Errungenschaft, auf die Benzoltheorie angewandt, erscheint als glänzender Leitstern zukünftiger Forschung“ [11].

Strukturtheorie. In den Sechseck-Symbolen schlugen sich nun endlich die Strukturvorstellungen Kekulés nieder, nachdem die von ihm vorgezogenen „graphischen Formeln“ dies nicht vollständig leisteten. Insofern war das Jahr 1866 der Zeitpunkt und der zweite Band seines Lehrbuchs der Ort, den man als Durchbruch der *Strukturtheorie in Vorstellung und in Symbol* festhalten muss. „Der eigentliche umwälzende Schritt lag nicht in der Ringbildung oder der Einführung der Doppelbindung, sondern im Umdenken und Umformulieren eines *Formal*ismus, der ‚Typen*formel*', in eine Struktur! Kekulé empfand plötzlich die Schriftzeichen als Teilchen, die nach vorgegebenen Valenzregeln zusammengesetzt werden konnten“ [29]. Kekulé selbst vergleicht 1883 noch einmal den Informationsgehalt von Typensymbolen mit Struktursymbolen:

„Die Typenformeln drücken also, wenn kein Kommentar beigefügt wird, eine *größere Anzahl von Vorstellungen aus.* ... Die Structurformeln dagegen, sind ganz bestimmte Ausdrücke ganz *bestimmter Vorstellungen.* Sie bedürfen keines Kommentars, sie sind vielmehr für jeden, der die Principien dieser Formelsprache kennt, in allen Details so leicht verständlich, daß es absolut unnöthig ist, die durch sie ausgedrückten Gedanken noch einmal durch Worte wiederzugeben. Sie genügen eben allen Anforderungen, die man an eine chemische Formelsprache stellen kann; denn der Zweck der chemischen Formelsprache ist es, uns in den Stand zu setzen, gleichzeitig auf kleinem Raum eine große Anzahl von Gedanken in unzweideutiger Weise zum Ausdruck zu bringen. Die Structurformeln sind absolut unzweideutig“ [30].

Es bleibt zu berücksichtigen, dass das Sechseck-Symbol der alternierenden Einfach- und Doppelbindungen vielleicht auf Crum Brown zurückgeht. Kekulé kannte nämlich dessen Arbeit von 1864 [31] und erhielt einen Baukasten aus England: „Zur Veranschaulichung von Crum Browns graphischen Formeln erdachte James Dewar Atommodelle, die Sir Lion Playfair 1866 an Kekulé schickte“ [20].

Der Vergleich der Modelle, insbesondere der gewinkelten Valenzstriche bzw. „Valenzstäbchen“ [20], lässt die Wahrscheinlichkeit anwachsen, dass Kekulé das Struktursymbol im zweiten Band seines Lehrbuchs [25] entwarf, nachdem er mit dem zur Verfügung stehenden Baumaterial aus England (siehe Bild) das Modell „seines“ Benzol-Moleküls gebaut hatte. Dieser Zusammenhang lässt sich allerdings nicht nachweisen.

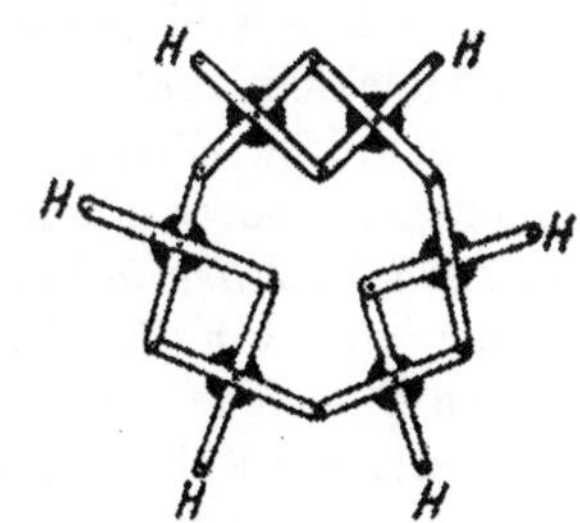

Ebenso wenig lässt sich der Traum Kekulés in Gent als sicheres Indiz dafür heranziehen, dass er bereits schon 1862 die Benzolstruktur ersonnen hatte. Kekulé erzählte 1890 [6]:

„Wieder gaukelten die Atome vor meinen Augen. Kleinere Gruppen hielten sich diesmal bescheiden im Hintergrund. Mein geistiges Auge, durch wiederholte Gesichte ähnlicher Art geschärft, unterschied jetzt größere Gebilde von mannigfacher Gestaltung. Lange Reihen, vielfach dichter zusammengefügt, alles in Bewegung, schlangenartig sich windend und drehend. Und siehe, was war das? Eine der Schlangen erfaßte den eigenen Schwanz und höhnisch wirbelte das Gebilde vor meinen Augen. Wie durch einen Blitzstrahl erwachte ich; auch diesmal verbrachte ich den Rest der Nacht, um die Konsequenzen der Hypothese auszuarbeiten".

1867: „Über die Constitution des Mesitylens" [32]

Die erwähnten Modelle von Dewar stellten die zweidimensionalen Verknüpfungen von Atomen in Molekülen dar. Auch die chemischen Symbole von Crum Brown und anderen waren als Verknüpfungen der Atome in der Ebene gedacht und deshalb von Kekulé verworfen worden. Ihn störte zudem, „daß man die Linien, welche die Verwandtschaftseinheiten ausdrücken, je nach Bedürfnis willkürlich stellt oder umbiegt". Wiederum war es Kekulés Leistung, neue Modelle zur *Anordnung der Atome im Raum* zu erfinden. Ein *Tetraedermodell* war der entscheidende Vorschlag, nämlich dass

„man die vier Verwandtschaftseinheiten des Kohlenstoffs, statt sie in eine Ebene zu legen, in der Richtung hexaedrischer Achsen so von der Atomkugel auslaufen läßt, daß sie in Tetraederebenen endigen. Dabei werden die Längen der Drähte, welche die Verwandtschaftseinheiten ausdrücken, ebenfalls so gewählt, daß die Abstände der Enden stets gleich groß sind. ... Ein derartiges Modell gestattet das Binden von 1, 2 und von 3 Verwandtschaftseinheiten; und es leistet, wie mir scheint, Alles, was ein Modell überhaupt zu leisten im Stande ist".

Den praktischen Einsatz dieser Modelle beschreibt Anschütz [20]:

„In seinen Vorlesungen in Bonn verwendete Kekulé sie stets bei der Erläuterung der Bindungsverhältnisse der Kohlenstoffatome in den gesättigten und ungesättigten Kohlenwasserstoffen, der Isomerie der Paraffine und Paraffinalkohole, des Acetaldehyds mit dem Aethylenoxyd, des Benzols, u. a. m.".

Damit hatte Kekulé das bis heute gültige Kombinationssystem der Atome geschaffen, das die verschiedenen Möglichkeiten zur räumlichen Anordnung von Atomen in Molekülen erklären konnte und viele Probleme mit der Deutung der Isomerie endlich löste. Zudem ist Kekulé nicht nur der Erfinder der räumlichen Molekülmodelle, sondern er hat mit dem Tetraedermodell wohl auch die *praktische Arbeit mit Modellen in Vorlesungen* als erster systematisch eingeführt: „So mag auch der junge van t'Hoff bei seinem von ihm bewunderten berühmten Lehrer die ersten Eindrücke empfangen haben, die ihn zur Ausbildung der Theorie vom asymmetrischen Kohlenstofftetraeder führten" [20].

Van t'Hoff entwickelte das Tetraedermodell von Kekulé weiter und fand

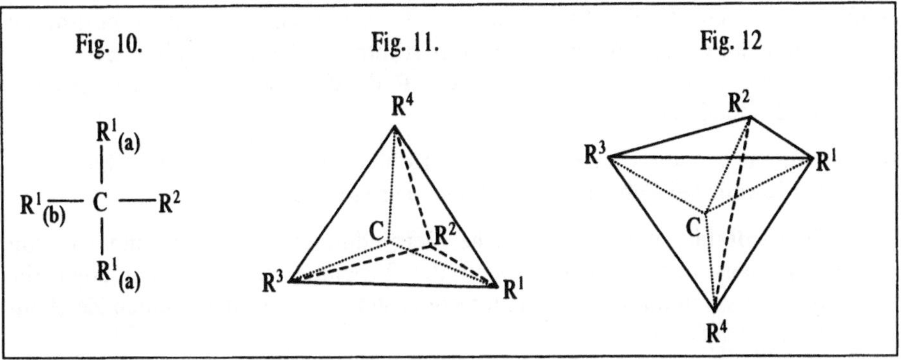

Abb. 18.13: Tetraedermodelle zur Spiegelbildisomerie nach van t'Hoff [33]

„verschiedene Tetraeder, welche nicht zur Deckung gebracht werden können, von denen das eine das Spiegelbild des anderen ist. Einzig für den Fall, daß mit einem Kohlenstoffatom vier von einander verschiedene einwerthige Gruppen verbunden sind, läßt sich ein Fall von Isomerie voraussehen, wie dies die Verschiedenheit der Figuren 11 und 12 beweist" (vgl. Abb. 18.13).

Um die entsprechenden Spiegelbild-Isomerien zu verstehen, empfahl van t'Hoff dringend „zur *Erleichterung der Vorstellung* die im ersten Abschnitt beschriebenen Figuren durch Modelle sich zur directen Anschauung zu bringen!" ([33], Hervorhebung d. d. V.). Er war sich dementsprechend darüber im Klaren, dass zum Erlernen dieses Zusammenhanges räumliche Strukturmodelle unbedingt notwendig sind und nur auf diesem Weg Strukturvorstellungen beim Lernenden erzeugt werden können. Er selbst hatte erste Modelle seines Lehrers Kekulé in Vorlesungen erlebt!

So haben Kekulé und van t'Hoff die Grundlagen geschaffen für viele Modelle und Baukästen, wie sie noch heute in großer Zahl, vielfacher Form und Größe hergestellt werden und in Vorlesungen und Unterricht unterschiedliche Anwendung für Demonstrationen und Übungen finden. „Dieses Tetraedermodell hat die Entwicklung der Stereochemie ausgelöst. Wir alle sind an ihm zum stereochemischen Denken erzogen worden" [11].

18.3 Chronologische Zusammenfassung

1808 Dalton verknüpft den Begriff des Atoms mit dem Elementbegriff, führt die Atommasse ein und stellt die erste Tabelle der Atommassen vor. Es findet noch keine Differenzierung von Atom- und Molekülbegriff statt.

1813 Berzelius schlägt die noch heute gültigen Buchstabensymbole für Elemente vor, die allerdings nicht die Bedeutung von Atomen bzw. von kleinsten Teilchen haben, sondern die äquivalenter Massen. Verbindungssymbole werden als Analyseergebnisse verstanden, die die Massenverhältnisse beteiligter Elemente in Verbindungen repräsentieren.

1832 Liebig und Wöhler finden bei chemischen Reaktionen, dass bestimmte Elementgruppen immer wieder in bestimmten Massenverhältnissen auftreten. Sie nennen diese Atomgruppen „Radikale“ und sind damit Begründer der Radikaltheorie.

1836 Laurent postuliert einen „Kern aus Kohlenstoff- und Wasserstoffatomen“, der jeweils bei Substitutionsreaktionen erhalten bleibt.

1848 Gerhardt klassifiziert organische Verbindungen auf der Grundlage von „Urtypen“ und begründet damit die Typentheorie. Es liegen einerseits Strukturvorstellungen vor, andererseits stellen die Symbole einen Zeichenformalismus dar.

1854 Kekulé interpretiert den Wasser-Typus in Form einer Valenztheorie und beschreibt Strukturvorstellungen von der Substitutionsreaktion.

1857 Kekulé erfindet den Methan-Typus, interpretiert die Valenz des Kohlenstoffs strukturell als Vierwertigkeit des Kohlenstoff-Atoms und baut damit die Valenzlehre aus. Er unterscheidet den Atom- und Molekülbegriff im heutigen Sinn.

1858 Kekulé postuliert auf Grund der Vierbindigkeit des Kohlenstoff-Atoms die Kettenbildung der Kohlenstoff-Atome und auf die Ebene beschränkte Strukturvorstellungen von der Verknüpfung der Atome in einem Molekül.

1858 Couper schlägt den „Bindungsstrich“ zwischen den Buchstabensymbolen vor und entwickelt damit erste Struktursymbole für Moleküle, die wir heute Konstitutionsformel nennen.

1860 Kekulé wählt auf der Grundlage der Valenztheorie wurstartige Elementsymbole und stellt sie zu ebenen Molekülsymbolen („Graphische Formeln“, „Wurstformeln“) zusammen. Loschmidt, Crum Brown und andere schlagen alternative Formen für Molekülsymbole vor.

1861 Butlerow führt den Begriff von der chemischen Struktur im Sinne des Aspekts der Konstitution von Molekülen ein.

1865 Kekulé findet die Struktur des Benzol-Moleküls, postuliert auf der Grundlage von Substitutionsreaktionen des Benzols das reguläre Sechseck als zutreffendes Modell für die Molekülstruktur, schlägt entsprechend ringförmige Molekülsymbole vor.

1867 Kekulé verbessert alle für die Ebene bestimmten Molekülmodelle, indem er den räumlichen Tetraeder als Modell für das Kohlenstoff-Atom einführt. Er verwendet erstmalig räumliche Modelle für Molekülstrukturen in Vorlesungen, er entwirft die Grundlagen für heutige Molekülbaukästen.

1874 Van t'Hoff ist Hörer in diesen Vorlesungen. Er findet die Spiegelbildisomerie und das Modell des asymmetrischen Kohlenstoff-Atoms, er begründet damit die Stereochemie.

18.4 Chemiedidaktische Folgerungen für den Unterricht

„Die Chemiker der ersten Hälfte des vorigen Jahrhunderts (des 19. Jahrhunderts, d. V.) lehnten die Molekülhypothese von Avogadro ab, weil sie sich *nicht vorstellen konnten,* daß die kleinsten Teilchen elementarer Gase, die sie für Atome hielten, weiter teilbar sein sollten – und das, obwohl Avogrado gesagt hatte, daß diese Gasteilchen keine Atome, sondern eben die von ihm als Moleküle bezeichneten Atomkomplexe sind! Wir sollten unseren Mittelstufenschülern nicht ohne weiteres mehr zutrauen, als den Chemikern des vorigen Jahrhunderts“ [34].

Das Zitat zeigt zum einen, dass der Eingang neuer fachlicher Erkenntnisse in den Unterricht nicht nur naturgemäßen Zeitverzögerungen unterliegt, sondern dass es bereits Schwierigkeiten der Fachchemiker waren, sich neuen Erkenntnissen und neuen Denkwegen zu öffnen. Zum anderen vertieft es die allgemeine Erkenntnis, dass „Erfahrungen mit Hilfe vorhandener Vorstellungen organisiert werden“ [35] bzw. bei nicht vorhandenen Vorstellungen nicht organisiert werden können. Wie die Chemiker, so müssen auch die Lernenden angemessene Strukturvorstellungen besitzen, um bestimmte Sachverhalte – eben auch chemische Symbole – aufnehmen und verstehen zu können. Schüler und Schülerinnen sollten dementsprechend „strukturorientierten Chemieunterricht von Anfang an“ [36] erfahren, um früh genug grundsätzliche Strukturprinzipien anschaulich erwerben zu können. Sie sollten insbesondere

- Atom-, Ionen- und Molekülbegriff differenzieren und sachgemäß einsetzen können,
- finite Strukturen (Moleküle) und infinite Strukturen (Gitter) unterscheiden,
- das Prinzip von den Bindigkeiten der Nichtmetall-Atome für räumliche Molekülstrukturen kennen und verwenden,
  das Prinzip „Kugelpackungen und Lücken“ für die Struktur infiniter Gitter kennen und verwenden,
- chemische Symbole für Gitter und Moleküle aus den Strukturmodellen ableiten, Symbole und Strukturvorstellungen verknüpfen können.

Atom- und Molekülbegriff. Die historische Analyse hat ergeben, dass alle „empirischen Formeln“ auf der Grundlage von Elementaranalysen und Massenverhältnissen nicht dazu beigetragen haben, den Aufbau von Molekülen und damit den Sinn der Molekülsymbole zu verstehen. So erscheint es für den Chemieunterricht nicht förderlich zu sein, Lernenden ausgehend von Massenverhältnissen erste chemische Symbole zu vermitteln.

Es hat sich ebenfalls gezeigt, dass für das Chemieverständnis allgemein die sorgfältige Differenzierung des Atom- und Molekülbegriffs erforderlich ist und jeweils eine präzise Bezeichnung von etwa Cl-Atomen und Cl_2-Molekülen von großem Vorteil zu sein scheint. Insbesondere hinsichtlich der Substitutionsreaktionen erscheint es notwendig, etwa von dem Ersatz der H-Atome durch Cl-Atome in einem Molekül zu sprechen und nicht – wie historisch geschehen oder im heutigen Laborjargon üblich – mit dem Ersatz des „Wasserstoffs durch das Chlor“ zu argumentieren. Sehr leicht mögen sich Lernende – fälschlicherweise – Kriställchen oder Tröpfchen der Stoffe selbst vorstellen und ein völlig falsches Bild von der Substitution aufnehmen. Die Argumentation mit Molekülstrukturen und dem Ersatz eines Atoms durch ein anderes erzeugt konkrete Vorstellungen, die von Lernenden akzeptiert werden – ein strukturorientiertes Vorgehen im Chemieunterricht ist nachzuvollziehen und damit zu verstehen!

Auch der Molbegriff wäre in der Geschichte frühzeitiger verstanden worden, wenn man mit der Angabe einer Stoffmenge beteiligte Atome und Moleküle differenziert hätte, wenn die Art der Teilchen angegeben worden wäre, die man gedanklich zählt: 1 Cl_2-Molekül ist aus 2 Cl-Atomen aufgebaut, 1 mol Cl_2-Moleküle kann in 2 mol Cl-Atome zerfallen. Solange man von „1 mol Chlor" sprach oder noch im heutigen Laborjargon solch zweideutige Angaben macht, ahnt nur der Experte aus dem Zusammenhang, welche Chlor-Masse gefragt ist – der Lernende versteht es nicht. Aus diesen Gründen hat die IUPAC den Molbegriff schließlich strukturorientiert definiert:

„Ein Mol ist die Stoffmenge einer Stoffportion, die ebenso viele Teilchen enthält wie die o.a. Bezugsportion. Die Teilchen der betrachteten Stoffportion sind näher zu charakterisieren. Es kann sich dabei um Atome, Moleküle, Ionen, Elektronen oder andere Teilchen handeln" [37].

Struktursymbole. Kekulé kommentiert einen weiteren wichtigen Gedanken:

„In seiner bei Eröffnung des neuen chemischen Laboratoriums in Leipzig am 16. Nov. 1868 gehaltenen Vortrag verkündigte Kolbe: ‚Bei weiterem Nachdenken über diesen Gegenstand sei ihm klar geworden, daß das Benzol ebenfalls zu den Polycarbolen gehört. Es sei zu betrachten als Trimethin-Trimethan, und die Formel (siehe Bild) sei der rationelle Ausdruck seiner Constitution'. Man sieht direct, daß die ganze Betrachtung auf den Grundgedanken der Typentheorie beruht. Das Benzol leitet sich ab von dem Typus Methan, und zwar von einem verdreifachten Methan, also von einem multiplen Typus. ‚Es ist Trimethan, in welchem das dreiwerthige Methin dreimal als Substitut für je drei Wasserstoffatome eingetreten ist' " [30].

$$\left.\begin{matrix}(CH)''' \\ (CH)''' \\ (CH)''' \\ H_3\end{matrix}\right\} C_3$$

Auch hier ist zu erkennen, dass noch drei Jahre nach Veröffentlichung des Ringsymbols für das Benzol-Molekül und fast zehn Jahre nach Einführung der Strukturtheorie neue Sachverhalte mit „vorhandenen Vorstellungen organisiert" wurden – eben auf Grund der Typentheorie! Des Weiteren kommt durch die Bemerkungen Kekulés zum Ausdruck, was vielfach festgestellt worden ist: Liegen „Typenformeln" oder andere undifferenzierte Symbole zu Grunde, so können sich bei jedem Experten verschiedene Vorstellungen vom Aufbau der entsprechenden Stoffe ausbilden. Kekulé zeigt, dass auf Grund des Benzolsymbols von Kolbe acht isomere Benzol-Moleküle denkbar sind und stellt fest: „Kolbe's Formeln sind *Symbole für die Vorstellung, die sich Kolbe von der Constitution der Verbindungen gebildet hat.* ... Die Typenformeln des Benzol's leiden an gewissen Mängeln. Sie sind an sich unbestimmt; sie drücken also, wenn kein Commentar beigefügt wird, *eine große Zahl von Vorstellungen aus*" ([30], Hervorhebung d. d. V.).

Erst die Betrachtung – besser noch die aktive Arbeit – mit räumlichen Modellen zur Struktur entsprechender Substanzen und die Ableitung von Struktursymbolen aus den Raummodellen lässt das Entstehen gleichartiger Vorstellungen zu: „Die Structurformeln dagegen sind ganz bestimmte Ausdrücke ganz bestimmter Vorstellungen. Sie bedürfen keines Commentars. Sie genügen eben allen Anforderungen, die man an eine chemische Formelsprache stellen kann" [30].

Auch aus der Geschichte der Chemie heraus lassen sich somit die fachdidaktischen Forderungen begründen, zunächst die Struktur der Materie zu unterrichten, ehe darauf aufbauend chemische Symbole und Formeln abgeleitet werden [38]. Mit diesem Vorgehen bleiben nicht unterschiedlichste Vorstellungen bestehen, wie sie oftmals von den Schülern mit in den Unterricht gebracht werden oder sich im Unterricht zufällig entwickeln, sondern es werden – wie Kekulé betont – etwa gleichartige Strukturvorstellungen bei allen Lernenden erzeugt, auf deren Grundlage sich für alle Lernenden neue Erfahrungen in übereinstimmender Weise organisieren lassen.

Konzept der Bindungsgrade. Kekulé hatte im Jahr 1872 die Oszillationstheorie ins Leben gerufen und damit den andauernden, blitzartigen Wechsel von Einfach- und Doppelbindung im Benzol-Molekül vorgeschlagen [39]. Er forderte allerdings zusätzlich, dass „die Atome stets zu einer mittleren Gleichgewichtslage zurückkehren" und war sich bewusst darüber, dass „die sechs verwendbaren Verwandtschaften auf die sechs Kohlenstoffatome gleichmäßig vertheilt und sie zudem gleichwerthig seien" [39].

Heute wird die „Gleichwertigkeit" der C-Atome auf Grund differenzierter Atommodelle durch die Delokalisation von sechs Außenelektronen der sechs C-Atome im ringförmigen Molekül oder durch Hybridorbitale erklärt.

Eine hinreichende Erklärung lässt sich allerdings auch auf der Grundlage der Daltonschen Atomvorstellung und der Vorstellung von den üblichen Bindigkeiten der Nichtmetall-Atome finden. Definiert man den Bindungsgrad 1 für eine Einfachbindung und den Bindungsgrad 2 für die Doppelbindung, so kann man die C–C-Bindungen im Benzol-Molekül auch mit dem Bindungsgrad 1,5 beschreiben (vgl. Abb. 18.14). Wäre Kekulé auf dieses Bindungsmodell gestoßen, dann hätte es kein „Benzolproblem" und keine „Oszillationstheorie" gegeben!

Wenn Kekulé den Bindungsgrad 1,5 auch nicht definitiv gefunden hat, so hat er ihn aber geahnt, indem er „über die Form der intramolekularen Atombewegungen" nachdachte und postulierte: „Die Werthigkeit ist die relative Anzahl der Stöße, welche ein Atom in der Zeiteinheit durch andere Atome erfährt" [39]. Die Forderung, dass dabei die „Atome stets zu einer mittleren Gleichgewichtslage zurückkehren" und „das Mittel aller Stöße eines Kohlenstoffatoms" [39] zu beachten ist, führt Kekulé indirekt zum Bindungszustand zweier C-Atome zwischen der Einfach- und der Doppelbindung: Er hätte nur noch die Zahl 1,5 für diese Bindungsverhältnisse vorzuschlagen brauchen.

„Ich kann mir vorstellen, warum Kekulé mit den gebrochenen Bindungsgraden gezögert hat. Es waren ja gerade die Strukturformeln mit den ganzen Bindungsgraden erfolgreich im Vormarsch und haben schon den Zeitgenossen Chemikern genügend Schwierigkeiten bereitet. Sicher hätten seine Kollegen nicht mitgespielt. Das sieht man daran, dass auch heute noch im Jahre 2000 sich die Lehrer mit Händen und Füßen wehren" (Einschätzung meines Kollegen Sauermann).

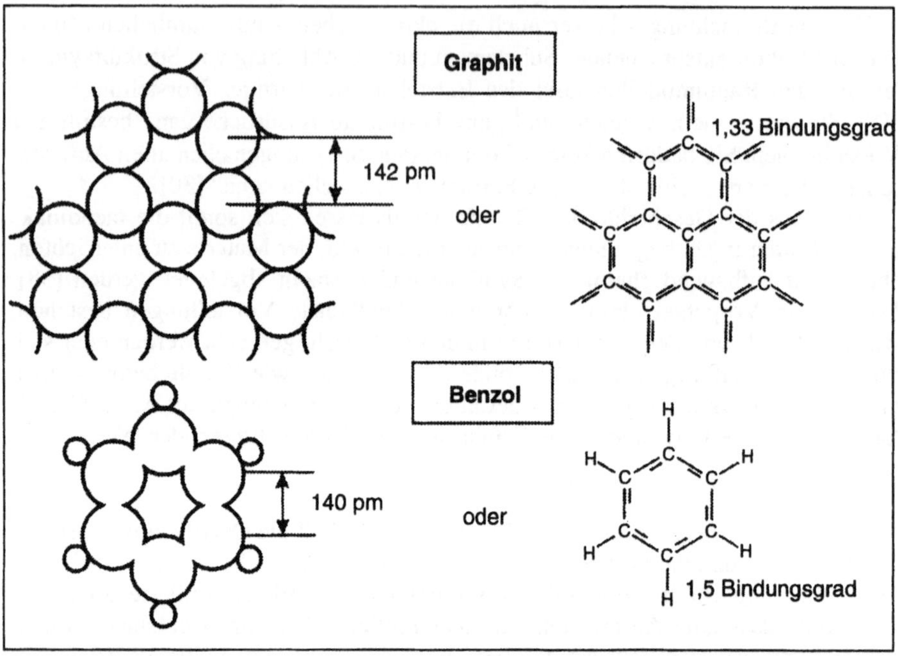

Abb. 18.14: Bindungsgrade der C-Atome im Graphitgitter und im Benzol-Molekül [38]

Um Schülern und Schülerinnen die historische Oszillationstheorie zu ersparen, kann spätestens zur Veranschaulichung der Benzolstruktur die Modellvorstellung von Bindefähigkeiten und gebrochenen Bindungsgraden [38] eingeführt werden, wenn sie nicht lange für die Strukturen aller Moleküle von Anfang an verwendet worden ist. Damit ist es leicht möglich, die planare und regelmäßige Struktur des Benzol-Moleküls zu vermitteln, ohne das differenzierte Atommodell und die Vorstellung von „delokalisierten Elektronen" zu verwenden, ohne den schwierigen Begriff der Mesomerie einzuführen. Es ist ebenfalls möglich, die Struktur des Graphitgitters von der des Benzol-Moleküls abzugrenzen (vgl. Abb. 18.14), oder auch Strukturen vieler Ionen, etwa des Carbonat-, Sulfat- oder Phosphat-Ions sachlich korrekt anschaulich zu machen – ohne den Begriff des Elektrons oder gar des delokalisierten Elektrons zu verwenden [38]!

Resümee

In *Kapitel 16* werden – ähnlich den Thesen zu Molekülsymbolen zur organischen Chemie in diesem Kapitel – entsprechende Thesen zum Chemieunterricht hinsichtlich der Struktur der Kristalle aus der Geschichte der anorganischen Chemie abgeleitet. Die zentrale Persönlichkeit – wie Kekulé für diesen Teil – ist für das Kapitel 16 der Wissenschaftler Max von Laue.

Auf der Grundlage seiner Idee und Entwicklung der Röntgenstrukturanalyse konnte schließlich die planare und regelmäßige Sechseckstruktur des Benzol-Moleküls bestätigt werden.

Das in *Kapitel 13* vorgeschlagene Vorgehen für einen strukturorientierten Chemieunterricht verarbeitet die Thesen der Kapitel 16 und 18 und untermauert noch differenzierter die fachdidaktischen Absichten für einen modernen Unterricht bzw. eine moderne Ausbildung im Fach Chemie. Dieser Ansatz eröffnet den Zugang zu einem Chemieverständnis, das sich *nicht* an historische Wege der Formelermittlung auf Grund von Massenvergleichen anlehnt, sondern die Chemie von heute zu Grunde legt: „Man sollte endlich auch in der Schule davon Kenntnis nehmen, dass die moderne Chemie nicht mit Lavoisier, sondern mit van t'Hoff, Werner und vor allem v. Laue beginnt" [40]. Diese Gedanken entsprechen dem Anliegen von Kuhn [41], welches er für den Physikunterricht so formuliert hat: „Es wäre gut, sich an der Physik von heute zu orientieren, damit nicht Positionen verteidigt werden, die die Wissenschaft seit über 50 Jahren aufgegeben hat. Sonst werden Scheinprobleme mit eigens dafür erfundenen didaktischen und methodischen Wegen künstlich am Leben erhalten".

Literatur

[1] Capelle, W.: *Die Vorsokratiker.* Stuttgart 1968 (Kröner)
[2] Walter, W.: *Chemische Symbole in der Vergangenheit und Gegenwart.* CU 13 (1982), Heft 2, 5
[3] Strube, W.: *Der historische Weg der Chemie.* Bände 1 und 2, Leipzig 1976
[4] Dalton, J.: *Über die Absorption der Gasarten durch Wasser und andere Flüssigkeiten* (1803). *A New System of Chemical Philosophy* (1808). In: Ostwalds Klassiker Nr. 3, Leipzig 1889
[5] Priesner, C.: *Zur Entwicklung der Atom- und Moleküldefinition in der Chemie im 19. Jahrhundert.* In: Schönbeck, Ch.: Atomvorstellungen im 19. Jahrhundert, Paderborn 1982
[6] Bugge, G.: *Das Buch der Großen Chemiker.* Bände 1 und 2. Weinheim 1955
[7] Berzelius, J.J.: *Über die Zusammensetzung der Weinsäure und Traubensäure, über das Atomgewicht des Bleioxyds, nebst allgemeinen Bemerkungen über solche Körper, die gleiche Zusammensetzung, aber ungleiche Eigenschaften besitzen.* Pogg. Annalen 19 (1830), 305
[8] Reschke, T.: *Berzelius und Liebig. Ihre Briefe von 1831–1845.* Göttingen 1978
[9] Ströker, E.: *Denkwege der Chemie, Elemente ihrer Wissenschaftstheorie.* München, Freiburg 1967 (Alber)
[10] Liebig, J., Wöhler, F.: *Untersuchungen über das Radikal der Benzoesäure.* Ann. Chem. Pharm. 3 (1832), 249
[11] Witzinger-Aust, R.: *August Kekulé, Leben und* Werk. Weinheim 1966 (GDCh)
[12] Liebig, J.: *Über Laurents Theorie der organischen Verbindungen.* Ann. Chem. Pharm. 25 (1838), 1
[13] Liebig, J.: *Über die Constitution der organischen Säuren.* Ann. Chem. Pharm. 26 (1838), 113
[14] Liebig, J.: *Über die Producte der Oxydation des Alkohols.* Ann. Chem. Pharm. 14 (1835), 133
[15] Weissbach, H.: *Strukturdenken in der organischen Chemie.* Berlin 1971
[16] Cordier, V.: *Die Chemische Zeichensprache einst und jetzt.* Graz 1928

[17] Kekulé, A.: *Notiz über eine neue Reihe schwefelhaltiger organischer Säuren.* Ann. Chem. Pharm. 90 (1854), 309

[18] Kekulé, A.: *Über die Constitution des Knallquecksilbers.* Ann. Chem. Pharm. 101 (1857), 200, Ann. Chem. Pharm. 105 (1858), 279

[19] Kekulé, A.: *Über die Constitution und die Metamorphosen der chemischen Verbindungen und über die chemische Natur des Kohlenstoffs.* Ann. Chem. Pharm. 106 (1858), 129

[20] Anschütz, R.: *August Kekulé, Band I, Leben und Wirken.* Berlin 1929 (Verlag Chemie)

[21] Kekulé, A.: *Über die gepaarten Verbindungen und die Theorie der mehratomigen Radicale.* Ann. Chem. Pharm. 104 (1857), 129

[22] Anschütz, R.: *Organische Chemie von August Kekulé.* Mitschrift der Vorlesung vom Wintersemester 1857/58, vorhanden im Inst. für Org. Chemie der TH Darmstadt

[23] Kekulé, A.: *Über die Constitution und die Metamorphosen der chemischen Verbindungen und über die chemische Natur des Kohlenstoffs* (1858), *Untersuchungen über aromatische Verbindungen* (1866). In: Ostwalds Klassiker Nr. 145, Leipzig 1904

[24] Couper, A.S.: *Über eine neue chemische Theorie* (1858). In: Ostwalds Klassiker Nr. 183, Leipzig 1911

[25] Kekulé, A.: *Lehrbuch der Organischen Chemie.* Bände 1,2 u. 3. Erlangen 1860, 1866

[26] Hammer, H.O.: *Mannigfaltigkeit der Formeltypen in der Chemie.* CU 13 (1982), 44

[27] Butlerow, A.: *Einiges über die chemische Structur der Körper.* Zeitschr. f. Chem. 4 (1861), 549

[28] Kekulé, A.: *Untersuchungen über aromatische Verbindungen.* Ann. Chem. Pharm. 137 (1866), 129

[29] Sauermann, Fachhochschule München, unveröffentlichtes Vortragsmanuskript, 1979

[30] Kekulé, A.: *Cassirte Kapitel aus der Abhandlung: Über die Carboxytartronsäure und die Constitution des Benzols* (1883). Faksimile-Druck des Verlags Chemie. Weinheim 1965

[31] Crum Brown, A.: *On the Theorie of Isometric Compounds.* Trans. Roy. Soc. Edingburgh 23 (1864) III, 707

[32] Kekulé, A.: *Über die Constitution des Mesitylens.* Zeitschr. f. Chem. 10 (1867), 214

[33] van t'Hoff, H.: *La chimie dans l'espace* (1874). Übersetzung von Herrmann, F.: *Die Lagerung der Atome im Raume.* Braunschweig 1877 (Vieweg)

[34] Weninger, J.: *Zur Einführung der Atomhypothese und ihre Verifikation.* MNU 17 (1964), 368

[35] Ausubel, D. P.: *Psychologie des Unterichts.* Weinheim 1974 (Beltz)

[36] Grosser, Ch.G.: *Strukturorientierter Chemieunterricht von Anfang an.* NiU P/C 33 (1985), Heft 5

[37] Dörrenbächer, A.: *IUPAC-Regeln und DIN-Normen im Chemieunterricht.* Köln 1995 (Aulis)

[38] Sauermann, D., Barke, H.-D.: *Chemie für Quereinsteiger. Band 1: Strukturchemie und Teilchensystematik.* Münster 1997 (Schüling)

[39] Kekulé, A.: *Über einige Condensationsproducte des Aldehyds.* Ann. Chem. Pharm. 162 (1872), 77

[40] Bauer, H.: *Kristallchemisch orientierter Chemieunterricht.* In: Dahncke, H.: *Zur Didaktik der Physik und Chemie.* Hannover 1974 (Leuchtturm)

[41] Kuhn, W.: *Physikgeschichte – wissenschaftstheoretische und didaktische Thesen.* PU 17 (1983), 19

Sachwortverzeichnis

Druck: Mercedes-Druck, Berlin
Verarbeitung: Stein + Lehmann, Berlin